“十四五”国家重点出版物
出版规划项目

环境工程技术手册

Handbook on Wastewater
Treatment and Reuse
Technology

废水处理
及回用工程技术手册

（下册）

潘涛　骆坚平　郭行　主编

化学工业出版社

·北京·

内 容 简 介

本书系统、详实地介绍了普遍应用的或具有发展前景的各种废水处理与回用单元技术、典型行业废水污染综合防治技术以及具有代表性和指导意义的工程实施案例等内容。

本书分为两篇：上篇废水处理与回用单元技术，按物理处理、物化处理、化学处理、厌氧生物处理、传统活性污泥法、改良活性污泥法、生物膜法、膜分离处理、自然生物生态处理、生物脱氮除磷、化学除磷与磷回收、污泥处理与处置、臭气处理等工艺类别，分别介绍了各技术的功能原理、设计计算和设备装置等内容；下篇典型行业废水污染防治技术，基于行业废水类别，分别介绍了城镇污水、制浆造纸工业废水、化学原料和化学制品工业废水、石油工业废水、煤化工工业废水、纺织染整工业废水、钢铁工业废水、有色金属工业废水、机械加工工业废水、制药工业废水、医疗废水、食品加工废水、饮料酒制造废水、制革工业废水、畜禽养殖废水、垃圾渗滤液和循环冷却水，共十七类废水的来源、特点、趋势、综合治理方法与回用的典型工程案例。

本书可作为环境工程、市政工程等领域工程技术人员、设计人员和科研人员的工具书，也可供企业和行业相关管理人员参考，还可供高等学校环境工程、市政工程、生态工程及相关专业师生参阅。

图书在版编目（CIP）数据

废水处理及回用工程技术手册/潘涛，骆坚平，郭行
主编. —北京：化学工业出版社，2024.1
（环境工程技术手册）
ISBN 978-7-122-44210-9

Ⅰ.①废… Ⅱ.①潘 ②骆… ③郭… Ⅲ.①废水
处理-技术手册②废水综合利用-技术手册 Ⅳ.①
X703-62

中国国家版本馆 CIP 数据核字（2023）第 177274 号

责任编辑：左晨燕 刘兴春 卢萌萌
责任校对：宋 玮   装帧设计：王晓宇

出版发行：化学工业出版社（北京市东城区青年湖南街 13 号 邮政编码 100011）
印　　装：北京建宏印刷有限公司
787mm×1092mm 1/16 印张 102 字数 2666 千字 2024 年 8 月北京第 1 版第 1 次印刷

购书咨询：010-64518888   售后服务：010-64518899
网　　址：http://www.cip.com.cn
凡购买本书，如有缺损质量问题，本社销售中心负责调换。

定　　价：598.00 元（上、下册）

目录

上篇　废水处理与回用单元技术

下篇 典型行业废水污染防治技术

典型行业废水污染防治技术

Handbook on Wastewater Treatment and Reuse Technology　　废水处理及回用工程技术手册

第一章
城镇污水

第一节　概述

城镇污水指城镇居民生活污水，机关、学校、医院、商业服务机构及各种公共设施排水，以及允许排入城镇污水收集系统的工业废水和初期雨水等，可以分为生活污水、工业废水和雨水三个部分。

按照住建部发布《2021年城乡建设统计年鉴》，截至2021年，全国城市建成污水处理厂2827座，处理能力$2.08 \times 10^8 \, m^3/d$，排水管道长度872283km，污水年排放量$6.25 \times 10^{10} \, m^3$。全国县城建成污水处理厂1765座，处理能力$3.98 \times 10^7 \, m^3/d$，排水管道长度$23.84 \times 10^4 \, km$，污水年排放量$109.31 \times 10^8 \, m^3$。全国对生活污水进行处理的建制镇12961个，占全国建制镇总数的67.96%，污水处理厂13462个，污水处理装置处理能力$2.36 \times 10^7 \, m^3/d$，排水管道长度210668.07km，排水暗渠长度116305.61km。全国2011—2021年城市排水和污水处理情况见表2-1-1。

表 2-1-1　全国 2011—2021 年城市排水和污水处理情况

年份	排水管道长度/km	污水年排放量/$10^4 m^3$	污水处理厂		污水年处理量/$10^4 m^3$	污水处理率/%
			座数/座	处理能力/($10^4 m^3/d$)		
2011	414074	4037022	1588	11303	3376104	83.63
2012	439080	4167602	1670	11733	3437868	87.30
2013	464878	4274525	1736	12454	3818948	89.34
2014	511179	4453428	1807	13087	4016198	90.18
2015	539567	4666210	1944	14038	4288251	91.90
2016	576617	4803049	2039	14910	4487944	93.44
2017	630304	4923895	2209	15743	4654910	94.54
2018	683485	5211249	2321	16881	4976126	95.49
2019	743982	5546474	2471	17863	5369283	96.81
2020	802721	5713633	2618	19267	5572782	97.53
2021	872283	6250763	2827	20767	6118956	97.89

为了加强对城镇排水与污水处理的管理，保障城镇排水与污水处理设施安全运行，防治城镇水污染和内涝灾害，保障公民生命、财产安全和公共安全，保护环境制定。中华人民共和国国务院于2013年10月2日发布了《城镇排水与污水处理条例》，自2014年1月1日起施行。

2015年，国务院印发了《水污染防治行动计划》。《水污染防治行动计划》按照"节水优先、空间均衡、系统治理、两手发力"的原则，突出重点污染物、重点行业和重点区域，注重发挥市场机制的决定性作用、科技的支撑作用和法规标准的引领作用，加快推进水环境质量改善。

2019 年 4 月 29 日，国家住建部、生态环境部、发展改革委印发了《城镇污水提质增效三年行动方案（2019—2021）》。重点内容为：

① 提高城镇污水的收集处理率，尽快实现污水管网全覆盖、全收集、全处理；

② 对进入市政污水收集管网的工业企业进行排查，不能被城镇污水厂有效处理或可能影响污水厂出水稳定达标的，要限期退出；

③ 提质增效要因地制宜地制定本地区的污水收集率和 BOD 浓度等。

城镇污水的处理排放应执行国家标准《城镇污水处理厂污染物排放标准》（GB 18918—2002）中的相关要求。部分地区的城镇污水处理排放执行地方标准，如北京市的《城镇污水处理厂污染物排放标准》（DB11/ 890—2012），上海市的《污水综合排放标准》（DB31/ 199—2018）。

为了保护下水道设施，并尽量减轻工业污水对城镇污水水质的干扰，保证污水的可处理性，各国都制定有下水道排放标准。如我国现行的《污水排入城镇下水道水质标准》（GB/T 31962—2015）。

与城镇排水有关的其他常用标准还有《污水综合排放标准》（GB 8978—1996）、《地表水环境质量标准》（GB 3838—2002）、《地下水质量标准》（GB/T 14848—2017）、《室外排水设计标准》（GB 50014—2021）等；规范、规程有《城镇给水排水技术规范》（GB 50788—2012）、《镇（乡）村排水工程技术规程》（CJJ 124—2008）等。

第二节　城镇污水的特性

一、城镇污水的来源

一般城镇下水道系统不仅有住宅、医院、公共场所等处的生活污水排入，而且还有工业废水排入。其组成如下：

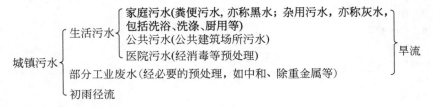

城镇污水中所包括的部分工业废水其组成如下：

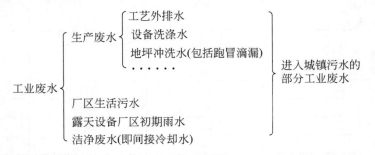

厂区生活污水包括厂区中淋浴间、洗衣房、厨房、厕所等排放的污水。

在设有生产设备的露天厂区中，地面的暴雨径流往往受到严重的工业污染，特别是初期雨水径流，应纳入污水系统，接受处理。

根据节水原则，间接冷却水（清洁废水）应单设系统，经降温后回收利用，或注入地下。当冷却水尚未回收时，可暂时排入雨水管，或直接排入水体，但一般不排入污水系统。

由上可知，对于工业，工业废水是总称，生产污水是工业废水的主要组成，而工业废水则是需要处理的全部对象。

二、城镇污水的水质

城镇污水水质，主要是生活污水的特征，但在不同的下水道系统中，由于不同性质和规模的工业排污，又受到工业废水水质的影响。

典型生活污水水质，有一定的变化范围，大体可见表 2-1-2。

表 2-1-2　典型生活污水水质

序号	指标	浓度/(mg/L)（已注明单位的除外）		
		高	中	低
1	总固体（TS）	1200	720	350
2	溶解性总固体（TDS）	850	500	250
	其中：非挥发性	525	300	145
	挥发性	325	200	105
3	悬浮物（SS）	350	200	100
	其中：非挥发性	75	55	20
	挥发性	275	145	80
4	可沉降物/(mL/L)	20	10	5
5	生化需氧量（BOD）	400	220	110
	其中：溶解性	200	110	55
	悬浮性	200	110	55
6	总有机碳（TOC）	290	160	80
7	化学需氧量（COD）	1000	400	250
	其中：溶解性	400	150	100
	悬浮性	600	250	150
	可生化降解部分	750	300	200
	溶解性	375	150	100
	悬浮性	375	150	100
8	总氮（TN）	85	40	20
	其中：有机氮	35	15	8
	游离氮	50	25	12
	亚硝酸盐氮	0	0	0
	硝酸盐氮	0	0	0
9	总磷（TP）	15	8	4
	其中：有机磷	5	3	1
	无机磷	10	5	3
10	氯化物（Cl^-）	200	100	60
11	硫酸盐（SO_4^{2-}）	50	30	20
12	碱度（以 $CaCO_3$ 计）	200	100	50
13	动植物油	150	100	50
14	总大肠菌/(个/100mL)	$10^8 \sim 10^9$	$10^7 \sim 10^8$	$10^6 \sim 10^7$
15	挥发性有机化合物 VOC_s/(μg/L)	>400	100～400	<100

城镇污水的设计水质应根据调查资料确定，无调查资料时，可根据现行排水设计规范有关规定计算。

三、城镇污水的排放

当前我国城镇污水的处理排放执行国家标准《城镇污水处理厂污染物排放标准》（GB 18918—2002）中的相关要求。

该标准根据污染物的来源及性质，将污染物控制项目分为基本控制项目和选择控制项目两类。基本控制项目主要包括影响水环境和城镇污水处理厂一般处理工艺可以去除的常规污染物，以及部分一类污染物；选择控制项目包括对环境有较长期影响或毒性较大的污染物。基本控制项目必须执行；选择控制项目，由地方环境保护行政主管部门根据污水处理厂接纳的工业污染物的类别和水环境质量要求选择控制。

基本控制项目的常规污染物标准值分为一级标准、二级标准、三级标准。一级标准分为A标准和B标准。部分一类污染物和选择控制项目不分级。

一级标准的A标准是城镇污水处理厂出水作为回用水的基本要求。当污水处理厂出水引入稀释能力较小的河湖作为城镇景观用水和一般回用水等用途时，执行一级标准的A标准。

城镇污水处理厂出水排入《地表水环境质量标准》（GB 3838）地表水Ⅲ类功能水域（划定的饮用水水源保护区和游泳区除外）、《海水水质标准》（GB 3097）海水二类功能水域和湖、库等封闭或半封闭水域时，执行一级标准的B标准。

城镇污水处理厂出水排入《地表水环境质量标准》（GB 3838）地表水Ⅳ、Ⅴ类功能水域或《海水水质标准》（GB 3097）海水三、四类功能海域，执行二级标准。

非重点控制流域和非水源保护区的建制镇的污水处理厂，根据当地经济条件和水污染控制要求，采用一级强化处理工艺时，执行三级标准。但必须预留二级处理设施的位置，分期达到二级标准。

基本控制项目见表 2-1-3，部分一类污染物见表 2-1-4。

表 2-1-3　基本控制项目最高允许排放浓度（日均值）

序号	基本控制项目		一级标准		二级标准	三级标准
			A 标准	B 标准		
1	化学需氧量(COD)/(mg/L)		50	60	100	120[①]
2	生化需氧量(BOD$_5$)/(mg/L)		10	20	30	60[①]
3	悬浮物(SS)/(mg/L)		10	20	30	50
4	动植物油/(mg/L)		1	3	5	20
5	石油类/(mg/L)		1	3	5	15
6	阴离子表面活性剂/(mg/L)		0.5	1	2	5
7	总氮(以 N 计)/(mg/L)		15	20	—	—
8	氨氮(以 N 计)[②]/(mg/L)		5(8)	8(15)	25(30)	—
9	总磷 /(mg/L)	2005 年 12 月 31 日前建设的	1	1.5	3	5
		2006 年 1 月 1 日起建设的	0.5	1	3	5
10	色度(稀释倍数)		30	30	40	50
11	pH 值		6～9			
12	粪大肠菌群数/(个/L)		10^3	10^4	10^4	—

① 下列情况下按去除率指标执行：当进水 COD＞350mg/L 时，去除率应＞60%；BOD$_5$＞160mg/L 时，去除率应＞50%。

② 括号外数值为水温＞12℃时的控制指标，括号内数值为水温≤12℃时的控制指标。

表 2-1-4　部分一类污染物最高允许排放浓度（日均值）　　　单位：mg/L

序号	项目	标准值	序号	项目	标准值
1	总汞	0.001	5	六价铬	0.05
2	烷基汞	不得检出	6	总砷	0.1
3	总镉	0.01	7	总铅	0.1
4	总铬	0.1			

四、城镇污水的处理程度

① 城镇污水（包括生活污水和工业污水）中各种污染物的浓度，与各种水体和用水的要求相比，一般都至少高出一个数量级，因此在排入水体或使用前都必须进行适当程度的处理。

② 处理要求：根据各种水体及用水的水质要求以及《城镇污水处理厂污染物排放标准》（GB 18918—2002）的有关规定，城镇污水处理厂应为二级或加深度处理。

③ 回收利用：水资源紧缺是世界性问题。我国是缺水国家，改革开放以来，各项建设事业蓬勃发展，缺水问题日益严重。通过多年的探索、试验、实践，城镇污水处理后可作为一种稳定可靠的水资源。目前，国内外很多城镇二级污水厂已经向城镇和工业提供相当数量的再生水，污水处理再生利用是发展趋势。

五、城镇污水处理厂的设计水量

城镇污水处理厂的规模、水量应当根据城镇规划确定。设计时须对当前实况进行调查、测量，并对发展作出估计，从而对规划数据作出验证，提出意见，最后加以落实。在设计中，有几种流量须加以说明。

① 平均日流量（m^3/d），一般用以表示污水处理厂的设计规模，并用以计算污水处理厂每年的抽升等电耗、耗药量、处理总水量、处理总泥量。

② 设计最大流量，以 m^3/h 或 L/s 表示，即进水管的设计流量，为最大日最大时流量。污水处理厂的管渠大小以及一般构筑物（另有规定者除外）水力计算，均须满足此流量。当进水系用泵抽升时，亦可用组合的工作泵流量代替设计最大流量。但工作泵组合流量应尽量与设计流量吻合，且不应小于设计流量。

③ 降雨时设计流量（当管网系统内有初期雨水截流时），以 m^3/h 或 L/s 表示，除旱流污水外，尚包括按截留引入的初期雨水径流。初次沉淀池前面的构筑物和设备，均应以此流量核算，此时初次沉淀池的沉淀时间不宜小于 30min。

④ 当污水处理厂为分期建设时，以上设计所用流量应为相应的各期流量。

⑤ 下水道设计一般不考虑污水的入渗和渗漏。但当管道施工质量不良，或管材质量不合格，或管道接口受外力而破坏（如树根伸入）时，在地下水位高于管道条件下，会发生地下水的入渗；在地下水位低于管道时，会发生污水渗漏。我国现行规范规定：在地下水位较高的地区，宜适当考虑地下水入渗量。按日本的经验数据，入渗量为每日最大污水量的10％～20％。美国规范建议按观测现有管道的夜间流量进行估算。

第三节　城镇污水处理技术

一、城镇污水处理的主流技术

污水处理分为一级处理、二级处理、深度处理以及污泥处理处置四个方面。下面将针对这四个方面分别论述城镇污水处理的主流技术。

（一）一级处理技术

污水的一级处理是通过简单的沉淀、过滤或适当的曝气等，去除污水中的悬浮物及减轻污水的腐化程度的过程。作为二级生物处理的前置处理，一级处理的主要处理对象为可沉淀固体、悬浮固体和一部分有机物。由于一级处理投资少，动力消耗低，不但可处理一部分有机物，而且对后续二级生物处理影响甚大，因此世界各国十分重视一级处理技术的研究。城镇污水一级处理技术主要包括筛分、沉砂、沉淀、水解等。

1. 筛分

一级处理中筛分主要是指利用格栅去除水中的悬浮物和大块固体物质。污水处理厂一般设置两道格栅。一道设在提升泵房前，栅条间距为 $15\sim30mm$；另一道设在沉砂池前，栅条间距为 $6\sim10mm$。

格栅分垂直安装和倾斜安装两种。倾斜安装角度为 $45°\sim75°$。单台格栅机的工作宽度不得大于 $4.0m$，超过 $4.0m$ 时可采用多台格栅机。当沟渠宽度大于 $10m$ 时，宜采用移动式格栅，既经济合理，又方便管理。

大型污水处理厂格栅间一般为单独设置，以便于运行管理；中小型污水处理厂一般采取与泵房、沉砂池合建，以节省工程造价。大中型污水处理厂常采用机械格栅，并且通常设置人工除渣的辅助性旁通格栅槽。机械格栅一旦出现故障，旁通格栅能自动分流全部污水。小型污水处理厂一般采用人工捞渣的人工格栅。

我国常用的机械格栅有：链条式格栅、移动式伸缩臂格栅、钢丝绳牵引式格栅、旋转式固液分离机、弧形格栅。

2. 沉砂

在污水的迁移、流动过程中不可避免地要混入泥砂，如果不经去除进入后续的处理单元及设备，将对设备造成磨损、堵塞。所以沉砂的主要作用是去除水中的泥砂。

沉砂主要在沉砂池中完成，沉砂池能去除水中粒径大于 $0.2mm$、密度大于 $2.65\times10^3kg/m^3$ 的砂粒。沉砂池一般设在污水厂的泵站和沉淀池的前端，用于保护水泵和管道不受磨损。

沉砂池主要分为平流式沉砂池、竖流式沉砂池、旋流式沉砂池和曝气沉砂池。

在城镇污水处理厂中，大多采用平流式沉砂池和竖流式沉砂池。

3. 沉淀

沉淀是利用重力沉降原理来去除污水中悬浮固体的工艺过程，一级处理中的沉淀指建在生物处理设施前的初沉池。

初沉池是一级污水处理的主要构筑物或作为二级污水处理的预处理构筑物，设在生物处理构筑物的前面。处理的对象是悬浮物质（SS），可去除 $40\%\sim55\%$ 以上，同时可去除部分 BOD（占总 BOD 的 $20\%\sim30\%$，主要是非溶解性 BOD），以改善生物处理构筑物的运行条件，并降低其 BOD 负荷。

初沉池按池内水流方向分为平流式、竖流式和辐流式。平流式沉淀池大、中、小型污水处理厂均适用，竖流式沉淀池适用于小型污水处理厂，辐流式沉淀池适用于大、中型污水处理厂。

4. 水解

水解（酸化）技术的研究工作是从污水的厌氧生物处理试验开始的，厌氧发酵产生沼气的过程可分为水解阶段、酸化阶段、产乙酸阶段和甲烷化阶段。水解技术就是把厌氧过程控制在前两个阶段，主要目的是将污水中的非溶解性有机物转变为溶解性有机物，把大分子物质转化成小分子物质，利于后续处理的进行，提高污染物的去除效率。城镇污水利用水解技术进行一级处理，可以替代传统的沉淀池，由于水解反应迅速，故水解池体积小，与初沉池相比可节省基建费用。

（二）二级处理技术

目前，我国城镇污水常用的二级处理技术有以下几种。

1. 传统活性污泥工艺

活性污泥法又称悬浮生长法，是一种应用最广泛的废水好氧生化处理工艺，其主要由曝气池、二次沉淀池、曝气系统及污泥回流系统等组成。其工艺流程见图 2-1-1。

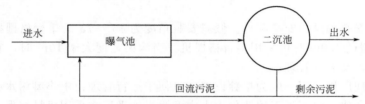

图 2-1-1　传统活性污泥法工艺流程

传统活性污泥工艺具有有机底物浓度沿曝气池池长逐渐降低，需氧速率也沿池长逐渐降低的特点，因此其曝气分布也应该是沿池长逐渐递减的。传统活性污泥系统对废水中可降解有机污染物的处理效果较好，在理想情况下，BOD 去除率可达 90％以上。

2. 序批式活性污泥法

序批式活性污泥工艺（SBR）的发展事实上先于连续流活性污泥技术。1893 年 Wardle 处理生活污水所采用的就是这种工艺。尽管间歇式活性污泥法是污水生物处理方法的最初模式，但由于进出水切换复杂，变水位出水、供气系统易堵塞及设备等方面的原因，限制了其最初的应用和发展。直到 20 世纪 70 年代，随着各种新型设备、计算机及自动控制技术的发展和使用，间歇运行操作中的诸多问题已经完全可以解决，因此该工艺的优势逐步得到体现，并使该工艺迅速得到开发和应用。SBR 池体如图 2-1-2 所示。

图 2-1-2　SBR 池体

由于 SBR 工艺占地面积小，平面布置紧凑，在城镇污水处理方面，成功应用 SBR 工艺的例子也比较多。工艺流程见图 2-1-3。

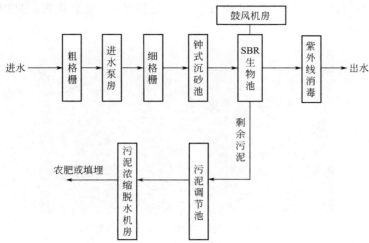

图 2-1-3　某污水处理厂 SBR 工艺流程

3. 氧化沟工艺

氧化沟是一种完全混合并不需要初沉池的延时曝气活性污泥工艺，其结构形式采用环形沟渠，混合液在氧化沟曝气器的推动下作水平流动。氧化沟系统主要有以下种类：交替式多沟式氧化沟、射流曝气氧化沟、表曝系统氧化沟、一体化氧化沟等。氧化沟一般由沟体、曝气设备、进水分配井、出水溢流堰和导流装置等部分组成。

氧化沟工艺适用于大、中、小型生活污水处理厂，也可用于处理某些工业废水，还可适用于去除氮、磷。

如同活性污泥法一样，自从第一座氧化沟问世以来，演变出了许多变型工艺方法和设备。氧化沟根据其构造和运行特征，并根据不同的发明者和专利情况可分为以下几种有代表性的类型。

① 卡鲁塞尔氧化沟　卡鲁塞尔氧化沟利用立式低速表面曝气器供氧并推动水流前进。开发这种氧化沟的目的是寻求渠道更深的氧化沟以及效率更高、机械性能更好的系统设备。氧化沟渠道变深，占地面积相应减少，弥补了当时氧化沟占地面积大的缺陷。目前为了适应脱氮除磷的要求，又开发了卡鲁塞尔 2000 等类型的氧化沟。见图 2-1-4。

图 2-1-4　采用立式表曝机的卡鲁塞尔氧化沟

② 交替工作式氧化沟 国外采用的形式主要是双沟交替（DE）型，即双沟交替地在好氧和沉淀状态下工作，以免除分离式的二次沉淀池，并可完成废水的硝化与反硝化过程。由于双沟式设备闲置率高（<50%），又开发出三沟交替（T）型氧化沟，见图 2-1-5，提高了设备利用率（58.3%）。

图 2-1-5 三沟交替（T）型氧化沟

③ 奥贝尔氧化沟 奥贝尔氧化沟由多个同心的沟渠组成，废水从外沟依次流入内沟，见图 2-1-6。各沟的有机物和溶解氧浓度均不相同，因此可实现脱氮除磷的目的。曝气设备采用曝气转盘。这种类型氧化沟在美国应用较多。

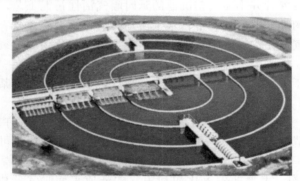

图 2-1-6 奥贝尔氧化沟

④ 一体化氧化沟 一体化氧化沟的氧化沟和二沉池合为一体，省去了污泥回流系统，基建投资相对节省，见图 2-1-7。

图 2-1-7 船形一体化氧化沟

某污水厂氧化沟工艺流程如图 2-1-8 所示。

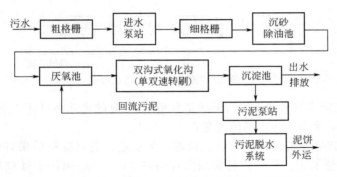

图 2-1-8 某污水处理厂氧化沟污水处理工艺流程

4. AB 工艺

AB 工艺是吸附-生物降解工艺的简称，由德国亚琛大学 B. Bohnke 教授发明，它是在常规活性污泥法和两段活性污泥法基础上发展起来的一种新型废水处理工艺。

典型的 AB 工艺流程见图 2-1-9。从图中可以看出，AB 工艺中的 A、B 两段需严格分开，污泥系统各段独立循环，两段串联运行。

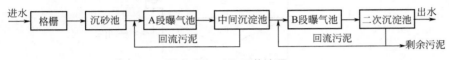

图 2-1-9 AB 工艺流程

AB 工艺中的 A 段为高负荷生物吸附段，通常污泥负荷为 $2\sim6kg$ BOD/(kg MLSS·d)，为常规活性污泥法的 $10\sim20$ 倍，污泥龄仅 $0.3\sim0.5d$，水力停留时间通常只有约 $30\sim40min$。A 段曝气池利用活性污泥的吸附絮凝能力将废水中有机物吸附于活性污泥上，进而将其部分降解，产生的大量生物污泥在随后设置的 A 段沉淀池（或称为中间沉淀池）中进行泥水分离，大部分有机物质以剩余污泥方式排出。A 段系统中的污泥同时具有吸附、絮凝、分解和沉淀等作用，可除去 $50\%\sim60\%$ 的有机物，且运行能耗较低，约为常规活性污泥法需氧量的 30%。

AB 工艺中的 B 段为低负荷段，污泥负荷通常为 $0.15\sim0.3kg$ BOD/(kg MLSS·d)，污泥龄 $15\sim20d$，水力停留时间一般大于 $2h$。在该段，经 A 段处理后残留于废水中的有机物将继续被氧化甚至硝化，以保证较好的运行稳定性和较高的废水处理效率，BOD 去除率可达 $90\%\sim98\%$。

5. A^2/O 法

由于水质富营养化问题日益严重，污水氮磷去除的实际需要使二级生物处理技术进入了具有除磷脱氮功能的深度二级（生物）处理阶段。目前脱氮除磷的工艺主要有 A/O、A^2/O、UCT、Phoredox 等。本书主要介绍 A^2/O 工艺。

A^2/O 是厌氧-缺氧-好氧生物脱氮除磷工艺的简称。它在原来 A/O 工艺基础上，嵌入一个缺氧池，并将好氧池出水的混合液回流到缺氧池中，同时实现磷的摄取和反硝化脱氮过程，组合起来即为 A^2/O 工艺。该工艺系统要达到较好的脱氮效果，其生化反应的有机负荷必须很低；通过排出富磷的剩余污泥达到除磷的目的，好氧池内有机负荷应维持在相对高的水平。所以 A^2/O 工艺需要严格控制溶解氧等条件，其工艺流程见图 2-1-10。

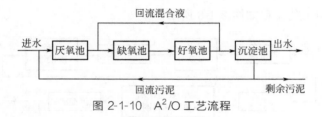

图 2-1-10　A²/O 工艺流程

　　该工艺 BOD 去除率与普通活性污泥法基本相同，TP 的去除率可达 50％～70％，TN 的去除率为 40％～60％，剩余污泥中的磷含量在 2.5％以上。

　　A²/O 工艺以其抗冲击负荷能力强、处理效果稳定、脱氮除磷效果好的优势，在国内外污水处理厂中被广泛采用。经统计目前国内有超过 1400 个城镇污水处理厂采用的是活性污泥法，其中采用 A²/O 工艺的达 970 家，覆盖全国 24 个省份。

6. 生物接触氧化法

　　生物接触氧化法也称淹没式生物滤池，其在反应器内设置填料，经过充氧的废水与长满生物膜的填料相接触，在生物膜的作用下，废水得到净化。其基本构造如图 2-1-11 所示。

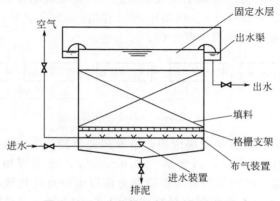

图 2-1-11　生物接触氧化池基本构造

　　根据充氧与接触方式的不同，接触氧化池可分为分流式和直流式，如图 2-1-12 和图 2-1-13 所示。

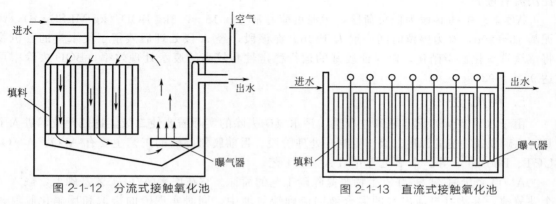

图 2-1-12　分流式接触氧化池　　　　　图 2-1-13　直流式接触氧化池

7. 曝气生物滤池

　　曝气生物滤池（biological aerated filter，BAF）是一种集过滤、生物吸附、生物氧化于一体的新型水处理技术。它可以维持高的水力负荷和保留高的生物量浓度以减少环境冲击，能促进微生物生长且产泥量少。该工艺因具有占地面积小、投资和运行成本低、管理方便、氧利用效率高、出水水质好、抗冲击负荷能力强等优点而越来越受到人们的关注。

曝气生物滤池的构造与污水三级处理的滤池基本相同，只是滤料不同。曝气生物滤池主体可分为滤池池体、生物填料层、承托层、布水系统、布气系统、反冲洗系统、出水系统七个部分。池型结构见图2-1-14。

曝气生物滤池根据水流方向分为上向流和下向流两种：上向流是由底部进水，气水同向；下向流则是上部进水，气水反向。根据处理效果和控制来说，上向流运用得比较多。

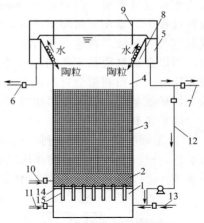

图 2-1-14 曝气生物滤池构造

1—缓冲层配水区；2—承托层；3—生物填料层；4—出水区；5—出水槽；6—反冲洗排水管；7—净化水排出管；8—斜板沉淀区；9—栅型稳流板；10—曝气管；11—反冲洗供气管；12—反冲洗供水管；13—滤池进水管；14—滤料支撑板；15—滤头

8. 厌氧氨氧化法

厌氧氨氧化（anaerobic ammonium oxidation，Anammox）反应是指在厌氧或者缺氧条件下，将亚硝酸氮（NO_2^--N）作为电子受体，将氨氮（NH_4^+-N）作为电子供体，然后再将 HCO_3^- 和 CO_2 作为碳源，利用厌氧氨氧化菌将氨氮氧化成氮气（N_2）的一个过程。在此过程中，势必会生成一定量的羟氨（NH_2OH）和联氨（N_2H_4），所以还应该对该过程进行不断地提升和完善，具体的反应公式如下：

$$NH_4^+ + NO_2^- + HCO_3^- + H^+ \longrightarrow N_2 + NO_3^- + CH_2O_{0.5}N_{0.15} + H_2O$$

根据以上的反应方程式，我们可以得出厌氧氨氧化技术的原理：在厌氧氨氧化反应中会消耗一定量的 HCO_3^- 和 CO_2，而没有增加额外的碳源，这样不仅能有效地实现节约成本，而且还可以有效防止反应中产生的两种污染：反应过程几乎不产生 N_2O，可有效避免传统脱氮方式造成的温室气体排放；反应过程不产生碱，无需添加中和试剂，更环保。相比传统硝化-反硝化工艺，该过程可降低50%的曝气量、100%的有机碳源以及90%的运行费用，且污泥产率低。此外，该技术还具有污泥生产少、节省耗氧量等优点，具有可持续开发利用的意义。

（1）亚硝酸处置工艺

此种处置办法是利用率最高的厌氧氨氧化污水处置工艺，具体处置进程可划分成两个环节，每一环节都要有相应的容器与反应条件：第一，是亚硝化处置时期，其能把污水中50%的氮氨原素变成亚硝态氮；第二，厌氧氨氧化处置，能把污水里多余的氮氨元素变成氨气，把第一环节获得的亚硝态氮通过厌氧氨氧化反应变成氨气。此处置进程可完成污水脱氮工作，并且具备四大优势：

① 第一环节反应形成的亚硝态盐是一种碱性物质，能和厌氧水形成的重碳酸盐发生反应，实现酸碱中和。

② 在此处置进程中，每一环节反应在相应容器内，能最大化地为性能菌供应良好的成长氛围，进而减少进水物质的制约作用。

③ 亚硝化处置手段是一种联合工艺，具体操作进程比较便捷，并且对pH值要求广泛。

④ 亚硝化处置进程减少了 N_2O 与 NO 等温室气体释放量，不会破坏环境。

（2）全自氧脱氮处置工艺

CANONO是全自氧脱氮处置工艺的简称，一般运用溶解氧掌控完成厌氧氨氧化反应，在污水处置进程中，自养菌能把水体中的氨氮等元素变成 N_2，以此达成脱氮目标。在展开处置过程中，要在氧氛围下展开，涉及的化学反应主要有厌氧氨氧化反应与亚硝化反应，形成氮气与亚硝胺。在这一进程中，反应所需的厌氧氨氧化菌与亚硝氮菌都属于自养型细菌范围，所以全自氧脱氨工艺的污水处置进程要持续加入其余有机物，在无机自氧氛围中能自主展开反应。然而利用全自氧工艺，要在污水处置的整个流程中，对工艺实施氛围展开充分掌控，保证亚硝酸盐与氧气可以维持均衡，进而确保反应的正常开展。

（3）**工程实例**

① **工程实例一**：奥地利 Strass 污水处理厂是全球首座在主流工艺上实践厌氧氨氧化的污水厂，Strass 污水厂目前在厌氧氨氧化方面做得非常成功，氨氮去除率约 80％，总氮去除率 20％～25％，出水氨氮控制在 5mg/L 以下，其工艺流程图如图 2-1-15 所示：

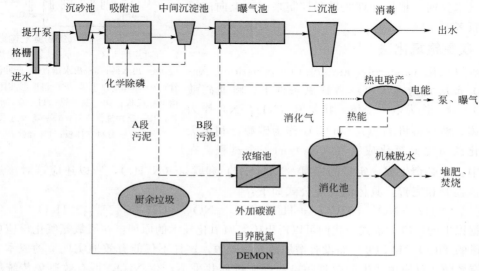

图 2-1-15 Strass 污水处理厂主流厌氧氨氧化工艺示意

Strass 污水处理厂的进水水质年均值为：COD 约 700mg/L、BOD 约 340mg/L、TN 约 45mg/L、TP 约 9mg/L。冬季水温约 10.5℃。AB 工艺的 A 段 COD 去除率约 55％～65％，SRT 约 0.5d；B 段工艺的 SRT 约 10d，氨氮去除率约 80％。出水氨氮控制在 5mg/L 左右，通过在线氨氮控制调节好氧池容来实现。

Strass 污水厂水质去除率指标如表 2-1-5 所列。

表 2-1-5 Strass 污水处理厂水质去除率指标

参数	BOD	COD	TN	TP
进水/(t/a)	3185	6378	439	86
出水/(t/a)	56	326	94	4.5
处理率/%	98.3	94.8	78.6	94.7
出水标准/%	95.0	85.0	70.0	85

剩余污泥经浓缩后，协同厌氧消化和脱水处理。脱水后的污泥回流液采用厌氧氨氧化（DEMON）工艺处理，DEMON 工艺的 Anammox 菌回流到主流工艺中。高效的热电联产是该污水厂实现能量自给的重要途径，该厂采用颜巴赫公司的高效八汽缸内燃机（340kW），电能转化率为 38％，2005 年能量自给率已达 108％。

② **工程实例二**：西安第四污水处理厂设计总规模 50×10^4 t/d，一期规模为 25×10^4 t/d，

采用倒置 A/A/O 工艺，执行一级 B 排放标准，后经升级，改造为正置 A/A/O 工艺，在缺氧及厌氧池投加填料并延长 HRT，通过搅拌＋曝气实现填料流化，出水水质成功由一级 B 标准提升为一级 A 标准。

工程改造前与改造后的进出水水质如表 2-1-6 所列。

表 2-1-6　工程改造前与改造后的进出水水质　　　　　　　　单位：mg/L

项目		COD	SS	TP	NH_4^+-N	TN
改造前	进水	212～1589 (583)	170～2710 (630)	3.97～15.59 (6.37)	19.92～40.50 (33.76)	33.43～75.56 (46.10)
	出水	22.9～40.4 (29.0)	6～20 (12)	1.38～2.77 (2.77)	0.12～3.11 (1.09)	11.99～19.37 (17.82)
改造后	进水	327～1186 (604)	220～890 (491)	7.79～19.04 (10.96)	16～47 (28.60)	17～68 (56.58)
	出水	20.7～24.4 (22.6)	4～9 (6)	0.14～0.41 (0.32)	0.14～3.05 (0.81)	5.81～11.32 (8.07)
一级 A		≤50	≤10	≤0.5	≤5	≤15

注：括号内数据为多次采样测量的水质数据平均值。

MBBR 长期运行后，缺氧池和厌氧池内所投加填料表面生物膜呈现微红色。由于 Anammox 细菌富含细胞色素 c 等蛋白，红色为其区别于其他脱氮微生物的特征颜色。再者，在缺氧区氨氮浓度发生了显著的变化，因为在厌氧和缺氧区，如果没有氧的供应氨氮不可能发生变化。这两个发现都暗示了 Anammox 有可能在填料表面实现了富集。

后经国内不同单位通过污泥厌氧氨氧化活性测试、基因组学测序、同位素示踪反应等多种手段的综合检测，得出两个结论：一是填料上确实富集了 Anammox 细菌，其丰度显著高于悬浮污泥；二是 Anammox 细菌参与到污水脱氮过程，且对 TN 脱除的贡献率约占 15%。

西安第四污水处理厂一期工程近三年的 COD、总氮和磷均达到准 IV 类水体标准，特别是一期的总氮浓度显著低于二期，也显著低于 10mg/L。

9. 膜生物反应器

膜生物反应器是将生物降解作用与膜的高效分离技术相结合而成的一种新型高效的污水处理与回用工艺。

在膜分离技术应用领域中，一般使用膜组件一词描述膜、压力容器、给水入口、透过液出口和滞留部分及单元支撑结构组成的完整系统。污水处理用膜组件主要形式有：管式膜组件、中空纤维膜组件、螺旋卷式膜组件及板框式膜组件。

由于微滤膜分离技术的应用，反应器内的生物种类和数量是其他工艺所无法比拟的，一些在传统生物处理工艺中不能发育起来的微生物在膜生物反应器内都可以壮大起来，从而大大提高了生物处理的效果。

（三）深度处理技术

污水深度处理的目的：一是去除悬浮和有机物质，脱色、除臭，使出水进一步澄清和稳定；二是脱氮除磷、消毒杀菌，消除能够导致水体富营养化的因素和有毒有害物质；三是去除某些无机成分，满足回用的具体要求。因此，污水深度处理的去除对象主要包括有机物、植物性营养盐类、悬浮颗粒物、无机阴阳离子、盐分和病毒细菌六大类污染物质。

去除对象不同，所采用的处理技术也不相同。污水深度处理技术简单地说可以分为三大类，即物理化学法、生物法、膜生物反应器。

1. 物理化学法

物理化学法包括过滤、消毒、混凝、吸附、化学氧化法、膜分离技术等。其工艺组合形式主要有：二级出水→砂滤→消毒；二级出水→混凝→沉淀→过滤→消毒；二级出水→混凝→沉淀→过滤→（活性炭吸附）→消毒。根据出水的不同要求，可以采用不同的工艺组合。

过滤主要是利用天然石英砂、无烟煤等滤料的筛滤作用、重力沉降作用和吸附凝聚作用截留污染物，以去除细小的化学絮凝体，提高悬浮物、浊度、COD 的去除率，为后续处理工艺创造良好的条件。

常用的吸附剂有活性炭、黏土、沸石、活化硅藻土等。活性炭吸附法是最常用的物理处理污水方法，活性炭处理占地少，易于自动控制，对水量、水质、水温变化适应性强，可再生使用，但工艺的基建投资、运行费用及活性炭再生成本是今后研究的重点。

化学氧化方法主要是通过投加氧化剂，利用氧化剂的氧化能力，分解破坏水中的污染物质。光化学氧化、臭氧氧化、Fenton 试剂氧化、氯化氧化、高锰酸钾氧化都属于化学处理工艺，它们可以增强水的常规处理工艺的效果，大大减轻后续常规工艺处理污染物的负荷，提高整体工艺对污染物的去除率。

2. 生物法

生物法的使用装置分为生物接触氧化池、淹没式生物滤池、塔式生物滤池、生物流化床、生物转盘等。某处理厂就采用曝气生物滤池对污水进行深度处理，其工艺流程如图 2-1-16 所示。

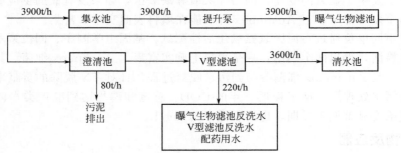

图 2-1-16　某污水厂深度处理流程

该厂采用曝气生物滤池＋V 型滤池的工艺，经过深度处理，去除污水中有害物质的效果非常明显，重金属及细菌清除干净，为发电厂提供了优质的水源。

3. 膜生物反应器

膜生物反应器介绍参见前文二级处理技术部分。

（四）污泥处理处置技术

污泥处理处置技术主要有污泥的好氧消化、厌氧消化、组合消化，污泥焚烧，污泥卫生填埋，污泥堆肥，污泥制造建筑材料等。

二、技术的发展趋势

当今世界，随着环境污染、气候变化、能源危机以及资源枯竭等多重重大问题日益凸显，近几年，国际污水处理行业出现了以下 3 个明显趋势：

① 污染物削减功能被进一步强化　一方面，随着经济社会发展，污染强度不断增大，

污染物种类日趋复杂；另一方面，随着公众环境意识增强，水环境质量要求不断提高。为此，一些发达国家的污水处理厂正在由生物脱氮除磷（BNR）向强化脱氮除磷（ENR）方向发展，有些甚至达到了技术极限（LOT）水平。同时，一些深度处理，乃至超深度处理（高级氧化、反渗透等）技术也被应用，以达到对环境内分泌干扰物、药物和个人护理品等新兴污染物的去除，满足更加健康安全的水环境质量需求。

② 低碳处理和能源开发　气候变化问题和能源危机要求城市污水处理实现低碳化，在处理过程中实现节能降耗，提高能源自给率。

③ 污水处理过程的资源回收引起重视　城市污水处理将成为资源循环利用的重要载体。除水资源循环利用外，污水处理过程还可实现有机质及磷等资源的循环利用。特别是磷，全球磷资源行将枯竭，中国储量也只能有效供给 $20\sim50$ 年。因此，构建磷素的持续循环体系应引起重视，而城市污水处理将是实现磷循环的重要途径。日本相关机构曾经测算，如将污水中的磷（每年 5×10^4 t）加以回收，可解决本国磷矿石进口量的 20%。

在污水处理厂新功能需求下，相关污水处理技术也将面临新变革。目前主要有：

① 污水深度和超深度处理技术　包括营养物深度去除技术、新兴污染物去除技术和高品质再生水超深度集成处理技术。

② 低碳污水处理技术　包括节能降耗运行优化与高效控制技术以及节能降耗新设备的应用。

③ 污水处理能源开发技术　包括污水能源与污泥能源开发技术。

④ 污水处理资源回收技术　具体包括 PHA 生物塑料回收技术和磷回收技术。

1. 建设"新概念"水厂

从世界范围看，污水处理正处于重大变革的前夜，城市污水处理厂将由单纯污染物削减，转变为资源、能源工厂，相关政策、标准、技术、实践等正在广泛而深刻地变革。而这些，正是中国污水处理未来发展必须重视的新方向。

2014 年 6 位环境领域知名专家发起设立中国污水处理概念厂专家委员会（曲久辉、王凯军、王洪臣、余刚、俞汉青、柯兵），提出用 5 年左右时间，建设一座（批）面向 2030—2040 年、具备一定规模的城市污水处理厂。经过考察调研，2021 年 10 月，专委会携手三峡集团、宜兴环科园建成投运了宜兴城市污水资源概念厂，该厂正式投运以来，每天有 2 万吨生活污水在实现"清洁"出水后排向太湖，或在"新功能环"用作冲调咖啡等的生活用水。2022 年 9 月下旬，作为我国污水处理行业 10 年伟大变革的代表作，概念厂亮相在京举办的"奋进新时代"主题成就展综合展区，接受习近平总书记等国家领导人的参观。2022 年 11 月初，长江经济带生态环境国家工程研究中心技术验证基地落户该厂。宜兴城市污水资源概念厂"水资源环"处理后的污泥连同餐厨垃圾等被"吃干榨尽"，培育成有机营养土，已成功实现将传统污水处理厂升级为水源、能源、肥料工厂的建设目标。曲久辉院士说，长江经济带生态环境国家工程研究中心是目前国内唯一一个全面布局长江大保护国家战略的工程研究中心。宜兴城市污水资源概念厂凭借在减污降碳协同增效方面先行先试所取得的成绩，纳入中心的核心建设内容，有助于推进先进技术向实际应用的转化。

从 19 世纪初开始，美国南加州海岸就面临着海水入侵的威胁，为此需要向地下回灌大量高品质水。1975 年，加州橙县水管区在泉水谷建造了一座面向未来、引领行业发展的污水处理厂，命名为"21 世纪水厂"。21 世纪水厂的原工艺采用石灰澄清＋反渗透＋紫外工艺，后来又采用了微滤＋反渗透＋紫外＋双氧水的技术。40 多年来，21 世纪水厂的反渗透技术引领了地下水回灌的发展潮流，开创了反渗透技术应用于污水处理的先河，在污水处理领域产生了深远的影响。

新加坡于 1998 年开始再生水研究——NEWater 工程，由新加坡公共事业局与国家环保部共同发起。NEWater 水厂使用污水做源水，处理工艺主要包括多廊道 3 阶段净化系统，其中包括超滤、反渗透和紫外线消毒。NEWater 处理厂的出水与水库水混合，再进行常规处理后作为饮用水。NEWater 工程在国际上产生了重大的影响，开创了污水回用于间接饮用的新篇章，对于全球水回用的未来发展具有深远意义。

超常规发展的中国污水处理事业，正面临着亟待解决以往问题和适应未来发展的迫切需求。在发展路线的重要选择关口，专家认为，为了跃升行业智慧资源，凝聚共识，明晰方向，迫切需要学习国外先进经验，借鉴成熟案例，效仿美国"21 世纪水厂"和新加坡"NEWater 水厂"，建设一座（批）"中国污水处理概念厂"。

概念厂应包含但不限于以下 4 个方向的追求：

① 使出水水质满足水环境变化和水资源可持续循环利用的需要；

② 大幅提高污水处理厂能源自给率，在有适度外源有机废物协同处理的情况下，做到零能耗；

③ 追求物质合理循环，减少对外部化学品的依赖与消耗；

④ 建设感官舒适、建筑和谐、环境互通、社区友好的污水处理厂。

2018 年 4 月 17 日，首座中国污水处理概念厂建设完成，"以城市污水资源概念厂为核心的城乡生态综合体"正式踏上历史舞台。2019 年 2 月 14 日，第二座污水处理概念厂在河南省商丘市举行了投产仪式。

2. 高效脱氮除磷技术的研究开发

该项技术主要的发展方向包括：

① 从经济角度考虑，研究不同营养类型微生物在水处理构筑物中独立生长的新工艺，继续改进传统的 A^2/O 工艺、BICT 工艺等；

② 从低耗、高效角度出发，研究不同于传统理论的脱氮除磷工艺，如短程硝化反硝化、厌氧氨氧化、同时硝化及反硝化等新技术及相关工艺。

3. 再生水回用

污水回用体现了水资源可持续利用和合理配置的重要战略意义。国内已有许多成功的经验，例如我国沿海缺水城市大连，在 1992 年率先建成了污水回用示范工程，取得了实效。2002 年，北京完成了高碑店污水处理厂规模为 $47 \times 10^4 \, m^3/d$ 的中水回用工程，每天将 $20 \times 10^4 \, m^3$ 处理水送到高碑店湖，作为北京第一热电厂的冷却水。事实证明城市污水的再生回用可以有效地解决水资源不足和水环境污染这对矛盾，对水质型缺水的地区具有现实意义。

中水处理技术按处理机理不同可分为物理化学处理法、生物处理法、膜处理法三大类。

依照目前的发展趋势，要以污水处理厂为主体开展中水回用，就必须完成城市二级污水处理厂的技术升级，完善的污水回用处理技术是促进污水回用进一步发展的保证。目前二级出水经混凝、沉淀、过滤、消毒等深度处理后，可达到市政、生活杂用、城市景观用水和中水水质要求，可满足更多用途的回用。综上所述，城市污水处理厂二级出水水质已经达到一般工业冷却水和农灌水质标准，如果再经适当深度处理，将可达到更高要求的水质标准。因此，城市污水再生回用是完全可行的。

第四节　城镇污水的回用

随着我国经济的快速发展和城市化进程的加快，水资源的短缺在城镇尤为突出，因此国家极为重视城镇污水资源化问题。在我国北方，由于用水量大幅度递增，造成水资源的紧缺。在南方，河流污染日益严重，可利用的水资源日趋不足。水资源短缺已经阻碍和制约着国民经济的持续发展，因此，迫切需要寻找一条可靠合理的途径解决这一问题。一方面可以通过增加污水处理量，减少对水体的污染，另一方面可以降低造价，节省成本，将污水经处理后再予以回用。目前世界各国相继开展了污水再生与回用研究，多年的实践已证明，再生后的污水不仅可以用于农业、工业，还可更广泛地作为城镇用水，城镇污水量大且集中，就近可取，基建投资省，处理成本低，是可开发利用的重要水源，因此进行城镇污水回用具有一定的现实意义。

一、回用现状

在国外，污水再生回用于城市生活，主要分为非限制性娱乐用水、限制性娱乐用水、观赏用水、生活杂用水等。国外早在 19 世纪 30 年代就已开始对此进行研究。在污水再生回用的兴起和发展过程中，欧美、以色列、日本等都开展了小区污水回用的研究与实践工作，并有不少值得借鉴的经验。

以色列是在中水回用方面最具特色的国家，100% 的生活污水和 72% 的城市污水得到回用，占全国污水处理总量 46% 的出水直接回用于灌溉，其余 33.3% 和约 20% 分别回灌于地下或排入河道，其回用程度之高堪称世界第一。一般回用工程规模为 $5000\sim10000\,\mathrm{m^3/d}$，最小规模可达 $27\,\mathrm{m^3/d}$。污水回用处理工艺因用户不同而异，有厌氧塘-兼性塘-好氧塘系统、二级生物处理-深度处理系统、二级生物处理-土地快速渗滤、塘系统-化学法-土地快速渗透系统等。

美国是世界上开展污水回用最早的国家之一。20 世纪 60 年代初开始大规模建设污水处理厂，随后开始进行污水回用。到 1980 年美国已有 357 个城市实现污水回用，再生回用点 536 个。污水主要回用于灌溉、景观、工艺、冷却水、锅炉补水、回灌地下和娱乐养鱼等，回用总量达 $9.4\times10^9\,\mathrm{m^3/a}$。其中用于灌溉的达 $5.8\times10^9\,\mathrm{m^3/a}$，占回用总量的 62%；回用于工业的达 $2.8\times10^9\,\mathrm{m^3/a}$，占回用总量的 30%；其他方面的回用水量不足 10%。2000 年，加利福尼亚州的污水再生利用量为 $8.64\times10^8\,\mathrm{m^3}$，再生水水量占平水年份全州城市年用水总量的 7% 左右；再生水用水总量中，农业灌溉约占 32%，回灌地下水占 27%，绿化灌溉占 17%，工业生产占 7%，补充地表径流、营造湿地和休闲娱乐水面等景观生态用水约 3%，屏蔽海水入侵约 1%，其余 13% 用于城市公共建筑和居民家庭的多种非饮用用途。

日本污水回用技术的开发与应用于 20 世纪 70 年代已初具规模，1990 年日本已建成 1369 座中水工程，东京江东区污水回用量达到 $1.3\times10^6\,\mathrm{m^3/d}$，城北区达 $2.4\times10^6\,\mathrm{m^3/d}$，它们中的 80% 回用于工业用水。濑户内海地区污水回用量已达该地区用淡水总量的 2/3，取用新水量仅为淡水用量的 1/3，大大缓解了该地区水资源严重短缺的矛盾。

新加坡是严重缺水国家，所使用的一半淡水量需要从马来西亚进口，因此，新加坡十分重视污水回用。新加坡采用"双介质过滤-反渗透"（DMF-RO）工艺对城市三级处理污水进行深度处理，2000 年在裕廊岛工业园区投产一套产水规模 $3\times10^5\,\mathrm{m^3/d}$ 的城市污水深度处理装置，出水主要回用于给水和消防系统。另外以三级处理的城市污水为水源，采用"超滤-紫外光-反渗透"生产"新生水"工艺，投资 1700 万新元建设一套产水能力 $3.3\times10^5\,\mathrm{m^3/d}$（用于饮用水）的城市污水深度处理装置，该系统所产生的"新生水"大部分进入饮用水源水库作为饮用水，部分作为瓶装饮用水免费发放给参观游人。

与国外相比，我国的城市污水回用技术起步较晚，20 世纪 50 年代，我国开始将城市污水回灌农业。20 世纪 70 年代，我国才开始认识到城市污水回用的重要性，并开始探索适合我国的污水再生利用技术。改革开放后，我国经济发展速度逐步加快，国民生产用水量急剧增加，城市水资源紧缺问题凸显，我国城市污水处理技术开始日渐成熟。

《2020 中国水资源公报》显示，中国人均水资源量为 2257m^3，仅为世界水平的 1/4，是全球人均水资源贫乏的国家之一。目前，中国年用水总量已经超过 $6×10^{11}$ t，660 余座城市中，近 2/3 城市处于缺水状态，水资源供需矛盾日益加剧，2020 年京津冀地区 80% 以上河流出现干涸，水资源已经成为中国社会经济发展的突出瓶颈和约束性资源。再生水（reclaimed water）是指污水或污水处理厂出水经处理后，达到一定水质要求，满足某种使用功能，可以安全、有益使用的水，再生水已经成为以色列、美国、日本、澳大利亚等国家城市水资源的重要组成部分，从全球范围来看，2022 年再生水利用量估计超过 $5×10^{10}$ m^3/a。

《"十三五"全国城镇污水处理及再生利用设施建设规划》提出，"十三五"期间投入 5644 亿元用于城镇污水处理及再生利用设施建设，相比"十二五"期间增加了 31.3%。根据《城乡建设统计年鉴》，"十三五"期间，城市排水管网长度达 802721km，较"十二五"末增长约 48.8%；截至 2020 年，全国污水年处理量达 $5.57×10^6$ m^3，较"十二五"增长 30%；城市污水处理厂 2618 座，五年累计新增 674 座；污水厂处理能力 $1.93×10^7$ m^3/d，较"十二五"末增长 37.2%。

为应对愈发严重的水短缺问题，国家提出"以水定城，以水定地，以水定人，以水定产"基本政策，倒逼节水行动，优化用水结构，提高用水效率。目前，中国所采用的主要措施有跨流域调水、节制用水、雨水蓄用及污水回用。结合中国历史再生水利用设施建设现状及"十四五"全国城镇污水处理及再生利用设施建设工作分析，增加城市建设规划和市场投入势在必行。中国再生水回用资源充沛、市场潜力巨大。据统计，2007—2019 年，中国城镇地区再生水利用量从 $1.59×10^9$ m^3 增加到 $1.16×10^{10}$ m^3，但再生水利用率仅为 20%。而再生水利用率居全球第一的以色列 2015 年再生水利用率高达 80%。

北京、天津、太原、石家庄、西安等缺水城市已经先后建立了一系列污水回用工程（表 2-1-7）。但由于资金和技术的原因，我国水资源利用率不高，城市污水回用率偏低。

表 2-1-7　国内城市污水回用工程实例

序号	回用工程地点	回用规模/(m³/d)	回用工艺	回用目标
1	北京某污水厂	$30×10^4$	消毒、过滤	电厂、厂内
2	天津某污水厂	$10×10^4$	消毒、过滤	造纸及其他
3	石家庄某污水厂	$10×10^4$	过滤、消毒	景观河道
4	泰安某污水厂	$2×10^4$	砂滤、消毒	工业及厂内
5	太原某污水厂	$2.4×10^4$	过滤、消毒	工业用水
6	西安某污水厂	$6×10^4$	絮凝、消毒	洗车、绿化
7	大连某污水厂	$4×10^4$	消毒	市政用水

沈阳某处理厂就过滤、消毒工艺对污水进行中水回用，其工艺流程如图 2-1-17 所示。

二、回用原则

1. 系统协调原则

城市污水回用涉及水资源开发、城市供水、用户用水、用水成本、节水政策、污水处理、水环境保护等方面（或称为子系统）。污水回用使它们构成了一个矛盾统一体：自然-社会-经济复合生态系统。在这个系统中，各个子系统之间既相互联系又相对独立。

系统协调原则，就是协调理顺各子系统、各要素之间的关系，使它们协同进化趋利避

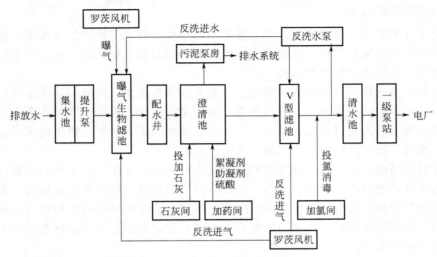

图 2-1-17 沈阳某污水厂中水回用工艺流程

害，通过各子系统的综合作用，解决水资源的开发、利用、保护，解决水资源对人类社会持续发展的制约问题。

2. 经济有效原则

经济手段的一个基本目的就是要确定水资源的合理价格，以促进水资源的有效利用和合理配置。如果水资源定价合理、正确，那么它就会同其他生产要素一样，在市场上受到同等对待，并因此确保水资源配置的经济有效性。经济有效的重要标志就是使得水资源开发利用的外部性内在化，即价格反映水资源及其服务的"真实"成本。

按照经济有效原则，必须进一步理顺水务（水资源开采、供水、排水、污水处理、回用等）价格，实施"优质优价，谁投资谁受益，多投资多收益"的经济政策，从而激发当事人对污水回用工程的投入。

3. 循序渐进原则

污水回用是一项系统工程，也是一项全新的工作，存在着诸如技术、经济、政策等方面的一系列问题，需要我们遵循"循序渐进"的原则，根据用水的水质要求，逐步提高污水回用率。

4. 适应城镇总体规划原则

从全局出发，正确处理城市境外调水与开发利用污水资源的关系、污水排放与再生利用的关系，以及集中与分散、新建与扩建、近期与远期的关系。经过全面调查论证，确保经过处理的城镇污水得到充分利用。

5. 适应用户需求原则

明确用水对象的水质水量要求；宜进行污水再生利用实验或借鉴已建工程的运行经验，选择合适的再生处理工艺，确保水质水量安全可靠。

三、回用技术

污水回用处理技术，是指根据不同的水质特点和回用用途，将达标外排污水进行处理并回用的技术。污水回用技术分为物理法、化学法、物化法和生物法。

1. 物理法回用技术

混凝是指在水中加入某些溶解盐类，使水中细小悬浮物或胶体微粒互相吸附结合而成较大颗粒从水中沉淀下来的过程。混凝可去除或降低悬浮的有机物和无机物、溶解性磷酸盐以及某些重金属，降低水中细菌和病毒含量。

过滤是利用多孔物质（筛板或滤膜等）阻截大的颗粒物质，而使小于孔隙的物质通过的一种最简单、最常用的分离方法。在水处理中是使水通过砂、煤粒或硅藻等多介质的床层以分离水中悬浮物，其主要目的是去除水中呈分散悬浊状的无机质和有机质粒子，也包括各种浮游生物、细菌、滤过性病毒与漂浮油、乳化油等。

离心分离是借助离心力，使密度不同的物质进行分离的方法。由于离心机等设备可产生相当高的角速度，使离心力远大于重力，于是溶液中的悬浮物便易于沉淀析出，又由于密度不同的物质所受到的离心力不同，从而沉降速度不同，能使密度不同的物质达到分离。污水在旋转中因为悬浮固体和污水所受到的离心力不同，质量大的悬浮固体被甩到污水的外侧进而分离，污水得以净化。

2. 化学法回用技术

氧化还原是指污水中的污染物质通过氧化还原反应，转化为无毒、无害或微毒的新物质，或者转化为容易与水分离的形态，从而得到去除的方法。其中按污染物的类型可具体分为氧化处理法和还原处理法。

电解是在电解槽中，直流电通过电极和电解质，在两者接触的界面上发生电化学反应，以制备所需产品的过程。污水中的污染物在阳极被氧化，在阴极被还原，或者与电极反应产物作用，转化为无害成分被分离除去。

消毒是通过投加消毒剂，依靠消毒剂的特性以及与致病微生物的反应来破坏细胞壁、改变细胞膜的渗透性、改变原生质的胶体特性和抑制酶的活性等来消灭致病微生物，从而达到净化污水的目的。常用的消毒方法有二氧化氯消毒、臭氧消毒、紫外线消毒、次氯酸钠消毒等。

化学沉淀是投加化学药剂，使污水中需要去除的溶解性污染物质转化为难溶物质而析出，从而达到去除污染物的目的的水处理方法。

3. 物化法回用技术

① 气浮是向污水中通入空气，以高度分散的微小气泡作为载体，使污水中的乳化油、微小悬浮颗粒等污染物黏附在气泡上，随气泡一起上浮到水面，通过收集泡沫或浮渣达到分离杂质、净化污水的目的。

② 吸附指固体表面对气体或液体的吸着现象。固体称为吸附剂，被吸附的物质称为吸附质。根据吸附质与吸附剂表面分子间结合力的性质，可分为物理吸附和化学吸附。目前常用的水处理吸附剂有活性炭和腐殖酸类吸附剂。

③ 超滤是以压力为推动力的膜分离技术之一。利用超滤膜的小孔筛分作用，截留如细菌、蛋白质、颜料、油类等物质，从而达到净化污水的目的。

④ 萃取是依靠污染物在水中和在某种有机溶剂中有不同的溶解度，并且水与该种有机溶剂是不相溶的，进而将污染物从水中分离出来的方法。用这种方法处理污水要考虑萃取剂的选择和温度对萃取过程的影响。

⑤ 液膜分离是利用液膜将不同组分的溶液分开，通过渗透迁移分离一种或一类物质的方法。这种新兴的高分离、浓缩、提纯和净化水处理技术，具有出水水质好、效率高、占地

小的特点，广泛应用于污水处理、冶金、石油化工等许多领域。

4. 生物法回用技术

好氧生物处理是利用好氧生物吸附、氧化分解污水中的有机物，从而达到净化水体的方法。目前常用的有活性污泥法、生物膜法等。

在实际应用中，根据回用标准的不同，还可采用不同的处理技术组合，将各种技术可行、经济合理的处理技术综合集成，使城市污水满足相应的回用水水质要求，达到污水资源化的目的。表 2-1-8 为根据回用途径的不同，对处理技术的选择。

表 2-1-8　回用水用途及对应的处理组合技术

回用用途	重点去除的特征污染物	特征污染物的危害	可采用的深度处理组合工艺
工业循环冷却水	硬度、无机盐；有机物	引起结垢、腐蚀；管道设备中滋长微生物	二级处理出水（→深度生物处理）→混凝沉淀→过滤→部分软化或部分脱盐→消毒→回用
农业灌溉用水	无机盐；重金属等有毒有害物质	引起土壤盐碱化；影响食品安全，带来健康危害	二级处理出水→混凝沉淀或过滤（→部分脱盐）→消毒→回用 二级处理出水→土地处理或生态处理→回用
城市杂用水	持久性有机物；病原微生物	威胁公众健康；传播疾病	二级处理出水→混凝沉淀或过滤→化学氧化剂消毒→回用
城镇绿化用水	无机盐；氨氮；病原微生物	引起土地盐碱化；危害植物；传播疾病	二级处理出水（→深度生物处理）→混凝沉淀（→部分脱盐）→非氯消毒→回用
居民卫生用水	色度、浊度；有机物；病原微生物	影响感官；卫生器具中滋长微生物；传播疾病	二级处理出水（→深度生物处理）→混凝沉淀或过滤→氯消毒→回用
景观环境补水	氮、磷；有毒有害污染物	引起水体富营养化；危害水生生物	二级处理出水→脱氮除磷强化处理→混凝（化学）沉淀或过滤（→膜法过滤）→非氯消毒→回用
地下回灌补给水	总氮、有毒有害污染物	恶化地下水质	二级处理出水（→深度生物处理）→混凝沉淀或过滤→膜处理或高级氧化或活性炭吸附→消毒→回灌

第五节　城镇污水处理典型案例

一、实例一

北京槐房地下再生水厂是目前国内最大的主体处理工艺全部处于地下的再生水厂，其突破传统的设计及建设理念，采用先进的 MBR 工艺全地下布置，配套设计有污泥处理、臭气处理、园林景观等设施。槐房再生水厂将主要处理构筑物布置在地下，地面设计为湿地保护区，生态景观与污水处理构筑物融为一体。水厂全地埋结构整体为 230m×650m×19m，深基坑，竖向分为地面层、地下一层、地下二层。根据处理工艺流程合理布置地下污水处理和再生水生产设施，改变常规分散式布局模式，将各种设备间和处理构筑物集成化、模块化，节地效果明显。槐房再生水厂采用单体设备封闭、空间全封闭等多级气体封闭措施，将产生的臭气经密闭管道输送至除臭设施处理，达到排放一级标准后通过排放塔排放，杜绝了对周边环境的不利影响。

厂址西侧为槐新公园，东侧为桃苑公园，南侧为城市绿地，水厂污水处理区主要构筑物采用全地下式布置，不适宜布置于地下的污水处理区加药系统、污泥处理区及综合楼等附属设施则布置于地上。地下空间位于地下 1.5～20m 处，可以做到"既隔声又隔臭"；地上部分利用槐房再生水厂得天独厚的再生水源，结合周边环境，修建人工湿地，形成一个令人赏心悦目的生态景观，见图 2-1-18。

图 2-1-18　槐房地下再生水厂实景图

（一）设计概况

槐房再生水厂位于北京市丰台区槐房村，占地面积约 $31.36hm^2$，规划流域面积约 $120.6km^2$。再生水厂建设规模为 $60×10^4 m^3/d$，设计出水水质为《城镇污水处理厂水污染物排放标准》（DB11/ 890—2012）中 B 标准要求，污水处理采用预处理＋MBR＋臭氧＋紫外线消毒工艺，污泥处理采用预脱水＋热水解＋厌氧消化＋板框深度脱水工艺，脱水滤液采用厌氧氨氧化工艺，处理出水主要用于河湖补水、绿化、市政杂用、工业冷却用水等，设计出水水质见表 2-1-9。

表 2-1-9　设计进出水水质

项目	进水水质	出水水质	项目	进水水质	出水水质
$BOD_5/(mg/L)$	300	≤6	$NH_4^+-N/(mg/L)$	45	≤1.5(2.5)
$COD/(mg/L)$	500	≤30	$TP/(mg/L)$	7.5	≤0.3
$SS/(mg/L)$	400	≤5	粪大肠菌群/(MPN/L)		≤1000
$TN/(mg/L)$	70	≤15	色度/倍		≤15

注：12 月 1 日～3 月 31 日执行括号内的排放限值。

（二）处理工艺的选择

本工程在水处理工艺选择上，受规划用地面积偏小的因素影响，需选用占地小的处理工艺。同时结合进水水质特点、出水水质要求、国内外的应用情况等条件，本工程的污水及再生水处理部分工艺采用预处理＋MBR＋臭氧＋紫外线消毒工艺，见图 2-1-19，各处理工段有针对性地去除氮、磷、悬浮物、有机物等各种污染物，同时改善出水色度并进行消毒。污水进入厂区首先经两道粗格栅初步去除较大漂浮物；然后进入进水泵房，污水经提升后进入到细格栅，进一步去除污水中的丝状、带状漂浮物；然后进入曝气沉砂池，将污水中密度较大的无机颗粒沉淀并排除；再经初沉池去除部分悬浮物后进入膜格栅进一步去除纤维类杂质，而后进入膜生物反应器，完成有机物、氮、磷等污染物的去除。为确保再生水出水总磷及总氮达标，在生物池投加除磷药剂进行化学辅助除磷，同时设置外碳源投加系统。MBR出水进入臭氧接触池，投加臭氧进行脱色；然后进入紫外线消毒渠消毒；紫外线消毒后出水可排至小龙河或进入清水池。进入清水池前后均可投加次氯酸钠溶液抑制细菌滋生并保证再生水输送的余氯要求，再生水通过配水泵房输送至再生水管网。

本着污泥稳定化、减量化、无害化、资源化的基本原则，结合槐房再生水厂规模较大，污泥中有机质含量高的特性，确定污泥处理为预脱水＋热水解＋厌氧消化＋板框深度脱水工艺（见图 2-1-19），对于脱水滤液采用厌氧氨氧化工艺进行处理后再进入污水处理流程。同时，槐房再生水厂的污泥处理区还可以承接部分外来污泥进行处理。

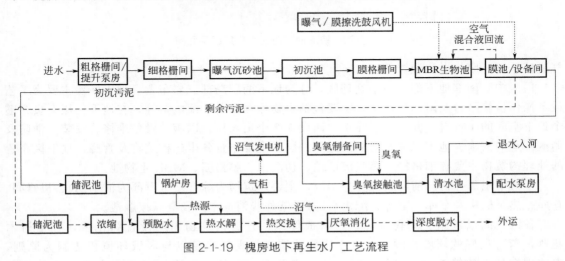

图 2-1-19　槐房地下再生水厂工艺流程

剩余污泥经过浓缩机浓缩后，与经过除砂的初沉污泥混合，利用预脱水机脱水，并与外厂输送的脱水污泥混合后进入热水解系统。热水解处理后的出泥调整到合适的含水率和温度后，进入污泥消化池进行厌氧消化。消化后的污泥进入压滤脱水机房深度脱水，出泥含水率降至 60% 以下。最终处置阶段根据污泥处理后的性质，主要进行土地利用，同时可以满足应急填埋。

（三）总体布置

槐房再生水厂总占地面积为 31.36hm²，其中地下部分占地约 13hm²。考虑到本工程再生水主要处理构筑物在地下，再生水加药系统、污泥处理构筑物及综合楼均在地上的特点，在总平面布置中，按照合理组织地上、地下的人流物流与周边环境有机结合及合理用地的原则，将再生水厂划分为三个分区：厂前区及部分生产区（厂区中东部地上部分）、地下水处理区（厂区中、南部地下部分）、污泥处理区和部分水处理区及生产附属区（厂区北部地上部分），详见图 2-1-20。

厂区北部地上部分，按功能又可分为水处理区及污泥处理区。水处理区位于北部地上部分的西侧，主要布置有臭氧系统（包括臭氧制备间、氧气制备车间及液氧储罐）、甲醇加药系统（包括甲醇加药间、甲醇储罐区、泡沫消防泵房及加压水泵房）、总变电室、次氯酸钠加药间及储罐棚（包括次氯酸钠、PAC 及柠檬酸储罐）、粗格栅间及进水泵房、鼓风机房。污泥处理区位于北部地上部分的东侧，主要布置有储气柜、储泥池、污泥浓缩预脱水机房、热水解及热交换车间、污泥消化池、污泥板框脱水机房、沼气锅炉房、厌氧氨氧化系统、沼

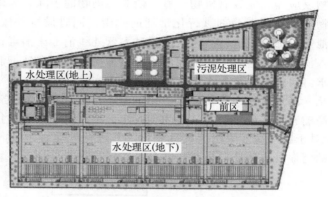

图 2-1-20 槐房地下再生水厂厂区平面图

气脱硫系统、废气燃烧装置等。

厂区中、南部地下部分为水处理区，分为地下两层局部三层布置。地下一层主要为工艺设备操作检修平台及附属生产区，主要包括生物除臭设备、配电室等，在地下一层有贯穿整个地下空间的车行道，并且分别在东、西设立 2 个出入口，以满足设备维修、安装、消防及栅渣外运的需求。地下二层及局部的地下三层，主要布置各生产构筑物及管廊。地下区布置的处理构筑物主要有细格栅、曝气沉砂池、初沉池、膜格栅、MBR 生物池。

厂区中东部分为厂前区及部分生产区，主要建筑物为综合楼（下部为清水池）、机修间、仓库、热泵机房及车库（下部为配水泵房）、紫外线消毒车间及臭氧接触池。

各区之间以道路、绿化分隔，可自成体系；建、构筑物周围设置绿化带，种植树木花草，营造良好的环境氛围。再生水厂的建筑及景观风格是以与区域环境相协调为原则，它体现在地上建筑工业厂房的外观，具有亲和感。建筑表面附加一些寓意着水流动的柔美曲线的檐口，或附加一些象征着水波纹的装饰线条。在地下空间的上方构建人工湿地公园，配以木屋、栈桥、水车等田园风格的景观，创造了宜人的环境，使其与城市绿地更加融洽。

二、实例二

合肥市滨湖新区是国家城市生态建设的试点区，塘西河贯穿滨湖新区中部，自西向东流入巢湖，是滨湖新区内部的一条季节性泄洪河道，承担区域泄洪功能。作为滨湖新区生态建设的重大工程，合肥市政府实施"五管齐下"的战略，将塘西河打造成一条"安全、和谐、生态"的滨水空间和景观走廊，其水质目标为达到地表水环境质量Ⅳ类标准，使塘西河在承载地区防洪功能的同时兼具景观水体的功能。其中，塘西河再生水厂工程为枢纽节点工程，工程规模为 $3 \times 10^4 \mathrm{m}^3/\mathrm{d}$，用于处理滨湖新区启动区及上游经济开发区产生的生活污水，出水作为中水全部回用。厂址位于滨湖新区庐州大道与方兴大道交叉口的西北侧、塘西河南岸，由于所处位置环境敏感度高，建设单位要求将该厂建成一个环境友好型的污水处理再生回用工程，使之与周边环境相协调。

（一）设计概况

为达到塘西河的水质建设目标，枯水期塘西河需外源补水约为 $6.0 \times 10^4 \mathrm{m}^3/\mathrm{d}$，周边目前可调用的水资源仅 $3.0 \times 10^4 \mathrm{m}^3/\mathrm{d}$，尚缺 $3.0 \times 10^4 \mathrm{m}^3/\mathrm{d}$ 的补水量，故塘西河再生水

厂的设计规模确定为 $3.0×10^4\,m^3/d$。塘西河再生水厂上游地区的规划总水量为 $4.72×10^4\,m^3/d$，污水优先进入已建的塘西河污水处理厂（规模 $0.5×10^4\,m^3/d$）及本工程（规模 $3×10^4\,m^3/d$），经处理后排入塘西河，剩余污水及规划预留的初期雨水量进入十五里河污水处理厂。

塘西河再生厂的设计进水水质根据服务范围内的监测数据和合肥市经济技术开发区污水厂、王小郢污水厂、望塘污水厂以及塘西河污水厂运行数据，并适当预留有发展余地来确定。设计出水水质按《城镇污水处理厂污染物排放标准》（GB 18918—2002）中的一级 A 标准和《城市污水再生利用　景观环境用水水质》（GB/T 18921—2002）中娱乐性景观用水标准执行，具体水质要求见表 2-1-10。

表 2-1-10　设计进出水质

项目	进水水质	出水水质	项目	进水水质	出水水质
$BOD_5/(mg/L)$	150	≤6	$TN/(mg/L)$	50	≤15
$COD/(mg/L)$	350	≤50	$NH_4^+\text{-}N/(mg/L)$	35	≤5
$SS/(mg/L)$	200	≤10	$TP/(mg/L)$	5	≤0.5

（二）处理工艺的选择

塘西河是合肥市滨湖新区重要的景观廊道和输水载体，其功能定位于"内湖、外湖、河道于一体""防洪、景观、环境协调""文化、娱乐、休闲相融"，营造滨湖新区的生态走廊。为将水处理构筑与新区风貌融合，污水处理厂采取缓坡的半地下式局部双层加盖的构建模式，因此污水处理工艺应尽量为一体化构筑物，以减小构筑物体积和节省投资，同时鉴于出水水质要求较高，也考虑到处理工艺的通用性、技术先进性和管理灵活性，处理工艺确定为 A^2/O 生物反应池＋MBR 膜池工艺作为主体工艺，并附有生物除臭、二氧化氯消毒等附属单元。工艺流程见图 2-1-21。剩余污泥处理工艺为机械浓缩脱水、泥饼外运处置。

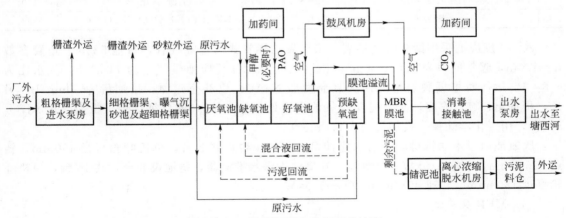

图 2-1-21　塘西河再生水厂工艺流程

（三）总体设计布置

1. 水处理系统

本工程设计规模为 $3.0×10^4\,m^3/d$，高峰设计流量为 $0.417\,m^3/s$，预处理单元、MBR 等构筑物按高峰流量设计，A^2/O 生化单元构筑物按平均流量设计。

（1）预处理单元

① 粗格栅与进水泵房　粗格栅与进水泵房合建，为钢筋混凝土矩形地下构筑物，尺寸为 18.9m×12.0m×8.5m（长×宽×深），2 台粗格栅为提升泵的前端，栅渠宽度 0.8m，栅条间隙 15mm，安装倾角 α 为 75°。泵房设计流量为 417L/s，配置 5 台立式污水泵（4 用 1 备），单台水泵 $Q=104$L/s，$H=8.6$m 水柱，$P=15$kW。

② 细格栅　细格栅渠 1 座，设 2 条渠道，尺寸为 8.2m×1.6m×2.0m（长×宽×深），配置细格栅除污机 2 台，单机宽度 0.7m，栅条间隙 5mm，功率 1.35kW。

③ 曝气沉砂池　曝气沉砂池 1 座，为 2 条钢筋混凝土直壁渠道，单渠尺寸为 18.0m×2.0m×3.0m（长×宽×深），停留时间 3min，鼓风量 0.2m³ 空气/m³ 污水，水平流速 0.1m/s，配置不锈钢螺旋砂水分离器 1 套，水力流量≥25m³/h，功率 0.37kW。

④ 超细格栅　超细格栅渠 1 座，位于曝气沉砂池末端，下接 A^2/O 池，设 2 条钢筋混凝土直壁渠道，尺寸为 12.3m×2.0m×2.25m（长×宽×深），配置 2 套不锈钢转鼓式细格栅除污机，单机宽度 1.8m，栅条间隙 1mm，功率 2kW。

（2）A^2/O 反应池

A^2/O 反应池上接超细格栅渠，下接 MBR 构筑物，数量 2 座，为地下室钢筋混凝土矩形构筑物。单池尺寸为 42m×30m×6.5m（长×宽×有效水深），具体设计参数见表 2-1-11。

表 2-1-11　A^2/O 反应池设计参数

序号	项目	设计参数	序号	项目	设计参数
1	总容积/m³	8190	5	污泥负荷/[kg BOD/(kg MLSS·d)]	0.064
	厌氧池容积/m³	1170	6	总氮负荷/[kg TN/(kg MLSS·d)]	0.021
	缺氧池容积/m³	3510	7	产泥率/(kg MLSS/kg BOD)	1.02
	好氧池容积/m³	3510	8	产泥量/(kg DS/d)	4400
2	停留时间/h	13.1	9	混合液回流比/%	200~300
3	混合液悬浮固体浓度（MLSS)/(g/L)	5~8	10	污泥回流比/%	100
4	污泥龄/d	16	11	总需氧量（标准状况)/(kg O₂/d)	262

A^2/O 反应池采用微孔曝气供氧，采用聚乙烯管式微孔曝气管，每池 522m，单管参数 $L=1.0$m，曝气能力为 8.0m³/(m²·h)。每个 A^2/O 反应池供气量为 71m³/h，气水比为 6.8：1。运行时根据脱氮情况向厌氧池投加 NaAC，以补充碳源，投加量为 50mg/L。另外，根据出口 TP 浓度，必要时向好氧池出口处投加 PAC（聚合氯化铝，粉剂，含 Al_2O_3 30%），用于化学除磷，投加量约为 5.0mg/L。

厌氧池内设不锈钢材质的潜水搅拌机，每池 1 台，共 2 台，单机叶轮直径 480mm，转速 525r/min，功率 5.5kW。厌氧池、缺氧池设潜水推流器，每池设 8 台，共 16 台，单机叶轮直径 1800mm，转速 45r/min，功率 5.5kW。

（3）MBR 反应池

MBR 反应池上接 A^2/O 反应池，下接加氯消毒池，将污水井二级生化处理的出水进行膜过滤除氯，进一步去除 SS、浊度等，并依靠微生物的作用伴随去除 COD、BOD。膜车间内主要安置 MBR 膜池运行及清洗所需设备。MBR 反应池为钢筋混凝土地下式矩形沉淀池，共 2 组，每组 5 池，单池尺寸为 9.6m×5.76m×3.3m（长×宽×有效水深），MLSS 浓度为 10000mg/L，膜运行通量为 0.5m³/(m²·d)，膜擦洗风量为 0.23m³ 空气/(m² 膜·h)。

MBR 反应池主要设备有 MBR 膜组件、膜系统运行配套设备、膜在线清洗系统、膜离线清洗系统、压缩空气系统以及阀门等辅助设施。

（4）预缺氧池

该池上接 MBR 反应池，下接 A^2/O 的厌氧池和缺氧池。该池对来自 MBR 的回流混合液进行预缺氧，降低其 DO 浓度，使 $NO_3^- $-N 尽可能被硝化，以保证 A^2/O 前端的厌氧池、缺氧池的氮磷去除效果。预缺氧池为钢筋混凝土矩形池，共 2 座，单池尺寸为 30m×5m×4.3m（长×宽×有效水深），水力停留时间为 0.26h，设计流量为 60000m^3/d，其中污泥回流比为 1000%，混合液回流比为 300%。主要设备包括：

① 混合液回流泵，回流至厌氧池，配置 4 台潜水离心泵（2 用 2 备），单台水泵参数 Q=750m^3/h，H=10m 水柱，N=37kW；

② 混合液回流泵，回流至缺氧池，配置 4 台潜水离心泵（2 用 2 备），单台水泵参数 Q=1875m^3/h，H=10m 水柱，N=75kW；

③ 潜水搅拌器，每座设 2 台，单台功率为 1.5kW。

（5）二氧化氯消毒池

处理后的尾水经二氧化氯消毒后即达到设计出水水质，同时保证 30min 后余氯不小于 0.5mg/L。消毒渠为 1 座，尺寸为 40m×12m×4.5m（长×宽×有效水深），接触时间 30min，二氧化氯投加量为 6～10mg/L。配置二氧化氯发生器、投加装置 2 套（1 用 1 备），制备能力为 10mg/h。加药点设于接触渠进水管，以便于药剂在接触渠内充分混合。

（6）出水泵房

将处理后的尾水提升并输送至滨湖新区的湿地公园、塘西河生态补水点，水泵扬程按汛期水位设计，泵房结构为钢筋混凝土全地下矩形构筑物，平面尺寸为 15.2m×12m，配置 5 台立式污水泵（4 用 1 备），单台水泵设计参数 Q=105L/s，H=8.6m 水柱，N=15kW。出水管上分别安装电磁流量计，以计量处理水量。

（7）鼓风机房

为好氧池和 MBR 系统提供空气，配置设备主要包括：

① 膜擦洗鼓风机，为 MBR 曝气沉砂池提供气源，选用 3 台（2 用 1 备）变频的单级离心鼓风机，单机参数 Q=168m^3/min，H=3.5m 水柱，N=145kW；

② 多级离心鼓风机（变频控制），用于好氧池鼓风曝气，数量 3 台（2 用 1 备），单机参数 Q=75m^3/min，H=7.0m 水柱，N=137kW。

鼓风机房内 6 台风机并排布置，相对独立，鼓风机进口设过滤除尘器、消声器和电动进风蝶阀，出水管上安装电动出风蝶阀。

2. 污泥处理系统

（1）污泥预处理区

本工程的污泥产量约为 4.4t DS/d，体积为 440m^3/d（含水率以 99% 计）。MBR 反应池的剩余污泥进入储泥池，再经过进泥、浓缩、沉淀、滗水、出泥等过程，上清液由滗水器滗出，进入厂区排水收集管，最终再次进入水处理系统进行净化，下部出泥经供料泵提升，进入机械浓缩脱水一体机。储泥池为钢筋混凝土地下构筑物，共 1 座 2 池，单池尺寸为 4m×4m×4.6m（长×宽×深），运行停留时间为 4h。每池设搅拌器 1 台，污泥提升区用隔墙与进泥区分开，提升区设污泥供料泵 2 台，单机参数 Q=25～35m^3/min，输出压力 0.2MPa，N=7.5kW。

（2）污泥浓缩脱水机房及污泥料仓

污泥浓缩脱水机房为 1 座钢筋混凝土地下矩形构筑物，平面尺寸为 21m×12m，净高位为 5.5m，配置 2 套离心式浓缩脱水一体机（1 用 1 备），2 机中间设 1 套污泥螺旋输送机，将污泥提升至料仓上部，料仓内污泥重力下落。一体机工作制为 16h/d，污泥总量为 4.4t DS/d，进泥含水率为 99％，出泥含水率不高于 80％，出泥量 22t/d（脱水泥饼），聚合物 PAM 投加量 3～5kg/t DS。

塘西河再生水厂位于合肥市滨湖区塘西河景观廊道内，为实现塘西河沿岸的"休闲、绿化"的景观目标，选用一体化的水处理工艺，将预处理、生化处理、膜处理、污泥处理相结合，在实现明确功能分区的基础上，将各类构筑物融于一体，采用地下/半地下式的构筑方案，注重高空视点和整体布局形态，厂区内处理构筑物的总水头损失仅为 3.8m。工程投资预算为 1.49 亿元，单位污水处理总成本为 2.45 元/m³，经营成本 1.59 元/m³。

合肥市滨湖新区塘西河再生水厂根据滨湖新区塘西河景观控制要求，采用地下/半地下式的构建方案及预处理、二级生化和膜生物处理技术相结合的一体化污水净化技术，出水水质可为合肥市滨湖新区开辟新的水源，实现了塘西河的生态补源，减少进入巢湖的污染负荷。污泥处理工艺为机械脱水浓缩一体化处理。臭气处理采用生物和天然植物喷淋液联合除臭技术。污水再生利用在水质缺水地区和城市范围内，具有较为广阔的应用前景，本工程作为污水再生利用的典型案例，可为国内外同类工程提供借鉴模式和参考依据。

参 考 文 献

[1] 张康，钟毓，苏文越，等. 含工业废水的城市污水处理厂扩容工程 [J]. 广东化工，2020，47 (17)：277-279.

[2] 陈芙蓉，方金鹏. 基于城镇污水处理提质增效解决污水处理收集系统问题的思考 [J]. 广东化工，2020，47 (17)：292-293.

[3] 田立平，李振，刘丽丽. 浅谈城镇污水处理一体化设备的应用现状及发展 [J]. 西部皮革，2020，42 (16)：68.

[4] 本刊讯. 国家发展改革委联合其他部门印发城镇生活污水处理设施、垃圾分类和处理设施补短板强弱项实施方案 [J]. 招标采购管理，2020，(08)：9.

[5] 陈覃，李翊豪. 南方某镇污水系统提质增效方案外水排查及分析 [J]. 低碳世界，2020，10 (08)：40-41.

[6] 蒙小俊，王秋利，龚晓松. 城镇污水生物脱氮除磷工艺存在问题的调控措施 [J]. 工业水处理，2020，40 (08)：17-22.

[7] 孙勇. 新冠肺炎疫情期间城镇水厂综合防控措施分析 [J]. 能源环境保护，2020，34 (04)：55-62.

[8] 余文娟. 基于在线监控数据的污水厂工艺分析 [J]. 山西化工，2020，40 (04)：203-204，219.

[9] 郝晓地，程慧芹，胡沅胜. 碳中和运行的国际先驱奥地利 Strass 污水厂案例剖析 [J]. 中国给水排水，2014，30 (22)：5.

[10] 黄宁俊，王社平，王小林，等. 西安市第四污水处理厂工艺设计介绍 [J]. 给水排水，2007，33 (011)：27-31.

[11] 杨铭，费伟良，刘兆香，等. 长江经济带工业园区依托城镇污水处理厂处理工业废水问题分析与整改策略研究 [J]. 环境保护，2020，48 (15)：68-71.

[12] 于澎，张少慧. 拧紧"水龙头"做好"水文章" [N]. 乌兰察布日报，2020-07-29 (003).

[13] 陈蔼雯，万帆，黄浩，等. 基于环境容量的入湖污染负荷削减分析 [J]. 科学技术与工程，2020，20 (21)：8766-8771.

[14] 本刊. 亚洲规模最大的全地下水厂槐房再生水厂正式通水运行 [J]. 特种结构，2016，33 (6)：1.

[15] 周传庭，胡龙，张善发. 合肥市滨湖新区塘西河再生水厂总体设计 [J]. 中国市政工程，2013 (04)：32-33＋40，92.

[16] 张思梅，葛军. 合肥市滨湖新区塘西河再生水厂工程设计 [J]. 水利水电技术，2011，42 (10)：12.

第二章
制浆造纸工业废水

第一节　概述

一、废水污染现状

我国造纸工业近二十年来发展迅速，目前产量和消费量均居世界首位，总产量接近全球产量的 1/4。"十二五"期间，随着我国造纸行业的产业结构调整，生产量和消费量增幅明显放缓，原料结构不断改善，资源利用水平逐步提高，落后产能逐步淘汰，节能减排效果日益明显。

1. 生产量及消费量情况

2015 年，全国制浆造纸生产企业约 2900 家，纸及纸板生产量 10710×10^4 t，消费量 10352×10^4 t。2006—2015 年，纸及纸板生产量年均增长 5.71%，消费量年均增长 5.13%。2010—2015 年生产量和消费量分别年均增长 3.0% 和 2.4%，总体来看，造纸行业的生产量增幅逐渐放缓，见图 2-2-1。

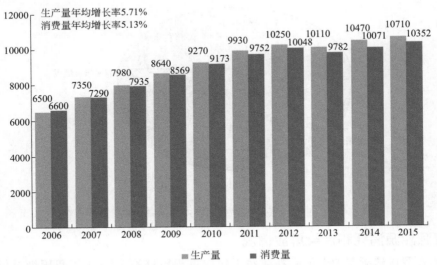

图 2-2-1　2006—2015 年纸及纸板生产和消费情况（单位：10^4 t）

据中国造纸协会调查资料，2022 年出口纸及纸板、纸浆、废纸、纸制品合计 1382.71×10^4 t，较上年增长 38.20%，创汇 346.50 亿美元，较上年增长 30.60%。制浆造纸及纸制品全行业 2022 年完成纸浆、纸及纸板和纸制品产量合计 28391×10^4 t，同比增长 1.32%。其中：纸及纸板产量 12425×10^4 t，较上年增长 2.64%；纸浆产量 8587×10^4 t，较上年增长 5.01%；纸制品产量 7379×10^4 t，较上年增长 −4.65%；消费量 12403×10^4 t，较上年增长

－1.94%，人均年消费量为 87.84kg（14.12 亿人）。2013—2022 年，纸及纸板生产量年均增长率 1.87%，消费量年均增长率 2.59%。全行业营业收入完成 1.52 万亿元，同比增长 0.44%；实现利润总额 621 亿元，同比增长－29.79%。

2. 原料结构

近年来，我国造纸工业在原料结构方面，提高了木纤维比例，加大了废纸回收利用，逐步减少了非木材纤维的生产和消耗量，木浆、废纸浆和非木材浆的生产量比例分别由 2010 年的 8.3%、63.3% 和 28.4% 调整到 2015 年的 12.1%、79.4% 和 8.5%。2005—2015 年纸浆生产情况见表 2-2-1。

表 2-2-1　2005—2015 年纸浆生产情况　　　　　　　　单位：10^4t

年份		2005	2006	2007	2008	2009	2010	2011	2012	2013	2014	2015
生产	木浆	371	526	605	679	560	716	823	810	882	962	966
	废纸浆	2180	3380	4017	4439	4997	5305	5660	5983	5940	6189	6338
	非木浆	1260	1290	1302	1297	1176	1297	1240	1074	829	755	680
	合计	4441	5196	5924	6415	6733	7318	7723	7867	7651	7906	7984

3. 产品结构

"十二五"我国造纸工业进行产品结构优化调整，为适应数字网络发展和消费结构变化，适当减产新闻纸，由 2010 年的 430×10^4t 减至 2015 年的 295×10^4t；而生活用纸、特种纸及纸板、包装纸及纸板年需求量有所增加，2015 年与 2010 年相比，增量分别为 265×10^4t、85×10^4t 和 930×10^4t；增加了国内高档纸及纸板供给能力，产能由"十一五"的 35% 提高至 50% 以上。2015 年纸及纸板各品种生产量占总生产量的比例，见图 2-2-2。

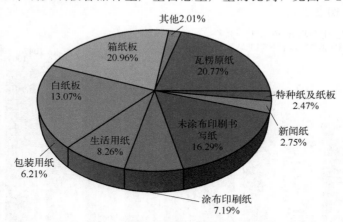

图 2-2-2　2015 年纸及纸板各品种生产量占总生产量的比例

4. 资源能源消耗和污染排放情况

近年来，我国造纸工业节能降耗减污工作取得积极进展。2014 年我国纸及纸板生产量比 2010 年增长了 12.9%，而废水排放量由 39.4×10^8t 降至 27.6×10^8t，降低 29.9%。排放废水中 COD 总量由 2010 年的 95.2×10^4t 降至 2014 年的 47.8×10^4t，降低 49.8%。2010—2014 年，COD 排放强度由万元产值 18kg 降至 6.6kg，降低 63.3%；氨氮排放量由 2.5×10^4t 降至 1.6×10^4t，降低 36.0%；二氧化硫排放量由 50.8×10^4t 降至 41.2×10^4t，降低 18.9%，氮氧化物排放量由 23.6×10^4t 降至 19.4×10^4t，降低 17.8%。清水取用量由 46.1×10^4t 降至 33.6×10^4t，降低 27.1%，水的重复利用率由 62.2% 提高至 71.9%，提高 9.7 个百

分点；吨浆纸平均取水量由 49.7t 降至 32.1t，降低 35.4%；吨纸及纸板原生纸浆消耗量由 340kg 降至 317kg，降低 6.8%，其中，国产原生纤维资源消耗由 216kg 降至 163kg，降低 24.5%（2015 年降至 153kg）；重点制浆造纸企业纸及纸板吨产品平均综合能耗降低 29.2%；标准煤由 0.65t 降至 0.41t，降低 36.9%；吨纸浆平均综合能耗由 0.45t 降至 0.37t，降低 18%。"十二五"造纸工业实现了增产节能减排。造纸工业主要污染物排放情况见表 2-2-2。

表 2-2-2　造纸工业主要污染物排放情况

项目	2010 年	2011 年	2012 年	2013 年	2014 年
汇总企业数	5570	5871	5235	4856	4664
工业废水排放量/10^8t	39.4	38.2	34.3	28.5	27.6
COD 排放量/10^4t	95.2	74.3	62.3	53.3	47.8
氨氮排放量/10^4t	2.5	2.5	2.1	1.8	1.6
二氧化硫排放量/10^4t	50.8	54.3	49.7	44.9	41.2
氮氧化物排放量/10^4t	23.6	22.1	20.7	19.3	19.4
清水取用量/10^4t	46.1	45.6	40.8	34.5	33.6

二、产业政策

1. 造纸工业发展趋势

（1）生产规模保持稳定，产业结构持续优化

我国造纸工业在经历了高速发展，实现生产量和消费量均过亿吨后，进入了行业调整阶段。纸和纸板生产量还会适当增长但增幅不会太高，产品质量和效益会有新的提高，因此，结构优化调整和产业升级是未来的主要发展趋势。造纸产业链从上游到下游可以划分为：制浆-造纸-纸制品应用；在造纸行业企业不断进行产业集群化发展的时期，有许多造纸行业的龙头企业向产业链上下游延伸，形成废纸回收-纸浆制造-造纸产业链布局。中国是纸浆消费大国，废纸纸浆占据主流。国内造纸行业整体产能过剩，印刷用纸为供需主流，2018 年，造纸行业产量和消费量均有不同幅度下降，印刷用纸供需均为主流。2018 年我国东部地区 11 个省（区、市），纸及纸板产量占全国纸及纸板产量比例为 74.2%；在省份格局上，广东、山东以及浙江为主要产区。项目建设以环保、高效和资源节约为主，达到技术经济的最优化，不以追求设备先进（引进）或纸机的宽幅、高速为目标。新建生产线将会大幅度减少，项目建设以技术改造为主。

（2）清洁生产和节能减排效果将更加明显

环境保护部将火电和造纸行业作为新环保政策的试点行业，优先实施更严格的监管制度，即试行重点企业环境保护实施排污许可证管理制度，对企业的排污实行排污许可"一证式"管理。我国造纸行业将面临更加严格的环境保护压力，此政策也将推动更多的企业考虑环保技改和资源利用项目，如控制废水可吸收有机卤素（AOX）、总氮、总磷、大气氮氧化物（NO_x）和恶臭污染物，处理固体废物等项目；资源利用方面的生物质气化、甲醇提取、非工艺元素去除、木素产品和其他制浆副产品开发等项目。这类项目的建设将进一步推进造纸行业新技术应用、技术进步和跨领域合作，引领我国造纸行业技术水平上升一个新台阶，行业节能减排、清洁生产达到一个新高度。

2. 国家相关产业政策及行业发展规划中的环保要求

《轻工业发展规划（2016—2020 年）》提出推动造纸工业向节能、环保、绿色方向发展。加大造纸行业节能降耗、减排治污改造力度，利用新技术、新工艺、新材料、新设备推动企

业节能减排。在造纸、制革等行业采用清污分流、闭路循环、一水多用等措施，提高水的重复利用率。加强废弃物综合利用技术的研发与推广应用，提高工业固废综合利用和再生资源回收利用水平。

2016年，国务院印发了《"十三五"节能减排综合工作方案》，方案中提出造纸行业"十三五"的节能目标是纸及纸板综合能耗由2015年的530kg标准煤/t降至2020年的480kg标准煤/t；要求优化产业和能源结构，强化节能环保标准约束，严格行业规范、准入管理和节能审查，对电力、钢铁、造纸等行业中，环保、能耗、安全等不达标或生产、使用淘汰类产品的企业和产能，要依法依规有序退出；要求分区域、分流域制定实施钢铁、水泥、造纸等重点行业限期整治方案，升级改造环保设施，确保稳定达标。实施重点区域、重点流域清洁生产水平提升行动。

国家发展改革委、商务部2016年发布的《市场准入负面清单草案（试点版）》，明确禁止准入的造纸行业新建项目包括单条化学木浆 30×10^4 t/a以下、化学机械木浆 10×10^4 t/a以下、化学竹浆 10×10^4 t/a以下的生产线，新闻纸、铜版纸生产线，元素氯漂白制浆工艺；禁止投资经营的造纸行业落后生产工艺装备包括 5.1×10^4 t/a以下的化学木浆生产线，单条 3.4×10^4 t/a以下的非木浆生产线，单条 1×10^4 t/a及以下、以废纸为原料的制浆生产线，幅宽在1.76m及以下并且车速为120m/min以下的文化纸生产线，幅宽在2m及以下并且车速为80m/min以下的白板纸、箱板纸及瓦楞纸生产线。

污染防治技术政策作为环境技术支撑体系的重要内容之一，一方面响应国家的相关要求，支持排污许可、环境保护相关规划、污染物排放标准、环境影响评价等环境管理有关工作；另一方面指导污染防治技术路线选择，引导污染防治技术进步。

2021年中国造纸协会发布了《造纸行业"十四五"及中长期高质量发展纲要》（以下简称《纲要》），为造纸行业"十四五"及中长期高质量发展树立了目标：

① 在调整原料结构方面，要补齐产业链、供应链短板，继续充分利用有限的资源，加大对林业"三剩物"、制糖工业废甘蔗渣、农业秸秆、湿地芦苇和回收废纸等废弃物利用，降低造纸纤维原料对外依存度过高的风险，保障产业安全；

② 在坚持节能减排方面，行业要加大投资节能改造，充分发挥热电联产作用，充分利用生产环节产生的余压、余热等能源，加大有机废液、有机废物、生物质气体的回收利用，固体废物近零排放，最大限度实现资源化；

③ 在提升品质品种方面，要求通过工艺技术装备的革新和技术改造，提高制浆造纸及纸制品生产装备水平、加工设计水平、工艺艺术水平，以精益生产助推产业升级，提升行业地位和行业形象；

④ 在明确阶段目标方面，提出造纸行业到2025年及2035年的发展目标。

三、污染控制政策、标准

《中华人民共和国环境保护法》要求企业应当优先使用清洁能源，采用资源利用率高、污染物排放量少的工艺和设备，采用废物综合利用技术和污染物无害化处理技术，以减少污染物的产生。

《水污染防治行动计划》要求：在2016年前，按照水污染防治法律法规要求，全面取缔不符合国家产业政策的小型造纸等严重污染水环境的生产项目；专项整治包括造纸等十大重点行业，实施清洁化改造。调整产业结构，结合产业政策、污染物排放标准、水质改善要求及产业发展情况，制定并实施落后产能淘汰方案。提高用水效率，抓好工业节水，制定国家鼓励和淘汰的用水技术、工艺、产品和设备名录，到2020年，造纸等七大高耗水行业达到先进用水定额标准。

1999 年，国家环保总局发布《草浆造纸工业废水污染防治技术政策》，该技术政策针对造纸工业中污染最严重的草浆造纸，指导废水污染防治技术选择，推动草浆造纸工业的污染防治技术进步。

为适应新时期环境保护的要求，促进造纸行业的节能减排和行业健康、持续发展，根据2005 年度 254 号国家标准制订修订计划，对 GB 3544—2001 进行全面修订。2008 年，为了加快清洁生产技术改造的步伐，环境保护部又颁布了《制浆造纸工业水污染物排放标准》（GB 3544—2008），该标准规定新建制浆企业、制浆和造纸联合生产企业、造纸企业的 COD 排放限值分别为 100mg/L、90mg/L、80mg/L，单位产品基准排水量分别为 50m^3/t、40m^3/t、20m^3/t，增加了氮、磷、色度和二噁英等污染物控制项目，将可吸附有机卤素（AOX）调整为控制指标，AOX 和二噁英的污染物监控位置位于车间和生产设施排放口。规定了水污染物特别排放限值，排水量和排放浓度限值进一步降低。

2013 年，环境保护部发布了《造纸行业木材制浆工艺污染防治可行技术指南（试行）》《造纸行业非木材制浆工艺污染防治可行技术指南（试行）》及《造纸行业废纸制浆及造纸工艺污染防治可行技术指南（试行）》三项指导性技术文件，分别推荐了木材制浆、非木材制浆、废纸制浆和造纸生产环节的污染防治可行技术。

2015 年，国务院印发了《水污染防治行动计划》，要求狠抓工业污染防治，全部取缔不符合国家产业政策的小型造纸等严重污染水环境的生产项目。专项整治包括造纸行业在内的十大重点行业，实施清洁化改造。新建、改建、扩建造纸行业建设项目实行主要污染物排放等量或减量置换。要求 2017 年底前，造纸行业力争完成纸浆无元素氯漂白改造或采取其他低污染制浆技术，鼓励造纸企业废水深度处理回用。具备使用再生水条件但未充分利用的钢铁、火电、化工、制浆造纸、印染等项目，不得批准其新增取水许可。到 2020 年，电力、钢铁、纺织、造纸、石油石化、化工、食品发酵等高耗水行业达到先进用水定额标准。

为推进生态文明建设，全面深化环境治理基础制度改革，2016 年 11 月，国务院办公厅印发了《控制污染物排放许可制实施方案》（国办发〔2016〕81 号），方案要求做好排污许可证制度实施保障，健全技术支撑体系，梳理和评估现有污染物排放标准，并适时修订。建立健全基于排放标准的可行技术体系，推动企事业单位污染防治措施升级改造和技术进步。同年 12 月，环境保护部发布了《关于开展火电、造纸行业和京津冀试点城市高架源排污许可证管理工作的通知》，要求各地应立即启动火电、造纸行业排污许可证管理工作。

为造纸工业开展清洁生产提供技术支持和导向，2015 年 4 月 15 日，国家发展和改革委员会、环境保护部、工业和信息化部共同发布了《制浆造纸行业清洁生产评价指标体系》。

上述清洁生产标准为指导性标准，主要用于企业清洁生产审核和清洁生产潜力的判断。标准根据当前行业技术、装备水平和管理水平及造纸工业清洁生产的一般要求而制定，共分为 3 级：Ⅰ级为国际清洁生产领先水平；Ⅱ级为国内清洁生产先进水平；Ⅲ级为国内清洁生产基本水平。

为适应新时期污染控制与环境质量改善的需要，各省市因地制宜，积极开展了地方造纸工业水污染物排放标准的研究和探索，针对区域和流域特点，制定了严于《制浆造纸工业水污染物排放标准》（GB 3544—2008）要求的地方标准，极大地促进了区域水环境保护目标的实现。

2013 年 1 月 21 日，福建省质量技术监督局和福建省环境保护厅联合发布了《福建省制浆造纸工业水污染物排放标准》（DB35/ 1310—2013）。其他部分地区也发布了执行 GB 3544—2008 表 3 特别排放限值要求的文件，如《关于钱塘江流域执行国家排放标准水污染物特别排放限值的通知》（浙环函〔2014〕159 号）、《广东省环境保护厅关于珠江三角洲地区执行国家排放标准水污染物特别排放限值的通知》（2012 年 11 月 30 日）。另外，地方也根据流域环境质量的要求，发布了一系列的流域污染物排放标准的要求，如《山东省小清河流域水污染物综合排放标准》（DB37/ 656—2006）、《山东省南水北调沿线水污染物综合排放标准》（DB37/ 599—2006）及《河南省惠济河流域水污染物排放标准》（DB41/ 918—2014）等文件。

第二节　生产工艺、产污环节及污染防治技术

一、木材制浆工艺与污染物排放

根据制浆方式的不同，木材制浆技术通常分为化学法制浆和化学机械法制浆。

（一）化学法制浆

1. 碱法和硫酸盐法制浆生产工艺和污染物来源

碱法和硫酸盐法制浆都是用碱性药剂处理（蒸煮）植物纤维原料，将原料中的木素溶出，尽可能保留纤维素和不同程度地保留半纤维素。碱法（烧碱法）所用化学药剂主要是 NaOH，硫酸盐法主要是 NaOH＋Na$_2$S。化学制浆的核心是"蒸煮"，即在高温（150～170℃）和高压（0.5～0.7MPa，即 5～7kgf/cm^2）下使原料（木、草片）与蒸煮剂（NaOH，NaOH＋Na$_2$S）反应而形成浆料。反应后的制浆废液因其色黑而称黑液。黑液中的 BOD 为 250～350kg（以 1t 浆计），占全厂 BOD 负荷的 90％左右。另外，纸浆的漂白也将产生污染，BOD 的产生量不大，仅 10～20kg（以 1t 浆计），但因产生可能有剧毒的有机氯化物而备受关注。废水硫酸盐法制浆产生的废水主要包括备料废水、黑液蒸发产生的污冷凝水、粗浆洗涤筛选废水、漂白废水、各工段临时排放的废水。废水中主要污染物为碳水化合物的降解产物、低分子量的木素降解产物、有机氯化物及水溶性抽出物等。采用元素氯漂白会产生一定浓度的可吸附有机卤化物（AOX）和二噁英。制浆造纸工艺过程和可能发生的污染物如图 2-2-3 所示。不同制浆原料的黑液主要成分示于表 2-2-3，黑液的元素组分及热值示于表 2-2-4。

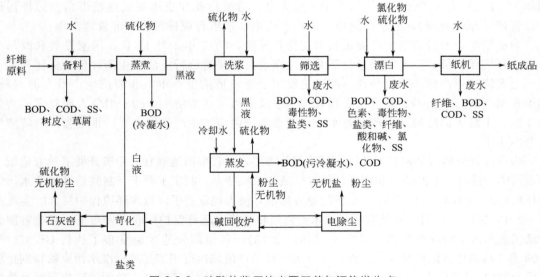

图 2-2-3　硫酸盐浆厂的主要工艺与污染发生点

表 2-2-3　不同制浆原料黑液主要成分　　　　　　　　单位:%

成分		原料							
		红松	落叶松	马尾松	蔗渣	荻	苇	稻草	麦草
固形物	有机物	71.49	69.22	70.33	68.36	66.90	69.72	68.70	69.00
	木素	29.20	30.40	26.18	23.40	—	29.60	—	23.90
	挥发酸	5.61	7.95	8.00	11.08	11.61	8.80	15.10	9.40
	无机物	28.51	30.78	29.67	31.64	33.10	30.28	31.30	31.00
	总钠	21.80	23.20	22.80	24.19	—	21.30	—	—
	总硫	2.88	2.51	2.90	2.59	—	2.08	—	—
	总碱	25.60	22.08	25.80	19.20	28.40	25.65	—	28.20
	硫酸钠	1.84	1.03	1.79	1.86	1.56	2.84	—	—
	二氧化硅	0.21	0.58	0.22	2.36	2.38	2.68	4.71	7.43
有机物	木素	41.00	43.90	37.00	34.10	—	42.40	—	31.60
	挥发酸	7.84	11.48	11.35	16.20	—	12.68	17.70	13.30
	其他	51.16	44.62	51.62	49.70	—	45.02	—	52.70
无机物	总碱	89.60	90.60	87.00	60.80	77.40	85.00	—	—
	硫酸钠	3.64	1.89	2.25	3.30	—	5.30	—	—
	二氧化硅	0.75	1.89	0.75	7.44	5.44	8.83	15.00	23.90
	其他	6.01	7.51	10.00	28.46	—	0.87	—	—

注:无机物、总碱、硫酸钠均以氢氧化钠计。除麦草为烧碱法外,其余均为硫酸盐法。

表 2-2-4　黑液的元素组成及热值

原料	灰分(包括 SiO₂)/%	SiO_2/%	碳/%	氢/%	硫/%	氧/%	氮/%	钠/%	热量计测得发热值/(kJ/kg)
蔗渣	44~48	1.2	41.5	4.10	0.4	34.5	0.2	15.8	10.67
竹子	—	2.0	—	—	—	—	—	—	—
	48.0	2.2	31.63	2.78	2.01	15.04	0.28	—	13.98
	43.2	—	—	—	—	—	—	—	13.40
西班牙草	—	2.0	—	—	—	—	—	—	—
	35.0	—	—	—	—	—	—	—	15.91
芦苇	—	2.8	—	—	—	—	—	—	—
	41.3	3.4	—	—	—	—	—	17.2	15.15
	39.4	4.7	—	—	—	—	—	—	—
稻草	—	16~30	—	—	—	—	—	—	—
	38.9	11.1	—	—	—	—	—	—	13.31
	42.5	14.8	—	—	—	—	—	—	11.72
稞麦	—	1~3	—	—	—	—	—	—	—
	41.9	1.9	—	—	—	—	—	—	—
	36.6	2.9	32.50	3.80	—	—	—	—	13.40
麦草	—	4~8	—	—	—	—	—	—	—
	54.5	—	—	—	—	—	—	—	10.47
	51.8	4.0	31.8	3.00	3.20	41.40	—	16.0	5.48
松木	44.0	—	41.7	4.30	3.60	—	—	—	17.29
桦木	—	—	37.50	3.60	4.40	28.50	—	26.0	15.32

植物原料经备料工段处理后进入蒸煮工段，在化学药液作用下蒸煮得到的粗浆经过洗涤、筛选工段净化，再根据需要通过氧脱木素及漂白工段生产纸浆。通常木（竹）采用硫酸盐法制浆，非木（竹）采用烧碱法或亚硫酸盐法制浆。硫酸盐法或烧碱法制浆洗涤工段产生的黑液经蒸发后进入碱回收炉燃烧，燃烧后的熔融物经苛化工段产生白液和白泥。白液回到蒸煮工段作为蒸煮药液。木浆生产产生的白泥通过石灰窑煅烧生产氧化钙回用到苛化工段；非木浆生产产生的白泥作为制备碳酸钙的原料或其他用途，一般不配套石灰窑。亚硫酸盐法制浆洗涤工段产生的废液经蒸发后综合利用。

备料工段主要包括原木的干法剥皮，竹材的干法备料，麦草及芦苇的干法、干湿法备料，蔗渣的湿法堆存；蒸煮工段主要包括连续蒸煮、间歇蒸煮；洗涤工段主要包括压榨洗浆、置换洗浆、压力洗浆、真空洗浆等；筛选工段主要包括压力筛选和全封闭压力筛选；氧脱木素为可选工艺，常见为一段或两段氧脱木素；漂白工段主要是无元素氯漂白工艺；碱回收工段由蒸发、燃烧、苛化及石灰回收组成。

废水主要由备料、蒸煮、漂白、蒸发等工段产生，污染物主要为化学需氧量（COD_{Cr}）、五日生化需氧量（BOD_5）、悬浮物（SS）及氨氮。各污染物产生浓度：COD_{Cr} 1200~2500mg/L，BOD_5 350~800mg/L，SS 250~1500mg/L，氨氮 2~5mg/L。

木材化学法制浆主要为硫酸盐法制浆，是以氢氧化钠和硫化钠为蒸煮化学药剂处理木片的制浆方法，工艺与产污节点见图 2-2-4，竹子原料也可采用此法制浆。

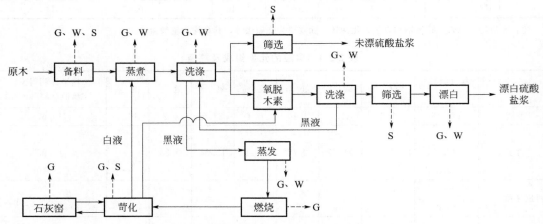

图 2-2-4 木材硫酸盐法制浆生产工艺及主要产污节点
W—废水；S—固体废物；G—废气

碱回收系统工艺参数见表 2-2-5。

表 2-2-5 碱回收系统工艺参数

指标		数量	备注
提取工段	提取稀黑液浓度/%	10	
	提取稀黑液温度/℃	65~70	
	提取稀黑液量/(m³/t)	11	以风干粗浆计
蒸发工段	出蒸发站黑液浓度/%	44	平均浓度
	蒸发热效率/(kg/kg)	3.3	水/汽
	平均蒸发强度/[kg/(m³·h)]	9.5	
	蒸发水量/(t/h)	36	75t浆/d
		47	100t浆/d

指标		数量	备注
燃烧工段	进碱炉黑液浓度/%	48	
	进碱炉黑液温度/℃	110	
碱炉日处理固形物量/(t/d)		98	75t 浆/d
		130	100t 浆/d
碱炉产汽量/(t/d)		12	75t 浆/d
		15	100t 浆/d
碱炉产汽压力/MPa		1.27	饱和蒸汽
进除尘器烟气温度/℃		>140	
静电除尘器除尘效率/%		>96	
绿液浓度/(g/L)		100	总碱以 Na_2O 计
苛化工段	苛化温度/℃	95～100	最后一台苛化器
	苛化时间/min	>120	
	白液浓度/(g/L)	70	以 Na_2O 计
	白泥残碱/%	<1	
	白泥干度/%	50	

碱回收系统主要技术经济指标见表 2-2-6。

表 2-2-6　碱回收系统主要技术经济指标

序号	指　标	数量	备注
1	年工作日/(d/a)	340	
2	日工作时数/(h/d)	24	
3	平均有效作业时间 提取/(h/d) 蒸发/(h/d) 燃烧/(h/d) 苛化/(h/d)	24 22 22 20	
4	日处理黑液固形物/(t/d)	98 130	75t/d 浆 100t/d 浆
5	日回收碱量(以 100%NaOH 计)/(t/d)	17.25 23	75t/d 浆 100t/d 浆
6	黑液提取率/%	85	
7	碱回收率/%	>70	
8	苛化率/%	85	
9	用水量/(m³/t)[①]	100	不包括二次蒸汽冷却水
10	用汽量/(t/t)[①]	6.0	
11	用电量/(kW·h/t)[①]	650	不包括提取工段
12	石灰消耗量/(t/t)[①]	1.15	含 CaO>75%
13	重油/(t/t)[①]	0.06	200 号
14	软水(m³/t)[①]	6	

① 以 1t 碱计。

碱回收技术经济指标和效益随设备规模、原料品种、回收效率而异。

碱回收系统的主要消耗指标见表 2-2-7。

表 2-2-7 碱回收系统主要消耗指标（含黑液提取，以 1t 碱计）

序号	名称	规格或质量标准	单位产品消耗定额	备 注
1	石灰/(t/t)	含 CaO>75%	1.15	
2	重油/(kg/t)	200 号	60	
3	水/(m³/t)	澄清水	100	不包括二次蒸汽冷却用水
4	电/(kW·h/t)		740	
5	汽/(t/t)	0.4MPa	6.5	
6	软水/(m³/t)		5	

2. 碱法和硫酸盐法制浆清洁生产与污染防治措施

蒸煮黑液（废液）的回收利用是实现制浆清洁生产的关键。碱法和硫酸盐法制浆产量占全国总浆产量的 65% 以上，每年消耗商品碱 1×10^6 t 以上，黑液中含有机物总量在千万吨以上。蒸煮黑液的化学品与热能回收，是制浆工艺不可缺少的组成部分，可回收蒸煮用碱的 95%~98%，回收的热量不但可满足黑液蒸发用汽和制浆用汽并可大幅度削减污染。因此，化学浆蒸煮黑液的回收利用是其清洁生产的首要环节。由于碱回收系统投资较大，草浆碱回收技术尚不够成熟，因此开发了诸如各种酸析、碱析木素技术及蒸煮黑液的厌氧消化等。下面重点介绍蒸煮黑液的化学品与热能回收及减少污染排放与提高效率的清洁生产技术。图 2-2-5 是黑液回收的典型工艺流程。

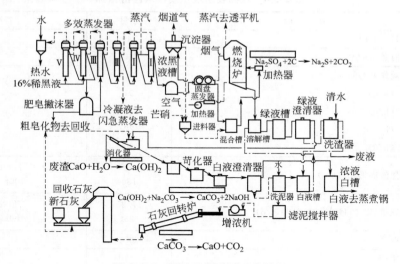

图 2-2-5 黑液回收典型工艺流程

（1）高提取率、高浓度、高温度的黑液提取

众所周知，高提取率才可能取得较高的碱回收率或综合利用率，而高浓度、高温度黑液则是提高碱回收过程热效率的重要因素。经多年实践，提取制浆黑液，尤其是草浆黑液，以选用鼓式真空洗浆机为佳，草浆黑液提取率可达 80%~85%，而 20 世纪 80 年代我国开发的带式洗浆机，虽然号称黑液提取率可达 95% 以上，但实际上黑液提取浓度低且且波动，因此除了直接用作洗浆设备外，已在碱回收黑液提取中被逐渐淘汰。国内某厂引进的带式洗浆机，在同样测试条件下优于真空洗浆机，参见表 2-2-8。

鼓式真空洗浆机是我国目前大、中型木浆和非木浆厂普遍采用的提取与洗浆设备，其工艺流程如图 2-2-6 所示。规模为 75t/d 的浆厂，可选用 $4 \times 70m^2$ 鼓式真空洗浆机一列或 $4 \times 35m^2$ 两列；规模为 100t/d 的浆厂，可选 $4 \times 45m^2$ 两列。表 2-2-9 是我国部分企业使用大型平面阀鼓式真空洗浆机的性能指标。

表 2-2-8 国内某厂进口带式洗浆机与四段真空洗浆机的效果比较

提取洗浆效果	带式洗浆机	四段真空洗浆机	提取洗浆效果	带式洗浆机	四段真空洗浆机
洗涤效率/%	97.5	80～85	提取量(以 1t 浆计)/(t/t)	10	7.5
稀释因子	1.0～1.4	2.5～3	浓度(15℃)/°Bé	8.5～10	7.5
洗后残碱(以 Na_2O 计)/(mg/L)	50	120	温度/℃	85	75

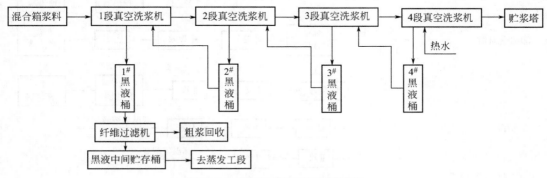

图 2-2-6 黑液提取工段工艺流程

表 2-2-9 部分企业应用大型平面阀鼓式真空洗浆机应用性能指标

使用单位	规格/m^2	出浆浓度/%	黑液提取率/%	生产能力/[t/($m^2 \cdot$ d)]	洗后残碱/(g/L)
造纸厂 1	100	10～11	90	1.6	0.08
造纸厂 2	70	10～12	91	1.5～1.8	0.10
造纸厂 3	100	10～11	90	1.5～1.6	0.09
造纸厂 4	90	10～12	91	1.5～1.6	0.08

注：此指标是以 4 台串联逆流洗涤，碱法蒸煮麦草浆为例。

黑液提取率是指通过提取设备把从蒸煮过程溶于黑液的固形物提取出来的百分比，如下式：

$$提取率 = \frac{送蒸发工段废液中的总固形物(kg/t)}{蒸煮锅产生废液中的总固形物(kg/t)} \times 100\%$$

但目前有时被误解为洗涤效率：

$$洗涤效率 = \frac{出洗涤机废液总固形物(kg/t)}{进洗涤机废液总固形物(kg/t)} \times 100\%$$

由于进洗浆机前及出洗浆机后所损失的废液没有计入，使计算的提取率偏高，不符实际。这一误区亟待纠正，目的是引起注意，查找废液损失去向，以切实提高提取率与碱回收率。

（2）黑液的蒸发浓缩

无论是回收化学品或综合利用，废液的有效增浓是必要前提。提取工段送来的黑液含固形物 10%～13%，在燃烧之前，还需蒸发到一定的浓度。常规的多效蒸发器可将黑液蒸发到 47%～55%；但草浆黑液因含硅多，黏度大，一般只能达到 40% 左右。

多效蒸发系统包括黑液、蒸汽、冷凝水三条流程。其中蒸汽流程多与各效顺序相同，即新蒸汽进入Ⅰ效汽室，依次顺序向后，最后一效的二次蒸汽进入冷凝系统。黑液有三种给料方式，即顺流、逆流、混流给料。实际生产中，采用混流供液的较多，它兼有顺流和逆流的优点，常用工艺流程如图 2-2-7 所示。

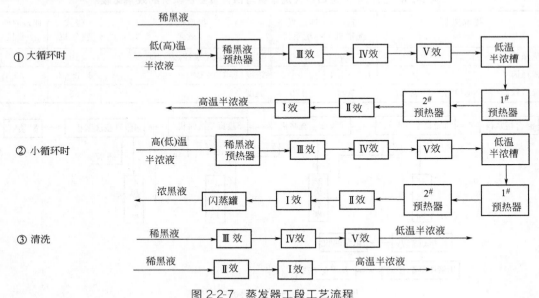

图 2-2-7　蒸发器工段工艺流程

冷凝液有净冷凝液和污冷凝液之分，应分别加以收集后回用或去处理系统。

多效蒸发的经济效益决定于 1kg 新鲜蒸汽能从黑液中蒸发多少水量。一般常采用 4～5 效，先进大厂有采用 6 效的。

蒸发器的形式有长管升膜式、短管升膜式和降膜式蒸发器等。对于某些黏度很高、含细小纤维、无机杂质多的草浆黑液，可以采用短管式或降膜式蒸发器，或两者结合。所谓板管结合，是在浓度低的Ⅲ、Ⅳ、Ⅴ效采用管式蒸发器，而在浓度较高的Ⅰ、Ⅱ效采用板式，充分发挥管式投资及运行费低，而板式在高浓度、高黏度情况下也可保持较高传热系数且不易结垢的优势。

各种不同型式的蒸发器的性能与特点可参见表 2-2-10。

表 2-2-10　各型蒸发器的性能及特点（对草浆黑液）

项目		板式降膜蒸发器	管式降膜蒸发器	长管升膜蒸发器	短管蒸发器
传热及蒸发机理		表面蒸发	表面蒸发	泡核沸腾蒸发	对流传热蒸发
出效黑液浓度/%	干、湿法备料（连蒸）	45～50	45～50	40	40
	干法备料（连蒸）	40～45	40～45	38～40	38～40
结垢速率		慢	慢	快	较慢
除垢方法		水煮,碱煮,高压水	水煮,碱煮,高压水,机械法	水煮,碱煮,高压水,机械法	水煮,碱煮,高压水,机械法
加热元件的可靠性		易损坏	不易损坏	不易损坏	不易损坏
加热元件的维护及更换		不可更换	可更换	可更换	可更换
加热元件材质		不锈钢	不锈钢或碳钢	不锈钢或碳钢	不锈钢或碳钢

黑液提取工段提出的稀黑液应符合表 2-2-11 要求。

表 2-2-11 提取的稀黑液应符合的工艺参数

备料及蒸煮方法	温度/℃	浓度(15℃)/°Bé	含纤维量/(g/m³)	残碱(以 Na₂O 计)/(g/L)
干法备料,蒸球	≥70	>8	<30	8
干、湿法备料,横管连续蒸煮	≥75	>8.5	<30	6

蒸发工段送燃烧的浓黑液应符合表 2-2-12 的要求。

表 2-2-12 浓黑液的工艺参数

备料及蒸煮方法	温度/℃	浓度(15℃)/°Bé	备 注
干法备料,蒸球	>90	36~38	自然循环管式蒸发器
		≥40	组合蒸发器
干、湿法备料,横管连续蒸煮	>90	38~40	自然循环管式蒸发器
		≥45	板管结合蒸发器

5 效蒸发器的蒸发效率:干法备料、蒸球为 3~3.3kg/kg(水/汽);干湿备料、横管连蒸为 3.3~3.5kg/kg(水/汽)。

(3) 燃烧

燃烧工段的工艺流程参见图 2-2-8。燃烧工段的核心设备是碱回收炉,目前,由于碱法制浆造纸厂对动力的需求越来越大,为了取得热平衡,碱回收炉不断提高过热蒸汽参数和燃烧黑液浓度,同时为了安全生产和符合环境保护的要求还趋向于发展现代化的单汽包低臭型碱回收炉。

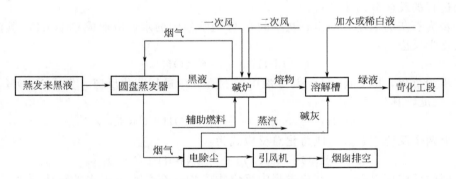

图 2-2-8 燃烧工段工艺流程

目前单汽包低臭型碱回收炉在木浆厂已普遍应用。碱炉正在向大型化、超高压、超高温的方向发展。新建的大型碱回收炉的蒸汽参数可达 8.4MPa、480℃,目前正向 9.3MPa、492℃和 10.3MPa、515℃发展。一台新型的日燃烧固形物为 2200t 的碱回收炉,其过热蒸汽压力 8.4MPa、温度 480℃,当碱回收炉效率为 72%时,过热蒸汽产量可达 350t/h;烟气中的 SO₂ 含量不超过 100mg/m³,粉尘含量不超过 33g/m³。进炉黑液浓度也有大幅提高,当黑液浓度从 72%提高到 82%时,可提高锅炉效率 3%,增加背压发电机发电量 3%。

国内某造纸厂从芬兰引进的单汽包低臭型碱回收炉,65%黑液直接进炉燃烧,将来还可以适应 80%浓黑液进炉燃烧,处理能力可达 1100t 黑液干固物,并在国内首次采用三列(每列三电场)静电除尘机组。该公司 2003 年碱回收率 93.18%,碱自给率 100%,年回收烧碱量 32629t,每吨碱成本 654 元。

（4）苛化与白泥回收

苛化工艺流程见图 2-2-9。黑液燃烧后，从燃烧炉底部流出的熔融物主要成分是碳酸钠和硫化钠，溶于稀白液后，称为绿液。在苛化工段，往绿液中加消石灰，使碳酸钠转化为氢氧化钠。澄清后的液体称为白液，即蒸煮用的碱液，沉淀出的碳酸钙称为白泥。

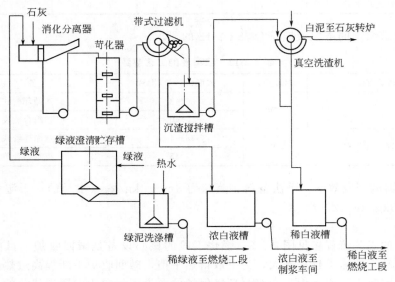

图 2-2-9 连续苛化工艺流程

苛化过程的反应分两步进行。

第一步为石灰的消化，即生石灰中的 CaO 与绿液中的水反应形成 $Ca(OH)_2$ 乳液并放出热量。其化学反应为：

$$CaO + H_2O \longrightarrow Ca(OH)_2$$

第二步为苛化，即 $Ca(OH)_2$ 与绿液中的 Na_2CO_3 进行苛化反应，生成 NaOH，同时形成 $CaCO_3$ 沉淀，其化学反应为：

$$Ca(OH)_2 + Na_2CO_3 \longrightarrow 2NaOH + CaCO_3 \downarrow$$

将以上两个反应式合并写成苛化总反应式为：

$$CaO + H_2O + Na_2CO_3 \longrightarrow 2NaOH + CaCO_3 \downarrow$$

从上面的反应可以看出，苛化过程中反应物中均存在着难溶于水的物质［即 $Ca(OH)_2$ 和 $CaCO_3$］，所以苛化反应是可逆的。在苛化反应过程中，由于 NaOH 浓度增加，Na_2CO_3 浓度逐渐下降，即增加 OH^-，减少 CO_3^{2-}。根据共同离子效应理论，$Ca(OH)_2$ 溶解度下降，$CaCO_3$ 溶解度上升。当二者溶解度趋于相等时，苛化反应达到平衡。

白泥是碱回收过程中产生的一种危害相对较小的碱性二次污染物，目前全国每年产生白泥 $1.50 \times 10^6 t$，而绝大多数企业对于白泥还是采取外运填埋或直接排放的方式。不仅浪费资源，同时造成环境污染。

白泥主要的处理方法有以下三种。

① 煅烧 在日本及欧美等发达国家，造纸以纯木浆为主，白泥可以采用直接煅烧的方法制备石灰来回收，只是采用的专用燃烧炉构造特殊、造价昂贵且用白泥烧制石灰的成本也明显高于一般石灰石，一般情况下是普通石灰石售价的 2～3 倍。针对我国以草浆造纸为主的情况，白泥煅烧还存在以下问题：a. 煅烧成本过高，而且品质不宜保证；b. 白泥中的硅酸盐具有腐蚀性，在高温煅烧时经常腐蚀石灰窑壁。所以由于成本及技术等原因煅烧法不适

合在国内进行推广。

② 制备造纸填料碳酸钙　由于草浆白泥中硅含量较高（一般在 10％左右）以及钠碱盐的存在，其回收并不能像纯木浆白泥可以煅烧成石灰返回消化直接回用。苛化白泥的可行处理方法是水洗法。水洗法是将苛化工段排出的白泥经过数道水洗、碳酸化处理及过滤工序除去其中的大部分杂质和残碱制备成可供造纸利用的填料。目前，回收填料碳酸钙粒度的控制和纯度的提高是制约白泥回收的关键。

③ 利用白泥代替石灰石生产水泥　但由于白泥水分高，烘干能耗大，使白泥生成水泥亏本。因此，在试验阶段就被迫终止。

（5）提高清洁生产水平的可能措施

我国部分骨干浆厂的碱回收技术经济指标的实际调查显示，亟待对现有技术进行改进，进一步提高清洁生产水平。

① 提高黑液提取率，尤其是草浆黑液提取率　国际上黑液提取率可高达 97％～99％，我国碱法木浆的黑液提取率也可达 90％以上，但与国际先进水平相比仍有差距，有待改进。关键是占化学浆主导地位的非木浆，尤其是麦草浆，黑液提取率仅 80％左右，甚至更低，亦即从碱回收的第一道工序就流失掉 20％的碱以及大量有机物，因此亟待改进。草浆黑液提取率低，有草浆黑液硅含量高、黏度大、滤水性能差的原因，也有真空过滤机设计方面的不足。一般都是套用常规源自木浆黑液提取的真空洗浆机，只是放大其过滤面积以适应草浆滤水性能差的特点。由此导致绝大多数草浆真空洗浆机排水管线过粗，难以形成水腿，被迫加用真空泵，而使用真空泵不但增加电耗，而且导致抽取黑液从气水分离器中流失。

② 蒸煮同步降硅、降黏，提高草浆碱回收效率　草浆黑液硅含量高、黏度大，是影响其碱回收系列因素的"痼疾"。除硅降黏是行业内外多年来探索追求的目标。目前，草浆降黏技术有两种：a. 草浆蒸煮同步降硅、降黏技术；b. 黑液热裂解降黏技术。蒸煮同步除硅技术无需投资增加大型新设备，只将少量特定的工业副产品投入蒸煮液中，即可通过蒸煮同步除硅，效果显著。在为期数月的生产试验中，投加除硅剂 2％（对绝干麦草），蒸煮后黑液含硅降低 65％，蒸发浓黑液黏度由 20.11Pa·s（201.1cP）降到 9.03Pa·s（90.3cP），降低 50％以上。另外表示燃炉热层膨胀度的体积膨胀系数（VIE）由 1.94mL/g 增至 4.74mL/g，增大 2.44 倍。短期生产试验效果参见表 2-2-13。

表 2-2-13　同步除硅生产试验结果

项目	蒸发效率 /(kg 水/kg)	汽蒸发强度 /[kg 水/(m² · h)]	燃烧能力 /(t 固形物/d)	碱回收率 /%[1]	回收 1t 碱的原材料、能源总消耗/元[2]
除硅前	2.61	10.719	40.6	35.7	1194.80
除硅过程	3.15	11.465	44.8	39.7	1072.90

[1] 如按提取后的黑液计算，则回收率分别为 66.39％和 75.55％。

[2] 包括水、电、汽、石灰和重油消耗。

黑液热裂解主要是在一定温度（170～190℃）下，让黑液中的残碱在一定的时间内和溶解在其中的聚糖及一些木素大分子物质发生反应，并使这些物质降解，从而达到降低黑液黏度的目的。由于麦草浆聚糖含量高、黏度高，所以热处理是改善麦草浆黑液提取性能的一种比较有效的方法。其简要工艺流程如图 2-2-10 所示。

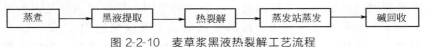

图 2-2-10　麦草浆黑液热裂解工艺流程

图 2-2-11 为碱法草浆黑液热处理前后黏度变化情况，可以看到，草浆在经过热处理后，黏度改善非常明显，这为将黑液浓度蒸发到 65％以上创造了条件。

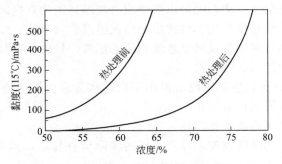

图 2-2-11 麦草浆黑液热裂解前后黏度的变化

③ 推广板式降膜蒸发器，提高蒸发效率 为减少草浆黑液蒸发过程中易结垢的困难，草浆黑液的蒸发设备多采用落后的短管蒸发器。而国内研发的生物板式降膜蒸发器蒸发效率和蒸发强度均比传统蒸发器提高 20％以上，且蒸发元件不易结垢，浓黑液浓度也可由传统管式蒸发的 65％（木浆）提高至 70％，从而明显提高热效率。这一技术不但应在新建草浆碱回收项目中推广，对蒸发能力不足的老碱回收系统，也可通过增加板式蒸发器增浓，形成板管结合的流程。图 2-2-12 为两板三管组合五效蒸发的流程。在浓度较低的Ⅲ～Ⅳ效采用长管升膜蒸发器，而在浓度较高的Ⅰ～Ⅱ效则采用板式降膜蒸发器。黑液流程采用Ⅲ→Ⅳ→Ⅴ→Ⅱ→Ⅰ混流式。

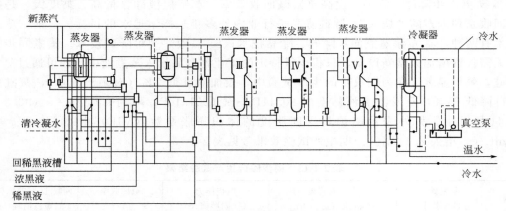

图 2-2-12 两板三管组合五效蒸发站流程

④ 总结经验教训，完善先进的草浆碱回收工艺操作与设备 由于草浆黑液提取率仅可达 80％左右，造成 20％左右的碱流失，并且进入碱回收系统 80％左右的碱，最终回收率也只有 50％左右。某造纸厂通过清洁生产审计对此作出了解释。表 2-2-14 列出该厂在清洁生产审计中对碱回收系统所做碱平衡的数据。由表可见，即使不计黑液提取率，以进入碱回收系统的稀黑液为 100％计，浓白液的回收率也仅有 55％左右，即约 45％的碱在系统的各个工序流失。其中稀白液达 10.96％，如能将稀白液充分循环回用，将大大提高碱回收率。此外，电除尘碱灰损失高达 8.76％。据了解，草浆碱回收静电除尘器极易腐蚀而不能运行，这是造成麦草浆碱回收率低的重要原因之一。腐蚀的原因，据推测主要是因为麦草浆黑液入炉浓度过低。由于麦草浆黑液黏度大，经蒸发器后的浓度仅能达到 41％～42％。因此入炉黑液水分含量过高，致使烟气湿度大，再加除尘器漏风，使温度降低。当除尘器漏风而烟气

温度低于露点时，就将腐蚀破坏静电除尘器，使之不能运行。因此如何提高入炉麦草浆黑液浓度以减少水分，同时保持烟气进入静电除尘器时的温度在露点以上，至关重要。

表 2-2-14　某造纸厂碱回收过程的碱损失分布数据（以稀黑液含碱 8700kg 计）

项目	蒸发	燃烧				绿液	苛化				合计
		电除尘	吹灰	清灰	烟囱		白泥	石灰渣	稀白液	流失	
含碱量/kg	90	762	270	190	53	580	360	300	930	190	3725
损失率/%	1.03	8.76	3.10	2.18	0.609	6.67	4.14	3.45	10.69	2.18	49.13

另外，由表 2-2-14 还可见，绿液含碱达 6.67%，白泥含碱达 4.14%，石灰渣含碱 3.45%，均应分别采用先进工艺与设备，则麦草浆的总碱回收率可以大大提高。国内有关单位针对草浆黑液特点设计制造了不同规模系列的燃烧及前后处理系统，均已成功用于生产。

⑤ 污冷凝液的处理　黑液在综合利用或送碱回收炉燃烧前，都要通过多效蒸发器浓缩，蒸发浓缩过程中产生的污冷凝水是浆厂污冷凝水的另一来源，是蒸发工序主要的水污染源。表 2-2-15 列出了硫酸盐浆厂黑液蒸发污冷凝水的污染物及其浓度。

表 2-2-15　硫酸盐浆厂黑液蒸发污冷凝水的特性与化学组成

污染物	蒸发器混合冷凝水	蒸发器、冷凝器冷凝水	污染物	蒸发器混合冷凝水	蒸发器、冷凝器冷凝水
H_2S/(mg/L)	1~90	1~240	酚类/(mg/L)		3
CH_3SH/(mg/L)	1~30	1~410	愈创木酚/(mg/L)	1~10	
$(CH_3)_2S$/(mg/L)	1~15	1~15	树脂酸/(mg/L)	28~230	
$(CH_3)_2S_2$/(mg/L)	1~50	1~50	BOD_5/(mg/L)	60~1100	450~2500
甲醇/(mg/L)	180~700	180~1200	pH 值	6.0~11.1	6.7~8.2
乙醇/(mg/L)	1~190	1~130	悬浮物/(mg/L)	30~70	
丙醇/(mg/L)	1~15	1~16	色度（APHA）/度		280~5500
甲基乙基酮/(mg/L)	1~3	2	钠/(mg/L)	4~20	20~370
萜烯/(mg/L)	0.1~150	0.1~620			

污冷凝水消除污染的措施是将比较干净的污冷凝水分送至本色浆洗涤机和苛化工序做稀释和溶解用水，污染较重的部分用蒸汽或空气吹出并送至石灰窑或单独的燃烧装置中烧掉。图 2-2-13 示意了五效黑液蒸发站污冷凝水分流情况。

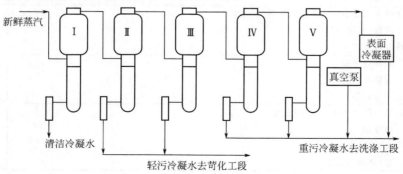

图 2-2-13　五效黑液蒸发站污冷凝水分流示意

不同部位的污冷凝水由于污染程度不同，具有不同的处理方法。表 2-2-16 列出了部分污冷凝水的处理方法。

表 2-2-16　各处污冷凝水处理的推荐方法

冷凝水来源	处理方法	冷凝水来源	处理方法
间歇或连续蒸煮放汽	蒸汽汽提	Ⅳ～Ⅴ效冷凝水	空气或蒸汽汽提
间歇蒸煮喷放热污水	空气汽提	一级表面冷凝器冷凝水	空气汽提
Ⅱ～Ⅲ效冷凝水	直接利用	表面冷凝器低温冷凝水和真空泵喷射冷却水	蒸汽汽提
预热器及Ⅰ效冷凝水	回收利用		

我国在试验室条件下对硫酸盐法木浆蒸煮及蒸发冷凝水的分析与蒸汽汽提效果列于表 2-2-17。工厂各部门的污冷凝水量和 BOD 的分布参见表 2-2-18。污冷凝水汽提工艺流程见图 2-2-14。

表 2-2-17　试验室条件下污冷凝水的蒸汽汽提效果

项目	硫化物	挥发酚[1]	COD	BOD	甲醇	乙醇	丙酮
原水含量/(mg/L)[2]	33.6	62.0	3282	1310	809	16.5	8.8
汽提后含量/(mg/L)[2]	0.71	16.3	637	110	0	0	0
去除率/%	97.9	73.7	80.6	91.6	100	100	100

① 提高用汽量，挥发酚去除率可达 94.66%。

② 原水 pH 值为 10.3，电导率为 295μS/cm；汽提后 pH 值为 10.3～10.5，电导率为 295～330μS/cm。

表 2-2-18　工厂各部门的冷凝水量（以 1t 浆计）和 BOD 的分布

工段	BOD 分配或冷凝水量	参数
蒸发	系统中 BOD 分配	
	洗浆	5%
	苛化	55%
	冷凝水处理	40%
	冷凝水分送	
	洗浆	3.8t/t
	苛化	3.7t/t
	冷凝水处理	0.5t/t
苛化	系统中 BOD 分配	
	蒸煮器（白液）	40%
	大气	50%
	地沟	10%
蒸煮	在间歇蒸煮器中生成的挥发性 BOD 分配	
	洗涤（和黑液一起）	50%
	冷凝水处理	50%
蒸煮	连续蒸煮器中生成的挥发性 BOD 分配	
	洗涤（和浆一起）	70%
	冷凝水处理	30%
	冷凝水处理量	
	间歇蒸煮器	1.2t/t
	连续蒸煮器	0.4t/t
洗涤	最后一段喷淋水中 BOD 分配	
	蒸发站	40%
	大气	20%
	浆（最后排入地沟）[1]	40%

① 假定浆中 BOD 的洗涤效率为 98%。

除汽提法外，也可采用厌氧法处理污冷凝水。日本一家制浆厂建立了厌氧消化罐处理污冷凝水。在进水 COD 浓度 2740mg/L、容积负荷 3kg COD/$(m^3 \cdot d)$ 和水力停留时间不到 2d 的条件下，COD 去除率可达 75.3%。

由于汽提污冷凝水需要消耗大量动力与蒸汽，汽提设备的投资也比较大，故现在污冷凝水的发展方向有两点：a. 改进生产工艺，减轻蒸煮和蒸发产生污冷凝水的污染负荷；b. 充分利用蒸发器和表面冷凝器的内部结构进行污冷凝水"自汽提"，尽量减少送往汽提塔的污冷凝水量。

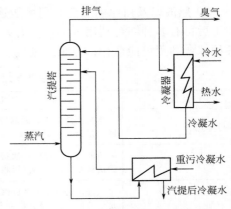

图 2-2-14　污冷凝水汽提工艺流程

⑥ 洗涤-筛浆系统用水的封闭循环　开放的筛浆系统 1t 浆耗水量可达 $50\sim100m^3$。如洗浆系统也基本是开放的（国内某些中、小型草浆厂即是如此），耗水量还可能加倍。为减少可回收的化学品和有机物的流失，并为进一步净化废水减少投资，对洗涤-筛浆系统用水进行封闭循环十分必要。应注意洗涤-筛浆系统用水封闭将给前后工序（洗涤和漂白）都增加负担，所以在采取封闭措施的同时必须考虑增强洗浆能力。表 2-2-19～表 2-2-21 表示出采取封闭筛浆后的效果、对洗涤的影响（以浆料带入漂白工序的 Na_2SO_4 量表示）以及总的经济效果等。

⑦ 控制事故排放和跑、冒、滴、漏　为控制各类可避免的排放，应采取如下措施：a. 建立缓冲槽，收集溢冒；b. 建立集水井，回收溢冒至缓冲或回收系统；c. 创造条件在受控制条件下空出主要设备；d. 建立责任制，防止阀门、管线渗漏及网面破损等；e. 进行合理的生产调度，避免出现打破生产平衡的局面；f. 建立严格的监督、监测系统。

表 2-2-19　开放与封闭的筛浆系统排放污染比较参数

参　　数	开放系统	封闭系统	参　　数	开放系统	封闭系统
排水量[①]/m^3	$50\sim100$	$0\sim8$	色度（稀释倍数）	$30\sim50$	$10\sim20$
BOD_7[①]/kg	10	5	SS[①]/kg	$5\sim10$	0

① 按 1t 浆计。

表 2-2-20　开放与封闭系统带入浆料的黑液固形物（以 Na_2SO_4 计）

本色浆洗涤段数	筛浆用水量/(m^3/t)	筛浆后洗涤段数	带至漂白的 Na_2SO_4/(kg/t)	本色浆洗涤段数	筛浆用水量/(m^3/t)	筛浆后洗涤段数	带至漂白的 Na_2SO_4/(kg/t)
3	60	—	9.5	3	封闭	1	14.0
3	30	—	14.0	3	封闭	2	9.5
4	30	—	9.5	4	封闭	—	9.5

表 2-2-21　采用封闭筛浆系统节约的资金

项目	物料	年金额/美元	项目	物料	年金额/美元
节约	纤维	39000	费用	漂白化学品	85700
	化学品	42000		设备	24500
	有机物	23000		小计②	110200
	水处理	86000	净节约①－②		79800
	小计①	190000			

⑧ 黑液以及白泥的综合利用可能途径　黑液中的多种有机质，从理论上考虑经进一步加工后可有多种综合利用可能，但尚无成功实例。表 2-2-22 给出碱法/硫酸盐法制浆黑液的各种综合利用可能途径；但未经过生产验证其可行性以前，切勿匆忙上马。

表 2-2-22　黑液综合利用可能途径

产品名称	加工方法	用途
硫酸盐皂	木浆黑液半浓缩后静置，硫酸盐皂即漂浮于液面，1t 浆回收量为 45～135kg	进一步加工制取塔罗油
塔罗油	硫酸盐皂酸化后得油状松香酸及树脂酸，称塔罗油，用蒸馏法精制，可得松香、树脂酸、塔罗油、沥青等	做有机溶剂或其他化工原料
松节油	硫酸盐法木浆蒸煮放汽时，低沸点有机化合物逸出，主要是松节油，其产量在蒸煮杉木时为 1.4～1.5kg/t 浆，松木为 12kg/t 浆	精制做有机溶剂等化工原料
胡敏酸铵	黑液加硫酸在 50～60℃，pH 1～2 下，木素沉淀，干燥粉碎后通入氨气，在 pH7 下即得胡敏酸铵	是土壤中腐殖酸的主要成分，可做化肥
二甲亚砜（CH_3SOCH_3）	利用黑液木素的甲氧基，在碱性条件下与硫化物离子反应，生成甲基硫醇离子，然后再分裂甲氧基生成二甲硫醚，再与氧化剂反应即得	优良有机溶剂，用于合成纤维的聚合及纺丝溶剂等
碱木素	在酸性条件下使木素沉淀分离，即得碱木素	进一步加工可代替部分酚醛树脂做黏合剂，以及做水泥减水剂、助磨剂、矿山浮选剂等

木浆大厂碱回收后产生的白泥，传统处理方式均为经灼烧后回收石灰再用，形成良性循环；但草浆由于黑液含硅高，影响白泥回收，多弃去不用，形成一害。已有利用白泥做建筑浆材以及烧制水泥的成功经验，例如国内某些造纸厂利用碱回收白泥以湿法回转窑做制造水泥的原料已有多年历史，尽管略有亏损，但消除了白泥堆置的危害；还有部分造纸厂利用白泥制造轻质碳酸钙，可在本厂用作造纸填料，形成良性循环。

⑨ 连续苛化工艺　连续苛化新工艺（其工艺流程见图 2-2-9）是在原工艺的基础上改进而成的。主要包括：a. 将三台串联苛化器改为一台分为三室的立式苛化器；b. 将绿液槽与绿液澄清器合并为绿液澄清贮存槽；c. 用带式过滤机代替白液澄清器和白泥洗涤器等。改进之后，过程更简单，另外带式过滤机也较适合处理草浆厂含硅量高、难以澄清的白液。

⑩ 碱法/硫酸盐蒸煮废液的其他综合利用途径——分离木素　要使可溶性碱木素从黑液中分离出来，简单的方法是用烟道气中的 CO_2，或加盐酸、硫酸中和，使木素脱去钠，再次成为不溶性物质。理论上，CO_2 仅能析出 75% 木素，而其余 25% 必须用强酸方能沉淀。实际上，用 CO_2 沉淀仅能得到 30%～50% 的木素。

用 CO_2 沉淀木素时，净化后烟道气中 CO_2 浓度应大于 8%。在 60℃ 黑液中通烟道气 3h，终点 pH 值为 9.2（采用孔板塔吸收）；然后黑液在 70～80℃ 条件下保温 8h，分出上部黑液，沉淀物约为 20%。1L 12°Bé 黑液可得 15g 左右的碱木素。

用硫酸或盐酸沉淀木素，40℃、10% 固形物的硫酸盐黑液，加 10% 的硫酸，调节黑液 pH 值至 4.5；加酸后黑液升温至 60℃，保温 4～5h 或过夜，使木素细粒聚集澄清；用离心机过滤木素，水洗 4 次以上，最后洗涤水 pH 值为 5.0；滤饼经自然日光干燥，即为风干木素成品。1t 浆黑液可制得（267±6.6）kg 风干木素，制木素后黑液 BOD 去除率 20%；制 1kg 风干木素需 1.1kg 硫酸。

我国曾多次进行了碱法/硫酸盐法废液中提取木素的研究，并在不同地点进行了生产性试验或投入生产；但长期的实践表明，酸析后的木素难以彻底分离和脱水，难以有稳定销路，而且分离木素后的废液仍有大量污染物需进一步处理，因此未能有效推广应用。

3. 亚硫酸盐法制浆生产工艺和污染物来源

20 世纪 50 年代以前，亚硫酸盐法制浆由于制浆得率较高，未漂浆白度较高且易于漂白，曾经是造纸行业的主要制浆工艺之一，但是由于能适用该制浆工艺的纤维原料有限，而且纸浆强度明显低于硫酸盐法制浆，因此随着硫酸盐法制浆废液回收系统回收效率的提高，漂白工艺的不断改进，硫酸盐法制浆逐渐占据主导地位。

亚硫酸盐法主要的活性化学试剂是二氧化硫及其相应的盐基组成的酸式盐或正盐的水溶液。最初的亚硫酸盐法制浆，蒸煮中含有大量过剩的 SO_2，常用的盐基是钙、镁等，其起始 pH 值很低，所以人们习惯上把亚硫酸盐法称为"酸式制浆"。另外还有亚钠和亚铵法，蒸煮 pH 值最低也要在 7 以上，一般可达 9，以免腐蚀。理论上讲，从可溶性盐基的蒸煮废液（俗称红液）回收化学品和热能都具有可行性。但钠盐基红液回收过程工艺复杂、腐蚀严重；而铵盐基废液只能回收热能及 SO_2，铵则被分解；只有镁盐基废液回收实现工业化相对较容易。我国有关亚硫酸氢镁法苇浆红液的回收装置早已建成，但因燃炉运行明显亏损而停止运转，只利用了系统的废液提取与蒸发设备，浓缩红液做综合利用产品出售。钙盐基的红液则只能通过利用废液中溶解的有机物制造不同的化学产品，如酒精、酵母、黏合剂、香兰素等加以综合利用，以降低污染物排放。表 2-2-23 列出了亚硫酸盐法红液的 BOD 和 COD 污染负荷。

表 2-2-23   我国亚硫酸盐法红液的 BOD 和 COD 的污染负荷量

纤维原材料	生产方法	纸浆得率/%	BOD/(kg/t 浆)	COD/(kg/t 浆)
白松	酸法	48~49	324	1555
杨木	酸法	50	335	1233
白松	亚硫酸氢镁法	50	190	1378
杨木	亚硫酸氢镁法	54~55	170	1106
桦木	亚硫酸氢镁法	50	271	1220

4. 亚硫酸盐法制浆清洁生产与污染防治措施

与硫酸盐法制浆一样，亚硫酸盐法制浆清洁生产与污染防治的首要环节是红液的回收与利用，其可行措施如下。

（1）回收化学品与热能

红液的化学品与热能回收，原理与硫酸盐法基本相同。提取出来的红液经蒸发浓缩后送入燃烧炉；但燃烧后转化出来的化学品并不像硫酸盐法那样在炉底部转化为熔融物，而是随烟气进入锅炉。把 MgO 从烟气中分离，消化成 $Mg(OH)_2$ 乳液，送吸收塔吸收烟气中的 SO_2，从而制提以 $Mg(HSO_3)_2$ 为主要成分的蒸煮液。

回收亚硫酸钠法及中性亚钠半化学浆法（NSSC）的红液，国际上有熔炼法、热解法、流化床燃烧法等。大多钠盐基亚硫酸红液使用类似硫酸盐法浓黑液的回收锅炉回收制浆化学品，即熔炼法。热解法是利用热解过程回收钠盐基亚硫酸红液，最终产品是 Na_2CO_3 和 SO_2。红液中的钠盐在连续反应中首先转化为碳酸钠，硫化物转化为硫化氢。第二步反应是气体从干粉中分离后燃烧，H_2S 转化为 SO_2。分离后的干粉用水沥滤，干粉中的炭粒经滤出后回送至热解反应器。碳酸钠溶液则用于吸收 SO_2，成为蒸煮液。

流化床燃烧法主要用于控制中性钠半化学浆废液的污染。该法可使红液中的有机物最后转化为 CO_2 和水的无硫混合物，而其中的无机物为硫酸钠和碳酸钠的混合物，可供硫酸盐浆厂燃烧黑液再生蒸煮液所需补加的化学药品。

（2）酸法蒸煮红液的综合利用

如前所述，酸法蒸煮废液也可如碱法/硫酸盐法蒸煮废液那样进行化学品及热能回收；但由于酸法废液腐蚀性强、热值低、化学品价格低廉，因此投资高而效益差。处置这些具有高度污染的废液，主要依靠废液的综合利用，国内国外均如此。酸法废液中含有大量木素磺酸盐及多糖类物质，可以用以加工制造多种产品：利用木素磺酸的分散性、黏结性、螯合性、高分子电解质和酚类等特性制造木素产品，如木素磺酸钙、铁铬木素磺酸、木素磺酸钠、木素磺酸镁等；经过生化处理利用其糖分制造发酵产品，如乙醇、酵母等；利用废液提取化学药品如香草素等。以木浆为例，酸法蒸煮废液中的组分参见表2-2-24。

表 2-2-24　亚硫酸盐蒸煮废液的组成（对固形物）　　　单位：%

组成	阔木材	针叶材	组成	阔木材	针叶材
木素磺酸盐	46	54	糖衍生物[1]	22	22
己糖	5	14	挥发性有机物[2]	11	3
戊糖	14	5	无机物	2	2

[1] 糖磺酸盐、糖醛酸盐等。

[2] 醋酸盐、甲酸盐、糖醛等。

① 生产黏合剂等木素综合利用产品

方法1：将废液蒸发至50%左右固形物出售；或进一步喷雾干燥（干度95%）。粉状产品含55%左右木素磺酸盐、30%左右碳水化合物和15%左右无机物。除钙镁盐酸法废液外，钠基废液也可用此法生产综合利用产品。

方法2：废液先经发酵生产酵母（利用废液中糖类和挥发酸类），分离出33%浓度的湿酵母，然后将废液蒸浓、喷雾干燥。所得产品含75%左右木素磺酸盐、5%碳水化合物和20%无机物。

方法3：用超滤法分离低分子有机物和无机盐，将增浓至30%的高分子有机物溶液喷雾干燥，得95%干度的粉末，其成分为85%木素磺酸盐、10%碳水化合物和5%无机物。

② 生产酵母　制浆废液中均含有糖类和糖尾酸类。针叶木浆废液中含六碳糖较多，阔叶木和草类废液中含五碳糖较多。六碳糖主要是半乳糖、葡萄糖、甘露蜜糖；五碳糖主要有木糖和阿拉伯糖。

六碳糖经发酵可生产酒精和二氧化碳气体；五碳糖可以生产酵母，还可以生产酒精。

碱性废液中糖类已被氧化，不能制酵母，且碱性废液常具有毒性物质。以亚硫酸盐废液制造酵母已有很长历史，在我国石砚、江门等地有工厂采用此法生产。

生产酵母使用丝状菌种或球状菌种。生产车间安置在制浆和蒸发之间。

一个年产65000t浆的亚硫酸法厂，可年产7500t酵母。我国的一套用亚硫酸废液生产酵母的装置，年产干酵母粉1300t以上，成本约1200元/t，是药用酵母片的原料，并可用作高级精饲料。

经过增殖酵母，废液中低分子可溶性有机物大都转化为酵母，废液中BOD可降低85%，这种废液仍含有少量营养成分，可稀释用以农灌，有一定肥效。

③ 生产酒精　利用废液中己糖生产酒精，一般面包酵母 *Saccharomy cescerevisiae* Hansen 可用作菌种，在石砚、开山屯、广州等地工厂已有实例。我国筛选获得的菌种 *Canadida shchatac* R.，可以利用戊糖、己糖同步发酵生产酒精。

西方国家每年利用造纸废液生产酒精约为100000t，我国每年利用亚硫酸钙木浆废液生产酒精9000t以上。

④ 应用于石油工业

a. 稠油降黏剂 黑液中含有碱、腐殖酸、硅化物及表面活性物质，为其用于稠油的乳化提供了可能。实验证实，黑液中的 NaOH 含量直接影响乳化的效果，以麦秆、芦苇、棉秆三种原料的黑液作降黏实验，发现 pH 值为 12.4 的麦秆黑液正处于产生最低界面张力的 pH 值范围（11.5～12.5），而且麦秆黑液含有较高的腐殖酸和硅化物，因此稠油乳化效果最佳。

b. 高温调剖剂 在蒸汽采油中，由于地层的不均质，易造成蒸汽驱扫效率降低。为了调整地层的蒸汽注入剖面，可以采用高温调剖剂封堵高渗透层。黑液碱木素上的酚型结构基团能与甲醛反应，生成类似酚醛树脂的产物，依据这一原理可作高温调剖剂。

把黑液直接与甲醛等按一定比例复配，在交结剂作用下，于 180～300℃，成胶时间 5～70h 且可控。高温岩心模拟试验可知，岩心渗透率降低 96％以上，蒸汽突破压力 4.5MPa，并且具有易泵入，热稳定性好等特点。

c. 双效堵水剂 当黑液 pH 值低于 4 时，木素即沉淀析出，生成具有很强吸附性的凝胶状物，此沉淀物的封堵作用和黑液易起泡沫所产生的 Jamin 效应，可改变非均质地层中的渗透规律，起到良好的堵水效果，故称双效堵水剂。

双液法岩心模拟试验表明，堵水率可达 98％以上，突破压力大于 4.0MPa，碱性条件下可解堵。

⑤ 生产香兰素 香兰素又名香草素或香草醛，为白色或微黄色晶体，是一种重要的香料原料，广泛用作食物添加剂起增香调香作用。1m³ 红液（相对密度 1.05～1.06）可生产 3～5kg 的香兰素。以红液为原料生产香兰素，是利用其中木素磺酸盐，因此利用生产酒精或酵母的废液生产香兰素更具有综合利用的意义。用红液生产香兰素，工艺过程为：红液预处理→碱性氧化→萃取。首先，将木素磺酸盐在碱性条件下通入空气氧化，再经水解制得反应液。经测试，其中香兰素含量达到 5～7.8g/L，再经过丁醇或苯萃取、精制得到成品，其熔点为 81～82℃。

（3）亚铵法制浆废液灌溉或做黏合剂

我国亚铵法制浆多为小型草浆厂，废液成分如表 2-2-25 所列，氮、磷、钾元素齐全，用于灌溉增产效果明显。在山东泰安地区试验结果表明，施用亚铵蒸煮废液的作物比对照组增产 30％～60％。但由于尚未克服农灌季节性与制浆生产常年性的矛盾，需要庞大的废液贮存及运输设施，限制了废浆灌溉的应用。但据报道，有的亚铵浆厂结合当地的有利条件，供附近工厂做黏合剂，已有实效。

表 2-2-25 亚铵法蒸煮原废液的组分含量表

原废液养分含量	山东某纸厂麦草原废液	河南某纸厂棉秆原废液	北京某纸厂稻草原废液	四川某纸厂蔗渣原废液	四川某研究所龙须草原废液
pH 值	6.84～7.02	7.22～8.75	7.2～8.2	—	7.8
残余亚铵/%	1.08～1.49	1.60～2.81	1.02	—	—
固形物/%	14.31～16.41	13.81～13.94	13.91～15.20	13.0	12.66
相对密度（25～33℃）	1.070～1.075	1.053～1.058	1.056～1.072	1.052	1.054
灰分/%	1.18～1.32	1.00～1.28	1.72	0.31	0.44
活性有机碳/%	5.08～5.93	3.46～3.87	4.96	—	—
全氮量/%	1.24～1.55	1.37～1.64	1.25～1.40	1.87	1.35
铵态氮量/%	1.01～1.28	1.08～1.19	1.00～1.14	1.01	0.82
全磷量/(mg/L)	23.7～43.6	87.7～96.7	73.5～81.5	74.0	—
全钾量/%	0.492～0.572	0.384～0.396	0.505～0.581	—	—

（4）亚铵法制浆废液做饲料

利用亚铵制浆废液做饲料已研究多年，以亚铵废液为主要原料，加上科学的生物技术处理，生产出优质高效的牛羊饲料，在某种程度上可替代豆饼和玉米。实验表明，在同一喂养周期内可提高肉的质量和喂养效率10%。

（5）酸法浆厂的污冷凝液处理

酸法浆厂的污冷凝液污染负荷约30kg BOD$_7$/t浆，主要成分是醋酸，其次是甲醇和糠醛，如表2-2-26所列。

表 2-2-26　亚硫酸盐法制浆中生成的有机物及相应的 BOD$_7$ 分布（以 1t 浆计）　　　　单位：kg

污染物名称	形成总值		相应的 BOD$_7$ 总量		污冷凝液中含量	
	溶解浆	纸浆	溶解浆	纸浆	溶解浆	纸浆
醋酸	45	35	38	29	28	19
甲醇	9	7	11	19	10.5	8.5
糠醛	6	2	6	2	5.5	2
蚁酸	0.9	—	0.04	—	0.01	—
总计	60.9	44	55.04	50	44.01	29.5

降低酸法厂蒸发污冷凝液污染的措施如下。

① 蒸发前中和　研究发现，污冷凝液中污染物的发生量与红液的 pH 值密切相关，当废液 pH 值达8～9时，生成的糠醛还可能分解，pH 值高时醋酸形成盐，挥发性大大降低，因此红液蒸发前中和，是一项便宜而有效的降低蒸发污冷凝液的方法。

中和稀红液增加了红液中无机物含量，降低了红液的热值，并在某些方面改变了红液的性质。为了补偿热值损失，还需要添加一些燃料油，以达到稳定燃烧的条件，也需要改造一些设备，但这都会增加运转费用。

② 冷凝液的汽提　汽提塔法也可以用于处理硫酸盐浆厂的冷凝液，尤其是当红液生产酒精时，甲醇和糠醛在酒精蒸馏前可完全吹出。

③ 冷凝液的重复利用　蒸煮液制备和红液洗涤都可利用部分冷凝液，蒸煮液制备用2～3m^3/t浆，最后一段红液洗涤用2m^3/t浆。冷凝液重复用于蒸煮或洗涤时，甲醇和糠醛并未被有效去除，而在循环中累积。大部分甲醇可能会离开循环系统转入大气，造成空气污染。但此类污染危害较小。

（二）化学机械法制浆

植物原料经备料工段处理后，在化学药液作用下预浸渍，而后送磨浆工序对原料进行磨解，再经漂白处理后进行洗涤、筛选，生产纸浆。

备料工段主要为原木的干法剥皮；磨浆工段主要包括一段磨浆、二段低浓磨浆；洗涤工段主要包括螺旋压榨洗浆、真空洗浆等；筛选工段主要包括压力筛选和全封闭压力筛选。

废水主要由备料、木片洗涤、洗涤、筛选等工段产生，污染物主要为 COD$_{Cr}$、BOD$_5$、SS 及氨氮。各污染物产生浓度：COD$_{Cr}$ 6000～16000mg/L、BOD$_5$ 1800～4000mg/L、SS 1800～3800mg/L、氨氮3～5mg/L。废气污染物主要为备料产生的粉尘；污水处理厂产生的臭气，主要为氨、硫化氢；废液采用碱回收系统处理时，碱回收炉产生的烟尘、二氧化硫及氮氧化物等。

化学机械法制浆产生的废水主要来自备料、木片洗涤和制浆过程中溶出的有机化合物和细小纤维。废水中的污染物主要为以细小纤维为主的固体悬浮物（SS），以低分子量的木素降解产物、碳水化合物降解产物和水溶性抽出物等为主的溶解物。

化学机械制浆废液如采用碱回收处理，废液经预处理后再进入碱回收蒸发系统，蒸发产生污冷凝水。

一般常规化学浆的得率在45%～55%之间。为了节约原料，在适当的应用条件下可采用少用或不用化学药品，加大机械处理力度（打浆或磨浆）的工艺，制造半化学浆、化学机械浆或机械浆。半化学浆一般采用常规的蒸煮药剂，但减少了用量并使用较温和的蒸煮条件，粗浆得率可在65%～80%。化学机械浆一般是在机械磨浆的过程或之前施加少量木素脱除剂，以有助于磨浆过程纤维的分离，有时还施加碱性或中性 H_2O_2 进行漂白以改进成浆白度，得率一般在80%～90%。机械浆依靠磨石磨木机或盘磨机在一定温度下将原料分离成纤维，得率可达93%～98%。

化学机械浆（化机浆）及半化浆生产中，由于添加了化学药品，将导致蒸煮得率的降低。化学机械浆/半化浆的得率与BOD、COD的相关性呈直线关系。

机械浆的漂白多采用保护木素的漂白法，即以改变着色物质的功能基团性质而不大量破坏有机物的方法为主，因此溶出的污染物较少，但仍有一定的污染。采用的漂白剂主要为连二亚硫酸盐或过氧化氢。

有的工厂用磨石磨木机生产白杨木浆，在磨浆过程中添加少量碱性亚钠，可提高纸浆强度、改善质量；但相应增加了污染负荷。经测定，喷碱性亚钠后木浆的BOD发生量达67.4kg/t浆、COD达99kg/t浆。

1. 化学机械法制浆生产工艺和污染物来源

化学机械法制浆是利用化学作用对木片进行预处理后，再利用机械作用将木材纤维分离成纤维束、单根纤维和纤维碎片的过程。化学机械法制浆主要包括漂白化学热磨机械制浆（BCTMP）、碱性过氧化氢机械制浆（APMP）和盘磨化学预处理碱性过氧化氢机械制浆（P-RCAPMP），化学机械法制浆工艺流程及产污环节见图2-2-15。采用碱回收方式处理化学机械制浆废水工艺流程及产污节点见图2-2-16。

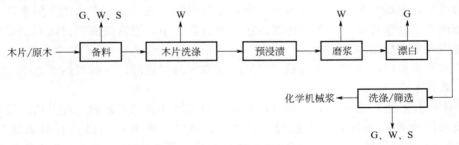

图 2-2-15　化学机械法制浆工艺流程及产污节点
W—废水；S—固体废物；G—废气

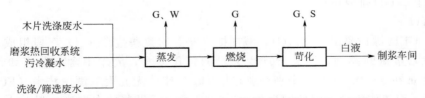

图 2-2-16　化学机械法制浆废水碱回收处理工艺流程及产污节点
W—废水；S—固体废物；G—废气

2. 化学机械法制浆生产过程污染防控技术

（1）浆渣筛选及精磨技术

采用锥形除渣器及压力筛将纸浆与杂质分离，锥形除渣器分离出的砂石等重质杂物排出系统，压力筛分离出来的纤维束送往浆渣处理系统，经精磨后返回制浆。该技术可以提高纤维的利用率，减少固体废物的产生，减少废水中悬浮物的产生量。

（2）高效洗涤和流程控制技术

化学机械浆的洗涤比化学浆的洗涤难度稍高，需要更大的洗涤设备能力，通常化学机械浆的废液提取率为 65%～70%。采用高效洗涤和流程控制技术废液提取率可达到 75%～80%，该技术采用辊式洗浆机、双辊压榨洗浆机或螺旋压榨机，通过置换压榨等作用分离浆中的溶解性有机物，提高纸浆的洁净度，降低后续漂白化学品（漂白化学热磨机械浆）的消耗；同时，通过改进洗涤工艺，减少洗涤损失，降低洗涤用水量。

3. 木材化学法制浆生产过程污染防控技术现状

（1）备料

① 原木剥皮　大部分企业采用干法剥皮技术，与湿法剥皮相比，该技术吨浆用水量明显降低，吨浆节水 3～10m^3。

② 木材的削片及筛选　用木材生产化学浆时，需要将原木、枝桠材和木材加工厂下脚料削成木片。削出的木片的规格一般为：长 15～25mm，宽 5～20mm，厚 3～7mm。

（2）蒸煮

木材原料蒸煮工艺分为间歇法和连续法。间歇法采用传统间歇蒸煮、快速置换加热（RDH）和超级间歇蒸煮等，蒸煮设备使用立锅；连续法采用改良型连续蒸煮（MCC）、深度改良型连续蒸煮（EMCC）、等温蒸煮（ITC）、紧凑蒸煮（Compact Cooking）及低固形物蒸煮（Lo-Solids Cooking）等技术，蒸煮设备使用立式连蒸器。

（3）洗选

洗选工段可细分为洗涤和筛选净化。一般采用多段逆流洗涤和封闭筛选，水系统封闭操作，理论上不排放废水，但在实际操作中，由于工艺管线长，浆泵和黑液槽多，容易发生跑冒滴漏的现象，末端锥形除砂器排渣时会带出部分黑液，这是洗浆废水的主要来源。这部分废水的处理方式为通过地沟收集后送黑液槽，回到系统中。逆流洗涤和封闭筛选是提高洗涤效率、减少废水排放量的有效措施。

由于木浆浆料的滤水性能相对较好，黑液提取率相对较高，一般可达到 95% 以上。

（4）氧脱木素

氧脱木素技术是在蒸煮之后，保持纸浆强度而选择性脱除木素的一种工艺。通常采用一段或两段氧脱木素，在氧脱木素过程中，氧气、烧碱（或氧化白液）和硫酸镁与高浓度（25%～30%）或中等浓度（10%～15%）纸浆在反应器中混合。氧脱木素工段产生的废液可逆流到粗浆洗涤段，然后进入碱回收车间处理。该技术可减少后续漂白工段化学品用量，减少漂白阶段 COD 排放负荷。

（5）漂白

传统的 CEH 漂白是由氯化（C）、碱抽提（E）、次氯酸盐漂（H）三段组成。由于该方法使用了含元素氯的漂剂，因此会产生大量的氯化废水，废水中含有致癌和致变性质的 AOX，产生量在 3～4kg/t 浆，个别企业超过 7kg/t 浆。无元素氯漂白技术（ECF）是以二氧化氯替代元素氯作为漂白剂的漂白技术，ECF 漂白后纸浆的白度高，返黄少，浆的强度好；但二氧化氯必须就地制备，生产成本较高，对设备的耐腐蚀性要求高，通常需要多段漂白。现代 ECF 漂白技术的目标是进一步降低二氧化氯的使用量，降低漂白废水发生量和漂白产生的 COD。如在流程中采用两段氧脱木素技术、酸处理技术、臭氧漂白技术、压力过氧化氢漂白技术等，使二氧化氯用量大大降低，称之为轻 ECF 漂白，国内运行的 ECF 漂白程序如表 2-2-27 所示。

表 2-2-27　国内运行的 ECF 漂白程序

序号	漂白程序	序号	漂白程序
1	O/O-D-Eop-D-PO	5	O/O-D-Eop-D-P
2	O/O-Q-OP-D-PO	6	O/O-D-Eop-D
3	O/O-AZe-D-P	7	O/O-D-Eop-D-D
4	O/O-ZQ-Eop-D	8	O/O-D-ZQ-PO

注：O 代表氧脱木素（氧漂）；D 代表二氧化氯漂白；e 代表碱抽提（碱处理）；P 代表过氧化氢漂白；Q 代表螯合处理；A 代表酸处理；Z 代表臭氧漂白；Eop 代表氧和过氧化氢强化的碱抽提；PO 代表压力过氧化氢漂白；OP 代表加过氧化氢的氧脱木素。

（6）碱回收

硫酸盐法制浆厂中配套的碱回收系统有三个功能：a. 回收用于制浆过程中所用氢氧化钠及硫化钠化学药品；b. 通过燃烧将制浆过程溶出的有机物转化为热能及电能实现能量的回收；c. 回收制浆过程中所产生的副产品（松节油或塔罗油）。前两项是碱回收的主要目的。

碱回收系统包括：稀黑液在蒸发工段的蒸发浓缩，浓黑液在碱回收炉中的燃烧实现有机物与无机物的分离。黑液经过燃烧后产生的无机熔融物溶解于稀白液或水中形成绿液。绿液的主要成分是碳酸钠和硫化钠等，绿液经苛化段将碳酸钠转化为氢氧化钠，此时的溶液为白液，可回用于蒸煮系统。灰分残留物和其他杂质作为绿液渣从流程中除去。苛化产生的碳酸钙（白泥）从白液中分离出来，经洗涤浓缩后在石灰窑中煅烧产出石灰回用于苛化段。

部分企业采用黑液降膜蒸发技术和黑液高浓蒸发技术，来提高黑液蒸发效率与黑液的浓度，最终提高黑液的碱回收率和降低碱回收锅炉硫的排放。

4. 清洁生产与污染防治措施

（1）用水系统封闭循环

生产机械浆和化学机械浆的制浆厂，可以采取制浆车间和造纸车间联合用水封闭循环系统，循环水中增多的溶解物质将会影响浆的质量，因此封闭程度要根据生产实际需要限定，并可考虑少量增加漂白剂等措施。

因为磨木浆尤其是热磨木浆的水温较高，封闭循环后可能导致循环水温的增高。特别是需要漂白处理时（最佳漂白温度为 60℃），循环水应设间接冷却系统。

（2）化机浆的化学处理废液与化浆蒸煮废液交叉回收

化机浆/半化浆的蒸煮废液由于所用药品少，难以单独进行化学品与热能回收。对于大型硫酸盐浆厂，小型化机浆的废液可纳入其化学品回收系统进行交叉回收，但半化浆的规模要受到限制。

（3）化机浆/半化浆废液的厌氧消化

化机浆/半化浆废液中的污染物浓度远低于化学浆废液，因此难以进行化学品及热能回收。但是如直接以好氧法进行处理，不但投资大而且运行费高。因此早在 20 世纪 70 年代，国际上即致力于研究开发利用厌氧法处理此类废水的可行性并获得满意结果。表 2-2-28 为工厂规模厌氧反应器的设计参数，其 COD、BOD 去除率分别为 50.4% 和 75%。

表 2-2-28　工厂规模厌氧反应器（UASB）设计参数

参　数	数　值	参　数	数　值
废水流量/（m³/d）	6300	需磷量/（kg/d）	65
进水 COD/（kg/d）	127000	需氢氧化钠量/（kg/d）	1600
进水 BOD/（kg/d）	50000	沼气产量/（m³/d）	20000
反应器容机负荷/［kg COD/（m³·d）］	10	出水 COD/（kg/d）	63000
需氮量/（kg/d）	320	出水 BOD/（kg/d）	12500

利用稻草加石灰蒸煮生产半化浆，主要用以生产黄板纸及瓦楞纸芯。其蒸煮条件大体为：a. 石灰用量 10％左右（对原料）；b. 蒸煮时间 3～4h；c. 蒸煮最高压力 0.4～0.5MPa（4～5kgf/cm²）；d. 成浆得率 60％～65％。

石灰草浆的废液是不可能回收的，但污染又相当严重，其污染物发生量（以 1t 浆计）约为：a. BOD 150～250kg；b. COD 400～700kg；c. SS 60～100kg；d. pH 值 9～11。

某纸板厂在小试的基础上进行了 34m³ UASB（上流式厌氧污泥床）反应器加半软性填料的中试。加半软性填料的目的是进一步提高厌氧消化效果，称 UASFB 反应器。如表 2-2-29 所列，石灰草浆废液进行预酸化效果明显，加入适量厌氧污泥则效果尤为显著。

表 2-2-29　石灰草浆废液预酸化效果

时间/h	试样 A				试样 B			
	pH 值	COD /（mg/L）	COD 去除率/％	挥发酸 /（mg/L）	pH 值	COD /（mg/L）	COD 去除率/％	挥发酸 /（mg/L）
0	8.4	22464		752.52	8.9	22464		752.52
4	6.3	21600	3.85	1106.4	7.4	22320	0.64	748.97
6	6.3	15300	31.80	1134.0	7.0	17244	23.25	884.91
16	6.0	14724	34.46	1363.4	6.5	16740	25.48	923.47
24	5.8	15784	29.73	—	6.1	17326	22.88	—

注：试样 A 为 4.5L 废液＋0.5L 污泥；试样 B 为 5.0L 废液不加污泥。

利用石灰草浆废液本身温度较高的条件，在 30℃ 温度下预酸化 24h，COD 可去除 30％左右，SS 也由 6000～10000mg/L 降至 2000～3000mg/L，去除率达 60％～70％，可减轻 SS 对厌氧反应器的干扰。

污泥浓度为 MLSS 60.69g/L，MLVSS 27.96g/L，MLVSS/MLSS＝0.46。

该厂经长期运行检测，厌氧消化效果可归纳为：a. 进水 COD 浓度 10000mg/L；b. 水力停留时间 1.8d；c. 反应器容积负荷 5.5kg COD/（m³·d）；d. COD 去除率 70％；e. 沼气产气率 0.45m³/kg COD（去除）；f. 甲烷含量（体积分数）60％。

二、非木材制浆工艺与污染物排放

（一）非木材制浆工艺与产污节点

化学法非木材制浆主要包括烧碱法制浆、硫酸盐法制浆及亚硫酸盐法制浆。根据漂白程度的不同，非木浆包括本色浆和漂白浆两种。

烧碱法或硫酸盐法制浆产生的废液进入碱回收系统处理，亚硫酸盐法制浆进行废液的综合利用。

非木材制浆过程中会向水体、大气、土壤等环境排放污染物质，其中，水污染问题最为突出，非木材制浆生产工艺及主要产污节点见图 2-2-17。

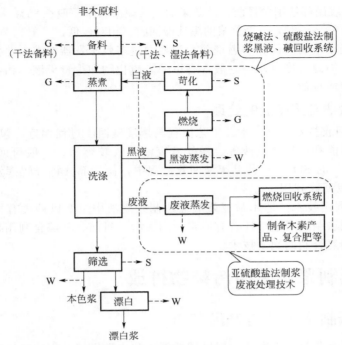

图 2-2-17 非木材化学法制浆生产工艺及主要产污环节
W—废水；S—固体废物；G—废气

（二）非木材制浆废水污染物

非木材化学法制浆产生的废水主要包括备料废水、蒸煮及黑液蒸发产生的污冷凝水、粗浆洗涤筛选废水、漂白废水（采用元素氯漂白会产生一定浓度的 AOX 和二噁英）、各工段临时排放的废水。废水中主要污染物为碳水化合物的降解产物、低分子量的木素降解产物、有机氯化物及水溶性抽出物等。

（三）非木材制浆污染防治技术现状

1. 备料

草类原料（如麦草、芦苇等）的备料方法包括干法备料和干湿法备料两种。大部分企业使用的是干湿法备料技术。该技术的主体设备是切草机和水力碎草机，以国产设备为主。蔗渣备料目前均使用湿法堆存备料工艺。竹子原料使用干法备料工艺。

2. 蒸煮

蒸煮一般可分为间歇式蒸煮和连续式蒸煮两种。间歇式蒸煮以蒸球或立锅作为主要蒸煮设备，而连续式蒸煮则以管式连蒸器为主要设备。大部分非木材制浆企业使用三管或四管的横管式连蒸器，也有少量企业使用蒸球。对于芦苇原料，大部分企业使用立锅。

3. 洗选、氧脱木素、漂白

同前文"木材化学制浆生产过程污染防控技术现状"中洗选、氧脱木素、漂白过程。

4. 碱回收

碱回收车间采用燃烧法将制浆车间洗浆工段送来的浓黑液经多效蒸发浓缩，使黑液浓度提高，送入燃烧炉进行燃烧，消除污染，回收烧碱和热能，然后进行苛化分离，最后将清洁的烧碱回收至蒸煮工段循环使用。目前，芦苇浆的黑液碱回收率一般在85%～90%，蔗渣浆的黑液碱回收率一般在83%～87%，麦草浆的黑液碱回收率相对较低，一般在70%～80%。

黑液在综合利用或送碱回收炉燃烧前，都要通过多效蒸发器浓缩，蒸发浓缩过程中产生的冷凝水是一种污染源。冷凝水中一般含有甲醇、硫化物和少量黑液。污冷凝水经过汽提法处理后，方能回用或排放。

5. 亚硫酸盐法制浆废液的处理

① 废液燃烧回收技术　该技术的工艺流程与黑液碱回收过程相近，包括废液蒸发工段、燃烧工段、回收热能和再生蒸煮液等。镁盐基废液回收较容易，一般可回收75%～88%的MgO和65%～70%的SO_2；铵盐基废液回收过程中，盐基部分将分解挥发而难以回收，只有SO_2和热能可以回收利用。

② 废液综合利用技术　非木材亚硫酸盐法制浆废液中主要以糖类有机物和木素磺酸盐为主。其中，亚铵法制浆废液中还含有一定量的铵盐。目前，其综合利用技术主要包括木素产品的制备技术和复合肥的制备技术。

三、废纸制浆工艺与污染物排放

（一）废纸制浆工艺与产污节点

废纸回收利用有两类加工方法，即机械处理法和化学机械处理法。机械法大部分不用化学药品，回收所得浆料用于生产包装用纸，如牛皮衬纸、纸板、瓦楞纸板芯等。所用废纸原料主要是不含机械浆的废纸，如瓦楞纸板箱、纸盒、旧书和账本等，但有时也使用含有机械浆的废纸，如新闻纸、杂志纸等。化学机械处理法即废纸脱墨工艺，常用原料为新闻纸、印刷纸和书写纸等。它们又可分为两大类：含墨木浆25%或以下的纸和含墨木浆大于25%（可达90%）的纸。为了便于废纸及纸板的分离成浆，尤其是分离各种彩印纸的油墨，常在机械处理或化学机械处理之前增加废纸蒸煮处理工艺。由于废纸种类以及再生的品种不同，废纸的加工工艺也各不相同，分别介绍如下。

1. 废纸蒸煮工艺

原始的废纸再生工艺，多采用蒸煮的方式，在加药、加温条件下离解废纸，工艺与操作都比较简单；但能耗大，制浆得率低而且污染相对较重。由于节能和环保的要求，国际上逐步以水力碎浆机取代了蒸煮。尽管水力碎浆机的功能也日益改进，但有时仍不能满意地处理着色废纸。因此采用蒸煮工艺处理着色废纸仍在应用。蒸煮工艺又可分为高温与低温两种。

（1）高温蒸煮

用于处理胶版纸、着色卡纸、铜版纸（画报、彩色广告、彩色商标）等。处理条件见表 2-2-30。

表 2-2-30　高温蒸煮处理条件

项目	参数	项目	参数
Na_2SO_3	1%～3%或 NaOH 3%	Na_2CO_3	0.2%～0.43%
液比	1:1.5	脱墨压力	0.3～0.4MPa
脱墨时间	5～7h		

① 该工艺的优点是：a. 对彩色油墨的脱除效果好，可提高着色废纸的配浆率；b. 适应较多种类废纸；c. 煮后浆料白度较高；d. 纸浆柔软、疏松；e. 耗电较少。

② 该工艺的缺点是：a. 纸浆强度下降；b. 排放污染负荷增加；c. 纸浆得率下降；d.

劳动强度较大；e. 耗汽多。

（2）低温蒸煮

其蒸煮温度仅为高温法的 1/2 左右，或采用热分散器进行处理。处理条件见表 2-2-31。

表 2-2-31　低温蒸煮处理条件

项目	参数	项目	参数
NaOH	0.5%	Na_2CO_3	1.0%～2.03%
蒸煮温度	70～100℃	蒸煮处理时间	3h

低温法处理胶印彩色废纸与高温法相比有以下改善：a. 纸浆白度可达 70% 以上；b. 排污负荷大大下降；c. 纸浆得率提高 4%～5%；d. 耗汽减少。

国际上有用 NaOH、Na_2CO_3 和超级发光剂（Super light 为商品名，特殊蒸煮剂），以低温法处理彩色印刷纸。由于超级发光剂除有脱色和漂白作用外，还可大幅度降低脱墨时的 pH 值，因此减少了排水的污染负荷，污水容易处理。

2. 机械处理工艺

废纸经破碎离解后，通过除渣器除去杂物即可送去造纸，用水量较少，水污染较轻。但如需要，也可增加上述蒸煮工艺，以充分离解废纸。

3. 脱墨处理工艺

首先用化学方法添加脱墨助剂，将废纸上的油墨溶解成松散的油墨粒子从而与纤维分离，再用洗涤法或气浮法将油墨粒子从浆中除去。

（1）洗涤脱墨工艺

脱墨在间歇式水力碎浆机中进行，同时加入必要的脱墨剂，再经高浓除渣器、压力筛进行除渣和筛选，然后进入两台串联的斜筛洗涤机进行洗涤、脱除油墨后，进漂白塔。此外，还有一种简化的流程，整个脱墨过程都在水力碎浆机中进行。

（2）浮选脱墨工艺

浮选脱墨工艺是利用采矿业浮选选矿的原理，即根据纸纤维、填料和油墨粒子等组分的可润湿性差异及利用颗粒不同的表面性能，憎水性的油墨粒子吸附在空气泡上，浮到浆面上除去，而亲水性的纸纤维则会留在水中（通常浓度为 0.8%～1.3%），从而达到分离的目的。

在图 2-2-18 所示浮选脱墨工艺流程中的一次、二次浮选槽中进行脱墨。经净化后的废

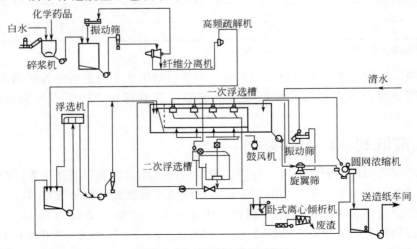

图 2-2-18　浮选法脱墨流程

纸浆浓度稀释至 0.8%～1.2% 送入浮选机中并在浆中加入少量发泡剂。送入浮选机的空气使浆料产生气泡，而发泡剂又使泡沫凝聚不散，油墨和颜料粒子都吸附在泡沫上，浮集于浆料表层。不断刮去浮集的泡沫即可达到脱墨作用，浮选机浆料 pH 值应保持在 9～9.2。

（3）脱墨剂

脱墨剂在脱墨过程中的作用至关重要。目前脱墨剂多达数百种，大体可分为碱性脱墨剂、酸类脱墨剂、胶质脱墨剂、油类脱墨剂、皂类脱墨剂等。在脱墨剂中还可添加脱墨助剂，以提高脱墨效果。

4. 水力碎浆机

废纸再生的主要设备是水力碎浆机，不论采用何种脱墨工艺，水力碎浆机都是必不可少的。该机类型甚多，卧式、立式、间歇、连续等型均有，根据生产实际加以选择。

5. 污染物发生量

废纸再生的污染物发生量远低于原料制浆，尤其是不进行高温蒸煮处理的废纸浆，污染负荷显著降低。相比之下，洗涤脱墨工艺的清水用量大，而且污染物发生量较大，参见表 2-2-32（瑞典资料）及表 2-2-33（国内局部监测数据）。

表 2-2-32　不同处理方法的清水用量与 BOD₇、COD、TDS 排放量（瑞典资料）

二次纤维处理方法	清水用量 /(m³/t)	BOD₇/(kg/t)		COD/(kg/t)		TDS/(kg/t)
		总量	溶解性量	总量	溶解性量	
机械处理	10	15	15	40	40	
气浮脱墨	10	40	25	140	55	100
洗涤脱墨	90	50	30	190	65	100

表 2-2-33　脱墨废水排污量测定数据（国内局部监测数据）

测定项目 ＼ 废纸种类	国外书刊杂志	国外报纸	国内报纸
废水总排放量/(m³/t)	261	113	113
SS/(mg/L)	938	772	619
SS/(kg/t 浆)	247.6①	87.2	73.3
BOD/(mg/L)	230.50	227.17	220.50
BOD/(kg/t)	60.9	25.7	21.9

① 国外书刊杂志类废纸的 SS 中有 50% 左右为填料。

根据原料、生产工艺和产品特性的不同，废纸制浆生产工艺主要分为脱墨废纸制浆和非脱墨废纸制浆。脱墨废纸制浆和非脱墨废纸制浆工艺流程及产污节点分别见图 2-2-19 和图 2-2-20。

（二）废纸制浆废水污染物

备料工段主要为废纸原料分选，脱墨工段主要包括浮选脱墨、洗涤脱墨，漂白工段主要采用过氧化氢漂白。根据纸浆质量的要求，还可配套热分散或纤维分级技术。

废水主要由洗涤、筛选、脱墨及漂白等工段产生，主要污染物为 COD_{Cr}、BOD_5、SS 及氨氮。各污染物产生浓度：COD_{Cr} 1200～6500mg/L、BOD_5 350～2000mg/L、SS 450～3000mg/L、氨氮 2～15mg/L。废气为污水处理厂产生的臭气，主要为氨、硫化氢。

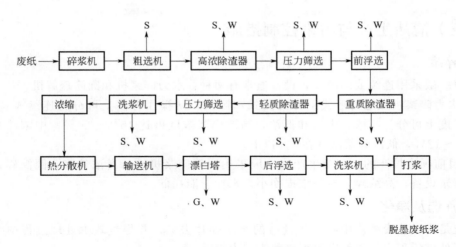

图 2-2-19 脱墨废纸制浆工艺流程及产污节点
W—废水；S—固体废物；G—废气

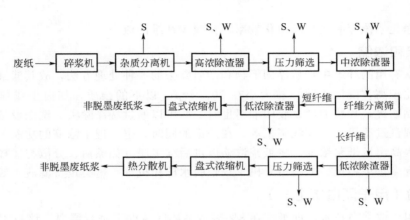

图 2-2-20 非脱墨废纸制浆工艺流程及产污节点
W—废水；S—固体废物；G—废气

废水废纸制浆产生的废水主要来自废纸的碎浆、疏解，废纸浆的洗涤、筛选、净化、脱墨及漂白过程。通常无脱墨工艺的废纸制浆比有脱墨工艺的废纸制浆的废水排放量及有机物浓度均低很多。废水中含有的污染物主要包括：

① 总固体悬浮物 纤维、细小纤维、粉状纤维、矿物填料、无机填料、涂料、油墨微粒及微量的胶体和塑料等。

② 可生物降解的有机污染物（BOD_5） 纤维素或半纤维素的降解物、淀粉等碳水化合物。

③ 其他有机污染物（COD） 木素的衍生物及一些有机物组分包括蛋白质、胶黏剂、涂布胶黏剂等。

④ 色度 油墨、染料、木素的衍生物，及一些有机物组分包括蛋白质、胶黏剂、涂布胶黏剂等。

⑤ 可吸附有机卤化物（AOX） 采用氯漂白的造纸漂白废水中所含有的可吸附有机卤化物。

⑥ 污染物主要控制指标为 SS、BOD_5、COD、色度、pH 值等。

（三）清洁生产与污染控制措施

1. 碎浆

碎浆一般采用连续或间隙式，设备通常有两种：水力碎浆机和圆筒疏解机。

① 水力碎浆机从结构形式上分为立式和卧式，从操作方法上可分为连续式和间歇式，从碎浆浓度上可分为高浓、中浓和低浓，高浓碎浆浓度可达 15%～20%，中浓碎浆浓度一般为 8%～12%，低浓碎浆浓度在 6% 以下。

② 目前国内投产的大规模生产线一般采用圆筒碎浆机进行高浓碎浆，圆筒碎浆机为高浓连续碎浆设备，高浓碎浆对纤维损伤小，水耗、能耗低。

2. 筛选及净化

筛选是为了从废纸浆中将大于纤维的杂质碎片去除，并尽量减少处理过程中纤维的流失，废纸处理流程中使用的筛绝大多数为压力筛。

净化是利用杂质与废纸浆悬浮液的密度不同，将轻重杂质分离，净化的设备一般采用锥形除渣器。

筛选及净化系统应有较高的净化效率，并减少纤维的流失。

3. 洗涤和浓缩

洗涤是从有用的纤维中将悬浮固形物和杂质除去的一种处理方法，故其滤液中的固形物含量一般都比较高。洗涤去除颗粒大小在 30～40μm 以下的杂质，如白土或填料、细小油墨、细小胶黏物等，片状油墨、胶印油墨也有一些可以通过洗涤除去。洗涤设备有带式洗浆机、喷淋式圆盘过滤机、鼓式洗浆机等，在洗涤的同时，也实现了浓缩的功能。

浓缩是提高出口纸浆浓度，将纸浆浓缩以供后续工序（如漂白、分散与搓揉）处理。这一类的设备有多盘浓缩机、夹网挤浆机、双辊脱水压榨机等，这类设备滤液一般逆流回用。

4. 漂白（用于漂白浆生产）

通常采用中浓漂白技术，即纸浆在 8%～12% 浓度条件下进行漂白，该技术可提高漂白效率，节约漂白化学品用量，降低蒸汽消耗，适用于废纸脱墨浆生产企业。

四、机制纸及纸板制造工艺与污染物排放

（一）机制纸及纸板制造工艺与产污节点

造纸车间是制浆造纸生产线的最终工序，制好的浆料（包括废纸浆、商品浆）在此抄造成纸或纸板。

各种浆料在投入造纸机之前，要经打浆以提高其强度，还要根据所抄纸或纸板的性能要求，配加一定量的辅助化学品，如胶料、填料乃至涂料（涂布纸或纸板）。必要时再加少量化学助剂，如增强剂、助留剂（提高填料及细小纤维的保留率）、消泡剂以及防腐剂（防止系统中出现腐浆）等。各种助剂排放的影响需具体分析。

造纸排放废水主要为白水，所含物质主要包括溶解物（DS）、胶体物（CS）和悬浮物。悬浮物主要是纤维，溶解物和胶体物主要来自造纸过程中添加的各种有机或无机添加剂。有机物包括淀粉、杀菌剂等，无机物包括各种阳离子和阴离子，即各种填料或涂料，如钛白粉、硫酸铝、滑石粉、瓷土等。影响造纸白水水量、组成与特性的因素包括：a. 浆料种类和特性；b. 化学添加物的种类和用量；c. 纸机类型、结构与车速；d. 纸机网部特性、吸水

箱数量与性能；e. 白水回收水平和整体技术设备水平。

这些因素造成了各类纸机和企业规模产排污情况有所不同，具体见表 2-2-34～表 2-2-38。

表 2-2-34　不同规模包装企业产排污数据对比

企业规模	废水量/(m³/t)	COD 产生量/(kg/t)	COD 排放量(物理+好氧生物处理)/(kg/t)
大型企业	14～30	13～25	1.05～1.95
中型企业	20～37	15～35	1.42～3.42
小型企业	25～55	15～50	2.27～7.23

表 2-2-35　不同规模瓦楞纸板企业产排污数据对比

企业规模	废水量/(m³/t)	COD 产生量/(kg/t)	COD 排放量(化学+生物处理)/(kg/t)
大型企业	18～40	11～22	1.65～3.23
中型企业	22～64	15～35	2.04～4.6
小型企业	40～100	30～66	2.70～5.50

表 2-2-36　不同规模箱板纸企业产排污数据对比

企业规模	废水量/(m³/t)	COD 产生量/(kg/t)	COD 排放量(物理+好氧生物处理)/(kg/t)
大型企业	14～30	12～30	1.11～2.71
中型企业	22～40	15～38	1.91～3.65
小型企业	35～50	20～46	2.97～4.54

表 2-2-37　不同规模印刷书写纸（非涂布）企业产排污数据对比

企业规模	废水量/(m³/t)	COD 产生量/(kg/t)	COD 排放量(物理+好氧生物处理)/(kg/t)
大型企业	18～30	11～32	1.5～1.8
中型企业	22～64	20～50	2.0～3.0
小型企业	20～100	20～66	2.0～6.0

表 2-2-38　不同规模卫生纸企业产排污数据对比

企业规模	废水量/(m³/t)	COD 产生量/(kg/t)	COD 排放量(物理+好氧生物处理)/(kg/t)
大型企业	26～45	7～21	1.37～3.12
中型企业	30～60	15～50	0.63～2.16
小型企业	50～130	30～86	3.7～10.1

机制纸及纸板生产工艺流程及产污节点见图 2-2-21。

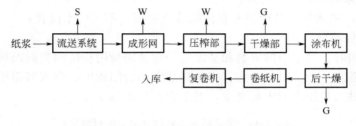

图 2-2-21　机制纸及纸板工艺流程及产污节点
W—废水；S—固体废物；G—废气

（二）机制纸及纸板制造废水污染物

外购商品浆或自产浆经打浆工段进行碎浆或磨浆，由流送工段配浆并去除杂质后，上网成型，经压榨部脱水，干燥部烘干，并根据产品要求选择施胶或涂布，再经压光、卷纸生产纸或纸板。

压榨部主要技术包括宽压区压榨及常规压榨；干燥部采用烘缸干燥的配套技术，主要包括烘缸封闭气罩、袋式通风及废气热回收；成型、压榨部可进行纸机白水回收及纤维利用，施胶或涂布工段可采用涂料回收利用技术。

废水主要由打浆、流送、成型、压榨、施胶或涂布等工段产生，主要污染物为 COD_{Cr}、BOD_5、SS 及氨氮。各污染物产生浓度：COD_{Cr} 500～1800mg/L、BOD_5 180～800mg/L、SS 250～1300mg/L、氨氮 1～3mg/L。

机制纸及纸板制造过程产生的废水主要为纸机白水，其成分以固体悬浮物和有机污染物为主。固体悬浮物包括纤维、填料、涂料等；有机污染物主要由细小纤维、填料和胶料，以及添加的施胶剂、增强剂、防腐剂等构成，以不溶性污染物为主，可生化性较低。造纸白水分为稀白水和浓白水，稀白水通常处理后回用，浓白水由于含有大量的可回用纤维，全部回用于冲浆。

（三）机制纸及纸板生产过程污染防控技术现状

机制纸及纸板生产过程污染防控技术主要有高效磨浆技术、高效低脉冲上浆技术、浆箱稀释水横幅控制技术、纸页高效成型技术、宽压区压榨技术、造纸机网部和压榨部清洗节水技术、膜转移施胶技术、烘缸封闭气罩技术、袋式通风技术、固定虹吸管技术、纸机白水回收及纤维利用技术等。

1. 白水循环回用

由上述介绍可知，造纸车间对比制浆乃至漂白车间，污染物排放量不是很大，关键在于高耗水量及高 SS，尤其是纤维的流失。因此造纸白水的循环与封闭一直是不断追求与开发的技术。造纸白水循环封闭率的提高，也将带来一些不利因素，如投资与运行费增高；白水中含有更多细小颗粒和有机物会降低纸机脱水速率和生产效率；增加腐浆的产生而影响产品质量等。

实现白水封闭循环的措施可归纳如下：

① 减少由浆厂带来的含有溶解物的水量；

② 减少抄浆系统中清水用量，具体做法是浓白水循环再用，白水再用于不需清水之处，净化后的白水再用于需要清水之处；

③ 多余白水采取措施回收纤维；

④ 清浊分离，未沾污水如冷却水直接排放或利用，不与白水混合；

⑤ 减少事故性排放。

白水系统封闭时，白水中溶解物和悬浮物的含量随封闭程度的提高而增多，它们之间的关系并非直接关系。从经济角度考虑，应选择适宜的封闭程度。白水回用可能引起的操作问题及不同纸品种对工艺用水的水质要求，列于表 2-2-39 和表 2-2-40。

表 2-2-39　工艺用水的标准（最大实行限度）　　　　　单位：mg/L

参数	高级纸张	含墨木浆的纸张	硫酸盐浆纸张	
			漂白的	未漂的
浑浊度（以 SiO_2 表示）	10	50	40	100
色度（以铂单位表示）	5	30	25	100
总硬度（以 $CaCO_3$ 表示）	100	200	100	200

续表

参数	高级纸张	含墨木浆的纸张	硫酸盐浆纸张	
			漂白的	未漂的
钙硬度(以 $CaCO_3$ 表示)	50	—	—	—
碱度(以甲基橙作指示剂)(以 $CaCO_3$ 表示)	75	150	75	150
铁(以 Fe 表示)	0.1	0.3	0.2	1.0
锰(以 Mn 表示)	0.05	0.1	0.1	0.5
残余氯(以 ClO_2 表示)	2.0	—	—	—
可溶性二氧化硅(以 SiO_2 表示)	20	50	50	100
总溶解固体物	200	500	300	500
游离二氧化碳(以 CO_2 表示)	10	10	10	10
氯化物(以 Cl 表示)	—	75	—	—

表 2-2-40 在制造纸和纸板时白水回用可能遇到的问题

溶解固体物的累积	悬浮固体物的累积	热能的累积	溶解固体物的累积	悬浮固体物的累积	热能的累积
黏质物	脏物	温度	颜色	毛毯寿命	
泡沫	浸蚀	施胶问题	pH 值控制	脱水速率降低	
树脂	细小纤维	纸机车间温度	沉淀	喷水管堵塞	
腐蚀	毛毯堵塞	真空泵能力下降	结垢		
施胶问题	造纸网堵塞		气味		
产品上的斑点	造纸网寿命		保留		

2. 白水中纤维与悬浮物的回收

目前，去除白水中悬浮物的技术主要包括圆盘过滤机、气浮式白水回收装置、斜板沉降处理系统。调查表明，使用圆盘过滤机和气浮式回收装置的企业越来越多，而使用沉降方法的较少。

（1）圆盘过滤机

圆盘过滤机的原理如图 2-2-22 所示，运转时，槽体内的各扇形片在转动中处于不同的工作状态，主轴带动过滤盘转动，当一个扇形片浸入液面下时进入自然过滤区，槽体中的浆料在液位差作用下吸附到滤网上，形成一个纤维垫层，在这一区域，一小部分纤维与滤液一

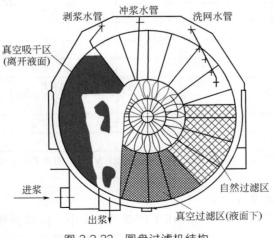

图 2-2-22 圆盘过滤机结构

起穿过滤网，形成浓白水；主轴继续转动进入真空过滤区，这时扇形片上的纤维垫层已经达到一定的厚度，过滤介质不仅仅是滤网还包括已形成的纤维垫层，在真空抽吸作用下，穿过扇形片的固形物大大降低，形成澄清水区；在扇形片出液面前后，真空作用并未消失，滤网上的浆层继续脱水，滤饼干度增高，此时滤液澄清度进一步提高，形成超清白水；扇形片继续转动，真空作用消失，进入大气，完成剥浆洗网，使滤网网面清洁，恢复过滤能力，扇形片完成一周期的工作循环。

圆盘过滤机的特点是：占地面积较小、处理量大、操作简单、网易清洗、处理后的白水含固量低、自动化程度高。特别是能回收澄清度高的超清滤液，符合现代化纸机喷淋用水的高要求。国内圆盘过滤机的使用情况参见表 2-2-41。

表 2-2-41 国内不同纸种企业圆盘过滤机规格性能

生产纸种		铜版原纸	文化用纸	胶版纸、书写纸	牛皮卡纸	新闻纸
浆料配比		进口木浆 HP、SP	稻麦草浆	漂白麦草浆＋进口木浆	AOCC	马尾松 TMP＋BKP
处理白水能力/[m³/(h·台)]		468	433	130～170	540	612
原白水浓度/%		0.02	0.06	0.126		0.024
加入预挂浆浓度/%		0.56	0.3～0.5	0.35～0.45	0.15	
预挂浆浆种		80% HP 20% SP	粗渣浆		80% AOCC 20% VBKP	
预挂浆用量/(t/d)		48	31.2	22	104	
滤后浊白水/%		0.03	0.095	0.04		0.04
清白水/%		0.005	0.008	0.006	0.005	0.009
超清白水/%			0.02		0.003	
过滤面积/m²		250	160	100	216	308
圆盘直径/m		4.5	3.5	3.66	5.2	5.2
圆盘数量/个		8	10	8	7	12
每盘扇片数/片			18	24		24
滤网规格/目		120	100	80		50
主轴电机功率/kW			7.5	7.5	11	20
主轴转速/(r/min)		0.3～1.3	0.35～1.2	0.2～2	0.2～1.5	0.2～2
洗网水压电机/(MPa/kW)			/1.5	0.5～0.7/1.1	0.7/1.5	0.7/
剥浆水压/MPa				0.5～0.7	0.7	0.7
出浆螺旋电机功率/kW			7.5		11	
水腿高度/m			9	8	7	7
水腿管径(两根)/mm				180/250		280/330
供货厂家		Ahlstram	辽机公司	安丘机械厂	Celleco	Valmet
投产时间		1996	2004	1999	2000	1999
处理白水能力	m³/(m²·h)	1.87		1.3～1.7	2.5	1.95
	m³/(m²·d)	45		31.2～40.8	60	46.8

注：HP—大麻浆；SP—亚硫酸盐浆；AOCC—美国进口废纸；VBKP—真空袋牛皮纸；TMP—热磨机械浆；BKP—漂白硫酸盐浆。

（2）气浮式白水回收装置

白水纤维回收机的原理是空气在加压下溶解于白水中，同时添加凝集剂，然后在常压或减压下引入除气池，溶解的空气成为小气泡，纤维或填料附着在气泡上，向上漂浮。凝集剂大多使用硫酸铝。

此类型白水纤维回收装置比其他回收设施运行费高，但固形物回收率可达 90％以上，足以弥补运行费高的缺点。

20 世纪 80 年代以后，气浮法广泛用于各种配比的纸料和白水回收，由于气浮法表面负荷高于沉淀池，水泥分离时间短，因而减小了占地面积和构筑物造价，获得的泥渣含固率高，可达 4％～10％，除渣方便，劳动强度低。

超效浅层气浮是我国目前应用比较广泛的技术，也是世界上比较先进的气浮技术。这种技术的特点是气浮池很浅，一般水位在 600mm 左右；大大缩短了气浮时间，气浮时间 3～5min；其效率比射流气浮提高 5 倍以上，且布气均匀。对于每吨纸而言，可以回收 50～100t 水循环使用。对于文化用纸生产企业，根据废水中污染物含量的高低不同，回用 1t 水至少可节约 0.1 元以上。

广州某纸厂采用 CQJ 型浅层气浮设备，在单独采用聚合氯化铝絮凝效果不理想的情况下，又加入了阴离子絮凝剂聚丙烯酰胺，细小纤维的絮凝情况得到了很好的改善，其最佳工艺参数为：a. 单台白水处理量 100～150m^3/h；b. 溶气管压缩空气量 0.6～0.8m^3/min；c. 行走架速度 3～4r/min；d. 聚合氯化铝用量（kg）＝处理白水量（m^3）×0.015％；e. 聚丙烯酰胺用量（kg）＝处理白水量（m^3）×0.0004％；f. 白水 SS＜1500mg/L 时，出口清液 SS＜60mg/L。

3. 降低浆耗以节约资源、减少污染

据调查，同种主要品种纸张的浆耗可见表 2-2-42。

表 2-2-42　主要品种纸张的浆耗　　　　　　　单位：kg

纸张品种		凸版纸	胶版纸	有光纸	书写纸	卷烟纸
浆耗（以 1t 纸计）	先进水平	880	800	830	840	890
	较先进水平	900～950	810～850	880～940	900～950	900
	一般水平	1000 左右	900 左右	980～1040	1000 左右	950 左右
	消耗较高	1100 以上	1000 左右	1050 以上	1080 以上	1000 以上

可以看到，同一种产品的单位产品浆耗差距是很大的。造成这些差距的原因除了与某些工艺条件（如填料用量）有关外，很重要的是与纤维的流失情况有关，纤维流失量越大，浆耗就越高。因此，在生产过程中，有必要进行浆水平衡测定和计算，分析纤维流失的情况和原因，并采取必要的措施（如加强白水的回收和利用，以致造纸用水的封闭循环），降低浆耗。

4. 加强管理、革新技术、大力节约用水

在制浆造纸过程中节约用水，就意味着节约原材料资源，减少损失浪费。表 2-2-43 给出我国一些纸厂生产不同品种纸张的取水量。表中数据代表了我国不同纸和纸浆水耗的先进水平，与国外先进纸厂水耗 10～20m^3/t 纸（甚至低于 10m^3/t 纸）的水平相差不大，但非木浆纸综合水耗 110m^3/t 浆与国外相比就有明显差距。而这类企业主要是一些规模小、装备落后的草浆造纸厂，这些企业总数大、产能低，严重影响着我国造纸行业的水资源利用率，这些企业的整合、改造和升级有巨大的节水潜力。

表 2-2-43　部分造纸企业实际取水量情况

企业名称	生产能力/(10^{4}t/a)	产品品种	取水量/(m^3/t 纸)
广西某厂	10	漂白化学木浆	60
山东某厂	4.5	漂白化学麦草浆	110

续表

企业名称	生产能力/(10^4t/a)	产品品种	取水量/(m^3/t纸)
福建某厂1	5.0	机械木浆	19
福建某厂2	18	新闻纸	10～12
上海某厂	14	脱墨废纸浆	10～12
江苏某厂	70	铜版纸	18～20
宁波某厂	48	白纸板	15.7
无锡某厂	16	箱板纸	20
苏州某厂	12	生活用纸	9.0
山东某厂	1.7	胶版印刷纸	50～60
天津某厂	4.0	高强瓦楞纸	4.7
福建某厂	20	非脱墨废纸浆	9.0

5. 科学地使用化学助剂，提高产品质量，降低消耗，减少污染

技术的进步使各种化学助剂，例如增强剂、助留剂（提高纤维、胶料、填料的保留率）、助滤剂、除硅剂等已列入造纸工业用料，应予以高度重视，努力研究、开发与应用，以进一步实现造纸工业更清洁的生产。但同时应注意避免化学助剂可能产生的危害，不使用具有毒性的助剂。

第三节　污染预防技术

一、化学法制浆

1. 干法剥皮技术

原木在连续式剥皮机中做不规则运动，通过摩擦、碰撞，使树皮剥离，剥皮过程不用水。主要设备包括圆筒剥皮机、辊式剥皮机。该技术适用于以原木为原料的制浆企业。与湿法剥皮相比，该技术吨浆用水量明显降低，吨浆节水 3～10t。

2. 干湿法备料技术

将麦草、芦苇等原料经切草机切断，再经碎解、洗涤处理。合格草片经脱水后，通过螺旋喂料器送去蒸煮，通常与连续蒸煮配套使用。经干湿法备料后的原料干度在 40% 左右，尺寸 20～40mm。该技术具有除杂率高，净化效果好等优点，可减少蒸煮用碱量和漂白化学品用量。

3. 新型立式连续蒸煮技术

新型立式连续蒸煮技术包括低固形物蒸煮技术和紧凑蒸煮技术等。

① 低固形物蒸煮技术是将木（竹）片浸渍液及大量脱木素阶段和最终脱木素阶段的蒸煮液抽出，大幅降低蒸煮液中固形物浓度的蒸煮技术，该技术可最大限度地降低大量脱木素阶段蒸煮液中的有机物。

② 紧凑蒸煮技术是在大量脱木素阶段，通过增加氢氧根离子和硫氢根离子浓度，提高硫酸盐蒸煮的选择性，并提高该阶段的木素脱除率，从而减少慢速反应阶段的残余木素量。主要设备为立式连续蒸煮器（蒸煮塔），与传统立式连续蒸煮相比，该技术具有蒸煮温度低、电耗低、纸浆得率高、卡伯值低及可漂性好等特点。该技术与后续氧脱木素技术结合，可使

送漂白工段的针叶木浆卡伯值降低 $10\sim14$，阔叶木浆或竹浆卡伯值降低 $6\sim10$。该技术主要适用于化学木（竹）浆生产企业。

4. 改良型间歇蒸煮技术

通过置换和黑液再循环的方式深度脱木素，主要设备为立式蒸煮锅及不同温度的白液槽和黑液槽。该技术可降低纸浆卡伯值而不影响纸浆性能，与传统间歇蒸煮相比，该技术可有效降低蒸煮能耗，降低蒸汽消耗峰值。

5. 横管式连续蒸煮技术

主要设备为横管式连续蒸煮器，采用该技术较传统的间歇蒸煮技术粗浆得率提高 4% 左右，还具有工艺稳定、自动化程度高及运行费用低等优点。该技术主要适用于化学非木（竹）浆生产企业。

6. 纸浆高效洗涤技术

通过挤压、扩散及置换等作用，以最少量的水最大限度地去除粗浆中溶解性有机物和可溶性无机物。传统真空洗浆机洗涤损失为 $5\sim10kg$ COD_{Cr}/t 风干浆，出浆浓度 $10\%\sim15\%$，吨浆带走的液体量 $5.7\sim9.0t$，而由压榨洗浆机组成的洗浆系统，洗涤损失约为 $5kg$ COD_{Cr}/t 风干浆，出浆浓度 $25\%\sim35\%$，吨浆带走的液体量为 $1.9\sim3.0t$。在相同的稀释因子条件下，采用压榨洗浆机较采用真空洗浆机耗水量可减少 $3\sim5t/t$ 风干浆。另外也可通过在传统的真空洗浆机等洗浆设备前增加挤浆工序，通过机械挤压的作用，以很小的稀释因子实现废液中固形物和纤维的分离。

7. 封闭筛选技术

用水完全封闭的粗浆筛选系统，主要设备为压力筛。通常是组合在粗浆洗涤系统中，使用洗浆机滤液作为系统稀释用水，多级多段对纸浆进行筛选，筛选后的滤液最终进入碱回收系统。筛选系统一般采用两级多段模式，通常一级筛选采用孔筛，二级筛选采用缝筛。筛选长纤维时通常采用 $0.25\sim0.3mm$ 缝筛，短纤维时通常采用 $0.15\sim0.25mm$ 缝筛。封闭筛选可以实现洗涤水完全封闭，筛选系统无清水加入，除浆渣等带走水分外，无废水排放。

8. 氧脱木素技术

在蒸煮后，为保持纸浆强度而选择性脱除木素的一种工艺。该技术通常采用一段或两段氧脱木素，在氧脱木素过程中，氧气、烧碱（或氧化白液）和硫酸镁与纸浆在反应器中混合。一般采用中浓氧脱木素，残余木素脱除率可达 $40\%\sim60\%$。氧脱木素产生的废液可逆流到粗浆洗涤段，然后进入碱回收工段。该过程可减少漂白工段化学品用量，漂白工段 COD 产生负荷可减少约 50%。

9. 无元素氯（ECF）漂白技术

以二氧化氯（ClO_2）替代元素氯（氯气和次氯酸盐）作为漂白剂的技术。采用该技术，可有效降低漂白工段废水中二噁英及可吸附有机卤素（AOX）的产生。

10. 黑液碱回收技术

制浆洗涤工段送来的黑液经多效蒸发浓缩后，送碱回收炉燃烧，回收热能，而后进行苛化分离，最终回收碱送蒸煮工段循环使用的技术。

化学法木（竹）制浆黑液固形物初始浓度通常为 $14\%\sim18\%$，多效蒸发后黑液固形物浓度可达 $50\%\sim65\%$。通过安装超级浓缩器或结晶蒸发器，黑液固形物浓度可达 $65\%\sim80\%$，蒸汽产量增加 $7\%\sim9\%$，碱回收炉烟气中硫排放可降至 $0.1\sim0.3kg/t$ 风干浆。对于化学法非木（竹）制浆黑液固形物初始浓度通常为 9%～11%，多效蒸发后可达 42%～45%，采用圆盘蒸发器蒸发后可达 48%～50%。

11. 废液综合利用技术

铵盐基亚硫酸盐法非木材制浆废液经提取（固形物浓度约 10%～15%）和蒸发后（固形物浓度约 40%～48%），通过热风炉喷浆造粒制造复合肥的技术。化学法制浆污染预防技术参数见表 2-2-44。

表 2-2-44　化学法制浆污染预防技术参数

序号	工序	技术名称	技术参数
1	备料	干法剥皮	剥净度 95%～98%；损失率<5%
2		干湿法备料	除杂率 15%左右
3	蒸煮	新型立式连续蒸煮	蒸煮温度 140～160℃；蒸汽消耗 0.5～1.0t/t 风干浆；粗浆得率 50%～54%；卡伯值，针叶木 20～28、阔叶木 14～18
4		改良型间歇蒸煮	蒸煮温度 150～170℃；蒸汽消耗 0.5～0.8t/t 风干浆；粗浆得率 50%～54%；卡伯值，针叶木 20～25、阔叶木 14～16
5		横管式连续蒸煮	蒸煮温度 165～175℃；蒸汽消耗 2.0～2.5t/t 风干浆；粗浆得率 45%～52%
6	洗涤	纸浆高效洗涤	进浆浓度，低浓 3%～5%、中浓 6%～10%；出浆浓度 25%～35%；洗涤效率，木浆 95%～98%、竹浆 89%～92%、非木（竹）浆 83%～88%
7	筛选	全封闭压力筛选	压力差 50kPa；进浆浓度，木浆 3.5%左右、竹浆 2.5%左右、非木（竹）浆 0.6%～2%
8	氧脱木素	氧脱木素	浆浓 10%～15%；用碱量 18～28kg/t 风干浆；用氧量 14～28kg/t 风干浆；残余木素脱除率 40%～60%
9	漂白	ECF 漂白	二氧化氯消耗量 15～30kg/t 风干浆；厂内配套二氧化氯制备车间
10	碱回收	黑液碱回收	碱回收工段需配套蒸发、燃烧、苛化工序
11		高浓黑液蒸发及燃烧	蒸发后黑液固形物浓度 50%～65%；超级浓缩器或结晶蒸发器后黑液固形物浓度 65%～80%
12	废液处置	废液综合利用	厂内配套热风炉，用于喷浆造粒制造复合肥

二、化学机械法制浆

1. 两段磨浆技术

在化学机械法制浆过程中，通常在第一段采用 30%～40%的磨浆浓度，在第二段采用 5%或更低的磨浆浓度，使更多的纤维束充分磨解。在化学预处理碱性过氧化氢机械浆（P-RCAPMP）工艺的二段采用低浓磨浆，可使磨浆能耗降低 120～200kW·h/t 风干浆。

2. 高效洗涤和流程控制技术

采用螺旋压榨机等高效洗涤设备，通过置换压榨等作用分离浆中的溶解性有机物，优化用水回路，提高纸浆的洁净度，降低后续漂白化学品消耗量；同时，通过改进洗涤工艺，可减少洗涤损失，降低洗涤用水量。采用该技术，废液提取率可达 75%～80%，较传统的洗涤设备提高 10%左右。

3. 化学机械法制浆废液蒸发碱回收技术

该技术是化学机械法制浆废液除去悬浮物后，先经多效蒸发或机械式蒸汽再压缩技术

（MVR）预蒸发，使其浓度达到 15% 左右，再经多效蒸发浓缩至 65% 以上送入碱回收炉燃烧的技术。为避免含硅废液导致蒸发器结垢，须使用不含硅的稳定剂代替硅酸钠。该技术尤其适用于同时生产化学浆和化学机械浆的企业，可减少新鲜水使用量 5t/t 风干浆左右，但蒸发工段将增加蒸汽和电能消耗。另外，运行过程中可能产生蒸发工段易堵塞的问题。

化学机械法制浆污染预防技术参数见表 2-2-45。

表 2-2-45　化学机械法制浆污染预防技术参数

序号	工序	技术名称	技术参数
1	磨浆	两段磨浆	一段磨浆浓度 30%～40%；二段磨浆浓度 3%～4.5%；磨浆电耗 800～1200kWh/t 风干浆
2	洗涤	螺旋压榨机组成的洗浆系统	进浆浓度 3%～5%；出浆浓度 20%～25%
3	碱回收	废液碱回收	废液初始浓度 1.5%～2.0%；预蒸发后浓度 15%；多效蒸发后浓度 65%

三、废纸制浆

1. 废纸原料分选技术

将回收的废纸分类，根据生产产品要求选用质量过关、杂质较少的废纸原材料的过程。该技术可提高成品纸的质量，减少废纸加工过程中污染物的产生量。

2. 浮选脱墨技术

根据废纸和油墨等的特性，在高浓碎浆机中通过化学、机械摩擦等作用，降低油墨粒子对纤维的黏附力，再利用浮选原理将油墨粒子与纤维分离的过程。该技术可减少纤维流失，降低废水的污染负荷。

四、机制纸及纸板制造

1. 宽压区压榨技术

由压脚顶着压辊形成压区（压区宽度达到 100～300mm），延长湿纸幅在压区内的受压时间，提高压榨线压至 500～2500kN/m。该技术的典型代表是靴型压榨和大辊径压榨。相比常规压榨，采用宽压区压榨技术后，干燥部可节约能耗 20%～30%，同时，脱水效率、车速显著提高。适用于生产包装纸、文化用纸、纸板等的中高速纸机。

2. 烘缸封闭气罩技术

用封闭式烘缸气罩代替敞开式烘缸气罩。通过回收干燥纸页蒸发水蒸气中的热量和水分，提高送风温度，减少进、排风量，有效调节罩内气流，改善操作条件。该技术可降低干燥能耗及车间噪声，适用于中高速纸机。

3. 袋式通风技术

在干燥部袋区安装袋式通风装置，将经回收热量、蒸汽加热的干燥热风均匀地送到纸幅周围，抵消蒸发阻力，使整个纸幅横向比较均匀，提高车速及蒸发能力。该技术可使纸机车速提高约 10%，干燥能力提高 10%～20%。适用于中高速纸机，一般与烘缸封闭气罩技术配套使用。

4. 纸机白水回收及纤维利用技术

对成型、压榨部白水，直接或通过处理后回收利用。其中，浓白水可用于上浆系统浆的稀释，或用于打浆工段；稀白水可通过多圆盘回收机、圆网浓缩机、沉淀塔或气浮装置等处理后作为纸机网部、压榨部清洗水或生产工艺补充水等；其余可回用于制浆车间或其他造纸车间、密封水补水等。回收的纤维直接进配浆系统。该技术可减少清水用量，降低废水产生量，提高原料利用率。

5. 涂料回收利用技术

采用超滤等技术截留涂布废水中的涂料、黏合剂等大分子物质，将其回收利用。该技术可减少清水用量，降低废水的污染负荷，避免黏合剂、防腐剂等物质对污水处理厂运行造成影响。

第四节 污染治理技术

一、处理工艺及污染物去除效果

目前国内外制浆造纸工业废水的处理流程通常为：首先采用物理或物理化学的方法去除大部分悬浮物及一部分有机物，主要技术有机械澄清、重力沉淀、混凝沉淀、气浮、筛滤等；然后采用生物法去除废水中的大部分可生物降解的有机物，常用技术有活性污泥法、氧化沟法、生物转盘等好氧生物技术以及厌氧接触法、厌氧流化床等厌氧生物技术，对于高浓度有机废水，可以采用厌氧与好氧结合的技术；最后根据不同的排放和回用要求，采用混凝沉淀、膜分离、高级氧化等技术对二级处理出水进行三级处理（深度处理）。

（一）一级处理

1. 机械澄清法

机械澄清设备中常设有缓慢的搅拌器，搅拌速度不大于 0.15m/s，在澄清器内的停留时间为 20～30min。不同纸种废水在澄清过程中 TSS 的去除率如表 2-2-46 所示，BOD_7 的去除率如表 2-2-47 所示。

表 2-2-46　不同纸种废水在澄清过程中 TSS 去除率

纸种	TSS 去除率/%	纸种	TSS 去除率/%	纸种	TSS 去除率/%
脱墨纸	67	废纸板	86	包装纸	92
漂白硫酸盐浆	82	绝缘纸板	88	新闻纸	90
贴面纸板	85	卫生纸	89	特殊纸板	96

表 2-2-47　澄清法后 BOD_7 去除率

浆种	BOD_7 去除率/%	浆种	BOD_7 去除率/%
化学浆	10～20	没有残留明矾的纸	20～30
机械浆	20～30	有残留明矾的纸	20～50
机械浆和纸	20～50		

2. 沉淀法

（1）沉淀塘

沉淀塘是最简单的处理设备。通常使用两个窄长的土塘，其长宽比为 5～10，塘深 3～5m，停留时间 6～12h。两个塘轮流运行，塘的大小应与除污泥设备相配。压实的污泥较易清理。

硫酸盐浆厂的污泥脱水性能较好，因为其主要成分是白泥和长纤维。新闻纸和高级纸的污泥则很难处理。

沉淀塘无需将粗大杂物预先除去，操作简单。

（2）沉淀池

① 圆形沉淀池　辐流式或竖流式，沉淀池深度为 4～5m。耙式机构以 2～3r/h 的速度将污泥耙到底部中央排污井以便排走。圆形沉淀池的表面负荷为 0.6～1.0m³/(m²·h)。

② 矩形沉淀池　矩形沉淀池表面负荷 0.6～1.0m³/(m²·h)。水深 4～5m，宽 6～20m，长度可达 100m。收集污泥有很多方式，固定的刮泥系统不停地将泥刮向进水口底部的污泥坑中。

制浆造纸厂一般不用斜板沉淀池，因为斜板沉淀池的污泥槽总容积相对较小，而制浆造纸厂常有排放大量纤维的事故。

3. 气浮法

气浮是设法在水中产生大量的微气泡，以形成水、气及颗粒物质的三相混合体，在界面张力、上升浮力和静水压力差等多种力的共同作用下，促使微气泡黏附在被去除的小颗粒上后，因黏合体密度小于水而上浮到水面，从而使水中颗粒物被分离去除。

气浮具有负荷大、占地面积小等优点，但能耗相对较大。目前在制浆造纸工业中应用较多的主要是在纸机白水处理工段。纸机白水中含有大量的纤维、松香胶状物等，对于此类污水，气浮法具有较好的去除效果。

采用气浮法处理制浆造纸废水，一般需加一定量絮凝剂并调节 pH 值到合适的范围。运行条件是：回流比 30%～100%；溶气压力 0.3～0.5MPa；表面负荷 3～10m³/(m²·h)；停留时间 15～30min。

4. 混凝法

制浆造纸工业污水中通常含有大量的胶体，因此混凝法对此类废水具有较好的处理效果，广泛应用于预处理和深度处理过程中。常用的混凝剂有聚合铝、聚合铁、聚丙烯酰胺类有机高聚物等。它们通过对废水中的胶体物质的去除，降低水的浊度、色度和 COD 等。混凝去除效率见表 2-2-48，此外混凝有良好的脱色效果。

表 2-2-48　混凝处理的去除效率

废水来源	SS 排放量/(kg/t)	BOD₇ 去除率/%	COD 去除率/%
预处理	1～3	30～40	50～70
未漂白机械浆	1～3	20～40	40～50
漂白机械浆	1～3	20～40	40～50
未漂白硫酸盐浆	1～3	20～40	30～40
漂白硫酸盐浆	1～3	20～40	30～50
未漂白亚硫酸盐浆	1～3	20～40	30～40
漂白亚硫酸盐浆	1～3	20～40	30～50
中性亚硫酸半化学浆	1～3	20～40	30～40
纸	1～3	20～40	30～50
废纸	1～3	20～50	30～60

一级处理技术主要工艺参数见表 2-2-49。

表 2-2-49 一级处理技术主要工艺参数

序号	名称	技术参数	污染物去除效率
1	过滤	粗格栅栅缝 10～20mm。无纤维回收采用细格栅,栅缝 2～5mm;有纤维回收采用细格栅,栅缝 0.2～0.25mm。采用筛网 60～100 目,过水能力 10～15m³/(m²·h)	COD_{Cr}:15%～30% BOD_5:5%～10% SS:40%～60%
2	沉淀	初沉池表面负荷 0.8～1.2m³/(m²·h);水力停留时间 2.5～4.0h	COD_{Cr}:15%～30% BOD_5:5%～20% SS:40%～55%
3	混凝	采用混凝沉淀池,混合区速度梯度(G)值 300～600s⁻¹;混合时间 30～120s;反应区 G 值 30～60s⁻¹;反应时间 5～20min;分离区表面负荷 1.0～1.5m³/(m²·h),水力停留时间 2.0～3.5h	COD_{Cr}:55%～75% BOD_5:25%～40% SS:80%～90%
		采用混凝气浮池,气水接触时间 30～100s,表面负荷 5～8m³/(m²·h);水力停留时间 20～35min	CODCr:30%～50% BOD_5:25%～40% SS:70%～85%

(二)二级处理

1. 活性污泥法

活性污泥法有许多改良方法,常规活性污泥法标准设计参数为:停留时间 6～10h;污泥浓度 2.5～4.0g MLSS/L;污泥负荷 0.2～0.3kg BOD/(kg MLVSS·d);容积负荷 0.5～1.2kg BOD/(m³·d);BOD 去除率 85%～90%。

活性污泥法处理制浆造纸废水通常需要补充营养物质,按 BOD∶N∶P=100∶5∶1 的比例补给。

2. 卡鲁塞尔氧化沟法

卡鲁塞尔氧化沟工艺作为一种成熟的二级生物处理技术,以其优良的出水水质、稳定可靠的运行性能、良好的性价比以及维护简单方便等特点在制浆造纸废水处理领域得到了广泛的应用,为多数使用者认可和接受。

国内某蔗渣纸浆厂采用卡鲁塞尔氧化沟法处理制浆废水。进水水质见表 2-2-50,氧化沟工艺参数见表 2-2-51。

表 2-2-50 氧化沟进水水质

项 目	平均流量/(m³/d)	污染物含量/(mg/L)			水温/℃	pH 值
		BOD	COD	SS		
预处理前	≤25000	≤485	≤1245	≤430	35～41	6～8.5
卡鲁塞尔氧化沟前	≤25000	≤437	≤1050	≤190	30～35	6～8.5

表 2-2-51 氧化沟设计参数

项目	参数	项目	参数
数量/座	1	卡鲁塞尔氧化沟系统设计水温/℃	30～35
有效容积/m³	19250		
水力停留时间/h	18.5(平均流量 25000m³/d 时)	最大需氧量(SOR)/(kg O₂/h)	1446(水温 35℃时)
水深/m	4.5	AB 段尺寸	52.7m×26.4m

项目	参数	项目	参数
卡鲁塞尔氧化沟沟道宽度/m	9.0	设 计 MLSS 浓 度/(g/L)	4.5
沟道数/个	4	设计剩余污泥产量(DS)/(kg/d)	6370（水温 35℃时）
总宽度/m	37.5		
总长度/m	约 86	设计污泥龄/d	9（水温 35℃时）

3. 稳定塘

① 兼性塘　兼性塘深度为 1～1.25m，可沉污染物沉淀于塘的底部，进一步分解。设计参数：深度 1～2.5m；BOD 负荷 2～10g/(m^2·d)；停留时间 7～50d；藻类浓度 10～60mg/L。

② 厌氧塘　设计参数为：深度 2.5～5.0m；BOD 负荷 30～45g/(m^3·d)；停留时间 5～50d；藻类浓度 50～80mg/L。

③ 曝气塘　曝气塘主要用于处理可溶性有机物质。曝气塘的标准设计参数见表 2-2-52。

表 2-2-52　曝气塘标准设计参数

项目	参数	项目	参数
废水温度/℃	25	充氧量/[kg/(kW·h)]	1.6
停留时间/d	5～10	最低能量需要/(kW/m^3)	2
BOD 负荷/[g/(m^3·d)]	40～60	产生污泥量(MLVSS)/(kg SS/kg BOD 去除)	0.3
水深/m	4	沉降区：表面负荷/(m/h)	0.25
BOD：N：P	100：1.5：0.3	BOD 去除率/%	60～85
氧气消耗/(g/g BOD 去除)	1.0		

硫酸盐浆液废水往往含营养盐极少，如补以营养盐至 BOD：N：P＝100：10：0.2，则曝气塘效率可望显著提高。

4. 生物转盘

造纸工业废水用生物转盘处理，设计参数见表 2-2-53。

表 2-2-53　生物转盘污水处理有关的数据

来源	进水水质	水量/(m³/d)	进水BOD/(mg/L)	出水BOD/(mg/L)	BOD去除率/%	原盘尺寸(直径×长度)/m	转盘表面/m²	氧化池尺寸(长×宽×深)/m	实耗电/kW·h	BOD负荷/[g/(m²·d)]	水力负荷/[L/(m²·d)]	圆盘转速/(r/min)	停留时间/h
日本制造厂	脱墨旧纸,纸浆废水	4500～5500	700～800	400～450	40～50	φ3.6×7.5	9.85×8	7.7×4×2	35	50	60	1.7	1.7～2.0
国内某纸厂	箱板纸洗选废水	2400～3600	275	31～43	88.7～84.4	φ3×6	10.0×4	φ3.36×6.21(直径×深)	43.5	19.5～27.8	80～120	2.0	—
建议数据					70～85					20～80	60～100	1.7～2.0	

5. 生物滤池

用石块和塑料作滤料的生物滤池，BOD 去除率为 50%～80%，设计参数见表 2-2-54。

表 2-2-54 以石块和塑料作滤料的生物滤池设计参数

项　目	石块	塑料
容机负荷/[kg BOD/(m^3 · d)]	0.2~1.0	1~5
水力负荷/[m^3/(m^2 · h)]	1.2~1.5	3~4
高度/m	2~3	3~5
污泥产量/(kg/kg BOD 去除)	0.3	0.4

6. 厌氧-好氧系统

厌氧技术主要包括水解酸化、升流式厌氧污泥床（UASB）、厌氧膨胀颗粒污泥床（EGSB）及内循环升流式厌氧反应器，其中水解酸化技术是将厌氧生物反应控制在水解和酸化阶段，一般要求进水 COD$_{Cr}$<1500mg/L，其余厌氧处理技术一般要求进水 COD$_{Cr}$>1500mg/L。厌氧进水 COD：N：P 宜为（100~500）：5：1，出水需进一步采用好氧生化处理。厌氧技术主要工艺参数见表 2-2-55。

表 2-2-55 厌氧技术主要工艺参数

序号	名称	技术参数	污染物去除效率
1	水解酸化	pH：5.0~9.0 容积负荷：4~8kg COD$_{Cr}$/(m^3 · d) 水力停留时间：3~8h	COD$_{Cr}$：10%~30% BOD$_5$：10%~20% SS：30%~40%
2	UASB	污泥浓度：10~20g/L 容积负荷：5~8kg COD$_{Cr}$/(m^3 · d) 水力停留时间：12~20h	COD$_{Cr}$：50%~60% BOD$_5$：60%~80% SS：50%~70%
3	EGSB(或内循环升流式厌氧反应器)	污泥浓度：20~40g/L 容积负荷：10~25kg COD$_{Cr}$/(m^3 · d) 水力停留时间：6~12h	COD$_{Cr}$：50%~60% BOD$_5$：60%~80% SS：50%~70%

好氧技术主要可分为活性污泥法及生物膜法，制浆造纸废水处理主要采用活性污泥法，其中包括完全混合活性污泥法、氧化沟、厌氧/好氧（A/O）工艺、序批式活性污泥（SBR）法等。好氧技术主要工艺参数见表 2-2-56。

表 2-2-56 好氧技术主要工艺参数

序号	名称	技术参数	污染物去除效率
1	完全混合活性污泥法	污泥浓度：2.5~6.0g/L 污泥负荷：0.15~0.4kg COD$_{Cr}$/kg MLSS 水力停留时间：15~30h	COD$_{Cr}$：60%~80% BOD$_5$：80%~90% SS：70%~85%
2	氧化沟	污泥浓度：3.0~6.0g/L 污泥负荷：0.1~0.3kg COD$_{Cr}$/kg MLSS 水力停留时间：18~32h	COD$_{Cr}$：70%~90% BOD$_5$：70%~90% SS：70%~80%
3	A/O	污泥浓度：2.5~6.0g/L 污泥负荷：0.15~0.3kg COD$_{Cr}$/kg MLSS 水力停留时间：15~32h	COD$_{Cr}$：75%~85% BOD$_5$：70%~90% SS：40%~80%
4	SBR	污泥浓度：3.0~5.0g/L 污泥负荷：0.15~0.4kg COD$_{Cr}$/kg MLSS 水力停留时间：8~20h	COD$_{Cr}$：75%~85% BOD$_5$：70%~90% SS：70%~80%

此法可用于处理生产新闻纸、打字纸、皱纹纸、硬板纸、瓦楞纸等的造纸废水，以及中性亚硫酸盐半化学纸浆 NSSC、热机械浆和化学热机械浆等的纸浆废水。

制浆造纸废水处理中常用的厌氧反应器一般有三种：厌氧塘、UASB 反应器（上流式厌氧污泥床）和 Anamet（厌氧接触反应器）。应用 UASB 反应器的废水处理厂操作参数见表 2-2-57；应用 Anamet 系统的操作参数列于表 2-2-58。

表 2-2-57　造纸纸浆工业中生产型 UASB 厌氧-好氧废水处理厂操作参数

废水厂	反应器体积/m³	进水 BOD /(mg/L)	进水 COD /(mg/L)	温度/℃	容积负荷 /[kg COD/ (m³·d)]	HRT/h	COD 去除率[①]/%
荷兰废水厂 1	70	3150	6300	35	9	17.0	70
荷兰废水厂 2	1000	2250	4500	35~40	20	5.5	75
荷兰废水厂 3	700	600	1200	2~25	5	5.8	60
荷兰废水厂 4	2200	550	1100	29	6	4.4	70
英国某废水厂	1600	1440	2880	35	9	7.7	75
奥地利某废水厂	1500	1200	2500	35~40	10	6.0	65
法国某废水厂	1000	1700	3550	30~35	8.5	10	70
原西德某废水厂	150	7500	15000	25~30	15	24.0	80
加拿大废水厂 1	8000	8000	20000	35	19	25	50
加拿大废水厂 2	3000	6000	16000	35	20	26.0	50
加拿大废水厂 3	6850	2600	7000	35	18	9	45
意大利某废水厂	1900	1250	2500	35	8.5	7	70
澳大利亚某废水厂	95	1500	3000	27	7	10	75
芬兰某废水厂	6000	1409[②]	—	—	11	7	80[③]

① 去除率仅是厌氧处理的。

② BOD$_7$ 值。

③ 为 BOD$_7$ 的去除率。

表 2-2-58　造纸行业中应用的 Anamet 废水厂操作参数

公　司	废水类型	BOD 负荷/(t/d)	BOD 去除率/%
瑞典某公司 1	亚硫酸盐凝缩液	11.3	73
西班牙某公司	黑液	50	90
瑞典某公司 2	亚硫酸盐凝缩液	55	92
瑞典某公司 3	化学热力机械纸浆	14	94
原联邦德国某公司	亚硫酸盐凝缩液	14	99.5
土耳其某公司	黑液	17	98
美国某公司	亚硫酸盐凝缩液	56	75

7. 厌氧法处理制浆废液

（1）草浆黑液厌氧发酵

草浆黑液中的有机物（以 COD 计），只有一部分可以被生物降解，而另一部分在常规条件下难以生物降解，而且这部分数量相当大。

采用厌氧发酵法处理草浆黑液的实验室实验表明，通过厌氧发酵除去黑液中溶解性 BOD，继而以酸析去除难降解的木质素等剩余 COD，实验中控制反应器进水 COD 5000~10000mg/L，pH 值为 8~9，反应器温度 35~37℃。结果显示：在容积负荷 2.5~4.0kg

$COD_{Cr}/(m^3 \cdot d)$，HRT 48～72h，酸析 pH 值为 3～3.5 的情况下，可取得去除 COD$\geqslant$77％，去除 BOD$>$80％，去除色度$\geqslant$90％的效果；去除 1kg COD 污泥产率 0.21～0.26kg MLVSS，产气量 0.326m^3（甲烷含量 68.8％），经济效益不如碱回收法。

（2）石灰草浆废液（黄液）厌氧发酵

由于蒸煮用碱量少，这类废液（又称黄液）固形物浓度低，黏度高，不能用传统的燃烧法减轻废液有机物的污染。

目前认为比较经济的处理黄液方法是厌氧发酵法。

废液进入 200m^3 调节池预酸化，每天两次定量间歇泵入发酵罐发酵（52～54℃高温发酵）；发酵罐有效容积 500m^3，每天可处理 64m^3 废液（相当于 7t/d）；COD 和 SS 去除率分别为 84.5％和 82.9％，平均负荷 6.6kg COD/(m^3 · d)，1m^3 废液平均产气量 10.2m^3。

（三）三级处理

三级处理主要包括混凝沉淀或气浮、高级氧化技术。高级氧化技术是通过加入氧化剂，对废水中的有机物进行氧化处理的方法，一般包括 pH 调节、氧化、中和、分离等过程，目前多采用硫酸亚铁-双氧水催化氧化（Fenton 氧化），氧化剂的投加比例需根据废水水质适当调整，反应 pH 一般为 3～4，氧化反应时间一般为 30～40min，COD_{Cr} 去除效率为 70％～90％。

1. 膜分离法

膜技术一般指以压力为推动力，特定膜材料为过滤介质的液相分离技术。具有无相变、能耗低、设备简单、操作过程易控制等明显优点。

超滤技术处理漂白废水，特别是碱处理段（E 段）废水，通过截留分子量为 6000～8000 的超滤膜，出水 COD、AOX、色度去除都可达到满意效果，基本满足部分工段回用要求。日本某厂采用超滤技术处理硫酸盐木浆漂白 E 段废液，处理废水量为 4000m^3/d，COD 去除率达 78.7％，色度去除率达 93.7％，总固形物去除率达 35.5％，渗透液作为洗涤水回用，浓缩液则送至碱回收系统。

2. 高级氧化技术

作为一种新兴的水处理技术，近 20 年来，高级氧化技术因其具有彻底的氧化性、无二次污染、停留时间短、易于实现自动化操作等优势，得到迅速的发展。高级氧化技术即利用催化剂、高温高压、紫外光、超声波、强氧化化学药剂等技术，产生具有强氧化性的·OH 等基团来降解废水中的有机物的一种方法。该技术主要包括催化湿式空气氧化法、光催化氧化法、超临界水氧化法、超声波氧化法、化学氧化法等，其中化学氧化法又包括电化学催化氧化法、Fenton 试剂氧化法、臭氧氧化法等。经过实验，这些技术对于造纸废水的处理都具有较好的效果，但由于处理成本偏高，目前尚未进入广泛应用阶段。

二、废水回用

废水回用一定要把握分质回用的原则。针对不同的回用部位和不同的水质要求来选择最经济合理的处理工艺。分质回用，做到优质优用、低质低用，是降低回用成本、推广废水回用技术的关键。制浆造纸废水经过处理后，可以分别回用到制浆造纸的各个工段，如备料工段、制浆工段、筛选浆渣等。根据各个工段对水质的不同要求，控制废水处理水质，做到经济合理，保证最大的经济效益。

第五节 污染防治可行技术

一、化学法制浆

化学木（竹）浆生产企业废水一级处理一般采用混凝沉淀，二级处理采用活性污泥法，通常可选择完全混合活性污泥法、氧化沟或 A/O 处理工艺，三级处理采用 Fenton 氧化、混凝沉淀或气浮。化学木浆生产企业废水污染防治可行技术见表 2-2-59。化学竹浆生产企业废水污染防治可行技术见表 2-2-60。

表 2-2-59　化学木浆生产企业废水污染防治可行技术

可行技术	预防技术	治理技术	污染物排放水平/(mg/L)			
			COD_{Cr}	BOD_5	SS	氨氮
可行技术 1	①干法剥皮＋②新型立式连续蒸煮（或改良型间歇蒸煮）＋③纸浆高效洗涤＋④全封闭压力筛选＋⑤氧脱木素＋⑥ECF 漂白＋⑦碱回收（配套超级浓缩或结晶蒸发器）	①一级（混凝沉淀）＋②二级（活性污泥法）＋③三级（Fenton 氧化）	≤60	≤20	≤30	≤5
可行技术 2		①一级（混凝沉淀）＋②二级（活性污泥法）＋③三级（混凝沉淀）	≤90	≤20	≤30	≤8
可行技术 3	①干法剥皮＋②连续蒸煮（或间歇蒸煮）＋③压力洗浆机（或真空洗浆机）＋④全封闭压力筛选（或压力筛选）＋⑤氧脱木素＋⑥ECF 漂白＋⑦碱回收	①一级（混凝沉淀）＋②二级（活性污泥法）＋③三级（混凝沉淀或气浮）	≤90	≤20	≤30	≤8

注：1. 干法剥皮仅限于厂内有原木剥皮操作的企业。

2. 表中"＋"代表废水处理技术的组合。

表 2-2-60　化学竹浆生产企业废水污染防治可行技术

可行技术	预防技术	治理技术	污染物排放水平/(mg/L)			
			COD_{Cr}	BOD_5	SS	氨氮
可行技术 1	①干法备料＋②新型立式连续蒸煮（或改良型间歇蒸煮）＋③纸浆高效洗涤（或真空洗浆机）＋④全封闭压力筛选＋⑤氧脱木素＋⑥ECF 漂白＋⑦碱回收	①一级（混凝沉淀）＋②二级（活性污泥法）＋③三级（混凝沉淀）	≤90	≤20	≤30	≤8
可行技术 2	①干法备料＋②间歇蒸煮＋③压力洗浆机（或真空洗浆机）＋④全封闭压力筛选（或压力筛选）＋⑤氧脱木素＋⑥ECF 漂白＋⑦碱回收	①一级（混凝沉淀）＋②二级（活性污泥法）＋③三级（Fenton 氧化）	≤90	≤20	≤30	≤8
可行技术 3		①一级（混凝沉淀）＋②二级（活性污泥法）＋③三级（混凝沉淀或气浮）	≤90	≤20	≤30	≤8

注：表中"＋"代表废水处理技术的组合。

化学蔗渣浆生产企业备料工段废水经过预处理后进入厌氧处理单元；制浆废水经一级混凝沉淀处理后，与处理后的备料工段废水混合进入二级活性污泥法处理单元，通常可选择氧化沟处理工艺，三级处理一般采用 Fenton 氧化。化学蔗渣浆生产企业废水污染防治可行技术见表 2-2-61。

表 2-2-61　化学蔗渣浆生产企业废水污染防治可行技术

可行技术	预防技术	治理技术	污染物排放水平/(mg/L)			
			COD_{Cr}	BOD_5	SS	氨氮
可行技术 1	①湿法堆存＋②横管式连续蒸煮＋③纸浆高效洗涤（或真空洗浆机）＋④全封闭压力筛选＋⑤氧脱木素＋⑥ECF 漂白＋⑦碱回收	①一级（混凝沉淀）＋②二级（厌氧＋活性污泥法）＋③三级（Fenton 氧化）	≤90	≤20	≤30	≤8
可行技术 2	①湿法堆存＋②横管式连续蒸煮＋③真空洗浆机＋④全封闭压力筛选＋⑤ECF 漂白＋⑥碱回收		≤90	≤20	≤30	≤8

注：表中"＋"代表废水处理技术的组合。

化学麦草、芦苇浆生产企业废水一级处理一般采用混凝沉淀，二级处理采用厌氧处理后，进入活性污泥法处理单元，对铵盐基亚硫酸盐法制浆而言，宜选择 A/O 处理工艺，对于碱法制浆而言，通常可选择完全混合活性污泥法或氧化沟处理工艺，三级处理一般采用混凝沉淀或 Fenton 氧化。化学麦草及芦苇浆生产企业废水污染防治可行技术见表 2-2-62。

表 2-2-62　化学麦草及芦苇浆生产企业废水污染防治可行技术

可行技术	预防技术	治理技术	污染物排放水平/(mg/L)			
			COD_{Cr}	BOD_5	SS	氨氮
可行技术 1	①干湿法备料＋②连续蒸煮＋③纸浆高效洗涤＋④全封闭压力筛选＋⑤氧脱木素＋⑥废液综合利用	①一级（混凝沉淀）＋②二级（厌氧＋活性污泥法）＋③三级（Fenton 氧化）	≤90	≤20	≤30	≤8
可行技术 2	①干湿法备料＋②横管式连续蒸煮＋③纸浆高效洗涤（或真空洗浆机）＋④全封闭压力筛选＋⑤氧脱木素＋⑥ECF 漂白＋⑦碱回收	①一级（混凝沉淀）＋②二级（厌氧＋活性污泥法）＋③三级（混凝沉淀）	≤90	≤20	≤30	≤8
可行技术 3	①干湿法备料＋②间歇蒸煮＋③真空洗浆机＋④全封闭压力筛选（或压力筛选）＋⑤ECF 漂白＋⑥碱回收	①一级（混凝沉淀）＋②二级（厌氧＋活性污泥法）＋③三级（Fenton 氧化）	≤90	≤20	≤30	≤8

注：1. 可行技术 1 为铵盐基亚硫酸盐法制浆废水污染防治可行技术。

2. 可行技术 2、可行技术 3 为碱法制浆废水污染防治可行技术。

3. 表中"＋"代表废水处理技术的组合。

二、化学机械法制浆

化学机械法制浆生产企业废水一级处理一般采用混凝沉淀，制浆废液采用碱回收处置的企业，废水二级处理可采用单独的好氧处理单元；制浆废液进入污水处理系统处理，二级处理采用厌氧与好氧处理相结合的方式，好氧处理单元通常可选择完全混合活性污泥法、氧化沟或 SBR 处理工艺，三级处理采用 Fenton 氧化、混凝沉淀或气浮。化学机械法制浆生产企业废水污染防治可行技术见表 2-2-63。

表 2-2-63　化学机械法制浆生产企业废水污染防治可行技术

可行技术	预防技术	治理技术	污染物排放水平/(mg/L)			
			COD_{Cr}	BOD_5	SS	氨氮
可行技术 1	①干法剥皮＋②两段磨浆＋③过氧化氢漂白＋④螺旋挤浆机＋⑤全封闭压力筛选(或压力筛选)＋⑥碱回收	①一级(混凝沉淀)＋②二级(活性污泥法)＋③三级(Fenton 氧化)	≤60	≤20	≤30	≤5
可行技术 2		①一级(混凝沉淀)＋②二级(活性污泥法)＋③三级(混凝沉淀或气浮)	≤90	≤20	≤30	≤8
可行技术 3	①干法剥皮＋②一段(或两段)磨浆＋③过氧化氢漂白＋④螺旋挤浆机(或真空洗浆机、带式洗浆机)＋⑤全封闭压力筛选(或压力筛选)	①一级(混凝沉淀)＋②二级(厌氧＋活性污泥法)＋③三级(Fenton 氧化)	≤90	≤20	≤30	≤8
可行技术 4		①一级(混凝沉淀)＋②二级(厌氧＋活性污泥法)＋③三级(混凝沉淀或气浮)	≤90	≤20	≤30	≤8

注：表中"＋"代表废水处理技术的组合。

三、废纸制浆

废纸制浆生产企业废水回收纤维后，一级处理一般采用混凝沉淀或气浮，二级处理采用厌氧与好氧处理相结合的方式，好氧处理单元通常可选择完全混合活性污泥法或 A/O 处理工艺，三级处理采用 Fenton 氧化、混凝沉淀或气浮。废纸制浆生产企业废水污染防治可行技术见表 2-2-64。

表 2-2-64　废纸制浆生产企业废水污染防治可行技术

可行技术	预防技术	治理技术	污染物排放水平/(mg/L)			
			COD_{Cr}	BOD_5	SS	氨氮
可行技术 1	①原料分选＋②浮选脱墨	①一级(混凝沉淀或气浮)＋②二级(厌氧＋活性污泥法)＋③三级(Fenton 氧化)	≤60	≤10	≤10	≤5
可行技术 2		①一级(混凝沉淀或气浮)＋②二级(厌氧＋活性污泥法)＋③三级(混凝沉淀或气浮)	≤90	≤20	≤30	≤8
可行技术 3	①原料分选	①一级(混凝沉淀或气浮)＋②二级(厌氧＋活性污泥法)＋③三级(Fenton 氧化)	≤60	≤10	≤10	≤5
可行技术 4		①一级(混凝沉淀或气浮)＋②二级(厌氧＋活性污泥法)＋③三级(混凝沉淀或气浮)	≤90	≤20	≤30	≤8

注：表中"＋"代表废水处理技术的组合。

四、机制纸及纸板制造

机制纸及纸板生产废水回收纤维后，一级处理一般采用混凝沉淀或气浮，二级处理采用单独的活性污泥法好氧处理单元，通常可选择完全混合活性污泥法或 A/O 处理工艺，企业根据需要选择三级处理工序，一般采用混凝沉淀或气浮。机制纸及纸板生产企业废水污染防治可行技术见表 2-2-65。

表 2-2-65　机制纸及纸板生产企业废水污染防治可行技术

可行技术	预防技术	治理技术	污染物排放水平/(mg/L)			
			COD_{Cr}	BOD_5	SS	氨氮
可行技术 1	①宽压区压榨＋②烘缸封闭气罩＋③袋式通风＋④废气热回收＋⑤纸机白水回收及纤维利用＋⑥涂料回收利用	①一级(混凝沉淀或气浮)＋②二级(活性污泥法)＋③三级(混凝沉淀或气浮)	≤80	≤20	≤30	≤8
可行技术 2		①一级(混凝沉淀或气浮)＋②二级(活性污泥法)	≤80	≤20	≤30	≤8
可行技术 3	①宽压区压榨＋②烘缸封闭气罩＋③袋式通风＋④废气热回收＋⑤纸机白水回收及纤维利用	①一级(混凝沉淀或气浮)＋②二级(活性污泥法)＋③三级(混凝沉淀或气浮)	≤50	≤10	≤10	≤5
可行技术 4		①一级(混凝沉淀或气浮)＋②二级(活性污泥法)	≤80	≤20	≤30	≤8
可行技术 5	纸机白水回收及纤维利用	①一级(混凝沉淀或气浮)＋②二级(活性污泥法)＋③三级(混凝沉淀或气浮)	≤50	≤10	≤10	≤5
可行技术 6		①一级(混凝沉淀或气浮)＋②二级(活性污泥法)	≤80	≤20	≤30	≤8

注：表中"＋"代表废水处理技术的组合。

第六节　工程实例

一、实例一

1. 工程概况

国内某纸业公司年产 $10.8×10^4$ t 漂白杨木化机浆生产线采用 P-RCAPMP 制浆生产工艺，该工艺产生的废水主要来源于备料污水、化机浆中段污水等，为高浓度有机废水。污水站设计水处理能力 $20000m^3/d$。

2. 设计目标

废水水质指标如表 2-2-66 所示。处理后出水水质达到《制浆造纸工业水污染物排放标准》(GB 3544—2008) 的要求。

表 2-2-66　污水水质及排放标准

项目	COD /(mg/L)	BOD /(mg/L)	NH_4^+-N /(mg/L)	TN /(mg/L)	SS /(mg/L)	pH
进水	＜10000	＜3500	＜46	＜75	750	6.5～7.5
排放标准	90	20	8	12	30	6～9

3. 工艺选择

采用以"水解酸化-IC-曝气池-混凝沉淀"为主体的组合处理工艺，见图 2-2-23。

4. 工艺评析

① 采用 IC 反应器对高浓度制浆造纸废水进行处理时，当进水 COD 平均 8169mg/L 时，COD 去除率在 65％ 左右，出水浓度在 3500mg/L 以下。厌氧工段在降解 COD 的同时可产生约 $3.4×10^4$ m^3/d 沼气，能源回收效益显著。

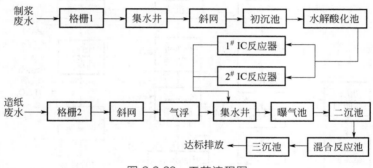

图 2-2-23　工艺流程图

② 在好氧阶段，当曝气池进水 1500～2000mg/L 时，平均出水 349mg/L，平均去除率 81%。

③ 采用复合铝铁对制浆和造纸混合废水的生化出水进行深度处理，废水 COD 浓度平均可以降至 72mg/L，可以达到《制浆造纸工业水污染物排放标准》（GB 3544—2008）的排放标准。

二、实例二

1. 工程概况

某项目位于越南南部某工业园区内，生产工艺拟利用进口美废（AOCC）生产瓦楞箱板纸，一期、二期产品年产总量为 70×10^4 t，产生的生产及生活废水排入厂内配套废水处理站。为配合生产分期，废水站处理线分为两个可以独立运行的系列，总处理能力为 $2 \times 10^4 \mathrm{m}^3 /$d。

2. 设计目标

进水为厂内生产废水和生活污水，进水水质参照业主《废水处理工程规范书》及类似项目数据，排水水质要求执行越南国家行业标准《制浆造纸废水国家技术规程》（QCVN12-MT_2015/BTNMT）A 级及环保报告要求。

具体设计进、出水水质见表 2-2-67。

表 2-2-67　设计进、出水水质

项目	SCOD/(mg/L)	BOD$_5$/(mg/L)	SS/(mg/L)	温度/℃	色度/倍
进水	4500	2000	2000	50	400
出水	50	15	30	—	40

3. 工艺选择

本项目废水处理采用厌氧/好氧/Fenton 流化床工艺，具体流程为弧形筛＋冷却塔＋初沉池＋预酸化＋UASBPlus＋曝气池＋Fenton 流化床，如图 2-2-24 所示。

4. 工艺评析

目前产品生产线只上了一条，废水产生量为 9500m^3/d，废水处理站运行一个系列，稳定运行时的平均进、出水水质见表 2-2-68。可见，出水水质完全达到了设计标准。稳定运行时，预处理＋厌氧、好氧、Fenton 深度处理单元对 COD 的去除率分别为 75%、85%、72%。

预处理＋厌氧处理＋好氧处理＋Fenton 深度处理工艺是比较成熟的废纸制浆造纸废水的典型处理工艺，能够保证出水水质达到严格的排放标准。

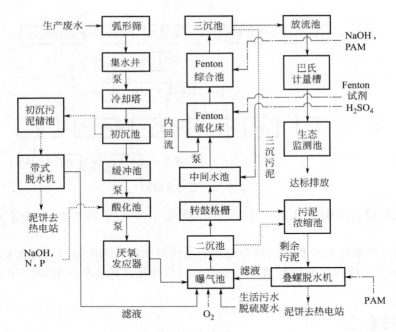

图 2-2-24　工艺流程图

表 2-2-68　实际进、出水水质

项目	SCOD/(mg/L)	BOD$_5$/(mg/L)	SS/(mg/L)	温度/℃
进水	4600	1500	2200	50
出水	48	12	25	—

参 考 文 献

[1] HJ 2011—2012. 制浆造纸废水治理工程技术规范.
[2] 造纸工业污染防治技术政策.
[3] 《2017 造纸工业污染防治技术政策（二次征求意见稿）》编制说明.
[4] HJ 2302—2018. 制浆造纸工业污染防治可行技术指南.
[5] 《2017 造纸行业污染防治最佳可行技术指南（征求意见稿）》编制说明.
[6] 《造纸行业污染防治最佳可行技术指南（征求意见稿）》编制说明.
[7] 造纸行业废纸制浆及造纸工艺污染防治可行技术指南.
[8] HJ 887—2018. 污染源源强核算技术指南　制浆造纸.
[9] 王永忠. 膜分离技术在制浆造纸废水处理中的应用分析 [J]. 化工管理，2020，(08)：72-83.
[10] 王伟，禹建伦，牛涛，等. 厌氧接触＋射流曝气＋Fenton 流化床技术处理制浆造纸废水运行实例 [J]. 纸和造纸，2020，39 (01)：32-35.
[11] 李振冠. 制浆造纸废水处理回用工艺分析 [J]. 轻工科技，2020，36 (01)：81-82.
[12] 卜换达. 预混凝-高级氧化法深度处理制浆造纸废水 [J]. 工业用水与废水，2019，50 (06)：22-25＋42.
[13] 李昌涛. 制浆造纸废水深度处理技术综述 [J]. 轻工科技，2019，35 (06)：101-102.
[14] 蔡晓宣. 制浆造纸废水处理回用工艺分析 [J]. 中国资源综合利用，2019，37 (05)：70-72.
[15] 郭徽，赵党阳，齐云洹. IC 反应器处理废纸制浆造纸废水问题探讨 [J]. 纸和造纸，2019，38 (03)：35-37.
[16] 刘一山. IC 厌氧反应器及其在处理制浆造纸废水中的应用 [J]. 纸和造纸，2018，37 (06)：32-36.
[17] 程峥，杨仁党，王建华. 制浆造纸废水深度处理的研究进展 [J]. 造纸科学与技术，2016，35 (04)：83-90.
[18] 张丹，余光华，王建华，等. 制浆造纸废水处理工艺运行诊断及优化 [J]. 纸和造纸，2015，34 (11)：66-68.
[19] 王春，平清伟，张健，等. 制浆造纸废水处理新技术 [J]. 中国造纸，2015，34 (02)：61-66.
[20] 冯东望，武彦巍，杜家绪，等. 杨木化机浆制浆造纸废水处理工艺运行实例 [J]. 纸和造纸，2019，38 (05)：47-50.
[21] 郑利，王祥勇，郑翔，等. 厌氧/好氧/Fenton 流化床工艺处理废纸造纸综合废水 [J]. 中国给水排水，2018，34 (24)：70-74.

第三章

化学原料和化学制品工业废水

化学工业是国民经济发展的支柱产业之一。石油化工、煤化工、生物化工、精细化工、医药化工等生产领域与人类的衣、食、住、行及文化需要等各方面都有着紧密联系，化学工业的发展速度与水平直接关系和制约着农业、轻工、纺织、冶金、建材、国防等工业部门的发展。化学工业是一个多行业、多品种的工业部门，包括化学矿山、基本化工原料、化学肥料（含氮肥、磷肥、钾肥及复合肥料）、无机盐、氯碱（含烧碱及聚氯乙烯等氯气产品）、农药、染料、有机原料、合成材料、助剂、添加剂、化学试剂、涂料及无机颜料、橡胶加工、感光材料等多个行业。

化工废水是化工产品生产过程中排放出来的废水的总称（含工艺废水、冷却水、废气洗涤水），按污染物种类，一般可分为三大类：第一类为含有机物的废水，主要来自基本有机原料、合成材料（含合成塑料、合成橡胶、合成纤维）及农药、染料等行业排出的废水；第二类为含无机物的废水，如无机盐、氮肥、磷肥、钾肥、硫酸、硝酸及纯碱等行业排出的废水；第三类为既含有机物又含无机物的废水，如氯碱、感光材料、涂料及颜料等行业排出的废水。如按废水中所含主要污染物分，则主要有含氰废水、含酚废水、含硫废水、含氨废水、含铬废水、含砷废水、含有机磷化物废水、含有机氯化物废水及含有机氟化物废水等。化学工业主要废水及其主要来源见表 2-3-1。

表 2-3-1 化学工业主要废水和废水主要来源

废水名称	废水主要来源	废水名称	废水主要来源
含汞废水	氯碱厂、无机盐厂	含有机氯化物废水	环氧氯丙烷厂、环氧树脂厂、农药厂、氯丁橡胶厂
含氰废水	合成氨厂、有机玻璃厂、丙烯腈厂	含氟化物废水	氟塑料厂、有机氟化工厂、磷肥厂
含酚废水	有机合成厂、酚醛树脂厂、合成材料厂、农药厂	含有机磷农药废水	农药厂
		含苯胺废水	染料厂、有机原料厂
含氨废水	氮肥厂	含有机氧化合物废水	有机原料厂、试剂厂、溶剂厂、合成材料厂
含炭黑废水	合成氨厂、炭黑厂、橡胶加工厂		
含硫废水	硫酸厂、有机原料厂、合成材料厂、染料厂	含有机氯化合物废水	有机原料厂、合成材料厂、染料厂
		含硝基苯废水	染料厂、有机材料厂、农药厂
含铬废水	铬盐厂、无机颜料厂、催化剂厂	含油废水	涂料厂、有机原料厂
含磷废水	黄磷厂、磷肥厂、农药厂	含酸废水	制酸厂、染料厂、农药厂、钛白粉厂
含重金属废水	无机盐厂、颜料厂、染料厂	含碱废水	纯碱厂、烧碱厂
含砷废水	硫酸厂、磷肥厂、焦化厂	含盐废水	氯碱厂、农药厂、染料厂

化工废水具有如下特点。

1. 有毒性和刺激性

化工废水中含有许多污染物，有些是有毒或有剧毒的物质，如氰、酚、砷、汞、镉和铅等；有些物质不易分解，在生物体内长期积累会造成中毒，如有机氯化合物；有些是致癌物质，如多环芳烃化合物等。此外，还有一些有刺激性、腐蚀性的物质，如无机酸、碱类等。

2. BOD$_5$和COD都较高

化工废水（特别是石油化工生产废水），含有各种有机酸、醇、醛、酮、醚和环氧化物等，其特点是BOD$_5$和COD都较高。这种废水一经排入水体，就会在水中进一步氧化分解，从而消耗水中大量的溶解氧，直接威胁水生生物的生存。

3. pH不稳定

化工生产排放的废水，时而呈强酸性，时而呈强碱性，pH不稳定，对水生生物、构筑物和农作物都有极大危害。

4. 营养化物质较多

化工生产废水中的磷、氮量较高，造成水域富营养化，使水中藻类和微生物大量繁殖，严重时还会形成"赤潮"，造成鱼类大批死亡。

5. 废水温度较高

由于化学反应常在高温下进行，排出的废水水温一般较高。这种高温废水排入水域后，会造成水体的热污染，使水中溶解氧降低，从而破坏水生生物的生存条件。

6. 油污染较为普遍

石油化工废水中一般都含有油类，不仅危害水生生物的生存，而且增加了废水处理的复杂性。

7. 恢复比较困难

受化工有害物质污染的水域，即使减少或停止污染物排出，要恢复到水域原来状态，仍需要很长时间，特别是对于可以被生物所富集的重金属污染物，停止排放后仍很难消除污染状态。

第一节　氮肥工业废水

氮肥是中国农业消费最多的一种化肥，中国氮肥种类主要包括尿素、硝铵、碳铵、硫铵等品种，其中尿素是主要品种，占中国氮肥总消费量的60％以上，2018年我国共生产氮肥（折含氮100％）3794万吨。

氮肥行业在生产过程中，排放大量工业废水，排放的废水中，含有氰化物、硫化物、酚类等污染物质，是氮排放大户。虽然企业都采取了相应的控制和治理措施，但是仍然存在废水排放量大、处理成本高、设施陈旧、处理效果差等问题。这不仅给周围地区的水环境带来不利影响，而且关系到氮肥行业的持续发展。研究氮肥行业废水控制的现状，找出存在的关键问题及解决方法，对氮肥行业的废水控制具有指导意义。

一、生产工艺和废水来源

氮肥工业的原料路线，采用了煤、焦为主（占64％～67％），油气并存的路线，天然气占19％～20％。不同的原料路线有不同的生产工艺，相同的原料路线也有不同的生产工艺，生产工艺不同，废水的来源也不同。氮肥企业生产废水主要有合成氨工艺废水和氨加工废水，合成氨工艺废水为各类高浓度含氨废水，氨加工废水主要是碳酸铵生产废水、尿素生产废水和硝酸铵生产废水等。现将合成氨及氮肥主要产品的生产工艺和废水来源分述如下。

1. 合成氨生产工艺与废水来源

① 煤焦造气生产合成氨工艺废水主要来自三个部分：a. 气化工序产生的造气含氰废水；b. 脱硫工序产生的脱硫废水；c. 铜洗工序产生的含氨废水。

② 油造气生产合成氨工艺废水，主要来自除炭工序产生的炭黑废水及含氰废水，脱硫工序产生的含硫废水，以及在脱除有机硫过程中产生的低压变换冷凝液及甲烷化冷凝液，即含氨废水。

③ 气制合成氨工艺废水，主要是脱硫工序产生的含硫废水及铜洗工序产生的含氨废水，以及在脱除有机硫过程中产生的冷凝液，即含氨废水。

由于生产采用不同原料路线和不同生产工艺，其排放废水的水质和水量也各异，见表2-3-2。

表2-3-2　煤、焦、油造气废水排放量及组成

废水类型	吨氨排水量/t	水温/℃	pH值	悬浮物/(mg/L)	氰化物(CN⁻计)/(mg/L)	挥发酚/(mg/L)	硫化物/(mg/L)	COD/(mg/L)	氨氮/(mg/L)	油/(mg/L)	炭黑/(mg/L)
煤、焦造气废水	30～70	50～60	7～8	50～500	10～30①	0.01～0.5	0.01～30	23～360②	40～470	—	—
油气化造气废水	3～8	70～90	6.6～9.4	—	17～110	0.01～1	30～140	24～370	46～674	约10②	约30③

① 氰化物，碳化煤球为原料，10mg/L左右。

② 如造气废水闭路循环 COD、氨氮为上限，如直排为下限。

③ 此数据为油气化炭黑水经处理后的数据，如未经处理，其炭黑含量为炉油量的3%。

另外，合成氨生产规模不同，所排放废水的水质、水量也不同，见表2-3-3。

表2-3-3　合成氨不同生产规模与水质、水量的关系

规模/(10⁴t/a)	吨氨废水排放量/t	废水组成/(mg/L)				
		悬浮物	氰化物	挥发酚	硫化物	氨氮
大型厂≥30	15	46.94	0.05	0.025	0.048	168
中型厂≥4.5	218	142.8	0.94	0.08	0.65	113
小型厂<4.5	300	212.6	0.94	0.20	1.74	58

2. 氮肥主要产品的生产工艺（氨加工）和废水来源

碳酸铵生产中的废水是尾气洗涤塔产生的含氨废水，每吨含氨废水排放的氨量为68.2kg，生成1.7%的稀氨水4t左右；尿素生产中的废水主要是蒸馏和蒸发工序产生的解吸液和冷凝液，即含氨废水，中型尿素厂每吨尿素约排放尿素解吸液0.4t，其中含氨7000mg/L，尿素8000mg/L；硝酸铵生产中的废水主要是真空蒸发工序产生的含氨废水，每吨硝酸铵排放0.3～0.6t的蒸馏冷凝液，其中含氨900～1000mg/L。

归纳起来，氮肥工业废水按其性质，可分为煤造气含氰废水、油造气炭黑废水、含硫废水和含氨（氨氮）废水，其中以造气废水和含氨废水对水环境影响最大。

二、清洁生产

1. 合成氨"两水"闭路循环技术

"两水"闭路循环技术，即合成氨生产冷却水循环技术及造气废水闭路循环技术，是原化工部在总结山东潍坊地区小氮肥厂经验的基础上提出来的一项技术。该技术针对合成氨企业循环冷却水系统状况及水质条件，以几十种水处理药剂（TS系列水处理剂）组成最佳配方，用于循环冷却水。通过物理和化学作用，减少换热设备的结垢、腐蚀，抑制水中的细菌、藻类及各种微生物的滋生，从而维持换热设备的良好传热状态，延长设备使用寿命，保证循环冷却水系统长期稳定运行，并取得节水、节能、减少排污、保护环境的作用。其工艺流程如图2-3-1所示。

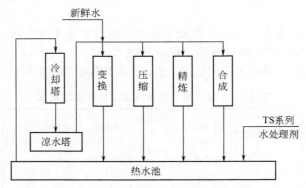

图 2-3-1　合成氨冷却水闭路循环流程

氮肥厂的造气废水通过沉降、吹脱、焚烧等处理工艺，除去悬浮物、氰化物、硫化物和酚类等有害物质后，实现闭路循环，基本上达到零排放，工艺流程如图2-3-2所示。

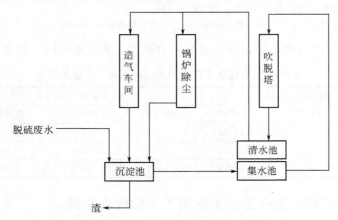

图 2-3-2　合成氨造气废水闭路循环流程

主要技术指标见表2-3-4。

表 2-3-4　合成氨"两水"闭路循环技术主要技术指标

项目	指标	项目	指标
处理量	20000t/a 氨循环量	粉尘去除率	99.98%
粉煤灰去除率	100%	碳钢腐蚀率	<0.125mm/a
硫化物去除率	100%	年污垢热阻	<0.0005m² · h · ℃/kcal
氰化物去除率	99.97%	节水率	95%

注：1cal＝4.18J。

推广应用范围：该技术适用于大、中、小型氮肥厂的造气废水治理，以及不同行业的循环水、冷却水处理。

2. 废氨水回收制碳酸氢铵

某化肥厂（10万吨氨/年）对稀氨水进行了回收。在合成氨生产过程中，铜洗工序排出稀氨水，经提浓后含氨氮浓度18%～20%，送入碳化副塔中吸收碳化尾气中的CO_2，再由副塔泵送入清洗塔，用以溶解清洗塔的结疤，清洗塔出来的清洗液送入碳化塔，吸收由压缩机送来的加压CO_2气体（来自合成氨生产过程的脱碳二段的废CO_2），生成碳酸氢铵结晶，经离心分离制得产品，母液循环使用，其工艺流程如图2-3-3所示。

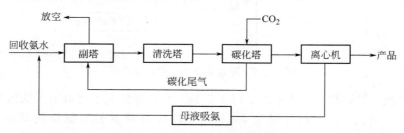

图2-3-3 废氨水生产碳酸氢铵流程

主要技术指标：日处理量48t稀氨水，年消除废氨水排放14400t，年生产碳酸氢铵12000t。

该技术适用于中型合成氨厂。

3. 氨氮废水的防治

为有效防治氨氮废水的污染，首先必须从工艺改革入手，大力推行清洁生产，将污染物消除在工艺过程中。某化学工业集团公司对该公司测得的氨氮废水各排放源的排放数据表明（见表2-3-5）：净化车间、尿素车间、煤气洗涤装置、蒸氨装置及合成工段为氨氮废水的主要来源。其中净化车间（排出的氨氮废水水量大，氨氮含量高）所排出的氨氮量占总排放量的74.3%；尿素车间所排的氨氮废水为碳铵解吸后排出的稀氨水，这部分废水量最大，占废水处理量的55.7%，氨氮排放量占总氨氮排放量的20.4%，二者相加即占到94.7%。蒸氨装置排出的氨氮废水为浓度大于14%的氨水。

表 2-3-5 氨氮废水排放情况

排放源	废水量/(t/d)	氨氮含量/(mg/L)	氨氮排放量/(kg/h)	排放源	废水量/(t/d)	氨氮含量/(mg/L)	氨氮排放量/(kg/h)
净化车间	864	106.3	91.9	蒸氨装置	55	13.1	0.7
尿素车间	3375	7.5	25.2	合成工段	962	0.4	0.4
煤气洗涤装置	24	230.8	5.5	总排放口	6064	20.4	123.7

为了解决这个最大的污染源，该公司改革工艺，推行清洁生产。

① 在净化工段的中温变换炉后增加了一个低温变换炉，改革后变换气中CO含量由原来的3.5%下降到1.5%，精炼工段所产生的铜洗再生气由1000m³/h降至400～500m³/h，从而相应减少了铜洗稀氨水量。为了进一步减少铜洗稀氨水污染，该公司建立了一套以该厂稀氨水和稀硫酸为原料生产硫酸铵的生产装置，规模为1000t/a，有效地做到了回用，变废为宝。

② 尿素车间排出的氨氮废水为碳铵液解吸后排出的稀氨水，该公司对碳铵液解吸装置进行了技术改造，加高了解吸塔，改变了解吸塔的塔板结构，还增加了一个碳铵液贮槽，使解吸系统的处理能力由原来的2～3m³/h提高到10m³/h，从而解决了稀氨水外排问题。

③ 对 14% 以上的稀氨水，该公司建成了一套稀氨水精馏装置，年回收液氨 3000t，杜绝了废水外排。其工艺流程如图 2-3-4 所示。

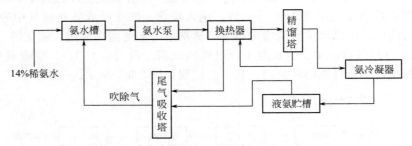

图 2-3-4 稀氨水蒸馏回收液氨流程

环境效益和经济效益：由于采取了以上措施，有效地控制了氨氮废水的污染，使总排放口废水中氨氮含量由 52.9mg/L 降至 20.4mg/L，1t 合成氨的氨氮排放量由 42.1kg 降至 12.9kg。每年可回收氨 1300t，硫酸铵 620t，其生产能力由 60000t/a 提高到 80000t/a，经济效益和环境效益显著。

以上技术适用于同类性质的中型合成氨厂。

4. 碳化法回收合成氨生产中的稀氨水制碳化母液

某氮肥厂（12.5×10⁴t 合成氨/a）每生产 1t 合成氨，精炼铜洗工段排放 1.2t 含氨稀氨水，氨浓度为 1.5%～3.0%。在 135～145℃、0.3MPa 条件下，解吸提浓，再通过 CO_2 控制碳化度，使其生成主要含碳酸铵的碳化母液供本公司催化剂车间使用。也可直接提浓制成 15% 氨水做进一步氨回收。处理流程如图 2-3-5 所示。

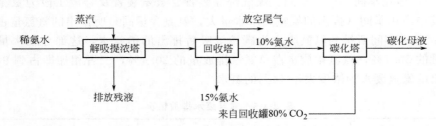

图 2-3-5 解吸碳化法回收稀氨水流程

主要技术指标如下。

① 处理能力：350t/d 稀氨水。

② 主要消耗（以 1t 碳化母液计）：CO_2（80%）143m³，电 18kW·h，蒸汽（低压）0.5t。

③ 环境效益：减少向水体排放氨 2360t/a。

该技术适用于合成氨厂。

5. 合成氨-碳酸氢铵生产稀氨水逐级提浓回收工艺

某氮肥厂是以天然气为原料生产合成氨-碳酸氢铵的小化肥厂，合成氨生产规模为 10000t/a。该厂研究开发了"一点加入，逐级提浓"的回收稀氨水工艺。传统的方法是多点加入软水，这样排放点多，排放的稀氨水浓度低，一般均在 2%～3% 以下，无法回收利用。把传统的多点加入软水改为一点集中加入，即碳化塔一处加入软水，从该塔段分流出 1%～5% 不同浓度的稀氨水，分别经脱硫及精炼再生气等工序进行第二次增浓，增浓后氨水浓度达 7%～8%，供气相氨含量最高的合成氨放空气、氨贮槽池放气等回收点作吸收剂，在

0.8～1.2MPa的压力下，进行再增浓，最后氨浓度可达10%以上，这种浓度的氨水可以全部返回碳化吸氨系统，生产流程中不再有过剩的氨水排放。处理工艺流程如图2-3-6所示。

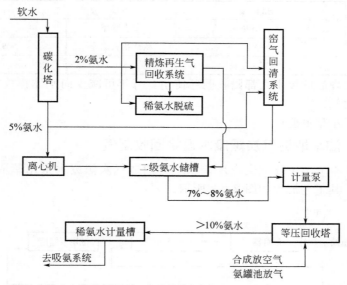

图 2-3-6　合成氨-碳酸氢铵生产"一点加入，逐级提浓"工艺流程

主要技术指标（以1t氮计）见表2-3-6。

表 2-3-6　合成氨-碳酸氢铵生产稀氨水逐级提浓回收工艺主要技术指标

项目	指标	项目	指标
处理量	77t/d 稀氨水	天然气	92m³/t
电耗	91kW·h/t	软水	2.5m³/t
综合能耗	25.8kJ/t		

环境效益：此工艺实现了稀氨水全部返回制碳铵，彻底消除过剩稀氨水的排放，每年减少稀氨水排放 $2.5×10^4$ t，节约软水 $2.5×10^4$ t。此工艺回收点多、流程长，增设一个中心回收氨岗位。六条自动调节回路，严格操作，才能确保生产稳定。

6. 合成氨造气含氰废水的处理回用

某化工厂（$12×10^4$ t 合成氨/a）的造气含氰废水的处理回用工艺为：含氰废水经沉灰池除去煤灰和悬浮物，在生物滤塔的空塔段降温，生物段进行生物降解，使废水中的氰化物、硫化物、酚降解成无毒的无机盐，处理后的废水循环使用。在生物滤塔及澄清池有少部分挥发物逸入大气。处理的工艺流程见图2-3-7。

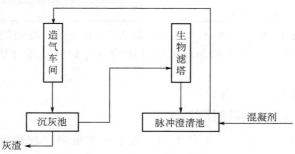

图 2-3-7　造气含氰废水处理流程

主要技术指标见表 2-3-7。

表 2-3-7 合成氨造气含氰废水处理主要技术指标

项目	指标	项目	指标
处理量	36000t/d 废水	酚去除率	＞99％
氰化物去除率	98％	硫化物去除率	93％～99％
电耗	0.23kW·h/m³		

环境效益：处理后的废水大都回收循环使用，每年可减少向水体排放氰化物 93.5t。有少量二次污染（大气）。

该技术适用于小型氮肥厂。

7. 重（轻）油萃取造气炭黑废水返烧回收制气

某氮肥厂为 $6×10^4$ t/a 碱氨生产厂，该厂对油造气炭黑废水采用萃取、返烧制气的技术，消除了污染。其工艺流程如图 2-3-8 所示。

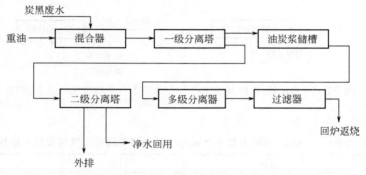

图 2-3-8 重油萃取油炭浆返烧制气流程

因炭黑的亲油性大于亲水性，采用重油或轻油可以将水相中的炭黑萃取到油相，含炭黑的油炭浆与水的密度不同，在设备中自然分层，实现与净化水的分离。油炭浆回炉返烧气化，净水回收利用。

油炭浆含有水分，回炉制气时，根据油炭浆水分的变化，调节蒸汽用量控制炉温。在高温条件下，炭黑充分氧化燃烧，转化率可达 100％。

主要技术指标见表 2-3-8。

表 2-3-8 重油萃取油炭浆返烧制气主要技术指标

项目	指标	项目	指标
处理量	600m³/d	油炭浆含油	＜30mg/L
电耗	4.26kW·h/m³	油炭浆含水	≤20％
净化水含炭黑	＜50mg/L（处理前 10～20g/L）		

环境效益：消除了炭黑废水污染，节约软水 $9.7×10^4$ t/a。按油炭浆回炉量 40％～60％ 计算，可节约重油 73t/a，长期连续循环返烧可能给裂化炉带来重金属积累和腐蚀，尚待进一步解决。

该技术适用于中小型油造气氮肥厂。

8. 尿素解吸液高压水解法回收技术

某化工厂（$48×10^4$ t 尿素/a）从意大利引进了尿素解吸废液的处理技术，该工艺技术为：尿素生产系统的闪蒸及蒸发冷凝液含氨 5.5％、尿素 1.8％、CO_2 2％，经蒸馏塔预热器预热后，进入蒸馏塔上部，使给料中大部分 NH_3 和 CO_2 被塔下部的气体气提出去之后，含 NH_3 0.5％、尿素 1.8％、CO_2 0.1％的液体经水解给料泵打入水解预热器，再进水解器，经 3.74MPa、360℃的蒸汽加热，尿素几乎全部分解成 NH_3 和 CO_2。水解后的料液再进蒸馏塔下部，再次被塔底通入的蒸汽汽提掉 NH_3 和 CO_2，处理后的溶液含 NH_3 1～3mg/L、尿素 1～2mg/L，进入冷却器，再回锅炉给水，实现了尿素解吸液的闭路循环。含较多 NH_3 和 CO_2 的气体在蒸馏塔和冷凝器中冷凝，获得碳酸氢铵溶液，部分作回流用，大部分回收，惰性气体排空。处理的工艺流程见图 2-3-9。

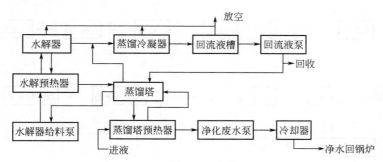

图 2-3-9　尿素解吸液高压水解流程

主要技术指标见表 2-3-9。

表 2-3-9　尿素解吸液高压水解法主要技术指标

项目	指标	项目	指标
处理水量	30×10^4 t/a	氨氮处理率	99.99％
废水氨含量	从 5.5％降至＜5mg/L	尿素含量	从 1.8％降至＜5mg/L
电耗	4.71kW·h/t		

环境效益：每年从 21.6×10^4 t 尿素解析废液中回收氨 150t、尿素 2200t，合计尿素 2457t，相当于减少该厂氨氮排放总量的 50％。消除了氨氮污染，净水全部作锅炉给水，减少软水用量，实现了尿素解析液的闭路循环。

该技术适用于大型氮肥厂尿素解吸废液的处理。

三、废水处理和利用

1. 造气污水治理方法

主要可分为：沉淀-冷却法、沉淀-冷却-生化法、空气催化氧化法以及回收法等。

（1）沉淀-冷却法

该法处理造气污水具有流程简单、操作方便、易管理、投资省、运行费用低等优点。但当氰化物、酚等含量超过一定数值时会造成二次污染。

其污水处理工艺流程为：造气污水流经截留池，拦截污水中较大粒径悬浮物和漂浮物，然后流入调节池内，调节水量、均和水质后进入初沉池进行初步沉淀处理。沉淀后的清水经集水槽流入吸水池，由提升泵抽送到絮凝池内，同时向絮凝池内加入絮凝剂和助凝剂，而后混合液进入沉淀池实现泥水分离，大量的悬浮物和其他杂质被去除，沉淀池上清液流入热水池，用热水泵送入冷却塔（逆流式或横流式），冷却后的清水用泵送回岗位循环使用。

初沉池和沉淀池产生的污泥送入污泥浓缩池进行浓缩处理，经浓缩后的污泥经脱水后可运出烧砖，浓缩池的清液和污泥脱水机的压滤液由泵提升至调节池内进行再处理。

当污水中的氰化物含量≥25mg/L时，冷却塔尾气需要进行处理。可采用带生物吸收降解段的横流式冷却塔，对逆流式尾气进行吸收。含氰化物的吸脱废气经过喷淋洗涤及生物降解，减少氰化物的二次污染（也可将吹脱出的气体经气水分离器去除水分后，送至吹风气燃烧炉焚烧）。其工艺流程见图2-3-10。

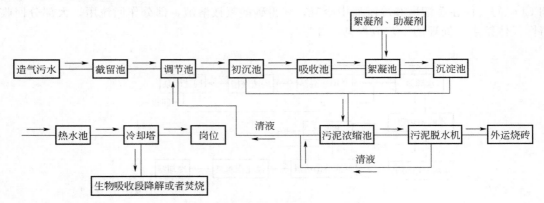

图 2-3-10　沉淀-冷却法处理工艺流程图

（2）沉淀-冷却-生化法

我国对于造气含氰废水生物法处理，主要采用塔式生物滤池。这种方法占地面积小，冷却和脱氰效果好，但只能有效地去除游离氰和简单的氰化物，对络合氰化物的去除率低，并存在二次污染。

沉淀-冷却-生化法处理造气污水，其工艺流程为：造气污水流经截留池，拦截污水中大块的悬浮物和漂浮物，然后流入调节池内，调节水量、均和水质后进入初沉池进行初步沉淀处理。沉淀后的清水经集水槽流入吸水池，由污水泵抽送到冷却型塔式生物滤池的支管，同时通过喷头均匀地分布在蜂窝填料上。污水与蜂窝填料中的生物膜进行充分接触，由于微生物的作用，使有机物和有害物质得到降解。同时由于轴流风机的作用，使其水温下降，经过生物处理的污水流入集水池，由钟罩式脉冲发生器流入脉冲澄清池，同时加入混凝剂。此时蜂窝填料内老化的生物膜脱落后，随污水流入脉冲澄清池，由脉冲澄清池底部的悬浮污泥截留脱落的生物膜和悬浮物，使水得到澄清，清水流入清水池后由清水泵送岗位闭路循环使用。初沉池和斜板沉淀池产生的污泥送入污泥浓缩池进行浓缩处理，经浓缩后的污泥经脱水后可运出烧砖，浓缩池的清液和污泥脱水机的压滤液由泵提升至调节池内进行再处理。其工艺流程见图2-3-11。

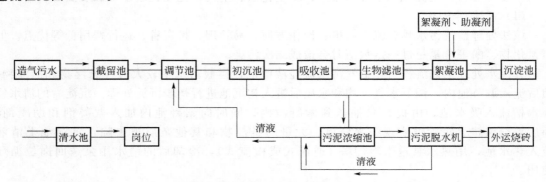

图 2-3-11　沉淀-冷却-生物法处理工艺流程图

（3）空气催化氧化法

其原理是在催化剂和药剂的作用下，利用空气中的氧，把造气废水的氰化物氧化成 CO_2 和 N_2。流程为：造气污水流经截留池，拦截污水中大块的悬浮物和漂浮物，然后流入调节池内，调节水量、均和水质后进入氧化池，在氧化池中加入催化剂与药剂，利用空气中的氧把氰化物氧化为 CO_2 和 N_2，最后污水经沉淀后回用或外排。其工艺流程见图 2-3-12。

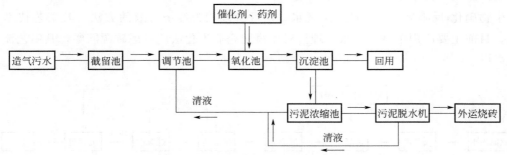

图 2-3-12　空气催化氧化处理工艺流程图

（4）回收法

主要是将造气污水沉淀去除悬浮物后，往污水中加入少量的辅助剂，然后在一定的温度压力下（脱除设备），将氰自污水中提出，然后用相应的化学物质固定，生产成副产品回收，水经过冷却后回用。

2. 废水中石油类的处理

氮肥废水中石油类污染物，主要来自用油工艺排油、动机械部分漏油、清洗机械的废油、固体燃料热加工过程产生的煤焦油。这些混溶在废水中的油类污染物质，一般有浮油、分散油、乳化油和溶解油。其中浮油占废水中总含油量的 75% 左右，其次是分散油和乳化油，而浮油和分散油的分离是氮肥含油废水处理的关键。对其处理可利用油水相对密度差，由隔油井或建除油池进行处理。

对于动机械部分漏油和清洗机械进入水中的废油，可用隔油井除油。对于用油工艺排油和固体燃料热加工过程中产生的煤焦油，用除油池进行处理。除油池可建成平流式或斜板式，并可在池的出水一侧的水面上安装撇油机进行机械撇油。

3. 稀氨水的回收处理

氮肥企业稀氨水如没有很好的回收利用，必将对水体造成污染，既浪费资源又污染环境。采用稀氨水处理回用技术，将有回收价值的稀氨水（固定氨的需加药，使之成游离氨）从顶部进入解吸塔，喷淋而下，经填料与上升的蒸汽逆流相遇，此时稀氨水中的游离氨进入蒸汽，饱含氨气的蒸汽从解吸塔顶部逸出后，进入吸收塔，经吸收后制成产品氨水或氨气回综合回收塔。其工艺流程见图 2-3-13。

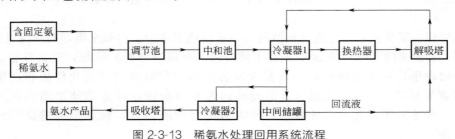

图 2-3-13　稀氨水处理回用系统流程

4. NH$_4^+$-N 废水处理方法

对于 NH$_4^+$-N 废水，国内目前主要采用絮凝沉淀＋生化法（A/O 工艺）、汽提（吹脱）＋生化法、离子交换法、化学沉淀＋生化法、折点加氯法等进行处理。氮肥企业选择处理方法时，主要考虑处理工艺线路、运行费用、工程投资、运行的可靠性、操作管理方便、易维修等因素。

（1）絮凝沉淀＋生化法（A/O 工艺）

生物硝化-反硝化处理 NH$_4^+$-N 废水，是现阶段较为经济有效的方法。其工艺技术较为成熟，目前主要应用于城市污水处理。对于氮肥企业生化法应考虑碳源问题。其工艺流程见图 2-3-14。

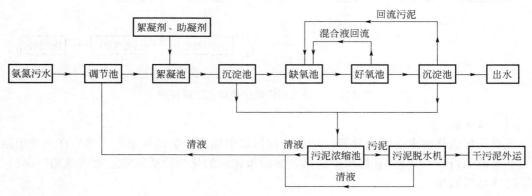

图 2-3-14　A/O 工艺流程

工艺流程：氨氮废水首先进入调节池内，实现调节水量、均和水质，而后经过絮凝沉淀处理，初步去除水体中的 SS，絮凝沉淀上清液进入 A/O 处理系统，氨氮经过硝化作用和反硝化作用最终被降解为氮气，实现生物脱氮，沉淀池污泥和剩余污泥经浓缩池浓缩后进入污泥脱水机内，经脱水后的污泥外运处置，污泥浓缩池上清液和污泥脱水机压滤液回流至调节池内再处理。

（2）汽提（吹脱）＋生化法

该处理工艺采用物理化学法去除高浓度 NH$_4^+$-N，然后用生化法处理。对于高浓度 NH$_4^+$-N 废水采用汽提是一种比较经济有效的方法，可回收氨。

汽提（吹脱）法是将废水的 pH 值调至 11～13，然后通过气液接触将废水中的游离氨吹脱至大气中。吹脱有二次污染问题，对排出的污染物的最大地面浓度及最大浓度点距排气筒的距离应按相应国家标准中指定的公式进行计算。当计算的结果确定氨的排放浓度超标时，需对吹脱尾气进行处理，通常是采用酸喷淋吸收，经吹脱后的污水进入生化池。目前国内应用美国某公司生产的专用于治理 NH$_4^+$-N 废水的菌种，它能在好氧条件下快速、有效地将 NH$_4^+$-N 硝化，从而使废水中的 NH$_4^+$-N 浓度达到排放要求。其工艺流程见图 2-3-15。

工艺流程：氨氮废水首先进入调节池内，实现调节水量、均和水质，而后经过初沉池的沉淀作用，初步去除水体中的 SS，沉淀上清液进入吹脱（汽提）系统，绝大部分氨氮被去除，通过吸收塔反应生成铵产品，未被吹脱去除的少量氨氮经过硝化作用和反硝化作用最终被降解为氮气，实现生物脱氮，沉淀池污泥和剩余污泥经浓缩池浓缩后进入污泥脱水机内，经脱水后的污泥外运处置，污泥浓缩池上清液和污泥脱水机压滤液回流至调节池内再处理。

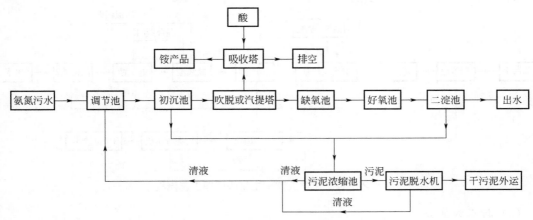

图 2-3-15 汽提（吹脱）+ 生化法工艺流程

（3）离子交换法

该法适用于低浓度的 NH_4^+-N 废水，脱除效率可达 90%～96%。采用特殊离子交换剂过滤层吸附，吸附后污水排出，离子交换剂饱和后，用钠盐解脱，其工艺流程见图 2-3-16。

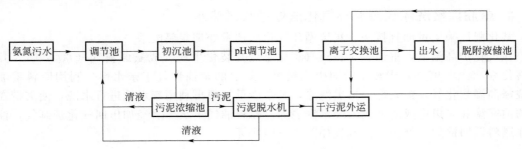

图 2-3-16 离子交换法工艺流程

工艺流程：氨氮废水首先进入调节池内，实现调节水量、均和水质，而后经过初沉池的沉淀作用，初步去除水体中的 SS（后续可通过过滤对废水中的 SS 进一步去除），沉淀上清液进入 pH 调节池内，而后进入离子交换系统内，铵离子被去除，清水达标排放，沉淀池污泥经浓缩池浓缩后进入污泥脱水机内，经脱水后的污泥外运处置，污泥浓缩池上清液和污泥脱水机压滤液回流至调节池内再处理。

（4）化学沉淀＋生物法

该法可以处理各种浓度的 NH_4^+-N 废水，尤其适用于处理高浓度氨氮废水。在废水中投加 MgO 和 H_3PO_4，使之和氨氮生成难溶复盐 $MgNH_4PO_4 \cdot 6H_2O$（MAP）结晶沉淀，使 MAP 从废水中分离，其产物可用于复合肥料（最好用废 H_3PO_4，减少处理成本）。废水经化学沉淀法大幅度去除氨氮后，再经生物法处理，其工艺流程见图 2-3-17。

工艺流程：氨氮废水首先进入调节池内，实现调节水量、均和水质，而后经过初沉池的沉淀作用，初步去除水体中的 SS，沉淀上清液进入混合反应池内，通过向混合反应池内投加氧化镁和磷酸，NH_4^+-N 与氧化镁和磷酸最终反应形成 $MgNH_4PO_4 \cdot 6H_2O$（MAP）沉淀，经沉淀池实现泥水分离，未被去除的少量氨氮经过硝化作用和反硝化作用最终被降解为氮气，实现生物脱氮，初沉池污泥、MAP 和剩余污泥经浓缩池浓缩后进入污泥脱水机内，经脱水后的污泥外运处置，污泥浓缩池上清液和污泥脱水机压滤液回流至调节池内再处理。

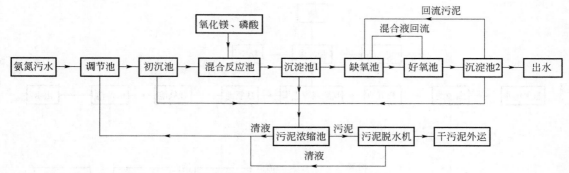

图 2-3-17 化学沉淀 + 生物法处理工艺流程

（5）折点加氯法

该法可通过正确控制加氯量和对流量的均化作用，使废水中 NH_4^+-N 得到去除，并具有消毒作用，该法由于加氯量大，一般将其作为深度处理采用。

四、废水处理实例

1. 重油直接洗涤炭黑循环气化法处理炭黑废水

某化肥厂采用重油直接洗涤炭黑循环气化法技术处理炭黑废水。

在气化炉高温下，重油、氧、蒸汽氧化燃烧并裂化生成合成氨原料气（水煤气）。其中碳转化率 95%～97%，未转化的即生成炭黑。炭黑的亲油性优于亲水性。利用原料重油直接洗涤高温裂化气，把大部分炭黑洗除，其余少量炭黑再利用亲水性进行水洗，使夹带在水中的油雾滴和炭黑形成的油炭团经水洗去除。原料油捕集炭黑后经加压回气化炉制气，油炭团作燃料返回锅炉。处理工艺流程如图 2-3-18 所示。

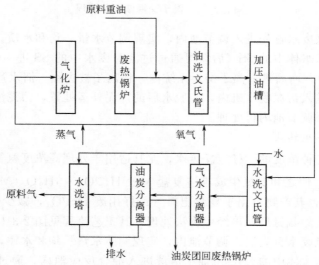

图 2-3-18 直接洗涤炭黑循环气化法流程

主要技术指标：a. 处理量为 360t 炭黑废水/d；b. 处理后原料气中炭黑含量与用水洗涤相同，炭黑含量均＜10×10^{-6}；c. 处理后原料气中烃含量＜5×10^{-6}；d. 碳总利用率＞99%；e. 电耗 0.8kW·h/m^3。

环境效益：使用重油直接洗涤炭黑，既保证原料气净化又消除了炭黑废水排放。一次重油气化的碳转化率是95%，循环气化则达到98%，若包括作燃料的油炭团，则碳总利用率达99%以上。

该技术适用于以重油为原料的合成氨厂。

2. 中压汽提-离子交换法处理合成氨工艺冷凝液

某化工厂在合成氨生产中，低变和甲烷化冷凝液含有氨800～1000mg/L，甲醇1000～2000mg/L，CO_2和其他有机物1500～2000mg/L。把这种工艺冷凝液减压后引入汽提塔塔顶，向下喷淋，与塔底引入的过热蒸汽在塔内进行汽提，冷凝液中的易挥发介质从塔顶随蒸汽一道排入大气，汽提后的冷凝液经降温、除杂质，再进入装有阴阳离子交换树脂的混床进行离子交换，除去阴阳离子，净化后的水作锅炉给水。由于常压汽提法存在大气污染，改用中压汽提，汽提塔顶出口的气体全部进一段炉，这样就避免了大气的污染，又可节约大量的热能。处理流程如图2-3-19所示。

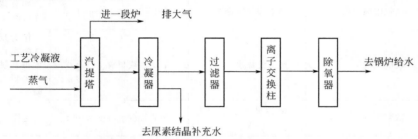

图2-3-19　中压汽提-离子交换处理工艺冷凝液流程

主要技术指标：a. 处理量1200m³/d冷凝液；b. 处理后水质达到高中压锅炉水质要求；c. 电耗0.76kW·h/t。

环境效益：消除了汽提塔顶排放气体（含氨、CO_2、甲醇、甲胺等）的污染。塔顶气体全部进入一段炉，使吨氨的能耗降低0.54×10^6kJ，每年可回收精制水32万吨。

该技术适用于大型合成氨厂。

第二节　磷肥工业废水

我国生产的磷肥可以分为两类：高浓度磷肥和低浓度磷肥。高浓度磷肥包括磷酸二铵（DAP）、磷酸一铵（MAP）、NPK复合肥（P-NPK）、重钙（TSP）以及硝酸磷肥（NP）；低浓度磷肥包括过磷酸钙（SSP）和钙镁磷肥（FMP），我国磷肥工业起步较晚但发展较快，1996年磷肥产量为575万吨，到2017年我国磷肥总产量为1640.7万吨，其中高浓度磷肥产量为1535.4万吨，占比为93.58%，低浓度磷肥105.3万吨/年，占比为6.42%。

在磷肥生产中，磷矿石中的氟和磷以气相、液相及固相形态出现于各生产工序，并进入环境造成危害，氟化物进入水体，会造成人畜骨骼和神经系统疾病，农灌含氟量高的水将积累于农作物中，对人畜产生氟危害。磷以PO_4^{3-}进入较封闭的水体（湖泊、水库）会使藻类及其他水生植物快速生长，消耗水中溶解氧，使水体变黑变臭，导致水体富营养化。

一、生产工艺和废水来源

磷肥生产排出的大量废水主要来自钙镁磷肥生产过程中产生的水淬水，排放量为生产

1t 磷肥排出 20～30t 废水。普钙、重钙、磷铵等磷肥生产过程中主要排出含氟废气。

　　我国钙镁磷肥生产是以高炉法为主，其生产工艺是：将磷矿石、镁矿石、焦炭等在锅炉内经 1400～1500℃高温焙烧后即生成钙镁磷肥的半成品，再经净化和烘干处理，粉碎后而得成品。高炉法钙镁磷肥生产废水主要为高炉熔料水淬过程产生的水淬水和炉气净化吸收水，每吨磷肥耗水淬水 20～40t，含 F^- 70～200mg/L，P_2O_5 100～300mg/L，pH 值为 2.0～2.6。

　　磷肥工业废水主要包括生产污水、初期污染雨水及磷石膏渣场的排水等。磷肥工业主要产品的生产污水来源、特征与去向见表 2-3-10。

表 2-3-10　磷肥工业主要产品的生产污水来源、特征与去向

产品	废水产生工段	排水	主要污染物	去向
普通过磷酸钙(SSP)	混合、化成工段	含氟尾气洗涤液及冲洗设备、地坪水	含 F^- 2400～4500mg/L；水质水量变化大	回收利用或去污水处理站
钙镁磷肥(FMP)	水淬工段	水淬水	含 F^- 10～1000mg/L	循环使用
	高炉熔融工段	高炉煤气洗涤水	含 F^- 50～3000mg/L	部分煤气洗涤水处理后回收利用
湿法磷酸	反应工段	废气洗涤水	主要含氟和磷	作为反应废气循环洗涤水以及过滤系统滤布冲洗水和滤饼洗涤水最终进入产品稀磷酸
	浓缩工段	酸性循环水站产生少量排污水	含 F^- 3000～5000mg/L	送往污水处理站
	磷石膏渣场	磷石膏渣场渗滤水、回水池的废水	pH：1.2～2.1 含 F^-：1200～7000mg/L PO_4^{3-}（以 P 计）：4000～35000mg/L	可返回湿法磷酸装置系统循环使用，未能循环使用的废水需要排至污水处理站进行回收和处理，达标排放
重过磷酸钙(GTSP)	混合、化成工段（化成法工艺）	废气洗涤液	主要含氟及悬浮物	洗涤液回收利用，多余部分送污水处理站处理后排放
	干燥、筛分破碎和冷却工段（化成法及料浆法工艺）	废气洗涤液	主要含氟及悬浮物	洗涤液回收利用
复混肥	造粒干燥、筛分破碎、冷却、包裹工段（硫基复合肥、尿基/硝基复合肥、掺合肥）	废气洗涤液	主要含氟及悬浮物	洗涤液回收利用
硝酸磷肥(NP)	酸解、中和、造粒、干燥、冷却、筛分破碎工段	废气洗涤液	主要含磷、氟、硝基氮及氨氮	部分返回利用，多余部分需送污水处理站处理后排放
磷酸铵(DAP/MAP)	正常生产无生产废水排放	装置运行发生事故时排放少量废水	主要含磷与氨氮	可设地槽收集，待正常生产时返回工艺系统
氟硅酸钠	生产工艺过程	生产氟硅酸钠产生的母液	含 F^- 为 2000～8000mg/L	单独处理回收利用或去污水处理站

　　按照污染物特征，磷肥工业废水主要有以下几类：

　　① 含磷含氟废水　其特征污染物氟化物和磷酸盐浓度可高达每升上万毫克，且废水酸性大，pH 为 1～2。

②　含硅含氟废水　其特征污染物包括氟离子、硅酸盐、硅胶等物质。氟加工废水，不但含氟量高，同时还含有大量的盐酸和硅胶，有些还含有磷酸、硫酸等，胶体颗粒很细（10～20nm），相对密度小，附着在氟、磷难溶盐类上不易下沉，固液分离效果差。

③　含氨氮废水　其特征污染物为氨氮，一般氨氮浓度＜20mg/L。

二、清洁生产

1. 钙镁磷肥水淬水闭路循环技术

某磷肥厂（80×10^{4}t 钙镁磷肥/a）采用闭路循环技术处理水淬水。其工艺流程如图 2-3-20 所示。每生产 1t 钙镁磷肥要产生 20～40t 水淬废水，废水中主要含氟、磷、悬浮物，直接排放既污染环境又浪费水资源。废水经沉淀回收其中的半成品后，进入循环池再返回生产系统供水淬熔料，实现了水淬废水的循环使用。一次使用的水淬水中含氟 10mg/L 左右，循环使用后，含氟浓度升高，但可保持平衡在 100mg/L 左右，对产品质量、产量及操作均未发现有不良影响。

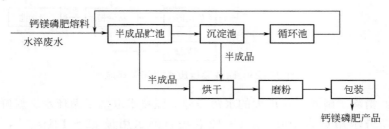

图 2-3-20　钙镁磷肥水淬水全封闭循环流程

主要技术指标：处理量 280×10^{4}t 废水/a。

环境效益：每年少排放 280×10^{4}t 废水，减少取水 360×10^{4}t，回收半成品 5000t。

江苏某磷肥厂（5×10^{4}t/a）也采用此技术，该厂水淬水经闭路循环处理后，达到无废水排放，水重复利用率 100%，废水处理前后比较见表 2-3-11。

表 2-3-11　废水处理前后比较表

项目	废水排放量/(×10^{4}t/a)	水重复利用率/%	氟排放量/(t/a)	新鲜水用量/(×10^{4}t/a)
治理前	100.9	0	10.39	102.96
治理后	无	100	无	1.06

该技术适用于高炉法钙镁磷肥水淬水的利用。

2. 磷酸废水闭路循环技术

某设计院开发应用了此技术，其生产工艺流程为：磷酸生产的废水主要来自尾气吸收塔和大气冷凝器，经冲洗滤布及地坪后，含较多悬浮物、F$^-$ 及 P$_2$O$_5$，酸性较高。国内大都采用一级石灰中和法将废水中的 F$^-$ 降至 50mg/L 左右，再与全厂其他废水混合排放（否则无法达标）。新开发的废水封闭循环法则把这部分废水经旋流分离器分离去除大部分悬浮物，溢流液含固量由 2%～10% 降至 0.3%～2%，加入絮凝剂（聚丙烯酰胺），再经重力分离，使清液含固量降至＜210mg/L，然后与氟吸收塔废水混合后送去冲洗过滤机滤布和地坪，分离出含固量为 30% 左右的稠浆，经增稠并加热后，再送入盘式过滤机过滤。正常运行时，整个磷酸装置无废水排放。此技术推广后，我国磷酸生产的排污治理将达到世界先进水平。处理工艺流程如图 2-3-21 所示。

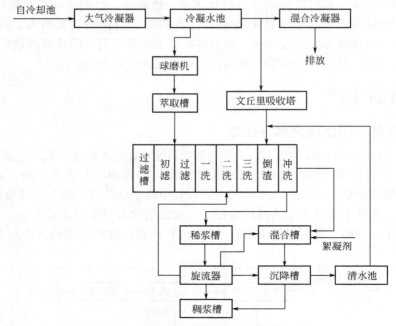

图 2-3-21 磷酸装置废水封闭循环流程

环境效益：消除了磷酸工业最大的水污染源。该技术取消了循环水，新鲜水的用量也大大减少，一般新鲜水用量为 $40m^3/h$（一般老法新鲜水用量 $32\sim121m^3/h$，循环水 $160\sim450m^3/h$），节约了能源和水资源，基本消除了含 P_2O_5 和 F^- 废水的排放。

该技术已推广应用于多套磷铵生产装置，取得显著效果。该技术适用于中小型磷肥厂磷酸装置含氟废水治理。

3. 磷酸生产废水、废气综合控制清洁生产工艺

为减少磷酸生产中污染物的排放，应尽量在生产过程中削减污染物的产生量。一直以来磷肥生产行业大力推广磷酸生产废水、废气综合控制清洁工艺。工艺的主要特点是由反应及蒸发系统排放的含氟气体经多级串连洗涤，使尾气中氟的去除率＞99％，与此同时，洗涤水中的氟硅酸逐级提浓，最终浓度达 18％，用作生产冰晶石原料。

处理工艺流程如图 2-3-22 所示。

主要技术指标：a. 处理量为 60000t/a（P_2O_5 的相应废水、废气）；b. 生产工艺排放废气含尘＜$100mg/m^3$；c. 生产工艺排放废气含氟＜$10g/t$（P_2O_5）。

环境效益：在正常生产情况下无废水排放，回收 18％的氟硅酸水溶液用于生产冰晶石或其他氟产品。

该技术适用于大型磷酸生产装置。

三、废水处理和利用

1. 含磷含氟废水处理

磷肥工业废水处理工艺、控制参数宜通过试验确定。当不具备试验条件时，处理工艺及控制参数宜符合下列规定：

① 含磷含氟废水可采用二级中和反应、二级絮凝沉淀工艺处理。一级中和的 pH 值宜

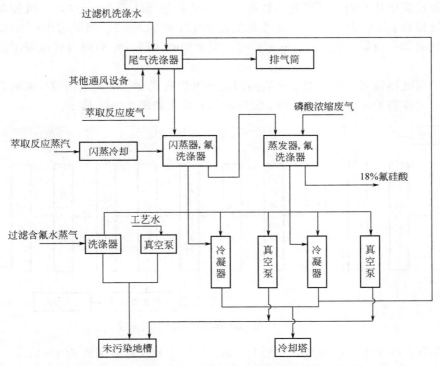

图 2-3-22　磷酸废水、废气综合控制清洁生产工艺流程

为 3～5，溶液进行沉淀分离后再进行二级中和，二级中和的 pH 值宜为 6～9。

②含氟浓度较高的工业废水出水加酸反调，加酸回调后可采用沉淀或过滤工艺处理。控制一级中和反应 pH 值宜为 4～6，二级反应 pH 值宜为 9～11，加酸调至 pH 值为 6～9。为了提高处理效果，可以增加必要的回流污泥提高混合效果。二级中和二级沉淀工艺流程如图 2-3-23 所示。

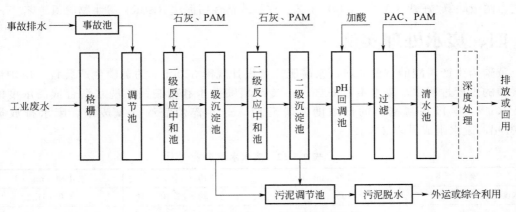

图 2-3-23　二级中和二级沉淀工艺流程

③工艺参数：一级中和反应时间宜为 1～2h，二级中和反应时间宜为 1～2h，沉淀池表面水力负荷宜为 0.5～0.8$m^3/(m^2 \cdot h)$。

2. 含氟含硅废水处理

对氟硅酸钠生产污水，可采用三级中和、三级絮凝沉淀，最后一级采用加酸反调法处理工艺。各级反应中和池内 pH 控制参数如下：一级控制 pH 值为 6～7，二级控制 pH 值为 8～9，三级控制 pH 值为 10～11，出水加酸反调 pH 值为 6～9。当氟浓度＜1000mg/L 时，不进行加酸回调；当氟浓度≥1000mg/L 时，需要加酸回调，加酸回调后可采用沉淀或过滤工艺处理。

为了提高处理效果，可以增加必要的回流污泥提高混合效果；采用酸反调时，为了提高除氟效果，可添加 $CaCl_2$，三级中和三级沉淀工艺流程如图 2-3-24 所示。

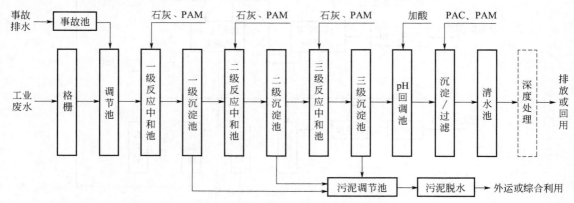

图 2-3-24　三级中和三级沉淀工艺流程

工艺参数：一级中和反应时间宜为 1～2h，二级中和反应时间宜为 1～2h，二级沉淀池表面水力负荷宜为 0.5～0.8$m^3/(m^2 \cdot h)$，三级沉淀池表面水力负荷宜为 0.6$m^3/(m^2 \cdot h)$。

3. 含氨氮污水处理

① 硝酸磷肥及磷铵生产装置产生的含氨氮污水宜回收利用，不能利用的含氨氮污水需经处理后达标排放。

② 水量少、氨氮含量低的生产污水可以与生活污水合并处理。

③ 当需要单独处理时，可采用流程为厌氧好氧（A/O）工艺、厌氧/缺氧/好氧（A^2/O）工艺、两级缺氧/好氧（A/O-A/O）工艺、序批式活性污泥法（SBR）等生物脱氮工艺。

四、废水处理实例

黄磷为生产磷酸的重要原料，某磷肥厂有设计规模 3000t/a 的黄磷生产装置。电炉法制元素磷的生产过程中，废水主要来自：a. 冷凝塔喷淋水和精制锅漂洗水汇合成高浓度的含磷废水；b. 电极水封密封的低浓度含磷废水；c. 水淬炉渣的含氟废水。废水排放量为 2600t/d，废水组成见表 2-3-12。

表 2-3-12　废水水质组成

项目	元素磷/(mg/L)	氰化物/(mg/L)	氟化物/(mg/L)
高浓度含磷废水	47.05～260.0	21.30～21.40	52.0～61.20
低浓度含磷废水	0.20～1.84	0.012～0.032	0.50～1.20
含氟废水	0.05～0.17	0.011～0.012	31.0

该厂采用分路循环-电解法将绝大部分废水进行循环使用，平衡后多余废水进行沉淀、氧化、过滤、中和、电解。石灰中和主要去除氟，通过电解产生次氯酸钠将废水中的元素磷、氰化物氧化后除去。根据废水来源和组成不同，建成以下三个废水循环系统。

① 电极水封水循环系统（低浓度含磷废水），见图 2-3-25（a）。

② 冲渣水循环系统（含氟废水），见图 2-3-25（b）。

③ 冷凝塔喷淋水循环系统（高浓度含磷废水），见图 2-3-25（c）。

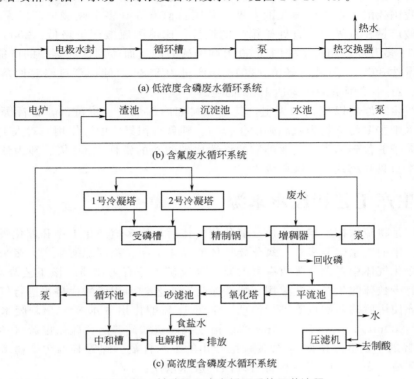

图 2-3-25　某磷肥厂废水循环系统工艺流程

废水进入增稠器，经初沉后用泵送回冷凝塔喷淋，多余废水进入平流池，经氧化塔鼓入空气氧化，进入无阀砂滤池经泵返回冷凝塔喷淋，平衡后多余废水经中和、电解排放。平流池中贫磷泥经板框压滤机脱水后送往制酸部分掺烧。工艺控制条件见表 2-3-13。

表 2-3-13　废水处理工艺控制条件

项目	指标	项目	指标
平流池停留时间	20h	氧化塔气液比(体积比)	100
电解反应 pH 值	8～10	电解用电流	50A
板框压滤机压力	$(5\sim6)\times10^5$ Pa		

主要技术指标：a. 处理水量 720（电解 120）m^3/d；b. 电耗 $2kW\cdot h/m^3$。

环境效益：废水经处理后，其中电极水封水、冲渣水实现闭路循环。高浓度含磷废水的喷淋水和精制漂洗水尚有少量排放，排放量由原来的 2600t/d 下降到 120t/d，废水中磷悬浮物浓度已达到排放标准。

平流池中形成的贫磷泥得到处理回收，解决了黄磷废水处理中的一大难题。

该技术适用于黄磷生产废水的处理。

第三节　硫酸工业废水

硫酸是化学工业的基本原料，是生产普钙、磷酸的主要原料。磷酸又是重钙、磷铵等磷肥的主要原料。在我国，硫酸生产大都与磷肥相配套。在普钙生产中一般硫酸用量为理论量的 95％～105％。硫酸除主要用于磷肥生产外，还用于冶金、有色金属冶炼、石油化工、国防军工、农药、医药等部门。改革开放以来，为了适应农业发展的需要，高浓度磷肥生产快速增长，使我国硫酸工业得到很大的发展。我国目前有 600 多个硫酸生产厂家，2003 年以前，我国硫酸产量在世界上一直处于第二的地位，比美国硫酸产量略低。2003 年我国硫酸产量达到 3371 多万吨，超过了美国 3050 万吨的硫酸产量而达到世界第一的产能。2015 年，我国硫酸产量达 8975.7 万吨的峰值，2016 年产量为 8889 万吨，产量略有回落，但仍维持较高水平。2021 年我国硫酸产量达 1.28 亿吨。

我国硫酸生产原料以硫铁矿为主，其他原料如冶炼烟气、硫黄、磷石膏等所占比例很小。硫酸废水中主要污染物为氟和砷的化合物。砷具有积累性中毒作用，对人类而言，三价砷的毒性远大于五价砷的毒性，亚砷酸的毒性比砷酸盐的毒性大 60 倍。砷为致癌物，可引起皮肤癌。本节只介绍硫铁矿制酸废水。

一、生产工艺和废水来源

硫酸生产是将硫铁矿经熔烧生成二氧化硫气体后，经多道净化工序和催化吸收而制成硫酸。硫酸生产中的废水主要来自二氧化硫气体的净化工序。我国硫酸生产大多采用水洗净化工艺，用水净化气体中对催化吸收有害的氟、砷及矿尘等有害物质。该工艺废水排放量大，污染严重。有少数硫酸生产工艺采用"酸洗净化"工艺，即用稀酸代替水进行气体净化。经多次净化循环使用后的稀酸也需进行治理，生产 1t 硫酸排出废水 5～15t。废水中主要污染物为 F^- 20～200mg/L、As 2～120mg/L。由于我国硫铁矿普遍含硫品位低（90％以上均属含硫小于 30％的中、低品位矿），致使硫酸排出的废水含氟、砷等有毒污染物多，难以治理而严重污染环境。表 2-3-14 是我国部分硫酸厂废水水质。

表 2-3-14 我国部分硫酸厂废水水质

厂 名	砷/(mg/L)	氟/(mg/L)	总酸度/(g/L)	厂 名	砷/(mg/L)	氟/(mg/L)	总酸度/(g/L)
南京某厂	3～18	15～78	3～8	四川某化工厂	2～4	～60	6～10
上海某硫酸厂	5～13	10～30	2～5	昆明某厂	0.1～7.0	2.5～4	—
上海某化工厂	2.5～5	60～75	2～3	辽宁某厂	0.1～7.0	2.5～4	—
苏州某硫酸厂	0.5～5	2.5～7.2	1.7～10	株洲某厂	47～138	60～220	2～4
杭州某硫酸厂	1.4	—	3～9	湖南某厂	11～130	24～160	4～5

二、清洁生产

为了减少硫酸废水大量排放带来的严重污染，"八五"以来新建的大、中型硫酸厂及部分老厂技术改造，都相继以"酸洗净化"清洁生产工艺取代"水洗净化"工艺。在"酸洗净化"生产过程中，为确保气体净化指标，要求循环酸中砷、氟杂质含量需控制在一定的范围。"酸洗净化"生产过程中，1t 硫酸产生废酸 30～50L。现将某硫酸厂（20×10⁴t 硫酸/a）采用的酸洗净化闭路循环工艺流程介绍如下。

酸洗流程是用循环的稀硫酸洗涤炉气，这样可大量节约用水，回收炉气中的 SO_3 副产稀硫酸，减少硫酸废水排放。由沸腾炉导出的 800～900℃炉气（含 SO_2 11％～13％、SO_3 0.17％～0.28％）经中压废热锅炉回收热量后进入旋风除尘器和电除尘器，除去矿尘，进入一洗塔，用 25％～30％的稀硫酸循环洗涤，洗涤其中的 SO_3，再进入二洗塔，用 2％～5％的稀硫酸洗涤过程副产物，产品为 30％左右的稀硫酸，排出酸泥。处理的工艺流程如图 2-3-26 所示。

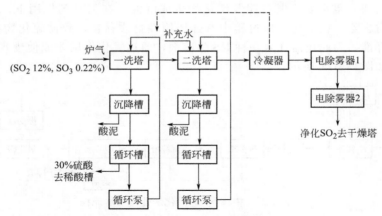

图 2-3-26　封闭酸洗净化回收硫酸工艺流程

主要技术指标：处理量为 8.5t/d（30% 稀硫酸）。

环境效益：SO_2 炉气净化改用酸洗封闭循环，炉气中的 SO_3 被酸吸收，产生的稀硫酸全部回收利用，可回收硫酸（折 100%）462t。废水排放量减至水洗流程的 1/200，生产 1t 硫酸的矿耗下降 10kg，电耗下降 2kW·h。但是酸泥的处理有待解决。

该技术适用于大、中、小型硫酸厂。

三、废水处理与利用

由于我国硫铁矿品位低、杂质多，硫酸生产过程排出的废水不仅含有硫酸、亚硫酸及大量矿尘，而且随原料矿的不同，含有害杂质的组分也各异。现将已有的几种处理方法介绍如下。

1. 中和法

采用电石渣对硫酸废水进行中和处理，废水经处理、澄清过滤后排放。该法主要处理废水中砷、氟及重金属浓度低的废水。如原料矿中杂质含量较高，该法处理后的废水中砷的浓度难以达到排放要求。

2. 石灰-铁盐法

采用石灰乳、硫酸亚铁等絮凝剂处理硫酸废水，处理后砷浓度从 80～160mg/L 下降达到排放标准；氟从 80～200mg/L 降至接近排放标准。但处理后产生的污泥量大，难以处理。

3. 中和-絮凝-氧化法

采用电石渣进行中和，使砷、氟、重金属及硫化物等沉淀，在絮凝剂的作用下，使之与废水中的硫铁矿渣一起去除，再氧化除去硫化物后排放。经处理后，废水中各项有害物质含量都大幅度下降，砷、氟、铅、镉及硫化物均可达到排放标准。

四、废水处理实例

现将某硫酸厂年产 $14×10^4$ t 硫酸生产装置采用的中和-絮凝-氧化法处理硫酸废水介绍如下。

该厂利用保险粉生产中排出的碱性废水 240t（pH 13～14，S^{2-} 2000mg/L 以上，COD 1000mg/L 以上），与硫酸废水（排放量为 2600t/d）进行中和，中和时将 pH 值控制稍高些，就可使 As、F、重金属、电石泥及硫化物生成沉淀，在絮凝剂作用下，使之与废水中的硫铁矿渣同时去除。在上述反应过程中有强还原性物质存在，致使硫化物在中和-絮凝后难以达到排放标准，为此还需加入一种 RS 除硫剂，通过氧化作用才能使废水达标排放。其处理工艺流程如图 2-3-27 所示。

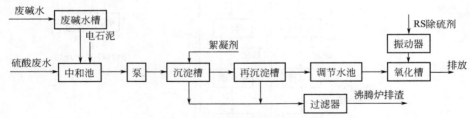

图 2-3-27　中和-絮凝-氧化法处理废水流程

废水在中和池进行中和后，用泵送至沉降槽，同时加入絮凝剂，经搅拌、沉降后，溢流至再沉降槽，由调节水池稳定流出，通过振动器加入 RS 除硫剂，在氧化槽中氧化，除去硫化物后达标排放。

主要技术指标：a. 处理量 $3840m^3/d$；b. 电耗 $0.63kW\cdot h/m^3$。

环境效益：废水经上述方法处理后，硫化物、砷、氟、镉、铅等主要有毒物质均达到国家工业废水排放标准，但 COD 稍差。

该技术适用于有硫酸及保险粉生产的工厂或地区使用，能达到"以废治废"的效果。

RS 除硫剂适用于一般的硫化物废水处理，亦可用于含强还原介质废水中硫化物的处理。

第四节　氯碱工业废水

氯碱工业是基本化学原料工业的重要组成部分，其产品烧碱（氢氧化钠）、氯气及氯产品（含聚氯乙烯、盐酸等）广泛用于造纸、制皂、印染、制革、纺织、医药、染料、有机合成等行业，对国民经济各个部门的发展起着重要的作用。

近年来，随着行业技术进步、环保管理需要和产业政策影响，中国烧碱行业生产工艺变化明显，离子膜法烧碱比例快速增加。截至 2017 年底，中国烧碱产能为 4102 万吨/年，其中离子膜工艺所占的比例已经达到 99.6%，隔膜法产能较 2016 年的 24 万吨/年继续降低至 18.5 万吨/年，占比仅为 0.5%。2018 年仍将会有隔膜碱退出市场，因为无论是工艺能耗、产品质量、产业政策亦或是市场规律，隔膜碱工艺已无法和离子膜法相比拟。

聚氯乙烯（PVC）是烧碱生产氯产品的主要产品。从 2000 年开始，我国的聚氯乙烯产业迅速崛起，我国已成为全球第一的聚氯乙烯生产大国。2007 年，PVC 产能达 1397 万吨，截至 2013 年，PVC 产能增长到 2476 万吨，产能创新高，行业处于快速扩张阶段。2017 年国内 PVC 产能为 2282 万吨。预计未来 PVC 产能将保持稳定，增速基本维持低位，如图 2-3-28 所示。

一、生产工艺与废水来源

（一）产污分析

1. 烧碱生产产污分析

烧碱生产原料为原盐，其生产工艺包括化盐、盐水精制、电解和烧碱蒸发四个部分，烧碱生产各工艺段产污情况如图 2-3-29 所示。

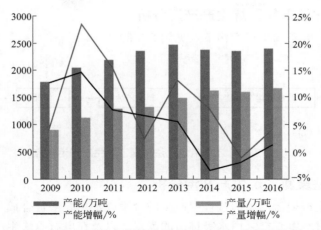

图 2-3-28　2009 年以来我国 PVC 产能、产量及增幅

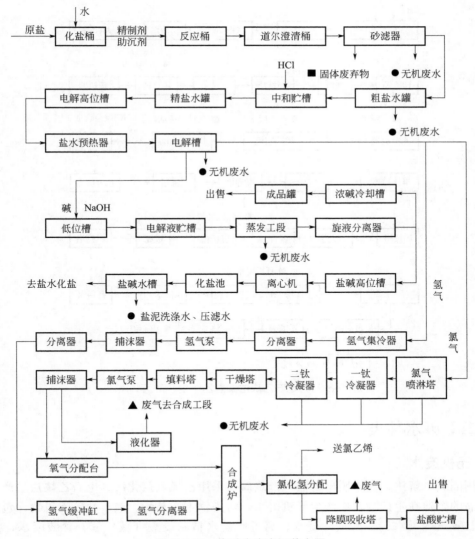

图 2-3-29　烧碱生产产污节点图

2. 乙烯氧氯化法聚氯乙烯生产产污分析

乙烯氧氯化法聚氯乙烯生产产污节点见图 2-3-30。

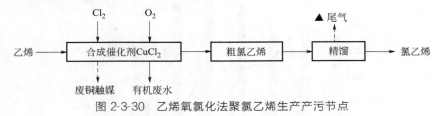

图 2-3-30 乙烯氧氯化法聚氯乙烯生产产污节点

3. 电石乙炔法聚氯乙烯生产产污分析

在电石乙炔法生产聚氯乙烯的过程中产生的含汞废水主要来自合成气水洗塔、配置催化剂和置换废催化剂时水解真空泵用水等排出的废水，以及在电石乙炔生产过程中来自乙炔发生工序排出的电石废水及渣液，生产各工艺段产污情况如图 2-3-31 所示。

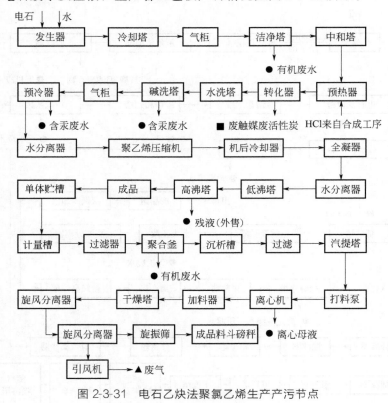

图 2-3-31 电石乙炔法聚氯乙烯生产产污节点

（二）废水种类

1. 无机废水

采用隔膜电解法、离子膜电解法生产烧碱及采用乙烯氧氯化法、电石乙炔法生产聚氯乙烯等产品的企业在生产过程中产生无机废水，污染物主要是酸、碱、盐等无机物，包括机封冷却水、蒸汽冷凝水、二次汽冷凝水、离子膜盐水精制废酸（碱）液、含酸废水、含碱废水、高含盐废水、氯水、设备洗洁水、循环水和排污水等。

2. 有机废水

① 采用乙烯氧氯化法生产聚氯乙烯等产品的企业产生的有机废水，BOD/COD 值小于 0.3，包括氧氯化反应单元产生的酸、碱废水，洗涤废气后的废水，二氯乙烷脱水塔产生的废水，地面污水、清焦水及事故洗涤塔废水等。

② 采用电石乙炔法生产聚氯乙烯等产品的企业产生的有机废水，BOD/COD 值为 0.3～0.4，包括聚氯乙烯聚合离心母液汽提回收后产生的含聚氯乙烯、氯乙烯、聚乙烯醇颗粒的废水及少量冲洗水等。

3. 含汞废水

采用电石乙炔法生产聚氯乙烯等产品的企业产生的含汞废水，汞含量为 0.05～1mg/L，盐分高，主要为汞触媒合成聚氯乙烯净制工序产生的碱性废水。

4. 盐泥洗涤水、压滤水

生产烧碱中，盐泥洗涤和压滤过程产生的废水，污染物主要是酸、碱、盐、溶解固体及悬浮物等。

5. 电石渣废水

采用电石乙炔法生产聚氯乙烯产品的企业在生产过程中产生的电石渣废水，污染物为强碱、悬浮物，同时还含有硫化物等有毒物质，包括生产乙炔工艺中水解电石时产生的废水。

6. PVC 离心母液

采用电石乙炔法生产聚氯乙烯等产品的企业在生产过程中产生的 PVC 离心废水，污染物主要有少量聚氯乙烯粒子、聚合过程加入的助剂和残余反应物等，包括悬浮聚合工艺中聚氯乙烯聚合反应结束后，浆料进入离心单元进行固液分离后排出的废水，离心母液装置冲洗水及在乙炔工段中的冲洗水、洗涤塔废水、中和水、冷凝液、贮槽分离液等。

二、清洁生产

1. 离子膜法制烧碱技术

离子膜法电解制烧碱技术是当今世界各国氯碱工业大力发展的清洁生产技术。该法与隔膜法比较，碱浓度由 12％提高到 30％以上，节省蒸发能耗，平均每吨碱综合能耗可降低约 30％，折合电约为 1000kW·h，且具有产品质量纯度高、无污染等优点。20 世纪 80 年代以来我国引进了离子膜法制烧碱的装置和技术，目前我国已基本具备离子膜法制烧碱出口成套技术的能力，无论从工艺技术上还是从产品质量上均已达到国际先进水平。GL 离子膜电解槽已获国家专利权。

两种制碱法的产品（折合含 NaOH 100％计）能耗比较见表 2-3-15。

表 2-3-15　产品能耗（以 1t 产品计）

项目	离子膜法		隔膜法	
	单耗	折标煤	单耗	折标煤
能耗	2485kW·h	1.0039t	2610kW·h	1.0544t
蒸汽/t	2.6	0.3354	5.5	0.7095
水/t	40	0.0034	60	0.0052
合计/t		1.3427		1.7691

某公司继第 1 期 $10 \times 10^4 t/a$ 离子膜法烧碱投产顺利后，又上马第 2 期 $20 \times 10^4 t/a$ 离子膜法烧碱装置。2009 年 3 月，氯碱线所有设备管道安装完毕，工程转入单机试车、试压和系统吹扫清洗工作。2009 年 6 月 21 日一次投料送电成功，各项工艺参数控制在指标之内。

第 2 期 $20 \times 10^4 t/a$ 离子膜法烧碱装置分为一次盐水、二次盐水、电解、真空脱氯 4 个工序，全部采用 DCS（分布式控制系统，国内自控行业称集散控制系统）控制，自动化程度非常高。表 2-3-16 为电解槽的运行数据。

表 2-3-16 电解槽运行数据

项 目	控制范围	考核结果	取样部位
烧碱日产量/t	600	576.78	
电流密度/(kA/m²)	4.88	4.88	
直流电耗/(kW·h/t)	≤2160	2120	
电流效率/%	≥96	96.13	
淡盐水质量浓度/(g/L)	200~220	211.5	阳极液出口总管
淡盐水中 ClO⁻ 质量浓度/(g/L)	≤3	0.47	阳极液出口总管
淡盐水 pH 值	2.5±0.3	2.7	阳极液出口总管
阳极液进口酸浓度/(mol/L)	<0.15	0.047	阳极液进口总管
阳极液出口酸浓度/(mmol/L)	0.2~0.5	0.25	阳极液出口总管
碱质量分数/%	32.0~32.5	32.125	阴极液出口总管
碱中含盐质量分数/%	<0.004	0.0013	阴极液出口总管
Cl₂ 含量/%	>98.0	99.0	氯气出口总管
H₂ 在 Cl₂ 中的含量/%	≤0.4	0.07	氯气出口总管
O₂ 在 Cl₂ 中的含量/%	<0.5	0.07	氯气出口总管
H₂ 含量/%	>99.8	99.9	氢气出口总管

2. 利用废烧碱液制取液体纯碱

国内某化工厂利用清洗烧碱槽车产生的废碱液（含 NaOH 5~100g/L，NaCl 80~100g/L）吸收来自电石车间的石灰窑气（含 CO_2 30% 以下），生成含量为 10% 的液体碳酸钠，供氯碱车间盐水工段精制盐水用。以废治废，回收利用，不仅杜绝了废碱液对环境的污染，减少 CO_2 气体的排放，而且有效地解决了该厂对纯碱（碳酸钠）的急需，节约了生产上需用的纯碱。其工艺流程如图 2-3-32 所示。

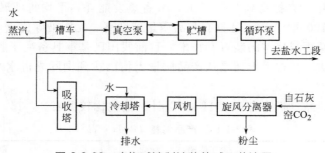

图 2-3-32 废烧碱液制液体纯碱工艺流程

主要技术指标：a. 处理量 4500t/a；b. 耗电（以每吨废碱液计）0.125kW·h。

环境效益：回收烧碱 300~400t/a，食盐 500~700t/a，每年少排放废碱液 4000t 左右，少排空 CO_2 $5.2 \times 10^7 m^3$，减少了对环境的污染。

该技术适用于烧碱工厂废碱液的回收。

3. 盐酸生产闭路循环工艺

某化工厂采用闭路循环工艺技术用于盐酸生产。原工艺是将喷射泵下吸收氯化氢尾气后的酸性废水直接排放，造成耗水量大，酸性废水污染严重。现采用闭路循环工艺，将吸收氯化氢尾气后的喷射下水（酸性废水）集中在酸性槽中，用循环泵使其大部分作为喷射泵水循环用，小部分作为二级降膜吸收用水，其补充水量与用作吸收的水量相当，从而保持了工艺用水的平衡。氯化氢和水都在闭路系统内循环，无有毒有害物质排入环境。其处理工艺流程如图2-3-33所示。

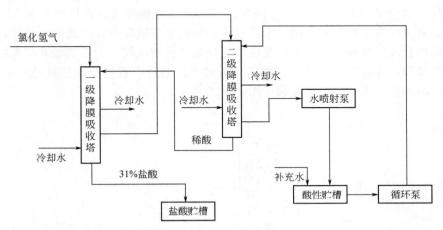

图 2-3-33　盐酸生产闭路循环工艺流程

主要技术指标：a. 处理量为 19.8×10^4 t 酸性废水/a；b. 消耗（以 1t 浓度 31% 盐酸计），氯耗 301.5kg（比原工艺降低 13.5kg），氢耗 8.9kg（比原工艺降低 1.1kg）；c. 喷射泵用水量 0.69t。

环境效益：按 50t/d 浓度 31% 盐酸计，采用此工艺可减少酸性废水排放 19.8×10^4 t/a，同时还可利用合成炉反应热生产热水，节约蒸汽 3767t/a。

该技术适用于降膜吸收法生产盐酸。

4. 聚氯乙烯浆料汽提回收氯乙烯

某化工厂在悬浮法生产聚氯乙烯过程中，有部分氯乙烯未进行反应，经初步回收后尚有 10% 左右的氯乙烯吸附在聚氯乙烯树脂上或溶解在聚氯乙烯浆料中。采用穿流式无溢流管大孔径筛板塔进行真空汽提，聚氯乙烯浆料和蒸汽在塔内进行逆流流动。氯乙烯挥发点低，在真空条件下，可在几分钟内从料浆中分离出来，经冷凝分离后，再回用于生产中。浆料经汽提后，氯乙烯含量由 10000mg/L 降至 30mg/L，同时聚氯乙烯制品中残留的氯乙烯也由 300～1000mg/L 降至 0.2～0.6mg/L。其处理工艺流程如图 2-3-34 所示。

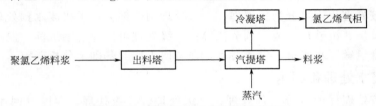

图 2-3-34　聚氯乙烯料浆汽提工艺流程

主要技术指标：a. 处理量 1.2t/d 氯乙烯；b. 消耗（以 1t PVC 计），消泡剂 0.2kg，蒸汽 7t，工业水 0.4t，电 5.7kW·h。

经济效益和环境效益：经处理后，聚氯乙烯加工作业环境中氯乙烯浓度由 $600\sim$ 1490mg/m^3 降至 $5.4\sim28\text{mg/m}^3$，远低于卫生标准。产品残留氯乙烯 $0.2\sim0.6\text{mg/L}$，回收氯乙烯 650t/a。

该技术适用于聚氯乙烯生产厂。

5. 聚氯乙烯生产闭路循环水洗回收盐酸

某电化厂采用闭路循环水洗回收盐酸技术。在该厂电石乙炔法生产聚氯乙烯过程中，为使乙炔气转化安全，要求氯化氢过量 $4\%\sim6\%$，转化后的合成气在进入下一工序前，需采用水吸收除去多余的氯化氢，生成含 HCl $2\%\sim4\%$ 的废盐酸液，直接排入地沟。为了解决这一问题，防止污染，该厂采用闭路水洗技术把稀废盐酸液收集在贮槽中，用酸泵打入洗涤塔，与逆流的合成气接触，气体中未反应的氯化氢被稀酸吸收。为降低温度，吸收液从塔底流入石墨冷却器，冷却后的酸液送回贮槽，通过多次循环，直到盐酸浓度达到 $22\%\sim24\%$ 作为工艺用酸出售。其处理工艺流程如图 2-3-35 所示。

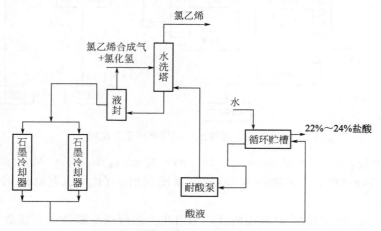

图 2-3-35　聚氯乙烯闭路水洗回收盐酸流程

主要技术指标：处理量为 6000t/a 聚氯乙烯的合成气。

环境效益：解决了盐酸的排放污染，回收工业用盐酸 600t/a。由于用水量降低 80%，因此，由排放带走的氯乙烯单体大大减少，降低了物料损失和对大气的污染。

该技术适用于乙炔法生产聚氯乙烯生产中盐酸的回收。

三、废水处理和利用

1. 无机废水处理和利用

无机废水按处理程度可分为预处理、一级处理两个部分，无机废水预处理单元主要包括格栅渠、提升泵房、沉砂预沉池、调节池等；一级处理可选择混凝沉淀、混凝气浮等工艺处理单元，并结合氯碱废水水量、水质特点，在调研工作的基础上分析确定。

2. 有机废水处理和利用

有机废水按处理程度可分为预处理、一级处理、二级处理、深度（回用）处理四个部分。有机废水预处理单元主要包括格栅渠、提升泵房、沉砂预沉池、调节池等；一级处理可选择混凝沉淀、混凝气浮等工艺处理单元；二级处理是以生化为主体的处理工艺，包括厌氧和好氧生物处理两部分，目前氯碱有机废水采用厌氧生化处理＋好氧生化处理工艺较多；废水深度处理可采用混凝沉淀（或气浮）、过滤等工艺。

3. 含汞废水处理和利用

含汞废水处理系统设调节池，处理方式宜为间歇式，减少水质波动。含汞废水根据汞的含量，一般采用几种工艺灵活组合方式处理：a. 汞转型器＋分离组合工艺；b. 锯末过滤器＋活性炭过滤器＋树脂吸附组合工艺。

无机废水、有机废水和含汞废水处理和利用工艺流程如图 2-3-36 所示。

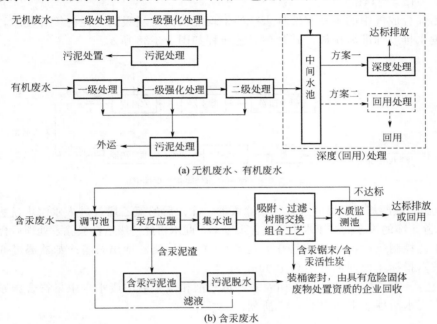

(a) 无机废水、有机废水

(b) 含汞废水

图 2-3-36　无机废水、有机废水和含汞废水处理工艺路线

4. 活性氯废水、氯乙烯废水和含镍废水处理和利用

活性氯废水、氯乙烯废水和含镍废水处理和利用工艺流程如图 2-3-37 所示。

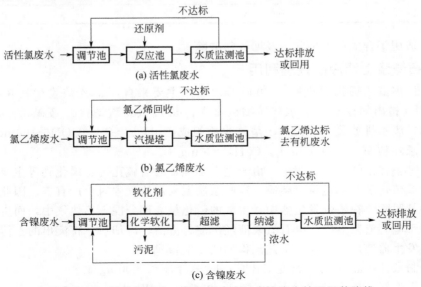

(a) 活性氯废水

(b) 氯乙烯废水

(c) 含镍废水

图 2-3-37　活性氯废水、氯乙烯废水和含镍废水处理工艺路线

四、废水处理实例

1. 活性炭吸附法处理氯乙烯合成气水洗含汞废水

某化工厂聚氯乙烯设计规模为 6000t/a。废水主要来自清除氯乙烯合成气中的氯化氢。由水洗塔排出的含汞废水排放量为 240～300t/d，废水水质为：pH 1～3，COD 300～1000mg/L，Hg 4～14mg/L。

在氯乙烯合成气中的汞及水洗排水中的汞均能被活性炭吸附，经两级处理后，废水含汞达到工业废水排放标准后排放，其处理工艺流程如图 2-3-38 所示。

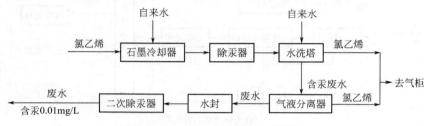

图 2-3-38　含汞废水处理工艺流程

合成气经石墨冷却器降温后进入气相除汞器，除汞后的氯乙烯气进入水洗塔洗去过量氯化氢，其中未除干净的汞亦混溶于水中变成含汞废水，此水再经一级活性炭除汞处理后合格排放。

主要工艺控制条件：a. 合成转化温度＜180℃；b. 氯乙烯出石墨冷却器温度 60℃。

主要技术指标：处理水量 240～300m³/d。

环境效益：氯乙烯合成气经气相除汞，再经液相除汞后的废水含汞量符合国家工业废水排放标准。废水治理效果如表 2-3-17 所列。

表 2-3-17　废水治理效果

项　　目		废水含汞浓度/(mg/L)	合格率/%
处理前		4～14	0
处理后	一级除汞	0.02～0.14	平均 75 左右
	二级除汞	0.012	100

该技术适用于合成氯乙烯除汞及回收盐酸除汞。

2. 电石渣浆上清液的处理利用

某化工厂聚氯乙烯设计规模为 6000t/a。废水主要来自：a. 乙炔发生器排出的电石渣浆；b. 冷却塔排出的废水；c. 水环压缩机排水；d. 废次氯酸钠；e. 废碱液；f. 冲洗地面及地沟废水。废水排放量 600t/d。上清液水质组成：pH 13～14，COD＞100mg/L，S^{2-}＞150mg/L，悬浮物 500～2000mg/L，C_2H_2＞30mg/L。

处理工艺：在乙炔生产过程中，由于电石不纯，含有硫化钙、磷化钙等主要杂质，产生乙炔时，生成硫化氢、磷化氢等杂质，这些杂质混入乙炔气中对生产有害，因此必须用次氯酸钠溶液将其脱除。在乙炔发生器中，生成的磷化氢大部分混入乙炔气中，而生成的硫化氢则立即溶解于电石渣浆液中。电石渣浆液经沉淀、澄清、冷却后，将流出的上清液收集，然后送回乙炔发生器使用。其处理工艺流程如图 2-3-39 所示。

工艺控制条件：a. 上清液温度＜40℃；b. 悬浮物＜2000mg/L。

主要技术指标：a. 回收水量 300t/d；b. 电耗 0.6kW·h/m³。

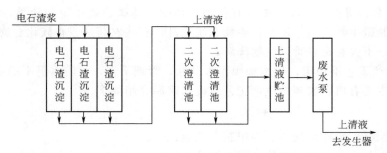

图 2-3-39　电石渣浆上清液处理工艺流程

环境效益：每日回收上清液 300 多吨，用于发生乙炔气，减少了电石渣浆与上清液对环境的污染。

该技术适用于湿法发生乙炔所产生的电石渣浆上清液的处理。

第五节　有机磷农药废水

新中国成立以来，中国农药工业经过艰苦拼搏，开拓进取，取得了辉煌成就。目前，我国已成为世界最大的农药生产国，不仅能生产 600 多个原药品种，1000 多种制剂，且环境友好型农药成为主流。国家统计局数据显示，2018 年我国农药产量 208.3 万吨，农药行业主营业务收入为 2324 亿元，利润 227 亿元，农药原药出口交货值 470.92 亿元。

改革开放 40 年来，我国不断推动农药产品结构调整，高毒、高残留农药产量占农药总产量的比例已经从 70％以上降至 3％以下。三大类农药比例更趋合理，从改革开放初期的杀虫剂占 70％，调整到杀虫、杀菌和除草剂所占比例分别为 31.2％、8.8％和 60％，高效、安全、环境友好型新品种、新制剂所占比例也明显提升，环境友好型制剂逐渐成为主导剂型。

一、生产工艺和废水来源

有机磷农药生产工艺一般是将化工原料经一步或两步合成反应，再经分离精制，水洗涤去除反应副产物而制得成品。农药生产废水主要来自合成反应生成水、产品精制洗涤水以及设备和车间地面冲洗水等。

农药废水排放量及组成随生产规模和工艺控制条件而不同。主要有机磷农药废水排放量及组成见表 2-3-18。

表 2-3-18　主要有机磷农药废水排放量及组成

产品及废水名称	吨产品排放量/t	废水组成/(mg/L)		
		COD	总有机磷	其他污染物
敌百虫合成废水	27.8	25000～230000		
敌敌畏合成废水	4～5	40000～50000	4000～5000	NaCl 50000,敌百虫 10000
乐果母液洗涤水	3	1174	5.5	甲醇 1377
硫磷酯废水	1.6	1390	44	NH$_4$Cl 16.67％,粗酯 5.93％
马拉硫磷酯化及合成洗涤水	3～4	5000～95000	15000～50000	甲醇、乙醇等

这些废水的特点是：

① 吨产品的废水排放量不算大，一般每吨产品产生废水 3～24t，但有毒物浓度高，COD 浓度一般为 5000～80000mg/L，有的高达十几万毫克/升；

② 组成复杂、毒性大，废水中含有各种农药中间体磷、硫化物和盐类，有些农药有杀菌作用，能抑制微生物代谢作用，使生物系统紊乱，有些农药是芳香族化合物和卤代芳烃有机磷、硫化物，不仅有毒且难以生物降解；

③ 由于生产工艺不稳定，技术和操作水平低，管理不善，水质水量不稳定。

对于几种主要有机磷农药的生产工艺及废水来源介绍如下。

1. 乐果

乐果合成原料：硫代磷酸酯、一甲胺和三氯乙烯。

乐果合成工艺：氯乙酰甲胺法、后胺解法。

废水来源：主要来自硫化物工序的洗锅水、洗涤水、氯乙酸甲酯废水和合成废水及冲洗设备水。

2. 氧乐果

氧乐果合成工艺：异氰酸酯法、先胺解法、后胺解法。

废水来源：主要包括铵盐制备产生的废水，粗、精酯制备产生的废水以及洗罐、冲洗地面水、制备氧乐果排出的废水，回收氯仿的冷凝水。

3. 马拉硫磷

马拉硫磷合成原料：五硫化二磷、对苯二酚、丁烯、二酸二乙酯。

马拉硫磷合成工艺：酯化合成法。

废水来源：主要为酯化反应碳酸钠中和后产生的废水、成品碱水水洗产生的废水及整个工艺过程中的冷凝水、车间冲洗地面水、冲洗反应罐废水。

4. 敌敌畏

敌敌畏合成原料：亚磷酸三甲酯、三氯乙醛。

敌敌畏合成工艺：亚磷酸三甲酯法（直接法）、敌百虫水解法。

废水来源：主要为三甲酯工序废水、生产敌敌畏工序废水、洗罐和冲洗地面水。

5. 敌百虫

敌百虫合成原料：三氯化磷、甲醇、三氯乙醛。

敌百虫合成工艺：二步法、一步法。

废水来源：反应回流时的冷凝水、回收甲醇和其他低沸物的回流水、水吸收部分尾气洗涤后的吸收水。

二、清洁生产

1. 氧乐果生产新工艺

氧乐果是一种杀虫谱广、内吸性强、杀虫活性高、抗性小的农药。由于缺乏有效的中间控制方法和手段，产品收率不高成为氧乐果生产中的主要问题。在生产中，其总收率在40％以上、有经济效益的仅占1/3；总收率在35％～40％的约占1/2；总收率在35％以下，不能正常生产的约占1/6；有很多企业因收率低而亏本停产。为改变氧乐果生产工艺落后、产品收率低、质量差、污染严重的状况，国内某公司利用现代分析手段和独创的动态研究方法，对氧乐果的生产过程及本质进行了深入细致的研究，对某企业的生产工艺、设备、分析检测、回收利用、自动控制等进行了全面的优化和改进，并研制了高新催化剂，开发了氧乐果生产新工艺。

该新工艺具有显著提高质量、降低消耗的作用，将氧乐果总收率提高到60%左右，原油含量由68%左右提高到80%左右，并且大幅度降低了生产成本，使四种主要原料消耗降低1000kg/t（折合100%原油）以上。同时废水中的COD和总磷也分别降低1/4和1/2以上，大大减少了废弃物的排放，降低了三废处理费用。

该新工艺投资少、见效快，目前已被全国多家氧乐果生产企业采用，创造了近亿元的新增经济效益。

该技术适用于氧乐果生产厂技术改造。

2. 乐果中间体硫磷酯生产废水的回用

某农药厂对乐果生产的中间体硫磷酯生产废水采用沉淀-蒸发-结晶法进行回收利用。其工艺流程如图2-3-40所示。

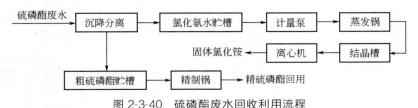

图 2-3-40 硫磷酯废水回收利用流程

硫磷酯生产废水主要包括粗硫磷酯水洗分离排出的废水和精硫磷酯水洗分离排出的废水。利用废水中所含物质的浓度和水溶性上的差异，采用沉降分层法分离出废水中的粗硫磷酯，经精制再回用。上层水相经减压蒸发、浓缩，结晶出固体氯化铵作肥料。

主要技术指标：a. 处理量为558t粗硫磷脂/a；b. 电耗0.7kW·h/m³。

环境效益：乐果中间体硫磷酯废水经上述工艺回收处理后，不仅避免了直接排放带来的污染，每年还可以从废水中回收粗硫磷761t，固体氯化铵肥料500t，液体氯化铵2000t。

该技术适用于乐果硫磷酯废水及同类产品废水的回收利用。

3. 乐果原油生产废水的回收利用

某农药厂采用萃取-蒸馏法处理乐果原油生产废水加以回收利用。其处理工艺流程如图2-3-41所示。

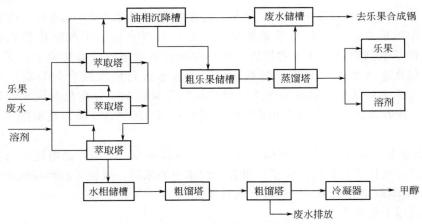

图 2-3-41 乐果废水处理工艺流程

生产乐果原油的过程中，由乐果合成锅分离出的母液以及离心分离时的洗涤水含乐果2.5%左右。利用乐果原油水溶性小、密度大、易溶于有机溶剂等特性，采用三氯乙烯为萃取剂串级萃取回收废水中 60％以上的粗乐果，回收的粗乐果进行分馏，得到乐果原油和三氯乙烯溶剂，余水送乐果合成套用。萃取粗乐果后的废水进行蒸馏，冷凝回收甲醇后排放。

主要技术指标：a. 处理量 6000t/a 废水（20t/a 乐果原油）；b. 甲醇回收率≥60％，甲醇纯度≥95％；c. 乐果回收率≥57.5％，含量≥70％；d. 电耗 2.6kW·h/m³。

环境效益：经上述处理后，废水中有用物质得到回收利用。每年回收粗乐果 240t，甲醇 150t，提高乐果收率 1.5％左右。但废水中尚有一定量的一甲胺未回收。

该技术适用于乐果生产厂。

4. 从乐果合成废水中回收乐果

由某研究所研究开发的从乐果合成废水中回收乐果的技术，其处理工艺流程如图 2-3-42 所示。

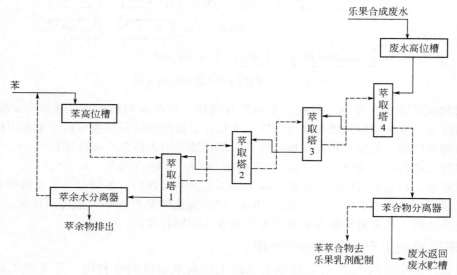

图 2-3-42　萃取回收乐果工艺流程

每生产 1t 乐果原油要排出 0.75t 废水，废水中含乐果 2.0％～2.5％。选择苯为萃取剂萃取废水中的乐果，得到含有乐果的苯萃合物，可以直接用于配制乐果乳剂，此法较用三氯乙烯作萃取剂简单，并节省投资。采用中分式萃取塔四塔对流萃取，苯先进入第 1 萃取塔，并依次进入 2、3、4 塔，与对流而下的废水进行四次混合与分离，完成萃取过程。之后携带乐果的苯萃合物在分出水后用以配制乐果乳剂。分离出的废水返回到废水储槽，重新进入回收系统。萃取后水相乐果的含量降至 0.2％左右，作为废水排放（或进行废水处理）。

主要技术指标：a. 处理量为 1920t 废水/a，38.4t 乐果/a；b. 吨产品电耗 67.13kW·h。

环境效益：此技术有效地回收了乐果合成废水中的乐果，减轻了对环境的污染，回收乐果 38.4t/a。但萃取塔转动部件易损坏，较难维修。

该技术适用于乐果生产厂。

5. 甲胺磷生产废水回收甲醇

某农药厂采用蒸馏-冷凝法回收甲胺磷生产废水中的甲醇，其处理工艺流程如图 2-3-43 所示。

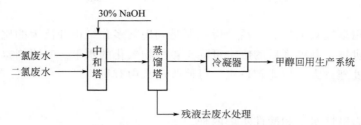

图 2-3-43 甲胺磷生产废水回收甲醇工艺流程

甲胺磷生产中，合成一氯化物和二氯化物中间体时，产生含甲醇废水，经加碱调 pH 值后进蒸馏塔蒸馏，甲醇从气相挥发出来，经冷凝则得甲醇，可回用于生产。残液去废水处理装置。

主要技术指标：处理量为 4.2×10^4 t 废水/a。

环境效益：减少对水环境的污染，回收甲醇 1.04×10^4 t/a，降低生产成本和原料消耗。

6. 利用三唑磷和水胺硫磷生产废液制水杨酸

某农药厂利用两种生产废液制成水杨酸。

农药三唑磷生产的环合工序反应后有过量的甲酸和硫酸，经一次性工艺回收后排出含甲酸和硫酸的废母液。水胺硫磷车间水杨酸异丙酯经碱洗回收精酯后，洗液中含水杨酸钠。利用上述两种废液反应制成水杨酸，经离心、干燥制得成品。离心后的母液中还含有少量酸，用回收甲醇后的蒸馏残液（含碱性）中和后，清液排放，固体废物回收。处理的工艺流程如图 2-3-44 所示。

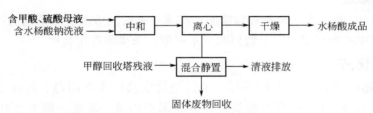

图 2-3-44 利用三唑磷和水胺硫磷生产废水制水杨酸流程

主要技术指标：a. 处理量为 739t/a 废母液（200t/a 水杨酸）；b. 消耗（以每吨产品计），电 1060kW·h，水 30t。

环境效益：两种废液经利用后，可减少排放甲酸 47.8t/a，硫酸 63t/a。

该技术适用于同类产品的废液回收利用。

三、废水处理和利用

有机磷农药废水组成复杂，排放量较大，污染物浓度高，废水治理难度大。目前国内除了大多采用清洁生产和资源综合利用技术，改革工艺和回收利用其"三废"资源外，一般采用生化法处理。现已有多座生化处理装置在运行，采用的工艺有活性污泥法、表面加速曝气法、鼓风曝气、接触氧化等。因有机磷农药废水含有毒物浓度高，且含有一定量的难以生物降解的物质，因此，还必须有适当的预处理技术，以有效提高生化处理的效果。

（一）有机磷农药废水的预处理技术

常见的有机磷农药废水预处理方法如下。

1. 吸附法

吸附剂可采用活性炭或树脂。活性炭主要是利用其多孔结构和巨大的比表面吸附有机磷农药废水中的有机物，其处理后的废水可降至被生物氧化的水平。吸附剂也可采用树脂，其特点是效果好、处理量大、性能较稳定，可回收废水中有机物。

2. 水解法

水解法可分为碱性水解和酸性水解两种。

（1）碱性水解

有机磷农药在大多数情况下可发生水解反应，在水解过程中，P—O（S）键或（S）O—X键破裂，生成无毒或低毒的产物，水解速率很大程度上取决于 pH 值的高低。常用的碱是 NaOH 或石灰乳。如采用石灰乳时，废水 pH 值维持在 11 左右，常温常压下搅拌 6h，水解后 COD 去除 50%左右，有机磷去除 80%以上，但该法会产生较大的臭味。

（2）酸性水解-沉磷法

在酸性条件下，使废水中硫代磷酸酯水解成二烷基磷酸，再进一步水解成正磷酸和硫化氢，之后在碱性条件下从水中逸出的硫化氢与石灰乳中和，生成硫氢酸钙，正磷酸与石灰乳中和生成磷酸钙。

利用该法后加萃取处理甲基对硫磷废水，pH 值为 4，酸性水解，然后碱性条件下沉磷，之后用 N503-煤油萃取回收废水中的对硝基酚钠，废水经处理后 COD 可去除 30%～35%，有机磷去除 45%～55%，酚去除 95%以上。

3. 溶剂萃取法

用 N503、7301 树脂等萃取剂处理磷胺中间体亚磷酸三甲酯、除草剂二甲四氯含酚废水及乐果洗涤废水中的粗乐果，可有效回收废水中酚、乐果等有用物质。

4. 湿式氧化法

废水 COD 超过 50000mg/L 时采用，该法是将农药废水在高温、高压条件下，不断通入空气（或氧气），使有毒的有机物氧化分解为无毒物质。温度一般为 230～240℃，压力 6.5～7.5MPa，反应时间 1h，COD 去除 50%左右，有机磷去除 90%以上，有机硫去除 80%以上。目前湿式氧化法正向湿式催化氧化方向发展。湿式氧化后，废水可生化性显著提高，如处理甲基对硫磷、杀螟松中间体等废水，BOD/COD 值由 0.18～0.23 提高到 0.65～0.70。

（二）生物法处理有机磷农药废水

1. 活性污泥法

有机磷废水经大量水稀释或预处理后可进行生化处理，在微生物作用下可使农药废水中有机物分解转化成无毒的 CO_2、H_2SO_4、H_3PO_4 以及微生物生长的基质和能量。目前常用的方法是活性污泥法。

一般控制进水 COD 为 1000～1500mg/L，有机磷 40～120mg/L，生化出水 COD 为 100～250mg/L，有机磷低于 30mg/L，BOD 平均去除率为 90%，酚去除率 99%。由于生化降解后的最终产物呈酸性，pH 值下降，故常需在生化处理前将废水 pH 值调至 9～11。预处理后的废水经调节送入生物处理构筑物，生物处理的出水排放天然水体或经深度处理后回用。虽然采用了预处理方法，但进水仍需大量水稀释，所以处理装置庞大、负荷低、投资和运行费较高。因此研究高效、低能耗的生物处理技术越来越受到重视。

2. 其他生物处理方法

① 生物滤池　国外生物滤池已广泛应用于农药废水处理，我国某农药厂利用塔式生物滤池与表曝相结合处理 1605 喹硫磷、稻瘟净等农药废水，COD 去除率达 85％。

② 深井曝气法　是活性污泥法的改进，其特点是氧传递速率高，氧利用率达 90％，污泥产率低，抗冲击负荷能力强，占地少，能耗低；但管道易腐蚀，维修管理不便，施工费用较高。

③ SBR 活性污泥法　用 SBR 法处理乐果生产废水，进水 COD 在 3000mg/L 左右，BOD 为 1600mg/L，有机磷为 114mg/L；出水 COD≤220mg/L，BOD≤6mg/L，有机磷≤10mg/L。

④ 生物活性炭　用生物活性炭法处理乐果、敌敌畏混合废水，进水 COD 为 2000～2500mg/L 时，出水 COD 为 100～200mg/L。

四、废水处理实例

1. 从甲胺磷胺化废水中回收精胺

甲胺磷是农药的主要品种之一，胺化废水主要含胺化物（O,O-二甲基硫逐磷酰胺）2％～4％，NH_4Cl 8％～9％，游离氨 2％～4％。污染物浓度高、毒性大。采用三步处理方法，即先回收废水中的胺化物，再回收氯化铵，并去除有机物，剩余的废水再进行生化处理。胺化废水和选定的萃取剂（二氯乙烷）在萃取塔中经反复多次的混合与分离过程，废水中胺化物进入萃取剂相，萃余液排入下一工序。萃取液经脱溶后得到精胺，萃取剂回收胺化物后的萃取液中含有 25％左右的氯化铵，还有 20％左右游离氨和具有还原性物质的有机物。用氯化氢废气中和游离氨使之生成 NH_4Cl，再蒸发结晶，分离出固体 NH_4Cl。废气经无害化处理后排放，冷凝液进行生化处理后排放。处理的工艺流程如图 2-3-45 所示。

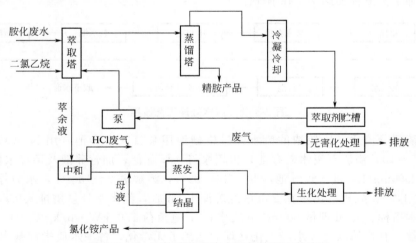

图 2-3-45　甲胺磷胺化废水回收处理工艺流程

主要技术指标（指回收胺化物试生产）见表 2-3-19。

表 2-3-19　回收胺化物主要技术指标

项目	指标
处理量	2000t 胺化废水/a，40t 精胺化物/a
废水中胺化物回收率	＞90％
萃余液中胺化物	＜0.2％

续表

项目		指标
消耗(以1t精胺计)	胺化废水	45t
	萃取剂蒸气	90kg
	蒸汽	5t
	电	670kW·h

经济效益和环境效益：从胺化废水中回收的精胺能满足甲胺磷生产的质量要求，回收成本远低于企业的生产成本。经回收胺化物后，废水中有机磷浓度降低5.0g/L，COD降低40g/L，基本解决了直接排放胺化废水带来的污染。整套装置可处理胺化废水7500t/a，可减少排放有机磷37.5t/a、COD 300t/a。废水中尚须排放二氯乙烷5t/a。

该技术适用于甲胺磷生产废水回用。

2. 活性污泥法处理有机磷农药废水

某农药厂建有设计规模为2400t/a（100%原油）的对硫磷和设计规模为2000t/a（80%原油）的甲拌磷生产装置，废水主要来源如下。

① 在对硫磷生产中，中间体二氯化物水洗水和一氯化物水洗水经过回收酒精后产生的一部分废水，以及对硫磷合成水洗产生的一部分废水，还有一部分为冲洗地面水。

② 在生产甲拌磷过程中，产生乙硫醇中间体时有一部分废水排出，以及合成甲拌磷原油时产生一部分废水。

废水组成：生产对硫磷、甲拌磷所产生的废水与厂内其他有机磷农药废水混合。

废水水质：pH为7~8，COD为8000~12000mg/L。

废水排放量：对硫磷（1605）为193t/d；甲拌磷（3911）为288t/d。

废水处理工艺流程如图2-3-46所示。

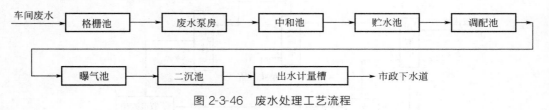

图2-3-46 废水处理工艺流程

废水经清污分流后，比较浓的废水经过格栅池用泵打入中和池（用Na_2CO_3水溶液调节pH值为9~10）溢流至废水贮存池，再用泵打入调配池，加营养液及稀释水使废水COD调至2000~2500mg/L，进入曝气池，温度18~35℃，溶解氧2~4mg/L，水力停留时间9~12h，回流比1:3，处理后出水在二沉池经沉淀1.5h后，经出水计量槽排入市政下水道。

主要技术指标：a. 处理量800m³/d废水；b. 电负荷1.06kW·h/kg COD。

环境效益：有机磷农药废水经生化处理后达到了无毒化，各项水质指标基本达到了地方排放标准。

该技术适用于有机磷农药废水治理。

3. 酸解-沉磷-萃取-生化法处理甲基1605合成废水

某化工厂建有50%甲基1605（甲基对硫磷）乳油、设计规模为5000t/a的生产装置。废水主要来自：a. 正常开车中水洗锅和过滤器排出的含酚废水；b. 打浆场地冲洗的废水；c. 开、停车或事故产生的高浓度含酚废水。

废水排放量：45~50t/d。

废水组成为：a. pH 值 7～8；b. 有机磷 2000～2500mg/L；c. COD 30000～50000mg/L；d. 对硝基酚钠 2000～3000mg/L。

处理工艺流程如图 2-3-47 所示。

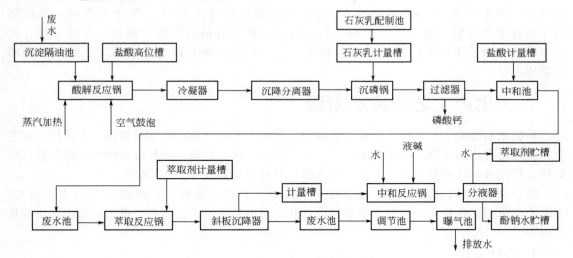

图 2-3-47 甲基 1605 合成废水处理工艺流程

废水经酸解破坏有机磷内 S＝P 双键，使部分有机磷成为无机酸（PO_4^{3-}），并与引入的 Ca^{2+} 生成难溶于水的磷酸钙沉淀。

废水中的对硝基酚与萃取剂充分混合，由于萃取剂对"对酚"的溶解度大，经静置分离后，有机相与适量的碱中和，使原来溶解于萃取剂中的对硝基酚钠分离出来，得到对硝基酚钠水溶液，从而使萃取剂再生回用。

废水经萃取后，对硝基酚钠被回收利用。废水再经稀释后，用表面加速曝气池进行二级处理，废水达到排放标准后排放。

主要技术指标：a. 处理量 45m³/d（浓）；b. 电耗 2.16kW·h/m³。

环境效益：废水经上述方法处理后能分解有毒物，化害为利，综合利用不产生二次污染。沉磷后副产的磷酸钙可作为化肥使用，肥效与其他磷肥相近，无二次污染。出水水质达到国家工业废水排放标准。

该技术适用于甲基 1605 合成废水及其他类似的生产废水的治理。

第六节 染料工业废水

染料工业包括染料（含有机颜料）、纺织染整助剂和中间体生产。主要染料种类有分散染料、还原染料、直接染料、活性染料及阳离子染料等。2016 年，我国染料产量达 92.8×10⁴t，表观消费量达 69.7×10⁴t，产量在全球占比约 70%，是染料生产和消费第一大国。近年来，出口量远大于进口量。染料市场分析指出，2017 年，分散染料总出口量 105306.91t，同比增长 16%，分散染料进口量 1925.15t，同比下降 7%；活性染料总出口量 36396.61t，同比下降 5%，活性染料进口量 13006.30t，同比增长 14%。

染料行业产品种类繁多，工艺复杂，生产步骤多、收率较低，大部分原料、中间体及副产物都以"三废"形式排出，在染料生产中有 60% 的无机原料和 10%～30% 的有机原料转移到废水之中。

染料行业中对环境污染严重的是工业废水，据 2008 年全国污染物普查统计，染料行业废水约占全国废水排放总量的 2.0%。染料废水中含有大量的卤代物、硝基物、氨基物、苯胺及酚类等有毒物质，有些物质又是难以生物降解的；还有氯化物、硫化物、硫酸钠等无机盐类；COD 一般在 3000～10000mg/L，有的高达数万毫克/升。废水颜色深，色度达到千倍甚至数万倍。染料废水的特点是色度高、有毒有机污染物含量高、含盐量高、废水中有许多物质不可生物降解或对生物产生明显抑制作用，这也是染料废水难以治理的主要原因。

一、生产工艺和废水来源

根据染料合成工艺，废水中存在的特征污染物主要有：染料及其异构体、中间体。这些化合物均属有毒污染物，其中许多是"三致"类化合物。目前，染料废水中的大部分特征污染物，均没有相应的分析测定方法，常规的检测只能对其进行 COD 测定。

由于分散染料、活性染料、硫化染料和还原染料共占染料总产量的 90% 以上，因此，下面主要根据这几种类型染料来介绍染料及其中间体的生产工艺流程、排污点和废水排放量等内容。

1. 分散染料

分散染料主要品种包括：分散蓝 2BLN、大红 S-R、红玉 S-2GFL、深蓝 HGL、黄棕 S-2RFL、黑 S-2BL、黑 S-3BL。以分散蓝 2BLN 为例，其生产工艺流程及排污节点如图 2-3-48 所示，废水中主要污染物为二磺酸钠盐和苯酚。

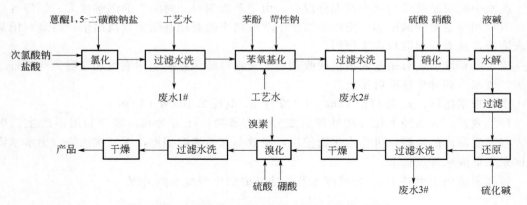

图 2-3-48　分散蓝 2BLN 生产工艺流程及排污节点

2. 活性染料

活性染料主要产品有活性艳橙 X-GN、艳红 X-3B、艳橙 K-GN、艳蓝 KN-R 等。下面分别以艳橙 K-GN 和活性艳橙 X-GN 为例，说明活性燃料的生产工艺流程及排污节点情况。

① 艳橙 K-GN 活性染料的生产工艺流程及排污节点如图 2-3-49 所示，废水中主要污染物有：苯胺-2,5-双磺酸、三聚氯氰、J 酸、间氨基苯磺酸、氯化钠、碳酸钠等。

② 活性艳橙 X-GN 染料的生产工艺流程及排污节点如图 2-3-50 所示，废水中主要污染物为 J 酸、三聚氯氰、亚硝酸钠、染料及异构体。

3. 硫化染料

硫化染料主要品种为硫化黑。下面分别以硫化黑 2BRN 和硫化蓝 3R 为例，说明硫化燃料的生产工艺流程及排污节点情况。

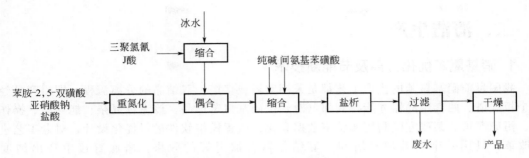

图 2-3-49 艳橙 K-GN 生产工艺流程及排污节点

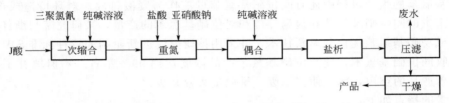

图 2-3-50 活性艳橙 X-GN 生产工艺流程及排污节点

① 硫化黑 2BRN 染料的生产工艺流程及排污节点如图 2-3-51 所示，废水中主要污染物为对硝基苯酚、二硝基氯苯。

图 2-3-51 硫化黑 2BRN 生产工艺流程及排污节点

② 硫化蓝 3R 染料的生产工艺流程及排污节点如图 2-3-52 所示，废水中主要污染物为对硝基苯酚、二硝基氯苯。

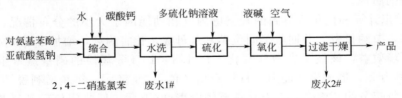

图 2-3-52 硫化蓝 3R 生产工艺流程及排污节点

4. 还原染料

下面以还原黄 7GK 染料为例，说明还原燃料的生产工艺流程及排污节点情况，废水中主要污染物为甲醛、氨氮、间硝基苯磺酸、硝基苯、吡啶及少量重金属，如图 2-3-53 所示。

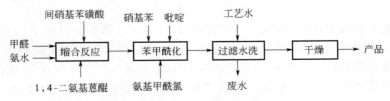

图 2-3-53 还原黄 7GK 生产工艺流程及排污节点

二、清洁生产

1. 硝基氯苯优化分离及节能新技术

我国目前硝基氯苯的生产工艺都是采用双塔或多塔、双结晶的分离流程，即粗产品经过几个板式塔、两套结晶器才能得到邻（对）位硝基氯苯产品。该流程复杂、能耗高、操作烦琐、污染严重。某研究院利用实验室数据和化工流程模拟软件进行优化设计，对老工艺进行了改革，只用一个高效填料塔和一套结晶器就取得好的效果，塔底直接生产出纯度达99.5%以上的邻硝基氯苯。塔顶对硝基氯苯浓度提高到90%以上。

在硝基氯苯的生产过程中还有间位硝基氯苯母液作为废液排放，对环境造成严重污染。为了回收宝贵的间位硝基氯苯和提高邻位和对位硝基氯苯的产量，某研究院与浙江某化工厂协作开发成功硝基氯苯优化分离新技术，并采用该研究院创新研制的特种标准SW网孔波纹填料，回收间位硝基氯苯，使间位硝基氯苯产品浓度达到99%左右。不但填补了我国浓间位硝基氯苯产品的空白，而且使"三废"排放量大幅减少。

该技术的特点如下：

① 简化了流程，减少了设备。采用单塔分离，只需一台再沸器和一台冷凝器，更新了老流程多次再沸和多次冷凝，使能耗降低41.5%。尤其邻位硝基氯苯浓度一次到位，无需结晶。塔顶对位硝基氯苯浓度提高，改变了老流程邻位、对位硝基氯苯需多次结晶的情况，因而大大减少了设备，简化和方便了操作。

② 由于采用高效波纹填料和性能优良的可调节水平液体收集分布器，大幅度增加了塔的理论板数，降低了回流比，进一步降低了能耗。

③ 新流程波纹填料塔塔压力6.7kPa（50mmHg），整塔压降6.7kPa（50mmHg），塔釜温度只有174℃左右。而老流程塔顶操作压力一般为2.7kPa（20mmHg），整塔压降20kPa（150mmHg）左右，塔釜温度190℃左右。由于新塔塔顶压力的升高，不仅增加了塔的生产能力，而且降低了对密封性能的要求和真空泵的耗气量。塔釜温度的降低使再沸器加热蒸汽由过去的2.0MPa降到1.3MPa，进一步降低了能耗，并减少了焦油的生成、物料的分解和脱氯及对设备的腐蚀。

④ 根据模拟计算和优化所得到的真空塔内气相动能因子大小的分布情况，设计了上大下小的变径塔，节约投资，并回收了间位硝基苯母液，化害为利，增加了经济效益。

经济和环境效益：该技术在浙江某化工厂 1.8×10^4 t/a 规模的硝基氯苯生产装置上应用，投资1300万元，形成生产能力，每年新增产值1.25亿元，年新增利税3836万元。与老流程相比，每年节约蒸汽合375万元，节约电费90万元，回收间位硝基氯苯母液增加效益756万元，同时减少三废排放965t，取得十分显著的经济效益和环境效益。

该优化分离新技术可广泛用于染料、农药、制药、石油化工等行业。

2. 苯胺气相催化加氢新工艺

某染料厂用硝基苯气相催化加氢新工艺代替铁粉还原法制苯胺的老工艺，彻底消除了铁泥的严重污染。

苯胺生产老工艺采用铁粉还原法，间歇操作，15000t/a 苯胺要排放 2×10^5 t/a 的苯胺废水和铁泥残渣（残渣占40%），其中还含 $200 \sim 400$ mg/L 的苯胺和微量硝基苯、苯、邻苯二胺等杂质，严重污染环境。采用硝基苯气相催化加氢法制苯胺，反应在气-固流化床中连续进行，彻底消除了产生铁泥的来源，三废排放量为老法的1/20。其工艺流程如图2-3-54所示。

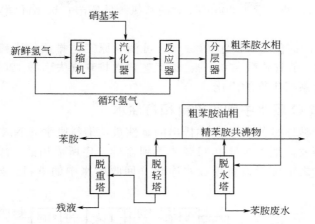

图 2-3-54　硝基苯气相催化加氢制苯胺工艺流程

主要技术指标见表 2-3-20。

表 2-3-20　苯胺气相催化加氢工艺主要技术指标

项目		指标
生产能力		2.0×10^4t 苯胺/a
消耗（以 1t 苯胺计）	氢气	933m³（标态）
	硝基苯	1347kg
	催化剂	0.3kg
	水	143t
	电	228kW·h
	蒸汽	3.48t

环境效益：苯胺生产吨产品排放的废水由老工艺的 6～7t 降至 0.4～0.5t，残液 10kg，消除了铁泥排放。但与国外先进技术相比，能耗仍偏高。

3. 对硝基氯苯邻磺酸生产工艺

某染料厂染料中间体对硝基氯苯邻磺酸的生产，采用 20％的发烟硫酸作磺化剂，每生产 1t 苯系磺化物要产生 3～4t 51％的废硫酸，其中含对硝基氯苯邻磺酸 6kg/m³，还含微量的硝基氯苯。用硫酸作磺化剂，磺化反应会产生水，磺化剂被稀释，而磺化剂降到一定的浓度就不能进行磺化反应。所以无论用硫酸或发烟硫酸作磺化剂产生酸是必然的。采用三氧化硫（气相或液相）作磺化剂，磺化反应不生成水，从根本上解决了产生废硫酸的问题，硫的有效利用率大幅提高，简化了流程和操作。向磺化锅中加入适量 100％硫酸作稀释剂，加入计量的对硝基氯苯，在一定的温度下，通入计量的 SO_3，保持一定的反应时间，之后把料压入溶解锅，用水溶解。调节磺酸含量在 420～430g/L，降温压入过滤器，过滤掉磺化过程生成的砜，滤液即为对硝基氯苯邻磺酸溶液。反应的工艺流程如图 2-3-55 所示。

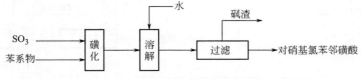

图 2-3-55　SO_3 磺化制对硝基氯苯邻磺酸工艺流程

主要技术指标：a. 处理量为 3000t/a 对硝基氯苯邻磺酸；b. 磺化率由旧工艺的 95.13％ 提高到 99.40％。

环境效益：以生产蓝色盐 VB 2000t/a 计，可消除原工艺排放的废硫酸（51％）7000t/a。可提高产品收率 2％，节省硫酸 3500t/a。原工艺每次排料损失磺酸 126kg。

该技术适用于苯系衍生物的磺化。

4. 从碱化嫩黄 O 废水中回收染料和食盐水

某染料厂在生产碱性嫩黄 O 染料中排出的碱性嫩黄染料废水含 NaCl 11％，还含少量染料。采用双效薄膜蒸发器把含盐量由 11％浓缩到盐析工序所需用的 22％，废水中的盐重新得到利用。而在蒸浓之前配置设备使废水净化并回收废水中的染料。处理的工艺流程如图 2-3-56 所示。

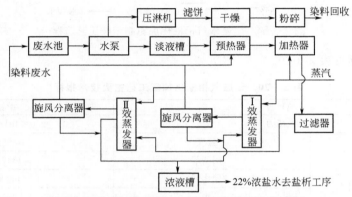

图 2-3-56　碱化嫩黄 O 废水综合利用工艺流程

主要技术指标：a. 处理量 90m³/d 废水；b. 汽耗 0.15t/m³；c. 电耗 4.3kW·h/m³。

环境效益：生产中排放的含盐废水经处理后变成生产所需的高浓度盐水，每年可减少盐耗 1200t。每天回收染料 0.011t。消除 30000t/a 含盐染料废水对环境的污染。该技术适用于同类废水的利用。

5. 利用双倍硫化青氧化滤液回收大苏打

某染料化工厂回收利用双倍硫化青氧化滤液生产大苏打。

生产双倍硫化青染料中，排出氧化滤液，排放量为 3.2t/t（产品）。其中主要成分为大苏打（$Na_2S_2O_3 \cdot 5H_2O$）19％～12％，氯化钠 4％，染料 0.1％～0.2％。氧化滤液经沉淀除去其中的染料，然后进行浓缩，加活性炭脱色，加热蒸发至一定浓度后过滤，除去无机盐等杂质，滤液经二次浓缩和过滤，再经结晶离心分离得到成品大苏打，母液则返回浓缩锅。处理的工艺流程如图 2-3-57 所示。

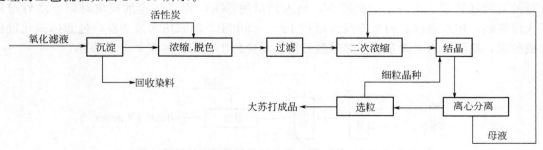

图 2-3-57　从双倍硫化青氧化滤液中回收大苏打工艺流程

主要技术指标：a. 处理量 20t/d 废液；b. 消耗（以 1t 废液计），电 60kW·h，蒸汽 1t，水 4.4t。

环境效益：该装置年处理氧化滤液 16000t，大大减轻了对环境的污染。回收大苏打 1200t/a，回收染料 20t/a。但此技术蒸汽耗量较大，应选用高效设备。

6. 从染料生产的硫酸废液中回收染料和硫酸

某染料厂在生产染料还原绿 FFB 的过程中，用硫酸精制染料时产生废酸液，其中含硫酸 80%，含杂染料 15.8%。将废酸液稀释至酸浓度为 35%～40%，用压滤机压滤，滤饼经水洗、吹风卸料得半成品，再经商品化加工干燥得染料成品（此染料可用于棉纤维或混纺织物的染色），滤液为纯净的稀硫酸，可再用于生产。处理的工艺流程如图 2-3-58 所示。

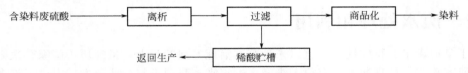

图 2-3-58　废酸液回收染料和稀酸工艺流程

主要技术指标：处理量为 3.7t/a 废液。

环境效益：利用废酸液回收还原绿 FFB 副产染料效果明显，回收商品染料 30t/a，废硫酸也得到重新利用。

该技术适用于类似的废酸液利用。

7. 从分散蓝 2BLN 母液中回收 2,4-二硝基苯酚

某染料厂分散蓝 2BLN 染料生产中排出的水解母液含有 2,4-二硝基酚钠 40～50g/L，还含有氢氧化钠及有机物。生产过程还排放二硝母液，主要含 20%～30% 的硫酸。利用水解母液中的 2,4-二硝基酚钠与二硝母液中的硫酸进行酸化反应，生成不溶于水的 2,4-二硝基苯酚，经脱水分离即得 2,4-二硝基苯酚产品，可用于制中性染料中间体 2-氨基-4-硝苯酚。处理的工艺流程如图 2-3-59 所示。

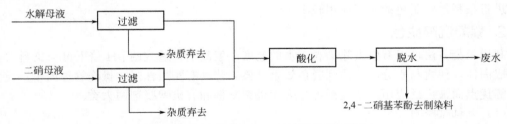

图 2-3-59　分散蓝 2BLN 母液回收利用流程

主要技术指标：a. 处理量 5400t/a 废母液；b. 电耗 10kW·h/t。

环境效益：废母液经回收酚后，其浓度由 40～50g/L 降至 8～10g/L，每年回收 2,4-二硝基苯酚 150t（干品），同时减少废酸外排 600t。

8. 利用对（邻）氨基苯甲醚还原废水制大苏打

某染料厂在对（邻）氨基苯甲醚生产过程中，加硫化碱还原并经减压蒸馏后产生的残液中含有大量的 Na_2S、Na_2SO_3 和 Na_2SO_4 等硫化物。采用加硫黄吸硫及氧化使 Na_2SO_3 和 Na_2S 转化成 $Na_2S_2O_3$ 即大苏打加以回收。处理的工艺流程如图 2-3-60 所示。

主要技术指标：处理量为 1000t/a 大苏打。

环境效益：消除了高浓度含硫废水对环境的污染。

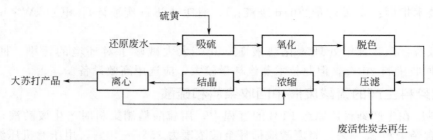

图 2-3-60 对（邻）氨基苯甲醚还原废水制大苏打流程

该技术适用于同类产品含硫废水的利用。

三、废水处理和利用

由于染料废水的特殊性，一直以来是废水治理方面的难点，虽经历了国家数次组织的处理技术研究攻关，处理起来仍有很大难度。近年来，我国染料行业研发、引进了许多废水处理装置、技术，也包括从废水中回收有用资源的减排技术等，促进了行业的达标排放。

在我国，大多数染料企业均建有废水处理厂，采用的处理方法通常为物理法、化学法、生化法和各种方法相结合。

1. 吸附脱色

活性炭通过吸附作用，能够有效去除染料废水中的活性染料、碱性染料和偶氮染料等，是迄今为止应用早且优良的脱色吸附剂。但活性炭只能吸附染料废水中的水溶性染料，不能吸附悬浮固体和不溶性染料，且再生费用昂贵，处理成本高，因此目前应用活性炭处理染料废水的较少。

为了降低处理成本，可采用其他吸附剂替代活性炭，如粉煤灰、有矿物吸剂、黏土、硅藻土、凹凸棒黏土、玉米棒、稻壳、泥炭、甘蔗渣和锯屑等。这些吸附剂的优点是价格便宜、容易制得，但其缺点是色度去除率较低，废渣产生量大且难以处理。因此，目前采用吸附剂进行染料废水脱色的实际应用较少。

2. 絮凝沉降脱色

利用絮凝方法可以有效去除染料废水的色度。絮凝剂在适宜的 pH 值下可与染料大分子络合成固体，使之与水分离，达到脱色效果。该工艺具有实用性强，操作管理简单，设备投资低等优点而被广泛应用。絮凝剂可分为无机絮凝剂和有机絮凝剂两大类。

（1）无机絮凝剂

无机絮凝剂大多为铁盐、铝盐、镁盐及其复合絮凝剂。利用无机絮凝剂可较好地去除染料废水中大部分悬浮染料、分散染料、还原染料、硫化染料、冰染染料和水溶性染料中分子量较大的部分直接染料。对于水溶性染料中分子量小、不易形成胶体状的染料（如酸性染料、活性染料、金属络合染料及部分直接染料、阳离子染料）废水则不宜采用无机絮凝剂进行脱色。

无机絮凝法的缺点是废渣产生量大，占废水量的 $10\%\sim15\%$，难以处理，造成二次污染。

（2）有机絮凝剂

有机絮凝剂，特别是人工合成的高分子絮凝剂，对染料废水显示出较好的脱色效果。常用的有聚丙烯酰胺类等。絮凝法处理染料废水的工艺流程见图 2-3-61。

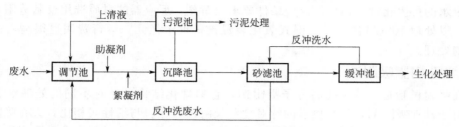

图 2-3-61　絮凝工艺流程框图

　　该方法的缺点是处理成本高，且由于絮凝剂的水溶性导致经脱色处理后，废水后续 COD 去除率低。据报道，目前有研究采用微生物絮凝剂处理染料废水效果较好，没有二次污染，但未见工业化应用。

3. 化学氧化脱色

（1）臭氧氧化

　　臭氧氧化法可应用于几乎所有染料废水（分散染料除外）脱色处理。同时，由于臭氧在水溶液中的还原产物为过氧化氢和氧气，过剩的臭氧能迅速在溶液和空气中自发分解为氧气，不会对环境造成二次污染。臭氧氧化法的缺点是处理成本高，约为 $200\sim250$ 元/t 废水。此外，臭氧氧化法对 COD 的去除率较差。如果废水中存在杂质，不仅影响脱色效果，而且处理费用会大幅度提高。

　　目前，国内外许多染料生产企业都建有臭氧氧化装置，染料废水的色度去除率可达 90% 以上，但由于处理成本高，企业应用得较少，大部分臭氧装置处于闲置状态。

（2）Fenton 试剂氧化法

　　Fenton 试剂氧化法是由 H_2O_2 溶液和 $FeSO_4$ 按一定比例混合而得到的一种氧化性极强的氧化试剂。在处理染料废水过程中，除具有较强的氧化作用外，还能够起到絮凝作用。研究表明，采用 Fenton 试剂氧化法，当染料废水水温为 $50\sim60℃$ 时，色度去除率在 60%～70% 左右。

（3）湿式催化氧化法（WAO）

　　湿式氧化技术是从 20 世纪 50 年代发展起来的一种处理有毒有害、高浓度有机废水的有效水处理方法。该方法的基本原理是在高温、高压条件下，以空气中的 O_2 为氧化剂，在液相中将大分子有机污染物氧化为 CO_2 和 H_2O 等无机小分子或有机小分子的化学反应过程。

　　湿式氧化法的特点是应用范围较广，几乎能够有效氧化各类高浓度有机废水，且处理效果好。在合适的温度和压力条件下，COD 的去除率可达 90% 以上。同时，对有机污染物的氧化速率快（一般只需 $30\sim60min$），二次污染少，能耗较低。湿式氧化法的工艺流程见图 2-3-62。

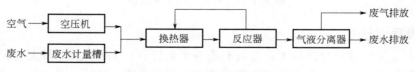

图 2-3-62　湿式氧化法工艺流程

　　湿式催化氧化技术的特点是有毒有机物氧化速度快、效率高、反应彻底，COD 去除率高于 95%，色度去除率近乎 99%，处理后废水具有可生化性，不生成二次污染，并能提高难降解废水的可生化性。但该法反应条件要求较苛刻，反应器的材质选用及制造困难，设备投资大，以处理 100t/d 废水计，湿式氧化装置投资近 1 亿元。运行费用也很高，适用于少量废水的处理。

4. 大孔树脂吸附法

大孔吸附树脂是一种多孔高分子吸附剂，它的理化结构可针对不同的处理对象进行设计，相对于其他吸附剂，具有更强的针对性和吸附选择性。与活性炭相比，大孔吸附树脂具有机械强度好，容易脱附再生和循环使用等优点。国内一些企业采用大孔吸附树脂处理染料废水，主要是从废水中回收可利用资源。

5. 电化学法

电化学法是直接或间接地利用电解作用，将水中污染物去除或将有毒物质转化为无毒或低毒物质。该方法的优点是设备体积小、占地面积少、便于运行管理，且色度去除率在 85％以上。但该方法也存在电极使用寿命短，能耗较大，处理高盐废水过程中电极腐蚀严重等问题。

6. 络合萃取法

络合萃取法是一种基于可逆络合反应，萃取极性有机物的分离技术。在络合萃取过程中，溶液中待分离溶质与含有络合剂的萃取剂相接触，络合剂与待分离溶质反应形成络合物，并使其转移至萃取相内。进行逆向反应时回收溶质，萃取剂循环使用。染料废水中的许多物质是有机磺酸类化合物，分子中除了具有磺酸基团外，同时还具有其他官能团，易采用络合萃取法进行分离。

国内大部分染料中间体生产企业建有该装置，色度、COD 及部分重金属去除率均为 90％以上。有些回收相可以套用于生产工艺。实践证明该工艺污染物减排效果较好。

活性染料废水采用络合萃取工艺预处理，可以使 COD 去除 85％～90％，色度去除 95％以上，预处理后废水具有很好的可生化性，生化处理后 COD 去除率＞90％。工艺流程见图 2-3-63。

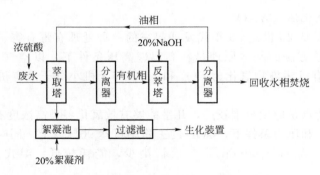

图 2-3-63　络合萃取工艺流程

7. 液膜萃取法

液膜萃取法是一种膜分离技术，它具有膜分离的特点，主要是依据膜对不同物质具有选择性渗透的特性来实现污染物组分的分离。该方法具有分离速度快、效率高、成本低、选择效果好和易于操作管理等优点。主要应用于精细化工领域，适于处理高浓度、高毒性的含有酚、氰、重金属、苯胺、杂环以及染料中间体的废水等。近年来，液膜萃取法已经被应用于染料废水处理，主要是从废水中回收可利用资源。

液膜萃取法的工艺原理：用含有表面活性剂、添加剂与一定浓度的碱（酸）溶液制成油包水型乳化液，前者为油相，后者为水相，将该乳化液在搅拌下分散于废水中，废水中的待分离物质能溶于油相，经膜迁移进入内水相形成盐，该盐不溶于油相，故不能返回外水相，从而达到目标物在内相富集的目的。萃取后的乳化液经破乳分层，油相重新制乳回用，水相即是回收相。染料废水液膜萃取工艺流程见图2-3-64。

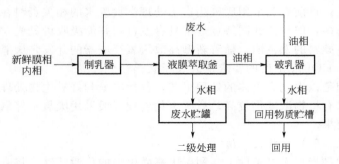

图2-3-64　液膜萃取工艺流程

8. 蒸发浓缩处理工艺

（1）工艺原理

① 浓缩蒸发器采用列管外热循环式与负压蒸发方式对经余热预热的废水（废液）进行浓缩，蒸发方式根据水质情况可采用单效或多效蒸发；

② 在流化造粒塔，有机物与有机盐涂布在流化床的晶种上，生成盐颗粒（污盐粒）并被干燥，然后进入焙烧炉焚烧。

（2）工艺特点

① 浓缩蒸发器操作简单、清洗方便、性能可靠、无泡沫跑料现象、经济可靠；

② 针对含盐废水采用流化造粒技术，可有效解决废水焚烧过程中盐熔融后粘壁和腐蚀炉衬等问题，保证了处理效果的稳定和设备使用寿命；

③ 处理效果好，无烟、无臭、无二次污染；

④ 操作自动化程度较高，开放式负压设计，安全性高；

⑤ 可回收无机盐；

⑥ 处理含盐浓度高的有机废水（废液）时，也可在回转焙烧炉处理工业废渣。

（3）工艺流程图

浓缩焚烧工艺流程见图2-3-65。

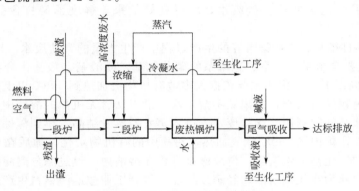

图2-3-65　浓缩焚烧工艺流程

9. 生物处理法

生物处理是实现染料废水达标排放的关键技术，是企业污水处理站运行的主体工艺。经预处理的染料废水与低浓度废水混合后，可采用生物法进行处理。生物法分为好氧法、厌氧法和厌氧-好氧组合处理法。

好氧法对经预处理的染料废水中的 COD_{Cr} 具有明显的去除效果，一般可达 80% 左右，但色度去除率较低。目前有关采用厌氧法直接处理染料废水的相关资料在国内外报道较少。

染料的种类很多，但是其共同特点是都具有发色团并能吸收可见光，染料的微生物降解的第一步就是破坏染料的发色团，随着新型高效厌氧反应器的开发，厌氧处理装置效能已有很大提高，对进水 COD_{Cr} 浓度的要求也大大降低。

二级生物处理是以生化为主体的处理工艺，包括厌氧和好氧生物处理两部分，由于经预处理后的染料废水有机物浓度仍较高，后续生化处理一般采用厌氧＋好氧组合处理工艺，能取得较好的应用效果。

（1）厌氧（或水解）生物处理法

厌氧生物处理是指在无氧条件下，利用厌氧微生物的代谢活动，将有机物分解并产生甲烷（CH_4）和二氧化碳（CO_2）的过程。厌氧生物处理技术可以去除废水中大部分可生物降解的有机物，尤其是对高浓度有机废水具有较好的处理效果，可以降低后续好氧处理的有机负荷和运行成本。但厌氧生物处理的出水很难达到国家的排放标准，因此厌氧生物处理通常作为后续好氧生物处理的预处理工艺。目前，染料废水一般采用厌氧水解工艺作为预处理，这在一定程度上减少了系统的污泥产量，改善了废水的可生化性，提高了废水的处理效果。

（2）好氧生物处理法

好氧生物处理技术被广泛应用于废水生物处理，且种类较多。染料废水一般采用延时曝气活性污泥法或生物接触氧化工艺进行处理，通过延长曝气时间和增加微生物量来降低进水有机负荷。这两种生物处理法具有较强的抗冲击负荷能力，同时能够减少剩余污泥产量。序批式活性污泥法（SBR）由于具有工艺简单、运行方式灵活、不易产生污泥膨胀等特点，被广泛应用于染料废水处理。

根据对染料生产企业的调查，由于染料废水的特点（污染物种类复杂、有机物浓度高、盐分和色度高、冲击负荷大、含有胺类、硝基物等有机毒物），目前应用效果好、工艺成熟的好氧处理工艺主要包括 A/O（A^2/O）、SBR 和接触氧化。

四、废水处理实例

1. 炭化法处理酸性染料含盐废水

某染料厂采用炭化法处理含盐废水，取得良好效果。解决了染料含盐废水治理这一难题。

活性染料、酸性染料、直接染料等的生产过程中产生大量的含盐废水。1t 产品产生 12～15t 含盐废水，主要含苯系、萘系、蒽醌系的硝基氨基、磺酸基、羟基化合物等有机物，无机盐含量高达 10% 以上。炭化法主要依据大多数有机物被加热到 400℃ 以上时，发生热分解而炭化，形成黑色颗粒游离碳，游离碳不溶于水，借以从含无机盐的溶液中分离出来，并回收作燃料。无机盐则回收利用。含盐废水先进入蒸发器蒸发结晶，得到深棕色的污盐，污盐分批送入炭化炉，在炉内受 550℃ 烟气加热，污盐中的有机物炭化，随后在精制器内加水溶解，炭化污盐中的氯化钠被水溶解，游离碳则悬浮在溶液内，经过滤分离滤渣即炭渣作为燃料返回燃烧炉，滤液为氯化钠溶液，经蒸发结晶，得到工业盐返回染料生产系统使用。处理的工艺流程如图 2-3-66 所示。

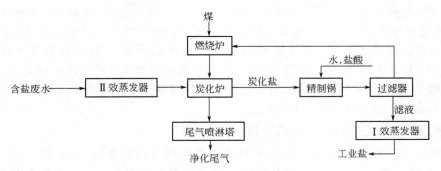

图 2-3-66　酸性染料含盐废水处理工艺流程

主要技术指标：a. 处理量为 $60m^3/d$ 废水；b. 电耗 $24kW \cdot h/m^3$；c. 煤耗 $0.041t/m^3$。

环境效益：经炭化法处理后排水中的各项指标均达到国家排放标准，二次蒸汽冷凝出水检不出有机物存在，可以认为本工艺无有毒物质排放。每年处理含盐废水 $1.8 \times 10^4 m^3$，回收工业盐 1116t，回收盐质量符合一级要求。该技术适用于酸性染料及其他含盐废水的治理。

2. 含硫废水综合利用处理技术

某染料厂采用综合利用技术处理染料含硫废水的难题。在染料中间体芳香族氨基类化合物的生产中，我国大部分还采用硫化钠作还原剂，生产中要排出大量的还原性废水（国外采用加氢还原，无此问题）。废水中 Na_2S 浓度高达 $10\sim70g/L$，还含有 $Na_2S_2O_3$、有机物等。一般含硫废水按含 Na_2S 的浓度不同，分级进行治理和综合利用。氨基苯甲醚含硫废水 Na_2S 含量最高，经蒸发后得到含 Na_2S $20\%\sim25\%$、Na_2SO_3 $40\%\sim50\%$、$Na_2S_2O_3$ 15% 以下的褐色块状亚硫酸钠混合物，可用作造纸制浆原料。低浓度的含硫废水采用空气氧化 Na_2S 使之氧化成 $Na_2S_2O_3$，剩余的 Na_2S 加 $FeSO_4$（废硫酸中含 $FeSO_4$ $30\sim50g/L$）氧化生成 FeS 沉淀，过滤后送硫酸车间焙烧生产 SO_2。含有 $Na_2S_2O_3$ 的母液加 H_2SO_4（废硫酸中含 $FeSO_4$ 30 $\sim50g/L$）氧化生成 FeS 沉淀，过滤后送硫酸车间焙烧生产 SO_2。含有 $Na_2S_2O_3$ 的母液加 H_2SO_4 酸化，产生 SO_2 和 S 沉淀。SO_2 经氨水吸收生成亚硫酸铵溶液，送硫酸车间制取 100% SO_2。S 沉淀过滤后送硫酸车间焙烧制 SO_2。处理的工艺流程如图 2-3-67 所示。

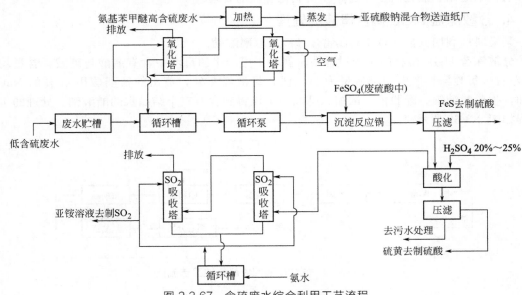

图 2-3-67　含硫废水综合利用工艺流程

主要技术指标：a. 处理量，低浓度含硫废水 $2.9 \times 10^4 m^3/a$，氨基苯甲醚废水 $3900 m^3/a$；b. 低浓度含硫废水处理后，硫氧化率 80%，硫去除率 100%，COD 去除率 70%。

环境效益：解决了 30 多年含硫废水直排所造成的严重污染。每年减少排放 NaOH 250t，$Na_2S_2O_3$ 1000t，氨基化合物 2000t。治理后排放的废水含硫浓度 $<1mg/L$。回收亚硫酸钠混合物 3000t/a，含硫废渣回收到制硫酸车间焙烧制 SO_2，得到合理利用。

该技术适用于同类含硫废水的治理。

3. 还原咔叽 2G 氯化母液的处理

某染料厂利用还原咔叽 2G 氯化母液回收造纸助剂（低氯蒽醌 CA）及废酸。还原咔叽 2G 染料生产中，酸析压滤后产生氯化母液，吨产品产生量为 $1.5 m^3$，其主要组成为低氯蒽醌 3.6%、废硫酸 93%。利用加水冷却后，低氯蒽醌的溶解度下降而全部析出。经过滤，用冷水洗涤至中性，干燥则得造纸助剂 CA。滤液为 60% 的废硫酸，可供出售。洗涤液用石灰调至中性，排放。处理的工艺流程如图 2-3-68 所示。

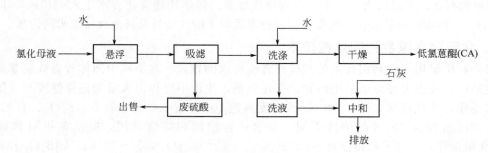

图 2-3-68 氯化母液回收处理流程

主要技术指标：a. 处理量为 5.4t/d 废液；b. 消耗（以 1t 低氯蒽醌计），电 $1500kW \cdot h$，蒸汽 30t，水 1000t。

环境效益：采用本技术处理后，洗液中无有机物，减少了环境污染。助剂 CA 低氯蒽醌使用后，可减少烧碱及硫化钠的用量，使造纸"三废"排放量减少。

该技术适用于氯化法生产还原咔叽氧化母液的处理。

4. 分散深蓝 HGL 偶合母液的处理

某染料厂利用分散深蓝 HGL 偶合母液制取醋酸钠。

分散深蓝 HGL 染料的生产过程中，偶合工序产生的母液中含有醋酸与硫酸，含量均为 5% 左右。每吨染料产生的母液量为 5t。偶合母液经蒸发，蒸出的稀醋酸用 40% 的 NaOH 中和，生成醋酸钠，经脱色、浓缩、结晶、干燥得到含有三个结晶水的醋酸钠。处理的工艺流程如图 2-3-69 所示。

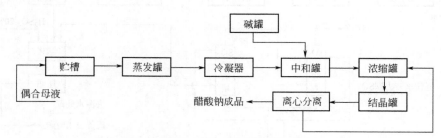

图 2-3-69 偶合母液回收醋酸钠工艺流程

主要技术指标：a. 处理量为 1000t/a 偶合母液；b. 蒸汽消耗 40t/t（醋酸钠）。

环境效益：每生产 1t 醋酸钠可少向环境排放 0.42t COD，每年少向环境排放 42t COD，生产醋酸钠 100t/a（58%）。但蒸汽消耗过高。

该技术适用于含醋酸液，特别是高浓度醋酸废液的回收利用。

5. 电解-气浮-砂滤法处理染料废水

某染化厂采用电解-气浮-砂滤法处理碱性品绿、酸性湖蓝 A、酸性媒介漂兰等十多个品种的染料废水。通过电解对污染物起氧化还原作用。电解过程产生的氯气和次氯酸对染料废水有较强的脱色作用，在混凝剂聚合氯化铝的作用下进行混凝。通过气浮将固液分离后，经砂滤过滤。其工艺流程如图 2-3-70 所示。

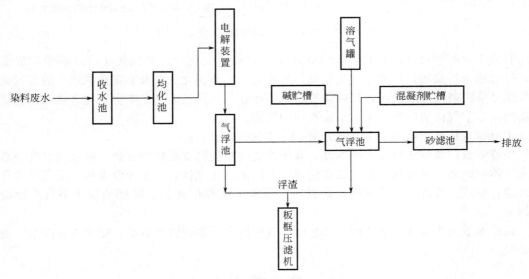

图 2-3-70　染料废水处理工艺流程

染料废水通过管道流入收水池，用泵送至均化池混合均化，再用泵送至电解装置进行电解。电解后废水引入气浮池，加碱调整 pH 值，同时滴加混凝剂聚合氯化铝加以絮凝。通过加压气浮进行固液分离。清液流入砂滤池进行过滤除去悬浮物。净化后的废水与生活污水混合排放。

主要技术指标：a. 处理量为 500m³/d 废水；b. 电耗 1.6kW·h/m³。

环境效益：通过电解-气浮-砂滤综合治理后，废水的 pH 值、COD、Pb²⁺、Mn²⁺ 等指标均达到国家排放标准。但色度略高，可将其用于锅炉水膜防尘用水，以除去色度并可达到节约用水的效果。

该技术适用于中小型染料厂酸性、酸性媒介、碱性染料废水的治理。

6. 流化床焚烧法处理染料含盐废水

某染化厂在生产活性染料中从过滤器排出含盐染料废水，含固量（无机物、有机物）10%～15%，COD 10000mg/L。采用焚烧法处理，废水中的有机物（苯、萘、蒽的衍生物）在 440～460℃高温下被氧化分解，其中芳环物凝聚成的缩合多环芳香烃为黑色海绵状炭化物，此废渣可作燃料回收利用。

处理工艺流程如图 2-3-71 所示。

废水先在废水贮槽内用液碱调节 pH 值，进入废气洗涤塔循环浓缩，再送入喷雾流化造

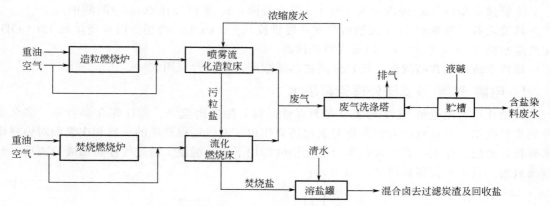

图 2-3-71 含盐染料废水流化焚烧工艺流程

粒床制成干燥的污粒盐，随后送入流化床焚烧炉高温炭化，此焚烧盐在溶盐罐中制成混合卤，经过滤析出炭渣，清卤再蒸发结晶，回收盐。喷雾流化造粒及流化造粒产生的废气送入废气洗涤塔由碱性废水洗涤，经除尘吸收后的净化气体排入大气。喷雾流化造粒及流化焚烧所需的高温空气由造粒燃烧炉和焚烧燃烧炉提供。

主要技术指标：a. 处理量为 80t/d；b. 电耗 45kW·h/t。

环境效益：焚烧法对处理高浓度、高色度的含盐染料废水特别有效。废水通过焚烧后转化为气体和废渣。焚烧废气利用废水洗涤，不但能净化气体，并能回收余热。废气经净化洗涤后达标排放。废渣可与煤混合作燃料用。每天可回收精盐 5t。彻底消除了染料含盐废水的污染。

该技术适用于含盐、高浓度、高色度的有机废水（如染料、造纸、脂肪酸等废水）的焚烧处理。

参 考 文 献

[1] 张淑群. 化学工业废水治理. 北京：中国环境科学出版社，1992.

[2] 王心芳. 在第九次全国化工环保工作会议上的讲话. 化工环保. 1996，(6)：326-328.

[3] 李建平. 化肥厂氨氮废水的治理. 化工环保. 1995，(6)：376-378.

[4] 蒲钟声. 中小氮肥废水治理方法的研究与应用. 福建化工，2000，1：45-50.

[5] HJ 2054—2018. 磷肥工业废水治理工程技术规范.

[6] 化学工业部环境保护设计技术中心站组织. 化工环境保护设计手册. 北京：化学工业出版社，1996.

[7] 权开玉. 聚氯乙烯行业的生产现状及发展趋势. 橡塑技术与装备（塑料），2018，44（24）：32-38.

[8] 黄华涛，贾永丽，游金岚. 20 万吨/年离子膜法烧碱装置运行小结. 氯碱工业，2001，47（6）：16-17.

[9] 罗海章. "十二五" 开局之年农药行业的机遇和挑战. 中国农药，2011：13.

[10] 伊学农，王俊超，王玉琳，等. 保险粉生产废水处理工程设计 [J]. 中国给水排水，2015，31（20）：65-67.

[11] 佚名. 从甲胺磷氨化废水中回收精胺 [J]. 化工环保，1997（01）：60.

[12] 孙叔宝. 开拓创新共克时艰，引导农药行业可持续发展. 中国农药，2011：3.

[13] 张曦乔，刘晓坤. 有机磷农药废水的产生及处理. 环境科学与管理，2007，32（1）：97-99.

[14] 田利明. 2009 年中国染料工业经济运行分析. 精细与专用化学品，2010，18（4）：13.

[15] 陈婵维，付忠田，于洪蕾，等. 染料废水处理技术进展. 环境保护与循环经济，2010：37-40.

第四章
石油工业废水

第一节　概述

一、我国石油行业的现状

1. 石油炼制行业

石油炼制业是国民经济的支柱行业，直接关系到整个国民经济的发展，它不仅提供各种石油产品，同时也为石油化工、化纤、化肥等工业提供原料。石油炼制业生产各种石油产品，主要有汽油、灯油、航空煤油、柴油、燃料油、润滑油、石蜡、沥青、石油焦、液化气和轻烃等化工原料。同时，石油炼制业也是污染物排放大户，在生产过程中产生大量废水、废气、固体废物，对人体健康和环境造成了一定潜在的影响。2017 年年底，我国炼油产能约为 7.72 亿吨，较 2016 年净增 1760 万吨/年，其中中国石化、中国石油炼油能力分别为 2.60 亿吨/年、2.02 亿吨/年，国内占比分别为 33.73％和 26.12％。

2. 石油化工行业

石油化工行业为我国国民经济中的重要产业，2015 年行业总产值 11.8 万亿元，占全国工业总产值的 10.8％，我国已成为世界第一大化学品生产国和第二大石化产品生产国。行业稳步发展的同时，行业废水排放总量一直居高不下，近年来石油和化工行业废水排放量超 40 亿吨，约占全国工业废水排放总量的 20％。而石油化工行业排放废水组成复杂，COD、氨氮、石油类、挥发酚、氰化物、汞、镉、砷的排放量均占全国工业总排放量的 10％以上，其中氨氮、石油类、挥发酚、氰化物、砷的排放量占工业行业总排放量的 1/3 以上，居行业第一位。

3. 石油行业的产业政策

中国石油和化学工业联合制定的"十三五"石油和化工行业节能节水与低碳工作的规划为：到 2020 年，万元工业增加值能源消耗和二氧化碳排放量均比"十二五"末下降 10％，重点产品单位综合能耗显著下降；万元增加值用水量比"十二五"末降低 18％，废水全部实现处理并稳定达标排放，水的重复利用率提高到 93％以上。

《产业结构调整指导目录（2011 年本）》对各行业制定了鼓励类、限制类和淘汰类目录，其中石油工业鼓励类项目有 5 项，限制类有 4 项，淘汰类有 3 项。

二、石油行业的污染防治政策

（一）污染防治措施

1. 石油开采工业

① 在钻井和井下作业过程中，鼓励污油、污水进入生产流程循环利用，未进入生产流

程的污油、污水应采用固液分离、废水处理一体化装置等处理后达标外排。在油气开发过程中，未回注的油气田采出水宜采用混凝气浮和生化处理相结合的方式。

② 固体废物收集、贮存、处理处置设施应按照标准要求采取防渗措施。试油（气）后应立即封闭废弃钻井液贮池。

③ 应回收落地原油以及原油处理、废水处理产生的油泥（砂）等中的油类物质，含油污泥资源化利用率应达到 90% 以上，残余固体废物应按照《国家危险废物名录》和危险废物鉴别标准识别，根据识别结果资源化利用或无害化处置。

2. 石油炼制工业

（1）清洁生产技术

我国石油炼制工业经过半个多世纪的发展，开发应用了大量的清洁生产技术。主要有大气污染物减排、水污染物减排及节能技术，包括：

① 工艺加热炉低氮燃烧技术，保证了工艺加热炉烟气中氮氧化物浓度低于 $100mg/m^3$；

② 燃料气二乙醇胺脱硫技术，可以把燃料气中的硫化物调整到 $2×10^{-5}$ 以下，保证了工艺加热炉烟气二氧化硫排放浓度小于 $100mg/m^3$；

③ 催化裂化再生尾气一氧化碳锅炉能量回收技术，消除了催化裂化尾气中一氧化碳、烃类对大气的污染；

④ 工艺释放气气柜回收技术，解决了 95% 以上工艺释放气送火炬焚烧对大气的污染问题；

⑤ 轻质油品及原油储存浮顶罐技术，减少了约 95% 的油品储存呼吸排放；

⑥ 焦化冷焦水密闭循环技术，解决了焦化生产过程中烃类及恶臭物质释放的面源污染问题；

⑦ 催化原料预加氢技术，有效降低了催化裂化装置二氧化硫的排放，同时催化裂化生焦率下降了 2% 左右；

⑧ 焦化干气水洗水串级实用技术，有效降低了含硫酸性水的产生量；

⑨ 生产装置的热联合技术，有效降低了燃料消耗、烟气排放量及循环水使用量和排污水量；

⑩ 生产装置规模大型化技术，有效降低了石油炼制企业的综合能耗；

⑪ 循环氢脱硫技术，保证了加氢生产装置的稳定运行，同时消除了高污染循环氢的排放问题；

⑫ 油罐自动脱水技术，降低原油加工损耗的同时降低了排出含油污水的石油类含量，降低了污水处理厂污染处理负荷，也减低了废水输送过程中烃类挥发造成的污染；

⑬ 密闭采样技术，消除了采样过程中烃类的排放。

（2）末端治理技术

① 含硫含氨酸性水汽提技术　采用蒸汽汽提工艺处理炼油生产排出的含硫酸性水，回收酸性气（H_2S 40%~80%，CO_2 15%~55%，少量烃类）、氨（99%），净化水中硫化物小于 20mg/L，氨氮小于 50mg/L。

② 碱渣湿式空气氧化技术　采用高温空气氧化，降解碱渣中的硫化钠和有机硫化物，使硫转化为硫酸根，中温工艺出水硫化物<5mg/L，COD 去除率约 40%；高温工艺出水硫化物<1mg/L，COD 去除率 80%~70%。

③ 含油污水两级隔油、两级浮选处理技术　处理后污水中含油 20~30mg/L。

a. 一级好氧生物处理技术（活性污泥法、接触生物氧化、氧化沟）处理出水 COD 100~150mg/L，挥发酚 5mg/L，石油类 10mg/L，硫化物 2.0mg/L，氨氮 20~40mg/L。

　　b. 二级生物处理技术（接触生物氧化、BAF、活性污泥法、氧化沟）处理出水COD 60～80mg/L，挥发酚1mg/L，石油类5mg/L，硫化物0.5mg/L，氨氮5～10mg/L。

　　c. 三级生物处理技术（氧化溏、MBR、BAF）处理出水COD＜60mg/L，挥发酚0.5mg/L，石油类＜2mg/L，硫化物＜1.0mg/L，氨氮＜5mg/L。

3. 石油化工工业

　　① 建立健全用水排水系统，建立无害生产工艺，降低设备的排污量，使污水处理负荷减少，保证工艺流程的优化。

　　② 取消碱洗与水洗，减少蒸汽，使用水软化，提高水凝结的回收率与利用率，尽量取消直管式冷却水，提高循环水利用率。

　　③ 加强管理，防止跑、冒、滴、漏等现象，做好预处理和局部处理的工作，有效回收有用物质，逐渐提高水的重复利用率，将清污分流、污污分流等工作做好，科学合理地规划排水系统，进而保证废水的达标排放。

（二）政策法规标准

　　①《石油炼制工业污染物排放标准》（GB 31570—2015）；
　　②《石油化学工业污染物排放标准》（GB 31571—2015）；
　　③《清洁生产标准　石油炼制业》（HJ/T 125—2003）；
　　④《清洁生产标准　石油炼制业（沥青）》（HJ 443—2008）；
　　⑤《采油废水治理工程技术规范》（HJ 2041—2014）。

第二节　石油开采工业废水

一、生产工艺与废水来源

（一）采油废水

1. 来源

　　我国大部分油田都是采用注水的方式开发的，每生产1t原油约需注水2～3t，特别是到了油田生产后期，原油含水可高达90%以上。图2-4-1示出油田开发期间原油含水率的变化趋势。

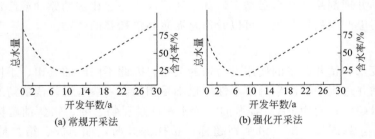

图 2-4-1　油田开发期间原油含水率变化曲线

　　采油废水随原油进入原油集输系统的脱水转油站进行脱水、脱盐处理，这些被"脱出来"的废水进入废水处理站，形成油田特有的含油废水，又称"采出水"或"产出水"。

2. 特点

　　① 含油量高　一般采油废水含原油1000～2000mg/L，有些含油达5000mg/L。采油废

水中含有浮油、分散油、乳化油和溶解油，其中 90% 左右的油类以粒径 $>100\mu m$ 的浮油和 $10\sim100\mu m$ 的分散油形式存在，另外 10% 主要是 $0.1\sim10\mu m$ 的乳化油，粒径 $<0.1\mu m$ 的溶解油含量很低。

② 含悬浮固体颗粒　颗粒粒径一般为 $1\sim100\mu m$，主要包括黏土颗粒、粉砂和细砂等。

③ 含盐量高　采油废水无机盐含量一般从几千到十几万毫克/升，根据油田、区块不同区别较大。

④ 含细菌　采油废水中主要含腐生菌和硫酸盐还原菌。

⑤ 水温高和 pH 值高　采油废水还具有高水温（40～80℃）和高 pH 值的特点。

表 2-4-1 列出油田采出水中的主要杂质组分和性质。

表 2-4-1　油田废水中的主要杂质组分和性质

主要组分		Ca^{2+}、Mg^{2+}、Fe^{3+}、Ba^{2+}、Cl^-、CO_3^{2-}、HCO_3^-、SO_4^{2-}
废水性质	pH 值	7.5～8.5
	矿化度	2000～5000mg/L,高的可达数万毫克/升
	温度	40～60℃
	溶解氧	含量低
	铁	含量低
	相对密度	>1.0
	细菌	主要是腐生菌和硫酸盐还原菌
	含油	浮油、100μm 以下的分散油和乳化油
	其他杂质	破乳剂

（二）钻井废水

1. 来源

在钻井过程中，由于起下钻作业时泥浆的流失、泥浆循环系统的渗漏、冲洗地面设备及钻井工具上的泥浆和油污而形成的废水，称为钻井废水。

钻井工程常用的泥浆是黏土、水、处理剂按一定比例配制而成的。其中处理剂通过黏土水解而起作用，使泥浆性能大幅度提高，以保证钻井速度，提高井眼的质量。浅层钻井时多采用低固相、无固相泥浆，有害物质较少，污染程度较低。钻井深度越深，对泥浆要求越高，加入的化学处理剂品种和数量增多，甚至还需混入一定比例的原油或废油，其污染程度增大，因而经污染产生的钻井废水可以看作是泥浆高倍稀释的产物。

2. 特点

由于钻井废水和钻井泥浆的使用有密切的关系，因此不同的油气田、不同的钻探区、不同的井深，在钻井过程中所产生的废水性质也不尽相同。一般来说，浅层清水钻井时，钻井废水中仅含油量超标；使用 PAM 泥浆时，废水中的悬浮物、酚、铬、油超标；使用普通泥浆，含油量超标，悬浮物、酚、铬个别超标；钻探深井时，油、酚、铬、悬浮物超标率增大。因此可以得知，钻井废水中的主要有害物质为悬浮物、油、铬和酚。

（三）洗井废水

1. 来源

注水井是向油层注水的专用井。为防止注入水中的悬浮固体物堵塞地层，在注水管端头装有配水器滤网，经过一段时间的运行，由于滤网截留的悬浮固体增加，致使管路压力逐渐增高，注入的水量也相应降低。当达不到计划注水量时，注水井就要进行反冲洗，以清除滤网上沉积的固体和生物膜，从而产生了洗井废水。

2. 特点

洗井废水一般具有以下 4 个特点：a. 色度高，通常洗井废水呈黑褐色；b. 悬浮物浓度高；c. pH 值高，洗井废水一般呈碱性；d. 洗井废水中含有六价铬和油。

（四）采气废水

采气废水是指伴随采气带出的地层水或气田水，采气废水主要含有凝析油、盐分、固体悬浮物、硫化氢及一些添加剂（有机物）。其中采气废水中的 Cl^- 含量可达几万毫克/升，此外还含有硫及锂、钾、溴、锌、镉、砷等元素。

二、清洁生产

对一般工业而言，废水治理的原则首先是回收其中的资源及能源，提高物料利用率，减少污染量。

石油废水回用率最高的是油田废水。回用的主要方式为利用处理后的废水作为回注水，经过治理的油田废水具有矿化度和黏度均较高、含有表面活性剂、水温高、渗透性好等特性，据统计，若以这种废水回注油层，原油的采收率要比注淡水时提高 5%～8%，同时还可减少废水的排放，达到了节约资源，减少污染的目的。

（一）回注水的水质要求

对于回注到地层的废水，要符合以下几项基本要求。

1. 化学组分稳定

经过处理的用于回注的水在贮存和输送过程中不应该由于化学反应而生成固体悬浮物。多数油层废水由于含有大量碳酸氢根（HCO_3^-）和以碳酸氢盐形式存在的亚铁盐 $Fe(HCO_3)_2$，使得化学稳定性变得较差。若这类废水与空气中的氧接触，将会发生如下反应：

$$4Fe(HCO_3)_2 + O_2 + 2H_2O \longrightarrow 4Fe(OH)_3 \downarrow + 8CO_2 \uparrow \qquad (2-4-1)$$

反应后生成的氢氧化铁沉淀物会使回注废水的渗透率降低。因此，保证废水的化学稳定是十分必要的。

2. 高洗油能力

回注到产油层的废水必须具有一定的洗油能力，以便使注水时的采收率不低于储量的 60%。经处理后的采油废水中含有表面活性剂，表面活性剂少量存在时即能被吸附到液-气、液-液、液-固界面上，并能显著降低该界面的表面张力，在回注过程中，含有表面活性剂的水在与原油相接触的界面上表面张力降低，并能相当有效地润湿产油层的岩石，即在毛细管力和附着力的作用下，水能将岩石缝隙的原油较充分地冲刷出来。由于水中表面活性剂大部分吸附在岩石表面，因此，当采用边内注水时，水中表面活性剂的含量不宜太多，这样，毛细管表面的活性剂浓度就要增大，采收率也随之提高。因此可以看出，油层废水和回注废水中所含的表面活性剂对提高产油层的采收率有很大影响。

3. 保证注水井的吸收能力

为了使注水井保持一定的吸收能力，就必须严格控制回注水中机械杂质和油的含量。制定回注水的机械杂质含量的标准时，既要考虑产油层的地质物理特点（主要是渗透率和孔隙度），也要注意到注水井在油田分布的特点（即外边注水井或边内注水井）。此外，注水压力以及回注水与岩石的相容性也是影响注水井吸收能力的因素。

4. 腐蚀性低

据统计，各油田每年都因注水系统的管道和设备腐蚀而蒙受巨大损失。这种损失不仅包括由于金属腐蚀导致的损失，而且还包括由于注水含腐蚀物质使得注水井吸收能力下降所遭受的损失。这种废水的腐蚀作用可分为以下几个方面。

（1）废水中二氧化碳能加速腐蚀

二氧化碳的腐蚀性在于它降低了水的 pH 值并破坏了金属的保护膜，而且二氧化碳的腐蚀活性会随着水温的升高而增强。

（2）废水中硫化氢的腐蚀作用

水中硫酸盐（$CaSO_4$）能和原油中的烃发生还原反应生成硫化氢，其反应如下：

$$CaSO_4 + CH_4 \longrightarrow CaCO_3 \downarrow + H_2S + H_2O \tag{2-4-2}$$

$$7CaSO_4 + C_9H_{20} \longrightarrow 7CaCO_3 \downarrow + 7H_2S + 3H_2O + 2CO_2 \uparrow \tag{2-4-3}$$

硫化氢与金属铁反应生成硫化铁，使金属保护膜失去了原有的作用，随着水温升高，腐蚀速度会急剧加快。

（3）废水中的生物腐蚀作用

金属还会遭受生物腐蚀，这种腐蚀是由硫酸盐还原菌造成的。这类细菌属于厌氧细菌，它既可以在没有游离氧的状态下生存和发育，也可以在溶有氧的水里发育。由这些细菌分离出的硫化氢大部分形成沉淀物牢固地附着在金属表面。因此，往注入水中加入杀菌剂是十分必要的。

（4）废水中溶解氧的腐蚀作用

氧在电化学腐蚀中起去极化作用，还会加剧硫化氢形成的腐蚀。溶解氧的存在同时会使 Fe^{2+} 转化为 Fe^{3+}，亦不利于回注。此外，溶解氧还能加快好氧细菌的繁殖速度，使生物腐蚀加剧。

5. 用于废水净化和治理的费用最少

各油田要根据各自产油层的具体情况制定注水水质标准。虽然注入岩层的废水净化强度越高，注水井的吸收能力越好，但净化水不一定对每个地区都适用。对于渗透率较高的产油层，没有必要建造复杂而昂贵的净化设施。因此，要在保证回注水质量的前提下，尽量减少废水治理费用。

（二）注水水质标准

油田污水水质复杂，含有许多有害成分，注水采油时，一般使用河水、海水、江湖水或浅井水与地层水混注。混注水中含有不同程度的机械杂质及一定量的石油，其中油类大多数是以细微的乳化油粒的形式存在于水中。注水中如含有油，特别是乳化油，可能与硫化铁等固体粒子结合在一起形成乳化块而堵塞地层。因此，在注水之前，必须对注入水进行处理，使之减少或避免油层堵塞和油层污染。另外，油田污水由于矿化度高，又溶解了不同程度的硫化氢、二氧化碳等酸性气体及溶解氧，会对注水系统产生腐蚀。

为了保证注水效果，对注入水应有严格的水质要求，其参照水质标准为《碎屑岩油藏注水水质指标及分析方法》（SY/T 5329—2012），其推荐水质主要控制指标见表 2-4-2。

表 2-4-2 推荐水质主要控制指标

	注入层平均空气渗透率/μm^2	≤0.01	>0.01 且≤0.05	>0.05 且≤0.5	>0.5 且≤1.5	>1.5
控制指标	悬浮固体含量/(mg/L)	≤1.0	≤2.0	≤5.0	≤10.0	≤30.0
	悬浮物颗粒直径中值/μm	≤1.0	≤1.5	≤3.0	≤4.0	≤5.0
	含油量/(mg/L)	≤5.0	≤6.0	≤15.0	≤30.0	≤50.0
	平均腐蚀率/(mm/a)	≤0.076				
	SRB/(个/mL)	≤10	≤10	≤25	≤25	≤25
	IB/(个/mL)	$n\times10^2$	$n\times10^2$	$n\times10^3$	$n\times10^4$	$n\times10^4$
	TGB/(个/mL)	$n\times10^2$	$n\times10^2$	$n\times10^3$	$n\times10^4$	$n\times10^4$

注：1. $1<n<10$。

2. 清水水质指标中去掉含油量。

（三）废水回注方式

1. 按废水与清水混合与否分类

按照废水与清水混合与否，将回注方式分为单注和混注。

① 单注　单注即是净化废水不与其他水混合，单独注入地层。该方式的优点是水质较稳定，基本上无细菌结膜现象，结垢轻微，回注系统运行正常。缺点是来水量与回注水量不易平衡，废水不能保证全部回注，常常需要外排，易造成环境污染。

② 混注　混注是指将净化废水与其他水（地下水或地面水）混合后注入地层。该方式的优点是流程灵活，废水可全部利用，对腐蚀性的废水还可减少对设备和管道的腐蚀。缺点是有些油田废水与清水具有不兼容性，因此易产生结垢和细菌结膜现象，影响设备的正常运行。

2. 按废水与清水混合位置分类

按照废水与清水混合位置，将混注方式分为泵后混合、泵前吸水管内混合以及泵前清水罐内混合等数种。

① 泵后混合　由于这种方式是采用净化废水与清水在水泵后混合，因此在注水站内不会造成结膜、结垢现象。但采用这种方式时，废水不能全部回注。

② 泵前吸水管内混合　采用这种方式时，虽然结膜程度很轻，但易造成注水泵内结垢。

③ 泵前清水罐内混合　采用这种方式时，虽然注水泵的结垢现象轻微，但是结膜现象严重，其结果会使注水泵过滤器发生堵塞。

除了以上介绍的几种方式之外，有的油田还在废水进入废水处理站时将废水与清水混合，以减小污染物浓度、降低废水的腐蚀性。有的油田还在废水未经脱水处理前就将清水与废水混合，这样有助于原油脱盐与稠油输送。

综上所述，废水回注方式各有利弊。单注固然效果好，但废水不能全部回注；混注虽然可以解决废水回注问题，但易带来其他困难影响回注。从目前各油田的实际情况看，绝大多数回注站采用的是混注方式。

三、废水处理与利用

（一）普通油田采油废水处理

普通油田是指所处地域的地下水或地表水性质属于普通水范畴的油田。一般油田废水以含油废水为主，因此废水处理的主要目标是除油。

如废水处理到回注水质标准，一般分为以下两种情况：对于含油浓度较高的废水，多采用三段法的治理方式；对于含油浓度较低的废水，应用二段法即可达到回注要求。如废水需达到排放标准时，除必不可少的物理化学方法（混凝、沉淀、过滤等）外，一般需要增加生物处理作为二级处理。

1. 沉淀过滤法

某油田废水处理站设计处理能力为 $2500m^3/d$，实际处理能力为 $2200m^3/d$。

（1）废水来源、水质、水量

如图 2-4-2 所示，从图中可以看出，进入废水处理站进行治理的油田废水主要有 4 个来源：

① 含水原油被开采出来后进入脱水转油站进行脱水脱盐治理后分离出来的废水；

② 对注水井定期进行反冲洗时清洗出的洗井水；

③ 定期对贮油罐进行清洗后产生的清洗水；

④ 对废水处理站内的压力滤罐进行反冲洗后产生的反冲洗水。

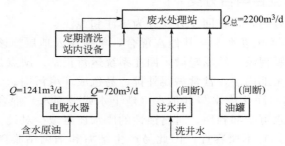

图 2-4-2 废水来源示意

进水水质监测结果见表 2-4-3。

表 2-4-3 进水水质监测结果

指 标	结果	指 标	结果	指 标	结果
pH 值	6.7	$Mg^{2+}/(mg/L)$	30	$Fe^{3+}/(mg/L)$	5.0
水温/℃	45	$Cl^-/(mg/L)$	28360	总矿化度/(mg/L)	49000
密度/(g/cm³)	1.03	$SO_4^{2-}/(mg/L)$	1200	含油量/(mg/L)	<1000
$(K^++Na^+)/(mg/L)$	18600	$HCO_3^-/(mg/L)$	412	悬浮物/(mg/L)	300
$Ca^{2+}/(mg/L)$	426	总铁/(mg/L)	8.5		

（2）废水处理工艺

普通油田废水主要采用混凝、沉淀、过滤等方法进行处理，其工艺流程见图 2-4-3。

由于含油废水偏酸性，所以需加入 NaOH 调节其 pH 值，然后进入一级沉降罐（又称一级除油罐），在不加混凝剂的条件下，利用油水密度差，使油水得到初步分离。在此过程中，大颗粒泥砂和一些悬浮颗粒也逐渐脱离混合体，沉到罐底。经过一级沉降罐治理后的出水，其含油颗粒粒径和悬浮颗粒粒径趋于细小，已无法自然分离。因此，一级沉降罐的出水在进入二级沉降罐之前需加入聚合铝混凝剂，加药后废水进入二级沉降罐反应室进行充分混合，使分散的悬浮微粒和细小的油珠逐渐聚合成较大颗粒，然后再分别通过二级斜板沉降罐和石英砂压力滤罐进行深度沉降和过滤，最终使废水达到适宜的注水标准。

经过一级沉降罐、二级斜板沉降罐和缓冲罐分离出的浮油将定期放入污油罐，经污油泵提升进入油气集输系统。而沉降罐和缓冲罐产生的溢流物、放空水、污泥则排入污泥池，经

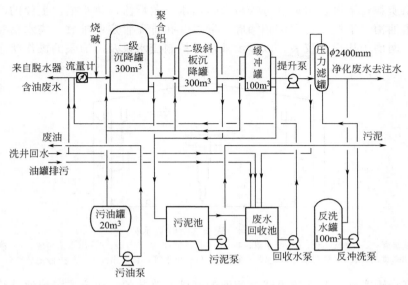

图 2-4-3　含油废水处理工艺流程

沉淀后，上部废水重新进入废水回收池，沉淀在池底的污泥定期清挖或外输。压力滤罐也要定期反冲洗，反冲洗废水排入废水回收池待处理。间断排放的洗井废水和油罐冲洗水也进入废水回收站。回收池中的废水通常用恒定流量的回收水泵输入废水治理系统进行处理。

　　主要设计参数如表 2-4-4 所列。

表 2-4-4　主要构筑物的设计参数

名　　　称	设　计　参　数		实际运转参数	
	流　　速	停留时间	流　　速	停留时间
一级沉降罐	0.64mm/s	2h	0.36mm/s	3.6h
二级斜板沉降罐	0.56mm/s	1.45h	0.31mm/s	2.6h
压力滤罐	6~8m/h		4~5m/h	

2. 沉降-粗粒化-沉降-压滤法

　　根据油田废水排放的不同情况，也可在一级沉降后采用粗粒化处理工艺，粗粒化装置的填料有平板式、管式及蜂窝式等，也可用一些粒状及纤维状物质作为粗粒化介质，如蛇纹石、陶瓷、炭粒、人工合成高分子材料以及金属网等。经粗粒化后的废水再进入二级沉降池，进一步降低水中含油量。

　　某油田废水处理站设计处理能力为 8000m³/d，废水处理工艺如下。

　　(1) **废水治理工艺**

　　所采用的废水治理工艺流程是：一次沉降除油→粗粒化→二次斜板沉降除油→压力过滤。一次沉降除油选用辐流式沉降罐，它对含油废水起预处理作用，可以去除浮油及较大粒径的机械杂质。

　　(2) **废水治理设备**

　　这套治理流程的关键设备是辐流式沉降罐和其他治理设备，分述如下。

　　① 辐流式沉降罐　从图 2-4-4 所示的辐流式沉降罐的结构中可以看出，脱水站脱出的含油废水靠余压由管道输入水管，经整流孔板进入配水罩，配水罩侧壁有双层孔口，废水呈辐射状均匀地喷入罐内沉降区，水平地沿径向流至罐壁。在流动过程中，流速逐渐减慢，油珠

上浮,机械杂质颗粒下沉。水流绕过挡板溢过出水三角堰流入集水槽。上浮的浮油通过出油三角堰流入集油槽。下沉的污泥沉积罐底,通过穿孔排泥管定期排放。集水槽和集油槽由隔板相互隔开,两槽中均设有仪表,以显示液位并控制废水泵及污油泵的操作状态。

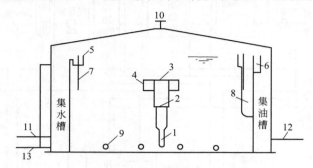

图 2-4-4　辐流式沉降罐示意

1—进水管;2—整流孔板;3—配水罩;4—配水孔;5—出油三角堰;6—出水三角堰;7—挡板;
8—集油管;9—穿孔排泥管;10—通气罩;11—出水管;12—出油管;13—溢流放空管

辐流式沉降罐实际上是在辐流式沉淀池的基础上改装的。辐流式沉淀池是给排水工程中常用的预处理构筑物,对泥、水两相分离效果良好。但是含油废水与给水工程中的原水或排水工程中的废水性质不同,它要求水、油、泥三相分离,因此照搬辐流式沉淀池不加改进是不能利用的。为此在辐流式沉淀池配水罩的上部增设了浮油分离区,同时在周边增设了挡板,以使油水分隔。该罐和油田废水治理中常用的立式除油罐相比有如下特点。

a. 采用多级孔口压力外流及三角堰口溢流,使罐内整个工作面配水均匀,防止短流。

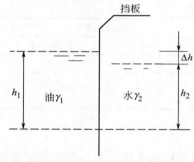

图 2-4-5　挡板两侧水位示意

b. 利用废水及污油的密度差自动收油,结构简单,运行可靠,适应性强,并使油污的含水率大幅度减少。同时利用出水堰及出油堰的高差控制污油层的厚度不小于 300mm,确保密闭隔氧,见图 2-4-5。

如图 2-4-5 所示,挡板的两侧实际上相当于连通器的两端,其关系如下式:

$$\gamma_1 h_1 = \gamma_2 h_2 \tag{2-4-4}$$

$$h_1 = h_2 + \Delta h \tag{2-4-5}$$

$$\Delta h = h_1(1 - \gamma_1/\gamma_2) \tag{2-4-6}$$

式中,h_1 为污油油层厚度,m;γ_1 为污油密度,kg/m³;h_2 为废水层厚度,m;γ_2 为废水密度,kg/m³;Δh 为污油污水液面差,m。

在一定情况下,γ_1、γ_2 是固定的,可以看作是常数,因此只要确定 Δh 即可保持污油层的厚度 h_1。反之,污油层的厚度 h_1 达不到出油三角堰的高度,就不会发生溢流,这样,就彻底杜绝了废水混入污油。

c. 水力工作情况良好。如前所述,废水经配水罩孔呈辐射状均匀喷出后,分别呈向上、水平、向下状态,互不干扰。同时,由于废水从罐中央向罐壁的流速由大到小,这样就有效地减缓了因沉降或浮升速度不同而造成的同相颗粒沉降或浮升。

d. 罐底部配有穿孔排泥管,可定期排除罐底沉积的污泥。

② 其他处理设备　经辐流式沉降罐的废水进入粗粒化装置,该装置采用罐式结构,粗粒化材料为蛇纹石,使游离状的小油珠变为大油珠,随之加快了油水分离速度。粗粒化罐采用穿孔板配水,水流自下而上,为防止水流沿罐壁走短路,设有阻流圈,并配备蒸汽管网,

以防止停运时污油凝结。该罐的设计表面负荷为 $30m^3/(m^2 \cdot d)$ 时，单罐处理能力为 $5000m^3/d$。从粗粒化罐排出的废水进入二级斜板沉降罐进一步除油，最后废水通过压力滤罐，完成了废水治理的全部过程。

（3）处理效果

这套治理设备平均日处理量为 $8000m^3$，治理后的水质全部达到当时执行的部颁标准（见表 2-4-5），废水全部回注于地层，从而结束了多年的废水外排状况，并取得较好的经济效益及社会效益。

表 2-4-5　改造前后处理水质对照表

项目	部颁指标	改造后数据	改造前原数据	项目	部颁指标	改造后数据	改造前原数据
悬浮物/(mg/L)	5	<5	30	腐蚀率/(mm/a)	0.07~0.125	0.033~0.1	0.16
总铁/(mg/L)	0.5	0.1	0.1	滤膜因数	15	20~25	6
含油/(mg/L)	80	3.4	100	污油含水/(mg/L)		<30	>870
溶解氧/(mg/L)	0.5	0.01~0.02	0.05				

注：当时执行的采油水回注标准为 SY/T 5329—94。

运行资料表明，在整个废水治理系统中，辐流式沉降罐起到了重要的作用。该罐的体积为 $500m^3$，外径 12m，高 6m，两座辐流式沉降罐并联工作，除油率高达 87% 以上，而且随废水含油率的升高而升高，当废水含油 20000mg/L 以上时，除油率可达 99% 以上，基本上去除了浮油，达到了设计要求，确保了后续设备如粗粒化罐、二次斜板沉降罐及压力过滤罐的正常运行。

3. 生物方法

一般仅通过物理化学方法不能实现采油废水的达标排放，需要结合生物方法，去除废水中较低浓度的油类和 COD 等。

例如某油田采油废水经原有处理工艺絮凝→气浮→澄清→过滤的物理化学处理后，不能达到国家要求的《污水综合排放标准》（GB 8978—1996）二级标准，出水水质及排放标准如表 2-4-6 所示。

表 2-4-6　出水水质及排放标准

项目	水温/℃	pH 值	COD/(mg/L)	石油类/(mg/L)	氯化物/(mg/L)	挥发酚/(mg/L)	硫化物/(mg/L)	矿化度/(mg/L)	总硬度/(mg/L)
出水	60	13.2	230	23.4	4583	0.301	2.83	9822	50
排放标准	—	6~9	150	10	—	0.5	1.0	—	—

为使废水能够达标排放，将对以上工艺进行改造，主要任务是去除出水中多余的石油类、硫化物和 COD，并使水温降低到 30℃，能够外排到地表水 V 类功能区。本项目采用的主要工艺为高效混凝处理技术、高效冷却工艺、吸油除油技术和生物滤池生化处理，工艺流程如图 2-4-6 所示。其中混凝剂采用聚铁化合物，可在去除 COD 的同时，与溶解性硫化物形成硫化铁沉淀，有效降低硫离子含量；废水经冷却塔降温后，不但有利于生物滤池微生物的生长，并且降低了溶解油的溶解度，有效降低了油类和 COD 浓度。

该工艺各单元的处理结果如表 2-4-7 所列，实际运行中，当生物滤池工艺前的处理水质达到二级排放标准时，则可以不经生物滤池直接排放，当前面工艺不能达标时则通过生物滤池进行深度处理，该工艺主要考虑废水中油类、总盐、氯离子含量都很高，微生物的生长繁殖会受到抑制，因此单纯的生物方法难度大，可行性差，所以采用物理化学方法和生物处理方法相结合，达到了较好的处理效果。

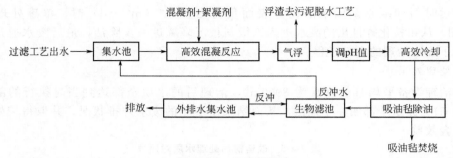

图 2-4-6　工艺流程

表 2-4-7　各单元处理结果

处 理 单 元		COD	石油类	硫化物	pH 值	水温
集水池	进水	230mg/L	23.4mg/L	2.83mg/L	13.2	60℃
	出水	220mg/L	23.4mg/L	2.83mg/L	13.2	58℃
	去除率	4.3%	—	—	—	—
气浮装置	出水	180mg/L	17mg/L	1.0mg/L	11	55℃
	去除率	18.2%	27.4%	64.7%	—	—
pH 值调节、集水池	出水	170mg/L	17mg/L	1.0mg/L	9	53～
	去除率	5.6%	—	—	—	—
冷却塔	出水	170mg/L	17mg/L	1.0mg/L	8～9mg/L	30℃
	去除率	—	—	—	—	—
除油塔	出水	150mg/L	10mg/L	1.0mg/L	8～9	28℃
	去除率	11.8%	41.2%	—	—	—
生物滤池	出水	130mg/L	8mg/L	0.8mg/L	7～8	26℃
	去除率	13.3%	20%	20%	—	—
总去除率		43.5%	65.8%	71.7%	—	—

（二）高矿化度油田采油废水处理

在高矿化度水源的地区，油田废水造成的危害突出表现在对设备的严重腐蚀上。油田废水中含有多种杂质和气体，其中氧是三种主要溶解气体（氧、二氧化碳和硫化氢）内最有害的一种，在浓度非常低的情况下（<1mg/L），它也能引起严重腐蚀。氧在电化学腐蚀中起去极化作用，能消耗阴极表面的电子而使电化学腐蚀加快。由于氧的去极化作用，还会使溶解的硫化氢加剧对设备的腐蚀。对于高矿化度废水，由于溶解氧的存在，腐蚀速度加快，这是因为高矿化度水中有足够的氯离子，它干扰破坏 $Fe(OH)_3$ 保护膜的形成。由于溶解氧的存在还使 Fe^{2+} 转化为 Fe^{3+}，亦不利于回注。其次，油田废水中氯离子含量很高，氯化物一般极易溶解，氯离子体积小、活性大，穿透金属表面保护膜的能力极强。此外，溶解氧与溶于水中的硫化氢、二氧化碳还会产生协同作用，使废水腐蚀速度加剧。硫化氢亦有明显的点蚀作用。因此，对于这类油田，废水治理的关键是尽可能地减小废水造成的腐蚀。

对于高矿化度油田废水，其净化工艺与普通油田废水相同，从转油站、脱水站来的废水首先进入一次除油罐。经自然除油的废水与净化剂及絮凝剂反应后进入二次除油罐（混凝除油罐），出水经压力过滤罐过滤后进入回注站。但必须设置废水处理回用的水源稳定塘，同时应投加各种稳定剂。各种水质稳定剂品种及用量必须通过试验决定。油田常用的稳定剂为吸附型有机胺类缓蚀剂、有机磷酸盐类防垢剂、有机杀菌剂等。杀菌剂应选用两种以上交替使用，以免产生抗药性。

要根据化学药剂的性能和水质的需要选择适当的加药部位，以发挥药剂的效能。药剂投加量应随水质、水量变化进行调整。

此外，天然气密闭系统也是治理高矿化度废水必不可少的系统。油田常用天然气作为填充隔离气体，以隔绝空气（也有采用氮气的）。天然气密闭系统既要达到隔氧效果好、调压质量高的目的，更要保证安全可靠。天然气密闭系统的调压方式，可以用低压气柜调节；当天然气源充足时，也可采用自力式调压阀作补气调压，以电动隔膜压力调节器（需防爆）作排气调压。

（三）石油钻井废水处理

通常，钻井废水中的悬浮微粒与黏土的组合体多带负电荷，由于双电层作用，钻井废水具有一定的稳定性，不易将各种组分分离。因此，对于钻井废水主要采用化学混凝法进行处理。

1. 治理工艺

钻井废水的处理工艺流程见图 2-4-7。

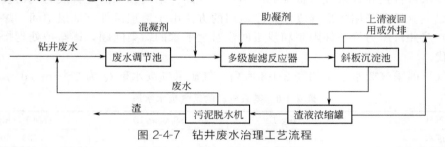

图 2-4-7　钻井废水治理工艺流程

钻井废水首先进入废水调节池调整废水的 pH 值，使之保持在 7.5～8 之间，调整后的废水进入多级旋流反应器中，与混凝剂发生反应。经过电中和的脱稳作用，逐渐形成絮凝体。在反应中要根据情况适量加入助凝剂，以促进较大颗粒矾花的形成。多级旋流反应器的废水治理量以 $6～8m^3/h$ 为宜。经多级旋流反应器治理的废水进入斜板沉淀池进一步沉淀，在池中如发现沉渣上移至斜板区时，要立即停机，用调整废水 pH 值和添加混凝剂的办法使其恢复正常。经斜板沉淀池治理后的上清液，基本上已达到废水外排标准，可以外排，亦可以进入集水槽作工业用水。从斜板沉淀池下部排出的渣液进入渣液浓缩罐，经一段时间的浓缩，其上清液进入斜板沉淀池的外排系统或回用系统；浓缩液则进入污泥脱水器，形成含水量约 80% 的半干渣，其主要成分是岩石微粒和黏土，可成形堆放。

2. 治理设施

钻井废水处理设施可采用多级旋流反应器和斜板沉淀池。

（1）多级旋流反应器

从图 2-4-8（a）所示的旋流反应器的俯视图中可以看出，废水沿切线方向进入一级反应器，并在反应器内发生旋转，由于油水密度不同，因此在旋转时将油分逐渐分离。在反应过程中加入混凝剂，使废水中的悬浮物与黏土逐渐分离。加入助凝剂可使反应完全，形成油悬浮物-水-污泥三相。经过四级旋流反应后，钻井废水中的悬浮物已大部分被去除。图 2-4-8（b）为多级旋流反应器示意图。

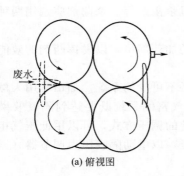
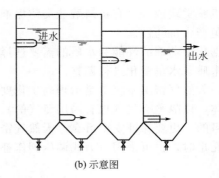

(a) 俯视图　　　　　　　　　　(b) 示意图

图 2-4-8　多级旋流反应器

（2）斜板沉淀池

从多级旋流反应器流出的废水进入斜板沉淀池后，依照"浅池原理"，逐渐分离成油悬浮物-水-污泥三相，使废水治理进一步彻底化。

（四）采气废水处理

采气废水可直接导致采气产量降低或不稳，因此，采气废水的处置成为气田发展面临的关键问题之一。早期采用的采气废水回注地层的方法由于地理条件（地层空间、渗透性、汲水指数等）及井口压力等条件限制和浅层回注对地下水的污染问题，逐渐被处理排放的技术路线所取代。

某采气厂的采气废水水质如表 2-4-8 所列，气矿采气废水量 Q 为 $2\sim5m^3/d$。

表 2-4-8　某采气厂的采气废水水质

项目	COD/(mg/L)	SS/(mg/L)	石油类/(mg/L)
进水	2100~3000	600~900	500~800
出水	150	30	10

由于原水水质的可生化性较差，无法直接进行生化处理，并且对预处理要求较高，因此采用电絮凝法进行预处理，可去除部分油类、悬浮物和 COD，然后再进行生化处理，二级生化处理采用 SBR 法。工艺流程如图 2-4-9 所示。

项目运行后出水水质结果如表 2-4-9 所列，油类、悬浮物及 COD 的去除率均达到 90%以上，达到 GB 8978—1996 中二级排放标准。

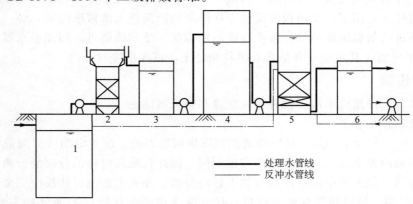

处理水管线
反冲水管线

图 2-4-9　某采气厂的采气废水处理工艺流程
1—调节池；2—电絮凝池；3—贮水池；4—SBR 池；5—滤池；6—反冲水池

表 2-4-9　处理效果

项　目	进水	出水	标准要求	去除率/%
COD/(mg/L)	2460	128	150	94.80
SS/(mg/L)	790	22	30	97.22
油类/(mg/L)	560	8	10	98.57

第三节　石油炼制工业废水

一、生产工艺与废水来源

（一）用水及排水系统

1. 炼油工业用水

原油加工生产过程中需要大量的工业用水，如制得成品或半成品进行高温加热时所需的冷却水；作为生产过程中主要动力蒸汽的耗水以及电脱盐用水、产品水洗水、配制化学药剂用水、工艺注水、清洗槽车用水、机泵冷却水等工艺用水。当不回收冷凝水、不回用污水、不循环使用冷却水时，一个生产装置比较齐全的炼油厂的用水量为加工原油量的 30～50 倍。近几年由于采用新的生产工艺、节约工业用水及采取循环用水，使新鲜水用量大大降低。目前，一般每加工 1t 原油新鲜水用量在 0.3～3.5m³。国外一些新建炼油厂加工 1t 原油新鲜水用量在 1.0m³ 以下。

2. 排水系统

炼油厂的工业用水量大，生产用水点分散，废水的来源、特性和废水量与原油加工工艺过程、原油的类型、使用的设备、水重复利用程度以及维护管理水平等因素有关。根据废水的来源可将炼油废水分为以下几种类型。

① 工艺废水　工艺废水是生产装置产生的废水，主要来自炼油装置的塔、罐、油水分离器的排水，是主要的污染源，占总排水中 COD 负荷的 50% 左右。

② 含油废水　含油废水主要来自炼油装置的机泵冷却水，原油及重质油中间罐排水，地面冲洗水，塔、冷凝器的排水以及装置区域的含油雨水等。

③ 假定净水　假定净水主要来自锅炉排污水、纯水制造装置的再生废液、循环冷却水场凉水塔的排污水。

④ 生活污水　生活污水来自车间、办公楼、食堂、宿舍等。

（二）废水的性质

在上述四种污水中，以工艺废水与含油废水的污染程度最为严重，是炼油厂的主要废水，其具有废水排放量大、废水组成复杂的特点，废水水质随加工原油的性质和工艺过程的不同而变化很大，正常生产排放的水质与开、停工初期及检修期排放的废水水质差别很大。

现将炼油厂主要工艺过程产生的废水和主要污染物列于表 2-4-10。炼油厂几个生产装置排出的工艺废水的水质特性示于表 2-4-11。

表 2-4-10　炼油厂主要工艺过程产生的废水和主要污染物

工艺过程名称	废水来源和主要污染物
常减压蒸馏	常压蒸馏装置排水：来自汽提、蒸馏的冷凝器，主要含有 H_2S 和 NH_3（大多以 NH_4SH 形式存在），还有少量的酚，呈碱性
	减压蒸馏装置排水：来自减压蒸馏的汽提、蒸馏冷凝器，蒸汽喷射器的蒸汽冷凝排水，加热炉盘管稀释蒸汽；主要含 H_2S、酚、油，水呈乳浊状
催化裂化（或热裂化）	在催化裂化反应塔中，汽提法将油和催化剂分离时排出蒸汽冷凝水，水中主要含有氨、硫化物及酚类化合物
	在催化裂化或热裂化的分馏塔顶回流罐产生酸性冷凝水，含 NH_4SH、酚类和氰化物
铂重整	用铂作催化剂，使油品的分子结构重新调整，提高汽油的辛烷值和生产芳烃类产品，其废水量较小，主要含油和硫化物
加氢精制	在催化剂的作用下，向油品中加氢，脱除油品中的硫、氨等不纯物；废水主要含有高浓度 H_2S、NH_3（或 NH_4SH）和酚
丙烷脱沥青	利用丙烷作溶剂，去除减压渣油中的沥青等胶质，生产高黏滞性的润滑油和裂化原料油；废水中含少量油、硫化物和氨
延迟焦化	使油品在加热炉中短时间达到焦化温度，在焦化塔中进行焦化反应，使重油、渣油和沥青加热裂解得到轻质油；废水来自冷凝器，主要含油、硫化氢、氨和酚等
酮苯脱蜡	用酮-苯作溶剂将重馏分油和脱沥青的重油中的蜡脱除，降低油品的凝固点，废水主要含油和酮等
叠合装置	从上述一些装置得到的副产品液化气，在催化剂的作用下进行叠合反应，生成高辛烷值汽油、其他组分和产品；废水主要含油和硫化物
电脱盐脱水	原油脱盐一般在采油点进行，但有时在炼油厂进行原油加工前，还要进一步进行脱水脱盐；该装置排出的废水含有盐分、油酚及硫化物等，由于有油存在，水多呈乳浊状
其他	油品贮罐的清洗排水，主要含油及有机物

表 2-4-11　炼油厂工艺废水的水质特性

污染成分	排出地点			
	常压蒸馏顶冷凝水	减压蒸馏顶冷凝水	加氢脱硫装置排水	催化裂化装置排水
pH 值	6～8	6～7	7～8	8～10
氯化物/(mg/L)	5～25	—	—	—
NH_4^+/(mg/L)	5～100	—	2000～3000	50～8000
硫化物/(mg/L)	5～25	10～100	10000～50000	50～1000
油/(mg/L)	2～12	50～1000	5～150	1～10

　　一般情况下，新鲜水用量越多，排出的废水量也越多。目前，国外炼油厂废水的排放量（以 1t 油计）约为 $1.0m^3/t$。一些新建炼厂和一些老厂采用了多种措施，使废水排放量进一步降到 $0.3～0.5m^3/t$。

二、清洁生产

　　目前国内外炼油厂对水污染防治一般采取以下措施：
　　① 改革生产工艺，压缩排污量；
　　② 对生产废水进行清污分流；
　　③ 在生产车间进行废水的预处理；
　　④ 建污水处理装置，使废水处理达到排放标准；
　　⑤ 进行深度处理，实现废水回用。
　　由于每个炼油厂的具体情况不同，因此所采取的水污染防治措施也不同。

（一）改革生产工艺、压缩排污量

在炼油厂生产工艺中，尽量采用不污染和少污染的工艺过程和设备，压缩污染源，减少排污量，是控制水污染的积极有效措施。

1. 采用污染少的炼油工艺

国外炼油厂在二次加工装置中，加氢精制所占的比例迅速增加。采用加氢精制可降低废水的排放量和污染程度，免除了高浓度含硫、含酚废碱液和碱渣等难处理的问题。

国外有些炼油厂已采用管壳式表面冷凝器代替大气冷凝器，真空泵代替蒸汽喷射泵，消除了大气冷凝器排水。

有的炼油厂采用重沸器代替直接蒸汽进行汽提，减少污水的排放量，也有研究用天然气或干气代替汽提蒸汽。

2. 综合利用，回收有用物质

国外新建炼油厂中大部分都有硫黄回收装置，回收气体中的硫化氢用来制取硫黄。

炼油二次加工装置分馏塔顶的冷凝水（通称酸性水）中含有较高浓度的硫化氢、氨和酚等污染物。目前许多厂都有酸性水汽提装置回收氨，将汽提出的硫化氢与其他装置排出的硫化氢气体一并送到硫黄回收装置。

有的厂对高浓度含酚废水采用静电萃取方法回收酚。有的炼油厂从直馏产品碱洗废液中回收环烷酸，从废碱液中回收硫氢化钠和硫化钠，从酸渣中回收硫酸。

3. 降低新鲜水用量，压缩污水排放量

国外新建炼油厂大量采用空气冷却取代水冷却，大大节约了新鲜水用量。不少采用直流水冷却的老厂，逐渐改用循环水系统。有的厂广泛采取重复利用和净化废水回用的方式。

除上述经常性的污染源外，还要特别注意防治那些复杂的冲击性污染源，要在设计和建造设施时有所考虑。

（二）生产废水清污分流

清污分流的目的是保证不同污染物容易处理并便于回收，同时能提高最终处理效果，减少处置费用。在对炼油厂的污染源进行调查研究、改革生产工艺以及压缩排污量的基础上，制定出废水清污分流的方案，以便对不同的废水采取不同的方法进行治理。在制订清污分流方案时要注意有利于治理，便于管理和经济技术上的合理性。

国外新建炼油厂的排水系统多采用分流制，一些老厂也将合流制的排水系统改造为分流制。一般分为不含油废水（含盐废水）、含油废水、工艺废水及生活污水四个系统。现将废水系统的划分列于表 2-4-12。

（三）废水的预处理（车间内）

对从炼油厂生产工艺中排出的高浓度含硫、含酚、含氨废水和废碱渣等，从技术经济角度出发，首先在生产车间进行预处理，这样既可以降低废水处理厂的污染负荷，又可回收废水中有用的物质。

1. 含油废水

含油废水是炼油厂中水量最多的一种废水，主要含油、悬浮物及其他有机污染物。废水中的油以浮油、乳化油及溶解油（或分散油）等几种状态存在。浮油一般采用重力分离法；乳化油用混凝、浮选、聚结（粗粒化）、过滤等方法去除；溶解油用吸附及生化法去除。

表 2-4-12　炼油厂废水系统的划分

废水类型	废水来源	收集系统	处理方法
不含油废水（含盐废水）	(1)不含油雨水 (2)直流冷却水 (3)蒸汽透平冷凝水 (4)空调冷却水 (5)锅炉排污 (6)屋顶排水 (7)离子交换再生水 (8)水软化器排水 (9)直流冷却水(用于C_5或较轻组分)	不含油废水管道	专用隔油池
含油废水	(1)直流冷却水(用于C_6或更重组分) (2)冷却塔排污(用于C_6或更重组分) (3)自流的含油雨水 (4)可收集的含油雨水	含油冷却水管道	专用隔油池
工艺废水	(1)压舱水 (2)脱盐水 (3)油罐脱水 (4)汽提冷凝水 (5)泵填料冷却水 (6)洗涤水	工艺废水管道	API隔油池
生活污水	(1)全厂更衣室排水 (2)卫生间排水 (3)浴室排水	生活污水管道	炼油厂废水处理厂 城市污水处理厂

2. 含硫废水

在含硫废水中主要含有硫化物、氨、油、挥发酚等物质。对一个炼油能力 $2.5 \times 10^6 t/a$ 的炼油厂，其含硫废水量约 $60m^3/h$，表 2-4-13 中列出某炼油厂含硫废水的主要来源和特性。

表 2-4-13　含硫废水的主要来源和特性

来源	特性				
	水温/℃	油含量/(mg/L)	硫化物/(mg/L)	挥发酚/(mg/L)	氰化物/(mg/L)	氨氮/(mg/L)
常压塔顶分离水	42	180.75	28.97	31.92	1.51	105.87
初压塔顶油水分离	29.3	14.40	4.59	20.88	1.00	218.60
催化分馏塔顶分离水	29.6	37.67	1190.4	527.5	4.20	868.93
液态烃切换水	25	32.42	8563.2	24.0	5.93	4043.56

从表 2-4-13 可知，由于含硫废水污染程度高，对废水处理构筑物的正常运转影响很大，而且还会对大气及环境造成污染，所以，国内外均首先在生产装置附近对含硫废水进行预处理，或在废水处理厂首先对高浓度含硫废水进行单独处理，然后再与其他废水混合进入废水处理厂。其处理方法主要有汽提法、空气氧化法、催化法等。国外新建炼油厂多数采用双塔蒸汽汽提法，从催化分馏塔冷凝水中回收硫化氢和氨。

3. 含酚废水

炼油厂含酚废水主要来源于炼油厂加工装置，如常减压蒸馏、热裂化、减黏、焦化以及催化裂化等装置和分馏塔塔顶油水分离器，废水中含酚量较高，主要是单元酚。一般对高浓度含酚废水采取在生产装置附近进行预处理，再与低浓度含酚废水一并送到废水处理厂进行生化处理。常用的预处理方法有烟道气或蒸汽汽提、溶剂萃取法等。

4. 废碱液

一些炼油厂对含硫、含碱废液通常与含硫废水一起进行空气氧化处理，对于含酚高的废碱液则用烟道气和硫酸进行中和处理。有的炼油厂用废碱液吸收气体中的硫化氢，回收硫氢化钠或硫化钠。有的采用焚烧法回收废碱液中的碳酸钠。有时也可考虑将高酸碱废液在生产装置附近预中和处理，既可节省动力和药剂，又可防止管道腐蚀。

5. 高度乳化废水

炼油厂废水中含有环烷酸或其他乳化剂，加工含硫原油时尤为突出。如能在生产装置附近首先进行破乳化预处理，将提高废水处理的效果。

6. 废水预处理和回用相结合

炼油厂的有些废水经预处理后，就地回用作为生产用水，如氧化沥青成型废水的处理回用、焦化装置熄焦水的回用、洗槽废水自身循环使用等。既可节约新鲜水，又可减少废水处理厂的负荷。

7. 其他废水

对炼油厂各生产车间排出的高浓度废水，从经济技术合理角度出发，根据具体情况首先进行预处理。如含铬废水预处理等。

三、废水处理与利用

（一）炼油废水的处理方法及主要构筑物

1. 物理化学处理方法

（1）重力法

重力法除油是既经济又有效的除油措施，即利用水和油的密度不同使油与水分离，用以去除粒径较大的浮油和部分分散油。由于此方法对乳化油的分离效果不好，因此一般只作为炼油废水的预处理使用。

常用的构筑物称为隔油池。近年来，为了提高隔油池的除油效率，隔油池的构造也有较大的改进。

① 平流式（API）隔油池　平流式隔油池结构简单、适应性强、操作方便，可分离去除直径大于 $150\mu m$ 的油滴。但池子的长度较长，需要较大的容积方能达到较好的除油效果，一般出水含油量在 $30mg/L$ 以下。其结构示意见图 2-4-10。

② 斜板式（PPI）隔油池　斜板式隔油池是在平流式隔油池基础上改进的一种池型，也称为平行板式隔油池。在池中与水流方向呈直角放置有一定倾角的平行板数块，板间距一般为 $10cm$ 左右。当含油废水通过时，由于油滴上浮碰到平行板，细小的油滴就在板下凝聚成比较大的油膜。因在池内设置了数层平行板，油滴的上升距离缩短，池子长度可为平流式（API）隔油池的几分之一，除油效果也显著提高。一般可以分离直径 $60\mu m$ 以上的油滴。当进水含油为 $1000mg/L$ 时，出水可达 $10mg/L$ 左右。目前国内新建的隔油池普遍为平行板式隔油池，出水含油量一般可小于 $40mg/L$，停留时间仅为平流式隔油池的 $1/4$，其结构见图 2-4-11。

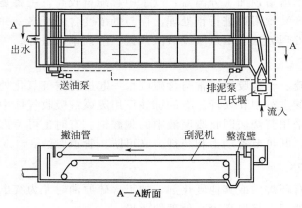

图 2-4-10 平流式隔油池

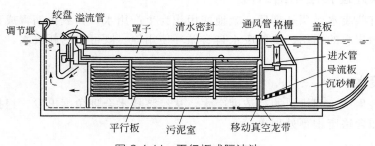

图 2-4-11 平行板式隔油池

③ 其他池型 其他池型均在此基础上进行改型，例如波纹板式（CPI）隔油池，将斜板式隔油池中的平行板改为波纹板，波纹板以相对水流的方向呈 45°倾角放置，板间距 20～40mm。波纹板式隔油池的特点在于：a. 波纹板与水的接触面积较平板大，水的层流条件好；b. 波纹板比平板凝聚油滴的效果好；c. 单位面积的处理能力显著提高，除油效率高。

（2）浮选法

重力分离只能分离废水中颗粒较大的浮油，对油粒直径微小的浮油或呈乳化状态的乳化油，多采用浮选法去除。这种方法是将空气通入废水中形成微小气泡，使油滴附着在微小气泡上，由于油滴视密度变小，加速了油滴上升速度，提高了油水分离效果。含油废水经隔油池进行油水分离后，水中仍含有一定量带负电荷的乳化油。因此，含油废水用浮选法除油时，要投加混凝剂，利用化学混凝和破乳的作用，达到去除废水中微细浮油或乳化油的目的。

向废水通入空气的方式一般采用加压（0.2～0.3MPa）溶解、减压释放的加压溶气浮选法。这种方法产生的气泡小，除油效果好。加压浮选法又可分为全流加压、部分流加压、部分回流加压三种流程。

采用加压溶气浮选法除油，进水含油量不应大于 200mg/L，去除率可达 75%～90%。

加压溶气浮选法所用混凝剂，以前主要是硫酸铝，为了提高除油效果，减少药剂用量和浮渣生成量，并且使浮渣容易分离，近年来发展了低投加量、高效能的有机高分子凝聚剂聚丙烯酰胺，以及碱式氯化铝、三氯化铁等无机混凝剂。

（3）凝聚浮上法（粗粒化法）

近年来，凝聚浮上除油不仅用作含油废水的预处理，而且用于去除乳化油和较小的浮油，代替浮选池，可以减小处理装置的体积，除油效率高。

国内某石油厂采用 FY-201 粗粒化剂，空塔流速 10m/h，床层高 3m，出水悬浮物及油的含量均低于二级浮选池的出水，出水中含油量＜30mg/L。试验流程见图 2-4-12。

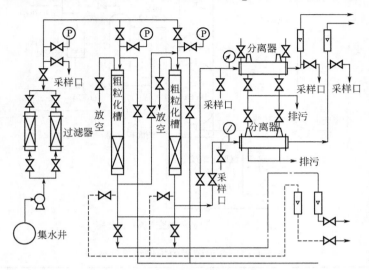

图 2-4-12 粗粒化中型试验流程示意

（4）混凝沉淀法

此法处理废水中利用自然沉淀法难以沉淀除去的细小悬浮物及胶体颗粒，可以降低废水的浊度以及去除部分重金属和放射性物质。一般采用气浮法和过滤法联用。例如，为了更好地提高浮选法处理效果，在回流加压溶气浮选工艺中向废水中投入某种絮凝剂，使水中难沉淀的胶体状悬浮颗粒或乳化污染物质失稳，从而使得污染物能够更容易下沉或上浮而被去除。炼油废水所添加的化学药剂主要为 $Al_2(SO_4)_3$、$AlCl_3$、$Fe_2(SO_4)_3$、$FeCl_3$，也可使用高分子絮凝剂。

（5）电解法

电解法指在电解槽中通入直流电，让废水通过电解槽，使废水中电解质的阴离子移向阳极，并在阳极失去电子而被氧化，阳离子移向阴极，并在阴极得到电子而被还原。利用这种反应使污染成分生成不溶于水的沉淀物，或生成气体从水中逸出，使废水得到净化。在较佳试验条件下，炼油装置废水中的 COD 的去除率可达 50% 以上。另外此法对硫化物和色度等也有很好的去除效果。如选择以食盐为添加剂，则可进一步提高污水的处理速度和效率。

（6）空气氧化法

空气氧化法是处理炼油厂含硫废水的一种方法，分为一段空气氧化法、一段催化空气氧化法和两段催化空气氧化法等。

① 一段空气氧化法 是较老的处理含硫废水的一种方法。含硫废水中的硫化铵和硫氢化铵可用空气中的氧氧化成硫酸盐或硫代硫酸盐。其反应如下：

$$2S^{2-} + 2O_2 + H_2O \longrightarrow S_2O_3^{2-} + 2OH^-$$

$$2SH^- + 2O_2 \longrightarrow S_2O_3^{2-} + H_2O$$

理论上，氧化 1kg 硫化物生成硫代硫酸盐需要 1kg 氧，相当于 4.33kg 空气。由于其中一部分硫代硫酸盐会进一步氧化成硫酸盐，因此空气用量还要增加。此外，在空气氧化反应过程中需要通入蒸汽，目的是升温，加快反应速度。由于上述反应为放热反应，理论反应热为 900kJ/mol，这些反应热可用来加热废水和空气。含硫废水空气氧化流程见图 2-4-13。表 2-4-14 为各种装置排出的废水和废碱液氧化为硫代硫酸钠的操作和设计数据。

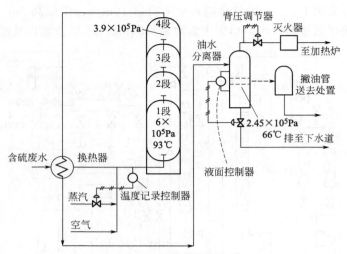

图 2-4-13 含硫废水空气氧化流程

表 2-4-14 各种装置的操作和设计数据

水 源	装置名称		
	裂化	原油蒸馏装置	$C_3 \sim C_4$ 处理装置
硫化物浓度/(mg/L)	7000	700	50000
进料流量/(L/min)	334	68	34
氧化的硫化物/(t/d)	3.5	0.07	2.7
阳离子型	NH_4^+	NH_4^+ 和 Na^+	Na^+
温度/℃	93	65.6	121
压力(顶部)/(10^5Pa)	4	0.7	2.5
空气流量/(m³/h)	1008	33.6	588
空气流量(理论)/%	210	130	150
氧化塔高/m	10.5	17.2	17.2
氧化塔直径/m	1.8	0.9	1.05
氧化塔内件	14 层栅板塔盘	9m 拉西环	30 层泡帽塔盘
塔板间距/m	0.45	—	0.45

② 一段催化空气氧化法 采用一段催化空气氧化法处理炼油厂含硫废水，可使废水中硫化物大部分氧化成为硫代硫酸盐。在氧化塔内充填铜和铁族的金属催化剂（如氯化铜、氯化亚铁、氯化铁等），pH 调到微碱性（7~9），温度在 100℃以上，表压保持（0~3.4）×10^5Pa（0~3.4atm）。水与充足的空气接触，保持过剩的游离氧量，使硫化物直接氧化成硫酸盐。催化剂浓度以 30~100mg/L 为宜。

③ 两段催化空气氧化法（直接转化法） 这是一种从炼油厂含硫废水中制硫的方法。含硫废水通过装有催化剂的第一段空气氧化后，废水中含有的硫化钠氧化生成硫酸钠和硫代硫酸钠，废水中的硫化铵氧化成硫酸铵。然后废水进入第二段催化空气氧化塔生成元素硫和氨；不含硫化物和元素硫的水通过分馏塔放出氨，从塔顶逸出，净化的水从塔底排出。部分氨水循环以回收废水中的 H_2S。回收的氨可以是无水的，或者为氨水溶液。二段氧化后的净水中仍可能含有一些硫代硫酸盐，可在一个反应器中用原废水中过剩的硫化铵，使所有硫代硫酸铵热分解为元素硫和氨。过剩的硫化铵和放出的氨，用蒸馏法从水中除去，然后循环

返回氧化塔。

（7）蒸汽汽提法

炼油厂含硫冷凝水（酸性水）中，H_2S 含量可达 $10000mg/L$，水中 NH_3 对 H_2S 物质的量比为 $1\sim2$，pH 值为 $7.8\sim9.3$。目前，国内外不少炼油厂采用汽提法脱除酸性水中的 H_2S 和 NH_3，采用的汽提介质有蒸汽、烟道气或燃料气。在汽提前，为了固定 NH_3 有时要加酸（H_2SO_4 或 HCl）处理，生成硫酸铵 $[(NH_4)_2SO_4]$ 或氯化铵（NH_4Cl），可使 H_2S 的汽提率在较低的温度（38℃）下达到 90% 以上。采用不同汽提介质汽提法的比较见表 2-4-15。

表 2-4-15 不同类型汽提法的比较

汽提介质	塔总进料量[①]/(m^3/m^3)	塔底温度/℃	去除率/%	
			H_2S	NH_3
蒸汽汽提法				
不加酸	$59.8\sim239$	$96\sim100$	$69\sim95$[③]	$110\sim132$
加酸	$29.9\sim44.8$	$97\sim100$		$110\sim121$
烟道气汽提法				
用蒸汽[②]	95	$88\sim98$	$77\sim90$	113
不用蒸汽	89	99	8	60
燃料气汽提法	56.1	98	0	$21\sim37.8$

① 塔总进料量包括回流量。

② 90%（体积）的蒸汽，10%的烟道气。

③ 不包括较低值，范围在 $86\sim95$。

含硫废水中除含有 H_2S 和 NH_3 外，还含有酚类、氰化物和氯化铵等，在汽提时，可除去某些酚类化合物，其去除程度与塔内温度、分压以及酚类的相对挥发性有关。一般采用蒸汽汽提无回流时，酚的去除率可达 35%。

对汽提的 H_2S 要进行回收制取硫黄。汽提法有常压单塔、加压单塔、加压单塔开侧线、高低压双塔、加压双塔（先提 H_2S 或先提 NH_3）等几种类型。

双塔汽提工艺处理含硫、含氨废水，既可脱硫又可回收氨。

（8）活性炭吸附法

炼油废水经过隔油、浮选及砂滤后，再以活性炭吸附，对于污染物的去除有良好的效果。失效的饱和活性炭可以通过再生，达到重复使用的目的。

目前国内外用于炼油废水深度处理的活性炭，多为蒸汽活化法制得的煤质炭，如我国某化工厂生产的 $8^{\#}$ 炭。其主要性能见表 2-4-16。

表 2-4-16 国内外用于废水处理的几种活性炭的主要性能

主要性能	活性炭型号		
	Filtrasorb-400(美国)	X-7000(日本)	太原新华 $8^{\#}$ 炭(中国)
比表面积(N_2BET)/(m^2/g)	1020	1110	930
总孔容积/(mg/L)	0.81	0.94	0.81
容重/(g/L)	480	$430\sim460$	5 左右
强度[①]/%	87	94	>80
水分/%		4	$8\sim10$
碘吸附值/(mg/g)	1060	1010	$800\sim850$

主要性能	活性炭型号		
	Filtrasorb-400（美国）	X-7000（日本）	太原新华 8# 炭（中国）
亚甲蓝吸附值[②]/(mg/L)	200	200	
ABS 吸附值[②]/(mg/g)	45	45	
颗粒尺寸	12～40 目无定形炭	ϕ1.41mm 球形炭	ϕ1.2mm×3mm 柱状炭

① Filtrasorb-400 与 X-7000 采用日本工业标准方法（JIS）。

② 采用日本水道协会标准方法（JWWA）测定。

深度处理炼油废水采用的活性炭吸附装置的床型有固定床、移动床和流化床等。过去多采用固定床吸附池和吸附塔，近几年处理规模较大的炼油厂采用移动床吸附塔的逐渐增多。国内某厂处理流程实例见图 2-4-14。

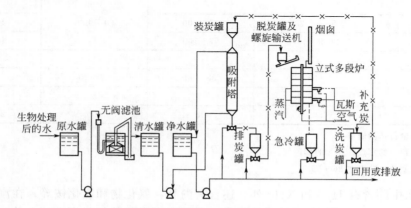

图 2-4-14　活性炭吸附法深度处理炼油废水流程

（9）臭氧氧化法

臭氧氧化法作为三级处理，臭氧投加量 35～40mg/L，臭氧浓度 10mg/L 左右。臭氧在接触塔中与废水逆流接触，接触时间 15～30min，水柱高 5.0m，当接触塔进水水质达到排放标准时，出水达到或接近地面水标准。处理 1m³ 废水耗电 0.8～1.0kW·h，处理流程见图 2-4-15。

（10）过滤法

一般炼油厂将过滤作为去除生物二级处理出水中的残留胶体和悬浮物的重要手段，放在生化处理之后，可看成深度处理技术，也可看成是活性炭或臭氧等深度处理技术的预处理。近年来，由于开发了多层滤料高速过滤和在滤池进水投加高分子混凝剂作为助滤剂，提高了过滤速度（最高可达 30m/h）和去除效果。在炼油废水物化处理流程中，将过滤作为二级处理代替浮选池，去除废水中的油和悬浮物，其去除率可达 60%～70%。投加助滤剂后，去除率可提高到 90% 以上。

对于普通重力式滤池，池进水悬浮物在 10mg/L 以上时，去除率在 30%～40%，一般情况下可达 60%～70%。过滤装置过去较多采用天然石英砂作为单层滤料，目前采用天然石英砂和无烟煤作为双层滤料的过滤装置逐渐增多。采用石英砂、无烟煤和磁铁矿作为混合滤料的滤池，不仅可过滤一般工业废水，也用来过滤炼油废水。表 2-4-17 为几个炼油厂采用不同滤料的滤层结构。

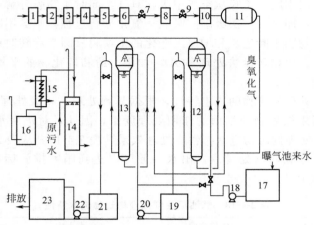

图 2-4-15 臭氧氧化法处理炼油厂二级处理出水的中型试验装置流程

1—空压机；2—后冷却器；3—冷凝器；4—稳压罐；5、6—变压吸附装置；7—减压阀；8—净化空气罐；
9—减压阀；10—冷凝器；11—臭氧发生器；12——级臭氧氧化接触塔；13—二级臭氧氧化接触塔；
14—尾气喷淋吸收罐；15—加热器；16—活性炭吸附罐；17—无阀滤池；
18、20、22—加压泵；19、21—氧化塔出水贮罐；23—净化水罐

表 2-4-17 不同滤料的滤层结构及处理效果

炼油厂名称	滤层结构类型	滤料粒径/mm			滤层厚度/mm			滤速/(m/h)	去除率/%
		上层	中层	下层	上层	中层	下层		
甲炼油厂	单层滤料	3~5			700			5	悬浮物30
乙炼油厂	双层滤料	无烟煤1~2		砂0.5~1.2	400		200	8	油80
丙炼油厂	混合滤料	无烟煤1.5~2.5	砂1.0~2.0	磁铁矿0.5~0.7	540	270	90	<10	浊度75~85

2. 生物处理方法

(1) 缺氧-好氧生物处理（A/O法）

A/O法是将缺氧过程与好氧过程结合起来的一种废水处理方法，它除了可去除废水中的有机污染物外，还可同时去除氨氮，因此得到了广泛应用。该方法对 NH_4^+-N 的去除率在 90% 以上，COD 去除率 80% 以上，而且系统的抗冲击能力强，出水稳定。

(2) 生物膜法（曝气生物滤池）

主要依靠反应器内填料上生物膜中所附微生物的氧化分解、填料及生物膜的吸附阻留和沿水流方向形成的食物链分级捕食以及生物膜内部微环境和厌氧段的反硝化作用等来运行的。曝气生物滤池具有生物密度高、有机负荷高、除污能力强、耐冲击能力强、占地面积小和基建费用低等特点。在处理炼油厂生产废水的应用中，对废水中的石油类、COD 和 NH_4^+-N 都有较高的去除率，对 NH_4^+-N 的去除有利于污水回用。缺点是对进水的 SS 要求较高，需要采用对 SS 有较高处理效果的预处理工艺。

(3) 水解酸化-好氧生物处理工艺

炼油废水属高浓度有机废水，可生化性差，且炼油过程复杂，常使出水水质不稳定。水解酸化工艺作为炼油废水预处理工艺，可以比较明显地提高废水的可生化性，为后续的好氧处理工艺提供可靠的保证。

(4) 生物转盘法

当圆盘浸没于污水中时，污水中的有机物被盘片上的生物膜吸附，当圆盘离开污水时，

盘片表面形成薄薄一层水膜。水膜从空气中吸收氧气，同时生物膜分解被吸附的有机物。这样，圆盘每转动一圈，即进行一次吸附—吸氧—氧化分解过程，圆盘不断转动，污水得到净化，同时盘片上的生物膜不断生长和增厚。老化的生物膜靠圆盘旋转时产生的剪切力脱落下来，生物膜得到更新。生物转盘法处理 BOD、油脂、酚和硫化物的平均去除率分别可达到70%、70%、95%和75%。

炼油厂生物氧化处理构筑物的进水特性，根据其预处理、一级处理方法不同而有差异。由于生物氧化法是利用微生物和细菌的作用处理废水，因此，对进水水质要求较严格。表2-4-18为炼油厂生物处理构筑物进水特性。处理效果见表2-4-19。从表2-4-19可知，炼油厂废水经隔油、浮选、生物曝气处理后，出水一般可以达到国家排放标准（油10mg/L、硫1mg/L、酚0.5mg/L）。

表 2-4-18　炼油厂生物处理构筑物进水特性

进水水质	平均值范围	进水水质	平均值范围
氯化物/(mg/L)	200~960	油/(mg/L)	23~130
BOD/(mg/L)	97~280	磷酸盐/(mg/L)	20~97
COD/(mg/L)	140~640	酚类化合物/(mg/L)	7.6~61
悬浮固体/(mg/L)	80~450	pH 值	7.1~9.5
碱度/(mg/LCaCO$_3$)	72~210	硫化物/(mg/L)	1.3~38
温度/℃	21~37.8	铬/(mg/L)	0.3~0.7
氨氮/(mg/L)	56~120		

表 2-4-19　国内几个炼油厂生物氧化处理效果　　　　　单位：mg/L

厂名	A 厂				B 厂				C 厂				D 厂			
项目	油	硫	酚	COD	油	硫	酚	COD	油	硫	酚	COD	油	硫	酚	COD
进水	6	1.5	0.292	53	27.38	2.67	5.53	162	21.1	2.2	6.93	—	84	4.4	2.8	85.3
	38	20.9	22.6	100												
出水	3	0.01	0.012	20	14.7	0.23	1.15	114	3.24	0.009	0.026	—	7.7	0.41	0.2	23.4
	7	0.04	0.10	100												

（二）废水处理流程

1. 水质、水量均衡

由于炼油生产装置的检修、操作事故，以及维护管理不善的产品泄漏等，对炼油厂废水处理装置造成各种形式的冲击负荷。因此，废水在进入处理装置前，要调节水质、水量，以保证处理装置的正常运转。

目前调节的方法有两种：一种是各股废水分别设缓冲池；另一种是在进废水处理厂前设调节池。对上述炼油厂常发生的冲击负荷，除暴雨流量冲击要设计调节池（国外一般按10年最大暴雨停留24h设计）外，其他冲击负荷，主要应从改进设备、加强维护管理、杜绝不正常的排放及泄漏等方面着手，而调节池（罐）只能对短时间的冲击进行调节。调节装置可根据废水的特性，以及当地可利用的土地面积、材料和施工条件等选择其型式。一般调节池设在废水处理厂其他构筑物之前，但由于长期使用后池底有积泥和厌氧细菌繁殖等现象发生，导致产生臭气而影响环境，为了克服这个缺点，有的炼油厂将调节池放在隔油池之后，以保证生化处理构筑物的正常运转。有时也可利用天然地形作为调节池。

在设计调节池时，应设有搅拌设备，如机械搅拌、空气搅拌、回流板等，以保证水质、水量的混合均匀。

2. 工艺流程举例

目前国内外对炼油废水多采用生物二级处理流程，一般包括隔油、气浮、生物处理方法。采用这种流程可以满足现行的排放标准（GB 8978—1996），但由于有些地区对排放废水中的有毒物质（如酚、油等）要求较高，因此，一些炼油厂增加了废水深度处理工艺，使出水进一步达到地面水或回用水标准。图 2-4-16 为活性污泥法为主的炼油废水处理工艺。

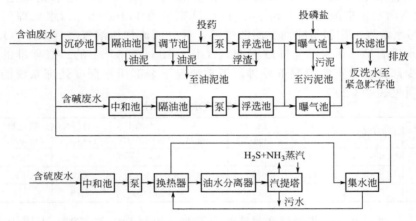

图 2-4-16 活性污泥法为主的炼油废水处理工艺

部分炼油厂在气浮段采用两级气浮工艺或是生物处理段采用两级生物处理工艺，从而得到更好的出水效果。图 2-4-17 为隔油-双级气浮-ABR-推流曝气-BAF 处理工艺。

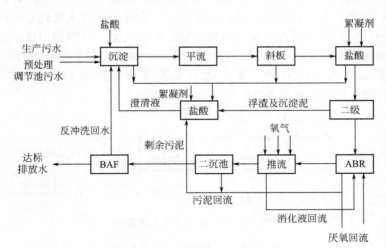

图 2-4-17 隔油-双级气浮-ABR-推流曝气-BAF 处理工艺

以活性炭吸附法作为三级处理的生物-活性炭法处理流程，可能在已采用生物处理流程的炼油厂有更广泛的应用，从而达到对炼油厂排放水质日趋严格的要求。但由于这种流程的投资及运转费用较高，因此，国外比较重视向活性污泥曝气池中投加粉状炭的方法，这被认为是一种比较经济有效的三级处理流程。

我国一些炼油厂由于地处缺水地区，排放的废水不但要达到排放标准，而且要达到地面水标准，有的还要考虑水的回用，因此可采用生物-活性炭三级处理流程。

臭氧氧化工艺可以去除难生化去除的大分子污染物，对处理油类、酚类、氰以及色度有显著效果，作为三级处理的流程，出水效果好，但投资及运行费用比较高，目前通过优化设计臭氧发生器和臭氧氧化塔结构，提高臭氧的产率和氧化效率，为臭氧氧化工艺处理炼油废水开拓了前景。臭氧氧化工艺还可以和活性炭工艺相结合，既可以降低成本，又可以提高活性炭的寿命。

某新建炼油厂年加工原油 100 万吨，采用短型加工流程，主要产品为汽油、柴油和液化石油气。各工艺装置和辅助生产设施排放的含油污水及汽提净化水正常连续流量约为 $98m^3/h$，生活污水正常流量为 $15m^3/h$；污水总流量为 $113m^3/h$。污水处理厂设计规模为 $150m^3/h$。污水常规采用斜板除油、涡凹气浮、部分回流加压溶气气浮及 A/O 生化处理工艺，处理后水质满足《污水综合排放标准》（GB 8978—1996）中的二级标准的要求，进入监测水池，少部分或非正常情况下外排，正常情况下全部用作深度处理系统的原水。设计进、出水水质见表 2-4-20。

表 2-4-20　废水水质设计

项目	pH 值	COD /(mg/L)	BOD /(mg/L)	SS /(mg/L)	石油类 /(mg/L)	NH_4^+-N /(mg/L)	硫化物 /(mg/L)	挥发酚 /(mg/L)
进水	6～9	800～1200	200～400	100～200	600～800	30～50	≤20	≤40
常规处理出水	6～9	≤120	≤30	≤150	≤10	≤10	≤1	≤0.5
回用水	6～9	≤60	≤10	≤5	≤1	≤10		

原水流入气浮过滤池，将气浮和过滤结合起来，上层为溶气气浮，下层为石英砂过滤。气浮池采用部分回流加压溶气，使颗粒表面黏附气泡后浮出水面，由刮渣机收集排出，气浮后水向下流经石英砂过滤层，可彻底去除水中的悬浮颗粒，经气浮过滤池处理的废水进入臭氧催化氧化池，在催化剂的作用下，臭氧在水中分解出大量·OH，可将水中难生物降解的高分子有机物氧化为小分子有机物，提高废水的可生化性，经催化氧化处理的废水流入生物活性炭过滤器中，利用颗粒活性炭层内的微生物分解、过滤、吸附作用进一步去除水中有机污染物，使出水满足回用水水质标准。深度处理产生的浮渣去油泥浮渣池，浓缩后离心脱水，反洗废水去废水池沉降分离。深度处理工艺流程见图 2-4-18。污水处理构筑物见表 2-4-21。经处理后回用水质见表 2-4-22。

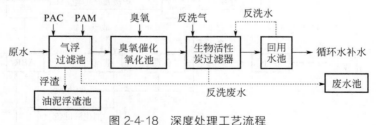

图 2-4-18　深度处理工艺流程

表 2-4-21　主要构筑物及设备参数

构筑物	参　　　数
气浮过滤池	2 座，单池尺寸 10.0m×3.0m×3.5m，有效容积 90m³，单池处理水量 150m³/h；气浮层有效水深为 1.2m；石英砂滤层厚度为 0.7m
臭氧催化氧化池	3 座，单池尺寸为 2.4m×2.4m×6.8m，有效容积为 35m³；池底设置臭氧布气器，池顶设置臭氧尾气破坏器；催化剂床层的水流速为 8.5m/h；设计接触时间为 30min；催化床层厚度为 4m；催化剂填料粒径为 10～20mm

构筑物	参　数
生物活性炭过滤罐	2座,单池尺寸 $\phi3.0m\times6.0m$,有效容积 $75m^3$;空床滤速为 $11\sim12m/h$;设计接触时间为 30min;活性炭床层厚度为 3.5m,石英砂承托层厚度为 0.5m;颗粒活性炭粒径为 $2.5\sim4.5mm$
回用水池	1座,尺寸 $12.0m\times8.0m\times4.0m$,有效容积为 $350m^3$,设有反冲洗泵

表 2-4-22　回用效果

项目	pH 值	COD/(mg/L)	BOD/(mg/L)	石油类/(mg/L)	NH_4^+-N/(mg/L)	挥发酚/(mg/L)
进水	6~9	800~1200	200~400	600~800	30~50	≤40
常规处理出水	6~9	≤120	≤30	≤10	≤10	≤0.5
回用水	6~9	≤40	≤6.5	≤0.5	≤4.5	≤0.5

出水水质优于 GB 50335—2002（当时适用标准）中敞开式循环冷却水补充水质指标，可回用到循环水系统。

本污水深度处理系统的主要用电设备为水泵、风机及臭氧发生器，用电单耗为 0.51 元/m^3，药剂单耗为 0.08 元/m^3，运行成本为 0.59 元/m^3。

第四节　石油化工废水处理

一、生产工艺与废水来源

1. 废水来源

石油化工是以石油、天然气等为原料，加工成各种化工产品的工业。石油化工厂的污染源分布在各生产装置、原油罐区、供排水车间等，大型石化企业每天排水量均达到几万立方米。而且废水有机物含量高，根据国内石化企业生产废水的实测，COD 为 600~1200mg/L，BOD 为 200~1000mg/L。废水中还含有多种重金属，如某厂在生产过程中使用催化剂达 45 种，其中金属及金属化合物达 36 种之多。主要生产工艺与废水来源列于表 2-4-23。

表 2-4-23　石油化工主要生产工艺与废水来源

生产过程		污染来源	污 染 物 质
烯烃生产和加工	原油处理	原油洗涤 初馏	无机盐、油、水溶性烃类 氨、酸、硫化氢、烃类、焦油
	热裂解(包括蒸馏和净化)	裂解气及碱处理	硫化氢、硫醇、溶解性烃类化合物、聚合物、废碱、重油和焦油
	催化裂解	催化剂再生	废催化剂、烃类化合物、一氧化碳、氮氧化物
	脱硫		硫化氢、硫醇
	卤素加成	分离器	废碱液
	卤素取代	氯化氢吸收	氯、氯化氢、废碱液、烃类、有机氯化物
		洗涤塔	油类
		脱氯化氢	稀盐水
	聚乙烯生产	催化剂	铬、镍、钴、钼
	环氧乙烷乙二醇生产	生产废液	氯化钙、废石灰乳、烃类聚合物、环氧乙烷、乙二醇、有机氯化物
	丙烯腈生产	生产废液、废水	氰化氢、未反应原料

生产过程		污染来源	污染物质
聚苯乙烯生产	乙烯烃化		焦油、盐酸苛性钠
	乙苯脱氢	催化剂 喷淋塔凝液	废催化剂(铁、镁、钾、钠、铬、锌) 芳烃(苯乙烯、乙苯、甲苯)、焦油
	苯乙烯精馏	釜液	重焦油
	聚合	催化剂	废酸催化剂(磷酸)、三氯化铝
烃类生产及加工	硝化		醛类、酮类、酸类、醇类、烯烃、二氧化氮
	异构化	生产废液	烃类、脂肪酸、芳香烃及其衍生物、焦油
	羧化	废釜液	可溶性烃、醛类
	炭黑生产	冷却、骤冷	炭黑
	从烃类化合物制醛	生产废液	丙酮、甲醇、乙醛、甲醛、高级醇、有机酸
	醇、酸、酮	蒸馏	烃类聚合物、烃类氯化物、甘油、氯化钠
芳烃生产及加工	催化重整	冷凝液	催化剂(铂、钼)、芳烃、硫化氢、氨
	芳烃回收	水萃取液	芳烃
		溶剂提纯	溶剂、二氧化硫、二甘醇
	硝化		硫酸、硝酸、芳烃
	磺化	废碱液	废碱
	氧化制酸和酸酐	釜底残液	酸酐、芳烃、沥青
	氧化制苯酚丙酮	倾析器	甲酸、烃类
丙烯腈、己二酸生产		生产废液	有机和无机氰化物
尼龙66生产		生产废料	己二酸、丁二酸、戊二酸、环己烷、己二酸、己二腈、丙酮、甲乙酮、环己烷氧化物
碳四馏分加工	丁烷丁烯脱氢	骤冷水	焦油、烃类
	丁烯萃取和净化	溶剂及碱洗	丙酮、油、碳四烃、苛性钠、硫酸
	异丁烯萃取和净化		废酸、碱、碳四烃
	丁二烯吸收		溶剂、油、碳四烃
	丁二烯萃取蒸馏		溶剂、碳四烃
	丁苯橡胶	生产废料	油、轻质烃、低分子聚合物
	共聚橡胶	生产废料	丁二烯、苯乙烯胶浆、淤泥
公用工程		锅炉排液	总溶解固体、磷酸、磷酸盐
		冷却系统排液	硫酸盐、铬酸盐
		水处理	氯化钙、氯化镁、硫酸盐、碳酸盐

2. 废水特点

随着经济的高速发展，石油化工生产产生的污染对环境、人类健康的威胁与日俱增，这些污染物以有机物为主，且大多结构复杂、有毒有害并且难以生物降解，因此石油化工废水是比较难处理的一类工业废水。石油化工废水具有以下特点。

① 水质成分复杂且副产物多，反应原料多为溶剂类物质或环状结构化合物等。

② 废水中污染物浓度很高，这主要由于原料反应不完全和原料、产物、溶剂等进入废水中。

③ 有毒有害物质多，例如卤族化合物、硝基化合物、硫化物、部分表面活性剂或分散剂等，这些物质对微生物有毒害作用，抑制影响生物处理过程。

④ BOD/COD 值低，即生物难降解物质多，可生化性差。

⑤ 废水色度高。

二、清洁生产

石油化工行业工艺过程复杂，产品种类多，所用化工原料也相对较多。从生产过程中看，溶解、萃取、洗涤、精馏、吸收、干燥等作业都离不开水，会产生不同种类的工艺废水，而其中很大部分都是生产原料。对石油化工废水治理的原则首先是回收资源和能源，开展清洁生产，减少排污量，提高物料利用率。

1. 减少废水排放量，提高废水的回用率

和其他工业相类似，石油化工工业对废水治理的原则首先是加强物料利用率，减少污染量。为此需从改革工艺着手，采用少用和不用水技术，增加循环水浓缩倍数，强化水质稳定措施。实践证明，浓缩倍数如果从现有的 1.5 倍增加到 2 倍，循环水中的排污量可减少 50%。

石油化工厂含硫废水汽提后回注电脱盐，代替脱盐用水；焦化或氧化沥青装置实现了装置内用水的闭路，是减少废水排放量、实现清洁生产的有效技术。

2. 加强预处理，在污染源处减少污染物的流失量

石油化工废水，在其污染源处，污染物的浓度高低不同，所含物质各异，尤其是有些污染源含有乳化剂和酸碱性，如不注意预处理，将使废水处理厂无法正常运行。

针对这些问题，近年来发展了许多具有特殊污染源治理的预处理技术，如酸性和碱性废水中和后排放、炭黑废水的预处理、含甲醇废水汽提等都是较好的预处理技术。

3. 加强生产管理，进行综合防治

在石油化工工业中，遇有不正常操作、开/停工、事故、暴雨、检修等意外情况，都会有水质、水量的波动，所以应加强对生产操作的严格管理，消灭跑、冒、滴、漏。同时废水治理流程中应有水量水质均衡设施，这样才能保证废水处理厂的正常运行。这种调节、缓冲措施既可提高流程的适应性，又能保证废水处理合格率，有时是不可缺少的部分。

三、废水处理与利用

石油化工废水基本上是有机废水，同厂废水可集中处理。个别装置的含油或含催化剂的废水，应予就地回收或分离，然后与其他废水一起处理。

1. 精对苯二甲酸（PTA）生产废水处理

PTA 是生产涤纶纤维的主要原料，PTA 生产过程中排出的工业废水是一种比较难处理的有机化工废水。下面以某厂典型 PTA 废水为例介绍 PTA 废水的处理工艺。

（1）PTA 废水的水质特性

PTA 废水主要来自 PTA 生产装置和乙醛、醋酸生产装置，其主要成分如表 2-4-24 所列。

由于 PTA 生产装置本身的原因，废水水质、水量变化很大，国外生产经验表明，即使经 5d 容量的调节后，废水 COD 浓度的变化仍为 $\pm 50\%$。经对国内某厂 PTA 生产废水的测定也显示出同样的特点：pH 4～11，COD 1300～17800mg/L，对苯二甲酸（TA）40～2750mg/L。

（2）废水处理工艺

① 工艺流程见图 2-4-19。

表 2-4-24　PTA 废水主要成分

有机物种类	质量分数/%		有机物种类	质量分数/%	
	PTA 生产装置	乙醛、醋酸生产装置		PTA 生产装置	乙醛、醋酸生产装置
对二甲苯	0.007		4-CBA(对苯醛羧酸)	0.03	
苯甲酸	0.007		醋酸甲酯	0.125	0.09
甲基苯甲酸	0.076		醋酸	0.1～0.2	0.12
邻苯二甲酸	0.003		乙醛		0.1
对苯二甲酸	0.251				

PTA污水 ——→ TA沉降 ——→ 酸沉 ——→ 调节 ——→ 集水 ——→ 厌氧 ——→ 好氧 ——→ 排水

醋酸、乙醛污水 ——→ 酸沉 ——↑

图 2-4-19　PTA 废水处理工艺流程

② 主要设施（设备）见表 2-4-25。

表 2-4-25　PTA 废水处理主要设施（设备）

项目	参数	项目	参数	项目	参数
调节池	$6500m^3 \times 4$	事故池	$6000m^3$	酸化沉淀池	$920m^3$
TA 浓缩池	$300m^3 \times 4$	厌氧池	$460m^3 \times 20$	厌氧沉淀池	$525m^3 \times 4$
一级曝气池	$2500m^3 \times 2$	二级曝气池	$2000m^3 \times 2$	曝气沉淀池	$350m^3 \times 2$
污泥浓缩池	$250m^3 \times 2$	TA 脱水设备	快开式水平叶片过滤机	污泥脱水设备	自动板框压滤机；水封罐、TA 沉降罐

（3）运行状况

① 监测结果

a. 进水：水量 320t/h，COD 6000～7000mg/L，TA 2000mg/L，pH 3～5。

b. 厌氧出水：COD 1000～2000mg/L。

c. 好氧出水：COD 200～300mg/L。

② 说明　后期该厂由于 PTA 生产装置从 45×10^4 t/a 改造为 60×10^4 t/a 的规模，污水处理也相应从处理规模 350t/h 扩容至 500t/h，处理工艺为"O-A-O"。

2. 氯丁橡胶生产废水处理

每生产 1t 氯丁橡胶要产生 $140～300m^3$ 废水。废水含有大量有机物和多种有毒物质，呈棕褐色（有时为乳白色），有刺激性气体逸出。

（1）废水水质与水量

某氯丁橡胶厂废水的水质如表 2-4-26 所列。该厂年产 5200t 橡胶，工程设计废水量为 $8000m^3$/d。另外还有用作预处理的碱性废水和作为营养源的生活污水 $1700m^3$/d，设计总水量为 $9700m^3$/d。

（2）工艺流程与处理构筑物

工艺流程如图 2-4-20 所示。

调节池平面为矩形，池容积按 6h 平均废水量为 $2000m^3$ 设计，共分二座以便轮换清理沉渣。池内壁用耐蚀砖衬砌。

表 2-4-26 某氯丁橡胶厂废水水质

水质参数	含量/(mg/L)		水质参数	含量/(mg/L)	
	变化范围	一般情况下的浓度		变化范围	一般情况下的浓度
COD	150～645	329	二乙烯醛乙炔	4.1～31	20.5
BOD	104～480	279	Cu²⁺	0.25～5	1.81
氯丁二烯	3.5～74.5	19.8	氯化物	160～640	446
乙醛	89～193	149	氨氮	1.1～14.8	7.88
二甲苯	1.03～200	21.6			

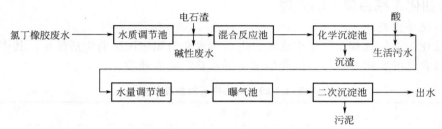

图 2-4-20 某氯丁橡胶厂生产废水的处理流程示意

混合反应池为中和废水中的酸性物质，在反应池前投加碱性废水与本厂乙炔发生站的电石渣。采用空气搅拌，中和时间为 15min。设计水量按最大流量与碱性废水之和为 480m³/h 计算，池容积为 120m³，池内壁用耐蚀砖衬砌。

化学沉淀池采用斜底平流式，沉淀时间为 2h。

调节池除接纳废水外，还把生活污水接入池内，池容积可接受 1h 的平均流量。

曝气池采用分建式鼓风曝气池，其特点是可选用完全混合曝气法，也可改换为推流式曝气池（如分段进水曝气法、吸附再生曝气法）。现以完全混合曝气法与分段进水曝气法为主进行运转工艺设计。曝气池的主要设计参数为：

① 连续 8h 的最大平均流量为 450m³/h；

② 设计采用的进水 BOD 为 350mg/L，曝气时间为 8h；

③ 曝气池实际容积为 3780m³；

④ 曝气池污泥浓度取 3g/L；

⑤ 容积负荷为 $9700 \times 350 \times 10^{-3}/3780 = 0.9$ [kg BOD$_5$/(m³·d)]；

⑥ 污泥负荷为 $9700 \times 350 \times 10^{-3}/(3780 \times 3) = 0.3$ [kg BOD$_5$/(kg MLSS·d)]；

⑦ 二次沉淀池为竖流式沉淀池，上升流速为 0.35mm/s，沉淀时间 1.5h，采用 6 座 8m×8m 方形池，排泥斗的斜面与水平面呈 50°。

曝气池的主要运转参数见表 2-4-27。

表 2-4-27 曝气池主要运转参数

参数	数据	参数	数据
BOD 污泥负荷	0.18kg/(kg MLSS·d)	废水量	340m³/h
BOD 容积负荷	0.72kg/(m³·d)	空气用量	85m³(去除 1kg BOD)
COD 污泥负荷	0.27kg/(kg MLSS·d)	空气利用率	4.2%
COD 容积负荷	1.07kg/(m³·d)	污泥指数	50～60
曝气时间	10～11h	水温	22～26℃
污泥浓度	4.0g/L		

氯丁橡胶废水处理效果示于表 2-4-28，有毒物质的去除情况示于表 2-4-29。

表 2-4-28 氯丁橡胶废水的处理效果

项目	化学预处理			生物处理		
	进水/(mg/L)	出水/(mg/L)	去除率/%	进水/(mg/L)	出水/(mg/L)	去除率/%
COD	680.2	473.3	30	473.3	125.8	73.2
BOD	435.4	347.4	20	374.8	19.5	94.4

3. 石油化工综合废水的处理

（1）合流集中处理

某石油化工总厂处理全厂生产废水、生活污水和附属居民区的生活污水。其中总厂下属各分厂都有自己的废水处理厂，处理出水均进入总厂废水处理厂。

表 2-4-29 有毒物质的去除效果

项目	原废水/(mg/L)	化学预处理		生物处理		总效率/%
		出水/(mg/L)	去除率/%	出水/(mg/L)	去除率/%	
乙烯基乙炔	6.40	4.57	29	0.043	99.0	99.3
乙醛	141.90	112.50	21	0.437	99.6	99.7
氯丁二烯	3.20	1.57	50	0.061	96.1	98.1
二乙烯基乙炔	5.73	2.48	57	0.470	81.0	91.7
二甲基苯	28.81	2.64	90	1.640	40.0	94.3
铜	0.97	0.15	85	—	—	—
pH 值	6.80	9.30	—	6.4	—	—

① 废水水量与水质 废水水量为 $8.4\times10^4 m^3/d$（其中腈纶厂排出废水 $2.4\times10^4 m^3/d$，其他各厂排出经一级处理的废水 $6\times10^4 m^3/d$）。

对废水进水和出水的水质要求见表 2-4-30。

表 2-4-30 某石化总厂废水水质要求

水质参数	进水/(mg/L)	出水/(mg/L)	水质参数	进水/(mg/L)	出水/(mg/L)
pH 值*	6~9	6~9	丙烯腈	<5	<1
水温/℃	<35	<35	乙腈	<20	<1
BOD*	<350	<60	甲醛	<100	<1
COD*	<500	<100	乙醛	<30	<0.5
油类	<10	<2	氯乙醛	<20	—
硫化物	<10	<0.5	巴豆醛	<30	—
挥发酚	<50	<0.5	SS	<300	
氰化物*	<1	<0.2			

注：有 * 者为主要控制指标。

② 工艺流程及主要设备 废水处理厂流程见图 2-4-21。

进水泵房由 13 台 8PWL 型立式离心污水泵组成，每台流量为 $500 m^3/h$，扬程 13m，允

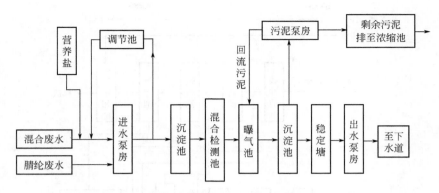

图 2-4-21 某石油化工总厂废水处理厂流程

许吸入高度 6.5m，轴功率 29kW。13 台中 8 台运行，5 台备用。

沉淀池采用平流式，分三格，流速为 0.3m/s，停留时间为 30s。

混合检测池有效容积为 1301m³，停留时间为 30min。

调节池有效容积为 5880m³，停留时间为 2h。

曝气池共有两组，每组两个方形完全混合式曝气池。两个为表面曝气，另两个为鼓风曝气或纯氧曝气。曝气机为泵型叶轮。充氧 74~111kg/h，共 24 台。

每个曝气池容积为 5625m³，长：宽：深＝6：1：0.31，总容积为 22500m³，停留时间为 9h，污泥负荷为 0.4kg BOD$_5$/(kg MLSS·d)，容积负荷为 1.2kg BOD$_5$/(m³·d)，氧耗为 1.15kg/kg BOD$_5$，BOD：N：P＝100：5：1（添加磷酸氢二钠调节），污泥浓度为 3g/L。

二沉池共有 4 个，其中 1 个为周边进出水二沉池，3 个为辐射式二沉池。水力停留时间为 1.7h。沉淀池直径为 28m，周边水深 4.1m，带周边传动刮泥机。

二沉池出水进入稳定塘，停留时间为 2.35d，总有效容积为 197400m³。曝气塘尺寸为 146m×367m×3m。设置 ϕ1200mm 伞棒形浮筒曝气机 10 台。静止塘尺寸为 145m×361m×2m。

该厂采用集中处理方式，通过生活污水等较低浓度废水稀释腈纶废水，进入统一处理设备处理排放。该方式的优点是仅需要一套工艺设备，运行管理简便；缺点是进水量大，构筑物及设备容积大，占地面积较大。

（2）废水分流处理

某石油化纤总厂的废水处理厂采用国外引进的一套废水处理装置，处理废水量 1150m³/h。该总厂排水系统采用分流制，有 5 个排水系统。

① 基本清洁废水：用明沟或管道直接排放水体。

② 酸、碱废水：用耐酸管道集中至总厂废水厂。

③ 无油生产废水：送总厂废水处理厂集中处理。

④ 含油生产废水：送总厂废水处理厂集中处理。

⑤ 生活污水。

对于水量少但 COD、油含量高的工艺废水进行焚烧处理。总厂废水处理厂流程见图 2-4-22。

对于水资源短缺的地区，工业用水的循环利用是节约水资源的重要手段。采用废水深度处理达到回用水标准是缺水地区较好的选择。膜分离技术、臭氧氧化技术、活性炭过滤技术等在石油化工废水深度处理回用中应用广泛。

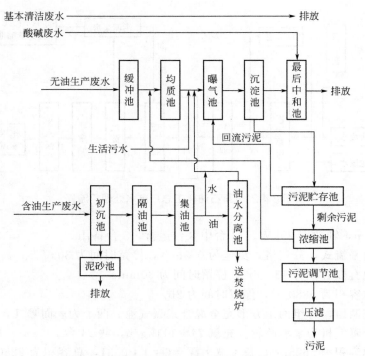

图 2-4-22　某石油化纤总厂废水处理厂流程

参 考 文 献

[1] 中商情报网公司. 2009—2012 年中国工业废水处理行业调研及发展预测报告.
[2] 国家环境保护局. 石油石化工业废水治理 [M]. 北京：中国环境科学出版社，1992.
[3] 陆柱，郑士忠，钱滇子，等. 油田水处理技术 [M]. 北京：石油工业出版社，1990.
[4] 黄丽，赵国勇. 浅谈气田水废水处理 [J]. 中国井矿盐，2016，47（2）：2.
[5] 代学民，王争，郝桂珍，等. 油田采油废水处理工艺改造 [J]. 水处理技术，2009（8）：3.
[6] 冯历，李杰，杨生辉. 电絮聚-SBR 工艺处理采气废水 [J]. 环境科学与管理，2008，033（002）：69-71.
[7] 王晓云，车向然. 炼油废水水质特性及其治理技术 [J]. 水科学与工程技术，2008（6）：3.
[8] 北京市环境保护科学研究所. 水污染防治手册 [M]. 上海：上海科学技术出版社，1989.
[9] SY/T 5329—2022. 碎屑岩油藏注水水质指标技术要求及分析方法.
[10] 李亮，阮晓磊，滕厚开，等. 臭氧催化氧化处理炼油废水反渗透浓水的研究 [J]. 工业水处理，2011，31（4）：3.
[11] 张自杰. 环境工程手册. 水污染防治卷 [M]. 北京：高等教育出版社，1996.
[12] 北京市环境保护科学研究院. 三废处理工程技术手册 [M]. 北京：化学工业出版社，2000.
[13] 王玲燕，张国辉，朱瑞龙等. 电絮凝法去除油田回注水中油含量的研究 [J]. 应用化工，2023，52（02）：494-497.
[14] 曲凤臣. 我国"十三五"石油化工行业水污染防治策略 [J]. 煤炭加工与综合利用，2016，000（008）：18-21.
[15] 刁华威，马志远，张芸，等. 石油炼制业污染防治与清洁生产 [J]. 石化技术，2017，24（4）：1.
[16] 马佳威，雷玲，钱枝茂，等. 精对苯二甲酸生产废水处理及回用技术探讨 [J]. 能源化工，2015，36（6）：37-41.
[17] 隋许英，王鑫，张铁刚，等. 炼油厂污水深度处理工程实例 [J]. 工业用水与废水，2014，45（2）：2.
[18] 王小红. 石油天然气开采业污染防治技术政策 [J]. 工程技术（引文版），2016，000（006）：00229.
[19] 范荣桂，郝方. 炼油废水的处理方法及工艺特征 [J]. 中国科技论文在线，2010，5（5）：5.

第五章
煤化工工业废水

本章节的煤化学工业废水分为传统煤化工废水和新型煤化工废水两部分，这里传统的煤化工废水主要介绍较具备代表性的炼焦化学工业废水，新型煤化工废水主要介绍煤气化废水和煤液化废水两部分。

第一节　概述

一、行业发展情况

我国是煤炭生产大国，不过在油气资源上却较为匮乏，这也使我国在能源结构上主要是以煤炭能源为主。

焦炭是钢铁生产中重要的生产原料，是极为理想的燃料和还原剂。据前瞻产业研究院发布的《焦化行业产销需求预测与转型升级战略分析报告》显示，2017年底，全国焦化产能大约6.5亿吨，焦炭年产量4.3亿吨，产能开工率仅有66%。2018—2020年之间，仍有4000万吨焦化新增产能陆续释放。区域上，焦化产能与国内粗钢产能基本匹配，华北和华东是焦炭两大主产区，华北产能占比40%，华东产能占比22%。

煤化工是以煤为原料，经过化学加工使煤转化为气体、液体、固体燃料以及化学品等的过程。煤化工按产品种类划分可分为传统煤化工和新型煤化工。传统煤化工是指煤制焦炭、电石、甲醇等历史悠久，技术成熟的产业。新型煤化工，也称现代煤化工，是指煤制油、煤制天然气、烯烃、二甲醚、乙二醇等以煤基替代能源为导向的产业。

二、产业政策

①《国家发展改革委关于规范煤化工产业有序发展的通知》（发改产业[2011]635号）中规定：严格产业准入政策、加强项目审批管理、强化要素资源配置、落实行政问责制，同时煤化工企业应统筹规划，做好试点示范工作。

②《国务院关于印发石化产业调整和振兴规划的通知》（国发[2009]16号）中指出"采用洁净煤气化和能源梯级利用技术，对现有氮肥生产企业进行原料和动力结构调整，实现原料煤多元化，降低成本；在能源产地适当建设大型氮肥生产装置，替代落后产能""坚决遏制煤化工盲目发展势头，积极引导煤化工行业健康发展。今后三年停止审批单纯扩大产能的焦炭、电石等煤化工项目，原则上不再安排新的煤化工试点项目，重点抓好现有煤制油、煤制烯烃、煤制二甲醚、煤制甲烷气、煤制乙二醇等五类示范工程，探索煤炭高效清洁转化和石化原料多元化发展的新途径"。

③《焦化行业准入条件（2014年修订）》明确提出了炼焦化学工业企业废水、废气、固体废物和噪声的污染防治设施及其监管要求，如：同步配套密闭储煤设施以及煤转运、煤粉碎、装煤、推焦、熄焦、筛焦、硫铵干燥等抑尘、除尘设施，其中推焦应建设地面站除尘设

施；炼焦化学工业企业须配套建设生产废水处理设施，严禁未经处理的生产废水外排。炼焦化学工业企业生产装置及储罐应同步建设尾气净化处理设施；应同步配套建设焦油渣、粗苯、剩余污泥、重金属催化剂等固体废物处置设施或委托有资质的单位进行处理，使固体废物得到无害化处置等。

④《产业结构调整指导目录》鼓励类项目有：a. 捣固炼焦、配型煤炼焦、干法熄焦、焦化废水深度处理回用等技术的研发与应用；b. 20 万吨/年及以上合成气制乙二醇；c. 氮肥企业节能减排和原料结构调整，磷石膏综合利用技术开发与应用；d. 10 万吨/年及以上湿法磷酸净化生产装置。

限制类项目有：a. 未同步配套建设干熄焦、装煤、推焦除尘装置的炼焦项目；b. 顶装焦炉炭化室高度＜6.0m、捣固焦炉炭化室高度＜5.5m，100 万吨/年以下焦化项目，热回收焦炉的项目，单炉 7.5 万吨/年以下、每组 30 万吨/年以下、总年产 60 万吨以下的半焦（兰炭）项目；c. 新建 20 万吨/年以下乙二醇装置；d. 100 万吨/年以下煤制甲醇生产装置（综合利用除外）。

淘汰类项目有：a. 土法炼焦（含改良焦炉）；单炉产能 5 万吨/年以下或无煤气、焦油回收利用和污水处理达不到准入条件的半焦（兰炭）生产装置；b. 炭化室高度＜4.3m 焦炉（3.8m 及以上捣固焦炉除外）（西部地区 3.8m 捣固焦炉可延期至 2011 年）；c. 无化产回收的单一炼焦生产设施。

三、污染防治政策

1. 污染防治措施

(1) 建立污染防治的思想基础

建立一种有利于可持续发展的经济模式。即从原先的粗放式经济模式转变为集约式的发展模式，提高生产效率，降低其污染物的产生和加大防止污染的先进技术的研发力度，从而推动我国煤化工企业的综合实力，优化我国的经济模式。同时对行业发展结构进行战略性调整，在发展经济的同时，兼顾资源、环境的承载力，实施可持续发展战略，致力于将煤炭行业发展成为资源节约型、环境友好型的行业。

(2) 优化产业结构

针对行业生产与污染防治，要把产业结构调整、发展方式转变作为重要举措，以节能减排作为突破口来不断调整和优化行业发展方式和生产结构。我国的各级政府以及相关的责任部门应该对于落后的产业和生产力实行严格的淘汰制度，同时进行严格的执法，对于相应的产业提出必要的产业政策，通过设置行业准入门槛，对一些资源消耗高、污染排放不达标的企业及时整改或关停，把好源头治理。同时，要逐步推进一些高消耗、高污染的落后产能，在项目审批过程中，执行严格的环评制度，避免低水平项目重复建设，有效防治环境生态污染。

(3) 积极推广清洁生产技术

煤炭加工工业生产过程复杂，废水中污染物排放强度大，开展清洁生产可减轻末端治理的负担，带来巨大的经济、社会和环境效益。清洁生产技术将水进行循环使用，使排放物得以有效的控制与治理，在废水处理中，先进行过程处理再进行集中处理，建立除盐水站，增设旁滤装置，让循环水不再被污染。建立生活污水处理系统，把产生的水用于循环水的补水、卫生用水以及绿化用水，将蒸氨废水进入生化处理系统，使设备的腐蚀减少。

2. 相关标准

① GB 16171—2012《炼焦化学工业污染物排放标准》；

② GB 20426—2006《煤炭工业污染物排放标准》；

③ GB 15581—2016《烧碱、聚氯乙烯工业污染物排放标准》；

④ GB 13458—2013《合成氨工业水污染物排放标准》；

⑤ HJ/T 126—2003《清洁生产标准　炼焦行业》；

⑥ HJ 446—2008《清洁生产标准　煤炭采选业》。

第二节　炼焦工业废水

一、生产工艺和废水来源

1. 生产工艺

目前我国焦炭的主流生产工艺主要有水平室式常规机械化焦炉、捣固式热回收焦炉、直立炉生产工艺。

（1）水平室式常规机械化焦炉

机械化焦炉生产工艺已很成熟，其炼焦处理工艺流程及排污环节见图 2-5-1。

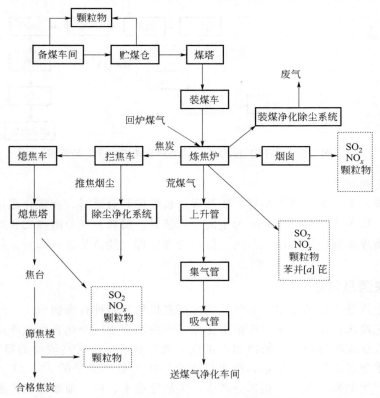

图 2-5-1　水平室式炼焦处理工艺流程及排污环节示意图

（2）捣固式热回收焦炉

目前捣固式热回收焦炉以 SJ-96 型捣固式热回收焦炉和 QRD-2000 捣固式热回收焦炉为代表，前者是由山西三佳煤化有限公司开发研制，属冷装冷出工艺，后者由山西省焦化技术研究会和山西省化工设计院共同研发，属热装热出工艺。两者均已经过多年试生产运行。

① SJ-96 型捣固式热回收焦炉（冷装冷出）　已通过山西省科技厅的技术鉴定，生产工艺流程见图 2-5-2。

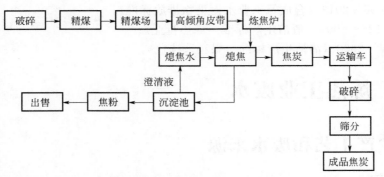

图 2-5-2　冷装冷出捣固式热回收焦炉生产工艺流程

② QRD-2000 捣固式热回收焦炉（热装热出）　该炉由炉顶、炉底、炭化室、四联拱燃烧室、主墙、机焦侧炉门及护炉铁件等组成。工艺流程见图 2-5-3。

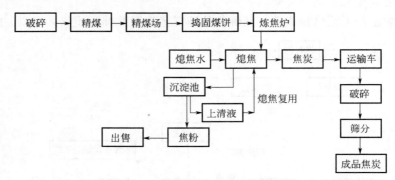

图 2-5-3　QRD-2000 捣固式热回收焦炉生产工艺流程

（3）直立炭化炉

半焦（兰炭）炭化炉是以不粘煤、弱粘煤、长焰煤等为原料，在炭化温度 750℃ 以下进行中低温干馏，以生产半焦（兰炭）为主的生产装置。加热方式分内热式和外热式。其生产工艺主要包括备煤车间、炼焦制气车间、污水处理、煤气储备及输送部分。其生产工艺流程见图 2-5-4。

2. 废水来源及特点

炼焦生产会排放大量的废水、废气、高浓度有机物等多种有害物质。生产过程主要产生剩余氨水和工艺废水。剩余氨水主要由焦化原煤中的结合水以及化合水在冷凝器中形成的冷凝水和粗煤气在氨水喷淋降温时的冷却水组成。剩余氨水中含有高浓度的氨、焦油等物质，是焦化废水中水量最大的一股废水，废水量占全厂废水总产生量的 50% 以上；工艺废水包括生产过程中产生的蒸氨废水、粗苯分离水、焦油处理水、精苯酚水等工艺废水。焦化生产工艺废水来源如图 2-5-5 所示。

焦化废水来源广泛、组分复杂、毒性大，一般来说，焦化废水的水质特点包括以下 4 点：

① 水量比较稳定，水质则因煤质不同、产品不同及加工工艺不同而异。

② 废水中含有机物、大分子物质多。有机物中有酚类、苯类、有机氮类（吡啶、苯胺、喹啉、咔唑、吲哚等）以及多环芳烃等；无机物中含量比较高的有 NH_4^+-N、SCN^-、Cl^-、

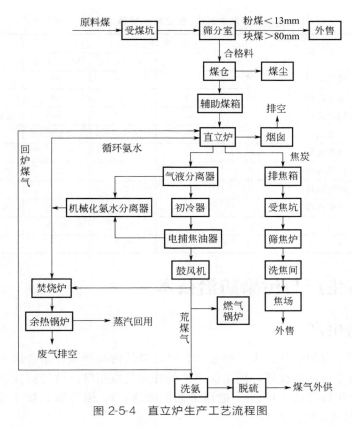

图 2-5-4 直立炉生产工艺流程图

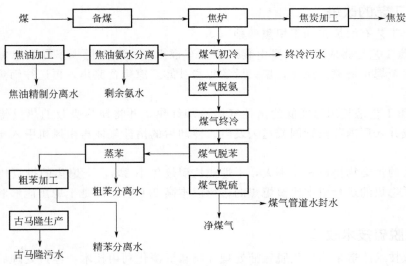

图 2-5-5 焦化生产工艺废水来源

S^{2-}、CN^-、$S_2O_3^{2-}$ 等。

③ 废水中 COD 浓度高，可生化性差，BOD/COD 值一般为 0.28～0.32，属较难生化处理废水。

④ 焦化废水中含 NH_4^+-N、TN 较高，不增设脱氮处理，难以达到规定的排放要求。

一般情况下，焦化废水的水质水量特征见表 2-5-1。

表 2-5-1 焦化废水特性

废水来源	工艺流程	废水产生量/(m³/h)				备注
		4 万吨/年	10 万吨/年	20 万吨/年	60 万吨/年	
蒸氨后废水	硫氨流程	—	—	—	20	
	氨水流程	5	12	24	60	
终冷排污水	硫氨流程	—	—	—	34	按废水排放量 15%计算
精苯车间分离水	连续流程	—	—	—	0.8	
	间歇流程	0.24	0.5	—	—	
焦油车间分离水、洗涤水	连续流程	—	—	—	0.5	
	间歇流程	0.09	0.21	0.32	—	
古马隆分离水	间歇流程	—	0.17	0.36	1.0	
化验室		0.15	0.15	0.15	0.15	
煤气水封		0.2	0.2	0.2	0.4	

二、清洁生产与污染防治技术

（一）清洁生产

炼焦工业生产中资源消耗巨大，排放多，对环境的污染严重，是我国需要调控的重点行业之一，无论是技术方面的改进，还是新工艺的开展及应用都应该得到社会广泛的支持。主要从以下几个方面实施清洁生产：a. 熄焦工艺的改进；b. 煤气脱硫技术改造；c. CMC 技术的应用；d. 废水污染物的控制。

1. 熄焦工艺的改进

目前熄焦工艺有湿熄焦和干熄焦两种。

① 湿熄焦工艺是将成熟的焦炭由装煤推焦车推出，经除尘拦焦车导入熄焦车箱内，然后由熄焦车运至熄焦塔喷淋熄焦，熄灭后的焦炭被卸至凉焦台凉焦，再送往筛焦系统筛分并按级贮存待运。

② 干熄焦工艺是利用温度低的惰性气体冷却红焦，并将换热吸收的热量传给熄焦锅炉产生蒸汽，或并入厂内蒸汽管网或送去发电，冷却后的惰性气体再由风机引入干熄炉冷却红焦循环使用。

两种方法的污染物排放相差不大，干熄焦比湿熄焦小 8%，干熄焦的投资比湿熄焦投资高出 6 倍，干熄焦的运行成本比湿熄焦的运行成本高 2.6 倍，但是干熄焦能够利用回收后的余热来发电。

2. 煤气脱硫技术改造

煤气脱硫技术改造采用焦化脱硫液处理和副盐资源化利用技术，经过处理后的所有氨水都会被回收，并且能够继续在脱硫系统中应用。经过处理后的焦化脱硫液，副盐基本被提取了，副产硫氰酸铵和混合铵盐，整个系统在生产过程中完全不需要补水，企业生产时达到了节约水资源、降低成本的目的。

3. CMC 技术的应用

煤调湿技术（CMC），其基本原理是炼焦煤进入炼焦炉之前先进行预热干燥处理，将原料煤中的水分调节和减少，保证水分控制在 6%以内，从而有效增加了黏结性煤的使用量，还能控制消耗，使整个生产的环境得到改善，不仅提高了工作的效率，也保证了生产的质量。CMC技术是焦化行业清洁生产最典型的技术手段，在最大程度上减少了水分，达到节能的效果。

目前我国 CMC 技术主要有蒸汽管回转干燥煤调湿技术与流化床煤调湿技术，其中前者主要是采用干熄焦的余热发电产生的蒸汽作为主要热源，而流化床煤调湿技术的热源与焦炉尾气中的废热有关。因此，从清洁生产的角度讲，流化床煤调湿技术属于废弃资源循环利用，更加节能。

4. 废水污染物的污染控制

在设备中设置净水循环系统，从源头上减少排放，节约水资源。在焦炉煤气的上升管道中做封水处理，排水送粉沉淀池。因为熄焦过程需要大量的用水，可以将废水经过粉焦沉淀都做循环利用，减少外排。氨水经过蒸馏系统后与其他废水一同送入废水站进行生化处理；将煤粉送入焦化配料槽中进行综合利用，焦粉还可以送回做燃料二次利用，使废物资源化，既节约了资源，减少一次能源的使用，还能做到废物的最低限度排放，避免环境的污染。

目前，我国焦炭生产的主流生产工艺主要是水平室式常规机械化焦炉。表 2-5-2 是我国目前常规焦炉生产过程排污环节采取的污染控制措施。

表 2-5-2 我国目前主要焦炉生产排污环节及主要控制措施

炉型	项目	主要控制措施
机焦炉废气	炭化室高度	4.3m 及以上
	备煤	室内煤库、筒仓、大型堆取料机、露天贮煤场设置喷洒水设施
	装煤	产排污环节包括高压氨水喷射、螺旋、顺序装煤、地面站、消烟除尘车等。开始使用跨越管将荒煤气引入相邻炭化室等污染控制技术
	装煤孔盖	特制泥浆封闭
	上升管、桥管	设水封
	炉门	敲打刀边炉门、弹性刀边炉门
	出焦	设翻板对接阀的地面烟尘净化装置、焦侧地面除尘站、装煤推焦二合一地面站、热浮力罩
	熄焦	干法熄焦密闭设备,配备布袋除尘设施,湿法熄焦,带折流板熄焦塔
	筛焦	布袋除尘设施
	对 SO_2 的控制	采用经脱硫后煤气
	对 NO_x 的控制	分段加热或废气循环
机焦炉废水	酚氰废水等	送酚氰废水站处理,处理工艺:A/O,A/O^2,A^2/O,A^2/O^2
清洁型热回收焦炉	炉体泄露	负压操作,基本无泄露现象
	装煤	冷装冷出:冷态、炉顶装煤并捣固 热装热出:捣固煤饼,箱式密闭装煤,采用上提半开式炉门结构
	推焦	冷装冷出:冷推焦 热装热出:采用平接焦工艺
	焦炉燃烧废气	荒煤气完全燃烧,高温废气经余热回收(发电)降温后,送入烟气脱硫除尘净化装置处理
	熄焦	冷装冷出:炭化室内熄焦 热装热出:湿法熄焦,木制折流板除尘
	废水	熄焦水闭路循环,其余环节无废水产生

（二）污染防治技术

1. 常规焦炉

（1）装煤

为有效控制装煤过程产生的污染物，需保持炭化室压力并采用各种密封技术等，包括装煤车封闭技术（适用于顶装焦炉）、U 形导烟技术（适用于捣固焦炉）、单孔炭化室压力调节技术、高压氨水喷射技术等，其中高压氨水喷射技术一般与其他技术联合使用。

① 装煤车封闭技术　装煤车设置双层导套，内外套之间、外套与装煤孔座之间采用特殊的密封结构，防止装煤烟气外溢，将装煤产生的废气抽入焦炉集气系统，无需设置装煤除尘地面站。该技术适用于 7.63m 顶装焦炉，投资 29～31 元/t 焦。

② U 形导烟技术　将正在进行装煤操作的炭化室烟气导入相邻炭化室内，通过提高荒煤气的收集，最大限度地降低荒煤气无组织排放。该技术适用于捣固焦炉，投资 4.5～5.5 元/t 焦，能耗 1.3～1.5kW·h/t 焦。

③ 单孔炭化室压力调节技术　通过调节炭化室荒煤气进入集气管的流通断面，稳定炭化室压力，减少焦炉生产过程废气无组织排放，可有效控制焦炉结焦全过程的烟气逸散。投资 6～9 元/t 焦。能耗约 0.4～0.5kW·h/t 焦（配合高压氨水喷射技术时的设计参数），压缩空气 1.3～2m³/t 焦（设计参数）。该技术可单独使用也可组合使用。

④ 高压氨水喷射技术　在桥管处设置高压氨水喷嘴，装煤时利用高压氨水喷射产生的吸力将装煤烟气吸入集气管。喷射产生吸力可达 500～800Pa，高压氨水泵产生的压力达到 2.5～3.6MPa。能耗 0.4～0.5kW·h/t 焦（设计参数）。

（2）炼焦

主要为焦炉低氮燃烧技术，指利用焦炉内部的特殊结构或外部设施，降低焦炉加热强度和温度，达到减少热力型氮氧化物产生量的技术。主要包括分段（多段）加热技术、废气循环技术。

① 分段（多段）加热技术　焦炉燃烧室采用分段（多段）加热的结构设计，空气和煤气在燃烧室分段给入，降低了燃烧强度，可在实现焦炉均匀加热的同时降低氮氧化物生成浓度。该技术适用于炭化室高度为 6m 及以上的捣固焦炉以及 7m 及以上的顶装焦炉，对于已经建成但未采用该技术的焦炉，无法进行改造升级。

② 废气循环技术　包括两种情形，一是焦炉燃烧室采用废气循环的结构设计，下降火道内的废气可通过循环孔进入上升火道，降低上升火道内气体燃烧程度，减少氮氧化物产生量，目前常规焦炉均采用该技术；二是将焦炉燃烧后的废气掺入到燃烧用空气中（用风机和管道将焦炉烟道中的废气送回到焦炉废气交换开闭器的空气部），降低燃烧空气的含氧量，从而控制燃烧强度，降低氮氧化物产生量。该技术投资为 8～10 元/t 焦，能耗为 1.7～2.1kW·h/t 焦。

以上两种低氮燃烧技术可以单独使用，也可以组合使用；对于组合使用的，除以高炉煤气或高炉焦炉混合煤气为燃料的 7.63m 顶装焦炉可满足《炼焦化学工业污染物排放标准》（GB 16171）中废气污染物一般排放限值以外，其余焦炉应配合后续氮氧化物治理设施使用。

（3）熄焦

① 干法熄焦技术　干法熄焦是利用惰性气体将红热焦炭降温冷却并回收焦炭显热的技术。投资 150～200 元/t 焦。能耗 14～18kW·h/t 焦，循环水 0.2～0.6t/t 焦，氮气 0.9～

$3m^3/t$ 焦，压缩空气 $0.9 \sim 3m^3/t$ 焦。

② 湿法熄焦技术 湿法熄焦是将水喷淋到炽热的焦炭上熄灭红焦的工艺技术，湿熄焦塔内设置捕尘板和水雾捕集装置，减少熄焦污染物的排放。

（4）煤气净化

通过压力平衡技术可将各种放散气集中送至负压煤气系统，无废气外排，大幅减少了煤气净化装置挥发性有机物排放量，无需另外设置废气净化系统。氮气消耗 $460m^3/h$，投资 100 万～2000 万元，运行维护费 30 万～200 万元/套。

2. 热回收焦炉

（1）炼焦

焦炉生产过程中始终保持微负压，焦炉本体、炉门、高温烟气系统采用密封措施，有效减少炼焦过程的污染物逸散。

（2）熄焦

主要采用湿法熄焦技术，熄焦塔内设置捕尘板。

3. 半焦（兰炭）炭化炉

炭化炉装煤采用双室双闸给料技术，熄焦过程采用新型湿法熄焦技术，剩余氨水采用回炉气化的方式处理。

三、废水处理技术及利用

（一）常规焦炉废水污染治理技术

1. 预处理技术

焦化废水预处理主要包括除油和水质水量调节，此外还有针对真空碳酸盐煤气脱硫废水的脱氰处理。

（1）除油及水质水量调节

重力除油、气浮除油及水质水量调节技术，均是国内炼焦化学工业企业在废水治理中普遍采用的预处理技术，且效果较好。根据《焦化废水治理工程技术规范》（HJ 2022—2012）与工程案例运行经验，除油池一般采用平流式除油池，水力停留时间宜不小于 3h，水平流速应不大于 3mm/s。重力除油系统建设投资约 1.5 万元/m^3 废水，能耗（包括电耗）约 $0.1kW \cdot h/m^3$ 废水。经重力除油＋气浮除油＋水质水量调节预处理后的普通蒸氨废水水质指标一般可控制在：悬浮物≤100mg/L、化学需氧量≤5000mg/L、氨氮≤200mg/L、挥发酚 500～800mg/L、氰化物≤15mg/L、石油类≤50mg/L、硫化物≤30mg/L，基本可以达到生化处理对废水水质的要求，保证了后续生化处理单元的正常运行。

（2）脱氰处理

真空碳酸盐煤气脱硫工艺产生的脱硫废水氰化物和硫化物浓度过高，对生化处理单元冲击较大，因此需进行脱氰处理。

2. 生化处理技术

（1）一级生物脱氮工艺（前置反硝化工艺）

可采用缺氧/好氧（A/O）工艺和在其基础上改进的厌氧/缺氧/好氧（A/A/O）工艺、好氧/缺氧/好氧（O/A/O）工艺、缺氧/好氧/好氧（A/O/O）工艺等。根据调研结果，运行正常的一级生物脱氮系统，二沉池出水化学需氧量在 200～350mg/L，氨氮≤10mg/L。

（2）两级生物脱氮工艺（前置＋后置反硝化工艺）

在前置反硝化工艺后面增加后置反硝化，利用添加的碳源进行反硝化，将废水中硝态氮还原为氮气。为保证总氮稳定达标，碳源适当过量，需要后面再进行好氧降解过量的碳源确保化学需氧量指标达标。后置反硝化工艺与前面的前置反硝化工艺组合成 A/O-A/O 工艺。

该技术目前在 7 家以上钢铁联合企业或炼焦化学工业企业使用。正常情况下，A/O-A/O 工艺处理后的废水经絮凝沉淀处理后水质指标可达到：pH 6～9、悬浮物≤70mg/L、化学需氧量≤150mg/L、氨氮≤25mg/L、总氮≤50mg/L、挥发酚≤0.5mg/L、氰化物≤0.2mg/L。

3. 后处理技术

焦化废水后处理通常采用絮凝沉淀或絮凝沉淀＋过滤，应用案例很多，国内大部分钢铁联合企业炼焦工序或炼焦化学工业企业废水处理单元均有采用。正常情况下，经有效生化处理的废水经适当的絮凝沉淀处理后，水质指标可达到：pH 6～9、悬浮物≤70mg/L、化学需氧量≤150mg/L、氨氮≤25mg/L、总氮≤50mg/L、挥发酚≤0.5mg/L、氰化物≤0.2mg/L，达到 GB 16171 关于用于洗煤、熄焦和高炉冲渣等的水质要求，可直接用于洗煤、熄焦和高炉冲渣。

4. 深度处理技术

焦化废水深度处理技术一般包括高级氧化技术和吸附处理技术。其中，高级氧化技术包括臭氧催化氧化技术、芬顿（Fenton）技术等，吸附主要为活性炭/活性焦及树脂吸附技术等。

（1）臭氧催化氧化技术

根据处理废水的有机污染物浓度，可选择一级或二级臭氧催化氧化处理单元。

该技术目前国内 6 家以上炼焦化学工业企业在用，正常情况下，臭氧催化氧化后的废水水质指标可达到：化学需氧量≤80mg/L、氨氮≤10mg/L、悬浮物≤50mg/L。采用二级臭氧氧化出水水质更优，经过后续曝气生物滤池或 MBR 处理后，出水化学需氧量可达50mg/L。运行成本 1～3 元/t 水。

（2）Fenton 技术

在酸性条件下，H_2O_2 在 Fe^{2+} 的催化作用下生成具有高反应活性的羟基自由基（·OH），·OH 能有效氧化废水中的可氧化物质，Fe^{2+} 被氧化为 Fe^{3+}，在一定条件下生成 $Fe(OH)_3$胶体，利用胶体的絮凝作用，去除废水中的悬浮物，从而达到净化废水的目的。

该技术目前国内 4 家以上钢铁联合企业或炼焦化学工业企业在用，正常情况下，Fenton技术处理后的废水水质指标可达到：化学需氧量≤80mg/L、氨氮≤10mg/L、悬浮物≤50mg/L。运行成本 3～6 元/t 水。

（3）吸附技术

活性炭/活性焦吸附技术目前国内主要有 3 家以上炼焦化学工业企业在用，正常情况下，吸附处理后的废水水质指标可达到：化学需氧量≤80mg/L、氨氮≤5mg/L、悬浮物≤50mg/L。采用高品质活性炭/活性焦，加入量足够（1～2g/L），出水化学需氧量可达50mg/L，色度低于 10 度。运行成本 4～8 元/t 水。

5. 回用处理技术

焦化废水回用处理可采用超滤＋反渗透或超滤＋纳滤＋反渗透的组合工艺。

该技术应用案例较多，目前国内 8 家以上钢铁联合企业或炼焦化学工业企业在用。出水水质可达到《工业循环冷却水处理设计规范》（GB/T 50050）中关于循环冷却水的水质指标要求。但处理中伴随产生的浓水，因污染物浓度较高，一般回用于高炉冲渣等对水质要求较低的工段使用。

（二）半焦（兰炭）炭化炉废水污染治理技术

半焦（兰炭）炭化炉废水（以下简称兰炭废水）酚类物质浓度过高，可高达 10000mg/L 以上，化学需氧量高达 40000mg/L，无法直接进行生物处理，必须进行脱酚处理以保证后续生化处理正常运行。同时，废水中氨氮浓度较高，高达 2000～8000mg/L，也需脱氨以满足生化处理需要。由于历史原因，兰炭废水长期以来没有任何处理，直接用于熄焦，废水处理案例极少。

1. 预处理

兰炭废水中酚（包括多元酚与单元酚）和氨含量较高，必须进行脱酚脱氨预处理。由于兰炭废水中油含量非常高，同时含有粒径很小的焦粉，容易造成萃取乳化和蒸氨堵塔，所以需要在酚氨回收前进行除油和悬浮物脱除。

（1）除油和悬浮物脱除

根据煤化工废水运行经验，兰炭废水气浮除油或重力除油，可以加入具有破乳和絮凝的药剂强化处理效果，一般为微量有机类药剂（根据调研，药剂为专利产品，成分未知），不能对后续萃取和脱酸脱氨有负面影响。

某兰炭企业在重力除油后采用了焦炭过滤工艺，出水满足萃取需要。

（2）酚氨回收

酚氨回收主体工艺包括萃取、脱酸脱氨和萃取剂再生几个部分。不同萃取剂工艺采用不同的流程。

不同煤质和炭化炉产生的废水差别较大，造成酚氨回收出水水质差别较大。根据调研与有关实验室中试结果，酚氨回收出水化学需氧量 3000～8000mg/L、氨氮 20～150mg/L、挥发酚 50～200mg/L、总酚 400～800mg/L。

2. 生化处理

经过酚氨回收后的兰炭废水，化学氧化量仍高达 4000mg/L 左右甚至更高，同时氨氮较高，毒性高，直接生化处理会造成系统不稳定。借鉴焦化废水处理经验，一般将兰炭废水与其他干净或易降解的废水（如生活污水、循环水排污水、甲醇废水等）混合后进行生化处理，一般稀释比例不低于100％。

兰炭废水的三个案例中，A 兰炭企业采用 A/O 工艺；B 兰炭企业采用 A/O-MBR 工艺，并在生化反应池中投入活性炭以降低生物毒性和强化生化处理；C 兰炭企业采用活性焦生物工艺，利用活性焦吸附有机物降低生物毒性。

3. 后处理和深度处理工艺

已有三个案例运行的处理工艺主要有活性炭吸附和活性焦吸附工艺。化学需氧量可以降低到100mg/L 以下。

4. 膜处理与蒸发结晶

兰炭废水的膜脱盐回用处理和蒸发结晶零排放，主要见于新建项目的招标要求。

（三）典型工艺

焦化废水化学成分复杂，并且含量较高，其复杂的水质特点使得很难采用单一的处理方法来达到综合治理焦化废水的目的，生物法是焦化废水的核心处理技术，将生物法处理技术与物理法处理技术、化学法处理技术相结合，可以达到很好的处理效果。处理焦化废水的流程主要分为预处理、生化处理、深度处理和废水回用四个阶段。其大体处理工艺流程见图2-5-6。常使用物化法对焦化废水进行预处理，以除去焦化废水中的固体颗粒、悬浮物、氨、油以及酚等物质。预处理可以有效避免焦化废水在下级生化处理过程中损害和抑制微生物，从而降低焦化废水在生化处理过程中的污染负荷，并根据焦化废水的水质情况等条件来回收化工产品。

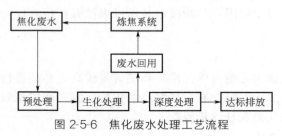

图 2-5-6　焦化废水处理工艺流程

当前的生化技术很难达到焦化废水的排放标准，因此，通常使用组合式的生化工艺处理焦化废水。其主要包括厌氧-好氧组合工艺、间歇式活性污泥法、两段生物法、延迟曝气法以及 MBR 生物膜法。

1. A^2/O 工艺

A^2/O 工艺流程如图 2-5-7 所示，其处理过程分为三个阶段：预处理阶段、生化处理阶段和深化处理阶段。其中，预处理阶段包括除油池、调节池以及浮选池，主要去除轻油、重油和可浮油，然后进入生化处理阶段；生化处理阶段包括厌氧池、缺氧池和好氧池，在此阶段主要去除废水中的有机物、酚、氰和脱氮，然后进入深度处理阶段；生化处理后的水进入二沉池进行泥水分离，其间经过处理的活性污泥会进一步回到好氧池和缺氧池进行循环利用，部分会被定期外排。部分清液会流入缺氧池中进行利用，其余部分则进入混凝反应池。在混凝反应池中，加入混凝剂，将水进一步净化，净化后的泥水混合物再流入混凝沉淀池，进行泥水分离。

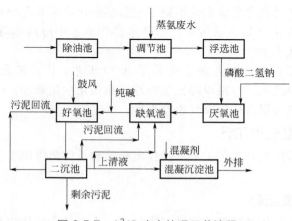

图 2-5-7　A^2/O 废水处理工艺流程

2. SBR 工艺

SBR 工艺是一种新近发展起来的新型处理焦化废水的工艺，即为序批式好氧生物处理工艺，其去除有机物的机理在于充氧时与普通活性污泥法相同，不同点是其在运行时，进水、反应、沉淀、排水及空载 5 个工序，依次在一个反应池中周期性运行，所以该法不需要专门设置二沉池和污泥回流系统，系统自动运行，同时污泥培养、驯化均比较容易。工艺流程如图 2-5-8 所示。

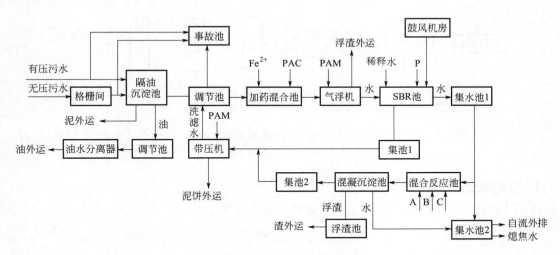

图 2-5-8　SBR 废水处理工艺流程

另外，还有其他组合工艺，如 A^2/O-臭氧氧化-活性炭过滤组合，有效实现了对焦化废水生化性的改善，工艺流程如图 2-5-9 所示。

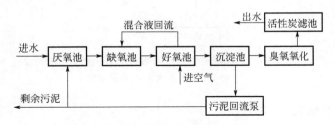

图 2-5-9　A^2/O-臭氧氧化-活性炭过滤组合工艺

第三节　新型煤化学工业废水

一、生产工艺和废水来源

（一）煤气化生产工艺及产排节点

煤炭气化是以煤或焦炭为原料，在一定温度与压力条件下，生成以一氧化碳、氢、甲烷等可燃组分为主的合成原料气、城市煤气和燃料气等煤气产品的热化学加工过程。目前中国的煤炭气化技术主要用于化工合成，部分用于生产民用煤气及工业燃气。常见的气化方法有：固定床气化、流化床气化和气流床气化。

煤炭气化主要工艺流程见图 2-5-10。

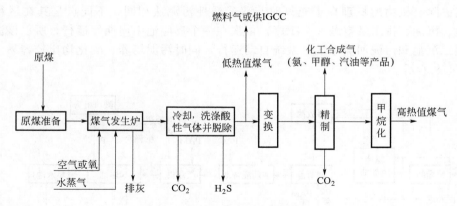

图 2-5-10　煤炭气化主要工艺流程

注：IGCC 为整体煤气化联合循环。

1. 煤制天然气废水

以德士古（Texaco）气化工艺为例，其产污节点见图 2-5-11。

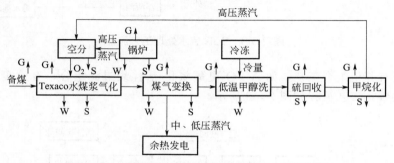

图 2-5-11　煤制天然气产污节点（Texaco 工艺）

G—废气；W—废水；S—固体废物

废水的排放节点见表 2-5-3。

2. 煤制甲醇废水

煤制甲醇废水排放节点见表 2-5-4。

表 2-5-3　废水排放节点

工段	节点	性质
气化工段	气化炉	废水
灰水处理工段	灰水处理设施	废水
变换工段	汽液分离器及汽提塔塔底	冷凝液
供热系统	蒸汽锅炉	排水
供水系统	脱盐水站	酸碱废水
	循环水系统、空分、空压、汽轮发电机	清净下水
	装置冲洗区域	冲洗水
	储煤运煤系统、厂前污染区	冲洗水
	生活设施、化验室、气防站、环境监测	废水
灰水处理设施	灰水处理装置	废水

表 2-5-4　煤制甲醇工艺废水排放节点

编号	工段	节点	性质	排放规律	排放去向
W1	污水处理设施	气化污水处理装置	废水	连续	煤化工基地污水处理厂
W2	变换工段	汽液分离器及汽提塔塔底	冷凝液	连续	送气化工段碳洗塔给料槽
W3	净化工段	甲醇水塔	废水	连续	送气化工段磨煤装置
W4	甲醇精馏工段	精馏塔	废水	连续	送气化工段磨煤装置
W5	供热系统	蒸汽锅炉	排水	连续	煤化工基地雨水排水系统
W6	供水系统	脱盐水站	酸碱废水	间断	煤化工基地雨水排水系统
W7	供水系统	循环水系统、空分、空压、汽轮发电机	清净下水	连续	煤化工基地雨水排水系统
W8	供水系统	装置冲洗区域	冲洗水	间断	煤化工基地污水处理厂
W9	供水系统	储煤运煤系统、厂前污染区	冲洗水	连续	煤化工基地污水处理厂
W10	供水系统	生活设施、化验室、气防站、环境监测	废水	连续	煤化工基地污水处理厂

3. 煤制烯烃废水

煤制烯烃是指以煤为原料合成甲醇后再通过甲醇制取乙烯、丙烯等烯烃的技术。由于煤制烯烃的工艺过程中先合成甲醇，再进行后续的生产链，因此煤制烯烃生产中废水产排情况与煤制甲醇相似。即固定床排放高浓度难降解有毒有害废水，流化床和气流床的造气废水中有机物浓度较低，属于一般的工业有机废水。煤制甲醇气化炉后续的工艺节点中，也会排放较高浓度的有机废水，但废水中有机物大多是易生物降解的，处理相对较容易。

（二）煤液化生产工艺

1. 煤间接液化工艺

间接液化是首先将原料煤与氧气、水蒸气反应将煤全部气化，制得的粗煤气经变换、脱硫、脱碳制成洁净的合成气（$CO+H_2$），在温度 250℃左右，中压 15～40MPa 和催化剂作用下，合成主要产物碳水化合物，再经过一系列加工，最终得到汽油、柴油、石蜡和化学品的工艺过程。煤的间接液化一般认为有如下步骤：a. 煤的气化；b. 合成气的转变；c. 粗合成气的转变；d. 合成反应；e. 合成气的加工。典型的煤间接液化工艺流程见图 2-5-12。

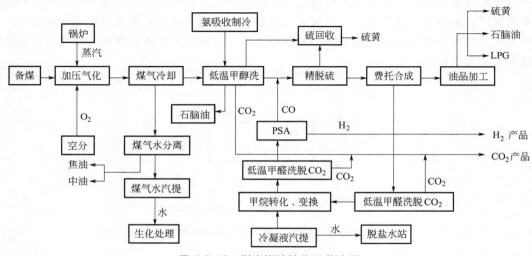

图 2-5-12　煤炭间接液化工艺流程

煤间接液化工艺废水排放节点见表 2-5-5。

表 2-5-5　煤间接液化工艺废水排放节点

工段	节点	性质
煤气化	加压气化含尘煤气水	总酚、COD_{Cr}、SS、油、总氨、CN^-
煤气化	粗煤气冷却含焦油废水	油、酚、总氨、COD_{Cr}、CN^-
低温甲醇洗	低温甲醇洗排水	HCN、NaOH、甲醇
煤气水分离	煤气水分离排水	总酚、多元酚、油、总氨、游离氨、HCN、COD_{Cr}、pH 值、SS
费托合成	费托合成单元油水分离器排水	有机物(包括甲醇、乙醇、丙醇、乙酸、丙酮等)
油品加工	油品加工单元减压塔顶分水罐排水	醛类、酮类、酸类等有机物
甲烷转化、变化单元	甲烷转化、变换排水	H_2、CO、CO_2 等
煤气水处理	汽提装置排水	COD_{Cr}、总氨、酚类、石油类、悬浮物、氰化物
厂区	生活、化验废水	COD_{Cr}、BOD_5、油、NH_4^+-N
厂区	冲洗设备地坪及初期雨水	COD_{Cr}、SS、油
火炬	火炬分离罐排水	COD_{Cr}、硫化物、挥发酚、油、NH_4^+-N
罐区及储运系统	罐区排水	COD_{Cr}、SS、油
供热系统	锅炉及废锅排污水	盐类
供水系统	脱盐水站阴阳离子树脂再生废水	酸、碱
供水系统	循环水排污水	COD_{Cr}、盐类
供水系统	原水处理排水	SS
氨吸收制冷	氨吸收制冷排水	少量盐类
生化处理	生化处理站(进/出)水质	pH 值、酚、CN^-、COD_{Cr}、石油类、氨氮
厂区	厂总排废水	COD_{Cr}、pH 值、NH_4^+-N、S^{2-}、CN^-、石油类、挥发酚

2. 煤直接液化工艺

　　煤直接液化是煤直接催化加氢转化成液体产物的技术，先将煤磨碎成细粉，然后和溶液油制成煤浆，将煤浆和氢气混合送至加氢反应器，在高温、高压和催化剂存在的条件下，通过加氢裂化使煤中复杂的有机化学结构分子直接转化为清洁的液体燃料和其他化工产品。煤直接液化工艺流程见图 2-5-13。

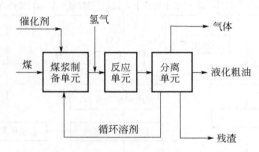

图 2-5-13　煤炭直接液化工艺流程

煤直接液化工艺废水排放节点见表 2-5-6。

表 2-5-6　煤直接液化工艺废水排放节点

工段	节点	性质
催化剂制备	滤液缓冲槽洗涤水	NH_4^+-N、硫酸盐
	机泵冷却水	COD、石油类
煤液化	冷中压分离器排水	NH_4^+-N、硫化氢、挥发酚
	机泵冷却水、地面冲洗水	COD、石油类
液化油加氢	冷低压分离器排水	NH_4^+-N、硫化氢、挥发酚
	机泵冷却水、地面冲洗水	COD、石油类
加氢改质	机泵冷却水、压分离器排水	COD、石油类
煤制氢	气化污水	NH_4^+-N、COD、SS、氰化物
	变换洗涤塔污水	NH_4^+-N、硫化氢
	甲醇洗废水	COD、硫化氢
轻烃回收	机泵冷却水	COD、石油类
硫回收	机泵冷却水	COD、硫化氢
酚回收	汽提塔排水	NH_4^+-N、硫化氢、挥发酚
罐区及储运系统	罐区排水	COD_{Cr}、SS、油
供热系统	锅炉及废锅排污水	盐类
供水系统	脱盐水站阴阳离子树脂再生废水	酸、碱
供水系统	循环水排污水	COD_{Cr}、盐类
供水系统	原水处理排水	SS
氨吸收制冷	氨吸收制冷排水	少量盐类
生化处理	生化处理站(进/出)水质	pH 值、酚、CN^-、COD_{Cr}、石油类、氨氮
厂区	厂总排废水	COD_{Cr}、pH 值、NH_4^+-N、S^{2-}、CN^-、石油类、挥发酚

（三）煤化工废水来源及污染物种类

1. 废水来源及水质特点

（1）煤气化废水

煤气化废水包括煤气发生站废水和气化工艺废水。煤气发生站废水主要来自发生炉中煤气的洗涤和冷却过程，这一废水的量和组成随原料煤、操作条件和废水系统的不同而变化。气化工艺废水是在煤的气化过程中，煤中含有的一些氮、硫、氯和金属元素，在气化时部分转化为氨、氰化物和金属化合物；一氧化碳和水蒸气反应生成少量的甲酸，甲酸和氨反应生成甲酸铵。这些有害物质大部分溶解在气化过程的洗涤水、洗气水、蒸汽分流后的分离水和贮罐排水中，一部分在设备管道清扫过程中放空。相对于煤的焦化，煤气化产生的废水比较少，其特点是污染物浓度高，酚类、油及氨氮浓度高，生化有毒及抑制性物质多，在生化处理过程中难以实现有机污染物的完全降解。

总体上来讲，气化废水的水质特征为：

① 色度大，污染物浓度高　废水一般呈深褐色，有一定黏度，多泡沫，pH 值在 6.5～8.5 范围内波动，呈中性偏碱，有浓烈的酚、氨臭味。COD 值一般在 6000mg/L 以上，氨氮浓度为 3000～10000mg/L。

② 成分复杂　废水中不但存在着大量悬浮固体和水溶性无机化合物，还有大量的酚类化合物、苯及其衍生物、吡啶等，有机物种类多达上百种。

③ 毒性高　废水中不但氰化物和酚类具有毒性，且焦油中含有致癌物质，在干馏制气

废水中检测出毒性较高的 3，4-苯并芘。

④ 水质波动大　废水水质因各企业使用的原煤成分及气化工艺的不同而差异较大。德士古气化工艺产生的废水量少，污染程度较低，但是对煤种的适应性不如鲁奇气化工艺；而鲁奇气化工艺、传统的常压固定床间歇式气化工艺等产生的废水污染程度较大，特别是鲁奇气化工艺产生的含酚废水很难处理，运行成本高；以褐煤、烟煤为原料进行气化产生的污染程度远高于以无烟煤和焦炭为原料的工艺。因此针对不同的煤气化工艺和所采用的煤种，应采用有针对性的工艺对其废水进行处理。

（2）煤液化废水

煤液化工艺中的废水包括高浓度含酚废水和低浓度含油废水。高浓度含酚废水主要来自汽提、脱粉装置处理后的出水，包括煤液化、加氢精制、加氢裂化及硫黄回收等装置排出的含酚、含硫废水。低浓度含油废水包括来自煤液化厂内的各种装置塔、容器等放空、冲洗排水，机泵填料排水，围堰内收集的污染雨水，煤制氢装置低温甲醇洗废水等。

煤液化产生的废水主要分为高浓度污水、含油污水、含盐污水及催化剂污水四种废水。

① 高浓度污水　油含量低，盐离子浓度低；COD 浓度很高，已经超出一般生物处理的范畴，其中多环芳烃和苯系物及其衍生物、酚、硫等有毒物质浓度高，可生化性差，是一种比较难处理的污水。

② 含油污水　污水含油量较高，COD 及其他污染物浓度不高，水中阴、阳离子的组成与新鲜水相似，经过除油及生化处理后出水可以达到污水回用指标。

③ 含盐污水　含盐污水中 COD 含量不高，盐含量达到新鲜水的 5 倍以上。要想回用，首先要将水中的 COD 处理到回用水要求指标，同时脱盐也是必须要进行的一步。

④ 催化剂污水　含有大量的硫酸铵，其总溶解固体含量为 4.8%，已超过一般海水中的盐含量，而有机物的含量很少。

2. 污染物种类

煤化工废水污染物种类见表 2-5-7。

表 2-5-7　煤化工废水污染物种类

序号	污染物名称	序号	污染物名称	序号	污染物名称	序号	污染物名称
1	COD	10	硫化物	19	萘	28	铁
2	SS	11	硫酸盐	20	呋喃	29	锰
3	氨氮	12	色度	21	咪唑	30	铜
4	石油类	13	苯系物	22	多环芳烃	31	铅
5	挥发酚	14	甲醇	23	联苯	32	砷
6	阴离子表面活性剂	15	硫氰化物	24	银	33	镍
7	氟化物	16	喹啉	25	铍	34	锌
8	氯化物	17	吡啶	26	钴	35	铬
9	氰化物	18	吲哚	27	钒	36	镉

二、清洁生产与污染防治技术

1. 采用先进的工艺设备

煤焦采用"低水分煤焦法"，煤焦塔顶部设有折流式木结构捕尘装置。预留干煤焦，替代传统湿煤焦工艺。干煤焦是在密闭系统内完成煤焦过程，利用循环惰性气体做热载体，由循环风机将冷的循环气体输入红焦冷却室冷却高温焦炭后排出，基本消除酚、HCN、H_2S、NH_3 的排放，减少焦尘排放，减少煤焦用水。干煤焦还提高焦炭质量，回收大量蒸汽，节能降耗。

2. 加强废水的利用与控制

煤化工废水成分复杂、污染物浓度高且难降解，对环境污染严重，单一的处理工艺很难达到水质排放要求。试验表明，采用复合絮凝剂的处理效果优于只使用单一絮凝剂，有学者采用无机高分子絮凝剂、铁基絮凝剂和有机高分子絮凝剂的复合使用进行炼油污水气浮絮凝工业试验，处理效果好。有学者用 H_2O/UV 对煤化工废水进行预处理和深度处理，污染物去除率随 H_2O 用量的增加而升高，随 pH 值的升高而降低，碱度过高会严重影响去除效果。还有学者采用水解酸化-好氧生物处理-曝气生物滤池联用的 HOBAF 工艺处理煤化工废水，处理效率高，出水水质好，挥发酚及硫化物的去除率均在 90% 以上，实现了生产用水全面循环使用及生产废水的零排放，从源头上杜绝了生产废水的产生与排放，解决了高浓度有机废水末端治理设施投资大、运转费用高、处理后难以达标排放的重大难题。

三、废水处理技术及利用

1. 基本处理技术

煤化工废水是一种典型的难生物降解的工业废水，依据其原煤煤质的差异，又体现出不同的特点。废水处理一般包括预处理、生化处理和深度处理三个流程。

（1）预处理

① 除油预处理　主要包括隔油法、气浮法两大类，隔油法处理工艺中，需对于废水中所含的轻质油等进行分离，依靠生物处理将油类浓度降至 20mg/L；气浮法处理工艺中，主要对废水中的悬浮颗粒物和油类物质进行分离。

② 脱酚预处理　一般有两种主要的脱酚方法，溶剂萃取法与蒸汽循环法。对工业废水进行脱酚处理主要用到容积萃取脱酚工艺，通过开展萃取回收酚类的研究发现，萃取剂类型及浓度、温度、pH 条件等均对脱酚效率有影响，脱酚预处理后，废水中挥发酚和非挥发酚的浓度可分别降低 97% 以及 54%，COD_{Cr} 的去除率可达 87%，具有操作便捷、可靠性高等优势，经济效益和社会效益较高。

③ 脱氨预处理　高浓度氨氮是许多煤化工废水的一大特点。由于高浓度氨氮物质对后续生化的微生物有抑制作用，有效进行氨氮回收具有重要意义。目前，MAP 沉淀法、离子交换法、膜分离法等对于高浓度氨氮废水的处理存在工艺操作烦琐、处理周期短、处理成本高等缺点，不适宜工业化大规模的应用。而与其他方法比较，吹脱法经济且操作简便，容易控制，氨氮去除率较高，除氮效果稳定。pH 值、温度、气液比是影响吹脱效率的主要因素，吹脱是在碱性条件下进行，通过空气或水蒸气与废水接触，使废水中氨氮转换为游离氨被吹出，从而达到去除废水中氨氮的目的。

（2）生化处理

生物处理技术对化工污染废水的处理利用了生物的新陈代谢作用，将煤化工污染废水转化成 CO_2、水等无污染物，从而实现将废水净化回收。该项技术具有操作简单、处理回收污水效率高和稳定性高的特点。在煤化工污染废水处理中，生物处理技术主要有 SBR、UASB、A^2/O 和 A/O 等工艺。由于煤化工污染废水中通常含有高浓度的氨氮化合物，所以在处理中常采用脱氮率高的生物处理技术，处理前首先对细菌仔细甄选，检查反应器性能，以实现较高的脱氮要求。

（3）深度处理

在对废水进行预处理、生化处理之后，废水中往往含有少量难降解的污染物质，导致污染物浓度超过排放及回用标准的要求，因此，还需对废水进行深度处理，主要包括以下几类：

① 混凝沉淀法　利用混凝剂对水体中难降解的污染物进行沉淀处理。对高效混凝沉淀技术的研究表明，在废水处理中采用该技术可降低出水浊度至 3 度以下，极大地减轻了后续滤池的进水负荷。

② 吸附法　利用活性炭/焦炭吸附剂的吸附能力进一步显著降低水中的有机物。该法能够去除由酚和焦油引起的异味，对色度有较好的去除能力，对二级生物处理出水中难生物降解物质有较好的去除率。

③ 膜技术　运用膜技术对煤化工废水进行深度处理具有高效、实用、可调、节能和工艺简便等特点。目前煤化工废水（包括生化出水和脱盐水）回用采用较多的是 UF-RO 工艺，此工艺中反渗透膜的高脱盐率有利于处理后的水回用于循环冷却水，但是也存在着系统运行压力高、产水率低、浓水产量大、膜容易污染等问题，造成运行成本增加，也不利于浓缩液的处理。在此基础上，开发出 UF-NF-RO 工艺。纳滤膜较反渗透膜具有抗污染能力强、运行压力低等特点，纳滤则为反渗透提供了保护作用，从而达到更加好的处理效果，并且系统运行稳定、清洗周期较长。

④ 高级氧化法　利用高级氧化剂如臭氧及 Fenton 等对废水进行氧化处理，去除难降解的污染物，在目前废水处理中应用较广。其中 Fenton 氧化剂由 Fe^{2+} 及 H_2O_2 组成，在酸性催化条件下可发生一系列化学反应产生具有强氧化活性的产物，以降解大部分有机杂质。对鲁奇炉气化废水进行的处理研究表明，采用臭氧进行氧化处理后，废水中 COD_{Cr} 的去除率可达约 60% 以上。

2. 典型的处理工艺举例

目前在实际运行中发现，煤化工废水的治理普遍面临着传统工艺不能适应新形势下废水排放标准的要求，存在的突出问题为处理出水无法稳定达到现有排放标准的排放限值，更无法达到新标准的要求。因而，一般生化处理后仍需进一步的物化处理（絮凝等）或生化强化（BAF）等，以达到排放标准。图 2-5-14 为以"预处理＋SBR 法＋活性炭吸附法"为主的煤化工废水处理工艺。

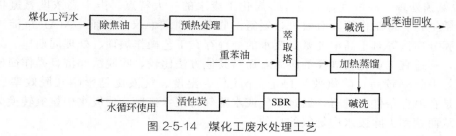

图 2-5-14　煤化工废水处理工艺

煤化工污水首先经过除焦油、预热等处理后，从上部进入萃取塔，与此同时萃取剂重苯油从下部进入萃取塔，两物质在萃取塔内逆向流动，经过充分的传质后，酚溶入重苯油从塔顶溢流而出经碱洗脱酚后循环利用；污水缓慢下降从塔底流出，经过加热蒸馏后除去挥发性的铵盐，难挥发铵经碱洗后去除。此时为废水的一级处理阶段，主要除去污水中的焦油、酚、氨化物等有害物质；然后进入二级生化处理阶段，此阶段采用的技术是 SBR 工艺，目的是将水中的有机物经活性污泥吸附、氧化分解后去除，此时水质已经能够达到向外排放的标准；最后进入三级深度处理阶段，在此阶段废水经过流动床的活性吸附，能够进一步除去水中的污染物。经过三级处理的水质能够达到工业循环使用水的标准。

某煤液化项目采用"隔油＋气浮＋推流鼓风曝气＋二级曝气生物流化床（3T-BAF）＋过滤"工艺处理煤液化废水，处理工艺如图 2-5-15 所示。

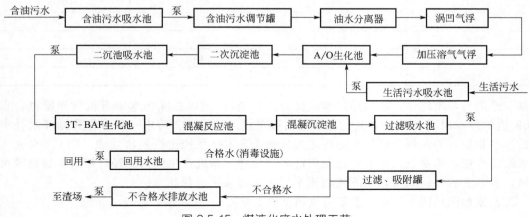

图 2-5-15　煤液化废水处理工艺

还有其他的如某煤化工项目，产生的煤气化污水主体工艺采用"除油＋水解酸化＋SBR＋BAF＋活性炭吸附＋砂滤"工艺，通过设置隔油池和气浮去除水中的油类物质，包括重油、轻油、乳化油等；然后通过水解酸化工艺将污水中的固体、大分子和不易生物降解的有机物（苯环类）降解为易于生物降解的小分子有机物，提高 B/C 比值；再利用 SBR 反应特性，实现脱氮除碳。此外，生化出水经过"澄清池＋多介质＋UF＋RO"以及除盐水经过"UF＋RO＋混床"处理后，实现废水的零排放。

煤制烯烃水处理项目，废水主要以气化废水及 DMTO（以煤或天然气替代石油做原料生产乙烯和丙烯的技术）装置排水为主，氨氮和硬度均很高。污水主体工艺采用了"调节＋混凝＋沉淀＋SBR 工艺"，利用多级串联技术与 SBR 的运行特点相结合，将 SBR 反应工序以时间分隔为多次交替出现的厌氧、好氧转换阶段。同时，分隔出的各个反应段时长与硝化、反硝化微生物活性契合，促使硝化与反硝化反应进行彻底，提高有机物去除率，实现了高氨氮污水的达标排放。生化出水再经过"BAF＋沉淀＋过滤＋超滤＋RO"工艺实现回用。RO 产生的浓水则通过异相催化氧化技术处理，所用高活性异相催化填料与反应生成的 Fe^{3+} 生成 FeOOH 异相结晶体，催化生成更多的羟基自由基，高效降解废水中难降解污染物。

第四节　工程实例

一、实例一

项目来水为煤化工公司下属的煤气化车间、甲醇车间、变换车间的生产废水及部分生活污水，共计 $200m^3/h$，各车间废水经污水处理场及深度处理车间处理后水质指标需满足《工业循环冷却水处理设计规范》（GB 50050—2007）（当时适用标准）中的再生水水质指标的要求，主要指标见表 2-5-8。

各车间废水经过地管收集之后依次进入格栅渠、混凝沉淀池、气浮池和二级破氰池进行预处理，以去除污水中大的悬浮物、漂浮物、SS、钙镁离子及氰化物等有毒物质后自流进

表 2-5-8 设计进水水质和再生水水质指标

项目	进水指标/(mg/L)	出水指标/(mg/L)	去除率/%
COD_{Cr}	280	30	89.3
氨氮	200	5	97.5
氰化物	20	0.5	97.5
磷	10	0.5	90
TDS	2000	300	85
SS	200	10	95
浊度	—	5	—

入调节池进行均质均量,之后经过水泵提升进入 A/O 池以去除污水中有机物和脱氮,来自
MBR 池的污泥回流至 O 池,透过液经过自吸泵进入清水池。清水一部分作为循环水补水进
入循环水系统,另一部分经过泵加压之后进入 UF/RO 系统进行脱盐处理,RO 产水进入脱
盐水站原水箱,浓水进入浓水处理装置进一步处理。系统产生的污泥经过带式压滤机脱水至
80%含水率之后外运处置,压滤液回流至污水处理系统进行处理。

工艺流程图见图 2-5-16。主要构筑物见表 2-5-9。

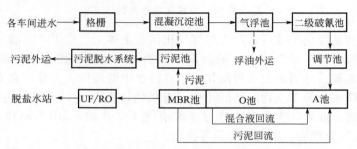

图 2-5-16 煤化工废水处理工艺流程图

表 2-5-9 主要构筑物及设备参数

构筑物	主要参数
格栅及集水池	1 座,循环齿耙除污机,栅距 5mm;集水池有效容积为 135m³,设置 3 台潜水泵,2 用 1 备
混凝沉淀池	混凝反应池 1 座,沉淀池 1 座 2 格。混凝反应池由混合区 1 格和絮凝区 2 格组成。混合区尺寸 6.0m×6.0m×5.0m,配套设置桨叶式搅拌机 1 台。絮凝区 3.0m×2.85m×5.0m,配套设置框式搅拌机 1 台。沉淀池尺寸 16.5m×9.0m×6.8m,内部设 2 座污泥斗、2 台刮油刮泥机及 2 套出水槽
气浮池	1 座 2 格,尺寸 11.0m×2.4m×2.3m,有效水深为 1.8m。气浮采用涡凹气浮,设溶气机 2 台、刮油刮渣机 2 台、出水槽 2 套及排渣槽 2 套
二级破氰池	2 座,尺寸 5.0m×5.0m×3.5m,有效水深为 3.0m,配套设置搅拌机 1 台
调节池	1 座,尺寸 40.0m×13.0m×5.4m,水力停留时间为 13h。配套 2 台潜水搅拌机,搅拌功率 7.5kW。配套 2 台潜水泵,1 用 1 备
A/O 池+MBR 池	COD 负荷 0.15kg/(m³·d)、总氮负荷 0.025kg/(m³·d)、污泥质量浓度 4000mg/L、混合液回流比 300%、污泥回流比 100%、MBR 膜通量≤25L/(m²·h)
超滤及反渗透(UF+RO)	超滤 2 套,处理水量 100m³/h,回收率≥90%,超滤设计膜通量为 40L/(m²·h);反渗透处理水量 70m³/h,回收率≥75%,脱盐率≥99%,反渗透膜设计膜通量为 16.3L/(m²·h)

采用混凝沉淀+气浮池+二级破氰池+A/O+MBR+超滤+反渗透组合工艺处理煤气
化废水,当系统的平均进水 COD 为 291mg/L,MBR 出水为 25.6mg/L,RO 出水为
13.7mg/L;平均进水氨氮为 148.2mg/L,MBR 出水为 6.8mg/L,RO 出水为 3.8mg/L;

平均进水磷为 11.1mg/L，MBR 出水为 0.84mg/L，RO 出水为 0.36mg/L，出水稳定达到《工业循环冷却水处理设计规范》（GB 50050—2007）（当时适用标准）中的再生水水质指标的要求。

二、实例二

某焦化厂年生产能力超过 250 万吨，日均产生焦化废水超过 2000m³，废水主要来自蒸氨废水和高炉、转炉、焦炉煤气水封水。本工程设计水量 170m³/h，实际进水量 120m³/h。废水经过高效 A²O-Fenton 工艺处理后，出水水质稳定达到《炼焦化学工业污染物排放标准》（GB 16171—2012）的要求，可回用于炼铁冲渣。主要指标见表 2-5-10。

表 2-5-10　进、出水指标

项目	进水指标	出水指标	项目	进水指标	出水指标
pH 值	7.0～9.5	6.0～9.0	挥发酚/(mg/L)	≤550	≤0.5
COD$_{Cr}$/(mg/L)	≤3800	≤150	硫化物/(mg/L)	≤500	≤1.0
氨氮/(mg/L)	≤300	≤25	石油类/(mg/L)	≤60	≤10
氰化物/(mg/L)	≤25	≤0.5			

正常情况下焦化废水直接泵送至调节池，在水质出现异常波动时切换至事故池，然后由事故池提升泵缓缓泵送至调节池，经调节池均质水质，调节池出水由一级提升泵抽送至气浮反应分离器，以去除废水中的油类污染物及悬浮杂质，减轻后续生物处理系统的负荷；出水自流入厌氧池，经厌氧池将大分子有机物及部分难降解的有机物分解为小分子及易降解的有机物，缓解毒性物质对微生物的抑制，大大提高了后续好氧反应的速率；然后出水自流入缺氧池，通过反硝化菌将好氧段混合液回流带来的硝酸盐、亚硝酸盐转化为氮气，以去除总氮；缺氧池出水自流进入好氧池，在好氧池中，通过好氧菌的新陈代谢对废水中的有机物进行充分降解，同时硝化菌将废水中的氨氮转化为硝酸盐氮和亚硝酸盐氮。好氧池出水自流进入二沉池进行泥水分离，进一步去降废水中微细悬浮物及胶体物质；出水自流入中间水池，根据实际情况可选择直接回用或由二级提升泵抽送至高效氧化反应器（Fenton 氧化池），通过投加氧化剂，将废水中不可生物降解的有机物进行氧化分解，以进一步降低废水 COD$_{Cr}$ 浓度，出水再自流入回用水池。回用水池出水通过回用水泵抽送至炼铁厂冲渣，以实现焦化废水零排放。

工艺流程见图 2-5-17。主要构筑物见表 2-5-11。

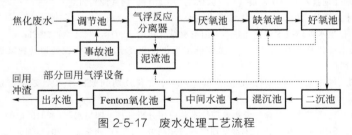

图 2-5-17　废水处理工艺流程

表 2-5-11　主要构筑物及设备参数

构筑物	主 要 参 数
调节池	有效容积为 3920m³，封闭式钢筋混凝土结构，实际有效停留时间为 32h，配套 2 台 TLJ-11 水质均和器，最大服务面积为 670m²，单体功率为 11kW
事故池	有效容积为 4530m³，封闭式钢筋混凝土结构，有效停留时间为 37h，配套 2 台 TLJ-11 水质均和器，最大服务面积为 670m²，单台功率为 11kW，同时配套 2 台 65QW(1)50-15-4 型潜水泵，功率为 4kW

续表

构筑物	主要参数
厌氧池	有效容积为 4700m³，封闭式钢筋混凝土结构，有效停留时间为 39h，池体上面设有 2 套 TJZQ-100 气浮设备，单体处理量为 100m³/h，池内配有 6 台 TLJ-7.5 水质均和器，单台功率为 7.5kW，同时池体挂设叠片展开式悬挂球形微生物载体（ZYZX-108G 型）1600m³
缺氧池	有效容积为 3500m³，封闭式钢筋混凝土结构，有效停留时间为 29h，池内配有 4 台 TLJ-11 水质均和器，单台功率为 11kW，同时池体挂设叠片展开式悬挂球形微生物载体（ZYZX-108G 型）1700m³
好氧池	有效容积为 11000m³，敞口式钢筋混凝土结构，有效停留时间为 91h，池内采用 TJXH-Ⅲ 高效曝气器 5200 套，氧转移率可达 20%。消化液回流采用 2 台 QJB-W7.5 推流器，流量可达 720m³/h，单台功率仅为 7.5kW。同时系统配套 3 台 110kV 离心式风机，单台功率为 280kW，风量为 160m³/min
二沉池	有效容积为 1800m³，敞口式钢筋混凝土结构，直径 16m，辐流式结构，实际停留时间为 15h
混沉池	有效容积为 600m³，敞口式钢筋混凝土结构，实际停留时间为 5h，采用斜管沉淀池结构，投加 PAC、PAM
中间水池	有效容积为 290m³，密闭式钢筋混凝土结构，布置于加药间下方，实际停留时间为 2.4h，配套 2 台 200QW250-15 型潜污提升泵，单台功率为 22kW
Fenton 氧化池	有效容积为 1380m³，半敞口式钢筋混凝土结构，实际停留时间为 11.5h，系统配套硫酸、氢氧化钠、双氧水、硫酸亚铁加药系统各 1 套。配套 2 台 65QW25-20 型排泥泵，单台功率为 3kW，同时配套 2 台 80QW40-10 型污泥回流泵，单台功率 3kW。系统搅拌区域采用 2 台 TJFJ-1.5 搅拌机搅拌，单台功率为 1.5kW，沉淀部分采用 TJGT-80 型斜管沉淀池
排放池	有效容积为 500m³，实际停留时间为 4h，配套 3 台 IS100-65-250Y200L2-2 型离心泵，流量为 100m³/h，扬程为 80m，泵送废水至渣场泡渣回用处理

采用此工艺处理废水，COD 的去除率达到 95%，氨氮的去除率达到 97% 以上，出水稳定达到《炼焦化学工业污染物排放标准》（GB 16171—2012）的要求，可回用于炼铁冲渣。

参 考 文 献

[1]　《炼焦工业污染物排放标准（征求意见稿）》编制说明.

[2]　前瞻产业研究院. 焦化行业产销需求预测与转型升级战略分析报告.

[3]　王恩东，张春燕. 综述煤化工环境污染及防治 [J]. 环球市场，2018，000（031）：362.

[4]　马廷民. 关注煤化工的污染及防治 [J]. 中国化工贸易，2017，9（016）：165.

[5]　原野. 焦化废水特性及处理工艺研究 [J]. 山西化工，2018，38（2）：3.

[6]　吕新哲，刘剡，王科. 焦化行业清洁生产技术研究 [J]. 石化技术，2018，25（7）：2.

[7]　李凤英，闫月华. 焦化行业清洁生产与化产回收探讨 [J]. 数字化用户，2013，000（019）：45-45.

[8]　韩俊刚. 焦化废水处理技术的应用发展 [J]. 云南化工，2017，44（12）：4.

[9]　田陆峰. 焦化废水处理技术的研究 [J]. 洁净煤技术，2013（04）：91-95.

[10]　张龙，崔兵. 焦化废水处理技术研究 [J]. 中国资源综合利用，2018，36（9）：52-55.

[11]　焦化废水处理技术现状及展望 [C]. //2012 年全国焦化行业废水治理及污泥处理处置最佳技术交流研讨会论文集. 2012：119-134.

[12]　杜玲玲，王秋楠. 煤化工废水处理的方法分析 [J]. 中文科技期刊数据库（全文版）工程技术：00068-00068 [2023-06-20].

[13]　薛红艳，刘有奇. 现代煤化工企业的废水处理技术及应用分析 [J]. 四川水泥，2016（10）：1.

[14]　赵彦贵，赵彦成. SBR 工艺在煤化工废水处理中的应用研究 [J]. 广州化工，2017，45（3）：3.

[15]　吴迎霞. 煤化工企业的清洁生产措施分析 [J]. 煤炭技术，2013，32（3）：226-227.

[16]　晋远，魏刚. 煤化工废水的处理技术及应用 [J]. 化工管理，2018（27）：197-198.

[17]　雒建中. 神华煤直接液化示范工程废水处理工艺分析 [J]. 洁净煤技术，2012，18（1）：5.

[18]　谢长血，戴云帆，等. 煤气化污水的处理工艺研究及工程案例 [C] //中国金属学会；中国科学技术协会；青岛市人民政府. 中国金属学会；中国科学技术协会；青岛市人民政府，2015.

[19]　鲁元宝，梁荣华，杜娟，等. A-2O-Fenton 工艺处理焦化废水回用工程实例 [J]. 工业用水与废水，2015，46（3）：4.

第六章
纺织染整工业废水

第一节　概述

一、废水污染现状

纺织工业是我国国民经济的传统支柱产业和重要的民生产业，也是国际竞争优势明显的产业。我国的纺织工业已发展成为布局基本合理，产业链完整，拥有棉、毛、麻、丝、化学纤维、纺织织造、染整、针织、家纺以及产业用纺织品等原料和产品综合发展的行业。2014年纺织工业总产值约 10 万亿人民币，出口额超过 3000 亿美元，占世界 1/3。

纺织行业产业链包括：化学纤维材料生产、纱线、织造、印染、针织、服装、家纺等，产业链中印染是提升织物品质的核心环节，是纤维的化学加工过程，需采用数量大、种类多的染料和助剂，耗水、耗能大，排水量大且成分复杂、浓度高，处理难度大。产业链中除印染外的其他环节多为物理加工过程，产生的废水相对易处理且现状循环利用率相对较高。

就印染布产量而言，根据国家统计局数据显示，2012—2020 年期间，我国规模以上印染企业印染布的产量较为波动。截至 2020 年，我国规模以上印染企业印染布的产量为525.03 亿米，同比下降了 2.34％。

根据国家统计局的数据分析可知，2021 年，虽然受到疫情、限电限产、原材料价格高涨等因素影响，印染行业生产依然呈现良好的增长态势，规模以上企业印染布产量为605.81 亿米，同比增长 11.76％。2015—2021 年，印染行业规上企业印染布产量由 509.53亿米增长到 605.81 亿米，增长 18.90％，详情如图 2-6-1 所示。截至 2022 年 2 月，全国排污许可证管理信息平台公开系统公布数据显示，印染行业共核发排污许可证企业数 3619 家。其中，棉印染精加工 1493 家，占比 41.25％；化纤织物染整精加工 1569 家，占比 43.35％；毛染整精加工 311 家，占比 8.59％；针织或钩针编织物印染精加工 187 家，占比 5.17％；丝印染精加工 47 家，占比 1.30％；麻染整精加工 12 家，占比 0.33％。

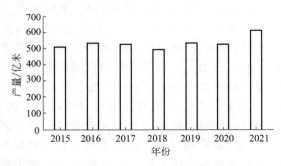

图 2-6-1　2015—2021 年规上企业印染布产量情况

　　纺织印染废水污染一直在我国工业行业中名列前茅，其废水排放量占全国废水排放的11%左右，每年 20 亿～23 亿吨。化学需氧量（COD）排放量每年约 24 万～30 万吨，全工业行业占比在 9% 左右。印染行业作为水污染大户，其废水排放量和污染物总量分别位居全国工业部门的第二位和第四位，占纺织业废水七成以上。

　　纺织工业排放污水中染整污水水量大、污染物浓度高，是较难处理的一类污水。"十二五"以来生态环境部将染整行业纳入环境重点监控行业之一，并将 COD_{Cr} 和氨氮列为约束性指标，加大染整行业环境治理的力度。染整行业通过推动产业结构调整、淘汰落后设备和生产工艺、升级生产装备及污水处理设施、推广清洁生产技术、加强污染物治理等手段和措施，污水排放量、化学需氧量及氨氮排放量等指标都有不同程度下降（图 2-6-2）。虽然行业污染物减排成效显著，但纺织业污水排放量占全国工业污水排放量的比重仍然较大，资源环境问题仍然是制约我国纺织工业发展的瓶颈之一，节能减排依然形势严峻、任务艰巨。

图 2-6-2　2006—2015 年纺织业污水排放总量、化学需氧量及氨氮排放总量变化情况

　　2019 年 9 月 19 日发布的《纺织工业水污染物排放标准（征求意见稿）》对纺织行业水污染物进行了梳理，选取了 78 项可能出现的污染物指标，对多家纺织工业企业以及纺织污水集中处理厂进水和出水污染物进行了摸底项目监测，新标准污染物项目基本维持不变，但为减少有毒有害污染物的排放，增加大型蚤急性毒性和发光细菌急性毒性两个指标。因此，新标准共 17 项污染物控制项目，分别为 pH、化学需氧量（COD_{Cr}）、五日生化需氧量（BOD_5）、悬浮物（SS）、色度、氨氮、总氮、总磷、动植物油、硫化物、苯胺类、总锑、二氧化氯、可吸附有机卤素（AOX）、六价铬、大型蚤急性毒性和发光细菌急性毒性。

　　纺织工业污水中涉及的有毒有害污染物主要有苯胺类、六价铬和总锑。

　　① 苯胺类　苯胺类化合物是指具有一个芳香性取代基的胺，或含氮基团连接到一个芳香烃上，芳香烃的结构中通常含有一个或多个苯环基团。苯胺类化合物为高沸点液体或低熔点固体，有特殊的气味，毒性很大。若吸入、食入或透过皮肤吸收苯胺会导致血液循环系统、肝和肾等受损害，产生急性毒性。动物试验也证明，部分苯胺类物质可引发恶性肿瘤，被许多国家列为致癌物质。纺织污水中，染整过程中偶氮染料的使用是苯胺类的主要来源，其次还有污水处理的厌氧反应段也会产生一定量的苯胺。

　　② 六价铬　六价铬具有高迁移性、高毒性、高致癌性，它被世界卫生组织下属的国际癌症研究所列为一类致癌物质，同时也被美国环境保护署（EPA）列为优先污染物。因此，世界各国都将六价铬列为重点污染控制对象。研究表明，在六价铬浓度为 0.2mg/L 时，银大马哈鱼的仔鱼和幼鱼的生长和成活大幅下降。六价铬对于鱼的毒性较之三价铬要高一些，而且已经观测到，当六价铬的含量在 0.2mg/L 时对鱼有较大影响。纺织行业中六价铬来源

于不锈钢滚筒印花及含铬染料助剂的使用。

③ 总锑 锑可以通过呼吸、饮食或皮肤等暴露途径进入人或动物体内。根据临床医学报道，锑可通过职业暴露、食物摄入及药剂服用等多种暴露途径引起急性中毒，导致多种疾病的发生。例如，20 世纪 40 年代，英格兰东北部的 Tyneside 锑加工厂工人长期暴露于 $0.5mg/m^3$ 的锑环境中，导致多种疾病的发生。纺织行业中的锑来自于化纤纺织行业，是化学纤维生产中使用的一种金属催化剂，在化纤喷水织机织造过程以及染整高温处理过程中会溶出到水中。

二、产业政策

"十三五"期间，我国纺织行业在全球价值链中的位置稳步提升，产业链整体竞争力进一步增强。2020 年，我国纺织纤维加工总量达 5800 万吨，占世界纤维加工总量的比重保持在 50% 以上，化纤产量占世界的比重达 70% 以上。"十三五"期间，我国纺织行业用能结构持续优化，二次能源占比达到 72.5%，能源利用效率不断提升，万元产值综合能耗下降 25.5%。万元产值取水量累计下降 11.9%，其中，印染行业单位产品水耗下降 17%，水重复利用率从 30% 提高到 40%。"十三五"期间，纺织行业废水排放量、主要污染物排放量累计下降幅度均超过 10%。我国循环再利用化学纤维供给能力明显提升，废旧纺织品资源化利用水平进一步提高。

中国印染行业的发展从"八五"时期增量发展到"十四五"时期的提质转型经历了漫长的发展历程。2021 年 3 月，中共中央发布了《中华人民共和国国民经济和社会发展第十四个五年规划和 2035 年远景目标纲要》，其中明确指出深入实施智能制造和绿色制造工程，发展服务型制造新模式，推动制造业高端化、智能化、绿色化。扩大轻工、纺织等优质产品供给，加快化工、造纸等重点行业企业改造升级，完善绿色制造体系。深入实施增强制造业核心竞争力和技术改造专项，鼓励企业应用先进适用技术、加强设备更新和新产品规模化应用。建设智能制造示范工厂，完善智能制造标准体系。深入实施质量提升行动，推动制造业产品"增品种、提品质、创品牌"。中国印染行业高质量发展路径再次得到明确，绿色化、智能化发展也成为未来发展的主旋律。

三、污染控制政策、标准

根据《国民经济行业分类》（GB/T 4754—2017），纺织业属于制造业，行业编号为 17，纺织业中包含棉纺织及染整精加工、毛纺织及染整精加工、麻纺织及染整精加工、丝绢纺织及染整精加工、化纤织造及染整精加工、针织或钩针编织物及其制品制造、家用纺织制成品制造、产业用纺织制成品制造等方面。

纺织业相关政策、标准与行业规范如下：

① 《印染行业准入条件》（工消费〔2010〕第 93 号）；

② 《控制污染物排放许可制实施方案》（国办发〔2016〕81 号）；

③ 《排污许可证管理暂行规定》（环水体〔2016〕186 号）；

④ 《印染行业废水污染防治技术政策》（环发〔2001〕118 号）；

⑤ 《缫丝工业水污染物排放标准》（GB 28936—2012）；

⑥ 《毛纺工业水污染物排放标准》（GB 28937—2012）；

⑦ 《麻纺工业水污染物排放标准》（GB 28938—2012）；

⑧ 《纺织染整工业水污染物排放标准》（GB 4287—2012）及其修改单、公告；

⑨《污水排入城镇下水道水质标准》(GB/T 31962—2015);

⑩《纺织工业环境保护设施设计标准》(GB 50425—2019);

⑪《取水定额 第4部分：纺织染整产品》(GB/T 18916.4—2012);

⑫《节水型企业 纺织染整行业》(GB/T 26923—2011);

⑬《纺织染整行业污染防治可行技术指南（试行）》(征求意见稿);

⑭《清洁生产标准 纺织业（棉印染）》(HJ/T 185—2006);

⑮《排污许可证申请与核发技术规范 纺织印染工业》(HJ 861—2017);

⑯《排污单位自行监测技术指南 纺织印染工业》(HJ 879—2017);

⑰《污染源源强核算技术指南 纺织印染工业》(HJ 990—2018);

⑱《纺织染整工业废水治理工程技术规范》(HJ 471—2020);

⑲《纺织工业污染防治可行技术指南》(HJ 1177—2021)。

四、污染防治技术分析

（一）污水收集

企业应建立污水收集系统，按照"分质、分类、清浊分流"的原则进行污水收集。高浓度及含特殊污染物的污水应单独收集，如表 2-6-1 所示。

表 2-6-1 建议单独收集的污水类别

污水类别	主要来源	备注
含铬污水	感光制网、含铬染整	含铬污水应单独收集、预处理,满足限值要求后排出车间或生产设施排放口
高含氮污水	印花、蜡染	污水的 NH_4^+-N 值可达 300mg/L,在污水处理工艺选择时应考虑设计脱氮工艺单元
高含碱、含盐污水	退浆、煮练、丝光、棉染色	对有中水回用要求的,应区分污水含盐量的高低,实行低盐污水的分质回用处理;对含碱浓度 40～50g/L 的丝光废液,应设置碱回收装置,实现再回用;含碱浓度 10g/L 左右的废液应在生产过程中套用,套用后的污水宜采用低流量连续进水方式进入调节池
高浓度、难降解有机污水	退浆、碱减量、洗毛、洗蜡、缫丝、麻脱胶	预处理回收污水中的有用资源,降低综合污水处理的负荷及难度

棉毛短绒、纤维、纤维凝絮物较多的纺织污水在集水井进口处应设置筛网或者捞毛机，提升泵的吸水口宜安装滤网。

（二）处理工艺

纺织染整污水处理一般工艺流程如图 2-6-3 所示。

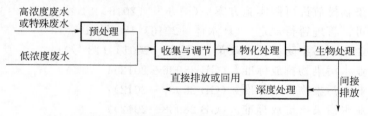

图 2-6-3 纺织染整污水处理一般工艺流程

① 高浓度及特殊污染物污水采用预处理工艺。

a. 洗毛污水：离心等工艺回收羊毛脂。

b. 碱减量污水：碱回收并酸析回收对苯二甲酸等工艺。

c. 聚乙烯醇（PVA）退浆污水：热超滤浓缩、盐析凝胶法回收 PVA 等工艺。

d. 蜡染洗蜡污水：酸析、气浮回收松香等工艺。

e. 退浆精练污水：厌氧、化学氧化、铁碳微电解等工艺。

f. 麻脱胶污水：厌氧处理等工艺。

g. 印花污水（高氨氮）：汽提、吹脱等工艺。

h. 炭化酸性污水：酸碱中和。

i. 丝光污水：碱液浓度≥40～50g/L 的，应设置碱回收装置；碱液浓度＜40～50g/L 的，应采取套用或综合利用措施。

j. 含铬染整污水：化学还原。

k. 含锑染色污水：聚铁絮凝剂混凝处理。

② 物化处理宜采用絮凝沉淀或絮凝气浮处理工艺。

③ 生物处理宜采用水解酸化＋好氧生物处理工艺（或 A/O 生物脱氮）。

④ 对于生物处理后仍无法达到排放要求或有回用要求的，应进行深度处理或回用处理。

第二节　棉纺染整工业废水

一、废水来源及水质水量

（一）废水来源

棉纺织工业废水主要来自染整工段，其中包括退浆、煮练、漂白、丝光、染色、印花和整理等，织布工段废水排放较少。

1. 退浆废水

棉织物上的浆料和纤维本身的部分杂质在漂染前必须去除。退浆废水一般占废水总量的 15% 左右，污染物约占总量的 1/2。退浆废水是碱性的有机废水，含有各种浆料分解物、纤维屑、酸和酶等污染物，废水呈淡黄色。退浆废水的污染程度和性质视浆料的种类而异。过去多用天然淀粉浆料，淀粉浆料的 BOD/COD 值为 0.3～0.5；目前我国使用较多的化学浆料（如 PVA）的 BOD/COD 值为 0.1 左右；近年来为节能减排、降低污染，纺织行业尝试利用改性淀粉和聚丙烯酸酯等生化性较好的浆料取代化学浆料，改性淀粉的可生化降解性非常好，BOD/COD 值为 0.5～0.8。PVA 浆料与改性淀粉浆料的比较见表 2-6-2。

表 2-6-2　PVA 浆料与改性淀粉浆料的比较

浆料	BOD/(mg/L)	COD/(mg/L)	BOD/COD 值
PVA 浆	1000.3	15237.38	0.066
改性淀粉	473	584.19	0.81

2. 煮练废水

为保证漂白和染整的加工质量，要将纤维中的棉蜡、油脂、果胶类含氮化合物等杂质去除。煮练工艺一般用烧碱、肥皂、表面活性剂等的水溶剂，在 120℃、pH 10～13 的条件下对棉纤维进行煮练。煮练废水量大，呈强碱性，含碱浓度约 0.3%，废水呈深褐色，BOD 和 COD 均高达每升数千毫克。

3. 漂白废水

漂白工艺一般采用次氯酸钠（氯漂）、过氧化氢（氧漂）、亚氯酸钠（亚漂）等氧化剂去除纤维表面和内部的有色杂质，使织物漂白。其中双氧水在漂白废水中几乎完全分解，而次氯酸钠和亚氯酸钠等含氯漂白剂的大部分氯又在漂白过程中被分解，总体来说，虽然废水量大，但污染程度小，BOD 和 COD 均较低，其中亚漂过程中亚氯酸钠在酸性条件下生成具有毒性、腐蚀性的二氧化氯是污染控制的主要目标。

4. 丝光废水

丝光处理是将织物在氢氧化钠浓碱液内浸透，目的是提高纤维的张力强度，增加纤维的表面光泽，降低织物的潜在收缩率，同时增加与染料的亲和力。丝光废水含氢氧化钠 3%～5%，一般通过多效蒸发蒸浓回收后，先供丝光应用，再用于调配煮练液、废碱液和用于退浆。所以丝光废水实际上很少排出，它在工艺上被多次重复使用，虽经碱回收，但碱性仍很强，BOD 较低（但仍高于生活污水），其污染程度根据加工漂白布或本色布而异。加工漂白布时，织物先经漂练后再丝光，污染程度较低；加工本色布时，退浆后直接丝光，致使原来进入煮练废水的纤维杂质转到丝光废水，相应增加了污染程度。

5. 染色废水

废水是纺织染整工业主要的环境污染物。染整行业是纺织工业的最主要污染源。染整行业量大面广，包括退浆、精练、漂白、丝光、染色、印花、整理等多道工序，产生的污水具有水量大、浓度高、大部分呈碱性且色泽深的特点，是工业污水中较难处理的一类污水，对环境和水资源的安全构成了严重威胁。染整污水的水质与企业的生产工艺和所用染料有关，随纺织品种类不同而有所差异，因此水质波动较大。

排放的废水中含有纤维原料本身的夹带物，以及加工过程中所用的浆料、油剂、染料和化学助剂等，染整废水具有以下特点：

① COD 变化大，高时可达 2000～3000mg/L，BOD 较低，BOD/COD 一般在 0.20～0.25 左右，甚至更低。

② pH 值高，如硫化染料和还原染料废水 pH 值可达 10 以上，丝光、碱减量 pH 值可达 14。

③ 色度大，有机物含量高，含有大量的染料、助剂及浆料，废水黏性大。

④ 水温水量变化大，由于加工品种、产量的变化，可导致部分废水水温在 40℃以上，从而影响了废水的生物处理效果。

另外，传统的染整加工过程会产生有害废水，加工后废水中一些有毒染料或加工助剂附着在织物上，对人体健康产生影响。如偶氮染料、荧光增白剂和柔软剂具致敏性；聚乙烯醇和聚丙烯类浆料不易生物降解；一些芳香胺染料具有致癌性；部分染料中含有害重金属等。这样的废水如果不经处理或经处理后未达到规定排放标准就直接排放，不仅直接危害人们的身体健康，而且严重破坏水体、土壤及其生态系统。

染整生产过程是对纤维或纤维织物的表面再加工，使其具有一定的色泽及功能，按照纺织染整主要产品的生产特征以及废水的主要产生环节，染整工艺过程分为前处理、染色印花、后整理三个工序。在产品从一种工序进入另一种工序前，几乎都需要水洗，以除去该工序所滞留的不需要的物料。因此，水洗废水是纺织染整废水的最主要来源，而废水中的污染物质主要来自从纤维或纤维织物原料中去除的杂质以及在染整生产过程中投加的并且没有进入到最后产品中的各种化学物质。

不同的纤维或纺织原料、采用不同的染整工艺和不同的水洗方式，废水中的污染物质的种类、浓度、排放量等会有很大的差别。

6. 印花废水

印花废水污染物主要来自调色、印花滚筒、印花筛网的冲洗水，以及后处理的皂洗、水洗、洗印花衬布的废水。印花废水的污染程度很高，此外活性染料应用大量尿素，使印花废水的氨氮含量升高。

7. 整理废水

整理废水除纤维屑之外，尚含有多种树脂、甲醛、表面活性剂等，但废水量较少。

国内几个代表性印染厂的废水水质列于表 2-6-3。

表 2-6-3　印染厂的废水水质

印染厂类别	pH 值	色度 （稀释倍数）	COD /(mg/L)	BOD /(mg/L)	硫化物 /(mg/L)	总固体 /(mg/L)	悬浮物 /(mg/L)
染料全能厂	9～10	300～400	600～800	150～200	0.7～1.0	900～1200	100～120
卡其染色厂	10～11	400～450	600	150	20～30	1800～2000	150～200
人棉印染厂	6.5～8	500	1200	300	2～3	2500	500
灯芯绒染整厂	9～10	500～600	500～600	200～300	4～6	1800～2000	150
织袜厂	8～9	150～200	500～600	120～150	4～6	1200	60～80

表 2-6-4 为国内不同规模棉纺印染厂的用水量。

表 2-6-4　国内不同规模棉纺印染厂用水量

规模/万锭	全年用棉量/t	年棉纺产量/t	年棉布产量/10^4m	用水量/(m³/d)	备　注
1.5	1010	900	720	1500	废水占用水量的 80%～90%
2.5	2900	2589	1685	2588	
4.0	5000	4550	2100	3050	

表 2-6-5 为国外纺织印染厂单位产品废水量。

表 2-6-5　国外纺织印染厂单位产品废水量

1t 纺织品用水量/m³	废水量		备　注
	m³（1t纺织品）	m³（1t匹织物）	
100～200	80～180 其中：染整废水 50～117 废碱液 15～34 淀粉浆料废水 13～29	0.4～0.9 0.065～0.145 0.075～0.17 0.26～0.585	每匹织布平均按 5kg 计

（二）废水水量

2010 年和 2015 年纺织工业污水及水污染物排放量如表 2-6-6 所示。2015 年纺织工业污水排放量占工业行业污水排放总量的 9.22%，化学需氧量（COD_{Cr}）排放量占工业行业排放总量的 7.02%，氨氮排放量占工业行业排放总量的 6.91%。

典型染整工序主要产品废水水量见表 2-6-7。

表 2-6-6　2010 年和 2015 年纺织工业污水排放量及污染物排放情况

项目	2010 年		2015 年	
	工业行业	纺织工业	工业行业	纺织工业
污水排放量/亿吨	237.5	27.55	199.5	18.4
化学需氧量/万吨	434.8	35.65	293.5	20.6
氨氮/万吨	120.3	1.94	21.7	1.5

注：数据来源于《中国环境统计年报》，该数据为纺织全行业（不包括纺织服装、服饰业）污水和污染物排放量，染整工业污水和水污染物排放量小于该数据。

表 2-6-7　典型染整工序主要产品废水水量

产品名称	机织棉及棉混纺织物 /(m³/100m)	针织棉及棉混纺织物 /(m³/t)	毛纺织物 /(m³/t)	化纤织物 /(m³/t)
废水量	0.8~2.0	80~160	200~350	100~160

注：1. 织物标幅 91.4cm。
2. 不同阔幅、厚度产品采用吨纤维产生量计算染整废水量时，可参照《印染行业清洁生产评价指标体系》有关规定，《印染企业综合能耗计算办法及基本定额》（FZ/T 01002—2010）附录 B，根据织物阔幅和厚度进行折算。

根据 2013 年环境统计数据，在调查统计的 41 个工业行业中，纺织业废水排放量 21.5 亿吨，居第 3 位，化学需氧量排放量 25.4 万吨，居第 4 位，氨氮排放量 1.8 万吨，居第 4 位。据统计，2013 年印染行业废水排放量 15.02 亿立方米，占全国工业废水排放总量的 7.86%，排位第 3；化学需氧量 17.79 万吨，占全国工业化学需氧量排放总量的 6.23%；氨氮 1.26 万吨，占全国工业氨氮排放总量的 5.63%。

印染工业已成为我国污染防治的重点行业之一。2010—2013 年印染工业废水及水污染物排放量如表 2-6-8 所示。印染工业企业在生产过程中会排放含铬废水和污泥，铬是我国重点防控和排放量控制的重金属之一，印染废水排放量排名在前的浙江、江苏和广东等省份属于我国重金属污染重点防控区域。2013 年印染工业废水六价铬排放量 0.986t，排名工业第 6 位，占工业废水六价铬排放总量的 1.7%。

表 2-6-8　2010—2013 年印染工业废水及水污染物排放情况

年份	印染布产量/亿米	印染废水排放量/亿吨	化学需氧量排放量/万吨	氨氮排放量/万吨
2010 年	601.65	17.20	21.00	1.23
2011 年	593.03	15.85	20.44	1.42
2012 年	566.02	16.61	19.39	1.33
2013 年	542.36	15.02	17.79	1.26

注：数据来源于中国印染协会。

（三）废水水质

印染废水是纺织工业废水的主要来源，其中含有纤维原料本身的夹带物以及加工过程中所用的浆料、油剂、染料和化学助剂等，总体而言印染废水具有以下特点：

① COD 和 BOD 波动大，COD 高时可达 2000～3000mg/L，BOD 也高达 600～900mg/L；

② pH 值高，如硫化染料和还原染料废水 pH 值可达 10 以上，丝光、碱减量废水 pH 值可达 14；

③ 色度大，有机物含量高，含有大量的染料、助剂及浆料，废水黏性大；

④ 水温水量变化大，由于加工品种、产量的变化，水温一般在 40℃以上，影响废水的

生物处理效果。

　　传统的印染加工过程中还会产生有毒废水，废水中一些有毒染料或加工助剂在加工过程中会附着在织物上对人体健康产生影响。如偶氮染料、甲醛、荧光增白剂和柔软剂具致敏性，聚乙烯醇和聚丙烯类浆料不易生物降解，含氯漂白剂污染严重，一些芳香胺染料具有致癌性，部分染料中含有重金属，含甲醛的各类整理剂和印染助剂对人体具有毒害作用等。此类废水如果不经处理或经处理后未达标就排放，不仅直接危害人们的身体健康，而且严重破坏水、土环境及其生态系统。

　　棉纺纱与织造环节排水量较小，主要污染物为残留浆料，来自纱线及坯布染整工序，主要为前处理退浆污水与染色污水。在棉及其混纺织物的退浆污水中，含有浆料、浆料分解物、纤维屑、酸、碱和酶等，其污水量较小，但污染物浓度高，每升废水中化学需氧量、生化需氧量高达数千毫克甚至更高。棉及棉混纺机织物染整污水水质见表 2-6-9。

表 2-6-9　棉及棉混纺机织物染整污水水质

产品种类	pH 值	色度/倍	BOD_5/(mg/L)	COD_{Cr}/(mg/L)	悬浮物/(mg/L)
纯棉染色、印花产品	10.0～12.0	400～800	300～500	1500～3000	200～500
棉混纺染色、印花产品	9.5～12.0	400～800	300～500	1500～3000	200～500
纯棉漂染产品	10.0～12.0	300～500	200～300	800～1200	200～400
棉混纺漂染产品	10.0～12.0	200～300	200～300	1000～1500	100～400

　　按照针织及染整精加工产排污分析，该行业产品主要分为针织品、编织品及其制品制造，包括针织经编、纬编料面及其制成品、针织服装产品。该行业的产品一般以棉、毛、丝、化纤等纤维纺成的本色纱线为原料，经织造、染整加工而成。也有一些产品先染纱，再经织造、水洗等后整理。针织织物由于织造过程中不上浆，后道不需退浆处理，因而污水中污染物浓度相对不高。

　　棉及棉混纺针织物染整污水水质可参考表 2-6-10。

表 2-6-10　针织棉及棉混纺织物染整污水水质

产品种类	pH 值	色度/倍	BOD_5/(mg/L)	COD_{Cr}/(mg/L)	悬浮物/(mg/L)
纯棉产品	9.0～11.5	200～500	200～350	500～1000	150～300
涤棉产品	8.5～10.5	200～500	200～450	500～1000	150～300
棉为主少量腈纶	9.0～11.0	200～400	150～300	400～950	150～300

　　典型染整工序产生污染物的情况见表 2-6-11，主要产品废水水质见表 2-6-12。

表 2-6-11　典型染整工序产生污染物的情况

工序	带入废水中污染物的化学成分	污染特征
退浆	淀粉分解酶、烧碱、亚溴酸钠、过氧化氢、PVA 或 CMC 浆料	废水量占染整总废水量的 15%，pH 值较高，有机物含量高，BOD 占染整废水总量的 45% 左右，COD 较高
煮练	碳酸钠、烧碱、碳酸氢钠、多聚磷酸钠等	pH 值高（10～13），废水量大，废水呈深褐色，BOD、COD 高达 3000mg/L，温度较高，污染严重
漂白	次氯酸钠、亚溴酸钠、过氧化氢、高锰酸钾、保险粉、亚硫酸钠、硫酸、乙酸、甲酸、草酸等	漂白剂易分解，废水量大，BOD 约为 200mg/L，COD 较低，污染程度较小
丝光	烧碱、硫酸、乙酸等	碱性较强，pH 值高达 12～13，SS 和 BOD 较低

续表

工序	带入废水中污染物的化学成分	污染特征
染色	染料、烧碱、元明粉、保险粉、重铬酸钾、硫化钠、硫酸、吐酒石、苯酚、表面活性剂等	水质组成复杂、变化多,色度一般很深,高达 400～600 倍,碱性强(pH 值在 10 以上),COD 较高,BOD 低,可生化性差
印花	染料、尿素、氢氧化钠、表面活性剂、保险粉等	废水中含有大量染料、助剂和浆料,BOD 和 COD 较高,废水中 BOD 约占染整废水 BOD 总量的 15%～20%,色度高,氨氮含量高,污染程度高
整理	树脂、甲醛、表面活性剂等	废水量少,对整个染整废水水质影响小
碱减量	对苯二甲酸、乙酸醇等	pH 值高(>12),有机物浓度高,COD 可高达 90～100g/L,高分子有机物及部分染料很难降解,属高浓度难降解废水
洗毛	碳酸钾、硫酸钾、氯化钾、硫酸钠、不溶性物质和有机物、羊毛脂等	废水呈棕色或浅棕色,表面浮有一层含各种有机物、细小悬浮物及各种溶解性有机物的含脂浮渣

表 2-6-12　不同织物的染整废水水质

废水类型	pH 值	色度/倍	COD_{Cr}/(mg/L)	BOD_5/(mg/L)	悬浮物/(mg/L)
机织棉及棉混纺织物	8～11	100～500	400～1000	100～500	100～400
针织棉及棉混纺织物	7～11	50～400	300～600	100～250	100～300
化纤织物	8.0～10.0	100～200	500～800	100～200	50～150
洗毛	9.0～10.0	—	15000～30000	6000～12000	8000～12000
炭化后中和	5.0～6.0	—	300～400	80～150	1250～4800
毛粗纺染色	6.0～7.0	—	450～850	150～300	200～500
毛精纺染色	6.0～7.0	50～80	250～400	60～180	80～300
绒线染色	6.0～7.0	100～200	200～350	50～100	100～300

二、生产工艺

棉纺织产品主要是由棉花或棉花与化学纤维混合后经过纺纱、染色（或印花）、整理等工序生产出的产品。有纯棉（白坯布、漂白布、染色布、印花布）产品和棉混纺织产品（白坯布、漂白布、染色布、印花布）。棉混纺织产品中化学纤维所占比例较大（一般均超过棉花的数量）。

棉及棉混纺织产品可分为薄型织物（普通白布及染色布）及厚型织物（绒布、灯芯绒布）两种。根据织造方式的不同，棉及棉混纺织产品可分为机织产品（由经纱和纬纱相互交错而织成的产品）和针织产品（由针将纱线钩成线圈，再将线圈相互串套而成的织物产品），除了染色前处理过程略有不同之外，其染色及印花工艺基本相同。

纺织染整生产工艺流程及主要产污环节见图 2-6-4。生产过程中根据纤维种类、纺织材料形态、产品要求等具体生产工艺不同而有所差别。

印染工业企业（不含毛纺、麻纺、缫丝企业）典型的印染工艺流程和产污节点如图 2-6-5～图 2-6-7 所示。

从上述工艺流程来看，可将印染生产工艺流程分为坯布准备、前处理、后整理及成品包装 4 个阶段。其中，前处理和后整理是主要污染排放源。

退浆、精练、漂白、丝光、染色/印花、固色等工艺流程为湿过程，操作温度也不高，一般不会产生废气，但却是织物前处理废水的主要来源。

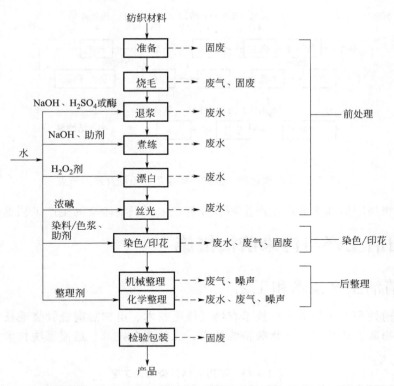

图 2-6-4 纺织染整生产工艺流程及产污环节

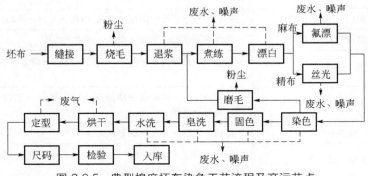

图 2-6-5 典型棉麻坯布染色工艺流程及产污节点

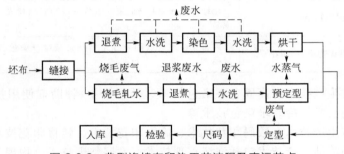

图 2-6-6 典型涤棉布印染工艺流程及产污节点

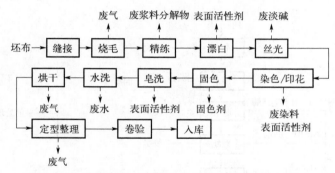

图 2-6-7 典型化纤、混纺布印染工艺流程及产污节点

根据不同织物印染加工的废水产生环节分析，主要织物印染的生产工艺见表 2-6-13。

三、清洁生产与污染防治措施

（一）清洁生产技术和工艺

染整行业前处理工序清洁生产技术有燃气烧毛技术、电加热陶瓷管烧毛技术、短流程前处理技术、生物酶退浆技术、生物酶精练技术、无氯漂白技术、逆流漂洗技术、湿布丝光技术等。

表 2-6-13 不同织物印染加工工艺

序号	生产工艺	工艺流程
1	纯棉或棉混纺织物染色、印花	棉坯布→烧毛→退浆→煮练→（漂白）→（丝光）→染色、印花→整理→成品
2	棉针织产品染色、印花	针织坯布→煮练→漂白→染色、印花→整理→成品
3	毛粗纺织物染色、印花	毛坯布→洗呢→缩呢→染色→整理→成品
4	毛粗纺散毛染色	散毛→染色→梳毛→纺纱→络筒→整经→织造→洗呢→缩呢→整理→成品
5	毛精纺毛条染色	毛条→染色→复精梳→纺纱→络筒→整经→织造→烧毛→洗呢→煮呢→蒸呢→成品
6	绒线染色	坯线→洗线→染色→烘干→成品
7	麻纺产品染色	坯布→烧毛→退浆→煮练→（漂白）→（丝光）→染色、印花→整理→成品
8	丝绸产品染色、印花	坯绸→精练→染色、印花→整理→成品
9	涤棉织物染色	化纤织物→烧毛→退浆→煮练→（漂白）→丝光→染色、印花→整理→成品
10	涤纶仿真织物染色、印花	坯布→精练→收缩→预定型→碱减量→染色、印花→水洗→整理→成品

染色工序清洁生产技术有高固色率染色技术、低污染染料/助剂使用技术、喷射溢流染色技术、气流染色技术、冷轧堆染色技术等。

印花工序清洁生产技术有数码印花技术、涂料印花技术、转移印花技术等。

后整理工序的清洁生产技术包括泡沫整理技术、涂层整理技术、物理整理技术等。

棉纺染整的清洁生产标准的指标要求见表 2-6-14。

表 2-6-14 棉纺染整的清洁生产标准的指标

指标	一级	二级	三级
一、生产工艺与装备要求			
1. 总体要求	企业所采用的生产工艺与装备不得在《淘汰落后生产能力、工艺和产品的目录》之列，应符合国家产业政策、技术政策和发展方向		
	采用最佳的清洁生产工艺和先进设备，设备全部实现自动化	采用最佳的清洁生产工艺和先进设备，主要设备实现自动化	采用清洁生产工艺和设备，主要生产工艺先进，部分设备实现自动化
2. 前处理工艺和设备	①采用低碱或无碱工艺，选用高效助剂；②采用少用水工艺；③使用先进的连续式前处理设备；④有碱回收设备	①采用低碳或无碱工艺，选用高效助剂；②采用少用水工艺；③使用先进的连续式前处理设备；④使用间歇式的前处理设备，并有碱回收装置	①采用通常的前处理工艺；②采用少用水工艺；③部分使用先进的连续式前处理设备；④使用间歇式的前处理设备，并有碱回收装置
3. 染色工艺和设备	①采用不用水或少用水（小浴比）的染色工艺，使用高吸尽率染料及环保型染料和助剂；②使用先进的连续式染色设备并具有逆流水洗装置；③使用先进的间歇式染色设备并进行清水回用；④使用高效水洗设备	①采用不用水或少用水（小浴比）的染色工艺，使用高吸尽率染料及环保型染料和助剂；②部分使用先进的连续式染色设备并具有逆流漂洗装置；③部分使用先进的间歇式染色设备并进行清水回用；④使用高效水洗设备	①大部分采用少用水（小浴比）的染色工艺，部分使用高吸尽率染料及环保型染料和助剂；②部分使用连续式染色设备；③部分使用间歇式染色设备并进行清水回用；④部分使用高效水洗设备
4. 印花工艺和设备	①采用少用水或不用水的印花工艺，使用高吸尽率染料及环保型染料和助剂；②采用先进的制版制网技术及设备；③采用无版印花技术及设备；④采用先进的调浆、高效蒸发和高效水洗设备	①采用少用水或不用水的印花工艺，使用高吸尽率染料及环保型染料和助剂；②部分采用先进的制版制网技术及设备；③部分采用无版印花技术及设备；④采用先进的调浆、高效蒸发和高效水洗设备	①大部分采用少用水或不用水的印花工艺，大部分使用高吸尽率染料及环保型染料和助剂；②部分采用制版制网技术及设备；③部分采用无版印花技术及设备；④部分采用先进的调浆、高效蒸发和高效水洗设备
5. 整理工艺与设备	采用先进的无污染整理工艺，使用环保型整理剂	采用无污染整理工艺，使用环保型整理剂	大部分采用无污染整理工艺，大部分使用环保型整理剂
6. 规模	棉机织印染企业设计生产能力≥1×10^7 m/a 棉针织印染企业设计生产能力≥1600t/a		
二、资源能源利用指标			
1. 原辅材料的选择	①坯布上的浆料为可生物降解型；②选用对人体无害的环保型染料和助剂；③选用高吸尽率的染料，减少对环境的污染		①大部分坯布上的浆料为可生物降解型；②大部分采用对人体无害的环保型染料和助剂；③大部分选用高吸尽率的染料，减少对环境的污染

续表

指标	一级	二级	三级
2. 取水量			
机织印染产品①/(t/100m)	≤2.0	≤3.0	≤3.8
针织印染产品②/(t/t)	≤100	≤150	≤200
3. 用电量			
机织印染产品③/(kW·h/100m)	≤25	≤30	≤39
针织印染产品④/(kW·h/t)	≤800	≤1000	≤1200
4. 耗标煤量			
机织印染产品⑤/(kg/100m)	≤35	≤50	≤60
针织印染产品⑥/(kg/t)	≤1000	≤1500	≤1800
三、污染物产生指标			
1. 废水产生量			
机织印染产品⑦/(t/100m)	≤1.6	≤2.4	≤3.0
针织印染产品⑧/(t/t)	≤80	≤120	≤160
2. COD产生量			
机织印染产品⑨/(kg/100m)	≤1.4	≤2.0	≤2.5
针织印染产品⑩/(kg/t)	≤50	≤75	≤100

①指100m布的取水量；②指吨布的取水量；③指100m布的用电量；④指吨布的用电量；⑤指100m布的耗煤量；⑥指吨布的耗煤量；⑦指100m布的废水产生量；⑧指吨布的废水产生量；⑨指100m布的COD产生量；⑩指吨布的COD产生量。

（二）污染防治措施

1. 工艺过程的污染预防技术

按整体性原则，从纺织染整工艺前处理、染色/印花和后整理生产过程进行污染预防，末端对产生污染物进行处理及资源化利用。依据生产工序的产污节点和技术经济适宜性，确定可行技术组合。

（1）前处理工序

① 燃气烧毛技术 燃气烧毛是将原布迅速地通过可燃性气体火焰以烧去布面上的绒毛，属于非接触式烧毛技术。常用气源类型有天然气、人工煤气和液化石油气等。该技术设备结构简单，操作方便，劳动强度较低，热效率高，烧毛质量好。该技术适用于各类织物的烧毛处理。

② 电加热陶瓷管烧毛技术 电加热陶瓷管烧毛是将织物与低速转动的炽热陶瓷管表面摩擦接触而烧去绒毛，属于接触式烧毛技术。该技术加热速度快、无污染和耗电少，而且陶瓷管表面温度均匀，温差很小，一般为3~5℃。该技术适用于各类织物的烧毛处理。

③ 短流程前处理技术 短流程前处理技术主要有冷轧堆技术和退煮漂一浴法技术，按工序合并方式分为一步法和两步法。一步法主要有气蒸一步法和冷堆一步法。气蒸一步法是在高温条件下退煮漂同时进行；冷堆一步法是在室温条件下的碱氧一浴工艺。两步法主要有先经退浆再经碱氧一浴和先经退浆、煮练一浴，再经漂白两种工艺。该技术与常规退煮漂三步法相比，工艺流程短，碱用量少，水电消耗低，污水排放量少。

气蒸一步法适用于化纤及其混纺染整前处理；冷堆一步法适用于棉及棉型织物染整前处理；先退浆再经碱氧一浴的二步法适用于纯棉厚重紧密织物染整前处理；先经退浆、煮练一浴处理，再经漂白二步法适用于棉及棉型织物、化纤织物染整前处理。

④ 生物酶退浆技术　生物酶退浆技术是利用生物酶将织物上的浆料分解以达到退浆的目的，根据浆料的种类可选择淀粉酶。生物酶退浆工艺的织物退浆率、毛效、润湿性、白度等指标虽然在数值上略低于传统的烧碱退浆，但差异不明显。生物酶具有专一性，只对浆料有分解作用，对纤维无损伤，处理后织物手感比氢氧化钠处理效果显著改善，简化退浆工艺流程，减少污水排放量，污水可生化性好，易于生物处理。该技术适用于纯淀粉浆料或以淀粉浆料为主、PVA 含量较低的混合浆料上浆的织物退浆处理。

⑤ 生物酶精练技术　生物酶精练技术是利用生物酶水解代替热碱处理去除果胶质、含氮物质、蜡状物质等天然杂质，提高棉的吸湿性以利于后续的漂白、丝光、染色、印花、整理等加工过程，精练可使用果胶酶、纤维素酶、脂肪酶等，也可将这些酶制剂配合使用，产生相互协同作用改善精练效果。纤维素酶可将长链大分子水解为低分子糖类或单分子葡萄糖，果胶酶可将聚半乳糖醛酸酯水解为水溶性胶质，脂肪酶可将脂肪水解成甘油和脂肪酸。该技术不损伤纤维强力，织物失重少，可赋予纤维柔软的手感和良好的润湿性能，提高可纺性和染色均匀性。该技术主要适用于棉麻类及混纺的针织物、机织物的前处理。

⑥ 无氯漂白技术　无氯漂白技术是使用不含氯的漂白剂对织物进行漂白，常用的无氯漂白剂为过氧化氢。该技术可避免因使用含氯漂白剂而产生的有机卤化物，而且织物白度较好，色光纯正，贮存时不宜泛黄，但过氧化氢漂白加工需采用不锈钢材质设备，成本高于次氯酸钠。此外，利用酶漂白织物的黄色度虽然比碱漂白稍差，但白度基本相同，且由于天然油脂的残留，可以使织物手感柔软、有厚实感。该技术可用于棉型织物的漂白处理。

⑦ 逆流漂洗技术　逆流漂洗技术是将漂洗槽从前往后逐渐增高液面，漂洗织物时，织物行进方向与液流方向正好相反，后一个漂洗槽的冲洗水补充前一个漂洗槽，只向末端清洗槽补充新鲜水。该技术投资成本低，现有设备易改造，较传统漂洗技术节水 40%～60%。该技术适用于各类织物的连续漂洗。

⑧ 湿布丝光技术　湿布丝光技术是湿织物浸渍浓碱时，织物所带水分减小碱液表面张力，降低阻碍吸附、渗透的介质阻力，碱液能充分均匀地渗透到纤维内部而达到深度丝光。该技术可节省烘干处理所需的能源，得色均匀丰满。该技术适用于棉织物的丝光处理。

（2）染色工序

① 高固色率染色技术　高固色率染色技术是通过开发和选用直接性高的染料染色，或通过纤维改性，减少盐和碱的用量从而提高染色效率的染色技术。如对纤维素纤维进行胺化改性，纤维表面具有带正电荷的季铵基后，增强纤维对直接、活性等阴离子染料的吸附上染能力。活性染料染色时，可在低盐或无盐中染色，也可在中性条件下固色。该技术可提高染料的利用率，减少染色过程中盐和碱的用量，减少染色后水洗用水量。该技术适用于棉织物染色加工。

② 低污染染料、助剂使用技术　低污染染料、助剂使用技术是指在生产中使用可生物降解或易生物降解的染料和助剂的技术，低污染染料和助剂是指不含致癌性物质、过敏性物质、持久性有机污染物及重金属等污染物的染料和助剂。该技术可降低废水处理的难度，减少环境危害，保护人体健康，降低废水处理成本。该技术适用于各类织物的染色加工。

③ 喷射溢流染色技术　高效节能喷射溢流染色技术是指染液一部分通过溢流口，一部分通过喷射口达到既溢流又喷射的效果，是喷射染色的变种形式，目的是加速染液与织物的混合，降低织物所受的张力，减少纯喷射对娇嫩织物可能造成的表面损伤。该技术浴比可调、适中，可提高布速，降低用水量。该技术适用于各类织物染色加工。

④ 气流染色技术　气流染色技术采用空气动力学原理，将高压空压机产生的气流高速

注入喷嘴，同时另一管路向喷嘴注入染液，染液与高速气流在喷嘴中混合形成雾状微细液滴后喷向织物，既带动织物运行，又使得染液与织物可以在很短的时间内充分接触，以达到均匀染色的目的。该技术所需浴比小，染液循环频率高，可提高温度控制精度，减少蒸汽用量。该技术适用于棉、化纤及其混纺织物染色加工，不适用于毛织物染色加工。

⑤ 冷轧堆染色技术　冷轧堆染色技术是织物在低温下通过浸轧染液和碱液，利用轧辊压轧使染液吸附在织物纤维表面后进行打卷堆置，在室温下堆置一定时间并缓慢转动，使之完成染料的吸附、扩散和固色过程，最后水洗完成上染的染色方式。该工艺包括浸轧工作液、堆置固色、水洗三个阶段。该技术工艺流程短，设备简单，对环境污染小，因不经烘干和汽蒸，从而节约能源，具有浴比小、上色率高，可避免染料泳移等特点。

（3）印花工序

① 数码印花技术　数码印花技术是采用多种数字化手段如扫描、数字相片、图像或计算机制作处理的数字化图案输入计算机，经计算机分色印花系统处理后，由专用软件通过喷印系统将各种专用染料直接喷印到织物上，再经蒸化、水洗、拉幅烘干、定型等加工后，在各种纺织面料上获得所需的各种高精度的印花产品。该技术采用直喷方式，节省墨水用量，能够满足多品种、个性化生产，印花过程无废水废液产生，与传统印花技术相比，耗水量、耗电量和染料使用量大幅降低。该技术适用于棉、麻、丝、毛等天然纤维面料及人工合成的化学纤维面料印花加工。

② 涂料印花技术　涂料印花技术采用高分子化合物作为黏合剂，把颜料机械地黏附于织物上，经后期处理获得有一定弹性、耐磨、耐手搓、耐褶皱花纹的印花技术。该技术工艺简单、操作方便、色谱齐全、色彩鲜明、日晒牢度好、印花轮廓清晰、层次分明，印花后经过热处理就可完成，不需水洗，大幅降低用水量。该技术适用于各种类型的纤维及其混纺织物印花加工，也可应用于特殊的印花工艺，如全遮盖罩印花、防印、金银粉印花及钻石印花等。

③ 转移印花技术　转移印花技术是指先将染料色料印在纸等材料上，然后经热压等方式使图案中染料转移到织物上，固着形成图案的印花技术。转移印花有升华法、泳移法、熔融法和油墨层剥离法等。应用较多的为应用分散染料的干法转移印花。干法转移印花技术基于分散染料的升华特性，选择温度段升华在 150～230℃ 的分散染料与浆料混合制成"色墨"，在转印纸上印刷设计图案，然后将转印纸与织物紧密接触，控制一定温度、压力和接触时间将染料从转印纸转移到织物上并扩散进入织物内部，从而实现着色。该技术的特点是：a. 工艺流程短，印后即是成品，不需要蒸化、水洗等处理过程；b. 设备简单，投资小，占地少，能耗低；c. 花纹精细，层次丰富而清晰，艺术性高，立体感强，能印制个性化定制图案；d. 印花色彩鲜艳，染料焦油残留在转印纸上，不污染织物；e. 正品率高，转移时可一次印制多套色花纹而不需对花；f. 灵活性强，加工周期短。该技术存在需消耗转印纸、用后产生废纸、印后残留染料难回收等不足。该技术适用于天然纤维织物、合成纤维织物及混纺织物印花加工。

（4）后整理工序

① 泡沫整理技术　泡沫整理技术是尽量多采用空气取代配制整理液时所需的水，将整理剂制成泡沫，再将泡沫施加于织物的表面并透入织物内部的整理方法。该技术由于使用空气降低整理液的含水率，可节约染化料，减少污染物和废水排放，如织物整理烘干后不水洗，则基本无废水产生。该技术适用于各类织物的后整理加工。

② 涂层整理技术　涂层整理技术是在织物表面涂上一薄层混合涂层剂，使织物表面改变风格和色泽，或产生不同效果的整理技术。该技术由于涂层整理液不渗入织物内部，可节

约能源，而且织物一般不需要水洗，较传统的化学整理污水排放量少。该技术适用于各类织物的后整理加工。

③ 物理整理技术　物理整理技术是采用机械、水、蒸汽等对织物进行处理的整理技术。常用的物理整理技术包括改善物质缩水、手感和光泽的预缩整理，调整幅宽和改善经、纬纱歪斜弯曲的拉幅整理，使织物平滑光洁的光泽整理以及使织物产生凹凸花纹的轧花整理等。物理整理可代替部分化学整理，也可采用两者结合以达到减少污染的目的。该技术不使用化学药品，没有污染产生。该技术适用于各类织物的后整理加工。

（5）其他污染预防技术

① 染整工艺数字化控制技术　染整工艺数字化控制技术是将计算机技术、自动控制技术与染整工艺结合，以网络信息管理为平台，通过系统监控软件与数据管理软件、传感器、伺服控制等，在线控制染整生产的温度、压力、速度、溶液浓度等工艺参数和物料配送，实现染整加工全流程数字化控制。该技术可以节省原材料用量，改善工作环境，降低工人劳动强度，提高工作效率，稳定生产工艺运行，提高产品质量，降低能耗。该技术适用于各类织物染整加工工艺。

② 余热利用技术　余热利用技术是将生产过程中产生的高温废气和废水通过热交换设备加热生产、生活用水进行再利用的技术。该技术包括热定型废气余热利用技术、高温染色废水余热利用技术。余热利用有利于节能环保，但存在热定型机废气中含油烟成分极高，排放废水中含PVA的有机物浓度较高，运行一定时间后，在热交换器内易形成污垢热阻，降低传热速率等问题，因此应用该技术必须首先去除上述污染物。该技术适用于各类产生高温废气、废水的染整加工工艺。

2. 末端废水处理技术

纺织染整工艺排水宜清浊分流、分质处理、分质回用。纺织染整企业废水处理分为综合处理和分质处理。分质处理为对纺织染整工艺排水清浊分流、分别处理。纺织染整工业园区或企业集中地区实行废水集中处理。根据纺织染整纤维种类、纺织材料形态、产品要求等具体生产工艺废水水质，采用不同的组合处理工艺。

纺织染整企业或工业园区的纺织染整生产综合废水经适当预处理后，采用以生物处理技术为主，物理化学处理技术为辅的综合处理技术。预处理技术采用格栅、中和、水质水量调节和气浮等；生物处理采用水解与好氧结合的处理工艺，好氧处理技术采用活性污泥法、生物接触氧化技术、生物活性炭（PACT）和曝气生物滤池（BAF）技术等；物理化学处理采用混凝沉淀、砂滤技术和膜分离技术等。

退浆废水预处理采用超滤浆料回收技术、盐析法浆料回收技术等进行处理。退浆废水超滤处理对PVA浆料的回收率达95%以上，对COD的去除率达80%以上。

碱减量废水采用膜分离工艺进行碱液和对苯二甲酸回收，碱减量废水经碱和对苯二甲酸回收预处理后，可大幅降低碱液排放量，减少后续处理耗酸量，去除废水中70%～90%的COD，大幅降低后续处理系统负荷，提高废水可生化性。酸析分离液回用于综合废水处理系统调节pH值。

丝光废水采用膜分离工艺进行淡碱回收，丝光废水经碱回收预处理后，可大幅降低碱液排放量，减少后续处理耗酸量，回收碱液回用于丝光加工工序，实现资源节约。

回用水系统设计时，宜遵循"分类收集、分质处理、分级回用"原则，将低浓度有机废水或综合废水处理后的出水作为回用水的原水。回用水的回用途径应以生产用水为主，非生产用水为辅。回用水用于生产用水时，可直接使用，也可掺一定比例新鲜水使用，若纺织染整企业具有自备工业用水处理设施，回用水亦可作为工业用水处理设施的水源水。回用水使用前宜先进行生产试验，保证相应的产品质量指标满足要求。

根据污染物来源及性质、现行国家和地方有关排放标准、回用要求等确定废水处理目标，选择相应的处理工艺，一般工艺流程如图 2-6-8 所示。

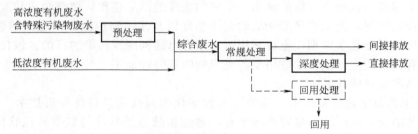

图 2-6-8　纺织染整工业废水处理工艺流程

3. 能源管理及废物回用

① 能源管理包括能量回收、控制蒸汽质量和均匀度、防止蒸汽过量等。

② 废物回用即是在生产及处理环节循环利用产生的废物或是置于他用。例如碱液回收利用，丝光工序的淡碱液可用作循环冲洗，还可用于调配煮练液，煮练废碱液又可用于退浆，达到多次重复使用。并可根据碱液量的大小，采用适当手段回收碱。再如染料回收，士林染料及硫化染料可分别酸化后通过沉淀过滤法回收，还原染料和分散染料可用超过滤法回收。废水经过回收染料后，可减少色度 85%，减少硫化物 90%。

四、处理技术及利用

（一）处理工艺技术

根据棉纺印染废水的水质特点，废水处理的主要对象是碱度、不易生物降解或生物降解速度极为缓慢的有机质、染料色素以及有毒物质等。国内棉及棉纺织物染色废水多采用以好氧处理为主的处理工艺。纯棉织物染色废水采用生物处理效果较好，棉混纺织物染色废水及纯化纤织物染色废水的处理效果较差。针织产品因无退浆废水，其废水的生物处理效果比同种机织产品废水处理效果好。棉纺工业废水经生物处理后一般达不到排放标准，通常在生物处理装置后还串联不同形式的物理化学处理装置做进一步处理。

纺织染整废水处理工程的基本工艺构成包括：废水的收集、调节、处理、排放和污泥处理等内容。工程范围包括主体处理构筑物与设备（如废水收集池、废水调节池、反应池、沉淀池、污泥浓缩池、清水池、废水处理装置、加药装置、污泥脱水设备、废水提升泵等）、配套工程（供电、供水、供压缩空气、药剂配制系统、自动控制系统、在线监测系统、污泥存放场地等）、运行管理服务设施（操作间、控制室、化验室、库房、维修与维护管理等）及废水排放口及监测系统等。

由于废水处理涉及的内容多，工程组成复杂，因此，纺织染整废水治理工程设计应按系统工程模式进行综合考虑。

对于棉混纺织物及纯化纤织物废水，可在好氧生物处理装置前增加水解酸化装置，使难生物降解的有机物水解为较易生物降解的物质，改善废水的可生物降解性，提高全流程的去除效率。典型的纯棉织物及棉混纺织物染色废水处理流程如图 2-6-9 和图 2-6-10 所示。

上述流程中，生化处理工艺可采用各种类型。采用活性污泥法时，废水停留时间多为3h 以上。生物膜法多采用两段生物接触氧化法，废水停留时间为 2.5～4h。水解酸化池废

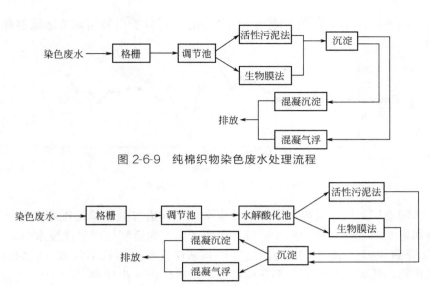

图 2-6-9　纯棉织物染色废水处理流程

图 2-6-10　棉混纺织物染色废水处理流程

水停留时间为 5～8h 或更长一些。调节池废水停留时间宜在 8h 以上。

生物处理单元的 COD 去除率为 60% 左右，BOD 去除率为 80%～90%，色度为 50% 左右。后续化学处理单元（混凝沉淀或气浮）的去除率，COD 为 50%～60%，BOD 为 50% 左右，色度为 60%～90%。混凝剂多采用聚合铝。投药量需要经过试验确定。印染废水生化处理装置主要设计数据见表 2-6-15。

表 2-6-15　印染废水生化处理装置主要设计数据

| 构筑物名称 | BOD$_5$ 污泥负荷/[kg BOD$_5$/(kg MLSS·d)] | 容积负荷/[kg BOD$_5$/(m^3·d)] | 停留时间/h | 供氧量/(kg O$_2$/kg BOD$_5$) | 有机物去除率/% | | 色度去除率/% | 活性污泥浓度/(g/L) |
					BOD	COD		
延时曝气池	0.05～0.1	<0.2	16～30	>2.0	90		70～75	1～2
生物接触氧化池	0.3～0.5	2.5	1.5～3	1.5～2.0	80～90	60～70	40～70	3～5
加速曝气池	0.3～0.5		3～5	1.5～2.0	80～90		40～60	3～5
生物转盘		1.6～6.4	1～2		80～90	60～70	50	
表面曝气（表曝）	0.2～0.5	1.2～2.4	3～5		90～95	60～80	30～60	
生物流化床		4.5	0.6～0.8		80	50		

印染行业染色废水 COD、BOD、色度等污染物通过生化处理达标排放是有可能的。综合各种技术条件，生物流化床、接触氧化是应优先选用的，可以根据各个工厂的具体条件选用处理方案。一般认为：当废水量较小（小于 500m^3/d 时），选用接触氧化-混凝沉淀；废水量较大（大于 500m^3/d 时）为节省占地面积，建议选用生物流化床-混凝沉淀。

棉纺印染废水的处理，总体处理流程除采用前述的几种典型流程之外，对具体排放对象的水质特点还应采取一些专项治理技术，如碱度、色度以及某些有毒物质的去除。

1. 碱度的去除

印染废水的 pH 值往往高达 11 以上，如直接用酸中和，费用很大。如能利用排出废水本身酸、碱度的不均匀性，设置调节池，保证一定的匀质时间，以达到一定要求的 pH 值是常用的方法。图 2-6-11 为某印染厂废水 pH 值变化，可以看出利用调节池能够起到平抑 pH 峰值的作用。

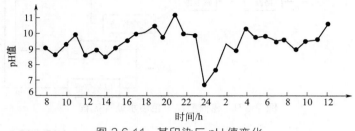

图 2-6-11　某印染厂 pH 值变化

还有许多印染厂采用烟道废气中和碱性废水。用烟道气处理碱性废水既降低废水的 pH 值，又消除烟道气中尘粒、SO_2、CO_2 对大气的污染。烟道气处理碱性废水时，一般 pH 值能从 11～12 降到 8～9。表 2-6-16 为烟道气中和碱性废水主要技术参数。经烟道气中和后，废水中的硫化物、耗氧量和色度等都有所增加，需要作进一步处理。

表 2-6-16　烟道气中和碱性废水主要参数

厂别	除尘器有效高度(H)/m	除尘器直径(D)/m	塔径比(H/D)	废水量/(m³/h)	烟气量/(m³/h)	水气比(水/气)	气体上升流速/(m/s)
甲印染厂	15.15	1.4	3.7	30	38700	1：1280	7.1
乙印染厂	12.92	3.62	3.55	104	24000～40000	1：(240～400)	0.69～1.09

厂别	处理效果							
	尾气量/(m³/h)	烟气成分			废水总碱度/(mg/L)	经烟气中和后废水成分		中和去除的碱度/(mg/L)
		CO_2/%(体积分数)	SO_2/(mg/L)	H_2S/(mg/L)		CO_2/%(m³/L)	SO_2/(mg/L)	H_2S/(mg/L)	
甲印染厂	42500	2.95	35.5	334	708.2	0.00103	40	260	480
乙印染厂	—	—	—	—	—	—	—	—	—

2. 色度的去除

棉纺印染工艺中大量使用染料。一般来说，棉纺印染厂所使用的染料种类比较多，而且染色加工过程中 10%～20% 的染料进入废水中，使得印染废水色度很深、成分复杂。对各种染料性质的了解有助于选择处理方式。

各种染料如下所述。

① 直接染料　直接染料大多数是芳香族化合物的磺酸钠盐，大多属于偶氮染料，为亲水性染料。芳香族的 BOD/COD 值为 0.53～0.84。活性污泥对直接染料具有较高的吸附作用，亲水性染料的脱色效果好，脱色速度快。

② 还原染料　还原染料是疏水性染料。还原染料主要有蒽醌型和硫靛型两种结构。属于疏水性的染料，脱色速度慢，但活性硅藻土对其有较好的脱色效果（硫酸铝不能使蒽醌染料废水脱色）。还原染料的碱性很强，pH＞10。

③ 纳夫妥染料　为疏水性染料，活性硅藻土对这种染料有较好的脱色效果。

④ 硫化染料　为疏水性染料。硫化染料含有硫化合物，生物处理对其废水中硫化物的允许浓度是 10～15mg/L。对于硫化染料占比例较大的废水，可采取预曝气、预沉淀（或投加混凝剂）等方法先除去部分硫化物并使还原性物质预先氧化掉。活性硅藻土对硫化染料有

较好的脱色效果。

⑤ 活性染料　为亲水性染料。活性染料虽为亲水性染料，但活性污泥对其吸附作用很小，硅藻土对它的脱色效果亦差。

⑥ 酸性染料　为亲水性染料。酸性染料溶解度大，导致活性污泥对它的吸附作用很低。

⑦ 酸性媒染染料　具有酸性染料的基本结构，含磺酸基等水溶性基团，对羊毛有亲和力，同时还含有能和金属原子络合的羟基团，羟基团和金属媒染剂（常用的有重铬酸钠和重铬酸钾，俗称红矾钠和红矾钾）生成色淀增强染色牢度。

⑧ 金属络合染料　活性炭吸附法对金属络合染料废水无效。臭氧法不能用于处理含铬染料废水，否则反而生成六价铬离子，增加水的毒性。

⑨ 分散染料　分散染料是一种不含水溶性磺酸基团的疏水性较强的非离子性染料。分散性染料废水采用混凝法效果较好。活性污泥对它有一定的吸附作用，但不宜采用单独臭氧法。

常用的去除色度的方法如下。

（1）活性炭吸附法

活性炭吸附法是目前去除染色废水色度的重要方法之一。活性炭对染料是有选择地进行吸附的，同时活性炭能吸附废水中可溶性有机物质而降低废水的 BOD 和 COD，但对于较高浓度废水则必须结合其他方法一并使用。

活性炭对阳离子染料、直接染料、酸性染料、活性染料等水溶性染料的废水具有良好的吸附性能；但对于硫化染料、还原染料等不溶性染料的废水，由于这些染料的溶解度低，吸附时间需要很长，活性炭对它们几乎完全不能吸附或吸附得很少。图 2-6-12 为活性炭对上述染料的吸附曲线。

用作吸附剂的活性炭有粉状、软质粒状、颗粒状等。软质粒状活性炭硬度差，液体通过时易粉碎，一般采用颗粒状活性炭较好。生物活性炭（BAC）法是利用加入的微生物所分泌的外酶渗入到炭的微孔结构，使活性炭所吸附的有机物不断分解成二氧化碳、水或合成新的细胞，最后渗出炭的结构而被去除，可大大延长活性炭的再生周期。图 2-6-13 为生物活性炭装置。

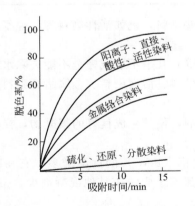

图 2-6-12　活性炭对某些染料的吸附曲线

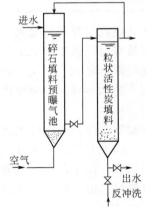

图 2-6-13　生物活性炭装置

国内应用生物活性炭法处理经表曝处理后的染色废水的主要运行参数见表 2-6-17。

国内用于染色废水脱色处理的炭柱设计数据一般为：炭柱直径 2～3m；炭层高 3m；总停留时间为 30min 左右；气水比为 4∶1。

表 2-6-17　生物活性炭（BAC）法处理染色废水运行参数

项目	参数	项目	参数	项目	参数
活性炭型	8号净水炭	流量率/(m/h)	8	水头损失/cm	30
预曝气时间/min	28	炭床深度(分二级)/m	每级1.5	反冲强度/(m/h)	40
接触时间/min	49	溶解氧/(mg/L)	二级出水0.5	反冲时间/min	10

（2）混凝法

混凝法是向废水中投加化学混凝剂、助凝剂，由于吸附、微粒间的电荷中和（染料废水通常带有负电荷，金属氢氧化物混凝剂带正电荷）和扩散离子层的压缩等产生的凝聚，形成较粗微粒凝聚，通过沉淀、浮选、过滤方法将它们除掉。混凝法同样可使印染废水达到脱色目的。

适用于印染废水处理的混凝剂见表 2-6-18。

表 2-6-18　适于印染废水处理的混凝剂

名称	特点	最佳pH值适用条件
硫酸铝 $[Al_2(SO_4)_3 \cdot 18H_2O]$	适用范围广，价廉，水解时的生成物是体积庞大的氢氧化铝凝聚物，凝聚速度快	pH值适用范围不大，最佳pH值为5.5~7.5，处理低浊低温废水时，需添加少量活性硅酸助凝剂
硫酸铁 $[Fe_2(SO_4)_3]$	价廉，生成氢氧化铁的凝聚物，质重，沉降较快，脱色性能好	适应的pH值为5~11，更适应高pH值
硫酸亚铁 $(FeSO_4 \cdot 7H_2O)$	需要一定的碱，与碱反应生成氢氧化亚铁，溶解度大，在pH<9.5时，二价铁要氧化成硫酸铁；为了氧化亚铁需要溶解氧（0.03mg O_2/mg $FeSO_4 \cdot 7H_2O$）	适应pH值为4~11，最佳pH值为8.5~11
三氯化铁+硫酸铁 $[FeCl_3 + Fe_2(SO_4)_3]$	生成的凝聚物结实，不易破坏，沉淀性能好；难溶于碱，对脱色有效	适应的pH值范围较大
铝酸钠 $(Na_2Al_2O_4)$	可作为脱色凝聚剂，与硫酸铝合用时，凝聚作用迅速	适应pH值范围小，6.0~8.5
熟石灰 $[Ca(OH)_2]$	调节pH值用，对除色、除油都有效果	

混凝法的缺点是投药量较大，沉渣较多，对于某些染料，例如活性染料等，混凝沉淀较困难，投药量有时高达 1000mg/L 以上。

无机混凝剂（明矾、石灰、硫酸亚铁、三氯化铁等）几乎不能或完全不能去除水溶性染料中分子量小的和不容易形成胶体状的染料，如酸性染料、活性染料、金属络合染料及一部分直接染料。

当絮凝物质轻浮，不容易沉降时，可加少量助凝剂，使其生成良好的絮凝物，提高净化效果。表 2-6-19 为适用印染废水处理的助凝剂。

近几年，国内在染色废水处理方面采用碱式氯化铝（PAC）的逐渐增多，它在除色除油方面都有效果。由于碱式氯化铝为碱式盐，相应的氯离子含量较其他混凝剂少，pH 值较高。表 2-6-20 为各种混凝剂 1% 浓度液体的 pH 值。

棉纺染色废水的性质是由所含染料的性质决定的。分散、冰染染料废水用碱式氯化铝（PAC）絮凝，处理效果较好。而阳离子型染料废水，由于 PAC 所形成的胶团不能很好地起到压缩双电层的作用，所以 COD 和色度的去除率较低。如果改用聚丙烯酰胺等非离子型或阴离子型混凝剂，混凝效果就会明显提高。几种混凝剂对印染废水的处理效果见表 2-6-21。

表 2-6-19　适于印染废水处理的助凝剂

类别	按电荷分类	名　称	特　点
有机助凝剂	阴离子型	藻朊酸钠聚合物、丙烯酸的共聚物及其盐类、马来酸共聚物	对带有正电荷的重金属氧化物的凝聚沉降有效，对蛋白质的凝聚有效，在强碱和高温条件下效力并不降低
	阳离子型	聚乙烯胺、聚丙烯胺、聚乙烯吡啶、聚丙烯酰胺、聚氧化乙烯	对悬浮状的有机胶体有效，对水溶性有机物的凝聚有效，能促进絮凝物的浮升或沉降，也能促进污泥的脱水和过滤
	弱阴离子型	丙烯酰胺和丙烯酸钠共聚物，聚丙烯酰胺的加水分解物	聚丙烯酰胺高分子助凝剂应用最广
无机助凝剂	阴离子	活性硅胶	改善絮凝体结构，是无机助凝剂中的代表
	阳离子	聚合氯化铝、聚合硫酸铝	聚合氯化铝在目前使用比较广泛

表 2-6-20　各种混凝剂 1%浓度液体的 pH 值

混凝剂种类	硫酸铝	硫酸亚铁	三氯化铁	碱式氯化铝
pH 值	3.8	3.9	1.8	5.0

表 2-6-21　几种混凝剂对印染废水的处理效果

废水类别	混凝剂	用量/(mg/L)	去除率/% BOD	去除率/% 色度
硫化染料、靛蓝混合废水	硫酸亚铁	584	41.5	91.0
	石灰	584		
	明矾	3712		99.4
	氧化铜	2455	42.5	85.0
树脂整理废水	硫酸亚铁	419	50	80
	石灰	419		
煮练废水	硫酸亚铁	14468		98
	明矾	8351		99
煮练、丝光、染色混合废水	硫酸亚铁	419	18.9	
	氧化铜	998	99.5	60
	明矾	1666	60.9	82.5
染色、树脂整理废水	硫酸亚铁	584	42.5	80
	石灰	584	52.5	80
	明矾	1666	56.9	90

应该注意到染色废水往往含有多种类型染料，物化处理时常常采用几种混凝剂复合使用。几种混凝剂同时投加能取得更好的处理效果，这主要是因为每种混凝剂都各有其化学基团，可以在水体中发挥各自的优势起到架桥作用，使絮体增大，有更好的处理效果。

（3）活性硅藻土吸附法

活性硅藻土在印染废水中既有混凝作用，又有吸附作用，起到良好的脱色效果。通常，活化硅藻土对亲水性染料脱色效果不一，对疏水性染料脱色效果较好。当废水中表面活性剂和均染剂较多时，效果将显著下降。

活化 1t 硅藻土约需 0.5t 硫酸，故耗酸量较大。日本对浓度为 200mg/L 的染料液投加 500mg/L 的活化硅藻土，包括对分散、酸性、纳夫妥、士林、硫化等染料，脱色率均达到 90%以上。

（4）加压气浮法

加压气浮法应用于染色废水的处理具有较好的脱色效果。加压浮选所加压力在（3～5）$\times 10^5$Pa 时，空气溶解度约为 4％～8％。某棉布印染厂用压力气浮法处理染色废水（处理量 44m³/h），压力罐采用动态型的填充喷洒式（泵后加气），罐高与罐径之比为 3.3，气浮池停留时间为 30min，上升流速为 4mm/s，气浮池投加 400～600mg/L 硫酸铝凝聚剂，气浮池出水经滤池过滤。其处理效果见表 2-6-22。

表 2-6-22　压力气浮法处理棉布印染水的处理效果

项目	原水	出水	去除率/%
pH 值	10.1～12.1	5.8～7.3	
COD/(mg/L)	320～1320	109～276	66～87
硫化物/(mg/L)	8～96	0～24	63～100
色度(光度值)	0.9～1.9	0～0.05	92～100

该气浮池由气浮和过滤两部分组成。浮渣含水率为 98.2％～99.3％，经 3d 浓缩后降为 89.6％～91.8％，再经压滤机脱水，泥饼含水率为 74.1％～85.4％。图 2-6-14 为该厂加压气浮法流程。

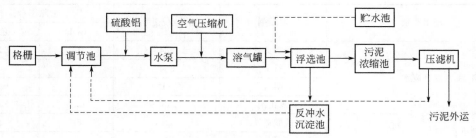

图 2-6-14　加压气浮法流程

（5）臭氧法

臭氧法处理染色废水流程一般有 3 种情况：

① 活性炭与臭氧联合法，适用于含泥量极少的废水；

② 混凝与臭氧联合法，适用于含泥量多、颜色深的废水；

③ 活性污泥与臭氧联合法，适用于原水 BOD 高或要求处理后 BOD 较低的废水。

臭氧法处理流程见图 2-6-15。

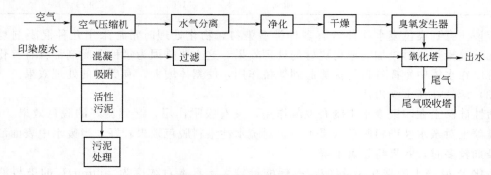

图 2-6-15　混凝（吸附或活性污泥）-臭氧法处理流程

印染厂用生化-臭氧法处理染色废水，色度去除率可达 90％以上，效果较好，但耗电量大，处理 $1m^3$ 废水约需电 $1kW \cdot h$，设备费用高。

国外认为，臭氧对直接、酸性、碱性、活性等亲水性染料脱色速度快，效果好；对于还原、纳夫妥、氧化、硫化、分散性染料等疏水性染料，则脱色效果较差，臭氧用量大；对于含铬染料废水，反而生成六价铬离子，毒性更强。表 2-6-23 为国外对各种染料用臭氧法脱色的情况。

表 2-6-23 臭氧法处理各种染料废水的脱色效果

项目		酸性染料		碱性染料	直接染料	分散性	染料		阴离子染料
通臭氧时间/min		4	8	4	4	4	8		4
臭氧接加量/(mg/L)		121	242	121	121	121	242		121
臭氧/染料		1.21	2.42	1.21	1.21	1.21	2042		1.21
pH 值	进水	7.9	7.9	7.4	7.5	7	7.5		7.9
	出水	7.5	7.3	7.0	7.3	7.4	7.2		7.3
出水颜色		蓝紫	淡蓝	淡黄	淡黄	红	淡红		无
颜色改变时间/min				2	1.5				3
臭氧/染料				0.91	0.46				0.91
脱色率/%		70	90	99	99.5	65	88		100
COD/(mg/L)	进水	102	102	32	14	159	159		40
	出水	48	28	12	4	111	110		28
COD 去除率/%		53	73	63	72	30	31		30

3. 染料的回收

染色废水中染料的回收多采用混凝沉淀法，也有采用超滤法。

（1）混凝沉淀法

染色残液存入贮水池，加硫酸和混凝剂，经搅拌、反应后进行沉淀，沉渣经过滤成浆状回收。

士林染料的回收可经酸化后（pH＝5）变成隐色酸，呈胶体微粒悬浮于残液中。用动物胶使隐色酸遇胶质后沉淀，或投加明矾加速沉淀，沉淀物经过滤成色浆回收。

硫化染料价廉，从经济角度一般不值得回收，但从废水处理和减轻污染角度看有回收价值。硫化碱性还原物被酸化后，pH 值在 $4\sim5$，染料即可从溶液中析出，将酸化后的硫化残液进行沉淀，沉淀物经过滤即可回收。

（2）超滤法

某厂采用醋酸纤维半透膜超滤法回收染料，滤液 pH 值为 $6.5\sim7$，过滤压力为 4×10^5Pa，滤速 $3\sim4m/h$。经超滤浓缩后的染液，其浓度相当于分散染料 $6000mg/L$，还原染料 $20000mg/L$ 以上，色度去除率达 92%。

（3）蒸发法

用于丝光废水的碱液回收。

4. PVA 的回收及处理

在化学浆料 PVA（聚乙烯醇）用量急剧增加后，含 PVA 的退浆废水处理问题日益突出，因为 PVA 的生物降解性很差。国内有采用投加硫酸钠和硼砂等化学沉淀法回收退浆废水的 PVA。对于 PVA 浓度为 $10g/L$ 左右的废液，投加硫酸钠 $12g/L$，硼砂 $1g/L$，PVA 的回收率可达到 80% 以上。凝结法的不足之处是凝结剂消耗量大，设备耗电亦较多，残液中的凝结剂使 PVA 容易结皮。日本采用细菌培养法，负荷为 $0.1kg\ COD/(kg\ MLSS \cdot d)$，经一个月左右时间的低负荷驯化，可逐渐将 PVA 分解。

国外对纺织工业废水中染料、助剂的回收利用进行了不少研究工作。美国采用超滤法从退浆废水中回收 PVA，取得良好的经济效益。美国某纺织印染厂采用四种型式的反渗透设备处理染色废水以供回用，清水回用率达 75%～90%，废水电导率降低 75%～90%，色度去除率达 86%～99%，平均可节省染料 16%。浓缩液回用到棉布的染色，质量良好。表 2-6-24 为运行效果。

表 2-6-24　反渗透处理染色废水试验运行效果

项　目	型式和材质			
	内管束型醋酸纤维	中心纤维型聚酰胺	螺旋卷筒型醋酸纤维	外包管束
试验时间/h	1059	187	804	944
预过滤设备	$25\mu m$ 滤罐	$1\sim25\mu m$ 滤罐	$25\mu m$ 滤罐	$250\mu m$ 滤罐
pH 值	5.6～7.0	6.2～8.3	5.8～7.0	6.6～8.5
温度/℃	12.8～32.3	11～32.3	15～25.5	20～40
压力/10^5Pa	21～31.5	24.5	28	24.5～73.5
总固体去除率/%	95	95	96	90
色度去除率/%	99	99	99	98
电导率降低/%	92	94	95	85
COD 去除率/%	96	92	94	95

（二）处理回用技术

纺织染整废水（也称印染废水）的深度处理（回用处理）技术，包括好氧 MBR 工艺、反渗透工艺、粉末活性炭工艺、臭氧＋曝气生物滤池工艺及化学氧化工艺。

1. 好氧 MBR 工艺

好氧生物处理仍然是目前有机污染物去除的主要方法，也是目前印染废水处理过程中必然具备的工艺单元。MBR 工艺已经发展成为了 3 种类型：

① 用于固液分离与截留的膜生物反应器，即分离膜反应器；

② 用于在反应器中进行无泡曝气的膜生物反应器，即曝气膜生物反应器（MABR）；

③ 用于从工业污水中萃取优先污染物的萃取膜生物反应器（EMBR）。

目前已经广泛应用于工程之中的是第一种类型的分离膜反应器。

近年来随着经济适用膜材料的研发利用，MBR 工艺在废水处理工程中得到大力推广。MBR 工艺只需对原有好氧曝气池进行简单改造就可实现，在印染废水的提标改造中已广泛应用。众多印染废水单独处理的企业和园区集中处理厂都选择 MBR 加强生物处理效果，使出水能达到直接排放标准。

2. 反渗透工艺

反渗透技术也是目前我国印染废水回用处理的主要技术，为了获得高质量、高纯度的回用水应用于关键生产工艺环节，反渗透已经成为印染企业的必然选择。但是反渗透膜的投资价格、长期运行的稳定性、操作管理的复杂性、高昂的运行费用以及反渗透所产生的浓废水的处理等问题成为下一步需要攻克的关键技术问题。

3. 粉末活性炭深度处理及其再生工艺

活性炭在印染废水的深度净化方面效果非常显著，受到了人们的高度重视。目前，在印染废水的深度处理方面，活性炭已经成为处理出水水质保证的重要环节，而且活性炭还不仅仅局限于单独用于水处理，通过两种甚至是多种材料之间的协同作用，与膜、微生物、催化剂、H_2O_2、臭氧、电化学、TiO_2 等材料或技术联合使用，可以大大提高活性炭的效率，并能取得较好的处理效果。显而易见，组合工艺较简单的活性炭吸附技术能更有效地去除有机污染物，且进一步提高了污水的可生化性，但并不是所有的组合工艺都能达到理想的处理效果，多数联合技术还不成熟，存在着成本偏高或操作繁琐等问题，还需要在大量的试验中探索，总之，推广组合工艺是将来的发展趋势。

随着活性炭在水处理及各领域应用日趋广泛，问题也相应地出现了，饱和的活性炭不经处理即被废弃而引起了污染及资源浪费等问题。因而要寻求有效的再生方法，以提高净化的水质及减少对环境的污染。由此，传统的再生工艺不断改进的同时也涌现出一些活性炭再生的新技术新工艺，从传统的加热再生催生出了电化学再生、微波辐射再生、超声波再生、微生物再生等，新技术的开发进一步拓宽了活性炭的应用领域。

目前活性炭深度处理工艺由于需要配套再生设备，在印染废水单独处理的企业应用极少，但在集中废水处理厂已有成功应用的案例。

4. 臭氧+曝气生物滤池处理工艺

臭氧对废水中的 COD、色度等有较强的氧化去除能力，同时臭氧也能够对废水中较为稳定的难降解有机物进行部分分解，从而大大提高了废水的可生化性，为废水后续的进一步生物处理提高效率奠定基础。同时臭氧在水中短时间内可自行分解，也不会与废水中的部分有机物形成二次持续污染物，所以臭氧是一种理想的绿色氧化剂。由于臭氧操作简单，可利用空气就地制取，工程实施的可操作性大，因此，印染废水的臭氧深度处理已经成为众多印染企业接受度较大的废水高级氧化深度处理技术。

曝气生物滤池作为集生物氧化和截留悬浮固体于一体的技术，与普通活性污泥法相比，具有占地面积小、节省了后续沉淀池（二沉池）、容积负荷和水力负荷大、水力停留时间短、所需基建投资少、不会产生污泥膨胀、氧传输效率高、出水水质好、运行能耗低、运行费用少的特点。曝气生物滤池工艺具有去除 SS、COD、BOD，硝化，脱氮，除磷，去除 AOX（有害物质）的作用，应用范围较为广泛，在水深度处理、微污染源水处理、难降解有机物处理、低温污水的硝化、低温微污染水处理中都有很好的、甚至不可替代的功能。曝气生物滤池在印染废水深度处理的升级改造工程中有比较广泛的应用。也是目前大家较为关注的深度处理技术之一，不少印染企业都开始尝试臭氧＋曝气生物滤池处理工艺。

在印染废水的深度处理工程中，臭氧和曝气生物滤池结合，利用了臭氧的化学氧化特性，在有限的臭氧投加条件下，对废水进行脱色，同时对残余难降解有机物进行部分降解，提高废水的可生化性，提高后续曝气生物滤池的出水水质。因此，臭氧氧化＋曝气生物滤池组合工艺可以在较低的费用下达到印染废水深度处理的目的。

5. 化学氧化处理工艺

（1）Fenton 氧化法

由于芬顿（Fenton）氧化对 pH 值要求严格，过程控制困难，同时 pH 值调控导致费用投入增加并且后续可能产生较多的污泥等因素，该方法在印染废水的深度处理推广应用中一度受到限制。然而，随着印染废水处理要求日益提高，芬顿工艺以其独一无二的强氧化能力、宽适用范围以及简便的设备设施，已经逐渐成为印染企业深度处理工艺的重要选择之一。目前该工艺在印染废水的深度处理应用中发展较快，众多印染废水集中处理厂计划选择芬顿工艺作为深度处理的最终环节。

（2）稀土催化氧化工艺

利用铁和碳两级组成微电池，在混合稀土及其他辅助料的催化作用下，降解高分子难降解有机物，同时将溶解状的有机物分子凝聚成微小粒子，呈类似于油状物，便于聚凝剂捕集分离。利用稀土元素的特性（如最外层电子极不稳定，电子云转移迅速，离子价位跳跃产生一定量的负压实现能级转换），起到催化作用和高氧化能力。实践表明，可明显提高氧离子在水中的传递速率，加速废水中无机离子和有机化合物与溶解氧反应。在达到等电位后，又能强化絮凝作用，加速污染物沉淀。在中性和碱性条件下，理论上催化剂组合可以长期使用，并不产生污泥，但是酸性条件下，由于铁离子反应，将会损失铁，并产生污泥。目前该工艺在印染废水处理工程应用中已顺利通过专家鉴定，正在印染废水单独处理企业的提标改造过程中积极推广。

第三节　毛纺工业废水

一、废水水量及水质

（一）废水水量

洗毛废水量随洗毛机型号、羊毛品种及洗毛工艺有所不同。一般来讲，目前国内洗毛设备和加工水平，每加工 1t 国产原毛，平均耗水量需要 15～35t。每一台国产洗毛机，加工原毛能力为 8～12t/d，以每天洗原毛 10t 计，则每台洗毛机排出的废水量为 150～350t/d。

国内常规洗毛工艺用水状况为：第一槽不断补水，溢流排放，同时一个班周期排放一次；二、三槽由于添加洗剂和助洗剂，为基本闭路，一般 1～3 个班周期排放一次；四、五槽不断补充新鲜水，并溢流排放，1～2 班次全部排放一次。

根据《纺织工业水污染物排放标准（征求意见稿）》的调研，2015 年山东、江苏、浙江、内蒙古、河北等毛纺大省毛纺企业洗毛污水及主要污染物排放量如表 2-6-25 所示。其污水及污染物排放量约占我国毛纺企业总量的 70%。2015 年，毛纺企业总排水量约为 930.4×10^4 t。

表 2-6-25　2015 年主要地区毛纺企业污水及污染物排放量

省份	污水量/t	化学需氧量/t	氨氮/t
江苏	12083083	869.865	61.72
浙江	727603.6	50.23	6.15
河北	5906070.1	2019.7	3.34
山东	45641408	351.4	10.9
内蒙古	774243	717.17	10.9
总计	65132407.7	4008.4	219.7

（二）废水水质

洗毛废水是洗毛生产工艺排出的高浓度有机废水，是目前世界上较难治理的废水之一，主要成分是羊毛脂、羊汗、泥土、羊粪等。其含杂量的多少与羊毛品种、产地自然环境等因素有关。优质细毛总含杂质中一般羊毛脂为 10%～40%，羊汗为 2%～20%，砂土 5%～40%，植物 0.5%～6%，原毛洗净率为 30%～70%。其中羊汗的主要成分为：碳酸钾

75%～85%，硫酸钾、氯化钾、硫酸钠、不溶性物质和有机物为 3%～5%。从以上分析数据可以看到，洗毛废水中羊毛脂、羊汗和泥砂为主要污染物，而羊毛脂是组成废水中 COD 和 BOD 的主要成分。羊毛脂在水中呈乳化状态，洗毛废水外表常呈棕色或浅棕色，表面覆盖一层含各种有机物、细小悬浮物以及各种溶解性有机物的含脂浮渣。其水质与羊毛品种、洗毛工艺耗水量等因素有关。表 2-6-26 为各种羊毛（原毛）及洗毛废水中羊毛脂的含量。

毛纺织行业是指以毛条及毛型化学纤维为原料进行的纺、织生产加工。毛染整精加工行业是指对非自产的毛纺织品进行漂白、染色、印花等工序的染整精加工。表 2-6-27 为国产洗毛机和进口洗毛机洗毛废水水质情况。

表 2-6-26　各种羊毛（原毛）及洗毛废水中含脂情况

| 原毛品种 | 含脂率/% | | 原毛品种 | 含脂率/% | |
	原毛	洗毛废水（二、三槽洗水）		原毛	洗毛废水（二、三槽洗水）
澳毛　70 支	17～20	2.5～3	国产改良毛	7～14	1.3～1.7
60 支、64 支/70 支	15～18	2～2.6	新疆改良二级	12	1.38
64 支	12～16	1.8～2.3	内蒙古改良一级	8.9	0.92
48～54 支	7～9	0.8～1.5	东北改良一级	3.6～4.3	1.00
国产土种毛	3～7	0.3～0.8	山东秋毛	2.21	0.3～0.33

表 2-6-27　洗毛废水水质　　　　　　　　单位：mg/L

洗毛机	COD_{Cr}	悬浮物	BOD_5	总磷	总氮	氨氮
国产	30000～45000	5000～7500	7500～9000	2～5	50～90	80～120
进口	25000～35000	10000～12000	7500～8000	2～3	70～80	80～100

毛纺企业废水总排放口涉及的污染物指标见表 2-6-28。

表 2-6-28　毛纺企业废水排放口及污染物指标

废水排放口	污染物指标
企业废水总排放口	pH 值、悬浮物、COD_{Cr}、BOD_5、氨氮、总氮、总磷、动植物油、流量

毛纺及染整污水水质见表 2-6-29 所示。

表 2-6-29　毛纺及染整污水水质

污水类型	pH 值	色度/倍	BOD_5/(mg/L)	COD_{Cr}/(mg/L)	悬浮物/(mg/L)
洗毛	10.0～12.0	—	6000～12000	15000～30000	8000～12000
炭化后中和	5.0～6.0	—	80～150	300～500	1250～4800
毛粗纺染色	6.0～7.0	100～200	150～300	500～1000	200～500
毛精纺染色	6.0～7.0	50～80	80～180	350～600	80～300
绒线染色	6.0～7.0	100～200	70～120	300～450	100～300

二、生产工艺

毛纺工业产生的废水主要来自洗毛生产工艺。

洗毛生产工艺是利用机械化学作用从原毛中去除羊毛脂、羊汗、泥砂、杂质和大部分矿物性物质。洗毛生产工艺流程见图 2-6-16。

图 2-6-16 洗毛生产工艺流程

洗毛生产工艺首先将经人工分选后的羊毛喂入开毛机，利用机械开松作用将羊毛束中的杂质、砂土等去除，并使原毛松散后喂入洗毛一槽，开毛机除杂率一般为 40%～50%。

国内洗毛机多数为耙式，主槽为五个，各带一个辅槽。洗毛槽水温为 40～50℃。洗毛一槽为浸洗槽，主要对原毛进行浸润，用清水进行洗涤。一般一槽除杂率可达 60%～70%（对净毛）。当羊汗从毛干上溶下时，黏附着的砂土杂质及一部分油脂被一起剥离。洗毛二、三槽加入洗剂和助洗剂，主要是通过洗剂的作用，降低水的表面张力，并渗入到羊毛脂污垢层中，在温度与机械的作用下，将羊毛脂污垢层破坏，在洗水中形成稳定的水包油型羊毛脂乳化液。洗毛过程还要追加助洗剂，助洗剂为电解质，如 NaCl、Na$_2$SO$_4$、Na$_2$CO$_3$ 等。根据加入化学药品的种类，洗毛法可分为中性洗毛、合成洗剂加纯碱洗毛、皂碱洗毛、铵碱洗毛和酸性洗毛。四、五槽为漂洗槽，采用清水进行漂洗，以去除羊毛上残留的洗剂和污染物。洗毛生产线的最后一道工序是经烘干机烘干后得到洗净毛。

毛纺企业洗毛生产工艺如图 2-6-17 所示。

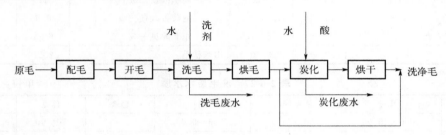

图 2-6-17 洗毛生产工艺

三、清洁生产

洗毛废水的最大特点就是羊毛脂含量高，因此洗毛废水中羊毛脂的回收利用是实现清洁生产的关键。羊毛脂又称羊毛蜡，它的化学成分为脂肪酸和高级一元醇化合而成的脂，由于其形态很像软脂，俗称羊毛脂。羊毛脂是医药、化工、制革、机械防腐和化妆品的重要原料，具有较高的经济价值。由于羊毛脂是组成洗毛废水 COD 和 BOD 的最重要的污染物，因而从废水中尽可能地提取羊毛脂，不仅可以由羊毛脂的回收带来很高的经济效益，更重要的是大大削减了排放废水的 COD 负荷。正因为如此，国内外洗毛废水的处理，绝大多数是以提取羊毛脂为前提。

羊毛脂的回收方法主要有离心分离法、超滤-离心法、酸裂解法、化学萃取法等，其中化学萃取法包括固液萃取（混凝沉淀-浓缩-脱水-萃取）、液液萃取（离心萃取、超滤浓缩-萃取）。酸裂解法采用酸化-分层-加热加压工艺得到羊毛脂，该法可从洗水中回收油脂量的50%，回收 1t 油脂需用浓硫酸 765～1530kg。在上述方法中，离心法是国内外广泛采用的油脂回收法，且技术最为成熟。超滤-离心法是近十年发展起来的新工艺，与单一离心法相比较，可大幅度提高羊毛脂回收率。因此本书主要介绍离心法和超滤-离心法。

（一）离心分离法回收羊毛脂

离心分离法回收羊毛脂工艺流程主要分沉淀、过滤、加热、粗分，最终得到粗羊毛脂，其工艺流程见表 2-6-30。

表 2-6-30 离心分离法回收羊毛脂工艺流程

工 序	工 艺	备 注
过滤	把洗毛废水用泵提升至沉淀池,毛发过滤器设在泵前	去除毛纤维和悬浮物
沉淀	用泵将洗毛二、三槽水或根据洗毛工艺不同将一、二、三槽洗毛废水提升至沉淀池或沉淀槽,沉淀时间为 1～2h	溶于水中的羊毛脂为总脂含量的 80% 左右;沉淀池停留时间 1～2h,可将水中 >20μm 的中粗颗粒基本去除;如果沉淀时间超过 5h,污水中部分羊毛脂会随固体物质沉入泥砂中被损失,影响羊毛脂得率,水发臭
加热	沉淀后洗毛废水需预热后才能进入离心分离机,预热方法可采用热交换器或加热槽,或直接通入少量蒸汽,温度为 65℃以上	加温使油脂呈游离状,悬浮于乳化液中,有利于分离;但温度不宜太高,一般 65℃左右即可。温度过高,一方面浪费热能,另一方面油脂品质受到影响
离心分离(羊毛脂粗分机)	加热后污水进入第一道离心机,高速离心力作用使不同密度的油、水和泥渣分三层析出 油相——油从上层管道流出,得到粗羊毛脂半成品,进入中间油脂槽 重水相——提油后的洗毛废水从中层管道流出 溢水相——泥杂从下层管道流出	型号:De Laval FVK4R 转速:5800～6200r/min 型号:DPM-30 转速:6425r/min 离心机重水相出水仍然含有 <1% 的羊毛脂
预热	经过粗分的羊毛脂半成品汇集入中间油脂槽,加热至 95℃	油脂槽采用套管式或夹套式间接加热
热水槽预热	10 倍于油脂槽体积的热水加热至 95～100℃,最好用软水	热水槽可用直接或间接加热方式
离心分离(精分机)	预热至 95℃的羊毛脂半成品和加热至 95～100℃的热水以 1∶10 左右比例进入精分机;粗羊毛脂从油相流出,水从水相流出;泥渣根据精分机型号不同而不同	

采用此工艺得到羊毛粗脂,其羊毛脂回收率随洗毛废水中羊毛脂的含量不同而异。如洗国产细支毛或澳毛时,洗水中羊毛脂浓度较高,则羊毛脂回收率可以达到 30%～40%;如果洗水中羊毛脂浓度为 1% 左右时,羊毛脂回收率仅为 15%～20%。

(二)超滤-离心法回收羊毛脂及水回用

我国国产羊毛多数含杂质高,含油相对较低。在洗国产羊毛工艺中,随着洗槽中泥砂及杂质含量的不断增加,使洗槽中羊毛脂还未能累积到离心提油机所要求的浓度范围就必须为保证洗毛质量而排放,因而羊毛脂收率很低。同时,由于离心机提取羊毛脂下限为 1%,因此,其离心机的重水相仍然含有低于 1% 的羊毛脂无法回收。超滤-离心工艺则是采用超滤工艺,将废水中羊毛脂用超滤膜法将其浓缩至原浓度的 4～5 倍,从而使洗毛废水中过去回收率很低,甚至无法回收的羊毛脂得以回收,同时,超滤出水可回用于洗毛工艺。

1. 超滤分离原理

在洗毛废水中,羊毛脂在洗剂及其助洗剂的作用下,以比较稳定的水包油型乳化液滴存在于洗毛废水中。超滤的分离原理是在对料液施加一定压力后,在压力驱动下,无机盐、小分子有机物及其水分子透过超滤膜,羊毛脂乳化液滴则被膜所截留、浓缩。

2. 超滤-离心工艺流程及其主要设计参数

超滤-离心法回收羊毛脂工艺流程见图 2-6-18,由四个系统组成:除砂系统、超滤系统、

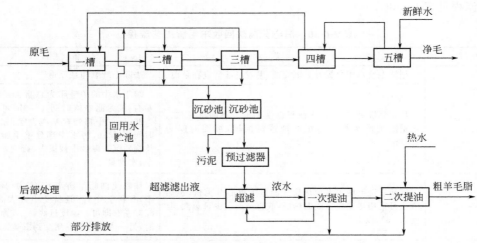

图 2-6-18　超滤-离心法回收羊毛脂工艺流程

循环提油系统和水回用系统。现分述如下。

（1）除砂系统

除砂系统是指将洗毛废水二、三槽（如一槽加药则为一～三槽）周期排放水经纤维过滤器由泵提升至立式沉淀槽，经自然沉降 2h，可去除废水中大部分 $20\mu m$ 以上中粗颗粒泥砂。经硬渣分离机进一步除去细颗粒泥砂。沉淀槽污泥斗污泥排放周期据洗毛品种和排泥量不同 1～2 天排放一次，排放污泥含水率 70% 左右。

（2）超过滤系统

① 超滤膜、组件及其组件配置　超滤膜采用聚苯砜对苯二甲酰胺（PSA）膜材料，截留分子量为 67000。超滤组件采用套管式超滤器，材质为 A3 碳钢。组件采用 UF-48 或 UF-72 型，膜面积分别为 $4m^2$/台和 $6m^2$/台。组件配置方式采用一级三段或一级二段循环工艺。

② 超滤系统设计参数　超滤系统设计参数主要包括运行压力、膜表面流速、运行温度、浓缩倍数。超滤系统设计运行压力为进口 <0.36MPa，出口 >0.12MPa。在膜表面流速 3m/s 左右，羊毛脂浓度 <50g/L 范围内，该体系临界压力值为 0.36MPa，实际工艺设计操作压力值要低于体系极限压力值（临界压力值）。

超滤系统设计运行温度为 45～50℃，羊毛脂熔点为 37～42℃。高于 42℃，废水黏度大大降低，降低了膜界面层厚度，减少膜面阻力，使膜水通量增加。

超滤膜表面设计流速为 3m/s。超滤系统浓缩倍数依原水羊毛脂浓度不同为 3～5 倍，一般控制浓缩液羊毛脂浓度为 40g/L 左右。

③ 超滤系统膜面积的确定及其泵配置　在膜表面流速、运行压力及其运行温度、最高浓度等参数确定之后，可以得到膜的平均水通量。根据设计处理水量，按下式计算超滤装置所需膜面积：

$$S=\frac{Q}{F}\times 1000$$

式中，S 为膜面积，m^2；Q 为设计处理水量，m^3/h；F 为单位膜面积产水量，$L/(m^2\cdot h)$。

在确定所需膜面积后，可根据膜面积选用 $4m^2$ 或 $6m^2$ 的组件。一般来讲，膜的平均水通量选用 35～40L/$(m^2\cdot h)$。

泵的配置根据工艺压力和膜表面流速来确定。由于洗毛废水极限压力值为 0.36MPa，因而，泵的扬程一般＜35m 为宜。泵的流量按下式计算：

$$Q_总＝nvS_截 \times 3600$$

式中，$Q_总$ 为泵流量，m^3/h；n 为膜组件并连个数；v 为膜表面流速，取 $3m/s$；$S_截$ 为单元膜组件膜面通过废水截面积，m^2。

（3）循环提油系统

循环提油系统设备及工艺参照表 2-6-30。与离心法回收羊毛脂工艺流程所不同的特点为：超滤-离心工艺进入离心系统羊毛脂浓度高于单一离心分离系统，一般羊毛脂浓度为 40g/L 左右，一次提油效率为 40% 左右。由于超滤-离心工艺采用循环提油，即离心机一次提油后的重水相返回浓缩液贮槽，随循环提油过程进行，废水中羊毛脂浓度逐渐降低，当提油效率＜15% 时，终止提油。

（4）水回用系统

超滤系统对洗毛废水中的油脂截留率＞94%，COD 截留率＞85%，SS 截留率＞99%，对 TS 截留率为 40%～80%。可以部分排放至后处理工艺，部分回用于洗毛一～三槽。由于超滤滤出液中含一定量洗剂、碳酸钾（羊汗成分）和碱，洗毛时可节约部分辅料和水。同时，由于超滤液有一定温度，可节约部分蒸汽。

（三）气浮法去除羊毛脂

气浮法去除的基本原理是油脂被气泡附着后浮力增大，上浮速度加快。单独使用气浮法分离效果不够理想，仅能去除 30%～45% 的羊毛脂和悬浮物，所以通常同时投加无机混凝剂和高分子混凝剂，以提高浮选效果。

（四）萃取法去除羊毛脂

萃取法是利用分配定律原理，有机溶剂作为萃取剂萃取废水中的羊毛脂。萃取法一般不单独使用，常采用的方法有化学沉淀萃取法、酸裂萃取法、离心萃取同步法。但萃取法投资较大，溶剂损耗大。

四、处理技术及利用

20 世纪 70—80 年代，欧洲一些产羊毛的国家对洗毛废水治理做了许多研究工作。其共同的目标是重点改革洗毛工艺，最大限度地减少排放量，并使废水通过化学、物理处理后进一步回用。国外的这些工作，为国内洗毛废水治理工作提供了很好的启示。

（一）处理排放工艺

洗毛废水经投加化学凝絮剂处理后，与染整废水和生活污水混合，使洗毛废水被稀释一定倍数后进行生物处理，一般处理效果较好，但化学药剂投量极大，处理费用昂贵，污泥处理量大。某毛纺厂洗毛废水处理采用上述工艺。图 2-6-19 为该法洗毛废水工艺流程。

内蒙古某羊绒衫厂废水处理项目采用把经过沉淀的洗毛废水和染色废水以一定比例混合后进行预曝气→加压浮选→活性污泥法→混凝沉淀→排放工艺。设计水量为 $700m^3/d$，主要处理下属的三个厂的废水，即绒毛厂排出的洗毛废水（包括洗绵羊毛、山羊绒、驼绒废水），毛纺厂排出的染色和洗呢废水及羊绒衫厂排出的染色和缩绒废水。废水的排放量为：洗毛废水 $100～160m^3/d$，洗羊绒废水 $146～165m^3/d$，染色废水 $125～262m^3/d$。混合废水的 BOD 为 1500～2000mg/L，COD_{Mn} 为 686～1000mg/L，SS 为 1000～1300mg/L。

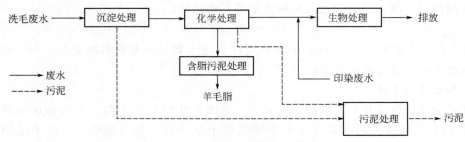

图 2-6-19 洗毛废水全处理流程

废水处理厂的全部废水槽均设于地下，废水处理构筑物建在室内，废水浓度高，工艺流程长，处理构筑物占地面积为 $732.35m^2$，该厂废水处理工艺及主要设备、构筑物的设计参数如下。

1. 废水处理工艺流程

废水处理工艺流程为预曝气→加压浮选→活性污泥法→混凝沉淀→排放，见图 2-6-20。

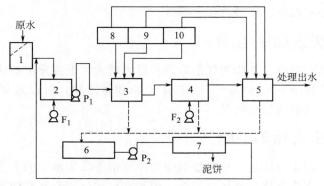

图 2-6-20 某羊绒衫厂废水处理流程

1—楔形筛滤装置；2—原水贮槽；3—凝聚加压气浮装置；4—活性污泥处理装置；5—凝聚沉淀装置；
6—污泥贮槽；7—压滤式脱水机；8—消石灰贮槽；9—硫酸铝贮槽；10—高分子凝聚剂贮槽；
P_1—原水提升泵；P_2—污泥提升泵；F_1—原水鼓风机；F_2—曝气池鼓风机

废水经废水中间槽及不锈钢楔形滤网进入原水贮槽，并对废水进行预曝气，采用罗茨鼓风机，风机风量为 $7m^3/min$。

原水贮槽出水用泵提升至加压气浮装置，加压气浮装置由凝聚反应槽、气浮分离槽、加压溶气罐和加药系统组成。加压水采用清洁水，水量为原废水的 30%，废水在气浮槽中停留时间 23min，表面负荷为 $98m^3/(m^2 \cdot d)$，水压为 0.3～0.5MPa（3～$5kgf/cm^2$），加压水罐出水用 1000mL 量筒测定，放满水后气泡散完的时间为 5～6min。凝聚剂投加量为：当进水 COD_{Mn} 为 1000mg/L 时，硫酸铝投加 800mg/L，消石灰 400mg/L，高分子凝聚剂 4mg/L。

加压气浮装置出水进入生化处理系统，该系统主要由废水中间槽、废水中和计量槽、曝气槽 1、曝气槽 2、沉淀槽、营养剂贮槽和污泥收集机组成。活性污泥法的污泥负荷为 0.1kg BOD/(kg MLSS·d)，容积负荷 0.4kg BOD/($m^3 \cdot d$)，污泥浓度为 3.5～4g/L，污泥回流比 100%，曝气时间（包括污泥回流量）14h，1kg BOD 供氧 1.6kg，1kg BOD 产污泥 0.3kg，曝气方式采用曝气机充氧，散气管曝气，散气管部分的曝气时间为总曝气时间的 10%～20%。沉淀槽的停留时间为 2.3h，面积负荷为 $15m^3/(m^2 \cdot d)$，溢流负荷为 $27m^3/$

（m·d）。

生化处理出水进入凝聚沉淀装置，凝聚沉淀装置由凝聚反应槽、凝聚沉淀槽、污泥收集机和处理水中和槽组成。凝聚沉淀槽沉淀时间为 1.6h，面积负荷 $24m^3/(m^2 \cdot d)$，溢流负荷 $34m^3/(m \cdot d)$。该工艺设置污泥处理装置。

2. 工艺流程特点

① 采用固定倾斜式楔形不锈钢丝滤筛去除羊毛、纤维等杂质。

② 气浮加压水采用清洁水，以控制进入气浮分离槽的羊毛脂含量为 2100mg/L 以下，保证生化处理的废水含油量不超过 30mg/L。

③ 采用加压气浮作前处理，不仅去除了废水中的油分、悬浮物，又起了脱色作用。

④ 活性污泥处理采用"水中机械曝气器"，即机械搅拌加鼓风散气联合的办法。氧的利用率可达 20%～30%。

3. 运转情况

各处理构筑物的出水水质见表 2-6-31。

表 2-6-31　处理水质

项目	洗毛染色混合水/(mg/L)	凝聚加压气浮			活性污泥法		凝聚沉淀	
		进水/(mg/L)	出水/(mg/L)	去除率/%	出水/(mg/L)	去除率/%	出水/(mg/L)	去除率/%
BOD	2000	2000	800	60	30	96.25	15	50
COD_{Mn}	1000	1000	350	65	50	85.71	45	10
COD					125		113	9.6
SS	1000	1000	100	90	50	50	30	40

废水除处理后达标排放外，还可选择闭路循环水洗法，可以达到节水、节能同时处理高浓度洗毛废水的目的。

（二）闭路循环水洗法

国内利用机械物理法分离洗毛废水中的油脂和泥砂等杂质，洗毛废水重复回到洗毛工艺中，并进一步采用蒸发浓缩等手段，处理循环周期的最终排放水，以达到封闭循环。图 2-6-21 为某毛条厂洗毛废水闭路循环工艺流程。

图 2-6-21（a）为一槽循环系统。该系统是在洗毛一槽主槽和边槽底部各铺设多孔吸泥管，使不断下沉的泥砂由泵连续抽出，并提升至锥形除渣器。锥形除渣器设置两个，连接方式为串连，主要去除洗水中粗颗粒泥砂。锥形除渣器上部净化洗水进入硬渣分离机，其主要任务是进一步去除锥形除渣器不能去除的较细泥砂。分离机处理能力与锥形除渣器配套，为 $5m^3/h$，分离机除砂效率＞60%。分离机上部出水返回洗毛一槽。除渣器尾浆和离心机排渣由一个 $1m^3$ 的斜板沉淀槽承接，经沉淀泥水分离。水由溢流口溢流回洗槽，泥砂则沉入底部积泥仓排出。

图 2-6-21（b）为二、三槽除砂及羊毛脂回收系统。洗毛槽原毛经一槽浸润后毛块松开，大部分土杂已落其中，故进入二槽的较少。二槽配置一个锥形除渣器、一组离心机及一个斜板沉淀槽，其工艺流程同一槽循环系统大致一样，不同之处是离心机出水进入提油系统提取油脂后回槽循环。三槽由于泥砂含量较少，用一个锥形除渣器可以满足除泥要求。

羊毛脂回收系统设置板式热交换器二台，一台加热，一台冷却；油脂分离机二台（一用一备）；油脂收集箱（可加热）一台；二道精分机一台。二、三槽洗水经除泥处理后，净化

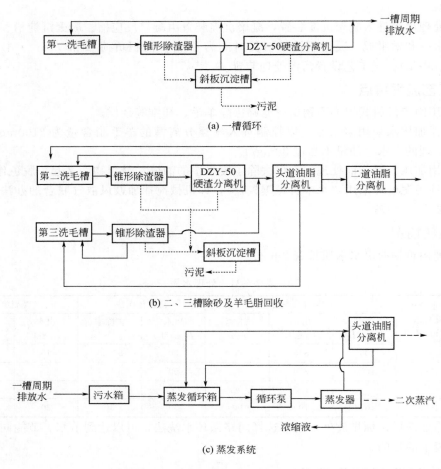

(a) 一槽循环

(b) 二、三槽除砂及羊毛脂回收

(c) 蒸发系统

图 2-6-21　洗毛废水闭路循环工艺流程

——→ 废水　……→ 污泥　– – –→ 蒸汽

洗水进入调节水箱，经板式换热器加热后供头道油脂分离机提取羊毛脂，再经集油箱加热供二道油脂分离机进一步精分脱水即成粗羊毛脂。提取后羊毛脂的洗水仍回到洗毛槽洗毛。

图 2-6-21(c) 为蒸发系统流程。洗毛废水周期排放水从一槽排出，经除泥后进入蒸发系统污水箱。蒸发系统主要设置为污水箱、循环箱、循环泵和蒸发器。蒸发系统采用强制循环，即不断将废水由循环箱打入蒸发器再回到循环箱，系统的二次蒸汽引入洗毛槽。在蒸发器至循环箱回流管路上加装一根截流管，将蒸浓液引至新增的一台 DPM-30 提油分离机提油，可提高蒸发器效率和增收羊毛脂。蒸发器浓缩液排放。

闭路循环系统特点：

① 闭路循环处理洗毛废水的过程是对洗毛废水进行净化—洗毛—再净化—再用于洗毛的过程，与洗毛生产同步进行。

② 闭路循环系统将含有大量泥砂、油脂的洗槽洗水，连续不断地打入系统的除泥部分和油脂提取部分除泥和提油，净化液回槽循环洗毛。洗毛过程中不断增加的羊毛脂、泥砂随着循环过程的不断进行被不断去除，并且保持洗液中油脂及泥砂浓度相对稳定，从而减少了废水排放量。

③ 该系统洗水及所含有助洗作用的物质得以充分利用，因而可节约水、汽及洗剂。该

系统吨原毛耗水量可降至 5t 左右，耗汽及辅料均可节约 50％ 左右。

存在问题：国内洗毛厂洗毛废水实行闭路循环运转的很少，主要原因是某些处理设备的技术可靠性存在一定问题，全工艺操作管理系统的仪表自动化程度低，从而使洗槽内废水、汽、泥、渣得不到平衡而闭不起来，从系统中排出。同时蒸发系统由于残液浓度较高，蒸发效率较低，耗汽量较高。

虽然多数闭路循环系统没有闭路运行，但有一些厂在洗毛废水处理中实现了部分循环处理工艺。即利用高效除泥设备，将洗水除泥后进入头道离心机回收羊毛脂，离心机重水相返回洗槽继续循环洗毛。该法利用循环水洗工艺从废水中尽可能回收羊毛脂，降低了废水的含脂量，并降低了吨原毛耗水量。

第四节　麻纺工业废水

一、废水水量及水质

中国麻类纤维纺织加工工业按照纤维和工艺技术特点主要分为苎麻纺织、亚麻纺织等，麻中除了含有纤维素外还含有半纤维素、果胶物质、木质素等非纤维素成分。这些非纤维素成分统称为胶质，去除麻中的胶质物质即可获得可纺性纤维，这一过程称为脱胶。麻纤维中非纤维素成分一般为纤维重的 25％～35％，因此脱胶废水中污染物含量较高，麻纺织废水主要为脱胶废水。不同品种的麻由于纤维中含胶质不同，其脱胶具体方法也不相同，本节具体介绍苎麻脱胶废水和亚麻脱胶废水的处理。

（一）废水水量

据统计，2010 年麻纺行业污水排放量约 1.7×10^8 t，COD 排放量约 34000t，氨氮排放量约 4250t。到 2015 年，麻纺行业污水排放量约 1.35×10^8 t，与 2010 年相比，削减率为 20.6％；COD 排放量约 20250t，削减率 40.4％；氨氮排放量约 2025t，削减率 52.4％。

（二）废水水质

麻纺织是指以苎麻、亚麻、大麻等为主要原料进行的原料制造、纺纱、织布、染整等生产活动。在麻纺行业中，除染整加工工序排污量较大外，制麻工序排污量也较大，产生的 COD_{Cr} 浓度高。麻及其混纺织物在退浆、初漂、丝光、复漂、增白、染色或印花过程中排放污水量与棉纺织品相近。染整污水中含有残余染料、浆料、纤维屑和各种助剂。表 2-6-32 为麻脱胶污水的水质。

表 2-6-32　麻脱胶污水水质

工序	煮练	浸酸	水洗	拷麻、漂白、酸洗、水洗
化学需氧量/(mg/L)	11000～14000	4000～5000	800～2000	＜100

麻纺企业废水总排放口涉及的污染物指标见表 2-6-33。

表 2-6-33　麻纺企业废水排放口及污染物指标

废水排放口	污染物指标
企业废水总排放口	pH 值、色度(稀释倍数)、悬浮物、COD_{Cr}、BOD_5

二、生产工艺及废水来源

麻纺企业中，不同品种的麻由于纤维中含胶质不同，其脱胶具体方法也不相同。苎麻脱胶后，再通过打纤、酸洗、水洗、漂白、精练、给油、烘干等工艺，最后产品为精干麻。精干麻可作为纺纱、织造的纤维。

麻纺纤维为纤维素纤维，麻纺产品生产过程中产生脱胶废水，为高浓度有机废水，废水水质情况如下：COD_{Cr} 2500～10000mg/L、BOD_5 为 800～6000mg/L、悬浮物为 200～600mg/L、色度（稀释倍数）为 400～600 倍，污染物产生浓度较高。

（一）苎麻脱胶

1. 脱胶工艺及废水来源

我国苎麻脱胶以化学脱胶为主，其工艺流程及废水生产环节如图 2-6-22 所列。

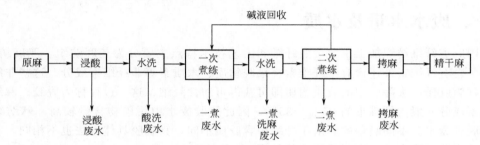

图 2-6-22　典型苎麻化学脱胶工艺及废水来源

2. 废水水质

苎麻化学脱胶废水污染物主要指标如表 2-6-34 所列。

表 2-6-34　苎麻化学脱胶废水污染物主要指标

废水名称 \ 主要指标	pH 值	COD/(mg/L)	BOD/(mg/L)	SS/(mg/L)
浸酸废水	2～3	1200～2000	500～800	＞500
酸洗废水	3～5	350～500	140～200	＞500
一煮废水	≥12	15000～20000	5000～6000	15000～20000
一煮洗水	＞12	1800～2500	700～1000	＞500
二煮废水	＞11	700～900	300～400	＞500
拷麻废水	7～9	250～300	50～100	＜500

（二）亚麻脱胶

1. 脱胶工艺

由于亚麻的茎秆较细，韧皮较薄，为保证亚麻纤维的长度，要先经过一个不完全脱胶过程，这个过程称为亚麻原茎脱胶。亚麻脱胶的主要方法有生物法、化学法和物理化学法。其中生物法是全球亚麻纺织广泛采用的方法，生物法主要是通过微生物分解麻中胶质，最终达到脱胶目的。沤麻常分为雨露沤麻和水沤麻，在我国主要采用温水沤麻，图 2-6-23 为亚麻沤麻的基本过程。将原麻置于已建池中，用清水浸泡，再加入各种脱胶剂来实现。整个过程中，沤麻水按沤麻池→曝气设备→集水池→沤麻池的路线循环。碎茎是将亚麻干茎中木质部分压碎、折断、使木质与纤维脱离，从而获得可纺性的亚麻纤维。

图 2-6-23　亚麻脱胶生产工艺

亚麻粗纱化学脱胶工艺是亚麻纺纱工艺的技术核心，见图 2-6-24。

图 2-6-24　亚氧化学脱胶工艺

2. 废水来源及水质

亚麻沤麻废水主要来自温水浸泡厌氧发酵亚麻原茎工段，废水中主要污染物为木质素及其降解中间产物、半纤维素及其降解中间产物、单宁、果胶、树脂酸等，亚麻沤麻废水的污染物主要指标见表 2-6-35。

表 2-6-35　亚麻沤麻废水污染物主要指标

项目	浓度值	平均值
COD/(mg/L)	4100~10800	7712
BOD/(mg/L)	2000~6000	3247
SS/(mg/L)	600	—

三、清洁生产

麻纺行业的清洁生产技术有苎麻生物脱胶及生物化学联合脱胶技术、物理脱胶技术、麻类纤维精细加工技术以及亚麻纺织无氯煮漂技术等。

（一）苎麻脱胶工艺

目前我国主要采用的化学脱胶法消耗较大量的化工原料及能源，并产生污染较严重的废水，因此从清洁生产角度出发，苎麻脱胶行业是有较大改进空间的行业。

几年来全国多家科研机构及高校致力于开发研制生物脱胶技术，并有多家麻纺织生产单位参与了生物脱胶及生物化学脱胶技术的试验工作，生物脱胶技术不仅能够节省大量化工原料和能源，而且产生可生化性较好的脱胶废水，同时使最终麻织物产品质量提高，既做到了减少污染，同时又能够节约成本，提高产品质量，但苎麻生物脱胶技术新、难度高，目前仍需进一步完善才可大量应用于生产环节。

（二）亚麻脱胶工艺

亚麻脱胶工艺用水量较大，废水污染物浓度较高，是造成环境污染的重要来源，为达到清洁生产目的，废水回用是重要途径。经图 2-6-25 所示工艺处理后废水达到工艺用水要求，处理后的上清液返回沤麻工段，废水回用率达到 50%~70%。

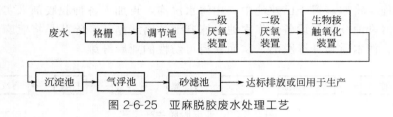

图 2-6-25　亚麻脱胶废水处理工艺

四、处理技术及利用

（一）苎麻脱胶废水处理

苎麻脱胶废水处理方法主要为物理化学处理法及生物处理法两大类。

1. 物理化学处理法

物理化学处理法一般作为生物处理法的预处理阶段，例如为中和煮练废水的强碱性，通常采用进酸废水和洗酸废水与煮练废水进行混合，如废酸液水量不足时，还需加入其他酸液直至中和到生物处理阶段适宜的 pH 值条件。除此之外，电絮凝、混凝、气浮及吸附等方法近年来也被逐渐利用。

2. 生物处理法

（1）好氧生物处理法

在处理苎麻脱胶废水方面生物膜法与传统活性污泥法相比有较大优势，我国几乎所有大、中型苎麻纺织企业都采用好氧生物膜法来处理脱胶废水，最早使用的好氧反应器是生物转盘。当进水 COD 浓度在 1000mg/L 左右，BOD 在 350mg/L 左右时，采用 BOD 负荷 $0.01 \sim 0.02 kg/(m^3 \cdot d)$，水力负荷 $30 \sim 40 L/(m^2 \cdot d)$ 时，经两级或三级生物转盘串联运行，BOD 去除率达 $80\% \sim 85\%$，生物转盘具有处理水量大、运行稳定、耐冲击负荷、运行费用低等优点，但建设费用较高、维护管理复杂，尤其 COD 去除率只有 $50\% \sim 60\%$，COD 常常达不到排放要求，因此逐渐被接触氧化法取代。

生物氧化塘作为苎麻脱胶废水的深度处理工艺能够取得较好效果，出水 COD 能够达到 20mg/L 以下，但是由于占地面积大，在推广中受到限制。

（2）厌氧生物处理法

厌氧生物处理法适用于高浓度有机废水，可作为好氧生物处理的预处理，降低好氧生物处理的压力，且在节能及回用资源方面优于好氧生物法。

升流式厌氧污泥床（UASB）是目前应用最广泛的厌氧处理方法，COD 去除率在 60% 左右，优点在于处理能力大，处理效果较好且投资费用较少。

由普通消化池发展而来的厌氧接触法设有污泥回流系统，一定程度提高了设备的有机负荷和处理效率，一般 COD 去除率能达到 45% 左右。

为达到较好的处理效果，物理化学处理法和生物处理法也常组合应用。如图 2-6-26 所示，为一种物化与生物法组合工艺流程。

生化部分的厌氧段采用水解酸化-上流式厌氧生物滤池工艺，好氧段采用接触氧化法-生物膜好氧处理工艺；物化部分是常规的絮凝沉淀和氧化脱色处理工艺。同时利用企业锅炉烟气对苎麻脱胶废水进行中和处理，以废治废；用硫酸亚铁、聚合硫酸铁或聚合氯化铝为絮凝脱色剂，去除大量的非溶解性污染物；利用 ABR 厌氧技术分解难降解有机物，去除大分子

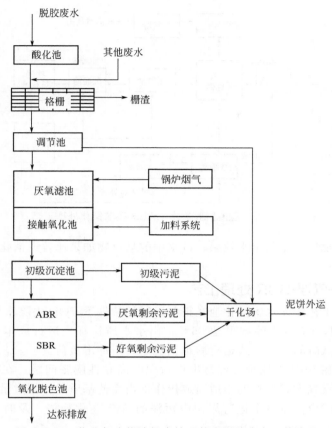

图 2-6-26　物化与生物法组合处理苎麻脱胶废水工艺流程

有机污染物，提高废水可生化性，再运用 SBR 好氧技术去除废水中的有机物，确保处理后的废水达标排放。污泥经污泥浓缩池浓缩后送压滤机压干后外运处置。该工艺进水、出水水质指标见表 2-6-36。

表 2-6-36　进水、出水水质指标

指　标	pH 值	色度（稀释倍数）	COD/(mg/L)	SS/(mg/L)	BOD$_5$/(mg/L)
废水水质	12～14	1000～1500	8000～12000	600～800	1000～1500
出水水质	7.5	20	209	29	22.3

（二）亚麻脱胶废水的处理

亚麻脱胶废水的处理工艺通常采用好氧生物处理工艺和厌氧生物处理工艺结合的形式，得到了较好的处理效果，成为未来发展的主要方向。以下介绍三种最常用的处理工艺及其优缺点。

1. 升流式厌氧污泥床（UASB）-接触氧化工艺

工艺流程如图 2-6-27 所示。

优点：采用该法处理沤麻废水，其 COD 去除率可达到 95％～97％，BOD 去除率能达到 96％～99％，单宁木质素去除率达到 75％～86％，处理水质较好。

缺点：接触氧化池的填料容易堵塞，布水、曝气不易均匀，局部可能出现死角；厌氧反

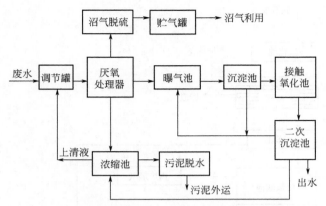

图 2-6-27　亚麻脱胶废水 UASB-接触氧化处理工艺

应器可能出现短流现象，影响出水效果，进水中的悬浮物如果比普通消化池高会对污泥颗粒化不利。

2. 水解酸化-气浮-SBR 处理工艺

优点：采用该工艺能使水解酸化池在正常运行的条件下 COD 去除率可达 25％以上，再经气浮及 SBR 处理，COD 去除率可达 85％，出水水质达标，运行成本较低。该工艺启动快、培养驯化和调试时间短，正式运行后也很稳定，耐冲击负荷。

缺点：该工艺在 SBR 处理阶段容易出现污泥的高黏性膨胀问题，在实际操作过程中往往会因充水时间或曝气方式选择的不适当或操作不当而使基质的积累过量，致使发生污泥的高黏性膨胀。运行时应注意每个运行周期内污泥的 SVI 变化趋势，及时调整运行方式以确保良好的处理效果。

3. 两级厌氧-好氧处理工艺

两级厌氧-好氧处理工艺的工艺流程如图 2-6-25 所示。

优点：该工艺在厌氧阶段 COD、BOD 和色度的去除率分别为 80％、85％和 85％左右；好氧阶段 COD、BOD 和色度的去除率分别为 90％、95％和 40％左右。COD、BOD 和色度的总去除率均在 95％以上。

缺点：污泥的固液分离较难，厌氧装置的颗粒污泥培养较难，系统启动时间较长。

第五节　缫丝工业废水

我国生丝产品在国际市场占主导和垄断地位，但缫丝工业产生的废水治理状况不容乐观，缫丝厂产污环节主要为制丝生产和副产品处理，多数企业只对副产品产生污水进行处理，因此，缫丝废水的治理比较艰巨。

一、废水水质及水量

（一）废水水量

每缫 1t 柞蚕丝的废水排放量约为 400t，废水中 COD_{Cr} 为 800～1000mg/L，BOD_5 为 200～400mg/L，悬浮物为 300mg/L，氨氮为 50mg/L，pH 值为 9.5。

缫丝单元废水主要来自煮茧、缫丝、打棉工段，主要污染物以颗粒物、蚕丝及蚕蛹溶出物为主，可生化性较好。

（二）废水水质

桑蚕缫丝工业的主产品为生丝，副产品为长吐、汰头及蚕蛹等。缫丝生产过程所产生的废水中的污染物主要来源于煮茧过程所溶解的丝胶，以及缫丝、复摇过程中蚕丝从蚕茧上剥离过程中脱落和溶解的丝胶，混合后 COD_{Cr} 为 $150\sim250mg/L$，BOD_5 为 $60\sim100mg/L$，pH 值为 $6.5\sim8.5$，缫丝生产用水的 90% 左右消耗在这两个过程中，平均耗水为 $1200m^3$ 左右。

桑蚕缫丝副产品生产耗水量较少，一般占缫丝生产用水的 5% 左右，但污染程度高，其 COD_{Cr} 为 $7000\sim10000mg/L$，BOD_5 为 $3500\sim4000mg/L$，悬浮物为 $3000\sim5000mg/L$，pH 值为 $10\sim11.5$，是缫丝工业重点水污染源。

绢纺和丝织加工指以丝、绢丝及化纤丝为主要原料进行的丝织生产活动。丝染整精加工行业指对非自产的丝织品、化纤长丝丝织品进行漂白、染色、轧光、起绒、缩水等工序的加工。

在缫丝工序中的煮茧过程中排出一定量的含有丝胶的污水，该污水属于较易生物降解、较高浓度的有机污水。真丝织物属蛋白质纤维，在染色、印花时主要选用酸性染料、直接染料、活性染料及相应的助剂。染色过程产生一定量染色污水，但由于染料上染率较高，污水色度较低，有机污染物浓度相对较低。缫丝污水水质如表 2-6-37 所示。绢纺精练污水水质可参考表 2-6-38。

表 2-6-37　缫丝污水水质

污水类型	pH 值	BOD_5/(mg/L)	COD_{Cr}/(mg/L)	氨氮/(mg/L)	悬浮物/(mg/L)
汰头污水	9.0	$4000\sim4500$	$8000\sim10000$	$100\sim120$	120
缫丝(含煮茧、缫丝、复摇)污水	$7.0\sim8.5$	$150\sim200$	$200\sim300$	—	40

表 2-6-38　绢纺精练污水水质

污水类型	pH 值	BOD_5/(mg/L)	COD_{Cr}/(mg/L)	氨氮/(mg/L)	悬浮物/(mg/L)
精练污水	$9.0\sim11.0$	$2400\sim3000$	$4000\sim5000$	$50\sim60$	$200\sim350$
冲洗污水	$7.0\sim8.0$	$150\sim300$	$400\sim700$	$15\sim20$	$100\sim200$

二、生产工艺

缫丝企业废水总排放口涉及的污染物指标见表 2-6-39。

表 2-6-39　缫丝企业废水排放口及污染物指标

废水排放口	污染物指标
企业废水总排放口	pH 值、悬浮物、COD_{Cr}、BOD_5、氨氮、总氮、总磷、动植物油、流量

缫丝生产工艺见图 2-6-28 和图 2-6-29。

三、清洁生产与污染防治措施

我国缫丝废水处理的技术及水平存在南北差异，其中主要原因是北方干旱，年降雨量少，水源供应保障偏紧，企业用水成本高。因此多数缫丝生产企业，建造了制丝生产污水深

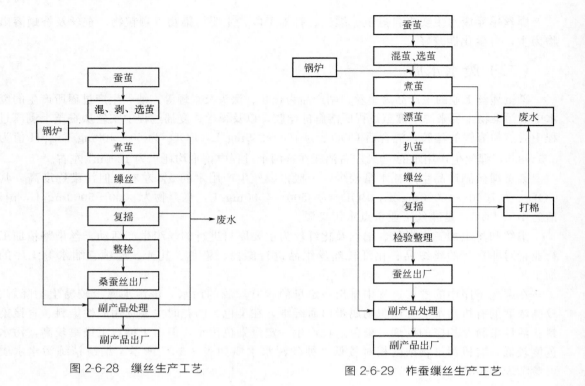

图 2-6-28　缫丝生产工艺　　　　　　　图 2-6-29　柞蚕缫丝生产工艺

度净化循环利用工程。例如在山东省，较大的缫丝企业多数建造了制丝生产污水深度净化循环利用工程，实现了制丝生产用水循环使用，达到污水零排放或微排放，节水、节能、环保效果十分显著。

丝绸纺织行业的清洁生产技术主要有数字化智能自动缫丝技术、无梭织机真丝绸织造技术、数字化丝绸印花技术等。化纤织造行业清洁生产技术主要是围绕喷水织机低耗高效运行形成的技术体系，包括电子卷取、电子送经、任意选色、高速稳定，具有智能控制、自动监测、可实现信息化管理等自动化程度高、节能节水低耗的新型喷水织机，以及自动织造辅助设备，如自动上轴设备、自动落布设备等。

下面介绍一下缫丝废水的净化循环利用技术。

净化循环利用技术的工艺原理是使用好氧微生物在一定的压力下对污染物进行降解，通过微生物的同化作用和异化作用，将有机污染物分解为水及二氧化碳，从而使废水得到净化。工艺流程如图 2-6-30 所示。

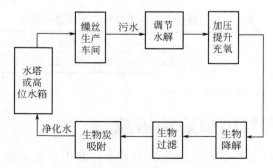

图 2-6-30　缫丝废水净化循环工艺

四、废水处理与利用

缫丝废水的处理工艺主要分为制丝废水的处理和高浓度副产品废水的处理，下面分别介绍处理这两种废水的典型工艺流程。

1. 制丝废水的处理

典型工艺流程为制丝废水→格栅→集水池→水解酸化调节池→接触氧化池→沉淀池→过滤池→回用（或排放）。

首先，各车间排出的废水经过粗格栅去除粒径较大的杂质后进入集水池，通过集水池水泵提升至水解酸化调节池池顶设置的斜网过滤装置，从而去除细小的茧丝纤维、尘屑等，然后自流进入水解酸化调节池，在水解酸化调节池中设置填料，厌氧微生物在填料中挂膜，使填料层形成良好的微生物滤床。制丝废水经过填料层，通过生物降解、生物絮凝、吸附、过滤等作用使有机物迅速水解、酸化和断链为分子量较小链长较短的中间产物，BOD/COD 值增加，可生化性提高，从而更有利于难降解有机物的去除。采用此方案，制丝废水在厌氧水解酸化调节池中的停留时间约为 9h。

经由水解酸化调节池处理后的出水，进入接触氧化池。制丝废水中经过水解酸化后的多数有机物，在接触氧化池中很容易被好氧微生物彻底氧化分解成水和二氧化碳等物质，其中一部分有机物还会被好氧微生物作为营养源吸收，从而达到有效去除有机物的目的。在接触氧化池中设置的填料为好氧微生物提供大面积的充分活动范围，使微生物增长速率更快。并且，在氧化池的填料层中，絮凝、吸附、过滤等作用同时发生，提高了处理污染物的效率。

经接触氧化池处理后的出水进入沉淀池。由于经过好氧生物处理后的废水具有较好的生物絮凝性，在沉淀池经重力作用即可进行泥水分离，上清液排入过滤池，底部的污泥需定期排至污泥池，并通过污泥回流泵回流至接触氧化池或水解酸化调节池。这样不但为接触氧化池及水解酸化调节池提供了微生物及微生物所需的营养物，污泥自身也起到了消化作用，有效减少有机污泥的排放，减少污泥造成的固体废物污染。

2. 高浓度副产品废水的处理

高浓度副产品废水的处理与制丝废水处理工艺相近，其工艺流程为：副产品废水→格栅→集水池→调节池→厌氧池→接触氧化池→沉淀池→排放。

该工艺与上述工艺的区别在于：

① 废水调节池中不设置填料，主要起到充分混合以调节水质、水量的作用，同时发生部分水解酸化作用，但水解酸化不彻底。

② 该工艺设有厌氧池，通过布水器及布水管以及采用脉冲等手段使废水在厌氧池中分布均匀，并使底部的污泥得到活跃。废水在厌氧池中继续厌氧水解酸化作用，厌氧池内设有填料，为厌氧微生物提供大面积的活动范围，提高反应速率。

第六节　织造及成衣水洗废水

一、废水水质及水量

化纤织造中喷水织机污水中主要污染物为纱线摩擦掉落的碎屑等，污染程度较轻，以调研取得数据为例，其水质情况如表 2-6-40 所示。

表 2-6-40　喷水织机工艺污水水质　　　　单位：mg/L（pH 值除外）

污染物	pH 值	COD	SS	氨氮	BOD$_5$
浓度	6～9	200～300	40～80	1.2～5	40～60

喷水织机是纺织机械中近年来发展最快的无梭织机，其优点是产量高、质量好、织造费用低，但是织造过程中对水质要求高且水量大。

目前，喷水织造企业废水排放没有相应的国家级环境保护标准，企业废水排放一般按《污水综合排放标准》（GB 8978—1996）、地方标准要求或接纳企业废水的集中污水处理厂纳管标准执行。

化纤机织物染整加工污染较重，化纤机织物上浆少，且杂质少，无棉胶半纤维素等，易退浆，总体 COD 要低一些。一般来说，化学纤维主要含油剂和机油等杂质，容易用碱和合成洗涤剂去除，因此化学纤维精练污水的污染物浓度相对较低。纯涤纶仿真丝绸产品前处理生产过程中采用碱减量生产工艺，碱减量工艺污水中 COD$_{Cr}$ 高。染色污水含有残余染料、助剂、表面活性剂。

化学纤维织物染整污水水质见表 2-6-41。

表 2-6-41　化学纤维染整污水水质

污水类型	pH 值	色度/倍	BOD$_5$/(mg/L)	COD$_{Cr}$/(mg/L)	悬浮物/(mg/L)	总氮/(mg/L)
涤纶（含碱减量）	10.0～13.0	100～200	350～750	1500～3000	100～300	—
涤纶（不含碱减量）	8.0～10.0	100～200	250～350	800～1200	50～100	—
腈纶	5.0～6.0	—	240～260	1000～1200	—	140～160

由于水洗厂生产的特殊性，其污水水质变化较大，水质、水量因排放周期、洗涤衣物品种的不同而变化，总排放口混合废水水质如下：BOD$_5$ 为 70.8～350mg/L，COD$_{Cr}$ 为 370～950mg/L，悬浮物为 118～400mg/L，pH 值为 6～11，色度（稀释倍数）为 160～300 倍。

目前，成衣水洗企业废水排放没有相应的国家级环境保护标准，企业废水排放一般按《污水综合排放标准》（GB 8978—1996）和地方标准要求或接纳企业废水的集中污水处理厂纳管标准执行。

二、生产工艺

喷水织机废水的主要污染物为废纱头、化学浆料、纺织油类等，每台喷水织机排放废水量为 2.0～2.5t/d，废水水质如表 2-6-40 所示。织布工艺及产污节点见图 2-6-31。

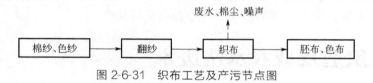

图 2-6-31　织布工艺及产污节点图

成衣水洗工艺是在水洗机中用水磨石打磨服装表面，再加入一定量的洗涤剂、柔软剂进行洗涤，然后用清水漂洗。水洗废水主要含有染料、浆料、助剂、纤维屑等。成衣水洗工艺流程及产污节点如图 2-6-32 所示。

图 2-6-32　成衣水洗工艺流程及产污节点图

第七节　工程实例

一、实例一

1. 工程概况

湖北开发区某印染企业园区已形成以熔体纺、纺丝、织布、印染、面料加工及后整理、出口贸易为龙头的优势产业集群。印染生产需要大量用水，平均每千米印染布耗水 20～25t；同时，在加工过程中大量使用的染料、化工原料、各类助剂等大部分随着加工残液排放，印染企业污水（包括生产车间排放的生产废水以及员工办公和生活区产生的少量生活污水）统一收集后排入园区企业内部污水处理站进行预处理（总设计规模为 5000m³/d）。

2. 设计目标

出水水质须达到《污水综合排放标准》（GB 8978—1996）三级标准（色度达到一级标准），之后排入开发区下游的综合性工业园区污水处理厂。具体设计进出水水质指标见表 2-6-42。

表 2-6-42　污水处理厂设计进出水水质指标

水质指标	pH	COD_{Cr}/(mg/L)	BOD_5/(mg/L)	SS/(mg/L)	S^{2-}/(mg/L)	色度/倍
进水	11～12	≤2000	≤400	≤600	≤40	≤800
出水	6～9	500	300	400	2	50

3. 工艺选择

工业废水主要来源于纺织车间及染整车间排放的生产废水。纺织车间排放的废水主要为上浆废水、喷水织机废水及空调冷却水等。上浆废水中由于含有大量浆料，会在车间内进行部分回收套用，主要污染物是棉尘、纤维和浆料，废水量较小，污染物浓度较低。染整车间由烧毛、退浆、煮练、漂白、丝光、染色、印花、整理等工段组成，在生产加工过程中会分别加入退浆剂、氧化剂、强碱、染料、糊料、洗涤剂等，这些物质由于回收不完全，会随废水排放。染整废水水量大、COD 高、色度深、碱性强、可生化性差、纤维类悬浮物浓度高，还含有各种有毒有害污染物，如硫化染料中的硫化物、煮练废水中的苛性碱、偶氮染料分解出的苯胺以及少量甲醛等。

根据废水特征，选择有针对性的处理措施。针对废水中纤维类悬浮物、硫化物及色度高的特点，采用"筛网＋混凝沉淀"工艺，过滤、反应、沉淀去除废水中的纤维类悬浮物、硫化物并降低废水色度；针对废水可生化性差和含有机污染物的特点，采用"水解酸化＋好氧"工艺，先使有机物开环断链，将长链物质分解为短链物质，从而降低生物毒性，提高可生化性，再通过好氧工艺去除废水中大部分的有机污染物；最后在二级处理的基础上，采用次氯酸钠氧化工艺进一步降低废水中的色度以及有机物，保证出水达标。工艺流程见图 2-6-33。

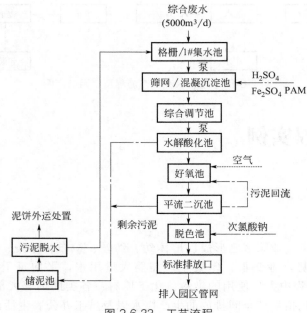

图 2-6-33　工艺流程

—— 工艺管线；　--- 污泥管线；　····· 气体管线；　·-·- 加药管线

4. 工艺评析

污水进出水水质指标见表 2-6-43。

表 2-6-43　污水进出水水质指标

主要工艺单元	pH 值	COD_{Cr}/(mg/L)	色度/倍	SS/(mg/L)
混凝沉淀池	10.0～12.0	1800	650	600
综合调节池	9.0～9.5	1260	300	300
水解酸化池	6.0～9.0	1000	150	210
好氧池＋二沉池	6.0～9.0	430	80	60
脱色池	6.0～9.0	400	42	60

采用"筛网/混凝沉淀＋综合调节＋水解酸化＋好氧＋脱色"组合工艺作为常规纺织印染类企业废水处理工艺，本系统自 2017 年上半年投入调试运行，实际进水量约 3500m³/d，达到设计负荷的 70%。运行成本相比同类型实际运行工程有较大优势，出水水质稳定，可以达到《污水综合排放标准》（GB 8978—1996）三级标准，其中色度达到一级标准。

二、实例二

1. 工程概况

某纺织有限公司处理能力 2000m³/d 污水处理工程，废水来源于退浆废水、煮练废水、漂白废水、染色废水、丝光废水和洗涤废水，废水具有 COD、BOD、SS 含量高，色度高的特点。

2. 设计目标

废水处理达到《纺织染整工业回用水水质》（FZ/T 01107—2011）标准后回用于生产车间作冲洗用水。产生的废水水质及达标水质要求见表 2-6-44。

表 2-6-44　进水水质及达标要求

水质	pH	COD_{Cr}/(mg/L)	BOD_5/(mg/L)	SS/(mg/L)	色度/倍
进水	8～12	800～1500	250～600	200～500	200～500
FZ/T 01107—2011	6.5～8.5	≤50		≤30	≤25

3. 工艺选择

采取物化和生化相结合的处理工艺，即"调节池＋复合生化池（UASB＋生物接触氧化)＋二沉池＋混凝沉淀＋人工湿地"处理工艺，工艺流程见图 2-6-34。

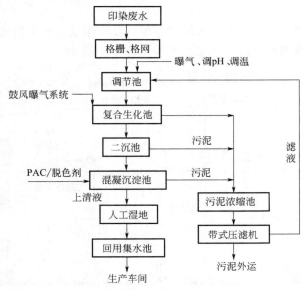

图 2-6-34　废水处理工艺流程

4. 工艺评析

该工程于 2016 年 5 月竣工，经过 3 个月调试运行，污水处理系统运行稳定，出水达到排放要求。工程运行出水水质监测结果见表 2-6-45。

三、实例三

1. 工程概况

某织造公司分厂喷水织机日用水量约 3m³/台，产生的污水总量为 2400m³/d，污水属于中度污染水质。喷水织机用水有 8%～10%的水被织物带走，3%～5%蒸发到空气中，其余的 85%～89%流入污水处理车间。

表 2-6-45　出水水质监测结果

时间	COD/(mg/L)	BOD_5/(mg/L)	SS/(mg/L)	色度/倍
2016 年 6 月	49.7	22.5	≤30	≤25
2016 年 7 月	49.3	23.7	29.1	24.3
2016 年 8 月	48.7	23.1	28.7	23.9

2. 设计目标

污水中的主要污染物有废纱头、化学浆料（聚丙烯酸酯类）、纺织油剂等，水质情况如

表 2-6-46 所示。纺织企业污水排放需达到《纺织染整工业水污染物排放标准》（GB 4287—2012）的要求。

表 2-6-46 喷水织机污水水质

项目	COD /(mg/L)	NH$_4^+$-N /(mg/L)	pH 值	硬度 /(mg/L)	电导率 /(μS/cm)	油类 /(mg/L)	SS /(mg/L)
进水水质	148	1.5	6.84	56.7	657	1.28	30
排放标准	80	10	6～9	—	—	—	50

3. 工艺选择

结合此污水的水质、水量特点，采用"絮凝气浮＋深层过滤＋钠离子交换＋电渗析"为主的组合工艺对该污水进行处理，工艺流程如图 2-6-35 所示。

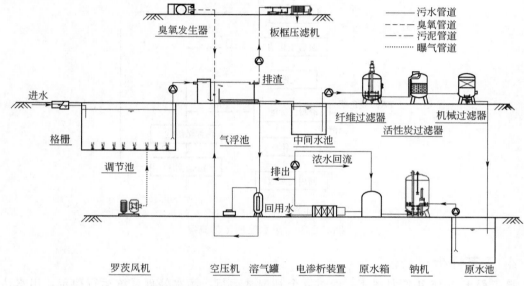

图 2-6-35 喷水织造废水中水回用工艺流程

4. 工艺评析

采用"絮凝气浮＋深层过滤＋钠离子交换＋电渗析"为主的组合工艺处理喷水织造废水，运行效果良好，出水达到《纺织染整工业水污染物排放标准》（GB 4287—2012）的要求。主要的 COD、NH$_4^+$-N、SS、油类的去除是在絮凝气浮工段，去除率分别为 70.9%、87.3%、86.7%、90.6%。硬度的降低主要是钠机工段，钠机工段的进水硬度为 51.2mg/L，出水硬度降低到 5.3mg/L，该工段对硬度的去除率达到 89.6%。电导率的降低主要是在电渗析工段，电渗析工段出水的电导率相比电渗析工段的进水电导率下降了 74.9%。

回用水中硬度小于 60mg/L、电导率小于 850μS/cm、COD≤30mg/L，可以满足喷水织造用水要求。中水回用工程日处理水量为 2400m³ 左右，每年可节约水费 89.8 万元，由此可见，该中水回用工程不仅具有良好的环保效益，而且具有良好的经济效益。

参 考 文 献

[1] 《纺织工业水污染物排放标准（征求意见稿）》编制说明. 20190919.
[2] 《纺织染整工业废水治理工程技术规范（征求意见稿）》编制说明. 20180910.

[3]　《排污许可证申请与核发技术规范　纺织印染工业（征求意见稿）》编制说明. 20170807.

[4]　GB 28936—2012. 缫丝工业水污染物排放标准.

[5]　GB 28937—2012. 毛纺工业水污染物排放标准.

[6]　GB 28938—2012. 麻纺工业水污染物排放标准.

[7]　GB 4287—2012. 纺织染整工业水污染物排放标准.

[8]　HJ 471—2020. 纺织染整工业废水治理工程技术规范.

[9]　GB 50425—2008. 纺织工业企业环境保护设计规范.

[10]　纺织染整行业污染防治可行性技术指南（试行，意见征求稿）.

[11]　《纺织染整行业污染防治可行技术指南（试行，征求意见稿）》编制说明. 20140317.

[12]　《排污单位自行监测技术指南　纺织印染工业（征求意见稿）》编制说明. 201708.

[13]　周静. 纺织印染废水处理工程实例 [J]. 印染助剂，2019，36（08）：45-47.

[14]　吴晓，崔建平. UASB＋生物接触氧化组合工艺处理纺织印染废水工程实例 [J]. 江西化工，2019（04）：135-137.

[15]　陈凯强，孙文鑫，付善飞，等. 厌氧折流板反应器处理模拟纺织印染废水研究 [J]. 水处理技术，2019，45（03）：38-42.

[16]　田海涛，詹天成，丁静，等. 臭氧-BAF组合工艺用于印染废水深度处理实验的探讨 [J]. 山东化工，2019，48（04）：192-194.

[17]　林文胜. 纺织印染废水深度治理案例分析探讨 [J]. 中小企业管理与科技（上旬刊），2019，（02）：111-113.

[18]　姜兴华. 纺织印染废水三级深度处理方法 [J]. 环境与发展，2018，30（12）：73-74.

[19]　王蓓蓓，汪晓军，萧志豪，等. 纺织印染废水深度处理中试设计与运行 [J]. 中国给水排水，2017，33（05）：72-75.

[20]　陈红，李响，薛罡，等. 当前印染废水治理中的关键问题 [J]. 工业水处理，2015，35（10）：16-19.

[21]　徐正启，陈小光，柳建设，等. 喷水织造废水的中水回用工程案例 [J]. 工业水处理，2016，36（07）：97-100.

第七章
钢铁工业废水

第一节　概述

一、　废水污染现状

钢铁工业废水来源于生产工艺过程用水、设备与产品冷却水、设备与场地清洗水等。废水含有随水流失的生产用原料、中间产物和产品，以及生产过程中产生的污染物。废水来源与主要污染物见表 2-7-1。

表 2-7-1　钢铁工业废水来源与主要污染物

生产单元	废水种类	排放源	主要污染物及负荷
原料	原料场废水	卸料除尘、冲洗地坪	SS
烧结	冲洗胶带、地坪废水	冲洗混合料胶带、冲洗地坪	SS,浓度一般为 5000mg/L
	湿式除尘器废水	湿式除尘器	主要是 SS,浓度一般为 5000～10000mg/L,其中 TFe 约占 40％～45％
	脱硫废液	烧结机烟气脱硫	pH 4～6,SS、Cl⁻ 高、汞、铅、砷、锌等重金属离子
炼铁	高炉煤气洗涤废水	高炉煤气洗涤净化系统、管道水封	SS,COD 等,含少量酚、氰、Zn、Pb、硫化物和热污染。其中 SS 浓度为 1000～5000mg/L,氰化物 0.1～10mg/L,酚 0.05～3mg/L
	炉渣粒化废水	渣处理系统	主要为 SS,浓度为 600～1500mg/L,氰化物 0.002～1mg/L,酚 0.01～0.08mg/L
	铸铁机喷淋冷却废水	铸铁机	主要是 SS,浓度为 300～3500mg/L
炼钢	转炉烟气湿法除尘废水	湿式除尘器	未燃法废水 SS 以 FeO 为主,燃烧法废水 SS 以 Fe_2O_3 为主,SS 浓度一般为 3000～20000mg/L
	精炼装置抽气冷凝废水	精炼装置	主要是 SS,浓度为 150～1000mg/L
	连铸生产废水	二冷喷淋冷却、火焰切割机、铸坯钢渣粒化	主要为 SS、氧化铁皮、油脂,SS 浓度为 200～2000mg/L,油 20～50mg/L
	火焰清理机废水	火焰清理机、煤气清洗	主要为 SS、氧化铁皮、油脂,SS 浓度为 400～1500mg/L
轧钢（热轧）	热轧生产废水	轧机支撑辊、卷取机、除鳞、辊道等冷却和冲铁皮	主要为氧化铁皮、油脂,SS 浓度为 200～4000mg/L,油 20～50mg/L
轧钢（冷轧）	冷轧酸碱废水	酸洗线、轧线	酸、碱
	冷轧含油和乳化液废水	冷轧机组、磨辊间、带钢脱脂机组及油库	润滑油和液压油
	冷轧含铬废水	热镀锌机组、电镀锌、电镀锡等机组	铬、锌、铅等重金属离子
自备电厂	高含盐废水	除盐站反洗水或软化站再生排水	酸、碱

二、产业政策

钢铁产业是我国国民经济的重要基础产业，在推进工业化、城镇化进程中发挥着重要作用。

《钢铁产业调整政策（2015 年修订）》对 2005 年国家发布的《钢铁产业发展政策》进行修订。《钢铁产业调整政策》提到至 2025 年，钢铁产品与服务全面满足国民经济发展需要，实现钢铁企业资源节约、环境友好、创新活力强、经济效益好、具有国际竞争力的转型升级。产品服务、工艺装备、节能环保、自主创新等达到世界先进水平，公平开放的市场环境基本形成。钢铁产能基本合理。到 2025 年，钢铁企业污染物排放、工序能耗全面符合国家和地方规定的标准。钢铁行业吨钢综合能耗下降到 560kgce，取水量下降到 3.8m³ 以下，SO_2 排放量下降到 0.6kg、烟粉尘排放量下降到 0.5kg，固体废弃物实现 100% 利用。新（改、扩）建钢铁项目不得采用《产业结构调整指导目录》限制类和淘汰类的工艺装备。新（改、扩）建钢铁项目各工序能耗应满足《焦炭单位产品能源消耗限额》《粗钢生产主要工序单位产品能源消耗限额》准入值的要求。新（改、扩）建钢铁项目各工序污染物排放应满足《炼焦化学工业大气污染物排放标准》《钢铁烧结、球团工业大气污染物排放标准》《炼铁工业大气污染物排放标准》《炼钢工业大气污染物排放标准》《轧钢工业大气污染物排放标准》《钢铁工业水污染物排放标准》以及《关于执行大气污染物特别排放限值的公告》的要求。新（改、扩）建钢铁企业吨钢取水量、水重复利用率应满足《节水型企业钢铁行业》标准的要求。

三、污染控制政策、标准

2012 年 6 月 27 日环境保护部联合国家质量监督检验检疫总局发布《铁矿采选工业污染物排放标准》（GB 28661—2012），标准中对铁矿采选工业生产过程中产生的污染物的排放根据不同的排放方式及类别限定了排放浓度及总量。

与铁矿采选工业污染物排放的相关标准，规范如下：
① 环发 ［2005］109 号矿山生态环境保护与污染防治技术政策；
②《污水综合排放标准》（GB 8978—1996）；
③《城镇污水处理厂污染物排放标准》GB 18918—2002；
④《铁矿采选工业污染物排放标准》（GB 28661—2012）；
⑤《地表水环境质量标准》（GB 3838—2002）；
⑥《地下水质量标准》（GB/T 14848—2017）；
⑦《铁矿石采选企业污水处理技术规范》（GB/T 33815—2017）；
⑧《室外排水设计标准》（GB 50014—2021）。

第二节　矿山废水

一、生产工艺和废水来源

（一）废水来源及特性

硫化矿床在氧气和水的作用下，其中的硫、铁等元素会生成硫酸和金属硫酸盐，溶解于水而成为矿山酸性废水。其化学反应式为：

$$2FeS_2 + 2H_2O + 7O_2 \longrightarrow 2FeSO_4 + 2H_2SO_4$$

硫化矿山酸性废水的水量与水质和矿床的形成及埋藏条件、矿物的组成、矿山开采方法、水文地质和气象条件等因素有关。矿山酸性废水是硫酸型的废水，一般 pH 值为 $1.0 \sim 6.0$，同时废水中多含有铜、锌、铁、锰等金属离子。

矿山废水的特点是水量、水质变化大，废水呈酸性，并且含有大量金属离子，如果不处理就直接排放，会造成严重的污染。酸性废水对矿山企业的水泵、配件、管材、坑道设备产生强烈的腐蚀作用，影响矿山企业的正常生产；酸性废水排入河流、湖泊等水体后，使水体的 pH 值发生变化，抑制或阻止了细菌及微生物的生长，妨碍水体的自净，危害鱼类和其他水生植物，下渗的酸性废水对周边地下水也会造成污染；酸性废水进入农田，会破坏土壤结构，使农作物产量减少，残留的金属离子不能被微生物降解，若富集于农作物体内，可通过食物链进入人体，危害人体健康。

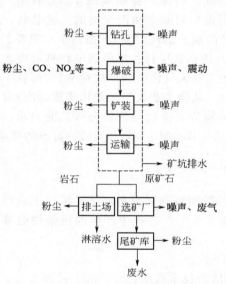

图 2-7-1　采矿过程中的污染物排放

（二）采矿工艺

常见采矿工艺流程为：钻孔→爆破→运输→排土场/选矿厂。

采矿活动中产生各种污染物质污染大气、水体及土壤。采矿过程中具体产污环节如图 2-7-1 所示。

在诸多的矿山环境问题中，酸性废水的矿山环境污染和破坏较为严重，因此本节着重介绍酸性矿山废水的处理。

二、清洁生产与污染防治措施

由于矿山酸性废水的 pH 值在 $1.0 \sim 6.0$ 之间，没有达到可回收利用的浓度，一般采用中和法治理排放，而废水中重金属可以回收利用，不但减少了重金属对环境的污染，同时实现了矿山废水的资源化。

例如利用活化硫精矿吸附等技术回收矿山酸性废水中的锌、铁和锰。具体回收工艺如图 2-7-2 所列。

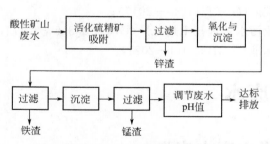

图 2-7-2　矿山酸性废水金属回收工艺

矿山酸性废水的水质如表 2-7-2 所列。其中活化精硫矿主要吸附锌离子，pH 值维持在 2 左右；氧化沉淀工段主要去除铁离子，同时去除部分锰离子，该段 pH 值维持在 8 左右可获得较好的去除率，调节 pH 值可通过投加 NaOH 等碱类实现；二级沉淀的方法是投加

NaOH 形成沉淀，以去除过量的锰离子，该段初始 pH 值维持在 11 左右。最后废水通过调节 pH 至中性后排放。经处理后的水质如表 2-7-3 所列。各沉渣中的化学组分如表 2-7-4 所列。

表 2-7-2　矿山酸性废水的水质

pH 值	$\rho/(mg/L)$			
	Fe^{3+}	Fe^{2+}	Mn	Zn
1.0	158	2742	315	150

表 2-7-3　处理后出水水质

项　　目	pH 值	$\rho/(mg/L)$		
		Mn	Zn	TFe
吸附除锌	4.20	353.04	1.33	5466.84
除铁	6.92	290.55	0	97.96
沉锰	10.26	1.15	0	0

表 2-7-4　锌渣、锰渣、铁渣的化学组分　　　　　单位：%

项　　目	O	Si	Zn	Fe	Mn	S	Al
硫精矿除锌渣	12.700	3.110	0.300	39.230	0.0423	42.330	0.705
铁渣	32.600	0.122	0.025	52.730	0.8580	5.564	0.704
锰渣	34.900	0.102	0.006	18.540	34.4700	4.585	0.050

酸性矿山废水经机械活化硫精矿吸附除锌，氧化沉淀回收铁及氢氧化钠沉淀除锰后，锌、铁和锰的去除率分别为 100%、100% 和 99.63%。硫精矿中锌含量由 0.115% 提高到 0.3%，铁渣中铁含量为 52.73%，锰渣中锰含量为 34.47%。铁渣主要物相为 Fe_3O_4 和 α-$FeOOH$，锰渣主要物相为 Mn_3O_4、Fe_2O_3 和 Mn_2O_3。

鼓励矿山企业开展清洁生产审核，优先选用采、选矿清洁生产工艺，杜绝落后工艺与设备向新开发矿区和落后地区转移。

三、处理技术及利用

（一）处理方法

矿山酸性废水的处理，我国通常采用石灰中和法。由于废水的水质、水量波动较大，要合理确定矿山废水的处理规模，并使被处理水的水质波动不要过大，往往需要设调节水池和调节水库，先把水收集起来，再进行处理。

石灰中和处理工艺流程示于图 2-7-3。酸性废水经调节池，至混合反应 1～2min，中和沉淀 1～2h 后出水，另外污泥经过滤脱水后干渣集中处置。用石灰中和矿山酸性废水的水质变化见表 2-7-5。

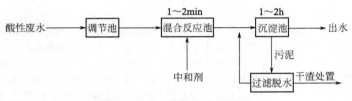

图 2-7-3　一次投药中和流程

表 2-7-5　用石灰中和酸性废水的水质变化

项　目	原　水　质	处　理　后	说　明
外观	黄浊	澄清、无色	石灰投量过高,可适当降低,控制 pH 值为 8~9
pH 值	2~3	9~12	
砷/(mg/L)	1.6	0.003~0.2	
氟/(mg/L)	10	0.8~1.0	
总铁/(mg/L)	926	0.03~0.22	
石灰投量/(g/L)	5~6		

　　鉴于 $Fe(OH)_3$ 在沉淀和脱水性能方面远比 $Fe(OH)_2$ 好,为使处理构筑物和设备能力减小,采取曝气或用一氧化氮催化氧化,然后以石灰中和,可提高沉淀效果和出水水质。

　　矿山酸性废水的处理离不开中和法,常用的中和剂是石灰石和石灰,因为其他中和剂价格高不宜采用,因此处理后水中的 Ca^{2+} 往往含量很高或者是饱和的,再利用时应特别注意水质稳定问题,否则会引起管道和设备的阻塞,给生产带来更大损失。

　　除石灰中和法外,近年来人工湿地法、吸附法、生物法等新兴技术也被用来处理矿山酸性废水,但总体规模较小,尚未被大范围应用。

　　以铜矿山酸性废水为例,根据水质特点,选择能够稳定处理达标和有利于回用的废水处理工艺,铜矿山酸性废水主要处理工艺及回用水用途见表 2-7-6。

表 2-7-6　废水主要处理工艺选择

处理方法	原则工艺流程	工艺特点	回用水用途
石灰中和法	废水→沉砂均化→石灰中和→沉淀液固分离→处理后产水	对重金属离子的去除率很高(>98%),基本可处理除汞以外的所有重金属离子,对水质有较强的适应性;工艺流程短、设备简单、石灰就地可取、价格低廉、废水处理费用低;但处理后出水浊度高、过滤脱水性能差,组成复杂,产生污泥含固率低,仅 1%~2%,污泥量大,综合回收利用与处置难,易造成二次污染	处理后可达标排放,也可用作废石堆场、道路抑尘和湿法收尘用水,还可经回收实验或相似经验证明可行时用作锅炉补给水和工艺用水
高浓度泥浆法(HDS)	废水→沉砂均化→中和反应→沉淀液固分离→处理后产水	处理原理与石灰中和法相同,通过回流底泥,充分利用石灰的剩余碱度,处理同体积废水可比常规方法减少石灰消耗 5%~10%;可提高水处理能力 1~3 倍;产生污泥含固率高,可达 20%~30%,是常规石灰法污泥体积的 1/20~1/30;可限制延缓设备、管道结垢,提高设备使用率;可实现全自动化操作	
硫化-石灰中和法	废水→沉砂均化→硫化→沉淀液固分离→中和反应→沉淀液固分离→处理后产水	当废水中含有有价金属时,可采用该法回收有价金属。硫化法生成的金属硫化物溶解度比金属氢氧化物溶解度小,处理效果比石灰中和法更彻底,且沉淀物不易溶解,沉渣少,含水率低,便于回收有价金属;但反应过程会产生有毒气体硫化氢,需进行收集处理	
物化-膜法	废水→沉砂均化→中和→沉淀液固分离→出水预处理→多介质过滤→超滤→反渗透或纳滤→深度处理产水	对中和处理后水加入阻垢剂进行预处理降低钙浓度,再经多介质过滤、超滤和反渗透(纳滤)膜系统处理,深度处理出水能达到工业循环水质标准;浓水采用中和、重金属吸附处理。具有分离效率高、节能环保、设备简单、操作方便等优点;适用于严格控制重金属废水外排地区的污水	

（二）设计技术要求

（1）露天采矿废水与地下采矿废水

露天采矿废水来源通常为生产及周边降雨汇水，地下采矿废水中生产部分废水及冲洗过程导致水质通常为 SS 含量偏高，通过二级沉淀能满足回用要求。根据沉淀情况可适当添加辅助沉淀的药剂。助凝药剂可选择聚合氯化铝（PAC）和聚丙烯酸（PAM），配置浓度应分别控制在 2%～10% 和 0.05%～0.2%；投加浓度应分别控制在 PAC 2.5～10mg/L，PAM 1～5mg/L。药剂投加宜采用自动计量方式。

（2）选矿废水

单一磁选工艺选矿废水水质通常主要污染因子为 SS，通过对 SS 的分级沉淀去除，根据回用水要求高低分级回用；浮选或多种选矿工艺联合选矿废水相对水质较为复杂，如物理沉降难以降解选矿药剂，则应增加生物接触氧化段，处理后根据回用水要求高低分级回用；物理沉降投加助凝药剂可选择同上。生物接触氧化具体参数如下：

① 生物接触氧化池的填料应符合 HJ/T 245 和 HJ/T 246 的要求，应为轻质、高强、防腐蚀、易于挂膜和孔隙率高的组合体。

② 生物接触氧化池污泥负荷可采用 $0.8～1.5kg \ BOD_5/(m^3 \ 填料·d)$，水力停留时间 2～5h，气水比（15～20）∶1；选矿废水处理后尾砂应根据企业具体情况合理处置，避免产生二次污染。

（3）矿山酸性废水

矿山酸性废水的产生包括露天采矿废水和地下采矿废水，在设计确定规模的前提下应进行源头水量、水质的控制；地下采矿废水的源头可通过投加和培养 SRB 还原菌来控制原水酸化和其中重金属的含量。矿山酸性废水收集后应通过流量计量控制水量，避免超过正常系统处理能力导致系统出水超标。中和药剂可选择石灰、电石渣、液碱等碱性物质，常规处理工段可选择与石灰或电石渣配比投加；石灰应选择不小于 $75\mu m$ 的熟石灰，有效成分不低于 80%，配置石灰乳液质量浓度为 10%，石灰乳液投加量（乳液/原水）参考范围为 0.02～0.04（质量比）。

（4）高磷铁矿废水

高磷铁矿废水如 pH<6，选择去磷工艺应符合企业特点，避免产生二次污染；化学法去磷选择铝盐的情况下应注意 pH 值的调节和波动，整体工艺控制 pH 排放符合要求。

（5）矿山生活污水

调节池的设计水力停留时间应不小于 8h；生化去污可采用多种形式，包括传统活性污泥法、生物膜法、接触氧化法等，根据企业自身特点进行选择；根据矿山生活污水设计规模的大小，日产废水量在 $500m^3/d$ 以下的，可优先考虑一体化生活污水处理设备；生活污水处理需进行消毒处理，消毒方式可选择二氧化氯消毒、紫外线消毒等；对于用水紧张的或新建的铁矿采选企业，生活污水经过处理后应优先考虑回用至生产，进入系统闭路循环。

（三）回收利用

废水经处理后采用分质回用方式重复利用，以提高废水重复利用率，不能实现全部外排的废水，应符合 GB 25467 的规定。采用废水处理工艺处理后产水回用时，其水质指标应该按照表 2-7-7 的要求控制。

表 2-7-7　处理后产出的回用水水质部分指标控制要求

序号	检测项目		石灰中和法	高浓度泥浆法	硫化-石灰中和法	物化-膜法
1	pH 值		6～9	6～9	6～9	6～9
2	悬浮物/(mg/L)	≤	80	80	80	—
3	总硬度(以 CaCO$_3$ 计)/(mg/L)	≤	—	—	—	450
4	Fe/(mg/L)	≤	—	—	—	0.3
5	化学需氧量(COD)/(mg/L)	≤	60	60	60	20
6	氟化物(以 F 计)/(mg/L)	≤	5	5	5	0.1

　　废水重复利用应遵循分质收集处理、分质回用原则；酸性废水经集中收集处理后出水应根据不同用水要求实现分质回用。石灰中和法和高浓度泥浆法（HDS）出水回用时，宜加入适量的缓蚀阻垢剂，减缓在输送和使用过程中对管道和设备的结垢和腐蚀作用。

第三节　炼铁废水

一、生产工艺和废水来源

（一）炼铁工艺

　　炼铁工艺是将原料（矿石和熔剂）及燃料（焦炭）送入高炉，通入热风，使原料在高温下熔炼成铁水，同时产生炉渣和高炉煤气。每炼 1t 铁要产生 1700～2000m^3（标态）高炉煤气，其热值为 3000～3500kJ/m^3，温度在 250～300℃，显热平均约为 400kJ/m^3，高压高炉炉顶煤气的压力为 (1.5～2.0)×10^{5}Pa。高炉煤气必须经除尘设施净化后方可作为燃料使用。炼铁产生的高炉渣经水淬后成水渣，用于生产水泥等制品，是很好的建筑材料。炼铁厂包含有高炉、热风炉、高炉煤气洗涤设施、鼓风机、铸铁机、冲渣池等，以及与之配套的辅助设施，炼铁生产工艺见图 2-7-4。

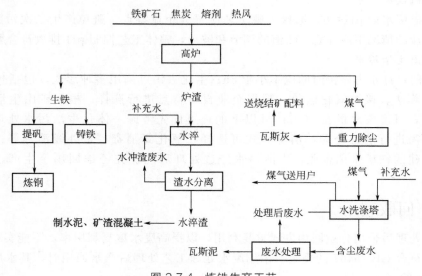

图 2-7-4　炼铁生产工艺

（二）废水来源及水质、水量

1. 废水来源

高炉和热风炉的冷却、高炉煤气的洗涤、炉渣水淬和水力输送是主要的用水装置，此外还有一些用水量较小或间断用水的地方。以用水的作用来看，炼铁厂的用水可分为：设备间接冷却水、设备及产品的直接冷却水、生产工艺过程用水及其他杂用水。随之而产生的废水也就是间接冷却废水、设备或产品的直接冷却废水及生产工艺过程中的废水。炼铁厂生产工艺过程中产生的废水主要是高炉煤气洗涤水和冲渣废水。

2. 废水水量和水质

不同类型高炉单位炉容用水量指标如表 2-7-8 所列。

表 2-7-8　不同类型高炉单位炉容用水量指标

类别	小型高炉	中型高炉	大型高炉
$1m^3$ 高炉容积的平均用水量/(m^3/h)	2.0～3.5	1.6～2.7	1.4～1.8

注：1. 高炉容积系指有效容积，高炉容积<$100m^3$ 者为小型高炉，>$620m^3$ 者为大型高炉，介于两者之间的为中型高炉。

2. 单位炉容用水指标中，已包括了热风炉和润湿煤气灰、洒水等零星用水。

3. 这些数据是由大量的实测数据整理得来的，可供工程设计时参考。

高炉冷却水量可按单位炉容的用水量指标计算或按不同炉容的定额确定，但都是笼统的指标，设计时应按用水点分别确定水量，综合确定总用水量。

高炉煤气洗涤水是炼铁厂的主要废水，其特点是水量大，悬浮物含量高，含有酚、氰等有害物质，危害大，所以它是炼铁厂具有代表性的废水。一般高炉煤气洗涤水是按每清洗 $1000m^3$（标态）煤气的用水指标来确定的，不同洗涤系统的用水量列于表 2-7-9。

表 2-7-9　高炉煤气洗涤用水指标

设备名称	洗涤塔	冷却塔	溢流文氏洗涤器		文氏洗涤器	电除尘器	减压阀
			串联	塔前			
$1000m^3$ 煤气用水量/m^3	4～4.5	3.5～4	4	1.5～2.0	0.5～1.0	0.14	0.26

炉渣粒化分为冲渣和泡渣两种情况。冲渣用水量约为每吨渣 $10m^3$，泡渣的用水量约为每吨渣 $1.5m^3$，水质特点是水温较高，含有细小的悬浮物。

炼铁厂废水的水质与供水水质、用水条件、排水条件有关。一般的水质情况如表 2-7-10 所列。

表 2-7-10　炼铁厂各系统废水的水质

序号	类别	温度/℃	悬浮物含量/(mg/L)
1	设备间接冷却废水	40～50	20～100
2	直接冷却水	约 40	30～200
3	煤气洗涤废水	约 60	1000～3000
4	冲渣废水	约 90	约 200

二、清洁生产与污染防治措施

炼铁是钢铁工业的主要工艺过程，其生产用水量约占钢铁企业总用水量的 1/4，相应的排水量也占较大份额，处理和利用好炼铁废水对于节约水资源、保护水环境具有重大意义。主要技术有：悬浮物的去除、温度的控制、水质稳定、沉渣的脱水与利用、重复用水五方面内容。

1. 悬浮物的去除

炼铁厂废水的污染，以悬浮物污染为主要特征，高炉煤气洗涤水悬浮物含量达 $1000\sim$ $3000mg/L$，经沉淀后出水悬浮物含量应小于 $150mg/L$ 方能满足循环利用的要求。沉降速度应按 $0.25\sim0.35mm/s$ 设计，相应的沉淀池单位面积负荷为 $0.9\sim1.25m^3/(m^2 \cdot h)$。鉴于混凝药剂近年来得到广泛应用，高炉煤气洗涤水大多采用聚丙烯酰胺絮凝剂或聚丙烯酰胺与铁盐并用，都取得良好效果，沉降速度可达 $3mm/s$ 以上，单位面积水力负荷提高到 $2m^3/(m^2 \cdot h)$，相应的沉淀池出水悬浮物含量可控制小于 $100mg/L$。炼铁厂多采用辐流式沉淀池，有利于排泥。不管采用什么型式的沉淀池，都应有加药设施，投资较少，可达到事半功倍的效果，并保证循环利用的实施。

2. 温度的控制

用水后水温升高，通称热污染，循环用水而不排放，热污染不构成对环境的破坏。但为了保证循环，针对不同系统的不同要求，应采取冷却措施。炼铁厂的几种废水都产生温升，由于生产工艺不同，有的系统可不设冷却设备，如冲渣水。水温的高低，对混凝沉淀效果以及结垢与腐蚀的程度均有影响。设备间接冷却水系统应设冷却塔，而直接冷却水或工艺过程冷却系统，则应视具体情况而定。

3. 水质稳定

水的稳定性是指在输送水过程中，其本身的化学成分是否起变化，是否引起腐蚀或结垢的现象。既不结垢也不腐蚀的水称为稳定水。所谓不结垢不腐蚀是相对而言，实际上水对管道和设备都有结垢和腐蚀问题，可控制在允许范围之内，即称水质是稳定的。20 世纪 70 年代以前，我国炼铁厂的废水，由于没有解决水质稳定问题，尽管有沉淀和降温设施，但几乎都不能正常运转，循环率很低，甚至直排，大量的水资源被浪费掉。水处理技术的发展，特别是近年来水质稳定药剂的开发，对水质稳定的控制已有了成熟的技术。设备间接冷却循环水不与污染物直接接触，称为净循环水，其水质稳定控制已有成熟的理论和成套技术；对于直接与污染物接触的水，循环利用，称为浊循环水，如高炉煤气洗涤水，它的水质稳定技术更复杂，多采用复合的水质稳定技术，有针对性地解决。炼铁厂的净循环水和浊循环水都属结垢型为主的循环水类型，它的水质稳定实际上是解决溶解盐（碳酸钙）的平衡问题。如下列化学方程式：

$$CaCO_3 + CO_2 + H_2O \Longleftrightarrow Ca(HCO_3)_2$$

当反应达到平衡时，水中溶解的 $CaCO_3$、CO_2 和 $Ca(HCO_3)_2$ 的量保持不变，水处于稳定状态。当水中 HCO_3^- 超过平衡的需要量时，反应向左边进行，水中出现 $CaCO_3$ 沉积，产生结垢。一般常用极限碳酸盐硬度来控制 $CaCO_3$ 的结垢，极限碳酸盐硬度是指循环冷却水所允许的最大碳酸盐硬度值，超过这个数值，就产生结垢。控制碳酸盐结垢的方法如下。

（1）酸化法

酸化法是采用在水中投加硫酸或者盐酸，利用 $CaSO_4$、$CaCl_2$ 的溶解度远远大于 $CaCO_3$ 的原理，防止结垢。

$$Ca(HCO_3)_2 + H_2SO_4 \longrightarrow CaSO_4 + 2CO_2 + 2H_2O$$
$$Ca(HCO_3)_2 + 2HCl \longrightarrow CaCl_2 + 2CO_2 + 2H_2O$$

向水中投加二氧化碳也属于酸化法。

$$CaCO_3 + CO_2 + H_2O \longrightarrow Ca(HCO_3)_2$$

二氧化碳的来源可以利用烟道气，其中二氧化碳含量不低于 40％，采用前应加以除尘净化。

（2）石灰软化法

在水中投入石灰乳，利用石灰的脱硬作用，去除暂时硬度，使水软化。

$$CaO + H_2O \longrightarrow Ca(OH)_2$$

$$Ca(HCO_3)_2 + Ca(OH)_2 \longrightarrow 2CaCO_3 \downarrow + 2H_2O$$

石灰的投加量可以采用理论计算求出，而实际工作中多用试验方法确定。要特别注意的是，在用石灰软化时，为使细小的 $CaCO_3$ 颗粒长大，同时要加絮凝剂（如 $FeCl_3$）。

（3）药剂缓垢法

加药稳定水质的机理是在水中投加有机磷类、聚羧酸型阻垢剂，利用它们的分散作用、晶格畸变效应等优异性能，控制晶体的成长，使水质得到稳定。最常用的水质稳定剂有聚磷酸钠、NTMP（氮基膦酸盐）、EDP（乙醇二膦酸盐）和聚马来酸酐等。随着研究和应用的不断深入，复合配方有针对性的应用，药剂之间可有增效作用，大大减少了投药量，所以在确定某循环系统的水质稳定药时，应做好模拟试验。随着化学工业的发展，各种高效水质稳定剂被开发出来，所以在循环水系统中，药剂法控制水质稳定将有更广阔前景。

4. 沉渣的脱水与利用

炼铁厂的沉渣主要是高炉煤气洗涤水沉渣和高炉渣，都是用之为宝、弃之为害的沉渣。高炉水淬渣用于生产水泥，已是供不应求的形势，技术也十分成熟。高炉煤气洗涤沉渣的主要成分是铁的氧化物和焦炭粉，将这些沉渣加以利用，经济效益十分可观，同时也减轻了对环境的污染。由于沉渣粒度较细，小于 200 目的颗粒占 70％ 左右，脱水比较困难。常用真空过滤机脱水，泥饼含水率 20％ 左右，然后将泥饼送烧结，作为烧结矿的掺合料加以利用。在含有 ZnO 较高的厂，高炉煤气洗涤沉渣还应采取脱锌措施，一般要求回收污泥的锌含量小于 1％。

5. 重复用水

应该指出，悬浮物的去除、温度的控制、水质稳定和沉渣的脱水与利用是保证循环用水必不可少的关键技术，一环扣一环，哪一环解决不好，循环用水都是空谈。它们之间又不是孤立的，互相联系，互相影响，所以要坚持全面处理，形成良性循环。炼铁厂的用水量大，用水水质要求有明显差别，十分有利于串级用水，保证各类水循环中浓缩倍数不必太高，有定量"排污"到下一道用水系统中，全厂就可以达到无废水排放的水平，见图 2-7-5。

钢铁行业（高炉炼铁）清洁生产评价指标体系技术要求见表 2-7-11。

三、 处理技术及利用

（一）高炉煤气洗涤水

1. 高炉煤气洗涤工艺及废水性质

从高炉引出的煤气称荒煤气，先经过重力除尘，然后进入洗涤设备。煤气的洗涤和冷却是通过在洗涤塔和文氏管中水、气对流接触而实现的。由于水与煤气直接接触，煤气中的细小固体杂质进入水中，水温随之升高，一些矿物质和煤气中的酚、氰等有害物质也部分地溶入水中，形成了高炉煤气洗涤水。一般每洗涤 $1000m^3$（标态）煤气，需用水 $4\sim6m^3$。有代表性的洗涤工艺有洗涤塔、文氏管并联洗涤工艺（见图 2-7-6）和双文氏管串级洗涤工艺（见图 2-7-7）。

表2-7-11　钢铁行业（高炉炼铁）清洁生产评价指标体系技术要求

一级指标	权重值	序号	指标项	分权重值	二级指标		
					I级基准值（1.0）	II级基准值（0.8）	III级基准值（0.6）
生产工艺及装备	0.30	1	高炉炉容	0.24	4000m³以上高炉，配置率≥60%	3000m³以上高炉，配置率≥60%	1200m³以上高炉，配置率100%
		2	高炉煤气干法除尘装置配置率/%	0.15	100	≥60	≥25
		3	高炉煤气干法除尘配置脱酸系统/%	0.06	100	≥65	≥50
		4	高炉炉顶煤气余压利用（TRT或BPRT）装置配置	0.15	TRT装置配置率100%，发电量≥45kWh/t铁；或BPRT装置配置率50%，节电量≥40%	TRT装置配置率100%，发电量≥42kWh/t铁；或BPRT装置配置率30%，节电量≥30%	TRT装置配置率100%，发电量≥35kWh/t铁；或BPRT装置配置率20%，节电量≥30%，渣沟加盖封闭
		5	平均热风温度/℃	0.18	≥1240	≥1200	≥1160
		6	除尘设施	0.11	物料储存：石灰、除尘灰等粉状物料，应采用料仓、储罐等方式密闭储存，其他散状物料密闭输送；生产工艺过程：高炉出铁场及矿槽应备有齐全的除尘装置，确保无可见烟粉尘外逸	物料储存和物料输送：散状物料加盖封闭，铁沟、渣沟加盖封闭	生产工艺过程：高炉出铁场平台应半封闭，铁沟、渣沟加盖封闭
		7	炉顶均压煤气回收	0.11	采用该技术	采用该技术	—
资源与能源消耗	0.35	1	炼铁工序能耗[①]/(kgce/t)	0.18	≤380	≤390	≤400
		2	高炉燃料比/(kg/t)	0.14	≤495	≤515	≤530
		3	入炉焦比/(kg/t)	0.11	≤315	≤340	≤365
		4	高炉喷煤比/(kg/t)	0.11	≥170	≥155	≥140
		5	入炉铁矿品位/%	0.15	≥60.0	≥58.5	≥57.0
		6	入炉球团矿比例/%	0.03	≥30.0	≥20.0	≥15.0
		7	炼铁金属收得率/%	0.06	≥95.0	≥90.0	≥88.0
		8	生产取水量/(m³/t)	0.14	≤0.6	≤0.9	≤1.2
		9	水重复利用率/%	0.08	≥98.0	≥97.5	≥97.0
污染物排放控制	0.15	1	颗粒物排放量[①]/(kg/t)	0.27	≤0.1	≤0.2	≤0.3
		2	二氧化硫排放量/(kg/t)	0.13	≤0.06	≤0.10	≤0.12
		3	氮氧化物（以二氧化氮计）排放量/(kg/t)	0.13	≤0.20	≤0.30	≤0.38
		4	废水排放量/(m³/t)	0.20		0	
		5	渣铁比（干基）/(kg/t)	0.27	≤300	≤320	≤350

续表

一级指标		二级指标			I级基准值（1.0）	II级基准值（0.8）	III级基准值（0.6）
指标项	权重值	序号	指标项	分权重值			
资源综合利用	0.10	1	高炉煤气放散率/%	0.40	≤0.2	≤0.5	≤1.0
		2	高炉渣回收利用率/%	0.30	100	100	≥99
		3	高炉瓦斯灰/泥回收利用率/%	0.20	100	100	≥95
		4	高炉冲渣水余热回收利用	0.10	配备余热回收装置并利用	—	
清洁生产管理	0.10	1	产业政策符合性①	0.15	未采用国家明令禁止和淘汰的生产工艺、装备		
		2	达标排放①	0.15	污染物排放满足国家及地方政府相关规定要求		
		3	总量控制①	0.15	污染物排放许可证要求，二氧化碳排放量及能源消耗量满足消减量		
		4	突发环境事件预防①	0.15	按照国家相关规定要求，建立健全环境管理制度及污染防范措施，杜绝重大环境污染事故发生		
		5	建立健全环境管理体系	0.05	建有环境管理体系，并取得认证；能有效运行；全部完成年度环境目标、指标和环境管理方案，并达到年度要求；环境续改进的要求；环境管理手册、程序文件及作业文件齐备、有效	建有环境管理体系，能有效运行；完成年度环境目标、指标和环境管理方案，达到年度要求；环境续改进的要求；环境管理手册、程序文件及作业文件齐备、有效	建立有环境管理体系，能有效运行；完成年度环境管理方案≥80%，达到年度要求；环境续改进≥60%，部分达到环境续改进的要求；环境管理手册、程序文件及作业文件齐备
		6	物料和产品运输	0.10	进出企业的铁精矿、煤炭、焦炭等大宗物料和产品采用铁路、水路、管道或管状带式输送机等清洁方式运输比例不低于80%；或全部采用新能源运输或全部达到国六排放标准的汽车运输	采用清洁运输方式，减少公路运输比例	采用清洁运输方式，减少公路运输比例
		7	固体废物处置	0.05	建立固体废物管理制度。危险废物管理制度。危险废物贮存设有标识，转移联单完备，制定有防范措施和应急预案	无害化处理后综合利用率≥80%	无害化处理后综合利用率≥70%
		8	清洁生产机制建设与清洁生产审核	0.10	建有清洁生产领导机构，成员单位与主管人员职责分工明确；有清洁生产管理制度和奖励管理办法；定期开展清洁生产审核活动	建有清洁生产领导机构，成员单位与主管人员职责分工明确；有清洁生产管理制度和奖励管理办法；定期开展清洁生产审核活动	有清洁生产领导机构，成员单位与主管人员分工明确；有清洁生产管理活动
					清洁生产方案实施率≥90%；有开展清洁生产工作记录	清洁生产方案实施率≥70%；有开展清洁生产工作记录	清洁生产方案实施率≥50%；有开展清洁生产工作
		9	节能减碳机制建设与节能减碳活动	0.10	建有节能减碳领导机构，成员单位及主管部门职责分工明确；制定有节能减碳年度工作计划；组织开展节能减碳工作	建有节能减碳领导机构，成员单位及主管部门职责分工明确，与所在企业同步建立有低碳管理体系并有效运行	建立有节能减碳领导机构并有效运行；开展低碳管理与节能减碳工作
					年度管控目标完成率≥90%；年度节能减碳任务达到国家要求	年度管控目标完成率≥80%；年度节能减碳任务达到国家要求	年度管控目标完成率≥70%；年度节能减碳任务基本达到国家要求

① 为限定性指标。

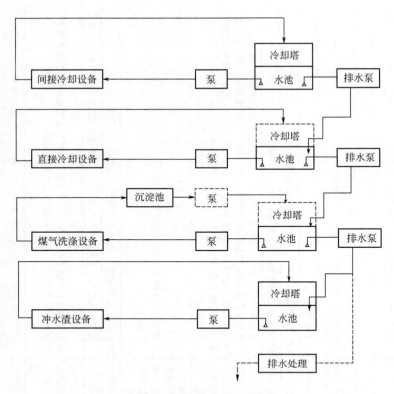

图 2-7-5　炼铁厂废水治理一般流程

注：图中虚线部分表示经技术经济比较后才可增设的内容。

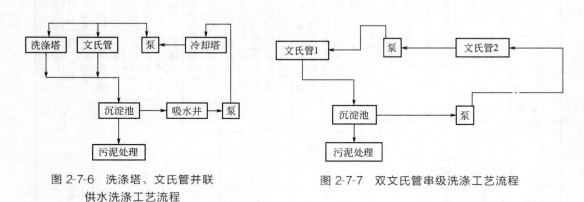

图 2-7-6　洗涤塔、文氏管并联
供水洗涤工艺流程

图 2-7-7　双文氏管串级洗涤工艺流程

高炉煤气洗涤水的水质变化较大，不同的高炉或即便同一座高炉，在不同的工况下（高炉炉料成分、炉顶煤气压力、洗涤水温度等）所产生的废水都不相同。高炉煤气洗涤水一般物理化学成分见表 2-7-12。

表 2-7-12　高炉煤气洗涤废水的物理化学成分

分析项目	高压操作		常压操作	
	沉淀前	沉淀后	沉淀前	沉淀后
水温/℃	43	38	53	47.8
pH 值	7.5	7.9	7.9	8.0

分析项目	高压操作		常压操作	
	沉淀前	沉淀后	沉淀前	沉淀后
总碱度/(mmol/L)	—	3.84	—	—
总硬度/德国度	19.18	19.04	—	19.32
暂时硬度[①]/德国度	21.42	20.44	13.87	13.71
钙/(mg/L)	98	98	14.42	13.64
耗氧量/(mg/L)	10.72	7.04	—	25.50
硫酸根/(mg/L)	144	204	232.4	234
氯根/(mg/L)	161	155	108.6	103.8
二氧化碳/(mg/L)	25.3	—	—	38.1
铁/(mg/L)	0.067	0.067	0.201	0.08
酚/(mg/L)	2.4	2.0	0.382	0.12
氰化物/(mg/L)	0.25	0.23	0.847	0.989
全固体/(mg/L)	706	682	—	—
溶固体/(mg/L)	—	—	911.4	910.2
悬浮物/(mg/L)	915.8	70.8	3448	83.4
油/(mg/L)	—	—	—	13.65
氨氮/(mg/L)	7.0	8.0	—	—

① 暂时硬度即碳酸盐硬度。

注：1 德国度＝10mg CaO/L。

2. 废水处理工艺流程

高炉煤气洗涤水处理工艺主要包括沉淀（或混凝沉淀）、水质稳定、降温（有炉顶发电设施的可不降温）、污泥处理四部分。沉淀去除悬浮物可采用自然沉淀或混凝沉淀，沉淀中辐流式沉淀池应用较多，同时可选择在沉淀池上加斜板以及采用高梯度磁过滤器等。降温构筑物通常采用机力通风冷却塔，玻璃钢结构，硬塑料薄型花纹板填料，其淋水密度可以达到 $30m^3/(m^2 \cdot h)$ 以上。污泥脱水设备可针对颗粒级配情况进行选择，宜采用真空过滤或压滤机，泥饼含水率最好控制在 15% 左右，否则瓦斯泥回用会有一定困难。高炉煤气洗涤水处理工艺流程多样化，主要体现在水质稳定采用什么样的技术。水质稳定技术主要包括酸化法、软化法、磁化法、渣滤法、投药法等，以及各种基本方法的组合应用。国内常采用的工艺有如下几种。

（1）石灰软化-碳化法工艺

洗涤煤气后的污水经辐射式沉淀池加药混凝沉淀后，出水的 80% 送往降温设备（冷却塔），其余 20% 的出水泵往加速澄清池进行软化，软化水和冷却水混合流入加烟井，进行碳化处理，然后泵送回煤气洗涤设备循环使用。从沉淀池底部排出泥浆，送至浓缩池进行二次浓缩，然后送真空过滤机脱水。浓缩池溢流水回沉淀池，或直接去吸水井供循环使用。瓦斯泥送入贮泥仓，用作烧结原料。工艺流程见图 2-7-8。

石灰-碳化法因劳动强度大，设备不易维护，现场环境差，指标控制难度大，因此在实际应用中效果并不理想。

（2）投加药剂法工艺

洗涤煤气后的废水经沉淀池进行混凝沉淀，在沉淀池出口的管道上投加阻垢剂，阻止碳酸钙结垢，同时防止氧化铁、二氧化硅、氢氧化锌等结合生成水垢，在使用药剂时应调节pH 值。为了保证水质在一定的浓缩倍数下循环，定期向系统外排污，不断补充新水，使水质保持稳定。其工艺流程见图 2-7-9。

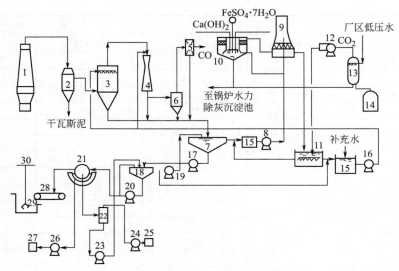

图 2-7-8　石灰软化-碳化法循环系统流程

1—高炉；2—干式除尘器；3—洗涤塔；4—文氏管；5—蝶阀组；6—脱水器；7—φ30m 辐射沉淀池；8—上塔泵；
9—冷却塔；10—机械加速澄清机；11—加烟井；12—抽烟机；13—泡沫塔；14—烟道；15—吸水井；16—供水泵；
17—泥浆泵；18—φ12m 浓缩池；19—提升泵；20,23—砂泵；21—真空过滤机；22—滤液缸；
24—真空泵；25,27—循环水箱；26—压缩机；28—皮带机；29—贮泥仓；30—天车抓斗

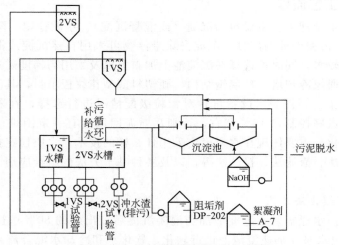

图 2-7-9　投加药剂法循环系统流程

采用投加药剂法时，要求系统悬浮物含量较低，一般不超过 100mg/L，有利于保持循环水系统中阻垢剂的有效浓度。同时还要尽可能地降低系统水温，保证阻垢分散效果。投加药剂法水处理成本较高，但阻垢效果较好，缓解了高炉煤气洗涤水系统结垢严重的问题。

（3）酸化法工艺

从煤气洗涤塔排出的废水，经辐流式沉淀池自然沉淀（或混凝沉淀），上层清水送至冷却塔降温，然后由塔下集水池输送到循环系统，在输送管道上设置加酸口，废酸池内的废硫酸通过胶管适量均匀地加入水中。沉泥经脱水后，送烧结利用。见图 2-7-10。

这种方法可以有效地控制碳酸盐硬度，阻止结垢，而且工艺简单，运行费用低，对酸的质量没有严格要求，但是对加酸的设备和管道等的腐蚀比较严重，且排污量大，设备维护困

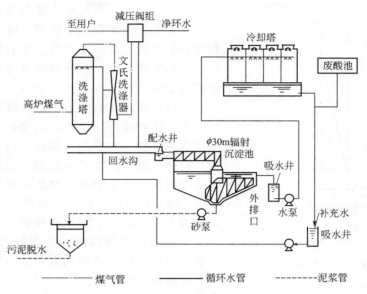

图 2-7-10 酸化法循环系统工艺流程

难。此外，加酸处理如用自动控制 pH 值的加酸装置来控制结垢是可行的，非自动控制 pH 值操作时，要注意设备腐蚀和安全。

（4）石灰软化-药剂法工艺

采用石灰软化（20%～30%的清水）和加药阻垢联合处理。选用不同水质稳定剂进行组合配方，达到协同效应，增强水质稳定效果，其流程见图 2-7-11。

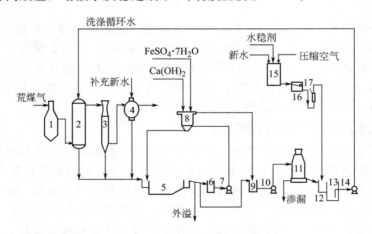

图 2-7-11 石灰软化-药剂法循环系统工艺流程

1—重力除尘器；2—洗涤塔；3—文氏管；4—电除尘器；5—平流沉淀池；6，9，13—吸水井；7，10，14—水泵；
8—机械加速澄清池；11—冷却塔；12—加药井；15—配药箱；16—恒位水箱；17—转子流量计

除以上方法外，近年来为达到进一步去除污染物、提高水质稳定性的目的，可在常规方法之后采用深度处理技术对高炉煤气洗涤水进行进一步处理，例如生物活性炭处理工艺。

生物活性炭处理工艺主要是将活性炭作为微生物聚集、繁殖生长的良好载体，在适当的温度及营养条件下，发挥活性炭的物理吸附和微生物降解作用。当废水充氧条件较好时，废水中的污染物被活性炭吸附，被吸附的有机物又为维持炭粒表面及孔隙中微生物的生命活动

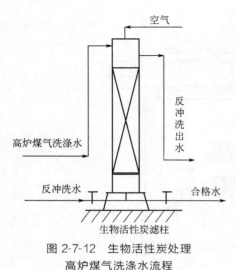

图 2-7-12　生物活性炭处理
高炉煤气洗涤水流程

提供了营养物质，好氧微生物在活性炭表面及孔隙中繁殖生长，逐渐形成生物膜。由于活性炭上的生物膜对吸附的污染物有持续的生物降解作用，使活性炭得到生物再生。生物活性炭处理高炉煤气洗涤水流程如图 2-7-12 所示。

采用生物活性炭处理工艺，可降低炼铁废水中的浊度、铁和锰等污染物，效果较好，循环回用水水质得到了稳定和提高。同时经过富含铁、锰废水的长时间过滤，活性炭填料表面形成的包括铁、锰氧化细菌在内的生物膜，对高炉炼铁工业废水中的浊度、铁、锰有较好的去除效果。该工艺设备简单，占地面积小，运行、管理和操控方便，在高炉炼铁工业废水深度处理回用中有较好的应用发展前景。但要实现大规模工业化的应用，还需经过进一步的技术经济可行性研究。

（二）高炉冲渣废水处理

高炉渣水淬方式分为渣池水淬和炉前水淬两种，高炉冲渣废水一般指炉前水淬所产生的废水。因为循环水质要求低，所以经渣水分离后即可循环，温度高一些不影响冲渣，因而，在冲渣水系统中，可以设计成只有补充水而无排污的循环系统。

渣水分离的方法有以下几种。

1. 渣滤法

将渣水混合物引至一组滤池内，由渣本身作滤料，使渣和水通过滤池将渣截流在池内，并使水得到过滤。过滤后的水悬浮物含量很少（<10mg/L），且在渣滤过程中，可以降低水的暂时硬度，滤料也不必反冲洗，循环使用比较好实现，并且过滤法耗电低（7~9kW·h/t渣），设备简易，所产热水还可以利用。但滤池占地面积大，一般都要几个滤池轮换作业，并难以自动控制，因此渣滤法只适用于小高炉的渣水分离。

2. 槽式脱水法（RASA 拉萨法）

将冲渣水用泵打入一个槽内，槽底、槽壁均用不锈钢丝网拦挡，犹如滤池，但脱水面积远远大于滤池，故占地面积较少。脱水后的水渣由槽下部的阀门及管道控制排出，装车外运；脱水槽出水夹带浮渣，一并进入沉淀池，沉淀下的渣再返回脱水槽，溢流水经冷却循环使用。拉萨法的优点是系统是完全闭合的，不排污，且用高炉煤气洗涤循环水的排污水作补充水，混合物采用管道输送，可灵活布置，操作环境好。缺点是耗电量高（13~15kW·h/t渣），操作较复杂，渣泵和输渣管寿命短，浮渣用沉淀处理效果差。

3. 转鼓脱水法（INBA 印巴法）

将冲渣水引至一个转动着的圆筒形设备内，通过均匀的分配，使渣水混合物进入转鼓，由于转鼓的外筒是由不锈钢丝编织的网格结构，进入转鼓内的渣和水很快得到分离。水通过渣和网，从转鼓的下部流出；渣则随转鼓一道做圆周运动。当渣被带到圆周的上部时，依靠自重落至转鼓中心的输出皮带机上，将渣运出，实现水与渣的分离。由于所有的渣均在转鼓内被分离，没有浮渣产生，不必再设沉淀设施，极大地提高了效率，这是一种较先进的渣水分离设备。

第四节　炼钢废水

一、生产工艺和废水来源

（一）废水来源及特性

炼钢是将生铁中含量较高的碳、硅、磷、锰等元素去除或降低到允许值之内的工艺过程。炼钢方法一般为转炉炼钢，并以纯氧顶吹转炉炼钢为主。电炉多炼一些特殊钢，而平炉炼钢是一种老工艺，实际上已被淘汰。转炉生产出来的钢水经过精炼炉精炼以后，需要将钢水铸造成不同类型、不同规格的钢坯，连铸工段就是将精炼后的钢水连续铸造成钢坯的生产工序。由于连铸工艺的实施，连铸机广泛的使用是钢铁工业的一次重大工艺改革，所以炼钢厂包括了连铸这一部分工艺过程。

炼钢废水主要分为三类。

① 设备间接冷却水　这种废水的水温较高，但没有受到污染，采取冷却降温后可循环使用，不外排。但是必须控制好水质稳定，否则会对设备产生腐蚀或结垢阻塞现象。

② 设备和产品的直接冷却废水　主要特征是含有大量的氧化铁皮、石灰粉和少量润滑油脂，经处理后方可循环利用或外排。

③ 生产工艺过程废水　炼钢工艺产生的废水主要为转炉煤气洗涤废水和连铸废水，主要污染物为悬浮物和石油类污染物，生产废水经处理后循环利用。

炼钢废水的水量，由于其车间组成、炼钢工艺、给水条件的不同而有所差异。一般废水量用补水量来推算。转炉、连铸工段具体用水量可参考表 2-7-13。

表 2-7-13　某炼钢厂转炉、连铸工段用水量

生产用水系统	名　　称	循环水量/(t/h)	用水点处水压/MPa	补水量/(t/h)
转炉	氧枪冷却水	140	1.0～1.2	
	中低压净环水	250	0.3～0.6	
	其他净环用水(含除尘风机设备冷却水)	200	0.2～0.4	
	空调机冷却水	50	0.3～0.4	
	浊环水	750	0.4～0.6	40
	软水	100		20
连铸	结晶器用水	780	0.8～1.0	40
	设备用水	330	0.2～0.6	20
	二冷浊环水	480	0～1.2	60

炼钢过程是一个铁水中碳和其他元素氧化的过程。铁水中的碳与氧发生反应，生成 CO，随炉气一道从炉口冒出。回收这部分炉气，作为工厂能源的一个组成部分，这种炉气叫转炉煤气。这种处理过程称为回收法，或叫未燃法。如果炉口处没有封密，从而大量空气通过烟道口随炉气一道进入烟道，在烟道内，空气中的氧气与炽热的 CO 发生燃烧反应，使 CO 大部分变成 CO_2，同时放出热量，这种方法称为燃烧法。这两种不同的炉气处理方法，给除尘废水带来不同的影响。含尘烟气一般均采用两级文丘里洗涤器进行除尘和降温。洗涤水使用过后，通过脱水器排出，即为转炉除尘废水。烟气净化废水水质与烟气净化方式有关，并随吹炼时间而急剧变化。采用未燃法，除尘废水中的悬浮物以 FeO 为主，废水呈黑

灰色,悬浮物的颗粒较大,废水的 pH 值大于 7,甚至可达到 10 以上。采用燃烧法,由于烟道内 CO 与 O_2 的燃烧反应,使 FeO 进一步氧化成 Fe_2O_3,且其颗粒较小,废水呈红色,一般 pH 值都在 7 以下,属酸性。有的燃烧法废水亦呈碱性,那是因为混入大量石灰粉尘所致。

燃烧法与未燃法废水的特性列于表 2-7-14。

(二)生产工艺

炼钢工艺是指以铁水或废钢为原料,经高温熔炼、提纯、脱碳、成分调整后得到合格钢水,并浇铸成钢坯的过程。

炼钢生产工艺序主要包括铁水预处理、转炉或电炉冶炼、炉外精炼及连铸等工序。根据工序组合的不同,可生产碳钢、不锈钢和特钢,工艺流程及产污环节基本类似。

炼钢生产方法主要有转炉炼钢和电炉炼钢,其工艺流程及产污环节分别见图 2-7-13 和图 2-7-14。

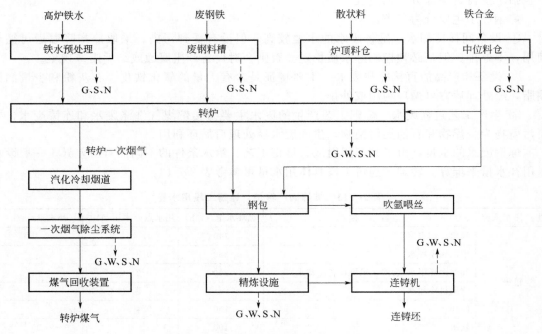

图 2-7-13 转炉炼钢工艺流程及产污环节
G—废气;W—废水;S—固体废物;N—噪声

二、清洁生产与污染防治措施

(一)清洁生产

转炉炼钢和电炉炼钢清洁生产评价指标体系技术要求见表 2-7-15 和表 2-7-16。

(二)污染防治措施

炼钢工艺产生的废水主要为转炉煤气洗涤废水和连铸废水,主要污染物为悬浮物和石油类污染物,生产废水经处理后循环利用。其工艺过程污染预防技术主要有以下四种。

表 2-7-14 转炉除尘废水的特性

取样时间/min	冶炼情况	颜色	水温/℃	pH值	悬浮物/(mg/L)	总含盐/(mg/L)	电导率/(μS/cm)	SO_4^{2-}/(mg/L)	Cl^-/(mg/L)	OH^-/(mmol/L)	CO_3^{2-}/(mmol/L)	HCO_3^-/(mmol/L)	总碱度/(mmol/L)	总硬度/(mmol/L)	暂时硬度/(mmol/L)	永久硬度/(mmol/L)	负硬度①/(mmol/L)	Ca^{2+}/(mg/L)	Mg^{2+}/(mg/L)
0	吹炼开始	红黑	62	8.85	1754	9527	—	53.70	188.2	0	2.97	29.54	17.73	1.21	1.21	0	33.04	—	—
		灰红	31	10.33	1300	265	1112	37.20	44.7	2.65	0.76	0	2.08	2.18	0.76	1.43	0	3.87	0.48
2		较黑	63	8.8	1967	9868	—	86.9	185.7	0	3.30	29.65	18.12	1.37	1.37	0	33.55	—	—
	加头批料	红	31	12.25	19270	250	1200	75.40	47.1	27.0	0.90	0	14.4	21.55	0.90	20.2	0	33.4	9.7
4	降罩	较黑	63	9.50	2037	10064	—	53.7	191.0	0	1.1	33.93	18.06	1.47	1.47	0	33.20	—	—
		黑	43	6.79	11450	400	700	67	47.1	0	0	4.82	2.41	2.66	2.41	0.25	0	4.36	0.97
6		较黑	63	8.90	1644	9760	—	45.8	188.2	0	1.59	32.83	18.01	1.37	1.37	0	33.28	—	—
		黑	42	12.10	22370	390	720	26	48.1	24	1.14	0	13.2	13.1	1.14	11.92	33.01	26.1	0
8	升罩	较黑	64	8.70	1532	9760	—	79.9	180.4	0	1.54	32.72	17.90	1.39	1.39	0	33.01	—	—
		黑	42	12.31	16520	1500	116	37.2	55.5	21.1	0.85	0	11.4	11.5	0.85	10.7	0	23	0
10	加 CaF_2	棕	64	8.70	1293	9212	—	56.9	183.9	0	2.44	31.18	18.01	1.24	1.24	0	33.54	—	—
	停吹 O_2	灰	42	9.27	9410	320	910	37.2	45.5	1.94	0.95	0	1.90	1.45	0.95	0.51	0	2.42	0.48
12	提枪	红	63	8.80	755	9812	—	25.3	185.7	0	1.43	33.16	18.01	1.27	1.27	0	33.48	—	—
	取样	灰红	24	8.50	810	250	1200	44.7	44.2	0	0	3.04	1.52	4.44	1.52	0.42	0	3.15	0.72
14	出钢	红	62	9.00	457	9714	—	45.8	188.9	0	0.9	33.05	17.51	1.16	1.16	0	33.7	—	—
	停吹、掉渣	黑	30	9.76	3800	340	820	89.4	43.9	0	0	4.07	2.05	2.18	2.05	0.13	0	4.32	0.25
16	开吹	红	58	9.10	356	9720	—	66.2	185.7	0	2.09	31.73	17.95	1.21	1.21	0	33.48	—	—
		棕	27	9.35	2130	240	1270	89.4	44.7	0.95	0.95	0	1.40	4.35	0.95	3.41	0	4.84	3.87
18	停吹	棕	15	8.10	2050	220	1180	37.2	44.7	0	0.95	2.46	1.23	2.18	1.23	0.95	0	2.42	1.94

① 水中总硬度小于总碱度时，二者之差称为负硬度。

注：表中各栏线上为燃烧法，线下为未燃法。

表 2-7-15 转炉炼钢清洁生产评价指标体系技术要求

一级指标 指标项	权重值	序号	指标项	分权重值	二级指标 I级基准值 (1.0)	II级基准值 (0.8)	III级基准值 (0.6)
生产工艺及装备	0.25	1	转炉公称容量/t	0.20	200t以上转炉配置率≥60%	150t以上转炉配置率≥60%	100t以上转炉配置率100%
		2	炉衬寿命/炉	0.08	≥15000	≥13000	≥10000
		3	转炉煤气净化装置	0.20	采用干法除尘技术	采用改进型湿法除尘技术	
		4	除尘设施①	0.16	配备转炉一次烟气、二次烟气除尘设施；铁渣切割系统、废钢处理及车间内其他散发尘点设有除尘设施	配备转炉一次烟气、二次烟气处理、炉外精炼设施；铁水预处理、钢渣处理及其他散发尘点设有除尘设施	配备转炉一次烟气、二次烟气除尘设施，上料系统有除尘设施，上料系统散有除尘设施
			物料储存、物料输送	0.12	物料储存：除尘灰等粉状物料采用料仓、储罐密闭储存；物料输送：除尘灰等粉状物料采用管状带式输送机、气力输送机、罐车等方式密闭输送；生产工艺过程：无可见烟粉尘外溢	物料储存：除尘灰等粉状物料采用料仓、储罐密闭储存；物料输送：除尘灰等粉状物料采用带式输送机、气力输送机、罐车等	除尘灰等粉状物料密闭储存和输送
		5	铁-钢高效连接技术	0.12	采用该技术，铁水温降≤80℃	采用该技术，铁水温降≤100℃	采用该技术，铁水温降≤130℃
		6	自动化控制系统	0.12	采用生产管理级、过程控制级和基础自动化级三级计算机控制	采用基础自动化级和过程控制级两级计算机控制	采用基础自动化级计算机控制
资源与能源消耗	0.25	1	钢铁料消耗②/(kg/t)	0.16	≤1060	≤1070	≤1080
		2	生产取水量/(m³/t)	0.20	≤0.3	≤0.5	≤0.7
		3	煤气、蒸汽余能余热回收量/(kgce/t)	0.32	≥38	≥33	≥28
		4	冶炼能耗②/(kgce/t)	0.32	≤-30	≤-25	≤-20
产品特征	0.05	1	钢水合格率/%	0.50	≥99.9	≥99.8	≥99.7
		2	连铸坯合格率/%	0.50	99.90	≥99.85	≥99.70
污染物排放控制	0.20	1	颗粒物排放量②/(kg/t)	0.40	≤0.10	≤0.11	≤0.13
		2	吨钢产渣量/(kg/t)	0.30	≤80	≤90	≤100
		3	钢渣堆场污染控制措施①	0.30	钢渣堆场地面满足 GB 18599 防渗等要求，周边设有地下水监测井，定期监测地下水水质	钢渣堆场地面满足 GB 18599 防渗等要求	钢渣堆场地面满足 GB 18599 防渗等要求

续表

一级指标（指标项）	权重值	序号	二级指标（指标项）	分权重值	Ⅰ级基准值（1.0）	Ⅱ级基准值（0.8）	Ⅲ级基准值（0.6）
资源综合利用	0.15	1	水重复利用率/%	0.34	≥98	≥97	≥96
		2	钢渣综合利用①	0.33	钢渣综合利用率100%，设有钢渣微粉等深度处理设施	钢渣综合利用率100%	
		3	含铁尘泥综合利用	0.33	设有含尘泥集中加工处理设施，含铁尘泥综合利用率100%	设有含铁尘泥集中加工处理的生产工艺、装备	含铁尘泥综合利用率100%
清洁生产管理	0.10	1	产业政策符合性②	0.15	未采用国家明令禁止和淘汰的生产工艺、装备		
		2	达标排放②	0.15	污染物排放满足国家及地方政府相关规定要求		
		3	总量控制②	0.15	污染物排放许可证满足要求。二氧化碳排放量及能源消耗量满足国家及地方政府相关规定要求		
		4	突发环境事件预防②	0.15	按照国家相关规定要求，建立健全环境应急措施，制定有防范措施和应急预案	建立健全环境事故应急预防措施及污染防范措施，无重大环境污染事件发生	
		5	建立健全环境管理体系	0.05	建有环境管理体系，能有效运行；指标和环境目标，全部完成年度环境方案，并达到环境持续改进的要求；环境管理手册、程序文件及作业文件齐备、有效	建有环境管理体系，能有效运行；指标和环境管理目标，完成年度环境目标，方案≥80%，达到环境持续改进的要求；环境管理手册、程序文件及作业文件齐备、有效	建有环境管理体系，能有效运行；指标和环境持续改进；完成年度环境目标，方案≥60%，部分达到环境持续改进的要求；环境管理手册、程序文件及作业文件齐备
		6	固体废物处置	0.05	建有固体废物管理制度。危险废物贮存有管理制度。无害化处理后综合利用率≥80%	危险废物贮存有标识，转移单位完备，制定有防范措施和应急预案。无害化处理后综合利用率≥70%	无害化处理后综合利用率≥50%
		7	清洁生产机制建设与清洁生产审核	0.15	建有清洁生产领导机构，成员单位与主管人员职责分工明确；有清洁生产管理制度和奖励管理办法；定期开展清洁生产审核活动。清洁生产方案实施率≥90%；有开展清洁生产工作记录	建有清洁生产领导机构，成员单位与主管人员分工明确；有清洁生产制度和奖励管理办法；定期开展清洁生产工作。清洁生产方案实施率≥70%；有开展清洁生产工作记录	建有清洁生产领导机构，成员单位与主管人员分工明确；有清洁生产管理活动。清洁生产方案实施率≥50%；有开展清洁生产工作记录
		8	节能减碳机制建设与节能减碳活动	0.15	建有节能减碳领导机构，成员单位及主管人员职责分工明确；制定有节能减碳年度工作计划，组织开展节能减碳工作。年度管控目标完成率≥90%；年度节能减碳任务达到国家要求	与所在企业同步建立有能源与低碳管理体系并有效。年度管控目标完成率≥80%；年度节能减碳任务达到国家要求	与所在企业同步建立有能源与低碳管理体系并有效。年度管控目标完成率≥70%；年度节能减碳任务基本达到国家要求

① 符合表格中项目，分数择高基准值给定。

② 表示限定性指标。

表 2-7-16　电炉炼钢清洁生产评价指标体系技术要求

一级指标项	权重值	二级指标序号	指标项	分权重值	I级基准值（1.0）	II级基准值（0.8）	III级基准值（0.6）
生产工艺装备及技术	0.25	1	电炉公称容量/t	0.20	100t以上电炉配置率100%	75t以上电炉配置率100%	60t以上电炉配置率100%
		2	电极消耗/（kg/t）	0.16	1.3	1.5	2.0
		3	除尘设施①	0.20	采用炉内排烟+密闭罩+屋顶罩方式捕集，高效袋式除尘器净化；上料系统，精炼系统，废钢切割，钢渣处理，车间其他散生点设有除尘装置；物料储存：除尘灰等粉状物料采用料仓、储罐密闭储存；物料输送：除尘灰等粉状物料采用管状带式输送；生产工艺过程：无可见烟粉尘外溢	采用炉内排烟+密闭罩+屋顶罩方式捕集，高效袋式除尘器净化；上料系统，精炼系统，废钢切割，钢渣处理，车间其他散生点设有除尘装置；物料储存：除尘灰等粉状物料采用料仓、储罐密闭储存；物料输送：除尘灰等粉状物料采用管式输送机、气力输送设备、罐车等	采用炉内排烟+密闭罩或炉内排烟+屋顶罩方式捕集，高效袋式除尘器系统，精炼系统设有除尘装置；除尘灰等粉状物料密闭储存和输送
		4	废钢分拣预处理	0.08	对带有含氯物层及含氯物质的废钢原料进行预处理，以减少二噁英类物质的产生		
		5	自动化控制	0.12	采用生产管理级、过程控制级、基础自动化三级计算机控制	采用基础自动化级和过程控制级两级计算机控制	采用基础自动化级计算机控制
		6	电炉烟气余热回收	0.12	采用电炉烟气余热回收技术		
资源与能源消耗	0.25	1	钢铁料消耗/（kg/t）	0.32	≤1060	≤1080	≤1100
		2	生产取水量/（m³/t）	0.20	≤0.3	≤0.4	≤0.5
		3	电炉冶炼能耗②③（全废钢法）/（kgce/t）	0.48	≤61	≤64	≤72
			电炉冶炼能耗②④（30%铁水热装）/（kgce/t）		≤45	≤55	≤65
产品特征	0.05	1	钢水合格率/%	0.50	≥99.9	≥99.8	≥99.7
		2	连铸铸合格率/%	0.50	99.90	≥99.85	≥99.70
污染物排放控制	0.20	1	颗粒物排放量①/（kg/t）	0.40	≤0.09	≤0.10	≤0.12
		2	电炉渣场污染控制措施①	0.30	钢渣堆场地面满足 GB 18599 防渗等要求，周边设有地下水监测井，定期监测地下水水质	钢渣堆场地面满足 GB 18599 防渗要求	钢渣堆场地面满足 GB 18599 防渗要求
		3	废钢放射物检测	0.30	废钢预处理配置放射性物质检测装置		

一级指标 指标项	权重值	序号	二级指标 指标项	分权重值	I级基准值 (1.0)	II级基准值 (0.8)	III级基准值 (0.6)
资源综合利用	0.15	1	水重复利用率/%	0.34	≥98	≥96	≥94
		2	电炉钢渣利用率①	0.33	钢渣综合利用率100%，设有钢渣微粉等钢渣深度处理设施	钢渣综合利用率100%	
		3	电炉尘泥利用率	0.33	设有含铁尘泥集中加工处理设施，含铁尘泥综合利用率100%	含铁尘泥综合利用率100%	含铁尘泥综合利用率100%
清洁生产管理	0.10	1	产业政策符合性②	0.15	未采用国家明令禁止和淘汰的生产工艺、装备		
		2	达标排放②	0.15	污染物排放满足国家及地方政府相关规定要求		
		3	总量控制①	0.15	污染物排污许可量及二氧化碳排放量满足国家及地方政府相关规定要求		
		4	突发环境事件预防②	0.15	按照国家相关规定要求，建立健全环境管理制度及能源消耗措施，杜绝重大环境污染事故发生		
		5	建立健全环境管理体系	0.05	建有环境管理体系，全部有效运行；完成年度环境管理方案，并达到环境管理方案的要求，指标持续改进的要求；环境管理手册、程序文件及作业文件齐备、有效	建有环境管理体系，能有效运行；完成年度环境管理目标，指标和环境持续改进方案≥80%，达到环境管理的要求；环境管理手册、程序文件及作业文件齐备、有效	建有环境管理体系，能有效运行；完成年度环境管理目标，指标和环境持续改进方案≥60%，部分达到环境管理的要求；环境管理手册、程序文件及作业文件齐备
		6	固体废物处置	0.05	建有固体废物管理制度。危险废物贮存管理制度，无害化处理后综合利用率≥80%	建有固体废物标识、转移联单完备、制定有防范措施和应急预案。无害化处理后综合利用率≥70%	无害化处理后综合利用率≥50%
		7	清洁生产机制建设与清洁生产审核	0.15	建有清洁生产领导机构，成员单位与主管人员职责分工明确；有清洁生产管理制度和奖励管理办法；定期开展清洁生产审核活动；清洁生产方案实施率≥90%；有开展清洁生产工作记录	建有清洁生产领导机构，成员单位与主管人员工作计划分工明确；有清洁生产管理制度和奖励管理办法；定期开展清洁生产工作；清洁生产方案实施率≥70%；有开展清洁生产工作记录	建有清洁生产领导机构，成员单位与主管人员分工明确；有清洁生产活动；清洁生产方案实施率≥50%；有开展清洁生产工作记录
		8	节能减碳机制建设与节能减碳活动	0.15	建有节能减碳领导机构，成员单位及主管人员工作计划分工明确；运行；制定有节能减碳年度计划并有效；年度管控目标完成率≥90%；年度节能减碳任务达到国家要求	建有节能减碳领导机构，成员单位及主管人员工作计划分工明确；与所在企业同步建立低碳管理体系并有效运行；年度管控目标完成率≥80%；年度节能减碳任务达到国家要求	建立有能源管理体系与低碳管理体系并有效；年度管控目标完成率≥70%；年度节能减碳任务基本达到国家要求

① 符合表格中项目，分数择高基准值给定。

② 表示限定性指标。

① 不包括 Consteel 炉、目指无预热电弧炉、全废钢法炉料组成应为 85% 废钢，15% 生铁，每增加 10% 直接还原铁。每增加 10% 直接还原铁（金属化率 93.1%~96.3%），每增加 10% 直接还原铁，铁水比不大于 50%，能耗指标相应增加 0.7620kgce/t。

② 不包括 Consteel 炉，且目指无预热电弧炉，铁水比不大于 50%。铁水比大于 50% 时，配加铁水量每增加或减少 1%，相应能耗增减小或增加 0.5727kgce/t。炉料中若配加直接还原铁（金属化率 93.1%~96.3%），每增加 10% 直接还原铁，能耗指标响应增加 0.7620kgce/t。

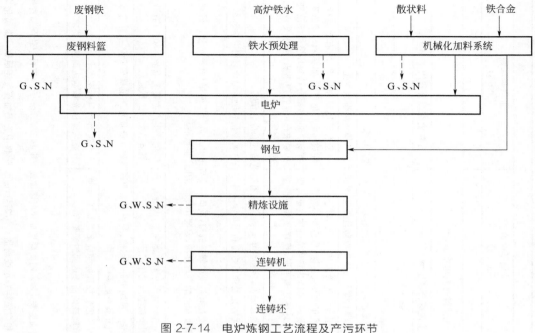

图 2-7-14 电炉炼钢工艺流程及产污环节

G—废气；W—废水；S—固体废物；N—噪声

1. 烟气余热回收技术

烟气余热回收技术是转炉一次高温烟气或电炉烟气进入除尘系统前，通过汽化冷却烟道或余热锅炉回收余热并产生蒸汽。该技术可回收余热，间接减少污染物排放。该技术适用于炼钢工艺转炉一次烟气和电炉烟气的余热回收。

2. 蓄热式钢包烘烤技术

蓄热式钢包烘烤技术是利用高温烟气在蓄热体内预热助燃空气和煤气，并进行封闭式钢包烘烤。该技术可提高煤气利用率，提高钢包温度，缩短烘烤时间，降低能耗，间接减少污染物排放。该技术适用于炼钢工艺钢水保温烘烤和用耐火材料修补后的钢包烘烤。

3. 连铸坯热送热装技术

连铸坯热送热装技术是直接把热铸坯送至轧机轧制或送加热炉加热后轧制。该技术可节约能源，缩短生产周期，间接减少污染物排放。该技术适用于连铸工序与轧钢工艺布局衔接紧密的钢铁生产企业。

4. 废钢分拣预处理技术

通过对废钢进行分选，最大限度地减少含油脂、涂料、塑料等含氯有机物和放射性物质废钢的入炉量，并对分选出的含有机物的废钢进行除油、焚烧或热解等加工处理，从源头减少电炉工序二噁英的生成量。该技术适用于电炉炼钢工艺废钢预处理工序。

三、处理技术及利用

（一）处理技术

转炉除尘废水的处理技术主要有以下三种。

（1）混凝沉淀法废水处理技术

混凝沉淀法是在废水中投加一定量的高分子絮凝剂，使废水中的胶体颗粒与絮凝剂发生吸附架桥作用形成絮凝体，通过重力沉淀与水分离。该技术适用于炼钢工艺转炉煤气洗涤废水的处理。

（2）三段式废水处理技术

三段式废水处理技术是废水先后流经一次沉淀池（旋流井）和二次沉淀池（平流沉淀池或斜板沉淀池），去除其中的大颗粒悬浮杂质和油质，出水进入高速过滤器，进一步对废水中的悬浮物和石油类污染物进行过滤，最后经冷却塔冷却后循环使用。该技术适用于炼钢工艺对回用水质要求较高的连铸废水处理。

（3）化学除油法废水处理技术

化学除油法是通过投加化学药剂，使废水中的石油类、氧化铁皮等污染物通过凝聚、絮凝作用与水分离；主要设备是集除油、沉淀为一体的化学除油器。该技术适用于炼钢工艺对回用水质无特殊要求的连铸废水处理。

如上所述，要解决转炉除尘废水的污染，一是悬浮物的去除；二是水质稳定问题；三是污泥的脱水与回收。

1. 悬浮物的去除

纯氧顶吹转炉除尘废水中的悬浮物杂质均为无机化合物，采用自然沉淀的物理方法，虽然能使出水悬浮物含量达到 $150\sim200\text{mg/L}$ 的水平，但循环利用效果不佳，必须采用强化沉淀的措施。一般在辐流式沉淀池或立式沉淀池前加混凝药剂，或先通过磁凝聚器经磁化后进入沉淀池。最理想的方法应使除尘废水进入水力旋流器，利用重力分离的原理，将大颗粒（$>60\mu\text{m}$）的悬浮颗粒去掉，以减轻沉淀池的负荷。废水中投加 1mg/L 的聚丙烯酰胺，即可使出水悬浮物含量达到 100mg/L 以下，效果非常显著，可以保证正常的循环利用。由于转炉除尘废水中悬浮物的主要成分是铁皮，采用磁凝聚器处理含铁磁质微粒十分有效，氧化铁微粒在流经磁场时产生磁感应，离开时具有剩磁，微粒在沉淀池中互相碰撞吸引凝聚成较大的絮体从而加速沉淀，并能改善污泥的脱水性能。

2. 水质稳定问题

由于炼钢过程中必须投加石灰，在吹氧时部分石灰粉尘还未与钢液接触就被吹出炉外，随烟气一道进入除尘系统，因此，除尘废水中 Ca^{2+} 含量相当多，它与溶入水中的 CO_2 反应，致使除尘废水的暂时硬度较高，水质失去稳定。当前国内所采用的水质稳定措施主要有如下几种。

（1）投加水质稳定剂

采用沉淀池后投入水质稳定剂（或称分散剂）的方法，在螯合、分散的作用下，能较成功地防垢、除垢。

（2）投加碳酸钠

投加碳酸钠（Na_2CO_3）也是一种可行的水质稳定方法。Na_2CO_3 和石灰 $[Ca(OH)_2]$ 反应，形成 $CaCO_3$ 沉淀：

$$CaO+H_2O\longrightarrow Ca(OH)_2$$
$$Na_2CO_3+Ca(OH)_2\longrightarrow CaCO_3\downarrow+2NaOH$$

而生成的 $NaOH$ 与水中 CO_2 作用又生成 Na_2CO_3，从而在循环反应的过程中，使 Na_2CO_3 得到再生，在运行中由于排污和渗漏所致，仅补充一些 Na_2CO_3 保持平衡。该法在国内一些厂的应用中有很好的效果。

（3）高炉煤气洗涤水与转炉除尘废水混合处理

利用高炉煤气洗涤水与转炉除尘废水混合处理，也是保持水质稳定的一种有效方法。由于高炉煤气洗涤水含有大量的 HCO_3^-，而转炉除尘废水含有较多的 OH^-，使两者结合，发生如下反应：

$$Ca(OH)_2 + Ca(HCO_3)_2 \longrightarrow 2CaCO_3 \downarrow + 2H_2O$$

生成的碳酸钙正好在沉淀池中除去，这是以废治废、综合利用的典型实例。在运转过程中如果 OH^- 与 HCO_3^- 量不平衡，适当在沉淀池后加些阻垢剂作保证。

（4）药磁处理

磁化处理可以将废水中部分铁磁性细小颗粒悬浮物磁化后形成较大磁聚体，从而增大了颗粒粒径，加速沉降速度，提高沉淀效果。加药处理是向废水中投加高分子絮凝剂，可以使非磁性氧化物得到凝聚。采用药磁处理可以使废水中铁磁性氧化物和非磁性氧化物产生絮凝或聚集作用，促使两种不同性质的悬浮物同时去除，这也是消除泥垢的较佳途径。

（5）控制石灰粉尘进入除尘废水

转炉烟气除尘废水中的 OH^- 主要取决于冶炼工艺中投加石灰的量。投入炉内的石灰含粉尘越多，废水中碱度就越高，形成水垢就越严重。为减少进入除尘废水中的石灰粉尘量，要缩短运输线路，减少运转次数，避免块状石灰石运输过程中的粉化。这样既改善了除尘废水水质，又能提高造渣效果，减少石灰用量。

总之，水质稳定的方法是根据生产工艺和水质条件，因地制宜地处理，选取最有效、最经济的方法。

3. 污泥的脱水与回收

转炉除尘废水，经混凝沉淀后可实现循环使用，但沉积在池底的污泥必须予以恰当处理。转炉除尘废水污泥含铁达 70%，有很高的利用价值。处理此种污泥与处理高炉煤气洗涤水的瓦斯泥一样，国内一般采用真空过滤脱水的方法，脱水性能比较差，脱水后的泥饼很难被直接利用，制成球团可直接用于炼钢，如图 2-7-15 所示。制作球团可选用以下工艺。

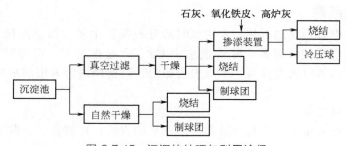

图 2-7-15　污泥的处理与利用途径

（1）碳化球团

含水 $25\% \sim 30\%$ 的污泥，掺入 20% 左右石灰粉，加以搅拌，石灰粉吸收污泥水分而消化，同时产生热量。搅拌后的污泥压制成生球，然后装入碳化罐，并通入 CO_2 气，对生球进行碳化，使消石灰和 CO_2 作用生成碳酸钙固结球。碳化球团可作炼钢的冷却剂。

（2）制球焙烧

向含水 $50\% \sim 60\%$ 的污泥中加入石灰粉，用搅拌机搅拌 $1min$ 后装入消化桶消化后，加以研磨，同时按比例掺入精矿粉，然后压制成球，用竖窑焙烧 $40 \sim 50min$，即成熟球，可供炼钢使用。工艺流程示于图 2-7-16。

（3）高压成型烘干造球

污泥与石灰粉混合消化，与轧钢的氧化铁皮混合，然后用 70～100MPa 的压力机压制成球，再以 200℃ 的温度烘干，即可用于炼钢。其工艺流程示于图 2-7-17。

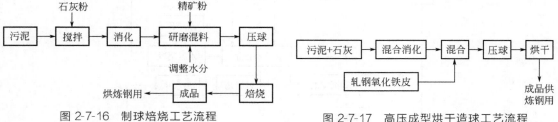

图 2-7-16　制球焙烧工艺流程　　　　图 2-7-17　高压成型烘干造球工艺流程

（二）处理工艺

1. 混凝沉淀-水稳药剂处理工艺

从一级文氏管排出的除尘废水经明渠流入粗粒分离槽，在粗粒分离槽中将含量约为 15% 的、粒径大于 60μm 的粗颗粒杂质通过分离机予以分离，被分离的沉渣送烧结厂回收利用；剩下含细颗粒的废水流入沉淀池，加入絮凝剂进行混凝沉淀处理，沉淀池出水由循环水泵送二级文氏管使用。二级文氏管的排水经水泵加压，再送一级文氏管串联使用，在循环水泵的出水管内注入防垢剂（水质稳定剂），以防止设备、管道结垢。加药量视水质情况由试验确定。工艺流程如图 2-7-18 所示。沉淀池下部沉泥经脱水后送往烧结厂小球团车间造球回收利用。

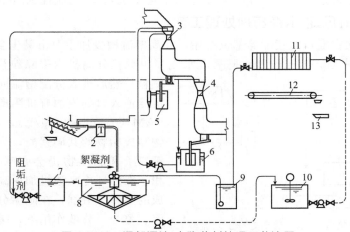

图 2-7-18　混凝沉淀-水稳药剂处理工艺流程

1—粗颗粒分离槽及分离机；2—分配槽；3—一级文氏管；4—二级文氏管；5—一级文氏管排水水封槽及排水斗；6—二级文氏管排水水封槽；7—澄清水吸水池；8—浓缩池；9—滤液槽；10—原液槽；11—压力式过滤脱水机；12—皮带运输机；13—料罐

2. 药磁混凝沉淀-永磁除垢处理工艺

转炉除尘废水经明渠进入水力旋流器进行粗细颗粒分离，粗铁泥经二次浓缩后，送烧结厂利用。旋流器上部溢流水经永磁场处理后进入污水分配池与聚丙烯酰胺溶液混合，随后分流到立式（斜管）沉淀池澄清，其出水经冷却塔降温后流入集水池，清水通过磁除垢装置后加压循环使用。立式沉淀池泥浆用泥浆泵提升至浓缩池，污泥浓缩后进真空过滤机脱水，污泥含水率达 40%～50%，送烧结利用。工艺流程见图 2-7-19。

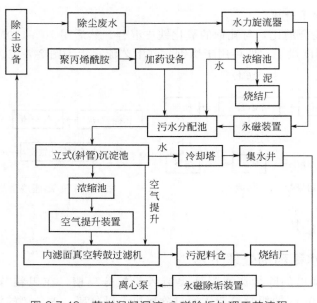

图 2-7-19 药磁混凝沉淀-永磁除垢处理工艺流程

3. 磁凝聚沉淀-水稳药剂处理工艺

转炉除尘废水经磁凝聚器磁化后，流入沉淀池，沉淀池出水中投加 Na_2CO_3 解决水质稳定问题，沉淀池沉泥送过滤机脱水（厢式压滤机已在转炉除尘废水处理工艺流程中应用，一般可使泥饼含水率达到 $25\%\sim30\%$，优于真空过滤机）。工艺流程见图 2-7-20。

4. 降硬-絮凝沉淀-水稳药剂处理工艺

为延缓循环水在喉口、喷嘴等部位结垢，在高架流槽投加主要由碱土金属盐和高分子有机物组成的降硬剂（$5\sim15mg/L$），随后废水先在粗颗粒分离机内去除粒径大于 $60\mu m$ 的粗

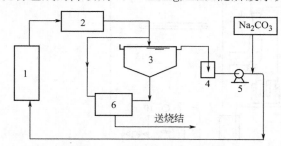

图 2-7-20 磁凝聚沉淀-水稳药剂处理工艺流程
1—洗涤器；2—磁凝聚器；3—沉淀池；
4—集水槽；5—循环泵；6—过滤机

颗粒，然后进入分配槽流向斜板沉淀池，在沉淀池入口处投加有机阴离子高分子絮凝剂 PAM（$0.4\sim0.8mg/L$），在池内形成悬浮物和成垢物的共同絮凝，为避免水中剩余的钙离子和悬浮物仍会在喉口等关键部位沉积，在浊环冷水池投加由高分子化合物等组成的阻垢分散剂，在阻垢分散剂的络合、增溶、螯合、分散作用下，缓解水中的钙离子和悬浮物的沉积趋势。具体处理工艺流程见图 2-7-21。

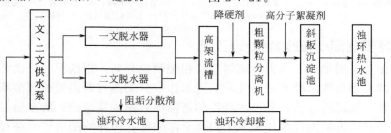

图 2-7-21 降硬-絮凝沉淀-水稳药剂处理工艺流程

第五节 轧钢厂废水

本节轧钢厂废水主要介绍热轧废水。因冷轧过程产生的废水主要是表面处理废水，与机械表面清洗废水类似，故在第九章机械加工工业废水中第一节作详细介绍。

一、生产工艺和废水来源

（一）废水来源及特性

钢锭或钢坯通过轧制成板、管、型、线等钢材。轧钢分热轧和冷轧两类。热轧一般是将钢锭或钢坯在均热炉里加热至1150～1250℃后轧制成材；冷轧通常是指不经加热，在常温下轧制。生产各种热轧、冷轧产品过程中需要大量水冷却、冲洗钢材和设备，从而也产生废水和废液。轧钢厂所产生的废水的水量和水质与轧机种类、工艺方式、生产能力及操作水平等因素有关。我国轧机种类繁多，和生产工艺十分复杂，水平相差比较悬殊，用水及废水量差别较大。国外采用的轧钢废水量指标及废水成分见表2-7-17。

表 2-7-17 轧钢废水指标及水质

产品品种		废水量/(m³/t)	废水成分及性质				备　注
			pH 值	悬浮物/(mg/L)	油/(mg/L)	其他	
热轧钢坯		5～10	7.0～8.0	1500～4000 30～270	5～20		铁皮坑出水
热轧带钢	粗轧	25～45	6.8～8.0	1000～1500	25	40～50℃	
	精轧		7.0	200～500	15	40～50℃	
	冷却		7.0	<50	10	40～50℃	
冷轧带钢	酸洗	1～2	2.0～4.0	20～80	—	总 Fe 50～200mg/L	盐酸再生及废气清洗
	冷轧	0.2～0.7	7.0～8.0	80～600	1000～8000		冷轧、平整、剪切
	电解清洗	2～4	10.0～13.0	100～500	70～150		
	电镀锌	2～3	10.0～13.0	100～500	70～150		碱油废水
	电镀锡	5	2.0～4.0 2.0～7.0	20～80 10～20	<5	Cr^{6+} 40～800mg/L	酸洗废水 含铬钝化废水

热轧废水的特点是含有大量的氧化铁皮和油，温度较高，且水量大。经沉淀、机械除油、过滤、冷却等物理方法处理后，可循环利用，通称轧钢厂的浊环系统。冷轧废水种类繁多，以含油（包括乳化液）、含酸、含碱和含铬（重金属离子）为主，要分流处理并注意有效成分的利用和回收。

热轧废水主要为轧制过程中的直接冷却废水，含有氧化铁皮及石油类污染物等，且温度较高；热轧废水还包括设备间接冷却排水、带钢层流冷却废水，以及热轧无缝钢管生产中产生的石墨废水等。

轧钢工艺主要污染物及来源见表2-7-18。

（二）生产工艺

轧钢工艺是指以钢坯为原料，经备料、加热、轧制及精整处理，最终加工成成品钢材的生产过程。轧钢工艺主要分为热轧和冷轧，产品包括板带材、棒/线材、型材和管材等。典型的轧钢工艺流程见图 2-7-22，各主要工序工艺流程及产污环节见图 2-7-23。

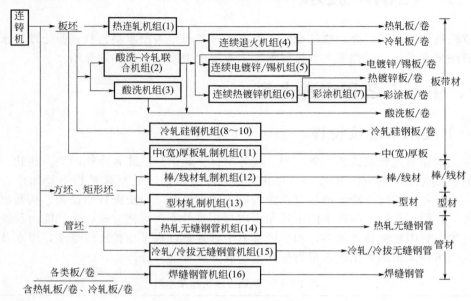

图 2-7-22　轧钢工艺流程

注：图中所示为碳钢产品生产工艺流程；在不锈钢产品生产中，为获得更好的产品质量，
通常还需在轧制前/后进行退火、酸洗（硝酸＋氢氟酸）等处理。

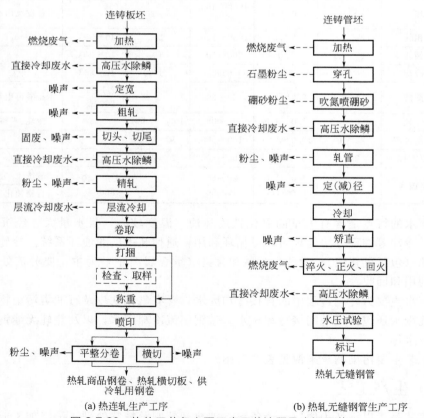

(a) 热连轧生产工序　　　　　　　(b) 热轧无缝钢管生产工序

图 2-7-23　热轧工艺各主要工序工艺流程及产污环节

表 2-7-18　轧钢工艺主要污染物及来源

类别	工序	废气						废水													固体废物					噪声
		燃烧废气①	粉尘	油雾	酸雾	碱雾	有机废气	直接冷却废水	间接冷却排水②	层流冷却废水	石墨废水	酸性废水	浓碱及乳化液废水	稀碱合油废水	光整废水	湿平整废水	磷化废水	六价铬	Zn	Sn	除尘灰	水处理污泥	废酸	废油	锌渣	
板材带材	热连轧机组	•	•	•				•	•	•											•	•		•		•
	酸洗-冷轧联合机组		•	•	•				•			•										•	•	•		•
	酸洗机组		•	•	•				•			•										•	•	•		•
	废酸再生机组③			•	•				•													•	•			•
	连续退火机组		•	•		•			•					•		•						•		•		•
	连续电镀锌机组		•	•		•			•									④	•			•		•		•
	连续电镀锡机组		•	•		•			•									④		•	•	•		•		•
	连续热镀锌机组		•	•		•			•									④	•			•		•	•	•
	彩涂机组		•	•		•	•		•								•	④				•		•		•
	冷轧硅钢机组		•	•					•						•							•		•		•
	中（宽）厚板轧制机组		•	•					•													•		•		•
棒材线材	棒/线材轧制机组		•	•					•													•		•		•
型材	型材轧制机组		•	•					•													•		•		•
管材	热轧无缝钢管机组		•	•					•		•											•		•		•
	冷轧/冷拔无缝钢管机组		•	•					•													•		•		•
	焊缝钢管机组		•	•					•													•		•		•
不锈钢产品			•	•	•				•			•						④				•	•	•		•

① 燃烧废气通过工艺过程污染防治技术即可得到有效控制，通常无需治理。
② 间接冷却排水水质较好，通常经冷却处理即可返回系统循环使用。
③ 废酸再生机组为酸洗机组的处理废液，属环保设备，但运行工艺无废气产生。
④ 采用无铬钝化工艺无含铬废水产生。

二、清洁生产与污染防治措施

1. 工艺过程中的污染预防技术

（1）加热炉/热处理炉污染减排技术

加热炉/热处理炉污染减排技术是在钢坯加热及热处理过程中，为节省燃料和减少污染物排放采用的一类技术，包括蓄热式燃烧技术、富氧燃烧技术、低氮氧化物燃烧技术和燃用低硫燃料等。各种技术的原理及特点见表2-7-19。

表 2-7-19　各种加热炉/热处理炉污染物减排技术原理及特点

技术名称	技术原理及特点
蓄热式燃烧技术	以高风温燃烧技术为核心,利用烟气或废气的余热预热助燃空气,可间接减少污染物排放
富氧燃烧技术	以含氧浓度高于21%的富氧气体替代空气参与燃烧,加快燃烧速度、减少废气排放
低氮氧化物燃烧技术	采用低氮燃烧器、空气或燃料分级燃烧等方式,减少NO_x的产生与排放
燃用低硫燃料	燃用含硫率低的燃料,减少SO_2产生与排放

该类技术适用于轧钢工艺各类加热炉及热处理炉（含退火炉、淬火炉、回火炉、正火炉和常化炉等）。

（2）浅槽紊流酸洗技术

浅槽紊流酸洗技术是在浅槽酸洗的基础上，在槽内形成良好的紊流流态，强化酸洗效果。该技术加强了酸洗中的紊流、热导率和物质传动，可缩短反应时间，减少酸雾的排放。该技术适用于各类冷轧产品的酸洗处理。

（3）低铬/无铬钝化技术

低铬/无铬钝化技术是以低浓度铬酸盐或钛盐、硅酸盐、钼盐等替代传统的高浓度铬酸盐进行钝化。该技术可减轻或避免六价铬对环境的污染。无铬钝化技术钝化后膜层的耐蚀性已接近甚至在某些方面超过铬酸盐钝化，但成本相对较高。

（4）水基涂镀技术

水基涂镀技术是以水基涂料替代常规有机溶剂进行钢材表面的涂镀处理。

该技术可减少有毒有害气体排放，适用于对表面涂层要求不高的冷轧板带的彩涂处理。

2. 轧钢工艺污染防治新技术

（1）钢带铸造技术

钢带铸造技术是将熔融的钢水引至成对的铸造辊之间进行冷却凝固形成钢带。该技术实现了铸造钢带的直接冷轧，可缩短液态钢到最终产品的生产周期，减少中间环节的污染物排放。

（2）催化氧化废水处理技术

催化氧化废水处理技术是利用强氧化剂的氧化性和活性炭等催化剂的催化作用，将光整废水或湿平整废水中的高分子有机物分解为二氧化碳和水。该技术适用于光整废水或湿平整废水的处理。

（3）隔膜渗析酸洗废液处理技术

隔膜渗析酸洗废液处理技术是利用离子交换膜只允许通过一种离子的特性分离废酸中的硫酸亚铁，分离后得到的酸液可返回酸洗工段继续使用。

按整体性原则，从设计时段的源头污染预防到生产时段的污染防治，依据生产工序的产污节点和技术经济适宜性，确定最佳可行技术组合。

钢铁行业轧钢工艺污染防治最佳可行技术组合见图2-7-24。轧钢工艺过程污染预防最佳可行技术见表2-7-20。

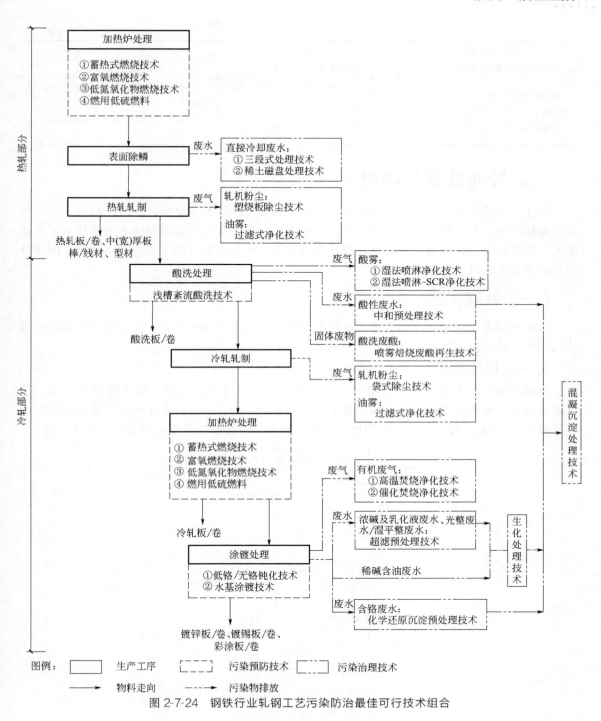

图 2-7-24 钢铁行业轧钢工艺污染防治最佳可行技术组合

表 2-7-20 轧钢工艺过程污染预防最佳可行技术

最佳可行技术	技术特点	技术适用性
加热炉/热处理炉污染物减排技术（含蓄热式燃烧、富氧燃烧、低氮氧化物燃烧、燃用低硫燃料）	降低燃烧废气中大气污染物浓度，其中使用低硫燃料时要求焦炉煤气含硫率≤200mg/m³	轧钢工艺各类加热炉及热处理炉

续表

最佳可行技术	技术特点	技术适用性
浅槽紊流(喷流)酸洗技术	提高酸洗速度,减少酸雾产生量	轧钢工艺冷轧酸洗处理
低铬/无铬钝化技术	减少或消除含铬废水、含铬污泥的产生量	轧钢工艺镀锌/锡板卷、彩涂板卷的钝化处理
水基涂镀技术	减少挥发性有机废气的产生量	轧钢工艺对表面涂层要求不高的彩涂板生产

三、处理技术及利用

热轧厂的给排水,包括净环水和浊环水两个系统。净环水主要用于空气冷却器、油冷却器的间接冷却,与一般循环水系统一样,这里不再赘述。含氧化铁皮和油的浊循环水是主体废水,所谓热轧厂废水的处理,就是指这部分废水。浊环水处理的主要技术问题是:固液分离、油水分离和沉渣的处理。

(一)处理工艺

热轧浊环水常用的净化构筑物,按治理深度的不同有不同的组合,但总的都要保证循环使用条件。常用流程如下。

1. 一次沉淀工艺

流程如图 2-7-25 所示。仅仅用一个旋流沉淀池来完成净化水质,既去除氧化铁皮,又有除油效果。旋流沉淀池设计负荷一般采用 $25\sim30\mathrm{m}^3/(\mathrm{m}^2\cdot\mathrm{h})$,废水在沉淀池的停留时间可采用 $6\sim10\mathrm{min}$。与平流沉淀池相比,占地面积小,运行管理方便,构造示于图 2-7-26。

用户 → 水力旋流沉淀池 → 泵

图 2-7-25 一次沉淀系统

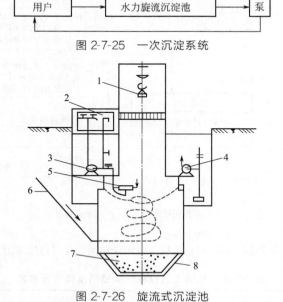

图 2-7-26 旋流式沉淀池

1—抓斗;2—油箱;3—油泵;4—水泵;5—撇油管;6—进水管;7—渣坑;8—护底钢板

2. 二次沉淀工艺

流程如图 2-7-27 所示。系统中根据生产对水温的要求,可设冷却塔,保证用水的水温。

3. 沉淀-混凝沉淀-冷却工艺

流程如图 2-7-28 所示。这是较完整的工艺流程,用加药混凝沉淀进一步净化,可使循环水悬浮物含量小于 50mg/L。

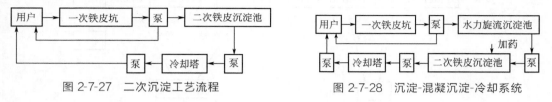

图 2-7-27 二次沉淀工艺流程　　　　图 2-7-28 沉淀-混凝沉淀-冷却系统

4. 沉淀-过滤-冷却工艺

该工艺为目前国内轧钢厂采用较多的典型工艺,流程如图 2-7-29 所示。为了提高循环水质,热轧废水经一级旋流池沉淀,二级平流池(或斜板/斜管)沉淀池沉淀处理后,再经过过滤器(压力过滤、高速过滤、电磁分离过滤、稀土磁盘过滤等)净化,通过冷却塔降温,最后进入吸水池,同时投加阻垢剂、缓蚀剂等水质稳定剂提高水质稳定效果。

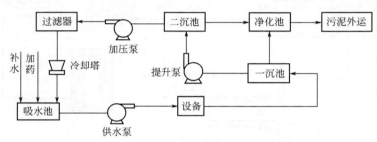

图 2-7-29 沉淀-过滤-冷却工艺流程

由于冷却过程中浊环水带出大量的氧化铁皮和油类,通过沉淀池、过滤工艺可以去除大多数的较大颗粒,但经多次循环使用后,水中不易沉降的细小颗粒和油质的不断积累易致使油垢大量沉积在冷却器中,影响正常生产,因此越来越多的轧钢企业在处理浊环水中增加除油设施。

5. 沉淀-混凝-气浮工艺

因某些轧钢厂选择用沥青作轧机轧辊的润滑剂,从而冷却水中含有大量的沥青渣颗粒。沥青呈暗褐色至黑色,是可溶于苯或二硫化碳等溶剂的固体或半固体有机物质,沥青渣悬浮在水中给收集和处理带来了较大困难,该工艺的特点是采用物理化学法处理并收集不同粒径的沥青渣。

在集水池中放置渣斗收集粒径在 80~200mm 的沥青渣,用格栅机从集水池中捞起粒径为 20~80mm 的沥青渣,再用潜水泵将废水抽入筛网机,筛分出粒径在 2~20mm 的沥青渣,从筛网机出来的废水进入竖流沉淀池,去除粒径较小的悬浮物,同时废水加入混凝剂(PAC)和絮凝剂(PAM)后进行加压溶气气浮,进一步去除其中的 COD 和石油类物质。处理后出水悬浮物浓度<20mg/L,含油量在 0.02mg/L 左右。

沉淀-混凝-气浮工艺流程如图 2-7-30 所示。

6. 沉淀-过滤-除油-冷却工艺

该工艺的特点在于二沉池的末端设置除油器(图 2-7-31 所示为高分子吸附除油器,还可设置化学除油器等),出水悬浮物含量<10mg/L,含油量在 2~5mg/L,该方法可以有效

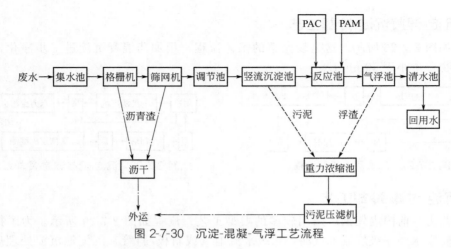

图 2-7-30 沉淀-混凝-气浮工艺流程

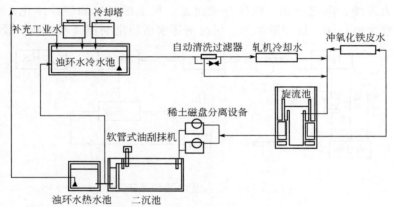

图 2-7-31 沉淀-过滤-除油-冷却工艺流程

减少设备结垢、堵塞问题，减少实际运行中的维修量。

7. 除油-混凝沉淀-气浮工艺

含油废水用管道或槽车排入含油废水调节槽，静止分离出油和污泥。浮油排入浮油槽，待废油再生后利用。去除浮油和污泥的含油废水经混凝沉淀和加压气浮，水得到净化后循环使用，气浮池中上浮的油渣排入泥渣贮槽，脱水后成含油泥饼。除油-混凝沉淀-气浮工艺流程如图 2-7-32 所示。废油再生方法为加热分离法，其工艺流程见图 2-7-33。

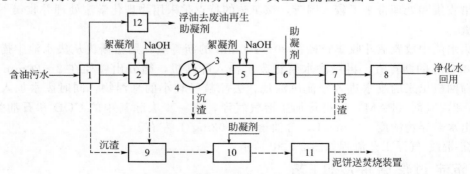

图 2-7-32 除油-混凝沉淀-气浮工艺流程

1—调节槽；2——次反应槽；3——次凝聚槽；4—沉淀池；5—二次反应槽；6—二次凝聚槽；7—气浮池；
8—净化水池；9—泥渣贮槽；10—泥渣混凝槽；11—离心脱水机；12—浮油贮槽

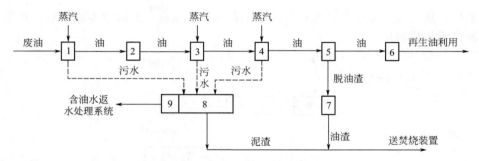

图 2-7-33 废油再生工艺流程

1—废油接收槽；2—调节槽；3——次加热槽；4—二次加热槽；5—压滤机；
6—分离油槽；7—脱油渣接收槽；8—泥渣接收槽；9—分离水槽

轧钢厂的含油泥饼经焚烧处理，灰渣冷却后送烧结厂或原料场回收利用。

（二）处理技术

1. 三段式热轧废水处理技术

三段式热轧废水处理技术是废水先后流经一次沉淀池（旋流井）和二次沉淀池（平流沉淀池或斜板沉淀池）去除其中的大颗粒悬浮杂质和油质，出水进入高速过滤器，进一步对废水中的悬浮物和石油类污染物进行过滤，最后经冷却塔冷却后循环使用。该技术可去除废水中的大部分氧化铁皮和泥砂，适用于轧钢工艺热轧直接冷却废水的处理。处理后的出水经冷却返回热轧浊环水系统循环使用。

2. 稀土磁盘热轧废水处理技术

稀土磁盘热轧废水处理技术是通过磁场力的作用，去除废水中的可磁化悬浮物。该技术不添加化学药剂，避免二次污染；占地面积小，工艺流程短，投资低。该技术适用于轧钢工艺热轧直接冷却废水的处理。处理后的出水经冷却返回热轧浊环水系统循环使用。

3. 两段式热轧废水处理技术

两段式热轧废水处理技术是利用一次铁皮沉淀池与化学除油器组合的方式进行废水的处理。该技术出水悬浮物浓度低于 30mg/L，石油类污染物浓度低于 5mg/L；但沉降效果不稳定，出水水质波动大。

4. 旁滤冷却层流冷却废水处理技术

旁滤冷却层流冷却废水处理技术是针对层流冷却系统对水质要求不高的特点，仅对层流冷却后的部分废水进行过滤、冷却处理；处理后的出水再与未经处理的层流冷却废水混合，返回层流冷却系统循环使用。该技术可减少废水中污染物含量，降低水温，出水水质可达到层流冷却回用水要求。

5. 混凝沉淀石墨废水处理技术

混凝沉淀石墨废水处理技术是通过投加混凝剂使废水中的悬浮物以絮状沉淀物形式从废水中分离。该技术处理后的出水悬浮物浓度低于 200mg/L，出水与清水混合后可返回浊环水系统循环使用。

（三）沉泥处理

沉淀于铁皮坑和一次旋流沉淀池的氧化铁皮颗粒较大，一般用抓斗取出后，通过自然脱水就可利用。从二次沉淀池和过滤器分离的细颗粒氧化铁皮,采取絮凝浓缩后,经真空滤机脱水、滤饼脱油后回用,见图 2-7-34。

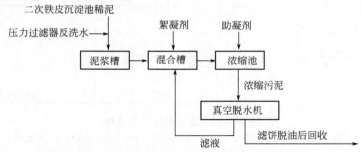

图 2-7-34　细颗粒铁皮及污泥处理系统

第六节　工程实例

一、实例一

1. 工程概况

焦炭年生产能力超过 250×10^4 t,日均产生焦化废水超过 $2000 m^3$,废水主要来自于蒸氨废水和高炉、转炉、焦炉煤气水封水。

2. 设计目标

本工程项目设计进水量为 $170 m^3/h$,实际进水量为 $120 m^3/h$。出水水质稳定达到《炼焦化学工业污染物排放标准》(GB 16171—2012)的要求,可回用于炼铁冲渣。进水以焦化蒸氨废水为主,少量混合高炉、转炉、焦炉煤气水封水。出水要求达到 GB 16171—2012 中表 1 的间接排放指标。设计进、出水水质见表 2-7-21。

表 2-7-21　进、出水水质指标　　　　单位:mg/L(pH 值除外)

项目	pH 值	COD_{Cr}	氨氮	挥发酚	硫化物	氰化物	石油类
进水	7.0~9.5	≤3800	≤300	≤550	≤500	≤25	≤60
出水	6.0~9.0	≤150	≤25	≤0.5	≤1.0	≤0.5	≤10

3. 工艺选择

本项目结合工程实际情况,考虑到倍增组合式强化生物脱碳脱氮 A^2O-Fenton 工艺具有抗冲击能力强、运行操作简单、成本低等特点,项目最终采用 A^2O-Fenton 工艺作为主体工艺,工艺流程见图 2-7-35。

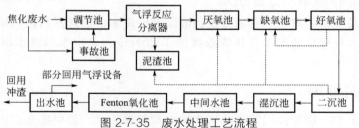

图 2-7-35　废水处理工艺流程

4. 工艺评析

采用 A^2O-Fenton 工艺处理焦化废水进行达标排放是可行的，该工艺运行稳定，具有一定的抗冲击能力，系统 COD_{Cr} 的去除率达到 95%，氨氮的去除率达到 97% 以上，出水水质达到 GB 16171—2012 中表 1 的间接排放指标要求，可回用于冲渣。

二、实例二

1. 工程概况

某 300t 转炉除尘废水处理技术改造项目，转炉煤气回收系统采用 OG 技术湿法除尘，产生的除尘废水量为 $1220m^3/h$。

2. 工艺选择

采用混凝沉淀的物理化学方法来处理除尘废水，在除尘废水进入沉淀池之前，先经过粗颗粒分离设备利用重力的原理将粒径 $>60\mu m$ 的粗颗粒悬浮杂质予以分离，以减轻后续沉淀池的处理负荷及减少沉淀池排泥机械和排泥泵的磨损，然后再进入沉淀池。在进入沉淀池前的分配槽内，加入高分子絮凝剂（PAM）及 pH 水质调整剂（H_2SO_4），使其在池内实现悬浮物和成垢物的共同絮凝沉淀。最后在沉淀池的溢流水中，加入水质稳定剂（分散剂）。这样，不但解决了废水中悬浮物的问题，同时也解决了循环水的结垢问题，达到了较理想的处理效果。工艺流程见图 2-7-36。

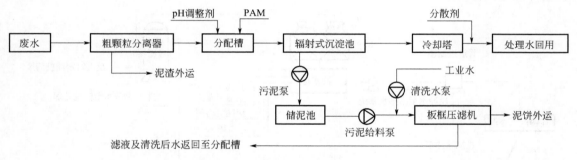

图 2-7-36　转炉除尘废水处理工艺流程

3. 工艺评析

以前由于对转炉除尘废水的总体认识不足，废水处理是以去除 SS 为主要目标，并未注重水质稳定，而废水中的 SS 通常是采用物理沉淀的方法加以去除，采用辐射式沉淀池或斜板沉淀池，经沉淀后的溢流水悬浮物含量一般为 $100\sim150mg/L$，可以满足循环使用要求，但效果不佳。采用这种方法处理的转炉除尘废水，其出水悬浮物（SS）含量在 $50mg/L$ 左右。

三、实例三

1. 工程概况及设计目标

某炼钢厂连铸循环水水量及水质如表 2-7-22 所示。

1995 年由冶金部发布的《连铸工程设计规定》（YB 9059—95）中有关连铸机用水水质参考指标（二次喷淋冷却水部分）见表 2-7-23。

表 2-7-22 连铸循环水水质参数

水质参数	1900 连铸供水回水	1450 连铸供水回水	水质参数	1900 连铸供水回水	1450 连铸供水回水
水量/(m³/h)	2850	1850	油/(mg/L)	≤5≤30	≤525～30
pH 值	7～9	7～9	循环率/%	97.5	95.2
水温/℃	3555	≤3355～60	浓缩倍数	2.29	2.50
SS/(mg/L)	≤20≤400	≤20220			

表 2-7-23 铸循环水水质参考指标　　单位：mg/L（pH 值除外）

项目	硬度(以 CaCO₃ 计)	pH 值	SS	粒径	总含盐	SO₄²⁻	Cl⁻	SiO₂	油
参数	≤280	7～9	≤20	0.2	≤1000	≤600	≤400	≤150	≤15

2. 工艺选择及说明

（1）1900 连铸水处理工艺

喷淋冷却及直接冷却的回水，由铁皮沟进入圆形铁皮坑。较大的氧化铁皮在铁皮坑内沉降，并堆集在底部。用门式抓斗吊车将其抓出，并在脱水池脱水后，运往烧结厂，作为球团矿原料。水中的油在铁皮坑外环部分离上浮至水面，经挡油板和撇油机被撇除。经上述处理后的水含悬浮物约 60mg/L，油 5～10mg/L。净化除油水经泵提升，一部分供直接冷却使用，另一部分则送往高速过滤器，进一步净化除油（达到悬浮物≤15mg/L，油≤5mg/L）。其设计处理流程见图 2-7-37。

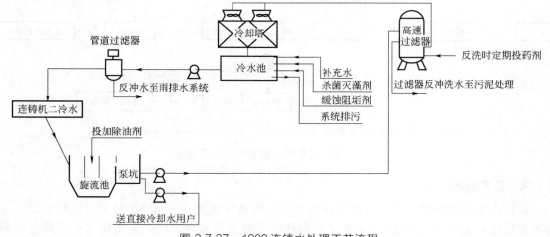

图 2-7-37 1900 连铸水处理工艺流程

（2）1450 连铸水处理工艺

1450 连铸水处理工艺在 1900 连铸水处理工艺的基础上，增设了二次平流沉淀池，能更有效地去除连铸机二冷水中的悬浮物和浮油，提高了水处理效果，其设计处理流程见图 2-7-38。

3. 工艺评析

（1）1900 连铸水处理工艺

实际运行过程中，投产初期曾出现过滤器滤料板结情况；1998 年前后，现场根据水质情况，在旋流沉淀池投加除油剂，并在过滤器反冲洗时定期加药，以确保过滤器反冲洗效果。经上述改造后，滤料板结状况得到改善，系统运行趋于正常。

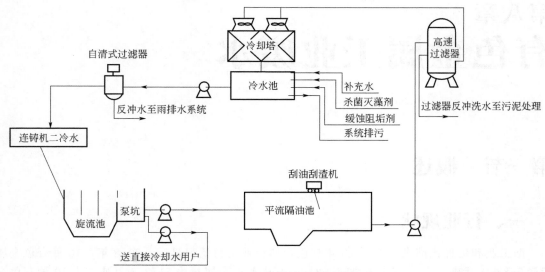

图 2-7-38　1450 连铸水处理工艺流程

（2）1450 连铸水处理工艺

该系统投运以来，运行基本正常。

参 考 文 献

［1］《铁矿石采选企业废水处理技术规范》编制说明.

［2］GB/T 29999—2013. 铜矿山酸性废水综合处理规范.

［3］钢铁行业炼钢工艺污染防治最佳可行技术指南（试行）.

［4］赵玺, 赵凌波, 李绪忠. 某有色金属矿山酸性废水处理工程设计［J］. 硫酸工业, 2017,（12）: 49-51.

［5］鲁元宝, 梁荣华, 杜娟, 刘海波. A^2O-Fenton 工艺处理焦化废水回用工程实例［J］. 工业用水与废水, 2015, 46
（03）: 51-54.

［6］何迎春. 上海一钢 150t 转炉除尘废水处理设计［J］. 冶金动力, 2003,（06）: 57-59.

［7］肖丙雁. 宝钢连铸浊循环水处理系统设计流程分析［J］. 宝钢技术, 2001,（04）: 19-23.

［8］吴志坚, 孙金龙. 钢铁生产废水处理工程实例［J］. 工业用水与废水, 2019, 50（05）: 78-80.

［9］刘慧君. 浓水反渗透在钢铁废水处理中的设计和应用［J］. 冶金动力, 2019,（07）: 61-63.

［10］段小冰. 钢铁业高含盐水处理与利用工程实例［J］. 海峡科学, 2018,（11）: 38-40.

［11］林青山, 李坤鹏, 娄红春, 等. 钢铁酸洗废水中酸和铁的回收［J］. 淮阴工学院学报, 2018, 27（01）: 25-29.

［12］苗志加, 邓思远, 赵磊, 等. 钢厂废水处理工程设计实例［J］. 河北企业, 2017,（11）: 144-145.

［13］解晨炜. 钢铁工业废水处理技术研究［J］. 中国资源综合利用, 2017, 35（08）: 20-21+25.

［14］邹定. 反渗透技术在工业废水回用方面的应用［J］. 中国新技术新产品, 2017,（14）: 109-110.

［15］陈炳. 钢铁生产废水处理与回用设计［J］. 资源节约与环保, 2015,（10）: 33+38.

［16］吴铁, 赵春丽, 刘大钧, 等. 钢铁行业废水零排放技术探索［J］. 环境工程, 2015, 33（04）: 146-149.

第八章
有色金属工业废水

第一节　概述

一、行业现状

据工业和信息化部发布的 2018 年有色金属行业运行情况显示，2018 年，10 种有色金属产量 5687.9 万吨，比 2017 年增加 6.02%，其中矿产金属量为 5173.3 万吨，占 10 种有色金属产量的 91.0%。在 10 种有色金属产量中，铜、铝、铅、锌产量分别为 902.9 万吨、3580.2 万吨、511.3 万吨、568.1 万吨，占 10 种有色金属产量的 97.8%，而矿产金属中的铜、铝、铅、锌的产量合计为 5041.7 万吨，占矿产金属总量的 97.5%，占 10 种有色金属产量的 88.6%。表 2-8-1 为 2018 年我国常用的 10 种有色金属的产量。

表 2-8-1　2018 年我国 10 种有色金属产量

序号	名称	产量/万吨	同比增长率/%	序号	名称	产量/万吨	同比增长率/%
1	铝	3580.2	7.4	6	锡	17.8	5.1
2	铜	902.9	8.0	7	锑	19.2	18.9
	其中矿产铜	667.4	10.1				
3	铅	511.3	9.8	8	镁	69.6	−21.4
	其中矿产铅	285.9	9.7				
4	锌	568.1	−3.2	9	海绵钛	6.9	12.1
	其中矿产锌	508.2	−7.4				
5	镍	18.0	6.4	10	汞	0.23	18.9

在有色金属工业从采矿、选矿到冶炼，以至成品加工的整个生产过程中，几乎所有工序都要用水，都有废水排放。根据废水来源、产品和加工对象不同，可分为采矿废水、选矿废水、冶炼废水、加工废水。冶炼废水又可分为重有色金属冶炼废水、轻有色金属冶炼废水、稀有色金属冶炼废水。按废水中所含污染物主要成分，有色金属冶炼废水也可分为酸性废水、碱性废水、重金属废水、含氰废水、含氟废水、含油类废水和含放射性废水等。有色金属工业废水造成的污染主要有无机固体悬浮物污染、有机耗氧物质污染、重金属污染、石油类污染、醇污染、碱污染、热污染等。表 2-8-2 列出了我国铜、铅、锌、铝、镍五种有色金属的主要工业污染物。

据中国环境统计公报 2016，全国有色金属工业废水的年排污量超 7 亿吨（其中铜、铅、锌、铝、镍五种有色金属排放废水占 80% 以上），有色金属工业废水与黑色金属冶炼及加工废水相比，虽然水量不大，但其污染不可等闲视之。由于有色金属种类繁多，矿石原料品位贫富有别，冶金工艺技术先进落后并存，生产规模大小不同，所以生产单位产品的排污指标

表 2-8-2　我国五种有色金属主要工业污染物

行业	产品	污染物种类		
		废水	废气	固体废物
铜	铜精矿	Cu、Pb、Zn、Cd、As		废石、尾矿
	粗铜	Cu、Pb、Zn、Cd	SO_2、烟尘	
铅、锌	粗铅	Pb、Cd、Zn	SO_2、烟尘	冶炼渣
	粗锌	Pb、Cd、Zn	SO_2、烟尘	
铝	氧化铝	碱量、SS、油类	尘	赤泥
	电解铝	HF	粉尘、HF、沥青烟	
镍	镍	Ni、Cu、Co、Pb、As、Cd	SO_2、烟尘	废渣

及排水水质的差别是很大的。有色金属工业是对水环境造成污染最严重的行业之一，因此对有色金属工业废水的治理工作是十分重要的。

治理有色金属工业废水的基本原则是：开展多种形式的清洁生产，减少排污量；提高水的重复利用率；强化末端治理技术。

我国有色金属工业废水治理起步于 20 世纪 70 年代初，目前已有了较大的发展，主要表现在以下 3 个方面：

① 中和法、离子交换法、萃取法、吸附法、浮选法、曝气法等多种废水治理方法在工程实践中已得到广泛应用，并取得了有效的治理效果，如酸性废水、含氰废水、含放射性废水等的治理都有多个成功应用的实例。

② 废水治理从单项治理发展到全面规划综合治理，从废水中回收有价值金属也初见成效。

③ 工业用水复用率逐年提高，目前各有色金属企业工业用水复用率可达 78%～96%。

在有色金属工业废水处理方面，尚有如下不足：有色金属工业废水的处理装置能力不够，尚有 20% 左右的废水未经处理直接外排；另外，又有部分经过处理的有色金属工业废水不能达到排放或回用要求。因此，今后应开发新型的有色金属工业废水处理技术，强化废水处理设施的运行管理水平，以实现系统的末端治理达标排放。与此同时，在提高管理水平、增强节水意识方面的作用也不容忽视。

本章重点阐述有色金属矿山废水治理与冶炼废水治理两部分内容。

二、产业政策

为推进经济结构的战略性调整，促进产业升级，提高竞争力，2000 年 7 月国家经贸委颁布实施了《当前国家重点鼓励发展的产业、产品和技术目录（2000 年修订）》，有色金属湿法冶炼被列入其中。

国家经济贸易委员会、财政部、科技部和国家税务总局于 2002 年 6 月 21 日联合下发的《国家产业技术政策》（国经贸技术 ［2002］ 444 号），该《产业技术政策》对有色金属行业提出了如下的发展方向：高效、低耗、低污染的生产工艺，提高产品质量，增加产品品种，降低环境污染，加强资源综合利用。

国家经济贸易委员会 2002 年 9 月 28 日下发的《工业行业近期发展导向》（国经贸 ［2002］ 716 号）鼓励发展钨、锡、锑、镍、镁、铟、钽、钛、稀土等我国具有资源优势、可批量出口的深加工产品，重点发展粉体材料、合金材料、深加工制品、高纯金属等。继续贯彻钨、锡、锑、离子型稀土的保护性开采政策。控制稀土开发总量，加大稀土深加工产品和新材料的开发力度。支持青海、西藏盐湖锂、镁资源综合利用技术研究和产业化进程。

《产业结构调整指导目录》鼓励类项目有：

① 有色金属现有矿山接替资源勘探开发，紧缺资源的深部及难采矿床开采；

② 高效、低耗、低污染、新型冶炼技术开发；

③ 高效、节能、低污染、规模化再生资源回收与综合利用；

④ 信息、新能源有色金属新材料生产；

⑤ 交通运输、高端制造及其他领域有色金属新材料生产。

三、污染控制政策、标准

1. 污染防治措施

（1）调整产业结构

对于有色金属污染的治理，很重要的一个环节就是调整产业结构，应该严格执行国家颁布的有色金属产业调整和振兴规划，根据国家的相关政策，对污染重的产业强制淘汰。对那些不符合产业排污机制的产业可以让其停业整顿治理，达标后方可进行排放。对于那些中小企业，鼓励产业兼并和重组，以大带小、新带老，在获得规模效益的同时集中治污，实现有色金属污染物的零排放。

（2）推广清洁生产

在生产环节方面，引入循环经济的生产模式，将清洁生产纳入生产轨道，严格执行国家指定的重点企业清洁生产审核程序的规定、清洁生产审核暂行办法等规程，并且加大科技的投入，利用科技来提高原料的利用率，对于废弃物进行回收再利用，在生产的过程中将有色金属污染物进行治理，减少废弃物的排放。

（3）改进工艺

工艺过程污染预防技术主要是采用高效、低耗、低污染的生产工艺和先进技术装备，鼓励采用富氧侧吹等新工艺，实现产业技术创新和升级。其中技术创新包括采矿技术、选矿技术及废物处理技术，遵循"减少污染物、资源循环再利用"的原则，尽量选取绿色技术，让矿区的环境损失降低到最小；对矿区生产中产生的废弃物进行分类，将其含有的有价金属及能源等进行提炼再利用，然后再将无用废物进行处理后排放。

2. 相关标准

① 《铝工业污染物排放标准》（GB 25465—2010）；

② 《铅、锌工业污染物排放标准》（GB 25466—2010）；

③ 《铜、镍、钴工业污染物排放标准》（GB 25467—2010）；

④ 《镁、钛工业污染物排放标准》（GB 25468—2010）；

⑤ 《锡、锑、汞工业污染物排放标准》（GB 30770—2014）；

⑥ 《排污许可证申请与核发技术规范 有色金属工业——汞冶炼》（HJ 931—2017）；

⑦ 《排污许可证申请与核发技术规范 有色金属工业——镁冶炼》（HJ 933—2017）；

⑧ 《排污许可证申请与核发技术规范 有色金属工业——镍冶炼》（HJ 934—2017）；

⑨ 《排污许可证申请与核发技术规范 有色金属工业——钛冶炼》（HJ 935—2017）；

⑩ 《排污许可证申请与核发技术规范 有色金属工业——锡冶炼》（HJ 936—2017）；

⑪ 《排污许可证申请与核发技术规范 有色金属工业——钴冶炼》（HJ 937—2017）；

⑫ 《排污许可证申请与核发技术规范 有色金属工业——锑冶炼》（HJ 938—2017）；

⑬ 《排污许可证申请与核发技术规范 有色金属工业——铅锌冶炼》（HJ 863.1—2017）；

⑭《排污许可证申请与核发技术规范 有色金属工业——铝冶炼》（HJ 863.2—2017）；

⑮《排污许可证申请与核发技术规范 有色金属工业——铜锌冶炼》（HJ 863.1—2017）。

第二节　有色金属矿山废水

矿山开采包括采矿、选矿两项工艺。在矿山开采过程中，会产生大量的矿山废水，其中包括矿坑水、废石场淋滤水、选矿废水以及尾矿池废水等。此外，废弃矿井排水亦是矿山废水的一种。据不完全统计，全国矿山废水每年的总排放量约为 2.98 亿吨，占全国废水总排放量的 1.61%。

采矿工业中最主要和影响最大的液体废物来源于矿山酸性废水。无论什么类型矿山，只要赋存在透水岩层并穿越地下水位或水体，或只要有地表水流入矿坑，且在矿体或围岩中有硫化物（特别是黄铁矿）存在，都会产生矿山酸性废水。

选矿工业遇到的主要液体处理问题，就是从尾矿池排出的废水。该排出水中含有一些悬浮固体，有时候还会有低浓度的氰化物和其他溶解离子。氰化物是由各种不同矿物进行浮选和沉淀时所用药剂带来的。选矿厂排出的废水量很大，约占矿山废水总量的 1/3。

矿山废水由于排放量大，持续性强，而且其中含有大量的重金属离子、酸、碱、悬浮物和各种选矿药剂，甚至含有放射性物质等，对环境的污染十分严重。控制矿山废水污染的基本途径有：a. 改革工艺，消除或减少污染物的产生；b. 实现循环用水和串级用水；c. 净化废水并回用。

一、生产工艺与废水来源

1. 采矿工艺与废水来源

采矿工艺是矿物资源工业的首道工艺，包括露天开采工艺及坑内矿山采掘工艺两种方法。虽然我国近年来引进了国外的先进采矿技术装备，但矿山建设和采矿生产仍然是有色金属工艺的一个薄弱环节。目前，我国有色金属的冶炼能力大于开采能力 30% 以上。

采矿废水按其来源可以分为矿坑水、废石堆场排水和废弃矿井排水，其中矿坑水可分为地下水、采矿工艺废水和地表进水。采矿废水按治理工艺可分为两类：一是采矿工艺废水；二是矿山酸性废水。采矿工艺废水主要是设备冷却水和凿岩除尘等废水，设备冷却水基本无污染，冷却后可以回用于生产。凿岩除尘等废水主要污染物是悬浮物，经沉淀后可回用。而矿山酸性废水是采矿废水中主要的治理对象。

矿山酸性废水主要产生于废石堆场和矿坑。废石堆场的酸性废水水质受废石成分、废石堆的几何形状、降雨强度和历时长短、气温、微生物等因素的影响；矿坑酸性废水的水质、水量因坑道地理位置、标高、围岩结构、开采作业方法、降水量等不同而不同。矿山酸性废水具有如下特点：a. 含多种金属离子，pH 值多在 2.5～4.5；b. 废水量大，水流时间长；c. 排水点分散，水质及水量波动大。

矿山废水通常是因氧（空气中的氧）、水和硫化物发生化学反应生成的，微生物也可能发挥一定的作用：

$$2MeS_2 + 2H_2O + 7O_2 \longrightarrow 2MeSO_4 + 2H_2SO_4$$

$$4MeSO_2 + 2H_2SO_4 + 5O_2 \longrightarrow 2Me_2(SO_4)_3 + 2H_2O$$

$$Me_2(SO_4)_3 + 6H_2O \longrightarrow 2Me(OH)_3 \downarrow + 3H_2SO_4$$

矿山酸性废水能使矿石、废石和尾矿中的重金属溶出而转移到水中，造成水体的重金属污染。矿山酸性废水可能含有各种各样的离子，其中可能包括 Al^{3+}、Mn^{2+}、Zn^{2+}、Cd^{2+}、Pb^{2+} 等。此外，这些废水中还含有悬浮物和矿物油等有机物。表 2-8-3 是某矿山酸性废水的水质指标。

表 2-8-3　某矿山酸性废水的水质指标

项目	平均值	最小值	最大值	排放标准	项目	平均值	最小值	最大值	排放标准
pH 值	2.87	2	3	6~9	Cr/(mg/L)	0.21	0.11	0.29	0.5
Cu/(mg/L)	5.52	2.3	9.07	1.0	SS/(mg/L)	32.3	14.5	50	200
Pb/(mg/L)	2.18	0.39	6.58	1.0	SO_4^{2-}/(mg/L)	43.40	2050	5250	
Zn/(mg/L)	84.15	27.95	147	4.0	Fe^{2+}/(mg/L)	93	33	240	
Cd/(mg/L)	0.74	0.38	1.05	0.1	Fe^{3+}/(mg/L)	679.2	328.5	1280	
As/(mg/L)	0.73	0.2	2.65	0.5					

2. 选矿工艺及废水来源

选矿是矿物资源工业的第二道工艺，通过选矿可以将有价金属含量低、多金属共生的矿石中的有价金属富集起来，并彼此分开，加工成相应的精矿，以利于后序的冶炼工艺的高效率及金属产品的高质量。选矿生产包括洗矿、破碎和选矿三道工序。常用的选矿方法有重选法、磁选法和浮选法。

选矿废水包括四部分：洗矿废水、破碎系统废水、选矿废水和冲洗废水。表 2-8-4 列出了选矿工业各工段废水的特点。

表 2-8-4　选矿工业各工段废水的特点

选矿工段		废水特点
洗矿废水		含有大量泥砂矿石颗粒，当 pH<7 时，还含有金属离子
破碎系统废水		主要含有矿石颗粒，可回收
选矿废水	重选和磁选	主要含有悬浮物，澄清后基本可全部回用
	浮选	主要来源于尾矿，也有来源于精矿浓密溢流水及精矿滤液，该废水主要含有浮选药剂
冲洗废水		包括药剂制备车间和选矿车间的地面、设备冲洗水，含有浮选药剂和少量矿物颗粒

选矿废水的特点：

① 水量大，约占整个矿山废水量的 85% 左右；

② 废水中的 SS 主要是泥砂和尾矿粉，含量高达每升几千至几万毫克，悬浮物粒度极细，呈细分散的胶态，不易自然沉降；

③ 污染物种类多，危害大。

选矿废水中含有各种选矿药剂（如氢化物、黑药、黄药、煤油、硫化钠等）、一定量的金属离子及氟、砷等污染物，若不经处理排入水体，危害很大。有色金属选矿过程中，浮选法用水 $4\sim7m^3/t$，重选用水 $20\sim26m^3/t$，浮选-磁选联合工艺用水 $23m^3/t$，重选-浮选联合工艺用水 $20\sim30m^3/t$，除循环使用的水外，绝大部分使用后的水伴随尾矿以尾矿浆的形式从选矿厂流出。选矿废水中含有大量泥砂和尾矿粉，可使整条河流变色。选矿剂是选矿废水中另一重要的污染物。

表 2-8-5 是某矿山选矿废水的水质指标。

表 2-8-5　某矿山选矿废水的水质指标　　单位：mg/L（pH 值除外）

项　目	浓　　度	项　目	浓　　度	项　目	浓　　度
pH 值	2	Pb	0.0184～0.813	Cd	0.028～0.004
SS	105.6～5396.00	Zn	0.008～0.858	As	0.0014～0.096
Cu	0.167～28.60	Cr(Ⅵ)	0～0.0098	CN⁻	0.0004～0.096
S	0.003～1.239				

二、清洁生产

1. 采矿工艺与清洁生产

采矿工业应注重工艺革新，提倡清洁生产，以减少污水量的产生，并减少污染物的排放量。具体措施如下。

① 更新设备，加强管理，减少整个采矿系统的排污量。

a. 采用疏干地下水的作业，就可减少井下酸性废水的排放量。

b. 做好废石堆场的管理工作：对已废弃的废石堆积地进行密封（喷洒沥青、泥土覆盖、植被），以隔绝气和雨水的冲刷。对正在使用的废石堆积地，要合理安排，尽可能将堆满的部分（不使用部分）进行密封；对正在用的场地，则可以在其周围修设渠道、排水孔或分层喷洒沥青及其他价廉的覆盖层。

c. 对废弃矿井也要做好管理工作，应截断地下径流及地表水渗滤，避免废弃矿井长时间污染附近水域。

② 开展系统内有价金属的回收工作，这既可以减少污染物的排放量，同时又降低了废水的污染程度。

对矿山含铜酸性废水，采用石灰中和沉淀法和石灰调 pH-铁屑置换-石灰沉淀法分别进行试验，经铁屑置换后，废水中大部分的铜以海绵铜的形式回收，回收率可达 95% 以上。采用反渗透工艺，对浓缩液用硫化沉淀处理，铜回收率可达 74%。

③ 加强整个系统各个污水排放口的监测工作，做到分质供水，一水多用，提高系统水的复用率和循环率；同时也可以利用废弃矿井等作为矿山废水的处理场所，达到因地制宜、以废治废的目的。

2. 选矿工艺与清洁生产

选矿工业在清洁生产方面，应做到以下几个方面。

① 尽量采用无毒或低毒选矿药剂替代剧毒药剂（如含氰的选矿剂等），避免产生含毒性的难治理废水。

② 采用回水选矿技术，使选矿系统形成密闭循环体系，达到零排放。

③ 加强内部管理，做到分质供水，一水多用，提高系统水的复用率和循环率。

如某铜矿，将铜硫混合浮选、混合精矿进行铜硫分选的选矿工艺改进为优先选铜、选铜尾矿选硫的工艺，并根据选矿工艺过程各工段废水水质的差异进行废水回用，保障了在缺水期生产的顺利进行，同时又降低了中和剂石灰的用量（约降低 22%）。其具体措施为：利用铜精矿和硫精矿浓密机回水中重金属离子含量少、pH 值高的特点，在生产中单独将部分浓密机溢流水用作铜粗选作业，以补充石灰用作浮选作业中矿浆 pH 值调整剂。当浓密机溢流水添加量为磨矿机补加水总用水量的 15%～20% 时，既节约了石灰用量及新鲜水的用量，而且对铜硫选矿指标毫无影响。

3. 采选工艺与清洁生产

有许多有色金属矿山往往是采选并举，这时应充分利用采选废水水质的差异进行清污分流，回水利用，达到消除污染、综合治理、保护环境的目的。

如某采选并举铜矿采选废水的综合治理，其具体措施为：清污分流，硫精矿溢流水返回利用；在硫精矿溢流水分流后，矿区混合废水由矿口外排水、生活废水、自然水组成，将这部分废水截流沉淀后用于选矿生产。该措施省能耗，节约新鲜水，回水利用率达 65%。

三、废水处理与利用

矿山废水水质水量变化十分复杂，但其处理方法与产生低浓度有机组分废水的其他大多数工业相比，并无不同。矿山废水处理或防治方法所遵循的基本原则如下：

① 直接在水源出处防止矿山废水的生成；

② 封存污染水，采用有效的处理方法，实现系统循环使用，形成封闭循环系统；

③ 改进主体工艺，实行清洁生产；

④ 清浊分流，分别治理；

⑤ 具体到某一治理项目时，针对其水质、水量，采用最佳方法。

（一）矿山酸性废水处理工艺

目前，我国有色矿山酸性废水的处理方法有中和法、反渗透法、硫化法、金属置换法、萃取法、吸附法、浮选法、生物法等，其中中和法因其工艺成熟、效果好、费用低而成为最常用的处理方法。通常酸性废水的处理工艺采用上述方法联合的工艺。

1. 处理方法

（1）石灰中和法

生石灰、熟石灰、石灰石是中和法中较多采用的中和剂，此外，苏打（Na_2CO_3）及苛性碱（$NaOH$）等钠基盐也可作为中和剂，但后者因为费用高而较少采用。中和的目的是要去除矿山酸性废水的酸度和溶解性组分。中和法一般与将 Me^{2+} 转化成 Me^{3+} 的曝气氧化过程结合使用，以更高效地去除金属离子。

中和法的优点是操作简便，便于实现连续运行，运行费用低。缺点是生成大量沉淀物，络合离子难以去除。

（2）硫化物沉淀法

硫化物沉淀法是向含金属离子的废水中投加硫化钠或硫化氢等硫化剂，使金属离子与硫离子反应，生成难溶的金属硫化物，再予以分离除去的方法。采用硫化物沉淀法处理含重金属离子的废水，有利于回收品位较高的金属硫化物。大多数重金属硫化物的溶度积都很小，因此用硫化法处理重金属废水的去除率高。根据金属硫化物溶度积的大小，其沉淀析出的顺序为：Hg^{2+}、Ag^+、As^{3+}、Bi^{3+}、Cu^{2+}、Pb^{2+}、Cd^{2+}、Zn^{2+}、Co^{2+}、Ni^{2+}、Fe^{2+}、Mn^{2+}。位置越靠前的金属硫化物，其溶解度越小，处理也越容易。由于各种金属硫化物的溶度积相差悬殊（例如硫化汞为 4.0×10^{-53}，而硫化铁为 6.3×10^{-13}），所以通过硫化物沉淀法把溶液中不同金属离子分步沉淀，所得泥渣中金属品位高，便于回收利用。

（3）金属置换法

采用金属置换（还原）法可回收废水中的金属。原则上说，只要比待去除金属更活泼的金属都可作置换剂；而在实际上，还要考虑置换剂的来源、价格、二次污染、后续处理等一系列问题。铁屑（粉）是最常用的置换剂。该方法的缺点是试剂费用较高。

（4）萃取法

萃取法是利用溶质在水中和有机溶剂（萃取剂）中溶解度的不同，使废水中的溶质转入萃取剂中，然后使萃取剂与废水分层分离。选用的萃取剂应具有良好的选择性、一定的化学稳定性、与水的密度差大且不互溶、易于回收和再生、不产生二次污染等特点。针对金属废水种类繁多、性质各异这一特点，已经研究了多种金属离子的高选择性萃取剂。采用萃取法处理金属矿山废水，便于回收废水中的有用金属，因而在处理金属矿山废水中得到了应用。

（5）离子交换法

利用固体离子交换剂与溶液中有关离子间相应量的离子互换反应，可使废水中离子污染物分离出来。离子交换是在装填有离子交换剂的交换柱中进行的。

离子交换剂是决定交换处理效果的一个重要因素。离子交换剂分为无机的和有机的两大类。无机的离子交换剂有天然沸石、合成沸石、磺化煤等。沸石在处理重金属废水和放射性废水中得到了应用。有机的离子交换剂通常指人工合成的离子交换树脂。按可交换离子的种类，离子交换树脂可分为阳离子交换树脂和阴离子交换树脂。

离子交换法处理废水的基本过程是交换和再生两步。交换饱和后的离子交换树脂，可用酸、碱、盐等化学药剂（再生剂）进行洗脱再生，离子交换树脂恢复其交换能力后，可重新使用，而污染物则浓集于洗脱液中，便于进一步回收处理。离子交换法处理废水的费用虽然较高，但由于处理后出水水质好，可回用于生产，且易于回收废水中的有用物质，因而在处理重金属废水、稀有金属废水和贵金属废水中均有应用。

（6）生物法

生物法是利用硫酸盐还原菌（SRB）将矿山酸性废水中的硫酸盐还原为硫化氢，并利用某些微生物将硫化氢氧化为单质硫。微生物法处理矿山酸性废水费用低，实用性强，无二次污染，还可以回收单质硫，产生的硫化物可与重金属结合为金属硫化物沉淀而使废水中的重金属离子得以去除。

生物法中的人工湿地法是利用基质、微生物、植物复合生态系统的物理、化学和生物的三重协调作用，通过过滤、吸附、共沉、离子交换、植物吸收和微生物分解来实现对污水的高效净化。该法具有出水水质稳定，对水中 N、P 等营养物质去除能力强，基建和运行费用低，维护管理方便，耐冲击能力强等优点。

（7）吸附法

针对重金属的特性，主要采用褐煤、矿物材料、活性炭和泥炭地等吸附材料和基质。

① 褐煤吸附 褐煤、冶金焦炭、硬木锯屑及其他似纤维素材料都可用作金属的良好吸附剂，而未精选的褐煤效果最好，能吸附自身重量 15％的铜或镍，36％的银和 46％的铅，还成功地吸附锌和钙通过酸解吸可以从煤中回收金属，通过与石灰中和，煤可再使用。

② 泥炭地吸附 酸性水经泥炭地，由于阳离子交换和亚铁离子氧化作用，其酸度和亚铁离子含量显著降低。

2. 处理工艺举例

（1）石灰石-石灰乳二段中和工艺

如某金矿利用石灰石-石灰乳二段中和工艺处理含重金属离子的矿山酸性废水。该矿山酸性废水的特点是：pH 值低，重金属离子、硫酸根离子含量高。其处理工艺流程如图 2-8-1 所示，处理水质如表 2-8-6 所示。

主要技术指标：a. 处理水量 470～6400m³/d，年平均 2100m³/d；b. 沉渣含水率≤60％；c. 石灰石消耗量 3kg/m³（废水）；d. 石灰消耗量 0.33kg/m³（废水）。

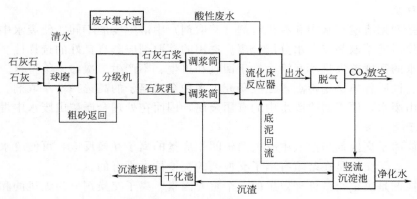

图 2-8-1 石灰石-石灰乳二段中和法处理工艺流程

表 2-8-6 石灰石-石灰乳二段中和法处理酸性废水水质

项目 \ 取样点	原废水	石灰乳中和法（一段中和法）	二段中和法		国家排放标准
			石灰石中和出水	石灰乳调节出水	
pH 值	2.34	7.55	6.00	7.62	6~9
Cu^{2+}/(mg/L)	2.30	0.025	0.050	0.033	1.0
Pb^{2+}/(mg/L)	0.625	0.075	0.125	0.050	1.0
Cd^{2+}/(mg/L)	37.75	0.208	25.0	1.25	4.0
Pb^{2+}/(mg/L)	0.75	0.010	0.063	0.013	0.1
Fe^{2+}/(mg/L)	115.50	0.45	11.75	0.40	—
Fe^{3+}/(mg/L)	434.50	0.10	6.50	1.00	—
Ca^{2+}/(mg/L)	121.06	766.72	1341.76	810.10	—
SO_4^{2-}/(mg/L)	2436.49	2078.28	2307.69	未检出	—
SS/(mg/L)	14.5	未检出	106.40	未检出	200

该工程由一段中和法改建而成。一段中和法的缺点是：生石灰给料不均匀、pH 值难以控制、受潮石灰给料困难、中和渣难沉淀等。二段中和法以石灰石为主要中和剂，辅之以石灰乳作调节剂，其各项技术指标均优于一段中和法。

（2）HDS 工艺

HDS 工艺（high density sludge process）是在石灰中和工艺基础上的一种高效底泥循环回流技术，其基本原理是将废水酸碱中和形成的部分底泥进行循环，与中和药剂石灰充分混合后再进入酸碱反应池内。返回的目的是使底泥中包裹的没有反应完全的石灰达到充分利用，以降低石灰用量，同时，循环絮凝后的回流底泥在与石灰混合的过程中作为硫酸钙晶种，为新生成硫酸钙和氢氧化物等沉淀物提供生长场所和载体，进一步增大絮体颗粒，进而提高底泥浓度和处理量。某铜矿采用该工艺，底泥浓度达到 18% 以上，处理后水质 pH 值为 7~8，SS 含量＜65mg/L，COD＜85mg/L，达到国家二级排放标准（GB 8978—1996）。其工艺流程见图 2-8-2。

（二）选矿废水处理与回用工艺

从表 2-8-5 可以看出，选矿废水中的重金属元素大都以固态物存在，只要采取物理净化沉降的方法即可避免重金属污染，而废水中可溶性的选矿药剂是多数选矿废水的主要危害。这危害有 4 点：a. 本身有毒有害；b. 无毒但有腐蚀性；c. 本身无毒但增加水体 BOD；d.

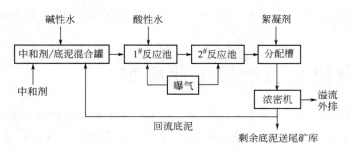

图 2-8-2　HDS 工艺流程

矿浆中含有大量的有机物和无机物的细小颗粒，沉降性能差。从选矿废水处理方法来讲，最有效的措施是尾矿水返回使用，减少废水总量；其次才是进行净化处理。

1. 处理工艺

处理选矿废水的方法有氧化、沉降、离子交换、活性炭吸附、浮选、生化、电渗析等，其中氧化法和沉降法是普遍采用的方法。有时单独使用，有时也采用联合流程。

（1）自然沉降法

即将废水打入尾矿坝（或尾矿池、尾砂场）中，充分利用尾矿坝面积大的自然条件，使废水中悬浮物自然沉降，并使易分解的物质自然氧化降解。这种方法简单易行，目前国内外仍在普遍采用。

（2）中和沉淀法和混凝沉淀法

向尾矿水中投加石灰，可使水玻璃生成硅酸钙沉淀，此沉淀与悬浮固体共沉淀而使废水得到净化。有时，为改善沉淀效果，可加入适量无机混凝剂（如硫酸亚铁）或高分子絮凝剂，亦可加酸使硅酸钠转化为具有絮凝作用的硅酸，从而改善沉降效果。采用中和沉淀法和混凝沉淀法处理尾矿水，具有水质适应性强、药剂来源广、操作管理方便、成本低等优点，目前已被广泛使用。

混凝-斜管沉淀法工艺流程如图 2-8-3 所示。

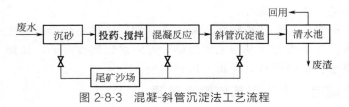

图 2-8-3　混凝-斜管沉淀法工艺流程

（3）氧化法

选用次氯酸钠、氯气、液氯、漂白粉等药剂与水反应，生成活性氯，因活性氯能迅速破坏有机物并使硫化物中的硫进一步氧化，达到除 COD、硫化物和氰化物的目的。

2. 回用工艺

（1）浓缩池回水工艺

在选矿厂内或选矿厂附近修建浓缩池回水设施进行尾矿脱水，尾矿砂沉在浓缩池底，澄清水溢流出浓缩池，并送回选矿厂回用。浓缩池的回水率一般可达 40%～70%，浓缩池底矿浆浓度可达到 60%～65%。

（2）尾矿库回水工艺

尾矿库回水就是把剩余的这部分澄清水回收，供选矿厂使用。将尾矿废水入尾矿库以后，尾矿矿浆中所含水分一部分残留在沉积尾矿的空隙中，一部分聚集在尾矿库内自然澄清、降解有毒有害物质，另一部分在库内蒸发。

第三节　有色金属冶炼工业废水

有色金属冶炼企业是耗水量大、废水排放量大，废水中污染物种类多、数量大，对水环境污染最严重的行业之一。有色冶金废水对环境的污染有如下特点：a. 水排放量大；b. 污染源分散、复杂；c. 污染物种类繁多；d. 污染物毒性大。

有色金属冶炼废水污染物浓度如表 2-8-7 所示。

表 2-8-7　有色金属冶炼废水污染物浓度　　　　　　　　单位：mg/L

类别	汞	镉	六价铬	铅	砷	挥发酚	氰化物	COD	石油类	悬浮物	硫化物
最大	0.26	12.63	23.81	230.77	7.71	79.34	77.93	4720.28	80.00	5324.68	486.29
平均	0.08	0.83	1.16	4.37	0.81	4.34	4.63	139.23	5.25	199.99	16.58

我国有色金属冶炼废水的排放具备以下特征：

① 有色金属冶炼废水中重金属浓度较高，水处理工艺比较复杂。

② 有色金属冶炼废水的水重复利用率、回用率及零排放率高于工业废水的平均水平，但低于钢铁冶炼和轧钢废水。

③ 我国有色金属冶炼废水整体处理水平较高，但不同规模的企业存在处理水平差异，小型企业和乡镇企业的数量较多，且处理水平较低。

④ 同时由于地域不同，废水的水质、水量及废水处理水平不同亦存在较大差异。

一、生产工艺与废水来源

有色金属通常分为重有色金属、轻有色金属、稀有色金属三大类。重有色金属包括铜、铅、锌、镍、钴、锡、锑、汞等；轻有色金属主要指铝、镁，而稀有色金属则是因其在自然界含量很少而命名的，如锂、铷等。

有色冶金废水的来源为设备冷却水、冲渣水、烟气净化系统排出的废水及湿法冶金过程排放或泄漏的废水。其中冷却水基本未受污染，冲渣水仅轻度污染，而烟气净化废水和湿法冶金过程排出的废水污染较严重，是重点治理对象。

1. 重有色金属冶炼生产工艺与废水来源

典型的重有色金属如 Cu、Pb、Zn 等的矿石均包括硫化矿和氧化矿两种，但一般以硫化矿分布最广。铜矿石 80% 来自硫化矿，冶炼以火法生产为主，炉型有白银炉、反射炉、电炉或鼓风炉以及近年来发展的闪速炉，其主要工艺流程见图 2-8-4。

目前世界上生产的粗铅 90% 采用焙烧还原熔炼。基本工艺流程是铅精矿烧结焙烧，鼓风炉熔炼得粗铅，再经火法精炼和电解精炼得电铅。锌的冶炼方法有火法、湿法两种，湿法炼锌的产量占总产量的 75%～85%。表 2-8-8 列出了我国几种铜、铅、锌冶炼工艺用水量。

重有色金属冶金包括火法、湿法两种。火法冶金废水包括冷却水、冲渣水、烟气净化废水、车间清洗排水四种；湿法冶金废水包括烟气净化废水和湿法冶炼废水两种。

重有色金属冶炼企业的废水主要包括以下几种：

① 炉窑设备冷却水　它是冷却冶炼炉窑等设备而产生的，排放量大，约占总量的 40%。

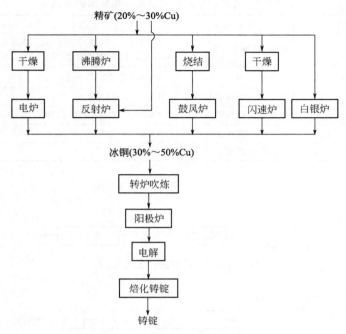

图 2-8-4　铜冶炼主要工艺流程

表 2-8-8　重金属冶炼废水用量情况

行业	炉型	产量/(t/a)	用水量[①]/(m³/t)	行业	炉型	产量/(t/a)	用水量[①]/(m³/t)
铜冶炼	白银炉	34090	100.0	铅冶炼	烧结鼓风炉	73493	41.50
	鼓风炉	40050	221.0			55904	107.6
		10198	209.8		密闭鼓风炉	26102	20.14
	电炉	70301	13.98			10510	80.81
	反射炉	54003	123.69	锌冶炼	湿法炼锌	110098	41.50
	闪速炉	80090	611.0		竖罐炼锌	11372	128.0
					密闭鼓风炉	55005	20.14
						22493	80.81

① 铜冶炼以 1t 粗铜计，铅、锌冶炼以 1t 产品计。

②　烟气净化废水　它是对冶炼、制酸等烟气进行洗涤所产生的，排放量大，含有酸、碱及大量重金属离子和非金属化合物。

③　水淬渣水（冲渣水）　它是对火法冶炼中产生的熔融态炉渣进行水淬冷却时产生的，其中含有炉渣微粒及少量重金属离子等。

④　冲洗废水　它是对设备、地板、滤料等进行冲洗所产生的废水，还包括湿法冶炼过程中因泄漏而产生的废液，此类废水含重金属和酸。

重有色金属冶炼废水中的污染物主要是各种重金属离子，其水质组成复杂、污染严重。据统计，其废水中需处理的废水量占总废水量的 31%。表 2-8-9 列出了几种炉型重有色金属冶炼废水的水质指标。

2. 轻有色金属冶炼生产工艺与废水来源

铝、镁是最常见也是最具代表性的两种轻金属。铝、镁的生产工艺流程分别见图 2-8-5、图 2-8-6。

表 2-8-9　几种炉型重有色金属冶炼废水的水质

冶金方法（炉型）	废水类别	废水主要成分/(mg/L)
反射炉(白银-冶、炼铜)	熔炼、精炼等废水	Cu 102.4、Pb 5.7、Zn 252.35、Cd 195.7、Hg 0.004、As 490.2、F 1400、B 640、Fe 2233、Na 2833、H₂SO₄ 153.8
电炉(以某厂为例)	熔炼铜废水	Cu 41.03、Pb 13.6、Zn 78.7、Cd 6.56、As 76.86
鼓风炉(某铜铅冶炼厂)	铜鼓风炉熔炼废水	Cu 2～3、As 0.6～0.7
	铅鼓风炉熔炼废水	Pb 20～130、Zn 110～120
闪速炉(某铜冶炼厂)	烟气制酸废水	H₂SO₄ 150、Cu 0.9、As 8.4、Zn 0.6、Fe 1.9、F 1500
电解精炼(某电铜冶炼厂)	含铜酸性废水	pH 2～5、Cu 30～300

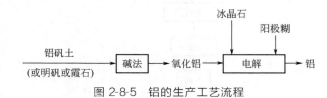

图 2-8-5　铝的生产工艺流程

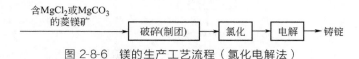

图 2-8-6　镁的生产工艺流程（氯化电解法）

　　我国主要用铝矾土为生产原料采用碱法来生产氧化铝。废水来源于各类设备的冷却水、石灰炉排气的洗涤水及地面等的清洗水等。废水中含有碳酸钠、NaOH、铝酸钠、氢氧化铝及含有氧化铝的粉尘、物料等，危害农业、渔业和环境。

　　电解法生产金属铝的主要原料是氧化铝，电解过程中产生大量的含有氟化氢和其他物料烟尘的烟气，而电解过程本身并不使用水也不产生废水。电解铝厂废水主要包括来源于硅整流所、铝锭铸造、阳极车间等工段的设备冷却水和产品冷却洗涤水，湿法烟气净化废水。电解铝厂的废水主要是由电解槽烟气湿法净化产生的，其废水量、废水成分和湿法净化设备及流程有关，吨铝废水量一般在 1.5～15m³ 之间，废水中主要污染物为氟化物。如某铝厂有 22 台 40kA 电解槽，每槽排烟量 1000m³/h，相当 300000m³/t（铝），烟气在洗涤塔内用清水喷淋洗涤，循环使用，洗涤液最终含氟 100～250mg/L，同时还含有沥青悬浮物等杂质成分。若采用干法净化含氟烟气，废水量将大大减少。

　　铝冶炼工业废水的特点见表 2-8-10。

表 2-8-10　铝冶炼工业废水特点

生产方法	废水特点	废水量
碱法生产氧化铝	废水中含有碳酸钠、NaOH、铝酸钠、氢氧化铝及含有氧化铝的粉尘、物料等，危害农业、渔业和环境	量大、碱度高
电解铝生产	包括含氟的烟气净化废水、设备冷却水和产品冷却洗涤水、阳极车间废水等	含氟的烟气净化废水、阳极车间废水需处理；冷却水可以做到循环利用

　　我国目前主要以菱镁矿为原料，采用氯化电解法生产镁。氯在氯化工序中作为原料参与生成氯化镁，在氯化镁电解生成镁的工序中氯气从阳极析出，并进一步参加氯化反应。在利用菱镁矿生产镁锭的过程中氯是被循环利用的。镁冶炼废水中能对环境造成危害的成分主要是盐酸、次氯酸、氯盐和少量游离氯。镁冶炼工业废水的特点见表 2-8-11。

　　表 2-8-12 列出了几种轻有色金属冶炼废水的水质指标。

表 2-8-11　镁冶炼工业废水的特点

废水类别	来源	废水特点
间接冷却水	镁厂的整流所、空压站及其他设备间接冷却水	未受污染，仅温度升高
尾气洗涤水	氯化炉尾气	呈酸性（盐酸）、含有氯盐
洗涤水	排气烟道和风机洗涤水	
氯气导管冲洗废水	氯气导管	
电解阴极气体洗涤水	电解阴极气体经石灰乳喷淋洗涤而得	排出的废水含有大量氯盐
镁锭酸洗镀膜废水	镁锭酸洗镀膜车间	量少，但含有重铬酸钾、硝酸、氯化铵等

表 2-8-12　几种轻有色金属冶炼废水特点

废水来源	水质
碳化法生产氧化铝	pH 9.8,总碱度（以 Na_2O 计）249mg/L,SS 383mg/L,氟化物 1.24mg/L,COD 11.3mg/L,油 8.37mg/L
电解铝生产废水	HF 106.3mg/L,粉尘 572.1mg/L,焦油 86.1mg/L
氯化电解法	pH 1.5,总酸度（HCl）1200mg/L,SS 8.4mg/L,Cl^- 1138mg/L,Cl_2 1.59mg/L,Cr^{6+} 0.01mg/L,$FeCl_3$ 39.1mg/L,$SiCl_4$ 110mg/L,$CaCl_2$ 0.33mg/L,$MgCl_2$ 0.76mg/L

3. 稀有色金属冶炼工艺及废水来源

稀有金属和贵金属由于种类多（50 多种），原料复杂，金属及化合物的性质各异，再加上现代工业技术对这些金属产品的要求各不相同，故其冶金方法也相应较多，废水来源和污染物种类也较为复杂，这里只作概略叙述。

在稀有金属的提取和分离提纯过程中，常使用各种化学药剂，这些药剂就有可能以"三废"形式污染环境。例如钽、铌精矿的氢氟酸分解过程中，加入氢氟酸、硫酸，排出水中也就会有过量的氢氟酸。稀土金属生产，用强碱或浓硫酸处理精矿，排放的酸或碱废液都将污染环境。含氰废水主要是在用氰化法提取黄金时产生的。该废水排放量较大，含氰化物、铜等有害物质的浓度较高。如某金矿每天排放废水 $100 \sim 2000 m^3$，废水中含氰化物（以氰化钠计）$1600 \sim 2000 mg/L$、含铜 $300 \sim 700 mg/L$、硫氰根 $600 \sim 1000 mg/L$。此外，某些有色金属矿中伴有放射性元素时，提取该金属所排放的废水中就会含有放射性物质。

稀有金属冶炼废水主要来源为：生产工艺排放废水；除尘洗涤水；地面冲洗水；洗衣房排水及淋浴水。废水特点：a. 废水量较少，有害物质含量高；b. 稀有金属废水往往含有毒性，但某些物质的致毒浓度限制尚未明确，仍需进一步研究；c. 不同品种的稀有金属冶炼废水，均有其特殊性质。如放射性稀有金属、稀土金属冶炼厂废水含放射性，铍冶炼厂废水含铍等。

二、清洁生产

有色金属冶炼企业是"三废"污染排放量极大的工业企业，以水环境而论的清洁生产应采用以下措施。

1. 调整产业结构

在产业内部或产业之间，把传统经济的单向产业链条"资源—产品—废物"转变为"资源—产品—再生资源"的循环产业链条，将上游生产的副产品或废物作为下游生产的原料，形成产业内、行业间的产业链。例如某铝业集团通过延长产业链，实现资源合理配置：一方面向上游延伸，实现了煤-电-铝一体化；另一方面向下游产品延伸，积极发展铝合金及铝大板锭产品，减少铝的损失，提高了资源利用效率。

2. 革新生产工艺

采用新工艺、新技术，可以从根本上消除或减少废水排放，减少生产废水的总量，也即降低单位产品的排污量并最终降低总排污量。以铅锌生产为例，国外某年产量 39.47 万吨的铅锌冶炼厂其每小时的废水量为 $270m^3$，我国某冶炼厂年产量只有其 41%，但每小时的废水量却达 $1155m^3$，是前者的 4.3 倍。可见，我国有色冶金企业在降低用水总量及单位产品的耗水量方面尚有很大的潜力，通过企业内部生产工艺革新及提高废水的循环率和复用率等措施，是可以改善现状的。

3. 提高水的复用率

提高水的复用率是防止和根治工业企业污染的另一主要措施。为提高废水的循环率和复用率，在企业内部必须做到严格监测，清污分流，通过局部处理及串级供水两项措施尽量减少新鲜水的使用量。在废水处理之前，一般是首先进行清污分流，把未被污染或污染甚微的清水和有害杂质含量较高的污水彻底分开。清水直接返回生产使用，污水可预先在车间或工序稍加净化（即局部处理），净化水如能满足生产要求（其中所含有害杂质能达到工艺要求和不影响产品质量），即返回工序使用；也可以将水质要求较高的工序或设备排水作为水质较低的工序或设备的给水，即串级供水。

国外发达国家冶金企业水的复用率都较高。如日本铅锌冶炼废水的平均复用率达 96% 以上，个别企业已实现工业用水复用率 100%。我国有色金属冶炼废水的平均复用率在 85% 左右，有待进一步提高。

4. 加强管理

实践表明，工业生产中有相当一部分污染是由于生产过程管理不善造成的，只要改进操作，改善管理，便可获得明显的削减废水和减少污染的效果。主要方法是：a. 加强生产设备管理维护，避免泄漏，使人为的污染排放减至最小；b. 企业内部加强生产用水的管理，避免交叉污染，以确保清污分流，从而提高废水的循环率和复用率。

无论是发展新的生产工艺，还是提高废水的循环率和复用率，在一个冶金工业企业中总存在着废水处理问题。这就要求建立废水处理设施，对工业生产所排放的废水进行强化治理，以保障整个系统废水的达标排放或循环使用。在对废水进行处理的同时，可以回收有价金属及其他有用的产品，从而减少污染物的排放总量。为此，开发适宜的高效污水处理技术是十分重要的。

三、废水处理与利用

有色金属冶炼废水水量大、水质复杂，目前的主要处理方法以物理、化学方法为主，针对不同水质水量特征，采用最佳方法。

（一）重有色金属冶炼废水处理工艺

1. 处理方法

重有色金属冶炼废水的处理，常采用石灰中和法、硫化物沉淀法、吸附法、离子交换法、氧化还原法、铁氧体法、膜分离法及生化法等。这些方法可根据水质和水量单独或组合使用。以下介绍其中的几种方法。

（1）中和法（亦称氢氧化物沉淀法）

这种方法是向含重有色金属离子的废水中投加中和剂（石灰、石灰石、碳酸钠等），金属离子与氢氧根反应，生成难溶的金属氢氧化物沉淀，再加以分离除去。利用石灰或石灰石作为中和剂在实际应用中最为普遍。沉淀工艺有分步沉淀和一次沉淀两种方式。分步沉淀就是分段投加石灰乳，利用不同金属氢氧化物在不同 pH 值下沉淀析出的特性，依次沉淀回收各种金属氢氧化物。一次沉淀就是一次投加石灰乳，达到较高的 pH 值，使废水中的各种金属离子同时以氢氧化物沉淀析出。石灰中和法处理重有色金属废水具有去除污染物范围广（不仅可沉淀去除重有色金属，而且可沉淀去除砷、氟、磷等），处理效果好，操作管理方便，处理费用低廉等优点。但是，此法的泥渣含水率高、量大、脱水困难。

（2）硫化物沉淀法（亦称硫化法）

向含金属离子的废水中投加硫化钠或硫化氢等硫化剂，使金属离子与硫离子反应，生成难溶的金属硫化物，再予以分离除去。硫化物沉淀法的优点：通过硫化物沉淀法把溶液中不同金属离子分步沉淀，所得泥渣中金属品位高，便于回收利用；此外，硫化法还具有适应 pH 值范围大的优点，甚至可在酸性条件下把许多重金属离子和砷沉淀去除。但硫化钠价格高，处理过程中产生的硫化氢气体易造成二次污染，处理后的水中硫离子含量超过排放标准，还需做进一步处理；另外，生成的细小金属硫化物粒子不易沉降。这些都限制了硫化法的应用。

（3）铁氧体法

往废水中添加亚铁盐（如硫酸亚铁），再加入氢氧化钠溶液，调整 pH 值至 9～10，加热至 60～70℃，并吹入空气，进行氧化，即可形成铁氧体晶体并使其他金属离子进入铁氧体晶格中。由于铁氧体晶体密度较大，又具有磁性，因此无论采用沉降过滤法、气浮分离法还是采用磁力分离器，都能获得较好的分离效果。铁氧体法可以除去铜、锌、镍、钴、砷、银、锡、铅、锰、铬、铁等多种金属离子，出水符合排放标准，可直接外排。铁氧体沉渣经脱水、烘干后，可回收利用（如制作耐蚀瓷器等）或暂时堆存。

（4）还原法

还原法即投加还原药剂，可将废水中金属离子还原为金属单质而析出，从而使废水净化，金属得以回收。常用的还原剂有铁屑、铜屑、锌粒和硼氢化钠、醛类、联胺等。采用金属屑作还原剂，常以过滤方式处理废水；采用金属粉或硼氢化钠等作还原剂，则通过混合反应处理废水。

例如含铜废水的处理可采用铁屑过滤法，铜离子被还原成为金属铜，沉积于铁屑表面而加以回收。又如，含汞废水的处理，可采用钢、铁等金属还原法，将含汞废水通过金属屑滤床或与金属粉混合反应，置换出金属汞而与水分离，此法对汞的去除率可达 90% 以上。为了加快置换反应速度，常将金属破碎成 2～4mm 的碎屑，除去表面油污和锈蚀层并适当加温（加温太高，会有汞蒸气逸出）。为了减少金属屑与氢离子反应的无价值消耗，用铁屑还原时，pH 值应控制在 6～9，而用铜屑还原时 pH 值在 1～10 之间均可。

（5）电解法

电解法是利用金属的电化学性质，在直流电的作用下，重金属化合物在阳极解离成金属离子，在阴极还原成金属，从而除去废水中的重金属离子和回收有用金属。电解法的优点是处理重金属废水时运行可靠、操作简单、劳动条件好等；缺点是只适合处理高浓度的重金属废水，对金属离子浓度较低的废水处理时电耗大、投资成本高。为了克服电解法对废水浓度上的限制，可以将电解法与其他方法联合使用，如离子交换-电解、吸附-电解、络合超滤-电解、絮凝-电解法（电絮凝法）等。

除此之外，还可采用吸附法、离子交换法、膜分离法、生化法等进行处理。当处理水要求作为生产用水回用而常规处理工艺无法实现时，还可采用电渗析、反渗透等深度处理方法进一步净化水质，回收有用金属。

2. 处理工艺举例

（1）案例1

某生产 Cu、Pb、Zn 为主的大型有色金属冶炼厂的冶炼废水采用投加混凝剂的两段石灰中和法工艺，同时建立了净化水回用工程，在经过处理后的工业废水中添加水质稳定剂后回用。

首先废水中含有的重金属离子 Cu^{2+}、Pb^{2+}、Cd^{2+}、Zn^{2+} 等与石灰乳中的 OH^- 中和，产生氢氧化物沉淀，经斜板沉淀池分离后，沉淀物经过滤干燥处理后送挥发窑回收有价金属，上清水投加聚合硫酸铁后经二段斜板沉淀池分离后，上清水一部分外排，另一部分过滤后投加水质稳定剂，再送冶炼系统回用。具体工艺流程如图 2-8-7 所示。

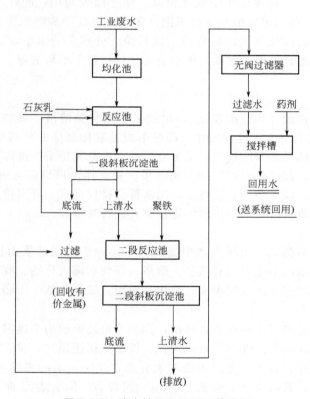

图 2-8-7 废水处理和回用工艺流程

其中石灰一段中和法适宜处理 Zn＜300mg/L、Pb＜20mg/L、Cd＜15mg/L 的冶炼废水，不适宜处理高锌、高镉、高铅的废水，通过投加混凝剂的二段中和法可以进一步提高石灰中和法的耐负荷冲击能力，提高出水水质，一段和二段出水水质如表 2-8-13 所示。

表 2-8-13 一段与二段出水水质 单位：mg/L

项 目	Cu	Pb	Cd	Zn	As
一段出水水质	0.23	0.95	0.095	4.90	0.10
二段出水水质	0.21	0.74	0.05	1.20	0.05

（2）案例 2

某铅冶炼厂由于设备陈旧，工艺落后，污染严重。因此需要进行改造，在对废水水质进行调查的基础上，将水质清污分流，分而治之。污水的水质水量调查详情如表 2-8-14 所示。以下是具体改造措施。

表 2-8-14　冶炼厂水量水质调查表

用水项目		用水量 /(t/d)	水质特点	用水项目		用水量 /(t/d)	水质特点
鼓风炉	冷却水	1728	温度从 24℃ 升至 29℃，pH 值为 7.8	镉电解废水等		85.5	
	铸锭水	120		ZnSO₄ 车间用水		220.8	
	冲渣水	3181.6		铅电解废水等		120	
烟化炉	冷却水	3962	温度从 24℃ 升至 36.5℃，pH 值为 7.6	锅炉		192	
	工艺用水	192		化验检修等		360	
	铸锭水	180		生活		2959	
	冲渣水	3080		统计	工业	冷却水	6434
阳极板	冷却水	264				冲渣水	6261.6
反射炉	冷却水	744	温度从 24℃ 升至 42℃，pH 值为 7.7			工艺用水	1348.4
						其他	417
反射炉泡沫除尘水		31.2			生活		2959

① 鼓风炉、烟化炉冲渣水实行闭路循环　对鼓风炉、烟化炉冲渣水实行闭路循环，一改以往新水冲渣、冲渣水沉淀后外排的做法。其工艺流程如图 2-8-8 所示，具体措施为：建立集中水池，将冲渣水进行初步沉淀，冷却后溢流进入第二集水池进行沉淀。之后再进入循环冷却水池进行自然沉淀，冷却后再回用于冲渣。这一措施年节约新水 135.42 万吨，减少排污量 135.42 万吨。

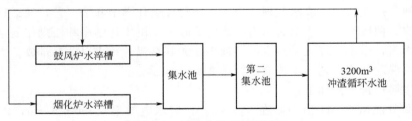

图 2-8-8　冲渣水治理工艺流程

② 冶炼炉冷却水实现闭路循环　一般来讲，有色冶炼冷却水占总用水量的 60%～90%。该厂冶炼炉冷却水占工业用水量的 44.5%。鼓风炉、烟化炉和反射炉等冶炼炉冷却水的水质在进入炉套前后变化很小，可保证循环水水质的稳定性（见表 2-8-14）。具体操作时是将三个炉子的冷却水混合，混合水水温比进水平均高约 15℃，集中冷却后再进行分炉循环利用。冷却设施采用了玻璃钢逆流机械通风冷却塔。其处理工艺流程见图 2-8-9。三个冶炼炉的冷却水年复用量为 143.76 万吨，年节约新水 143.76 万吨，即年少排污水 143.76 万吨。

③ 湿法铅渣等废水实现闭路循环　湿法铅渣废水经稍为沉淀后实现闭路循环，铅渣送铅冶炼系统回收铅。另外，对镉电解水等也实现了闭路循环。

④ 混合废水的综合治理 通过上述闭路循环的实施,该厂的废水年复用率为 78.26%。对其余的废水进行收集并进行混合处理。处理工艺采用石灰中和法,其工艺流程见图 2-8-10,处理水质见表 2-8-15。

表 2-8-15 废水综合治理水质参数

废水名称	水质成分/(mg/L)									pH 值
	SS	Pb	Zn	Cu	Cd	As	Hg	COD	F	
废水站进水	182	16.48	16.64	0.221	1.83	0.375	0.029	3.513	1.368	7.5
废水站出水	17	0.164	0.181	0.028	0.087	0.013	0.0007	1.293	—	7.8
去除率/%	90.5	99	98.8	87.3	95.2	96.5	97.6	63.2	—	—

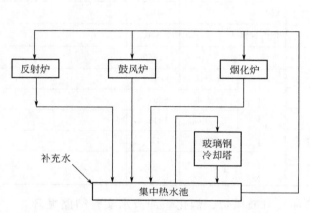

图 2-8-9 冷却水闭路循环示意图

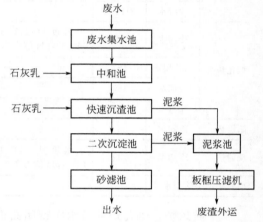

图 2-8-10 废水治理工艺流程

(3) 案例 3

某有色金属集团采用"焙烧-浸出-电积"的常规湿法炼锌工艺,废水主要来自制酸装置及浸出、电解、挥发窑等。废水处理系统原采用传统的化学中和法工艺,通过投加化学药剂进行中和反应,使废水中的重金属污染物沉淀后除去。由于化学中和法操作复杂且存在许多不可控制的因素,废水处理效果一直不够理想,尤其是镉、锌难以达标排放。因此该集团增加了电絮凝法深度处理工艺。工艺流程如图 2-8-11 所示。

该工艺主要运行参数如下:

① pH 调节池出水 pH 值控制在 8.5~9.0,废水电导率 ≤3500μS/cm,水力停留时间为 43.7min;

② 初沉池沉淀时间为 24min,表面负荷为 2.15m^3/($m^2 \cdot$ h);

③ 电絮凝反应器总停留时间为 64min;

④ 除泡池水力停留时间为 29.2min;

⑤ 絮凝池水力停留时间为 14.6min,聚丙烯酰胺(PAM)投加量为 20mg/L,药剂质量分数为 10%;

⑥ 二沉池沉淀时间为 14.6min,表面负荷为 2.15m^3/($m^2 \cdot$ h)。

通过该工艺处理后出水 Pb、Cd、Zn、As 含量达到《污水综合排放标准》(GB 8978—1996)一级标准。Pb、Cd、Zn、As 日平均脱除效率最高可达 97.50%、99.98%、99.99%、91.91%。

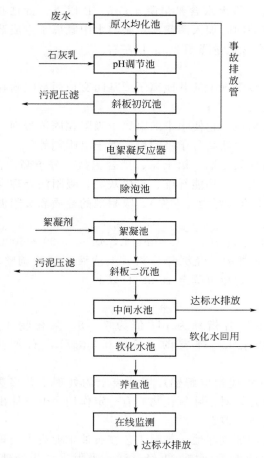

图 2-8-11　锌冶炼废水电絮凝法深度处理工艺流程

（二）轻有色金属冶炼废水处理工艺

1. 处理方法

铝冶炼废水的治理途径有两条：一是从含氟废气的吸收液中回收冰晶石；二是对没有回收价值的浓度较低的含氟废水进行处理，除去其中的氟。

含氟废水处理方法有沉淀法（化学沉淀法和混凝沉淀法）、吸附法、气浮法、过滤法、离子交换法、电渗析法及电凝聚法等，其中混凝沉淀法应用较为普遍。按使用药剂的不同，混凝沉淀法可分为石灰法、石灰-铝盐法、石灰-镁盐法等。吸附法一般用于深度处理，即把含氟废水先用混凝沉淀法处理，再用吸附法作进一步处理。

（1）石灰法

石灰法是向含氟废水中投加石灰乳，把 pH 值调整至 $10\sim12$，使钙离子与氟离子反应生成氟化钙沉淀。这种方法处理后水中含氟量可达 $10\sim30mg/L$，其操作管理较为简单，但泥渣沉淀缓慢，较难脱水。

（2）石灰-铝盐法

石灰-铝盐法是向含氟废水中投加石灰乳，把 pH 值调整至 $10\sim12$，然后投加硫酸铝或聚合氯化铝，使 pH 值为 $6\sim8$，生成氢氧化铝絮凝体吸附水中氟化钙结晶及氟离子，经沉降而分离除去。这种方法可将出水含氟量降至 5mg/L 以下。此法操作便利，沉降速度快，除氟效果好。如果加石灰的同时加入磷酸盐，则与水中氟离子生成溶解度极小的磷灰石沉淀 $[Ca_2(PO_4)_3F]$，可使出水含氟量降至 2mg/L 左右。

（3）吸附法

吸附法主要是使氟与吸附剂中的其他离子或基团交换而被吸附在吸附剂上除去，吸附剂则可通过再生恢复吸附能力。

吸附剂是一种多孔性物质，它使水中的氟离子吸附在固体表面，以达到除氟的目的。氟吸附剂可分为无机吸附剂、天然高分子吸附剂、稀土吸附剂等。

无机吸附剂主要有活性氧化铝、铝土矿、聚合铝盐、分子筛、活性氧化镁、活性炭等。天然高分子吸附剂主要有褐煤、功能纤维、粉煤灰等。吸附法处理含氟废水的影响因素主要为 pH 值（不宜太高，pH 值最好为 5 左右）、吸附剂的性质和吸附温度（因吸附过程是放热反应，温度高对吸附不利）。

例如某铝冶炼厂废水含氟 200～3000mg/L，加入 4000～6000mg/L 消石灰，然后加 1.0～1.5mg/L 的高分子絮凝剂，经沉降分离后上清液用硫酸调整 pH 值至 7～8，即可排放。采用此法处理，出水氟含量可降至 15mg/L 以下。

2. 处理工艺举例

电解铝厂生产废水的综合指标为 pH 值为 7～8，氟化物 15～20mg/L，悬浮物 < 150mg/L，COD 30～50mg/L，挥发酚 0.2～0.3mg/L，石油类 10～15mg/L，氨氮 10mg/L。

20 世纪 80 年代及 90 年代初电解铝厂工业废水的处理工艺多数采用单一混凝沉淀法。这种方法对去除悬浮物较好，对去除氟化物亦有一定作用，但整体出水水质满足不了回用要求。因此需要对原有工艺进行改造。

例如在混凝沉淀池后增加气浮池，气浮工艺在石油工业废水处理中已较成熟，可以进一步去除悬浮物、氟化物及油类污染物，再经过滤、吸附进一步处理，其中吸附剂采用活性炭，活性炭对于过滤塔出水中残留的有机物进一步去除，即可满足生产回用要求。具体工艺流程如图 2-8-12 所示。

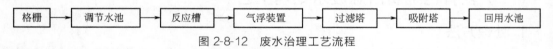

图 2-8-12　废水治理工艺流程

废水出水水质目标是达到《污水综合排放标准》（GB 8978—1996）一级排放标准，并且满足生产回用需求：pH = 6～9，氟化物 ≤ 10mg/L，悬浮物 ≤ 30mg/L，COD ≤ 30mg/L，挥发酚-石油类 ≤ 5mg/L，氨氮 ≤ 5mg/L。

（三）稀有金属冶炼废水处理工艺

稀有金属和贵金属冶金废水的治理原则和方法，与重金属冶炼废水有许多相似之处，这里不再赘述。但是，稀有金属和贵金属种类繁多，原料复杂，不同生产过程产生的废水具有不同的性质，因而处理和回收工艺更要注意针对废水的特点，因地制宜。

有色金属废水处理与防治方法应遵循使整个企业排污量最小化的原则，即主体工艺实行清洁生产，供水系统应层层分级，排水系统宜清污分流；另外企业内部应加强水质水量监测，做好水量平衡工作。具体到某一治理项目时，针对水质水量的特性，采用最佳方法。

第四节 工程实例

一、实例一

某铅冶炼厂产生的冶炼废水分为污酸和酸性废水，其来源和水量见表 2-8-16。污酸和酸性废水水质见表 2-8-17。

表 2-8-16 废水来源和水量

废水类型	来源	水量/(m³/d)
污酸	制酸车间	280
酸性废水	其他生产车间	240

表 2-8-17 废水水质 单位：mg/L（pH 值除外）

项目	铅	锌	砷	镉	铜	氟	氯	总硬度	pH 值
污水	6.52	36.48	32.54	1.21	3.67	378.59	214.86	687	1.25
酸性废水	4.13	116.36	4.87	0.63	2.15	27.64	1476	2578	2.42

污酸和酸性废水一并进入调节池，调节水质和水量，然后进入中和池，石灰乳和回流污泥混合后，与调节池出水中的高浓度硫酸反应生成大量 $CaSO_4$ 沉淀，同时还生成金属（Pb、Zn、Cd、Cu）氢氧化物和 CaF_2 沉淀。在强碱性废水中，砷主要以 $HAsO_4^{2-}$ 和 AsO_4^{3-} 形式存在，能被上述沉淀物吸附共沉淀。由于 Pb、Zn 的氢氧化物具有两性，pH 值过高溶解度会上升；又因存在 Cl^- 和 F^- 等配位体，能与重金属离子络合成可溶物，增大氢氧化物的溶解度，所以在此步控制 pH 值很重要；经中和池处理的废水流入 $1^\#$ 斜板沉淀池，去除中和池出水中粒径＞120μm 的沉淀颗粒；反应池出水进入混凝池，池中投加复合制剂，反应池出水中残余的重金属与复合制剂的多基团发生协同反应，生成重金属复合配体胶团并逐渐絮凝增大，形成难溶的非晶态化合物，在下沉过程中通过网捕共沉淀作用实现重金属、硬度、氟和氯的同时高效去除；经混凝池处理的污水进入 $2^\#$ 斜板沉淀池，能沉淀去除混凝池出水中粒径＞100μm 的沉淀颗粒；然后污水进入多介质滤池，去除 $2^\#$ 斜板沉淀池出水中粒径＜100μm 的悬浮颗粒；然后废水进入 KDF 反应器，在此发生电化学氧化-还原反应，去除多介质滤池出水中的重金属和氯，同时能够抑制微生物繁殖，经 KDF 反应器处理的废水进入反渗透系统中，能将 KDF 反应器出水中的绝大部分离子和微粒等杂质截留在浓水侧而去除。工艺流程见图 2-8-13。

主要构筑物设计参数如下：

① 调节池 设 1 座，$L \times B \times H = 6.0m \times 5.0m \times 5.0m$，有效容积 135m³，水力停留时间

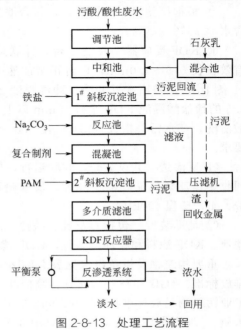

图 2-8-13 处理工艺流程

（HRT）6h。设 2 台曝气风机，曝气量 0.015～0.02m³/(m²·min)。

② 中和池 设 1 座，$L \times B \times H = 2.5m \times 2.0m \times 2.5m$，有效容积 10m³，HRT 为 26min，回流污泥与石灰乳混合物投加量按 pH 控制在 10～11 确定。采用 2 台小型叶轮搅拌机，搅拌速度 25～35r/min。

③ 1# 斜板沉淀池 设 1 座，$L \times B \times H = 4.5m \times 4.0m \times 4.5m$，有效容积 72m³，表面负荷 1.28m³/(m²·h)，HRT 为 3h；铁盐溶液质量分数 5%～10%，按 Fe 与 As 的质量比 5～10 投加。

④ 混合池 设 1 座，直径 4.0m，高 4.0m，有效容积 43.96m³，石灰乳质量分数 10%～20%，石灰用量 8～10kg/m³，污泥回流比（10～20）∶1。采用 2 台大型叶轮搅拌机，搅拌速度 50～70r/min，搅拌 8～12min。

⑤ 反应池 设 1 座，$L \times B \times H = 2.5m \times 2.0m \times 2.5m$，有效容积 10m³，HRT 为 26min；$Na_2CO_3$ 溶液质量分数为 10%～15%，投加量 0.4～1.0L/m³。采用 2 台小型叶轮搅拌机，搅拌速度 20～30r/min。

⑥ 混凝池 设 1 座，$L \times B \times H = 2.5m \times 2.0m \times 2.5m$，有效容积 10m³，HRT 为 26min；复合制剂溶液质量分数 10%～15%，投加量 0.2～0.6L/m³。采用 2 台小型叶轮搅拌机，搅拌速度 6～12r/min。

⑦ 2# 斜板沉淀池 设 1 座，$L \times B \times H = 6.0m \times 4.5m \times 4.5m$，有效容积 108m³，表面负荷 0.87m³/(m²·h)，HRT 为 4.5h。PAM 投加量 1～2g/m³。

⑧ 多介质滤池 共设 2 座，每座 $L \times B \times H = 1.0m \times 1.0m \times 3.5m$，进水悬浮物最大允许质量浓度 250mg/L。上层无烟煤粒径 1.0～1.2mm，厚度 0.45m；中层石英砂粒径 0.5～0.7mm，厚度 0.25m；下层重质矿石粒径 0.2～0.4mm，厚度 0.07m；承托层分为 6 层，上面 4 层为重质矿石，粒径分别为 0.5～1mm、1～2mm、2～4mm、4～8mm，厚度均为 50mm；下面 2 层为砾石，粒径分别为 8～16mm 和 16～32mm，厚度分别为 100mm、150mm。单池正常滤速 12～14m/h，强制滤速 16～20m/h。设反洗泵 2 台（1 备 1 用），采用水反冲洗，冲洗强度 17～18L/(m²·s)，反冲洗 5～7min。

⑨ 板框压滤机 共设 2 台，每台滤速 2～4kg/(m²·h)，过滤周期 2～3h，压滤后污泥含水率 70%～75%。

⑩ KDF 反应器 共设 2 台，并联运行，每台直径 1.1m，高 3.5m，填料高度 1.6m。有效粒径 0.5～2.0mm，单台正常滤速 12～14m/h，强制滤速 16～20m/h。设反洗泵 2 台（1 备 1 用），采用水反冲洗，冲洗强度 20～25L/(m²·s)，反冲洗 10～15min。采用 pH≥2.5 的稀盐酸浸泡 KDF 滤料 15min 以上，再用水反冲漂洗。每周 2 次水反洗，每月 1 次盐酸清洗。产水污染指数（SDI）在 1.5～2.7，浊度＜0.1NTU，完全满足反渗透进水水质要求。

⑪ 反渗透 共设 2 套，并联运行，单套产水量 12m³/h，膜通量 19.2L/(m²·h)，淡水回收率≥78%，脱盐率≥98%；反渗透高压泵流量 25m³/h，扬程 1.65MPa。平衡泵流量 8m³/h，扬程 400kPa。

⑫ 辅助装置 包括石灰乳、铁盐、Na_2CO_3、复合制剂、PAM、酸及氨水等加药装置，滤池、KDF 滤料和膜冲洗装置，KDF 滤料和膜化学清洗装置。

重要构筑物及设备出水见表 2-8-18。由表可知，1# 斜板沉淀池出水未达到《污水综合排放标准》（GB 8978—1996）二级标准，多介质滤池出水和 KDF 反应器出水达到《铅、锌工业污染物排放标准》（GB 25466—2010）特别排放限值，反渗透淡水满足该厂设计回用水水质、《地表水环境质量标准》（GB 3838—2002）Ⅲ类标准和《城市污水再生利用 工业用水水质》（GB/T 19923—2005）最严标准，全部回用于冷却循环补充水和冶炼、制硫酸、绿化等用水。反渗透浓水达到《铅、锌工业污染物排放标准》（GB 25466—2010）特别排放限值，全部回用于冲渣、除尘、烟气处理和地面冲洗等。

表 2-8-18　重要构筑物及设备出水水质和相关要求

单位：mg/L（pH 值除外）

项目	Pb	Zn	As	Cd	Cu	F	Cl	总硬度	pH 值
1# 斜板沉淀池出水	2.97	4.12	1.78	0.19	1.07	14.3	725	1986	10.4
多介质滤池出水	0.1256	0.0875	0.0213	0.0123	0.0675	1.89	612	15	9.2
KDF 反应器出水	0.0856	0.1436	0.0056	0.0075	0.0316	1.13	458	8	8.5
反渗透淡水	0.0125	0.0172	<0.0005	0.0013	0.0032	1.40	89	1	8.2
反渗透浓水	0.1287	0.2811	0.0026	0.0116	0.0398	4.58	438	16	8.7
设计回用水水质	0.1	0.5	0.05	0.01	0.1	1	150	100	6.5~8.5
行业特别排放限值	0.2	1.0	0.1	0.02	0.2	5	—		6~9
地表水Ⅲ类标准	0.05	1.0	0.05	0.005	1.0	1.0	250	—	6~9
工业用水水质最严标准							250	450	6.5~8.5

二、实例二

以某铜矿山为例，该矿山酸性废水来源主要为矿坑涌水和废石场废水。污水处理站处理规模为 8000m³/d，分 2 个系列并联运行，每个系列处理能力 4000m³/d。污水中主要是悬浮物、COD、Cu、Pb、Zn、Cd、Fe 含量超标，其设计进出水水质情况详见表 2-8-19。

表 2-8-19　进、出水水质情况　　单位：mg/L（pH 值除外）

项目	pH 值	SS	COD	Cu	Pb	Zn	As	Cd	Cr(Ⅵ)	Fe	Ni
进水水质	2.8	264	398	7.72	2.83	9.65	0.071	0.219	0.284	374	0.532
出水水质	6-9	80	60	0.5	0.5	1.5	0.5	0.1	0.5	5	0.5

酸性废水在调节池调节均化水质后，经工程塑料卧式泵将污水扬送至一级反应槽，与回流的底泥及投加的石灰乳充分混合，调节污水 pH 值到 9.0。同时鼓风曝气使污水中的 Cu、Pb、Zn、Cd 等重金属离子与石灰反应生成重金属氢氧化物沉淀，出水进入二级反应槽。在二级反应槽中继续曝气将污水中的 Fe^{2+} 氧化成 Fe^{3+}，经氧化的污水进入三级反应槽。为提高沉降速度，投加高分子聚丙烯酰胺絮凝剂（PAM），污水经 PAM 絮凝后自流进入浓密池进行沉淀。浓密池的上清液自流进入回水池，在浓密池出液口处设置 pH 计来控制石灰乳的投加量。浓密池的底流渣浆泵输送至一级反应槽进行底泥回流。剩余外排污泥经管道自流至选厂尾矿泵房。上清液自流进入回水池后再通过离心泵将一部分水扬送至选厂回水高位水池作为选厂生产用水；多余水达标排放。工艺流程如图 2-8-14 所示。

主要构筑物设计参数如下：

① 调节池　1 座，水力停留时间 8h，有效容积 2700m³，规格 22.0m×22.0m×6.0m（钢混结构，其中地下 2.0m，地上 4.0m）。设置提升泵 2 台（1 用 1 备），超声波液位计 1 台。

② 一级反应槽　底流回流反应时间 30min，有效容积 82.5m³，规格 5m×5m×3.6m（钢混结构，2 座）。每个反应槽配 XFJ-3000 型混合反应搅拌机 1 台，直径 3000mm，功率 11kW。

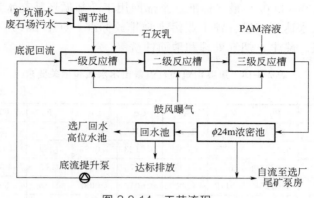

图 2-8-14 工艺流程

③ 二级反应槽 石灰中和反应时间 30min，有效容积 82.5m³，规格 5m×5m×3.6m（钢混结构，2 座）。每个反应槽配 XFJ-3000 型混合反应搅拌机 1 台，直径 3000mm，功率 11kW。

④ 三级反应槽 絮凝反应时间 30min，有效容积 82.5m³，规格 5m×5m×3.6m（钢混结构，2 座）。每个反应槽配 XFJ-3000 型混合反应搅拌机 1 台，直径 3000mm，功率 11kW。

⑤ 浓密池 1 座高效污水处理浓密机，壳体为钢筋混凝土高架式弹性结构，采用深锥大坡度钢筋混凝土自防水结构。浓密池直径 24m，选用 CG-24 型中心传动刮泥机，浓密池底部布置 2 台渣浆泵（正常工作 1 用 1 备，最大处理量时并联使用）。渣浆泵单台性能为 $Q=27m^3/h$，$H=12.5m$，$N=4kW$。

⑥ 回水池 水力停留时间 1h；回水池建在浓密池底部，形状为扇形，深 3.5m，其中地上 2.5m，地下 1m（钢混结构，1 座）。回水泵选用 IS125-100-315 型单级单吸离心泵 $Q=100m^3/h$，$H=32m$，$N=15kW$，$N=1450r/min$，1 用 1 备。

⑦ 石灰乳制备系统 采用精石灰粉制备石灰乳，精石灰耗量为 7t/d，设 75m³ 精石灰料仓 1 座，石灰乳搅拌槽 2 个，规格为 $\phi1600mm×1800mm$。每个搅拌槽配置 1 台搅拌机，搅拌机功率 $N=2.0kW$。

⑧ 辅助车间 1 座砖混结构的辅助车间，尺寸为 21m×9m×6m，内设 PAM 制备系统、鼓风系统、配电室及值班控制室。PAM 药剂投加量为 3mg/L，纯药剂耗量 24kg/d，药剂质量浓度 0.1%，药剂量约为 24m³/d。选择 XJ-Ⅰ-16-2.2 型溶药搅拌设备，每套设备配 $\phi1.6m×2.0m$ 溶药槽 1 个，有效容积 4m³。每个溶药槽配 1 台搅拌机，$N=2.2kW$。加药计量泵 2 台，1 用 1 备，单泵流量 0～1500L/h。鼓风系统选择 G10-1.5 型罗茨鼓风机 2 台（正常水量时 1 用 1 备，最大处理量时并联使用），风量 10m³/h，风压 50kPa，功率 15kW，转速 4400r/min。

三、实例三

北方某铅锌冶炼厂生产污水水量为 1523m³/d（其中冶炼污水水量为 1427m³/d，硫酸污水水量为 96m³/d），生产废水水量为 1741m³/d。考虑到水量的波动系数，确定设计污水处理站的处理能力为 1600m³/d，其中冶炼污水为 1500m³/d，硫酸污水为 100m³/d；生产废水处理能力按 1800m³/d 来设计。冶炼污水水质见表 2-8-20，硫酸污水水质见表 2-8-21。

经处理的出水要求全部回用于冷却循环补充水、冶炼用水、制酸用水及道路绿化，出水水质执行《铅、锌工业污染物排放标准》（GB 25466—2010），具体见表 2-8-22（pH 值为 6～9）。

表 2-8-20　冶炼污水水质

水质指标	Pb	Zn	Cd	Cu	As	SS
数值/(mg/L)	5	50	1	1	0.5	200

表 2-8-21　硫酸污水水质

水质指标	H_2SO_4	Pb	Zn	S	Cu	Sb	As	F	Cl
数值/(mg/L)	17400	443.2	52.9	51.3	0.1	13.2	3860	190	1260

表 2-8-22　冶炼污水水质

水质指标	Pb	Zn	Cd	Cu	As	F	SS
数值/(mg/L)	≤0.5	≤1.5	≤0.05	≤0.5	≤0.3	≤8	≤50

该工程包括硫酸污水、冶炼污水和生产废水 3 部分。分别采用不同的工艺来处理。

硫酸污水经污酸管道自流进入污酸调节池，再通过提升泵扬送至一级反应槽，加入石灰乳溶液将 pH 值调至 3.5，在一级反应槽反应后出水经一级沉淀池将石膏渣分离，一级沉淀池出水自流至氧化反应槽，在氧化反应槽中加曝气头通入压缩空气，同时投加 $FeSO_4$ 溶液（铁砷比 10∶1）以去除水中的 As，出水经二级沉淀池将砷渣分离。二级沉淀池出水自流至污水调节池与冶炼污水一起处理。

冶炼污水经生产污水管道自流进入污水调节池，再通过提升泵扬送至二级反应槽，加入石灰乳溶液将 pH 值调至 7.5，然后自流进入电凝聚槽，同时向电凝聚槽内投加 PAC 和 PAM，再经自浮槽进行渣水分离，去除水中的 Cd、Pb、Zn、Cu 和剩余的 As，自浮槽上清液自流至回用水池回用。

生产废水经生产废水管道自流进入废水调节池，再通过提升泵扬送至三级反应槽。同时向三级反应槽内投加 PAC，三级反应槽出水自流至三级沉淀池，经三级沉淀池去除水中的 SS，出水自流至回用水池。处理工艺流程见图 2-8-15。

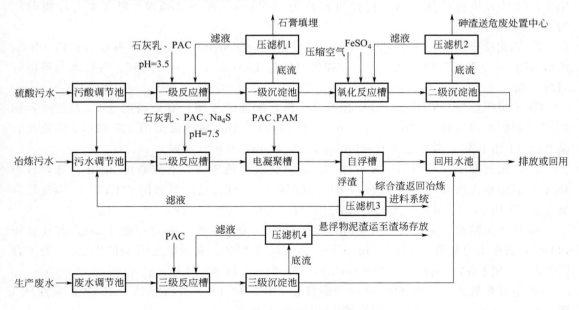

图 2-8-15　污水处理工艺流程

主要构筑物设计参数如下：

① 污酸调节池　尺寸 $L \times B \times H = 7m \times 10m \times 3.5m$，地下式。有效容积约 $210m^3$，停留时间约 33h。污酸提升泵选用 50FZU-28 工程塑料立式自吸泵 2 台（1 用 1 备），其性能为 $Q = 20m^3/h$，$H = 28m$，$N = 5.5kW$（每天工作 8h）。

② 污水调节池　尺寸 $L \times B \times H = 15m \times 10m \times 3.5m$，地下式。有效容积约 $450m^3$，停留时间约 3.6h。污水提升泵选用 100FZU-35 工程塑料立式自吸泵 3 台（2 用 1 备），其性能为 $Q = 65m^3/h$，$H = 30m$，$N = 18.5kW$。

③ 废水调节池　尺寸 $L \times B \times H = 10m \times 10m \times 3.5m$，地下式，有效容积约 $300m^3$，停留时间约 7.2h。污水提升泵选用 80FZU-32 工程塑料立式自吸泵 2 台（1 用 1 备），其性能为 $Q = 45m^3/h$，$H = 30m$，$N = 11kW$。

④ 中间水池　尺寸 $L \times B \times H = 10m \times 10m \times 3.5m$，地下式，有效容积约 $300m^3$，停留时间约 1.8h。回水泵选用 100LB-36.4×2 型立式长轴泵 2 台（1 用 1 备），其性能为 $Q = 75m^3/h$，$H = 75m$，$N = 30kW$。

⑤ 回用水池　尺寸 $L \times B \times H = 10m \times 10m \times 3.5m$，地下式，有效容积约 $300m^3$，停留时间约 3.6h。回水泵选用 100LB-36.4×2 型立式长轴泵 2 台（1 用 1 备），其性能为 $Q = 85m^3/h$，$H = 70m$，$N = 30kW$。

⑥ 一级反应槽　尺寸 $L \times B \times H = 2.5m \times 2.5m \times 3.5m$，地上式。有效容积约 $18m^3$，选用 XFJ-1700 型反应搅拌机 1 台，搅拌机直径为 1700mm，$N = 0.8kW$。污酸水力停留时间约 0.9h。

⑦ 二级反应槽　尺寸 $L \times B \times H = 5m \times 5m \times 3.5m$，地上式，有效容积约 $75m^3$，选用 XFJ-3580 型反应搅拌机 1 台，搅拌机直径为 3580mm，$N = 0.8kW$。污水水力停留时间约 0.65h。

⑧ 三级反应槽　尺寸 $L \times B \times H = 5m \times 4m \times 3.5m$，地上式。有效容积约 $60m^3$，选用 XFJ-3000 型反应搅拌机 1 台，搅拌机直径为 3000mm，$N = 0.8kW$。废水水力停留时间约 1.5h。

⑨ 氧化反应槽　尺寸 $L \times B \times H = 2.5m \times 2.5m \times 3.5m$，地上式，有效容积约 $18m^3$，选用 XFJ-1700 型反应搅拌机 1 台，搅拌机直径为 1700mm，$N = 0.8kW$。污酸水力停留时间约 1.0h。

⑩ 一级沉淀池　采用 $L \times B = 4m \times 4m$ 斜管沉淀池 1 座，有效高度 3.5m，有效容积 $48m^3$，表面水力负荷 $1.25m^3/(m^2 \cdot h)$，沉淀时间 2.4h。底流泵选用 32FTU-20 陶瓷复合泵 2 台（1 用 1 备），其性能为 $Q = 5m^3/h$，$H = 25m$，$N = 2.2kW$。

⑪ 二级沉淀池　采用 $L \times B = 4m \times 4m$ 斜管沉淀池 1 座，有效高度 3.5m，有效容积 $48m^3$，表面水力负荷 $1.25m^3/(m^2 \cdot h)$，沉淀时间 2.4h。底流泵选用 32FTU-20 陶瓷复合泵 2 台（1 用 1 备），其性能为 $Q = 5m^3/h$，$H = 25m$，$N = 2.2kW$。

⑫ 三级沉淀池　采用 $L \times B = 8m \times 6m$ 斜管沉淀池 1 座，有效高度 3.5m，有效容积 $144m^3$，表面水力负荷 $0.86m^3/(m^2 \cdot h)$，沉淀时间 3.5h。底流泵选用 32FTU-20 陶瓷复合泵 2 台（1 用 1 备），其性能为 $Q = 5m^3/h$，$H = 25m$，$N = 2.2kW$。

⑬ 电凝聚装置　选用 Xkq-30 电絮凝装置 1 台，$\phi 1.8m \times 1.8m$，$N = 75kW$；自浮槽 1 座，$\phi 2.8m \times 3.5m$。电絮凝车间尺寸 12m×6m×6m。

处理后废水水质见表 2-8-23。

表 2-8-23　处理后废水水质

水质指标	实测值	规标准定值
pH 值	7.0～8.5	6～9
Pb(mg/L)	0.34～0.42	≤0.5
Zn(mg/L)	0.91～1.35	≤1.5
Cd(mg/L)	0.003～0.065	≤0.05
Cu(mg/L)	0.15～0.28	≤0.5
As(mg/L)	0.026～0.150	≤0.3
F(mg/L)	0.190～0.522	≤8
SS(mg/L)	0.70～8.62	≤50

参 考 文 献

[1] 张钰卿，刘佳，许兵，等. 含氟废水处理中的除氟吸附技术研究进展 [J]. 净水技术，2022，41 (05)：23-29+61.

[2] 刘富强. 铅锌冶炼废水处理技术的探讨 [J]. 化学工程与装备，2020，(01)：260-261.

[3] 张峰，刘婷. 重金属工业废水处理技术探析 [J]. 科技创新导报，2018，15 (03)：113-114.

[4] 郑晓明，张守伟. 中国有色金属工业废水污染特征分析 [J]. 中国锰业，2017，35 (03)：142-144.

[5] 肖应东. 重金属工业废水处理及循环回用系统. 广东省东莞市东元新能源科技有限公司，2015-02-06.

[6] 赵瑾. 铜矿山选矿废水净化与资源化利用现状与发展方向 [J]. 门窗，2013，(10)：310.

[7] 袁霜. 金属矿山酸性废水危害及治理技术的现状与对策 [J]. 中小企业管理与科技 (上旬刊)，2013，(07)：310-311.

[8] 邵朱强. 有色金属行业清洁生产现状分析 [J]. 中国科技投资，2012，(29)：44-45.

[9] 杨津津. 微电解-电絮凝耦合技术处理含重金属铅锌冶炼废水的研究 [D]. 昆明理工大学，2012.

[10] 杨高英. 有色金属矿山废水管理研究 [J]. 中国矿业，2010，19 (12)：39-41.

[11] 喻平，梅占峰. 桐柏银矿选矿废水处理的研究与应用 [J]. 湖南有色金属，2010，26 (05)：46-49.

[12] 邰阳，杨耀，王永平，等. 浅析有色金属浮选尾矿排放工艺与选矿生产用水重复利用率的关系 [J]. 内蒙古气象，2010，(03)：20-22.

[13] 卢宇飞，何艳明. 有色湿法冶金工艺废水的最佳节能治理技术研究 [J]. 云南冶金，2010，39 (01)：78-81.

[14] 彭如清. 2007 年 10 种有色金属产量逾 2360 万 t [J]. 中国钼业，2008，(03)：60.

[15] 刘忠发. 电解铝厂生产废水处理和回用 [J]. 轻金属，2006，(09)：75-79.

[16] 杨晓松，吴义千，宋文涛. 有色金属矿山酸性废水处理技术及其比较优化 [J]. 湖南有色金属，2005，(05)：24-27.

[17] 吴义千. 加权法计算有色金属工业主要产品的产污和排污系数的研究 [J]. 矿冶，1995，(04)：101-107.

第九章
机械加工工业废水

第一节 机械表面清洗废水

一、机械加工含油废水

（一）概述

机械加工工业在磨、切、削、轧等加工过程中，普遍使用乳化剂来冷却、润滑、防锈、清洗等，以提高产品质量。而乳化液的成分越来越复杂，废水排放量也越来越大。机械加工业、冷轧钢板厂的轧辊和钢板的冷却及润滑、汽车发动机加工流水线，均使用乳化液。鉴于乳化液具有极其稳定的性质，很难降解。

1. 废水污染现状

机械加工企业排放的废水主要特点是含有污染物多，而且其中 25% 以上是很难分离的乳化油，与石油工业所排放的大部分是悬浮油的含油污水相比，机械加工业所排放的含油污水污染程度更高，处理难度更大。

机械加工过程中有冷却液、喷漆废水、电火花工作液、有机清洗液等废水排放，虽然废水量很少但是有机物浓度很高，其中冷却液 COD 可高达 50000～300000mg/L。许多组合处理工艺可将其 COD 降至每升数千毫克，但想进一步提高处理效果非常困难。

2. 污染控制政策及规范

①《含油污水处理工程技术规范》（HJ 580—2010）；

②《含油废水处理技术工程规范（编制说明）》；

③《石油产品油对水界面张力测定法（圆环法）》（GB 6541—1986）；

④《水质 石油类和动植物油类的测定 红外分光光度法》（HJ 637—2018）；

⑤《潜油电泵装置的安装》（GB/T 17388—2010）；

⑥《潜油电泵电缆系统的应用》（GB/T 17389—2013）；

⑦《环境保护产品技术要求 油水分离装置》（HJ/T 243—2006）；

⑧《石油化工废水处理设计手册》（中国石化出版社）；

⑨《油气厂、站、库给水排水设计规范》（SY/T 0089—2019）；

⑩《用于突然释放的油/水分离器性能测定的标准操作规程》（ASTM D6157—1997）。

（二）废水来源及水质水量

1. 废水来源

① 机械加工过程中的润滑、冷却、传动等系统产生的含油废水，主要含润滑用机油、

冷却和传动用的乳化油等。

② 机械零件加工前清洗过程中产生的含油废水，主要含油污、机油、汽油等。

③ 拖拉机、柴油机、汽车等产品在试车时，由于滴漏等引起的含油废水，主要含柴油、汽油等。

④ 油料加工车间、净油站、刷桶车间等排出的含油废水。

⑤ 机械加工车间冲刷地面、设备等排出的含油废水，这部分废水是机械工厂中含油废水的主要来源。

金属加工业生产成型的金属器件，如活塞及其他的机械零部件，在生产过程中需在冷却、润滑、清洗等方面用水，而且在运行中往往与设备或材料直接接触，水中带入大量氧化铁颗粒、金属粉尘和润滑油脂，形成含油污水。该过程产生的油性污水含研磨油、切削油及润滑油。

2. 废水水量

设计水量应按国家现行工业用水量的规定确定或按下式计算。

$$Q = KqS \qquad\qquad (2\text{-}9\text{-}1)$$

式中，Q 为每日产生的含油污水总水量，m^3/d；q 为单位产品污水产生量，$m^3/$件；S 为每日生产产品总数量，件；K 为变化系数，根据生产工艺或经验决定。

3. 废水水质

机械加工含油污水中的油分一般认为以浮油、分散油、乳化油、溶解油四种形态在污水中存在，其污染物有油脂、表面活性剂及悬浮杂质。

① 浮油　铺展在污水表面形成油膜或油层，这种油的油滴粒径较大，一般大于 $100\mu m$，占总含油量的 70%～80% 以上。

② 分散油　以油粒形状分散在污水中，不稳定，经静止一段时间后往往变成浮油，这种油的粒径在 $10～100\mu m$ 之间。

③ 乳化油　在污水中呈乳浊状，细小的油珠外边包着一层水化膜且具有一定量的负电荷，水中含有一定量的表面活性剂，使乳化物呈稳定状态，油粒径一般在 $0.1～10\mu m$，油粒之间难以合并，长期保持稳定，难以分离。

④ 溶解油　油以化学方式溶解于水中，油粒直径在 $0.1\mu m$ 以下，甚至可小到几纳米，极难分离。

溶解油通常很难用常规的方法从含油污水中分离出来。因此本书仅讨论分离污水中的浮油、分散油和乳化油。

含油污水来源很多，其含油量及其特征，随工业种类不同而异，表 2-9-1 为常见含油污水中的油含量。

表 2-9-1　常见含油污水的油含量

工业污染源	油含量/(mg/L)	工业污染源	油含量/(mg/L)
轧钢厂	7200	金属抛光	100～5000
热轧	20	电镀污水	33～1123
冷轧	100～2000	金属锻造加工	35
冷轧冷却水	2088～48742	液压系统污水	5000
冷轧洗涤水	113～3034	轧铝	5000～50000
连续铸铁厂	20～22	钢丝生产	716

（三）清洁生产与污染防治措施

① 应保证含油污水预处理效果，为后续工艺创造良好水质条件。含油污水属工业生产废水，其水质和水量变化大，极易影响后序工艺。同时，预处理水质达不到设计要求，将直接影响生化系统运行，严重时会破坏活性污泥系统的污泥活性。尤其当乳化油和重油进入生化系统后，活性污泥颗粒被油黏附包裹，微生物的呼吸、新陈代谢及生长繁殖受到限制，生化处理效果下降，有时会出现污泥上浮、大量死亡等现象，严重影响生产的正常运行。因此，在生产运行中，要严格监控进水水质变化情况，保证生产平稳受控。其主要手段是在完成正常操作的同时，加强水质监测，以便及时准确地分析判断系统的工作运行状况，及时调整工艺运行方式。运行中，一般对进水中的油、COD、挥发酚、氰化物、氨氮等每日分析一次，对 pH 值则 2h 分析一次（pH 值的变化可在某种程度上反映水质的变化）；同时，注意进行及时的直观检查，遇有异常情况则立即增加分析项目与频次。根据分析判断，对于因操作原因造成的水质波动要从操作上予以完善；如进水水质恶化，要立即切换至调节池予以缓冲，以防生化系统受到冲击，待水质好转后再缓慢少量逐步送回。

② 做好浮油回收，防止二次污染。浮油脱水前应静止 12h 以上，并用蒸汽加热至 60～80℃，温度要严格控制在此范围内。采取罐底排水的方式除去油中水分，保证脱水处理后油中含水不大于 5%；同时，脱水操作必须严防污油流入下水道造成再次污染。进油和向外送油前后，污油管线必须及时用蒸汽吹扫，防止污油粘挂管线内壁或阀门及设备内，造成堵塞，影响生产正常运行。

③ 应处理好油泥，创造出良好的环境效益。油泥是炼油污水处理的产物，也是含油污水去除污染物效果的最终体现，但油泥又是比较难处置的。最彻底的治理方式是全部焚烧，但焚烧前要先进行浓缩和脱水。多种油泥汇合到一起进行浓缩，可达到预期的浓缩效果。脱水设备则比较难以选择。

④ 保持活性污泥系统污泥的活性和数量是维持系统长期稳定运行的关键。含油污水水质变化频繁，极易对活性污泥造成危害；同时，营养源比例也满足不了 BOD：N：P＝100：5：1 的需要。运行中一般投加磷酸氢二钠作为磷源，来补充系统对磷的需求。但如果系统有生活污水作补充营养源的话，则可不必投加任何营养物。运行中，遇有水质冲击时，可暂停部分曝气池进水，进行充氧闷曝，使活性污泥得以再驯化，待活性恢复后再进水运行；然后再对另一部分曝气池进行同样的恢复性驯化，保证全系统的连续稳定运行。另外，通过提高进水质量、加强鼓风曝气，并加大剩余污泥排放量，使系统活性污泥快速繁殖，曝气池内微生物得以置换，这样，活性污泥土会很快恢复其活性。

（四）处理技术及利用

含油污水的主要处理手段有重力分离、粗粒化、气浮、过滤、吸附、膜分离等。

1. 初级处理技术

重力分离法是利用油和水的密度差及油和水的不相溶性，在静止或流动状态下实现油珠、悬浮物与水分离，是既经济又有效的除油措施，因此重力分离法是目前最常用的初级除油方法，用以去除粒径较大的浮油和部分分散油。多年来重力分离法作为一种基本而简便的物理分离油水方法，一直是国内外学者研究的热点。重力分离法常用的构筑物有以下几种。

（1）小型隔油池

小型隔油池见图 2-9-1。小型隔油池可采用如下技术条件和参数：

① 废水在池内流速，一般对于石油类如柴油、机油等，采用 2～10mm/s；

② 废水在池内停留时间一般为 0.5～1.0h；

③ 沉淀物清除周期为 5～10d。

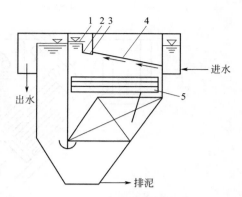

图 2-9-1 小型隔油池示意

1—集油口；2—可调节的胶皮及铁板；

3—贮油槽；4—密封受压盖板；5—蒸汽管

池内还应考虑浮油的回收装置，如集油器等。因此，除按上述参数计算出隔油池的有效容积外，还需考虑油回收装置的安装容积。池内油泥一般定期由人工清理，当油泥量大时，可采用污泥泵抽吸送至油泥脱水装置进行脱水后，再进行焚烧处理。

（2）平流式隔油池

平流式隔油池见图 2-9-2。平流式隔油池可采用如下技术条件和参数：

① 上浮油珠的最小设计粒径，一般采用 60～90μm；

② 设计水平流速一般采用 2～5mm/s，最大不得超过 10mm/s；

③ 废水在隔油池内停留时间，一般采用 0.5～1.0h；

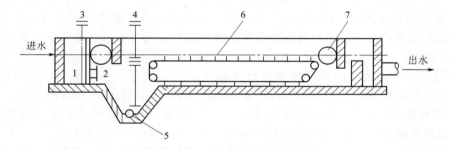

图 2-9-2 平流式隔油池示意

1—配水槽；2—进水孔；3—进水间；4—排渣阀；5—排渣管；6—刮油刮泥机；7—集油管

④ 隔油池内的浮油收集和沉渣排除，一般多采用链带式刮油刮泥机，在链带上每隔 3～4m 安装一块刮板，刮板移动速度一般采用 0.01～0.05m/s；

⑤ 集油管一般采用直径为 200～300mm 的钢管，在管顶开缝成 60°的圆心角，集油管安装要水平，并使管子能绕轴向转动；

⑥ 采用机械刮泥时，隔油池池底坡度采用 0.01～0.02，坡向污泥斗，污泥斗侧面倾角不小于 45°，排泥管及排泥阀直径一般不小于 200mm，污泥斗容积按 8h 污泥量计算，污泥含水率为 95%～97%。

平流式隔油池能全部分离 150μm 以上粒径的油珠，对于 60～90μm 粒径的粗分散油珠分离率可达 64% 左右，总的除油率有时可达 60%～80%。

（3）斜板隔油池

斜板隔油池如图 2-9-3 所示，其主要构件是由多层波纹板（或平板）组成的斜置板组。

斜板隔油池能分离 60μm 以上粒径的浮油和粗分散油油珠，对于 30～60μm 粒径的油珠其分离率也达 80% 左右。其除油能力比平流式隔油池提高 6～15 倍，而废水在池内停留时间仅为一般平流式隔油池的 1/2～1/4，因此，它具有容积小、占地少和效率较高的优点。

斜板隔油池的技术条件和参数如下：

① 斜板板距一般为 20～40mm；

② 斜板组倾角一般为 45°～60°；

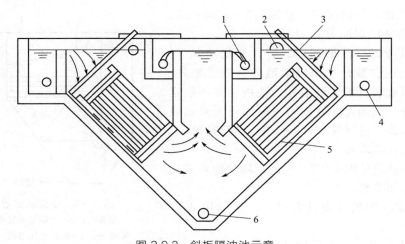

图 2-9-3　斜板隔油池示意
1—出水管；2—集油管；3—格栅；4—进水管；5—斜板；6—排泥管

③ 斜板表面负荷率可采用 $0.72 m^3 /(m^2 \cdot h)$；

④ 斜板材料应采用疏油性能好、表面光滑、机械强度高、耐腐蚀和耐老化的材料。

浮油收集装置是重力法除油构筑物的重要组成部分，现对各种浮油收集装置的原理和有关参数简介如下：

① 旋转盘式除油装置的圆盘用亲油材料制成，其下半部浸在废水中，当圆盘旋转时，设在圆盘上的刮板把圆盘从水中带出的浮油刮到集油槽中，达到收集浮油的目的；

② 带式除油机与皮带运输机结构类似，其收集浮油原理与旋转盘式除油装置类似，也是利用刮板把黏附在撇油带上的浮油刮到集油槽中，达到收集浮油的目的。

该装置的除油效率除与撇油带的材料有关外，还与撇油带的线速度有关，其最佳线速度应控制在 $0.07\sim0.7 m/s$ 之间。

2. 二级处理技术

二级处理技术主要针对废水中较难处理的乳化油及部分残留分散油，含乳化油废水要经过物理、化学方法破乳后再进行油水分离。二级处理的常用方法有以下几种。

（1）絮凝法

絮凝法是处理含油废水的一种常用方法，这种方法通过加入适宜的絮凝剂从而在废水中形成高分子絮状物，经过吸附、架桥、中和等作用破乳从而去除水中的油类。常用的无机絮凝剂为铝盐和铁盐，如碱式氯化铝、硫酸铝、三氯化铁和硫酸亚铁等。近年来新型絮凝剂主要为无机高分子凝聚剂和复合絮凝剂。无机高分子絮凝剂主要是铝盐和铁盐的聚合体系，如聚合氯化铝（PAC）、聚硫酸铁（PFS）、聚硅氯化铝（PASC）、聚硅硫酸铝（PASS）及聚硅酸铁（PFSS）等。有机高分子凝聚剂的研究发展很快，但絮凝法在含油废水处理方面的应用，仍然主要作为其他方法的辅助方法。

（2）盐析法

盐析法是通过向污水中投加无机盐类电解质达一定浓度时，油珠扩散层中阳离子由于排斥作用被赶到吸附层中，导致双电层破坏，油珠变成中性而相互合并成更大油珠，从而达到破乳的目的。用的电解质是钙、镁、铝的盐类，它既可中和电荷，又可置换表面活性剂的金属皂，处理效果较好。

含乳化油的废水适宜的破乳条件为：pH 值为 $5\sim6$，温度为 $40\sim45℃$，当 $CaCl_2$ 浓度为

8g/L，反应时间为 10min 时，对浊度的去除率为 91％，对 COD 的去除率为 30％。

（3）酸化

收集来的含油废水排入调节池中，含油废水在调节池中混合均匀后用泵打入酸化池，池内设置有 pH 自动控制器，自动控制加药阀的开关，投入适量的硫酸溶液，在酸化池搅拌机搅拌下，使废水始终维持在 pH＝2～3 范围内。酸化完毕后的废水进入油水分离池中，在池中停留 20min，达到油水分离的目的，油经过自流流入集油容器中，出水进入中和池调节 pH 值。

（4）气浮法

气浮工艺是将空气通入到含油废水中，气泡从水中析出的过程中，油类等污染物粘连在气泡上，因其密度远小于水而浮出水面。由于乳化油的稳定性，气浮前必须先采取脱稳、破乳措施，常投加破乳剂。根据产生气泡的方式不同，气浮法可分为加压溶气气浮、鼓气气浮、电解气浮等，其中应用最多的是加压溶气气浮法。加压溶气气浮是将约为处理量的 30％～100％的污水加压到表压为 0.3～0.6MPa，通入压缩空气（或用水射器带入空气），使空气溶解于水，把这部分溶解有空气的加压溶气水送入浮选池，加压溶气水中的空气在较低的压强环境下从溶气水中释放，析出大量平均直径为 80μm 的微气泡，使污水中的乳化油珠黏附在气泡上一起向上升浮到水面上而达到分离的目的。还有混凝沉淀气浮法，即在气浮过程中投加适当的混凝剂，使气浮的效果更加有效，但是该法浮渣量大且含有大量气泡。

气浮法工艺流程见图 2-9-4。气浮法处理的技术和参数如下：

① 混凝剂投加量，如果无确定的参数可按 50mg/L 估算；

② 混合反应时间为 1～2min；

③ 废水在气浮池内停留时间为 20～30min；

④ 溶气水回流比为 25％～30％；

⑤ 溶气水在溶气罐内停留时间为 2～3min，溶气压力为 250～300kPa；

⑥ 油类物质去除率可达 95％以上，COD 去除率可达 60％～80％。

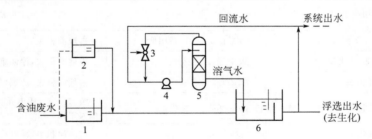

图 2-9-4　气浮法工艺流程

1—隔油池；2—絮凝剂贮槽；3—喷射器；4—水泵；5—溶气罐；6—气浮池

另外还有吸附气浮法，即在气浮池里投加粉末活性炭，吸附污水中的油和溶解性污染物，废炭以及污水中的其他悬浮物附着在气泡上并与气泡一起上浮到池顶由除渣机除去。江汉石油机械厂同各油田设计院合作，针对油田采出水研制开发了溶气气浮、叶轮式气浮、喷射式气浮等各种气浮设备。

（5）过滤、吸附

当废水需回用或排放标准较严时，气浮工艺之后还需经过滤或活性炭吸附处理。

经气浮方法处理的废水一般采用压力过滤，滤料一般采用 1～2mm 粒径的石英砂，滤层厚度为 750～1000mm，滤速 20m/h 左右，过滤定期冲洗，反冲洗强度 6～8L/（m² · s），反冲洗时间 15～20min。反冲洗水返回调节池进行再次处理。常见的颗粒介质滤料有石英砂、无烟煤、玻璃纤维、高分子聚合物等。

采用活性炭吸附过滤时，其工作吸附容量可按 50mg（COD）左右考虑，饱和吸附容量在 350mg（COD）左右，吸附滤速为 1～15m/h，接触时间为 1～3h。

（6）膜分离法

膜法处理可根据污水中油粒子的大小，合理地确定膜截留分子量，且处理过程中一般无相的变化，可不经过破乳过程，直接实现油水分离。并且在膜法分离油水过程中，不产生含油污泥，浓缩液可焚烧处理；透过流量和水质较稳定，不随进水中油分浓度波动而变化；一般只需压力循环水泵，常温下操作，有高效、节能、投资少、污染小的特点。

（7）其他分离方法

① 离心分离法　使装有含油污水的容器高速旋转，形成离心力场，因固体颗粒、油珠与污水的密度不同，受到的离心力也不同，达到从污水中去除固体颗粒、油珠的方法。

② 化学法　常用的化学方法有中和、沉淀、混凝、氧化还原等。对含油污水主要采用混凝法。混凝法是向含油污水中加入一定比例的絮凝剂，在水中水解后形成带正电荷的胶团与带负电荷的乳化油产生电中和，油粒聚集，粒径变大，同时生成絮状物吸附细小油滴，然后通过沉降或气浮的方法实现油水分离。

③ 电化学法　电化学法包括电解法、电火花法、电磁吸附分离法和电泳法。

④ 超声波分离法　当超声波通过含油污水时，造成微小油滴与水一起振动。随着油滴和水滴的位移振动，使小油珠和小水珠凝聚成大的油珠和水珠。因油和水的重力差异，大水滴迅速下沉，油珠上浮，从而达到油水破乳分离。

含油污水处理的主要手段有重力分离、粗粒化、气浮、过滤、吸附、膜分离等方法。表2-9-2 为各种处理方法的优缺点及适用范围。

表 2-9-2　各种处理方法的优缺点及适用范围

方法名称	适用范围	去除粒径/μm	主要优点	主要缺点
重力分离	浮油、分散油	>60	效果稳定，运行费用低	占地面积大
气浮	分散油、乳化油	>10	效果好，工艺成熟	占地面积大，浮油难处理，药剂用量大
化学凝聚	乳化油	>10	效果好，工艺成熟	占地面积大，药剂用量多，污泥难处理
电解	乳化油	>10	除油率高，连续操作	装置复杂，耗电量大，消耗大量铝材，难大型化
电磁吸附	乳化油	<60	除油率高，装置	占地面积小，耗电量大，工艺未成熟
膜过滤	乳化油、溶解油	<60	除水水质好，设备简单	膜清洗困难，操作费用高
砂滤	分散油	>10	除水水质好，投资少，无浮油	反吹操作要求较高
粗粒化	分散油、乳化油	>10	设备小型化，操作简单	滤料易堵，存在表面活性剂时效果差
吸附	溶解油	<10	除水水质好，装置占地面积小	吸附剂再生困难，投资较高

3. 处理工艺

一般机械工业含油污水中乳化油含量较低，且易于破乳，因而污水经隔油、气浮及砂滤后即可达到排放标准或回用。但对于特殊行业的机械加工污水，其乳化油含量很高，破乳较困难，需进行后续的生物处理后污水才能达标排放或回用。

冶金行业中含油污水来源于有些设备、材料在生产过程中，在冷却、润滑、清洗等方面的排水。如连铸的直接喷淋冷却水、轧钢轧辊和层流冷却水、钢材冷却冲洗水等。污水中带入大量氧化铁颗粒、金属粒尘和润滑油脂，形成乳化程度高、成分复杂的含油污水。该污水必须经处理达标后循环使用或排放。

主要处理工艺：

① 金属加工乳化油污水处理推荐流程（图 2-9-5）

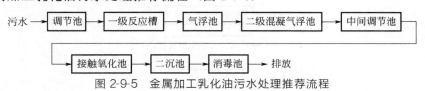

图 2-9-5 金属加工乳化油污水处理推荐流程

② 金属压延加工乳化油污水处理推荐流程（图 2-9-6）

图 2-9-6 金属压延加工乳化油污水处理推荐流程

③ 机械加工含油废水处理推荐流程（图 2-9-7）

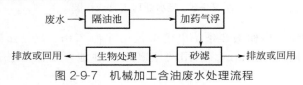

图 2-9-7 机械加工含油废水处理流程

（五）工程实例

1. 进、出水水质及水量

污水厂规模为 $1.0 \times 10^4 \, \text{m}^3/\text{d}$。出水水质需达到《城镇污水处理厂污染物排放标准》（GB 18918—2002）的一级 B 标准。设计进、出水水质见表 2-9-3。

表 2-9-3 设计进、出水水质

项目	COD	BOD_5	SS	动植物油类	石油类	TN	NH_4^+-N	TP
进水	650	300	400	50	120	40	35	8
出水	60	20	20	3	3	20	8(15)	1

注：括号外数值为水温＞12℃时的控制指标，括号内数值为水温≤12℃时的控制指标。

2. 工艺选择

针对该工业园区以机械加工废水为主的特点，虽然要求各企业对排放废水进行预处理，但为保证后续处理单元的稳定运行和出水中油的达标排放，设置隔油、混凝、气浮沉淀单元，去除废水中的 SS、油类物质。生化段采用成熟的 A^2/O 工艺进行脱氮除磷，由于生物除磷效率不是很高，还需增加化学除磷设施以保证出水水质达标。废水处理工艺流程见图 2-9-8。

3. 主要设计参数

① 粗格栅、提升泵房　格栅槽 2 条，单槽工艺尺寸为 3.5m×0.6m×5.0m。设 2 台回转式格栅除污机，栅条间距为 20mm；1 台无轴螺旋输送压榨机；3 台污水提升泵，$Q = 180 \text{m}^3/\text{h}$，$H = 140 \text{kPa}$。

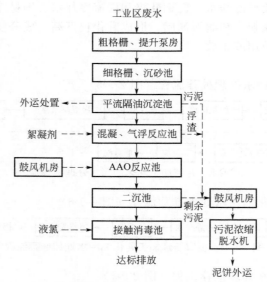

图 2-9-8　废水处理工艺流程图

② 细格栅、沉砂池　格栅槽 2 条，单槽工艺尺寸为 2.0m×0.9m×1.8m；设 2 台回转式格栅除污机，栅条间距为 5mm。采用两座曝气沉砂池，单池工艺尺寸为 7.2m×1.8m×3.0m。

③ 平流隔油沉淀池　设 1 座隔油沉淀池，分 4 格，水平流速为 4mm/s，流行时间为 1.6h，有效水深为 2.0m；单格工艺尺寸为 26.8m×6.0m×3.0m。设 4 台吸泥刮油一体机，上层的浮油经收集后，外运至安全地点处置；沉泥经收集后，重力排放至污泥储池。

④ 絮凝、气浮反应装置　絮凝反应时间为 30s，PAC 投加量为 50mg/L，采用 2 套 2.4m，$H=4.9$m 的旋流反应罐。设 2 套溶气气浮组合装置，溶气水回流比为 30%，停留时间为 30min，设计溶气表面水力负荷为 3.0$m^3/(m^2 \cdot h)$。

⑤ A^2/O 反应池　设计泥龄为 13.49d，污泥浓度为 3.0g/L，污泥产率系数为 0.82kg SS/kg BOD_5，污泥回流比为 80%，混合液回流比为 100%，厌氧池、缺氧池、好氧池有效池容分别为 890m^3、1960m^3、7010m^3，水力停留时间为 23.7h，有效水深为 4.5m，总需氧量为 5405.96kg/d。反应池均为 2 座，每座池内设 3 台潜水搅拌机、2 台混合液回流泵、2245 套微孔曝气器。

⑥ 二沉池　设计表面负荷为 0.95$m^3/(m^2 \cdot h)$，池径为 18.0m，沉淀时间为 4h，有效水深为 3.8m。每池设 1 台中心传动垂架式刮泥机，2 台 $Q=180m^3/h$ 污泥回流泵。

⑦ 接触消毒池　设 1 座（分 2 格）接触消毒池。设计加氯量为 5～8mg/L，接触时间为 0.5h，单池工艺尺寸为 7.8m×5.5m×3.5m。

⑧ 鼓风机房　内设 3 台罗茨鼓风机（2 用 1 备），给好氧池供氧，流量为 35.37m^3/min，风压为 0.05MPa；还设 2 台回转式鼓风机给曝气沉砂池供气（1 用 1 备），流量为 2.98m^3/min，风压为 0.03MPa。

4. 工艺评析

通过半年的监测，实际进、出水水质见表 2-9-4。

采用隔油/沉淀/气浮/生化工艺对该机械加工园区废水进行有效处理，出水水质达到《城镇污水处理厂污染物排放标准》（GB 18918—2002）的一级 B 标准。

表 2-9-4　实际进、出水水质　　　　　　单位：mg/L

项目	COD	BOD_5	SS	动植物油类	石油类	TN	NH_4^+-N	TP
进水	450～800	150～230	260～540	15～35	50～160	37～53	30～47	2.7～7.7
出水	34～57	10～15	8～17	<3	<3	<20	<8	<1

二、冷轧表面清洗废水

（一）概述

1. 废水污染现状

冷轧表面清洗废水是钢铁企业冷轧厂生产过程产生的废水，与表面清洗密切相关，在很多场合中也简称为"冷轧废水"。冷轧表面清洗废水主要包括浓碱及乳化液废水、稀碱含油废水、酸性废水，还包括少量的光整废水、湿平整废水、重金属废水（如含六价铬、锌、锡等）和磷化废水等。

冷轧含油废水和乳化液废水的不同之处在于，乳化液废水水量极小，有大量的油以及化学需氧量存在于水体当中，并且水中的油基本上统一表现为乳化状态。相比之下，冷轧含油废水的水量则明显大得多，有大量游离油、分散油存在于水体当中。因含油废水来源之间存在较大差异性，因此导致存在于水体中的油污染物在成分、存在状态等方面也会出现明显差异，故而在对其进行深度处理的过程中需要结合实际情况采用与之相对应的处理工艺技术。通常情况下，乳化液废水的酸碱值在 6～8 之间，每升乳化液废水中会含有 500～2000mg 的油，其化学需氧量则在 5000～20000mg 之间。粒径则一般在 20μm 以内，而含油废水的酸碱值则在 8～12 之间，每升含油废水中会含有 50～300mg 左右的油，其化学需氧量则在 500～2500mg 之间，粒径则大多在 20～60μm 之间。

2. 污染控制政策、标准

①《清洁生产标准　钢铁行业（中厚板轧钢）》（HJ/T 318）；
②《钢铁行业（烧结、球团）清洁生产评价指标体系》；
③《钢铁企业设计节能技术规定》（YB/T 9051）；
④《污水综合排放标准》（GB 8978）；
⑤《工业炉窑大气污染物排放标准》（GB 9078）；
⑥《钢铁工业水污染物排放标准》（GB 13456）；
⑦《大气污染物综合排放标准》（GB 16297）；
⑧《环境管理体系　要求及使用指南》（GB/T 24001）。

（二）废水来源

在钢材制造业中，轧钢工艺是指以钢坯为原料，经备料、加热、轧制及精整处理，最终加工成成品钢材的生产过程。轧钢工艺主要分为热轧和冷轧，产品包括板带材、棒/线材、型材和管材等。钢锭被热轧或冷轧成所需要的形状。来自热轧过程的污水主要含有润滑油和液压油。在冷轧前钢锭必须用油处理以便于润滑并除去铁锈，在轧制时喷以油-水乳化液作为冷却剂，成形后须将钢材表面所黏附的油清除。因此冷轧厂产生的洗涤水和冷却水可能含有较高浓度的油，其中 25% 以上是很难分解的乳化油。

（三）清洁生产与污染防治措施

1. 浅槽紊流酸洗技术

浅槽紊流酸洗技术是在浅槽酸洗的基础上，在槽内形成良好的紊流流态，强化酸洗效果。该技术加强了酸洗中的紊流、热导率和物质传动，可缩短反应时间，减少酸雾的排放，适用于各类冷轧产品的酸洗处理。

2. 低铬/无铬钝化技术

低铬/无铬钝化技术是以低浓度铬酸盐或钛盐、硅酸盐、钼盐等替代传统的高浓度铬酸盐进行钝化。该技术可减轻或避免六价铬对环境的污染。无铬钝化技术钝化后膜层的耐蚀性已接近甚至在某些方面超过铬酸盐钝化，但成本相对较高。

3. 水基涂镀技术

水基涂镀技术是以水基涂料替代常规有机溶剂进行钢材表面的涂镀处理。该技术可减少有毒有害气体排放，适用于对表面涂层要求不高的冷轧板带的彩涂处理。

（四）处理技术及利用

1. 治理技术

冷轧表面清洗废水治理通常采用分质预处理与综合处理结合的方式。根据不同水质，通常采用超滤、化学破乳、化学还原沉淀、化学沉淀、中和等预处理技术；综合处理常采用生化处理技术和混凝沉淀处理技术等。

（1）超滤预处理技术

超滤预处理技术是利用超滤膜只透过小分子物质的特性，截留废水中的悬浮物、胶体、油类等物质。该技术适用于轧钢工艺浓碱及乳化液废水、光整废水和湿平整废水的预处理。

（2）化学破乳预处理技术

化学破乳预处理技术是通过投加化学药剂使废水中的乳化液脱稳，在混凝剂或气浮作用下从水体中分离。该技术适用于轧钢工艺浓碱及乳化液废水的预处理，破乳处理前需调节pH值。

（3）化学还原沉淀预处理技术

化学还原沉淀预处理技术是在酸性条件下，将六价铬还原成三价铬，再调节pH值使三价铬以难溶于水的氢氧化铬沉淀形式从废水中分离。该技术适用于轧钢工艺含铬废水的预处理。

（4）化学沉淀预处理技术

化学沉淀预处理技术是将废水中的重金属物质转化为相应的难溶性沉淀从水体中分离。该技术适用于轧钢工艺重金属（主要是锌、锡）废水的预处理。

（5）中和预处理技术

中和预处理技术是向混合后的酸、碱废水中投加碱类或酸类物质，调节废水的pH值。该技术适用于轧钢工艺酸性废水、磷化废水的预处理及各类冷轧表面清洗废水预处理前的pH值调节。

（6）生化处理技术

生化处理技术是利用微生物的新陈代谢作用，降解废水中的有机物。轧钢工艺废水处理中常采用的生化处理技术主要有膜生物反应器（MBR）和生物滤池等。生化处理技术适用于轧钢工艺浓碱及乳化液废水、光整废水和湿平整废水预处理后的综合处理，以及稀碱含油废水的处理。

（7）混凝沉淀处理技术

混凝沉淀技术是通过投加絮凝剂，使水体中的悬浮物胶体及分散颗粒在分子力的作用下生成絮状体沉淀从水体中分离。该技术适用于轧钢工艺冷轧表面清洗废水的综合处理。

2. 预处理最佳可行技术

（1）超滤预处理技术

① 最佳可行工艺参数　滤膜采用无机陶瓷膜，操作压力低于 0.8MPa，渗透率 50～120L/（m²·h），并在处理前用机械除油设备（如撇油机等）去除表层浮油；进入滤膜的废水温度宜低于 60℃。

② 污染物削减和排放　超滤系统出水 COD 浓度低于 400mg/L。

③ 二次污染及防治措施　经机械除油设备及超滤装置收集的废油属危险废物，用密闭容器收集，委托有危险废物经营许可证的机构集中处置；出水送冷轧表面清洗废水生化处理单元继续处理。

④ 技术经济适用性　该技术适用于轧钢工艺冷轧浓碱及乳化液废水、光整废水和湿平整废水的预处理。

（2）化学还原沉淀预处理技术

① 最佳可行工艺参数　优先采用碳钢酸洗废酸或亚硫酸氢钠进行还原处理；还原池 pH 值 2～4，停留时间 15～20min，氧化还原电位（ORP）约 300mV；并应严格控制投药量，监控反应槽出口处重金属物质的含量，当六价铬浓度低于 0.5mg/L 时，才能进入中和单元继续处理，否则废水必须返回系统中重新处理。

② 污染物削减和排放　出水六价铬浓度可低于 0.5mg/L。

③ 二次污染及防治措施　废水处理产生的含铬污泥属危险废物，经压滤、脱水处理后，委托有危险废物经营许可证的机构集中处置；出水送冷轧表面清洗废水混凝沉淀处理单元继续处理。

④ 技术经济适用性　该技术适用于轧钢工艺低浓度含铬废水的预处理。

（3）中和预处理技术

① 最佳可行工艺参数　选用石灰、石灰石、白云石或废酸等做中和剂；小型冷轧厂也可采用氢氧化钠做中和剂。

② 污染物削减和排放　出水 pH 值为 6～9。

③ 二次污染及防治措施　处理中产生的污泥经压滤、脱水处理后，分别按一般工业固体废物（碳钢产品水处理污泥）或危险废物（不锈钢产品含重金属的水处理污泥）进行处理处置；出水送冷轧表面清洗废水混凝沉淀处理单元继续处理。

④ 技术经济适用性　该技术适用于冷轧酸洗和漂洗工段酸性废水的预处理及各类冷轧表面清洗废水预处理前的 pH 值调节。

3. 综合处理最佳可行技术

（1）生化处理技术

① 最佳可行工艺参数　可采用膜生物反应器或生物滤池等生化处理技术，生化池好氧段水温 20～30℃，pH 6.5～8.5。

② 污染物削减和排放　出水 COD 浓度低于 70mg/L。

③ 二次污染及防治措施　处理中产生的污泥经压滤、脱水处理后，按一般工业固体废

物（碳钢产品水处理污泥）或危险废物（不锈钢产品含重金属的水处理污泥）进行处理处置；出水送冷轧表面清洗废水混凝沉淀处理单元继续处理。

④ 技术经济适用性 膜生物反应器处理效率高，出水水质好，设备紧凑，占地面积小，易实现自动控制，运行管理简单；但膜组件需要定期清洗和更换，运行成本较高。生物滤池处理效率高，维护方便，能耗低；但系统抗冲击负荷能力较差，运行效果不稳定。该技术适用于轧钢工艺浓碱及乳化液废水、光整废水和湿平整废水预处理后出水的综合处理，及稀碱含油废水的处理。

（2）混凝沉淀处理技术

① 最佳可行工艺参数 絮凝剂通常选用聚丙烯酰胺（PAM），投药量 1～3mg/L，停留时间 3～5min。

② 污染物削减和排放 出水悬浮物浓度低于 30mg/L。

③ 二次污染及防治措施 处理中产生的污泥经压滤、脱水处理后，按一般工业固体废物（碳钢产品水处理污泥）或危险废物（不锈钢产品含重金属的水处理污泥）进行处理处置。

④ 技术经济适用性 该技术适用于轧钢工艺冷轧表面清洗废水的综合处理。

4. 污染治理最佳可行技术及适用性

冷轧钢材必须清除原料表面的氧化铁皮，采用酸洗清除氧化铁皮，随之产生废酸液和酸洗漂洗水。还有一种废水就是冷却轧辊的含乳化液废水。除此以外，轧镀锌带钢产生含铬废水和碱性废水。

（1）中和处理

轧钢厂的酸性废水一般采用投药中和法和过滤中和法。常用的中和剂为石灰、石灰石、白云石等。投药中和的处理设备主要由药剂配制设备和处理构筑物两部分组成。

由于轧钢废水中存在大量的二价铁离子，中和产生的 $Fe(OH)_2$ 溶解度较高，沉淀不彻底，采用曝气方式使二价铁变成三价铁沉淀，出水效果好，而且沉泥也较易脱水，工艺流程如图 2-9-9 所示。

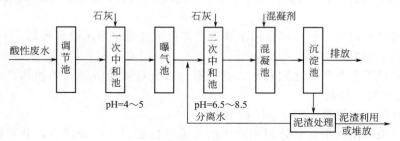

图 2-9-9 二次中和流程

过滤中和就是使酸性废水通过碱性固体滤料层进行中和。滤料层一般采用石灰石和白云石。过滤中和只适用于水量较小的轧钢厂。

（2）乳化液废水处理

轧钢含油及乳化液废水中，有少量的浮油、浮渣和油泥。利用贮油槽除调节水量、保持废水成分均匀、减少处理构筑物的容量外，还有利于以上成分的静置分离。所以槽内应有刮油及刮泥设施，同时还应设加热设备。

乳化液废水的处理方法有化学法、物理法、加热法、机械法和生物法，以化学法和膜分离法常见。化学法处理时，一般对废水加热，用破乳剂破乳后，使油、水分离。化学破乳的关键在于选好破乳剂。冷轧乳化液废水的膜分离处理主要有超滤和反渗透两种，超滤法的运行费用较低，正在推广使用。生物法一般在化学法、膜分离法之后。

乳化液废水处理工艺流程如图 2-9-10 所示。

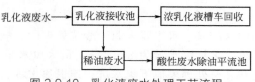

图 2-9-10 乳化液废水处理工艺流程

（3）含铬废水处理

含铬废水需要先经过除铬的预处理，然后再进行常规处理（可与其他冷轧废水一同处理）。工艺流程如图 2-9-11 所示。

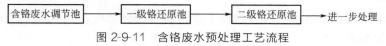

图 2-9-11 含铬废水预处理工艺流程

含铬废水首先进入调节池，停留时间 8h。然后废水依次进入一、二级铬还原池，停留时间均为 45min，池中设有搅拌器，同时在出水管上安装 pH 值和 ORP（ORP 是间接反映水中六价铬的指标）检测器。将 pH 值控制在 2.5，以提供铬还原反应的最佳 pH 值条件，ORP 设定值为 250mV，投加 $NaHSO_3$ 还原 Cr（Ⅵ）为 Cr（Ⅲ）和 Cr。出水的总铬含量＜0.5mg/L，Cr（Ⅵ）含量＜0.1mg/L。

（4）碱性废水处理

碱性废水主要由热镀锌机组线产生，一般分为强碱废水和弱碱废水，处理工艺流程如图 2-9-12 所示。

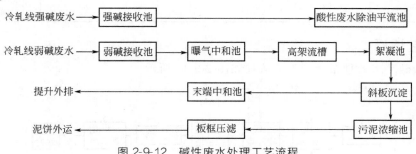

图 2-9-12 碱性废水处理工艺流程

冷轧表面清洗废水污染治理最佳可行技术及适用性见表 2-9-5。

表 2-9-5 冷轧表面清洗废水污染治理最佳可行技术及适用性

污染物类别	最佳可行技术	技术适用性
浓碱及乳化液废水	超滤＋生化＋混凝沉淀	连续退火机组、热镀锌机组、电镀锌/锡机组、彩涂机组等设备脱脂工段浓碱及乳化液废水的处理
稀碱含油废水	生化＋混凝沉淀	连续退火机组、热镀锌机组、电镀锌/锡机组、彩涂机组等设备漂洗工段稀碱含油废水的处理
光整废水、湿平整废水	超滤＋生化＋混凝沉淀	热镀锌机组光整工段光整废水的处理、连续退火机组湿平整工段湿平整废水的处理
含铬废水	化学还原沉淀＋混凝沉淀	热镀锌机组、电镀锌/锡机组等设备钝化工段含铬废水的处理
酸性废水	中和＋混凝沉淀	酸洗机组、酸洗-冷轧联合机组、冷轧/冷拔无缝钢管机组、焊缝钢管机组等设备酸洗及漂洗工段酸性废水的处理

（五）工程实例

1. 工程概况

冷轧表面清洗废水站的含酸碱废水主要来源于酸洗处理段、酸再生处理站、检化验、过滤器反洗、车间冲洗等环节，平均废水量为 $80m^3/h$，最大废水量为 $120m^3/h$。含浓油及乳化液废水主要来源于酸洗和轧机处理段地下集水坑、连退集水坑、镀锌集水坑、磨辊间清洗等生产环节，平均废水量为 $22m^3/h$，最大废水量为 $25m^3/h$，含稀油废水主要来源于连退清洗水、镀锌清洗水和漂洗水等环节，平均废水量为 $60m^3/h$，最大废水量为 $80m^3/h$。

废水站各类废水进水水质见表 2-9-6。

2. 设计目标

经处理后最终出水水质需满足《钢铁工业水污染物排放标准》（GB 13456—2012）的要求，具体水质标准见表 2-9-7。

表 2-9-6　废水进水水质

废水类型	SS/(mg/L)	pH 值	COD/(mg/L)	石油类物质/(mg/L)	其他
含酸碱废水	300～500	2～12	150～500	10～100	Fe^{2+}、Zn^{2+} 等离子
含浓油及乳化液废水	200～400	9～14	≤5000	2000～20000	温度 50～80℃
含稀油废水	200～600	9～14	≤2000	100～2000	温度 50～80℃

表 2-9-7　出水排放标准

项目	SS/(mg/L)	pH 值	COD/(mg/L)	石油类物质/(mg/L)	其他
水质标准	≤50	6～9	≤80	≤5	总铁≤10mg/L 锌≤2mg/L

3. 工艺选择

① 含酸碱废水处理系统　工艺流程如图 2-9-13 所示。

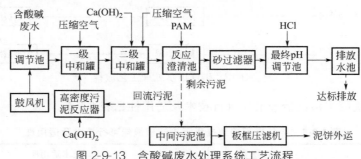

图 2-9-13　含酸碱废水处理系统工艺流程

② 含浓油及乳化液废水处理系统　工艺流程如图 2-9-14 所示。

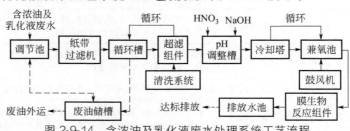

图 2-9-14　含浓油及乳化液废水处理系统工艺流程

③ 含稀油（碱）废水处理系统　工艺流程如图 2-9-15 所示。

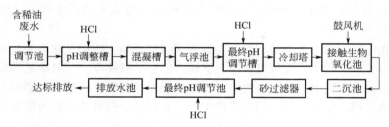

图 2-9-15　含稀油（碱）废水处理系统工艺流程

4. 工艺关键参数

① 含酸碱废水处理单元　含酸碱废水调节池流量为 120m³/h 时，废水有效停留时间约 6h。砂过滤器用于进一步去除废水中的油和悬浮物，处理总废水量为 240m³/h，平均滤速 8m/h。

② 含浓油及乳化液废水处理单元　设单台处理废水量为 25m³/h 的纸袋过滤机 2 台。超滤组件超滤装置 7 套，单套装置处理水量为 3.58m³/h，每套装置膜面积为 34.15m²，膜管支撑体及膜采用进口无机陶瓷膜，支撑体/膜采用 Al_2O_3/ZrO_2，套管材质为不锈钢。冷却塔处理能力为 50m³/h，进塔最高水温 50℃，出塔水温 35℃。设 5 套膜生物反应器，单套处理能力 5m³/h。

③ 含稀油（碱）废水处理单元　气浮分离时间约 30min，冷却塔处理能力为 100m³/h。接触生物氧化池内设有 PVC 材质的组合填料，底部配有包括空气分配管和曝气管的曝气系统。二沉池为 2 座钢筋混凝土结构辐流沉淀池。

5. 工艺评析

采用中和沉淀、超滤、生化方法分别对含酸碱废水、含浓油及乳化液废水、含稀油（碱）废水进行处理，最终出水水质达到《钢铁工业水污染物排放标准》（GB 13456—2012）的要求，且运行费用适中。根据出水要求进行合并深度处理，为循环冷却水系统补水、脱盐水系统原水回用等奠定了良好基础，为钢铁行业节能减排提供了较好的技术途径，也为其他钢铁企业冷轧表面清洗废水处理提供了借鉴经验。

第二节　电镀废水

一、概述

电镀废水一般按废水所含污染物类型或重金属离子的种类分类，如酸碱废水、含氰废水、含铬废水、含重金属废水等。当废水中含有一种以上污染物时（如氰化镀镉，既有氰化物又有镉），一般仍按其中一种污染物分类；当同一镀种有几种工艺方法时，也可按不同工艺再分成小类，如焦磷酸镀铜废水、硫酸铜镀铜废水等。将不同镀种和不同污染物混合在一起的废水统称为电镀混合废水。

（一）废水污染现状

我国电镀厂约有 15000 家，每年排放的 40 亿立方米废水中约有 50% 未达到国家排放标准，废水中含有重金属离子、有机化合物及无机化合物等有害物质，这些物质进入环境，必定会对生态环境及人类产生广泛而严重的危害，所以电镀废水的污染问题已成为环境保护领域的突出问题之一。

电镀是利用电化学的方法对金属和非金属表面进行装饰、防护及获取某些新性能的一种工艺过程。电镀行业中，常用的镀种有镀镍、镀铜、镀铬、镀锌等。在电镀过程中，为了保证电镀产品的质量，使金属镀层具有平整光滑的良好外观并与镀件牢固结合，必须在镀前把镀件表面上的污物（油、锈、氧化皮等）彻底清理干净，并在镀后把镀件表面的附着液清洗干净。

（二）污染控制政策、标准

①《电镀工业污染防治最佳可行技术指南（征求意见稿）》；
②《电镀工业污染防治最佳可行技术指南（征求意见稿）》编制说明；
③《电镀污染防治可行技术指南（征求意见稿）》；
④《电镀污染防治可行技术指南（征求意见稿）》编制说明；
⑤ 电镀行业清洁生产评价指标体系（国家发展和改革委员会　环境保护部　工业和信息化部　公告 2015 年第 25 号）；
⑥《电镀废水治理工程技术规范》（HJ 2002—2010）；
⑦《电镀污染防治最佳可行技术指南（试行）》；
⑧《电镀污染物排放标准》（GB 21900—2008）；
⑨《排污许可证申请与核发技术规范　电镀工业》（HJ 855—2017）；
⑩《清洁生产标准　印制电路板制造业》（HJ 450—2008）。

二、生产工艺和废水来源

（一）废水来源及性质

1. 废水来源

电镀废水的来源一般为：a. 镀件清洗水；b. 废电镀液；c. 其他废水，包括冲刷车间地面、刷洗极板的冲洗水，通风设备冷凝水，以及由于镀槽渗漏或操作管理不当造成的"跑、冒、滴、漏"现象的各种槽液和排水；d. 设备冷却水，冷却水在使用过程中除温度升高以外，未受到污染。

2. 废水性质

电镀废水的水质、水量与电镀生产的工艺条件、生产负荷、操作管理与用水方式等因素有关。电镀废水的水质复杂，成分不易控制，其中含有的铬、镉、镍、铜、锌、金、银等重金属离子和氰化物等毒性较大，有些属于致癌、致畸、致突变的剧毒物质。另一方面，废水中许多成分又是宝贵的工业原料。因此，对于电镀废水必须认真进行回收处理。

根据调查资料，电镀废水种类、来源和主要污染物的水平列于表 2-9-8。

表 2-9-8　电镀废水的种类、来源和污染水平

序号	废水种类	废水来源	废水中的主要污染物水平	处理系统设置
1	含氰废水	镀锌、镀铜、镀镉、镀金、镀银、镀合金等氰化镀槽	氰的络合金属离子、游离氰、氢氧化钠、碳酸钠等盐类，以及部分添加剂、光亮剂等；一般废水中氰浓度在 50mg/L 以下，pH 值为 8～11	一般分质单独成为一个含氰废水系统进行废水处理；金、银等贵重金属预先回收

续表

序号	废水种类	废水来源	废水中的主要污染物水平	处理系统设置
2	含铬废水	镀铬、钝化、化学镀铬、阳极化处理等	六价铬、三价铬、铜、铁等金属离子和硫酸等;钝化、阳极化处理等废水还含有被钝化的金属离子和盐酸、硝酸以及部分添加剂、光亮剂等;一般废水中含六价铬浓度在200mg/L以下,pH值为4~6	一般分质单独成为一个含铬废水系统进行废水处理;处理后水能循环使用,并能回收部分铬酸;废水量不大时,也可进入电镀混合废水系统进行处理
3	含镍废水	镀镍	硫酸镍、氯化镍、硼酸、硫酸钠等盐类,以及部分添加剂、光亮剂等;一般废水中含镍浓度在100mg/L以下,pH值在6左右	一般分质单独成为一个含镍废水系统进行处理;处理后水能循环使用,并能回收部分硫酸镍或氯化镍
4	含铜废水	酸性镀铜	硫酸铜、硫酸和部分光亮剂;一般废水含铜浓度在100mg/L以下,pH值为2~3	一般排入电镀混合废水系统处理;但也可分质单独成为一个含铜废水系统进行处理;处理后水能循环使用,并能回收部分硫酸铜或焦磷酸铜等
		焦磷酸镀铜	焦磷酸铜、焦磷酸钾、柠檬酸钾等以及部分添加剂、光亮剂等;一般废水含铜浓度在50mg/L以下,pH值在7左右	
5	含锌废水	碱性锌酸	氧化锌、氢氧化钠和部分添加剂、光亮剂等;一般废水含锌浓度在50mg/L以下,pH值在9以上	一般排入电镀混合废水系统处理;但络盐镀锌废水一般先单独处理,破除络合锌后,再排入电镀混合废水系统进行处理;也可分质单独成为一个含锌废水系统进行处理;处理后水回用,并回收部分锌盐
		钾盐镀锌	氯化锌、氯化钾、硼酸和部分光亮剂等;一般废水含锌浓度在100mg/L以下,pH值在6左右	
		硫酸锌镀锌	硫酸锌、硫脲和部分光亮剂等;一般废水含锌浓度在100mg/L以下,pH值为6~8	
		铵盐镀锌	氯化锌、氧化锌、锌的络合物等和部分添加剂、光亮剂等;一般废水含锌浓度在100mg/L以下,pH值为6~9	
6	磷化废水	磷化处理	磷酸盐、硝酸盐、亚硝酸钠、锌盐等;一般废水含磷浓度在100mg/L以下,pH值为7左右	一般分质单独处理后排入电镀混合废水系统再进行处理,或直接排入电镀混合废水系统处理
7	酸、碱废水	镀前处理中的去油、腐蚀和浸酸、出光等中间工艺,以及冲洗地面等的废水	硫酸、盐酸、硝酸等各种酸类和氢氧化钠、碳酸钠等各种碱类,以及各种盐类、表面活性剂、洗涤剂等,同时还含有铁、铜、铝等金属离子及油类、氧化铁皮、砂土等杂质;一般酸碱废水混合后偏酸性	一般排入电镀混合废水系统处理,或分质单独成为酸、碱系统废水进行中和处理
8	电镀混合废水	除含氰废水系统外,将电镀车间排出废水混在一起的废水;除各种分质系统废水,将电镀车间排出废水混在一起的废水	其成分根据电镀混合废水所包括的镀种而定	一般电镀混合废水系统处理后水能回用50%以上

（二）生产工艺及产污环节

电镀工艺的基本流程如图2-9-16所示。

电镀分为单层金属电镀和多层（复合）金属电镀。电镀生产工艺流程分为镀前、电镀和镀后三个阶段,以镀锌和装饰性电镀为例,典型的电镀生产工艺流程及产污环节见图2-9-17。

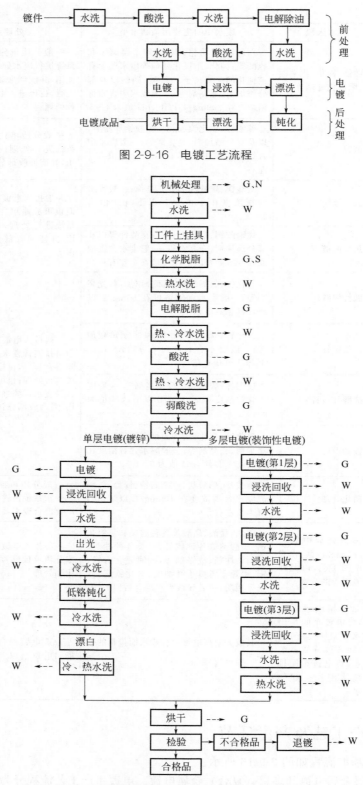

图 2-9-16 电镀工艺流程

图 2-9-17 典型的电镀生产工艺流程及产污环节
W—废水；G—废气；S—固体废物；N—噪声

电镀生产工艺流程主要包括：工件机械处理（抛光、吹砂）→空气吹扫→人工擦拭→上挂具→化学脱脂→热水洗→电解脱脂→热水洗→冷水洗→酸洗→冷水洗→弱酸洗→冷水洗（2级）→电镀锌→回收→热水洗→冷水洗→出光→冷水洗→钝化→冷水洗→封闭→热水洗→烘干等。

电镀废水含有数十种无机和有机污染物，其中无机污染物主要为铜、锌、铬、镍、镉等重金属离子以及酸、碱、氰化物等；有机污染物主要为化学需氧量、氨氮、油脂等。

电镀废水主要分为以下几类：

① 酸碱废水　包括预处理及其他酸洗槽、碱洗槽的废水，主要污染物为盐酸、硫酸、氢氧化钠、碳酸钠、磷酸钠等。

② 含氰废水　包括氰化镀铜，碱性氰化物镀金，中性和酸性镀金、银、铜锡合金，仿金电镀等氰化电镀工序产生的废水，主要污染物为氰化物、络合态重金属离子等。该类废水剧毒，必须单独收集、处理。

③ 含铬废水　包括镀铬、镀黑铬、退镀以及塑料电镀前处理粗化、铬酸阳极化、电抛光等工序产生的废水。主要污染物为六价铬、总铬等。该类废水毒性大，必须单独收集、处理。

④ 重金属废水　包括镀镍、镉、铜、锌等金属及其合金产生的废水，焦磷酸盐镀铜废水，钯镍合金电镀废水，化学镀废水以及阳极氧化、磷化工艺产生的废水。主要污染物为铬、镍、镉、铜、锌等金属盐，金属络合物和有机络合剂（如柠檬酸、酒石酸和乙二胺四乙酸等）。

⑤ 有机废水　包括工件除锈、脱脂、除蜡等电镀前处理工序产生的废水。主要污染物为有机物、悬浮物等。

⑥ 混合废水　包括多种工序镀种混排的清洗废水和难以分开收集的地面废水。组分复杂多变，主要污染物因厂而异，一般含有镀种配方的成分材料，如镀种金属离子、添加剂、络合剂、分散剂等物质。

三、清洁生产与污染防治措施

（一）清洁生产

2008年8月1日，由环境保护部、国家质量检疫局发布的《电镀污染物排放标准》规定了对企业有毒污染总铬、六价铬、总镍、总镉、总银、总铅汞相应的排放标准，并把废水监测的位置由企业总排放口改为生产设施排放口。标准还规定了单位面积镀层废水排放量上限。该标准的颁布对清洁生产的发展起到了很大的推动作用。在电镀生产中，电镀液配制和电镀过程中，必须选用环境友好型原材料，加强电镀液的管理，尽量采用集中过滤和循环使用。全部生产流程做到少排放或零排放，对必须排放的废水、废气、废渣采用高效能、低费用的净化处理设备，并设法再生利用。

1. 表面活性剂在除油、酸洗、钝化工艺中的应用

在除油工艺中，采用在酸液中加入"OP"非离子型表面活性剂的方法，它具有低泡、无毒等特点。

根据理论与实践，研制了新的除油、酸洗、钝化"三合一"酸洗液配方。新酸洗液配方中，大部分为硫酸，然后加入少量的硝酸及盐酸，这三种酸都能与铜的氧化物发生反应。为了提高溶液的氧化性，加入适量的过硫酸铵作为强氧化剂，再加入微量"OP"表面活性剂，

最后加入一定量的水。

除油、酸洗、钝化"三合一"酸洗液配方已成功地应用于国内部分企业。

2. 铜及其合金表面处理基本无污染新工艺

该工艺是以双氧水为主要成分的化学抛光液代替传统的以硝酸为主要成分的酸洗液,对金属进行表面处理。以双氧水为氧化剂与铜及其合金表面反应生成氧化物,用稀硫酸溶解去除氧化膜,铜及其合金表面具有鲜艳的色泽,并采用新型水性防铜变色剂作为缓解剂替代铬酸钝化工艺,在铜及其合金表面形成一络合物保护膜来抑制自然氧化,达到防变色目的,从而彻底消除了氮氧化物及含铬废水的排放,且不产生新的污染源。该工艺 Cr(Ⅵ) 的消减率为 100%,Cu^{2+} 消减率为 98%。

3. 利用常压蒸发技术,水循环利用,实现无排放电镀工艺

常压蒸发是一种回收浸洗液中化学物质的简单而有效的方法。可以减少废水排放量乃至做到零排放,达到降低废水处理费用的目的。

(1) 常压蒸发器的结构与工作原理

常压蒸发器的结构见图 2-9-18,热的液体经 0.735kW 的泵打到蒸发器内,经一系列喷嘴以 24L/min 的速度喷向大面积固定床,快速流过固定床的空气带走一部分水分,其余液体靠重力流到蒸发器底部,返回供液槽,在湿气离开蒸发器时用多孔挡板将湿空气与水珠分开,让湿空气流出而水珠回到供液器,流出的干净的含湿空气可以重新使用。

(2) 常压蒸发的实施

常压蒸发器与逆流漂洗系统的联合使用是一个成功的组合。工艺流程见图 2-9-19。

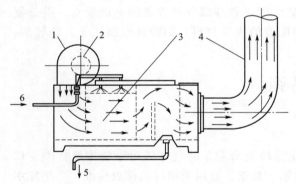

图 2-9-18 常压蒸发器工作原理
1—风机;2—干空气入口;3—填料床;4—湿空气出口;
5—返回镀槽;6—镀液入口

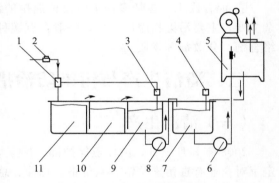

图 2-9-19 电镀线上常压蒸发与
逆流漂洗联合工艺流程
1—电磁阀;2—进水阀;3—水位阀1;4—水位阀2;
5—常压蒸发器;6—泵2;7—电镀槽;8—泵1;
9—第一水洗槽;10—第二水洗槽;11—第三水洗槽

4. 滚光工艺代替单纯的酸洗工艺

镀件要求在入槽前达到无油、无锈、无厚的氧化膜和无脏物覆盖。化学法可达到清洁表面的目的,但如果表面氧化物、油垢或锈蚀严重,酸洗时需用大量的酸。对一般不带螺纹、不是精密的钢铁零件,应尽可能采用滚筒滚光法。滚筒滚光可用浓度较低的酸或碱,借机械摩擦可将钢铁件的油垢和铁锈等除去,并可使零件表面光滑,有助于提高电镀的电流效率和提高镀层的附着力。

封闭式的滚筒还可添加钉屑、石子等磨料。滚筒壁多孔，半浸入溶液处理槽可放碱液和表面活性剂，最好用常温金属清洗剂。酸洗处理槽用稀盐酸或稀硫酸。这种前处理装置的优点是处理槽不需要每个滚筒倒掉。如配以过滤、油水分离等装置，则处理液可反复使用，这样就可避免将较浓的酸或碱液倒掉，从而减少处理量。

5. 超声波清洗新工艺

利用超声波在液体中产生强烈空化效应与综合处理液共同作用，在同一处理液内同时完成除油、除锈、去氧化膜及磷化综合处理。该工艺摆脱了传统的盐酸、硫酸处理工艺，采用弱酸处理，现场无酸雾污染，处理液使用寿命长，排放量少；对于清洁度要求高的精密机械零件，采用水基清洁剂取代三氯乙烯、氟利昂、汽油等污染性强的有机溶剂；对复杂零件的边角、空腔内壁难以净化的问题，在空化效应的作用下均能清除干净。

6. 采用无毒、低毒电镀工艺

氰化物在电镀中是非常强的螯合剂，被广泛用在碱性镀液中螯合铜、锌等金属离子。从技术层面讲，含氰废水的处理并不是难题，但氰化物剧毒，一旦不慎流入社会或环境则危害极大。

早在 20 世纪 70 年代，我国就开展无氰电镀工艺的研究试验，经过 40 多年的应用和总结再提高，无氰碱性镀锌和酸性镀锌的工艺已经成熟，镀层厚度达 $20\mu m$ 基本无脆性，而且深镀能力和分散能力已基本与氰化镀锌水平相当，经过海水浸泡实验和盐雾实验证明抗腐蚀性也没有问题，各项指标都能达到质量指标。但值得注意的是，新的无氰电镀工艺可能含其他有毒物质而造成新的污染，如无氰电镀工艺中含硫脲、EDTA 等强螯合剂，其对环境的污染比氰化物还难治理，因此新工艺的开发要本着既无氰又无其他毒害物品的原则。

除此之外，以镀合金层代镀镉层，以预镀银等工艺代镀银前的汞剂化工艺等，消除汞、镉等的污染。

7. 降低镀液和处理液的浓度

镀锌层的低铬钝化工艺开始于 20 世纪 70 年代初，含铬浓度由 $250g/L$ 降低到目前的 $0.5\sim5g/L$，即降为原工艺的 $\frac{1}{500}\sim\frac{1}{50}$。据测算，全国电镀行业采用低铬钝化工艺，每年可少用约 $3000t$ 铬酐。

由于近年来技术的发展，研制了不少品牌的适应低温、低浓度、低电耗镀铬新一代添加剂——稀土添加剂。这些添加剂由于含有吸氧剂、导电剂、活化剂、重金属杂质隐蔽剂、高效催化剂，使稀土添加剂具有电化学性能优异、电流效率高、铬酸浓度低、电耗小、工艺范围宽等显著特点。

8. 逆流清洗法

连续式逆流清洗法宜用于镀件清洗间隔时间较短或连续电镀自动生产线。

清洗水流向与镀件运行方向相反，并应控制末级清洗槽废水浓度不得超过允许浓度。连续逆流清洗法的小时清洗水量可按下式计算，并应以小时电镀镀件面积的产量进行复核，其镀件单位面积的清洗用水量应小于 $50L/m^2$。

$$q = d_t^n \sqrt{\frac{C_0}{C_n S_1}} \qquad (2\text{-}9\text{-}2)$$

式中，q 为小时清洗水量，L/h；d_t 为单位时间镀液带出量，L/h；n 为清洗槽级数；

C_0 为电镀槽镀液中金属离子含量，mg/L；C_n 为末级清洗槽中金属离子含量，mg/L；S_1 为浓度修正系数（系指每级清洗槽的理论计算浓度与实测浓度的比值），参考值见表2-9-9。

间歇式逆流清洗法宜用于电镀自动生产线和手工生产。

表2-9-9 浓度修正系数（S_1）

清洗槽级数	1	2	3	4	5
浓度修正系数(S_1)	0.9~0.95	0.7~0.8	0.5~0.6	0.3~0.4	0.1~0.2

一般清洗槽的数目为3~6个，运行周期取一个班（即8h）的整数倍数。根据电镀生产工艺和工作量的实际条件，即可求得清洗槽的数目（n）和清洗周期（T）。

间歇逆流清洗法每清洗周期换水量可按下式计算，并应以每周期的电镀件面积产量进行复核，其镀件单位面积清洗水用量为30L/m² 左右。

$$Q = \frac{d_t T}{X} \tag{2-9-3}$$

$$X = \sqrt[n]{\frac{C_n n!\ S_2}{C_0}} \tag{2-9-4}$$

式中，Q 为每清洗周期换水量，L；X 为镀件带出量与换水量之比；T 为清洗周期，h；$n!$ 为清洗槽级数阶乘；S_2 为浓度修正系数，参考值见表2-9-10。

表2-9-10 浓度修正系数（S_2）

清洗槽级数	1	2	3	4	5
浓度修正系数(S_2)	0.9~0.95	0.7~0.8	0.5~0.6	0.3~0.4	0.2~0.25

间歇逆流喷淋清洗是在间歇逆流清洗的基础上，配备新型逆流自动喷淋装置，该装置借助自控元件与挂具的上升、下降同步，使镀件依次通过各个清洗槽时，达到定时、定量反喷淋清洗，并直接向镀槽补充回收的清洗液。工艺流程见图2-9-20。反喷淋的液量小于或等于镀液的损耗量，并尽量使镀槽液面保持平衡。间歇逆流自动喷淋装置的结构和工作状况见图2-9-21。

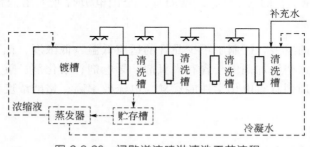

图2-9-20 间歇逆流喷淋清洗工艺流程

喷淋水量可按下式确定：

$$Q = \frac{W}{n} \tag{2-9-5}$$

式中，Q 为喷淋一次的水量，L/次；W 为镀液损耗量，L/班；n 为喷淋次数（即镀件出槽次数），次/班。

当喷淋水量（即补充清洗水的量）满足时，喷淋水可全部返回镀槽补充镀液消耗。当

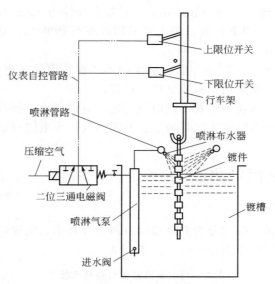

图 2-9-21　间歇逆流自动喷淋装置的结构和工作状况

$Q>W/n$ 时，需设贮存槽，借助蒸发浓缩装置来达到液量的平衡。

9. 吹气、喷雾、浸洗组合清洗法

吹气、喷雾、浸洗组合清洗设备见图 2-9-22。

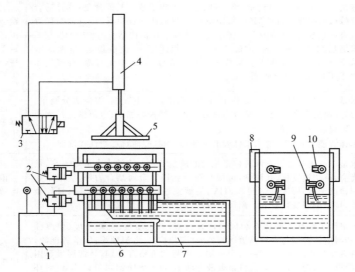

图 2-9-22　吹气、喷雾、浸洗组合清洗设备

1—贮气罐；2—电磁阀；3—气动伺服电机；4—气缸；5—升降杆；
6—回收槽；7—尾量槽；8—通风管道；9—喷雾嘴；10—喷气嘴

① 喷嘴孔径为 1.5mm，喷嘴间距为 70mm，两排喷嘴之间距离 140～180mm；

② 单个喷嘴出水量为 30mL/min，以导水管的粗细来控制；

③ 空气压力为 4.9×10^5Pa（5kgf/cm^2）；

④ 镀件喷洗时升降速度为 10 次/min，降时快，升时要慢；

⑤ 喷雾时间对一般镀件为 30～40s，对复杂镀件为 60s，吹气时间为 20～30s；

⑥ 喷雾耗水量对一般镀件为 $20mL/dm^2$，对复杂镀件为 $40mL/dm^2$；

⑦ 清洗效率可达 99% 以上，镀液带出量的回收率可达 99%，清洗水可全部返回镀槽，补充镀液损耗，不外排废水。

此种清洗方法适用于镀件较小、生产量少的手工操作电镀生产线。国内已将吹气、喷雾、浸洗组合清洗装置研制成功，有成套产品出售。

除上述方法外，近年来新型塑胶直接电镀工艺、电渗析化学沉积镍工艺、耐蚀镀层非六价铬后处理工艺、高速电镀硬铬工艺等新工艺不断涌现，为电镀行业的清洁生产提供了更广阔平台。

（二）电镀工艺污染防治

1. 过程污染预防技术

电镀工艺过程污染预防技术分为有毒原辅材料替代技术、电镀清洗水减量化技术和清洗废水槽边回收技术，分别列于表 2-9-11～表 2-9-13。

表 2-9-11　有毒原辅材料替代技术

名称	技术介绍	适用性
无氰镀锌技术	该技术是以氯化物或碱性锌酸盐替代氰化物的镀锌技术。该技术由于不使用氰化物，因此，电镀过程不产生含氰污染物。氯化物镀锌技术已经广泛应用于电镀锌工艺	该技术适用于电镀锌工艺
无氰无甲醛酸性镀铜技术	该技术技术是在酸性(pH 1.0～3.0)溶液条件下，为钢铁工件电(或化学)镀铜。镀液由五水硫酸铜、阻化剂、络合剂、还原剂等组成。其原理是：选择适合镀铜液的酸盐和阻化剂合理配位，抑制铜离子与钢铁的置换反应；以葡萄糖等组成的复合还原剂，使二价铜离子(Cu^{2+})在金属表面形成结合力牢固的镀层 该技术镀层结晶细致牢固、电流效率高、沉积速度快、镀液稳定、电镀成本低。镀液不含氰化物、甲醛及强络合剂等有害成分，生产中无有毒、有害气体挥发。要求工件镀前电解脱脂表面无油污	该技术适用于钢铁、铜、锡基质工件直接镀铜工艺。可替代氰化闪镀铜工艺和复合镀层中铜锡合金工艺
羟基亚乙基二膦酸镀铜技术	该技术是在碱性(pH 9～10)条件下，在铜、铁工件上电镀铜，镀液成分简单、分散能力好，镀层细密半光亮，结合力良好。加入特种添加剂，电流密度扩大至 $3A/dm^2$，可提高整平性能 该技术深镀能力较好。要求工件表面无油污，无盐酸活化后酸性残留液	该技术适用于钢铁、铜基质工件装饰性镀铜工艺
亚硫酸盐镀金技术	该技术是以亚硫酸盐镀金液替代氰化物的镀金工艺。该技术电流效率高，镀层细致光亮，沉积速度快，孔隙少，镀层与镍、铜、银等金属结合力好，镀液中如果加入铜盐或钯盐，硬度可达到 350HV；但镀液稳定性不如含氰镀液，且硬金耐磨性差，接触电阻变化较大。阳极不溶解，需经常补加溶液中的金	该技术适用于装饰性电镀金工艺
三价铬电镀技术	该技术采用了氨基乙酸体系和尿素体系镀液，镀层质量、沉积速度、耐腐蚀性、硬度和耐磨性等都与六价铬镀层相似，且工艺稳定，电流效率高，节省能源，同时还具有微孔或微裂纹的特点；但镀层颜色与六价铬有差别，且镀层增厚困难，还不能取代功能性镀铬。三价铬镀液毒性小，可有效防治六价铬污染，对环境和操作人员的危害比较小	该技术适用于装饰性电镀铬工艺
纳米合金复合电镀技术	该技术是通过电沉积的方法，在镍-钨、镍-钴等合金液中添加经过特殊制备、分散的纳米铝粉材料，合金与纳米材料共沉积于钢铁基件，生成纳米合金复合镀层。纳米合金复合镀层的耐腐蚀性能、耐烧蚀性能、耐磨性能等综合指标均超过硬铬镀层，可全部自动化控制。该技术不使用含铬化工原料，因此无重金属铬排放。该技术电流效率达 80%，材料利用率大于 95%。但原材料成本高于硬铬电镀约 20%	该技术适用于替代功能性电镀铬工艺
无镉电镀技术	该技术是以锌镍合金镀层部分替代镀镉工艺。锌镍合金镀层的防护性能优良，具有高耐磨性，且无重金属镉的排放；但仍需进行适当的钝化处理，否则表面容易氧化和腐蚀，破坏镀层的外观和使用性能	该技术适用于汽车部件部分替代电镀镉工艺

表 2-9-12　电镀清洗水减量化技术

名称	技术介绍	适用性
多级逆流清洗技术	该技术是由若干级清洗槽串联组成清洗自动线,从末级槽进水,第一级槽排出清洗废水,其水流方向与镀件清洗移动方向相反。该技术可大大减少镀件清洗的用水量,并减少化学品的用量;但该技术需要更多的空间,且总投资增加(增加槽、工件传输设备和控制设备)	该技术适用于挂镀、滚镀自动化生产工艺,不适用于钢卷及体积大于清洗槽的大型镀件电镀
间歇逆流清洗技术	该技术也称清洗废水全翻槽技术。当末级清洗槽里的镀液(或某离子)含量高于该镀件清洗废水的标准含量时,对电镀清洗槽逐级向前更换清洗水(全翻槽)一次。即把第一清洗槽清洗液全部注入备用槽,把第二清洗槽清洗液全部注入第一清洗槽,以此类推,在最后一个空槽中加满水,就可继续电镀一个翻槽周期 该技术节水率大于90%;与传统清洗工艺比较,金属回收利用率明显提高,可有效防止电镀污染	该技术适用于单一镀种的电镀工艺
喷射水洗技术	该技术分为喷淋水洗和喷雾水洗。喷淋水洗是通过水泵使水经喷管、喷嘴、喷孔等喷淋装置进行清洗;喷雾水洗是采用压缩空气的气流使水雾化,通过喷嘴形成汽水雾冲洗镀件。工件可集中到2~3处进行冲洗;清洗水经收集和针对性处理后循环利用 该技术由于喷嘴可调到任意需要的角度,可提高冲洗效率,对品种单一、批量较大的镀件有一定的优越性;但对于复杂工件的水洗效果较差	该技术适用于自动或半自动电镀生产线,与生产线动作协调控制
废水的分质分级利用技术	电镀生产线上的用水点很多,不同的用水点有不同的水质标准。根据不同用水要求分级使用废水,实现分质用水,一水多用 该技术具有投资省、运行成本低、操作简单等特点。可获得约30%的节水效果	该技术适用于绝大多数电镀企业

表 2-9-13　清洗废水槽边回收技术

名称	技术介绍	适用性
逆流清洗-离子交换技术	该技术是在逆流清洗基础上,应用离子交换树脂(或纤维)将第一级清洗废水分离处理,处理后的清水回用于镀槽,补充镀液的损耗。树脂再生过程中回收贵重金属 该技术比一般的并联清洗系统省水,可减少废水的排放,且各槽间水是以重力方式连续逆流补给,不需要动力提升。连续逆流清洗适用于生产批量大、用水量较大的连续生产车间;间歇逆流清洗适用于间歇、小批量生产的电镀车间	该技术适用于镀镍等电镀贵重金属生产线
逆流清洗-离子交换-蒸发浓缩技术	该技术是通过蒸发浓缩装置将经过阳离子交换柱分离的第一级清洗槽液蒸发浓缩,浓缩液补充到镀槽,蒸馏水返回末级清洗槽循环使用 该技术可有效回收水及镀液,操作简单,减少废水和镀液的排放;但蒸发浓缩要消耗能量,离子交换树脂(纤维)饱和后需进行再生处理	该技术适用于用水量较大的电镀生产线的贵重金属回收
逆流清洗-反渗透薄膜分离技术	该技术是在逆流清洗基础上,应用反渗透系统将第一级清洗水过滤分离,浓缩液返回镀槽,淡水用于末级清洗槽循环使用 该技术不消耗化学药品,不产生废渣,无相变过程,操作简便,易自动化,可靠性高,无二次污染。但设备投资较高,能耗较高	该技术适用于电镀镍等贵重金属清洗废水的在线回收利用
槽边电解回收技术	该技术是将回收槽的溶液引入电解槽,经电解回收后返回回收槽。当处理含铜废水时,电解槽采用无隔膜、单极性平板电极,直流电源。电解槽的阳极材料为不溶性材质,阴极材料为不锈钢板或铜板;在直流电场的作用下,铜离子沉积于阴极。铜回收率可达到90%以上 当处理含银废水时,采用无隔膜、单极性平板电极电解槽或同心双筒电极旋流式电解槽,直流或脉冲电源	该技术适用于酸性镀铜、氰化镀铜、氰化镀银等工艺
槽边化学反应技术	该技术是在镀液槽后面设置一台化学反应槽和一台清洗水槽。镀件进入化学反应槽时,带出液在化学反应槽中发生反应(如氧化、还原、中和、沉淀等),转变成无污染的物质。镀件进入清洗水槽时,已基本无污染物质,清洗水可以循环利用 化学反应槽中含有大量的化学药品,可保证每一次都能实现完全的化学反应,回收化学反应槽沉淀的重金属盐	该技术适用于六价铬镀铬等工艺

续表

名称	技术介绍	适用性
废镀铬液回收利用技术	该技术是采用高强度、选择性阳离子交换树脂处理带出的镀铬液和受到金属污染的废镀铬液,当溶液中铬酐浓度低于150g/L时,使用树脂消除其中的铜、锌、镍、铁等金属杂质,再经过蒸发浓缩,即可全部回用于镀铬槽 该技术可大量节省材料,镀铬液及其废液中铬酸回用率大于95%	该技术适用于传统的镀铬工艺生产线改造和新建电镀铬生产线
溶剂萃取-电解还原法回收废蚀刻液技术	该技术是使用萃取剂将废蚀刻液中的铜取出,使废蚀刻液分成油、水两相;铜进入萃取剂成为富铜油相,已不含铜的废蚀刻液成为水相。水相只需补充氨水即可恢复蚀刻功能,成为再生蚀刻液,循环使用 该技术的特点是回收利用废蚀刻液的同时,还可全部回收利用电解液、萃取剂和油相清洗水	该技术适用于废蚀刻液的再生利用

2. 污染防治新技术

电镀工艺污染防治新技术如表2-9-14所示。

表2-9-14　电镀工艺污染防治新技术

名称	技术介绍	适用性
生物降解脱脂技术	该技术是利用微生物的生长特性,净化工件表面上的油污,使油污降解为二氧化碳和水。该技术可替代传统皂化等脱脂方法。其优点是适应范围(pH 4~9)广,脱脂温度低,节约能源;使用寿命长,节约资源;脱脂液不含磷,减少了对环境的污染 该技术必须由一个生物降解装置和脱脂槽连接组成一个循环系统,分离死菌,补充营养,保持微生物的浓度和活性,以满足生产的要求	该技术适用于镀件单一的新建大型电镀企业
无氰碱性镀银技术	该技术是在碱性(pH 8.8~9.5)及室温(15.5~24℃)条件下,采用特殊添加剂,直接在黄铜、铜、化学镍等工件表面镀银的工艺 该技术无需预镀银,镀层与工件的结合力优于氰化物镀银,镀件的颜色洁白、美观。镀液中银的补充来自银阳极,镀液稳定,阳极溶解效率高,具有镀层致密、光滑、结晶细致、极低空隙、焊接性能强等特点	该技术适用于黄铜、铜、化学镍等工件直接镀银工艺
吸附交换法回收废酸液技术	该技术是利用离子交换树脂(或纤维)的阻滞特性,将废液中的酸吸附,其他金属盐顺利通过,然后利用纯水解析树脂回收酸。第一步除去废酸液中的悬浮固体物,第二步对废酸液净化处理。该材料有优异的亲酸性,当它与酸接触时,酸被吸附截留。酸液中的其他物质,如金属离子,则流出系统。当离子交换柱酸饱和后,再用水洗掉离子交换柱吸附的酸,成为再生酸液	该技术适用于废酸液的回收利用
生物处理含铬废水技术	该技术是利用复合菌(由具核梭杆菌、脱氮副球菌、迟钝爱德华菌、厌氧化球菌组合而成)在生长过程中,其代谢产物将以$HCrO_4^-$、$Cr_2O_7^{2-}$、CrO_4^{2-}形式存在的六价铬还原为三价铬,形成氢氧化铬,与菌体其他金属离子的氢氧化物、硫化物混凝沉淀而被除去 该技术产生的污泥量仅为化学法的1%,形成的氢氧化铬、氢氧化铜、氢氧化镍、氢氧化锌沉淀物均可回收	该技术适用于电镀企业含铬废水的处理

3. 最佳可行技术组合

电镀工业污染防治最佳可行技术组合见图2-9-23。

四、处理技术及利用

（一）处理技术

1. 化学法处理技术

（1）碱性氯化法处理技术

废水中含有氰化物时,将废水调控在碱性（pH 9.5~11）条件下,加入适量的氧化剂

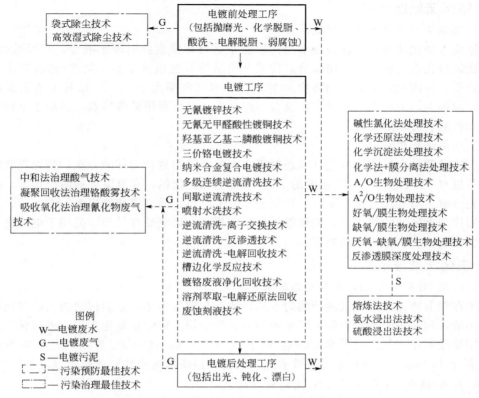

图 2-9-23　电镀工业污染防治最佳可行技术组合

氧化废水中的氰化物，消除氰的毒性。经过两次破氰，氰化物被完全氧化。氧化剂多采用次氯酸钠、二氧化氯、液氯等。该技术具有稳定、可靠、易于实现自动控制等特点，适用于电镀企业含氰废水的处理。

（2）化学还原法处理技术

化学还原法是在酸性（pH 2.5～3.0）条件下，加入一定量的还原剂（如亚硫酸氢钠）将废水中的六价铬还原成低毒的三价铬，再调整 pH 值至 8～9.5，使其以氢氧化铬形态沉淀去除。该技术可消除含铬废水的毒性，具有稳定、可靠、易于实现自动控制等特点，适用于电镀企业含铬废水的处理。

（3）化学沉淀法处理技术

化学沉淀法处理技术是通过向废水中投加化学药剂，使其与水中的某些溶解物质产生反应，生成难溶于水的盐类沉淀，从而使污染物分离除去的方法。常用的化学药剂有氢氧化钠和硫化钠等。各种金属氢氧化物或硫化物沉淀的 pH 值不同，选取各自的最佳沉淀的 pH 值范围才能取得最佳沉淀效果。该技术处理效果好，但是工艺流程较长、控制复杂、污泥量大，适用于电镀企业重金属废水和混合废水的处理。

（4）臭氧法处理技术

臭氧法处理技术是利用臭氧的强氧化性能，在碱性（pH 9～11）条件下，将含氰废水中的游离氰根氧化为二氧化碳和氮气，氧化接触时间 15～20min，游离氰根去除率 97％～99％。投加亚铜离子催化剂，可缩短反应时间。反应池尾气须收集并经碱液吸收后排放。该技术处理含氰废水时，实际投药量通常要比理论值大，设备复杂，较难控制，适用于含氰废水的处理。

2. 物化法处理技术

（1）化学法＋膜分离法处理技术

含氰废水经化学破氰、含铬废水经化学还原后与其他重金属废水混合，在碱性状态下，形成金属氢氧化物沉淀，再采用膜分离技术截留沉淀并收集重金属。微滤/超滤膜作为固液分离的介质，可回收含重金属固体物 90％以上；水回收率大于 60％。该技术省去沉淀池和污泥池，占地少，节省工程总投资，具有污泥量少、运行费用低等特点，适用于电镀企业重金属废水和混合废水的处理。

（2）电解法处理技术

电解法处理技术是应用电化学原理对废水中的污染物进行处理的方法。当处理含氰废水时，调节进水 pH 9～10，按氰浓度的 30～60 倍投加氯化钠，在直流电场的作用下，游离氰根被氧化分解。当处理含铬废水时，控制进水 pH 2～4，微电解装置出水 pH 8～9。该技术使用铁屑作为电解池中的填料，铁屑极易氧化、板结，影响处理效果，适用于电镀企业含氰废水、含铬废水、含银废水的处理。

3. 生化法处理技术

（1）缺氧/好氧（A/O）生物处理技术

废水在调节池内通过曝气搅拌均匀水质，兼有初曝气作用，然后依次进入缺氧池和好氧池，利用活性污泥中的微生物降解废水中的有机污染物。通常缺氧池采用水解酸化工艺，好氧池采用接触氧化工艺。当进水 COD_{Cr} 低于 500mg/L 时，COD_{Cr} 去除率大于 80％；出水 COD_{Cr} 低于 100mg/L。该技术可有效去除有机物，但缺氧池抗冲击负荷能力较差。

（2）厌氧-缺氧/好氧（A^2/O）生物处理技术

A^2/O 工艺是在 A/O 工艺中缺氧池前增加一个厌氧池，利用厌氧微生物先将复杂的长链大分子有机物降解为小分子，提高废水的可生物降解性，利于后续生物处理。当进水 COD_{Cr}<500mg/L，氨氮<50mg/L 时，COD_{Cr} 去除率 80％～90％，氨氮去除率 80％～90％；出水 COD_{Cr} 50～100mg/L，氨氮 5～10mg/L。该技术可有效去除 COD_{Cr}、氨氮等污染物；比 A/O 工艺占地面积稍大，工艺流程稍长。

（3）好氧膜生物处理技术

好氧膜生物处理技术是将活性污泥法与膜分离技术相结合，利用膜高效截留的特性，控制生物反应池内污泥浓度 3000～6000mg/L，污水经过好氧生物反应池降解，从而充分地氧化有机物，膜分离代替二沉池，得到高品质出水。当进水 COD_{Cr}<500mg/L、氨氮<50mg/L、总磷<5mg/L 时，COD_{Cr} 去除率 90％～95％，氨氮去除率 85％～90％，总磷去除率 70％～75％；出水 COD_{Cr} 50～75mg/L，氨氮 5～7.5mg/L，总磷 1.25～1.5mg/L。该技术可有效去除 COD_{Cr}、氨氮等有机污染物；但去除总磷效果较差，运行费用较高。

（4）缺氧（或兼氧）膜生物处理技术

缺氧膜生物处理技术是使污水不断经受缺氧生物和好氧生物的交替氧化，从而充分地降解有机污染物。膜生物反应池处于缺氧状态，控制溶解氧 0.2～0.5mg/L，膜箱内处于好氧状态，控制溶解氧不低于 2.0mg/L。生物反应池内污泥浓度 8000～12000mg/L，在曝气的搅动下，池内形成旋流，实现高效微生物定向富集培养，增强污泥活性。与好氧膜生物处理技术相比，该技术湿污泥减量 95％以上，容积负荷提高一倍以上。当进水 COD_{Cr}<500mg/L、氨氮<50mg/L、总磷<5mg/L 时，COD_{Cr} 去除率 93％～95％，氨氮去除率 90％～95％，总磷去除率 90％～95％；出水 COD_{Cr} 25～35mg/L，氨氮 2.5～5.0mg/L，总磷小于 0.5mg/L。该技术可有效去除 COD、氨氮、总磷等污染物。

（5）厌氧-缺氧（或兼氧）膜生物处理技术

在缺氧膜生物反应池前增加厌氧池，厌氧池采用水解酸化工艺，生物反应池内污泥浓度 $10000 \sim 15000 \text{mg/L}$、污泥回流 $100\% \sim 500\%$，该技术有机污泥排放量少，且降解有机污染物的同时具有除磷脱氮、节能降耗等效果。当进水 $COD_{Cr} < 500 \text{mg/L}$、氨氮 $< 50 \text{mg/L}$、总磷 $< 5 \text{mg/L}$、总氮 $< 60 \text{mg/L}$ 时，COD_{Cr} 去除率 $93\% \sim 95\%$，氨氮去除率 $90\% \sim 95\%$，总磷去除率 $90\% \sim 95\%$，总氮去除率 $> 90\%$；出水 COD_{Cr} $25 \sim 35 \text{mg/L}$，氨氮 $2.5 \sim 5.0 \text{mg/L}$，总磷 $0.25 \sim 0.5 \text{mg/L}$，总氮 $< 6 \text{mg/L}$。该技术可有效去除 COD、氨氮、总磷、总氮等污染物。

4. 反渗透深度处理技术

反渗透膜分离技术是利用高压泵在浓溶液侧施加高于自然渗透压的操作压力，逆转水分子自然渗透的方向，迫使浓溶液中的水分子部分通过半透膜成为稀溶液侧净化产水的过程。其工艺过程包括盘式过滤器或精密过滤器、微滤或超滤、反渗透等。反渗透系统产生的淡水回用于生产线，浓水可经独立处理系统处理后排放，也可将浓水排入生化处理系统或混合废水调节池进一步处理。该技术工艺流程短，减少占地面积。全过程均属物理法，不发生相变，适用于电镀企业各种电镀生产线废水的深度脱盐处理。

（二）处理方法

1. 含铬废水处理

（1）化学还原法

化学还原法是利用硫酸亚铁、亚硫酸盐、铁屑、焦亚硫酸钠、水合肼等还原剂在酸性条件下将废水中 Cr（Ⅵ）还原成 Cr（Ⅲ），再通过加碱调整 pH 值，使 Cr（Ⅲ）形成 $Cr(OH)_3$，沉淀除去。通常还原形成三价铬后，可与其他重金属离子一起沉淀。

化学还原法的优点是原理简单、操作方便、抗水量水质冲击负荷能力强且投资运行费用低，缺点是产生的固体废物量大，金属不易回收利用。

化学还原法应采用自动控制，以确保处理后的水质达到排放标准。投药方式采用湿投，药剂配制浓度为 $5\% \sim 10\%$。反应池只需一个，其容积略大于完全反应所需时间的排水量，池内应设有搅拌装置。工艺流程见图 2-9-24、图 2-9-25，工艺参数见表 2-9-15。

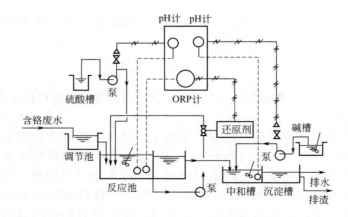

图 2-9-24 化学还原（沉淀法）处理含铬废水工艺流程

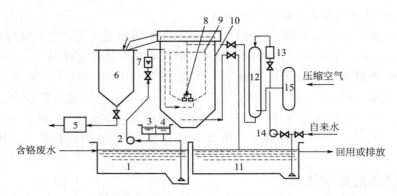

图 2-9-25 化学还原（气浮法）处理含铬废水工艺流程

1—集水池；2—泵；3—FeSO₄ 投药箱；4—NaOH 投药箱；5—污泥脱水机；
6—污泥槽；7—流量计；8—释放器；9—气浮罩；10—气浮池；11—清水池；
12—溶气罐；13—流量计；14—溶气水泵；15—空气罐

表 2-9-15 化学还原法处理含铬废水工艺参数

药剂名称	投药比（质量比）		调 pH 值		反应时间/min		沉淀时间/h	出水水质/(mg/L)	
	理论值	使用值	酸化	碱化	还原反应	碱化反应		Cr^{6+}	Cr^{3+}
NaHSO₃	$Cr^{6+}:NaHSO_3$ $=1:3.16$	1:(4~8)	2~3	8~9	10~15	5~15	1~1.5	<0.5	<1.0
FeSO₄·7H₂O	$Cr^{6+}:NaHSO_3$ $=1:16$	1:(25~32)	<3	8~9	15~30	5~15	1~1.5	<0.5	<1.0
N₂H₄·H₂O	$Cr^{6+}:N_2H_4·H_2O$ $=1:0.72$	1:1.5	2~3	8~9	10~15	5~15	1~1.5	<0.5	<1.0
SO₂	$Cr^{6+}:SO_2$ $=1:1.85$	1:2	2	8~9	15~30	15~30	1~1.5	<0.5	<1.0
		1:(2.6~3)	3~4						
		1:6	6						

以气浮槽代替沉淀槽，不仅设备体积小，占地少，能连续生产，而且处理后的出水水质好。

① 溶气压力（2.5~5）×10⁵Pa，可根据溶气水温的高低和污泥量的多少在此范围内调整。

② 溶气时间>3min。

③ 微气泡直径<100μm。

溶气罐、释放器、气浮槽等设备国内已有配套产品出售，可以根据生产条件进行选用。

（2）薄膜蒸发法

逆流清洗-钛质薄膜蒸发法处理电镀含铬废水，可以实现废水的闭路循环系统。通过改进镀件清洗方法，将清洗水量压缩至 100~300L/h，则可采用常压薄膜蒸发器进行浓缩，使浓缩液量≤镀液损耗量，全部返回镀槽。冷凝水返回清洗槽，实现闭路循环，不排废水。其中薄膜蒸发器是一种蒸发器的类型，特点是物料液体沿加热管壁呈膜状流动而进行传热和蒸发，优点是传热效率高，蒸发速度快，物料停留时间短。其工艺流程见图 2-9-26。

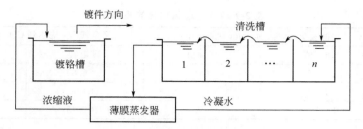

图 2-9-26 逆流清洗-薄膜蒸发法处理含铬废水工艺流程

钛质薄膜蒸发器国内已有定型产品出售，其工艺参数见表 2-9-16。

表 2-9-16 钛质薄膜蒸发器工艺参数

项目	参数	项目	参数
进水含铬	$Cr^{6+}>1g/L$	浓缩倍数	10～20
蒸汽压力	$(1\sim2)\times10^5Pa$	去除率(以 Cr^{6+} 计)	99.9%
耗汽量	1.2kg/L	蒸发强度	$100L/(m^2 \cdot h)$
耗冷却水量	20L/L		

为避免长期运行后循环系统中阳离子杂质的积累，一般可设小型阳离子交换柱，定期净化回收液，以去除 Fe^{3+}、Zn^{2+}、Cr^{3+}、Ni^{2+} 等阳离子杂质。

（3）电解法

电解法处理含铬废水在我国已经有三十多年的历史，工艺比较成熟。电解法处理含铬废水的原理是：铁板阳极在电解过程中溶解成亚铁离子，在酸性条件下亚铁离子将 Cr^{6+} 还原成 Cr^{3+}，同时阴极上析出氢气，使废水 pH 值逐渐升高。此时 Cr^{3+}、Fe^{3+} 都以氢氧化物沉淀析出。电解法的优点是去除率较高、沉淀的重金属可回收利用且减少污泥的生成量；缺点是极板损耗大、pH 偏低时 $Cr(OH)_3$ 会溶解。

（4）膜分离法

膜分离法是以选择性透过膜为分离介质，当膜两侧存在压力差、浓度差、电位差时，原料中有害组分选择性透过膜，以达到分离、除去有害组分的目的。目前，较为成熟的工艺有电渗析和反渗透。含 Cr^{6+} 废水适宜用电渗析处理，目前国内已有成套设备，反渗透法已广泛用于镀铬漂洗废水处理。采用反渗透法处理电镀废水，处理水可以回用，实现闭路循环。

除上述方法外，处理电镀含铬废水还可采用吸附法、离子交换法、生物法（生物絮凝、生物吸附、植物修复）等方法。

2. 含氰废水处理

（1）碱性氯化法

碱性氯化法是目前比较成熟且采用较多的处理方法，该法是指废水在碱性条件下，采用氯系氧化剂将氰化物破坏而除去。处理过程分为两级：一级处理是将氰氧化为氰酸盐，对氰破坏不彻底；二级处理是将氰酸盐进一步氧化分解成二氧化碳和水。

① 工艺参数

a. pH 值。一级处理时，pH>10；二级处理时，pH 值为 7.0～9.5。

b. 投药量。处理氰化物的投药比见表 2-9-17。

投药量不足或过量对含氰废水处理均不利。为监测投药量是否恰当，可采用 ORP 氧化还原电位仪自动控制氯的投量。对一级处理，ORP 达到 300mV 时反应基本完成；对二级处理，ORP 需达到 650mV。一般当水中余 Cl^- 量为 2～5mg/L 时，可认为氰已基本破坏。

表 2-9-17　处理氰化物的投药比

名称	局部氧化反应达到 CNO⁻（质量比）		完全氧化反应达到 CO_2 和 N_2（质量比）	
	理论值	实际值	理论值	实际值
CN∶Cl₂	1∶2.73	1∶（3～4）	1∶6.83	1∶（7～8）
CN∶HClO	1∶2		1∶5	
CN∶NaClO	1∶2.85		1∶7.15	

② 反应时间　对一级处理，pH≥11.5 时，反应时间 $t=1\text{min}$；pH＝10～11 时，$t=10～15\text{min}$。对二级处理，pH＝7 时，$t=10\text{min}$；pH＝9～9.5 时，$t=30\text{min}$。一般选用 15min。

③ 温度的影响　一级处理时，第一步反应生成剧毒的 CNCl，第二步反应 CNCl 在碱性介质中水解生成低毒的 CNO⁻。CNCl 水解速度受温度影响较大，温度越高，水解速度越快。为防止处理后出水中有残留的 CNCl，在温度较低时，需适当延长反应时间或提高废水的 pH 值。

④ 工艺流程　间歇处理流程见图 2-9-27，连续处理流程见图 2-9-28，完全氧化处理流程见图 2-9-29，兰西法处理流程见图 2-9-30。

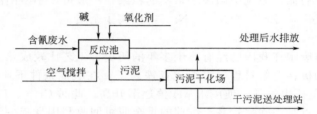

图 2-9-27　含氰废水间歇处理工艺流程

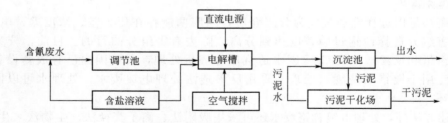

图 2-9-28　含氰废水连续处理工艺流程

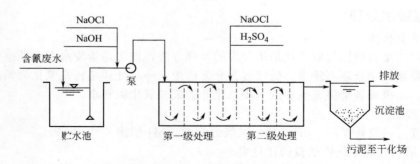

图 2-9-29　含氰废水完全氧化处理工艺流程

碱性氯化法处理含氰废水的效果见表 2-9-18。

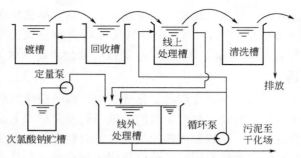

图 2-9-30　兰西法处理含氰废水工艺流程

表 2-9-18　碱性氯化法处理含氰废水的效果

循环次数	水样	硫酸镁/(g/L)	硫酸镍/(g/L)	硫酸钠/(g/L)	硼酸/(g/L)	氯化钠/(g/L)	回收率/%	
							硫酸镁	硫酸镍
1	进水	0.52	1.15	0.46	0.19	0.12		
	浓水	0.87	1.90	0.48	0.22	0.20	97.8	97.3
	淡水	0.011	0.030					
2	进水	0.87	1.90	0.48	0.22	0.20		
	浓水	1.76	3.79	1.12	0.24	0.39	95.6	93.1
	淡水	0.038	0.13					
3	进水	1.76	3.79	1.12	0.24	0.39		
	浓水	2.77	6.06	1.20	0.25	0.86	97.3	95.8
	淡水	0.047	0.16					
4	进水	2.77	6.06	1.20	0.25	0.86		
	浓水	4.02	8.96	1.79	0.27	0.97	97.8	96.7
	淡水	0.061	0.200					

注：操作条件为工作压力 3.92×10^6 Pa，进水温度 16℃，进水流量 752L/h，浓水流量 450L/h，淡水流量 300L/h。

（2）臭氧法

臭氧在水溶液中可释放出原子氧参加反应，表现出很强的氧化性，能彻底氧化游离状态的氰化物。

反应原理如下：

$$O_3 + CN^- \longrightarrow CNO^- + O_2$$

$$CNO^- + O_3 + H_2O \longrightarrow HCO_3^- + N_2 + O_2$$

其中铜离子对氰离子和氰酸根离子的氧化分解有催化作用，添加硫酸铜能促进氰的分解反应。臭氧法处理含氰废水的优点有：a. 只需臭氧发生设备，无需药剂购置和运输；b. 工艺简单、方便；c. 处理废液中不产生有害物质，无二次污染。缺点是：单独使用臭氧不能使络合状态存在的氰化物彻底氧化，臭氧发生器产生臭氧耗电量较大，处理成本高，设备维修较困难。

臭氧法处理含氰废水的工艺流程如图 2-9-31 所示。

图 2-9-31　臭氧法处理含氰废水工艺流程

其中含氰废水先流入调节池内，水质、水量稳定后，泵入臭氧反应塔顶部，臭氧发生器产生的臭氧从臭氧反应塔底部通入，CN^-在臭氧反应塔内和臭氧充分接触后被催化氧化，处理后的废水排入综合池内，生成的CO_2和N_2通过气液分离器排放。

3. 含铜废水处理

传统治理含铜废水的方法很多，常用的是化学沉积、离子交换及吸附等。这些方法共同的缺点是存在二次污染，污泥的脱水和再生液的处理与处置是技术上的研究难题。目前电化学方法（电解法、电渗析法等）是较为成熟的处理含铜电镀废水的方法之一。

电解法处理含铜废水的原理是利用阴极还原反应使铜析出，并从废水中分离出来，从而使废水得到净化。阳极可用过氧化铅（含铅1%～2%），阴极用不锈钢板，极距1～4mm，槽温48～65℃，电流密度$0.4～1.6A/dm^2$。硫酸酸洗的含铜废水Cu^{2+}浓度为70g/L，处理后含Cu^{2+}为20g/L，可继续作酸洗使用。电流效率70%～90%，回收1kg铜消耗电力0.9～4.5kW·h。电解法处理含铜废水，适用于含$Cu^{2+}>3g/L$，否则，电流效率迅速降低。电解法回收处理镀铜清洗水时，电解槽可装在第一清洗槽旁边，将槽内浓度较高的清洗水引入电解槽进行电解，阴极析出铜定期回收，经电解除铜后的水返回第一清洗槽，以降低清洗水含铜浓度。

电解后尾液还可选用电渗析处理，浓缩液可以再进行电解回收，淡水可回用或达标排放。

通过电化学法处理含铜废水，铜的回收和水资源的循环利用得以实现，从清洁生产和经济角度，均具有较大的意义。

4. 含锌废水处理

（1）化学法

① 工艺流程　化学法处理含锌废水的工艺流程见图2-9-32。

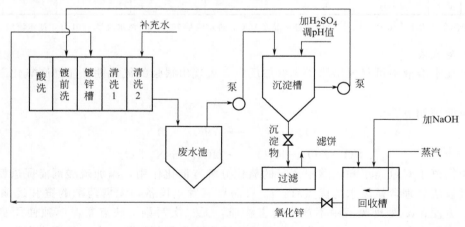

图 2-9-32　化学法处理含锌废水工艺流程

在碱性镀锌废水中可用酸调pH值至8.5～9，氢氧化锌很快沉淀下来，沉淀物加碱溶解，回收氧化锌返回镀槽使用。在酸性镀锌废水中，可回收硫酸锌返回镀槽应用。

② 工艺条件　沉淀时的pH值必须严格控制在8.5～9，反应沉淀时间为20min。废水含锌浓度不受限制，处理后出水可达到排放标准。但若pH值控制不严，则出水可能超标。

为提高回收氧化锌的纯度，减少钙、镁等杂质的含量，清洗水应采用蒸馏水。

（2）膜分离法

膜分离法是一个高效、环保的分离技术，具有高效、出水水质稳定性好、连续化操作、灵活性强等优势，近几年，在电镀含锌废水的处理回用方面得到了推广使用。

以下是一种采用微滤（MF）-纳滤（NF）-反渗透（RO）联合处理电镀漂洗含锌废水的工艺，工艺流程如图 2-9-33 所示。

其中浓缩液的 Zn^{2+} 含量达到镀液的回用要求，而淡水池出水可回用于镀件清洗工序。

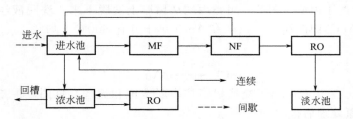

图 2-9-33　微滤（MF）-纳滤（NF）-反渗透（RO）联合工艺流程

5. 含镍废水处理

反渗透法处理镀镍废水在技术上具有可靠性和明显的经济效益，我国也在 1977 年采用了这种处理方法，使镀镍废水实现了闭路循环系统。处理工艺流程如图 2-9-34 所示。

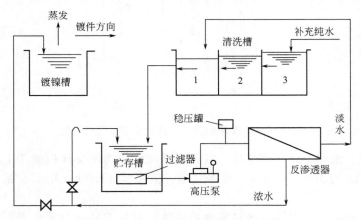

图 2-9-34　反渗透法处理镀镍废水工艺流程

除反渗透法之外，铁氧体法、化学沉淀法、混凝法、膜分离法等方法也常应用于含镍废水的处理。

6. 含金废水处理

目前电镀行业中，用于镀金首饰、镀金物件等的含氰镀金液采用纯金溶解于氰化钾等溶液之中，生成氰化亚金钾等化合物，经过电镀之后，就产生了含氰镀金废液，此种废液中的含金量为 0.1g/L 左右，具有很高的回收价值。

（1）离子交换法

① 工作原理　在氰化镀金（包括微氰、低氰和高氰）废水中，金是以 $KAu(CN)_2$ 的络合阴离子形式存在，可以采用阴离子交换树脂进行处理。工作原理如下：

$$RCl + KAu(CN)_2 \Longleftrightarrow RAu(CN)_2 + KCl$$

由于 $Au(CN)_2^-$ 络合阴离子的交换势较高，采用丙酮-盐酸水溶液再生可以获得满意的结果，洗脱率可达 95% 以上。其反应式如下：

$$RAu(CN)_2 + 2HCl \Longrightarrow RCl + AuCl + 2HCN$$

$$\underset{H_3C}{\overset{H_3C}{\diagup}}C{=}O + HCN \longrightarrow \underset{H_3C}{\overset{H_3C}{\diagup}}C\underset{CN}{\overset{OH}{\diagdown}}$$

洗脱过程中 $Au(CN)_2^-$ 络合阴离子被 HCl 破坏变成 AuCl 和 HCN，HCN 被丙酮破坏，AuCl 不溶于水而溶于丙酮，因此，可被丙酮从树脂上洗脱下来。洗脱液经水浴加热简单蒸馏回收丙酮后，AuCl 即沉淀析出，再将 AuCl 烘干并在 500℃下灼烧 2～3h，AuCl 即按下式转变成黄金：

$$2AuCl \xrightarrow{500℃} 2Au + Cl_2 \uparrow$$

② 工艺流程　采用双阴离子交换树脂柱串联全饱和流程，见图 2-9-35。处理后出水不进行回用，经破氰处理后排放。

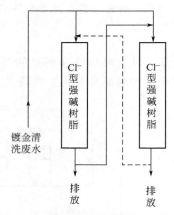

图 2-9-35　离子交换法处理镀金废水工艺流程

③ 工艺参数　饱和工作交换容量：凝胶型强碱性阴离子交换树脂 717 对金的交换量为 170～190g/L，711 为 160～180g/L。交换流速：采用≤20L/(L·h)。交换终点：进出水含金浓度基本相等。

④ 回收黄金的提纯　为提高回收黄金的纯度，可用浓硝酸对黄金进行煮沸提纯，每次煮 1h，然后用去离子水洗至出水呈中性，过滤、烘干、灼烧后可获得纯度为 99.5% 的黄金。如再经王水溶解，用维生素 C 或 SO_2 等还原剂提纯，则可获得纯度为 99.9% 的黄金。

（2）锌置换法

锌置换法由于其工艺简单而在世界范围内广泛应用，其化学原理是电镀废水中的金属金比进行置换所使用的金属（锌）有更大的惰性。和大多数金属相比，金是惰性的，但它是以氰化络合物的形态存在于碱性溶液中，这就限制了选择某些能用来进行置换的金属的可能性。目前只有锌是唯一用于粗金生产的金属，使用锌置换沉淀金的最简单反应可表示为：

$$2Au(CN)_2^- + Zn \longrightarrow 2Au + Zn(CN)_4^{2-}$$

锌加入量为溶液中金质量的两倍，以保证金的完全沉淀，并防止已沉出的金重新被氰化物溶解；置换时加入醋酸铅作催化剂。如果溶液中存在氧化剂，会影响金的回收率，故应预先加入还原剂，或者延长加热时间，以减弱溶液的氧化性。此法可获得纯度为 95% 的产品金，回收率达 99%。锌置换法处理含金废水的工艺流程如图 2-9-36 所示。

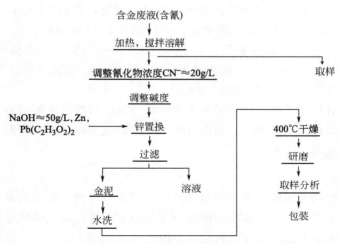

图 2-9-36　锌置换法处理电镀含金废水工艺流程

7. 含银废水处理

（1）槽边电解法

将含银废水引入电解槽中，通过电解在阴极沉积回收金属银。电压为 10V，电流密度为 $0.3 \sim 0.5 A/dm^2$，电流效率可达 30%～75%。阳极采用石墨，阴极采用不锈钢板，回收的银经过一段时间后可以从阴极上撕落，纯度达 99%。这种电解槽设在镀银槽后面的回收槽旁，回收液引入电解槽进行电解回收银，电解后的出水返回回收槽。循环进行电解，可以回收带出液中 95% 以上的银。回收槽后面的清洗采用逆流清洗。为提高清洗水水质，最后一级清洗槽的清洗水可以采用离子交换处理，工艺流程见图 2-9-37。采用槽边电解离子交换法组合处理镀银废水，可以实现废水的闭路循环。

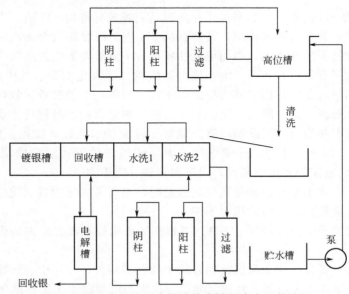

图 2-9-37　电解离子交换法处理镀银废水工艺流程

（2）旋流电解法

用旋流电解法破氰提银，是使银氰废液沿切线方向以旋流状态通过特制电解装置，该装置由不锈钢（1Cr18Ni9Ti）阳极内外筒组成，外筒为阳极，直径148mm，高280mm；内筒为阴极，直径138mm，高275mm。阴阳极间距控制在5～10mm。

旋流电解提取白银工艺最佳参数：a. 槽电压2.2～1.8V；b. 电流密度0.6～0.17A/dm^2；c. 电流效率70%～80%；d. 旋流量400～600L/h；e. 银离子的起始浓度0.5～5g/L；f. 银回收率90%～97%；g. 银的纯度＞99.9%。

表面处理车间有很多情况下使用的是无氰镀银溶液，而胶片定影过程中使用的均是无氰溶液，处理这部分老化液或漂洗水、回收其中的白银，也可以用旋流电解法。

8. 电镀混合废水处理

（1）中和沉淀法

传统的中和沉淀法是向废水中投加碱性物质，使重金属离子转变为金属氢氧化物沉淀除去。重金属离子经中和沉淀后，水中的剩余浓度仅与pH值有关。据此可以求得某种金属离子处理到排放标准的pH值，参考值见表2-9-19。

表 2-9-19　部分金属离子浓度与 pH 值的关系

金属离子	金属氢氧化物	溶度积	排放标准/(mg/L)	达标 pH 值
Cd^{3+}	$Cd(OH)_3$	2.5×10^{-14}	0.1	10.2
Co^{2+}	$Co(OH)_2$	2.0×10^{-15}	1.0	8.5
Cr^{3+}	$Cr(OH)_3$	1.0×10^{-30}	0.5[①]	5.7
Cu^{2+}	$Cu(OH)_2$	5.6×10^{-20}	1.0	6.8
Pb^{2+}	$Pb(OH)_2$	2×10^{-16}	1.0	8.9
Zn^{2+}	$Zn(OH)_2$	5×10^{-17}	5.0	7.9
Mn^{2+}	$Mn(OH)_2$	4×10^{-14}	10.0[①]	9.2
Ni^{2+}	$Ni(OH)_2$	2×10^{-16}	0.1	9.0

① 为参考数值。

表2-9-19中的pH值是单一金属离子存在时达到排放标准的pH值。当废水中含有多种金属离子时，由于中和产生共沉作用，某些在高pH值下沉淀的重金属离子被在低pH值下生成的金属氢氧化物吸附而共沉，因而也能在较低pH值条件下达到最低浓度。

常用的中和剂有石灰、石灰石、电石渣、碳酸钠、氢氧化钠等。其中以石灰应用最广，它可同时起到中和与混凝的作用，其价格比较便宜，来源广，处理效果较好，几乎可以使除汞以外的所有重金属离子共沉除去，因此它是国内外重金属废水处理的主要中和剂。石灰石价格最便宜，具有中和生成的沉淀物沉降性能好、污泥脱水性好等优点。但其中和能力弱，pH值不易提高到6以上，不适用于某些需在高pH值条件下才能完成沉淀的重金属离子（如镉）的去除，只能作为前段中和剂，用于去除铁、铝等离子。

在某些情况下，如水量小、希望减少泥渣量时，也可考虑采用氢氧化钠或碳酸钠作中和剂，但是它们的价格较高，国内采用得不多。

采用中和法的关键是要控制好pH值。要根据处理水质和需要除去的重金属种类，选择中和沉淀工艺。

中和沉淀工艺一般有一次中和沉淀和分段中和沉淀两种。一次中和沉淀法是指一次投加碱剂提高pH值，使各种金属离子共同沉淀。一次中和沉淀法工艺流程简单，操作方便，但沉淀物含有多种金属，不利于金属回收。分段中和沉淀法是根据不同金属氢氧化物在不同pH值下沉淀的特性，分段投加碱剂，控制不同的pH值，使各种重金属分别沉淀。此法工艺较复杂，pH值控制要求较严，但有利于分别回收不同金属。通过自动控制pH值的设备分段控制 pH 值，用户可以根据各自的废水情况参考选用。

采用将部分石灰中和沉渣返回反应池的碱渣回流法，可比采用传统石灰中和法节约石灰用量 10%～30%，中和渣体积可减小，脱水性能也可以得到改善。

（2）预处理-混凝沉淀法

某企业电镀综合废水可分为含氰废水、含铬废水和酸碱废水三部分。根据废水水质及处理要求，采用预处理-混凝沉淀法，处理工艺见图 2-9-38。含氰、含铬废水分别进行预处理，预处理工艺见图 2-9-39、图 2-9-40。预处理后的含铬、含氰废水排入废水综合池中与酸碱废水混合，将混合废水泵至碱化反应池调节 pH 值至 9.5 后，流至絮凝池进行絮凝反应（投加絮凝剂 PAC、PAM），反应完成后排至综合沉淀池，出水经中和池调节 pH 值至 7～9 后排放。沉淀污泥送入压滤机浓缩后，泥饼外运，滤液返回废水综合池。

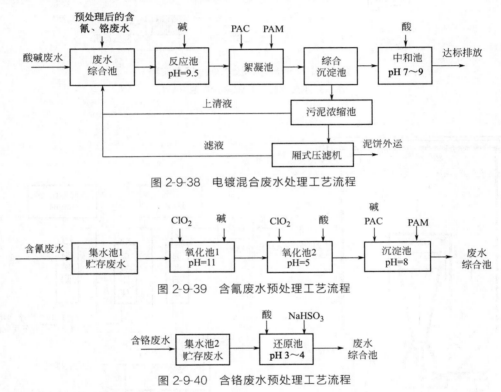

图 2-9-38　电镀混合废水处理工艺流程

图 2-9-39　含氰废水预处理工艺流程

图 2-9-40　含铬废水预处理工艺流程

（3）化学处理闭路循环法

① 氧化-还原-中和沉淀处理　混合电镀废水可在一个装置内完成六价铬还原为三价铬、酸碱中和、重金属氢氧化物沉淀、清水回用或排放、污泥过滤干化，或氰氧化、酸碱中和、重金属氢氧化物沉淀、清水排放或回用、污泥过滤干化。

技术指标：Cr^{6+} 去除率 99.99%；Zn^{2+} 去除率 99.9%；CN^- 去除率 99.0%。

该方法用于处理电镀混合废水，可以一次去除氰、铬、酸、碱及其他重金属离子，适合于大、中、小电镀企业和电镀车间。

② 电镀混合废水一步净化器　根据氧化-还原-中和高效絮凝沉淀处理电镀混合废水的原理，废水一步净化工艺流程见图 2-9-41。一步净化器结构见图 2-9-42。

（4）三床离子交换法

对于含有 Cu、Cd、Fe、Ni、Zn 等金属离子和 CN^- 的混合废水（不含 Cr^{6+}），可采用三床离子交换树脂法处理。工艺流程见图 2-9-43。

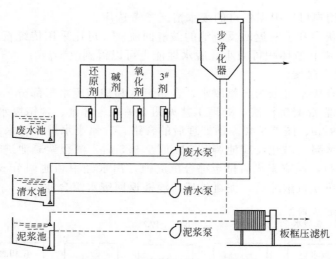

图 2-9-41 一步净化废水处理标准流程

注：3#剂为混凝剂 PAC 和助凝剂 PAM。

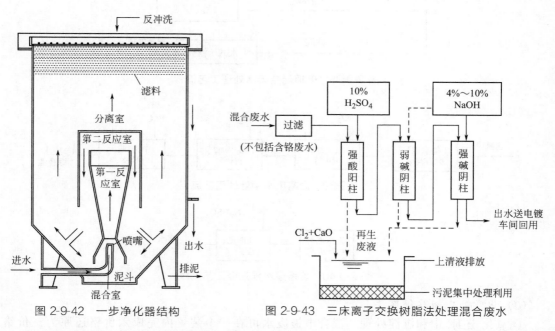

图 2-9-42 一步净化器结构　　　　　图 2-9-43 三床离子交换树脂法处理混合废水

废水通过强酸阳离子交换树脂柱吸附各种金属离子，用酸再生。通过弱碱阴离子交换树脂柱吸附各种络合阴离子，用碱再生。再通过强碱阴离子交换树脂柱吸附游离氰根和其他阴离子，用碱再生。阳离子交换树脂柱与阴离子交换树脂柱的洗脱液进行中和，再用氯氧化氰化物，用石灰沉淀重金属。再生洗脱液处理后排放；经离子交换法处理后的出水回电镀车间作清洗水回用。此种处理方法要求混合废水中不包括含铬废水。若混合废水中不含氰化物，则可省掉弱碱阴离子交换树脂柱，三床法即可改为两床法，即强酸阳离子交换树脂柱和强碱阴离子交换树脂柱。

（三）回收利用

电镀工艺产生的固体废物主要为处理电镀废水的过程中产生的电镀废水处理污泥及电镀

槽维护产生的"滤渣",还有化学脱脂工序产生的少量油泥。

1. 电镀废水处理污泥综合利用及处理处置技术

（1）熔炼技术

熔炼技术是将经烘干处理的电镀废水处理污泥和铁矿石、铜矿石、石灰石等辅助材料装入炉内,以煤炭、焦炭为燃料和还原物质进行还原反应,炼出所需重金属。

该技术适用于化学法处理含氰、含铬、含镍、含铜、含镉废水以及退镀废水时产生的电镀废水处理污泥。

（2）氨水浸出技术

氨水浸出技术是指用氨水从电镀废水处理污泥中浸出铜和镍,再用氢氧化物沉淀法、溶剂萃取法或碳酸盐沉淀法将铜和镍分离。该技术对铜和镍的浸出选择性好,浸出效率高,铜离子和镍离子在氨水中极易生成铜氨和镍氨络合离子,溶解于浸出液中,氨浸出液如只有含铜的铜氨溶液,可直接用作生产氢氧化铜或硫酸铜的原料。

该技术适用于处理处置含铜、镍等重金属废水处理污泥。

（3）硫酸（硫酸铁）浸出技术

硫酸（硫酸铁）浸出技术是指用硫酸或硫酸铁从电镀废水处理污泥中浸出铜和镍,再用溶剂萃取法或碳酸盐沉淀法将铜和镍分离。浸出的铜和镍以硫酸盐的形式存在,该方法反应时间较短,效率较高。如果电镀废水处理污泥的硫酸浸出液富含铜,不含或只含微量的镍,可直接采用置换反应生产铜金属,即采用与铜有一定电位差的金属如铁、铝等置换铜金属。该技术可得到品位在 90% 以上的海绵铜粉,铜的回收率达 95%;但该技术置换效率低,且对铬等其他金属未能有效回收,有一定的局限性。该技术过程较简单,且废水可循环使用,基本无二次污染;但硫酸具有较强的腐蚀性,对反应容器防腐要求较高;同时,浸出时温度达到 80～100℃时,会产生蒸汽和酸性气体;溶剂萃取法的操作过程和设备较复杂,成本较高。

该技术适用于处理含铜、镍等重金属废水处理污泥。

电镀污泥是电镀废水处理过程中产生的排放物,其中含有大量 Cu、Ni、Zn、Cr、Fe 等重金属,成分十分复杂。在我国《国家危险废物名录》（环发［1998］89 号）所列出的 47 类危险废物中,电镀污泥占了其中的 7 大类,是一种典型的危险废物。

2. 电镀污泥的安全处置

（1）电镀污泥管理

电镀废水处理所产生的污泥不得随废水稀释排放,也不得混合在生活垃圾或其他工业固体废物中外排,必须对电镀污泥按有害工业废物进行管理。

（2）污泥集中处理

沉淀后的污泥含水率一般在 94%～98% 之间,这样的污泥不便于运输,又可能溢洒造成二次污染,一般需要进行污泥的浓缩和脱水。

① 污泥浓缩 浓缩方法可分为重力浓缩法和气浮浓缩法。

重力浓缩法是靠污泥固体本身的重力自然压缩其体积。它是将污泥放在浓缩池内停留较长时间后,排出澄清水,使污泥体积减小。

气浮浓缩法是通过某种方法产生大量的微气泡,使其与废水中密度接近于水的固体、液体或液体污染物微粒黏附,形成密度小于水的气浮体,在浮力的作用下上浮至水面形成浮渣,由刮浮渣机收集处置。

② 污泥脱水 污泥脱水一般分为机械脱水和自然脱水两大类。已有自动板框压滤机和

带式压滤机的定型产品。离心机种类也很多，如转筒式离心机、卧式螺旋卸料离心机、立式离心机等。应用较普遍的是转筒式离心机。

经机械脱水或自然脱水的污泥，较易于收集和运输到处理中心进行处理处置。在某些场合，例如进行综合利用时，往往还需要经过加热干燥，进一步降低其含水率。干燥通常利用蒸汽加热法来蒸发其水分，常用的干燥设备有回转圆筒式干燥机等。

（3）污泥的安全处置技术

① 固化/稳定化技术 固化/稳定化技术主要是向电镀污泥中加入固化剂以固化污染源。通过投加常见的固化剂如水泥、石灰、沥青、玻璃、水玻璃等，与污泥加以混合进行固化，使污泥内的有害物质封闭在固化体内不被浸出，从而达到防止污染的目的。水泥是最为常见的固化剂之一，通过加入水泥使之与污泥混合，在室温下即可有效地将电镀污泥中的有害重金属离子化学固化。此外，石灰也是一种常用的固化剂，但这种方法费用较高（包括固化剂费用和加工费用）。

② 热处理技术 电镀污泥的热处理技术是一个深度氧化和熔融的过程，通过热处理可以使电镀污泥中某些剧毒成分毒性降低，从而达到安全处置的目的。热处理技术最主要的是焚烧法，焚烧可以大幅度减少电镀污泥的体积，降低污泥对环境的危害，但这种方法能耗较高，对焚烧设备和条件也有一定要求。

3. 电镀污泥处理利用技术

（1）NH_3-$(NH_4)_2CO_3$ 体系浸取-催化铬水解新工艺

电镀污泥的常规氨浸处理，氨浸液中含铬可达 $0.5\sim1g/L$。这将使进入液相的 Cr-Ni-Zn 的分离十分困难。本工艺采用 NH_3-$(NH_4)_2CO_3$ 体系密闭浸取-催化铬水解工艺处理含 Cu、Ni、Zn、Cr、Fe 的多组分电镀污泥或 Ni-Co-Cr-Fe 电加工污泥，在一个步骤中获得满意的主金属提取和 Cr-Fe 从体系中分离的效果。该工艺过程采用氨浸-蒸氨-吸收多釜轮环作业系统，简化了操作，大大减少了蒸汽消耗，提高了吸收效率。该工艺过程适合集中处理电镀污泥厂，流程见图 2-9-44。

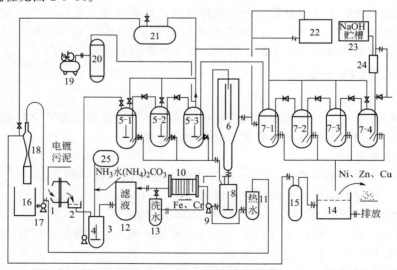

图 2-9-44 催化氨浸-蒸氨-吸收工艺流程

1—球磨制浆机；2—筛分盘；3—配浆槽；4—蒸下泵；5—吸收-氨浸釜；6—热沉降槽；7—蒸馏釜；8—稀释槽；9—高压泥浆泵；10—板框压滤机；11—热水槽；12—滤液受槽；13—洗水受槽；14—真空抽滤槽；15—隔离罐；16—循环水槽；17—循环泵；18—水力喷射泵；19—空气压缩机；20—空气贮罐；21—排空罐；22—高位贮槽；23—苛化液配置槽；24—苛化注液罐；25—氨水贮槽

（2）含铬污泥的处理与利用

① 制取铬鞣剂 [$Cr(OH)SO_4$] 含铬废水处理中产生的 $Cr(OH)_3$ 污泥可以制成铬鞣剂。其反应如下：

$$Cr(OH)_3 + H_2SO_4 \longrightarrow Cr(OH)SO_4 + 2H_2O$$

铬鞣剂的制造需要严格的反应条件，必须严加控制。主要工艺参数如下：

a. 硫酸投加量按 $Cr^{3+} : H_2SO_4 = (1 : 1) \sim (1 : 5)$，搅拌均匀；

b. 反应温度为 $90 \sim 100℃$，保持 $0.5h$；

c. 控制 Cr_2O_3 含量为 $90 \sim 100g/L$，盐基度 $30\% \sim 40\%$；

d. pH $3 \sim 3.5$，铬鞣剂制成后，陈化 $10 \sim 15d$。

采用这种工艺，对污泥的纯度要求较高，污泥中除 $Cr(OH)_3$ 外，应避免含有其他金属离子，否则只能用于低档皮种。

② 制取中温变换催化剂（中变催化剂） 含铬废水处理中产生的含铬、含铁的污泥 [即 $Cr(OH)_3$、$Fe(OH)_3$]，可以用来制作中温变换催化剂。

国产 B-104 型中温变换催化剂的化学成分与含铬废水处理产生的含铬、含铁污泥成分对比见表 2-9-20。

表 2-9-20 B-104 型中温变换催化剂的化学成分与污泥成分对照 单位：%

类型	Cr_2O_3	Fe_2SO_3	MgO	K_2O	CaO
B-104 型	$5.3 \sim 6.8$	$50 \sim 60$	$17 \sim 20$	$0.5 \sim 1.0$	<10
含铬、铁污泥	7	$53 \sim 63$			

表 2-9-20 中所列污泥成分表明，电镀含铬废水处理所产生的污泥，其 Cr_2O_3 和 Fe_2O_3 所占百分比符合 B-104 型中温变换催化剂原料的化学成分，只需补充 $1\% K_2O$、$20\% MgO$，即可满足 B-104 型中温变换催化剂生产的要求。污泥经洗涤、过滤，再与助催化剂 KOH、MgO 混碾均匀，经 $120℃$ 烘干，加石墨 10% 压片，再经 $350℃$ 焙烧，即可制成中温变换催化剂。这种利用含铬含铁污泥制成的催化剂，CO 的转化率和机械强度等技术指标均满足国家规定的产品要求。

五、工程实例

（一）实例一

1. 工程概况

广东某运动器材有限公司因不同镀种产生差异性较大的废水及污染物。项目废水平均排放量约为 $120m^3/d$，按有关要求，废水处理设施设计处理能力 $144m^3/d$，每天按 $16h$ 运行，各类废水设计处理水量如表 2-9-21 所示。

表 2-9-21 废水排放量及设计处理水量

废水来源	排放水量 /(m^3/d)	设计处理水量	
		m^3/d	m^3/h
前处理废水	$35 \sim 55$	66	4.125
含焦磷酸铜废水	$7 \sim 10$	8.4	0.525
含铬废水	$20 \sim 22$	24	1.5
含氰废水	$10 \sim 13$	12	0.75

续表

废水来源	排放水量 /(m³/d)	设计处理水量	
		m³/d	m³/h
重金属废水	28～40	33.6	2.1
合计	100～140	144	9

2. 设计目标

设计废水进水水质指标：

① 含氰废水，$CN^-\leqslant 100mg/L$，$pH=8\sim 11$；

② 含铬废水，$Cr^{6+}\leqslant 100mg/L$，$pH=4\sim 6$；

③ 含焦磷酸铜废水，$Cu^{2+}\leqslant 50mg/L$，$pH=9$；

④ 重金属废水，$Cu^{2+}\leqslant 100mg/L$，$Ni^{2+}\leqslant 100mg/L$，$pH=3\sim 4$；

⑤ 前处理废水，$COD\leqslant 200mg/L$，$SS\leqslant 200mg/L$。

该工程建设时设计处理出水指标执行广东省《水污染物排放限值》（DB44/26—2001）第二时段一级标准。我国 2008 年发布实施的《电镀污染物排放标准》（GB 21900—2008）规定现有企业自 2010 年 7 月 1 日起执行新规定的水污染物排放限值，因此，该工程运行管理出水指标及参考执行标准如表 2-9-22 所示。

表 2-9-22　废水处理工程设计出水指标　　单位：mg/L（pH 值除外）

排放标准	pH 值	COD	Cr^{6+}	总 Cr	CN^-	Cu^{2+}	Ni^{2+}	SS	P	油类
DB44/26—2001	6～9	90	0.5	1.5	0.3	0.5	1.0	60	0.5	5.0
GB 21900—2008	6～9	80	0.2	1.0	0.3	0.5	0.5	50	1.0	3.0

3. 工艺选择

电镀废水处理工艺主要有化学法、离子交换法、吸附法、电解法、反渗透法以及电渗析法等，而目前处理效果稳定、适应性强、处理成本低和管理简便的处理工艺仍以化学法较为成熟可靠，参考国内电镀行业废水处理情况，结合项目排水实际，废水处理工艺流程见图 2-9-45。

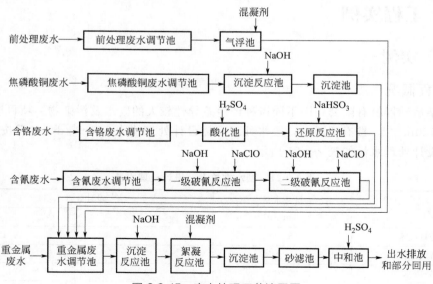

图 2-9-45　废水处理工艺流程图

4. 工艺说明及设计参数

① 前处理废水处理　由于处理水量规模相对不大，采用集成化组合溶气气浮，减少空间需求，溶气水比例30%～40%。

② 含焦磷酸铜废水处理　pH值控制8～9，经沉淀预处理后，再汇入重金属废水调节池合并处理。

③ 含铬废水处理　采用pH值、ORP控制仪控制加药量，pH值控制2～3，氧化还原电位控制在300mV左右，设计参数较常规处理参数适当延长反应停留时间，反应时间30min。

④ 含氰废水处理　一级破氰pH值控制在11～12，氧化还原电位控制在300mV，水力停留时间30min，将氰化物氧化为氰酸盐。二级破氰pH值控制在7.5～8.0，氧化还原电位控制在650mV，水力停留时间30min，将氰酸盐进一步氧化成二氧化碳和氮气。

⑤ 重金属废水处理　控制加药量使pH值稳定在8～11之间的最佳点，中和沉淀反应停留时间15～30min，出水中和回调pH值至6～9后达标排放。砂滤池滤速$3.0m^3/(m^2 \cdot h)$，定期反冲洗，反冲洗水采用中和池出水。

⑥ 污泥处理　沉淀池排泥先经污泥浓缩池进行浓缩，然后采用板框压滤机脱水，将湿污泥含水率降低到80%及以下，外运无害化处置。湿污泥量（含水率98%～99%）为5～$7m^3/d$。

5. 工艺评析

处理后出水达到设计出水标准及电镀污染物排放标准（GB 21900—2008），经当地环保部门验收合格。废水处理工程建成运行后监测数据如表2-9-23所示。

表 2-9-23　进出水主要重金属污染物指标监测数据

单位：mg/L（pH值除外）

项目	pH值	COD	Cr^{6+}	总Cr	CN^-	Cu^{2+}	Ni^{2+}
进水水质	6.07～7.60	47.2～52.2	1.02	0.343～2.63	0.004～0.015	0.524～25.1	2.02～84.4
出水水质	6.09～8.57	40～44.8	—	—	—	0.227～0.388	0.437～0.458
执行标准	6～9	80	0.2	1.0	0.3	0.5	0.5

化学法综合处理包含氧化还原、中和沉淀和固液分离等过程。按照清污分流、分质处理原则采用化学法综合处理电镀废水，技术成熟、效果稳定，对重金属污染物去除适应性强。

（二）实例二

1. 工程概况

青岛某金属结构有限公司从事加工热镀锌、电镀锌、电镀铬工作。年加工金属产品1.2×10^4t。电镀过程产生含铬废水和酸碱综合废水，总量约为$800m^3/d$。其中含铬废水来自镀铬、钝化等工艺清洗水，主要污染物为Cr^{6+}，水量约为$300m^3/d$；酸碱综合废水主要来自生产线的镀件前期处理，电镀、热镀后清洗，冲洗地面以及由于操作不当造成的镀液"跑、冒、滴、漏"等，水量约为$500m^3/d$，主要污染物为酸、Zn^{2+}、Cu^{2+}、Ni^{2+}等离子及悬浮有机物和油类。

2. 设计目标

根据青岛市环境规划的要求，本项目处理后的污水直接排放应满足《污水综合排放标准》（GB 8978—1996）一级标准及第一类污染物最高允许浓度标准。

3. 工艺选择

工艺设计中，对含铬废水和酸碱综合废水分别进行预处理，混合后再经混凝、沉淀、过滤，工艺流程见图 2-9-46。

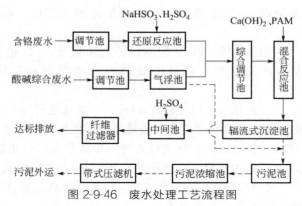

图 2-9-46　废水处理工艺流程图

4. 工艺说明

含铬废水中 Cr^{6+} 以 CrO_4^{2-}、$Cr_2O_7^{2-}$ 的形式存在，毒性较大，必须将其还原为 Cr^{3+}。还原剂一般采用亚硫酸铁、亚硫酸钠等，考虑到处理成本，本工艺采用 $NaHSO_3$，在酸性条件下将 Cr^{6+} 还原成 Cr^{3+}。加药时 $NaHSO_3$ 必须采用湿投，质量分数一般为 $5\%\sim10\%$，投药量 Cr^{6+}：$NaHSO_3=1$：$(6\sim8)$（质量比）。酸碱废水主要来自镀件清洗水，呈酸性。废水中的油类和悬浮颗粒物通过前期气浮预处理去除。经气浮后的酸碱废水与经过还原处理的含铬废水一同进入综合调节池，进行水质水量调节。在混合反应池中，通过添加 $Ca(OH)_2$ 和 PAM，调节 pH 值至 $9\sim10$，使其中的金属离子形成氢氧化物沉淀而去除。沉淀池出水需进行 pH 值调节和过滤，然后达标排放。

5. 工艺评析

根据现场调试的检测结果，经本工艺处理后，各种污染物的去除率均在 90% 以上，处理后出水水质全部达标，具体数据见表 2-9-24。

表 2-9-24　处理后出水水质及排放标准　　单位：mg/L（pH 值除外）

项目	pH 值	油类	总铬	六价铬	总锌	总铜	总镍
进水	3～5	80	40	20	60	20	10
出水	6～9	8.0	1.3	0.4	1.1	0.3	0.5
排放标准	6～9	10	1.5	0.5	2.0	0.5	1.0

参 考 文 献

[1] 林娜. 机械加工废水处理工艺比选研究 [D]. 北京：北京工业大学，2013.
[2] HJ 580—2010. 含油污水处理工程技术规范.
[3] 孔宁，庞慧. 冷轧含油废水的水质特点以及除油技术应用分析 [J]. 山东工业技术，2017，(01)：41.
[4] 毛荣水，金海峰. 乳化液-含油废水处理工程实例 [J]. 能源环境保护，2016，30 (01)：48-50.
[5] 吴昊，赵英武，涂凯. 机械加工含油乳化废水处理工程实例 [J]. 资源节约与环保，2016，(09)：51-52.
[6] 师培俭. 冷轧含油和乳化液废水深度处理回用工艺研究 [J]. 工业水处理，2015，35 (08)：46-48.
[7] 吴冬梅. 冷轧含油废水处理系统工艺优化 [J]. 河北冶金，2015 (06)：71-74.
[8] 含油废水处理技术工程规范（编制说明）.

[9]　孟建丽，张润斌，张志杨，贾丽云，庞维亮. 隔油/沉淀/气浮/生化工艺处理机械加工园区废水 [J]. 中国给水排水，2012，28（08）：39-41.

[10]　钢铁行业轧钢工艺污染防治最佳可行技术指南（试行）.

[11]　徐佳军. 浅谈冷轧含油和乳化液废水深度处理回用工艺 [J]. 资源节约与环保，2018（5）：7.

[12]　HJ/T 318—2006. 清洁生产标准钢铁行业（中厚板轧钢）.

[13]　钢铁行业清洁生产评价指标体系（国家发展改革委、环境保护部、工业和信息化部 2014 年第 3 号公告）.

[14]　YB/T 9051—1998. 钢铁企业设计节能技术规定.

[15]　GB 9078—1996. 工业炉窑大气污染物排放标准.

[16]　GB 13456—2012. 钢铁工业水污染物排放标准.

[17]　王运飞，李春民，董金冀. 冷轧含油及乳化液废水处理工艺优化实践 [J]. 水处理技术，2020，46（06）：134-136，140.

[18]　王运飞，董金冀. 冷轧含酸碱废水处理工艺优化与改进 [J]. 冶金动力，2020（01）：50-51，55.

[19]　李恩超. 冷轧含油废水生化处理工艺研究 [J]. 水处理技术，2020，46（01）：103-105，109.

[20]　喻小辉，毛建刚，付志刚，等. 冷轧含油废水处理工艺改进 [J]. 冶金与材料，2019，39（05）：19-20.

[21]　魏鑫. 冷轧含油废水的水质特点、除油技术应用研究 [J]. 中国石油和化工标准与质量，2019，39（07）：211-212.

[22]　岳丽芳，赵延虎. 首钢京唐公司冷轧废水处理工程实例 [J]. 工业水处理，2018，38（12）：101-104.

[23]　电镀工业污染防治最佳可行技术指南（征求意见稿）.

[24]　《电镀工业污染防治最佳可行技术指南（征求意见稿）》编制说明.

[25]　HJ 2002—2010. 电镀废水治理工程技术规范.

[26]　电镀污染防治最佳可行技术指南（试行）.

[27]　GB 21900—2008. 电镀污染物排放标准.

[28]　HJ 855—2017. 排污许可证申请与核发技术规范电镀工业.

[29]　HJ 450—2008. 清洁生产标准电镀行业　印制电路板制造业.

[30]　李景杰. 电镀废水化学法综合处理及回用工程 [J]. 水处理技术，2013，39（12）：132-135.

[31]　姜玉娟，陈志强. 电镀废水处理技术的研究进展 [J]. 环境科学与管理，2015，40（03）：45-48.

[32]　王雨，郭永福，吴伟，等. 改性活性炭铁吸附剂处理含铬电镀废水 [J]. 工业水处理，2015，35（01）：18-22.

[33]　王文琪. 化学法处理电镀废水的研究进展 [J]. 电镀与环保，2017，37（02）：1-4.

[34]　夏仙兵，蔡邦肖，缪佳，等. 膜工艺在电镀废水处理工程中的应用 [J]. 环境工程学报，2016，10（01）：495-502.

[35]　孙秀君. 机械加工生产废水处理回用工程实例 [J]. 工业水处理，2016，36（01）：96-99.

[36]　张连凯，杨慧，于德爽，等. 电镀废水处理工程实例 [J]. 给水排水，2006，（03）：61-62.

第十章
制药工业废水

第一节　概述

　　制药工业是关系国计民生的重要产业，是"中国制造 2025"和战略性新兴产业的重点领域。制药工业涉及化学药（原料药、制剂）、生物药（疫苗、生物制品）、中成药、药用辅料、制备装备等。据统计，制药工业占全国工业总产值的 1.7％，而污水排放量占 2％。

　　制药工业属于精细化工，可细分为中药类制药工业、发酵类制药工业、提取类制药工业、化学合成类制药工业、混装制剂类制药工业、生物工程类制药工业等。不同种类的药物采用的原料种类和数量各不相同，药物生产过程中不同药物品种和生产工艺产生的废水水质和水量也存在着较大差异。一般情况下，制药工业废水按医药产品特点和水质特点可以分为以下几种。

　　① 中药类废水　是指以药用植物和药用动物为主要原料，以中医药理论为指导生产中药饮片或中成药产品过程中产生的废水。

　　② 发酵类废水　发酵类制药工业的生产特点是生产品种多，生产工序多，使用原料种类多、数量大，原材料利用率低。一般一种原料药往往有几步甚至 10 余步反应，使用原材料数种或 10 余种，甚至高达 30～40 种，原料总耗有的达 10kg/kg 产品以上，高的超过 200kg/kg 产品。从而产生的"三废"量大，废物成分复杂，污染危害严重。其废水通常具有组成复杂，有机污染物种类多、浓度高，COD 和 BOD 值高，NH_4^+-N 浓度高，色度深、毒性大，固体悬浮物 SS 浓度高等特征。

　　③ 提取类废水　提取类药物是指运用物理的、化学的、生物化学的方法，将生物体中起重要生理作用的各种基本物质经过提取、分离、纯化等手段制造出的药物。提取类药物在提取过程中，大量的原材料经过多次以有机溶剂或酸碱等为底液的提取过程，体积急剧降低，药物产量非常小，产生的废水中含有大量的有机物，COD 较高；而在继续精制过程中，会继续排放以有机物为主的废水。

　　④ 化学合成类废水　化学合成工艺是根据配方，按部就班地实现各种反应条件，完成反应器中所需的化学反应来生产产品的。化学合成类废水的特点：用水量大，有机污染严重，产生的废水成分复杂，含有残留溶剂，废水可生化性较差，BOD_5、COD 和 TSS 浓度高，流量大，pH 值波动范围为 1.0～11.0。

　　⑤ 混装制剂类废水　混装制剂类药物是指通过混合、加工和配制等操作方式、工艺用各种原料药制成的药物成品。按照生产产品的种类及生产工艺，将混装制剂类制药分为固体制剂类生产企业、注射剂类生产企业和其他制剂类生产企业三大类。混装制剂类废水属于中低浓度有机废水，一般包括纯化、注射用水、制水设备排水、清洗废水等，水污染物主要有 pH 值、COD、BOD_5、SS 等。

　　⑥ 生物工程类废水　生物药物是利用生物体、生物组织或其成分，综合应用生物学、

生物化学、微生物学、免疫学、物理化学和药学的原理与方法进行加工、制造而成的一大类预防、诊断、治疗制品。生物工程类制药企业产生的主要生产废水是微生物发酵的废液、提取纯化工序产生的废液或残余液等生产工艺废水、实验室废水和实验动物废水等，COD 波动范围从几千到上万毫克每升。

第二节　中药类废水

一、概述

凡是以中国传统的医药学理论（如四气五味、升降浮沉、归经、补泻润燥、配伍反畏等）为指导，来解释其作用和用途而用以防病、治病、保健的药物，均可称为中药。

中药分为中药材、中药饮片和中成药。中药材是生产中药饮片、中成药的原料。中药饮片是指根据辨证施治及调配或制剂的需要，对经产地加工的净药材进一步切制、炮制而成的成品。中成药是指用于传统中医治疗的任何剂型的药品，它是以中药饮片为原料生产的。

与提取类药物相比，中药是以药用植物和药用动物为主要原料，以中医药理论为指导生产的中药饮片或中成药产品，侧重于复方研究，注重疗效的高低，而提取类药物则是在西医药或其他学科理论指导下，从药用植物和药用动物中提取比较单一的有用成分，侧重于药物某种或某类有效成分的含量高低，更注重质量控制。从生产工艺上讲，提取类药物的生产流程长于中药生产，在提取工艺后一般还需要进行精制。从追求的产品组分上讲，中药多为混合多种组分，而提取类药物多为单一有效组分。

1. 产业政策

（1）中药产业结构

目前整个中药产业的年产值约 700 亿元，其中中成药、保健品约 500 亿元，中药材约 150 亿元，中药饮片约 50 亿～60 亿元。

我国的传统中药已逐步走上科学化、规范化的道路，能生产包括滴丸、气雾剂、注射剂在内的现代中药剂型 40 多种，品种 8000 余种，总产量已达 37 万吨。

中药三大支柱产业中，中成药的发展势头比较好，成为我国国民经济中优势明显、发展迅速、市场前景广阔的朝阳产业。《中药材生产质量管理规范》的实施，近几年也受到各方面的重视。但中药饮片存在问题很多，如饮片加工生产工艺落后，处于散、小、乱、差的状态；法规体系欠完善，质量标准存在"一药多法、各地各法"的局面，药品质量可控性差；市场流通混乱，监督体制乏力，监管难度大等，严重滞后于中药材和中成药的发展。

（2）企业数量

根据原国家经贸委经济运行局统计数据，2018 年我国中药企业（包括中成药工业企业和中药饮片工业企业）纳入统计口径的总计 4376 家。2019 年新增中药企业 470 家，饮片加工企业 174 家，新增企业数量略低于 2018 年。中药领域新增企业数量在 2016 年达到峰值之后持续降低。

（3）工业产值和药品销售额

2018 年规模以上中成药生产主营业务收入 4655.2 亿元，增速 6.2%，利润总额 641.0 亿元，增速 3.8%；中药饮片加工主营业务收入 1714.9 亿元，增速为 11.2%，利润总额 139.1 亿元，增速 15.5%。

（4）中药产业发展政策

虽然中药产业发展优势明显，但还存在一些问题。总体上看，中药产业的厂家多、规模小、设备陈旧；中药的质量标准体系还不够完善，质量检测方法及控制技术比较落后；中药生产工艺及制剂技术水平较低；中药研究开发技术平台不完善，创新能力较弱；中药企业管理水平普遍较低，市场竞争力不强，缺乏国际竞争力。因此推进中药现代化的发展势在必行。

2022年2月，工业和信息化部、发展改革委、科技部、商务部、卫生健康委、应急管理部、国家医保局、国家药监局、国家中医药管理局九部门联合发布了《"十四五"医药工业发展规划》，围绕发展目标，提出了五项重点任务：

① 加快产品创新和产业化技术突破，促进医药工业发展向创新驱动转型；

② 提升产业链稳定性和竞争力，维护产业链、供应链稳定畅通；

③ 增强供应保障能力，强化重点产品保障能力，提高保障质量和水平；

④ 推动医药制造能力系统升级，提高全行业质量效益和核心竞争力；

⑤ 创造国际竞争新优势，更高水平融入全球创新网络和产业体系。

2. 污染控制政策

对中药制药企业来说，减少中药成药生产对环境的污染和中药制药过程对产品的污染的主要策略在于实施清洁生产审核。

所谓清洁生产审核是对中药制药生产全过程的重点环节、工序产生的污染进行定量分析，找出高物耗、高能耗、高污染的原因，然后，针对性提出对策，制订方案，减少和防止污染物的产生。审核的总体思路一般是判明废物的产生部位，并分析其产生原因，最终提出减少或消除废物的清洁生产方案，做到持续改进。

中药制药企业实施清洁生产必须从生产本身出发，重视提高中药制药工艺技术，研究新的应用技术、设备和辅料。在中药生产过程中，对生产品种的工序、单元操作、原材料药品生产质量管理规范（GMP）管理以及其质量标准化，都需列出审核要点，应着重按照清洁生产要求，对于生产污染严重的工艺、环境进行技改。

3. 排放标准

目前，以药用植物和药用动物为主要原料，按照国家药典，生产中药饮片和中成药各种剂型产品的制药工业企业投产后产生的中药类废水，经处理后的出水应该满足《中药类制药工业水污染物排放标准》（GB 21906—2008）。

二、生产工艺和废水来源

中药分为中药材、中药饮片和中成药三类，其生产工艺和废水来源如下。

1. 中药饮片

（1）生产工艺

传统的中药饮片是将中药材加工炮制成一定长短、厚薄的片、段、丝、块等形状供汤剂使用，其传统工艺通称为中药炮制。中药炮制工艺实际上包括净制、切制和炮制三大工序，不同规格的饮片（见表2-10-1）要求不同的炮制工艺，有的饮片要经过蒸、炒、煅等高温处理，有的饮片还需要加入特殊的辅料如酒、醋、盐、姜、蜜、药汁等后再经高温处理，最终使各种规格饮片达到规定的纯净度、厚薄度和全有效性的质量标准。

一般工艺流程为：原料（药材）→除杂→挑选→制片→包装

表 2-10-1 饮片的分类

类型		规格	适用药材	举例
极薄片		厚 1mm 以下	木质类、动物骨、角质类药材	鹿角、松节、苏木、降香等
薄片		厚 1～2mm	质地致密坚实、切薄片不易破碎的药材	白芍、乌药、槟榔、当归、天麻、木通、三棱等
厚片		厚 2～4mm	质地松泡、黏性大、切薄片易破碎的药材	茯苓、山药、天花粉、泽泻、丹参、升麻、南沙参等
斜片		厚 2～4mm	长条形而纤维性强的药材。斜度小的称瓜子片;斜度稍大而体粗者称马蹄片;斜度大而较细的称柳叶片	桂枝、桑枝(瓜子片)、大黄(马蹄片)、甘草、黄芪、银柴胡、木香(柳叶片)、苏梗、鸡血藤等
直片 (顺片)		厚 2～4mm	形状肥大,组织致密,色泽鲜艳和突出鉴别特征的药材	大黄、天花粉、白术、何首乌、升麻等
丝	细丝	宽 2～3mm	皮类、果皮类	合欢皮、陈皮、黄柏、桑白皮等
	宽丝	宽 5～10mm	叶类、较薄的果皮类	荷叶、枇杷叶、冬瓜皮等
段 (咀、节)		长 10～15mm	全草类和形态细长有效成分易于煎出的药材。长段称节,短段称咀	薄荷、益母草、党参、青蒿、麻黄、白茅根、木贼、忍冬腾、古精草等
块		8～12mm³ 的立方块	煎熬时易糊化的药材	阿胶丁

（2）产污来源

① 废水　主要来自药材的清洗和浸泡水、机械的清洗水以及炮制工段的其他废水,一般为轻度污染废水,COD 大约在 200mg/L 左右。但是如果在炮制工段需要加入特殊辅料如酒、醋、蜜等的中药饮片,其废水的 COD 浓度一般较高,可达到 1000mg/L 以上。

② 废气　主要是切制等工序产生的药物粉尘和炮制过程中产生的药烟。

③ 固体废物　主要来自药材筛选、清洗过程中产生的泥砂等杂质。

④ 噪声　主要来自筛药机、风选机、切药机、风机等生产设备的运转。

2. 中成药

（1）生产工艺

中成药生产是间歇投料,成批流转。在生产过程中,一批投料量的多少一般由关键设备的处理能力决定。其生产过程是以天然动植物为主要原料,采用的主要工艺有清理与洗涤、浸泡、煮炼或熬制、漂洗等。中药材进行炮制（前处理）后,经提取、浓缩,最后根据产品的类型制成片剂、丸剂、胶囊、膏剂、糖浆剂等。

中成药生产工艺流程见图 2-10-1。

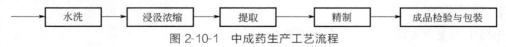

图 2-10-1 中成药生产工艺流程

其中,核心工艺是有效成分的提取、分离和浓缩。根据溶剂不同分为水提和溶剂提取,其中溶剂提取以乙醇提取为主。图 2-10-2 和图 2-10-3 分别为水提和醇提工艺流程。

（2）产污来源

① 设备清洗水　每个工序完成一次批处理后,需要对本工序的设备进行一次清洗工作,清洗废水一般浓度较高。

② 下脚料废液清洗水　在口服液生产中,醇沉过程中产生一定量的下脚料,水量不多,浓度极高,是重要污染源。

③ 提取工段废水　这部分废水主要来自各个设备的清洗和地面冲洗,由于提取、分离、浓缩的环节和设备多,因而废水较多,浓度高,是重要污染源。

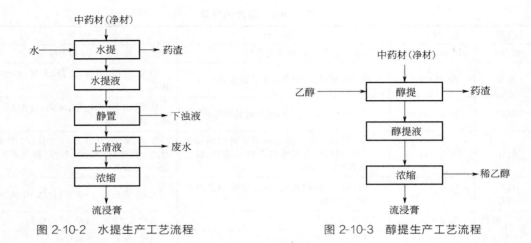

图 2-10-2　水提生产工艺流程　　　　　图 2-10-3　醇提生产工艺流程

④ 辅助工段的清洗水及生活污水　如成品工序中，安瓿的清洗水。

（3）主要特征

中药制药主要原料均系天然有机物质，含有木质素、木质蛋白、果胶、半纤维素、脂蜡以及许多其他复杂有机化合物，在生产过程中，胶体的成分互相起乳化、水解、复分解和溶解等作用，最终产物有木糖、半乳糖、甘露糖、葡萄糖等碳水化合物。在漂洗过程中，这些有机物部分进入废水中，使中药废水水质成分复杂，废水中溶解性物质、胶体和固体物质的浓度都很高。其主要特征如下：

① 中药生产的原材料主要是中药材，在生产中有时须使用一些媒质、溶剂或辅料，因此，水质成分较复杂；

② 废水中 COD 浓度高，一般为 14000～100000mg/L，有些浓渣水甚至更高；

③ 废水一般易于生物降解，BOD/COD 值一般在 0.5 以上，适宜进行生物处理；

④ 废水中 SS 浓度高，主要是动植物的碎片、微细颗粒及胶体；

⑤ 水量间歇排放，水质波动较大；

⑥ 在制造过程中要用酸或碱处理，废水 pH 值波动较大；

⑦ 由于常常采用煮炼或熬制工艺，排放废水温度较高，带有颜色和中药气味。

三、清洁生产与污染过程控制

1. 清洁生产

中药生产企业清洁生产应符合如下要求：

① 符合国家和地方清洁生产相关政策，污染物达标排放，通过了 GMP 认证；

② 使用清洁的能源，提高能源和资源的利用率；

③ 采用先进的工艺技术和设备；

④ 采用可降解或可回收的包装材料；

⑤ 对冷凝水、冷却水、有机溶剂和无毒无害药渣等进行充分回收利用；

⑥ 废渣做到减量化、资源化和无害化。

针对重要生产企业，常用的清洁生产方式主要有：浓缩冷凝水回收再利用，细化产品工艺，对生产过程的能源、水资源消耗量等进行计量，控制非生产过程用水，利用低谷时间生产等。

2. 控制技术

① 废水污染控制　综合中药废水处理方案系统包括预处理、生物处理、物化后处理三个阶段。由于废水中含有大量的固体物质、有机化合物等，从而使废水中表现出很高的 COD_{Cr} 和 SS 等。由于废水的生化性较好，同时，其中还含有少量的 N、P 等营养物质供微生物增长和繁殖，因此，采用生物处理工艺是最有效和经济的处理方法。一般可以先采用电凝聚、气浮或混凝等方法。

② 废气污染控制　一般而言，制药企业将筛选、切制、粉碎等易产尘的操作车间设置于单独的工作间内，均设置有粉尘收集处理系统，将这些无组织排放的粉尘收集后，通过活性炭过滤机组处理，处理后，废气通过排气筒排放。

③ 固体废物污染控制　固体废物处置方式主要是作饲料添加剂、农肥或送垃圾场处置。

④ 噪声污染控制　可以通过安装消声、减低振动或隔声装置控制噪声。厂房四周种植高大、密集树木，产生屏蔽作用，也可以有效降低噪声。

四、处理技术及利用

中药废水的处理方法很多，物化法主要有混凝沉淀法、气浮法、吸附法、电解法和膜分离法；化学法主要有催化铁内电解法、臭氧氧化法和 Fenton 试剂法；生化法主要有序批式活性污泥法（SBR）、普通活性污泥法、生物接触氧化法、上流式厌氧污泥床法（UASB）等。但上述单一处理方法的效果不好，出水水质不稳定，通常采用多种工艺联合处理，才能保证稳定的处理效果。目前，多种处理工艺的联合使用在很多工程中得到应用，并取得了很好的效果，例如 UASB-CASS 工艺、水解酸化-SBR 工艺、兼氧-深曝-两级 A/O 工艺、水解酸化-接触氧化-气浮-氧化工艺等。

完整的中药废水处理工艺见图 2-10-4。

五、工程实例

1. 污水来源

某制药厂以中药材为基础原料，主要生产滴丸剂、软胶囊剂、片剂、散剂、胶囊剂、颗粒剂、丸剂、口服液等中成药产品。

该厂中药废水的特点是：

① 废水 COD 浓度高、波动范围大（一般为 2000～20000mg/L）；

② 废水 BOD/COD 值在 0.3～0.5 之间；

③ 废水间歇排放；

④ 废水污染物种类繁多、成分复杂；

⑤ 废水中常含有泥砂、药渣或漂浮物；

⑥ 废水毒性较低。

2. 水量、水质

（1）水量

原水包括生产废水和生活污水两部分，生产废水水量大约在 $100m^3/d$，生活污水量按 700 人的用水量计，则水量大约为 $50m^3/d$，总废水量约为 $150m^3/d$，合计 $6.25m^3/h$。

（2）水质

① 原水水质　详见表 2-10-2。

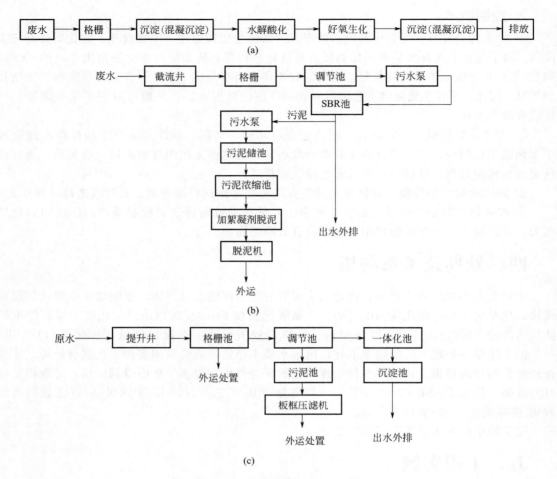

图 2-10-4　中药废水处理工艺流程

② 出水水质　外排水质要求达到北京市《水污染物综合排放标准》（DB11/307—2013）中的排入公共污水处理系统的水污染物限值。

表 2-10-2　中药废水水质

序号	指标	单位	某厂区	DB11/307—2013 排水限值
1	pH 值	—	4～7	6.5～9.0
2	水温	℃	—	≤35
3	色度	倍	—	≤50
4	悬浮物(SS)	mg/L	500～2000	≤400
5	生化需氧量(BOD$_5$)	mg/L	800～10000	≤300
6	化学需氧量(COD$_{Cr}$)	mg/L	2000～20000 大多数≤10000	≤500
7	总有机碳(TOC)	mg/L	1000～4000	≤150
8	氨氮	mg/L	40～55	≤45
9	总氮	mg/L	50～60	≤70
10	总磷(以 P 计)	mg/L	7～9.0	≤8.0
11	阴离子表面活性剂	mg/L	—	≤15

续表

序号	指标	单位	某厂区	DB11/307—2013排水限值
12	挥发酚	mg/L	—	≤1.0
13	总余氯	mg/L	—	≤8.0
14	粪大肠菌	MPN/L	—	≤10000
15	可溶性固体总量	mg/L	—	≤1600

该厂中药废水处理工艺流程见图2-10-5。

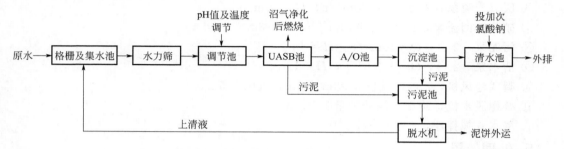

图2-10-5　某制药厂中药废水处理工艺流程

3. 处理工艺流程及说明

原水经过格栅进行栅渣的初步捞除后，进入集水池，通过集水池设置的泵提升至水力筛，水力筛出水进入调节池，当原水水质异常时，水力筛出水进入事故池。调节池将原水提升至UASB池，进行厌氧反应，UASB出水进入AO池进行硝化反硝化反应，最后经过沉淀池沉淀之后，出水进入清水池，消毒后外排。

生化反应过程中产生的剩余污泥排放至污泥池后，提升至脱水机进行脱水，产生的泥饼外运。

4. 主要构筑物和设备

（1）主要构筑物

① 集水池，1座，钢筋混凝土，尺寸1.5m×2.0m×2.0m。

② 调节池，1座，钢筋混凝土，尺寸5.1m×5.1m×5.0m。

③ 事故池，1座，钢筋混凝土，尺寸7.15m×1.5m×5.0m。

④ UASB池，1座，搪瓷拼装罐体，尺寸 ϕ6.11m×8.4m。

⑤ A池，1座，钢筋混凝土，尺寸5.1m×4.1m×5.0m。

⑥ O池，1座，钢筋混凝土，尺寸10.8m×9.4m×5.0m。

⑦ 沉淀池，1座，钢筋混凝土，尺寸2.9m×2.9m×4.2m。

⑧ 清水池，1座，钢筋混凝土，尺寸2.9m×2.4m×4.2m。

⑨ 污泥池，1座，钢筋混凝土，尺寸3.5m×2.9m×4.2m。

⑩ 预处理间，1座，砖混，尺寸3.25m×4.0m×3.8m。

⑪ 鼓风机房，1座，砖混，尺寸3.0m×4.0m×3.8m。

⑫ 脱水机房，1座，砖混，尺寸3.5m×4.0m×3.8m。

⑬ 消毒间，1座，砖混，尺寸1.9m×4.0m×3.8m。

⑭ 沼气净化间，1座，砖混，尺寸2.84m×4.0m×3.8m。

⑮ 控制室，1座，砖混，尺寸2.4m×4.0m×3.8m。

⑯ 除臭间，1座，砖混，尺寸2.7m×4.0m×3.8m。

（2）主要设备

① 回转式格栅，1 台，栅宽 0.5m，栅隙 3mm，安装角度 70°，尼龙耙齿，其他材质 SUS304。

② 水力筛，1 台，过水量 20m^3/h，间隙 0.4mm。

③ 集水池提升泵，2 台，$Q=20$m^3/h，$H=10$m。

④ 调节池提升泵，2 台，$Q=6.5$m^3/h，$H=12$m。

⑤ 事故池提升泵，1 台，$Q=6.5$m^3/h，$H=12$m。

⑥ 厌氧回流泵，2 台，$Q=20$m^3/h，$H=10$m。

⑦ 硝化液回流泵，1 台，$Q=10$m^3/h，$H=8$m。

⑧ 污泥泵，2 台，$Q=10$m^3/h，$H=8$m。

⑨ 清水泵，2 台，$Q=6.5$m^3/h，$H=12$m。

⑩ 曝气池风机，2 台，风量 9.93m^3/min，风压 5.5m。

⑪ 叠螺脱水机，绝干污泥处理量 10kg/h。

⑫ 潜水式搅拌器，5 台。

5. 处理效果

处理效果见表 2-10-3。

表 2-10-3　处理效果

项目		COD$_{Cr}$	BOD$_5$	NH$_4^+$-N	TN	TP	SS	挥发酚
原水水质/(mg/L)		10000	5000	55	60	9.0	1500	5
机械格栅出水	水质/(mg/L)	9500	4750	55	60	9.0	750	5
	去除率/%	5	5	0	0	0	50	0
水力筛出水	水质/(mg/L)	8550	4275	55	60	9.0	300	5
	去除率/%	10	10	0	0	0	60	0
UASB 出水	水质/(mg/L)	4275	1710	49.5	52	8.55	180	4
	去除率/%	50	60	10	13	5	40	20
AO 池出水	水质/(mg/L)	214	85.5	1.0	26	6.0	40	0.5
	去除率/%	95	95	98	50	30	78	87.5
出水要求/(mg/L)		300	300	45	70	8.0	400	1.0

第三节　发酵类废水

一、概述

发酵类药物是通过微生物发酵的方法产生抗生素或其他药物的活性成分，然后经过分离、纯化、精制等工序得到的一类药物。发酵类药物的生产特点基本比较相似，一般都需要经过菌种筛选、种子制备、微生物发酵、发酵液预处理和固液分离、提炼纯化、精制、干燥、包装等步骤。发酵类药物最开始是从抗生素的生产发展起来的，截至目前，发酵类药物中仍以抗生素为主。

1. 发酵类药物分类

根据生产工艺的特点，发酵类药物可以分为：

① 发酵类抗生素类药物 发酵类抗生素为某些微生物的代谢产物或半合成的衍生物。在小剂量的情况下能抑制微生物的生长，而对宿主细胞不产生严重的毒性。大多数抗生素用于抑制病原微生物的生长，治疗大多数细菌感染性疾病。还有一些抗生素具有抗肿瘤活性、免疫抑制和刺激植物生长作用。

② 发酵类维生素类药物 主要包括微生物 B_{12}、维生素 C 等。

③ 发酵类氨基酸类药物 主要包括赖氨酸、谷氨酸、苯丙氨酸、精氨酸、缬氨酸。

④ 其他类 其他还有很多药物可以采用微生物发酵的方法进行生产，例如核酸类药物（辅酶 A）、甾体类药物（氢化可的松）、酶类药物（细胞色素 C）等。

发酵类药物分类框架见图 2-10-6。

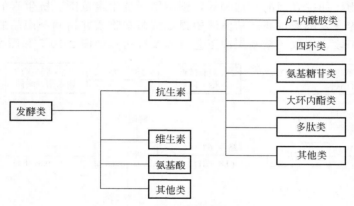

图 2-10-6 发酵类药物分类框架图

2. 污染控制政策

新建发酵类制药企业应该按照《制药工业技术政策》中提出的清洁生产、水污染防治等技术要求提高清洁生产水平，规范建设污水处理系统，特别要重视预处理和深度处理系统的建设。同时重视发酵类制药企业废水治理措施的二次污染防治，厌氧沼气宜收集处理再利用，臭气要收集处理，剩余污泥要规范处置。

3. 排放标准

不同区域制定了不同的排放标准，如河南制定了《发酵类制药工业水污染物间接排放标准》（DB41/ 758—2012）。

目前国家对发酵类制药工业水污染物的排放执行《发酵类制药工业水污染物排放标准》（GB 21903—2008）。

二、生产工艺和废水来源

根据发酵类药物的分类，本节主要详述不同类型的发酵类药物的生产工艺和废水来源。

（一）发酵类抗生素类药物

1. 生产工艺

抗生素主要是指由生物在其生命活动中代谢产生的具有选择性抑制或杀灭某些微生物以及致病细胞的天然（生命）有机合成物质。目前用于临床医学或其他用途的抗生素类药物主要有 β-内酰胺类、四环类、氨基糖苷类、大环内酯类、多肽类、其他类 6 个种类，数百个品种。

抗生素的生产方法主要有：

① 生物发酵法，如生产青霉素、链霉素、麦迪霉素、洁霉素、土霉素、四环素、庆大霉素、螺旋霉素、维生素 C 等；

② 化学合成法，如生产氯霉素等；

③ 半化学合成法，如强力霉素是由土霉素经过化学合成等方法制成的。

抗生素的生产过程包括微生物发酵、过滤、萃取结晶、化学方法提取、精制等。此外，为提高药效，还将发酵法制得的抗生素用化学、生物或生化方法进行分子结构改造而制成各种衍生物，即半合成抗生素，其生产过程的后加工工艺中还包括有机合成的单元操作，可能排出其他废水，如氨苄青霉素就是半合成青霉素的一种。而那些虽在低浓度下有效，但只能用化学方法合成的化疗药物，如抗真菌的克霉唑等，则不属于抗生素范围。抗生素的生产主要经过下列步骤：菌种培养→发酵液过滤→从滤液中提炼抗菌素物质并精制→产品的干燥与包装。

抗生素发酵工段、提取、精制工段工艺流程及排污点如图 2-10-7 和图 2-10-8 所示。

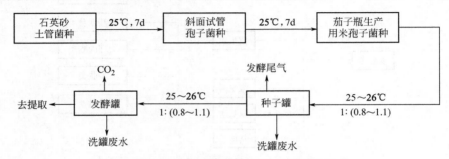

图 2-10-7　抗生素发酵工段工艺流程及排污点

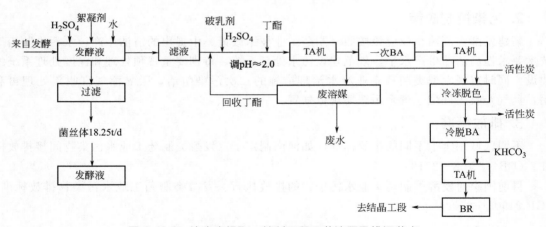

图 2-10-8　抗生素提取、精制工段工艺流程及排污节点

下面对传统青霉素、土霉素、庆大霉素以及采用土霉素初产品合成的强力霉素的生产工艺作简单介绍。

（1）青霉素的生产

青霉素和头孢菌素是 β-内酰胺类抗生素的主要代表。生产过程如下：

① 种子制备　以甘油、葡萄糖和蛋白胨组成培养基进行孢子培养，生产时每吨培养基以不少于 200 亿个孢子的接种量，接种到以葡萄糖、乳糖和玉米浆等为培养基的一级种子罐内，于（27±1）℃通气搅拌培养 40h 左右。一级种子培养好后，按 10% 接种量移种到以葡萄糖、玉米浆等为培养基的二级繁殖罐内，于（25±1）℃通气搅拌培养 10～14h，便可作为

发酵罐的种子。

② 发酵生产　发酵以淀粉水解糖或葡萄糖为碳源，以花生饼粉、骨质粉、尿素、硝酸铵、棉子饼粉、玉米浆等为氮源，无机盐类包括硫、磷、钙、镁、钾等盐类。青霉素发酵以苯乙酸和苯乙酰胺作为发酵液的前体，温度先后为 26℃ 和 24℃，通气搅拌培养。发酵过程中的前期 60h 内维持 pH 值为 6.8～7.2，以后稳定在 6.7 左右。

③ 青霉素的提取和精制　从发酵液中提取青霉素，多采用溶媒萃取法，经过几次反复萃取，就能达到提纯和浓缩的目的；另外，也可用离子交换或沉淀法。由于青霉素的性质不稳定，整个提取和精制过程应在低温下快速进行，注意清洗，并保持在稳定的 pH 值范围内。

（2）土霉素的生产

土霉素生产是典型的生物过程，是龟裂链丝菌经发酵提炼而成的，生产过程分三步：

① 种子培养。

② 发酵：将各种培养基及种子放入反应器中，经 170～190h 充氧、搅拌充分反应。

③ 提取：发酵后的物质加入硫酸酸化，并加黄血盐、硫酸锌絮凝去除蛋白质后，经过滤、吸附结晶、离心分离、干燥、包装即成成品。

土霉素生产过程产生的废水主要由结晶母液、过滤冲洗水及其他废水组成。

（3）庆大霉素的生产

庆大霉素是一种碱性水溶性抗生素，发酵液浓度通常是 1500μg/mL。它是由绛红小单孢菌和棘孢小单孢菌发酵生成的一种氨基糖类广谱抗生素，生产上采用离子交换法进行分离提取，长期以来，发酵单位较低。发酵后的物质再经两步加工制成成品：

① 加盐酸酸化后中和，再加入树脂吸附；

② 树脂解吸，解吸液净化后蒸发、脱色、过滤、干燥、包装成成品。

该类药品的生产废水主要是吸附后筛分过程的筛下液。

（4）强力霉素的生产

强力霉素即脱氧土霉素，以土霉素为原料制成，属半合成抗生素，其生产过程分四步：

① 氯代过程：先生成氯代土霉素。

② 脱水：将氯代物放入氟化氢中去除氢和氧的脱水物质，再加入对甲苯磺酸生成对甲苯磺酸盐。

③ 对甲苯磺酸盐加入氢氧化物及磺基水杨酸盐，再与盐酸乙醇反应生成半成品。

④ 半成品经净化、脱色、过滤、结晶、干燥、包装即为成品。

强力霉素生产过程产生的废水主要有两部分：一是氯代过程中的原料即氯代乙酰苯胺生产过程中产生的废水；二是各岗位甲醇、乙醇回收产生的废醪。

表 2-10-4 为部分抗生素的提炼和干燥方法。

表 2-10-4　部分抗生素的提炼和干燥方法

抗生素品种	提炼方法	干燥方法
金霉素盐酸盐	溶媒提炼法、沉淀加溶媒精制	气流干燥、真空干燥
链霉素、庆大霉素等	离子交换法	喷雾干燥
四环素盐酸盐	四环素碱加尿素成复盐、加溶媒精制法	真空干燥
土霉素盐酸盐	沉淀加溶媒精制法	气流干燥
红霉素	溶媒提炼法、大孔树脂加溶媒精制	真空干燥
其他大环内酯类抗生素	溶媒提炼法	真空干燥

2. 废水来源

发酵类抗生素生产过程产生的废水污染物浓度高、水量大，废水中所含成分主要为发酵残余物、破乳剂和残留抗生素效价及其降解物，还有抗生素提取过程中残留的各种有机溶剂和一些无机盐类等。其废水成分复杂、碳氮营养比例失调（氮源过剩），含有大量硫酸盐，废水带有较重的颜色和气味，悬浮物含量高，易产生泡沫，含有难降解物质和有抑菌作用的抗生素，并且有毒性等，这类废水难生化降解。

发酵类抗生素生产过程产生的废水主要来源于以下四类：

① 发酵废水。主要是提取工艺的结晶废母液，含有大量未被利用的有机组分及其分解产物，为该类废水的主要污染源。该废水中如果不含有最终成品，BOD一般在4000～13000mg/L之间，当发酵过程不正常，发酵罐体内出现染菌现象时，会导致整个发酵过程的失败，为了保证下一步的正常生产，必须将废发酵液与染菌丝体一起排到废水中，从而增大废水中有机物及抗生素药物的浓度，废水的COD可高到$(2～3)×10^4$mg/L。

② 洗涤废水。主要是各种设备和地板的洗涤水，如发酵过程中的洗罐废水等。这类废水一般为中低浓度的有机废水，其水质一般与发酵废水相似，COD一般为500～2500mg/L，BOD为200～1500mg/L。

③ 酸碱废水和有机溶剂废水。在发酵过程中，由于工艺需要采用一些化工原料，这些化工原料残留等形成酸碱废水和有机溶剂废水。

④ 冷却水和其他废水。

（二）发酵类维生素类药物

1. 生产工艺

维生素是维持机体健康所必需的一类低分子有机化合物，由于机体不能合成，或者合成量不足，所以虽然需要量很少，但必须通过食物提供。

维生素可分为脂溶性维生素和水溶性维生素两大类，见表2-10-5。

表 2-10-5 部分维生素类别

类别	名称	学名及俗名	生物作用
脂溶性维生素	维生素 A 族	视黄醇	抗干眼病
	维生素 D_2	麦角钙化醇	抗软骨病
	维生素 D_3	胆钙化醇	抗软骨病
	维生素 E 族	生育酚	抗不育
	维生素 F 族	亚油酸,亚麻酸,花生四烯酸	降胆固醇及防血栓
	维生素 K 族	叶绿醌	抗出血
水溶性维生素	维生素 B_1	硫胺素	抗神经类
	维生素 B_2	核黄素	抗口角溃疡,唇炎
	维生素 B_3 族	烟酸,烟酰胺	抗糙皮病
	维生素 B_5	泛酸	抗癞皮病
	维生素 B_6 族	吡哆醇,吡哆醛,吡哆胺	抗皮炎
	维生素 B_9 族	叶酸,黄嘌呤,赤嘌呤,蝶酸等	抗恶性贫血
	维生素 B_{12}	钴胺素,氰钴胺素,羟钴胺素等	抗恶性贫血
	维生素 B_{13}	乳清酸	抗早衰
	维生素 BT	L-肉碱	营养强化剂
	维生素 C	抗坏血酸	抗坏血病
	维生素 H	生物素	抗毛发脱落及脂肪代谢混乱

维生素来源有 3 个：a. 由食物直接获得；b. 间接从植物得到；c. 人工合成。生产维生素的方法主要有提取法、化学合成法、生物合成法。

① 提取法 是从富含微生物的天然食物或药用植物中浓缩、提取而得。目前只有极少数的维生素采用提取法，如维生素 E 等。

② 化学合成法 是目前生产维生素的主要方法。

③ 微生物合成法 许多维生素均能够由微生物合成，但大部分产量较低，因而目前在生产中只有少数几种完全或部分应用发酵方法制造。工业生产上目前已有微生物发酵方法制备的维生素有 B_1、B_2、B_{12}、H 和原维生素 A_1，并用微生物转化反应完成维生素 C 合成中的关键。

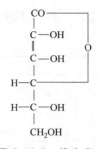

图 2-10-9 维生素 C 的化学结构式

以维生素 C 的发酵生产为例，维生素 C 的化学结构式见图 2-10-9。其发酵工艺流程如图 2-10-10 所示。

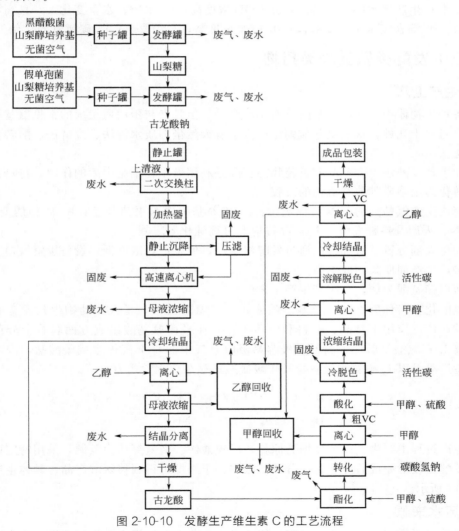

图 2-10-10 发酵生产维生素 C 的工艺流程

2. 废水来源

发酵类维生素类生产废水主要来自洗罐水、母液及釜残。以发酵法生产维生素 C 为例，各生产工段产生的废水及其主要污染物如表 2-10-6 所示。

表 2-10-6 维生素 C 生产工段产生的废水及其主要污染物

生产工段	废水名称	主要污染物
发酵	菌丝体	菌丝体
	洗罐水	山梨糖、蛋白质、古龙酸钠等
提取	酸洗废水	无机盐、有机物等
	碱洗废水	无机盐、有机物等
	古龙酸母液	古龙酸、蛋白质等
转化	转化母液	甲醇、VC 等有机物
	蒸醇残液	甲醇等有机物
精制	精制母液	VC 等有机物

维生素 C 生产废水的水质特点：a. COD 浓度高；b. 水质、水量变化大，且高浓度废水间歇排放；c. 混合废水水质偏酸性；d. 废水色度高，且为真色；e. 碳氮营养比例失调。

（三）发酵类氨基酸类药物

1. 生产工艺

从各种生物体中发现的氨基酸已有 180 多种，但是参与蛋白质组成的常见氨基酸或基本氨基酸只有二十几种，这些氨基酸的生产方法有天然蛋白质水解法、发酵法、酶转化法及化学合成法。

工业上，发酵法生产氨基酸类药物的实际是利用微生物细胞中酶的作用，将培养基中的有机物转化为细胞或其他有机物的过程。

发酵法生产氨基酸的基本过程包括：a. 培养基配置与灭菌处理；b. 菌种诱变或选育；c. 种培养、灭菌及接种发酵；d. 产品提取及分离纯化等步骤。

目前绝大部分氨基酸都可以通过发酵法生产，但是产物浓度低，设备投资大，工艺管理要求严格，生产周期长，成本高。

下面以赖氨酸为例，介绍其生产工艺。

赖氨酸化学名称为 2,6-二氨基己酸或 α,ε-二氨基己酸，是人和动物生长发育必须的一种氨基酸，广泛应用于食品、饲料和医药工业，在平衡氨基酸组成方面起着十分重要的作用。游离 L-赖氨酸呈碱性，放置时极容易吸收空气中的 CO_2 气体生成碳酸盐，因此，一般工业制造产品是以 L-赖氨酸盐酸盐或硫酸盐形式存在，化学式为：

$$CH_2-CH_2-CH_2-CH_2-CH-COOH$$
$$NH_2 \cdot H_2SO_4 \qquad\qquad NH_2$$

其生产过程主要为：以葡萄糖为原料，以硫酸铵、液氨等作为氮源，采用特定菌株在发酵罐中发酵，发酵完成后经酸化、分离、浓缩、干燥即可得到赖氨酸产品。具体生产工艺如图 2-10-11 所示。

2. 废水来源

氨基酸主要排放的废水为发酵罐气体洗涤水、蒸发气洗涤水和树脂洗涤水，水中含有蛋白、糖等。某些具有副产品生产能力的氨基酸生产企业，废水还部分来源于副产品车间蒸发结晶工序及制肥车间等，废水中主要含有氨氮等。

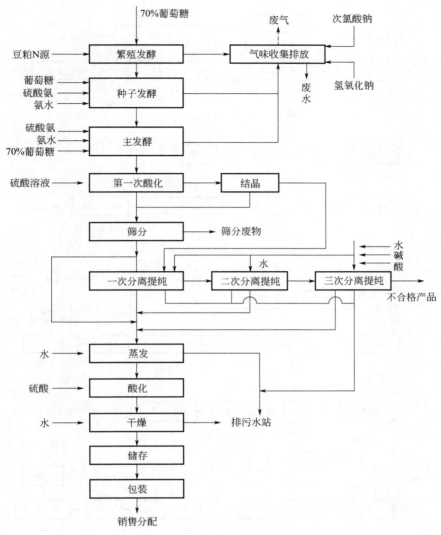

图 2-10-11 赖氨酸生产工艺流程

（四）其他类

1. 生产工艺

发酵类的其他类制药企业种类较少。其中某药品 A 是一种利用皂素来生产甾体激素、皮质激素、性激素的重要的医药中间体，在医药生产中有重要的用途。北方某药业公司采用从食品加工副产物中提取出药品 A 中间体，再利用生物发酵生产提取药品 A 的生产工艺。

其生产过程可以分为发酵、提取分离和精制三部分。具体见图 2-10-12。

2. 废水来源

主要排放的废水为发酵、提取车间洗排水，地面冲洗水等。废水的污染物主要是发酵残余物，包括发酵代谢产物、残余的消沫剂、凝聚剂等，以及在药品提取过程中的各种有机溶剂和一些无机盐类等。

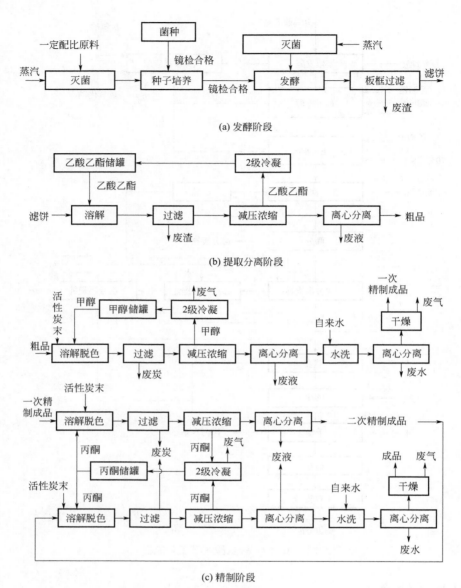

(a) 发酵阶段

(b) 提取分离阶段

(c) 精制阶段

图 2-10-12　药品 A 生产工艺流程

三、清洁生产与污染过程控制

发酵工业废水中的物质大都是原料的组分，综合利用原料资源、提高原料转化率始终是清洁生产技术的一个重要方向，因此需要对原料成分进行分析，并建立组分在生产过程中的物料平衡，掌握它们的流向，以实现对原料的"吃光榨尽"；同时生产用水也要合理节约，一水多用，采用合理的净水技术。例如，抗生素生产过程中需要消耗大量的水，每吨抗生素平均耗水量在万吨以上，但 90% 以上是冷却用水，而真正在生产工艺中不可避免的污染废水仅占 5% 左右，因此可以采取回收冷却水等措施，实现水资源的重复利用。此外，生物制药清洁生产的内容还包括工艺改进、新药研制和菌种改造。主要措施有：加强原料的预处理，提高发酵效率，减少生产用水，降低发酵过程中可能出现的染菌等工艺问题；

逐渐采用无废少废的设备，淘汰低效多废的设备；利用基因工程原理及技术进行菌种改造。

在废水生物处理前，主要的任务是微生物制药用菌的选育、发酵以及产品的分离和纯化工艺等，研究用于各类药物发酵的微生物来源和改造、微生物药物的生物合成和调控机制、发酵工艺与主要参数的确定、药物发酵工程的优化控制、质量控制等。

目前，生物制药中的新技术已得到了广泛的应用，主要包括大规模筛选的采用与创新，高效分离纯化系统的采用，这些都使得制药厂排放污水的水质得到改善，大大提高了微生物发酵技术和效率，使该类制药废水的可处理性得到提高。另外，应充分考虑生产过程中废水的回收和再利用，既可以回收废水中存在的抗生素等有用物质，提高原料的利用效率，又可以减少废水排放量，改善排放废水水质，具有较为可观的综合利用价值，能产生较好的环境、经济和社会效益。我国在这方面做了大量的研究，取得了一定成绩。例如某药厂生产扑尔敏，工艺中用氯化亚铜为催化剂，产生含铜 2%、氨 6.5%～7.5% 的铜氨废水。该厂将此废水与工业用碱按 1：(0.2～0.3) 的比例反应，回收氧化铜后再排放。某制药厂从庆大霉素工艺废水中回收提取菌丝蛋白；从土霉素提炼废水中回收土霉素钙盐；从土霉素染菌发酵液中回收制取高蛋白饲料添加剂；从生产中间体氯代土霉素母液中蒸馏回收甲醇；从安乃近废水母液中蒸馏回收甲醇、乙醇；从淀粉废水中回收玉米浆、玉米油、蛋白粉。又如某药厂生产四环素，对其中一股草酸废水投加硫酸钙，反应得到草酸钙，再经酸化回收草酸。

以青霉素生产废水为例，其发酵废水在中和并分离戊基醋酸盐后，废水水质有了很大的提高。如表 2-10-7 所示。

表 2-10-7 预处理前后的青霉素发酵废水水质 单位：mg/L

参数	预处理前含量	预处理后含量	参数	预处理前含量	预处理后含量
BOD	13500	4190	总碳水化合物	240	213
总固体	28030	26800	氨氮	1200	91
挥发性固体	11000	10800	亚硝酸氮	350	28
还原性碳水化合物（按葡萄糖计）	650	416	硝酸氮	105	1.9

某制药公司采用 UASB 作为生物制药高浓度废水的预处理系统，达到了预期的效果。该制药公司的生物制药废水主要为提取后的发酵液和洗罐废液，废水中含有大量生物菌体和其他一些杂质，悬浮物含量很高。进水 COD 浓度为 18000mg/L，BOD 浓度为 14000mg/L，SS 浓度为 1500mg/L。该废水是一种可生化性较好的废水，BOD/COD 值达 0.7 以上。该公司在生产实践中采用 UASB 方法，可将原水中的 COD 浓度从 18000mg/L 降到 5000mg/L，满足企业已有污水处理系统的进水要求。

四、处理技术及利用

1. 水质特点

从抗生素制药的生产原料及工艺特点中可以看出，该类废水具有如下特点：污染物浓度高、悬浮物含量高、含有难降解物质和有抑菌作用的抗生素、硫酸盐浓度高、碳氮营养比例失调（氮源过剩）、废水带有较重的颜色和气味、易产生泡沫等。

① COD 浓度高（5000～80000mg/L） COD 是抗生素废水污染物的主要来源。其中主要为发酵残余基质及营养物、溶媒提取过程的萃余液、经溶媒回收后排出的蒸馏釜残液、离

子交换过程排出的吸附废液、水中不溶性抗生素的发酵滤液，以及染菌倒罐废液等。这些成分在废水中浓度较高，如青霉素 COD 为 15000～80000mg/L、土霉素 COD 为 8000～35000mg/L。因此直接用好氧生物法处理有较大的困难。

② 废水中 SS 浓度高（500～25000mg/L）　废水中 SS 主要为发酵的残余培养基质和发酵产生的微生物丝菌体。如庆大霉素 SS 为 8000mg/L 左右，青霉素为 5000～23000mg/L，这对厌氧 UASB 工艺的处理极为不利。

③ 存在难生物降解物质和有抑菌作用的抗生素等毒性物质　由于发酵中抗生素得率较低，仅为 0.1%～3%，且分离提取率仅 60%～70%，因此大部分废水中残留抗生素含量均较高，一般条件下四环素残余浓度为 100～1000mg/L，而实际结晶母液中四环素含量高达 1500mg/L，土霉素为 500～1000mg/L。废水中青霉素、四环素、链霉素浓度低于 100mg/L 时不会影响好氧生物处理，而且可被生物降解，但当浓度大于 100mg/L 时会抑制好氧污泥活性，降低处理效果。

④ 硫酸盐浓度高　如链霉素废水中硫酸盐含量为 3000mg/L 左右，最高可达 5500mg/L；土霉素为 2000mg/L 左右；庆大霉素为 4000mg/L。

⑤ 水质成分复杂　中间代谢产物、表面活性剂（破乳剂、消沫剂等）和提取分离中残留的酸、碱、有机溶剂等化工原料含量高。该类成分易引起 pH 值的波动以及色度高和气味重等不利因素，影响厌氧反应器中甲烷菌正常的活性。

⑥ C/N 比例失调　为了满足发酵微生物在发酵过程中次级代谢过程的需求，一般控制生产发酵的 C/N 值为 4 左右，这样废发酵液中的 BOD/N 值一般在 1～4 之间，与废水处理中微生物的营养要求相差甚远，严重影响微生物的生长与代谢，不利于提高废水生物处理的负荷和效率。

表 2-10-8 为国内部分生物制药企业在"十一五"末期的生产用水、排水情况。

表 2-10-8　部分生物制药企业在"十一五"末期的生产用水、排水情况

企业（代号）	产品名称	年生产天数 /d	年产量 /(t/a)	单位产品用水量 /(t/t)	单位产品排水量 /(t/t)
1	青霉素工业盐	350	4972	435	370
	6-APA	350	595	404	344
	青 V 钾	350	291	1088	925
	土霉素	350	700	246	208
	去甲基金霉素	350	90	1746	1480
2	青霉素	330	1100	2109	1890
	7-ACA	330	100	3480	3600
	6-APA	330	160	420	390
3	青钾盐	300	2250	1000	800
	大观霉素	300	18	31500	25200
	泰乐菌素	300	188	3300	2640
	氨苄钠	300	152	600	480
4	硫酸粘菌素	365	300	1047	840
	麦迪霉素	365	100	1190	952
5	头孢菌素 C	330	1000	437	371
	青霉素	330	1000	729	619
6	土霉素	300	7000	237	210

企业(代号)	产品名称	年生产天数 /d	年产量 /(t/a)	单位产品用水量 /(t/t)	单位产品排水量 /(t/t)
7	土霉素	330	1300	1433	246
8	链霉素	365	1150	2100	1904
9	青霉素	330	1250	1373	1000
10	卡那霉素	330	300	1900	1826
11	盐酸四环素	360	1000	750	610
12	林可霉素	300	238	1409	1127
	庆大霉素	300	65	7792	6233
	维生素 B_{12}	300	700	298000	238000
13	维生素 C	330	20000	216.4	188.4
14	维生素 C	330	20000	370	330
15	维生素 C	330	15000	161.3	142.1
16	维生素 B_{12}	330	5.5	123600	117420
17	谷氨酸	300	100000	54	8.26
18	谷氨酸	330	60000	60	8.28
19	激素中间体	330	500	927	840

2. 处理工艺

在各类工业废水中，制药工业废水由于其特点常居难治理之列。并且，微生物药物是复杂多样的：可以以微生物菌体为药品、以微生物酶为药品、以菌体的代谢产物或代谢产物的衍生物作为药品，以及利用微生物酶特异性催化作用的微生物转化获得药物等，包括微生物菌体、蛋白质、多肽、氨基酸、抗生素、维生素、酶与辅酶激素及生物制品等。由该类药品的生产性质可知这类制药废水处理的难度。

对于不同的制药废水选择适当的工艺组合可以满足排放标准要求，根据以往的废水处理经验，制药废水处理的基本工艺流程见图 2-10-13。

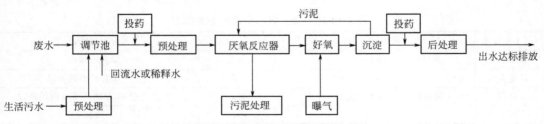

图 2-10-13 制药废水处理的基本工艺流程

我国部分生物制药企业工业废水治理现状见表 2-10-9。

表 2-10-9 我国部分制药企业废水处理情况

企业代号	处理工程投资 /万元	设计处理能力 /(m³/d)	吨废水投资 /元	实际处理 /(m³/d)	运行费 /(元/m³)	废水处理工艺
1	7715	22000	3507	15000	5.6	水解酸化—气浮—好氧(CASS)
2	6147	11000	5588	9152	4~5 (无折旧)	水解酸化—SBR—生物接触氧化
3	5000	18000	2778	18000	3.4	厌氧—好氧(CASS)

续表

企业代号	处理工程投资 /万元	设计处理能力 /(m³/d)	吨废水投资 /元	实际处理 /(m³/d)	运行费 /(元/m³)	废水处理工艺
4	7000	30000	2333	12000	3～5	二级水解酸化—二级复合生物氧化
5	2200	3000	7333	2000	8.1	催化氧化—厌氧生化—CASS
6	10000	12000	8333	7500	7～8	絮凝沉淀—好氧(SBR)
7	3000	6000	5000	3000	3～5	絮凝沉淀—水解酸化—好氧(CASS)
8	178	300	5933	179	2～3	厌氧(UASB)—气浮—生物接触氧化
9	1450	6000	2417	6000	4～5	厌氧—生物接触氧化
10	880	1500	5867	1200	8～9	絮凝—兼氧—好氧—人工湿地
11	162	300	5400	300	5～6	厌氧—好氧—生物接触氧化
12	900.3	3000	3001	2200	2.05	一级气浮—HO—接触氧化—二级气浮-流化床
13	1016	6000	1693	3500	3～5	厌氧(UASB)—好氧(SBR)

与一般工业废水相似，抗生素工业废水也采用物化法和生物法进行处理。物化法包括化学混凝、强氧化剂氧化、阳极射线辐射、反渗透、焚烧、电解、萃取和离子交换等，主要用于废水中可利用组分的回收、废污泥的焚烧等；生物法包括好氧法和厌氧法，制药废水的好氧处理主要包括 SBR、氧化沟、深井曝气及接触氧化法等。欧洲、美国、日本早在 20 世纪 40 年代就开始利用生化法处理青霉素废水，因受当时处理技术的限制，到 20 世纪 70 年代处理制药废水几乎全部采用好氧处理技术。抗生素废水属高浓度有机废水，仅采用常规的好氧生物处理难以对 COD 达 10000mg/L 以上的废水产生良好的效果。因此，需要用大量的清水或生活污水对抗生素废水进行稀释，消耗较大的动力，资金投入也较大。目前，国内外处理高浓度有机废水主要是以厌氧法为主，用于抗生素废水处理的厌氧工艺包括：上流式厌氧污泥床（UASB）、厌氧复合床（UFB）、一体式厌氧污泥床、厌氧折流板反应器（ABR）等。目前发达国家多采用较稳妥但费用较高的混合稀释好氧处理工艺。

表 2-10-10 为制药废水中常用的絮凝剂。

表 2-10-10　制药废水中常用的絮凝剂

制药工业废水	常用絮凝剂	制药工业废水	常用絮凝剂
吡喹酮	聚铝	麦迪霉素	聚合硫酸铁
红霉素	锌盐	维生素 B₆	聚合硫酸铁
洁霉素	氯化铁、硫酸亚铁、聚合硫酸铁	利福平	聚合硫酸铁、阴离子型聚丙烯酰胺
土霉素	聚合硫酸铁	叶酸	镉剂

表 2-10-11 为部分制药废水厌氧处理情况。

表 2-10-11　部分制药废水厌氧处理情况

序号	种类	进水 COD/(mg/L)	有机负荷/[kg COD/(m³·d)]	COD 去除率/%
1	卡拉霉素及味精废水	5000	10～13	80～90
2	庆大、螺旋霉素及柠檬酸	23450	11.75	90～93.5
3	维生素 C	100000	11.2	96
4	抗生素提取废水	40000～60000	3	90
5	链霉素废水	7600～13000	20～26	75～85
6	青霉素等抗生素废水	4000	3～5	75～85

厌氧生物处理技术在抗生素类制药废水处理中的成功应用，对抗生素废水的生物处理起到了积极的推动作用，大大地降低了在废水处理方面的工艺及技术难度。一般国内外对制药废水的终端治理采用生物处理技术或物化加生物联合处理技术。制药废水总体上看污染物以有机物为主，虽含有难降解有机物和抑制微生物生长的物质，但一般经适当的预处理和菌种驯化，用生物法处理可得到良好的处理效果。

表 2-10-12 为生物制药废水采用厌氧和好氧生化治理优缺点对比。

表 2-10-12　厌氧和好氧生化治理优缺点对比

项目	厌氧	好氧
COD 负载	5～30kg COD/(m³·d)	1～1kg COD/(m³·d)
能耗	不通空气，产沼气	通空气用电，1kg COD 耗 1kW 电
污泥产生量	5%	30%～50%
占地	小	多
进水 COD	高浓度不稀释	低浓度，须用水稀释
前处理	除去抑制因子	一般不需要

3. 主要工艺参数

早在 20 世纪 40 年代，伴随抗生素的大规模生产，人们就已经开始对抗生素生产废水的处理进行研究。美国、日本等生物技术发达国家于 20 世纪 50～60 年代试验和建设的处理设施，几乎全部是采用好氧生物处理技术。1949 年 Henkelekien 报道青霉素生产废水的厌氧处理研究结果，对 pH 值、负荷、搅拌效果等因素的影响做了具体研究，BOD 去除率为81%。1952 年赫威芝等进行的青霉素、链霉素废水厌氧生物处理试验，容积负荷达到1.2kg BOD/(m³·d)。20 世纪 60～70 年代后，人们对抗生素生产废水的处理研究更加深入细致。1974 年 Jennett Denn 发表了厌氧滤池处理低浓度制药废水的研究成果。荷兰某药厂采用单级厌氧颗粒污泥膨胀床（EGSB）工艺处理抗生素废水、酵母和食品生产混合废水，处理负荷高达 3.5kg COD/(m³·d)，COD 去除率为 60%。国内某制药厂在 20 世纪 80 年代采用两相厌氧流化床工艺，对高浓度含硫酸盐青霉素生产废水的处理获得了成功。

表 2-10-13 为抗生素工业废水厌氧生物处理工艺及运行参数。

表 2-10-13　抗生素工业废水厌氧生物处理工艺及运行参数

厌氧工艺	废水类型	处理规模 /(m³·d)	COD 进水 /(mg/L)	COD 去除率 /%	HRT /h	COD 容积负荷 /[kg/(m³·d)]	备注
普通厌氧消化	四环、卡那霉素	100	30000	90	—	3	—
升流式厌氧污泥床	庆大霉素	小试	17344～22920	85.6	—	2.5	35
厌氧流化床	青霉素	100	25000	80	—	5	中温
厌氧折流板反应器	金霉素	450	12000	76	60	5.625	中温
厌氧复合床	乙酰螺旋霉素	2500	8100	85	39	5	中温、两相厌氧

部分制药废水处理效果见表 2-10-14。

表 2-10-14　部分制药废水处理效果

序号	种类	规模 /(m³/d)	处理工艺	进水 COD /(mg/L)	出水 COD /(mg/L)	去除率 /%
1	洁霉丁醇提取废水	200	水解—厌氧—好氧—混凝—吸附	21575	83.5	99.6

续表

序号	种类	规模/(m³/d)	处理工艺	进水 COD/(mg/L)	出水 COD/(mg/L)	去除率/%
2	洁霉素综合废水	现场实验	筛网—调节—水解—沉淀—二级好氧—混凝沉淀	3200～4600	51～59	98.7
3	利福平、氧氟沙星、环丙沙星	450	筛网—调节—气浮—缺氧—好氧—沉淀—气浮—过滤	15000～32000	80～230	99.3
4	发酵生产抗生素	小试	SBR	900～3300	150～300	91
5	螺旋霉素	中试	调节—气浮—厌氧—好氧—沉淀—过滤	14000	150	99
6	青霉素、土霉素、麦迪霉素、庆大霉素	中试	好氧—沉淀—过滤	4000～10000	110～200	98
7	某中成药废水	400	调节—水解—好氧—沉淀	263～1934	58～98	95
8	某合成药厂(扑热息痛及血黄药)	1000	调节—气浮—厌氧—好氧—沉淀	4000～8000	180～300	96.2
9	某原料药及中间体药厂	1500	调节—隔油—AB 法	1600	120	92.5
10	某中药厂	190	调节—接触氧化塔—接触氧化池—沉淀	1800	180	90
11	西米(雷尼)替丁、半胱酯(含多环、杂环)	小试	SBR—絮凝沉淀	960～1200	150	87.5

4. 关于抗生素类制药废水的几个关键问题

一般认为厌氧消化对毒物的敏感性大于好氧处理，这也是大都采用好氧法进行废水处理的一个原因。但是在多数情况下，厌氧和好氧法往往结合应用才能达到较好的处理效果，经厌氧处理后的废水，出水残留 COD、BOD 浓度仍然较高，色度也较高，且带有臭味，而与好氧法组合应用则可以在一定程度上克服这些缺陷。

厌氧微生物能进行好氧微生物所不能进行的解毒反应。例如厌氧脱卤作用。卤化芳香族化合物在厌氧环境下也能被有效地降解，在好氧情况下卤化的芳香族化合物趋向于聚合。由于大多数抗生素结晶母液是代谢产物，其中不仅含有复杂的苯环结构，而且还存在着大量中间代谢产物，它们各有不同的抑菌范围。因此，可以在厌氧环境下利用厌氧微生物的生命活动打破芳香环及较大的苯环结构，使其变成小分子，并破坏其抑菌作用，提高其废水的生物处理能力。

从理论上看，反应过程的厌氧消化要比好氧处理更为敏感，因为好氧处理所涉及的微生物及其代谢都是平行的。而在厌氧消化器中，对于该系统的碳源，需要各种特异化的微生物类群。另一方面，好氧系统具有众多非特异性的微生物类群，如果环境条件改变，相应的微生物群体也可能出现微妙的变化。但是从厌氧三阶段理论看，主要产生抑制的部位是第三阶段——甲烷产生阶段，而第一阶段——水解阶段，在其水解过程中，水解菌的适应能力极强，能耐很高的毒物浓度。例如 DeDaere 等证明厌氧细菌能适应高浓度的 NaCl 和 NH$_3$，Eaid 等证实它们还能适应高浓度的 H$_2$S。可见，应该充分利用第一阶段水解菌，使抗生素及其代谢中间物得以降解，使最后阶段的产甲烷过程的毒物影响得以缓解。因此，充分利用第一阶段水解作用，可以破坏和降解毒物的抑菌能力，对后序处理是极为有利的。

五、工程实例

1. 实例一

某制药厂采用厌氧 UASB-好氧活性污泥法处理抗生素类制药废水。

① 水质、水量数据　总设计处理规模为 $Q=7500m^3/d$。

② 各车间排放水质、水量　各车间排放水质、水量如表 2-10-15 所示。

表 2-10-15　各车间排放水质、水量

项　目	水量/(m³/d)	COD/(mg/L)	BOD/(mg/L)	SS/(mg/L)
庆大霉素＋土霉素废水	1000	20000	11000	8400
低浓度废水	4000	3500	1500	2100
冷却水	2500	<100	<25	<20

③ 设计原则　环境保护和资源回收并举，以达到控制污染、节省投资的目的。废水处理中首先进行固液分离，分离蛋白质和菌丝体，然后再采用厌氧处理工艺，并辅以其他的处理方法，处理后达标排放。

④工艺流程选择　从所排废水的水质来看，属于可生化性好、高浓度的有机废水，采用厌氧 UASB＋传统的好氧活性污泥法。

根据清污分流的原则，先将高浓度的废水进行单独厌氧处理，低浓度废水进行另一系列的厌氧处理（参数不同），然后用冷却水进行混合，进行统一的好氧处理。这样的工艺可充分发挥厌氧处理的优势，同时又可节省投资的运行费用。

⑤ 工艺流程说明　处理工艺流程：高浓度废水→格栅→集水池→调节池→水解酸化池→UASB 反应器（37℃）。废水在进入 UASB 反应器前将 pH 值调整至 7.0～7.5。经厌氧处理后，采用高效好氧流化床进行进一步处理，最后同低浓度处理的出水进行混合，并合入冷却水共同进行好氧活性污泥的最终处理，出水可达到《污水综合排放标准》（GB 8978—1996）中二级标准。

⑥ 工艺处理效果　效果见表2-10-16～表 2-10-18。

表 2-10-16　高浓度污水处理工艺效果汇总表

项目名称	酸化水解池			厌氧 UASB		好氧气提反应器	
	进水/(mg/L)	出水/(mg/L)	去除率/%	出水/(mg/L)	去除率/%	出水/(mg/L)	去除率/%
COD	20000	12000	40	3000	75	1200	60
BOD	11000	7700	30	770	90	270	65
SS	8400	1260	85	370	70	259	30

表 2-10-17　厌氧 UASB 工艺低浓度污水处理效果

项目名称	进水/(mg/L)	出水/(mg/L)	去除率/%
COD	3500	1050	70
BOD	1500	300	80
SS	2100	630	70

⑦ 污泥处理工艺　从沉淀池、调节池、UASB 反应器和酸化池排出的污泥经浓缩后进脱水机脱水，脱水后的干污泥用皮带输送机送入堆泥场，定期运走作农肥。

⑧ 构筑物及设备　构筑物及设备见表2-10-19～表 2-10-21。

表 2-10-18　好氧活性污泥法混合污水处理效果

项目名称	进水/(mg/L)	出水/(mg/L)	去除率/%
COD	720	210	70

项目名称	进水/(mg/L)	出水/(mg/L)	去除率/%
BOD	200	40	80
SS	370	92	75

表 2-10-19　高浓度污水处理工艺

名称	单位	数量	HRT/h	说　明
调节池	座	1	12	有效容积 500m³
酸化池	座	2	8	有效容积 340m³
UASB	座	2	72	有效容积 3000m³；容积负荷 5kg COD$_{Cr}$/(m³·d)
好氧流化床	座			有效容积 375m³；容积负荷 10kg COD$_{Cr}$/(m³·d)
沉淀池	座			4m×2.5m×4.2m(高)；上升流速 0.15m/s
风机	台			总风量 5.11m³/min

表 2-10-20　低浓度污水处理工艺

名称	单位	数量	HRT/h	说　明
调节池	座	1	8	有效容积 1330m³
UASB	座	2	18	有效容积 3000m³；容积负荷 5kg COD$_{Cr}$/(m³·d)
好氧流化床	座			有效容积 375m³；容积负荷 10kg COD$_{Cr}$/(m³·d)
沉淀池	座			4m×2.5m×4.2m(高)；上升流速 0.15m/s
风机	台			总风量 5.11m³/min

表 2-10-21　混合后的污水处理工艺（活性污泥法）

名称	单位	数量	说　明
曝气池	座	2	有效容积 4500m³；MLSS 3.0g/L；进水负荷 0.4kg COD$_{Cr}$/(kg MLSS·d)
中微孔曝气头	个	3340	曝气头服务面积 0.3m²/个
沉淀池	座	2	高 2.5m；面积 260m²；表面负荷 1.2m³/(m²·h)
风机	台	3	D80-1.5 型的离心式风机；总风量 137.2m³/min(气水比 26∶1)
浓缩池	座	1	$D×H=6m×6m$；HRT 24h

注：1. 由于制药废水属于难降解的污水，因此曝气池采用较低的负荷。

2. 污泥浓缩前含水率98%，浓缩后含水率94%。

3. 2.0m 带压机两台，脱水后含水率70%～80%（71.65m³/d）。

4. 沼气储柜每日产沼气总量7367m³，暂时考虑直接燃烧，故设一座 300m³ 的储柜。

⑨ 污泥脱水机房　采用带式脱水机，对浓缩后的污泥脱水。脱水机脱水能力为 300～500kg/(m·h)，脱水后污泥含水率 70%～80%（71.65m³/d），在厂内晾晒，可作农肥或饲料外运。带式压滤机工作时间 8h。污泥脱水需投加絮凝剂，采用阳离子聚丙烯酰胺，投加量为干污泥量的 0.3%，折合成 3% 的聚丙烯酰胺为 1400kg/d。

2. 实例二

国家环保部颁布的《制药工业水污染物排放标准》于 2008 年 8 月 1 日正式实施，标准中的主要指标均严于美国标准，例如发酵类企业的 COD、BOD 和总氰化物排放，与最严格的欧盟标准相接近。标准的实施导致许多已建企业污水不能达标排放，需要对原有污水处理设施进行改造。下例为某制药公司为应对国标对原有处理设施进行改造的实例。该公司主要生产发酵类药物。

（1）废水水质、水量（表 2-10-22）

表 2-10-22 废水水质、水量

废水	水量/(m³/d)	COD/(mg/L)	BOD/(mg/L)	SS/(mg/L)	色度/倍	pH 值	温度/℃
高浓度废水	400	18000	7200	1800	230	9～11	80～90
低浓度废水	1600	2000	1000	550	70	5～6	25～30

（2）原处理工艺与改造后的工艺

原处理工艺流程见图 2-10-14。

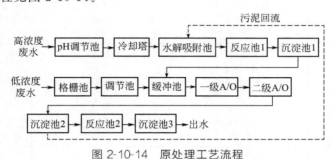

图 2-10-14 原处理工艺流程

图 2-10-15 为改造后的工艺流程。

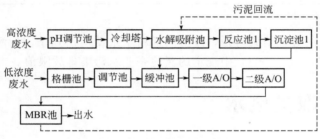

图 2-10-15 改造后的工艺流程

新工艺改造的核心技术为 MBR（膜生物反应器）技术，运行中好氧池采用 MBR，取代二沉池，提高了处理效率，减少了占地面积。工程采用 SMM-1520 型 PVDF 膜，膜面积共 6700m²。MBR 的主要特点是将活性污泥法和膜分离技术有机结合，并以膜组件代替传统生物处理工艺中的二沉池，在膜组件的高效截留作用下使泥水彻底分离；由于 MBR 中的高浓度活性污泥和污泥中特效菌的作用，提高了生化反应速率。曝气采用穿孔管和微孔曝气盘复合曝气的方式、运行稳定、节省能耗。

（3）主要构筑物及参数

① 缓冲池 低浓度废水和经过水解吸附的高浓度废水在缓冲池中充分混合后进生化处理池。缓冲池尺寸为 1.5m×2.5m×3.0m，2 格，总容积 22.5m³。

② A/O 池 一级 A/O 中兼氧池尺寸为 20.4m×4.5m×5.5m，2 格；总容积 1009.8m³，有效容积 918m³；HRT 11.0h。好氧池尺寸为 20.4m×4.4m×5.5m，4 格；总容积 1974.7m³，有效容积 1795.2m³；HRT 21.6h。

二级 A/O 中兼氧池尺寸为 20.4m×4.5m×5.5m 的 2 格＋7.5m×3.4m×5.5m 的 1 格；总容积 1150.05m³，有效容积 1041.3m³；HRT 12.5h。好氧池尺寸为 20.4m×4.4m×5.5m 的 4 格＋3.3m×3.4m×5.5m 的 1 格；总容积 2036.4m³，有效容积 1851.3m³；HRT 22.3h。

③ MBR 池 采用 SMM-1520 型 PVDF 膜，膜面积共 6700m²。

（4）改造后的出水情况

改造后的出水情况见表 2-10-23。

表 2-10-23　改造后的出水情况

处理单元		COD	BOD
水解吸附池	进水/(mg/L)	18000	7200
	出水/(mg/L)	12650	5240
	去除率/%	30	26
沉淀池 1	进水/(mg/L)	12650	5240
	出水/(mg/L)	11380	4820
	去除率/%	10	8
一级 A/O	进水/(mg/L)	3880	1770
	出水/(mg/L)	1630	795
	去除率/%	58	55
二级 A/O	进水/(mg/L)	1630	796
	出水/(mg/L)	730	410
	去除率/%	55	48
MBR 池	进水/(mg/L)	730	410
	出水/(mg/L)	<120	<40
	去除率/%	83.6	90.2

注：MBR 池出水 SS 质量浓度<5mg/L。

由表 2-10-23 中的处理结果可知，改造后的出水水质均达到了《发酵类制药工业水污染物排放标准》（GB 21903—2008）中规定的新建企业水污染排放限值。

第四节　提取类废水

一、概述

提取类药物是指运用物理的、化学的、生物化学的方法，将生物体中起重要生理作用的各种基本物质经过提取、分离、纯化等手段制造出的药物。

提取类药物的范围与传统意义上的生化药物、生物制品、中药的定义和范围交叉较多，既有区别又有联系。本节中所提的提取类药物废水不包括：

① 用化学合成、半合成等方法制得的生化基本物质的衍生物或类似物（化学合成类）；

② 菌体及其提取物（发酵类）；

③ 动物器官或组织及小动物制剂类药物，如动物眼制剂、动物骨制剂等（中药类）。

本节中的提取类药物主要为传统意义上的不经过化学修饰或人工合成的生化药物和以植物提取为主的天然药物，此外，还有近年新发展的海洋提取药物。

（1）生化药物（以动物提取为主）

生化原料药属于天然物质，其结构是天然存在的，不受专利保护或限制。中国是生物资源大国，用于生产生化原料药的生物原料极为丰富，许多生化原料药在今后相当长的时期内还属于资源依赖型产品，如肝素、硫酸软骨素、胰岛素、尿激酶等。

据有关资料显示：我国生化制药企业有 300 余家，目前已能生产化学原料药 1350 多个品种，2003 年总产量达 56.18 万吨。

（2）天然药物（以植物提取为主）

我国植物提取物品种在 80 种以上，2019 年我国植物提取物出口总值超过 27 亿美元，总体上还是一个新兴行业。目前，我国植物提取物产业已形成一定的规模，专业生产企业有 200 家以上，但有规模、在国际市场上有影响力的仅有几家，集中分布在几个资源较丰富的省区，如浙江省、四川省、云南省。

（3）海洋提取药物

海洋药物产业从广义上来讲包括：

① 海洋水体和近岸特产的药材的调查、采集、栽培、养殖和加工；

② 海洋生物中活性成分的提取、分离与合成；

③ 海洋滋补、保健、美容品的研制和生产。

上述成品、半成品的研制、开发、生产与经营构成新兴的海洋药物产业。

目前，我国提取类制药主要生产企业的生产概况见表 2-10-24。

表 2-10-24　提取类制药生产企业生产概况

序号	企业名称	主要产品	产量/(t/a)	提取方法	精制方法	主要工艺
1	河北××药业股份有限公司	肝素钠	3.75	无	醇沉、离子交换、过滤、冻干	精制
2	山东××有限公司	肝素钠	2.55	无	醇沉、离子交换	精制
3	山东××制药股份有限公司	七叶皂苷钠	0.8	醇提	离子交换、结晶、干燥	粗提＋精制
4	曲阜××生化制品有限公司	硫酸软骨素	24	碱解、酶解	醇沉、干燥	
5	××医科大学制药厂	促肝细胞生长素、胸腺肽		无		
6	长春××生物制药有限责任公司	凝血酶、免疫核糖核酸、降纤酶、胰激肽原酶		无	吸附、洗脱、纯化	
7	湖北××制药有限公司	羟基喜树碱	0.001	醇提	过滤、结晶、干燥	
8	××制药有限公司	穿心莲、丹参	8	醇提	浓缩、析晶	粗提＋精制＋制剂
9	四川××制药有限公司	芦丁	450	碱提	酸化结晶、过滤	粗提精制
10	四川××药业有限公司	芦丁、曲克芦丁		无	水法	精制＋制剂
11	成都××集团有限公司	黄芪		无		精制＋制剂
12	××生物制品有限公司	氨基酸	5690	酸解	浓缩、柱层析	粗提＋精制
13	四川××生物制药有限公司	胰酶	40	醇提	醇沉、干燥	粗提＋精制
14	广汉市××生物制品有限公司	大豆异黄酮、银杏叶提取物	21.6	醇提	无	粗提
15	广汉市××实业有限公司	金银花、连翘	66	醇提	过滤、浓缩结晶	粗提＋精制
16	广汉市××植物化工有限责任公司	黄芪多糖、金银花、连翘	16	醇提	浓缩、干燥	粗提
17	四川××药业有限公司	硫酸软骨素	70	碱解	过滤、浓缩、醇沉	粗提＋精制
18	广东省汕头市××氨基酸有限公司	胱氨酸、亮氨酸、半胱氨酸	289.8	无	析晶、漂洗	精制

续表

序号	企业名称	主要产品	产量/(t/a)	提取方法	精制方法	主要工艺
19	上海××氨基酸有限公司	氨基酸	730	无	过滤、浓缩、分离、干燥、析晶	精制
20	江苏××医药股份有限公司	胰岛素				粗提＋精制
21	深圳市××生物技术有限公司	肝素钠				粗提＋精制
22	甘肃××药业集团有限责任公司	植物化学药				粗提＋精制＋制剂
23	××药业有限公司	木糖醇		水解	离子交换、结晶	粗提＋精制
24	广东××股份有限公司	肌苷、鸟苷	950			粗提
25	福建××海洋化工厂	海藻酸钠	16.5	水洗、消化	过滤、钙析、脱水、中和、干燥	粗提＋精制
26	广东××氨基酸厂	氨基酸				粗提＋精制
27	山东××生化制药有限公司	硫酸软骨素				粗提＋精制
28	江苏××药厂	胰岛素				粗提＋精制
29	江苏××药业有限公司	三磷酸腺苷				粗提
30	海口市××精细化工有限公司	长春花碱				粗提
31	江苏××药业公司	生物制药				粗提
32	江西××药业公司	流浸膏、浸膏干粉、软骨素、高纯绿原酸				粗提

二、生产工艺和废水来源

提取类制药工艺大体可分为六个阶段：原料的选择和预处理、原料的粉碎、提取、分离纯化、干燥灭菌、制剂。

（1）原料的选择和预处理

材料的选择要注意以下几方面：要选择有效成分含量高的新鲜材料，来源丰富易得，制造工艺简单易行，成本比较低，经济效果较好。材料选定之后，通常要进行预处理，有的原料收集到一定的数量才能生产。动物组织先要剔除结缔组织、脂肪组织等活性部分；植物种子先去壳除脂。

（2）原料的粉碎

分为机械法、物理法、生化及化学法。机械法主要是通过机械力的作用，使组织粉碎。物理法是通过各种物理因素的作用，使组织细胞破碎；包括反复冻融法、冷热交替法、超声波处理法、加压破碎法等。生化及化学法包括自溶法、溶菌酶处理法、表面活性剂处理法等。

（3）提取

提取也称抽提、萃取，其含义基本相同，就是利用一种溶剂对物质的不同溶解度，从混合物中分离出一种或几种组分，制成粗品的过程。提取法可分为两类：一类为固体的处理，也称液-固萃取；另一类为液体的处理，也称液-液萃取。提取常用的溶剂为水、稀盐、稀碱、稀酸溶液，有的用不同比例的有机溶剂，如乙醇、丙酮、氯仿、三氯乙酸、乙酸乙酯、草酸、乙酸等。提取受溶剂种类、pH 值、温度等条件影响。

（4）分离纯化

纯化即提取出的粗品精制的过程。主要应用的方法有：盐析法、有机溶剂分级沉淀法、等电点沉淀法、膜分离法、层析法、凝胶过滤法、离子交换法、结晶和再结晶作用等。

（5）干燥灭菌

干燥是从湿的固体药物中，除去水分或溶剂而获得相对或绝对干燥制品的工艺过程。最常用的方法有常压干燥、减压干燥、喷雾干燥和冷冻干燥等。灭菌是指杀灭或除去一切微生物的操作技术。常用干热、湿热、紫外线、过滤和化学等方法。

（6）制剂

制剂，即原料药经精细加工制成片剂、针剂、冻干剂等供临床应用技术的各种剂型的工艺过程。提取类药物在生产过程中的排污节点如图 2-10-16 所示。

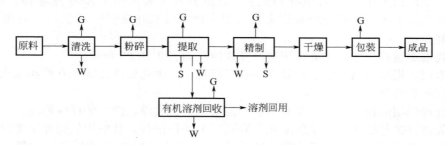

图 2-10-16　提取类制药排污节点

W—废水；G—废气；S—固体废物

注：1. 提取过程可分为酸解、碱解、盐解、酶解及有机溶剂提取等。

2. 精制过程可为盐析法、有机溶剂分级沉淀法、等电点沉淀法、膜分离法、层析法、凝胶过滤法、离子交换法、结晶和再结晶等几种工艺的组合。

提取类制药生产企业排放的废水主要有以下几种：

① 原料清洗废水　主要污染物为 SS、动植物油等。

② 提取废水　通过提取装置或有机溶剂回收装置排放。废水中的主要污染物为提取后的产品、中间产品以及溶解的溶剂等，主要污染指标为 COD、BOD、SS、氨氮、动植物油等，是提取类制药的主要废水污染源。

③ 精制废水　提取后的粗品精制过程中会有少量废水产生，水质与提取废水基本相同。

④ 设备清洗水　每个工序完成一次批处理后，需要对本工序的设备进行一次清洗工作，清洗水的水质与提取废水类似，一般浓度较高，为间歇排放。

⑤ 地面清洗水　地面定期清洗排放的废水，主要污染指标为 COD、BOD、SS 等。

三、清洁生产与污染过程控制

提取类制药废水的清洁生产，主要是从物料的回收和综合利用方面着手，采用新技术和先进生产设备，降低生产过程中不必要的浪费。同时，对工艺用水进行净化，以再生、复用，建立污废水排放的闭路用水循环系统。加强管理，将节能、降耗、减能的目标分解到各个层次和岗位。

四、处理技术及利用

1. 水质特点

一般而言，提取的原材料中的药物活性组分含量较低，通常为万分之几。在提取过程中，大量的原材料经过多次以有机溶剂或酸碱等为底液的提取过程，体积急剧降低，药物产量非常小，废水中含有大量的有机物，COD较高。在精制过程中会继续排放以有机物为主的废水，排水量及污染程度根据所提取产品的纯度要求和采用的工艺有所不同，但总体而言，其污染程度要比提取过程小得多。

一般而言，有粗提工艺时，废水污染较重，采用厌氧-好氧或水解酸化-好氧处理工艺；在只有精制和制剂工艺时，可采用好氧生化处理工艺。由于提取类药制药废水的可生化性较好，采用各类生化处理方法都容易取得较好的有机物去除效果。

2. 处理工艺

提取制药企业生产废水的污染物主要是常规污染物，即COD、BOD_5、SS、pH值、氨氮等。大多数厂家采用厌氧-好氧处理工艺，厌氧处理主要采用UASB反应器、UBF反应器、水解酸化等工艺，生化处理装置主要采用生物接触氧化法、SBR法等，对废水的处理效果比较好。

部分提取类制药企业废水处理工艺及排放情况如表2-10-25所示。

总的来说，提取类制药废水的处理一般采用物化、生化处理方法，有的在生化处理过程后再加物化强化处理工艺。

废水处理使用的物化方法主要有中和、混凝沉淀、气浮、微电解反应器等。

生物处理方法包括厌氧、水解酸化和好氧三种处理过程。其中厌氧处理主要包括UASB厌氧反应器、厌氧浮动生物膜反应器、UBF厌氧反应器、ABR厌氧折流反应器。好氧处理主要包括接触氧化、SBR、MSBR、CASS、ICEAS、生物滤池等。视进水水质的不同，可采用厌氧-好氧的组合工艺，如AAO、AO等。

后续物化处理工艺主要为混凝沉淀法。

五、工程实例

1. 污水来源

山东某有限公司产品全部为制剂，不出售原料药。生产中包括肝素和玻璃酸钠（透明质酸）的精制。主要产品为润舒氯霉素滴眼液、润洁滴眼露等多种滴眼液及施沛特玻璃酸钠注射液、施沛克医用透明质酸钠凝胶、凯瑞肝素钙注射液、海普林肝素钠乳膏等。属于不含粗提步骤的提取类制药和制剂的复合型企业。

玻璃酸钠、肝素钠精制过程：粗品先进行水溶解，而后分级乙醇沉淀而成。

肝素生产的工艺流程见图2-10-17。粗品肝素耗量3000kg/a。

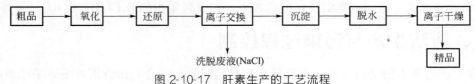

图2-10-17 肝素生产的工艺流程

2. 水量、水质（工程设计要求）

水量330m^3/d。设计进、出水如表2-10-26所示。

表2-10-25 部分提取类制药企业废水污染控制技术与排放情况

序号	企业名称	处理工艺	监测点	pH值	色度(稀释倍数)	SS/(mg/L)	BOD$_5$/(mg/L)	COD$_{Cr}$/(mg/L)	石油类/(mg/L)	动植物油/(mg/L)	氨氮/(mg/L)	磷酸盐/(mg/L)	总磷/(mg/L)
1	河北××药业股份有限公司	废水→调节池→厌氧生物滤池→沉淀池排放	进水	7.25~7.58		19		193	1.38				
			出水	7.41~7.59		14		127	0.921				
2	山东××有限公司	废水→格栅池→曝气调节池→水解酸化池→生物接触氧化池→中间池→消毒池→达标排放	进水			626		668.8	31.2		29.6		
			出水			61.7		76.8	3.02		2.94		
3	山东××制药股份有限公司	废水→酸化调节池→厌氧浮动生物膜反应器→中间池→一沉池→二沉池→氧化罐→二沉池→排放	进水	6.01		96.6		4490					
			出水	7.43		38.2		182					
4	××制药有限公司	废水→SBR处理池→排放	进水(验收)			100		801.2					
			出水(验收)	7.62		24.5		64.9					
			出水(管理)	7.62	15	18		31.8		0.095			
			进水(表)	6~9	400	100	350	800					
			出水(表)	7.6	45	78	25	85					
5	四川××制药有限公司	废水→UASB厌氧池→预曝气调节池→一级生物接触氧化池→初沉池→二级生物接触氧化池→终沉池→混凝反应池→排放	进水(验收)	5.9~6.2	800	3840~4850	12700~14200	37700					
			出水(验收)	7.0~8.2	8~16	44~50	4.5~5.3	21~44					
			进水(日常)	5.0~6.5		2150~2850	619~970	3258~4850					
			出水(日常)	6.5~7.5		52~60	14~17	74~84					

续表

序号	企业名称	处理工艺	监测点	pH值	色度(稀释倍数)	SS/(mg/L)	BOD$_5$/(mg/L)	COD$_{Cr}$/(mg/L)	石油类/(mg/L)	动植物油/(mg/L)	氨氮/(mg/L)	磷酸盐/(mg/L)	总磷/(mg/L)
6	四川××药业有限公司	废水→兼氧酸化调节池→好氧生化池→混凝反应池→沉淀池→排放	进水(验收)	6.6~6.7	40	108~163	160~438	351~539	1.04~1.30				
			出水(验收)	6.8~7.0	4~8	24~46	0.9~3.0	10~23	0.48~0.69				
7	成都××集团有限公司	无	出水(在线)					130					
			出水(管理)	7.7		23	25	89					
8	××生物制品有限公司	纳滤	进水	7.5	500	170	300	500	2.9		1100		
			出水	7.5	10	5.2	2.64	7.02			1.88		
9	四川××生物制药有限公司	高浓度废水→蒸发浓缩→直接排放 其他废水→隔油沉淀→蒸发	出水	7.26~7.64		6.5~8.0	4.80~7.75	20.98~37.14		0.398~0.887			
10	广汉市××生物制药有限公司	废水→沉淀池→排放	出水	7.66~8.13	20~50	34.0~90.8	48.2~536.5	96.2~760			0.199~11.9		
11	广汉市××植物化工有限责任公司	废水→沉淀池→排放	出水	7.76~8.18	84~95	89.5~106.0							
12	四川××药业有限公司	废水→沉淀池→排放	出水	7.13~7.68	20~90	59.0~142.0	111~297.18	337~1539					
13	广东省汕头市××氨基酸有限公司		进水	5.2		91	292	488					
			出水	7.17		10	73	113					
14	上海××药业有限公司	厌氧-好氧	进水	6~9		317	703	3487			221		
			出水	6~9		50.2	21.3	95			18.6		
15	江苏××医药股份有限公司	预处理:含油废水→隔油池,盐析废水→盐水回收池,酒精废水→酒精回收 混合废水:调节池→反应沉淀池1→反应沉淀池2→AAO生化处理→接触氧化池→反应沉淀池3→反应沉淀池4→排放	进水(混合)	中性		1000		1500		1000~2000	500	500	
			进水(高浓度)	5.5~7.1		100~1000		6000~21000		62~7950	5.7~650	8.5~280	
			出水	6.32~8.45		6~40		14~111		0.3~0.4	1.94~6.71	0.10~0.38	

续表

序号	企业名称	处理工艺	监测点	pH值	色度(稀释倍数)	SS/(mg/L)	BOD₅/(mg/L)	COD_Cr/(mg/L)	石油类/(mg/L)	动植物油/(mg/L)	氨氮/(mg/L)	磷酸盐/(mg/L)	总磷/(mg/L)
16	深圳市××生物技术有限公司	废水→反应气浮池→UASB厌氧池→接触氧化池→沉淀池→排放	进水	6.95~8.02	100~133	190~268		20000~40400					
			出水	7.70~7.85	2~8	4~8		41~50					
17	甘肃××药业集团有限责任公司	混凝气浮沉淀+生化	进水			768	5060	6988	55.9				
			出水			25.6	6	27.4	0.38				
18	××药业有限公司	废水→曝气调节池→微电解反应器→中和沉淀池→UASB厌氧反应器→ICEAS生化池→排放	进水	5.24		355	1900	5457					
			出水	7.34		88	27	122					
19	广东××股份有限公司	高浓度废水→中和调节池→UASB反应器/混合废水:调节池→接触氧化池→二沉池→排放	进水(混合)	6.8~7.4				1164~1276			190~273		
			进水(高浓度)	6.3~6.8				11432~12795			302~399		
			出水	7.9~8.5				259~280			11~19		
20	福建××海洋化工厂	废水→反应池→沉淀池→调节池→酸化池→隔浮气浮池→接触氧化池→二沉池→排放	进水				284~790	813~2549					
			出水				30~46	90~145					
21	广东××氨基酸厂	预处理:高浓度氨基酸废水→浓缩过滤/混合废水:碱调节→塔式生物滤池→气浮→过滤→排放	进水(混合)	7.0~7.8				445~652					
			进水(高浓度)	2.3~3.5				4183~16982					
			出水	6.8~7.3				97~141					
22	山东××生化制药有限公司	废水→调节池→厌氧池→缺氧池→好氧池→沉淀池→排放	进水					—			—		
			出水					97~114			15~17		

续表

序号	企业名称	处理工艺	监测点	pH值	色度(稀释倍数)	SS/(mg/L)	BOD₅/(mg/L)	COD_Cr/(mg/L)	石油类/(mg/L)	动植物油/(mg/L)	氨氮/(mg/L)	磷酸盐/(mg/L)	总磷/(mg/L)
23	江苏××药厂	废水→隔油调节池→反应沉淀池→水解酸化池→MSBR池→排放	进水				9660	14860			303		418.5
			出水				18.5	92			12		0.38
24	江苏××药业有限公司	预处理:高浓度含磷废水→混凝沉淀;调节池→氧池→缺氧池→好氧池→二沉池→混凝沉淀池→排放	进水(混合)	7~8			295	753					3.2
			进水(高浓度)	4~5			1500	3500					116
			出水	7~8			18	82					0.44
25	海口市××精细化工有限公司	废水→调节池→两段厌氧→一级接触氧化池→沉淀池→二级接触稳定塘→三级稳定塘→排放	进水	6.51		309		10082					
			出水	7.36		33		25					
26	江苏××药业公司	高浓度废水→微电解反应器→中和沉淀池→选择反应器→UBF厌氧反应器→脱气沉淀池→混合调节池→混合废水:混合调节池→CASS池→排放	进水(高浓度)	3.5			3218	13540					
			进水(混合)	7.4			364	1169					
			出水	6.5			19	148					
27	江西××药业公司	废水→中和池→调节池→接触氧化池→反应池→沉淀池→排放	进水	5~9		120	800	1500					
			出水	6.95		43.5	19.5						

表 2-10-26　设计进、出水水质　　　　　　　　　单位：mg/L

指标	进水	出水（污水综合排放二级标准）	指标	进水	出水（污水综合排放二级标准）
COD$_{Cr}$	2820	150	SS	400	200
BOD$_5$	1365	—	石油类	—	10

3. 处理工艺流程

处理工艺流程见图 2-10-18。

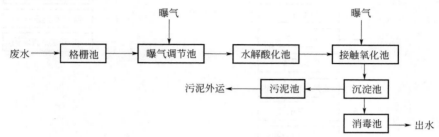

图 2-10-18　处理工艺流程

4. 主要构筑物和设备

水解酸化池：容积负荷 5.4kg COD/（m³·d），停留时间 8h。
生物接触氧化池：容积负荷 0.6kg BOD/（m³·d），停留时间 22.5h。

5. 处理效果

废水排放口流量为 10m³/h，水质监测结果见表 2-10-27。

表 2-10-27　山东某有限公司总排口水质监测结果
单位：mg/L（pH 值除外）

指标	pH 值	COD	氨氮	石油类	SS
进口	7.81	668.8	29.6	31.2	626
出口	7.49	76.8	2.94	3.02	61.7
标准值	6～9	150	25	10	200

工程总造价：78 万元（不含土建）。

运行费用：0.89 元/吨废水（包括电费 0.45 元、人工费 0.24 元、加药费 0.2 元）。

第五节　化学合成类废水

一、概述

化学合成类药物是指采用生物的、化学的方法制造的具有预防、治疗和调节机体功能及诊断作用的化学物质。其主要品种有合成抗菌药（如喹诺酮类、磺胺类等）、麻醉药、镇静催眠药（如巴比妥类、苯并氮杂卓类、氨基甲酸酯类等）、抗癫痫药、抗精神失常药、解热镇痛药和非甾体抗炎药、镇痛药和镇咳祛痰药、中枢兴奋药和利尿药、拟肾上腺素药、心血管系统药物、解痉药及肌肉松弛药、抗过敏药和抗溃疡药、寄生虫病防治药物、抗病毒药和抗真菌药、抗肿瘤药、甾体药物，共 16 个种类近千个品种。

根据生产工艺的相似性，化学合成类药品的分类见图 2-10-19。

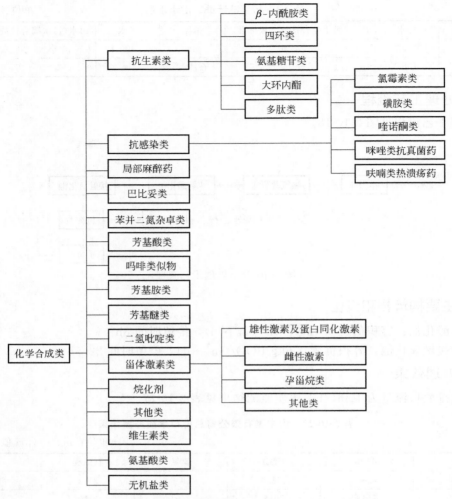

图 2-10-19　化学合成类药品按照生产工艺的相似性的分类

二、生产工艺和废水来源

化学合成药物生产的特点有：

① 品种多、更新快、生产工艺复杂；

② 需要的原辅材料繁多，而产量一般不太大；

③ 产品质量要求严格；

④ 基本采用间歇生产方式；

⑤ 其原辅材料和中间体不少是易燃、易爆、有毒性的物品。

生产过程主要以化学原料为起始反应物，通过化学合成先生成药物中间体，然后对其药物结构进行改造，得到目的产物，然后经脱保护基、提取、精制和干燥等主要几步工序得到最终产品，其工艺过程见图 2-10-20。

化学合成类制药产生较严重污染的原因是合成工艺比较长、反应步骤多，形成产品化学结构的原料只占原料消耗的 5%～15%，辅助性原料等却占原料消耗的绝大部分，这些原料最终以废水、废气和废渣的形式存在。化学合成类制药废水的产生点源主要包括：

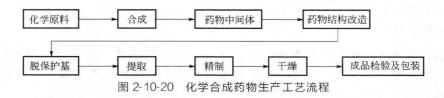

图 2-10-20 化学合成药物生产工艺流程

① 工艺废水，如各种结晶母液、转相母液、吸附残液等；

② 冲洗废水，包括反应器、过滤机、催化剂载体、树脂等设备和材料的洗涤水，以及地面、用具等地洗刷废水等；

③ 回收残液，包括溶剂回收残液、副产品回收残液等；

④ 辅助过程废水，如密封水、溢出水等；

⑤ 厂区生活废水。

三、清洁生产与污染过程控制

化学合成类制药废水的清洁生产与提取类制药废水的清洁生产与污染过程控制相似。

四、处理技术及利用

1. 水质特点

化学合成类制药废水与发酵类制药废水相比，化学合成类制药废水产生量小，并且污染物明确，种类也相对较少。其特点如下：

① 水质成分复杂 医药产品生产流程长、反应复杂、副产物多、反应原料常为溶剂类物质或环状结构的化合物，使废水中的污染物组分繁多复杂，增加了废水的处理难度。

② 废水中污染物质含量高 制药工业生产过程本身大量使用各种化工原料，但由于多步反应、原料利用率低，大部分随废水排放，往往造成废水中的污染物含量居高不下。

③ COD偏高 在制药工业中，COD在几万、几十万毫克每升的废水是经常可以见到的。这是由于原料反应不完全所造成的大量副产物和原料或是生产过程中使用的大量溶剂介质进入废水体系中所引起的。

④ 有毒有害物质多 制药废水中许多有机污染物对微生物来说是有毒有害的，如卤素化合物、硝基化合物、有机氮化合物、芳香烃类化合物、具有杀菌作用的分散剂或表面活性剂等。

⑤ 生物难降解物质多 制药废水中的有机污染物大多属于生物难以降解的物质，如卤素化合物、醚类化合物、硝基化合物、偶氮化合物、硫醚及矾类化合物、某些杂环化合物等。

⑥ 废水中盐分含量高 废水中过高浓度的盐分对微生物有明显的抑制作用。例如当废水中的氯离子超过 3000mg/L 时，一些未经驯化的微生物的活性将受到抑制，COD 的去除率将明显下降；当废水中的氯离子浓度大于 8000mg/L，会造成污泥膨胀，水面泛出大量泡沫，微生物相继死亡。

⑦ 废水色度高 有颜色的废水本身就表明水体中含有特定的污染物质，从感官上使人产生不愉快和厌恶心理。另外，有色废水可以阻截光线在水中的通行，从而影响水生生物的生长，以及抑制由日光催化分解有机物质的自然净化能力。

根据国内相关检测统计数据显示，化学合成类制药企业的 COD 浓度范围在 423～32140mg/L，大多数企业在 15000mg/L 以下；BOD 浓度范围在 300～800mg/L，大多数企业在 1000mg/L 以下；SS 浓度范围在 80～2318mg/L，大多数企业在 500mg/L 以下；

NH_4^+-N 浓度范围在 4.8～1764mg/L 。

2. 处理工艺

化学合成类制药企业生产废水的污染物主要是常规污染物，即 COD、BOD、SS、pH 值、色度、氨氮等。大多数厂家采用厌氧-好氧处理工艺，生化处理装置主要采用活性污泥法、生物接触氧化法以及序批式活性污泥法等，对污染物的处理效果较好。

五、工程实例

1. 污水来源

某大型医药企业主要采用化学合成法生产抗肿瘤、抗生素、消化道及精神类药物的原料药，其排放的废水按高浓度废水和低浓度废水分质收集，高浓度废水主要为生产车间用于合成药剂时产生的结晶母液、转相母液、吸附残液等；低浓度废水主要为生产工艺过程中产生的反应釜、过滤机、催化剂载体等设备和材料的清洗水等。

2. 水量、水质（工程设计要求）

（1）水量

高浓度废水 $4m^3/h$。

（2）水质

① 原水水质　原水包括高浓度废水和低浓度废水。具体水质如表 2-10-28 所示。

表 2-10-28　原水水质

项目	pH 值	COD/(mg/L)	SS/(mg/L)	氨氮/(mg/L)	TN/(mg/L)
高浓度废水	4.04	6.34×10^4	250	516	592
低浓度废水	5.64	3235	220	66	78

② 出水水质　排水执行《污水综合排放标准》（GB 8978—1996）中的二级标准。

3. 处理工艺流程

处理工艺流程见图 2-10-21。

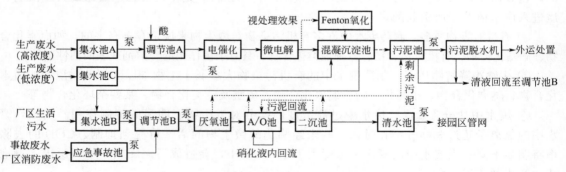

图 2-10-21　处理工艺流程

4. 主要构筑物和设备

（1）主要构筑物

① 集水池 A，用于收集高浓度生产废水。

② 调节池 A，前段设有 pH 调整反应区，尺寸 3.5m×3.0m×3.0m，有效水深 2.5m，钢混，内壁防腐。

③ 混凝反应池。

④ 集水池 C，用于收集低浓度生产废水。

⑤ 格栅井及集水池 B，用于收集生活污水。

⑥ 调节池 B，用于混合高、低浓度废水及生活污水，尺寸 16.0m×12.0m×5.0m，有效水深 4.5m。

（2）主要设备

① 电催化反应器，2 组，单组处理能力为 2m³/h。

② 微电解反应器，2 组，ϕ1.5m×2.0m，碳钢衬胶防腐。

5. 处理效果

处理效果见表 2-10-29。

表 2-10-29　处理效果

项目	pH 值	COD/(mg/L)	SS/(mg/L)	氨氮/(mg/L)	TN/(mg/L)
高浓度废水	4.04	$6.34×10^4$	250	516	592
低浓度废水	5.64	3235	220	66	78
出水	7.52	252	28	0.45	13.3
排放标准	6～9	300	150	50	20

第六节　混装制剂类废水

一、概述

混装制剂类药物是指通过混合、加工和配制等操作方式、工艺用各种原料药制成的药物成品。混装制剂类药物按药性机理可分为化学药品制剂和中药制剂。由于中药制剂生产过程产生的废水划分为中药类废水，故本章所指的混装制剂废水专指化学药品制剂废水。

目前我国能生产的化学药品制剂约有 34 个剂型 4000 余个品种。2021 年，我国 5 大类制剂（片剂、胶囊、注射液、粉针、输液）产量分别达到 2585.3 亿片、855.2 亿粒、119 亿瓶、81.5 亿瓶、141.8 亿瓶。

由于制备不同的药物制剂其生产工艺不同，而不同生产工艺又会导致其污染物的产生量、组成、性质也各不相同。因此根据生产产品的种类、不同生产工艺，混装制剂类制药可分为固体制剂类生产企业、注射剂类生产企业和其他制剂类生产企业三大类。

二、生产工艺和废水来源

（一）固体制剂类

固体制剂类药品又可按照剂型分为片剂、胶囊剂、颗粒剂等。

1. 生产工艺

（1）片剂

制备片剂的主要单元操作包括粉碎、过筛、称量、混合（固体-固体、固体-液体）、制粒、干燥及压片、包衣和包装等。其生产工艺如图 2-10-22 所示。

（2）胶囊剂

胶囊剂系指将药物填装于空的硬胶囊或具有弹性的软胶囊中所制成的固体制剂。填装的

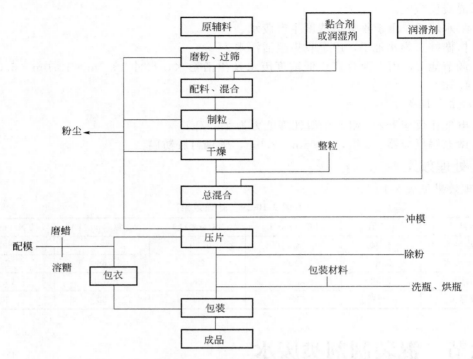

图 2-10-22　片剂生产工艺流程

药物可为粉末、液体或半固体。

硬胶囊剂是由囊身、囊帽紧密配合的空胶囊（胶壳），内填充各种药物而成的制剂。其制备过程可分为制备空胶囊和药物填充两个步骤。

软胶囊剂又称胶丸剂，是将对明胶等囊材无溶解作用的液体药物、糊状物、粉粒密封于球形、椭圆形或其他各种特殊形状的软质囊材中制备而成的制剂。囊材的主要组成是胶料、增塑剂、附加剂和水四类物质，其中明胶是最常用的胶料。

在生产软胶囊时，填充药物与成型是同时进行的。制备方法分为压制法和滴制法。压制法的生产过程包括囊材消毒、过滤、配制囊材胶液、制软胶片、压制等工序。滴制法的生产过程适用于液体药剂制备软胶囊，利用明胶液与油状药物为两相，由滴制机头使两相按不同速度喷出，一定量的明胶液将定量的油状液包裹后，滴入另一种不相混溶的液体冷却剂中，成为球形并逐渐凝固成软胶囊剂。

胶囊剂的生产工艺流程如图 2-10-23 所示。

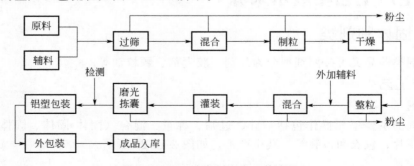

图 2-10-23　胶囊剂生产工艺流程

（3）颗粒剂

颗粒剂系指药物与适宜的辅料制成具有一定粒度的干燥颗粒状制剂。颗粒剂的生产工艺较简单，片剂生产压片前的各个工序再加上定量剂包装就构成了颗粒剂整个生产工艺。

颗粒剂的生产工艺流程如图 2-10-24 所示。

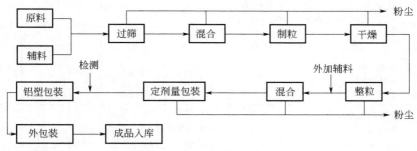

图 2-10-24　颗粒剂生产工艺流程

2. 废水来源

由上述三种固体制剂类生产工艺流程可知，固体制剂类生产过程中涉及的环境因素并不复杂，三废的产生源也不多，严格意义上来说并没有工艺废水的产生，主要废水污染源仅为洗瓶过程中产生的清洗废水和生产设备的冲洗水、厂房地面的冲洗水。其废水特性如下：

① 包装容器清洗废水　由于医药行业的特殊性，要求对包装容器进行深度清洗，此部分清洗废水污染物浓度极低。

② 工艺设备清洗废水　每个工序完成一次批处理后，需要对本工序的设备进行一次清洗工作，这种废水 COD 较高，但数量不大。某些企业将第一遍清洗后的高浓度废水收集后送去焚烧。

③ 地面清洗废水　厂房地面工作场所定期清洗排放的废水，其污染物浓度低，主要污染指标为 COD、SS 等。

固体制剂类制药企业排放的废水量及废水中污染物的组成成分如表 2-10-30 所示。

表 2-10-30　固体制剂类制药企业排放的废水量及废水中污染物的组成成分

企业名称	主要产品及年产量/(吨、万支、万粒/年)	单位产品废水排放量/(t/单位产品)	原废水、废液中主要污染物			
			pH	COD/(mg/L)	BOD/(mg/L)	SS/(mg/L)
常州××制药有限公司	片剂：盐酸赛庚啶片 63066.65 万片 胶囊：奥美拉唑胶囊 2400.26 万粒	1.27(m³/万片、万粒)	6~9	400		
上海××制药有限公司	胶囊：阿斯美 500.1 万粒 美百乐镇 125.01 万粒 博拿 225 万粒 乐松 399.9 万粒		6~9	123.7	36.95	
上海××药业有限公司	片剂：156262 万片/年 胶囊：14869 万粒/年		6~9	150		
××制药有限公司	胶囊：钙尔奇-D69145 万粒/年 善存 19103 万粒/年 美满霉素胶囊 2115 万粒/年		6~9	189		
四川××药业	殷泰洗液 5100 件 小儿感冒颗粒 3200 件			68.1		

续表

企业名称	主要产品及年产量/(吨、万支、万粒/年)	单位产品废水排放量/(t/单位产品)	原废水、废液中主要污染物			
			pH	COD/(mg/L)	BOD/(mg/L)	SS/(mg/L)
广州××制药股份有限公司	胶囊:阿莫西林109309.34万粒/年 乙酰螺旋霉素50847.534万粒/年 先锋IV25453.897万粒/年		6~8	230	110	68
××制药有限公司(大连)	片剂21000万片 胶囊1400万粒 粉针260万瓶	口服制剂3m³/万片 粉针114m³/万瓶				
××集团××制药厂	丽珠得乐颗粒剂25900万包 罗红霉素片1478万片 丽珠肠乐2200万粒 丽珠赛乐于200万支 前列安栓430万粒	丽珠得乐8.88m³/万包 罗红霉素8.79m³/万片 丽珠肠乐8.18m³/万粒 丽珠赛乐9.0m³/万支 前列安栓8.60m³/万粒	6~8	800~1000		200~300
华药制剂××车间	阿莫西林86273.7万粒	0.35		556		
天津××制药有限公司			7~8	190~400	80~180	60~80
××制药有限公司	片剂:交沙霉素7500万片 高舒达15000万片 胶囊:佩尔地平3200万粒 哈尔5250万粒		6~8	146	104	92
哈尔滨××制药厂	片剂110000万片		6~9	596~1480	268~660	400~700
河北××药业有限公司	片剂:15.46亿片 胶囊剂:30.57亿粒	0.637	7	59.8		7
山东淄博××制药有限公司	片剂:2280万片 胶囊:48000万粒 颗粒剂:15600万袋	0.27m³/万粒 1.62m³/万片、万袋	6~8	50~190		
上海××制药有限公司	片剂:155000万片 胶囊:6900万粒 粉针剂:3100万瓶 霜剂:1000万支 口服液体制剂(其他):1300万瓶	0.33m³/万片 0.33m³/万粒 6.27m³/万瓶 7.72m³/万支 14.34m³/万瓶	7.74	400~500	40~80	67
成都××制药有限公司	片剂、胶囊、滴眼液			82.2	50.8	74.6

固体制剂类制药企业排放的废水 COD 一般为 68.1~1480mg/L，BOD 为 36.9~600mg/L，SS 为 60~700mg/L。

（二）注射剂类

1. 生产工艺

注射剂主要有溶液型注射剂和无菌粉末注射剂。

溶液型注射剂所用的溶剂主要有注射用水、注射用油，以及乙醇、甘油等其他注射用剂。其中，水相注射剂应用最广泛、生产量最大。水相注射剂又分为水针（装量小于50mL）和输液（装量大于50mL）。

无菌粉末注射剂分为无菌分装粉针剂和冻干粉针剂。

（1）水针

生产过程包括原辅料的准备、容器的处理、配制、过滤、灌封、灭菌检漏等。生产工艺流程如图 2-10-25 所示。

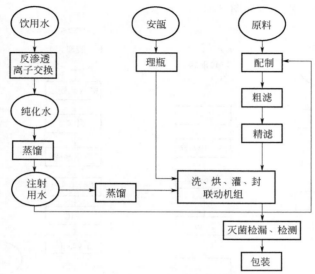

图 2-10-25　水针生产工艺流程

（2）输液

生产过程包括原辅料的准备、浓配、稀配、瓶外洗、粗洗、精洗、灌封、灭菌、检验等。生产工艺流程见图 2-10-26。

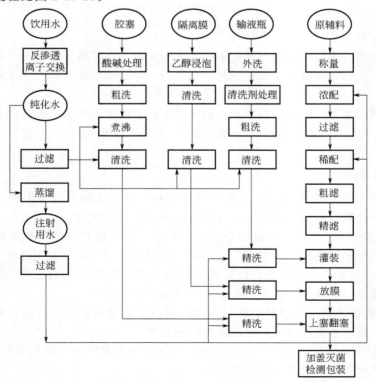

图 2-10-26　输液生产工艺流程

（3）无菌分装粉针剂

无菌分装粉针剂是指在无菌条件下将符合要求的药粉通过工艺操作制备的非最终灭菌无菌注射剂。其生产过程包括原材料的擦洗消毒、瓶粗洗和精洗、灭菌干燥、分装、压盖、检验包装等步骤。生产工艺流程如图 2-10-27 所示。

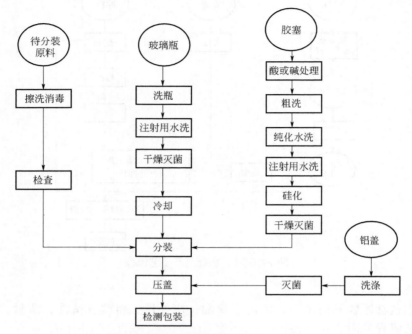

图 2-10-27 无菌分装粉针剂工艺流程

（4）冻干粉针剂

冻干粉针剂是指用冷冻法制得的注射用无菌粉末。冷冻干燥是将需要干燥的药物溶液预先冻结成固体，然后在低温低压条件下从冻结状态不经过液态而直接升华去除水分的一种干燥方法。

冻干粉针剂的生产工序包括洗瓶及灭菌干燥、胶塞处理及灭菌、铝盖洗涤及灭菌、原辅料称量、配液、过滤、分装加半塞、冻干、压盖、检验包装等。工艺流程如图 2-10-28 所示。

2. 废水来源

注射剂生产过程中产生的废水主要为纯化水和注射用水制备过程中产生的部分酸碱废水，生产设备和包装容器的洗涤水，厂房地面的冲洗水。具体为：

① 水针 水针生产过程中主要污染源是注射用水制备过程产生的酸碱废水，安瓿、设备清洗过程中产生的清洗废水，以及灭菌检漏工序段排出的灭菌检漏用废水。

② 输液 输液生产过程中主要污染源是纯化水和注射用水制备过程产生的酸碱废水，以及输液瓶、胶塞、隔离膜等清洗过程中产生的清洗废水。

③ 无菌分装粉针剂 无菌分装粉针剂生产过程中主要污染源为玻璃瓶和胶塞的清洗废水，纯化水和注射用水制备过程产生的部分酸碱废水。

④ 冻干粉针剂 冻干粉针剂生产过程中主要污染源为玻璃瓶、胶塞和铝盖的清洗废水，纯化水和注射用水制备过程产生的部分酸碱废水。

注射剂类制药企业排放的废水量及废水中污染物的组成成分如表 2-10-31 所示。

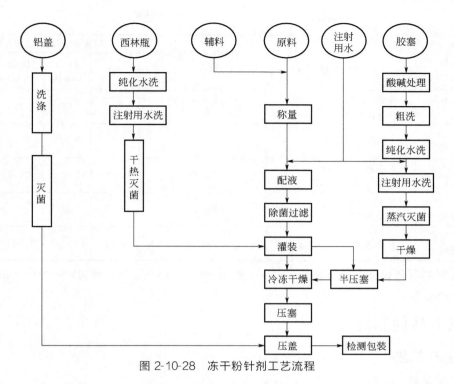

图 2-10-28 冻干粉针剂工艺流程

表 2-10-31 注射剂类制药企业排放的废水量及废水中污染物的组成成分

企业名称	主要产品及年产量	单位产品废水排放量（t/单位产品）	原废水、废液中主要污染物			
			pH	COD/(mg/L)	BOD/(mg/L)	SS/(mg/L)
上海××药业有限公司	盐酸林可霉素注射液:4500万支 硫酸阿米卡星注射液:7100万支 其余 30～40 种注射液:16000 万支	0.3825	6～9	68.5	37.5	51
江苏××制药有限公司	大容量营养输液:948 万瓶 小针剂:783 万支		6～9	111.4		
广州××药业有限公司	输液:2930t/a	80	6～9			
华药制剂××车间	水针剂:8516 万支 冻干粉剂:1500 万支	水针:14.382 冻干粉剂:5.3	6～9	63.27		
华药××公司	粉针剂:21773 万支	4.1	6～9	150		
东北制药集团公司沈阳××制药厂	水针剂:5219 万支/年 粉针剂:10720 万瓶/年 片剂:220478 万片/年	水针剂:20.9 粉针剂:2.5 片剂:0.22				
吉林××制药有限公司	输液:1000 万瓶/年	10.625	7～8	177.46	763.87	58.91
河北××药业有限公司	粉针剂:13.12 亿支	6.09	6.9～7.2	95.6		6
山东××制药生产车间	水针:1.5 亿支 小输液:320 万瓶	水针:1.754 小输液:9.2		<300		

续表

企业名称	主要产品 及年产量	单位产品废水排放量 （t/单位产品）	原废水、废液中主要污染物			
			pH	COD /(mg/L)	BOD /(mg/L)	SS /(mg/L)
××药业有限 公司	输液：1.5亿瓶 水针：6亿支	输液：13.5 水针：0.39	7.4	89	30	79
石家庄××股份 有限公司	大输液：1.6亿瓶	19～20	7～8	80～190	<80	<60
武汉××药业 有限公司	大输液：1500万瓶 小针剂：2000万支	11.43	7～9	70～200	64.3	85
武汉市××药业 有限公司	冻干粉针：800万支 （7000m³/月）	1200m³/t	6～7	90		63
成都××制药 有限公司	水针：1.8亿支	1.3	6～8	70～300	20～150	30～120

注射剂类制药企业排放的废水 COD 一般为 63.3～300mg/L，BOD 为 30～80mg/L，SS 为 51～85mg/L。

（三）其他制剂类

1. 生产工艺

（1）软膏剂

软膏剂是指药物、药材、药材的提取物与适宜基质均匀混合制成具有适当稠度的半固体外用制剂。软膏剂是由药物和基质组成的，根据软膏基质的特性，将软膏剂分为油膏、乳膏和凝胶三大类。油膏采用的基质是用油脂类做成的；乳膏采用的基质是用水、甘油、高醇和乳化剂做成的；凝胶采用的基质是用高分子人造树脂羧甲基纤维素钠做成的。

软膏剂的制备，主要生产过程包括基质处理、药物处理、配制、灌装、封口包装等。具体如图 2-10-29 所示。

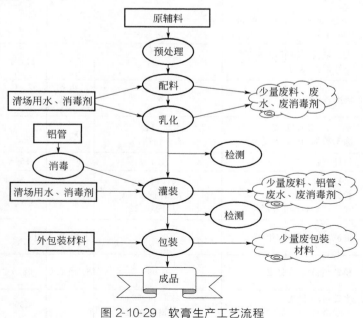

图 2-10-29　软膏生产工艺流程

（2）栓剂

栓剂是指药物和基质混合制成，专供纳入腔道的一种固体剂型。目前栓剂制备最常用的方法是热熔法，水溶性基质及脂肪性基质的栓剂均可用此法制备。生产过程主要包括基质熔融、药物成分的处理、熔融基质与主要成分的混合、注模铸造、脱模等。

2. 废水来源

软膏生产过程中产生的废水主要为生产设备的冲洗水和厂房地面的冲洗水。

三、清洁生产与污染过程控制

与提取类制药废水的清洁生产与污染过程控制相似。

四、处理技术及利用

对于混装制剂类制药工业废水，处理的技术主要有活性污泥法和生物接触氧化法。

1. 活性污泥法

活性污泥法处理工艺流程见图 2-10-30。其中曝气池停留时间 $HRT=8h$，BOD 容积负荷为 $2kg/(m^3 \cdot d)$，水力负荷 $2m^3/(m^2 \cdot h)$。

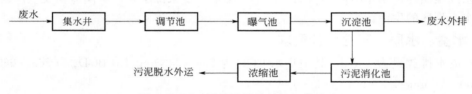

图 2-10-30 活性污泥法处理工艺流程

2. 生物接触氧化法

生物接触氧化法处理工艺流程见图 2-10-31。其中生物接触氧化池 $HRT=8.29h$，BOD 容积负荷为 $2.5kg/(m^3 \cdot d)$。

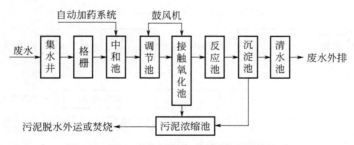

图 2-10-31 生物接触氧化法处理工艺流程

此外还有简单沉淀物化法、高效气浮物化法、水解酸化＋生物接触氧化法、SBR 法等。不同处理工艺效率比较分析如表 2-10-32 所示。

表 2-10-32 不同处理工艺处理效率比较分析

处理工艺及方法		处理效果	适用条件
物化法	简单沉淀物化法	能达到《污水综合排放标准》(GB 8978—1996)的三级排放标准 COD<500mg/L	

续表

处理工艺及方法		处理效果	适用条件
物化法	高效气浮物化法	能达到《污水综合排放标准》(GB 8978—1996)的二级排放标准 COD<150mg/L	
好氧生物法	活性污泥法	均能达到并优于《污水综合排放标准》(GB 8978—1996)的一级排放标准 COD<100mg/L	中低浓度有机废水,且抑制物质的浓度不能太高;进水必须稳定
	生物接触氧化法		可生化性较好的制药废水(BOD_5/COD>1/3)
	水解酸化+生物接触氧化法		难生物降解的制药废水(BOD_5/COD<1/3)
	SBR法		适合处理小水量,间歇排放的制药废水

五、工程实例

1. 污水来源

哈尔滨某制药厂是小型固体制剂厂,生产废水主要来源于生产车间清扫及生产用器具的清洁用水、厂区的生活污水。

2. 水量、水质(工程设计要求)

生产废水排放量为15t/d,其中进水COD为596~1480mg/L,BOD_5为268~660mg/L,SS为400~700mg/L,pH值为6~9。

进水污染物浓度比较高,水质波动幅度比较大。

经废水处理站处理后,要求出水COD≤100mg/L,BOD_5≤60mg/L,SS≤70mg/L。

3. 处理工艺流程及说明

废水处理站采用的主要处理工艺为水解酸化+接触氧化。工艺流程见图2-10-32。

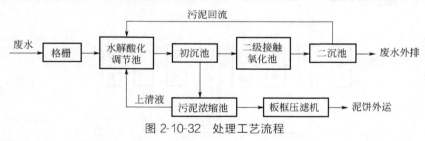

图 2-10-32　处理工艺流程

水解酸化调节池在对水质、水量进行均化和调节的同时,污水中难生化的有机物在常温下经过厌氧菌胞外酶的作用,变为可生化的底物,进一步提高废水的可生化性,为后续的好氧处理创造条件。水解酸化调节池的总停留时间为16h,其中水解酸化容积为6.68m³,调节容积为10m³。

生物接触氧化池采用两级,总停留时间为12h,其中一级生物接触氧化池为8h,二级生物接触氧化池为4h。采用弹性立体填料。

4. 主要构筑物和设备

污水处理站总占地面积50.8m²。

（1）主要构筑物

① 水解调节池，钢构，1 座，尺寸 3.8m×1.2m×3.0m。

② 一级接触氧化池，钢构，1 座，尺寸 1.65m×1.6m×3.0m。

③ 二级接触氧化池，钢构，1 座，尺寸 1.6m×0.8m×3.0m。

④ 二次沉淀池，钢构，1 座，有效尺寸 1.6m×0.6m，停留时间 2h。

⑤ 污泥浓缩池，钢构，1 座，尺寸 1.5m×0.65m×1.8m。

（2）主要设备

① 罗茨风机，风机型号为 MJL80c，共 2 台，一用一备。

② YDT 型弹性立体填料，高度为 3.0m。

5. 处理效果

经过调试运行，废水处理站进出水水质如表 2-10-33 所示。

表 2-10-33　废水处理站进出水水质

项目	pH	COD/(mg/L)	悬浮物/(mg/L)	石油类/(mg/L)
进水	7.03~7.64	742~917	298~451	38.5~46.2
出水	7.20~7.58	65~91	35~48	7.9~9.6

该工程总投资 22.7 万元，吨水占地 2.5m²，吨水处理成本 1.20 元。

第七节　生物工程类废水

一、概述

生物工程类制药是指利用微生物、寄生虫、动物毒素、生物组织等，采用现代生物技术方法（主要是基因工程技术等）进行生产，作为治疗、诊断等用途的多肽和蛋白质类药物、疫苗等药品的过程，包括基因工程药物、基因工程疫苗、克隆工程制备药物等。

生物工程医药作为新兴的产业，在带来经济飞速增长的前提下，也给环境保护带来了极大的挑战。一方面生物工程制药企业本身具有研发、生产一体化的特点，一些生物医药配套服务体系（如安全评价体系、药品检测体系等）建设不完全，导致药品、生物菌种管理混乱，若形成新的环境污染、生物失控，可能给人民生命财产造成重大损失；另一方面生物工程制药带来的生物安全问题令人担忧，生物工程制药过程中使用的溶剂、助剂等许多有毒化学物质，如果处理不当会通过水、气、固体废物等方式排放到环境中，对人体健康和环境造成即时的或潜在累积性的影响；同时生物工程制药过程中使用的活菌体、病毒以及转基因等带来的环境安全性问题至今尚不为人所详知。

二、生产工艺和废水来源

1. 生产工艺

基因工程药物的生产涉及 DNA 重组技术的产业化设计和应用，包括上游技术和下游技术两大组成部分。上游技术指的是外源基因重组、克隆后表达的设计与构建（狭义的基因工程）；而下游技术则包括含有重组外源基因的生物细胞（基因工程菌或细胞）的大规模培养以及外源基因表达产物的分离纯化、产品质量控制等过程。

制备基因工程药物的一般程序如图 2-10-33 所示。

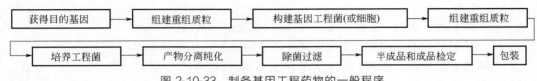

图 2-10-33 制备基因工程药物的一般程序

常用的基因工程药物主要有细胞因子、重组多肽和酶类药物、疫苗、克隆技术制药几个类型。

① 细胞因子 细胞因子包括干扰素、白细胞介素、集落刺激因子、肿瘤坏死因子、红细胞生成素 5 大系列。以人干扰素 α 的制备工艺为例，其工艺流程见图 2-10-34。

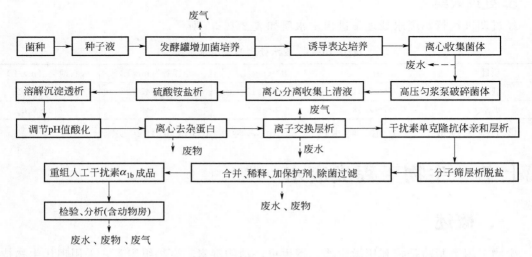

图 2-10-34 人干扰素 α 的制备工艺

② 重组多肽和酶类药物 主要有重组人胰岛素、重组纤溶酶原激活剂、重组组织型纤溶酶原激活剂等。

以尿激酶原为例，其生产工艺流程如图 2-10-35 所示。

③ 基因工程疫苗 以抗原乙型疫苗为例，其生产流程如图 2-10-36 所示。

④ 克隆技术制药 以抗乙型肝炎表面抗原（HBsAg）单克隆抗体为例，其生产工艺流程如图 2-10-37 所示。

总的来说，生物制药的关键工序在于灭菌和分离纯化。

（1）灭菌

灭菌是指应用物理或化学等方法将物体上或介质中所有的微生物及其芽孢（包括致病的和非致病的微生物）全部杀死，达到无菌状态的总过程，灭菌工艺是生物制药过程中最关键的过程之一，常用的灭菌工艺有高压蒸汽灭菌法和干热灭菌。

① 高压蒸汽灭菌 高压蒸汽灭菌是利用饱和蒸汽 121℃、15min 来迅速使蛋白质变性，即微生物死亡。传统的高压蒸汽灭菌工艺有手提式高压蒸汽灭菌器、立式高压蒸汽灭菌器、卧式高压蒸汽灭菌器。随着该技术的发展，目前比较典型的高压蒸汽灭菌器为脉动真空高压蒸汽灭菌器。该技术在通入蒸汽前有一预真空阶段，即腔体内抽压至 2.6kPa，使腔体内原空气被排除约 98%，然后再进入高温洁净蒸汽，温度可达到 132～135℃，具有灭菌周期短、效率高，自动化程度高，节省人力、物力等优点，但设备价格相对较高。

② 干热灭菌 干热灭菌实际上是一种焚化过程，主要是通过提高温度使微生物的蛋白

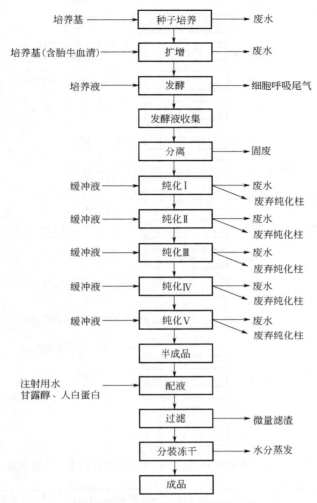

图 2-10-35　尿激酶原生产工艺流程

和核酸等重要生物高分子产生非特异性氧化而被破坏。目前常用的有强制对流批量灭菌器、红外线隧道灭菌器、强制对流隧道灭菌器。其中强制对流批量灭菌器是目前一种国际标准的干热灭菌器。

（2）分离纯化

分离纯化工艺是除了发酵工艺外，生物制药工程制药的重要工序，也是污染物容易产生的环节。目前分离纯化的工艺有沉淀分离纯化、离心分离纯化、过滤和超滤纯化、层析分离纯化、萃取等。

① 沉淀分离纯化　目前常用的沉淀分离纯化方法有盐析沉淀法、有机溶剂沉淀法、聚乙二醇法等。

a. 盐析沉淀法中最常用的是硫酸铵盐析法，所以该类工序的废水中含有较高的 NH_4^+-N。

b. 有机溶剂沉淀法比盐析法具有更高的分辨能力，还能使很多溶于水的生物大分子（如核酸、蛋白质及多糖等）和小分子生化物质发生沉淀，所以应用广泛。但也具有明显的不足，例如易使活性分子变性，此外还具有一定的毒性。常用的溶剂有水、甲醇、甘油、乙醇、丙酮、乙醚、乙酸、三氯乙酸。

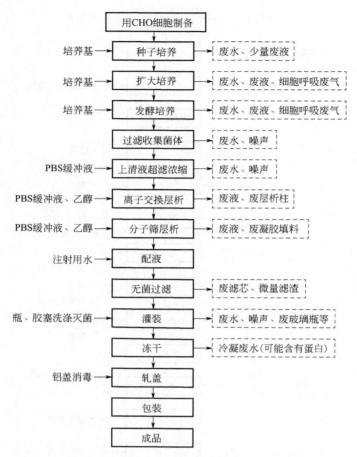

图 2-10-36　抗体化抗原乙型肝炎治疗性疫苗生产工艺流程

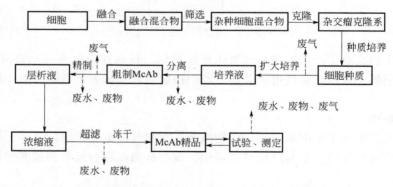

图 2-10-37　抗乙型肝炎表面抗原（HBsAg）单克隆抗体生产工艺流程

c. 聚乙二醇法操作复杂，还需要用乙醇沉淀、吸附等方法将目的物吸附或沉淀，因此并不常用。

② 离心分离纯化技术　离心分离技术在生物工程制药中应用广泛，主要用于生物材料的初步处理和蛋白质等高分子产物的纯化。比如人胎盘血丙种球蛋白及白蛋白的提纯过程。

③ 过滤和超滤纯化技术　过滤和超滤纯化技术的原理非常简单，利用滤膜的孔径大小将细菌过滤除去，对于那些不耐高温的液体只有采用过滤法才能达到除菌的目的。除菌器的

使用需要得到完整性的实验并通过 GMP 的严格论证。除菌效果主要取决于滤膜的穿透孔径。

④ 层析分离纯化工艺　层析技术目前的应用越来越普遍，从早期的胰岛素到目前的干扰素、疫苗、抗凝血因子、生长激素、单克隆抗体、凝血因子等。在生物工程制药中，该类技术应用最为普遍。层析就是色谱的别称，所以层析的基本原理就是基于一组不同分子在固定相和流动相两相介质中分配比例不同而互相分离的技术。根据企业调研，该部分可能使用到乙腈、乙醇等溶剂。

2. 废水来源

生物工程类制药企业的主要生产废水有三大来源：

① 生产工艺废水　包括微生物发酵的废液、提取纯化工序所产生的废液或残余液、发酵罐排放的洗涤废水、发酵排气的冷凝水、可能含有设备泄漏物的冷却水、瓶塞/瓶子洗涤水、冷冻干燥的冷冻排放水等。

② 实验室废水　包括一般微生物实验室废弃的含有致病菌的培养物、料液和洗涤水，生物医学实验室的各种传染性材料的废水、血液样品以及其他诊断检测样品，重组 DNA 实验室废弃的含有生物危害的废水，实验室废弃的诸如疫苗等的生物制品，其他废弃的病理样品、食品残渣以及洗涤废水。

③ 实验动物废水　包括动物的尿、粪以及笼具、垫料等的洗涤废水及消毒水等。

生物工程类制药的高浓度废水出现在发酵环节，但相比传统抗生素发酵来看，生物工程类制药的发酵规模比较小，废水产生量小得多，该部分废水通常作为废液委托有资质单位处置，一般不在厂内处理。除此之外，生产工艺的设备洗涤水、反应过程的产生水、冻干粉针剂生产中的水蒸气冻冰后通常溶解后作为废水排放，该部分排水不能作为清净下水处理。此外，在基因工程制药中，由于盐析、沉淀、酸化等是通常必须的步骤，所以酸洗废水是一股重要的废水。

三、清洁生产与污染过程控制

企业目前对于废水的处理是根据废水的特征来确定的。

① 发酵工业的废液处理　一般情况下，发酵工序的废液浓度高，但由于其产生量很少，所以企业通常作为危险废物交由有资质单位处理。

② 其余工艺污水处理　目前企业对废水的处理基本上都是以二级生化为主，从常规污染物的出水浓度看，出水基本上都达到了国家规定的排放标准（或者纳管标准）。但目前比较欠考虑的是污水处理中消毒工艺的落实，为了考虑到工艺废水中可能残留的活性菌种等因素，应该增加消毒工艺，所以目前企业的最佳实用技术就是二级生化＋消毒的组合工艺，该工艺基本能够满足废水处理的要求。

③ 动物房废水处理　目前的生物制药企业对于动物房的废水几乎不单独收集、单独检测处理。一般情况下，均混合入生活污水一起排放。

四、处理技术及利用

1. 水质特点

生物工程类制药过程中排放的废水中 SS 含量相对比较低，含有一定浓度的氨氮，色度较低，其主要的污染物为 COD、BOD_5、氨氮、TP，部分含有乙腈等特征污染物。

2. 处理工艺

目前生物工程类制药废水处理常用物化法、生物法、物化-生物法联用等工艺。具体包括：中和-兼氧-接触氧化工艺、SBR 工艺、接触氧化-消毒工艺、水解-接触氧化工艺等。

五、工程实例

1. 污水来源

苏州某生物制药公司生产肿瘤、自身免疫疾病、眼底视网膜病变等领域单克隆抗体药物。该公司排放的废水主要来源于生产车间前期培养基的残留废液以及抗体纯化阶段的层析、细胞过滤、超滤浓缩等工序产生的废液，具有水量波动大、成分复杂、有机物含量高等特点。

2. 水量、水质（工程设计要求）

工程设计处理水量为 $150\text{m}^3/\text{d}$。设计进水 pH 值为 $5\sim6$，COD$\leqslant$8000mg/L，氨氮$\leqslant$120mg/L，TP$\leqslant$20mg/L，SS$\leqslant$200mg/L。

处理后的出水进行回用，用于企业公共设施清洁卫生、厕所冲洗、厂区道路灰尘抑制、扫除及厂区绿化用水等。需要满足 GB/T 18920—2002（当时适用标准）城市杂用水水质要求。

3. 处理工艺流程及说明

针对该公司产生的废水，考虑出水水质要求并结合该地区要求的 N、P 零排放处理要求，采用的处理工艺为"厌氧＋AO＋砂滤＋炭滤＋超滤＋反渗透＋三效蒸发"的组合工艺。具体工艺流程如图 2-10-38 所示。

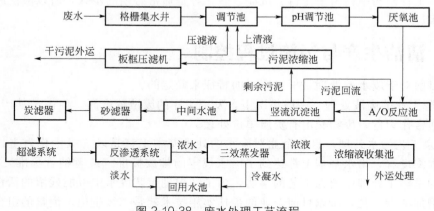

图 2-10-38 废水处理工艺流程

车间生产废水通过管道流入集水井中，经细格栅去除细小颗粒及悬浮物后，泵入调节池，调节池内设有穿孔曝气系统，经过搅拌对水质水量进行均化后，经泵提升至 pH 调节池进行加碱中和。调节 pH 值后的废水依次自流进入厌氧池和 A/O 池，通过微生物降解有机物，净化废水。A/O 池出水经过竖流沉淀池固液分离后，上清液进入中间水池暂存，并通过提升泵将水提升，依次经过砂滤器、炭滤器、超滤和反渗透深度处理后，进入回用水池。反渗透过程产生的浓水则经过三效蒸发器进行蒸发浓缩，蒸汽冷凝水流入回用水池，蒸发浓缩后产生的浓缩液自流入浓缩液收集池，进行外运处置。

生化处理系统产生的剩余污泥，首先经过污泥浓缩池进行浓缩，浓缩污泥泵入板框压滤机进行压滤脱水，产生的泥饼外运处置。

4. 主要构筑物和设备

① 格栅集水井，钢筋混凝土＋FRP防腐，1座，尺寸 $3.8m\times2.1m\times6.1m$，有效容积 $45m^3$，HRT＝7.2h。配有潜水泵2台（1用1备），体积流量 $q_V=25m^3/h$，扬程 $H=10m$，配套电机功率 $N=1.5kW$；人工格栅，栅条间隙5mm；浮球液位计4只。

② 调节池，钢筋混凝土＋FRP防腐，1座，尺寸 $8.2m\times6.8m\times6.1m$，有效容积 $300m^3$，HRT＝48h。配有潜水泵2台（1用1备），$q_V=10m^3/h$，$H=10m$，$N=0.75kW$；浮球液位计4只；电磁流量计1台；空气搅拌系统1套。

③ pH调节池，钢筋混凝土＋FRP防腐，1座，尺寸 $3.0m\times2.1m\times2.5m$，HRT＝2h。配有空气搅拌系统1套；pH计1套；综合房内设加药系统，酸、碱储槽2座，加药泵4台（2用2备），$q_V=120L/h$，$N=0.25kW$。

④ 厌氧池，钢筋混凝土，1座，尺寸 $9.3m\times6.9m\times6.1m$，有效容积 $362m^3$，HRT＝58h。配有潜水搅拌机2台，$N=1.5kW$；池内填充弹性填料 $178m^3$，规格150，单层填料高度3m，共设1层。

⑤ A/O池，钢筋混凝土，1座，其中A池尺寸为 $6.2m\times3.4m\times6.1m$，有效容积 $112m^3$，HRT为18h；O池尺寸为 $8.1m\times5.3m\times6.1m$，有效容积 $240m^3$，HRT＝38h。缺氧池池内填充SJ-Ⅱ型脱氮填料 $53m^3$，配有潜水搅拌机1台，$N=0.85kW$。好氧池配有混合液回流泵2台（1用1备），$q_V=25m^3/h$，$H=10m$，$N=1.5kW$；电磁流量计1台；SJ-Ⅲ型脱氮填料 $117m^3$；池内安装可变微孔球冠状曝气盘232套；鼓风机2台（1用1备），风量 $10.64m^3/min$，$N=18.5kW$，出口压力60kPa。

⑥ 竖流沉淀池，钢筋混凝土，1座，尺寸为 $3.4m\times3.2m\times6.1m$，表面水力负荷为 $0.7m^3/(m^2\cdot h)$。配有污泥回流泵2台（1用1备）；浮球液位计4只。

⑦ 中间水池，钢筋混凝土，1座，尺寸为 $2.7m\times2.7m\times6.1m$，有效容积 $40m^3$，HRT为6.5h。配有提升泵2台（1用1备），$q_V=15m^3/h$，$H=40m$，$N=5.5kW$；浮球液位计4只；电磁流量计1台。

⑧ 砂滤器和炭滤器，各3组，单组尺寸为 $\phi750mm\times1850mm$，并联运行，过滤滤速5m/h。

⑨ UF装置，3套，单套设备处理流量为 $2.1m^3/h$，采用PVDF中空纤维外压式膜组件。

⑩ 反渗透装置，3套，单套设备处理流量为 $2.1m^3/h$。

⑪ 三效蒸发器，3套。单套设备水分蒸发量 $q_V=700kg/h$；工作蒸汽压力 $N=0.1\sim0.2MPa$，工作蒸汽耗量280kg/h；循环冷却水耗量 $q_V=20t/h$。机组外型尺寸为 $3.5m\times2.5m\times4.5m$，设备材质316L；机组总功率 $N=10kW$。

⑫ 浓缩液收集池，钢筋混凝土，1座，尺寸 $3.8m\times2.3m\times6.1m$，配有提升泵1台，$q_V=10m^3/h$，$H=10m$，$N=0.75kW$；浮球液位计4只。

⑬ 回用水池，钢筋混凝土，1座，尺寸 $6.2m\times3.0m\times3.0m$。

⑭ 污泥浓缩池，钢筋混凝土，1座，尺寸 $3.8m\times2.8m\times6.1m$，配有隔膜泵2台（1用1备），$q_V=340L/min$；管道混合器1套；浮球液位计4只；液压厢式压滤机1台，过滤面积 $F=40m^2$，滤室容积 $V=608L$，$N=2.2kW$；空压机1台，工作压力 $N=0.8MPa$，气体体积流量1360L/min。

⑮ 综合房，3间，单间尺寸为 $8m\times6.5m\times5m$。分别用于膜处理及电控柜，三效蒸发

器，污泥处理、加药、风机房等。综合房内设聚丙烯酰胺（PAM）加药系统，PAM 溶药槽 1 座，PE 材质，搅拌机 1 台，$N=0.4kW$；PAM 加药泵 2 台（1 用 1 备），$q_V=120L/h$，$N=0.25kW$。

5. 处理效果

该工程自调试运行以来，设施运转正常，出水稳定，各项指标平均如表 2-10-34 所示，满足 GB/T 18920—2002（当时适用标准）的要求。

表 2-10-34　废水处理设施处理效果

水样	COD/(mg/L)	pH 值	NH_4^+-N/(mg/L)	TP/(mg/L)	SS/(mg/L)
进水	7632	5～6	106	17	157
出水	34	6～9	1.3	0.12	2.6

该工程含电费、药剂费、蒸汽费、人工费的综合运行成本为吨水 39.33～46.3 元。

参 考 文 献

[1] 张涛，李金国，许春凤. 我国制药废水处理技术的研究及应用现状 [J]. 大众科技，2019，21（10）：38-40.

[2] 中商情报网公司. 2009—2012 年中国工业废水处理行业调研及发展预测报告 [Z]. 深圳：中商情报网公司，2011.

[3] 于振国. 制药废水特性及其处理方法的研究进展 [J]. 广东化工，2010，37（6）：230-232.

[4] 汪志平. 化学合成制药污水处理系统工程设计与运行经验 [J]. 建筑工程技术与设计，2016，（18）：3371，3203.

[5] 李艳. 发酵工业概论 [M]. 北京：中国轻工业出版社，1999.

[6] 胡思贤，许江涛，刘国华. 抗生素生产废水处理技术 [J]. 生态环境，2008，10：68-69.

[7] 黄万抚，周荣忠，廖志民. 发酵类制药废水处理工程的改造 [J]. 工业水处理，2010，30（3）：82-83.

[8] 张自杰. 环境工程手册 [M]. 北京：高等教育出版社，1996.

[9] 黄胜炎. 医药工业废水处理现状与发展 [J]. 医药工程设计，2005，26（3）：41-50.

[10] 王海昕，肖月华，徐传进. 生物制药废水预处理试验研究 [J]. 齐鲁药事，2005，24（8）：500-501.

[11] 毛忠贵. 生物工业下游技术 [M]. 北京：中国轻工业出版社，1999.

[12] 中国环境保护产业协会污染防治委员会. 中国水污染防治技术装备论文集 [C]. 北京，1998.

[13] 钱易，郝吉明. 环境科学与工程进展 [M]. 北京：清华大学出版社，1998.

[14] 陈威，黄燕萍，袁书保. 二级预处理/MBR 工艺处理制药废水 [J]. 环境工程学报，2017，11（01）：260-266.

[15] 刘盼，扶咏梅，顾效纲，等. 农药及制药废水的处理技术及研究进展 [J]. 化学试剂，2019，41（07）：682-687.

[16] 万金保，余晓玲，吴永明，等. 微电解-芬顿-UASB-A/O-生物接触氧化法处理制药废水 [J]. 水处理技术，2019，45（07）：133-135＋139.

[17] 赵平，王振，吴赳，等. 制药废水膜法深度处理效果分析 [J]. 应用化工，2020，49（02）：522-526.

[18] 沈浙萍，余志龙，茅宏，等. 多级 A/O＋生物脱氮技术处理高浓度制药废水 [J]. 中国给水排水，2020，36（04）：100-105.

[19] 学农. 水解酸化-生物接触氧化工艺在生物制药废水处理工程中的应用 [J]. 水资源与水工程学报，2010，（005）：021.

[20] 邹俊轶，杨永香，杨宏勃，等. 生物膜强化 MBR 开发及处理生物制药废水研究 [J]. 水处理技术，2020，46（02）：108-113，119.

[21] 崔凤国，杨鹏，张伟军，等. 混凝和活性炭吸附深度处理制药废水中有机物去除特征 [J]. 环境工程学报，2015，9（09）：4359-4364.

[22] 陈宏雨，任晓明，张玮，等. 生物制药废水处理回用工程实例 [J]. 水处理技术，2017，43（5）：4.

第十一章
医疗废水

第一节　概述

一、行业情况及污染现状

1. 行业情况

我国是世界人口第一大国，庞大的人口基数以及快速增长的老龄人口带来了持续增长的医疗需求，根据国家卫健委数据显示，截至 2020 年 10 月底，全国医疗卫生机构数达 102.3 万个。与 2019 年 10 月底比较，全国医疗卫生机构增加 15343 个。而全国医疗卫生机构总诊疗人次高达 77 亿人次，其中医院 33.2 亿人次，880.7 万张床。2016—2020 年全国卫生资源情况见表 2-11-1。

表 2-11-1　全国卫生资源情况

年份	人口/万人	医疗机构/个	医院/个	诊疗人次/万人次	床位/万张	卫生人员/人	卫生技术人员/人
2016	139232	983394	29140	793170	741.05	11172945	8454403
2017	140011	986649	31056	818311	794.03	11748972	8988230
2018	140541	997433	33009	830802	840.41	12300325	9529179
2019	140008	1007519	34354	871987	880.70	12928335	10154010
2020	141212	1022922	35394	774105	910.07	13474992	10678019

2. 污染现状

医院是疾病诊治和病人康复的场所，在其服务过程中涉及能源、物质使用的同时，不可避免地产生一些带有有害病菌和病毒的污染物，主要是污水和固体废弃物。医院的废水和废弃物除了对生态环境的破坏作用和普通垃圾相同外，还夹杂大量病菌、寄生虫和有害的化学物质。如果不经有效处理直接排放，将会引起各种传染病的发生和流行，甚至造成污染地下水等更严重的后果。据《中国环境统计年鉴》统计，每年医疗废水的排放量约为 $4 \times 10^8 t$，其中 COD 排放量约为 $6 \times 10^4 t$，氨氮约为 $1 \times 10^4 t$；而每年医疗废物产生量约为 $30 \times 10^4 t$。2008—2010 年具体污染排放情况分别见表 2-11-2 和表 2-11-3。

表 2-11-2　医疗废水排放及处理情况

年份	医疗废水排放量/$10^4 t$	COD排放量/t	氨氮排放量/t	医疗废水处理量/$10^4 t$
2008	42552	62042	9347	40004
2009	44654.8	70274.9	7352.8	42223.2
2010	45202.5	61708.8	7877.5	43361.1

表 2-11-3 医疗废物排放及处理情况

年份	医疗废物产生量/t	医疗废物处置量/t	医疗废物处理设施数/个	处理设施运行费用/万元
2008	301278	294915	4555	1122973
2009	283110	279156	4287	604034
2010	3362097	332217	4945	935764

二、产业政策

随着环境保护意识的不断加强，针对医疗机构废水的治理要求日趋严格，我国相继颁布了一系列政策、标准和规范，早在 1963 年卫生部就颁发了《关于加强医院卫生机构污水污物消毒处理工作的通知》，并在全国展开医院污水处理工艺、技术设备的研发工作。1983 年首次提出《医院污水排放标准》（GBJ 48—83），随后经过几次修订最终发布《医疗机构水污染物排放标准》（GB 18466—2005），于 2006 年 1 月 1 日正式开始实施，并一直沿用至今。

2003 年爆发"SARS"，2009 年爆发"H1N1"，不仅是病毒本身的特异性决定的，在污染控制环节上也暴露了我国医疗应急体质的缺陷，给医院的各项排污设施提出了更高的要求。"SARS"过后，政府和公众越来越重视医院污水的处理。2004 年 1 月，国家环保总局发布了《医院污水处理技术指南》，要求医院排水要区分生活污水和医疗废水，未经处理的医疗废水不能随意排入污水处理系统，具有放射性的和传染性的医疗废水要单独收集，特殊处理后才能排入废水系统。而 2020 年初爆发的"新型冠状病毒"引起党中央、国务院高度重视，国家生态环境部因此发布了《新型冠状病毒污染的医疗污水应急处理技术方案（试行）》（以下简称《方案》），《方案》中指出：做好疫情期间接收新型冠状病毒感染的肺炎患者或疑似患者诊疗的定点医疗机构（医院、卫生院等）、相关临时隔离场所以及研究机构等产生污水的应急杀菌消毒处理，避免新型冠状病毒通过污水传播；随后又发布《关于统筹做好疫情防控和经济社会发展生态环保工作的指导意见》（以下简称《意见》），《意见》中指出：以定点医疗场所为重点，全面摸清各地疫情医疗废物、医疗废水产生、收集、转运、贮存和处理处置情况，确保应收尽收和应处尽处；持续加强医疗废水和城镇污水收集、处理、消毒等关键环节的监督管理，严禁排放未经消毒处理的医疗废水。

《产业结构调整指导目录（2024 年本）》对各行业制定了鼓励类、限制类和淘汰类，针对医疗行业的如下：

① 鼓励类 除了鼓励先进医疗装备、人工智能辅助医疗设备的开发，还鼓励医疗废物清洁焚烧、高温蒸煮无害化处理技术装备（处理量 150kg/h 以上，燃烧率 70% 以上）以及医疗废物微波。

② 限制类 处理量小于 500kg/h，且不能达到《医疗废物处理处置污染控制标准》规定的污染物排放要求的医疗废物焚烧设施，以及处理量小于 10^4 t/a，且不能达到《危险废物焚烧污染控制标准》规定的污染物排放要求的危险废物焚烧设施。

③ 淘汰类 以医疗废物为原料制造塑料制品以及不符合国家现行城市生活垃圾、医疗废物和工业废物焚烧相关污染控制标准、工程技术标准以及设备标准的小型焚烧炉。

三、国内外相关要求及环境标准

1. 国内污水处理现状

我国现在医院污水处理设施的建设管理执行《医疗机构水污染物排放标准》（GB

18466—2005）。现有医院污水处理系统存在以下问题：

① 医院内部污、废不分，清、污不分　医用废弃物的收集、分类和消毒较难严格执行，造成医用化学药剂等难降解化学物质进入医院排水系统。同时，由于医院内行政办公区、生活区等生活污水与病区污水一同排出，造成医院污水处理量大。

② 未全面考虑生态环境安全　目前我国对医院污水排放的控制主要依据生物学指标，尚缺乏生态毒性控制的理念。现行医院污水的消毒主要采用含氯消毒剂，在消毒过程中氯消毒剂易与污水中的有机物发生反应生成具有致突变性的有机氯化物，且消毒剂过量投加现象较多，会对生态环境和人体健康产生严重影响。

③ 自动化程度低，易形成接触感染　目前，多数医院污水处理设施比较落后，设备运行维护和管理工作量大，自动化程度低。在系统运行过程中，管理人员直接接触污水和污泥，易造成感染。对此，应当进一步优化医院污水处理工艺过程，同时提高系统整体自动化控制水平，在考虑医院污水处理无害化问题的同时，高度重视处理过程中的"安全化"措施。

2. 国内外医院排放及处理要求

（1）国内对医院污水处理的规定

1983 年发布《医院污水排放标准》（GBJ 48—83）（试行），1996 年国家环保局和国家技术监督局发布《污水综合排放标准》（GB 8978—1996）代替 GBJ 48—83，2001 年制订了《医疗机构污水排放要求》（GB 18466—2001），规定了医院等医疗机构污水排放的污染限值，但具有一定的局限性；2004 年我国环境保护部发布了《医院污水处理技术指南》，初步规定了医院污水处理应采用的技术及有关技术要求；2006 年发布了《医疗机构水污染物排放标准》（GB 18466—2005），明确指出医疗机构的特征污染物主要是生物性污染物、重金属、有机化学毒物和医用放射性同位素等，比如要求医疗机构的各种特殊排水应单独收集并进行处理后，再排入医院污水处理系统；低放射性废水应经衰变池处理等。

（2）国外医院污水排放及处理要求

① 世界卫生组织（WHO）关于医院污水排放导则　WHO 要求对医院污水产生、处理、排放的全过程进行监管。对医院的化学物品及病人排泄物进行分类收集和处理，是对化学品安全和生物安全两方面的要求。同时 WHO 对医院污水的监管范围扩大到了下游城市污水处理厂，要求污水处理达到 95% 以上对致病菌的去除，要求污泥首先要经过厌氧消化，同时污泥中寄生虫卵少于 1 个/L。

而对医院污水的单独处理，WHO 也提出具体要求。处理流程包括：初级处理、二级生化处理、深度处理和消毒。医院污水处理过程中产生的污泥含有大量的致病菌和寄生虫卵，应进行厌氧消化，也可以干燥后与医院的固体废物一起焚烧。

② 发达国家对医院污水处理的要求　发达国家对医院污水的管理十分严格，在医院内有着严格的卫生安全管理体系。欧洲、北美和日本等国家在医院污水的管理与处理方面都执行了世界卫生组织的要求，有的规定还严于上述要求。

发达国家在医院有关科室内对接触到病菌、病毒以及有毒有害物质的污水和污物在发生源处即进行了严格的控制和分离。如病人的血液、病理切块、检验废弃物以及被化学物质、放射性物质、有毒有害物质所污染的污水和污物均分别收集到独立的容器中，经过严格的消毒后，由专业公司定时收集，统一处理。在任何情况下，不允许将医院的污水和污物随意弃置或排入下水道。

而且发达国家普遍建设了完备的下水道系统和终端污水处理厂，在对污水进行处理的同时，还进行了消毒处理。欧洲和美洲的一些国家在污水排放标准中都规定了生物学指标。同时，绝大多数发达国家的城市污水处理厂都设有污泥消化和无害化甚至焚烧装置，经过无害化处理之后的污泥可以达到 WHO 的相关规定。

3. 处理原则

对医院的污水处理遵循以下原则：

① 全过程控制原则　对医院污水产生、处理、排放的全过程进行控制。

② 减量化原则　严格医院内部卫生安全管理体系，在污水和污物发生源处进行严格控制和分离，医院内生活污水与病区污水分别收集，即源头控制、清污分流。严禁将医院的污水和污物随意弃置排入下水道。

③ 就地处理原则　为防止医院污水输送过程中的污染与危害，在医院必须就地处理。

④ 分类指导原则　根据医院性质、规模、污水排放去向和地区差异对医院污水处理进行分类指导。

⑤ 达标与风险控制相结合原则　全面考虑综合性医院和传染病医院污水达标排放的基本要求，同时加强风险控制意识，从工艺技术、工程建设和监督管理等方面提高应对突发性事件的能力。

⑥ 生态安全原则　有效去除污水中有毒有害物质，减少处理过程中消毒副产物产生和控制出水中过高余氯，保护生态环境安全。

4. 相关环境标准

①《医疗机构水污染物排放标准》（GB 18466—2005）；

②《医院污水处理工程技术规范》（HJ 2029—2013）；

③《医疗废物集中焚烧处置工程建设技术规范》（HJ/T 177—2005）；

④《排污许可证申请与核发技术规范　医疗机构》（HJ 1105—2020）；

⑤《医疗机构污水处理工程技术标准（征求意见稿）》。

第二节　生产工艺和废水来源

一、废水来源及特点

1. 废水来源

医疗废水来源广泛，主要来自门诊部与住院部的化验室、手术室、解剖室、药剂室、放射室、厕所、洗衣房、实验室及浴室等，且污染物种类繁多，不同类型的医院所产生的医疗废水水质存在较大差异，即使同一家医院不同科室所产生的医疗废水在成分和水量上也大相径庭。医院医疗废水按污染物不同大致可分为病原性微生物污染废水、有毒有害化学污染物污染废水、放射性污染物污染废水三类。

2. 废水特点

（1）水量波动大

医院污水的水量与医院的规模和病床使用情况息息相关，医院规模越大，日排水量越大；同样规模的医院则空闲病床数越少日排水量越大；日接诊人数越多日排水量越高。医院污水排放主要集中在早上 6～9 点，中午 11～2 点，晚上 6～9 点，其余时间排水量较少，尤其是晚上 12 点至次日凌晨 4 点用水量几乎可以忽略不计。

（2）成分复杂

医院污水中通常含有酸、碱、悬浮固体、BOD、COD 和动植物油，尤其是含有大量的病菌、病毒、寄生虫卵和放射性元素等，成分较复杂，需进行特殊处理。

（3）具有空间污染、急性传染和潜伏性传染等特征

医院污水如果不经处理直接排放，将会诱发疾病，危害人体健康，对环境造成严重污染。

二、污染物种类分布

医院各部门的功能、设施和人员组成等情况都有差异，因此同一医院中不同部门科室排放出的污水成分和水量各不相同，各部门排水情况及主要污染物情况见表 2-11-4。

表 2-11-4　医院各部门排水情况及主要污染物

部门（来源）	污水类别	主要污染物					
		SS	COD	BOD	病原体	重金属	化学品
普通病房	生活污水	△	△	△			
传染病房	含菌污水	△	△	△	△		△
放射科	洗印废水	△	△	△		△	△
口腔科	含汞废水	△				△	
门诊部	生活污水	△	△	△			
手术室	含菌污水	△	△	△			△
检验室	含菌污水	△	△	△	△		△
洗衣房	洗衣废水	△	△	△			△
汽车库	含油污水	△	△	△			
太平间	含菌污水	△	△	△	△		
宿舍	生活污水	△	△	△			
食堂	含油污水	△	△	△			
浴室	洗浴废水	△	△	△			

第三节　清洁生产与污染控制措施

医院要实施清洁生产就要坚持采用新技术、新工艺、先进的医疗设备，淘汰落后的医疗器械、有毒有害的原材料，最大限度地减少废弃物，即污染物在医疗活动中的产生量，降低污染物的末端处理费用，从而全面达到节能降耗、减污增效的目的。在医院大力开展清洁生产，可以从源头上削减污染物的产生，改善医疗环境，减少医疗活动过程中对环境产生的破坏，综上所述，在医院推行清洁生产具有极大的现实意义。

一、能源和资源利用清洁生产

医院的能源利用主要分为：普通能源与资源、水资源、药品管理三个方面。医院的主要能耗包括空调、照明、供暖、设备耗能等；水资源清洁生产主要从合理利用水资源方面来阐述，污水排放方面后续单独说明；药品管理含进药、保管库存、出药三个环节。

1. 普通能源与资源清洁生产方案

医院普通的能耗主要为空调、照明、供暖、设备耗能等，医院应加强用电设备维护管理，保证设备处于合适状态，减少能源消耗。主要的能耗和清洁生产方案见表 2-11-5。

表 2-11-5　普通能源与资源清洁生产方案

耗能分析	清洁生产方案
空调使用时间长,能耗过大	在保证就医条件的基础上,夏季空调温度不低于 26℃,无人时不开空调,开空调不开门窗,下班前半小时关空调
办公室存在长明灯现象	走廊风扇、照明等设备由专人管理,白天采用自然光照明,做到人走灯灭
一次性纸杯使用率	办公、开会时自带茶杯,减少一次性纸杯和矿泉水使用量
开水供应的电锅炉始终处于加热状态	电开水器定时开放
设备保养不到位,高耗能	大型医疗设备保证处于最佳状态
纸张利用率低	大力推进电子信息网络建设,控制文件印刷数量,减少纸质文稿传递;提倡双面用纸
办公设备经常处于待机状态	减少电脑终端等办公设备待机时间
设备没有更新为节能设备,如卫生间冲水设备、照明设备等	加强用电设备维护管理,优先考虑高效节能技术和产品
电梯使用次数多,效率低	除医用电梯外,普通电梯提高电梯使用率,尽可能多人一梯,上下就近楼层不搭电梯

2. 水资源清洁生产方案

① 洗衣房合理安排洗涤批量,分类管理。
② 控制好洗涤水的温度。
③ 合理安排洗衣房的熨平批次和停机时间。
④ 严格控制消毒的时间,避免过度无效消毒。
⑤ 加强用水设备的日常维护管理,安装或更换节水型水表和水龙头。
⑥ 绿地养护用水。根据季节和天气变化情况,科学、适时进行浇灌。

3. 药品管理清洁生产方案

药品管理主要涉及进药、保管库存、出药三个环节。药品管理清洁生产方案见表 2-11-6。

表 2-11-6　药品管理清洁生产方案

管理环节	清洁生产方案
进药	1. 药房对各个时期需要药品的数量有详细的记录,能够通过历年的用药量来确定每一个时期购药的种类和数量 2. 及时做好采购计划,严把质量关,禁止伪劣药品或过期药品进入库房 3. 购药时多进行市场调查,保证质量的同时降低购药成本
保管库存	1. 进库时由药库保管员严格验收,做好进库记录,并且输入电脑管理系统 2. 药品存放应按照药理学进行排列,要求整齐、合理,统一标签,减少差错 3. 设有专业知识的负责人负责定期检查药品并做记录,做到药品不过期,过期不出药
出药	1. 药房根据医嘱出药,保证做到先入库的药品先出库,确保药品使用的有效性 2. 每个病区都备有基本药物,保证抢救病人时的需要。基本药物定量,并且定期检查补充 3. 药房人员专业知识扎实,为病患提供必要的药品使用信息

二、产污过程清洁生产

医院的污染源主要有废气、医疗废水、噪声和固体废物等。以下简要阐述各产污环节清洁生产。

1. 废气

医院所产生的废气主要为车辆尾气和污水处理站产生恶臭气体，尽量避免机动车怠速情况的发生，减少尾气排放。污水处理站进行密封覆盖，采用过滤吸附等措施，减少恶臭气体的产生。

2. 废水

医院产生的废水主要为医疗废水和生活废水，清洁生产方案为：

① 严格执行污水处理规章制度，与环保部门签订责任书，保证污水及时、有效处理；

② 污水处理设备专人看护维修，对操作维修管理人员定期培训，持证上岗；

③ 医院污水必须经过处理，达到国家标准之后排放；

④ 污水处理深度和处理方法应以医院主要收治病人的类型和污水排放去向为依据；

⑤ 对于无条件进行污水处理的诊所、卫生室等，应及时与当地环保部门联系，可将地区的医疗废水集中起来处理。

3. 噪声

噪声方面医院应加设减隔振装置和隔声装置，排风机进出口管道加装消声器，排气管道出口采用微穿孔板消声器等；高噪声源设在地下或半地下。

4. 固体废物

医疗废物包括临床废物、化验废物、手术残物等，医疗废物中含有大量致病细菌，因此必须进行封闭存放，设警示牌，最后统一做无害化处理。生活垃圾定点存放，定期运往城市环卫部门指定的垃圾场进行处理。

第四节　废水处理技术及利用

一、医疗废水处理方法

1. 常规处理方法

医疗废水的常规处理措施主要包括加强处理效果的一级处理、二级处理和简易生化处理。根据医院的性质、规模和处理出水的排放去向，《医院污水处理指南》提出不同的处理工艺。经过相应处理的医疗废水可进入自然水体，或通过市政管网系统进入城市污水处理厂，以这两种途径完成自然循环。一般情况下，进入市政管网经污水处理厂处理的医疗废水，只需对其进行一级处理即可；若经处理后直接排放到河道等自然水体中，一级处理就达不到相应要求，必须进行二级或以上处理；传染病医院产生的污水含有病原性微生物，风险较高，应采用处理级别较高的二级处理工艺，保证良好的处理效果。还有一些排放标准制定比较严苛的地区，则需进行除磷脱氮三级处理以防水体发生富营养化现象。

需要注意的是，对一些特殊的医疗废水，例如酸性废水、洗相废水、放射性污水等，还需制定并遵守相应严格的收集和处理措施。处理废水的方式多种多样，设计水处理方案时，应多方面考虑当地水源供给情况、医疗废水的污染源以及最终的排放途径等。

（1）加强处理效果的一级处理

对于综合医院（不带传染病房）污水处理可采用"预处理→一级强化处理→消毒"的工艺。通过混凝沉淀（过滤）去除携带病毒、病菌的颗粒物，提高消毒效果并降低消毒剂的用量，从而避免消毒剂用量过大对环境产生的不良影响。医院污水经化粪池进入调节池，调节池前部设置自动格栅，调节池内设提升水泵。污水经提升后进入混凝沉淀池进行混凝沉淀，沉淀池出水进入接触池进行消毒，接触池出水达标排放。具体工艺流程见图 2-11-1。

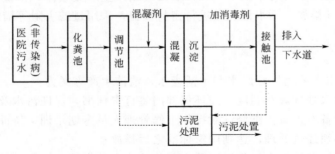

图 2-11-1 一级强化处理工艺流程

加强处理效果的一级强化处理可以提高处理效果，可将携带病毒、病菌的颗粒物去除，提高后续深化消毒的效果并降低消毒剂的用量。

（2）二级处理

排水进入自然水体的综合性或含有传染病房的医院，其废水可利用生物处理的方法进行处理。与一级加强处理类似，污水通过化粪池进入调节池，调节池前部设置自动格栅，调节池内设提升水泵，污水经提升后进入好氧池进行生物处理，好氧池出水进入接触池消毒，出水达标排放。需要注意的是，传染病医院的生活污水和粪便宜分别收集。生活污水直接进入预消毒池进行消毒处理后进入调节池，病人的粪便应先独立消毒后，通过下水道进入化粪池。各构筑物须在密闭的环境中运行，通过统一的通风系统进行换气，废气通过消毒后排放，空气消毒可采用紫外线消毒系统。具体工艺流程见图 2-11-2。

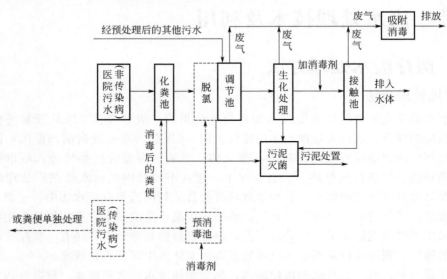

图 2-11-2 二级处理工艺流程（非传染病和传染病污水）

好氧生化处理单元去除 COD_{Cr}、BOD_5 等有机污染物，可选择接触氧化、活性污泥和高效好氧处理工艺，如膜生物反应器、曝气生物滤池等。采用具有过滤功能的高效好氧处理工艺，可以降低悬浮物浓度，有利于后续消毒。

（3）简易生化处理

此处理方法是一种污水处理的过渡措施，主要适用于边远山区以及经济欠发达地区。简易生化处理的原理是利用厌氧消化反应对有机物进行降解。工艺的流程为"沼气净化池→消毒"。此工艺主体结构为沼气净化池，主要用来去除 SS（悬浮固体），并吸附溶解性物质及胶体物质，然后通过沉淀和过滤进一步去除和降解有机污染物以及剩余悬浮物。故沼气净化池按功能可分为固液分离区、厌氧滤池区和沉淀过滤区。具体工艺见图 2-11-3。

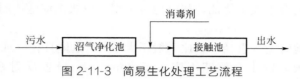

图 2-11-3　简易生化处理工艺流程

2. 特殊时期处理方法

特殊时期医疗废水的治理原则和方法，与常规时期废水有许多相似之处，这里不再赘述。但是，在特殊时期如"非典"时期、"新型冠状病毒"时期，废水极具传染性，因此会根据其性质和特点，针对性地设计相应的处理方法和工艺。举例如下。

（1）"非典"时期的小汤山医院

粪便污水与洗涤废水分流，粪便污水首先排入化粪池，经化粪池消毒后由提升泵提升至接触消毒池，洗涤废水由提升泵提升直接进入接触消毒池，接触消毒池有效停留时间不小于2h，经过接触消毒池处理的污水再排入昌平区城市污水处理厂进一步处理。

（2）"新型冠状病毒"时期的火神山、雷神山医院

① 火神山医院污水处理工艺采用：预消毒接触池—化粪池—提升泵站—调节池—MBBR 生化池—混凝沉淀池—折流消毒池—达标排放。

火神山医院污水处理执行的是《传染病医院的标准》，医院的废水从排出到处理合格要经过 7 道严格的工序，最终，经系统检测合格后，才会排入市政管网。整个消毒停留时间达到了 5h，远远高于医疗废水的 1.5h。

② 雷神山医院污水处理采用生化处理，主要工艺流程为：接触消毒—化粪池—调节池—MBBR 池—高效沉淀池—消毒—排至市政污水管网。

二、医疗废水处理技术单元

1. 预处理单元

医疗污水预处理系统通常由预消毒池、格栅、调节池、脱氯池等，根据水质、水量要求组合而成。

（1）预消毒池

传染病医院病人的排泄物应经预消毒处理后排入化粪池；普通综合医院可不设预消毒池。

传染病医院污水预消毒池的接触时间不宜小于 0.5h，后续处理工艺采用二级生化处理并采用臭氧消毒，若采用氯消毒应进行脱氯。

（2）格栅

在污水处理系统或水泵前宜设置格栅，格栅井与调节池可采用合建的方式，格栅应按最大时废水量设计。栅渣与污水处理产生污泥等一同集中消毒、处理、处置。

（3）调节池

医院污水处理应设调节池。连续运行时，其有效容积按日处理水量的 30%～40% 计算。间歇运行时，其有效容积按工艺运行周期计算。

调节池应采用封闭结构，设排风口，防沉淀措施宜采用水下搅拌方式。采用液下搅拌时，具体搅拌功率应结合池体大小确定，一般可按 $5\sim10W/m^3$。调节池应设置排空集水坑，池底应设计流向集水坑的坡度，坡度设计应不小于 2%。

（4）水解池（或初沉池）

调节池后可设置初沉池或水解池，初沉池可采用竖流式沉淀池或斜管沉淀池。水解池为常温水解酸化。

采用竖流式沉淀池时宽（直径）深比一般不大于 3，池体直径（或正方形一边）不宜大于 8m。不设置反射板时的中心流速不应大于 30mm/s，设置反射板时的中心流速可取 100mm/s，水力停留时间应大于 1h，但不宜大于 3h；其他设计参见 GB 50014 的有关规定。

水解酸化池一般采用上向流式，最大上升流速应小于 $1.0\sim1.5m/h$，水力停留时间一般可根据实际情况设计为 $2.5\sim3h$。

2. 一级强化处理单元

医疗污水的一级强化处理宜采用混凝沉淀工艺。絮凝池、沉淀池应分二组，每组按 50%的水量计算。絮凝池应采用机械搅拌，絮凝搅拌时间应由实验确定。当污水处理量小于 $20m^3/h$ 时，沉淀池宜设备化，可采用钢结构或其他结构形式的一体化设备，池形宜为竖流式沉淀池或斜板沉淀池。当污水处理量大于 $20m^3/h$ 时，沉淀池宜为钢筋混凝土结构，池形宜为竖流式沉淀池或平流式沉淀池。

3. 二级处理单元

医疗污水常用的生化处理工艺主要有活性污泥工艺、生物接触氧化工艺、膜生物反应器、曝气生物滤池等。

（1）活性污泥工艺

传统活性污泥工艺适用于 800 床以上水量较大的医院污水处理工程。对于 800 床以下、水量较小的医院宜采用序批式活性污泥法（SBR）。

曝气池污泥负荷根据出水有机物和氨氮要求，需要时应满足硝化要求，一般污泥负荷宜为 $0.1\sim0.4$ kg BOD_5/(kg VSS·d)；污泥浓度应保持 $2\sim4g/L$，污水停留时间应在 $4\sim12h$，泥龄 $5\sim20d$；气水比 $6\sim10$。

曝气池和二沉池设计遵循 GB 50014 有关规定。

（2）生物接触氧化工艺

生物接触氧化工艺适用于 500 床以下的中小规模医院污水处理工程，尤其适用于场地面积小、水量小、水质波动较大和污染物浓度较低、活性污泥不易培养等情况的污水处理。

生物接触氧化法污泥负荷可采用 $2\sim5kg$ BOD_5/(m^3 填料·d)，水力停留时间 $0.5\sim1.5h$，气水比 $10\sim15$。

其他工艺参数见 GB 50014 等相关的规定。

（3）膜生物反应器

膜生物反应器适用于 300 床以下的小规模医院污水处理工程，尤其适用于场地面积小、水质要求高和紫外线消毒等的情况。

膜通量等参数以膜组件供应商数据为准。曝气池内污泥浓度应保持 $6\sim10g/L$，污泥负荷为 $0.1\sim0.2kg$ BOD_5/(kg MLVSS·d)；污水停留时间应在 $3\sim5h$，气水比 $20\sim30$。

（4）曝气生物滤池

曝气生物滤池适用于 300 床以下的小规模医院污水处理工程，尤其适用于场地面积小和水质要求高等的情况。

曝气生物滤池水力负荷一般为 $2\sim3m^3/(m^2\cdot h)$，容积负荷为 $1\sim2kg\ BOD_5/(m^3\cdot d)$，滤床高 $3\sim4m$，气水比 $4\sim6$。

反冲洗时，冲洗水流速宜为 $30\sim50m/h$，冲洗气速 $40\sim70m/h$，冲洗周期宜为 $24h$，冲洗时间宜在 $15\sim30min$。

4. 消毒单元

消毒处理是医疗废水处理的重点环节，以防止废水中的病原微生物对环境造成二次污染。医疗污水可采用强氧化剂或紫外线消毒剂对污水进行消毒。消毒剂应根据技术经济分析选用，通常使用的有：氯消毒（如二氧化氯、次氯酸钠、液氯）、紫外线和臭氧等。

（1）氯消毒

氯消毒系统参照《室外排水设计标准》（GB 50014）有关规定进行设计。设计时应按设计选定的处理工艺流程的实际运行情况，按最不利情况进行组合，校核实际接触时间，以满足设计要求。

接触消毒池的容积应满足接触时间和污泥沉积的要求。传染病医院污水接触时间不宜小于 $1.5h$，综合医院污水接触时间不宜小于 $1.0h$。加强处理效果的一级处理出水的设计加氯量以有效氯计，一般为 $30\sim50mg/L$。二级处理出水的设计参考加氯量一般为 $15\sim25mg$ 有效氯/L。氯投加量为参考值，运行中应根据余氯量和实际水质水量实验确定投加量。

接触消毒池一般分为两格，每格容积为总容积的一半。池内应设导流墙（板），避免短流。导流墙（板）的净距应根据水量和维修空间要求确定，一般为 $600\sim700mm$。接触池的长度和宽度比不宜小于 $20:1$。接触池出口处应设取样口。

液氯消毒不宜用于人口稠密区内医院及小规模医院的污水消毒。可用于远离人口聚居区的规模较大（＞1000 床）且管理水平较高的医院污水处理系统。

电解法设备、化学法二氧化氯消毒适用于各种规模医院污水的消毒处理，尤其适用于管理水平较高的医院污水处理系统。

次氯酸钠消毒不宜用于人口稠密区内及大规模医院的污水消毒，可用于远离人口聚居区、规模较小的医院污水处理系统。

漂粉精、漂白粉适用于规模＜300 床的经济欠发达地区医院污水处理消毒系统。

电解法次氯酸钠发生器适用于管理水平较高的医院污水处理消毒系统。

（2）臭氧消毒

传染病医院和传染病房排出的含有肝炎及肠道病毒的医院污水应优先采用臭氧消毒；采用氯消毒会对环境和水体造成不良影响时应采用臭氧消毒；对处理后的水再生回用或排入特殊要求水体时应首选臭氧消毒。

采用臭氧消毒，一级处理出水投加量为 $30\sim50mg/L$，接触时间不小于 $30min$；二级处理出水投加量为 $10\sim20mg/L$，接触时间 $5\sim15min$；大肠菌群去除率不低于 99.99%。

采用臭氧消毒时，在工艺末端必须设置尾气处理或尾气回收装置，反应后排出的臭氧尾气必须经过分解破坏或回收利用，处理后的尾气中臭氧含量应小于 $0.1mg/L$。

（3）紫外线消毒

紫外线消毒适用于 254nm 紫外线透射率不小于 60%、悬浮物浓度小于 $20mg/L$ 的二级污水处理系统出水。在有特殊要求的情况下，如排入有特殊要求的水域，也可采用紫外线消毒方式。

当水中悬浮物浓度＜20mg/L，推荐的照射剂量为 $60mJ/cm^2$。紫外线消毒系统可采用明渠型或封闭型。医院污水处理宜采用封闭型紫外线消毒系统。医院污水紫外线消毒系统应采用自动清洗装置。

5. 特殊废水处理单元

（1）酸性废水处理技术

医院酸性废水主要来自检验项目或化学清洗剂。酸性废水应单独收集，收集管道应采用耐腐蚀的特种管道，一般采用不锈钢管或塑料管。

酸性废水预处理方法通常采用中和处理法，即以氢氧化钠、石灰作为中和剂，与酸性废水发生中和反应以降低废水的酸性。

酸性废水中和反应搅拌器应防腐蚀，中和剂应配制成溶液通过计量泵投加，投加剂量根据酸性废水 pH 值及中和剂浓度计算后确定，中和后 pH 值应在 6～9 之间。

（2）含氰废水处理技术

医院在检验和化学检查分析中使用氰化物而产生含氰废水和废液。含氰废液应单独收集，条件允许可送电镀厂回收利用。

含氰废水预处理常用方法为化学氧化法、活性炭吸附法和生物处理法等。

（3）含汞废水处理技术

医院含汞废水源于口腔科含汞废水以及计测仪器损坏汞泄漏、分析检测和诊断使用含汞试剂的排放。

医院含汞废水处理方法有铁屑还原法、化学沉淀法、活性炭吸附法和离子交换法。

（4）含铬废水处理技术

医院含铬废水主要来自检验和化验工作中使用的化学品。含铬废液应单独收集，条件允许可送电镀厂回收利用。

含铬废水处理方法为化学还原沉淀法，即在酸性条件下向废水中加入还原剂，将六价铬还原成三价铬，再加碱中和调节 pH 值，使之形成氢氧化物沉淀。

（5）洗印废水处理技术

医院洗印废水来自放射科照片洗印，其中含油的污染物质主要是显影剂、定影剂和漂白剂等。此外还有来自定影剂中的银。定影剂银应进行回收。回收方法为电解提银法和化学沉淀法，低浓度含银废水也可采用离子交换法和活性炭吸附法处理。

（6）放射性废水

放射性在 $3.7 \times 10^2 \sim 3.7 \times 10^5$ Bq/L 浓度范围的废水为医院放射性废水。放射性废水应设置单独的收集系统，含放射性的生活污水和试验冲洗废水应分开收集。在设计和控制排放量时，应取 10 倍的安全系数。

放射性试验冲洗废水可直接排入衰变池，粪便生活污水应经过化粪池或污水处理池净化后再排入衰变池。衰变池的容积按最长半衰期同位素的 10 个半衰期计算，或按同位素的衰变公式计算。

医院放射性废水排放执行《医疗机构水污染物排放标准》（GB 18466）的规定：在放射性污水处理设施排放口监测其总 $\alpha < 1$Bq/L，总 $\beta < 10$Bq/L。

经处理后的医院污水不得排入生活饮用水集中取水点上游 1000m 和下游 100m 范围的水体内，且取水区的放射性物质含量必须低于露天水源中的浓度限值。

医院的各种特殊废水应单独收集，经预处理后排入医院污水处理系统。洗印显影废液浓度较高，收集后可交给专业处理危险固体废物的单位处理，浓度较低的显影废水可采用过氧化氯氧化处理显影废水。对于浓度较高、半衰期较长的放射性污水，一般将其贮存于容器内，使其衰变。对于浓度较低，半衰期较短的放射性废水可排入地下贮存衰变池贮存一段时间，使其放射性同位素通过自然衰变。

特殊废水除放射性废水外，其他种类特殊废水由于水量小，通常不列入医院污水处理工程范畴。

第五节 工程实例

一、实例一

某小型专科医院经营面积为 5000m^2，医院无传染科，不接收传染病病人。医院排放的污水主要有：门诊、病房、妇产科、放射科照片洗印、手术室、检验科、洗衣房等处排放的医疗废水；医院办公室、卫生间、食堂排放的生活污水。

该医院产生医疗废水 15.2m^3/d，污水处理站设计规模为 30m^3/d，主要污染物特征为：

① 含有病原体，如病菌、寄生虫卵等；

② 含有消毒剂、药剂等多种化学物质；

③ 污染因子主要为 COD、BOD$_5$、SS、氨氮、总磷、微生物病菌等。

设计的进、出水主要水质指标如表 2-11-7 所示。

表 2-11-7　进出水水质指标

水质指标	进水/(mg/L)	出水/(mg/L)	去除率/%	标准值/(mg/L)
COD$_{Cr}$	300	90	70	250
BOD$_5$	130	20	85	100
氨氮	40	20	50	45
总磷	10	5	50	8
SS	250	25	90	60
粪大肠杆菌群	46000 个/L	4600 个/L	90	5000 个/L
动植物油	12	6	50	20

医院病房、办公室的粪便污水经化粪池处理后进入污水处理站，各特殊科室污水经过预处理后与门急诊污水一起进入医院污水处理站，经处理达标后排入市政污水管网。医院医疗废水采用 SBR＋消毒工艺处理，处理后的出水采用 ClO$_2$ 进行消毒，该水处理工艺措施符合《医疗机构水污染物排放标准》（GB 18466—2005）中"5.6 执行预处理标准时宜采用一级处理或一级强化处理＋消毒工艺"的要求。污水处理工艺流程见图 2-11-4。

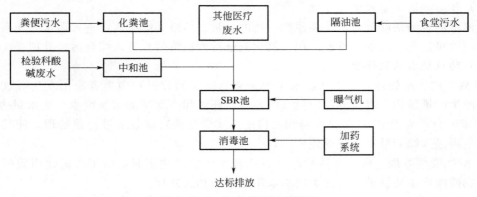

图 2-11-4　污水处理工艺流程

主要构筑物见表 2-11-8。

表 2-11-8 主要构筑物及设备参数

构筑物	尺寸	数量/座	构筑物	尺寸	数量/座
化粪池	5000mm×6000mm×3000mm	1	隔油池	有效容积 5m³	1
SBR 池	8000mm×2000mm×1700mm	1	中和池	有效容积 5m³	1
消毒池	1500mm×1000mm×800mm	1			

废水处理设施经过半年运行，设备运转正常，整个工艺系统一直处于稳定状态，出水各主要污染指标均小于《医疗机构水污染物排放标准》（GB 18466—2005）的限值及满足《污水排入城镇下水道水质标准》（CJ 343—2010）的要求（当时适用标准），其中 COD 出水可达 90mg/L，去除率为 70%；BOD_5 出水为 20mg/L，去除率为 85%；氨氮出水为 20mg/L，去除率为 50%；总磷出水为 5mg/L，去除率为 50%；SS 出水为 25mg/L，去除率为 90%；粪大肠杆菌群出水为 4600 个/L，去除率为 90%。

二、实例二

某综合性医疗机构产生的废水主要来自门诊、病房、化验室、手术室、注射室和洗衣房等，废水水量变化大，来源及成分复杂，含有病原性微生物、有毒、有害的物理化学污染物和放射性污染物等，可生化性较好，但氮、磷含量高。该医院污水产生量为 850m³/d，日变化系数取 1.2，则最大排放量 1000m³/d，设计水量为 1000m³/d，采用每天 24h 运行，处理水量为 42m³/h。具体水质指标见表 2-11-9。

表 2-11-9 进出水水质

水质指标	pH 值	COD /(mg/L)	BOD /(mg/L)	SS /(mg/L)	氨氮 /(mg/L)	粪大肠菌群数 /(个/L)
污染物浓度范围	6～9	150～300	80～150	40～120	10～50	$1.0×10^6$～$3.0×10^8$
平均值	—	250	100	80	30	$1.6×10^8$
进水水质	6～9	300	150	80	40	$1.6×10^8$
出水水质	6～9	≤60	≤20	≤20	≤15	≤500

根据医院污水特点，选定的工艺路线是：首先对传染病区废水和各种特殊排水进行预处理，然后再混入综合废水进行统一处理。

1. 预处理

（1）传染病区废水预消毒处理

预消毒的目的是降低污水中病原微生物的含量。传染病区废水在进入污水处理系统前用单独管网收集后先进入预消毒池，用二氧化氯进行预消毒后再进入综合污水处理系统处理。

（2）特殊废水的预处理

① 放射性废水处理 放射性废水主要来自诊断、治疗过程中患者服用或注射放射性同位素后产生的排泄物，以及分装同位素的容器、杯皿和实验室的清洗废水。废水量为 100～200L/(床·d)。采用 PVC 防腐容器和三格连续式衰变池对该废水进行预处理，使其自然衰变，然后再进入综合处理系统处理。

② 酸性废水处理 医院多数检验项目或制作化学清洗剂时，由于大量使用硝酸、硫酸等酸性物质而产生酸性废水，此类废水采用加碱中和法处理。

③ 含氰废水处理 在血液、血渣、细菌和化学检查分析中常使用氰化钠、氰化钾等含

氰化合物，由此产生含氰废水和废液，此类废水采用碱性氯化法处理。

④ 含汞废水处理　医院各种口腔门诊分析检查和诊断过程中使用氯化高汞、硝酸高汞等产生含汞废水，此类废水采用硫化钠沉淀法，使其生成硫化汞沉淀，回收后交由专业处理危险固体废物的单位处理。

⑤ 含铬废水处理　医院在病理、血液检查及化验工作中使用重铬酸钾、三氧化铬等化学品产生含铬废水，该类废水采用化学还原加碱沉淀法处理，先加还原剂，再加氢氧化钙生成氢氧化铬沉淀去除。

⑥ 洗印废水处理　医院放射科胶片洗印加工产生洗印废水和废液。该类废液收集后交由专业处理危险固体废物的单位处理。

2. 综合废水处理

对医院综合废水采用巴登福（Bardenpho）同步脱氮除磷工艺进行二级生物处理，最后经过二氧化氯消毒剂消毒及脱氯后达标排放。具体工艺流程见图 2-11-5。

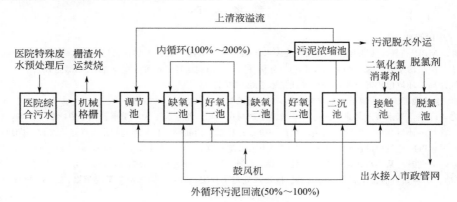

图 2-11-5　废水处理工艺流程

主要构筑物见表 2-11-10。

表 2-11-10　各构筑物及参数

构筑物	主要参数
调节池	地埋式，钢筋混凝土结构，设计尺寸 10700mm×8400mm×4200mm，有效水深 3.8m，HRT＝8.00h，$V_{有效}$＝336m³，该池后半部池底安装一套鼓风曝气装置和生物填料，一池两用
缺氧一池	钢筋混凝土结构，地埋式。采用膜法水解工艺，内装组合型填料。进水采用池底部穿孔管压力布水，以防污泥沉淀，使厌氧污泥处于悬浮状态。设计尺寸 8400mm×3200mm×4200mm，有效水深 4.05m，设计 HRT＝2.60h，$V_{有效}$＝109m³，溶解氧控制在 0～0.5mg/L
好氧一池	钢筋混凝土结构，地埋式。设计尺寸 8400mm×5000mm×4200mm，有效水深 4.0m，设计 HRT＝4.00h，$V_{有效}$＝168m³，采用生物接触氧化工艺，内装多孔环组合型填料，配备一套鼓风曝气系统，由低噪声鼓风机供气，曝气装置为可变孔曝气软管。气：水＝12∶1。设计 BOD_5 容积负荷为 1.0kg/(m³·d)，NH_4^+-N 负荷率为 0.25kg/(m³·d)。溶解氧控制在≥2mg/L。出水口设内循环回流泵 1 台，混合液回流比 2Q
缺氧二池	钢筋混凝土结构，地埋式。设计尺寸 8400mm×1900mm×4200mm，有效水深 3.95m，设计 HRT＝1.50h，$V_{有效}$＝63.0m³，采用膜法水解工艺，内装组合型填料。下设泥斗和污泥气提装置，以方便定期排泥。溶解氧控制在 0～0.5mg/L
好氧二池	钢筋混凝土结构，地埋式。设计尺寸 8400mm×2100mm×4200mm，有效水深 4.0m，设计 HRT＝1.68h，$V_{有效}$＝70.52m³，采用生物接触氧化工艺，内装多孔环组合型填料，配备一套鼓风曝气系统，由低噪声鼓风机供气，曝气装置为可变孔曝气软管。气：水＝8∶1。设计 BOD_5 容积负荷为 0.6kg/(m³·d)，NH_4^+-N 负荷率为 0.25 kg/(m³·d)。溶解氧控制在≥2mg/L

续表

构筑物	主要参数
二沉池	采用竖流式沉淀池,钢筋混凝土结构,地埋式,设计尺寸 6600mm×6600mm×4200mm(不含泥斗),有效水深 3.90m,设计 HRT=4.05h,$V_{有效}$=169.88m³,设计表面负荷 0.96m³/(m²·h)。池内设污泥回流泵 4 台(每个泥斗 1 台),污泥回流比 50%～100%
接触池	采用钢筋混凝土结构,地埋式。设计尺寸 8100mm×1500mm×4200mm,有效水深 3.75m,设计 HRT=1.08h,$V_{有效}$=45.56m³,该池匹配 HCL-1500 型二氧化氯复合消毒剂发生器 1 台
脱氯池	采用钢筋混凝土结构,地埋式。设计尺寸 8100mm×1000mm×4200mm,有效水深 3.70m,$V_{有效}$=29.97m³,设计 HRT=0.71h。室内配套 1 台全自动脱氯机

运行期间进水 COD、BOD 平均浓度分别为 83.3mg/L、28.6mg/L,出水 COD、BOD 平均浓度分别为 17.9mg/L、4.89mg/L,综合去除率分别为 78.5%、82.9%;出水水质达到设计要求。

参 考 文 献

[1] 2019 年中国统计年鉴.
[2] 冯晓翔. MBR-二氧化氯联合体系处理医院废水研究 [D]. 天津:南开大学,2011.
[3] 李小华. 医院污水处理现状与未来发展趋势分析 [J]. 城市建设理论研究:电子版,2013,(18).
[4] 国家统计局,环境保护部. 中国环境统计年鉴 2009—2011 年.
[5] 《医院污水处理工程技术规范 (征求意见稿)》编制说明.
[6] 刘学之,陈星,王永恒. 北京市医疗行业清洁生产初探 [J]. 北京化工大学学报:社会科学版,2009,(3):5.
[7] 陈晨,蒋彬,孙慧,等. 医疗机构清洁生产评价指标体系应用研究 [J]. 环境污染与防治,2017,(01):114.
[8] 钦凡. 绿色医院建设中的医疗废水处理 [J]. 中国医院建筑与装备,2015,16 (12):3.
[9] 刘健东,刘健升. 某小型医院医疗废水处理工程实例 [J]. 广州化工,2016,44 (2):3.
[10] 洪建功,李婉茹,潘喜平,等. 综合性医院废水处理工程实例 [J]. 南阳师范学院学报,2015,14 (9):4.

第十二章
食品加工废水

第一节 食品加工废水简述

　　大多数食品在其加工过程中，需要大量用水，其中少量水构成制品供消费者食用，大量的水是用于各种食物原料的清洗、烫漂、消毒、冷却以及容器和设备的清洗，因此，食品工业排放的废水量是很大的。由于食品工艺的原料广泛，产品种类繁多，排出的废水水质、水量差异也很大。废水中的主要污染物有：

　　① 漂浮在废水中的固体物质，如茶叶、肉和骨的碎屑、动物的内脏、排泄物和畜毛、植物的废渣和皮等；

　　② 悬浮在废水中的油脂、蛋白质、淀粉、血水、酒糟、胶体物等；

　　③ 溶解在废水中的糖、酸、盐类等；

　　④ 来自原料夹带的泥砂和动物粪便等；

　　⑤ 可能存在的致病菌等。

　　概括地说，食品工业废水的主要特点是：有机物质和悬浮物含量高，易腐败，一般无毒性。

　　部分食品工业废水来源及其水质见表 2-12-1。

表 2-12-1　部分食品工业废水来源及其水质

加工厂类别	产品名称	原料	主要污染物	排水水质
肉类加工厂	红肠、火腿、咸肉	禽肉、鱼肉、牲肉、调料	原料处理设备、水煮设备、冷却水	pH 值:5.5～7.5 BOD:300～600mg/L SS:100～500mg/L
奶制品厂	奶油、干酪、酸乳酪、冰激凌	牛奶	设备和各种器具清洗排水	pH 值:4.0～13.0 BOD:500～1500mg/L SS:100～1000mg/L
水产品加工厂	鱼贝类加工制品、鱼粉、海产品肥料	鱼贝类、调料	原料处理设备、水煮设备、其他器具清洗排水、除臭设备排水	pH 值:6.6～8.5 BOD:200～2000mg/L SS:150～1000mg/L
砂糖加工厂	砂糖、糖粒	原料	过滤设备、冷却水	pH 值:6.0～8.0 BOD:80～2000mg/L SS:70～3000mg/L
膨化粉、酵母、其他酵母合成剂制造商	膨化粉、酵母和酵母合成剂	面粉、糖蜜	糖蜜发酵排水、清洗排水、杂排水	pH 值:6.0～9.0 BOD:300～1200mg/L
面包糕点厂	各种面包、饼干、糕点	面粉、糖、酵母	清洗搅拌机、其他各种容器排水	pH 值:6.0～8.0 BOD:200～600mg/L
饮料厂	汽水、果汁	糖、碳酸	设备和各种容器清洗水	pH 值9.0～12.0 BOD:250～350mg/L

续表

加工厂类别	产品名称	原料	主要污染物	排水水质
啤酒厂	啤酒	麦芽、酒花	麦芽清洗设备和冷却水	pH 值:8.0～11.0 BOD:200～1500mg/L SS:2100～500mg/L
清酒(日本酒)厂	清酒	米	清洗设备排水	pH 值:7.0～9.0 BOD:50～300mg/L SS:100～200mg/L
酒厂	白酒、果酒、药酒	薯类、各种水果	蒸馏后发酵排水、冲洗设备	pH 值:6.0～8.0 BOD:600～10000mg/L SS:600～5000mg/L
琼脂厂	琼脂	石花菜	原料处理设备、漂白排水	pH 值:1.0～14 BOD:300～600mg/L SS:250～500mg/L
蔬菜、水果罐头和农产品加工厂	水果蔬菜罐头、果酱、果冻、花生制品	各种蔬菜和水果	原料处理设备、杀菌、冷却水	pH 值:1.0～12.0 BOD:200～600mg/L SS:20～200mg/L Cl^-:2500～6000mg/L
调料厂	豆酱、酱油、食用氨基酸、调味汁	小麦、米和蔬菜	原料处理设备、清洗设备、清洗排水	pH 值:6.0～8.0 BOD:40～300mg/L SS:200～300mg/L
粮食加工厂	白米、面粉、荞麦粉、玉米粉	小麦和大豆	原料处理设备、收集装置排水	pH 值:6.0～8.0 BOD:20～400mg/L SS:400～600mg/L
食用油制造厂	食用油、色拉油、人造奶油	各种油	原油清洗设备、脱酸设备、冷却水	pH 值:6.0～9.0 BOD:150～6000mg/L SS:100～4000mg/L
淀粉厂	淀粉、玉米粉	红薯、马铃薯和玉米	原料处理设备、漂白设备	pH 值:3.0～5.0 BOD:1500～12000mg/L SS:1000～55000mg/L
葡萄糖、麦芽糖制造厂	葡萄糖、麦芽糖	淀粉、麦芽	原料处理设备、漂白设备	pH 值:6.0～8.0 BOD:1500～2000mg/L SS:1000～2500mg/L
面条制造厂	切面、挂面、荞麦面、手擀面	小麦、面粉、荞麦	原料处理设备、水煮设备	pH 值:6.0～8.0 BOD:250～600mg/L

第二节　屠宰及肉类加工工业废水

一、概述

随着我国人均肉食消费水平的不断增长，屠宰及肉类加工业也得到了长足的发展。近年来，屠宰及肉类加工业一直是我国日常生活保障供给的支柱产业之一。屠宰与肉类加工行业所产生的环境污染情况比较类似，包括废水、废渣及恶臭三个方面，其中生产废水又是屠宰及肉类最突出的环境问题。由于其行业特点的原因，屠宰及肉类加工行业一直都是用水量和排水量较大的工业部门之一。据调查，屠宰及肉类加工废水排放量约占全国工业废水排放量的 6%，且还有不断增加的趋势。

屠宰及肉类加工包括畜禽屠宰、肉制品及副产品加工两部分内容。畜禽屠宰指对各种畜禽进行宰杀，以及鲜肉分割、冷冻等保鲜活动（不包括商业冷藏）；肉制品及副产品加工指主要以各种畜、禽肉为原料加工成肉制品，以及畜、禽副产品的加工活动。

目前，中国是世界最大的肉类生产国，肉类总产量连续 20 年位居世界首位。近年来，我国肉类产量总体呈现增长态势，近四年均超过 8000 万吨，2018 年为 8625 万吨。我国肉类产品以猪肉为主，占肉类总产量的 60% 以上，禽肉产量占总产量的 20% 左右，此外还包括牛肉、羊肉以及其他杂畜肉。我国肉类产品的结构以生鲜肉类为主，肉制品占比较低。2018 年，我国生鲜肉类产量约为 7025 万吨，占 81.4%；肉制品产量约为 1600 万吨，占 18.6%。

目前，我国畜禽屠宰企业及肉制品加工企业共约 2.6 万家。2015 年，全国规模以上畜禽屠宰及肉制品加工企业共约 4000 家，其中牲畜屠宰企业 1360 余家，禽类屠宰企业 850 余家，肉制品及副产品加工企业 1810 余家。2018 年，规模以上生猪定点屠宰企业屠宰量约 2.4 亿头，规模以上肉类加工企业生产鲜、冷藏肉约 2730 万吨，冻肉产量约为 530 万吨。

屠宰与肉类加工行业产生的废水不但会污染环境，还会严重影响人类健康和周围环境卫生。我国对于屠宰及肉类加工工业废水的排放单独制定了国家排放标准：《肉类加工工业水污染物排放标准》（GB 13457—92），即肉类加工企业水污染物最高允许排放浓度和排水量等指标必须符合 GB 13457—92 的规定。

二、生产工艺和废水来源

（一）生产工艺

为了适应市场的需求，肉类加工工业已由简单的屠宰场进入精加工与深度加工工业生产阶段，其加工范围包括以下几个方面。

① 屠宰　屠宰牛、马、猪、羊、禽类及兔。

② 制罐　各种肉类的制罐工业、软包装。

③ 炼油　动物油的熔炼、精炼、包装。

④ 肉制品　熟肉、腌腊、香肠、灌肠、熏烤。

⑤ 副产品　内脏整理，肠衣、鬃毛加工。

⑥ 制剂　生物制药与制剂，包括原料采集、初加工、半成品、成药。

⑦ 分割肉　肉禽分割与各种类型的包装。

⑧ 综合利用　血制品、动物性饲料。

⑨ 其他　包括屠宰加工牲畜、禽类的宰前饲养。

其生产工艺如图 2-12-1 所示。对某一肉类加工企业而言，只包含其中一部分工艺。

（二）废水来源、水质水量

1. 来源

肉类加工工业废水主要来自：

① 宰前饲养场排放的畜粪冲洗水；

② 屠宰车间排放的含血污和畜粪的地面冲洗水；

③ 烫毛时排放的含大量猪毛的高温水；

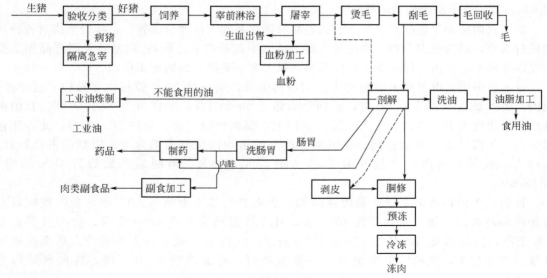

图 2-12-1　肉类加工生产工艺流程

④ 剖解车间排放的含肠胃内容物的废水；

⑤ 炼油车间排放的油脂废水等。

此外，还有来自冷冻机房的冷却水和来自车间卫生设备、锅炉、办公楼等排放的生活污水。

2. 水质特点

屠宰场和肉类加工厂废水的成分复杂，含有大量血污、油脂、碎肉、畜毛、未消化的食物及粪便、尿液、消化液等污染物，还包括少量生活污水等。其悬浮物浓度很高，水呈红褐色并有明显的腥臭味，是一种典型的有机废水。该废水包含下列 5 种污染物：

① 半漂浮在废水中的固体物质，如血块碎肉、大小肠的片段、猪毛、皮屑、胃内容物和粪便等；

② 悬浮在废水中的油脂、蛋白质、胶体物质等；

③ 溶解于废水中的尿液、消化液等；

④ 冲洗猪身体表时夹带的灰尘和泥土；

⑤ 可能存在的致病菌以及大肠菌群和杂菌等。

此废水一般不含重金属及有毒化学物质。

屠宰及肉类加工废水水质具有以下特点。

① COD 浓度高　通常平均浓度都在 1500mg/L 左右，且其浓度与屠宰场及肉类加工厂所采用的屠宰方法及肉类加工方法有很大关系。据报道，屠宰场及肉类加工厂同时进行禽畜养殖时，其废水中的 COD 浓度甚至可达 3500mg/L，BOD 则为 2000mg/L。

② 有机物含量高　动物蛋白质丰富，突出表现为氨氮含量很高，调研显示其浓度高时约为 100~150mg/L，因此此类废水对氨氮的处理要求较高。

③ 油脂丰富　屠宰及肉类加工废水中的动植物油浓度可达数十到数百毫克每升，肉类加工废水中的动植物油脂浓度往往更高，从而为动植物油的处理效果提出了更高的要求。

④ 废水中固体杂质较多　屠宰及肉类加工行业所产生的废水含有大量的动物残体、毛发等固体杂质，增加了预处理时的技术难度。

总的来说，屠宰及肉类加工行业所产生的废水有机物浓度高、营养丰富，不经处理直接排放，极容易影响地表水的水体质量，增加其有机污染及氨氮负荷，同时其中含有的动物残体等还会滋生大量蚊蝇及细菌病菌，危害生态健康及安全。

表 2-12-2 列出了国内某肉联厂及禽蛋厂废水全分析的情况。

表 2-12-2　肉类加工废水水质全分析表

项　　目	肉联厂（A）	肉联厂（B）	禽蛋厂	项　　目	肉联厂（A）	肉联厂（B）	禽蛋厂
氯化物/(mg/L)	327.5	92.0	94.0	总氮/(mg/L)	163.52	76.16	
挥发酚/(mg/L)	0.0497	0.0589	0.0140	氨氮/(mg/L)	56.16	17.81	
氰化物/(mg/L)	未检出	0.0139	0.0096	硝酸盐氮/(mg/L)	1.36	0.50	
氟化物/(mg/L)	0.53	0.53	0.45	亚硝酸盐氮/(mg/L)	0.04	0.53	
硫化物/(mg/L)	0.664	0.166	1.124	动植物油/(mg/L)	73	183	67
总铜/(mg/L)	0.49	0.27	0.12	总磷/(mg/L)	35.5	7.0	9.3
总锌/(mg/L)	0.53	0.56	0.70	含盐量/(mg/L)	1587	668	509
总铅/(mg/L)	0.03	0.08	0.043	BOD_5/(mg/L)	939.0	381.0	325.7
总镉/(mg/L)	0.0013	0.0010	0.0015	COD_{Cr}/(mg/L)	1523.2	1140.0	600.0
总铬/(mg/L)	0.04	0.03	0.07	总固体/(mg/L)	2357	1293	826
总汞/(mg/L)	0.0007	0.0150	0.0008	悬浮物/(mg/L)	618	522	294
总铁/(mg/L)	5.13	7.9	15.28	pH 值	7.5	6.9	6.7
总锰/(mg/L)	0.33	0.31	0.18	色度（稀释倍数）	128	64	32
总砷/(mg/L)	0.005	0.005	0.005				

肉类加工废水的污染负荷一般随加工深度的增加而增加，同时，与其他工业污染相似，一般小厂比大厂的污染负荷要高。不同的肉类加工联合企业由于生产和加工工艺的不同，废水水质不尽相同，即使是同一企业，不同加工阶段的废水水质也有很大差异。表 2-12-3 所示为国内某肉类屠宰加工企业各车间排放废水的水质情况，表 2-12-4 列举了国内一些肉类加工企业废水水质情况。我国大型肉类联合加工企业生产废水水质统计结果如表 2-12-5 所示。禽类加工企业生产废水水质统计结果如表 2-12-6 所示。表 2-12-7、表 2-12-8 分别列举了国外肉类加工废水的水质情况。

表 2-12-3　国内某肉类屠宰加工企业各车间废水水质

单位：mg/L（pH 值除外）

废水来源	pH 值	BOD	COD	SS	有机氮	蛋白质	氨氮	总固体
饲养车间	8.0	736~770	1432	934~1017	237	137~157	850	5010~6206
屠宰车间	7.5	458~521	1054	70~905	137~157	97~117	160	5968~5990
畜产品厂	7.2	583~604	1120	1178~1234	237~317	97~117	200	5330~5533
牛羊车间	7.2	334~375	824	1403~1625	93~125	61	75	5362~6796
总出水口	6.8	177~206	562	1164~1201	117	117	46~66	5030~6306

表 2-12-4　部分肉类加工企业废水水质　单位：mg/L（pH 值除外）

厂名（代号）	pH 值	COD	BOD	SS	动植物油
1		900~1100	350~500	500~600	60~80
2	6.8~7.4	2800~4200	1350~2310	570~2340	
3		2500	1300	660	138
4	6~9	2000	1000	1000	
5	6.8~7.4	800~2020	300~950	250~580	30~40
6	6~9	600	300	1000	60

表 2-12-5　国内大型肉类联合加工企业生产废水水质

项　　目	数据个数	平均值	最大值	最小值
BOD/(mg/L)	1345	625.47	2160	53.1
COD/(mg/L)	1406	1151.25	4829.5	45
SS/(mg/L)	1094	515.87	5898	10
pH 值	352	6.84	9.25	4.3
动植物油/(mg/L)	267	277.32	2224	8
氨氮/(mg/L)	212	25.64	750	2.8
大肠菌群/(个/L)	71	3.83×10^5	4.5×10^3	9.2×10^3

表 2-12-6　国内部分禽类加工企业废水水质

项　　目	数据个数	平均值	项　　目	数据个数	平均值
BOD/(mg/L)	396	170.89	氨氮/(mg/L)	12	8.26
COD/(mg/L)	159	494.97	pH 值	19	6.77
SS/(mg/L)	346	242.55	大肠菌群/(个/L)	4	2.26×10^6

表 2-12-7　美国肉类加工废水水质

企业类别	BOD/(mg/L)	SS/(mg/L)	油脂/(mg/L)
屠宰场	650～2200	930～3000	200～1000
肉类加工厂	200～800	200～800	100～300
肉类联合加工厂	400～3000	230～3000	200～1000

表 2-12-8　国外禽类联合加工厂废水水质

项目	BOD/(mg/L)	COD/(mg/L)	SS/(mg/L)	总氮/(mg/L)	pH 值
水质	150～2400	200～3200	100～1500	15～300	6.5～9.0

3. 排水量

各屠宰场、肉类加工厂由于动物种类、品种、生长期、饲料及天气条件等诸多因素的影响，以及各屠宰场或肉类加工厂的生产方式和管理水平不同，其废水排放量存在着较大差异。废水的产生量除了与加工对象、数量、生产工艺、生产管理水平等有关外，还与生产季节（淡、旺季）及每天的不同时段等因素有着明显的关系。由于屠宰及肉类加工行业自身的特点，屠宰场废水排放具有明显的集中排放特点，主要集中在凌晨 3：00 至上午 8：00 这一时段内；肉类加工生产一般是非连续性的，每日只有一班或两班生产，所以废水量在一日之中变化也较大，其变化系数一般可达 2.0。

根据加工对象和加工范围，肉类加工工业一般分为畜类屠宰加工、禽类屠宰加工、肉制品加工三大类。其排水量分述如下。

① 畜类屠宰加工的排水量　畜类屠宰加工的排水量一般以折合为屠宰加工每头畜类的排水量计(各种牲畜之间的换算关系在后面介绍)。由于地方条件、工厂设备、生产过程中的卫生要求、管理水平等的不同，其变化范围很大。据统计，屠宰每头猪的排水量为 0.3～0.7m³，屠宰每头牛的排水量为 1.0～1.5m³，屠宰每头羊的排水量为 0.2～0.5m³，且单位排水量与屠宰量之间成不规则的反比。

② 禽类屠宰加工的排水量　一般较正规的禽类加工企业日屠宰能力为每班(1～3) 万只活禽，屠宰每只禽的排水量在 10～30L 之间，差别较大。屠宰每只鸡的排水量为 10～15L，屠宰每只鸭的排水量为 20～30L，屠宰每只鹅的排水量为 20～30L。屠宰量越大，单位排水

量越小；产量不足，单位排水量大。

③ 肉制品加工的排水量　肉制品加工废水主要来自胴体的解冻与清洗、器皿与地面的冲洗，因此，其废水排放量与生产设备、操作方式的关系较密切。当采用冷水池浸泡胴体解冻工艺时，1t 原料冻肉排水量可高达 15m³ 以上；当采用空气解冻时，排水量仅为 2~3m³。因此，为了节约用水，减少废水排放量，势必要淘汰落后工艺，改变操作方式。

④ 单位换算　目前对于肉类加工工业排水量的统计，有以 m³/头计，也有以 m³/t 计。其之间的换算关系如下：1t 活畜质（重）量=13 头猪；1 头猪=1 头小牛=1 头羊；2.5 头猪=1 头牛=1 匹马；1t 白条肉=20 头猪；1t 活禽质（重）量=700 只农家鸡=500 只肉鸡=600 只白鸭=400 只填鸭。

三、清洁生产

肉类加工工业清洁生产技术的研究与应用主要体现在以下几个方面。

（一）改革工艺

通过工艺改革，控制厂内用水量，节约资源，减少污染物的排放。例如，某肉联厂通过再生水的生产与利用，每日生产再生水 500~1000m³，再用它来代替自来水用作冲洗水，这样每年可节水 125000~250000m³。

改革工艺具体措施有：

① 肉类制品加工，采用空气解冻工艺，代替传统的冷水池浸泡解冻工艺，生产 1t 原料冻肉排水量可从 15m³ 下降至 2~3m³；

② 禽类加工，传统的脱羽毛工艺一般采用机械脱毛和人工拔小毛的方式，羽毛流失较大，不仅浪费了宝贵的羽毛原料，而且增加了废水中的悬浮物，采用蜡脱羽毛新工艺，有利于回收羽毛，减少流失，还可以节约用水。

（二）有价物质回收

通过对有价物质进行回收，可以最大限度地降低废水中的污染物负荷，同时可提高经济效益。因此，对有价物质进行回收是肉类加工工业清洁生产的主要内容。

首先应健全与强化生产加工过程中对血液、油脂、肠胃内容物、毛羽等的收集与回收措施，最大限度地防止这些有价物质流失于生产加工过程中。现有的回收技术，可保证有价物质的回收率达到以下水平：油脂回收率＞75%；血液回收率＞78%；毛羽回收率＞90%；肠胃内容物回收率，畜类屠宰加工＞60%，禽类屠宰加工＞50%。

其次，对于不可避免流失于生产废水中的有利用价值的物质，应采取有效的处理工艺予以回收。如对于废水中油脂的回收，可采用隔油池。最为普遍有效且动力消耗最小的方法是斜板隔油池，它的脱油率可达 90%。平流式隔油池的脱油率为 70%左右，气浮法的脱油率平均为 63.8%。

对于其他有价物质的回收，目前较常用的方法是通过气浮法回收废水中的蛋白质，用作动物饲料。

（三）最大限度地降低废水排放量

通过采取一水多用、处理水回用等措施，最大限度地降低废水排放量。

肉类加工工业常与冷库共建或毗连在一起，制冷的冷却水数量大，应循环使用。另外，肉类加工工业的工艺用水大部分为冲洗水，经过肉类加工废水二级生物处理后，再经深度处理与消毒，可回用作冲洗水。某禽蛋批发部利用二级生物处理（活性污泥法、浅层曝气）的出水，经混凝、过滤、漂白粉消毒后回用作冲洗水，处理水量为 $1000 m^3/d$，回用率 70%～80%，处理后水质情况如表 2-12-9 所示。

表 2-12-9　处理效果

项　　目	二级生化出水	混凝过滤消毒后水质	项　　目	二级生化出水	混凝过滤消毒后水质
BOD/(mg/L)	5～20	3	细菌总数/(个/L)		100～200
COD/(mg/L)	40～60	10～20	大肠杆菌/(个/L)		3～6
SS/(mg/L)	40～80	10～20	余氯/(mg/L)		0.4～0.6
pH 值	7.2	7			

（四）肉类加工行业清洁生产技术推行方案

工业与信息化部节能与综合利用司在 2010 年 2 月发布的《肉类加工行业清洁生产技术推行方案》中推出了一系列关于肉类加工的清洁生产措施。包括：

① 适用于畜禽屠宰企业的风送系统技术、畜禽骨深加工新技术、肉类产品冷冻及冷藏设备节能降耗技术；

② 适用于肉制品加工企业的节水型冻肉解冻机、新型节能塑封包装技术与设备、肉类产品冷冻及冷藏设备节能降耗技术；

③ 适用于生猪屠宰企业的猪血制蛋白粉新技术、现代化生猪屠宰成套设备。

这些清洁生产新技术的推广可以有效降低能耗和节约水资源，并且可以减少污染物的排放量。

四、废水处理与利用

屠宰及肉类加工废水属于易生物降解的高悬浮物有机废水，废水水质、水量变化范围较大。目前对该类废水的治理，均采用以生物法为主的处理工艺，包括好氧、厌氧、兼氧等处理系统。但无论采用什么生物处理工艺，都必须充分重视预处理工艺，以尽量降低进入生物处理构筑物的悬浮物和油脂含量，确保处理设施的正常运行。

预处理方面，畜类动物与家禽类动物加工的处理有较大差异，相对而言，后者羽毛类杂物较多，前处理不仅需要粗细格栅还要采用一些行业专用的设备如捞毛分离机、水力筛等。

处理工艺方面，目前该行业规模化企业核心处理单元大多数以厌氧与好氧相结合的组合工艺为主，小型企业主要采用简单的厌氧发酵生物处理。目前成熟的处理工艺主要包括UASB、水解酸化-接触氧化、SBR 和廊道生物等。此外，为保证处理效果，一般在废水处理中还会用到部分物化处理方法，主要包括气浮及混凝沉淀等。在生化处理核心单元中，厌氧反应器一般以 UASB 为主，占 80%，水解酸化占 15%，其他如 ABR、UBF 等占 5%。好氧生化段由于接触氧化运行稳定便于管理，SBR 类工艺运行灵活，对氮、磷去除效果好（尤其是对高浓度氨氮废水），因此，目前国内以接触氧化和 SBR 为主，据统计，接触氧化占 45%，SBR 占 40%，其他占 15%。在厌氧＋好氧处理工艺的基础上，氨氮得以稳定去除，但是同时大量的有机氮转化为无机氮，易导致总氮浓度升高。因此，如果要进一步去除总氮污染物，在厌氧＋好氧处理的基础上，需要屠宰企业继续深化废水处理，追加反硝化脱氮处理设施。在总磷的去除方面，仅依靠生物除磷不能达到要求，需进行化学除磷。

屠宰与肉类加工废水治理工程典型工艺流程如图 2-12-2 所示：

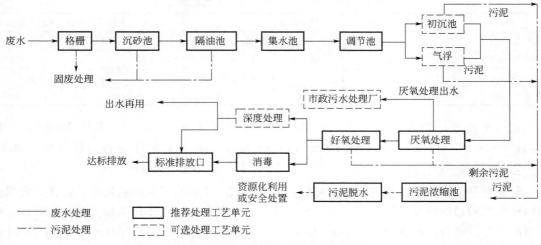

图 2-12-2　屠宰与肉类加工废水治理工程典型工艺流程

目前国内对屠宰与肉类加工废水的处理，常采用如下工艺。

（一）活性污泥工艺

活性污泥法是目前我国肉类加工废水处理中应用最普遍且最成熟的方法。其曝气方式可采用浅层曝气、射流曝气、延时曝气、氧化沟等。

1. 浅层曝气工艺

（1）主要工艺参数

浅层曝气主要基于液体曝气吸氧作用原理，气泡形成时，氧的转移速度增大，液体吸氧速度增加，减少曝气装置淹深，降低风压，提高处理效果。我国肉类加工废水处理中所采用的活性污泥工艺，以浅层曝气工艺为主。一般设计布气管设置深度 0.8m；水深 3～3.5m，多为 3m；池宽（单廊道）2.5～3m，多为 3m；污泥负荷 0.4kg BOD/(kg MLSS·d)；MLSS 3～4g/L；容积负荷 1.2～1.6kg BOD/(m³·d)；水力停留时间（HRT）7～12h；供气量 210m³/kg BOD；回流比 100%；BOD 的去除率达 92% 以上。

（2）处理效果及经济指标

某禽蛋批发部对其产生的废水采用浅层曝气活性污泥工艺进行处理，其处理流程如图 2-12-3 所示，处理效果如表 2-12-10 所示。

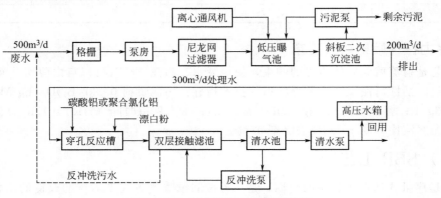

图 2-12-3　浅层曝气工艺处理流程

表 2-12-10 浅层曝气活性污泥工艺处理效果

项目	原废水	生物处理出水	深度处理出水	项目	原废水	生物处理出水	深度处理出水
BOD/(mg/L)	150～250	5～20	5	pH 值	7.2	7.2	7
COD/(mg/L)	450～600	40～60	10～20	细菌总数/(个/L)	2.37×10^5		100～200
SS/(mg/L)	350～500	40～80	10～20	大肠菌/(个/L)			3～6
浊度/(mg/L)	100～200	5～8	3～4	余氯/(mg/L)			0.4～0.6

该污水处理厂处理能力为 $500m^3/d$，其中回用水量为 $300m^3/d$，占地 $160m^2$；电耗 $0.35kW \cdot h/m^3$（废水）；药剂量为 $1kg\ Al_2(SO_4)_3/100m^3$ 水，$1.25kg$ 漂白粉$/100m^3$ 水。

2. 射流曝气工艺

射流过程提高了活性污泥代谢有机物的速率，同时也提高了氧的利用率，加快了吸附饱和活性污泥的活性恢复，促进了有机物的去除。射流曝气工艺用于肉类加工废水处理，一般采用的工艺参数为：污泥负荷 $1.62kg\ BOD/(kg\ MLSS \cdot d)$；MLSS $5g/L$；容积负荷 $8.1kg\ BOD/(m^3 \cdot d)$；射流压力 $1kg$，水气比 $0.5～1.0$；BOD 去除率 95% 以上。

3. 延时曝气工艺

国内现用于处理肉类加工废水的延时曝气主要为卡鲁塞尔曝气工艺。延时曝气的特征是所用负荷低，曝气时间长，微生物生长处于内源代谢阶段，污泥量减少。其工艺参数为：设计负荷 $0.1～0.2kg\ BOD/(kg\ MLSS \cdot d)$；MLSS $2.4g/L$；容积负荷 $0.48kg\ BOD/(m^3 \cdot d)$；水力停留时间（HRT）$55h$；BOD 去除率 98%；TN 去除率 90% 左右。

4. 氧化沟工艺

（1）主要工艺参数

氧化沟工艺实质上也属于延时曝气工艺，只是在曝气池的结构形式上与一般延时曝气池不同，它采用沟形曝气池。某肉联厂采用氧化沟处理其废水，其设计参数为：水力停留时间（HRT）$3.6d$；BOD 容积负荷 $0.40kg/(m^3 \cdot d)$；MLSS 浓度 $1425mg/L$，DO $0.8mg/L$。

（2）处理效果及经济指标

该肉联厂采用氧化沟处理肉类加工废水的效果如表 2-12-11 所示。

表 2-12-11 氧化沟工艺处理肉类加工废水效果

项 目	COD	BOD	SS	氨氮	动植物油
进水/(mg/L)	1200	500～600	300	25～30	25
出水/(mg/L)	50	15～25	60	6～10	2.5
去除率/%	95	97	80	70	90

5. 水力循环喷射曝气工艺

此工艺是射流后无固体边界的约束，使得废水、污泥、空气可以自由剪切、混合，从而使供氧充足、活性污泥维持在悬浮状态。技术指标：污泥负荷 $0.3kg\ BOD/(kg\ MLSS \cdot d)$，MLSS 为 $3g/L$；容积负荷 $0.9kg\ BOD/(m^3 \cdot d)$；水力停留时间（HRT）$17h$，$15～20$ 倍进水量；污泥回流比 60%；BOD 去除率 97%。

（二）SBR工艺

SBR 是序批式活性污泥法的简称，是一种按间歇曝气方式来运行的改良的活性污泥法，其主要特征是在运行上的有序和间歇操作，SBR 反应池集均化、初沉、生物降解、二沉等功能于一池，无污泥回流系统，因此具有工艺简单、占地面积小、抗冲击负荷强、集厌氧和好氧的微生物于一体等优点，适合肉类加工企业多为一班生产、水质和水量波动大的特点。

1. 工艺流程

SBR 工艺处理肉类加工废水的工艺流程如图 2-12-4 所示。

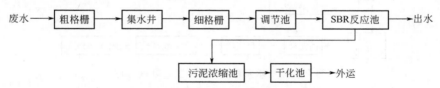

图 2-12-4　SBR 工艺处理肉类加工废水工艺流程

2. 主要工艺参数

SBR 反应池的运行一般包含五个阶段，即进水、曝气、沉淀、排水（排泥）及闲置阶段，称为一个工作周期。SBR 工艺处理肉类加工废水，一般采用限制曝气方式，进水时间 0.5~1.0h；曝气时间 6.0~7.5h；沉淀时间 1.0h；排水时间 1.0h；闲置时间 1.5h。

3. 处理效果及经济指标

SBR 工艺处理肉类加工废水效果明显优于传统活性污泥法，COD 和 BOD 的去除率分别为＞90％和＞95％，而活性污泥法的 COD 和 BOD 的去除率分别为＞80％和 90％~95％。SBR 法与传统活性污泥法相比，可节省用地 30％~40％，运行费用可降低 10％~20％。应用 SBR 工艺处理肉类加工废水的几个实例介绍如下。

（1）SBR 工艺

某肉联厂污水处理工程采用 SBR 工艺，处理水量为 1162m³/d，处理效果如表 2-12-12 所示。

表 2-12-12　SBR 工艺处理效果

项　　目	COD	BOD	SS	NH_4^+-N
进水/(mg/L)	1270	550	354	25.6
出水/(mg/L)	52	12	39	11.4
去除率/%	95.9	97.8	89.0	55.5

（2）射流曝气 SBR 工艺

某屠宰场污水处理工程的处理能力为 1500m³/d，采用射流曝气 SBR 工艺。占地 1000m²，耗电量为 1.2kW·h/m³，处理效果如表 2-12-13 所示。

表 2-12-13　射流曝气 SBR 工艺处理效果

项　　目	COD	BOD	SS	NH_4^+-N
进水/(mg/L)	1410	680	321	58.4
出水/(mg/L)	101	24.8	123	4.89
去除率/%	92.8	96.3	61.6	91.6

（3）水解酸化-SBR 工艺

某肉联厂采用水解酸化-SBR 工艺处理其产生的废水，处理流程如图 2-12-5 所示，主要构筑物及设计参数如表 2-12-14 所示。其处理能力为 3000m³/d，占地 1100m²（包括道路和绿化用地），折合占地指标为 0.44m²/(m³·d)。其处理效果如表 2-12-15 所示。

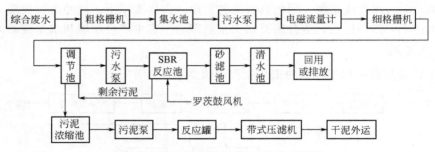

图 2-12-5　水解酸化-SBR 工艺处理流程

表 2-12-14　主要构筑物及设计参数

构筑物名称	数量	有效容积/m³	设计参数
集水池	1	50	HRT=10min
水解、预曝水解池	1	1625	HRT=18h
SBR 反应池	3	1000	N_e=0.1kg BOD$_5$/(kg MLSS·d)
砂滤池	1	—	表面负荷：10m³/(m²·h)
回用水池	1	500	
污泥浓缩池	1	40	

表 2-12-15　水解酸化-SBR 工艺处理效果

水　样	pH 值	COD /(mg/L)	BOD /(mg/L)	SS /(mg/L)	氨氮 /(mg/L)	总大肠菌 /(个/L)
处理前（2015 年 10 月 9 日）	6.76	780	478	148	54.8	160000
处理后（平均）	6.82	50.1	13.6	50	3.02	450
处理前（2016 年 1 月 9 日）	9.26	1380	868	394	43.1	—
处理后（平均）	7.43	77.2	25.1	31	3.60	—
DB 44/ 26—2001 新扩改建一级标准	6～9	≤80	≤30	≤70	≤10	≤3000

（4）ABR-SBR 工艺

某食品公司采用 ABR-SBR 工艺处理其生产废水，该公司年杀猪 150 万头，同时还进行较大规模的高低温肉食品加工，排放废水 3000m³/d，出水水质要求达到《肉类加工工业水污染物排放标准》（GB 13457—92）一级标准。进水水质及出水指标见表 2-12-16。

表 2-12-16　进水水质及出水指标

污染物	COD/(mg/L)	BOD/(mg/L)	SS/(mg/L)	pH 值	色度/倍	NH$_4^+$-N/(mg/L)
进水	600～1800	200～800	＞800	6～8	＞100	20～50
排放标准	≤80	≤30	≤60	6～9	≤50	≤15

其污水处理设施基本工艺流程为：格栅→ABR→初沉池→SBR。主要设计参数：ABR 的水力停留时间（HRT）为 6h，SBR 的曝气时间为 8h，厌氧搅拌 1h，后段曝气 1.5h，沉淀 1h，出水 0.5h，DO 浓度为 2mg/L，MLSS 浓度为 3000mg/L。最终出水 COD 浓度为 63.3mg/L，几乎无 NH$_4^+$-N。

（5）水解酸化＋DAT-IAT 工艺

DAT-IAT 工艺是继 ICEAS（间隙式循环延时曝气活性污泥法）工艺、CASS（周期循环活性污泥法）工艺、CAST（循环式活性污泥法）工艺、IDEA（间隙排水延时曝气）工艺、IDAL（间隙排水曝气塘）工艺等各种 SBR 变形工艺后，不断完善发展的一种新工艺。DAT 是连续进水和连续曝气的高负荷活性污泥法。IAT 是以连续进水+间歇曝气和排水的低负荷活性污泥法。

某屠宰厂日排水 1800m³，污水来源为屠宰、淋洗、副食品加工以及洗油等。污水具有水量大、水质不均匀、浓度高、杂质多等特点。对于该污水的处理，该厂先采用格栅-筛网进行预处理，然后采用水解酸化+DAT-IAT 的组合工艺进行生化处理。该工艺共设 DAT 池 2 座，容积负荷 1.5kg BOD/(m³·d)，用于快速吸附和去除水中的可溶性有机物，采用连续进水、连续曝气、连续出水的方式。IAT 池 2 座，容积负荷 0.3kg BOD/(m³·d)，用于彻底去除水中的溶解性有机物和氨氮，采用连续进水、间歇排放的方式，运行以 8h 为一周期，其中 6h 曝气、1h 沉淀、1h 排水及静置。

工艺流程如图 2-12-6 所示。

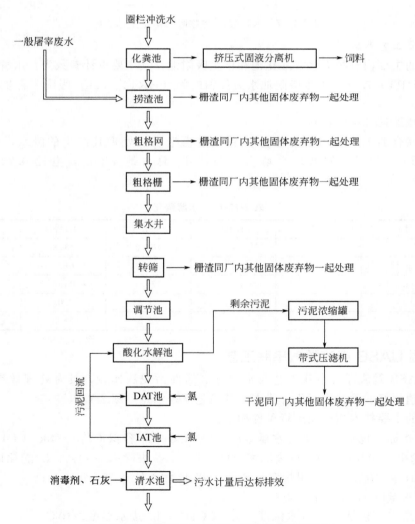

图 2-12-6　水解酸化+ DAT- IAT 组合工艺流程

该工程于 2005 年运行，出水水质、处理水量均达到设计要求，满足《肉类加工工业水污染物排放标准》（GB 13457—92）中的一级排放标准。该工程总投资 415 万元，污水处理系统的运行成本为 0.384 元/t 废水。深度处理后的污水可作中水回用，节省了水资源。

（三）厌氧（兼氧）-好氧处理工艺

1. 水解酸化-生物吸附再生工艺

（1）工艺流程

水解酸化-生物吸附再生工艺的流程如图 2-12-7 所示。

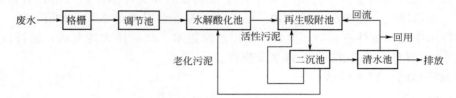

图 2-12-7　水解酸化-生物吸附再生工艺流程

（2）主要工艺参数

该工艺的主要构筑物为水解酸化池和再生吸附池。其主要设计参数为：水解酸化池水力停留时间（HRT）7.5h；再生吸附池水力停留时间（HRT）4.5h；吸附：再生＝(1:2)～(1:3)。

（3）处理效果与经济指标

某肉类联合加工厂采用水解酸化-生物吸附再生工艺处理其产生的废水，处理效果如表 2-12-17 所示。该工程的处理水量为 950m^3/d，总占地 480m^2，电耗 0.72kW・h/m^3 废水。

表 2-12-17　水解酸化

项　目	COD	BOD	SS	NH_4^+-N	动植物油
进水/(mg/L)	1384	694	709.3	41.6	15.8
调节池出水/(mg/L)	803	389	336.3	48.1	5.1
水解酸化出水/(mg/L)	332	74.2	179.9	41.9	1.8
排放口/(mg/L)	98.6	35.0	74.8	6.05	0.6
总去除率/%	92.9	95.0	89.5	85.5	96.2

2. 常温 UASB-射流曝气串联工艺

常温 UASB-射流曝气串联工艺与常规好氧活性污泥法比较，具有处理效率高、节能、经济、污泥消化好、无二次污染等优点。其工艺流程示意见图 2-12-8。

该工艺的主要技术指标及运行条件如下。

① 技术指标　包括：a. 处理水量 500～3000t/d；b. 容积负荷 6～8kg COD/(m^3・d)；c. COD 去除率＞90%；d. BOD 去除率＞90%；e. SS 去除率＞90%；f. 能耗以 1t 污水计 ＜0.5kW・h；g. 沼气产量（甲烷含量 80%）以 1t 污水计 0.25～0.3m^3；

h. 回用水量以 1t 污水计 0.2t。

② 条件要求　包括：a. 进水浓度＜3kg COD/t；b. 废水温度＞10℃。

3. 厌氧-接触氧化工艺

该工艺的工艺流程见图 2-12-9。

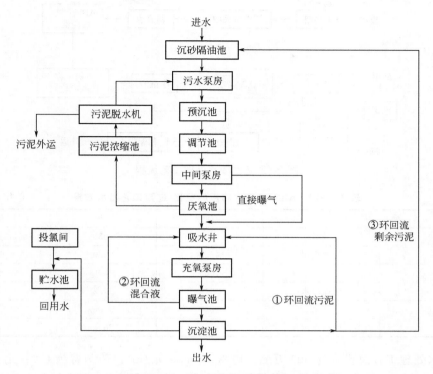

图 2-12-8 常温 UASB-射流曝气串联工艺流程示意

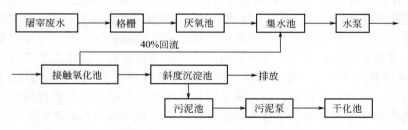

图 2-12-9 厌氧-接触氧化工艺

某肉联厂废水治理工程，处理水量为 $10m^3/h$，采用该工艺，占地面积 $50m^3$，COD 去除率为 93.5%，BOD 去除率为 94%。处理出水满足《肉类加工工业水污染物排放标准》（GB 13457—92）标准。

该工艺具有投资省、运转费用低、处理效果好等特点。

4. ABR-二级生物接触氧化-过滤工艺

某肉联厂生产工艺包括屠宰、冷藏、熟食加工。主要产品包括热鲜肉、冷却分割肉及小包装产品、熟食制品。该厂污水处理设施采用 ABR-二级生物接触氧化-过滤工艺。进水水质见表 2-12-18，工艺流程见图 2-12-10。出水效果见表 2-12-19。

表 2-12-18 进水水质及排放标准

项　目	COD/(mg/L)	BOD/(mg/L)	SS/(mg/L)	pH 值
设计进水水质	2000	1000	1000	6～9
排放标准	50	15	30	6.5～8.5

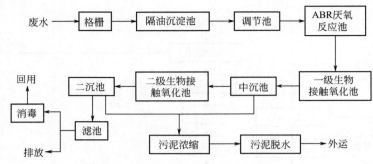

图 2-12-10 废水处理工艺流程

表 2-12-19 ABR-二级生物接触氧化-过滤工艺出水效果 单位：mg/L

项 目		COD	SS	BOD
1	进水	2100	1050	1090
	处理出水	42.3	25.0	10.8
2	进水	1965	920	826
	处理出水	39.3	24.2	9.3
3	进水	1829	868	782
	处理出水	35.6	26.4	8.2

该废水处理工程总投资为 500 万元。电费为 0.39 元/m³，药剂费为 0.10 元/m³；污泥处置费用为 0.55 元/m³，不计折旧及维修费用，则运行费用为 1.10 元/m³（2008 年）。

该工艺抗冲击负荷的能力强，处理效果好，运行中没有出现污泥膨胀的现象，并且，该工艺还具有总投资、占地面积、运行成本和能耗都低于常规方法的特点，操作管理简单可靠。

总之，屠宰及肉类加工废水处理流程的选择，应该因地制宜，充分考虑和重视肉类加工企业的规模、投资、运行管理水平等方面的因素。在规模较大、管理水平较高的企业，可采用厌氧-好氧或好氧处理工艺，在有空地、荒沟或鱼塘等情况下可采用易于管理的处理构筑物，以降低造价，节省运行费用。但无论采用什么工艺，都必须充分重视前处理工艺，以尽量降低进入生物处理构筑物的悬浮物和油脂含量，确保处理构筑物的正常运行。

五、工程实例

（一）实例一

某屠宰企业生猪屠宰量 3000 头/d，屠宰及肉制品加工过程废水排放量 1600m³/d，生活污水排放量 60m³/d，设计处理能力 2000m³/d。采用 UASB＋CASS＋BAF 废水处理工艺，工艺流程如图 2-12-11 所示。污水处理设施运行效果如表 2-12-20 所示。

表 2-12-20 污染物去除效果

序号	污染物项目	处理前	处理后
1	COD/(mg/L)	1600~2000	41.34
2	BOD$_5$/(mg/L)	1000~1200	4.34
3	NH$_4^+$-N/(mg/L)	80~100	6.23
4	SS/(mg/L)	800~1000	8.56
5	pH 值	6~9	7.36

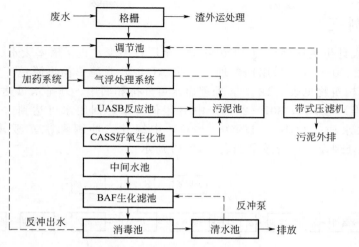

图 2-12-11 UASB+ CASS+ BAF 废水处理工艺流程

（二）实例二

某定点屠宰场屠宰量为 1000 头/d，外排污水量 500m³/d。采用水解酸化＋涡凹气浮＋SBR 处理工艺，工艺流程如图 2-12-12 所示。污水处理设施运行效果如表 2-12-21 所示。

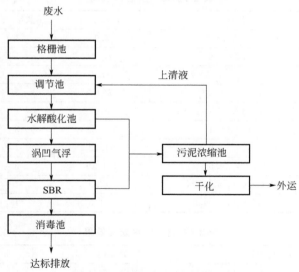

图 2-12-12 废水处理工艺流程

表 2-12-21 废水进出水水质

序号	污染物项目	进水水质	出水水质
1	SS/(mg/L)	760	52
2	COD_{Cr}/(mg/L)	1755	80
3	BOD_5/(mg/L)	927	18.6
4	NH_4^+-N/(mg/L)	43.35	3.67
5	动植物油/(mg/L)	42	13
6	pH	7.13	7.12
7	总大肠菌群数/(个/L)	390000	5800

（三）实例三

某屠宰企业设计生猪屠宰量为 3000 头/d。全厂各类废水包括屠宰废水、熟食加工废水、生活污水等约为 2200m³/d。采用预处理＋二级 AO＋砂滤池＋消毒脱色工艺，工艺流程见图 2-12-13，主要构筑物见表 2-12-22。处理出水可外排和回用，外排水可达到北京市《水污染物综合排放标准》（DB11/ 307—2013）中 B 限值要求，回用水可达到《城市污水再生利用 城市杂用水水质》（GB/T 18920—2002）中绿化、冲厕和洗车要求。设计能力为 2400m³/d。废水处理设施运行效果如表 2-12-23 所示。

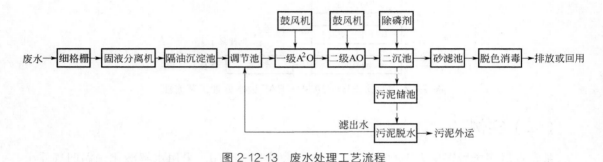

图 2-12-13　废水处理工艺流程

表 2-12-22　主要构筑物

构筑物	尺寸/m	有效容积/m³	数量/个	结构形式
格栅井	4.5×0.65×3.2	8.0	1	地下，钢筋混凝土
集水池	4.0×3.2×6.4	76.8	1	地下，钢筋混凝土
隔油沉淀池	12.0×4.0×6.4	288.0	1	地下，钢筋混凝土
调节池	15.75×12.0×7.5	1323.0	1	地下，钢筋混凝土
二级 AO 池	13.8×14.0×4.1+30.0×14.0×4.1	2207.52	1	半地下，钢筋混凝土
二沉池	6.4×6.4×6.1	503.38	3	半地下，钢筋混凝土
中间池	6.4×3.7×4.5	94.72	1	半地下，钢筋混凝土
砂滤池	4.1×3.7×4.5	121.36	2	半地下，钢筋混凝土
清水池	11.0×8.4×4.0	342.0	1	半地下，钢筋混凝土
污泥储池	4.6×3.7×4.5+10.4×4.0×4.5	234.5	1	半地下，钢筋混凝土

表 2-12-23　废水处理效果　　　　　　　　　　　　单位：mg/L

序号	污染物项目	处理前	处理后
1	COD	2000～3000	15～30
2	BOD_5	1000～1500	2～6
3	SS	1000～1500	10～20
4	NH_4^+-N	140～160	0.2～1.5
5	TN	200～250	10～15
6	TP	30～40	0.1～0.3

（四）实例四

某屠宰公司的屠宰废水主要来自宰前饲养场排放的畜粪冲洗水；屠宰车间排放的含血污和畜粪的地面冲洗水；烫毛时排放的含大量猪毛的高温水；剖解车间排放的含肠胃内容物的

废水；肥膘车间排放的油脂废水等。此外，还有来自冷冻机房的冷却水和来自车间卫生设备、锅炉、办公楼等排放的生活污水。采用 ABR-DAT-IAT（折流式厌氧反应器-需氧池-间歇曝气池）串联工艺，工艺流程如图 2-12-14 所示。污水处理设施运行效果如表 2-12-24 所示，设计处理能力 1000m³/d。

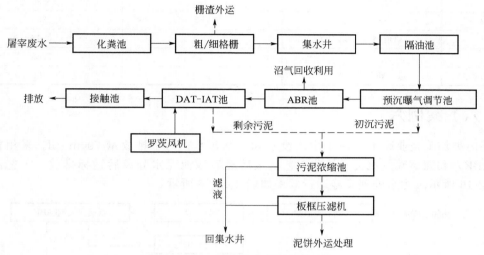

图 2-12-14　屠宰废水处理工艺流程

表 2-12-24　污染物去除效果

污染物项目	进水 /（mg/L）	隔油池 /（mg/L）	预沉曝气调节池 /（mg/L）	ABR 池 /（mg/L）	DAT-IAT 池 /（mg/L）	总去除率/%
COD_{Cr}	2200	2090	1672	836	66.88	96.96
BOD_5	850	799	680	374	18.7	97.8
SS	1000	600	240	168	58	94.2
动植物油	65	13			7.8	88
氨氮	15			6	1.2	92

（五）实例五

某禽类屠宰加工企业年加工肉鸡 1000 万只。废水主要来源于屠宰车间，最大排放量 1350m³/d。废水处理采用厌氧水解酸化＋生物接触氧化工艺，设计处理能力 1500m³/d。工艺流程如图 2-12-15 所示。污水处理设施运行效果如表 2-12-25 所示。

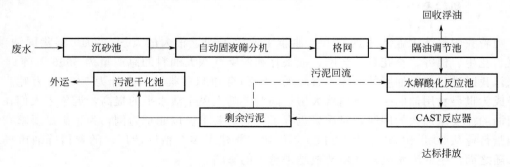

图 2-12-15　禽类屠宰废水处理工艺流程

表 2-12-25 污染物去除效果

序号	污染物项目	处理前	处理后
1	COD/(mg/L)	1647	65
2	BOD_5/(mg/L)	764	10
3	NH_4^+-N/(mg/L)	11.4	0.36
4	SS/(mg/L)	752	30
5	动植物油/(mg/L)	37.7	0.42
6	pH 值	7.66	7.63
7	总大肠菌群/(个/L)	$3.3×10^5$	4100

（六）案例六

某肉类加工企业废水来源于生产废水和生活污水，污水排放量 700m³/d。采用折板厌氧（ABR）和兼氧曝气沉淀一体化工艺，最后经砂滤池泥水分离后达标排放。工艺流程如图 2-12-16 所示。污水处理设施运行效果如表 2-12-26 所示。

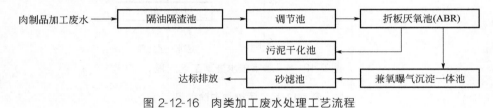

图 2-12-16 肉类加工废水处理工艺流程

表 2-12-26 污染物去除效果　　　　　　　　　　　　　　单位：mg/L

序号	污染物项目	处理前	处理后
1	COD	550～600	77
2	BOD_5	200～250	15
3	NH_4^+-N	25～35	2.5
4	SS	350～400	35
5	动植物油	50	2.2

第三节　油脂工业废水

一、概述

随着我国整体工业水平的提升，油脂工业也得到了很大的发展，2019 年我国油菜籽、大豆、花生、棉籽、葵花籽、芝麻、油茶籽和亚麻籽八大油料的总产量为 6666 万吨。近 10 年来，我国进口油料油脂的数量一直较大，2019 年进口各类油料合计为 9330.8 万吨。我国已经成为世界食用油的生产与消费大国。同时伴随人民生活水平的提高，近年来人们在对于食用油的需要量加大的同时，对质量也有了更高的要求。以北京为例，为了满足要求，北京市油脂行业从 20 世纪 80 年代末到 90 年代初，共建了多个精炼油厂。随着精炼油市场的扩大，随之而产生的废水也对环境造成越来越大的影响。

油脂工业生产排放的废水，通常指食用油提炼和加工过程中所产生的废水。食用油可分为动物性油和植物性油两种。动物油提炼于动物组织中。而植物油的来源较广，其原料除了大豆、花生、芝麻、棉籽、菜籽、米糠、葵花子等大宗油料外，还有品种繁多的木本油料、热带油料及野生油料等，日常人们使用的食用油主要为植物油和以其为原料的植物精炼油。如何在发展食用油精炼的同时，及时处理所排放的废水，是目前油脂行业一个重要的环保课题。

油脂工业废水进入自然环境会对植物、土壤、水体等造成严重的污染，严重威胁到动植物甚至人类的生命健康。

此外在我国环境保护政策严格实施的大背景下，对于水资源的开发利用具有一定的战略意义及价值，处理好油脂工业废水，不仅可使水资源得到有效利用，同时减少了污水的排放，对生态环境的保护也具有一定的意义。

二、生产工艺和废水来源

（一）生产工艺

油脂工业生产工艺包括：

① 原料进厂堆放、贮存；

② 油料的预处理，包括清洗、剥壳去皮、破碎、软化、轧胚、蒸炒等；

③ 提取油脂（毛油），采用方法包括压榨法、水剂法、溶剂浸出法等，同时产生饼粕；

④ 毛油的精炼加工，同时包括副产品（如油籽皮壳、磷脂、棉酚、油脚等）的综合利用。

1. 传统工艺简介

（1）预处理工段

原料脱皮后，经原料仓工作塔由刮板输送至清理筛进行筛分，碎料等被清理筛分离后送碎料仓进行后处理，好料则经输送机送至烘干机经热风烘干并冷却后送破碎机进行破碎，经破碎至 1/6～1/4 后送另一清理筛进行分离。筛上物进入吸风分离机分离去皮，筛下物与分离出来的精料送至软化锅进行软化，软化后的精料送液压轧胚机轧胚，轧好的料胚送浸出车间。

从清理筛、提升机和吸风分离机吸出的皮、碎仁粉、轻杂和灰尘分别进入旋风分离器进行分离，分离出的原料送蛋白工段，碎仁粉与碎料并在一起送入碎料仓，再回到前述破碎机重新使用。含尘气体经脉冲布袋滤尘器进一步除尘后排入大气。

加工中的饼粕常相当于原料加工量的一半，有些可食用，有的作动物饲料或肥料，有的饼粕（蓖麻籽和油桐果）中含有对动物有毒的物质，只能作肥料。大豆粕可在胶合板黏结剂及合成纤维的制造中用来增加蛋白质的量；棉粕脱壳后的短绒是很好的纤维原料，可用于炸药、塑料工业；棉壳是多种化工产品的原料；从棉籽粕中提取的棉酚可作医药和化工的原料；花生种皮是医药原料；米糠饼粕可提取谷维素、植酸钙、肌醇、植物生长素等多种医药、化工产品。总之，在植物油原料的下脚料中可提取多种有用的物质。

（2）浸出工段

来自预处理车间的原料胚进入浸出器与溶剂在 50～55℃ 条件下浸出混合油。浸出后湿粕含 30％溶剂，将湿粕经密封刮板输送机送至脱溶烤粕机进行脱溶烘干，使粕中溶剂基本蒸出后即得产品豆粕。混合油则进入第一蒸发器、第二蒸发器和汽提塔进行提浓并使混合油中溶剂进一步被蒸出，使毛油中残溶含量降至 300mg/L 以下，然后将毛油送精炼工段进行精制。

来自脱溶烤粕机、第一蒸发器、第二蒸发器和汽提塔的溶剂蒸气均各自进入所配置的冷凝器进行冷凝，被冷凝的溶剂进入周转箱循环使用。由汽提冷凝器出来的溶剂水进入分水箱，经分水后，溶剂进入周转箱，废水经蒸煮后排出车间。如果排出的废水含溶剂量很低，可不经蒸煮直接排放，未冷凝气经尾气回收装置回收溶剂后循环使用。

植物油料经压榨、浸出或水代法得到的油脂称毛油，它是由植物体内的糖类衍变成的脂肪酸和甘油缩合成的一类化合物，毛油的提取工艺流程见图 2-12-17。由于受原料生长、贮存和加工条件的影响，毛油中含有数量不等的非甘油酯杂质，这些杂质使油的颜色深暗，造成泡沫、烟或加热时产生沉淀物。因此，毛油需通过精炼来去除各种有害的杂质，以提高油脂的质量，扩大油脂的用途并利于长期贮存。

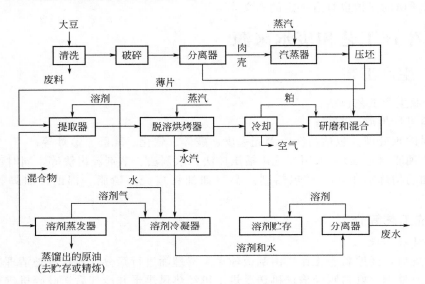

图 2-12-17 提取豆油的工艺流程

（3）精炼工段

由浸出车间来的毛油预热后进入水化器与热水充分搅拌进行水化作用，然后经离心机进行分离，分离出来的粗磷脂经预热注入磷脂浓缩机进行浓缩，即得副产品磷脂，蒸出水经冷凝后排放。

水化油经预热后进行酸化处理，再入混合机进行碱炼，然后经离心机分离皂脚，皂脚经撇油后排放。分离出来的油再经两次洗涤、干燥脱水后，即得碱炼油。两次水洗的废水经回收油后排放。

将碱炼油与白土混合后进脱色器进行脱水、脱色。经冷却过滤后的脱色油进入脱臭器，直接用蒸汽进行脱臭，将油中游离脂肪酸等臭味物质脱除，再经冷却即得精炼油产品。

油脂精炼的工艺可分为化学精炼和物理精炼两种，根据不同的要求和目的采用不同的精炼工艺。化学精炼和物理精炼工艺基本包括初净、脱胶、脱酸、脱色、加氢、脱臭、脱蜡、分馏等工序。

化学精炼工艺是最常用的精炼方法，是利用酸碱中和原理，用碱来中和油脂中的游离脂肪酸。所生成的托皂可吸附部分其他杂质，然后通过离心机与油进行分离。

物理精炼也叫蒸馏脱酸法，是利用真空、水蒸气蒸馏达到脱酸目的的一种精炼工艺。根据不同的原料、不同的要求还可采取不同的工序。

不同的精炼工艺，其设备也不相同。通常优质毛油可采用物理精炼，否则必须使用化学精炼。化学精炼和物理精炼工艺流程见图 2-12-18 和图 2-12-19。

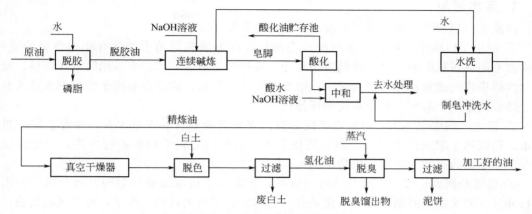

图 2-12-18　食用油化学精炼工艺流程

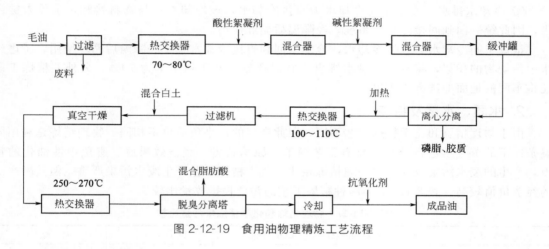

图 2-12-19　食用油物理精炼工艺流程

2. 微生物发酵制备油脂

通过微生物发酵的方法生产油脂是一项新兴的产油脂工艺，此项研究在国外起步较早，德国科学家早在第一次世界大战之前就做过相关的研究。1986 年由日本和英国首先推出了生物油脂保健食品。我国也在 20 世纪 80—90 年代开始相关的研究。

微生物产油脂是指：产脂微生物在适宜的环境条件下，利用烃类化合物、碳水化合物以及普通油脂作为碳源，在菌体内产生大量油脂的过程。基本工艺流程：筛选菌种→原料→灭菌→菌体培养→菌体收集→预处理→油脂提取→精炼→成品油脂。

微生物产油过程与以动植物作为原料制备油脂的过程本质上是类似的。它的优点在于：

① 微生物油脂是一种可无限再生的资源；

② 可以缓解人口增长对油脂的需求；

③ 它与动植物产油脂不同，可以不受天气、原料和季节的影响，实现连续生产；

④ 微生物油脂的含量高，生产周期缩短，成本也较低；

⑤ 可以利用工业（特别是食品工业）的废水废气、废料来培养产脂微生物产油脂，利于废物的再利用和环境保护，符合可持续发展的思想。

（二）废水来源、水量和水质及特点

1. 废水来源

油脂生产过程的废水主要来自浸出、精炼等工段。

① 浸出工段废水　原料经溶剂浸出毛油后，在毛油和饼粕中均含有相当数量的溶剂，为除去毛油和饼粕中的溶剂，降低溶剂单耗，提高产品质量，工艺中采用脱溶烤粕机、蒸发器和汽提塔将毛油和饼粕中溶剂蒸出，溶剂蒸气经冷凝后，将冷凝器出来的溶剂水送入分水箱，经分离水后，溶剂回收至系统循环使用。

② 精炼车间水化废水　由精炼工段分离出来的粗磷脂含有大量水分，需经浓缩机进行脱水，得到的浓缩蒸出水再经冷凝后排出废水。另外离心机需用水进行冲洗，产生冲洗废水。其中主要污染物为磷脂和植物油。

③ 精炼车间碱炼废水　水化油经碱炼后，用离心机将碱炼油和皂脚进行分离，并用水进行冲洗，冲洗废水间断排放。水化油分离皂脚后需用水进行两次洗涤，再用离心机将油水进行分离。分离出的废水经进一步回收油后排放。

④ 冷却水排水　浸出车间冷却水为间接冷却水，该冷却水不与物料接触，水质未被污染，因此统一回到间接冷却水系统，经降温后循环使用。

精炼车间冷却水为直接冷却水，冷却水回到直接冷却水系统经降温后循环使用，考虑到水中污染物的积累，将有一定量水排出，通常冷却水循环利用率为70%。另外，精炼工段还将车间的地面冲洗废水排出。

2. 水质、水量及特点

由于物理精炼和化学精炼工艺不同，因此产生的污染负荷也不相同。物理精炼是利用同温条件下的蒸气压进行分离，具有工艺简单、原辅料省、经济效果好、避免中性油化的特点，产生的废水污染较轻。与物理精炼相比，化学精炼工艺产生废水污染严重，但其副产品的经济价值较高。表2-12-27为两种精炼工艺的污染物排放量比较。

表 2-12-27　物理精炼和化学精炼排污量比较

精炼方式	吨油排水量/（m³/t）	COD/（kg/t）	BOD/（kg/t）	油/（kg/t）
物理精炼	0.48	0.85	0.41	—
化学精炼	0.72	4.17	1.36	—
物理精炼（事故）	0.11	25~30	17~20	6~7
化学精炼（事故）	0.32	61~81	30~40	15~20

食用油的提取和精炼工业中废水主要来源于清洗工序，而清洗水的污染物量随压榨或精炼工艺的操作而变化。生产工艺中的冷却水一般经冷却塔处理后回用。表2-12-28和表2-12-29分别列出了化学精炼和物理精炼过程中的废水情况，从表中可看出食用油脂工业废水水质的变化范围较大，特别是化学精炼，与一般的工业生产污水相比，含油量高，有机物含量更高，其排放的混合污水一般含油量在200~2000mg/L，COD在2000~7000mg/L。其中排出的高浓度污水主要有分水器污水、蒸水缸污水、碱炼污水、脱臭污水等，其中以碱炼污水浓度最高，一般COD可达10000~30000mg/L。

表 2-12-28　化学精炼油脂污水水质　　　　单位：mg/L（pH值除外）

污染源 ＼ 项目	COD	BOD	总固体	油	S^{2-}	pH 值
分水器污水	5000~5500	3500~4000	4500~5000	20~50	3~3.5	7.0

项目 污染源	COD	BOD	总固体	油	S^{2-}	pH 值
蒸水缸污水	6500～7000	5500～6000	20000	200～250	2.5～3.0	6.0
碱炼污水	10000～30000	4500～5000	5000～6000	7000～20000	0.1～0.2	9.0
脱臭污水	2700～3000	1000～2000	220～250	30～50	0.02～0.03	6.0
生活污水	270～350	150～200	400～500	50～150	—	7.0
混合后浓度	2000～7000	1100～3500	3000～3500	1500～5000	0.5～1.0	6.5

表 2-12-29　物理精炼车间生产排放废水水质情况　　　　单位：mg/L

生产废水排放口	COD （平均）	BOD （平均）	油（平均）	生产废水排放口	COD （平均）	BOD （平均）	油（平均）
脱胶离心机排放水	4000	2400	1300	地面清洗水	500	270	150
车间内循环排放水	1400	700	440	其他生产排放水	1000	650	300
外循环水箱溢流水	2400	1100	900	总排放口	700	450	180
热水罐外泄水	<30	<10	<5				

表 2-12-30 为北京市部分油脂公司的排水水质。

表 2-12-30　北京市部分油脂公司的排水水质

企业名称	COD/(mg/L)	BOD/(mg/L)	SS/(mg/L)	油脂/(mg/L)	pH 值	水量/(m³/h)
北京某植物油厂[①]	5000～14000	2500～6700	3300～4000	2000～3000	6～8	500
北京某棕榈油脂厂[①]	1387～17870	780～10000	362～1686	154～14500	4～6	350
北京某油脂厂[②]	700～10000	300～6000	300～1000	250～5000	6～7	240
北京某制油有限公司[①]	2500～15000	1000～6000	350～800	300～3500	6～9	500

① 为化学精炼工艺。
② 为物理精炼工艺。

表 2-12-27～表 2-12-30 表明，油脂废水是一种含油量高的高浓度有机废水，其污水中的油脂成分既有乳化油、溶解性油，又含有磷脂、皂脚。同时，污水中的悬浮物含量也较高。油脂废水的另一特点是有毒物质少，可生化性好，且水中营养配比适中。作为中小型油脂厂，其污水的一项主要特性是水量、水质波动都很大，其变化幅度在 1～3 倍。但是该种污水的可生化系数较高（一般＞0.5），因此，在处理工艺设计合理的条件下，该种废水达标排放应没有问题。

三、清洁生产

油脂加工生产中，各工段均有污水排放，其中以浸出车间、精炼车间的排污量负荷最大，而 60%～70%的污染物为精炼车间产生。在浸出车间，由于采用有机溶剂，因此控制溶剂的泄漏，保证其回收使用率是极其重要的；而精炼车间中的污水含油量较大，油脂回收也是控制污染物排放的重要手段。

（一）炼油车间的综合控制

在油脂生产过程所排放的污水中，炼油车间的污水通常占厂区总污水量的 15%～20%，而有机物排放量占厂区总排放量的 60%～70%。炼油车间的污水排放浓度通常取决于炼油过程中的副产品即磷脂和皂脚的分离效率，若分离效率不高，其出水的有机物浓度相当高

（COD 可达 20000～30000mg/L，油达 8000～15000mg/L），若生产工艺中酸油、皂脚都不回收，脱胶离心机、碱炼离心机、水洗离心机的浓污水直接排放，则排污量很大（见表 2-12-29）。而磷脂和皂脚是有很高经济价值的生产原料，通过适当的工艺手段，将磷脂和皂脚以及酸油进行回收，不仅可以获得一定的经济效益，同时还可大大降低污水的排放浓度，降低污水处理的造价，减少污水处理的技术难度。因此在工艺过程中必须实行全程的清洁生产，废水排放前必须进行磷脂、皂脚、酸油的回收，这不仅可以降低污水处理的负荷，还可以回收有价值的酸油。

（二）清洁生产的具体措施

油脂废水的主要排污点在炼油车间，因此炼油车间的清洁生产工作是降低污水排放负荷的关键，根据一般的油脂加工生产工艺，炼油车间降低排污的途径可分为五个方面。

1. 提高设备的分离效率

提高设备的运行效率，特别是离心分离机的分离效率是保证油脂尽可能少地排入污水的关键。通常离心机效率在 85%～95% 时，其排放的污水 COD 浓度可在 10000～15000mg/L；而其效率低于 80% 时，炼油车间排放的 COD 浓度可达 20000～30000mg/L，油含量达 8000～15000mg/L。

2. 加强油脂回收

对炼油车间排放污水进行油脂回收预处理是降低污染物排放负荷的重要措施。通常在炼油车间增加一座酸化中和隔油池，含有高浓度皂脚及酸油的污水通过加酸将 pH 值调至 2～3 时，可使其乳化的油脂改变物理性质而易于浮出水面，进而可通过隔油或气浮去除水中的油脂，通过加酸碱中和处理，其出水的 COD 可降至 2000～4000mg/L，油可降至 500～1000mg/L。

3. 生产水循环使用

生产水循环使用能极大地降低生产成本和污染物排放负荷。我国油脂工业每加工 1t 大豆消耗的水量为 0.8～3.0t（循环用），相应的排水在 0.05～0.3t 之间，如果不循环使用，吨豆加工的耗水量则可高达 10～35t，其排水量也成倍增加。

4. 加强环保工艺的应用

通过在生产工艺中运用新的技术手段，可以有效地降低油脂加工过程中的能耗和废弃物。例如：用新型浸出溶剂异己烷、正戊烷、液态烃（丁烷）和异丙醇等代替传统的溶剂己烷。己烷作为一种挥发性有机物，不仅可破坏臭氧层，并且对工人的身体健康存在安全隐患。目前，异丙醇浸出技术已经趋于成熟。

5. 完善生产管理

加强车间的操作管理，在生产过程中尽量减少跑冒滴漏所带来的污染。

四、废水处理与利用

（一）国内外油脂废水处理工艺的发展

对于含油工业污水的处理技术，国内外研究机构一直在不懈地进行深入研究与探讨，归纳起来其技术路线是在去除水中大量油类的同时，兼顾去除有机物、悬浮物、皂类、酸碱、硫化物、氨氮等。所以其处理手段大体为以物理方法分离、以化学方法去除、以生物法降解。20世纪70年代，用气浮法去除水中悬浮态乳化油脂已被各国广泛使用，同时结合生物法，可使水中含油量下降至10～20mg/L，有机物达到允许排放的水平。食用油加工的季节性很强，一年中工厂生产的最长时间为四个月。

英国采用厌氧接触工艺处理食用油废水，在生产期废水平均BOD浓度为30000mg/L，经厌氧处理，BOD去除率达99％，出水直接排入水体。由于厌氧处理的成功，英国已建议食用油工业废水全部采用厌氧处理。日本采用溶气浮选处理油脂工厂的含油废水，还研究出用电絮凝法处理乳化油废水。进入20世纪90年代，人们又开始使用生物絮凝剂处理含油水，用超声波分离乳化液，用亲油材料吸附油。近几年来，较为流行的还有膜渗透，滤膜被制成板式、管式、中空纤维式。美国还研究出动力膜，将渗透膜做在多孔材料上，应用于水处理中。处理含油废水往往是多种方法组合使用。美国、英国、日本等国目前普遍使用的方法有重力分离、离心分离、溶剂抽提、气浮、生化、化学、透析法等。

从处理工艺分析：国外发达国家主要致力于二级、三级处理，而我国则偏向于初级和二级处理，对三级处理很少采用，仅仅是在特殊情况下作为补充措施。所以我们常常选择的工艺是充分利用环境的净化作用，以节省深度处理费用。目前我国对于含油水处理的研究水平已与国外发达国家一致，所缺少的是对于中小型油脂厂水处理工艺的完善。

（二）废水处理的基本工艺流程

食用油生产和精炼车间的废水经中和后是可以生物降解的。一般先回收油，然后经过处理排入城市下水道系统或水体。对于含油脂废水，常采用的工艺为隔油去除悬浮态油，继之气浮去除乳化态油，最后生化去除溶解态油和绝大部分有机物。经过这几步处理的污水通常可达到排放标准。图2-12-20为油脂废水处理的常规流程，表2-12-31为油脂工业废水处理通常采用的处理工艺及处理效果。

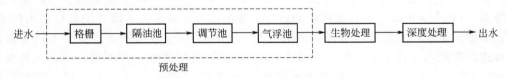

图 2-12-20　油脂废水处理的常规流程

表 2-12-31　食用油提取和精炼工业的废水处理工艺及处理效果

处理工序	废水浓度降低累计的百分数/%［括号内为废水浓度/（mg/L）］			
	BOD	COD	SS	油脂
pH值调节及隔油	21～28(850)	25～30(1500)	20～30(550)	25～60(820)
溶气气浮	60～75(350)	50～60(700)	70～80(150)	85～90(80)
生物处理	65～70(100)	60～70(250)	20～30(80)	20～30(50)
深度处理（活性炭、砂滤或生物炭等）	40～50(60)	40～50(120)	20～30(50)	10～20(35)
总工艺	90～75(60)	90～95(120)	92～95(50)	85～95(50)
加工中和皂脚和磷脂	在分离酸化的皂脚和磷脂过程中产生含有可回收的蜡状固体，从而可大大降低水中的有机物浓度			

1. 一级处理

在常规处理流程中，预处理部分通常由格栅、隔油池、调节池和气浮池组成，这一部分的主要目的是去除水中的油脂。由于污水中的油脂基本是皂脚和磷脂混杂的酸油，溶解性较差，特别是当水温较低时，油脂呈半固态，直接采用气浮处理效果较差，所以此时在隔油池采用必要的措施是除油的有效方法。如在水中加破乳剂或通过 pH 值的调节改变污水油的溶解性，使之便于隔油去除。

2. 二级处理

生化处理工段是保证污水处理达标排放的关键，生化处理工艺目前可采用厌氧和好氧或两种工艺串联使用。由于油脂加工工艺和原料的不同，造成预处理后进水有机物浓度相差较大，一般在化学精炼工艺中排放的污水，采用厌氧处理结合好氧处理的工艺，而在以物理精炼为主的工艺中，污水处理直接采用好氧处理。

厌氧处理工艺目前采用较多的是上流式厌氧污泥床（UASB）、厌氧滤床和厌氧复合床等，一般采用中温消化方式。虽然厌氧在处理高浓度有机废水方面具有较大的优势，但是它同时也存在一定的缺点，如运行启动时间较长，操作管理需要较高的管理水平，特别是对于规模较小的工业污水处理工程更是如此，另外由于工程小，其产生的沼气量少，无法利用，处置较为困难，因此在油脂污水处理中，采用厌氧工艺还应作周全的考虑。

在油脂废水处理中，好氧工艺是必须采用的工艺，根据废水特点，目前采用的好氧工艺主要有传统活性污泥法、接触氧化法、SBR 工艺以及高效的好氧工艺，如好氧汽提流化床等。传统活性污泥法工艺成熟，运转方便，管理经验成熟，通常出水效果较好，投资较少，但该工艺在处理工业废水时，抗冲击能力较差，特别是容易发生污泥膨胀，使系统运行不稳定，并且污泥量多，流程长，造价较高，因此在规模不大的工业废水工程中，传统活性污泥法应用较少；接触氧化法是工业废水中采用较多的好氧处理工艺，特别是在规模较小的工业污水处理中应用较多，原因是该工艺克服了传统活性污泥法的缺点，具有抗冲击能力强、负荷高、运行稳定、出水水质好等特点，但该工艺由于需要放置一定量的填料，因此工程投资较大；SBR 工艺是活性污泥法的变型，具有自动化程度高、抗冲击能力强、不产生污泥膨胀等特点，由于 SBR 工艺省去了沉淀和污泥回流的部分，从而大大降低了处理污水的成本，因此在小型的工业污水处理中应用是较为合理的。SBR 法也有其缺点，比如不适应高浓度废水和连续流废水。近年来，针对其缺点，各种 SBR 法的改进工艺不断出现，例如双向流SBR 法、UNITANK 工艺等，都结合了活性污泥法和 SBR 法的优点，达到了较好的处理效果。

目前，研究人员从油脂降解的特点出发开发出了一些新型处理方法，例如脂肪酶水解＋UASB 工艺、固定化法和微生物菌剂处理工艺等，这些工艺改善固液传质条件，为微生物创造良好环境，促进微生物生长，有利于提高处理效率。

3. 深度处理

通过厌氧和好氧处理后的油脂污水，通常可以达到排放要求，但在排放标准要求较严格的地区，污水还应进行进一步的深度处理。深度处理通常采用的工艺主要以物化为主，即砂过滤、生物活性炭以及稳定塘、土地处理等。砂过滤系统通常对去除污水中的悬浮物较为有效，而对去除污水中的溶解性有机物作用不大，因此，正常时需投加一定的絮凝剂来提高污水的有机物去除率，通常 COD 的去除率在 20%～30%。生物活性炭处理系统，主要是利用活性炭的吸附作用将水中的有机物吸附在其表面上，然后通过曝气将活性炭表面的微生物和有机物分解氧化。砂滤工艺对处理含悬浮物较高的污水较为有利，但反冲洗次数较多，对水中的溶解性有机物去除较差，而生物炭由于利用了曝气方式，基本相当于随时进行再生处理，因此在进水有机物浓度不高的条件下，生物炭一般不易发生堵塞，故其使用周期较长，是较为合理的工艺，但生物炭的工艺投资较砂滤高。氧化塘工艺和土地处理工艺作为深度处理工艺，虽然投资小、运行管理方便，但占地较大，因此，采用后处理工艺应根据具体的排放水质要求和实际条件进行确定。

本处理工艺可根据不同处理出水水质的要求，进行组合使用。如何根据每个油脂厂自身废水的水质、水量的特点及出水水质要求，选择经济合理的组合工艺进行处理，是个值得探讨、研究的课题。因为精炼油的生产所产生的废水属高、中浓度有机废水，治理该类废水有一定的技术难度，因此很有必要对油脂生产工艺和排污特点进行详细的研究，提出合理的处理工艺流程，从而在发展精炼油生产的同时，有效地治理污染。

（三）基本工艺的设计参数

1. 预处理工艺

该段工艺主要包括隔油池、调节池和气浮池。

① 隔油池　通常设在污水处理系统的最前段，通过自然隔阻的方式将污水中的漂浮油脂去除。该种隔油池的水力停留时间（HRT）为 0.5～1.0h，采用砖砌结构或设备形式均可。由于个别车间，特别是炼油车间排放的污水含油量较高，且经一般隔油无法有效去除，需通过加不同的药剂调节使其溶出，因此需在此车间单独设立加药隔油池，该隔油池的 HRT 为 2.5～3h。

② 调节池　调节水量、均衡水质，可与隔油池合建在一起，通常 HRT 为 8～12h。

③ 气浮池　采用加压溶气气浮系统，一般是以设备化形式为主，通常 HRT 为 0.5～1.0h，一般不需加药混凝。

2. 生化处理工艺

① 传统活性污泥法　一般采用推流式或完全混合式，污泥负荷为 0.1～0.3kg BOD/(kg MLVSS·d)，HRT 为 18～36h，COD 去除率大于 85%。采用活性污泥法，一般前面需加预处理设施，以便降低进水的有机负荷，保证活性污泥的正常运行，预处理设施主要采用厌氧或高效好氧处理工艺。

② 接触氧化法　采用加装各种填料的方式构成接触氧化工艺，在油脂废水处理中，采用的容积负荷为 1.5～2.0kg COD/(m^3·d)，HRT 为 18～24h，COD 去除率大于 85%。

③ SBR 工艺　设计的工艺参数可参照活性污泥工艺，但需根据 SBR 工艺进行适当的修正。

④ 高效好氧反应器　通常可采用汽提反应器代替厌氧处理装置，作为传统好氧系统的预处理系统，其后续的好氧处理系统可大大降低处理规模，汽提设计负荷为 15～20kg COD/(m^3·d)，HRT 为 1.5～2.0h。通常采用钢制的设备形式。COD 去除率为 50%～70%。后续的好氧系统 HRT 可缩短为 12～20h。

⑤ 厌氧、好氧处理系统　采用厌氧作为预处理生化处理单元时，其好氧处理系统可减轻负荷，因此可降低好氧的处理规模。其厌氧的设计参数为：容积负荷 5～8kg COD/(m^3·d)，HRT 为 8～12h，COD 去除率大于 70%。后续的好氧系统其 HRT 可缩短为 12～18h。

3. 深度处理工艺

① 生物活性炭工艺　通常进水 COD 浓度控制在 150mg/L 以下，SS<50mg/L，HRT 为 1.5～2.0h，气水比为 2∶1，COD 去除率为 70%～80%。

② 生物过滤工艺　通常进水 COD 浓度控制在 250mg/L 以下，HRT 为 1.5～2.0h，气水比为（3～4）∶1，COD 去除率为 50%～70%。

③ 混凝过滤工艺　通常进水 COD 浓度控制在 150mg/L 以下，SS<100mg/L，HRT 为 1.5～2.0h，COD 去除率为 30%～60%。

（四）油脂废水处理后的污水回用

油脂生产中，除生活和生产工艺中要求采用饮用水以上的标准外，其他用水的水质采用处理后的污水均可满足要求，其中以生产中的循环冷却水和绿化杂用水为主，经处理后的污水特别是进行深度处理后的污水，可作为循环冷却水的补充用水，也可作为厂区的绿化、生活杂用水水源。

五、工程实例

采用以上的处理工艺流程，基本可以解决油脂污水的处理达标排放问题。以下结合三个油脂废水处理工程实例，详细分析油脂废水处理的工艺过程。

（一）实例一

1. 进、出水水质及水量

辽宁某能源有限公司生产高质量、低含硫的生物柴油，主要原料为当地较多的动植物油和自产的部分废污油。生产废水包括含油污水、净化及含盐污水，以及不可预见的其他废水，污水量为 $60m^3/h$。污水处理后达到辽宁省《污水综合排放标准》（DB21/T 1627—2008）一级标准。进出水水质指标如表 2-12-32 所示。

表 2-12-32　进出水水质指标　　　　单位：mg/L（pH 值除外）

项目	COD	氨氮	pH 值	悬浮物	油	挥发酚	硫化物
进水	≤2500	≤150	6～9	≤350	≤100	≤100	≤50
出水	50	10	6～9	未检出	3.0	0.3	0.5

2. 工艺选择

废水处理工程采用调节罐—隔油池—气浮池—A/O 生物载体流化床组合工艺—多介质过滤器—臭氧催化氧化——一体化 BAF 处理生物柴油生产废水。该生物柴油生产废水处理工艺流程如图 2-12-21 所示。

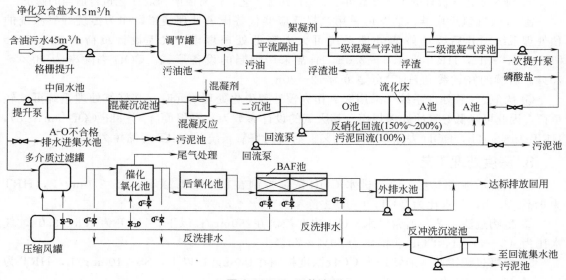

图 2-12-21　工艺流程

3. 主要设计参数

（1）污水物化处理单元

① 格栅井净空尺寸 $L \times B \times H = 2.65m \times 0.6m \times 3.77m$，最低栅前水深为 0.5m，共 1 座。

② 集水池净空尺寸 $L \times B \times H = 6.2m \times 3.7m \times 5.1m$，共 1 座。

③ 调节罐（罐中罐）尺寸 $D \times H = 13m \times 14.5m$，有效容积 $1500m^3$，共 2 座。

④ 隔油池为钢筋混凝土结构，处理量 $60m^3/h$，共 1 座，净空尺寸 $L \times B \times H = 19m \times 4m \times 2.8m$。有效水深 1.9mm，停留时间 2.4h，为平流式隔油池。池内设有刮油刮泥机 1 台、出水堰 1 台、排泥阀 1 台及集油管 1 台。外面有进出水管口、排油管口、排泥管口及放空管。

⑤ 一级涡凹气浮为一体式钢结构撬装设备，单套处理能力 $30m^3/h$，共 2 套，并联运行，每套净空尺寸 $L \times B \times H = 6.7m \times 2.2m \times 2.3m$，有效水深 1.7m，停留时间 50min。

⑥ 二级溶气气浮为一体式钢结构撬装设备，单套处理能力 $30m^3/h$，共 2 套，并联运行，每套净空尺寸 $L \times B \times H = 6.7m \times 2.2m \times 2.3m$，有效水深 1.7m，停留时间 50min。

⑦ 油泥浮渣池为钢筋混凝土结构，净空尺寸 $L \times B \times H = 7.5m \times 2.5m \times 3.5m$，1 座。

（2）污水生化处理单元

① 缺氧池池内尺寸 $L \times B \times H = 14.7m \times 5.7m \times 6.1m$，有效水深 5.5m，共 2 座。并列运行，有效容积均为 $445m^3$，停留时间为 14.8h。

② MBBR 池内尺寸 $L \times B \times H = 6.85m \times 4.65m \times 6.1m$，有效水深 5.5m，共 2 座，并列运行，有效容积均为 $175m^3$，总停留时间为 5.84h。

③ 好氧池池内尺寸 $L \times B \times H = 41.45m \times 4.65m \times 6.1m$，有效水深 5.5m，共 2 座，并列运行，有效容积为 $1060m^3$，停留时间为 35.3h。

④ 二沉池和混凝反应池池内尺寸 $D \times H = 9m \times 3.95m$，有效水深 2.7m，共 2 座，并列运行，有效容积均为 $172m^3$，停留时间 5.7h。

⑤ 污泥回流池池内尺寸 $L \times B \times H = 4.7m \times 2.7m \times 3.5m$，共 1 座，有效水深 3m。

⑥ 二次提升池池内尺寸 $L \times B \times H = 4m \times 3m \times 2m$，共 1 座。

（3）深度处理单元

① 多介质过滤罐 3 台，单台处理量为 $30m^3/h$，过滤速度 8～12m/s，工作压力为 0.04～0.2MPa，滤层高度 1.5m。

② 催化氧化池池内尺寸 $4.5m \times 4.3m \times 6.8m$，共 1 座，分为 2 组 4 格；臭氧发生器共 2 套，规格 0.8kg/h，装机功率 $N = 10kW$，运行功率 $N = 8kW$，380V，含配套配电箱和控制柜；臭氧分布器共 4 套，进水布水系统 4 套，反冲洗布水系统 4 套，催化剂收料过流装置 4 套，反冲洗布风系统 4 套，接触催化剂 $50m^3$，组合式填料 $3.5m^3$。

③ 后氧化池池内尺寸 $6.6m \times 4.5m \times 6m$，共 1 座，功能为稳定水质。

④ 曝气生物滤池池内尺寸分别为 $6m \times 5m \times 5.5m$、$6m \times 5m \times 5m$，共 2 座，分为 2 组 4 格，四间并联运行。曝气系统 4 套，气反洗系统 4 套，进水布水系统 4 套，反冲洗布水系统 4 套，过流收料装置 4 套，改性生物填料 $240m^3$，专属组合式填料 $32m^3$，压缩风罐 1 座，净化风罐 1 座。

⑤ 外排水池池内尺寸 $8.65m \times 4.5m \times 5m$，共 1 座，深度处理反洗泵采用自吸泵 2 台，规格 $Q = 200m^3/h$，$H = 25m$。

⑥ 反洗澄清池池内尺寸 $8.65m \times 6.7m \times 5m$，共 1 座，上清液提升泵采用自吸泵 2 台，规

格 $Q=30m^3/h$，$H=20m$。反洗澄清池污泥泵采用自吸泵 1 台，规格 $Q=20m^3/h$，$H=30m$。

（4）污泥处理单元

污泥浓缩罐池共 2 座。回流池（均质池）池内尺寸 2.5m×2m×3m，污泥螺杆泵 2 台，规格 $Q=5\sim10m^3/h$，$H=30m$，均质池搅拌机转速 $10\sim15r/min$，共 1 套。

4. 工艺评析

经过 4 个月的调试后，系统采用 24h 连续运行，根据 3 日连续监测结果表明该系统运行正常。出水效果见表 2-12-33。

表 2-12-33 出水效果　　　单位：mg/L（pH 值除外）

项目		pH 值	COD	挥发酚	氨氮	油	SS
集水池	进水	7.88	2026	—	73.8	452	378
	出水	7.44	1994	99.7	73.6	435	362
调节罐	进水	7.44	1994	99.7	73.6	435	362
	出水	—	1671	78.6	71.8	278	299
隔油池	进水	—	1671	78.6	69.5	278	299
	出水	—	1349	55.1	67.1	147	208
1# 提升池	进水	7.73	1119	41.4	65.4	18.8	44.2
	出水	7.93	1104	41.4	65.4	18.8	44.2
混凝沉淀池	进水	8.68	256	0.3	13.2	4.1	—
	出水	7.88	107	0.3	13.2	4.1	20.7
回用水池	进水	7.07	40	—	3.7	—	4.2
	出水	6.31	38	—	3.7	—	4.2

出水水质一直稳定达到辽宁省《污水综合排放标准》（DB21/T 1627—2008）一级标准。

（二）实例二

1. 污水来源

精炼车间的脱胶、碱炼、水洗等工艺排污；车间地面冲洗；冷却溢流水和厂区的生活污水等。生产原料主要为棕榈油。

2. 工程设计要求

设计的水量水质要求见表 2-12-34。

表 2-12-34 废水处理的设计要求

水量/(m³/d)	设计进水水质/(mg/L)				设计出水水质/(mg/L)			
	COD	BOD	SS	油脂	COD	BOD	SS	油脂
350	10000	6000	1000	6000	150	100	160	50

3. 处理工艺流程及说明

工艺流程见图 2-12-22。

精炼车间的高浓度污水（含油量较高）与其他污水混合后经格栅进入隔油沉淀池，污水经过沉淀隔油池去除表层浮油后进入调节池，在此加药中和后进入斜板隔油池，在此大量的浮油被去除，由于污水中仍含有较高浓度的乳化油，因此污水再进行两级气浮，经过物化处理的污水进入一级生化接触氧化池，经沉淀后，污水经过二级接触氧化池处理，沉淀后进入过滤池，最终出水排放。

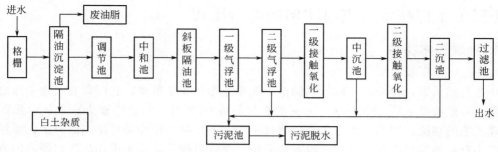

图 2-12-22　处理工艺流程

调节池调节量为 8h。调节池出水基本上能保持流量和水质的恒定。调节出水经污水管进入两级气浮，油去除率可达 95%，COD 去除率可达 90% 左右。两级生物接触氧化池，一级设计容积负荷为 3.0kg COD/(m³·d)，水力停留时间（HRT）为 8h，二级设计容积负荷为 1.5kg COD/(m³·d)，HRT 为 8h，出水经过滤后，COD<100mg/L，BOD<30mg/L，油脂<1mg/L，完全达到了回用的要求，出水可以回用，作为循环冷却水和杂用水。

4. 主要构筑物

① 隔油池、沉淀池、调节池　由植物炼油厂排放的废水含有较多的浮油，同时水质、水量变化较大，精炼车间的污水需进行酸化除油，同时设置较大的调节池，以均衡废水的水质、水量，使后处理设施能稳定连续工作。调节池 HRT 为 8h。

② 气浮池　采用两级气浮池，气浮池的停留时间为 1h。

③ 两级生物接触氧化池　一级生物接触氧化池设计负荷采用 3.0kg BOD/(m³·d)，HRT 为 8h，气水比为 18∶1；二级生物接触氧化池的设计负荷采用 1.5kg BOD/(m³·d)，HRT 为 8h，气水比为 12∶1。

④ 过滤池　接触氧化出水经沉淀分离后，有机物含量已很低，为了保障出水达标，采用过滤去除水中的悬浮物和部分有机物，滤速为 10m³/(m²·h)。

5. 处理效果

运行结果见表 2-12-35。

表 2-12-35　污水处理工艺运行效果汇总表

项目	隔油、气浮及酸化调节池			二级好氧接触氧化池及过滤		
	进水/(mg/L)	出水/(mg/L)	去除率/%	进水/(mg/L)	出水/(mg/L)	去除率/%
COD	6640	643	90.3	643	90	86
BOD	—	402	—	402	17	95.7
SS	830	43	95.2	43	<5	87.5
油脂	4261	24.1	99.4	24.1	<0.4	98.3

6. 设计特点及经验教训

本例采用了强化预处理工艺，有机物及油脂去除较好，后续的两段好氧工艺基本达到了处理要求，整个流程运行可靠稳定。

但由于炼油车间的出水没有采用中和油脂回收，因此使预处理工艺流程过长，同时增加了运行成本，也使得后续的好氧工艺采用了两级接触氧化，因此增大了投资和运行费用。故设计油脂回收的预处理系统是保障污水处理系统稳定运行的关键。

（三）工程技术特点与实例的综合比较

1. 处理技术特点

（1）预处理技术

从运行结果看，预处理工段（隔油池、气浮池等）非常重要，它可以有效地去除废水中的油脂。一般情况下原水中 85%～90% 的有机物或 95% 以上的油脂被去除，从而保证了后续处理工艺的功能。因为当水中含油量超过 1000mg/L 时，往往是悬浮态油较多，漂浮于水面或以小颗粒油滴悬浮在水中。此时直接采用气浮效果较差，需采用加酸溶解隔油的方法去除，此过程在实例一的预处理中得到了很好的应用，经此处理后水中的含油量降至 100～500mg/L，油大多以乳浊态存在，采用气浮效果十分理想，因此工程中一般采用先加酸除油，再加碱中和调节，再气浮的方法进行预处理，实践证明效果较好。

（2）生物处理技术

油脂污水处理工程所采用的生物处理工艺主要有汽提反应器、接触氧化等，各有特点。

① 好氧汽提反应器 实例一污水处理工艺中在预处理设施后采用了汽提反应器，该反应器是一种高效新型好氧污水处理装置，适宜处理高、中浓度的有机废水。它与传统的生物处理设施相比，具有如下几个特点：a. 生物量高；b. 生物载体沉降速度快，不需设置专门的沉淀池；c. 耐受冲击负荷能力强，处理效率高。

② 普通接触氧化 本污水处理工艺的好氧段采用了接触氧化池，因为在处理各种污水的好氧工艺中，接触氧化应用较为广泛，特别是在工业废水的处理中更为普遍，因此经过该段的好氧处理，最终出水可稳定地达到排放标准；在进水浓度较低的情况下，采用传统的活性污泥曝气池处理工艺也是一种经济实惠的选择。

（3）深度处理技术

深度处理主要是在出水水质要求较高时采用的后处理技术，一般采用砂过滤或生物活性炭处理系统，实例一采用了生物活性炭，但没有投入使用，说明在实际工程中可考虑不设此段工艺。

2. 工程实例的综合比较

两个工程实例虽然表面看污水处理工程均达到设计要求，且达标排放，但是实例一的工艺流程较为简单，若工艺流程复杂，虽然提高了工艺运行安全性，但投资增大，运行成本相应也会提高。在解决了关键的预处理工段以后，合理简化或适当采用高效的好氧（或厌氧）处理工艺，是降低投资造价、减少运行费用的关键所在。

（四）深度处理与回用实例

某生产大豆色拉油的食品公司采用预处理—复合厌氧—生物接触氧化工艺处理其产生的废水，出水达到了《污水综合排放标准》（GB 8978—1996）中的一级标准要求，但该公司为了实现生态工业示范园区建设的总体目标，拟将废水进行深度处理后补充回用到循环冷却水中，以节约新鲜水源，使废水资源化。

该公司通过技术对比，决定采用混凝沉淀—臭氧—活性炭工艺对废水进行深度处理。工程设计处理能力为 $450m^3/d$。

1. 废水水质水量

该公司每年生产大豆色拉油 $5 \times 10^6 t$，每日排放废水 410～450m^3，其 COD 浓度为

32000~42000mg/L、BOD 浓度为 12000~16000mg/L、SS 浓度为 3500~9500mg/L，污染物浓度较高。

2. 深度处理工艺

深度处理工艺流程如图 2-12-23 所示。

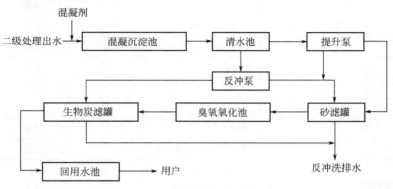

图 2-12-23　深度处理工艺流程

经由二级生化处理系统处理后的废水，直接流入静态管道混合器与投加的混凝剂充分混合，然后在混凝沉淀池内反应沉淀，去除废水中呈胶体和微小悬浮颗粒状态的有机和无机污染物后进入清水池。废水进一步提升，通过砂滤罐去除在混凝沉淀池内未能沉淀的微小絮凝体。接着，废水进入臭氧氧化池，在这里，一部分简单的有机物及其他还原性物质被臭氧所氧化，从而降低了后续生物炭滤罐的有机负荷。同时，臭氧氧化能使废水中残余的难以生物降解的有机物断链、开环，形成短链的小分子物质，从而转化成可生物降解的有机物，提高其可生化性。然后，废水进入生物炭滤罐，由于臭氧氧化后生成的氧气能在处理水中起到充氧作用，使生物炭滤罐中有充足的溶解氧用于生物氧化作用。因此，活性炭能够迅速地吸附废水中的溶解性有机物，在炭床中形成生物膜。生物炭滤罐出水流入回用水池贮存回用。

3. 主要构筑物及设备

① 混凝沉淀池　混凝沉淀池为钢混结构，共设 2 座，并联运行，表面水力负荷为 2.0m³/(m²·h) 用穿孔墙整流布水，集水槽出水。池内设置 D32mm 蜂窝斜管，以提高沉淀效率。采用重力排泥，根据情况每日排泥 1~2 次。

② 臭氧氧化池　臭氧氧化池为钢混结构，设 1 座，臭氧通过设在氧化池底部的刚玉微孔扩散器分散成微小气泡后进入废水中，臭氧投加量控制在 4mg/L 左右，接触时间为 45min。该臭氧氧化池为多格串联式（见图 2-12-24），这样的设计可以提高 O_3 的溶解效率。

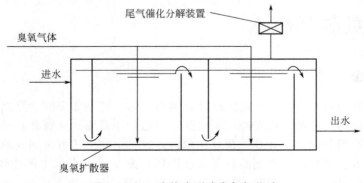

图 2-12-24　多格串联式臭氧氧化池

③ 回用水贮池　回用水贮池设于室外地下，钢混结构，有效容积为 $94m^3$，池顶浇筑混凝土盖板，并覆土保温和绿化。

主要设备见表 2-12-36。

表 2-12-36　废水深度处理系统主要设备

名称	规格型号	工艺参数	数量	备注
提升泵	WQ2130-205	H 为 15m；Q 为 $20m^3/h$	2 台	1 用 1 备
反冲洗泵	WQ2210-417	H 为 20m；Q 为 $110m^3/h$	1 台	
制氧机	TC-4	$4m^3/h$	1 套	
臭氧发生器	XL-100	Q 为 100g/h	2 台	1 用 1 备
臭氧扩散器	HWB-215	服务面积为 $0.25m^2/$只	24 只	
砂滤罐	非标	滤速 10.0m/h；滤料高度 1.4m	2 座	
生物活性炭罐	非标	滤速 8.5m/h；滤料高度 1.2m	2 座	

4. 处理效果

废水经深度处理后，达到了工业循环冷却水水质标准要求（见表 2-12-37），可以作为循环冷却水补充水使用。

表 2-12-37　废水深度处理系统的运行结果

项　　目	进水	出水	回用水水质要求
pH	7.92～8.76	7.4～7.8	7.0～9.0
COD/(mg/L)	61.0～85.7	9.6～22.4	≤50
SS/(mg/L)	26.0～52.0	3.6～7.42	≤10
浊度/NTU		<3	≤5
溶解性固体/(mg/L)		864.2	≤1000
油类/(mg/L)	1.55～5.19	0.62～1.59	<5

5. 经济分析

该废水深度处理系统每天产水量约为 $400m^3$。日耗电量 152.6kW；每天消耗混凝剂约 15kg；由原污水处理站运行操作人员管理，制水成本为 0.36 元$/m^3$（2006 年，其中电费 0.21 元$/m^3$，药剂费 0.11 元$/m^3$，检修维护费 0.04 元$/m^3$）。废水回用后可节约用水和排水费 3.57 元$/m^3$，减去运行成本，每年（按 300d 计）可创造经济效益 37.32 万元，16 个月即可收回工程投资。

第四节　豆制品废水

一、概述

豆制品主要分为两大类，一类是发酵性豆制品，另一类是非发酵性豆制品。发酵性豆制品是指以大豆为原料，经微生物发酵而制成的豆制品，如酱油、豆腐乳、豆豉、豆瓣等。而非发酵性豆制品则指利用大豆和其他杂豆为原料，经一定的工艺方法制成的豆制品，例如豆腐、豆浆、豆奶等。近几年，豆制品行业发展迅猛，改变了一直以来的作坊式的生产方式，豆制品加工的大豆量约为 940 万吨。2014—2021 年中国豆制品行业前 50 强企业投豆量逐年增加，2021 年中国豆制品行业前 50 强的投豆量为 185.09 万吨，销售额达 327.3 亿元。

豆制品生产过程中产生的废水属于高浓度废水，水量小且比较分散，企业大多分布在城乡结合部，使得污水不易纳入城市管网，增大了处理的困难。

虽然豆制品废水当中的碳水化合物含量高，但是其中几乎不含有毒的物质，所以不会对人的身体健康造成大的影响，但废水中所包含的羟类化合物、氨基酸、矿物质等，能促进微生物生长、繁殖，当废水被排入湖泊、池塘等封闭水体中时会造成富营养化，导致鱼类和水生生物的死亡，有很大的异味；此外，污水经过的地方，蚊子和苍蝇很多，从而影响了周围居民的生活环境和身体健康。因此，这种废水严重污染环境，影响面较广。

二、生产工艺和废水来源

（一）生产工艺

豆制品的生产工艺按照豆制品的分类可以分为发酵类豆制品的生产工艺和非发酵类豆制品的生产工艺。

发酵类豆制品生产工艺，以豆腐乳为例，工艺流程为：初选→水洗→浸泡→磨浆→煮浆→点卤→压滤→豆腐→切块发酵→成品。其中由水洗到压滤均产生废水。

非发酵类豆制品生产工艺，以豆腐为例，工艺流程为：初选→水洗→浸泡→磨浆→煮浆→点卤→压滤→成品。其中由水洗到压滤均产生废水。

（二）废水来源

豆制品废水是一种高浓度的有机废水，其中含有大量的蛋白质、脂肪、淀粉等有机物，COD 值和 BOD 值较高，总氮和氨氮也较高。例如在豆腐生产过程中，废水的主要来源为水洗、浸泡和压滤工段，还包括部分冲洗水。泡豆水和黄浆水（压榨过程中流出）总量是大豆重的 5.5～7 倍。其中黄浆水的排放量是大豆投料量的 4～5 倍，即每天加工 100kg 大豆约产 0.4t 废水。豆腐生产清洁（清洗）用水的量是大豆重的 10～20 倍，即每天生产 100kg 的大豆产生 1～2t 废水。

某厂豆腐生产过程中的废水水质、水量见表 2-12-38。

表 2-12-38　某厂豆腐生产过程中的废水水质、水量

项　目	水　质	项　目	水　质
COD/(mg/L)	8000～20000	TN/(mg/L)	200～400
pH 值	5.0～7.0	TP/(mg/L)	15～40
SS/(mg/L)	500～1200	K/(mg/L)	300～500
BOD/(mg/L)	500～12000		

注：黄泔水 COD 在 $(2～3)×10^4$ mg/L，浸豆水 COD 在 4000～8000mg/L，洗涤、冲洗水 COD 在 500～1500mg/L；黄豆水量在 3～4L/kg。

表 2-12-39 为某豆制品厂废水水质与水量。

表 2-12-39　废水水质水量

项　目	水量/(m³/d)	COD/(mg/L)	BOD/(mg/L)	SS/(mg/L)	NH_4^+-N/(mg/L)
黄浆废水	30	30000	20000	5000	100
其他废水	78	6000	4000	1500	40

续表

项　目	水量/(m³/d)	COD/(mg/L)	BOD/(mg/L)	SS/(mg/L)	NH₄⁺-N/(mg/L)
清洗废水	140	1000	600	500	20
生活污水	30	300	200	350	25
排放标准		100	30	15	15

三、清洁生产

对于豆制品生产加工来说，要加强新工艺的研发，减少生产过程中产生的废水量。同时要加强废水中有用物质的回收，一方面可以节约资源，降低生产成本，另一方面又可以减少对环境的污染。

豆制品废水中含有多种蛋白质、淀粉和脂肪。在加工过程中排出的黄浆水中，固体含量在 1% 以上，其中蛋白质含量约占 0.3%，脂肪含量约占 0.08%，还原糖含量约占 0.15%。除此之外，废水中还含有大豆异黄酮、大豆皂苷等多种功能性成分，目前我国大多数企业将黄浆水直接排放，这样既浪费资源又污染环境，不利于清洁生产和增加大豆加工附加值。豆制品废水中还含有氧化型酵母菌生产所需要的碳、氮、磷及微量金属元素。酵母菌在氧气充足的情况下可将糖类全部分解为二氧化碳和水，同时产生大量含蛋白质的菌丝体，它可回收作为饲料蛋白。利用厌氧法处理豆制品废水时，每去除 1kg COD，便可以获得 0.6～0.8m³ 沼气，沼气经处理后可用作发电或燃气。

四、废水处理与利用

豆制品废水是一种有机物含量较高的废水，BOD/COD 值高达 0.55～0.65，C、N、P 之比为 100∶4.7∶0.2。pH 值较低，废水中基本不含有毒有害的物质。因此，豆制品废水适宜采用生物法进行处理。

国外从 20 世纪 60 年代开始研究豆制品废水的处理，并且应用于工程实践中，我国也于 70 年代开始大量研究并应用于实践。豆制品废水的处理可以分为厌氧生物处理法、好氧生物处理法、厌氧-好氧相结合的处理工艺三种方法。其中厌氧生物工艺的研究与应用最多。但是经厌氧处理后的出水需要辅以好氧处理，才能满足排放标准。

厌氧处理工艺主要包括 AB（厌氧滤床）工艺、UASB（上流式厌氧污泥床）工艺、AFR（厌氧流化床）工艺、ABR（厌氧折流板反应器）工艺、两相厌氧处理工艺等。好氧处理工艺主要包括 AB 法、传统活性污泥法、SBR（序批式活性污泥法）、MBR（膜生物反应器）法等。

1. AF（厌氧生物滤池）

AF 是由美国 Standford 大学的 Young 和 Mc.Carty 于 1967 年在生物滤池的基础上开发出来的一种早期高效厌氧生物反应器。污水从池底进入从池顶排出。实践证明，采用软性、半软性材质的填料，不易堵塞，生物膜均匀，处理效果要好于软性材料。为了防止堵塞和短流现象的发生，体现 AF 的优势，要定期对填充床反应器放水。此外，悬浮固体高的污水不适宜采用此法。

表 2-12-40 为 AF 处理豆制品废水的效果。

表 2-12-40　AF 处理豆制品废水的效果

规模	HRT /h	温度 /℃	COD 容积负荷 /[g/(L·d)]	进水 COD /(mg/L)	出水 COD /(mg/L)	COD 去除率 /%	产气率 /[m³/(m³·d)]	COD 去除 产气率/(L/g)	CH₄ 含量 /%
小试	16.5	35±1	14.5	9987	1767	82.3	—	0.31	63.4
中试	43.2	30～32	11.1	20320	4395	78.4	5.11	0.35	60.0

2. UASB（上流式厌氧污泥床）

UASB 是目前研究最多的一种工艺，它是由荷兰的 Lettinga 教授于 1977 年开发的，反应器大体上分为 3 个部分，包括消化区、过渡区、沉淀区。污水自下而上通过反应器，在反应器的底部，首先通过一个高浓度、高活性的污泥层，浓度可达 60～80g/L。在这里，大部分有机物被转化为 CH_4 和 CO_2。在污泥层之上是一个污泥悬浮层，它是由于产生的气体的搅动以及气泡黏附污泥而形成的。反应器内可以培养出大量的厌氧颗粒污泥，从而使反应器内的负荷很大。其容积负荷可高达 10～20kg COD/(m³·d)。UASB 对有机物的去除率高，抗冲击负荷的能力强，污泥沉降性能好，水力停留时间短，UASB 内设三相分离器而省去了沉淀池，不需搅拌和填料，结构简单。用于处理豆制品废水时启动过程快，运行稳定。生产性规模运行时，在 HRT 为 2d，温度 30～32℃条件下，容积负荷可达 5.5～7.5kg/(m³·d)，COD 的总去除率达 97.5%。

3. AFB（厌氧流化床）

厌氧流化床床体内填充细小的固体颗粒填料，如石英砂、无烟煤、活性炭、沸石等。填料粒径一般为 0.2～1mm。膨胀率一般为 20%～70%。由于其拥有较高的有机物容积负荷（27.1g/L），因此耐冲击负荷的能力强，处理效果好。此外 AFB 还具有水力停留时间短，运行稳定，不易堵塞等优点，不足之处是能耗相对较大。

AFB 工艺的设计参数为：流化床膨胀率 30%，发酵温度 35℃；流化时间 10h/d；反应器和滤床容积负荷分别为 10.0kg/(m³·d) 及 21.0kg/(m³·d)，COD 去除率≥90%，BOD 去除率≥95.0%，产气率 0.50L/g COD（去除）；沼气中 CH_4 含量≥65.0%。

4. ABR（厌氧折流板反应器）

ABR 类似于几个串联的 UASB，是由 Mc.Carty 和 Bachmann 等于 1982 年提出的，它是由多隔室组成的高效新型反应器，它的主要特点有：

① 水力条件优良，ABR 反应器的流态介于推流与完全混合之间；

② 对生物固体的截留能力强；

③ 负荷高，处理能力强，去除率 80% 以上。

在生产实践中，运用 ABR 工艺的 COD 去除率和产气效果良好，COD 去除率达 80% 以上，系统的容积产气率最高为 10.2m³/(m³·d)。

5. 两相厌氧发酵工艺

两相厌氧法是一种新型的厌氧生物处理工艺，它把产酸和产甲烷分别放到两个独立的反应器内进行，并且将两个反应器串联起来，形成两相厌氧发酵系统，以创造各自最佳的环境条件。

两相厌氧发酵工艺处理豆制品废水的实际运行表明，废水在产酸器的 HRT 为 3h 时，大部分有机物被降解成中间产物，VFA 从 300mg/L 上升到 2000～3000mg/L，出水进入产甲烷反应器，不同产甲烷反应器的处理效果不同。

五、工程实例

（一）实例一

某豆制品厂主要生产新型速冻腐竹、腐乳、腊八豆、豆豆鲜等大豆系列产品。其污水一部分来源于豆制品加工过程中产生的高浓度废水，另一部分来自于大豆的浸泡、洗涤以及生活污水。

其水质及其需达到的排放标准见表2-12-41。

表 2-12-41　废水水质及排放标准

项　　目	废水水质	排放标准	项　　目	废水水质	排放标准
pH 值	4.5~6.5	6~9	NH_4^+-N/(mg/L)	25~40	15
COD/(mg/L)	1500~3000	100	TP/(mg/L)	4~10	0.5
BOD/(mg/L)	850~2000	20	SS/(mg/L)	200~800	70

该废水中，主要的污染物有高浓度的碳水化合物、蛋白质、脂肪以及少量的食用油和食品添加剂等。该废水中 BOD/COD 值高达 0.6~0.7，且有毒有害物质很少，除了 pH 值较低外，适合污水处理所需微生物生长。

废水处理工艺流程见图 2-12-25。

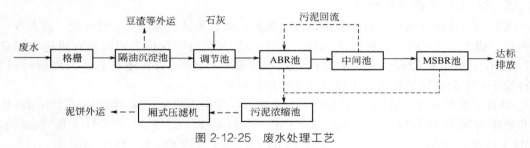

图 2-12-25　废水处理工艺

主要构筑物参数如下。

① 隔油沉淀池　钢筋混凝土结构，尺寸 5m×2.2m×4.5m，有效水深 3.5m，有效容积 38.5m³。

② 调节池　钢筋混凝土结构，有效水深 3.5m，尺寸 3.5m×5m×4.5m，有效容积 61m³，HRT 为 6.7h。

③ ABR 池　钢筋混凝土结构，尺寸 8m×5.5m×6.5m，有效水深 5m，有效容积 220m³，HRT 为 24h，容积负荷 2.1kg COD/(m³·d)。池内布置有 50m³ 的弹性填料。ABR 末端为中间池，中间池内采用穿孔管鼓风曝气，曝气强度 9m³/m²。在这里可吹脱部分氨氮和其他可挥发小分子有机物质，中间池与调节池曝气共用 1 台罗茨鼓风机。中间池内还设置污泥回流泵，将在中间池沉淀的厌氧污泥用污泥泵回流至 ABR 进水口，以补充 ABR 的污泥浓度，并控制废水的碱度平衡，减少系统对碱度的需求量，从而降低运行费用。另一方面回流水还可降低 ABR 进水的 COD，并增大进水流量，改善 ABR 内的水力状况。

④ MSBR 池　MSBR 池为改良型 SBR，实质是由 A/O 工艺与 SBR 系统串联而成，具有生物除磷脱氮和连续进水、出水的功能，与传统的 SBR 有着本质的区别。MSBR 池与 ABR 共池壁，钢筋混凝土结构，尺寸 6.5m×8m×5.5m，有效水深 4.9m，有效容积 255.8m³，

HRT 为 26h。MSBR 池为矩形，分为 4 个主要部分：1 个主曝气格、两个交替序批处理格和 1 个进水兼氧格。主曝气格在整个运行周期中保持连续曝气，而两个序批处理格以 6h 为一个周期分别交替作为排水池和澄清池。MSBR 池运行方式为连续进、排水。由于采用恒水位运行，避免了传统 SBR 变水位操作水头损失大、水池容积利用率低的缺点。曝气采用 1 台罗茨鼓风机，气水比为 25∶1。MSBR 池排水由两个电动蝶阀控制，序批处理格沉淀的污泥按周期由池内的污泥泵抽至 MSBR 池进水兼氧格与进水混合。同时污泥泵抽泥管也可由阀门控制，定期将剩余污泥输送至污泥浓缩池。

⑤ 清水池　钢筋混凝土结构，尺寸 6.2m×5m×3.5m，有效水深 2.6m，有效容积 33.8m³。

废水处理效果如表 2-12-42 所示。

表 2-12-42　废水处理效果　　　　　单位：mg/L（pH 值除外）

项目	pH 值	COD	BOD	NH_4^+-N	TP	SS
进水	5.1	2800	1380	26	5	600
隔油沉淀池	4.6	2630		28	4.8	185
调节池	6.5	2460		25	2.3	206
ABR 池	7.6	480		23	1.5	95
MSBB 池	7.5	65	15	5	0.4	50
去除率/%		97.6	98.9	80.7	92.0	91.6
排放标准	7	100	20	15	0.5	70

工程投资 42 万元，处理水量 220m³/d，总装机容量为 26.20kW。运行费用为 0.91 元/m³，其中药剂费为 0.05 元/m³（精石灰 10kg/d，按 0.8 元/kg 计），电费为 0.74 元/m³，人工费为 0.12 元/m³（2007 年）。

（二）实例二

某豆制品加工厂产量 10t/d，其废水水质、水量见表 2-12-43。

表 2-12-43　某豆制品加工厂废水水质、水量

项目	水量/(m³/d)	COD/(mg/L)	BOD/(mg/L)	SS/(mg/L)	pH 值	温度/℃
高浓度废水	80	24000	10800	12000	5	50
低浓度废水	250	400	180	550	6	常温

该豆制品废水经处理后要求接入城市管网，该废水处理采用水解酸化-厌氧消化处理工艺，工艺流程见图 2-12-26。废水在水解酸化池的 HRT 为 12h，经过此段，污水中的难降解、大颗粒的有机物水解成易降解的简单有机物，大大地降低了废水中的 SS 含量。厌氧发酵采用复合式上流厌氧污泥床工艺，中温发酵，HRT 为 84h，容积负荷 4.4kg COD/(m³·d)，COD 的去除率在 95% 以上，产生的沼气量达 510m³/d。厌氧消化罐回流量的增加可以大大减少对厌氧的冲击负荷，不必为调节 pH 值而多支出药品的费用，可以使运行处于低成本状态，并且增加了沼气出售的收入（该工程产沼气为 510m³/d，若按 1.2 元/m³ 计，则收入为 612 元/d）。

处理效果如表 2-12-44 所示。

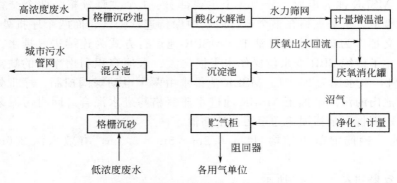

图 2-12-26　豆制品废水处理流程

表 2-12-44　处理效果

项目	高浓度废水	格栅沉砂池	酸化水解池	厌氧消化罐	沉淀池	混合池
处理水量/(m³/d)	80	80	80	80	80	330
滞留时间/h		1	12	84	6	6
pH 值	5.0	5.0	5.5	7.2	7.2	6.5
SS/(mg/L)	12000	11000	7200	430	350	501
SS 去除率/%		8.3	34.5	94	18.6	
COD/(mg/L)	24000	23000	16500	690	650	460
COD 去除率/%		4.2	28.3	95.8	4.4	
BOD/(mg/L)	10800	10500	8500	260	260	200
BOD 去除率/%		2.8	19	97.5		
温度/℃	50	30	28	38	常温	常温
沼气/(m³/d)				510		

第五节　乳品工业废水

一、概述

乳制品行业是目前我国改革开放以来增长最快的重要产业之一，也是推动第一、二、三产业协调发展的重要战略产业。在我国，乳制品逐渐成为人民生活必需食品，乳制品消耗稳步提升。2013 年规模以上企业乳制品产量为 2698 万吨，利润总额为 180.1 亿元。

乳制品行业的产品种类众多，包括液体乳、酸乳、乳粉、炼乳、奶油、干酪等。但我国乳制品主要是以满足人民喝奶为主，主要产品是液体乳（巴氏杀菌乳、灭菌乳）、酸乳和乳粉，这三项产品的产量占乳制品总量的 90.65%。

二、生产工艺和废水来源

（一）生产工艺

1. 液体乳

巴氏杀菌乳：原料乳验收→净乳→冷藏→标准化→ 均质→巴氏杀菌→冷却→灌装→冷藏

高温杀菌乳：原料乳验收→净乳→冷藏→标准化→ 均质→高温杀菌→冷却→灌装→冷藏

灭菌乳：原料乳验收→净乳→冷藏→标准化→预热→ 均质→超高温瞬时灭菌（或杀菌）→冷却→无菌灌装（或保持灭菌）→成品储存

2. 酸乳

凝固型：原料乳验收→净乳→冷藏→标准化→ 均质→杀菌→冷却→接入发酵菌种→灌装→发酵→冷却→冷藏

搅拌型：原料乳验收→净乳→冷藏→标准化→ 均质→杀菌→冷却→接入发酵菌种→发酵→添加辅料→冷却→灌装→冷藏

3. 乳粉

湿法工艺：原料乳验收→净乳→冷藏→标准化→均质→杀菌→浓缩→喷雾干燥→筛粉晾粉或经过流化床→包装

干法工艺：原料粉称量→拆包（脱外包）→内包装的清洁→杀菌→混料→包装

4. 其他乳制品

炼乳：原料乳验收→净乳→冷藏→标准化→预热杀菌→真空浓缩→冷却结晶→装罐→成品储存

（二）废水来源

乳制品生产废水的主要来源是：

① 包括容器管道输送装置在内的生产设备清洗水和器具清洗水，这部分是高浓度废水；
② 生产车间、场地的清洗和工人卫生用水，为低浓度废水；
③ 杀菌和浓缩工段的冷却水和冷凝水，通常循环使用；
④ 生活用水和工人工作服清洗水，一般是低浓度废水；
⑤ 回收瓶装酸奶和巴氏杀菌乳生产过程中，产生浓度较高的回收瓶清洗水。

乳制品产生废水的主要特点是：

① 可生化性能好；
② 生产过程中污染物产生浓度波动较大；
③ 废水污染物浓度与产品结构和产品品种的数量密切相关；
④ 废水中总磷、总氮的含量相对较高。

生产过程废水的来源和主要污染物种类详见表 2-12-45。

表 2-12-45 生产过程废水的来源和主要污染物

序号	工艺或流程	来源	主要污染物
1	CIP 清洗过程（就地清洗）	生产线所有设备管道、容器内部的自动清洗水；部件拆洗水；酸罐和碱罐的排渣清洗水	化学需氧量、生化需氧量、悬浮物、氨氮、总氮、总磷、pH
2	原料乳验收	清洗奶罐车的清洗水	化学需氧量、生化需氧量、悬浮物、氨氮、总氮、总磷、pH
3	离心净乳	乳渣排放；设备拆洗水	化学需氧量、生化需氧量、悬浮物、氨氮、总氮、总磷
4	杀菌	不定期拆洗清洗水	化学需氧量、生化需氧量、悬浮物、氨氮、总氮、总磷
5	浓缩	冷凝水	
6	喷雾干燥	喷雾干燥塔的定期清洗；加热器冷凝水；喷枪、喷头拆卸清洗	化学需氧量、生化需氧量、悬浮物、氨氮、总氮、总磷

续表

序号	工艺或流程	来源	主要污染物
7	冷却塔	循环冷却水的非定期排放	
8	设备、器具和车间地面清洗	设备表面清洗水、器具清洗水、地面清洗水	化学需氧量、生化需氧量、悬浮物
9	回收容器清洗	回收瓶中残留乳、碱液等清洗助剂	化学需氧量、生化需氧量、悬浮物、氨氮、总氮、总磷
10	工艺水制备	工艺软化水制备过程排放的浓液	化学需氧量
11	锅炉	锅炉废水	化学需氧量

乳制品生产车间排出废水中主要污染物浓度如表 2-12-46 所示。在实际生产过程中，各种原因引发的生产废水浓度异常情况时有发生。

表 2-12-46　主要乳制品生产车间排出废水的污染物特性

产品	COD /(mg/L)	BOD$_5$ /(mg/L)	总氮 /(mg/L)	总磷 /(mg/L)	氨氮 /(mg/L)	悬浮物 /(mg/L)	pH 值	废水量 /(t/t 产品)
液体乳								3～8.5
酸乳	800～3000	500～1500	30～200	6～35	10～150	100～1000	4～13	5～12.5
炼乳								9～13.5
乳粉	600～1500	300～800	15～150	6～20	10～60			15～45

乳制品产品的种类、生产计划的变更、清洁生产水平的高低、CIP 清洗水的排放方式、生产故障等因素都会导致乳制品废水产生量和污染物产生浓度的波动。其普遍规律为：

① 花色产品种类越多、产品更换越频繁、产品黏滞性越大、CIP 清洗水的循环使用率越低，相应的产污量越大；

② 湿法工艺生产乳粉比干法工艺的产污量大；

③ 采用回收瓶装的酸乳和液体乳比一次性包装产品的产污量大。

乳粉生产一般分为湿区和干区，湿区与液体乳加工产污特点一致，用水和排水量大；干区指干燥和包装等工序，用水和排水量小，仅在定期清洗设备和场地时产生污水。

很多乳制品企业往往同时生产两种及两种以上的产品，如液体乳和酸乳，液体乳和乳粉等。由于这类企业的生产废水混合处理，其产污特性介于以上几种基本产品产污情况之间。

乳制品废水中污染物的主要来源参见表 2-12-47。

表 2-12-47　乳制品废水中污染物的主要来源

污染物指标	处理前
COD/BOD$_5$ 值	原料乳损失，辅料损失，产品损失，CIP 清洗中硝酸和氢氧化钠的损失，其他清洗剂的损失
总氮/氨氮	原料乳损失，CIP 清洗中硝酸的损失，生产用水含氮
总磷	原料乳损失，含磷洗涤剂的使用
悬浮物	原料乳的损失，辅料的损失
pH 值	CIP 清洗中酸液和碱液的排放

三、清洁生产与污染过程控制

为加强源头控制，减少产污量，减轻末端治理负荷，保障标准排放限值在全行业得以实现，根据乳制品生产过程的主要产污环节，以下清洁方案可供选择。

（1）CIP 清洗工序（就地清洗）

CIP 清洗工序是乳制品生产过程最大的排水点及产污点，污染物不仅有整个湿区生产线各个设备、罐体及管道中的残存原料和半成品，还有酸碱清洗剂。

首先要选择先进的 CIP 系统，以准确控制操作条件及洗涤剂和水的用量，提供精准的产品与水相之间转换点的在线监测与控制技术。并建议中小型企业选择集中式清洗；大型企业选择分散式（也称卫星式）清洗；便于控制减少洗涤剂和水的总用量和总排量。

在工艺设计上可根据实际情况选用以下方案：

① 用少量的水进行预冲洗并排出高浓度废水；

② 部分回收被水稀释的产品；

③ CIP 系统中间清洗水和最终清洗水回用于预冲洗；

④ 在能够满足生产工艺和产品质量的前提下，考虑省略酸洗程序，采用碱液单相 CIP 清洗。

（2）优化管路系统和装备

对于液态的原料和产品，管道输送是不可缺少的。优化管路系统和装备，提高装载、卸载时的自动排污能力，对于减少原料损失、有效减少排水污染物浓度至关重要。

（3）优化生产计划

合理安排各种产品的生产计划，减少产品更换频率，对于整体节能、降耗、节水、节省洗涤剂、减排可起到关键性作用。

四、处理技术及利用

乳制品工业废水的水质水量不稳定、有机物含量高、可生化性好等特点决定了乳制品废水末端治理主要采用以生物处理为主，辅以物化处理的方式，如要达到较高的排放标准还需要设置深度处理工序。多数乳制品废水能够达到 BOD_5/COD 值>0.5，具有很好的可生化性。

（一）好氧生物处理系统

乳制品工业废水处理中常用的好氧生物处理可分为：单级好氧处理和多级好氧处理，单级好氧生物处理如 SBR、生物接触氧化、曝气生物滤池等，具有占地面积小、投资少等优点，但由于同一运行周期有着不同的运行阶段使得操作稍显繁琐；多级好氧生物处理是串联多个单级好氧处理单元，以强化对废水的处理效果。若单纯采用好氧生物处理，必须使得乳制品废水有足够的水力停留时间 HRT（大约 48h），必要时可在生化处理单元前进行混凝沉淀、水解酸化等预处理，使污水生物处理的负荷降低，保证出水水质，亦可在生化处理后投加化学药剂加速污泥的凝集、沉淀。代表性好氧处理工艺如下。

1. 气浮+ 水解酸化+ 单级好氧（SBR、生物滤池等）

气浮＋水解酸化＋单级好氧工艺流程见图 2-12-27，其去除污染物情况见表 2-12-48。

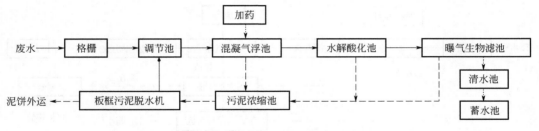

图 2-12-27　气浮+ 水解酸化+ 单级好氧工艺流程

表2-12-48　气浮＋水解酸化＋单级好氧工艺分步去除污染物情况

水质指标	pH 值	SS/(mg/L)	COD/(mg/L)	TP/(mg/L)
原水	6～9	800～1000	1200～1600	10～18.2
气浮加药	6～9	200～300	1000～1300	8.5～15
水解酸化	6～9	—	800～1000	8～14
BAF	6～9	—	60～100	4～7
出水	6～9	＜50	＜60	2.41

可以看出，由于单级好氧对处理废水的容积负荷偏低，在进入单级好氧装置之前必须对乳制品废水进行预处理，辅助处理工艺包括气浮、水解酸化等，这样一方面可减轻后续单级好氧工艺的处理负荷，另一方面提高了废水的可生化性。

2. 多级好氧＋化学混凝沉淀

多级好氧＋化学混凝沉淀工艺流程见图 2-12-28，其去除污染物情况见表 2-12-49。

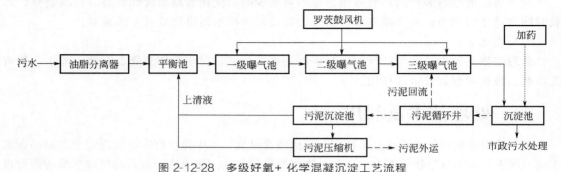

图 2-12-28　多级好氧＋化学混凝沉淀工艺流程

表 2-12-49　多级好氧＋化学混凝沉淀工艺分步去除污染物情况

水质指标	pH 值	SS/(mg/L)	COD/(mg/L)	TP/(mg/L)
原水	12.5	80～200	1000～1600	3～9
一级曝气池出口	10.5	—	612～1000	—
三级曝气池出口	8.5	—	100～200	—
沉淀池出水	8.0	20～55	50～100	1～2

可以看出：多级好氧＋化学混凝沉淀处理工艺需要各级曝气池相互协调才能达到较好的处理效果，该工艺的多级曝气装置在有机物的去除方面起着至关重要的作用，能达到90%以上的去除率。但是此法用药量较大。

3. 气浮＋三级好氧＋气浮

气浮＋三级好氧＋气浮工艺流程见图 2-12-29。其去除污染物的情况见表 2-12-50。

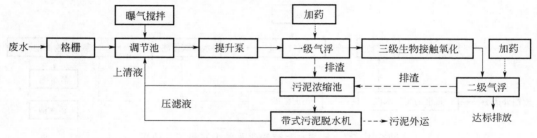

图 2-12-29　气浮＋三级好氧＋气浮工艺流程

表 2-12-50　气浮＋三级好氧＋气浮工艺分步去除污染物情况

水质指标	pH 值	SS/(mg/L)	COD/(mg/L)	TP/(mg/L)
原水	8.5	100～200	500～1000	5～8
一级气浮 加药	7.5	—	350～600	—
生物接触氧化	7	—	50～100	1～3
二级气浮 加药	7	<30	<80	<0.6

气浮＋三级生物接触氧化＋气浮的好氧生物处理方式能够有效去除乳制品废水中的主要污染物指标，SS、COD 的去除率都在 85％以上，该工艺对 TP 也有较好的处理效果，去除率可达 85％。

4. 水解池＋预曝气池＋H/O 池（兼氧段＋好氧段）工艺

水解池＋预曝气池＋H/O 池工艺流程见图 2-12-30。其去除污染物的情况见表 2-12-51。

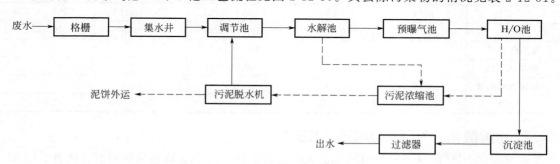

图 2-12-30　水解＋预曝气池＋H/O 池工艺流程

表 2-12-51　水解＋预曝气池＋H/O 池工艺分步去除污染物情况

水质指标	pH 值	SS/(mg/L)	COD/(mg/L)	TN/(mg/L)	TP/(mg/L)
原水	8.0	150～250	1000～1500	30～80	5～15
水解池	8.5	—	800～1200	—	—
预曝气池	8.0	—	600～1000	—	—
H/O 池	7.5	50～100	150～250	<30	<4
沉淀池	7.5	<50	<80	<20	<3

水解池＋预曝气池＋H/O 池的好氧处理方式能较好去除乳制品废水中的污染物，SS、COD、TN、TP 的平均去除率分别达到 75％、90％、70％、60％。H/O 池包括兼氧段和好氧段，具有很好的脱氮效果。

总之，上述“好氧生物处理系统”适合于产生污染物浓度较小的乳制品企业污水站使用。在乳制品工业废水中运用好氧处理工艺，同时辅助其他生物、化学、物理等处理方法，方能有效去除有机污染物。

（二）厌氧＋好氧生物处理系统

厌氧＋多级好氧生物处理是近年来在新建乳制品企业中广泛应用的废水处理方式。处理过程的主体工艺有 UASB＋多级生物接触氧化、ABR＋多级生物接触氧化、UASB＋SBR 等形式，通常还辅以气浮加药、水解调节池等辅助工艺。以下为几个运行实例。

1. 气浮＋厌氧＋多级好氧

气浮＋厌氧＋多级好氧工艺流程见图 2-12-31。其去除污染物情况见表 2-12-52。

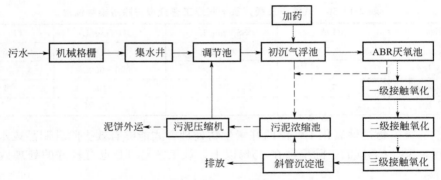

图 2-12-31 气浮＋厌氧＋多级好氧工艺流程

表 2-12-52 "气浮＋厌氧＋多级好氧"工艺分步去除污染物情况

水质指标	pH 值	SS/(mg/L)	COD/(mg/L)	TN/(mg/L)	TP/(mg/L)
原水	4.53	800～1000	1800～2200	80～145	10～22
气浮池 加药	5.5	—	1200～1500	—	—
ABR 厌氧池	5.5	—	300～450	—	—
三级接触氧化池	7.5	—	<150	—	—
沉淀池	7.75	<50	<80	5～15	2～5

2. 水解酸化＋气浮＋UASB＋SBR

水解酸化＋气浮＋UASB＋SBR 工艺流程见图 2-12-32。其去除污染物的情况见表 2-12-53。

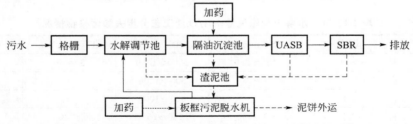

图 2-12-32 水解酸化＋气浮＋UASB＋SBR 工艺流程

表 2-12-53 水解酸化＋气浮＋UASB＋SBR 工艺分步去除污染物情况

水质指标	pH 值	SS/(mg/L)	COD/(mg/L)	TN/(mg/L)	TP/(mg/L)
原水	8.5	700～1000	2500～4500	100～200	10～20
水解调节池	8.5	—	2000～3800	—	8～18
隔油沉淀池	8.5	—	1700～3000	—	6～15
UASB 出水	8.0	—	200～300	—	3～5
SBR 出水	7.0	<40	<60	<10	0.75～3

3. 水解酸化＋UASB＋活性污泥法

水解酸化＋UASB＋活性污泥法工艺流程见图 2-12-33。其去除污染物情况见表 2-12-54。

UASB 厌氧＋活性污泥废水处理工艺适合于乳制品品种多、产品复杂的较大工厂的末端处理。乳制品废水先经过厌氧处理，减轻了后续好氧处理负荷，保证了好氧处理进水水质。在乳制品工业废水中运用"厌氧＋好氧"废水处理工艺，同时辅助物化等处理方法，能较好地去除有机物浓度偏高的乳品废水。

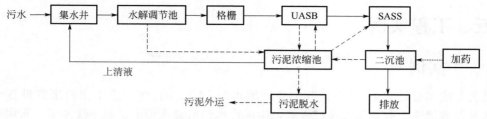

图 2-12-33　水解酸化+ UASB+ 活性污泥法工艺流程

注：SASS 为选择性活性污泥法。

表 2-12-54　水解酸化＋UASB＋活性污泥法工艺分步去除污染物情况

水质指标	pH 值	SS/(mg/L)	COD/(mg/L)	TN/(mg/L)	TP/(mg/L)
原水	6.8	250～350	1000～2000	50～100	5～10
水解调节池	7.0	—	800～1600	—	—
UASB 出水	7.0	—	180～250	—	—
SASS 出水	7.5	—	＜100	—	—
二沉池出水	7.8	＜50	＜60	＜10	＜0.5

（三）好氧处理＋深度处理

好氧处理＋深度处理在乳制品工业废水处理过程中并不多见，一般是在乳品废水的二级处理之后再进行的处理，以达到中水回用的目的。采用水解酸化＋气浮＋好氧＋曝气生物滤池＋活性炭过滤装置处理工艺，以满足企业所在地较为严格的地方流域排放标准要求。好氧处理＋深度处理工艺流程见图 2-12-34。其去除污染物情况见表 2-12-55。

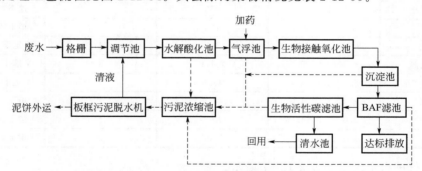

图 2-12-34　好氧处理＋深度处理工艺流程

表 2-12-55　"好氧处理＋深度处理"工艺分步去除污染物情况

水质指标	pH 值	SS/(mg/L)	COD/(mg/L)	TN/(mg/L)	TP/(mg/L)
原水	8.5	60～120	1500～2000	15～45	3～8
水解池出水	8.0	—	1200～1600	—	—
气浮池出水	8.0	—	1000～1500	—	—
接触氧化池出水	7.5	—	200～300	12～35	2～5
BAF 出水	7.5	＜30	＜150	9～15	＜1
生物活性炭过滤器出水	7.0	＜20	＜50	＜8	＜0.5

一般情况下，当乳制品废水的 COD 不高时可以考虑选择好氧生物处理系统，COD＞1500mg/L 时建议采取厌氧＋好氧生物处理系统的生物处理方法。

五、工程实例

（一）实例一

某乳品废水总量为 1500t/d，其中生产废水为 1470t/d。生产废水主要来自设备消毒冲洗、灌装设备清洗、酸奶瓶清洗过程等，生活污水包括食堂污水、职工洗澡水、车间和办公室卫生间的污水。

进水水质为 COD 1830mg/L、BOD 690mg/L、SS 178mg/L，根据此水质情况，设计工艺流程和主要构筑物设计参数见图 2-12-35 和表 2-12-56。

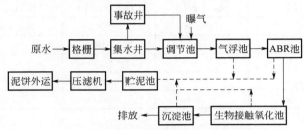

图 2-12-35　某乳品废水处理工艺流程

表 2-12-56　某乳品废水处理主要构筑物设计参数

构筑物	尺寸/m	有效容积/m³	数量/个	结构形式
格栅井	3.0×2.1×2.45	15.44	1	地下，钢筋混凝土
集水井	4.5×3.0×4.5	60.75	1	地下，钢筋混凝土
曝气调节池	15×10×4.5	675	1	地下，钢筋混凝土
气浮池	10×4.0×3.9	156	1	地下，钢筋混凝土
ABR 池	23.55×5.0×7.43	824	1	半地下，钢筋混凝土
接触氧化池	3.3×3.9×5.2	231.6	6	半地下，钢筋混凝土
沉淀池	6.6×2.2×3.5	43.6	1	半地下，钢筋混凝土
贮泥池	3.0×3.0×4.5	40.5	1	地下，钢筋混凝土
事故井	3.0×3.0×4.5	40.5	1	地下，钢筋混凝土
阀门井	1.2×1.2×2.7	3.88	1	地下，钢筋混凝土

实际运行进出水水质如表 2-12-57 所示。

表 2-12-57　进出水水质

水质指标	SS	COD	BOD₅
进水/(mg/L)	178	1830	690
出水/(mg/L)	17	55	9.5
去除率/%	90.45	96.99	98.62

该系统运行的主要成本是电费、药剂费、人工费和检修费。其中每日运行耗电 549kW·h，电价按 0.59 元/(kW·h)，每日电费 323.9 元，每日消耗药剂所需费用为 318 元，每日人工费 360 元，每日检修费为 30 元，合计 1031.9 元，不计折旧费吨水处理费用为 0.69 元。

（二）实例二

某乳业有限公司为一条液体乳品生产线，生产能力为年产各类乳品 2 万吨。平均日废水排放量为 320 m³，由于其排放的不连续性，污水处理系统按每天 20 h 运行，每小时处理水量 16m³，其进水水质及排放标准如表 2-12-58 所示。

表 2-12-58　进水水质及排放标准

水质指标	pH 值	SS/(mg/L)	COD/(mg/L)	BOD₅/(mg/L)	油脂/(mg/L)
进水	6～7	350	1500	600	375
排放标准	6～9	150	150	30	30

该污水处理采用隔油-厌氧-接触氧化相组合的处理工艺，其工艺流程和主要构筑物设计参数如图 2-12-36 和表 2-12-59 所示。实际运行进出水水质如表 2-12-60 所示。

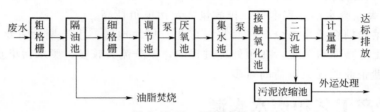

图 2-12-36　工艺流程

表 2-12-59　主要构筑物设计参数

构筑物	尺寸/m	有效容积/m³	数量/个	结构形式
隔油池	2.5×0.7×2.5	3.5	1	地下,钢筋混凝土
调节池	7.6×7.35×5.5	280	1	地下,钢筋混凝土
厌氧池	7.6×7.35×5.5	280	1	半地下,钢筋混凝土
接触氧化池	6.5×4.0×4.4	106	1	半地下,钢筋混凝土
沉淀池	2.0×2.0×4.4	43.6	1	半地下,钢筋混凝土

表 2-12-60　进出水水质

水质指标	SS	COD	BOD₅	油脂
进水/(mg/L)	350	1500	600	375
出水/(mg/L)	70	94	26	27
去除率/%	80	93.7	95.7	92.8

第六节　制糖工业废水

一、概述

我国是既产甘蔗糖又产甜菜糖的国家，近十年来，食糖年产量基本在 1100 万～1600 万吨左右。全国糖业分布在 12 个省区，甘蔗糖产区主要分布在广西、云南、广东、海南等南方地区；甜菜糖产区主要分布在新疆、黑龙江、内蒙古等北方地区。根据《中国糖业年报（2016/17 年制糖期）》的统计，全国制糖企业共计 221 家，广西、云南和广东的企业分别占比 41.63%、26.24% 和 13.12%；甜菜制糖的企业中新疆企业占比较多，其次为内蒙古，甜菜企业仅占全国制糖企业的 11% 左右。

与先进国家相比，中国糖业仍有明显差距，集中表现在以下几方面：

① 企业平均年产糖规模小。中国制糖企业平均规模约为 3 万吨，而澳大利亚、泰国等

均在 20 万吨左右。

② 全员劳动生产率低。我国 3000t 原料/d 制糖企业的职工人数平均为 600 人左右，人均产糖 50～100t，制糖企业人数是国外同规模制糖企业的 3～10 倍。

③ 产品质量低，花色品种单一。我国食糖品种多为亚硫酸法一级白砂糖和碳酸法优级白砂糖和绵白糖，精制糖比例低。

④ 自动化控制水平低。我国制糖企业的自动化控制水平仍处在单机、单工序控制的初级阶段，高效准确的在线仪表的研制使用也落后于其他行业，全厂、全流程的集中统一控制基本还是空白。

⑤ 制糖企业设备相对陈旧。

⑥ 水耗量大，废水治理程度低，排放量大及污染负荷高。

我国的甜菜制糖企业主要分布在西北、东北、华北地区，生产期为每年气候寒冷的一、四季度，以加工冻藏原料为主，在预处理过程中，糖分流失较多，废水污染负荷比国外加工新鲜甜菜的制糖企业的污染负荷高得多。

二、生产工艺和废水来源

（一）生产工艺

1. 甘蔗制糖工艺过程及排污节点

甘蔗制糖基本生产步骤为：原料→提汁→清净→蒸发→煮糖结晶→分蜜→干燥→筛分→成品包装。典型的甘蔗制糖亚硫酸法和碳酸法工艺过程及污染物产生节点见图 2-12-37 和图 2-12-38。

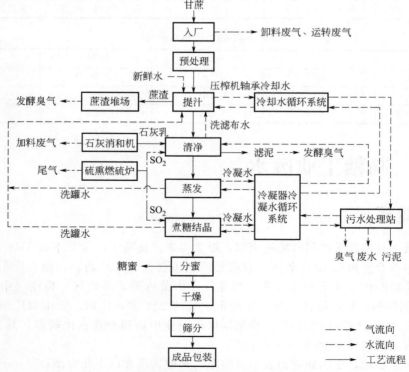

图 2-12-37　甘蔗制糖-亚硫酸法工艺过程及污染物产生节点

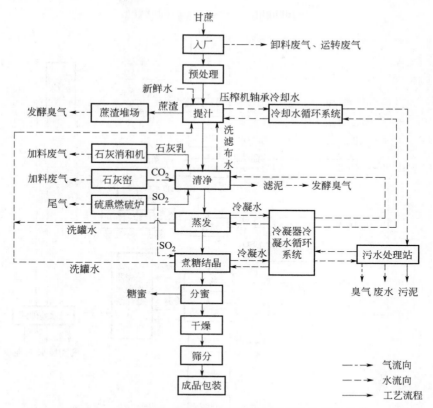

图 2-12-38　甘蔗制糖-碳酸法工艺过程及污染物产生节点

2. 甜菜制糖工艺过程及排污节点

甜菜制糖基本生产步骤为：原料→输送→洗涤→切丝→渗出→清净→蒸发→煮糖结晶→分蜜→干燥→筛分→成品包装。典型的甜菜制糖碳酸法工艺过程及污染物产生节点见图 2-12-39。

（二）废水来源

1. 甘蔗制糖工艺废水排放

实行清洁生产前我国甘蔗制糖企业每加工 1t 甘蔗需水 $30m^3$ 以上，每加工 1t 甘蔗排放废水量少的约 $10m^3$，多的高达 $30m^3$ 以上。虽然由于亚硫酸法与碳酸法的工艺流程不同，废水特性有些区别，但甘蔗制糖企业的废水按污染程度大致可分为以下三种类型。

① 低浓度废水　包括制糖车间蒸发煮糖冷凝器排出的冷凝水和设备冷却水、真空吸滤机水喷射泵用水、压榨动力汽轮机和动力车间汽轮发电机等设备排出的冷却水。低浓度废水水量较大，约占整个制糖企业废水总量的 $65\%\sim75\%$，水质成分一般为：COD$<$50mg/L（含微量糖分），SS 约 30mg/L，水温一般为 40~60℃。此水经冷却降温后可循环使用或作其他工序用水。

② 中浓度有机废水　包括澄清压榨工序的洗滤布水（亚硫酸法制糖企业）、滤泥沉淀池溢出水（碳酸法制糖企业）、洗罐废水及锅炉湿法排灰、水膜除尘废水等。这类废水含糖、悬浮物和少量机油，COD 和 SS 达几百至几千毫克每升，废水排放量较少，占制糖企业总排水量的 $20\%\sim30\%$。

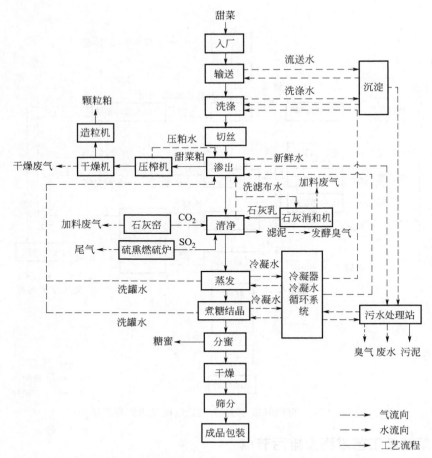

图 2-12-39 甜菜制糖-碳酸法工艺过程及污染物产生节点

③ 高浓度废水 主要指碳酸法制糖企业湿法冲滤泥废水（碳酸法排放滤泥量大，除少部分企业采用滤泥干排工艺外，大部分采用湿法排泥）。COD 和 SS 高达几万毫克每升，废水呈弱碱性。此外，制糖企业的高浓度废水还包括综合利用车间所排出的各类废水。如废糖蜜制酒精车间产生的酒糟废液、蔗渣造纸车间产生的造纸黑液等。这些废水不属于制糖废水，应另行处理处置。

甘蔗制糖设计水量和水质如表 2-12-61 所示。

表 2-12-61 甘蔗制糖企业的设计水量和水质

项目	设计水质/(m³/t 蔗)	pH 值	COD_{Cr}/(mg/L)	BOD_5/(mg/L)	SS/(mg/L)
取值范围	1.6～4.0	6.5～8.0	500～1050	180～370	150～480

2. 甜菜制糖工艺废水排放

甜菜制糖废水按污染程度也可分为三大类。

① 低浓度废水 主要指甜菜制糖生产中蒸发罐、结晶罐等的冷凝水和动力车间、汽轮发电机等设备的冷却水。这部分废水只受到轻微污染，除温度较高外，水质基本无变化。废水水质一般为 COD<60mg/L（冷凝水中含有少量氨和糖分），SS<100mg/L。水量占总废水量的 30%～50%。

② 中浓度废水 主要指甜菜流送、洗涤废水以及锅炉排灰水。这部分废水含有较多的

悬浮物和溶解性有机物，水质一般为 COD 2000～4000mg/L，SS 500～2000mg/L。水量占总废水量的 40%～50%。

③ 高浓度废水 包括甜菜流送水泥浆、压粕水、洗滤布水、冲滤泥水等。这部分废水含有高浓度的悬浮物和溶解性有机物，特别是压粕水，COD 往往大于 5000mg/L。这部分废水的水量较少，约占总废水量的 10%。

甜菜制糖设计水量和水质可按表 2-12-62 取值；甜菜流送洗涤水、洗滤布水、压粕水、冲滤泥水的设计水量和悬浮物浓度可按表 2-12-63 取值。

表 2-12-62 甜菜制糖企业的设计水量和水质

项目	设计水质 /(m³/t 菜)	pH 值	COD_{Cr} /(mg/L)	BOD_5 /(mg/L)	SS /(mg/L)	TN/(mg/L)	TP /(mg/L)
取值范围	3.7～7.5	6.5～8.0	2500～5000	1200～2500	2000～4000	35～70	6～12

表 2-12-63 甜菜流送洗涤水、洗滤布水、压粕水、冲滤泥水的设计水量和悬浮物浓度

项目	甜菜流送洗涤水	洗滤布水	压粕水	冲滤泥水
设计水质/(m³/t 菜)	1.0～3.0	0.1～0.3	0.1～0.3	0.1～0.3
SS/(mg/L)	700～2000	4000～7000	1500～2500	8000～11000

三、清洁生产与污染过程控制

1. 甘蔗制糖工艺废水排放

废水污染预防技术包括压榨机轴承冷却水循环回用技术、无滤布真空吸滤技术、喷射雾化式真空冷凝技术以及冷凝器冷凝水循环回用技术。

（1）压榨机轴承冷却水循环回用技术

压榨机轴承冷却水含少量轴承润滑油污及蔗渣。在压榨车间设置单独的压榨机轴承冷却水循环回用系统，将压榨机轴承冷却水经隔油、沉淀处理后，引入冷却系统进行冷却降温后循环回用，循环利用率可达 95% 以上。

（2）无滤布真空吸滤技术

洗滤布水是制糖工业主要污染源之一，产生量大、污染物浓度高，污水处理费高。无滤布真空吸滤机是由覆盖在转鼓面上并带有微孔的不锈钢滤网作为过滤介质，以掺入泥汁中的蔗糖作为助滤剂进行过滤，当转鼓旋转时，转鼓面不同部分连续受真空抽吸，在过滤表面形成一薄层滤饼，生成的滤饼通过喷成雾状的水洗涤、抽吸后，在一定位置被刮刀刮下，以更新过滤层并进入下一过滤周期，不需要新鲜水清洗滤网。吸滤设备结构简单，可连续过滤，一方面能够免除滤布消耗，节约生产成本；另一方面无洗滤布水排放，节水 30% 左右，减少 70% 的原洗滤布水污染负荷排放。

（3）喷射雾化式真空冷凝技术

喷射雾化式真空冷凝器通过在水室四周布满喷雾喷嘴，底部设置喷射喷嘴，冷却水首先进入水室中，从四周的喷雾喷嘴呈雾状喷出，与顶部进入的蔗汁汁汽立即混合，使得冷却水与汁汽的接触面积增大，汁汽迅速凝结成水而形成真空。大量从水室底部呈射流喷出的水可对汁汽中不能凝结的"不凝气"形成抽吸作用，并与凝结的热水通过尾管一起排出。由于喷雾喷嘴装置使汁汽能够快速均匀地凝缩，故总的用水量比传统只有喷射喷嘴的冷凝器节省 25% 以上。

（4）冷凝器冷凝水循环回用技术

冷凝器冷凝水循环回用技术是将冷凝器冷凝水排入循环热水池，经冷却塔冷却降温后进入循环冷水池进行回用。但多次循环后，污染物浓度逐渐增大，不符合工艺回用水要求，故需从循环冷水池抽取部分冷凝水进行生化处理，达到符合工艺用水要求后回流到循环冷水池继续进行回用。通过采取以上措施，循环回用率可达95%以上，大大减少了废水外排量。

2. 甜菜制糖工艺废水排放

废水污染预防技术包括流洗水循环利用技术、喷射雾化式真空冷凝技术、真空泵隔板冷凝技术、冷凝器冷凝水循环回用技术和压粕水回用技术。

（1）流洗水循环利用技术

流送用水和洗涤用水占制糖车间总排水量和污染负荷的50%左右。这类废水含有大量的泥砂，只含微量的糖分和有机质，通过在流送洗涤工序后设置沉淀池，对流洗水进行沉淀泥砂后循环利用，可以减少新水补充量。但伴随循环次数的增加，污染物积累，必须引出部分废水经生化处理后排放，同时补充等量的新水。

（2）喷射雾化式真空冷凝技术

同甘蔗制糖喷射雾化式真空冷凝技术。

（3）真空泵隔板冷凝技术

配套干式逆流的隔板式冷凝器和真空泵，利用隔板式冷凝器将蒸汽冷凝成水，再用真空泵将不凝气体抽走。该技术冷凝效果较好，真空度较高且稳定，用水量少。

（4）冷凝器冷凝水循环回用技术

同甘蔗制糖冷凝器冷凝水循环回用技术。

（5）压粕水回用技术

甜菜糖厂利用废粕生产甜菜颗粒粕的过程会产生压粕水，在封闭式压粕水回收系统中，压粕水首先进入一级处理水箱进行初步沉淀，以去除压粕水中粗的杂质，然后由水泵打入旋流除渣器进一步去除水中的胶体颗粒、泥浆、砂、碎粕等，出水直接进入高位水箱，并与新鲜的渗出水通过计量装置按比例分配到渗出器中，整个工艺采用全封闭运行。通过对压粕水的回收可以回收大量的热能和糖分，减少废水排放量，起到了节水、节电、降低污染程度的作用。

甜菜干法输送技术相较于湿法输送可节约新鲜用水30%以上，减少甜菜破损和沙土冲洗入水中，有污染预防效果。

四、处理技术及利用

（一）废水处理基本工艺流程

1. 低浓度废水的处理

对于低浓度废水，目前一般采用循环利用的方式进行处理。

低浓度废水的循环利用主要有两类：第一类为用作冷凝用水，主要用于煮糖和蒸发工序。冷凝用水对水质要求不高，只要水温达到要求，水中没有较大颗粒杂质即可。未经处理的水源水、冷却后的循环水及经过末端处理后的制糖废水均可作为冷凝用水。此类水进出冷凝器的温差10～15℃，故排出水水温较高，需经冷却降温后才可重复利用。第二类为用作设备的冷却用水，主要用于汽轮发电机房的设备冷却及车间内部分设备的轴承冷却。冷却用水通常的水质要求为：悬浮物浓度不超过 50mg/L，水温低于 30℃，悬浮物浓度和水温过高会使被冷却设备运行效率降低且易结垢堵塞，所以此类废水目前通常不重复用作冷却用水。由于此类水使用前后温差较小（3～5℃），经使用后水温仍然较低，通常直接作为冷凝用水的补充水。低浓度废水循环利用流程见图 2-12-40。

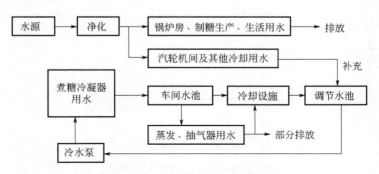

图 2-12-40　低浓度废水循环利用流程

在低浓度废水循环利用过程中，冷却设施为循环利用的核心。冷却设施通常有如下三种：自然塘（湖）冷却，机械通风冷却塔冷却和喷水池冷却。若在降温的同时加入适量石灰、明矾之类，则有一定的净化效果。为了防止结垢和腐蚀，可在循环水中投加阻垢缓蚀剂、杀菌剂等。

2. 中、高浓度废水的处理

（1）锅炉湿法排灰、水膜除尘废水

这类废水的污染物主要为悬浮物，尽管其 COD 可能高达 1000～2000mg/L，但这并不影响这类废水的循环使用。这类废水通常经过沉淀处理后循环使用。

（2）甜菜流送洗涤水

甜菜流送洗涤水占制糖企业总排水量的 30％～50％。这类废水含大量的泥砂，含少量糖分和其他有机物。处理方法往往是将其固液分离后，上清液进行回用，泥浆则进一步处理。目前国内常用沉淀池进行固液分离。

（3）压粕水

压粕水的污染物浓度较高，一般 COD 为 5000mg/L 以上，悬浮物为 1500mg/L 以上。压粕水含糖分、碎粕渣、胶体物等杂质。传统的压粕水回用工艺是将压粕水经振动筛除渣后加热至 70～80℃ 杀菌，然后返回渗出器中作渗出水。压粕水处理工艺流程见图 2-12-41。

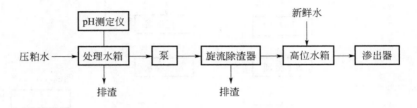

图 2-12-41　压粕水处理工艺流程

3. 其他制糖废水

其他制糖废水往往排入制糖企业末端处理系统进行处理。末端处理系统一般采用生化处理为主、物化处理为辅的工艺。

（1）甘蔗制糖废水处理工艺

甘蔗制糖废水进入末端处理系统时，COD 一般为 300～1000 mg/L，通常采用图 2-12-42 所示的工艺技术，但当甘蔗制糖废水 COD 浓度较大时，其废水处理工艺宜采用图 2-12-43 所示的甜菜制糖废水处理工艺技术。

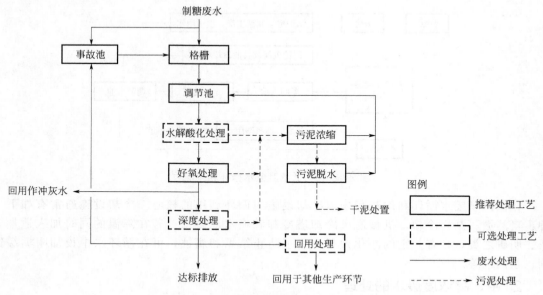

图 2-12-42　甘蔗制糖废水处理工艺流程

（2）甜菜制糖废水处理工艺

甜菜制糖废水进入末端处理系统时的 COD 一般在 2500～6000mg/L 之间，宜采用图 2-12-43 所示的工艺技术。

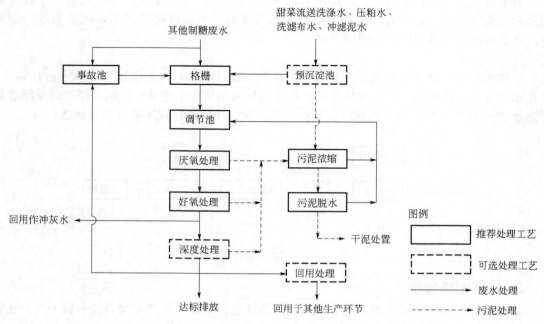

图 2-12-43　甜菜制糖废水处理工艺流程

（二）基本工艺设计参数

1. 格栅

调节池前应设置格栅，格栅应按最大小时废水量设计，甘蔗制糖废水的栅渣量一般较少，为减少投资，宜设置人工格栅。甜菜制糖废水的栅渣量一般较多，为减轻劳动强度，宜设置机械格栅，机械格栅栅条间隙宽度宜为 3~10mm，人工格栅栅条间隙宽度宜为 10~20mm。

2. 沉淀池

沉淀池可采用竖流式、平流式、辐流式或斜管（板）沉淀池等类型，废水量较大时宜采用辐流沉淀池，活性污泥法后的二沉池不宜采用斜管（板）沉淀池。预沉池应按最大小时废水量设计，二沉池应按调节池提升泵的最大组合流量设计。

预沉池的主要设计参数宜按表 2-12-64 的规定取值。辐流式、平流式、竖流式二沉池的主要设计参数宜按表 2-12-65 的规定取值。

表 2-12-64　预沉池的主要设计参数

项目	竖流式、平流式、辐流式沉淀池	斜管（板）沉淀池
表面水力负荷/[m³/(m²·h)]	1.5~3.0	2.5~5.0
沉淀时间/h	1.0~3.0	—
SS 处理效率/%	40~70	40~70
COD、BOD₅、TN、TP 处理效率/%	10~25	10~25

表 2-12-65　辐流式、平流式、竖流式二沉池的主要设计参数

项目	活性污泥法后	生物接触氧化法后
表面水力负荷/[m³/(m²·h)]	0.7~1.2	1.0~2.0
沉淀时间/h	2.0~4.0	2.0~4.0
固体负荷/[kg/(m²·d)]	≤150	—

3. 调节池

当废水 SS 大于 500 mg/L 时，调节池内宜设置搅拌装置。当搅拌装置为推流式潜水搅拌机时，混合功率不宜小于 3W/m³；当搅拌装置为曝气管或曝气器时，曝气量不宜小于 3m³/（m²·h）；用于甜菜制糖废水的调节池应有顶盖及保温措施，顶盖上应有人孔。

因制糖企业每年一般有半年以上的停产期，在此期间有充足的时间进行清洗和维护，故不强求调节池的分格。

4. 水解酸化池

水解酸化池内宜设置生物填料，悬挂式生物填料的总量不宜小于池容的 70%，悬浮式生物填料的总量不宜小于池容的 40%。

水解酸化池的主要设计参数可按表 2-12-66 的规定取值。

表 2-12-66　水解酸化池的主要设计参数

项目	参数值
填料区容积负荷/[kg CODcr/(m³·d)]	3~6
填料区水力停留时间/h	3~6
COD 处理效率/%	20~40
BOD₅ 处理效率/%	20~40
污泥产率系数/(kg/kg CODcr)	0.1~0.2

5. 厌氧处理

厌氧处理可采用升流式厌氧污泥床（UASB）或厌氧生物滤池（AF）等池型。处理甘蔗制糖废水的厌氧处理池可按常温进行设计，有条件时可采用 35～38℃的中温厌氧消化，处理甜菜制糖废水的厌氧处理池宜采用 35～38℃的中温厌氧消化。

当废水 COD>5000mg/L 时，需要在厌氧单元得到更高的处理效率，才能保证最终处理达标。相比一段法，当总停留时间相同时，两段法厌氧处理往往具有更高的处理效率，故建议将厌氧处理分成两段进行。

厌氧处理池的主要设计参数可按表 2-12-67 的规定取值。

表 2-12-67 UASB 和 AF 的主要设计参数

项目	UASB	AF
温度/℃	35～38	35～38
容积负荷/[kg COD$_{Cr}$/(m³·d)]	3～9	—
填料区容积负荷/[kg COD$_{Cr}$/(m³·d)]	—	2～6
COD$_{Cr}$ 处理效率/%	70～90	70～90
BOD$_5$ 处理效率/%	75～95	75～95
污泥产率系数/(kg/kg COD$_{Cr}$)	0.05～0.1	0.05～0.1

6. 好氧处理

甜菜制糖企业所处区域冬季气温较低，生物滤池、生物转盘等暴露式生物膜技术易使废水温度过低，从而降低生化处理的效率，故不建议使用。

好氧处理的主要设计参数可按表 2-12-68 的规定取值。

表 2-12-68 好氧处理的主要设计参数

项目	活性污泥法	生物接触氧化法
污泥浓度/(g MLSS/L)	2.0～4.0	—
污泥负荷[kg BOD$_5$/(kg MLSS·d)]	0.1～0.2	—
填料区污泥负荷/[kg BOD$_5$/(m³·d)]	—	0.7～2.0
水力停留时间/h	6～20	—
填料区水力停留时间/h	—	4～12
COD$_{Cr}$ 处理效率/%	65～85	65～85
BOD$_5$ 处理效率/%	80～95	80～95
污泥产率系数/(kg VSS/kg BOD$_5$)	0.3～0.6	0.3～0.6

7. 深度处理

根据水质及排放标准，深度处理可采用过滤、混凝沉淀（或澄清）、活性炭吸附等工艺或工艺组合。

8. 事故池

制糖企业生产环节出现异常导致制糖废水水量、水质急剧变化的情况时有发生，变化的程度很可能超出调节池的调节能力；另外，废水处理设施也可能因事故而部分或全部丧失处理能力。为避免污染环境，应设置事故池，建议事故池的池容按正常时 8h 废水量设计。

五、工程实例

采用以上处理工艺流程，基本可以解决制糖废水的处理达标排放问题。以下结合两个制糖废水处理工程实例，详细分析制糖废水处理的工艺过程。

（一）实例一

1. 设计要求

甘蔗制糖废水处理设计规模：24000m^3/d。

设计废水水质：COD＝600mg/L，BOD_5＝150mg/L，SS＝150mg/L。

设计出水水质：COD≤100mg/L，BOD_5≤20mg/L，SS≤70mg/L。

2. 工艺流程

主体工艺采用图 2-12-42 甘蔗制糖废水处理工艺流程，无深度处理单元，根据厂方对回用水的水质要求采用无阀滤池作为回用处理单元。

3. 主要工艺处理单元的设计处理效果

主要工艺单元的设计处理效果见表 2-12-69。

表 2-12-69　主要工艺单元的设计处理效果

污染物项目		缺氧处理池	好氧处理池及二沉池
COD	去除率/%	≥40	≥80
	出水浓度/(mg/L)	≤360	≤72
BOD_5	去除率/%	≥20	≥90
	出水浓度/(mg/L)	≤120	≤12
SS	去除率/%	≥30	≥60
	出水浓度/(mg/L)	≤105	≤42

4. 主要工艺单元的设计参数

① 调节池　停留时间：15h。

② 缺氧池　容积负荷 2.3kg COD/(m^3·d)，停留时间 6.24h，生物填料体积 3840m^3。

③ 好氧池　污泥负荷 0.15kg BOD_5/(kg MLSS·d)，停留时间 8.52h，污泥浓度 2.3g MLSS/L。

④ 二沉池　表面负荷 1.0m^3/(m^2·h)，停留时间 2.5h。

5. 实际运行情况

运行稳定后，每天采样 4～6 次进行分析，连续 10 天的结果如下（未连续监测 BOD_5 和 SS）。

① 实际处理量为：350～900m^3/h，加权平均值为 12648m^3/d。

② 废水水质为：COD＝304～576mg/L，加权平均值为 416mg/L。

主要工艺单元的实际处理效果见表 2-12-70。

表 2-12-70　主要工艺单元的实际处理效果

污染物项目			缺氧处理池	好氧处理池及二沉池
COD	出水浓度/(mg/L)	范围	96～208	16～32
		加权平均	129	19
	加权平均去除率/%		69	85

（二）实例二

1. 设计要求

甜菜制糖废水处理设计规模：20000m^3/d。

废水水质：COD＝3500mg/L，BOD_5＝1800mg/L，SS＝3000mg/L，TN＝55mg/L，TP＝9mg/L，pH＝6～8。

出水水质：COD≤100mg/L，BOD_5≤20mg/L，SS≤70mg/L，NH_4^+-N≤10mg/L，TN≤15mg/L，TP≤0.5mg/L，pH＝6～9。

2. 工艺流程

采用图 2-12-43 甘甜菜制糖废水处理工艺流程，不计回用处理单元。

3. 主要工艺单元的处理效果

主要工艺单元的处理效果见表 2-12-71。

表 2-12-71 甜菜制糖废水的处理效果

污染物项目		厌氧处理池	好氧处理池及二沉池	深度处理
COD	去除率/%	≥80	≥82	≥22
	出水浓度/(mg/L)	≤700	≤126	≤100
BOD_5	去除率/%	≥86	≥92	≥22
	出水浓度/(mg/L)	≤252	≤20	≤16
SS	去除率/%	—	≥80	≥50
	出水浓度/(mg/L)	≤100	≤20	≤10
NH_4^+-N	去除率/%	—	—	—
	出水浓度/(mg/L)	—	≤10	≤10
TN	去除率/%	≥45	≥50	≥22
	出水浓度/(mg/L)	≤30	≤15	≤12
TP	去除率/%	≥56	≥75	≥50
	出水浓度/(mg/L)	≤4.0	≤1.0	≤0.5

4. 主要设计参数

① 调节池 停留时间 6h。

② 预沉池 处理水量 6000m^3/d，表面负荷 3.0m^3/(m^2·h)，斜管体积 85m^3。

③ 厌氧处理池 容积负荷 5.0kg COD/(m^3·d)，停留时间 16.8h。

④ 好氧处理池 污泥负荷 0.15kg BOD_5/(kg MLSS·d)，停留时间 13.4h，污泥浓度 3.0g MLSS/L。

⑤ 二沉池 表面负荷 1.1m^3/(m^2·h)，停留时间 2.5h。

⑥ 事故池 停留时间 8h。

5. 主要建构筑物

预沉池 2 座，每座容积 160m^3；调节池 1 座，容积 5550m^3；厌氧处理池 2 座，每座容积 12000m^3；好氧处理池 2 座，每座容积 6200m^3；二沉池 2 座，每座容积 1750m^3；机械搅拌澄清池 2 座，每座容积 960m^3；污泥泵房 1 座，容积 250m^3；污泥储存池 2 座，每座容积 22m^3；事故池 1 座，容积 7400m^3；操作间 1 座，面积 450m^2。

第七节 味精生产废水

一、概述

我国是味精生产与消费大国，味精行业是我国发酵工业的主要行业之一，近年来，随着国内外需求的不断增加,我国味精行业发展迅速,行业规模不断扩大,产量一直保持着增长的态势。目前我国味精行业的产量位居世界第一位,到 2015 年底已达 $220 \times 10^4 t$。

味精工业也是我国发酵工业中的最大污染源,2007 年味精行业产生高浓度有机废水总量为 $2850 \times 10^4 t$,年 COD 产生总量为 $142 \times 10^4 t$,每吨味精产品产生高浓度废水 15t 左右。味精行业高浓度有机废水污染严重,是行业突出的共性问题。发酵废母液或离交尾液是味精生产行业的主要污染源,由于发酵废母液中含有残糖、菌体蛋白、氨基酸、铵盐及硫酸盐等,是典型的高 COD_{Cr}、高 BOD_5、高菌体含量、高 NH_4^+-N、高硫酸盐。

二、生产工艺和废水来源

(一)生产工艺

目前,大型味精企业一般都建有自己的淀粉生产线,主要以玉米、大米为原料(仅河南莲花以小麦为原料),生产的淀粉乳直接用于味精生产,一些中小型味精企业采购商品淀粉生产味精,有些企业则直接采购麸酸后再精制生产味精。尽管这些企业的产品都为味精,但由于味精生产过程及原料并不一致,从而导致味精生产过程的废水水质和水量存在差异。味精生产过程越完整,即生产链越长,则产生的废水越多,水质越复杂;反之,则简单。目前全国味精企业主要生产方式有如下四种。

(1)全过程生产(从原料)

这些味精企业主要以玉米、大米、小麦、糖蜜为原料,先制备淀粉后再生产味精。其中以玉米为原料的占到了味精产量的 90% 以上,大米和糖蜜主要是南方一些味精企业,相对味精产量不是很大,河南莲花味精股份有限公司是唯一以小麦为原料制备味精的企业。图 2-12-44 为从原料生产味精的全过程生产工艺流程。

图 2-12-44 从原料生产味精的全过程生产工艺流程

(2)全过程生产(从淀粉)

目前很多味精企业直接采购商品淀粉进行味精生产,避免了淀粉生产过程中大量高浓度有机废水的产生,图 2-12-45 为从淀粉生产味精的全过程生产工艺流程。

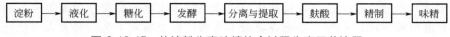

图 2-12-45 从淀粉生产味精的全过程生产工艺流程

(3)精加工(从麸酸)

还有一些中小味精企业,甚至一些大型企业的部分味精产量通过采购麸酸,经过精制直接生产味精,避免了发酵过程大量废水的产生,仅存在少量的冲洗和冷凝水,废水水量也大大降低。图 2-12-46 为由麸酸精加工成味精的生产过程。

图 2-12-46 由麸酸精加工成味精的生产过程

(4)麸酸生产

一些味精企业由于发酵能力过剩或味精精制能力不足,还会直接生产麸酸销售,一些企业直接从淀粉生产麸酸，有些企业也从原料开始生产，这些企业的废水则不包括麸酸精制过程的废水。图 2-12-47 为麸酸生产工艺流程。

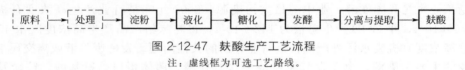

图 2-12-47　麸酸生产工艺流程

注：虚线框为可选工艺路线。

（二）废水来源

味精生产按照工艺流程及产污特点，主要分为三个生产过程：淀粉糖生产、麸酸生产和味精生产过程，下面各自进行阐述。

（1）淀粉糖生产

淀粉糖生产过程及污水产生节点见图 2-12-48。

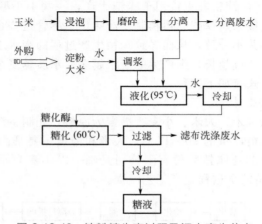

图 2-12-48　淀粉糖生产过程及污水产生节点

此生产过程主要产生两股废水，一股是在玉米磨碎分离过程中产生的分离废水；另一股是糖化后经压滤机过滤后，滤布的洗涤废水。

（2）麸酸生产（发酵＋粗制）

麸酸生产包括糖液发酵及分离提取（粗制）过程，其中分离提取过程选择工艺的差异对产生污水水质和水量有较大影响，目前味精生产主要采用等电离交和浓缩等电这两种分离提取工艺。对发酵液采用浓缩等电提取谷氨酸工艺取代离交提取工艺，会大大降低液氨和硫酸用量，并从根本上消除了离子交换过程产生的水污染。但由于等电离交工艺的谷氨酸得率较高，且其他氨基酸产品仍主要采用等电离交进行分离提取，因此该工艺仍被味精及其他氨基酸产品生产企业大量采用。两种不同分离提取工艺的流程及污水产生节点如图 2-12-49 和图 2-12-50 所示。

（3）味精生产（精制过程）

味精生产（精制过程）即将麸酸与适量的碱进行中和反应，再经过脱色、分离杂质，最后通过减压浓缩、结晶及分离，得到味精。其生产流程及污水产生节点如图 2-12-51所示。

味精生产（精制过程）废水主要是碳柱洗涤时产生的活性炭冲洗水，水量不大，污水污染物浓度也不高，一般较容易处理。

味精生产过程中产污环节较多，各环节废水产生量及废水浓度差别较大，为了合理确定

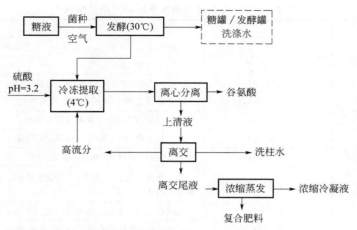

图 2-12-49 麸酸生产（等电离交）生产过程及污水产生节点

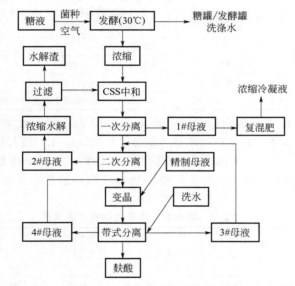

图 2-12-50 麸酸生产（浓缩等电）生产过程及污水产生节点

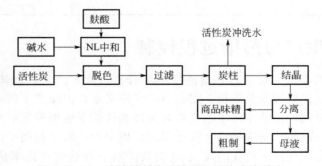

图 2-12-51 味精精制生产流程及污水生产节点

废水的设计水量和设计水质，必须清楚生产过程中废水污染物的产污环节及其污染特点。味精生产各工段的污染物来源情况见表 2-12-72。

表 2-12-72　各工段的废水来源和污染物情况

工段		项目	内容
淀粉糖生产		废水来源	浸泡废水,分离废水,滤布洗涤,工艺冷却冷凝水,设备清洗水
		主要污染物	有机化合物(蛋白质等)
		污染物指标	COD,BOD,SS,pH 值,氨氮,总氮,SO_3^{2-},SO_4^{2-}
		废水和污染负荷比例	废水排放量约占味精生产总排放量的 10%~20% 左右
麸酸生产	等电离交	废水来源	浓缩冷凝液(高浓度废水资源化时生产),洗柱水
		主要污染物	有机化合物(氨基酸等),液氨,浓硫酸
		污染物指标	COD,BOD,pH 值,氨氮,总氮,SO_4^{2-}
		废水和污染负荷比例	废水排放量约占味精生产总排水量的 50%~60% 左右,是味精废水的主要来源
	浓缩等电	废水来源	浓缩冷凝液(高浓度废水资源化时产生)
		主要污染物	有机化合物(氨基酸等),液氨,浓硫酸
		污染物指标	COD,BOD,pH 值,氨氮,总氮,SO_4^{2-}
		废水和污染负荷比例	废水排放量约占味精生产总排水量的 40%~50%,是味精废水的主要来源
味精生产(精制过程)		废水来源	活性炭冲洗水
		主要污染物	有机化合物(氨基酸等)
		污染物指标	COD,BOD,pH 值,氨氮,总氮
		废水和污染负荷比例	废水排放量约占味精生产总排水量的 30%~40%

味精生产工艺产生的主要污染物污染负荷见表 2-12-73,可见发酵废母液或离交尾液虽占废水量的比例较小,但是 COD 浓度高达 30000~70000mg/L,废母液 pH 值为 3.2 左右,离交尾液 pH 值为 1.8~2.0。中浓度有机废水的洗涤水、冷凝水排放量大,COD 浓度为 1000~2000mg/L。味精生产废渣水的主要特点是有机物和悬浮物含量高,酸度高,易使受纳水体富营养化。

表 2-12-73　味精生产主要污染物产生状况

污染物分类	pH 值	COD_{Cr} /(mg/L)	BOD_5 /(mg/L)	SS /(mg/L)	NH_4^+-N /(mg/L)
高浓度(废母液、离交尾液)	1.8~2.0	30000~70000	20000~42000	12000~20000	5000~7000
中浓度(洗涤水、冷凝水)	3.5~4.5	1000~2000	600~1200	1500~2500	200~500
低浓度(冷却水)	6.5~7	100~500	60~300	100~200	5~10
综合废水		1000~4500	500~3000	1000~1500	250~300

三、清洁生产与污染过程控制

味精生产过程的废水主要来自谷氨酸发酵与分离过程,产生的分离尾液属于高浓度废水。此外,发酵罐、提取罐、分离机、滤布会产生洗涤水,浓缩产生污冷凝水,活性炭柱清洗产生清洗水等。目前的清洁生产工艺主要是采用高性能温敏型谷氨酸产生菌,使发酵过程表现出高产酸水平、高转化率等特性,发酵稳定且周期短,设备利用率高,比传统生物素亚适量法吨谷氨酸综合能耗降低约 14%,通过提高产酸率和糖酸转化率从而减少整个味精后续生产工序废水和 COD_{Cr} 产生量。在谷氨酸的分离过程中,可采用浓缩等电结晶工艺取代传统的等电离交工艺,将发酵液经浓缩至谷氨酸含量达 30% 左右,再加入硫酸调 pH 值到等电点 3.22,通过控制温度进行连续等电分离提取谷氨酸,使谷氨酸提取收率在 90% 以上,可节约用水与浓硫酸,且不使用氨水,大大降低了水污染物的产生,尤其是废水中的氨氮含量显著降低，对于后续废水的脱氮处理非常有利。此外，通过对发酵分离尾液进行絮凝气浮提取菌体蛋白、浓缩结晶生产硫酸铵及喷浆造粒制造复合肥技术可实现全部尾液的综合利用。也有部分企业对发酵尾液在分离提取蛋白和硫酸铵后，将其调配制备成植物氨基酸营养液使用，大大降低了喷浆造粒带来大气污染的恶臭问题。

四、处理技术及利用

（一）废水处理基本工艺流程

味精工业废水处理工艺流程如图 2-12-52 所示。

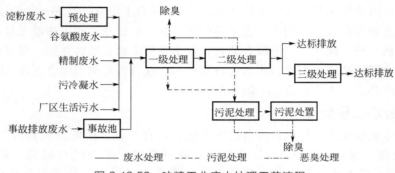

图 2-12-52　味精工业废水处理工艺流程

有淀粉生产的味精企业产生的淀粉废水宜优先考虑综合利用，排出的淀粉废水应与制糖废水混合，并采用以厌氧为主体的工艺预处理后，其出水再与其他废水一起混合进入综合废水处理系统。

表 2-12-74 为典型废水治理工艺单元处理效率。

表 2-12-74　典型废水治理工艺单元处理效率

处理级别	处理方法	主要工艺	处理效率/%			
			COD_{Cr}	BOD_5	NH_4^+-N	SS
预处理	厌氧生化	IC，UASB	80～90	90～95	—	30～50
一级	水质水量调节	格栅，调节池，pH 调整	—	—	—	—
二级	生化脱氮	A/O 工艺，ASND 工艺	75～90	86～95	＞90	80～90
三级	混凝沉淀	混凝沉淀	40～50	—	—	70～90
	过滤	混凝沉淀，过滤	40～50	—	—	80～90

（二）基本工艺设计参数

1. 淀粉废水预处理

淀粉废水预处理应采用厌氧为主体的处理工艺，主要工艺流程包括格栅、提升泵房、调节池（pH 和水温调节）和厌氧处理单元。

用于玉米、小麦淀粉废水预处理的调节池停留时间不应小于 8h。

厌氧处理单元可采用内循环厌氧反应器（IC）、升流式厌氧污泥床（UASB）等工艺，其技术要求如下。

① 当选用 IC 时，容积负荷宜为 10～25kg COD/(m^3·d)，污泥浓度宜为 20～40g/L，水力停留时间宜为 6～12h；当选用 UASB 时，容积负荷宜为 5～10kg COD/(m^3·d)，污泥浓度宜为 10～20g/L，水力停留时间宜为 12～20h。

② IC 反应器高度不宜超过 25m，单座体积不宜超过 1500m³；UASB 的有效高度一般为 5~7m，不宜超过 10m，单座体积不宜超过 2000m³。

③ 厌氧进水的 pH 值宜为 6.5~7.5，COD_{Cr}/SO_4^{2-} 的比值宜不小于 10，悬浮物的含量宜小于 1500mg/L。

④ 厌氧处理宜采用中温厌氧技术，温度宜为 32~35℃。

2. 综合废水一级处理

一级处理主要包括格栅、提升泵房、调节池、pH 调节设施等。

粗格栅宜采用机械清污格栅，格栅间隙应为 5~10mm，设置在水泵前应满足水泵要求；细格栅宜选用具有自清能力的机械格栅，格栅间隙为 1~4mm；格栅渠上部应设置工作平台，其高度应高出格栅前最高设计水位 0.5m，工作平台上应有安全和冲洗设施。

调节池的有效容积宜按平均小时流量的 16~30h 水量设计，亦可按最大日流量计算；调节池应设置机械、空气搅拌或水力混合装置，水下设备应具有防腐性能；尽可能利用酸性废水与碱性废水之间的酸碱度先进行废水的自然中和，混合后形成的综合废水 pH 值若达不到二级处理的进水要求，仍应设置 pH 调节设施。

3. 综合废水二级处理

二级处理生化单元宜选用抗冲击负荷能力强、具有脱氮功能的推流式或序批式（SBR）活性污泥法处理工艺，如缺氧/好氧（A/O）脱氮工艺、新型同步硝化反硝化脱氮工艺（ASND），仅进行谷氨酸精制生产味精的企业生产废水可采用生物接触氧化法污水处理工艺。技术要求分别如下。

① 采用活性污泥法计算曝气池有效池容时，需考虑硝化、反硝化反应时间，BOD 负荷宜按 0.05~0.20kg BOD_5/(kg MLSS·d) 设计，并按 NH_4^+-N 负荷 0.01~0.025kg NH_4^+-N/(kg MLSS·d) 校核；采用生物接触氧化法计算曝气池有效池容时，容积负荷宜按 0.3~0.6kg BOD_5/(m³ 填料·d) 设计。

② 二级生化反应池 pH 值宜为 7~8，硝化剩余碱度宜大于 70mg/L（以 $CaCO_3$ 计），当碱度不能满足上述要求时，应采取增加碱度的措施。

③ 采用推流式工艺时，应保持池内泥、水的充分混合，控制池内平均流速大于 0.3m/s，采用机械混合方式时，混合功率密度 4~8W/m³，同时应满足需氧量的要求。

④ 采用 SBR 工艺时，反应池个数宜为 2 个以上，其运行周期宜为 6~12h，充水比宜为 0.15~0.3。

4. 综合废水三级处理

三级处理宜采用混凝沉淀处理技术，当悬浮物指标要求较严时，混凝沉淀后的废水宜进行过滤处理，当有更高的水质要求时，可增加吸附技术、膜分离技术和强氧化等技术中的一种或几种组合。

5. 污泥处理与处置工艺

产泥量可根据实际工程情况测定或参照同类企业确定，也可根据去除单位污染物量估算污泥量。

① 采用活性污泥法时，产泥量可按 0.3~0.4kg DS/kg COD_{Cr} 设计，并按湿泥量（污泥含水率 99.3%~99.4% 计）为废水处理量的 1.5%~2.0% 校核。

② 采用生物接触氧化法时，产泥量可按 0.3~0.4kg DS/kg COD_{Cr} 设计，并按湿泥量（污泥含水率 99.3%~99.4% 计）为废水处理量的 1.0%~2.0% 校核。

③ 采用 IC 和 UASB 产生的厌氧剩余污泥产量可按 $0.05\sim0.2kg\ DS/kg\ COD_{Cr}$ 设计，污泥含水率约 98%。

④ 三级处理的物化污泥产量可按 $1\sim1.5kg\ DS/(kg\ COD_{Cr})$ 设计，污泥含水率 $98\%\sim99\%$。

污泥处理工艺应综合考虑污泥的最终处置方式确定，其处理工艺包括污泥浓缩、污泥均质、污泥脱水和污泥堆场，并应符合以下要求。

① 剩余污泥应进行浓缩。当采用重力浓缩时，污泥固体负荷宜采用 $20\sim40kg/(m^2\cdot d)$，浓缩时间不宜小于 16h；也可采用机械浓缩和气浮浓缩工艺。

② 污泥均质池容积应根据各类污泥产量及排泥方案确定，可按 $2\sim4h$ 的污泥排放量估算，均质池内应设置潜水推进器、搅拌器等设备。

五、工程实例

（一）实例一

某味精厂以大米为原料生产味精，生产的废水根据水质状况可分为两类：一类是高浓度废水，主要来自离交工段的离子交换尾液；另一类是中低浓度废水，来自淘米过程产生的淘米废水、精制工段产生的精制废水、设备与地面冲洗过程中产生的冲洗废水，以及该厂职工产生的生活污水。

1. 各种废水的数量及水质

各种废水的月排放量和污染物浓度见表 2-12-75。

表 2-12-75　各种废水的日排放量和污染物浓度

废水类型	日排放量/t	COD/(mg/L)	SS/(mg/L)	NH_4^+-N/(mg/L)	SO_4^{2-}/(mg/L)	pH 值
离交废水	800	30000	5000	6000	8000	$1\sim2$
精制废水	600	3000	1200	—	—	$6\sim8$
淘米废水	300	2500	1000	—	—	$6\sim8$
冲洗废水	100	1600	1800	—	—	$6\sim8$
生活污水	200	300	280	—	—	$6\sim8$

出水水质要求达到《污水综合排放标准》三级标准，要求氨氮 $\leqslant600mg/L$。

2. 工艺流程

废水处理工艺流程见图 2-12-53。

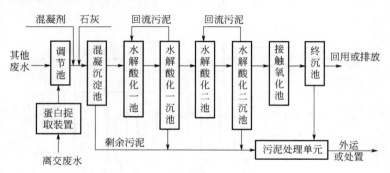

图 2-12-53　味精废水处理工艺流程

3. 主要工艺处理单元的设计处理效果

主要工艺单元的设计处理效果见表 2-12-76。

表 2-12-76　主要工艺单元的设计处理效果

污染物项目		蛋白提取	混凝沉淀	水解酸化	接触氧化
COD	去除率/%	40	30	35	90
	出水浓度/(mg/L)	18000	8585	5580	558
NH_4^+-N	去除率/%	20	0	50	80
	出水浓度/(mg/L)	4800	1920	960	192
SS	去除率/%	80	80	50	80
	出水浓度/(mg/L)	1000	205	103	20
SO_4^{2-}	去除率/%	10	98	—	—
	出水浓度/(mg/L)	7200	58	—	—

（二）实例二

某味精厂年产味精 3000t，其生产原料为玉米淀粉，在生产过程中排出经清污分流的高浓度和低浓度两股废水。高浓度废水来自提取工段，低浓度废水主要来自制糖、精制等工段和地面冲洗水。

1. 各种废水的数量及水质

各种废水的日排放量和污染物浓度见表 2-12-77。

表 2-12-77　各种废水的日排放量和污染物浓度

废水类型	日排放量/t	COD/(mg/L)	BOD/(mg/L)	SS/(mg/L)	NH_4^+-N/(mg/L)	SO_4^{2-}/(mg/L)	pH 值
高浓度废水	200	25100~58300	12100~57200	1600~5110	1370~7979	2909~41150	1.5~3.5
低浓度废水	300	839~6000	504~3500	161~1500	26~60	32~300	6~8

2. 工艺流程

废水处理工艺流程见图 2-12-54 和图 2-12-55。

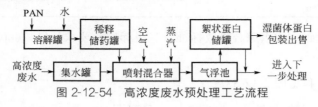

图 2-12-54　高浓度废水预处理工艺流程

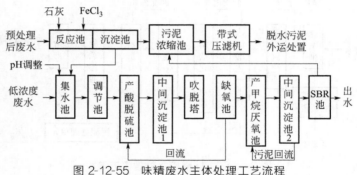

图 2-12-55　味精废水主体处理工艺流程

高浓度废水应预先处理，来自提取工段的离子交换母液中菌体蛋白的回收工艺已被广泛使用，经提取后，高浓度废水的 COD_{Cr} 下降明显，这为后续工序的处理创造了有利条件。提取菌体蛋白的高浓度废水其 pH 仍呈酸性，COD_{Cr}、NH_4^+-N、SO_4^{2-} 也仍很高，需经中和及降低 NH_4^+-N、SO_4^{2-} 后再与低浓度废水混合。经均质、均量后的废水由两相 UBF-SBR 主体工艺处理。

3. 主要工艺处理单元的设计处理效果

主要工艺单元的设计处理效果见表 2-12-78。

表 2-12-78　主要工艺单元的设计处理效果

污染物项目		预处理	两相 UBF	SBR
COD	去除率/%	40～70	83～89	70
	出水浓度/(mg/L)	12160～16800	800～1100	240～330
BOD	去除率/%	40～70	85～90	80
	出水浓度/(mg/L)	4816～10700	292～480	60～100

第八节　淀粉工业废水

一、概述

我国是世界上淀粉生产大国，近年，我国淀粉总产量已超过 1000 万吨，约占世界淀粉总产量的 16%，仅次于美国，居世界第二位。其中玉米淀粉约占 92%，木薯淀粉约 5%，马铃薯淀粉、红薯淀粉、小麦淀粉等约占 3%。

淀粉生产企业遍布除西藏自治区外的 29 个省市区，我国农业区域的自然条件，形成了北方玉米产量大，两广木薯产量多，而淀粉深加工工业的基础条件集中在南方沿海的格局。

淀粉技术水平发生了根本的变化，不仅有多种原淀粉的生产，还有上百种名目繁多的各种淀粉糖、变性淀粉、淀粉深加工产品以及各种副产品。产品质量、技术管理等方面都取得了可喜的成就，淀粉装备水平也有显著的提高，已能依靠国产设备装备年产几十万吨淀粉的现代化工厂，并出口到国外。

二、生产工艺和废水来源

（一）生产工艺

1. 玉米淀粉生产工艺

淀粉的原料不同，其生产加工工艺略有不同。图 2-12-56 为玉米淀粉典型生产工艺流程

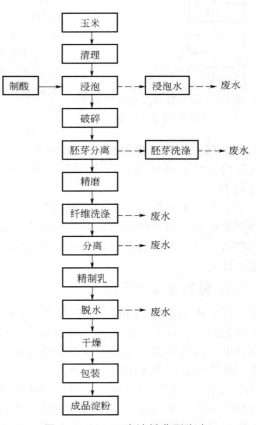

图 2-12-56　玉米淀粉典型生产工艺流程和污染发生源

和污染发生源。

玉米淀粉是将玉米用 0.3%亚硫酸浸渍后，通过破碎、过筛、沉淀、干燥、磨细等工序而制成。普通产品中含有少量脂肪和蛋白质等。吸湿性强，最高能达 30%以上。

2. 薯类淀粉生产工艺

薯类淀粉主要用作食品、制糖、医药、饲料、纺织、造纸、化工等工业部门的原料。薯类淀粉生产过程是物理分离过程，即是将薯类原料中的淀粉与纤维素、无机物等其他物质分

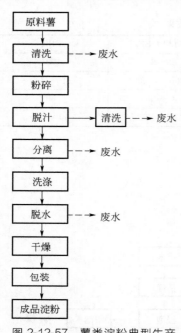

图 2-12-57 薯类淀粉典型生产
工艺流程和污染发生源

开。在生产过程中，根据淀粉不溶于冷水和密度大于水的性质，用水及专用机械设备，将淀粉从水的悬浮液中分离出来，从而达到回收淀粉的目的。其生产工艺流程分为输送、清洗、碎解、浸渍、筛分、漂白、除砂、分离、脱水、干燥、风冷、包装等工序。图 2-12-57 为薯类淀粉典型生产工艺流程和污染发生源。

（二）废水来源

1. 玉米淀粉生产废水

传统淀粉厂排水主要工段集中在玉米清洗输送、浸泡车间、纤维榨水、浮选浓缩、蛋白压滤等工艺。其中浮选浓缩工段排水量最大，占总水量的 60%～70%，COD_{Cr} 在 12000～15000mg/L（含浸泡水）。而目前各大淀粉厂在排水方面主要集中在浮选浓缩工艺及冷凝水，其他工段用水基本可实现闭路循环，车间使用清水的工艺也只有在淀粉洗涤工序，其他工序则都用工艺水。亚硫酸浸泡液一般浓缩做玉米浆或做菲汀，其 COD_{Cr} 浓度在 15000～18000mg/L，甚至高达 20000mg/L 以上。

由于水循环次数增加，废水中的 COD_{Cr}、N、P 以及无机盐都有比较严重的积累，对原有工艺的稳定运行产生了许多不利因素，淀粉废水中污染物浓度相应增加，造成污染治理的困难，因此目前玉米淀粉生产的吨淀粉用水量为 6t 左右。

由于玉米淀粉中含有大量蛋白类物质，而蛋白粉仅仅是淀粉生产过程的一种副产品，部分企业对蛋白的回收不重视，或回收率不高，这就造成了所排废水中有机氮和有机磷的含量非常高（其中有机氮含量最高的可到 1000mg/L 以上），含有如此高的有机氮废水治理起来难度极大。

2. 薯类淀粉生产废水

每生产 1t 薯类淀粉需要耗水 15～40m³，单位产品的耗水量约是玉米淀粉的 6～8 倍。薯类表面上含有大量的泥砂，需要用大量的清水进行冲洗。这段废水悬浮物含量高，COD_{Cr} 和 BOD_5 值都不高。生产废水即分离废水中含有大量的水溶性物质，例如糖、蛋白质、树脂等，此外还含有少量的微细纤维和淀粉，COD_{Cr}、BOD_5 值很高，并且水量大，因此，本工段废水是马铃薯原料淀粉厂主要的污染废水。鲜木薯的薯皮中含有氢氰酸。在薯类淀粉生产过程中也会产生大量的蛋白类物质俗称薯黄，这部分蛋白密度较小，不易沉淀回收。薯类淀粉生产过程中，作为副产品产生的大量渣滓如果处理不好，将形成悬浮物进入废水中，会严重影响废水处理设施的运行。

薯类淀粉的生产周期一般为 3 个月至半年，当换成以干薯片为原料时，水质、水量有一定变化，因此薯类淀粉废水全年变化较大。

3. 小麦淀粉生产废水

小麦淀粉废水由两部分组成：沉降池里的上清液和离心后产生的黄浆水。前者的有机物含量较低，后者的含量较高，生产中，通常将两部分的废水混合后称为淀粉废水集中排放。据对某厂的调查，小麦粉制成淀粉的得率约 70%，另外面筋的得率约 40%（含水量 50%～60%）。这样，约有 10% 的有机物经废水排出。一般说来，每生产 1t 淀粉，产生 5～6t 废水，其中上清液 4～5t，黄浆水 1～2t。淀粉废水 COD_{Cr} 为 10000mg/L 左右。

淀粉工业产生废水量可参考表 2-12-79。

表 2-12-79　典型淀粉工业单位产品废水产生量　　　　单位：m³/t 淀粉

淀粉类型	玉米淀粉	马铃薯淀粉	木薯淀粉	小麦淀粉
先进	≤3	≤4	≤4	≤3
平均	≤4	≤8	≤8	≤4
一般	≤5	≤12	≤12	≤5

不同原料生产淀粉产生的水污染物浓度见表 2-12-80。

表 2-12-80　不同原料生产淀粉产生的污染物浓度

原料	COD_{Cr}/(mg/L)	BOD_5/(mg/L)	SS/(mg/L)	NH_4^+-N/(mg/L)	TP/(mg/L)	pH 值
玉米	6000～15000	2400～6000	1000～5000	20～100	10～80	3～5
马铃薯	5000～17000	1500～6000	1000～55000	3～10	<5	3～5
木薯	10000	5000～6000	3000～5000	2～8	<5	3～5
小麦	7000～11000	2500～6000	1500～2500	50～150	30～100	3～5

三、清洁生产与污染过程控制

淀粉生产工艺的先进程度、装备水平的高低以及整个设备的配套程度对企业达到清洁生产要求起着至关重要的作用。采用先进的生产工艺与装备是实现清洁生产的重要途径。

对于淀粉行业来说，采用闭环逆流循环工艺技术，即在淀粉洗涤时使用新水，其他过程均使用过程的工艺水，最后将工艺水用作浸泡水成为生产玉米浆的原料，整个生产过程中排出蒸发冷凝水和各干燥工序排出的废水，这样的清洁工艺技术没有向外排放废物的出口，即使生产过程有瞬时的泄漏，物料也可以回收到工艺中而不至于排放掉。

正确选择设备也是清洁生产技术的一个重要条件，只有性能优良的设备才能将玉米磨碎、筛分、分离开来，并达到工艺要求的指标。使用二级凸齿磨破碎浸泡好的玉米，使用胚芽分离器分离胚芽，胚芽得率可达到 6.5%～7.4%（干基玉米），而使用漂浮槽分离胚芽，胚芽的得率在 3.8%～5.3%（干基玉米）。在分离胚芽后对破碎两次的玉米进行第三次精磨，国外的针磨可使纤维中的联结淀粉控制在 8%～13% 之间（干基），国产在 10%～18% 之间（干基），而其他设备在 20%～39% 之间（干基），这样就使淀粉和蛋白粉的产量（得率）下降很多，都进入到了纤维饲料中。

通过以下技术可以实现淀粉行业节水：

① 玉米向浸渍罐中输送时，输送水作为浸渍液循环使用，这样既能增加玉米浆浓度，又能回收干物 0.1%～0.6%，同时可以节约新水 3～5m³/t 玉米；

② 玉米浸渍用酸使用工艺水配制或工艺水加少量新水配制，用酸量为 0.9～1.15m³/t

玉米，此工序可节省新水 $0.6\sim1.15\mathrm{m}^3/\mathrm{t}$ 玉米；

③ 浸后玉米洗涤采用工艺水，用量 $0.5\sim0.8\mathrm{m}^3/\mathrm{t}$ 玉米，洗涤后的水加入到稀玉米浆中，这样可回收干物 $0.05\%\sim0.1\%$；

④ 浸后玉米输送采用工艺水循环使用，玉米与水的比例为 $1:(3\sim5)$，这样可节省新水 $1.3\sim2.5\mathrm{m}^3/\mathrm{t}$ 玉米，每罐最后余下的输送水亦加入到稀玉米浆中；

⑤ 磨碎工序用水利用纤维挤压机挤出的工艺水，可省新水 $0.5\sim2\mathrm{m}^3/\mathrm{t}$ 玉米；

⑥ 分离机使用工艺水，可节水 $0.1\sim0.2\mathrm{m}^3/\mathrm{t}$ 玉米；

⑦ 12 级旋流器使用新水和脱水离心机回来的滤液混合水；

⑧ 脱水离心机的滤液用 12 级旋流器的洗水，可节省新水 $1.0\mathrm{m}^3/\mathrm{t}$ 玉米；

⑨ 胚芽挤压机出来的工艺水回到纤维洗涤槽中或与纤维挤压机出来的工艺水一同去磨碎工艺使用；

⑩ 蛋白粉脱水下来的工艺水进入工艺水罐作工艺水使用。

在清洁生产工艺中，严格控制向工艺过程加入新水。

四、处理技术及利用

（一）废水处理基本工艺流程

以玉米、小麦为原料的淀粉废水处理工艺流程见图 2-12-58。

图 2-12-58　以玉米、小麦为原料的淀粉废水处理工艺流程

以马铃薯为原料的淀粉废水处理工艺流程见图 2-12-59。

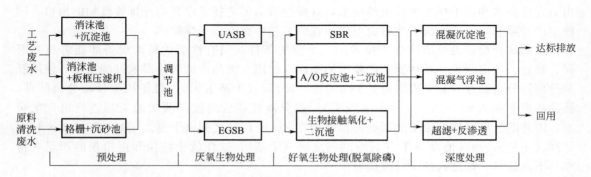

图 2-12-59　以马铃薯为原料的淀粉废水处理工艺流程

以木薯为原料的淀粉废水处理工艺流程见图 2-12-60。

淀粉废水常用处理工艺各单元去除率见表 2-12-81。

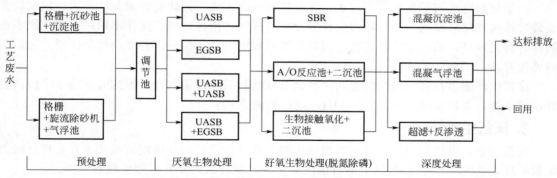

图 2-12-60　以木薯为原料的淀粉废水处理工艺流程

表 2-12-81　淀粉废水常用处理工艺各单元去除率

处理程度	处理方法	主要工艺环节	处理效率/%			
			COD$_{Cr}$	BOD$_5$	SS	NH$_4^+$-N
预处理	自然沉淀	格栅、沉淀、调节	8～10	6～8	40～55	—
	板框压滤机	格栅、板框压滤机、调节	10～15	8～10	45～60	—
厌氧处理	EGSB	EGSB	80～92	90～95	30～50	—
	UASB	UASB	80～92	90～95	30～50	—
好氧	活性污泥	SBR	75～90	85～95	80～90	85～90
	活性污泥	A/O+二沉池	75～90	85～95	80～90	91～96
	活性污泥	CASS	75～90	85～95	80～90	85～90
	生物膜	生化接触氧化	75～90	85～95	80～90	91～96
深度处理	过滤	过滤	10～20	—	50～60	—
	混凝	混凝沉淀(澄清、气浮)	15～30	—	50～70	—
	吸附	过滤、活性炭吸附	>40	—	>80	—

（二）基本工艺设计参数

1. 格栅

淀粉加工废水中混有未发酵降解的原料外皮等杂物，为了防止水泵及处理构筑物的机械设备和管道被磨损或堵塞，使后续处理流程能顺利进行，淀粉废水必须设置格栅。

大多淀粉废水处理厂（站），特别是中小型处理站，栅渣直接落在操作平台或其上的栅渣车内，严重影响了工作环境。提倡通过机械输送、压榨脱水外运的方式处理栅渣。

淀粉废水易释放硫化氢气体，并易发生生物反应产生沼气，因此提倡对格栅除污机、输送机及脱水机采取必要的密封措施，当设备处于室内时，应当设置通风除臭装置，并建议设置有毒有害气体的检测报警装置。

2. 调节池

淀粉废水排放量和排放水质随着生产方式、生产周期的变化而改变，每天每小时的排水不均匀。而处理设备需要在均匀水量和水质的负荷下运行，才能保障其处理效果和经济效果，这就需要在处理设施前设置调节池。

调节池停留时间最低限值：玉米、小麦淀粉生产废水调节池停留时间不应小于 8h，薯类淀粉生产废水停留时间不应小于 12h，变性淀粉生产废水的停留时间需根据产品种类及排水规律确定，通常不小于 18h。

由于淀粉废水属于发酵生产废水，含有较多难闻臭味，因此宜将调节池设为封闭式，并安装通排风和除臭设施。调节池内应设置预曝气或机械搅拌设施，这样不仅可以防止废水在储存时腐化发臭，减少池内沉淀物，同时曝气过程中也会产生一定程度的絮凝作用，对后面的处理有利。

淀粉生产废水存在酸碱度的波动，经调节池均化后通常偏酸性，因此通常将 pH 粗调设置在调节池，需投加碱液（30%NaOH）或石灰调节 pH。

3. 厌氧生物处理

淀粉企业，可将淀粉生产过程排出的生物降解性能良好的高浓度有机废水首先进行厌氧生物处理，去除废水中 80% 以上的有机污染负荷，减轻后续好氧生物处理的负担。

厌氧生物处理通常可选用 EGSB、UASB 或普通厌氧生化池，有关参数应通过试验确定。厌氧生物反应器进水 pH 值宜为 6.5~7.8，悬浮物的含量宜小于 1500mg/L，氨氮浓度应小于 800mg/L，硫酸盐浓度应小于 1000mg/L。

淀粉废水治理厌氧生物处理通常选用常温厌氧或中温厌氧技术，温度宜控制在 20~35℃。当选用 UASB 时，容积负荷宜为 5~10kg COD_{Cr}/(m³·d)，当选用 EGSB 或 IC 时，容积负荷宜为 15~30kg COD_{Cr}/(m³·d)。

对于季节性生产的马铃薯淀粉生产废水处理厂，应设置厌氧菌种贮存设施。

4. 好氧生物处理

根据处理水质的高浓度有机物、高浓度氨氮的特点，宜采用悬浮生长的活性污泥处理方法，一般采用推流式反应池或 SBR 反应池。采用活性污泥法计算有效池容时，污泥负荷宜按 0.10~0.25kg BOD_5/(kg MLSS·d) 设计；采用生物接触氧化法计算有效池容时，容积负荷宜按 0.4~0.8kg BOD_5/(m³ 填料·d) 设计，并按废水停留时间 12~36h 进行校核。需氧量应按照好氧进水的五日生化需氧量计算，并考虑氨氮硝化需氧量，按照气水比（15~30）:1 校核。污泥回流比一般为 50%~100%，保证生化池中污泥浓度（MLSS）在 3~5g/L。考虑到脱氮的需要，内循环管线的设置是必须的，内循环回流比一般为 200%~400%。考虑到进水段负荷高，对运行冲击负荷大，对于推流式活性污泥法宜采用可以多点进水的灵活进水管线。多点进水的灵活进水管线也有利于曝气池的后段适当补充碳源的目的。必要时可以在推流式曝气池的后段设置填料，以利于世代期较长的微生物生长。

5. 深度处理

废水深度处理可采用混凝、沉淀（或澄清、气浮）、过滤（或微滤）、曝气生物滤池和其他深度处理技术。当有更高的水质要求时，可增加深度处理其他单元技术中的一种或几种组合，其他单元技术有活性炭吸附、臭氧-活性炭、离子交换、超滤、纳滤、反渗透、化学氧化和高级氧化等。

采用混凝、沉淀（或澄清、气浮）工艺时，混合段 G 值 300~500s⁻¹，混合时间 30~120s；絮凝段 G 值 30~60s⁻¹，絮凝时间 5~20min；澄清池上升流速 0.4~0.6mm/s，停留时间 1.5~2.0h；气浮池气水接触时间为 30~100s，表面负荷 6~9m³/(m²·h)，水力停留时间 20~40min。

当有回用要求时，深度处理后的废水应进行消毒处理，宜采用二氧化氯消毒法，加氯量宜为有效氯 5~10mg/L，消毒接触时间应大于 30min。

6. 污泥处理与处置

淀粉废水污泥主要是水中的 SS 与絮凝药剂反应生成的絮体，因此这些污泥可通过物料和化学反应平衡量计算确定，当缺乏资料时，常规情况可按以下数据进行污泥量估算：采用活性污泥法时，产泥量可按 $0.5 \sim 0.7$ kg DS/kg COD 设计，并按产泥量为废水处理量的 $1.5\% \sim 2.0\%$ 校核。污泥含水率 $99.3\% \sim 99.4\%$。采用生物接触氧化法时，产泥量可按 $0.3 \sim 0.5$ kg DS/kg COD 设计，并按产泥量为废水处理量的 $1.0\% \sim 2.0\%$ 校核。污泥含水率 $99.3\% \sim 99.4\%$。

由于淀粉废水治理过程中产生的污泥脱水性能较差，为确保脱水过程的稳定运行，应加药调理。阳离子型聚丙烯酰胺适用于带负电荷、胶体粒径 $<0.1\mu m$ 的废水处理污泥。若污泥脱水性差，还可投加其他调理剂，如石灰等。

目前多数淀粉企业都将污泥浓缩液进行喷浆造粒等资源化利用生产有机肥，或脱水污泥直接作为肥料使用。

五、工程实例

（一）实例一

河南某淀粉厂以小麦面粉为原料生产淀粉，生产能力为 3×10^4 t/a，生产过程中的废水来源主要是淀粉沉降后的上清液和离心分离后的黄浆水，每天的排放量为 $1300 m^3$，其主要成分为淀粉、蛋白质和糖类，废水水质见表 2-12-82。

废水处理工艺流程如图 2-12-61 所示。

整个工艺包括厌氧部分、好氧部分、污泥处理系统和沼气利用系统。主要处理构筑物及设计参数见表 2-12-83。

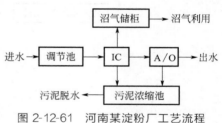

图 2-12-61　河南某淀粉厂工艺流程

表 2-12-82　淀粉废水水质

项目	$COD_{Cr}/(mg/L)$	$BOD_5/(mg/L)$	SS/(mg/L)	NH_4^+-N/(mg/L)	pH
淀粉废水	6900	4100	5200	96	$3.5 \sim 4.5$

表 2-12-83　河南某淀粉厂主要构筑物及设计参数

构筑物	主要设计参数	构筑物	主要设计参数
调节池	HRT=8h	污泥脱水间	板框压滤机
IC	有机负荷 COD 为 12kg/(m³·d)	鼓风机房	鼓风机
CASS	有机负荷 COD 为 1.0kg/(m³·d)	沼气储柜	300m³
污泥浓缩池	HRT=12h		

各工艺单元处理效果见表 2-12-84。

（二）实例二

云南某淀粉有限公司是一家致力于马铃薯产业化运作的专业性公司，公司业务涉及马铃薯种植、研发、良种繁育、马铃薯制品加工、生产设备等多个领域，该厂每天排放废水总量为 $2100 m^3/d$，设计出水水质达到国家《污水综合排放标准》（GB 8978—1996）的一级标准，进出水水质见表 2-12-85。工艺流程见图 2-12-62。

表 2-12-84　各单元处理效果

处理单元	pH 值	SS		COD		BOD$_5$		氨氮	
		出水/(mg/L)	去除率/%	出水/(mg/L)	去除率/%	出水/(mg/L)	去除率/%	出水/(mg/L)	去除率/%
IC 反应器	6.6~7.0	850	83.7	512	92.6	126	96.9	102	
CASS	7.5~8.0	97	88.6	90	82.4	15	88.1	16	84.3
排放标准	6.0~9.0	200	—	150	—	60	—	25	

表 2-12-85　主要设计进出水水质指标

水质	COD/(mg/L)	BOD$_5$/(mg/L)	SS/(mg/L)	pH 值
进水	22750	11000	3100	6~7
出水	≤100	≤30	≤70	7~8

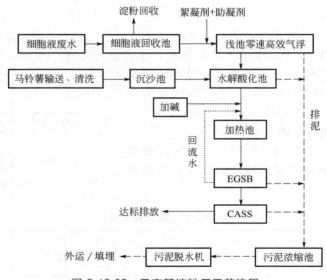

图 2-12-62　云南某淀粉厂工艺流程

　　整个工程包括预处理部分、厌氧部分、好氧部分和污泥处理系统。主要处理构筑物及设计参数见表 2-12-86。各工艺单元处理效果见表 2-12-87。

表 2-12-86　云南某淀粉厂主要构筑物及设计参数

构筑物	主要设计参数	构筑物	主要设计参数
高效气浮池	溶气气浮	污泥浓缩池	HRT=12h
水解酸化池	HRT=12h	脱水车间	75m²
EGSB 池	HRT=20h	鼓风机房	100m²
CASS 池	HRT=24h		

表 2-12-87　各单元处理效果

处理单元	指标	COD	BOD$_5$	SS
沉淀池 水解酸化池	进水/(mg/L)	22750	11000	3100
	出水/(mg/L)	<15925	<8800	<1550
	去除率/%	>30	>20	>50

续表

处理单元	指标	COD	BOD$_5$	SS
EGSB	进水/(mg/L)	<15925	<8800	<1550
	出水/(mg/L)	<1200	<880	<465
	去除率/%	>92.5	>90	>70
CASS	进水/(mg/L)	<1200	<880	<465
	出水/(mg/L)	<100	<30	<70
	去除率/%	>91.6	>96.6	>85
—	总去除率/%	>99.6	>99.7	>97.7

（三）实例三

木薯生产加工期为一年中气温最低的季节，且生产榨季短暂，仅有100天左右。广西某淀粉厂木薯废水处理规模2500m³/d，废水处理后排放执行《污水综合排放标准》（GB 8978—1996）的二类一级标准，进出水水质指标见表2-12-88。

表 2-12-88　榨季期污水参数及排放标准

水质	COD/(mg/L)	BOD$_5$/(mg/L)	SS/(mg/L)	pH 值	CN$^-$/(mg/L)	氨氮/(mg/L)	色度
进水	10000~12000	6000~7000	10000	4.5	15	30	90
出水	100	30	70	6~9	0.5	15	50

工艺流程见图2-12-63。

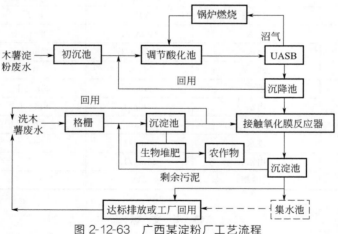

图 2-12-63　广西某淀粉厂工艺流程

厌氧反应采用中温发酵工艺，罐内发酵温度控制在35~40℃，厌氧反应罐运行的容积负荷为3~5kg COD/(m³·d)，水力停留时间为3d，控制平均流速为0.162m/h。厌氧出水自流入好氧曝气池进行好氧生化治理，采用二级接触氧化法，每级的水力停留时间为15h。

主要构筑物见表2-12-89。各工艺单元处理效果见表2-12-90。

表 2-12-89　主要构筑物清单

名　　称	规　　格	数量
黄浆沉淀池	20m×7.5m×2.2m	1
调节酸化池	20m×7.5m×2.2m	1
	13m×5m×2.2m	1

续表

名　称	规　格	数量
厌氧罐基础	$\phi18m$	2
沉降罐基础	$\phi8m$	1
接触氧化曝气池	$25m\times15m\times4.5m$	2
二沉池	$12m\times12m\times3.5m$	1
洗薯水沉淀池	$12m\times12m\times3.5m$	1
混凝沉淀池	$12m\times12m\times3.5m$	1
过滤池	$6m\times6m\times3.5m$	1
鼓风机房	$30m^2$	1

表 2-12-90　各单元处理效果

处理单元	指标	COD	SS	pH 值
黄浆水预处理	进水	12000mg/L	10000mg/L	3.5
	出水	10000mg/L	1000mg/L	4.5～5.0
	去除率	17%	90%	—
UASB＋沉淀系统	进水	10000mg/L	1000mg/L	4.5～5.0
	出水	1400mg/L	500mg/L	6.8～7.2
	去除率	86%	50%	—
木薯清洗水预处理	进水	500mg/L	4000mg/L	6.5～7.2
	出水	250mg/L	800mg/L	6.5～7.2
	去除率	50%	80%	—
接触氧化池	进水	940mg/L	100mg/L	6.8～7.2
	出水	135mg/L	30mg/L	6.8～7.2
	去除率	85%	70%	—
混凝沉淀池	进水	135mg/L	30mg/L	6.8～7.2
	出水	90mg/L	9mg/L	6.8～7.2
	去除率	33.3%	70%	—
砂滤池	进水	90mg/L	—	6.8～7.2
	出水	85mg/L	—	6.8～7.2
	去除率	5%	—	—

参 考 文 献

[1]　中国肉类协会. 2008 年我国肉类工业发展报告.

[2]　周映霞. 我国肉类加工的现状与研究 [J]. 肉类研究，2009，2：3-6.

[3]　叶祝年，周振智，陈家森. 肉类加工废水的净化、消毒和利用的研究 [J]. 肉品卫生，2000，(11)：6-10，18-20.

[4]　吴卫国. 肉联屠宰废水处理技术 [M]. 北京：中国环境科学出版社，1991.

[5]　高湘，王智峰，董宏宇. A^2O 生物接触氧化工艺处理屠宰加工废水 [J]. 环境工程学报，2015，8：3865-3870.

[6]　李亚峰，刘洪涛，单信超，等. 气浮—水解酸化—接触氧化—混凝气浮—过滤工艺处理屠宰废水 [J]. 给水排水，2013，39 (1)：63-65.

[7]　李红亮. 水解酸化-两级 EGSB-生物接触氧化工艺处理肉类加工废水 [J]. 工业用水与废水，2009，40 (3)：81-83.

[8]　于颂明，王宝贞. 活性污泥法处理肉类加工废水技术及改良研究 [J]. 北方环境，2002，1：60-62.

[9]　黄羽飞. 混凝沉淀-序批式活性污泥法在屠宰废水中的应用 [J]. 矿冶，2006，15 (2)：61-63.

[10]　杨爽，张雁秋. DAT-IAT 工艺及其发展 [J]. 贵州环保科技，2005，11 (4)：38-43.

[11]　郭海燕，张秀红，曲媛媛. 肉类加工废水处理站工程设计 [J]. 给水排水，2005，31 (6)：57-59.

[12]　周淑英，张斌．气浮-生化-BAF 工艺处理屠宰废水 [J]．黑龙江生态工程职业学院学报，2010，23（4）：9-11.

[13]　刘艳娟，朱百泉．肉类加工废水处理工程实践 [J]．河北化工，2010，33（10）：50-54.

[14]　李海华，邢静，孟瑞静，等．ABR＋生物接触氧化工艺处理乳业废水工程应用 [J]，工业水处理，2014，4：79-81.

[15]　孙美琴，彭超英．水解酸化-好氧生物法处理工业废水 [J]．工业水处理，2003，23（5）：16-18.

[16]　朱杰，付永胜．肉类加工废水生物脱氮工艺的工程应用 [J]．环境工程，2006，24（4）：76-78.

[17]　王建西，崔战胜，王海军，等．豆制品产业园废水处理项目设计及运行 [J]．中国给水排水，2018，34（24）：105-108.

[18]　工业和信息化部．肉类加工行业清洁生产技术推行方案（征求意见稿）．

[19]　王瑞元．2014 年我国粮油生产、消费及油脂工业发展简况 [J]．粮油加工，2015，5：14-19.

[20]　张自杰．环境工程手册·水污染防治卷 [M]．北京：高等教育出版社，2012.

[21]　北京市环境保护科学研究院．三废处理工程技术手册 [M]．北京，化学工业出版社，2000.

[22]　贝雷．油脂化学与工艺学 [M]．北京：轻工业出版社，1989.

[23]　墨玉欣，刘宏娟，张建安，等．微生物发酵制备油脂的研究 [J]．可再生能源，2006，6：24-28.

[24]　农业部乡镇企业局．食用植物油工业生产与污染防治 [M]．北京：中国环境科学出版社，1991.

[25]　刘国防，梁志伟，杨尚源，等．油脂废水生物处理研究进展 [J]．应用生态学报，2011，22（8）：2219-2226.

[26]　Koziorowski B，Kuckarski J．工业废水处理 [M]．李远义，译．北京：中国建筑工业出版社，1975.

[27]　田凯勋，戴友芝，唐受印，等．有机废水厌氧水解酸化工艺研究与工业应用现状 [J]．工业水处理，2003，23（3）：20-23.

[28]　金青哲．大豆油脂加工的技术创新 [J]．大豆科技，2010，6：16-19.

[29]　梁海涛，岳丹丹，叶子豪．屠宰废水混凝气浮预处理工艺的影响因素研究 [J]．山西建筑，2016，42（6）：186-187.

[30]　尤鑫，刘海燕，邹磊，等．豆制品废水处理工程设计实例及分析 [J]．中国给水排水，2019，35（4）：106-112.

[31]　王有志，谷峡，郭春明，等．油脂工业废水深度处理与回用工程实践 [J]．工业水处理，2006，26（12）：84-86.

[32]　唐鑫，陈卓然，黄薪安，等．豆制品生产中黄浆水的综合应用 [J]．试验研究，2010，6：67-70.

[33]　郑海军，郑重，刘会成，等．豆制品生产工艺废水处理工艺设计 [J]．水处理技术，2012，38（7）：128-130.

[34]　李鹏芳，刘梦，张科亭，等．厌氧膜生物反应器对乳品废水处理效果的研究 [J]．四川环境，2018，37（5）：12-18.

[35]　孙彦君，杜慧慧，刘龙，等．豆制品废水处理新工艺研究 [J]．宁夏工程技术，2017，16（3）：217-220.

[36]　刁宁宁，张建国，李保国．豆制品废水资源化利用研究进展 [J]．食品与发酵科技，2015，51（1）：20-30.

[37]　李林，李小明．豆制品废水处理工程 [J]．给水排水，2008，34（9）：64-66

[38]　李依璇，罗洁，任发政，等．我国乳制品工业的发展历程 [J]．中国牛奶，2019，10：1-5.

[39]　王宗华，常选峰，董崇玲，等．乳制品废水处理工程设计与运行 [J]．江苏环境科技，2008，6：53-54.

[40]　北京市环境保护科学研究所．水污染防治手册 [M]．上海：上海科学技术出版社，1989.

[41]　胡津利，高延林．屠宰废水处理分析探讨 [J]．中小企业管理与科技，2011，7：215.

[42]　国家环境保护局．国家环境保护最佳实用技术汇编 [M]．北京：中国环境科学出版社，1995.

[43]　国家环境保护局．国家环境保护最佳实用技术汇编 [M]．北京：中国环境科学出版社，1996.

[44]　国家环境保护局．水污染防治及城市污水资源化技术 [M]．北京：科学出版社，1993.

[45]　赵书林，蔡双山，夏木阳，等．裂殖壶菌补糖发酵研究 [J]．中国油脂，2017，42（2）：113-115.

[46]　许玉东．味精废水处理工艺设计 [J]．环境工程，2002，6：18-20.

[47]　沈连峰，施琪，李有，等．水解-酸化法在味精废水处理中的应用 [J]．环境污染与防治，2006，5：391-398.

[48]　顾礼炜，马三剑，杨海亮，等．小球藻对乳制品废水处理与能源提取实验研究 [J]．水处理技术，2018，44（2）：68-71.

[49]　王爱芹，买文宁，张波．淀粉废水处理工程实例 [J]．水处理技术，2008，10：86-88.

[50]　邓运智．云南某淀粉厂淀粉废水处理工程设计 [J]．广西轻工业，2009，12：93-94.

[51]　莫新光，韦雪梅．UASB/接触氧化膜生物反应器在木薯淀粉废水处理中的应用 [J]．化工技术与开发，2009，10：49-51.

第十三章
饮料酒制造废水

第一节 啤酒制造业废水

一、啤酒制造业概况

（一）发展概况及趋势

1. 我国是全球最大的啤酒生产国和消费国

我国是全球最大的啤酒生产国和消费国，啤酒工业的发展速度处于世界前列，在最近20年的快速发展中，啤酒产量持续稳定增长。2002年我国啤酒产量首次超过美国跃居世界首位，并维持稳步上升；2009年我国啤酒总产量为4236.38万千升，约占全球啤酒年产量的20%，连续8年居世界第一；2005—2010年啤酒产量从3062万千升增长到4483万千升，增长了46%，2010年规模以上啤酒企业数量达到593家，销售收入为1294亿元；由于啤酒的产销量基数较大，2011—2013年啤酒产量增速变缓，从4898.82万千升增长到5061.54万千升，较2010年增长12.9%；2014年产销量的负增长打破了中国啤酒行业连续24年的增长势头之后，开始出现下滑趋势，2014—2015年啤酒产量开始下降，较2013年下降了6.8%；2015年全国规模以上啤酒企业470家，完成啤酒总产量4715.72万千升，累计完成销售收入1897.09亿元，与上年同期相比增长1.52%，如图2-13-1所示。

啤酒在中国拥有巨大的市场，2015年中国饮料酒总产量约为6412.59万千升。啤酒、白酒和葡萄酒的产量分别为4715.72万千升、1312.80万千升、114.80万千升，各自所占有的市场份额分别为76.76%、21.37%、1.87%。

2. 啤酒制造业在其他国家和地区发展概况及趋势

啤酒是目前国际上消费量最大的饮料酒。全球有169个国家生产啤酒，产量最大的5个国家依次为中国、美国、俄罗斯、巴西和德国。随着啤酒工业全球化发展，各国啤酒企业为求得生存和发展，积极寻找战略合作伙伴，出现了一些国际化大公司，2008年四大啤酒集团百威英博、米勒、喜力和嘉士伯的销售量大约占全球啤酒销售量的40%。2014年我国出口啤酒25.8万千升，进口啤酒33.82万千升，进口啤酒量近十几年来首次超过出口啤酒量，我国啤酒进出口首次由顺差变为真正意义上的逆差，表明我国居民对中高端啤酒产品的需求正在猛增。德国为首的欧洲国家成为进口啤酒的绝对主力，仅德国和荷兰两国的进口量已占据全年总进口量的71.66%。

（二）产业政策

我国啤酒企业生产技术水平仍落后于国际水平。大多数工厂使用国产设备，部分中小啤

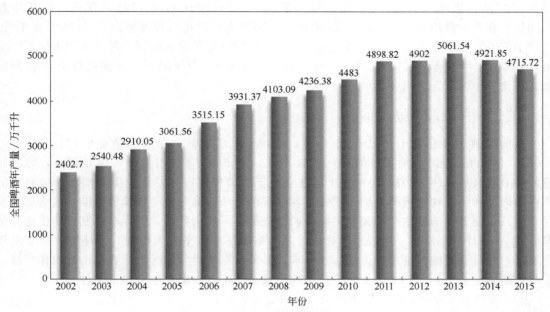

图 2-13-1　2002—2015 年我国历年啤酒产量

酒厂仍在使用 20 世纪 80 年代陈旧落后设备，能耗大、手工操作多。煮沸锅基本都是传统式，操作时间长，加热效率低。氨直接冷却法应用范围较小，多数仍采用冷媒冷却，冷却效率低。虽然普遍采用硅藻土过滤机，但过滤能力低，酒损和水耗大。膜过滤尚未普遍使用，先进的错流过滤刚开始试验。啤酒包装线生产能力低，巴氏灭菌采用隧道式喷淋杀菌机，能耗高。老啤酒厂几乎都没有完善的水和副产物回收利用系统，综合利用也缺少成熟工艺设备的支持，造成我国啤酒生产的资源消耗指标相对较高，污染物排放量大。

我国啤酒企业耗水量较世界先进水平差距较大，2013 年千升啤酒取水国内最好水平为 $3.57m^3$，而国内平均水平则为 $5.5m^3$。若按全国吨啤酒耗水 $5.5m^3$ 的水平计，4236.38 万千升啤酒需耗水 $2.33 \times 10^8 m^3$；而按 $3.5m^3$ 计，则耗水为 $1.48 \times 10^8 m^3$，节约 $8.44 \times 10^7 m^3$，但随着我国啤酒行业的进一步发展，耗水量将逐步增加。

我国啤酒企业生产吨酒耗水量大，废水产生量大，水的循环利用效率低。平均每生产 1 千升啤酒向环境排放 2.5～10t 废水，同时产生大量酒糟、废酵母、炉渣、硅藻土等废渣及 CO_2 和锅炉废气。由于啤酒企业的生产规模较大，集中排放大量废水容易造成有机污染，废水处理成为啤酒企业最大的环境问题。

2011 年 8 月 31 日国务院发布的《"十二五"节能减排综合性工作方案》明确要求：坚持降低能源消耗强度、减少主要污染物排放总量、合理控制能源消费总量相结合，加快经济发展方式的转变；坚持强化责任、健全法制、完善政策、加强监管相结合，建立健全激励和约束机制；坚持优化产业结构、推动技术进步、强化工程措施、加强管理引导相结合，大幅度提高能源利用效率，显著减少污染物排放；进一步形成政府为主导、企业为主体、市场有效驱动、全社会共同参与的推进节能减排工作格局，确保实现"十二五"节能减排约束性目标，加快建设资源节约型、环境友好型社会。

2021 年 4 月 9 日，中国酒业协会发布了《中国酒业"十四五"发展指导意见》（简称《意见》）。据《意见》显示，"十三五"末（2020 年），全国酿酒产业规模以上企业 1887 家，相比"十二五"末减少 802 家。完成酿酒总产量 5400.7 万千升，同比下降 24.7%，累计完成产品销售收入 8353.3 亿元，同比下降 9.2%；实现利润 1792.0 亿元，同比增长 75.6%。在产业经济目标上，预计 2025 年，中国酒类产业将实现酿酒总产量 6690 万千升，比"十三五"末增长 23.9%，年均递增 4.4%；白酒行业产量 800 万千升，比"十三五"末增长 8.0%，年均递增 1.6%。"十三五"末（2020 年），全国酿酒产业规模以上企业 1887 家，相比"十二五"末减少 802 家。

（三）污染政策及标准

目前啤酒工业已出台三个专业标准，《清洁生产标准 啤酒制造业》（HJ/T 183—2006）、《啤酒工业污染物排放标准》（GB 19821—2005）、《取水定额 第 6 部分：啤酒制造》（GB/T 18916.6—2012），这三个标准立足于我国啤酒行业的企业生产实际，按照清洁生产的内涵和污染物治理技术颁布实施了各项清洁生产标准和污染物排放标准，这些标准为我国啤酒企业开展清洁生产和控制污染物的排放提供了技术导向，但标准所制定的指标是依据 2004 年统计数据所得，而近年来啤酒行业的整体技术水平有大幅提升，环境监管要求逐步加强，而且要实施标准的相关指标和要求，必须要有相对应的污染综合防治技术作支撑。

啤酒制造业最新的相关污染防治技术政策及清洁生产指南可参考如下文件：

① 《啤酒制造业污染防治技术政策（征求意见稿）》；

② 《啤酒制造业污染防治技术政策（征求意见稿）》编制说明；

③ 《清洁生产审核指南啤酒制造业（征求意见稿）》；

④ 《清洁生产审核指南啤酒制造业（征求意见稿）》编制说明。

二、生产工艺和废水来源

啤酒行业属于耗水量较大的行业，不同的企业之间由于生产工艺及原料的差异耗水量相差较大，目前我国大型啤酒企业生产 $1m^3$ 啤酒的耗水量为 $6\sim8m^3$，普通企业耗水量要多一些，最高消耗超过 $15m^3$。采用先进节水技术的企业耗水量明显低于普通企业，例如：国内某啤酒集团的吨酒耗水量已经降到 $4.9m^3$，达到了国内外同行业先进水平，创造了良好的经济效益和社会效益。以生产 1t 啤酒产生 $10m^3$ 废水计算，则啤酒工业排放的废水量每年达 $4\times10^8 m^3$ 以上，且废水排放量还在随着啤酒工业的发展逐年增加。啤酒废水通常是由可生物降解的有机物及一定浓度的悬浮颗粒固体（SS）组成，有机成分主要包括糖、可溶性淀粉、乙醇、挥发性脂肪酸等，BOD/COD 值为 $0.6\sim0.7$。其中 COD、BOD 质量浓度高达数千毫克每升，SS 也达到数百毫克每升，另外还含有大量的 N、P 无机盐，但废水无毒。近年来在国内外，UASB 法、传统活性污泥法、SBR 法、接触氧化等工艺已广泛地应用于啤酒废水的处理。特别是 UASB 法的应用极为广泛，日本的朝日啤酒公司在 1999 年以前，更新了所有日本国内工厂的废水处理设备，全部采用 UASB+活性污泥工艺。啤酒废水仅采用厌氧工艺时出水水质一般不能达到要求，还需要结合好氧法进行后续处理。

1. 生产工艺

制造啤酒的主要原料是大麦和大米，辅之以啤酒花和鲜酵母。啤酒生产的基本工艺分为制麦、糖化、发酵、后处理四大工序（生产工艺如图 2-13-2 所示），现代化的啤酒厂一般已经不再设立麦芽车间，因此制麦部分也将逐步从啤酒生产工艺流程中剥离。啤酒生产的过程是先将大麦制成麦芽（制麦工艺流程见图 2-13-3）。将麦芽粉碎并与糊化的大米用温水混合进行糖化，在进行糖化操作时常用大米、大麦、蔗糖和玉米中的一种来代替部分麦芽，我国一般用大米作为辅料，而欧美国家则普遍使用玉米。糖化结束后立即过滤，除去麦糟，麦汁

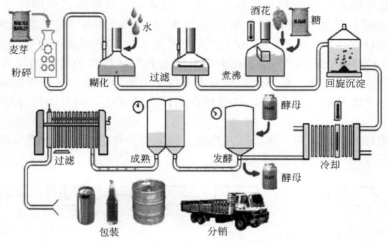

图 2-13-2　啤酒生产工艺流程

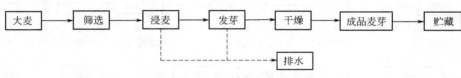

图 2-13-3　制麦工艺过程

经煮沸定型后除去酒花糟，然后冷却与澄清，澄清的麦汁冷却至 6.5～8.0℃，接种酵母，进行发酵，发酵分主发酵（亦称前发酵）和后发酵（即贮酒），主发酵是将糖转化成乙醇和二氧化碳；后发酵是将主醇嫩酒送至后醛罐，长期低温贮藏，以完成残糖的最后发酵，澄清啤酒，促进成熟。经过后发酵的成熟酒，需经过滤或分离去除残余酵母和蛋白质，过滤后的成品酒，若作为鲜（生）啤酒出售，可直接装桶（散装）就地销售；外运的或出口的啤酒，必须经巴氏杀菌，以保证其生物稳定性，杀菌后的啤酒称熟啤酒；如果不用巴氏杀菌，而是经过超滤等方法进行无菌过滤处理后的啤酒为纯生啤酒。

2. 废水来源

从图 2-13-4 可见，啤酒厂废水主要来源有：

① 麦芽生产过程的洗麦水、浸麦水、发芽降温喷雾水、麦槽水、洗涤水、凝固物洗涤水；

② 糖化过程的糖化、过滤洗涤水；

③ 发酵过程的发酵罐洗涤、过滤洗涤水；

④ 灌装过程的洗瓶、灭菌及破瓶啤酒废水；

⑤ 冷却水和成品车间洗涤水以及来自办公楼、食堂、单身宿舍和浴室的生活污水。

总体上说啤酒生产过程所排放的废水由两部分组成，一是高浓度有机废水，主要来自浸麦、糖化和发酵工序，废水量占总量的 25%～35%；二是低浓度有机废水，为制麦车间和灌装车间的浸麦水、冲洗水和洗涤水，废水量占总量的 65%～75%。

3. 废水的特点

啤酒生产废水的主要特点为：无毒、有害、中等浓度有机废水，可生化性好，排污点多，且多为间歇式排放，因此水质波动性很大。啤酒生产过程用水量很大，特别是酿造、灌装工序过程，由于大量使用新鲜水，相应的产生大量废水。由于啤酒的生产工序较多，不同啤酒厂生产过程中吨酒耗水量和水质相差较大。国外先进的啤酒厂吨酒耗水量为 $4\sim5m^3$，最高的不超过 $6m^3$，这里面包括了最终产品用水（$1.1\sim1.2m^3$）、工艺用水（含水处理，酸、碱稀释，物料输送等，$0.8\sim1.2m^3$）、清洗用水（含 CIP 清洗、包装物清洗等，$1.5\sim1.8m^3$）、锅炉与冷却用水（$0.3\sim0.5m^3$）等。随着我国环境保护工作的深入开展，很多啤酒企业开展了清洁生产工作，在节能减排方面取得了显著的成绩。一些领先的啤酒企业吨啤酒耗水指标可以下降到 $5.5m^3$ 以下，已经接近国际先进水平，但与国外先进企业相比仍有一定的差距。

酿造啤酒消耗的大量水除一部分转入产品，绝大部分作为工业废水排入环境，啤酒工业废水可分为以下几类（参见图 2-13-4）。

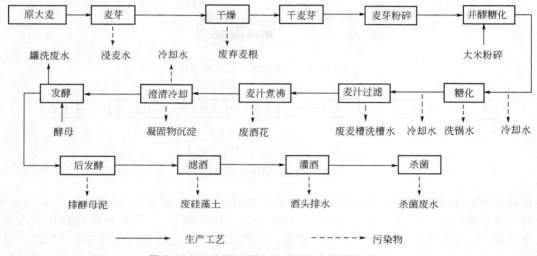

图 2-13-4 啤酒工艺生产过程及相关排水情况

① 清洁废水 冷冻机、麦汁和发酵冷却水等，这类废水基本上未受污染。

② 清洗废水 如大麦浸渍废水、大麦发芽降温喷雾水、清洗生产装置废水、漂洗酵母水、洗瓶机初期洗涤水、酒罐消毒废液、巴氏杀菌喷淋水和地面冲洗水等，这类废水受到不同程度的有机污染。

③ 冲渣废水 如麦糟液、冷热凝固物、酒花糟、剩余酵母、酒泥、滤酒渣和残碱性洗涤液等，这类废水中含有大量的悬浮性固体有机物。工段中将产生麦汁冷却水、装置洗涤水、麦糟、热凝固物和酒花糟。装置洗涤水主要是糖化锅洗涤水、过滤槽和沉淀槽洗涤水，此外，糖化过程还要排出酒花糟、热凝固物等大量悬浮固体。

④ 装酒废水 在灌装酒时，机器的跑冒滴漏时有发生，还经常出现冒酒现象，使得废水中掺入大量残酒。另外喷淋时由于用热水喷淋，啤酒升温引起瓶内压力上升，"炸瓶"现象也时有发生，因此大量啤酒洒散在喷淋水中。循环喷淋水为防止生物污染而加入防腐剂，因此被更换下来的废喷淋水含防腐剂成分。

⑤ 洗瓶废水 清洗瓶子时先用碱性洗涤剂浸泡，然后用压力水初洗和终洗。瓶子清洗水中含有残余碱性洗涤剂、纸浆、染料、浆糊、残酒和泥砂等。碱性洗涤剂定期更换，更换时若直接排入下水道可使啤酒废水呈碱性。因此废碱性洗涤剂应先进入调节、沉淀装置进行单独处理。所以可以考虑将洗瓶废水的排出液经处理后储存起来，用来调节废水的 pH 值（啤酒废水平时呈弱酸性），这可以节省污水处理的药剂用量。

表 2-13-1 为某啤酒厂的设计进出水水质、水量。

表 2-13-1　某啤酒厂的设计进出水水质、水量

项目	水量 /(m³/d)	pH 值	COD /(mg/L)	BOD /(mg/L)	温度 /℃	SS /(mg/L)	NH₄⁺-N /(mg/L)	磷酸盐 /(mg/L)
废水	1000	5～12	3000～4000	1200～1800	20～30	700～1000	30～35	10～15
排放标准		6～9	≤80	≤20	20～25	≤70	≤15	≤3

4. 单位排水量

目前我国啤酒的吨耗水量为 6～8m³，最高消耗超过 15m³。啤酒生产的废水排放量，厂与厂之间差距很大，多数车间的废水为间歇性排放，对于同一个厂不同时间的排水量也有较大差异，这是由于季节不同生产量不同所造成的。根据季节废水流量可能会有波动，一般夏季生产量大于冬季，水量也因此变化，甚至每周也有水量的变化。有的工厂啤酒生产每周七天日夜进行，但装瓶工序在周末停止两天，因此到周一时，废水排放出现峰值。间隙排放方式的啤酒废水的水质逐时变化范围也较大，最大值为平均值的近两倍。

5. 废水水质

从麦芽制备开始，直到成品酒出厂，每一道工序都有酒损产生。酒损率与生产厂家设备的先进性、完好性和管理水平有关。酒损率越高，造成的环境污染越严重。先进酒厂的酒损率约在 6%～8%，一般水平啤酒厂的酒损率在 10%～12%。与废水排放量一样，废水的水质在不同季节也有一定的差别，尤其是处于高峰流量时的啤酒废水，其有机物含量也处于高峰。按全国平均水平，每制成品酒 1m³，排出 COD 污染物约 25kg，BOD 污染物 15kg，悬浮性固体约 15kg。在麦芽制备段，每制成品酒 1m³，产生 COD 污染物 2kg，BOD 污染物约 1kg。在糖化工序阶段，每制成品酒 1m³，产生 COD 污染物 7.24kg，BOD 污染物 3.77kg。在发酵工序，每制成品酒 1m³，产生 COD 污染物 8.3kg，BOD 污染物 5kg。在成品酒工段，每制成品酒 1m³，产生 COD 污染物 7.5kg，BOD 污染物 4kg。

表 2-13-2 为某啤酒厂各车间排出的废水水质。

表 2-13-2　某啤酒厂各车间排出的废水水质

车间名称	COD/(mg/L)	BOD/(mg/L)	SS/(mg/L)	pH 值	排放量/(m³/d)
麦芽	600	400	120	6～7	
糖化	36400	26700	1940	6～7	
发酵	3400	2760	320	6～7	
灌装	1500	390	60	6～7	
酵母	9200	6500	240	5～6	
总排放口	2200	1200	800	6.5	5000

国内啤酒厂废水 BOD/COD 值为 0.6～0.7，说明这种废水具有较高的生物可降解性。

三、清洁生产与污染防治措施

（一）清洁生产技术和工艺

20 多年来，一方面我国啤酒行业发展迅猛，另一方面其所引发的环境污染却不容忽视。国内大部分啤酒企业规模小，管理较差，酒损高，排污较重。为了改变现状，当务之急是需要把清洁生产引入啤酒生产行业，将污染预防战略持续地应用于生产全过程，而不是仅加强对啤酒污水的"末端治理"，应把"末端治理"变为"源头预防"，提高资源利用率，最大限

度地减少污染物的排放量，真正实现经济效益和环境效益的统一。为促进啤酒行业实现减排目标，为啤酒工业企业开展清洁生产提供技术支持和导向，我国颁布了《清洁生产标准 啤酒制造业》（HJ/T 183—2006）。

"十三五"啤酒行业将推进啤酒工业清洁生产技术。继续普及行业麦汁煮沸新技术、麦汁冷却过程真空蒸发回收二次蒸汽技术、沼气的综合利用技术、再生水的回用技术和碱液回收循环利用技术5项清洁生产技术，使行业普及率分别提高到75％、75％、50％、95％和95％。通过制定技术政策推动行业清洁生产普及与落实。努力使污染物总量、单位产品产污量和排污量均有一定程度的下降；使千升啤酒耗水接近3.5m^3，千升啤酒耗标煤达到38kg以下，千升啤酒综合能耗降低至45kg以下。

1. 麦汁一段冷却与节能

啤酒糖化生产的麦汁，经煮沸、沉淀分离热凝固物后，麦汁温度在96～98℃，需经热交换冷却至工艺要求7～8℃的温度。传统啤酒生产工艺即采用两段冷却：前一段采用自来水冷却，将麦汁从98℃冷却为35～40℃；后一段采用冷冻水溶液冷却，把麦汁冷却至7～8℃。

麦汁两段冷却存在下列问题：

① 冷冻机负荷重、电耗高。啤酒厂用电量50％消耗在冷冻车间，而麦汁冷却又占其中的一半以上。麦汁经第一段水冷后为35～40℃，再由第二段（冷冻机）冷却，造成冷冻机负荷过重。

② 第一段热交换的冷水，吸热后出口水温偏低（55～60℃），集中在热水罐内还要通入蒸汽加热至78～80℃，方能供洗槽使用。热麦汁的热能没有充分回收，还要支付热能，很不合理。

③ 水耗量大。第一段冷却面积小，需用麦汁量2～2.5倍的水进行冷却，而糖化用水只需麦汁量的1.2倍即可，多余的水排入地沟，造成水资源浪费。

④ 用酒精水溶液作载冷剂，酒精消耗大。5×10^{4}t/a的啤酒厂，年耗酒精40～50t。

麦汁一段冷却技术，国际上出现于20世纪80年代中期，技术已趋于成熟。麦汁一段冷却节能流程如图2-13-5所示。其原理如下：

① 工艺要求热麦汁冷却至7～8℃，只要有足够量的低于上述温度的冷却介质，就能通过工程实现这一过程。按热传递机理，参与热交换的两种介质，只要它们之间存在一定的温度差，就能进行热传递，无须用-8℃酒精水溶液与热麦汁交换。当然，温差太小，要求传热面积很大，不经济。经实践，冰水温度控制在3～4℃为宜。此状态即与水的冰点有了一段距离，投资也较经济。

② 冷冻机的制冷工作对象不是冷却麦汁，而是冷却当地的自来水。采用两段冷却工艺，冷冻机要负担将40℃热麦汁冷却至8℃的能量；采用一段冷却工艺，冷冻机仅负担将当地自来水从20℃左右冷却至4℃的能量。

自来水（常温）→氨蒸发器→冰水（3～4℃）→冰水贮罐→薄板热交换器→80℃ 热水
　　　　　　　　　　　　　　　　　　　　　　　　　↳7℃ 麦汁

图2-13-5　麦汁一段冷却节能流程

两段冷却工艺与一段冷却工艺相比，一段冷却工艺可节能40％。一段冷却工艺用水作载冷剂，可以大幅度降低全厂酒精的耗用量；薄板换热器得到合理设计，冷却水用量降低；经热交换后的水温提高，煤（汽）耗降低。

新建、扩建啤酒厂还可采用低层糖化楼设计，高浓度发酵后稀释工艺，改糖化麦糟加水稀释后泵送或自流出糟为"干出糟"，大力推广酶法液化等，从而大力提高原材料利用率、能源利用率，减少污染物排放量。

2. 节水和减污措施

啤酒行业的废水主要来自冲洗水、洗涤水。据调查，各生产企业耗水量相差较大。为减少啤酒生产排放废水可从 3 个方面着手：

① 降低生产用水，直接降低排放量；

② 降低废水排放负荷，特别是要做到清污分流，减轻处理负荷，并且有效地控制洗槽水，回收利用冷热凝固物和酵母、麦糟，加强管理，降低酒损等，通过这些措施均可降低污染负荷；

③ 合理利用，变废为宝。

除冷却水循环使用外，力所能及的是对浸渍大麦和洗瓶工序实行逆流用水，这些措施的实施可使吨酒耗水量明显下降。

（1）采用逆流用水浸渍工艺

浸渍工艺是用水量比较大的工序之一，每制 $1m^3$ 啤酒，消耗的水量约占总用水量的 20.0%。从整个浸渍工序而言，集中排放浸麦废水有 4 次，废水污染物浓度一次比一次低，因此在浸渍过程中可考虑采用逆流浸渍的用水方法，即增添一个蓄水池，贮存浸断 3 和浸断 4 排出的浸麦洗麦废水，作为浸渍下一批时浸断 1 和浸断 2 的浸麦洗麦用水。浸断 3 和浸断 4 的废水在进入蓄水池前，可用过滤装置去除浮麦。为了防止该水在蓄水池内发生腐败现象，可在蓄水池内安装曝气管，必要时鼓入适量空气。采用逆流浸渍工序，每制 $1m^3$ 啤酒可节约用水 $1.6 \sim 3.0m^3$。

（2）洗瓶机终洗水的再利用

洗瓶机终洗水基本上未受污染，经回收后不用任何处理就可直接用于洗瓶机初洗或冲洗地面。实现洗瓶机终洗水的再利用，可使吨酒耗水量减少 $2m^3$。

加强管理减少污染是环境保护的有效方法之一。在啤酒生产过程中，包装工段的废碱性洗涤液和残漏酒液是两个主要污染源，但在管理中稍加注意即可解决。

（3）废碱性洗涤液的单独处理

洗瓶工序中使用碱性洗涤液，使用一定时间后需要更换。

废碱性洗涤液中含有大量的游离 NaOH、洗涤剂、纸浆、染料和无机杂质。当其集中排放时，废水的 pH 值在 11 以上，废水的 COD 值也随之上升，并持续数小时之久，无疑这对生物处理装置中的微生物将是毁灭性的打击，因此废碱性洗涤液不允许直接排入排污沟中，应考虑单独处置。

（4）残漏酒液

灌装工序每天外排的污染物主要是来自罐瓶机的酒液漏损和包装线上的碎瓶剩酒。漏损 1L 啤酒，可造成约 0.13kg COD 污染物，或 0.09kg BOD 污染物，随手扔掉一个碎瓶残酒，就相当于一个人一天的排污量。因此减少啤酒的漏损和把碎瓶残酒收集起来单独处理是减少污染物的关键，收集的散酒设法利用或设法单独处理。

3. 大麦代替部分麦芽生产啤酒技术

麦芽本身是由大麦制成的，因此它们有许多相同的成分，例如：

① 大麦蛋白质与麦芽蛋白质基本性质相同，蛋白质分解工艺条件相同；

② 大麦与麦芽具有相同的谷皮，皆可形成良好的滤层；

③ 大麦淀粉与麦芽淀粉基本性质相同。

不同点在于它们的酶系不同，大麦酶系较之于麦芽酶系有一些缺陷，不过在糖化时添加适量 α-淀粉酶、蛋白酶是可以弥补的。

用大麦代替部分麦芽生产啤酒，可以减少麦芽消耗量，从而减少耗水量和 COD 的排放量，如以吨酒粮耗 190kg 计，则其中麦芽消耗为 123kg，采用大麦代替部分麦芽生产工艺后，麦芽消耗为 76kg，与传统工艺相比减少麦芽用量 47kg。麦芽生产经济指标为吨麦芽耗水 4.73t，吨麦芽产 COD 为 5049kg。所以得出结论：采用大麦代替部分麦芽生产啤酒工艺较之于传统工艺，万吨啤酒可减少耗水 2223t，COD 负荷 2580kg，污水排出量也相应减少。并且，减少了制麦这道工序，也相应地降低了能耗与资金投入。

4. 麦芽粉碎

麦芽粉碎分三种：干法粉碎、增湿粉碎和湿法粉碎。增湿粉碎是将麦芽在粉碎之前用水或蒸汽进行增湿处理，使麦皮水分提高，增加其柔韧性，粉碎时达到破而不碎的目的。主要分为水喷雾增湿、蒸汽增湿两种方法。其过程是将麦芽在粉碎前用 30～50℃ 的温水浸泡 15～30min，使麦芽的含水量提高到 30% 左右，同时其体积由于吸水而膨胀 35%～40%。

与干法粉碎相比，增湿粉碎和湿法粉碎的优点如下。

① 增湿粉碎和湿法粉碎可提高过滤效率。与干法粉碎相比，增湿粉碎和湿法粉碎的麦芽壳保持得比较完整，滤层比较疏松，使过滤效率提高。增湿粉碎可提高约 20% 的过滤效率，湿法粉碎的过滤效率可提高 50% 以上。

② 对于溶解性较差的麦芽，增湿粉碎和湿法粉碎的浸出率比干法粉碎高。

③ 增湿粉碎和湿法粉碎可以直接使用新鲜麦芽，而干法粉碎必须将麦芽存放一段时间使其回潮。

④ 增湿粉碎减少了粉尘飞扬，湿法粉碎则可彻底解决麦芽粉碎中的粉尘污染问题。

5. 发酵过程微机控制

发酵工序直接决定着啤酒的口味与质量，是啤酒生产中最重要的环节之一。早期的发酵是大罐发酵，其通过温度、压力等检测仪表结合手动操作来实现冷媒调节、罐压控制等目的，缺点在于普遍存在着控制精度低、劳动强度高、管理能力差等缺点。近年来，各种自动化新技术被应用到啤酒的生产过程中，这不仅提高了劳动生产率以及生产管理水平，还提高了啤酒的口味与质量。啤酒发酵是一种多阶段、连续的工艺过程，而每一阶段的工艺对罐温、罐压的要求都不同。由于在发酵周期的各个不同阶段，发酵温度直接决定酵母的活动能力、生长繁殖的快慢。因此，严格控制发酵工艺各阶段的温度就成了保证啤酒质量的关键。发酵过程中产生大量的热，必须用冷媒液来吸收才能维持工艺设定的温度值。啤酒发酵工艺过程除了要控制罐温在特定阶段符合设定的工艺曲线外，还要控制罐内气体使其有效排放，以使罐内压力符合工艺要求。

6. "一罐法"工艺

"一罐法"是指将传统生产方法的前发酵和后发酵两个生产工序在同一设备内完成。其优点是：a. 不需要保温厂房，节约投资；b. 便于实现自动化；c. 生产上灵活机动；d. 改善了劳动条件；e. 利于副产品回收；f. 卫生条件好。

（二）污染防治措施

1. 生产过程污染防控

（1）啤酒行业生产过程的污染防控

① 鼓励麦汁过滤采用干排糟技术，提高麦糟的综合利用率，减少用水量及水污染负荷。

② 应配备热凝固物、废酵母、废硅藻土回收系统，回收和再利用固体废物中的有用物质，降低综合废水污染负荷。

③ 发酵过程应对二氧化碳进行回收，回收率应达到 85％以上。

④ 鼓励采用错流膜过滤等新型无土过滤技术，代替硅藻土过滤技术。

⑤ 加强对冷却水和冲洗水等低浓度工艺废水的循环利用，提高水重复利用率。

⑥ 应采用高效在线清洗 CIP（原位清洗）技术，通过采取调整清洗液配方、分段冲洗、优化 CIP 流程和改良清洗装备等措施，降低耗水量。

⑦ 麦汁冷却应采用一段或多段冷却热麦汁热能回收技术，降低能耗和水耗。

⑧ 煮沸锅应配备二次蒸汽回收系统。

⑨ 鼓励采用低压动态煮沸等新型节能煮沸技术。

（2）啤酒行业现有的主要节能减排技术

① 低压煮沸二次蒸汽回收技术　通过不断技术创新，采用低压煮沸二次蒸汽回收系统，改造传统的内加热煮沸系统方案，煮沸蒸发量从原来的 7％下降到 3％，节能 50％以上，煮沸时间从原来的 1.5h 缩减到 1h。按年产 20 万千升啤酒计算，全年可节约标煤约 1500t，平均每千升成品啤酒煤耗下降 7.5kg。

② 变频控制技术　啤酒企业的水泵风机较多，大部分电动机的配置容量往往高于实际运行负荷，浪费电量较大，使用变频器后，电动机的实际运行频率控制在 25～40Hz，低于使用工频时的 50Hz，节电率最高可达到 50％，同时，通过变频控制更容易实现工艺所需的恒压、恒温、恒流量工艺技术要求，提高生产效率和产品质量。

③ 板式热交换器应用　板式热交换器蒸发面积大、热传递效率高，替代传统的壳管式蒸发器，可以使啤酒行业能耗下降 10％～15％。

④ 能源计量与管理信息系统　采用该系统，厂区内的电、水、蒸汽、CO_2、压缩空气及燃料等均实现了实时能源信息的采集与监测。能源计量与管理信息系统还可以提升工作效率，助推产品质量提升。采用在线测量和控制系统后，发酵、清洗、糖化等生产过程中实现自动生产，生产过程得到自动精确测量和控制，生产质量得到全程监控，生产率提升了 30％，产品质量和一致性、原材料利用率明显提高，不合格率和能源消耗大大降低。

⑤ 锅炉除尘脱硫技术　已有大型企业利用该技术，通过动力车间锅炉烟尘脱硫脱硝监控系统将燃煤锅炉硫化物和氮氧化物排放指标达到 $130～150mg/m^3$，燃煤锅炉污染物排放不仅大大低于规定指标，而且低于燃气 $170～180mg/m^3$ 的指标。错流膜过滤技术取代硅藻土过滤技术，可解决啤酒过滤消耗大量硅藻土资源及废硅藻土排放带来的环境污染问题，能够提高产品质量，降低能源及酒损等各项消耗。

2. 技术发展趋势

啤酒酿造的糖化、发酵工序对温度、压力、流量等控制要求比较高。生产能耗浪费多，产品质量也无法保证，远不如仪表自动控制可靠和稳定。引进 PLC 自动控制系统将锅炉改成自动控制操作，在引风、鼓风、炉膛温度和负压、排烟温度等方面实现最优化，对煤分层装置及新型节能装置等技改，大幅度降低煤耗；同时进行脱硫除尘设备技改，大大降低了对环境的污染；对所有的生产废水和生活污水都集中统一处理，在线监测，废水经过调节、气浮等物理法处理后，再进行生化处理，最后再经过气浮、沉降等物理法处理，目前经处理后污水 COD 排放浓度都已得到了有效控制。

四、处理技术及利用

（一）废水处理方法

随着污水处理技术的提升，国内外啤酒废水处理技术有了迅速的发展。目前，常采用以生化为主，生化与物化相结合的处理工艺。主要采用的生化处理方法有三种，包括：直接采用好氧处理工艺；水解酸化加后续处理工艺；采用 UASB 反应器进行厌氧处理再进行后续好氧处理。随着厌氧生物处理技术的发展，许多新型厌氧反应器被开发出来，并与好氧工艺进行优化组合，大大提高了出水水质，降低了处理费用。

1. 好氧处理工艺

啤酒废水处理的好氧处理技术主要包括：活性污泥法、高负荷生物过滤法和接触氧化法等。近年来，SBR 和氧化沟处理工艺也得到了很大程度的应用。

（1）接触氧化工艺

20 世纪 80 年代初接触氧化法和活性污泥法相比有一定的优势，所以在啤酒废水的处理上得到了广泛的应用。由于啤酒废水进水 COD 浓度高，所以一般采用二级接触氧化工艺。图 2-13-6 为北京市某啤酒厂的典型两级接触氧化工艺流程。

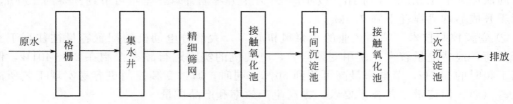

图 2-13-6　两级接触氧化工艺流程

① 日处理废水 2000m³/d，高峰流量 200m³/h。

② 进水水质：COD 为 1000mg/L；BOD 为 600mg/L；SS 为 600mg/L。

③ 出水水质：COD≤60mg/L；BOD≤10mg/L；SS≤30mg/L。

采用接触氧化工艺代替传统的活性污泥法，可以防止高糖含量废水易引起污泥膨胀的现象，并且不用投配 N、P 营养。用生物接触氧化法，可以选择的负荷范围是 1.0～1.5kg BOD/(m³·d)；用鼓风曝气，每去除 1kg BOD 约需空气 80m³。

（2）SBR 工艺

啤酒废水量大，且废水中有机物浓度的变化范围大，SBR 工艺由于其自身的优点，适合处理啤酒废水。

图 2-13-7 为 SBR 工艺处理啤酒废水的工艺流程。

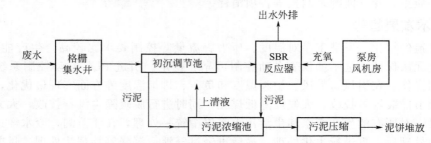

图 2-13-7　SBR 工艺处理啤酒废水的工艺流程

传统的 SBR 工艺不能连续进水，而经过 SBR 不断演变发展来的 DAT-IAT 工艺则实现了连续进水，图 2-13-8 为采用 DAT-IAT 反应器处理啤酒废水的流程。

某啤酒厂在生产旺季，废水排放总量约为 3672m³/d，其中 2892m³/d 为生产废水（主要为糖化、发酵、灌装工序排水），另外生活及其他污水约 780m³/d，废水中的主要污染物质为 SS、COD、BOD，需通过污水处理装置进行处理，达标后排放，最终排入地表水。该

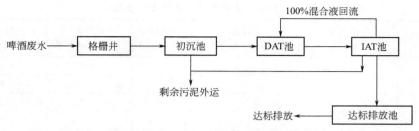

图 2-13-8　采用 DAT-IAT 反应器处理啤酒废水的流程

啤酒厂采用 DAT-IAT 处理啤酒废水，污染物的去除效率如表 2-13-3 所示。

表 2-13-3　污染物的去除效率

项　目	区分	COD	BOD	SS	pH 值
预沉池	进水/(mg/L)	2290	1266	305	6～9
	出水/(mg/L)	1832	1012.8	244	—
	去除率/%	20	20	20	—
DAT-IAT 反应器	出水/(mg/L)	98.9	19.0	69.5	6～9
	去除率/%	94.6	98.1	71	
总的去除率/%		95.7	98.5	77.2	

各部分的投资如表 2-13-4 所示。

表 2-13-4　各部分投资

序　号	项目内容	投资估算/万元
一	设备	108.00
二	土建	218.2
三	其他	60.0
合计		386.2

经济分析：污水处理站占地面积约 $2500m^2$；工程主体概算总投资为 386.2 万元；吨水投资成本 965.5 元。运行费用：预计每吨废水处理成本为 0.59 元人民币。

（3）氧化沟活性污泥法

① 类型　氧化沟是 20 世纪 50 年代由荷兰工程师发明的一种新型活性污泥法，其曝气池呈封闭的沟渠形，污水和活性污泥的混合液在其中不断循环流动，因此被称为"氧化沟"，又称"环行曝气池"。自 1954 年荷兰建成第一座间歇运行的氧化沟以来，氧化沟在欧洲、北美、南非及澳大利亚得到了迅速的推广应用。如同活性污泥法一样，自从第一座氧化沟问世以来，演变出了许多变形工艺方法和设备。氧化沟根据其构造和运行特征，并根据不同发明者和专利情况可分为以下几种有代表性的类型：a. 卡鲁塞尔氧化沟；b. 三沟式氧化沟（或二沟式氧化沟）；c. Orbal 型氧化沟；d. 一体化氧化沟。

② 特点　氧化沟污水处理技术已被公认为一种较成功的活性污泥法工艺，与传统的活性污泥系统相比，它在技术、经济等方面具有一系列独特的优点：a. 工艺流程简单，构筑物少，运行管理方便；b. 处理效果稳定，出水水质好；c. 基建费用低，运行费用低；d. 污泥产量少，污泥性质稳定；e. 能承受水量、水质冲击负荷，对高浓度工业废水有很大的稀释能力；f. 占地面积少于传统活性污泥法处理厂。

（4）各种好氧工艺的设计参数

采用各种工艺的设计参数可参见表 2-13-5。

表 2-13-5　采用各种工艺的设计参数

处理方法	容积负荷 /[kg BOD/(m²·d)]	污泥负荷 /[kg BOD/(kg SS·d)]	污泥浓度 /(mg/L)	需氧量 /[kg O₂/kg BOD]	产泥量 /(kg/kg)	BOD₅ 去除率 /%
生物接触氧化	4～6	—	—	—	0.4～0.6	90～95
生物接触氧化①	1.5～2	—	—	—	0.3～0.5	95
活性污泥法	0.3～1.0	0.2～0.4	2	0.8～1.1	0.2～0.4	90～95
氧化沟工艺	0.1～0.2	0.05～0.15	2～6	1.5～2.0	0.2～0.4	95～98
SBR 反应器	0.5～1.0	0.1～0.3	2～3	1.0～1.5	0.3～0.6	95

① 为两级接触氧化工艺。

2. 水解-好氧处理

（1）水解-好氧处理工艺特点

随着厌氧技术的发展，厌氧处理从只能处理高浓度的污水发展到可以处理中低浓度的污水，如啤酒、屠宰甚至生活污水。水解反应器利用厌氧反应中的水解酸化阶段，而放弃了停留时间长的甲烷发酵阶段。水解反应器对有机物的去除率，特别是对悬浮物的去除率显著高于具有相同停留时间的初沉池。由于水解反应器可使啤酒废水中的大分子难降解有机物被转变为小分子易降解的有机物，出水的可生化性能得到改善，这使得好氧处理单元的停留时间小于传统的工艺。与此同时，悬浮固体物质（包括进水悬浮物和后续好氧处理中的剩余污泥）被水解为可溶性物质，使污泥得到处理。事实上水解池是一种以水解产酸菌为主的厌氧上流式污泥床，水解反应工艺是一种预处理工艺，其后面可以采用各种好氧工艺。在各种工程中，分别采用活性污泥法、接触氧化法、氧化沟和序批法（SBR）。因此，水解-好氧生物处理工艺是具有自己特点的一种新型处理工艺。

（2）水解-好氧处理的应用条件

啤酒废水中大量的污染物是溶解性的糖类、乙醇等。这些物质是易生物降解的，一般并不需要水解酸化。但由于啤酒废水的悬浮性有机物成分较高，而水解池又具有有效地截留去除悬浮性颗粒物质的特点，将其应用于啤酒废水的处理可去除相当一部分的有机物，从实验结果看水解池最高 COD 去除率可以达到 50%，当废水中包含制麦废水（浓度较低）时去除率也为 30%～40%。因此，水解和好氧处理相结合，确实要比完全好氧处理经济一些。水解-好氧工艺的典型工艺流程见图 2-13-9。

图 2-13-9　水解-好氧工艺流程

该工艺主要特点是由于水解池较高的去除率（30%～50%），所以将完全好氧工艺中二级接触氧化工艺简化为一级接触氧化，并且能耗大幅度降低，从实际运行结果看出水 COD 浓度也有所改善。

（3）水解-好氧处理的设计参数

由于采用水解处理啤酒废水出水水质一般不能满足排放标准，所以一般将水解处理作为预处理工序，用以去除部分有机物和提高废水的可生化性，后处理工艺可以采用不同的好氧处理工艺，例如活性污泥法、接触氧化和 SBR 工艺等。有关的设计参数如下。

① 水解池的设计参数

a. 以细格栅和沉砂池作为预处理设备；

b. 平均水力停留时间（HRT）2.5～3.0h；

c. 最大上升流速（$v_{\max}$）2.5m/h（持续时间不小于 3.0h）；

d. 反应器深度 $H=4.0\sim6.0$m；

e. 布水管密度 $1\sim2$m^2/孔；

f. 出水三角堰负荷为 $1.5\sim3.0$L/(s·m)；

g. 污泥床的高度在水面之下 $1.0\sim1.5$m；

h. 污泥排放口在污泥层的中上部，即在水面下 $2.0\sim2.5$m；

i. 在污泥龄大于 15d 时，污泥水解率为所去除 SS 的 25%～50%，设计污泥系统需按冬季最不利情况考虑。

② 活性污泥后处理　水解的好氧后处理可采用各种处理工艺，其中水解反应将啤酒废水中大分子难降解有机物转变为小分子易降解的有机物，出水的可生化性能得到改善，这使得好氧处理单元的停留时间小于传统的工艺。所以在传统好氧工艺的设计参数上可以取上限值。例如，对于池容、曝气量和回流污泥比等均可按传统的活性污泥工艺设计。水解反应器对悬浮物的去除率很高，可去除 80% 以上的进水悬浮物，并且在水解细菌的作用下，可将悬浮物中的 50% 水解成溶解性物质。因此，总的污泥产量比传统工艺流程低 30%～50%，从有机物降解角度讲，水解池排泥是稳定污泥。所以好氧产生的剩余污泥可以排入水解池消化处理。水解污泥的污泥脱水性能较好，可以直接脱水。这样可以简化工艺流程，实现了污水、污泥一次处理。

（4）实例分析

某啤酒厂生产瓶装啤酒、易拉罐啤酒、桶装纯生啤酒、鲜啤酒等十几种产品，年生产能力达 16 万吨。该厂采用水解酸化-生物接触氧化法处理啤酒废水，工艺流程为：啤酒废水→过滤机→调节池→水解池→接触氧化池→集水池→曝气生物滤池→达标排放。

水解酸化池能长期稳定有效地运行，污水经水解酸化后的 COD 由 1100～1200mg/L 降至 350mg/L，处理效果如表 2-13-6 所示。

表 2-13-6　水解-好氧工艺废水处理效果

项　　目	COD/(mg/L)	BOD/(mg/L)	SS/(mg/L)	pH 值
原水水质	1200	1000	460	7.5
废水处理后水质	≤80	≤30	≤50	7.5
污水排放一级标准	100	30	60	6.9

3. 厌氧-好氧联合处理技术

（1）厌氧处理技术

单纯地采用好氧法处理啤酒废水，运行管理费用高，占地面积大，产生噪声大，除此之外还有设备庞大，冬季保温困难等一系列缺点。因此，将厌氧处理与好氧处理相结合才是合理的选择。

厌氧处理技术是一种有效去除有机污染物并使其矿化的技术，它将有机化合物转变为甲烷和二氧化碳。厌氧技术发展到今天，其早期的一些缺点已经不存在。目前，在啤酒废水处理中，应用最广的厌氧反应器是 UASB、EGSB 和 IC 反应器，其中 UASB 的应用最为广泛。

（2）UASB 反应器

近年来由于高效厌氧反应器的发展，厌氧处理工艺已经可以应用于常温低浓度啤酒废水处理。在国外许多啤酒厂采用了厌氧处理工艺，其反应器规模由数百立方米到数千立方米不等，其中以 UASB 反应器的应用最为广泛，其属于第二代厌氧处理工艺，主要依靠进水的上升流速和所产沼气的联合搅拌实现污水与厌氧污泥的混合。

从上面的介绍可以看出，啤酒废水的处理与其他废水处理一样是从好氧处理发展到水解-好氧联合处理，然后进一步发展为厌氧（UASB）-好氧处理。表 2-13-7 为厌氧-好氧联合工艺反应器设计和运行参数及与好氧工艺池容的对比。

表 2-13-7　厌氧-好氧联合工艺反应器设计和运行参数及与好氧工艺池容的对比

项　目	老的好氧工艺	新厌氧-好氧工艺	单纯好氧工艺
调节池/m³	1500	1500	6497.90
好氧池/m³	3000	3000	3×3000
厌氧池/m³		3000	
沉淀池直径/m	20	20	2×20
能耗/(kW·h/m³)		0.836	1.45
污泥产量		较少	

图 2-13-10 为 Biotim 公司在越南某啤酒厂采用 UASB 工艺的流程。啤酒废水处理效果及投资分析见表 2-13-8。

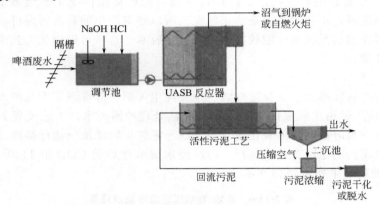

图 2-13-10　厌氧（UASB 反应器）-好氧联合处理工艺

表 2-13-8　啤酒废水处理效果及投资分析

项　目		参　数
流量/(m³/d)		最小 1700,设计 5300
COD/(mg/L)		最小 1300,设计 2200
BOD/(mg/L)		最小 830,设计 1400
去除效果	COD 去除率	93%
	甲烷产量/m³	4300(75%的甲烷)
投资分析	厌氧＋(老好氧)：	
	土建费用/USD	250000
	管道费用/USD	60000
	设备安装/USD	950000
	仅为好氧附加费用：	
	土建费用/USD	600000
	设备安装/USD	200000
	总计/USD	2060000

某啤酒有限公司采用 UASB-SBR 工艺进行废水处理，设计处理水量为 6500m³/d，厌氧 HRT 为 7.0h，反应器有效容积为 1870m³。在进水水量、COD 浓度和水温均随生产和季节

变化的情况下，UASB 出水的 COD 浓度始终稳定在 200～500mg/L。

（3）IC 厌氧反应器

IC 厌氧反应器实质上是两个 UASB 反应器的叠加，分为第一反应室和第二反应室，第一反应室对废水进行粗处理，第二反应室对废水进行精处理。IC 属于第三代高效厌氧反应器，它是通过沼气的提升来实现内循环作用，使得反应器有很高的生物量和很长的污泥龄，并且升流速度也很大，颗粒污泥能完全达到流化状态，生化反应速率高。

应用 IC 技术处理啤酒废水，具有处理负荷高、占地面积小、出水水质好等优点。IC 反应器处理啤酒废水的容积负荷可达 15～30kg COD/(m^3·d)，高于 UASB 处理啤酒废水的容积负荷［一般仅为 4～7kg COD/(m^3·d)］，HRT 仅为 2～4.2h，COD 去除率在 75% 以上。

某啤酒有限公司采用容积为 200m^3 的 IC 反应器＋封闭式空气提升反应器相结合工艺，处理 6000m^3/d 的啤酒废水，进水 COD 浓度在 2000～2800mg/L，IC 反应器 COD 的去除率在 80% 以上，整个系统出水 COD 浓度降到 50mg/L，达到国家的啤酒行业废水排放标准（GB 19821—2005）。

（4）EGSB 厌氧反应器

EGSB 反应器实际上是改进了的 UASB 反应器，EGSB 反应器的特点是颗粒污泥床采用高的上升流速（6～12m/h，UASB 反应器为 1～2m/h），使反应器运行在膨胀状态。同时也可以采用较高的反应器（可为 UASB 的 2 倍以上）或采用出水回流以获得高的搅拌强度，从而保持了进水与污泥颗粒的充分接触，促进有机物的快速降解。同时 EGSB 特别适合低温和低浓度污水，当沼气产率低、混合强度低时，较高的进水动能和颗粒污泥床的膨胀高度将获得比 UASB 反应器好的运行结果，在 EGSB 装置中，污泥浓度可提高到 20～40kg/m^3。

（二）综合利用

啤酒生产的主要原料是大麦、酒花、大米，但并不是利用这些原料的全部，而只是利用其中的淀粉，大部分蛋白质留在麦糟及凝固物中。同时，啤酒生产还排出废酵母、废酒花、废啤酒、二氧化碳等副产品。

这些副产物有两个特点：a. 含有许多营养成分，如蛋白质、脂肪、纤维、碳水化合物等，且无毒，适合于生产饲料和食品；b. 含水分高，因而贮存运输不方便。因此，加强对于这些副产物的回收，不仅可以变废为宝，节约成本，而且减少了对环境的污染。啤酒生产副产品的来源与数量可见表 2-13-9。

表 2-13-9 啤酒厂副产品的数量（吨啤酒）和来源

副产品	数量/(kg/t)	含水率/%	干固物/(kg/t)	来源区段
谷物粉尘	0.4	5.0	0.38	谷料的粉碎与输送
麦糟	200～300	80～85	40～45	麦汁过滤
淡麦麦汁	45	97	1.34	糖化与过滤
最后洗出液	12	97	0.37	麦汁过滤
废酒花	5	80	1.00	酒花分离
热凝固物	3～3.5	80	1.00	麦汁澄清
冷凝固物			0.06～0.14	麦汁冷却
主发酵酵母	3.5～5.5	80	0.76～1.10	发酵
后发酵酵母	2.0～3.3	85	0.3～0.5	贮酒

续表

副产品	数量/(kg/t)	含水率/%	干固物/(kg/t)	来源区段
剩余啤酒	12			发酵与贮酒
废硅藻土	7～10	80	1.5～2.0	啤酒过滤
二氧化碳	20～22			发酵
溢出啤酒				过滤与灌装
稀碱液				洗瓶

1. 啤酒废酵母

(1) 啤酒酵母的产生和成分

啤酒废酵母是指发酵后，不能再被用来作发酵菌种的高代废弃酵母，传统啤酒工艺中，啤酒酵母约为啤酒产量的 0.1%～0.2%（干基）；而露天发酵大罐，由于选择的酵母菌种不同，啤酒酵母约为啤酒产量的 0.2%～0.3%（干基）。另外，啤酒厂大量污水中，废啤酒酵母的 BOD 约为 130000mg/L，占啤酒污染源的 33.2%，所以对啤酒废酵母的利用也可减少对环境的损害，有巨大的社会效益。

实际上，啤酒酵母中含有丰富的蛋白质（约占啤酒干酵母的 50%，见表 2-13-10），而蛋白质由各种氨基酸组成，如丙氨酸、苯丙氨酸、蛋氨酸、苏氨酸、结氨酸、脯氨酸、组氨酸、赖氨酸、天门冬氨酸及谷氨酸等（详见表 2-13-11），这些氨基酸绝大部分是人和家禽所必需的氨基酸。啤酒酵母中所含的人体必需的 8 种氨基酸含量已接近理想蛋白质的水平（见表 2-13-12）。此外，啤酒废酵母中还含有丰富的维生素 B_1、B_2、B_6、B_{12}，麦角甾醇，烟碱酸，叶酸，泛酸，肌醇等生理活性物质。因此，啤酒酵母作为人类食品和家禽饲料添加剂都具有很高的营养价值（详见表 2-13-13 和表 2-13-14）。在日本，啤酒废酵母得到了充分的利用，利用情况为：制药 17%～18%；食品 20%；强化饲料 12%～13%；混合饲料 50%。

表 2-13-10　啤酒酵母中的主要成分　　　　单位：%

酵母粉主要成分		酵母粉主要成分		酵母粉主要成分	
粗蛋白	47.3	钙	0.52	铅	合格
脂肪	0.52	磷	1.62	砷	合格
粗纤维	0.29	盐分	0.49	水分	9.0
灰分	6.96				

表 2-13-11　啤酒酵母氨基酸组成　　　　单位：%

成分 名称	干物质	粗蛋白	赖氨酸	色氨酸	蛋氨酸	脯氨酸	苏氨酸	异亮氨酸	组氨酸	天门冬氨酸	亮氨酸	精氨酸	苯丙氨酸	谷氨酸
酵母粉	93.0	45.0	3.4	0.8	1.0	0.5	2.5	2.2	1.3	2.4	3.2	2.2	1.9	1.7

表 2-13-12　啤酒酵母蛋白质与理想蛋白质氨基酸组成比较　　　　单位：mg

氨基酸	缬氨酸	亮氨酸	异亮氨酸	苏氨酸	赖氨酸	色氨酸	蛋氨酸	苯丙氨酸
理想蛋白质	270	306	270	180	270	60	270	180
啤酒酵母蛋白质	338	425	350	325	400	75	213	260

注：1. 理想蛋白质是指联合国粮农组织（FAO）推荐的理想氨基酸组成值。

2. 单位指蛋白质中每克氮相应含各种氨基酸的量。

啤酒废酵母的用途如表 2-13-15 所示。

我国对啤酒废酵母的研究和利用起步较晚，但发展速度较快。过去，酵母泥除了一部分留作下一批啤酒发酵接种之用外，大部分作为剩余的啤酒酵母而废弃。目前，国内关于啤酒

表 2-13-13　啤酒干酵母中维生素含量

维生素	含量	维生素	含量
硫胺素（V_{B1}）	12.9mg/100g	嘌呤	0.59%
核黄素	3.25mg/100g	烟酸	41.7mg/100g
维生素 B_6	2.73mg/100g	叶酸	0.90mg/100g
麦角甾醇	126.00mg/100g	泛酸	1.89mg/100g
肌醇	391.00mg/100g	生物素	92.9mg/100g

表 2-13-14　啤酒干酵母中矿物成分

矿物质	含量	矿物质	含量
铁	7.18mg/100g	磷	1.83%
钙	38.3mg/100g	锌	36.0mg/kg
钠	387mg/100g	锰	9.09mg/kg
钾	2.02%	钴	0.70mg/kg
镁	245mg/100g	硒	0.86mg/kg
硫	0.39%	铬	1.1mg/kg
铜	14.7mg/100g		

表 2-13-15　废酵母的利用状况

利用项目	饲料工业	食品工业	制药工业
内容	酵母干粉，直接出售作饲料 对虾、河蟹、貂等特殊饲料配制 与制麦、下脚料、麦粒、麦根、麦硅藻等制成颗粒饲料	啤酒酵母水解生产特鲜酱油 啤酒酵母作面包强化剂 生产天然调味品 焙熟调味生产人造可可粉 果汁饮料及甜品 食品色素 酵母蛋白营养粉 制取甘露糖蛋白	水解法生产生物制药用的酵母浸膏 轧制酵母片（食母生） 生产谷胱甘肽、细胞色素 C 等生物制品 制取核酸、核苷酸、核苷等生物药物 制取药物果糖二磷酸钠

废酵母研究和利用技术比较成熟、经济效益比较显著的方法，大致有以下几个方面：生产饲料酵母，提取 RNA、辅酶（A、B 族）等维生素，制取酵母浸膏、蛋白营养粉、核苷酸类及氨基酸调味料等。

（2）啤酒废酵母生产饲料酵母

① 工艺流程　啤酒废酵母→贮存→成浆→泵送→干燥→粉碎→产品→装袋。

② 主要设备　酵母泥采用单滚筒的烘缸进行干燥，干燥后的酵母成片状，含水率在 9% 以下，色质淡黄，酵母香味浓郁。为便于包装出售，可增加一台（或两台）粮食粉碎机将其粉碎成粉。酵母干燥主要由烘缸、左与右支架、传动系统刮刀装置、预热装置、料槽、螺旋输送器及汽路系统构成。

（3）啤酒废酵母生产酵母浸膏及酵母精粉

酵母浸膏是利用酵母菌体的内源酶，将菌体的大分子物质水解成小分子而溶解所得的物质，其可以用于生物培养、食品调味剂、高级营养品等。

其生产工艺流程为：洗涤啤酒废酵母→离心分离自溶得到酵母浸出物→清液真空浓缩→成品酵母浸膏。

酵母精粉是利用酵母浸膏通过进一步喷雾干燥而制成，现较多以添加剂的形式应用于西式火腿、香肠等肉类食品中，可以改善肉类食品中蛋白和脂肪的黏性及保水性能，增加肉食品的香味。

（4）啤酒废酵母生产胞壁多糖

酵母细胞壁由 85%～90%的碳水化合物及 10%～15%的蛋白质组成。在这 85%～90% 的碳水化合物中，约 50%的碳水化合物主要为葡聚糖和甘露聚糖，此外，酵母细胞壁中还含有大量的甘露糖蛋白。葡聚糖和甘露聚糖不能被人体的消化道所吸收，可以作为膳食纤维发挥作用，并能增强免疫力。

其生产工艺流程如图 2-13-11 所示。

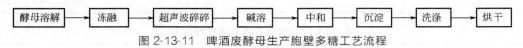

图 2-13-11　啤酒废酵母生产胞壁多糖工艺流程

（5）啤酒废酵母制取果糖二磷酸钠

果糖二磷酸钠（FDP）是人体代谢中的一种活性生化物质，它的分子结构中有两个高能磷酸键，已作为国家新药用于临床。工业酶法生产 FDP 是利用啤酒废酵母中的活性酶，用糖类和磷酸盐进行生物合成生产 FDP。FDP 工业化生产的主要过程是：首先用生理盐水洗涤从啤酒露天发酵罐排放出来经压滤的鲜啤酒废酵母泥数次，除去残留啤酒的杂质，然后用化学方法进行细胞破壁，使啤酒酵母中的活性酶释放出来，破壁的啤酒酵母与反应液混合，反应液中的糖类和磷酸盐在活性酶的作用下，依据一定的反应条件，发生生物合成反应生成 FDP。反应液经压滤，除去啤酒酵母菌体，并调节等电点，除去杂蛋白，澄清的反应液经过离子交换树脂，进行纯化分离，得到 FDP 的稀液，稀液经过真空浓缩，得到 FDP 的浓液，再经过活性炭脱色，再用酒精洗涤、结晶、烘干，即可得到 FDP 的白色结晶体。它进一步纯化可制得 FDP 粉剂或水剂药物。

（6）啤酒废酵母制取核酸、核苷酸类药物

啤酒酵母中含有丰富的核糖核酸（RNA），它主要包含在细胞质内，含量达 4.5%～8.3%。提取核酸首先要破细胞壁，一般常用的是稀碱法、浓缩法、溶菌酶或蛋白酶法进行破壁，在核酸释放出来后，经除杂质、纯化、干燥得到成品核酸，将其进一步降解，可以得到核苷酸，目前常用的是酶降解法或碱降解法。酶法降解主要生成 5-核苷酸，核酸降解率在 70%左右，生产较稳定可靠。碱法降解核酸生成 2,3-核苷酸，降解率可达 90%。核苷酸脱去磷酸根即成核苷。核苷可由核苷酸或核酸降解制取。目前工业上常采用酵母自溶或加酶降解的方法，其产品实际上是酵母自溶产物和核苷的混合体，核苷含量在 5%以上。核酸和核苷类药物具有扩张末端血管、增加血红蛋白的浓度、增加红细胞数和白细胞数、减轻浮肿和抗病毒等作用。

（7）啤酒废酵母生产干燥啤酒酵母

日本札幌啤酒公司利用废酵母制成干燥啤酒酵母食品。干燥啤酒酵母是用啤酒脱苦味洗净工艺中剩余下来的酵母制成的，其中含有丰富的蛋白质、维生素、氨基酸、食物纤维和矿物质等。

2. 啤酒废酵母泥

（1）概述

利用啤酒酵母泥制取超鲜调味剂的技术，可以为啤酒酵母泥的综合利用开辟一条新途径。该技术是以啤酒厂的副产物废酵母泥为主原料，既解决了啤酒厂的排污问题，减少了排污费用，同时又合理地解决了啤酒废酵母泥的综合治理问题。突出优点是：a. 由于原料的改变，使之投资少；b. 工艺过程的缩短，减少了生产周期，降低了劳动强度；c. 设备简单，操作方便，技术可靠。这些都有利于产品质量的提高。应用传统工艺使用豆粕酿造酱油，只含有十几种氨基酸；而该技术由于原料的改变，研制出来的酱油可含有三十多种氨基酸和维生素，其中赖氨酸是酱油的主要成分。鸟苷酸号称"强力味精"，其鲜度是普通味精的 6 倍以上，使新酱油味道更鲜美，具有浓郁的肉香味。故普通酱油的综合营养指标很难与新产品相比。而传统工艺中发霉大豆所产生的黄曲霉难以完全消除，加之漫长的酿造周期、敞开式的作业，都制约了其取得良好的卫生指标。

（2）基本原理

该技术采用生物技术，结合物理方法，使酵母菌细胞破壁，将酵母菌中含有的蛋白质、核酸水解转化为氨基酸和呈味核苷酸，然后提取水解产物，制成富含多种氨基酸和呈味核苷酸、B 族维生素等物质的调味品酱油和醋。

（3）工艺流程

工艺流程为：酵母泥→洗涤→水解反应→一次灭菌→半成品→二次灭菌→成品→化验指标→包装→检验→入库。

（4）主要技术关键

① 准确掌握酵母菌细胞破壁技术；

② 严格控制蛋白质、核酸水解转化条件；

③ 灭菌与调配技术。

3. 麦糟

麦糟是啤酒厂产量最大的副产物，它是以大麦为原料，经发酵提取籽实中可溶性碳水化合物后的残渣。因麦汁过滤、输送工艺不同，其产糟量、回收量亦不同。每生产 $1m^3$ 啤酒大约产生 0.25t 的麦糟，我国麦糟年产量已达 $1 \times 10^7 t$，并且还在不断增加。湿麦糟含有多种营养成分，如丰富的蛋白质、氨基酸及微量元素（见表 2-13-16）。目前多用于养殖方面，例如加工成干饲料，在其他方面也有所利用。不少啤酒厂是将湿麦糟直接出售给用户，这样投资少，处理费用低，但这不如对其进行深加工生产颗粒饲料的经济效益高。

表 2-13-16　啤酒麦糟的成分　　　　　　　　　　　单位：%

项目	粗蛋白	粗脂肪	粗纤维	水分	灰分	备注
颗粒饲料营养成分要求	≥29	≥29	≤16	≤12		以饲料干物质计
湿酒糟成分分析	5	2	3	85	0.5	直接排放的湿酒糟
烘干后的酒糟成分分析	27.5	8.9	4.5	9.5	2.8	烘干后制粒前的干糟粉

麦糟生产干啤酒糟饲料的工艺流程见图 2-13-12。从麦汁过滤槽或压滤机分离出来的麦糟（含水分 80%～85%）用螺旋压滤机或袋式压滤机滤去 10% 左右水分，然后送入管式蒸汽干燥机或盘式蒸汽干燥机干燥至含水分 10%，再经粉碎、造粒，制成颗粒干燥麦糟。其蛋白质含量高达 22%～29%，有丰富的氨基酸和残糖，是饲料工业理想的蛋白质资源。表

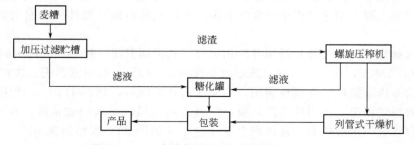

图 2-13-12　麦糟生产干啤酒糟饲料工艺流程

2-13-17 所示为啤酒槽饲料干粉与其他常用饲料工业原料的养分比较。从中可见，啤酒槽饲料干粉作为一种饲料原料其综合营养价值在小麦麸、米糠饼之上。啤酒槽干粉在国际饲料行业中应用较为广泛，已大量用于畜牧、家畜、水产等养殖业的全价饲料中，饲养效果较为理想，它可使动物的生长速度加快，并且可以改善动物体内尿素的利用率，防止瘤胃不全角化、肝脓疡及消化障碍。

表 2-13-17　啤酒槽干粉与其他常用饲料工业原料的养分比较　　　单位：%

物料名称	水分	粗蛋白	粗纤维	粗脂肪	灰分	无氮浸出物
啤酒槽	8	25.2	16.1	6.9	3.8	40.0
玉米	11.6	8.6	2.0	3.5	1.4	72.9
小麦麸	11.4	14.4	9.2	3.7	5.1	56.2
豆饼	9.4	43.0	5.7	5.4	5.9	30.6
米糠饼	9.3	15.2	8.9	7.3	10.0	49.3
大麦	11.2	10.8	4.7	2.0	3.2	68.1

4. 回收二氧化碳

啤酒发酵属厌氧发酵，生产 1t 啤酒约产生 20kg 二氧化碳，啤酒厂理应回收继续用于本厂生产或向外销售（制造碳酸饲料等）。

二氧化碳回收工艺为：发酵罐 CO_2→泡沫捕集器→水洗器除去可溶性杂质→球形集气罐→无油二级压缩机 [0.2～2MPa(2～20kgf/cm²)，表压]→活性炭过滤器脱臭→脱水器→液化器→液体 CO_2 贮罐（纯度可达 99.95% 以上）→蒸发器→用于本厂啤酒生产或装瓶并销售。

5. 回收浮麦

浮麦是一种固体有机物，它由淀粉和纤维素组成。在废水生物处理中属于难降解的污染物，在废水进入处理设施前，需对其进行回收等预处理，以减小对后续处理设施的影响。从洗麦槽中随浸麦洗麦水漂出的浮麦量占精选麦质量的 1.5%～2.0%，可通过过滤机截留，经干燥后可作为饲料销售。采用浮麦回收措施后，可使混合废水中的悬浮物质减少 26.3%。

6. 从冷热凝固物中回收麦汁和凝固蛋白质

麦汁在冷却后会泵送回旋沉淀槽进行澄清冷却，这时就会形成蘑菇状沉淀（冷热凝固物），其含有一定量麦汁（COD 约为 13000mg/L）和凝固蛋白质（其蛋白含量达 40%～50%），可用板框压滤机进行压滤回收。冷热凝固物可作奶牛饲料，提高产奶率；也可经脱苦处理后，用作食品添加剂替代可可脂；还可返回糖化后的麦汁过滤。

7. 回收利用煮沸锅的蒸汽废热

啤酒生产过程中产生的热蒸汽有不良气味，直接排放不仅污染大气，而且损失了热量。热蒸汽消耗主要来源于糖化过程中的麦汁煮沸。麦汁煮沸时须从麦汁中蒸发出 6%～12% 的水蒸气。

一般二次蒸汽的回收设备和低压煮沸相配套。煮沸锅密闭，控制蒸汽排出阀门，使煮沸锅内压力达 0.05MPa，这时排出的二次蒸汽温度可达 180℃。利用煮沸锅二次蒸汽的方法很多，最常用的方法是换热回收就地利用。当麦汁充分煮沸后，达到 102℃，产生的二次蒸汽将排气筒中的空气顶出，关闭排气筒挡板，使蒸汽通过风机导入回收系统。在回收系统中，蒸汽先经过列管式一次换热器，将体积为麦汁量 1.5 倍的 80℃ 水加热到 95℃，蒸汽在列管间隙冷凝；98～100℃ 的蒸汽冷凝水再进入列管式二次换热器，将冷水加热到 85℃，可供

CIP（cleaning in place）洗涤和糖化洗槽，排出30℃的冷凝水；一次换热器出口的95℃热水再在一个薄板换热器中将过滤流出的70℃麦汁和洗槽水预热到92℃进煮沸锅，在换热器中95℃热水降到80℃，再和二次蒸汽换热。

8. 回收沼气

目前，啤酒生产企业污水处理产生的沼气一般采用简单的直接燃烧的排空方法，不仅大量的热能未被利用，而且燃烧还产生了大量的二氧化硫等污染物，污染了环境，因此啤酒企业如何充分利用这些沼气，不仅是提高企业经济效益的需要，也是节能减排发展循环经济的需要，更是企业实现社会责任的需要。图2-13-13为沼气回收工艺流程。

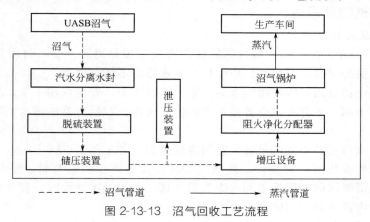

图2-13-13　沼气回收工艺流程

五、工程实例

（一）实例一

某啤酒公司采用EGSB＋接触氧化工艺处理其废水。

1. 废水水质、水量

该啤酒公司废水量随着啤酒的产量而上下波动，啤酒销售旺季时废水量可达4000m³/d以上，淡季时则仅有2000m³/d左右。且每日的废水量也有波动，表现为白天大晚间小，一般白天水量为晚间水量的1.5～2倍。除此之外，进水水质也有较大的波动，其原因是多数车间的废水为间歇性排放，而各车间废水水质差别较大。总体上说，该废水属于中等浓度有机废水，其温度高、可生化性良好、氨氮和磷偏高、pH值较高且易酸化。

废水处理后出水水质要求达到《啤酒工业污染物排放标准》（GB 19821—2005）的要求，设计进、出水水质见表2-13-18。

表2-13-18　设计进、出水废水水质

项目	COD/(mg/L)	BOD/(mg/L)	SS/(mg/L)	NH_4^+-N/(mg/L)	TP/(mg/L)	pH值
进水	2000～3500	1000～1700	800～1000	25～45	10～20	5～13
出水	80	20	70	15	3	6～9

2. 工艺选择

结合其啤酒废水的特点，该啤酒公司采用EGSB＋接触氧化工艺。工艺流程如图2-13-14所示。

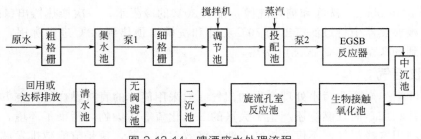

图 2-13-14 啤酒废水处理流程

3. 主要构筑物及设备

（1）EGSB 反应器

2 台；直径 9.3m，高 15m。每台厌氧反应器设三相分离器一套，材质为碳钢防腐，罐体为碳钢防腐，做外保温。布水器、中心柱及出水管为不锈钢材质。

每台反应器上还设沼气缓冲罐、水储、阻火器各 1 个，安全水储 1 个，取样管 7 个。

每套反应器上部、下部共两点各设 1 个温度变送器，对反应器内污水温度进行微机监视并上传至 PLC。

在反应器进水口安装电磁流量计，监测进水流量，并上传至 PLC。

沼气出口总管安装沼气流量计，监测 EGSB 反应器产生的沼气量。沼气总管设有两个电磁阀，分别与沼气回收利用管道和火炬管道连接。当沼气需回收时，打开相应电磁阀，先输送至沼气柜，再进入锅炉回收利用。

（2）生物接触氧化池

2 座；平面尺寸 20m×8.4m；高 5.5m；有效容积 $V=840m^3$；HRT=10h；单元格 8 个；单格尺寸 5m×4.2m。

4. 出水水质

该废水处理系统经过 3 个月的调试，运行稳定，COD 去除率逐步提高，出水水质如表 2-13-19 所示。

表 2-13-19 出水水质情况

项 目	COD/(mg/L)	BOD/(mg/L)	SS/(mg/L)	NH_4^+-N/(mg/L)	TP/(mg/L)	pH 值
出水水质	50～70	10～15	30～50	6～9	1.5～2.5	7.5～8.5
排放标准	80	20	70	15	3	6～9

由表 2-13-19 可以得出结论，本工程采用 EGSB＋生物接触氧化工艺对啤酒废水进行处理，处理后污水水质明显优于《啤酒工业污染物排放标准》（JB 19821—2005）的要求。

（二）实例二

1. 工程概况

安徽某啤酒生产公司的啤酒废水主要来自酿造及包装车间，如图 2-13-15 所示。

企业计划的啤酒生产规模为 10^5t/a，计划的废水排放量平均为 1200m³/d，平均处理量为 60m³/h，设计的最大处理量为 80m³/h。

2. 设计目标

本工程设计的进、出水水质如表 2-13-20 所示，其中出水水质要求达到当地的纳管标准，设计出水水质严于要求水质。

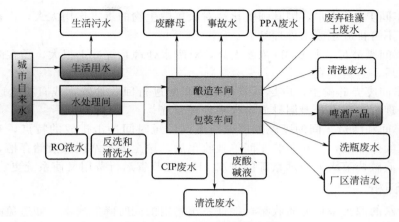

图 2-13-15 啤酒废水的来源

表 2-13-20 设计进、出水水质

项目	COD_{Cr}/(mg/L)	BOD_5/(mg/L)	SS/(mg/L)	NH_4^+-N/(mg/L)	TP/(mg/L)	pH 值
进水水质	2000～4000	1300～2800	250～1000	10～30	5～20	4～12
出水水质	≤420	≤180	≤200	≤35	≤8.0	6～9

3. 工艺选择

"厌氧＋好氧"或"厌氧＋缺氧＋好氧"的组合处理工艺是啤酒废水的主流工艺，因为相对于厌氧或好氧的单一工艺而言，组合处理工艺，其有机物的降解速率高，能够有效缩短废水的停留时间，且污泥的沉淀性能好，可防止污泥膨胀，在达到处理要求的同时，更节约成本及节能。采用"UASB＋A/O"处理工艺，具体工艺流程如图 2-13-16 所示。

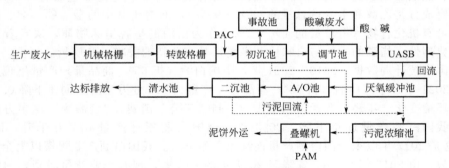

图 2-13-16 废水处理工艺流程

4. 工艺说明

啤酒生产废水经过机械格栅拦截大颗粒物质后进入格栅集水井，通过提升泵打到转鼓格栅机，通过1mm的细筛截留废水中的麦芽、麦麸及其他杂物，重力流入初沉池去除悬浮物，再自流进入废水调节池，若有事故水则自动切换排入事故池。酸碱废水单独收集入酸碱池，并且为了避免冲击废水处理系统，此股废水小流量打到调节池进水管，可节省调节系统pH 值的药剂用量。

为保障废水处理系统的稳定达标运行，本方案采用分类收集各股废水，并做相应的预处理后再合并进行处理。废水分类收集设计如下：

① 水处理间 RO 浓水属于含盐含硬度清洁废水，可以直接纳管排放。

② 酿造车间 PAA 废水，因其强氧化性对厌氧微生物的毒害作用太大，需在酿造车间进行收集处置，不再排放至废水处理站。

③ 酿造车间废酵母，其 COD 浓度太高，对废水处理系统冲击很大，需在酿造车间单独通过吨桶收集后，外运处置。

④ 酿造车间废弃硅藻土，应尽可能在酿造车间进行回收处置，或直接送废水处理站污泥处理系统处理，避免大量泄漏排放至废水处理系统。

⑤ 包装车间和酿造车间的废碱液因碱浓度高、短时间冲击排放的特点，对废水 pH 影响太大，导致额外加酸，需在包装车间单独收集后，送至废水站废碱液储存槽，再作为药剂替代部分新鲜液碱调节厌氧处理系统的进水 pH，既节省运行费用又使系统更稳定。

5. 工艺评析

在生产废水的源头采用分质收集，保证系统稳定的同时降低成本：如避免高浓度废水对后续生化系统冲击，保证生化系统的稳定运行；酸碱废水单独收集处理可降低大水池如调节池等的防腐要求，降低建设成本。采用厌氧＋好氧结合的"UASB＋A/O"工艺系统能有效地降低啤酒废水的有机物，满足当地纳管排放的要求，并通过合理设计工艺组成，能达到节能的目的。

第二节　白酒制造业废水

一、概述

白酒是以粮谷为主要原料，以大曲、小曲或麸曲及酒母等为糖化发酵剂，经蒸煮、糖化、发酵、蒸馏而制成的蒸馏酒。白酒是我国特有的一种酒，它的酿造已有几千年的历史。白酒的主要成分是乙醇和水（占总量的 98%～99%），而溶于其中的酸、酯、醇、醛等种类众多的微量有机化合物（占总量的 1%～2%）作为白酒的呈香呈味物质，决定着白酒的风格（又称典型性，指酒的香气与口味协调平衡，具有独特的香味）和质量。

根据国家统计局数据，2016—2021 年，中国白酒（折 65°，商品量）产量呈现逐年下降的趋势。2021 年，中国白酒（折 65°，商品量）产量为 715.6 万千升，同比下降 0.59%。在消费市场环境变化、年轻消费者口味变化、限制"三公"消费、"禁酒令"等多方面因素的影响下，我国白酒产量逐年下降。2022 年，全国白酒累计产量 671 万千升，同比下滑5.6%。这是 2017 年以来全国白酒产量连续第六年下跌。我国白酒产业规模以上企业数量也呈下降趋势，由 2017 年的 1593 家降至 2021 年的 965 家，现有企业竞争激烈，白酒产业集中度进一步提升。

近年来白酒行业发展日益壮大的背后却隐藏着日趋严重的环境问题。尽管我国对于白酒废水的治理已有十余年的时间，但总体情况并不理想。还存在着一些关键的问题没有解决。一方面，白酒行业整体治污比例较低，许多小型乡镇酒厂废水根本没有经过处理就直接排放。另一方面，规模相对较大的企业又受困于废水处理设施高的一次性投入，基本上是十几万乃至上千万元人民币。并且，工艺复杂，调试时间长，管理要求高，处理成本高。此外，许多酒厂因为废水处理工艺没有达到排放标准，还需要不断改造甚至重建，有的因为好氧段能耗高而工程建好却不愿坚持运行。不可否认，白酒行业要继续发展就必须解决好污染的问题。

（一）废水污染现状

白酒生产过程中会产生一种色度深、水质水量变化幅度大、易降解的高浓度有机废水。它主要来自固态（半固态）、固液法发酵生产白酒原酒过程中产生的锅底水及黄水，COD浓度最高值可分别达到25000～65000mg/L和100000mg/L；液态发酵法生产白酒原酒产生的废醪液，淀粉质废醪液和糖蜜废醪液COD浓度最高值可分别达到50000～70000mg/L和80000～110000mg/L。

白酒生产产生的固体废弃物包括丢糟、锅炉灰渣及粉尘、废窖皮、碎酒瓶和污泥，其主要副产物为丢糟。丢糟酸度较大，水分含量达65％，不易储存且易于腐败。白酒生产会产生一定量的粉尘、二氧化硫、氮氧化物及挥发性有机物（主要为酯类和醇类），对周围环境造成一定影响。

根据国家统计局公布数据，规模以上白酒企业2006—2015年的白酒产量如图2-13-17所示。由图可知，2006—2015年我国白酒产量呈增长趋势，其中2010—2015年增长相对稳定。2006年白酒总产量为397万千升，2010年产量为891万千升，5年年均增长31％。2011年产量增长高达15.1％，2012年后年产量的增速大幅度回落，2014年的增速仅为2.53％，2012—2015年产量增长率稳步下跌，但是没有出现减产现象。这是因为2013年宏观经济形势和政策环境变化，国家出台政策，严格控制"三公"经费，坚持厉行节约，限制了高端白酒消费需求，超高端、高端白酒销售下挫，行业增长放缓。

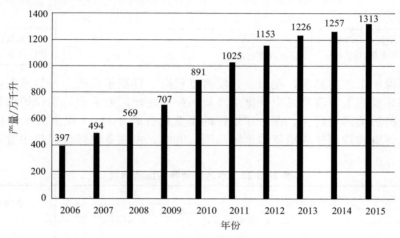

图2-13-17　2006—2015年白酒产量发展趋势

（二）产业政策

发展改革委发布的《产业结构调整指导目录（2024年本）》（发展改革委令第7号），调整了《产业结构调整指导目录（2011年本）》（国家发展和改革委员会令第9号）中的规定，将"白酒生产"从"限制类"解除，此举将会使行业优势资源发挥积极作用，在扩大规模、异地发展方面，其立项、环评和生产许可证办理不再受到限制，为优势资源、资金进入酿酒行业提供政策性便利。

按照"十三五"发展规划，根据中国酒业协会提供的《酿酒行业"十三五"发展规划》（初稿）：到2020年，白酒行业产量为1580万千升，比2015年1312.8万千升增长20.35％，年均复合增长3.77％；销售收入达到7800亿元，比2015年5558.86亿元增长40.32％，年均复合增长7.01％；利税1800亿元，比2015年1279.71亿元增长40.66％，年均复合增长7.06％。

（三）污染控制政策、标准

为贯彻《中华人民共和国环境保护法》《中华人民共和国水污染防治法》《中华人民共和

国海洋环境保护法》《国务院关于落实科学发展观加强环境保护的决定》等法律、法规和《国务院关于编制全国主体功能区规划的意见》，保护环境，防治污染，促进发酵酒精和白酒工业生产工艺和污染治理技术的进步，中国环境科学研究院、中国酿酒工业协会、环境保护部环境工程评估中心共同起草了《发酵酒精和白酒工业水污染物排放标准》（GB 27631—2011），规定现有企业水污染物的排放限值如表 2-13-21 所示。

表 2-13-21 现有企业水污染物排放限值

序号	污染物项目		限值		污染物排放监控位置
			直接排放	间接排放	
1	pH 值		6～9	6～9	企业废水总排放口
2	色度		40	80	
3	悬浮物/(mg/L)		50	140	
4	五日生化需氧量(BOD$_5$)/(mg/L)		30	80	
5	化学需氧量(COD)/(mg/L)		100	400	
6	氨氮/(mg/L)		10	30	
7	总氮/(mg/L)		20	50	
8	总磷/(mg/L)		1.0	3.0	
9	单位产品基准排水量/(m³/t)	发酵酒精	30	30	排水量计量位置与污染物排放监控位置一致
		白酒企业	20	20	

根据环境保护工作的要求，在国土开发密度较高、环境承载能力开始减弱，或水环境容量较小、生态环境脆弱，容易发生严重水环境污染问题而需要采取特别保护措施的地区，应严格控制企业的污染排放行为，在上述地区的企业执行表 2-13-22 规定的水污染物特别排放限值。执行水污染物特别排放限值的地域范围、时间，由国务院环境保护主管部门或省级人民政府规定。

表 2-13-22 水污染物特别排放限值

序号	污染物项目		限值		污染物排放监控位置
			直接排放	间接排放	
1	pH 值		6～9	6～9	企业废水总排放口
2	色度		20	40	
3	悬浮物/(mg/L)		20	50	
4	五日生化需氧量(BOD$_5$)/(mg/L)		20	30	
5	化学需氧量(COD)/(mg/L)		50	100	
6	氨氮/(mg/L)		5	10	
7	总氮/(mg/L)		15	20	
8	总磷/(mg/L)		0.5	1.0	
9	单位产品基准排水量/(m³/t)	发酵酒精	20	20	排水量计量位置与污染物排放监控位置一致
		白酒企业	10	10	

二、生产工艺和废水来源

（一）生产工艺

1. 酿酒工艺

凡含有淀粉和糖类的物质都可作为原料酿制白酒，但不同的原料酿制出的白酒风味各不相同。粮食类的高粱、玉米、大麦；薯类的甘薯、木薯；含糖原料甘蔗及甜菜的渣、废糖蜜等均可制酒。此外，高粱糠、米糠、麸皮、淘米水、淀粉渣、甜菜头尾等，均可作为代用原料。野生植物，如橡子、菊芋、杜梨、金樱子等，也可作为代用原料。

我国白酒生产大多数以高粱、小麦、玉米等作为原辅料，经过四道基本工序酿制而成，即原料的预处理、糖化发酵、蒸馏出酒、装瓶。白酒的生产工艺有固态发酵法、半固态发酵法和液态发酵法。我国传统的白酒酿造工艺为固态发酵法，在发酵时需添加一些辅料，以调整淀粉浓度，保持酒醅的松软度，保持浆水。常用的辅料有稻壳、谷糠、玉米芯、高粱壳、花生皮等。

酿酒工艺流程见图 2-13-18。

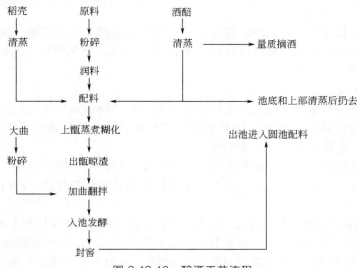

图 2-13-18　酿酒工艺流程

酿酒具体的工艺步骤如下。

① 原料粉碎　目的在于便于蒸煮，使淀粉充分被利用。

② 配料　将新料、酒糟、辅料及水配合在一起，为糖化和发酵打基础。

③ 蒸煮糊化　利用蒸煮使淀粉糊化，有利于淀粉酶的作用，同时还可以杀死杂菌。

④ 冷却　蒸熟的原料，用扬渣或晾渣的方法，使料迅速冷却，使之达到微生物适宜生长的温度，若气温在 5～10℃时，品温应降至 30～32℃，若气温在 10～15℃时，品温应降至 25～28℃，夏季要降至品温不再下降为止。

⑤ 拌醅　固态发酵麸曲白酒，是采用边糖化边发酵的双边发酵工艺，扬渣之后，同时加入曲子和酒母。

⑥ 入窖发酵　入窖时醅料温度应在 18～20℃（夏季不超过 26℃），入窖的醅料既不能压紧，也不能过松，一般掌握在 $1m^3$ 容积内装醅料 630～640kg 为宜。装好后，在醅料上盖上一层糠，用窖泥密封，再加上一层糠。

⑦ 蒸酒　发酵成熟的醅料称为香醅，它含有极复杂的成分。通过蒸酒把醅中的酒精、水、高级醇、酸类等有效成分蒸发为蒸汽，再经冷却即可得到白酒。蒸馏时应尽量把酒精、芳香物质、醇甜物质等提取出来，并利用掐头去尾的方法尽量除去杂质。

2. 白酒新工艺的应用与发展

（1）生物技术的应用

一系列生物技术的应用使得白酒的优质品率得到很大的提高。生物技术在白酒酿造中的应用包括白酒微生物从功能菌的研究出发，进一步发展向微生物群落的研究；从酵母生香，认识细菌生香；从窖泥中分离丁酸菌、己酸菌；从曲药和糟醅中分离红曲酯化菌、丙酸菌等的强化应用。

（2）酶催化工程的应用

酶凭借其高效性和改善环境等优势（与化学催化剂相比）在食品、医药和精细化工等领域得到了广泛应用。在酿酒工业中被广泛应用的酶，主要是糖化酶、液化淀粉酶、纤维素酶、蛋白酶、脂肪酶、酯化酶等，它们具有酶活力强、用量少、使用方便等优点。通过脂肪酶等复合酶的处理，可缩短蒸煮糊化过程耗用的时间，在发酵前期加速糖化发酵，后期促进酯化合成。

（3）物理化学的创新

物理化学的创新是指在白酒的贮存、过滤等过程中利用分子运动论、胶体理论等一系列物理化学理论对白酒质量进行提高改进的技术措施。陈化，就是酒体分子间发生布朗运动，产生丁达尔现象的一个过程。

（4）美拉德反应

美拉德反应是白酒增香新工艺。美拉德反应分为生物酶催化与非酶催化，其中大曲中的嗜热芽孢杆菌代谢的酸性生物酶、枯草芽孢杆菌分泌的胞外酸性蛋白酶，都是很好的催化剂。非酶催化剂，包括金属离子、维生素等。

美拉德反应对白酒的影响是能产生香气，是一个集缩合、分解、脱羧、脱氨、脱氢等一系列反应的交叉反应。美拉德反应产物不仅是酒体香和味的微量物质，同时也是其他香味物质的前驱物质。

此外，白酒的新工艺还包括低度白酒技术的创新以及在酿造设备及控制上的创新等，后者的主要内容有：白酒生产机械化、酿造过程数字化控制与管理、白酒勾调过程数字化管理系统等。这些技术革新使得白酒的质量与品质得到进一步的提高，也促进了白酒口味的多元化发展。

3. 主要生产工艺

主要包括固态法白酒、固液结合法白酒和液态法白酒三类，及其将原酒配制成产品酒。

（1）固态法白酒

固态法白酒以粮谷为原料，采用固态（或半固态）糖化、发酵、蒸馏，经陈酿、勾兑而成，未添加食用酒精及非白酒发酵产生的呈香呈味物质，具有本品固有风格特征。

① 浓香型白酒

a. 制曲　大曲采用生料制曲、自然接种，在培养室内固态发酵而成。制曲工艺流程如图 2-13-19 所示。

原料 ⟶ 润料 ⟶ 加水拌合 ⟶ 踩曲 ⟶ 晾曲 ⟶ 入房安曲 ⟶ 增湿降温 ⟶ 揭草晾霉

入库贮存 ⟵ 理化检测 ⟵ 烘干 ⟵ 第四次翻曲 ⟵ 第三次翻曲 ⟵ 第二次翻曲 ⟵ 第一次翻曲

图 2-13-19　制曲工艺流程

b. 原料处理　由于浓香型酒采用续渣法工艺，原料要经过多次发酵，所以不必粉碎过细，仅要求每粒高粱破碎成 4～6 瓣即可，一般能通过 40 目的筛孔，其中粗分占 50% 左右，大米无需粉碎。采用自制中高温曲作为糖化发酵剂，大曲先用锤式粉碎机粗碎，再用钢磨磨成曲粉，粒度如芝麻大小为宜。在固体白酒发酵中，稻壳是优良的填充剂和疏松剂，为了驱除稻壳中的异味和有害物质，要求预先把稻壳清蒸 30～40min，直到蒸汽中无怪味为止，然后出甑晾干，使含水量在 13% 以下，备用。生产工艺流程及污染源分布如图 2-13-20 所示。

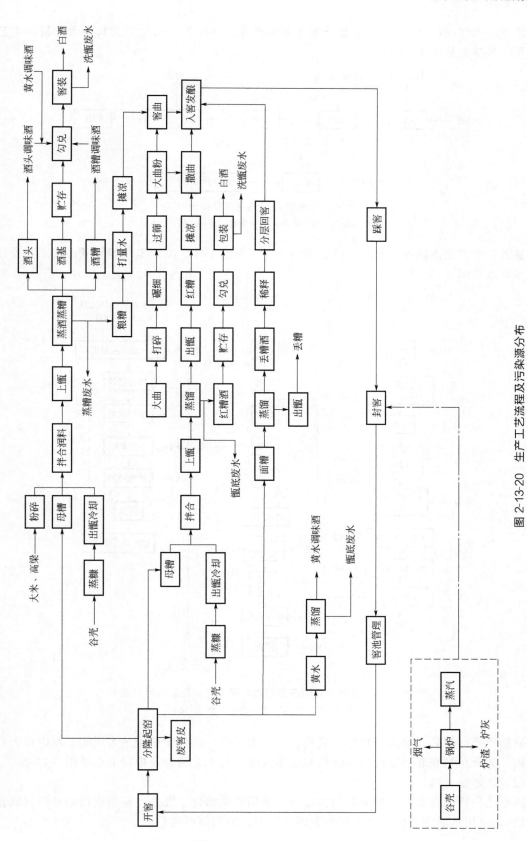

图 2-13-20 生产工艺流程及污染源分布

② 酱香型白酒 生产过程主要分为大曲生产和基酒生产、勾兑等。其中大曲粉碎工艺流程及排污节点见图 2-13-21。

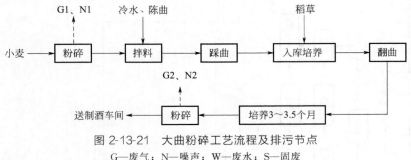

图 2-13-21 大曲粉碎工艺流程及排污节点
G—废气；N—噪声；W—废水；S—固废

基酒生产工艺由破碎、润粮工序、蒸粮工序、发酵工序、蒸馏工序等组成。其工艺流程及排污节点见图 2-13-22。

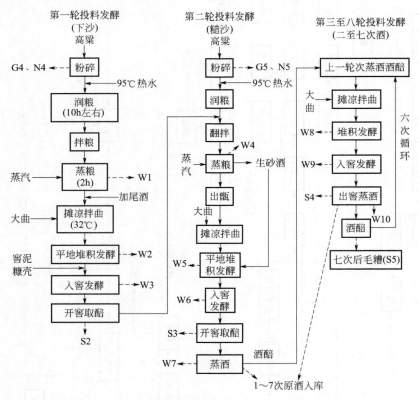

图 2-13-22 传统酱香型白酒制酒车间工艺流程及排污节点
G—废气；N—噪声；W—废水；S—固废

成品酒经过灌装、封盖、贴标、装箱、入库等工段，并检验瓶盖是否压实、瓶内是否有悬浮物，如合格则在瓶外贴标后再经检验装箱入库。其工艺流程及排污节点见图 2-13-23。

（2）液态法白酒

液态法白酒以含淀粉、糖类物质为原料，采用液化糖化、发酵、蒸馏所得的基酒（或食用酒精），可用香醅串香或用食品添加剂调味调香，勾调而成的白酒。

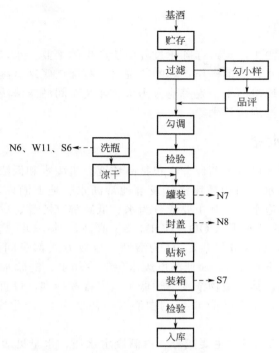

图 2-13-23 勾兑、包装工艺流程及排污节点
N—噪声；W—废水；S—固废

　　液态法生产白酒是将淀粉质、糖质等原料，在微生物作用下经发酵产生白酒。该法根据原料不同可分为淀粉质原料发酵法、糖蜜原料发酵法和纤维质原料发酵法。淀粉质原料发酵法是我国生产液态白酒的主要方法。该法是以玉米、薯干、木薯等含淀粉的农副产品为主要原料，其可发酵性物质是淀粉。淀粉质原料要经过粉碎，以破坏植物细胞组织，便于淀粉的游离。经蒸煮处理后，使淀粉糊化、液化，形成均一的发酵液，使其更好地接受酶的作用并转化为可发酵性糖后才能发酵。糖蜜原料发酵法是以制糖（甜菜、甘蔗）生产工艺排出的废糖蜜为原料，经稀释并添加营养盐，再进一步发酵生产白酒。其生产工艺包括稀糖蜜制备、酒母培养、发酵蒸馏等。液态发酵法生产原酒工艺流程及污染物的来源与排放见图 2-13-24。

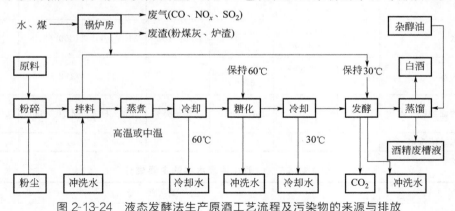

图 2-13-24 液态发酵法生产原酒工艺流程及污染物的来源与排放

（3）固液结合法白酒
　　固液结合法白酒是以固态法白酒（不低于 30%）、液态法白酒勾调而成的白酒。

（二）废水来源

白酒废水是指从白酒生产到贮存陈化过程中所产生的工业废水，废水主要来自以下几个方面：酿造车间的冷却水、蒸馏操作工具的冲洗水、蒸馏锅底水、蒸馏工段地面冲洗水以及发酵池渗沥水、地下酒库渗漏水、发酵池盲沟水、灌装车间酒瓶清洗水、"下沙"和"糙沙"工艺工程中原料冲洗、浸泡排放水等。

（三）水质、水量

白酒废水按污染程度可分为两部分，包括高浓度有机废水和低浓度有机废水。其中高浓度废水包括：蒸馏底锅水、白酒糟废液、发酵池渗沥水、地下酒库渗漏水、蒸馏工段冲洗水、制曲废水及粮食浸泡水等，其主要成分为水、低碳醇（乙醇、戊醇、丁醇等）、脂肪酸、氨基酸等。这些废水的特征是 COD、BOD、SS 值高，其 COD 高达 100000mg/L 左右，BOD 高达 44000mg/L，且成分复杂，pH 为酸性，排放方式都是间歇性排放，但这部分废水量很小，占废水总量不到 5％，而低浓度废水包括冷却水、洗瓶水、场地冲洗水等，这部分水是可以回收利用的，其污染物浓度远远低于国家排放标准，可直接排放，一般高低浓度废水分开排放。据统计，每生产 1t 65％的白酒，约耗水 60t，产生废水 48t，耗水、排污量都很大。

表 2-13-23 为地下酒库渗水主要成分。白酒废水水质、水量见表 2-13-24。表 2-13-25 为白酒几种废水的主要成分。表 2-13-26 为"下沙"和"糙沙"工艺废水水质、水量。

表 2-13-23　地下酒库渗水主要成分

pH 值	COD/(mg/L)	BOD/(mg/L)	TN/(mg/L)	TP/(mg/L)	SS/(mg/L)	排放量/(m³/d)
5.7	69000	31000	153.9	0.3	—	5～8
6.0	56000	—	123.2	—	374	—

表 2-13-24　白酒废水水质、水量

废水类别	pH 值	COD/(mg/L)	BOD/(mg/L)	TN/(mg/L)	TP/(mg/L)	SS/(mg/L)	占废水总排量比率/%
冷却水	7.3～7.9	11.6～24.4					71
蒸馏锅底水	3.7～3.8	11400～100000	5800～66000	32.5～1020	31.4～664	1350～31000	1.6
发酵池盲沟水	4.8～4.0	43000～130000	21000～67000	932	703	188～5900	很小
蒸馏工段地面冲洗水	4.5～5.8	4100～17000	160～8100	276～853	158～597	2470～6300	2.4
蒸馏操作工具清洗水		污染很小					10

表 2-13-25　白酒几种废水中的主要成分

废水类别	主　要　成　分
蒸馏锅底水	水、乙醇、戊醇、丙醇、丁醇、脂肪酸、氨基酸
发酵池盲沟水	水、乙醇、戊醇、丙醇、丁醇、脂肪酸、氨基酸、酯、醛
酒库渗漏水	水、乙醇、酯、脂肪羧酸、丙醇、甲醇、醛

表 2-13-26　"下沙"和"糙沙"工艺废水水质、水量

水质与水量	水温/℃	水色	pH 值	COD/(mg/L)	BOD/(mg/L)	排放量/(m³/d)
高粱冲洗水	40	红褐浑	4.8	1780		40
高粱浸泡水	33	红	3.7	7190	2700	60
蒸煮锅底水	80	灰黑浑	6.5	7800	2660	4

三、清洁生产与污染防治措施

（一）清洁生产指导性技术文件

1.《国家重点行业清洁生产技术导向目录》（第三批）

2006 年由发展改革委与国家环保总局组织编制的《国家重点行业清洁生产技术导向目录》（第三批）提出发酵酿酒废水经沉淀后，进行厌氧处理，副产沼气，再经好氧处理后，达标排放。沼气经气、水分离以及脱硫处理以后送储气柜，通过管网引入用户，作为工业或民用燃料使用。

2.《清洁生产标准　白酒制造业》

2008 年，国家环境保护总局实施了《清洁生产标准　白酒制造业》（HJ/T 402—2007），白酒制造业清洁生产标准见表 2-13-27。

表 2-13-27　白酒制造业清洁生产标准

清洁生产指标等级		一级	二级	三级
一、生产工艺与装备要求				
设备完好率/%		100	≥98	≥96
二、资源能源利用指标				
1. 原辅材料的选择		白酒生产用的原辅材料对人体健康没有任何损害，并在生产过程中对生态环境没有负面影响。原料的淀粉含量、水分含量、杂质含量应有严格控制指标		
2. 电耗/(kW·h/kL)	清香型	≤35	≤40	≤60
	浓（酱）香型	≤50	≤60	≤80
3. 取水量/(t/kL)	清香型	≤16	≤20	≤25
	浓（酱）香型	≤25	≤30	≤35
4. 煤耗（标煤）/(kg/kL)	清香型	≤600	≤750	≤1000
	浓香型	≤1200	≤1500	≤2000
	酱香型	≤2600	≤2800	≤3000
5. 综合能耗（标煤）/(kg/kL)	清香型	≤650	≤800	≤1100
	浓香型	≤1300	≤1800	≤2200
	酱香型	≤2700	≤2900	≤3100
6. 淀粉出酒率/%	清香型	≥60	≥480	≥42
	浓香型	≥45	≥42	≥38
	酱香型	≥35	≥33	≥30
7. 冷却水循环利用率/%		≥90	≥80	≥70
三、产品指标				
1. 运输、包装、装卸		白酒容器的设计便于回收利用，外包装材料应坚固耐用，利于回收再用或易降解		

续表

清洁生产指标等级		一级	二级	三级
2. 产品发展方向		提高白酒的优级品率;通过传统白酒产业的技术革新,逐渐提高粮食利用率,降低各类消耗		
四、污染物产生指标(末端处理前)				
1. 废水产生量/(m³/kL)	清香型	≤14	≤18	≤22
	浓(酱)香型	≤20	≤24	≤30
2. COD 产生量/(kg/kL)	清香型	≤90	≤100	≤130
	浓(酱)香型	≤100	≤120	≤150
3. BOD$_5$ 产生量/(kg/kL)	清香型	≤45	≤55	≤70
	浓(酱)香型	≤55	≤65	≤80
4. 固态酒精/(t/kL)	清香型	≤4	≤5	≤6
	浓香型	≤6	≤7	≤8
	酱香型	≤8	≤9	≤10
五、废物回收利用指标				
1. 黄浆水		全部资源化利用	50%资源化利用	全部达标排放
2. 锅底水		全部资源化利用	50%资源化利用	全部达标排放
3. 固态酒精		企业资源化加工处理(加工成饲料或更高附加值的产品)	全部回收并利用(直接做饲料等)	全部无害化处理
4. 炉渣		全部综合利用		
六、环境管理要求				
1. 环境法律法规标准		符合国家和地方有关环境法律、法规,污染物排放达到国家和地方排放标准、总量控制和排污许可证管理要求		
2. 清洁生产审核		按照白酒企业清洁生产审核指南的要求进行了审核,并全部实施了可行的无、低费方案,制定了中高费方案的实施计划		
3. 废物处理处置		对酒精、黄浆水和锅底水进行了资源化利用和无害化处理		
4. 生产过程环境管理		按照 GB/T24001 建立并运行环境管理体系	建立了环境管理制度,原始记录及统计数据齐备	环境管理制度、原始记录及统计数据基本齐备
		建立了原材料质检和消耗定额管理制度,对各生产车间规定了严格的耗水、耗能、污染物产生指标和考核办法,人流、物流、易燃品存放区有明显的标识,对跑冒滴漏有严格的控制措施		
5. 相关方环境管理		购买有资质原材料供应商的产品,对原材料供应商的产品质量、包装和运输等环节施加影响		

注:1. 以上为生产1kL 65%(体积分数)白酒的指标。淀粉出酒率根据千升酒消耗粮食和大曲的淀粉含量折算成淀粉后计算。特香型白酒和凤香型白酒可参照白酒指标执行;芝麻香白酒可参照酱香型白酒指标执行;米香型白酒、豉香型白酒和老白干香型白酒可参照浓香型白酒指标执行。

2. 表中提到的香型参考了以下标准 GB/T 10781.1、GB/T 10781.2、GB/T 10781.3、GB/T 14867、GB/T 20823、GB/T 20824、GB/T 20825。

(二)污染防治措施

① 白酒制造业废水污染防治应优先考虑资源化利用和污染负荷的过程削减,并严格控制水污染物排放。排放废水应以回收利用为主,达到相关标准后可回用于绿化及其他用途或排放。白酒制造业废水末端治理技术应优先考虑资源化利用,削减污染负荷,并严格控制污染物排放。出水应以回收利用为主,达到相关标准后可回用于绿化及其他用途或排放。

② 白酒废水应遵循"分类收集、资源回收、集中治理、达标排放"的原则。原酒生产的高浓度白酒废水（锅底水、黄水、废醪液）应单独收集和资源化回收预处理；经预处理后的高浓度白酒废水与中低浓度白酒废水（冲洗水、洗涤水、冷却水）混合进行达标处理，混合废水宜采用以厌氧-好氧为主的处理工艺。勾调白酒生产废水宜采用好氧处理工艺。

白酒生产过程中各股废水根据污染物浓度的高低可分为高浓度废水、中浓度废水和低浓度废水。高浓度废水包括锅底水、黄水和废醪液。中浓度废水包括各种清洗水。低浓度废水包括冷却水。现在大部分企业将后两项废水进行处理回用或循环利用。

锅底水是白酒酿造生产过程中的主要废水污染源，其中含有大量的有机成分，国内一些名酒企业从锅底水中提取乳酸制品获得了较好的经济效益和环境效益。

由于白酒生产产生黄水量较小，黄水 COD、BOD$_5$ 含量高，常规污水处理工艺需经稀释，这样会浪费大量用水。而对黄水中的有益成分如酸、酯、醇类进行保温酯化提取，直接兑入甑锅蒸馏或生产调味液与复合酸，提取后的黄水，可进行常规的"生化＋物化"处理。应用生物酯化酶对黄水进行酯化，可使黄水中的 COD、BOD$_5$ 含量在原有基础上下降 80%。

液态法白酒原酒废醪液必须先经综合利用。生产玉米蛋白饲料、薯类燃料、糖蜜肥料、综合利用生产废水和白酒生产废水再经生化处理达标排放。

高浓度有机废水综合利用后，不仅可以提高企业的经济效益，还可以提高环境效益，处理后的废水可以与其他中低浓度废水一并排入污水处理站处理。

2016 年国家生态环境部发布的《白酒制造业污染防治技术政策（征求意见稿）》提到，固态法、半固态法、固液法白酒原酒生产的综合废水中 COD 浓度拟在 5000～6500mg/L。液态法白酒原酒生产的综合废水，玉米、薯类、糖蜜原料 COD 浓度分别为 7000g/L、25000mg/L、8000mg/L。购原酒生产配制酒综合废水 COD 浓度为 500mg/L。

厌氧法具有高负荷、高效率、低能耗、投资小、可回收能源等优点。对高浓度废水进行厌氧处理可以获得沼气，同时对有机物的去除也有一定的效果。

厌氧处理可大幅度降低 COD、BOD$_5$ 值，但去磷酸盐和氨的作用有限，好氧生化处理是利用好氧微生物降解有机物实现废水处理，好氧生物法一般适合处理中、低浓度的有机废水，适合作为厌氧法后处理工艺。

大量的白酒废水处理实践表明高浓度白酒废水经厌氧处理后，出水 COD 浓度仍然达不到排放标准，而若直接采用好氧处理需要大量的投资和占地，能耗高，不够经济合理，所以高浓度废水一般采用厌氧-好氧相结合的方法。

③ 鼓励提取锅底水中的乳酸和乳酸钙，黄水中的酸、酯、醇类物质；鼓励废醪液生产饲料或燃料。

一个日处理高浓度（COD 120000mg/L）有机污水 180t 的工程，可以年产高质量乳酸 1800t，乳酸钙 300t，年产值可达 1700 多万元，同时，还可大大降低锅底水中的有机物和 COD 浓度，经济效益及环境效益显著。

酒醪在发酵过程中产生黄水。黄水在窖池养护、窖泥制作、底锅回收等方面有一定的功效，但许多企业黄水的利用率不高。同时，由于黄水 COD、BOD$_5$ 含量高，常规污水处理工艺需用新鲜水将其稀释 35 倍左右，这样会浪费大量用水。而对黄水中的有益成分如酸、酯、醇类物质进行提取，提取后的黄水不需清水稀释，可直接进行常规的"生化＋物化"处理。应用生物酯化酶对黄水进行酯化，可使黄水中的 COD、BOD$_5$ 含量在原有基础上下降 80%，每吨黄水可产 60%（体积分数）原酒 20～30kg。

蛋白饲料（DDGS）生产技术实现了废醪液的利用，加工的全糟蛋白饲料营养成分较全面，挤压的粒状颗粒饲料贮存、运输、使用方便。由于 DDGS 蛋白颗粒饲料的蛋白质含量远高于玉米，因此，国际饲料市场的需求量很大，而且超过玉米饲料的价格。薯类丢糟的滤渣直接进行烘干，干燥后生产燃料或饲料；糖蜜丢糟进行浓缩，直接生产燃料，或将浓缩液添加辅料干燥生产肥料。

④ 白酒糟的堆场、废水处理设施以及事故应急收集池需按有关污染控制标准进行防渗处理。为了防止高浓度废水渗入地下，应将废水处理设施、事故应急收集池按有关《污染控制标准》进行防渗处理。

高浓度白酒废水资源化综合利用的回收处理工艺原则为：

① 锅底水中含有大量的有机成分，可以从中提取乳酸和乳酸钙，因此，拟将锅底水进行预处理后再排入污水处理站，大大降低锅底水中的有机物和 COD 浓度，提高企业的经济效益和环境效益。

② 固态发酵法生产的白酒酿造过程中产生的黄水 COD、BOD_5 浓度高，可以先对黄水中的有益成分（如酸、酯、醇类物质）进行提取，提取后的黄水可直接进行"生化＋物化"处理。

③ 液态发酵法产生的废醪液要先经处理后再排入污水处理站，玉米废醪液与滤渣生产蛋白饲料（DDGS），薯类废醪液干燥生产燃料或饲料，糖蜜废醪液浓缩，浓缩液添加辅料干燥生产燃料、肥料。

四、处理技术及利用

（一）处理技术与方法

白酒废水属于易降解有机废水。通常的处理方法有物理法、化学法和生物法。而处理过程通常分为三部分：预处理、二级处理和深度处理。表 2-13-28 为几种生化处理技术的比较。

表 2-13-28 白酒废水生化处理技术的比较

处理技术	优　点	缺　点
好氧法	不产生臭味的物质，处理时间短，处理效率高，工艺简单投资省	人为充氧实现好氧环境，牺牲能源，运行费用相对昂贵
厌氧法	高负荷高效率，低能耗投资省，回收能源	多有臭味，高浓度废水处理出水仍然达不到排放标准，运行控制要求高
厌氧-好氧法	厌氧阶段大幅度去除水中悬浮物或有机物，提高废水的可生化性，为好氧段创造稳定的进水条件，并使其污泥有效地减少，设备容积缩小，中等投资	需要根据实际合理选择工艺进行优化组合，建造与操作比单纯好氧或纯粹厌氧复杂，有时运行条件控制复杂，管理难
微生物菌剂	处理系统启动快，效果好	高效优势菌种筛选难度大，技术不是很成熟

白酒生产废水常用的预处理方法包括过滤法、重力沉淀法、气浮法、离心法、中和法等。

白酒生产综合废水包括经综合利用的锅底水、黄水、废醪液产生的二次废水，以及各种洗涤水、冲洗水，根据水污染物浓度分别采用以厌氧-好氧为主的多级治理工艺或好氧处理工艺。

我国部分白酒企业废水处理工艺如表 2-13-29 所示。

表 2-13-29　我国部分白酒企业废水处理工艺

企业名称(代号)	二级处理	废水处理工艺	水质特点
1	厌氧	负荷厌氧反应器-化学混凝	废水温度 40～50℃
2 3	好氧	水解酸化-生物接触氧化-气浮	中、低浓度的有机废水
4		水解酸化-低负荷活性污泥法	
5		SBR	
6 7 8	厌氧＋好氧	UASB＋SBR	高浓度、水质水量 变化较大的废水
9		UASB＋生物接触氧化	
10		两级 UASB＋SBR 两级 UASB＋CASS	
11		两级 UASB＋两级好氧滤池 两级 UASB＋A/O	
12		两级 USFB＋A^2O	
13		EGSB＋好氧反应器	

1. 预处理方法

白酒废水通常含有较多悬浮物质，并且废水 pH 值小。因此，要对白酒废水进行预处理，以达到减轻后续处理负荷和为后续处理创造稳定条件的目的。常用的预处理方法包括：过滤法、重力沉淀法、气浮法、离心法、中和法、厌氧降解法等。对于白酒废水中较多的悬浮物质，首先需进行固液分离，通常采用离心或气浮分离装置、初沉池、格栅。白酒废水的低 pH 值，不利于微生物的生长，会抑制甲烷菌生长，所以需设置调节池或水解酸化池，利用兼性水解菌对有机物进行初级分解，达到调节水质、水量的目的。

对于酿酒厌氧处理消化液，曾有人采用预曝气-化学混凝沉淀工艺对其进行预处理。当消化液 COD 为 4500～6000mg/L，预曝气时间为 6h，混凝剂 $FeCl_3$ 添加量为 100mg/L 时，该预处理法对于消化液的 COD 和 SS 去除率分别为 24.3％和 75.4％，出水水质对后续好氧处理有利。

2. 二级处理方法

二级处理方法包括厌氧生物法和好氧生物法，单独采用厌氧或好氧法都不能得到较好的出水，需要将厌氧和好氧法结合起来，才能达到预期的目的。

厌氧处理法主要包括：UASB（上流式厌氧污泥床）、EGSB（厌氧膨胀颗粒污泥床）、UBF（上流式厌氧复合床）、IC（厌氧高效内循环）和 AFB（厌氧流化床）等。经过厌氧生物处理后废水的 COD、BOD 可大幅度降低，但在一般条件下，其对于除去磷酸盐和氨的效果有限，需要将好氧法作为厌氧法的后处理工艺，常用的好氧处理工艺有：SBR（序批式活性污泥）法、CASS（循环活性污泥）、氧化沟法、生物接触氧化法和膜生物反应器等。

3. 深度处理方法

白酒废水由于具有色度，所以在二级处理后要对其进行后处理，以去除色度。由于蛋白黑素的存在，酒糟废液在经厌氧处理后，废水呈黑褐色，此外，"下沙""糙沙"工艺中，高粱冲洗水和浸泡水呈红褐色。白酒废水深度处理方包括：吸附法、膜过滤法、催化氧化法、混凝沉淀法等。吸附法常用活性炭、粉煤灰等为吸附剂。

（二）综合利用

白酒行业的综合利用就是要对在白酒酿造生产过程中所产生的副产物进行回收加工再利用。一方面可以降低成本，增加产品附加值，从而提高白酒企业的效益，另一方面又可以减少对环境的污染，起到一举两得的效果。

随着白酒工业的发展，白酒产量逐年增多，随之而产生的副产物（白酒糟）的量也越来越多，白酒糟为固体，是发酵、蒸馏白酒后剩余的渣子，除含有酵母菌及未利用的粮食外，还含有大量稻壳。如今，每年产生的白酒糟已接近 3000 万吨。由于其呈酸性，极易霉变，如果不及时处理，会对环境造成严重的污染，而酒糟本身由于发酵不完全等各种原因，仍有一定的营养价值和可利用之处。对白酒糟的利用已经成为白酒行业的工作重点，对白酒糟的综合利用程度的高低直接关系到企业的利益与发展。

白酒糟的营养价值很高，表 2-13-30 为白酒糟与部分粮食的有效成分对比。

表 2-13-30　白酒糟与部分粮食的有效成分对比　　　　　单位：%

项目	酒糟	小麦	玉米	大麦	高粱
水分	13	12.1	13.5	12.6	13.5
粗蛋白	10～16	12.6	9.0	11.1	9.5
粗纤维	18～24	2.4	2.0	4.2	2.0
粗脂肪	3.83	2.0	4.0	2.1	3.1
钙	0.21	0.09	0.03	0.09	0.07
磷	0.38	0.32	0.28	0.41	0.27

白酒糟的营养成分见表 2-13-31。

表 2-13-31　白酒糟的营养成分　　　　　单位：%

常规营养成分		氨基酸含量					
项目	含量	名称	含量	名称	含量	名称	含量
水分	7～10	谷氨酸	2.09	蛋氨酸	0.170	酪氨酸	0.332
粗淀粉	10～13	丙氨酸	0.948	天门冬氨酸	0.884	苯丙氨酸	0.705
粗蛋白	14.3～21.8	苏氨酸	0.441	异亮氨酸	0.588	赖氨酸	0.100
天氮浸出物	41.7～45.8	丝氨酸	0.518	甘氨酸	0.496	组氨酸	0.328
粗脂肪	4.2～6.9	色氨酸	1.530	亮氨酸	1.252	精氨酸	0.494
粗纤维	16.8～21.2	胱氨酸	0.754			脯氨酸	0.961
灰分	3.9～15.1	缬氨酸	0.636				

白酒糟的综合利用途径包括：生产饲料、生产化工产品、培养食用菌、酿醋和生产农肥等。

1. 利用白酒糟生产饲料

长期以来，对白酒糟的利用主要是将其直接用作农村饲料，这对于农村饲养业的发展和生物链的良性循环起到了促进作用。但是，随着饲养业的发展，鲜白酒糟已经不能满足科学化的喂养要求，而且，鲜白酒糟的含水率在 60% 以上，贮存十分困难，易发生霉变。如果不对其加以利用，任意堆放，会对环境造成严重的污染。

白酒糟的营养成分十分的丰富（如表 2-13-30 所示），粗蛋白、钙的含量明显高于其他几种粮食，此外，干糟中还含有多种氨基酸、维生素、矿物质以及菌体自溶产生的各种生物活性物质，这些都是一般谷物所缺少的。但是，占白酒糟含量 40%～50% 的稻壳却制约着白酒糟生产饲料的经济价值。稻壳是一种发酵填充物，主要含有粗纤维、木质素，它的存在使得白酒糟不宜直接用作饲料喂养畜禽，如果直接喂养，不仅影响动物的消化系统，而且严重的还会引起疾病导致死亡。所以要用白酒糟加工生产饲料，就必须将其中的稻壳分离，分离后得到的饲料效果不低于等量的粮食饲料。通常每生产 1t 白酒可产 3t 酒糟，经研究分析一个年产万吨的白酒厂，酒糟全部利用，一年可生产饲料 7700t（仅采用干燥技术），所节约的粮食相当于酿酒耗用粮食的 30%。所以用白酒糟生产饲料，不仅节约了粮食，而且还有利于白酒工业、饲料工业、养殖业的产业一体化。白酒糟制饲料，主要可分为 3 大类：

①　制青贮饲料；

②　将鲜糟干燥制成粉状或粒状饲料；

③　对白酒糟进行深层处理生产菌体蛋白饲料。

（1）制青贮饲料

在白酒糟中加入辅料（秕谷或碾碎粗料）按 3∶1 的比例混合。让乳酸菌在厌氧条件下大量繁殖，使其中的淀粉和可溶性糖变为乳酸，当乳酸浓度增加到一定程度后，就会抑制霉菌和腐败菌的生长，这样含水量高的酒糟的营养成分就得以保存，并且使残留的乙醇挥发掉，从而使酒糟保存时间达 6～7 个月。

一般的贮存方法是，将白酒糟置于窖中 2～3d，待上面渗出液体时将清液除去，再加鲜酒糟。如此反复，最后一次留有一定量的清液，以隔绝空气，然后盖好板，并用塑料布封好，当饲喂前用石灰水中和酸即可。

（2）分离稻壳烘干制取饲料

前面已经提到了稻壳的存在对于白酒糟制饲料的影响，所以必须将稻壳与酒糟分离，常用的方法是直接烘干，再分离稻壳，然后粉碎制成饲料。

先干燥酒糟再加工制取饲料，主要生产的饲料有两类：一类是不分离稻壳的酒糟干粉，可用作牛用混合饲料；另一类是分离稻壳的酒糟蛋白粉，可用作猪用混合饲料。

（3）生产高蛋白多酶菌体饲料

利用白酒糟制取高蛋白多酶菌体饲料，用液态法的酒糟检测结果比用固态法的酒糟略好。结果显示，液态法的蛋白质比固态法提高了 3.61%，粗纤维降低了 1%，氨基酸总量均为 60% 以上。从各项氨基酸比较结果来看，各有高低。加之白酒糟含水率 60%，用固态法发酵一般不用再额外加水，因而综合分析固态法制取高蛋白多酶菌体饲料方法较简单，成本较低。其固态法的工艺流程见图 2-13-25。固态法与液态法的检测指标见表 2-13-32。

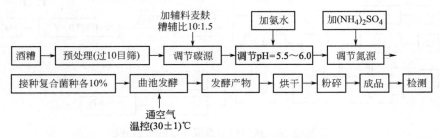

图 2-13-25　固态法制取高蛋白多酶菌体饲料主要流程

2. 利用酒糟生产化工产品

（1）提取复合氨基酸及微量元素

白酒糟中具有丰富的氨基酸和微量元素，把它们从酒糟中提取出来，是酒糟综合利用的一个途径，并可用其作为食品、药品、化妆品添加剂。此外，由于酒糟中谷氨酸含量较高，

表 2-13-32　固态和液态发酵酒糟制高蛋白多酶菌体饲料与原酒糟粉的主要成分指标比较

项　目	固态发酵酒糟				液态发酵酒糟		
	粗蛋白/%	粗纤维/%	粗脂肪/%	粗灰粉/%	pH 值	粗蛋白/%	粗纤维/%
原糟料(过 10 目筛)	22.4	17.6	10.26	9.85	3.5	23.75	15.21
酒糟多酶菌体蛋白饲料	34.01	13.69	5.37	10.03	6.7	41.20	10.90
增长值	11.6	−3.31	−4.89	0.18		17.45	−4.31

约占 1/4 左右，因此用其加工作食品添加剂可以增加食品味道的鲜美程度。并且，提取的复合氨基酸精品中，还含有大量的钙、锌、锰、铁、铜、镉和锡等微量元素，其中特别是钙、铁与氨基酸混合，利于人体肠道吸收。在医学上，利用酒糟制取的复合氨基酸中支链氨基酸与芳香族氨基酸的分子比值远远大于正常人的 2.6～3.5，因此，其更适合肝脏、肾脏疾病的治疗。利用酒糟提取复合氨基酸及微量元素的具体方法是，用工业 H_2SO_4 水解酒糟蛋白质，再用石灰乳中和除酸，提取复合氨基酸及微量元素。氨基酸的生成率为 18.00%～23.00%，精品氨基酸种类 17 种，其中包括 7 种人体必需氨基酸及多种微量元素。不过，其缺点是氨基酸提取后，剩余的残渣及废液仍将严重地污染环境。

（2）提取菲汀（植酸和植酸钙镁）

菲汀是肌醇六磷酸（即植酸）与金属钙、镁等离子形成的复盐，其广泛存在于植物的种子中，如麦麸、稻米糠、蔬菜等。菲汀的用途十分广泛，主要应用于食品、医药化工、日用化工以及其他行业。菲汀是一种紧缺的医药化工原料，可以促进人体的新陈代谢、恢复人体内磷的平衡、改进细胞的营养作用，是一种滋补强壮剂。菲汀在工业上主要用于生产肌醇，而肌醇需求量与日俱增，目前国际市场上每吨高达 3.5 万元，且呈上升趋势。近年来国内肌醇产量的 90% 用于出口，供不应求，这也带动了菲汀价格上涨。

菲汀又是一种抗营养物质，如果给畜类、禽类（反刍动物除外）喂的酒糟饲料中含有菲汀，就会降低钙、镁、锌等元素的生理效应并影响发育，因此提取了菲汀后的酒糟加工成的饲料具有更高营养价值。由此可见，从酒糟中提取菲汀后可获得更高的经济效益和更好的环境效益，这将为酒糟资源化开辟另一条有效的途径。

从酒糟中提取菲汀的工艺流程见图 2-13-26。

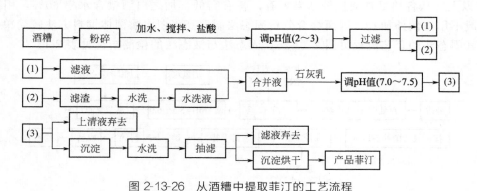

图 2-13-26　从酒糟中提取菲汀的工艺流程

（3）制取甘油

甘油是在白酒生产中，以淀粉为原料发酵酿酒的后期产物，但其含量很少，一般为每吨酒糟中含甘油 1.3kg 左右，直接提取如此少量的甘油是不经济的，但酒糟中含有 10% 左右在酿酒过程中没有完全利用的淀粉，可将其通过再发酵，制取甘油产品。

以酒糟为原料制取甘油，尚待深入的研究，可以继续培养优良菌种，改进工艺，一旦技术条件更加成熟，且市场需求量增大时，即可用于生产。

除了前面介绍的白酒糟综合利用途径外，其还可以用来生产农肥，很多实验表明酒糟在制造优质农肥的领域有着广阔的应用前景，并能带来较好的社会效益和环境效益；利用酒糟可栽培多种食用菌，例如平菇、金针菇、香菇、凤尾菇、黄背木耳、黑木耳、猴头菌等；一般白酒糟中含有一定量的粗淀粉、粗蛋白、糖和有机酸，因此，酒糟还可以酿醋。

五、工程实例

（一）实例一

某白酒厂采用 UASB-SBR-陶粒过滤组合工艺处理白酒废水。

1. 废水水质、水量

该酒厂以高粱为主要原料，地窖发酵生产白酒，产量为 24000m³/a。酿酒工艺过程中产生的高浓度有机污水分别为高粱浸泡水、甑脚水、窖底水、地面冲洗水，污水排放量为 1200m³/d。废水具体水质见表 2-13-33。排放标准执行《污水综合排放标准》（GB 8978—1996）二级标准。

表 2-13-33　污水水质及出水水质要求

项　目	COD/(mg/L)	BOD/(mg/L)	SS/(mg/L)	pH 值	色度(稀释倍数)	水温/℃
高粱浸泡水	10000	1482	534	5.48	200	20～35
甑脚水	42453	27673	8101	3.54	400	100
窖底水	172831	70074	19466	4.26	800	20
地面冲洗水	11132	1229	2243	5.67	180	20
设计水质	15000	9500	720	5	350	20～35
出水标准	≤150	≤30	≤150	6～9	≤80	≤40

2. 工艺选择

根据白酒废水浓度高、色度高的特点，该厂采用厌氧、好氧、脱色组合工艺来处理其白酒废水。厌氧阶段采用上流式厌氧污泥床 UASB；好氧阶段采用序批式活性污泥法 SBR；脱色采用陶粒过滤，陶粒滤料的优点是质轻、表面积大、有足够的机械强度、水头损失小、吸附力强、价格较活性炭便宜，适宜于脱色等处理。

车间高浓度废水由厂区污水管道收集后，经粗、细格栅去除污水中的漂浮物和大的悬浮物，通过调节池调节水量水质，然后进入水解酸化池进行预处理。为改善 UASB 的进水条件，水解酸化池出水进入平流式沉淀池进行沉淀，污水沉淀后进入 UASB，去除大部分有机物，出水至 SBR 反应池，在其中将有机物彻底降解，最后进入陶粒滤池，降低色度。污水处理工艺如图 2-13-27 所示。

3. 主要构筑物技术参数

（1）调节池

调节池内设穿孔曝气管，气水体积比为 4∶1，以防止污泥在池内沉淀。停留时间 HRT=8.1h，调节池总尺寸为 16m×10m×3m，有效水深为 2.5m。共分两格，采用钢筋混凝土结构。污水自流至水解酸化池。

（2）水解酸化池、沉淀池

水解酸化池起预处理的作用，可减轻后续 UASB 的负荷。在产酸菌的作用下，将难降

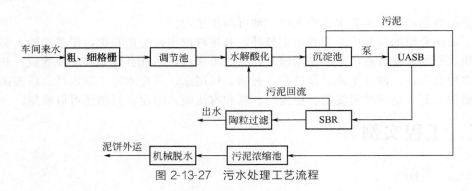

图 2-13-27 污水处理工艺流程

解的大分子有机物转化为易降解的小分子有机物。停留时间（HRT）为 4h，总尺寸为 16m×7m×2.5m，有效水深为 2m，共分两格，采用钢筋混凝土结构。为防止悬浮物沉淀，设 4 台水下搅拌机，型号为 SJ-50。

水解酸化池出水自流至平流式沉淀池，平流式沉淀池共分 2 格，每格尺寸为 8m×2m×2.8m，沉淀池出水由 2 台潜水泵 100QW65-15-5.5 提升至 UASB 反应池。

（3）UASB 反应池

UASB 反应池共分为 4 格，尺寸相同，并联运行，总尺寸为 15m×15m×6m，有效容积为 1282.5m³，COD 的容积负荷为 14kg/(m³·d)，UASB 反应池采用钢筋混凝土结构，内置生物填料 2m 高。进水采用均匀布水系统，出水设置钢结构三相分离器，三相分离器为设备厂家专利技术设备。

（4）SBR 反应池

SBR 反应池共分为两格，尺寸相同，并联运行，每格日运行 3 个周期，每格 SBR 有效容积为 540m³。SBR 反应池总尺寸为 15m×8m×4.5m。采用钢筋混凝土结构。BOD 污泥负荷为 0.30kg/(kg VSS·d)，SVI 值为 100mL/g 左右，沉降后污泥高度为 2.5m。SBR 反应池运行周期为 10h，其中进水 4h，曝气 4h，沉淀 0.5h，排水和闲置 1.5h，进水一半后开始曝气，进水结束、曝气开始及排水结束由池内水位控制，曝气结束、排水开始由时间控制。充氧采用穿孔管鼓风曝气，排水采用机械式滗水器，进水由两个电动蝶阀切换控制。

（5）陶粒过滤

滤池共设两格，交替使用。每格平面尺寸为 3.5m×2.5m，有效过滤面积为 7.5m²，滤速为 8m/h，过滤周期为 8h。滤料为陶粒，粒径为 4～8mm，滤层厚度 0.8m，承托层 0.45m，滤料层上水深为 1.75m，滤池总高为 3.3m。采用管式大阻力配水系统，反冲洗强度为 14L/(m²·s)，冲洗时间为 6min，选用两台反冲洗水泵，型号为 200QW400-10-22，交替使用。

4. 出水水质

该废水处理后的水质均达到排放标准，如表 2-13-34 所示。

表 2-13-34　出水水质

项　　　目	COD/(mg/L)	BOD/(mg/L)	SS/(mg/L)	pH 值	色度（稀释倍数）
调节池	14705	9264.5	308	6	350
UASB 出水	1347	823.6	287	5.85	301
SBR 出水	122	42.3	60	7.01	152
陶瓷滤池出水	109	24.8	50	7.01	71
总去除率/%	99.2	99.7	93.1		79.7
排放标准	≤150	≤30	≤150	6～9	≤80

（二）实例二

1. 工程概况

峨眉山某酒业有限公司主要生产窖藏系列浓香型白酒。在酿造生产过程中会排放高浓度有机污染废水，该类型废水具有有机污染物浓度高、悬浮物含量高和可生化性好等特点。酒厂以高粱为主要原料，在生产过程中不加入任何有毒有害难降解的物质，因此废水中主要是粮食作物酿酒后的残留物。按每生产 1t 白酒产生 $4\sim5m^3$ 废水计，高浓度锅底水、窖池黄水 COD 高达 6000mg/L 以上，泡粮水水质浓度较低，COD 浓度 $6000\sim8000mg/L$。

2. 设计目标

本工程设计处理水量为 $20m^3/d$。设计进水水质见表 2-13-35。

表 2-13-35　进、出水水质指标

项目	原水水质	排放标准
$COD_{Cr}/(mg/L)$	$12000\sim20000$	100
$BOD_5/(mg/L)$	$8000\sim12000$	30
$NH_4^+\text{-}N/(mg/L)$	$60\sim100$	10
$SS/(mg/L)$	$1500\sim2000$	50
pH 值	$4\sim6$	$6\sim9$

3. 工艺选择

采用"混凝沉淀＋ABR＋A/O＋MBR"工艺进行处理。具体工艺流程见图 2-13-28。

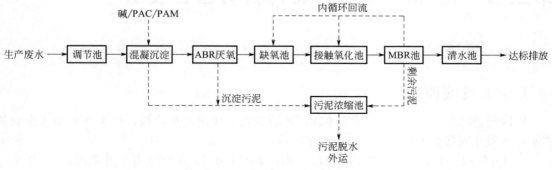

图 2-13-28　废水处理工艺流程

4. 工艺说明

白酒废水经过车间排水管道收集后汇入车间外初级沉淀池，经格栅和初级沉淀的作用去除酒糟和大颗粒悬浮物后自流至调节池，均衡水质和水量。调节池出水经提升泵提升至混凝沉淀一体化设备中，并向混凝区投加混凝剂（PAC、PAM）和 NaOH，利用混凝剂的吸附和凝聚作用去除废水中细微悬浮物和胶体微粒，同时去除废水中的总磷，并将废水 pH 值调至 $7.5\sim8.0$，以满足后续生化处理所需条件，尤其保证厌氧反应所需碱度。混凝沉淀池出水自流至 ABR 厌氧池，利用厌氧菌降解有机物以减轻系统后续工艺的处理负荷，同时利用厌氧发酵作用杀灭部分致病菌。ABR 厌氧池出水自流进入缺氧池处理，缺氧池中与内循环回流的泥水混合物混合反应，起到反硝化脱氮的作用。随后进入接触氧化池内，好氧微生物利用外界提供的氧气，将污水中的有机污染物进一步分解，一部分用于合成微生物自身结构形成污泥，另一部分则被好氧微生物分解为 CO_2 和 H_2O，释放到大气中，水中的有机污染物在好氧阶段被大量去除。在 MBR 池污水经泥水分离后进入清水池可达到外排标准。系统所产生的物化污泥和剩余污泥排入污泥浓缩池，定期经过厢式压滤机降低污泥含水率，污泥浓缩池上清液和厢式压滤机的滤液回流至调节池进行处理。泥饼外运进行卫生填埋处置。

5. 工艺评析

通过 3 个月的调试运行，整个系统运行效果稳定，各单元处理效果见表 2-13-36。该工艺处理效果好，抗冲击负荷能力强，最终出水 COD、BOD_5、NH_4^+-N、SS 浓度分别为 68.5mg/L、26.3mg/L、5.0mg/L、6.6mg/L，达到《发酵酒精和白酒工业水污染物排放标准》（GB 27631—2011）中新建企业水污染物直排限值。

表 2-13-36　各单元处理效果

指标单元	COD_Cr			BOD_5			SS			NH_4^+-N		
	进水/(mg/L)	出水/(mg/L)	去除率/%	进水/(mg/L)	出水/(mg/L)	去除率/%	进水/(mg/L)	出水/(mg/L)	去除率/%	进水/(mg/L)	出水/(mg/L)	去除率/%
综合调节池	13600	10880	20	6500	5200	20	1200	1080	10	74	66	10
混凝沉淀	10880	5440	50	5200	2600	50	1080	108	90	66	43	35
ABR 厌氧池	5440	1360	75	2600	520	80	108	108	0	43	30	30
A/O+MBR	1360	68.5	95	520	26.3	95	108	5.0	95	30	6.6	80
排放标准	100	30	50		10							

第三节　葡萄酒与其他果类酒制造业废水

一、概述

（一）发展概况

中国葡萄酒工业自 1980 年以后才真正开始步入了快速发展阶段，作为一个基本全新的产业，从萌芽到现在大体经历了以下几个阶段：

① 1980—1984 年的小规模增长阶段。葡萄酒产量在 10 万～20 万千升之间。

② 1985—1993 年的平稳发展阶段。1985 年达到 23.3 万千升，1988 年达到 30.85 万千升的最好记录。从 1988 年到 1993 年，我国葡萄酒年产量保持在 25 万千升左右的水平。

③ 1994—2000 年的转型波动阶段。葡萄酒产量在 20 万～30 万千升之间徘徊。1994—2000 年，含汁量 100% 的优质葡萄酒数量有较大增长，产量维持在 17 万～25 万千升的水平。

④ 2001—2012 年加速发展阶段。2001—2012 年我国葡萄酒产量逐年加速增长，从 2001 年的 25.05 万千升到 2012 年的 138.2 万千升，详见图 2-13-29。

⑤ 2013 年进入到产业调整期。从图 2-13-29 可知，2013 年起，我国葡萄酒产量有下降趋势，进入调整期。

根据中国产业信息网数据显示：2014 年我国葡萄酒产量为 116.1 万千升。2015 年 6 月中国葡萄酒产量为 9.65 万千升，同比下降 0.63%。2015 年 1—6 月中国葡萄酒累计产量 49.05 万千升，同比下降 8.53%。

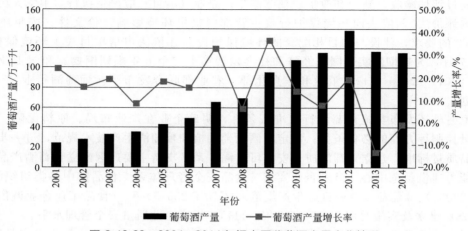

图 2-13-29 2001—2014 年间中国葡萄酒产量变化情况

果酒是指以新鲜水果或果汁为原料，经全部或部分发酵配制而成的、含有一定酒精度的发酵酒。果酒生产历史悠久，在中国已有 2000 多年的发展历史。新中国建立以后，我国果酒的生产得到了进一步发展，产量、质量稳步提升，酿造技术与设备也在从小作坊式的生产方式向工业化的方向过渡。据调研，2013 年中国果酒（含葡萄酒）产量为 131.21 万千升，占整个饮料酒产量的 1.83%。除葡萄酒以外的其他果类酒产量为 13.38 万千升，占整个果酒（含葡萄酒）产量的 10.2%。单从品种数量上来说，我国果酒品种比较多，包括苹果酒、荔枝酒、山楂酒、枸杞酒、杨梅酒、柑橘酒、椰子酒等。但是因为生产原料的多样性，专门从事果酒生产的厂家规模较小。

（二）产业政策

按生产工序划分，我国葡萄酒生产企业可分为 3 类：

① 原酒-加工灌装企业，指从原料到成品酒灌装全过程的生产企业；

② 原酒企业，指只进行原酒生产的企业；

③ 加工灌装企业，指只进行加工灌装的企业。

一批严格按国际标准专业生产干型葡萄酒的中小企业也得到了国内外消费者的认可。苹果酸-乳酸发酵、气囊式压榨机和滚动式发酵罐等先进技术和设备的应用，进一步缩短了我国葡萄酒工业与国际水平的差距，为我国葡萄酒工业的腾飞奠定了坚实的基础。

根据中国产业信息网数据显示：2014 年我国葡萄酒产量为 116.1 万千升。2015 年 6 月中国葡萄酒产量为 9.65 万千升，同比下降 0.63%。2015 年 1—6 月中国葡萄酒累计产量 49.05 万千升，同比下降 8.53%。

国家发改委和工信部于 2011 年 12 月发布《食品工业"十二五"发展规划》，针对葡萄酒行业提出注重葡萄酒原料基地建设，逐步实现产品品种多样化，促进高档、中档葡萄酒和佐餐酒同步发展。

2012 年 5 月，工信部发布《葡萄酒行业准入条件》（以下简称《准入条件》），规定新建的葡萄酒项目或企业必须在符合现有国家法律标准的前提下，达到一定产能规模、对原料有一定保障能力才能进入该行业。《准入条件》还对节能降耗与环境保护提出了具体要求，如企业（项目）应遵守《中华人民共和国节约能源法》《中华人民共和国清洁生产促进法》，积极开展节能减排和清洁生产工作，对生产全过程实施有效控制，按要求实施清洁生产审核，并通过评估验收。新建和改扩建葡萄酒生产企业（项目）应严格执行《中华人民共和国环境影响评价法》，依法向环境保护行政主管部门报批环境影响评价文件。按照环境保护"三同时"的要求，建设与项目相配套的环境保护设施并依法申请项目竣工环境保护验收。2012年7月，为贯彻落实《国民经济和社会发展第十二个五年规划纲要》和《工业转型升级规划（2011—2015年）》，工业和信息化部、农业部联合发布了《葡萄酒行业"十二五"发展规划》。

国家另外还发布实施葡萄酒行业准入条件，明确企业在产业布局、原料保障、生产规范、质量控制等方面的必备条件；制定酿酒葡萄种植和葡萄酒生产技术规范，进一步完善葡萄酒产品质量标准；建立葡萄酒质量安全可追溯体系，支持主要产区建立葡萄酒产品质量安全检测能力建设示范中心；鼓励企业实施《食品安全管理体系　食品链中各类组织的要求》（GB/T 22000）、《葡萄酒企业良好生产规范》（GB/T 23543）和《食品工业企业诚信管理体系（CMS）建立及实施通用要求》（QB/T 4111），提高企业质量安全管理水平。

为了支持西部地区建设具有自身特色及优势的酿酒葡萄种植基地，提高自主品牌比例，国家有关部门发布了一系列政策鼓励葡萄酒产业在西部地区的发展。如国家发改委在2014年8月20日发布的《西部地区鼓励类产业目录》（2014年第15号令）中，"优质酿酒葡萄种植与酿造"被列为甘肃、宁夏、新疆三个省区的"新增鼓励产业"。这份经国务院批准后发布的文件已于2014年10月1日起施行，反映了葡萄酒产业在这三个省份及自治区的发展潜力。

（三）污染控制政策、标准

大多数国家没有针对葡萄酒工业制订专门的污染物排放标准，但对整个酿酒废水的排放制定了控制标准，如英国的《酿造废水许可操作标准》，印度的《造酒工厂废水排放容许极限》，丹麦、波兰、泰国、阿根廷等国家及世界银行也有酿酒废水排放标准，见表2-13-37。

表 2-13-37　国外酿酒工业水污染物排放标准汇总

国家或地区	BOD$_5$/(mg/L)	COD/(mg/L)	SS/(mg/L)	TN/(mg/L)	TP/(mg/L)	pH 值	温度/℃
欧盟	25	125	35	10	1		
丹麦[②]	15		20	8	1.5	地方限定	<35
德国[①]	25	110		25	2		
奥地利[①]	20	75		5(NH_4^+-N)	2	6.5～8.5	30
比利时[①]	15	120	60	60(NH_4^+-N)	10	6.5～9.0	
芬兰[②]	6～50(BOD$_7$)				0.4～1.5		
法国[①]	30	125	35	30	10(磷)	5.5～8.5	30
希腊[③]	40	150	40	15(NH_4^+-N)	10(磷)	6.0～9.0	35
意大利[①]	40	160	0.5	15(NH_4^+-N)	10	5.5～9.5	30
荷兰[②]	10	300		15	3	6.5～8.5	30
葡萄牙	40	150	60	15	10	6～9	温升≤3
西班牙	40	160	30	15(NH_4^+-N)	10	5.5～9.5	温升≤3
波兰	30	150	50			6.5～9.0	<35
马拉维	20		30			6.5～8.0	
印度	30		100			5.5～9.0	
泰国	20	120	30			5.5～9.0	<40
阿根廷	50					5.5～10.0	
世界银行	50	250	50	10(NH_4^+-N)	5	6.0～9.0	温升≤3

① 指部门标准。② 指地区标准。③ 指部分企业标准。

2008 年，国家为了促进国内葡萄酒行业走清洁生产的道路，为企业开展清洁生产提供技术导向，环境保护部发布了《清洁生产标准　葡萄酒制造业》（HJ 452—2008），并于 2009 年 3 月 1 日起实施。

2010 年，为控制酿造工业废水污染，规范酿造工业废水治理工程设施建设和运行管理，防止环境污染，保护环境和人体健康，环境保护部出台了《酿造工业废水治理工程技术规范》（HJ 575—2010），于 2011 年 1 月 1 日实施。同时，在 2010 年公布了《清洁生产审核指南　葡萄酒制造业（征求意见稿）》，同年 12 月发布了《葡萄酒、黄酒工业水污染物排放标准》（完成送审稿）。

葡萄酒行业水污染物的排放标准目前仍执行《污水综合排放标准》（GB 8978—1996）。由于技术的进步和社会经济发展，国家对葡萄酒与其他果类酒制造业的污染物排放有了更高的要求。

2019 年 8 月 26 日生态环境部发布了《酒类制造业水污染物排放标准（征求意见稿）》，其中对葡萄酒、黄酒工业的 COD_{Cr} 排放限值设定为 80mg/L，严于《污水综合排放标准》（GB 8978—1996）。江苏省在 2022 年发布了《酿造工业水污染物排放标准》（DB 32　4384—2022），并于同年 12 月 26 日起实施。

目前，尚无可用于指导企业合理选择污染防治技术路线，引领污染防治技术发展的技术政策。故需要制订《葡萄酒与其他果类酒制造业污染防治技术政策》来促进产业结构调整，指导行业准入，推动污染防治新技术的发展。

二、生产工艺和废水来源

（一）废水来源及特性

葡萄酒加工过程中产生的污染物相对较少，主要为葡萄渣、葡萄酒糟、废水以及废气等。

葡萄渣为原料葡萄经过压榨，提取葡萄汁后剩下的葡萄皮、肉、籽、果柄等新鲜的植物体。葡萄渣产生量与葡萄品种有关，根据经验，一般每 100kg 葡萄原料生产葡萄汁，能够产生 15kg 葡萄渣。在生产过程中，每加工一单位的酿酒葡萄，能够产生 80％的葡萄汁和 20％的葡萄渣。从葡萄渣的组成来看，其中含有皮、梗、柄 75％～80％，葡萄籽 20％～25％。

葡萄酒糟是葡萄原料经发酵后，提取葡萄酒汁后的剩余物，与葡萄皮渣产生量相比较，葡萄酒糟产生量相对来讲是比较少的。

废水是葡萄酒企业面临的主要问题，葡萄酒酿造中需要消耗大量的水，主要用于发酵罐、橡木桶、输送管道、发酵车间地面的清洗和过滤、离子交换、冷却塔等工艺过程，产生的废水中污染物浓度一般比较高，然而，目前我国仍有少数企业对生产中废水产生量还不了解，虽然现有的《污水综合排放标准》可控制大型葡萄酒企业的污水产生量，但对废水的产生形式仍是知之甚少。葡萄酒厂的耗水量主要取决于酿造设备的先进性和操作的科学性，其次才是产品加工量，与传统工艺（0.5L 水/L 葡萄酒）相比，现代葡萄酒生产耗水量更大（2～5L/L 葡萄酒）。国内外在葡萄酒企业废水处理方面的研究报道很多，如污水再利用技术、协同清洁生产技术等。清洗技术、再循环、更替过滤技术、不同排放和清洗方法的评价以及更替罐清洗技术等对葡萄酒企业耗水量的控制非常有效。废水中不仅含有来自罐底的沉淀物和过滤介质等固体物质，还有一些废葡萄汁和葡萄酒，这些内含物在污水处理过程中会堵塞泵送系统，甚至由于厌氧降解产生恶臭，而且葡萄酒酿造产生的废水中还含有一些化学物质，从而进一步增加污水处理的难度。目前我国中小型葡萄酒企业配备污水处理设备的很少，大多数企业的污水由市政统一处理。

葡萄酒生产过程中产生的废气主要有发酵过程中产生的 CO_2 和锅炉废气等。

1. 废水的特点

① 原酒生产废水为季节性排放，浓度较高，水量变化大。在前处理阶段，废水中的有机成分主要与葡萄果实的汁液成分相近，会含有大量的糖和有机酸，COD 可达 4000～5000mg/L；而在加工阶段，发酵罐残液的排出会增加废水中的乙醇和乙酸含量，COD 可达 2000～3000mg/L。

② 废水可生化性较好，BOD_5/COD 值接近 0.5。

③ 车间地面冲洗水，SS 含量高。

葡萄酒厂废水一般水质特性如表 2-13-38 所列。

表 2-13-38 葡萄酒厂各工序废水水质特性

工序	pH 值	SS/(mg/L)	BOD_5/(mg/L)	水量比例/%
破碎机洗涤	3.85	3200	27300	2.5
输送设备洗涤	4.20	3050	4650	5
发酵罐洗涤	4.08	2440	8300	10
压榨设备和场地冲洗	3.80	1046	1540	7.5
贮存罐洗涤和洗瓶	6.60	290	1130	50
贮存车间地板洗涤	7.13	108	2800	10

2. 废水中的污染物

葡萄酒生产过程通常会产生大量的废水，一般压榨 1kL 葡萄会产生 3～5t 废水。葡萄酒与其他果类酒生产企业废水主要来自破碎、压榨、发酵和过滤各工序的排水，以及车间冲洗水、发酵罐冷却水和生活污水等。其含有的溶解性有机物依加工进程的不同而有很大变化，特征污染物为 BOD_5、COD、SS 和 pH 值。

葡萄酒废水中含有大量易降解的有机成分，通常采用生化法进行处理。葡萄酒企业大多位于城市郊区及偏远葡萄园中，远离城市排水系统，处理后的废水通常排入水体或灌溉葡萄园，大部分执行 GB 8978—1996 一级、二级标准限值（直接排放）或农灌标准。一些城市随着企业布局的优化和调整，部分企业废水排入城镇污水处理厂或工业园区集中污水处理厂集中处理，执行 GB 8978—1996 三级标准限值（间接排放）或所在地的地方标准。一般企业经厂内处理均能达到现行标准要求。部分企业排污现况分析统计结果见表 2-13-39。

表 2-13-39 部分葡萄酒企业排污现况

序号	污染物	排放浓度范围/(mg/L,pH 值除外)	所占比例/%
1	pH	6～9	100
2	COD	<50	33.4
		50～100	33.3
		100～150	33.3
3	BOD_5	<20	16.7
		20～50	50.0
		50～100	16.7
		>100	16.6

续表

序号	污染物	排放浓度范围/(mg/L,pH 值除外)	所占比例/%
4	SS	<50	50
		50~100	30
		100~150	20
5	NH_4^+-N	<5	78
		5~15	11
		15~25	11

（二）主要生产工艺

1. 葡萄酒的主要生产工艺

葡萄酒制造业主要产品是红葡萄酒、白葡萄酒，部分葡萄酒厂还生产白兰地、果酒。白葡萄酒生产工艺是将葡萄进行分选、压榨去皮渣取葡萄汁进行发酵，生产出呈淡黄色或金黄色的葡萄酒，其生产工艺流程如图 2-13-30 所示。红葡萄酒的生产工艺是以红葡萄为原料进行机械处理（破碎和除梗）后，按照发酵工艺生产的葡萄酒，其红色来源于葡萄皮上的花色素，工艺流程如图 2-13-31 所示。白兰地的生产工艺流程如图 2-13-32 所示。

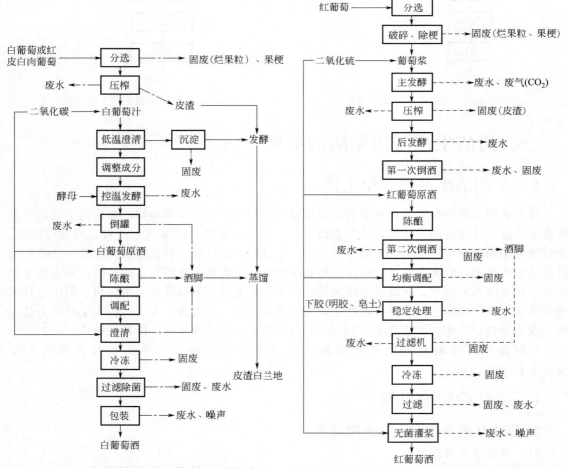

图 2-13-30 白葡萄酒生产工艺流程及产污分析　　图 2-13-31 红葡萄酒生产工艺流程及产污分析

2. 其他果类酒的生产工艺

每一种果酒的酿造过程都有自己的特点，但许多工艺流程都是相通的，果酒生产工艺流程见图 2-13-33。

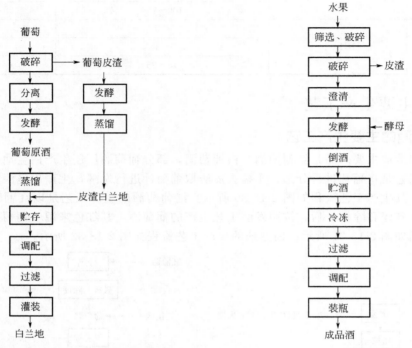

图 2-13-32　白兰地生产工艺流程　　　　　图 2-13-33　果酒生产工艺流程

三、清洁生产与污染防治措施

（一）清洁生产技术和工艺

目前我国葡萄酒生产工艺和葡萄酒新世界国家的生产工艺基本相同，葡萄酒工业的技术装备水平已经逐步与国际接轨，如葡萄破碎机、气囊压榨机、硅藻土过滤机、板框过滤机、全自动葡萄酒灌装生产线等，大部分都从国外引进，有的已经达到世界顶尖水平。一些先进的清洁生产技术在我国也在推广应用，如滴灌技术、小管出流灌溉技术的应用；氨直接冷却技术、快速除酒石技术、错流过滤技术等已在大型企业及部分新建企业中应用。但由于我国葡萄酒企业中、小型企业偏多，这些企业大多数仍使用国产设备，不少厂扩大生产能力是靠增加设备套数，并非扩大单套生产能力，造成了该行业生产效率低，能耗指标高。

目前我国葡萄酒及其他果类酒制造业源头及生产过程污染防治技术现状汇总见表 2-13-40。

（二）污染防治措施

1. 源头及生产过程污染防控技术

（1）滴灌节水灌溉技术

滴灌不破坏土壤结构，土壤内部水、肥、气、热经常保持适宜于作物生长的良好状况，蒸发损失小，不产生地面径流，几乎没有深层渗漏，是一种先进的灌水方式，比传统的灌溉节省用水 70％。滴灌系统既通过阀门人工或自动控制，又结合了施肥，故可明显节省劳力投入，降低了生产成本。

表 2-13-40　源头及生产过程污染防治技术现状

过程	工艺名称	现有生产技术及设备	应用情况
葡萄种植、采收	葡萄园建设	漫灌、滴灌种植、小管出流、水肥一体化	大规模种植园采用滴灌，水肥一体化（如银川）；小管出流技术（如昌黎）
	葡萄采收	人工采收、机械采收	目前多为人工采收
	葡萄验收	加强检验，控制收购质量，对采购入厂的葡萄等原辅材料严格检验	大中型酒厂以及酒庄控制较严
生产过程	破碎、压榨工艺	板框压榨机、气囊压榨机	干白采用气囊压榨机，干红采用板框压榨机
	发酵工艺	清汁发酵、带皮发酵、微机控温发酵、人工控温发酵	大多数企业人工控温发酵微机控温发酵在个别大厂采用，如西夏王
	降温	喷淋降温、冷媒降温	多数企业采用冷媒降温
	冷冻	快速除酒石设备、冷冻罐	大多数使用冷冻罐
	澄清过滤	硅藻土过滤技术、板框过滤、离心技术、膜过滤技术、错流过滤技术	粗滤多采用硅藻土过滤技术；精滤多采用膜过滤技术，大型及部分新建企业采用错流过滤技术
	清洗设备系统	CIP 在线清洗系统、高压喷嘴水管清洗设备、臭氧循环洗瓶机	CIP 在线清洗系统在大型企业采用，多数企业采用高压喷嘴水管清洗设备，臭氧循环洗瓶机只在个别企业采用
	装瓶包装线	打塞—验酒—缩帽—贴标：四联一体机	大多数企业已采用

（2）酿酒原料的酶处理技术

酿酒原料的酶处理技术是在果汁破碎或压榨后添加一定量的果胶酶，实现提高果汁出汁率的目的。该技术不仅可减少固体废弃物的排放量，而且最重要的是可以降低废水中 COD、BOD_5 的排放量。

（3）生产过程的自动化控制技术

生产过程的自动化控制技术是指利用电脑控制酿酒的发酵过程，通过监控温度，实现准确控制制冷机运行的目的。该技术可显著降低制冷过程的能耗。

（4）离心回收残酒技术

酒泥和酒脚都含有残酒，通过离心处理可将其中的固体物质与残酒分离开，不仅可提高葡萄酒和其他果类酒的出酒率，而且可降低废水中的 COD 和 BOD_5 浓度。该技术不仅可提高葡萄酒和其他果类酒的质量，而且可提高原料的利用率。

（5）错流膜过滤技术

错流过滤是动态的，滤液以切线方向流经滤膜，未滤液和已滤液的流向是垂直的。由于未滤液高流速形成湍流的摩擦力，可以将附在滤膜上的少量沉积物带走，不致堵塞滤孔。此未滤液经过不断回流，固形物浓度不断增长，最后达到固、液分离。该技术与传统的过滤技术硅藻土过滤相比，每千升酒耗水量可减少 25％，耗电减少 35％左右，降低酒损 0.012kL，没有硅藻土废弃物产生，减少污水处理（排放）量 0.03m^3。

（6）CIP 在线清洗技术

保持所有生产设备和管线的清洁对于葡萄酒生产至关重要。CIP 在线清洗是指在被清洗设备、容器及管路不动的情况下，通过机械力让洗涤液循环，进行彻底地清洗。苛性钠或酸是常用的清洗剂，酿造设备的清洗和消毒会消耗大量的能量、水和清洗剂。葡萄酒企业应优化在线清洗设备和工艺，以避免对水资源和清洗剂的不必要浪费。该技术操作方便、自动化程度高，可显著减少清洗用水量，降低能耗和化学清洗剂使用量，但成本较高。

（7）灌装线臭氧杀菌技术

企业灌装线杀菌方式有蒸汽杀菌、热水循环杀菌和化学杀菌剂杀菌，水耗能耗较大。目前臭氧杀菌技术已在国内部分葡萄酒企业进行应用，臭氧作为一种高效杀菌剂，可显著降低能耗和水耗。

2. 末端污染治理技术

原酒酿造期间，废水浓度较高，COD 达 4000～5000mg/L，在非原酒酿造期，废水 COD 浓度 2000mg/L 左右，根据葡萄酒生产废水有机物浓度较高，可生化性较好，水质水量变化大的特点和调研结果，对含原酒酿造的企业废水处理推荐采用厌氧＋好氧处理组合工艺达标排放。只进行加工灌装的企业，废水浓度较低时，可采用好氧处理工艺达标排放；废水浓度较高时，采用厌氧＋好氧处理组合工艺达标排放。

排放标准要求高的地区或有废水回用要求的企业，推荐采用生物处理与混凝沉淀、过滤技术、膜分离技术等相结合的处理技术。

3. 二次污染防治技术

① 对污水站产生的恶臭气体进行控制　目前有效的方法是：及时清运污泥、栅下物，对集水池、沉淀池等进行加盖封闭，对废气进行收集和处理。

② 对厌氧废水产生的沼气回收利用　废水厌氧生化处理过程中会产生沼气，沼气产生量较低时宜进行回收利用，否则会增加大气的温室效应。沼气的回收既可减少温室气体的排放，又可提高资源的利用率。

四、处理技术及利用

葡萄酒与其他果类酒制造业废水常用的处理技术包括高浓度工业废水的预处理、综合废水的集中处理以及废水的回用处理。具体包括：基于资源回收与循环利用的工业废水回收处理技术；基于污染负荷削减的工业废水预处理技术；基于达标排放的综合废水集中处理技术；基于回用的综合废水深度处理技术。

原酒酿造废水为高浓度易降解有机废水，一般采用厌氧处理，其中 UASB 的投资费用较低，处理效果较好，运行稳定，在酿造工业废水处理工程中应用效果明显。

综合废水为中低浓度有机废水，集中处理的基本技术是厌氧＋好氧处理系统或好氧生物处理技术，集中处理后达标排放。

废水回用时需在生物处理的基础上进行深度处理，常用的方法有：混凝沉淀、过滤技术、膜分离技术等。

1. 厌氧处理技术

厌氧处理适用于高、中、低浓度有机废水。

高浓度废水厌氧处理一般采用厌氧发酵反应器（如 CSTR），废水中 COD 的去除率可以达到 80%；采用先进厌氧发酵反应器（如 EGSB），废水中 COD 的去除率可以达到 90%；进水的 COD 浓度≤30000mg/L，出水的 COD 浓度为 3000～6000mg/L。

中负荷厌氧处理工艺一般采用厌氧发酵反应器 UASB、AF 等。COD 的去除率可以达到 70%～90%，进水的 COD 浓度≤10000mg/L，出水的 COD 浓度为 1000～3000mg/L。

低负荷厌氧处理工艺可采用 UASB 或水解酸化厌氧反应器。采用 UASB 废水中 COD 的去除率可以达到 80%，进水的 COD 浓度≤3000mg/L，出水的 COD 浓度为 600mg/L；采用水解酸化厌氧反应器，进水的 COD 浓度≤1000mg/L，出水的 COD 浓度为 700mg/L。

2. 好氧处理工艺

采用活性污泥法（如 SBR）或生物膜法（如接触氧化反应器），废水中 COD 的去除率可以达到 80%～90%，出水的 COD 浓度可达到 50mg/L（符合现行城镇污水处理厂一级 A 标准）；废水可生化性稍差时，出水的 COD 浓度可达到 100mg/L。

3. 混凝/气浮（沉淀）工艺

采用混凝/气浮（沉淀）工艺，废水中 COD 的去除率可以达到 20%～50%，同时用于化学除磷。

4. 深度处理

在部分地区排放标准要求高时，需进行深度处理。深度处理技术有微絮凝-过滤工艺、BAF＋过滤和膜处理工艺等，多用于脱氮除磷和污水回用处理。

五、工程实例

1. 工程概况

山东某葡萄酒生产企业主要生产各种档次的红葡萄酒和白葡萄酒，废水来自加工过程中的压榨、发酵、倒罐、过滤及冲洗罐装等工序，主要含有压榨后的葡萄汁、葡萄皮籽的发酵渣、废硅藻土和酒石沉淀等，水质一般呈酸性，具有很高的 COD_{Cr}、SS 和色度。另外葡萄酒生产具有明显的季节性，每年的 9—11 月为集中加工期，废水量约为 200m³/d，平时水量则只有加工季节的 1/2 左右，水质也相对较好。表 2-13-41 是加工季节和平常时水量和水质的典型数据。

表 2-13-41 不同季节典型原水水质水量

项目	水量/(m³/d)	pH 值	COD_{Cr}/(mg/L)	SS/(mg/L)	色度/倍
加工季节	200	4.2	2700～6500	1200～2000	≥3000
非加工季节	120	6～9	280～1200	160～1000	80

2. 设计目标

由于企业位于郊区葡萄园中，产生的生产废水无法排入市政管道，因此需达到《污水综合排放标准》（GB 8978—1996）一级标准，即 COD_{Cr}≤100mg/L，SS≤70mg/L，pH=6～9，色度≤50 倍。

3. 工艺选择

在选择时工艺流程主要考虑了两方面的要求：a. 要适应葡萄加工季节水量、水质的显著变化；b. 要满足平常季节的稳定运行及不规律的水质波动。经综合比较，选择以兼氧-接触氧化-砂滤工艺为主的处理流程，如图 2-13-34 所示。

4. 工艺说明

工程于 2008 年 12 月竣工，2009 年 3 月开始进水调试，污泥取自污水处理厂浓缩池污泥。调试期间生产废水主要是生产车间倒罐、洗罐及装瓶冲洗等过程产生的废水，废水水质水量波动大，COD_{Cr} 最高时达到 1435.61mg/L，最低时为 286.12mg/L。经过 30d 运行调试，出水达到设计要求。

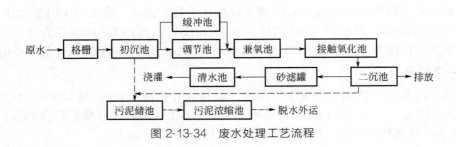
图 2-13-34 废水处理工艺流程

5. 工艺评析

本工程针对废水水质季节性变化大的特点设计了处理工艺，运行效果良好。一个葡萄加工季的连续运行结果表明，出水水质能够达到《污水综合排放标准》（GB 8978—1996）一级标准。将处理出水经过滤处理后，可回用于葡萄园的浇灌及河道的景观补水。

参 考 文 献

[1] 《啤酒制造业污染防治技术政策（征求意见稿）》编制说明.
[2] 啤酒制造业污染防治技术政策（征求意见稿）.
[3] 清洁生产审核指南 啤酒制造业（征求意见稿）.
[4] 《清洁生产审核指南 啤酒制造业（征求意见稿）》编制说明.
[5] HJ/T 183—2006. 清洁生产标准 啤酒制造业.
[6] 饮料酒制造业污染防治技术政策.
[7] 张越锋，谢鑫，吕玲玲. 厌氧-好氧工艺处理啤酒废水的工艺研究 [J]. 广东化工，2019，46（20）：75-77.
[8] 陈恺立，王仲旭，郑艳芬. 啤酒废水治理工程改造 [J]. 水处理技术，2015，41（03）：128-130，134.
[9] 白酒制造业污染防治技术政策（征求意见稿）.
[10] 《白酒制造业污染防治技术政策（征求意见稿）》编制说明.
[11] HJ/T 402—2007. 清洁生产标准 白酒制造业.
[12] 产业结构调整指导目录（2024 年本）.
[13] GB 27631—2011. 发酵酒精和白酒工业水污染物排放标准.
[14] 清洁生产审核指南 白酒制造业（征求意见稿）.
[15] 《清洁生产审核指南 白酒制造业（征求意见稿）》编制说明.
[16] 蒋克彬，蒋畅. 不同排放标准要求的白酒酿造废水处理措施 [J]. 节能与环保，2020（07）：51-53.
[17] 周玉娇. 白酒酿造企业低浓度废水回用技术路线探索 [J]. 四川化工，2020，23（01）：48-49，58.
[18] 张光利，戴年武. 白酒废水污泥特征及资源化利用思考 [J]. 区域治理，2020（03）：173-175.
[19] 蒋学剑，王志强，张加林，等. 废水回用对白酒酿造的影响 [J]. 现代食品，2019（21）：117-121.
[20] 李晓婷. UASB+CASS 组合工艺处理啤酒废水工程实例 [J]. 工业水处理，2016，36（03）：93-96.
[21] HJ 452—2008. 清洁生产标准 葡萄酒制造业.
[22] HJ 575—2010. 酿造工业废水治理工程技术规范.
[23] 王冬梅，郭书贤，梁跃辉，等. 酵母菌发酵啤酒生产废水产微生物油脂和菌体蛋白的研究 [J]. 中国油脂，2017，42（04）：108-112，117.
[24] 李金成，刘立志，郭海丽，等. 葡萄酒废水的成分组成及其处理技术综述 [J]. 环境工程，2016，34（03）：27-31.
[25] 唐国冬，王雪真，廖欣怡，等. Fe/C 微电解-Fenton 氧化-接触氧化处理葡萄酒废水 [J]. 水处理技术，2017，43（12）：95-98，104.
[26] 陈恺立，王仲旭，郑艳芬. 啤酒废水治理工程改造 [J]. 水处理技术，2015，41（03）：128-130+134.
[27] 张薇薇. UASB+A/O 工艺在啤酒废水处理中的工程应用 [J]. 环境与发展，2019，31（06）：35-36.
[28] 雷燹，陈方方. 混凝＋ABR＋A/O＋MBR 工艺处理白酒生产废水工程实例 [J]. 四川化工，2019，22（04）：52-55.
[29] 李金成，李伟，李杰，等. 兼氧-接触氧化-砂滤工艺处理葡萄酒生产废水 [J]. 给水排水，2011，47（02）：65-67.

第十四章
制革工业废水

　　制革是把从猪、牛、羊等动物体上剥下来的皮（即生皮），进行系统的化学和物理处理，制作成适合各种用途的半成品革或成品革的过程，从半成品革经过整饰加工成成品革也属于制革的范畴。皮革是指原有结构大致完整的生皮，经脱毛或鞣制加工所得到的已经变性不易腐烂的材料。

　　制革工业是众多轻工行业中仅次于造纸业的重污染行业。改革开放以来，我国制革工业快速发展，1978年皮革年产量为2659万标张牛皮，1988年产量达5203万标张牛皮，1998年达到1.13亿标张牛皮，进入2000年以后仍然维持逐年递增，到2010年达到最高7.5亿平方米，2013年以后受国际大环境影响，产量有所下滑，皮革产量维持在6亿平方米左右。我国制革产量变化情况如图2-14-1所示。

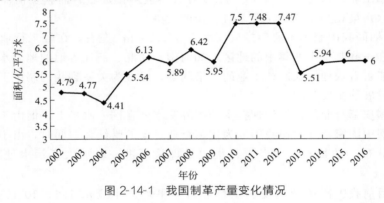

图 2-14-1　我国制革产量变化情况

　　作为轻工行业的支柱产业，制革业在我国高速发展。改革开放后随着人民生活水平不断提高，皮革需求量不断增加，我国也逐渐成为全球皮革生产大国，更成为皮革贸易最活跃和最具有发展潜力的市场之一。国家统计局数据显示，我国制革行业规模仍在不断扩大，皮革、毛皮、羽毛及其制品和制鞋业规模以上工业企业单位个数2012年为7806家，2013年为8467家，2014年为8719家。而随着制革生产规模的扩大，制革行业排放的污染量也在持续增加，带来的环境污染问题日趋严重。

第一节　制革及毛皮加工工业

一、概述

（一）废水污染现状

　　在制革生产过程中，只有20％的原料皮转化为成革，其余80％转变为废物或副产品，如图 2-14-2 所示。如果衬里革不算副产品，则原料皮的 31.5% 转变成革。

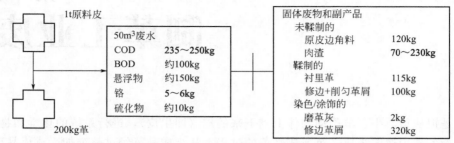

图 2-14-2 1t 原料皮在制革过程中产生的废水和固体废物及副产品

在制革过程中使用了大量的化工材料，如酸、碱、盐、硫化钠、石灰、表面活性剂、铬鞣剂、加脂剂、染料及一些有机助剂等，这些化工原料一部分被吸收利用，另一部分则进入废水中造成污染。

到 20 世纪末，我国制革行业每年排放废水 7000 多万立方米，其中含 COD $15×10^4$ t；BOD $8×10^4$ t，SS $12×10^4$ t，铬 3500t，硫 5000t。如果以每人每天生活废水排放量 210L 计，则我国制革工业废水排放量相当于 91.3 万人口废水排放量；而就负荷而言，我国制革行业引起的废水污染相当于 994.4 万人口总量的污染。

"十一五"期间我国制革工业年排放废水 $1.65×10^9$ m^3 左右，在轻工行业仅次于造纸和食品酿造业。在一些制革企业集中的地区，如河南、河北、浙江等地的地表水和地下水已遭受严重污染，能否有效地解决制革工业的污染问题，已成为关系到我国制革工业能否继续生存、健康稳定发展的主要问题。

目前，我国皮革行业的污染治理技术和国外基本处在同一水平上，但由于很多发达国家将制革业向发展中国家转移，使我国成为皮革行业污染的受纳者。同时，由于我国制革企业存在规模小、分布广的特点，难以进行集中处理从而进一步加大了污水处理达标排放的难度。

据了解，目前我国制革及毛皮加工行业每年平均产生废水 $1.6×10^8$ t、COD_{Cr} $4.04×10^5$ t、氨氮 $1.6×10^4$ t、总铬（三价铬）1280t；经过治理后，排放废水 $1.38×10^8$ t、COD_{Cr} $3×10^4$ t、氨氮 7300t、总铬（三价铬）6.72t。2010 年由环境保护部、国家统计局和农业部联合发布的《第一次全国污染源普查公报》显示，2007 年对我国 1575504 家工业企业进行普查，其中氨氮排放量居前列的行业中，皮革毛皮及其制品行业以 $1.49×10^4$ t/a 位列第 6 位。据统计，2016 年全国规模以上制革企业轻革产量为 $6×10^8$ m^2，占世界皮革总产量 25% 左右。从原料皮种类看，牛皮约占 74%，羊皮约占 18%，猪皮约占 8%。

从调研情况看，污水治理最好的地区是欧洲和美国，其次是巴西、中国以及东南亚国家，印度虽然集中治理但处理效果并不好，非洲国家由于经济欠发达，对污染治理的要求不高，很多制革企业对污水进行简单的处理后就直接排放。

对于污水治理排放要求，国外一般有间接排放（进入管网）要求和直接排放到自然水体的排放要求。大多数国家对 pH、硫化物、COD_{Cr}、BOD、总铬、油脂等指标有要求，部分国家对氨氮有要求。各国要求指标也不尽相同，比如间接排放标准中，各国对 COD 要求大都在 500～1000mg/L，其中意大利、印度为 500mg/L，阿根廷为 700mg/L，土耳其为 800mg/L，西班牙为 1500～2500mg/L；直接排放标准中对 COD 的要求一般在 160～250mg/L，如意大利为 160mg/L，印度、德国、土耳其为 250mg/L。

（二）产业政策

针对制革废水水量大、处理难度大、对环境危害大等特点，自 2011 年 3 月 1 日实施的《制革及毛皮加工废水治理工程技术规范》（HJ 2003—2010）对制革废水治理工程的工艺设计、监测控制、施工验收和运行维护等技术要求作出明确规定，用以规范制革行业废水治理工程的建设和管理。同时，2014 年 3 月 1 日实施的《制革及毛皮加工工业水污染物排放标准》（GB 30486—2013）针对制革行业水污染物排放限制以及监测和监控要求也作出明确规定。国家一系列法律法规的出台对规范制革行业污染物治理有积极推动作用。

2014 年 5 月，工业和信息化部发布《制革行业规范条件》。在企业规模方面，要求新建（改扩建）制革企业生产成品皮革的，年加工能力不低于 30 万标准张牛皮。在工艺技术与装备方面，要求企业使用固体盐对原料皮进行防腐处理的，原料皮浸水前需进行转笼除盐，并对废盐回收利用或者单独规范处理，以减少进入制革废水中的氯离子；新建（改扩建）制革企业应采取各种清洁生产技术，减少 COD_{Cr}、氨氮、挥发性有机物（VOCs）、氯离子和三价铬的产生量，应采用低硫或无硫保毛脱毛工艺，低灰浸灰工艺，少氨或无氨脱灰工艺，低盐或无盐浸酸或浸酸废液循环工艺，铬循环利用或高吸收铬鞣、低铬、无铬鞣制工艺等清洁生产技术；现有企业应进行节水和清洁生产技术改造，积极采用节水工艺，采用低硫或无硫保毛脱毛，少氨或无氨脱灰，低盐或无盐浸酸，高吸收铬鞣或低铬鞣制工艺；在条件允许的情况下，采用浸灰废液或铬鞣废液的循环使用技术，减少废水及污染物的产生量；企业在生产过程中应采用低毒、易降解的环境友好型皮革化学品，鼓励采用水性涂饰材料，如采用有机溶剂型涂饰材料时，应安装 VOCs 收集处理装置，不得采用含游离甲醛、禁用偶氮染料等有毒有害化学物质；鼓励企业采用富铬污泥和含铬皮革废碎料资源化利用技术。

《皮革行业发展规划（2016—2020）》中明确提出，"十三五"期间，我国皮革行业绿色制造水平要大幅提升，进一步提高清洁生产水平，提高废水循环利用率，降低生产过程中的能耗、物耗及污染物排放量，基本实现生产废弃物的资源再利用。单位原料皮废水、化学需氧量、氨氮、总氮排放量分别削减 9%、15%、25%、30%。要改善环境质量，减少污染物排放是最根本的手段，而实施排污许可制正是强化环境保护精细化管理，促进排污单位达标排放，并有效控制区域流域污染物排放量的有效手段。

2016 年至今，国家先后发布了《排污许可证管理暂行规定》《关于开展火电、造纸行业和京津冀试点城市高架源排污许可证管理工作的通知》和《京津冀及周边地区 2017 年大气污染防治工作方案》，启动了火电、造纸行业排污许可证申请与核发的相关工作，并要求2017 年完成制革在内的 13 个行业排污单位许可证核发，要求 2017 年 12 月 31 日前完成全国范围内含鞣制工序（包括复鞣工序）的制革工业排污单位排污许可证核发工作。

《产业结构调整指导目录（2024 年版）》（发展改革委第 7 号令）中提出制革工业的鼓励类包括：制革和毛皮加工清洁生产、皮革后整饰新技术开发及关键设备制造，含铬皮革固体废弃物和铬污泥综合利用；皮革及毛皮加工废液循环利用，无灰膨胀（助）剂、无氨脱灰（助）剂、无盐浸酸（助）剂、高吸收铬鞣（助）剂、天然植物鞣剂、水性涂饰（助）剂等功能性皮革化工产品开发、生产与应用，制革、毛皮加工、制鞋自动化智能化设备和系统的开发、生产。淘汰类包括：年加工生皮能力 5 万标张牛皮、年加工蓝湿皮能力 3 万标张牛皮以下的制革生产线。

2021 年 8 月，《皮革行业高质量发展指导意见（2021—2025 年）》正式发布，提出皮革行业"十四五"要实现的八个重点目标，主要涉及生产效益、科技创新、质量品牌、出口结构、绿色制造、产业集群、数字化运营、人才梯队，尤其是关于生产效益、科技创新、质量品牌和绿色制造的目标，奠定了皮革行业要在"十四五"期间实现高质量发展的总基调。

2022 年，《五部门关于推动轻工业高质量发展的指导意见》正式发布，专栏 5 绿色低碳技术发展工程提出，皮革行业需加强废液循环利用技术、废气治理技术、无铬鞣剂鞣制技术、少盐无盐浸酸技术、除臭技术、生物制革技术及皮革固废资源再利用技术及设备等节能降耗和减污降碳技术的开发和应用，使资源利用率大幅提高，单位工业增加值能源消耗、碳排放量和主要污染物排放量持续下降。

为实现制革行业的可持续发展，更好地落实国家节能减排目标，制革企业为了自身可持续发展，迫切需要实施制革节能减排技术改造。编制《制革工业污染防治可行技术指南》可为企业应用节能减排新技术发挥引领作用，指导企业采用先进生产技术和工艺、推行清洁生产、发展循环经济，对于减少制革工业污染物排放及优化产业结构具有重要的意义。

（三）污染控制政策、标准

近年来，由于原材料、劳动力和能源成本不断上升，环保压力不断加大以及国内外市场不振等多种因素的影响，行业发展进入了一个深度调整、转型升级期。随着《制革行业结构调整指导意见》《制革行业规范条件》等一系列产业政策的颁布实施，我国制革工业已进入集中生产、统一治污的发展模式。

我国于 2013 年正式制订发布了《制革及毛皮加工工业水污染物排放标准》（GB 30486），将制革工业的排放要求从污水综合排放标准中分离出来，规定了制革工业排污单位 13 个水污染物指标的排放限值；提出总铬、六价铬在车间或生产设施废水排放口监控的要求；确定了单位产品基准排水量。2010 年，发布了《制革及毛皮加工工业废水治理工程技术规范》。

2014 年 3 月，环保部发布《制革及毛皮加工工业水污染物排放标准》（GB 30486—2013）。本标准为制革行业首次的污染控制标准，标准规定制革及毛皮加工企业水污染物排放控制按本标准的规定执行，不再执行《污水综合排放标准》（GB 8978—1996）中的相关规定，被称为"皮革行业史上最严标准"。

2019 年 12 月，环境保护部发布《排污许可证申请与核发技术规范　制革及毛皮加工工业—毛皮加工工业》（HJ 1065—2019），指导和规范毛皮加工工业排污单位排污许可证申请与核发工作。

2022 年 8 月 30 日，生态环境部发布《制革工业污染防治可行技术指南（征求意见稿）》，可作为制革工业企业或生产设施建设项目的环境影响评价、国家污染物排放标准制修订、排污许可管理和污染防治技术选择的参考。

二、生产工艺和废水来源

（一）废水来源及特性

1. 废水来源

制革废水主要来自湿操作各工序，根据制革工艺可以分为五股废水。

① 浸水（回软）脱脂及其洗水　特点：呈碱性，油脂含量高，含有易产生泡沫的洗剂。

② 脱毛脱灰及洗水　特点：废水呈碱性，硫化钠、石灰、蛋白质含量高。

③ 浸酸、铬鞣及洗水　特点：废液呈酸性，含有铬。

④ 染色加脂及洗水　特点：废水呈酸性，含染料，色度高。

⑤ 冲洗、饱和滴漏、轻度污染水　特点：水量大，约占总废水量的 40%，水质较清，含有少量油脂、盐类、蛋白质、毛发等有机物，可生化性较好。

制革各工序产生的制革废水及其成分见表 2-14-1。

表 2-14-1　制革各工序产生的制革废水及其成分

序号	工序	加入辅料	作　用	废水成分
1	浸水	渗透剂、防腐剂	使皮恢复鲜皮状态	血、水渗性蛋白、盐、渗透剂
2	脱脂	脱脂剂、表面活性剂	去除皮表面及内部油脂	表面活性剂、蛋白质、盐
3	脱毛浸灰	石灰膏、硫化钠	去掉表皮及毛,并松散胶原纤维皮膨胀	硫化钠、石灰、硫氢化钠、蛋白质、毛、油脂
4	水洗	—	洗掉表面的灰	硫化钠、石灰、硫氢化钠、蛋白质、毛、油脂
5	片皮	—	分层	皮块
6	灰皮洗水	—	洗掉表面灰	皮块
7	脱皮	铵盐、无机酸	脱去皮肉外部灰,中和裸皮	铵盐、钙盐、蛋白质
8	软化及洗水	酶及助剂	皮身软化,降低皮温	酶及蛋白质
9	浸酸	NaCl、无机酸、有机酸	对鞣皮酸化	酸、食盐
10	鞣制	铬粉及助剂、碳酸氢钠	使胶原稳定	铬盐、硫酸钠、碳酸钠
11	水洗	—	—	铬盐、硫酸钠、碳酸钠
12	中和水洗	醋酸钠、碳酸氢钠	中和酸性皮	中性盐
13	染色加脂	染料、有机酸、加脂剂及助剂	上色,并使革柔软丰满	染料、油脂、有机酸及助剂
14	水洗	—	—	染料、油脂、有机酸及助剂

2. 废水的特点

（1）制革废水量

制革废水排放量与制革耗水量是对等的。在无法精确测量废水排放量时，常用耗水量代替。根据传统制革经验，加工一张牛皮耗水量为 $1m^3$；加工一张猪皮耗水量为 $0.3\sim0.5m^3$；加工一张山羊皮耗水量为 $0.2m^3$。这是制革工作者多年总结出的大约值，作为粗算制革耗水量。

据统计资料显示，截至 2013 年，我国制革及毛皮加工行业产生废水 1.6×10^8t、COD 约 40.4×10^4t、氨氮 1.6×10^4t、总铬（三价铬）1280t；经过治理后，排放废水约 1.38×10^8t，COD 约 3×10^4t、氨氮 7300t、总铬（三价铬）6.72t。

毛皮加工产生的污染物类型和浓度与制革污水类似，但是毛皮加工过程没有脱毛工序，不用硫化碱，因此减少了很大一部分 COD_{Cr} 和悬浮物，毛皮因带毛加工，为了防止毛打结，一般在划槽中加工，液比也比较大，因此毛皮加工用水量较大。不同种类毛皮加工的吨原皮耗水量和排水量调研值见表 2-14-2。

表 2-14-2　不同种类毛皮加工的吨原皮耗水量和排水量调研值

毛皮种类	羊剪绒	水貂	狐狸、貉子	獭子	兔皮
耗水量/(m^3/t 生毛皮)	80～160	70～100	140～180	90～110	90～120
排水量/(m^3/t 生毛皮)	70～140	60～90	125～160	80～100	80～105

制革各工序排放废水量可以根据具体的工艺参数来计算：

$$工序排放废水量＝皮重×液比＋洗水量$$

如果采用流水洗，则洗水量＝流量×时间；如果采用闷水洗，则洗水量＝皮重×液比×

次数。

制革废水发生量和制革工艺有很大关系。如制革工艺利用流水洗比采用闷水洗耗水量多2～3倍。

制革废水是从每个工序转鼓中倾倒出来的，因此排放是不连续、不均匀的，其有很强的瞬时性，水质差别也很大。图 2-14-3 是一猪皮制革厂全天废水排放曲线。

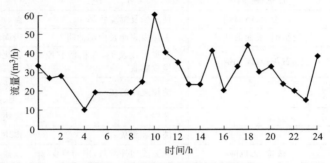

图 2-14-3 制革厂 24h 废水排放曲线

一个制革厂产量固定、工艺固定，流量变化曲线基本不变。但不同的制革厂具有不同的流量变化。

（2）制革废水污染负荷

制革过程中，原料皮的大部分蛋白质、油脂被废弃掉，进入废渣和废水中，造成废水中COD、BOD 较高，成为制革废水主要有机污染源，表 2-14-3 是猪皮转化为成品、废渣、废水中物质的比例。

表 2-14-3　盐湿猪皮转化为成品、废渣、废水各物质比例　　　　　单位：%

种　类	质　量	蛋白质	油　脂
成品	22.5	24.6	3
废渣	25.8	29.9	14
废水	51.7	45.5	83

从表 2-14-3 中可以看出原料皮 51.7% 的物质都进入到了废水中。制革废水的污染物浓度及各工序分布见表 2-14-4、表 2-14-5。由于原料皮不同，产品不同，表 2-14-6 中数据为大约值。

表 2-14-4　制革废水污染物浓度

项目	浓度	项目	浓度
pH 值	8～10	Cr^{3+}/(mg/L)	80～100
色度(稀释倍数)	800～4000	S^{2-}/(mg/L)	50～100
COD/(mg/L)	3000～4000	BOD/(mg/L)	1500～2000
SS/(mg/L)	2000～4000	Cl^-/(mg/L)	2000～3000

表 2-14-5　制革废水排放污染负荷工序分布　　　　　单位：mg/L

工　序	COD	SS	S^{2-}	Cr^{3+}	Cl^-
浸水、脱脂	31.4	41.0	0.7		38.1
脱毛、水洗	38.4	30.9	93.4	—	—
铬鞣、水洗	4.4	10.9	—	99	20.5
其他	25.8	17.2	5.9	1	41.4

（3）制革废水特性

① 制革废水是一种高浓度有机废水，具有一定的特殊性。

② 制革废水具有颜色，主要是由染料和鞣剂造成的。

③ 制革废水具有臭味，主要是由加入的硫化钠和蛋白质分解引起的。

④ 制革废水具有一定的毒性，主要是硫化物及 Cr^{3+}。硫化物在酸性条件下（pH<7）全部转化为 H_2S 气体。人吸入硫化氢气体会引起头晕、胸闷，甚至死亡。水体中硫化物含量大于 1.0mg/L 就能引起淡水鱼的死亡。含硫的制革废水灌溉农田，会使植物根系变黑，抑制植物的生长。

Cr^{3+} 对动物和植物都有影响。当废水中 Cr^{3+} 含量为 17mg/L，即对污泥活性有影响；土壤中 Cr^{3+} 含量高于 50mg/L 时，对小麦生长有抑制作用，200mg/L 时有严重影响；对水稻 20mg/L 时即有影响，200mg/L 时水稻不能生长。

根据《2015 年中国环境统计年报》数据统计，2015 年皮革、毛皮、羽毛及其制品和制鞋业的废水排放量为 2.5×10^8t，COD 排放量为 5.3×10^4t，氨氮排放量为 4735t，总铬年排放量为 52.025t。经估算，制革工业废水排放量约为 1.1×10^8t，COD 排放量约为 1.2×10^4t，氨氮排放量约为 2000t。据推算，2015 年我国制革工业含铬废水单独处理后，排放的总铬约为 40t。传统制革废水水质情况见表 2-14-6。

表 2-14-6　传统制革废水水质调查表　　单位：mg/L（pH 值除外）

工序	pH 值	COD	BOD$_5$	SS	色度	油脂	氨氮	S^{2-}	总铬
浸水	7～8	2500～5500	1100～2500	2000～5000	150～500	1000～5000	100～200		
脱脂	11～13	3000～20000	400～700	3000～5000	3000～7000	1000～8000			
浸灰脱毛	13～14	15000～40000	5000～10000	6000～20000	2000～4000	300～800	50～100	2000～5000	
脱灰	7～9	2500～7000	2000～5000	1500～3000	50～200		3000～7000	300～600	
软化	7～8	2500～7000	300～700	300～700	1000～2000		1000～2000	100～200	
浸酸	2～3	3000～5000	500～1000	1000～2000	60～160		200～500		
鞣制	3～4.5	3000～7000	300～800	1000～2500	1000～3000	500～1000	100～200		500～2500
复鞣中和	5～7	3000～7000	1000～2000	300～500	500～2000		200～400		40～200
染色加脂	4～6	2500～7000	1500～3000	300～600	500～100000	400～800			
综合废水	8～10	3000～5000	1500～3000	2000～4000	600～4000	250～2000	200～500	40～100	

3. 废水中的污染物

（1）主要污染物组成

制革大多数工序是在有水的条件下进行的，用水量较大。加工过程中采用的化工原材料较多，如酸、碱、盐、硫化钠、石灰、鞣剂、复鞣剂、加脂剂、染料等，其中一部分化学物质跟皮胶原纤维结合，另一部分化学物质进入废水；同时，在制革加工过程中，大量的蛋白质、脂肪转移到水中，因此制革废水有机物含量较高。制革废水主要来自于准备、鞣制和湿整饰工段，且加工过程废水多为间歇性排放。各工段废水来源及污染物排放情况如表 2-14-7 所示。

（2）主要污染物浓度分析

从表 2-14-1 可以看出，制革过程要经过浸水、脱脂、脱毛浸灰、脱皮、软化、浸酸、鞣制、中和、染色加脂等。

表 2-14-7 制革各工段污水来源和污染物排放情况

工段	项目	内容
准备工段	污水来源	水洗、浸水、脱脂、脱毛浸灰、脱皮、软化等工序
	主要污染物	有机物:污血、蛋白质、油脂、脱脂剂、助剂等 无机物:盐、硫化物、石灰、Na_2CO_3、无机铵盐等 此外含有大量的毛发、泥砂等固体悬浮物
	污染物特征指标	COD、BOD_5、SS、S^{2-}、pH 值、油脂、氨氮
	污染负荷比例	污水排放量约占制革总水量的 60%~70% 污染负荷占总排放量的 70% 左右,是制革污水的主要来源
鞣制工段	污水来源	浸酸和鞣制
	主要污染物	无机盐、Cr^{3+}、悬浮物等
	污染物特征指标	COD、BOD_5、SS、Cr^{3+}、pH 值、油脂、氨氮
	污染负荷比例	污水排放量约占制革总水量的 8% 左右
整饰工段	污水来源	中和、复鞣、染色、加脂、喷涂、除尘等工序
	主要污染物	色度、有机化合物(如染料、各类复鞣剂、树脂)、悬浮物
	污染物特征指标	COD、BOD_5、SS、Cr^{3+}、pH 值、油脂、氨氮
	污染负荷比例	污水排放量约占制革总水量的 20%~30% 左右

为了去掉动物皮上的毛发,传统脱毛浸灰工序使用石灰和硫化钠或硫氢化钠,大量碱性化合物、硫化物、角蛋白及胶原蛋白进入水中,致使污染物中 COD 浓度较高,浸灰废液中 COD 可达 15000mg/L 以上,占废水总负荷的 40% 左右,硫化物浓度高达 3000mg/L 以上,占废水总硫化物的 90% 以上。随着环保意识的提升以及制革清洁生产技术的提高,越来越多的制革工业排污单位采用保毛脱毛技术,其脱毛废液 COD 可降低 50%,从而使污染负荷有较大幅度的降低。

传统脱灰技术需要使用氯化铵或硫酸铵,使大量的氨进入水中,在脱灰废液中氨氮的浓度高达 3000~7000mg/L,同时在制革预处理过程中进入水中的部分蛋白质也会变为氨氮,进一步加大了制革污水氨氮处理的难度。目前,很多制革工业排污单位采用低氨无氨脱灰技术,脱灰废液中氨氮含量可以降低 70% 以上。

皮革鞣制普遍使用三价铬鞣剂。迄今为止,三价铬鞣剂是鞣性最好的鞣剂,全球 85% 以上的皮革使用铬鞣剂。在传统铬鞣方法中,皮革对铬鞣剂的吸收率一般为 60%~70%,铬鞣废液中的三价铬浓度较高,为 2000~3000mg/L。随着高吸收铬鞣剂的出现,目前皮革对铬鞣剂的吸收率大大提高,铬吸收率可以达到 90% 以上,铬鞣废液中的铬含量可以降低到 500mg/L 以下。另外,随着皮革化工材料的发展,目前无铬鞣剂已经在部分皮革产品中得以应用,但因受性能以及成本所限,尚不能大量代替铬鞣剂。

制革工业产生的污染物主要包括制革废水、制革污泥、皮类固体废弃物等。制革生产工序繁多,使用的化工材料量大,也非常繁杂,因此制革废水的来源也较复杂、成分也比较复杂。制革废水有机物浓度高、悬浮物浓度高、色度高,还含有大量难以降解的物质,如丹宁、木质素,还含有特有的对污水处理不利的无机化合物如硫化物、铬及酸碱等。此外,在脱脂、软化、复鞣、染色、加脂等工序又将加脂剂、复鞣剂、助剂、染料等有机物带入废水,同时生皮中蛋白质和油脂也成为污染物进入水中,这些难生物降解的有机物增加了废水处理的难度。

由于工艺流程的差异,生产不同种类的皮革,耗水量和排水量不同,见表 2-14-8。

表 2-14-8　不同种类皮革加工的吨原皮（从生皮到成品革）耗水量和排水量

皮革种类	牛皮	猪皮	山羊	绵羊
耗水量/(m³/t 生皮)	60～120	60～120	55～70	45～70
排水量/(m³/t 生皮)	50～100	50～100	47～60	40～60

（二）制革工艺

制革工艺过程主要包括四大工段：准备工段、鞣制工段、湿整理工段、干整饰工段。

① 准备工段　使原料皮恢复到鲜皮的含水量，除去油脂、表皮、毛、皮下组织、纤维间质等无用的物质，适当松散胶原纤维结构，制成酸裸皮，为鞣制做好准备。主要包括浸水、脱脂、脱毛浸灰、脱灰软化浸酸等工序。

② 鞣制工段　利用鞣剂分子在皮胶原分子链之间形成交联，提高胶原结构稳定性，将酸裸皮变成革。

③ 湿整理工段　通过向皮革中加入油脂、鞣剂、染料等皮化材料和机械作用，赋予皮革更好的使用性能，如丰满柔软的身骨、各种颜色等。主要包括复鞣填充、中和、染色、加脂等工序。

④ 干整饰工段　通过对湿态的皮革进行干燥、机械做软、表面处理，赋予皮革柔软的手感、漂亮的外观。主要包括干燥、摔软（振软、拉软）、绷板、熨平、涂饰、压花等工序。

牛皮鞋面革的生产工艺流程：组批→称重→浸水→去肉→浸水→脱毛浸灰→复灰→称重→脱灰→软化→浸酸→鞣制→静置→挤水→摔褶分类→剖层→削匀→称重→复鞣填充→中和→水洗→染色加脂→挤水伸展→真空干燥→挂晾干燥→回潮→振软绷板→磨革→扫灰→刷浆→喷底浆→熨平→喷中浆→喷光亮→熨平→量尺入库。

猪皮服装革的生产工艺流程：组批→称重→水洗→去肉→脱脂 1→水洗→脱脂 2→拔毛→臀部包酶→脱毛浸灰→片臀部→称重→复灰→脱灰→软化→浸酸→鞣制→出鼓搭马→挤水伸展→摔褶→剖层→滚木屑→削匀→称重→复鞣→水洗→中和→染色→加脂→固定→水洗→挂晾干燥→回潮→摔软→绷板→补伤→封底→喷底浆→熨平→喷中浆→喷顶层→熨平→量尺入库。

绵羊服装革的生产工艺流程：组批→称重→浸水→去肉→浸水→脱毛→浸灰→去肉→称重→复灰→脱灰→软化→浸酸→鞣制→静置→挤水→摔软→削匀→称重→复鞣→中和→染色→加脂→挂晾干燥→回潮→摔软→绷板→封底→熨平→喷中层→喷光亮→熨平→量尺入库。

目前国内外制革业在清洁生产上的差距有的方面还是很大的，这与很多因素有关，如技术水平、政策法规、企业推广清洁生产技术的成本等。

目前国外的先进制革企业多采用一定比例的鲜皮加工方式，在美国、新西兰、澳大利亚和德国等国家，鲜皮直接加工率已占 50％以上，其中美国占 60％左右，该方法的最大优点是不用洗盐和回软，与传统盐腌法相比，可减少 75％左右的氯化物污染。

三、清洁生产与污染防治措施

国内外先进企业大多采用保毛脱毛法等清洁生产技术，对环境污染大的硫化碱毁毛法已基本淘汰。脱毛浸灰液循环利用技术有利于减少氨氮污染的排放，属于清洁生产技术。使用一些浸灰助剂大大降低了硫化碱的用量，减少了污染的排放。目前国外已大规模生产应用的清洁脱毛方法有 $Na_2S/NaHS$ 保毛脱毛、酶法脱毛、无硫脱毛（过氧化氢脱毛等氧活脱毛方法）及脱毛浸灰液循环利用技术等。国外如巴斯夫公司、斯特豪森公司等均有成熟的保毛脱毛和低硫脱毛技术，并生产配套的化工原料。澳大利亚采用色诺二浴脱毛法不仅可以回收毛，而且脱毛废液还进行了循环利用，可以减少 COD 15%～20%，减少 TN 20%～30%。

国外技术先进、重视环保的制革企业一般都采用二氧化碳法和酸法等无铵法来进行脱灰，目前二氧化碳脱灰技术已被欧洲和美国的几十家制革厂所采用。据本课题组调查，国内已有个别企业采用了二氧化碳法等无铵法进行脱灰。考虑到国内大多数制革企业的实际情况，标准鼓励制革企业逐渐减少铵盐的量来脱灰。

无盐浸酸、免浸酸、高吸收铬鞣、无铬少铬鞣等是制革业更为环保的发展方向，低盐浸酸、循环利用浸酸鞣制废液等是目前我国制革企业较为容易实现的清洁生产方法，将大大降低鞣制过程中盐和铬的排放。一些欧洲国家采用非膨胀酸代替硫酸、甲酸等来浸酸，如德国巴斯夫公司生产的 DecaltalN，使用该化学品浸酸可减少食盐用量 50%左右。

目前国外对于皮革制品的无毒要求越来越严格，已出台多种政策法规加以限制，这就要求制革企业采用高吸收环境友好型的复鞣剂、高吸收环境友好型的染料、高吸收高结合高物性可降解的加脂剂、水基涂饰材料。在皮革涂饰时，德国只采用不含溶剂的水基性涂饰剂，如果出于质量的原因，不能完全放弃有机溶剂的使用，那就必须对废气进行彻底净化，以达到规定的废气排放标准。

（一）清洁生产技术和工艺

采用清洁生产技术的制革废水水质情况见表 2-14-9。

表 2-14-9 采用清洁生产技术制革废水水质调查表

单位：mg/L（pH 值、色度除外）

工序	pH 值	COD	BOD$_5$	SS	色度	油脂	氨氮	S^{2-}	总铬
浸水	7～8	2500～5500	1100～2500	2000～5000	150～500	1000～5000			
脱脂	11～13	3000～20000	400～700	3000～5000	2000～5000	1000～8000			
浸灰脱毛	13～14	8000～20000	3000～7000	3000～6000	2000～4000	300～800	50～100	0～2000	
脱灰	7～9	2500～7000	2000～5000	1500～3000	50～200		3000～7000	300～600	
软化	7～8	2000～6000	2000～5000	300～700	1000～2000		100～500	100～200	
浸酸	2～3	2000～5000	500～1000	1000～2000	60～160				
鞣制	3～4.5	3000～7000	300～800	1000～2500	1000～3000	500～1000			0～1000
复鞣中和	5～7	2000～6000	1000～2000	300～500	500～2000		100～200		0～200
染色加脂	4～6	2000～6000	1500～3000	300～600	400～6000	400～800			
综合废水	8～10	1500～3000	1000～2000	1000～2500	500～2000	200～2000	50～200	20～50	

制革清洁生产就是在皮的加工过程中通过革新工艺以避免产生污染物，节约使用化学品和能源，加强废物、废水的回收和循环使用，减少对人和环境的危害。采用清洁工艺技术是清洁生产的关键。表 2-14-10 是制革生产中采用的清洁工艺与传统工艺的对比。

清洁生产是要引起研发者、生产者、消费者，也就是全社会对于工业产品生产及使用全过程对环境影响的关注。使污染物产生量、流失量和治理量达到最小，实现资源充分利用，是一种积极、主动的态度。而相比之下，末端治理仅仅把环境责任放在环保研究、管理等人员身上，仅仅把注意力集中在对生产过程中已经产生的污染物的处理上，对于企业来说只有靠环保部门来处理这一问题，所以总是处于一种被动的、消极的地位。表 2-14-11 为清洁生产与末端治理的比较。

表 2-14-10　制革厂清洁生产与传统工艺比较

工艺阶段	传统工艺	污染源	清洁工艺	污染减少情况
原皮保藏	盐腌防腐	浸水中的盐	原皮冷冻	废水中无盐
脱毛	毁毛脱毛（加入石灰、Na_2S）	高 COD、BOD、SS、石灰、硫化物	毛回收工艺	废水中无硫
			少硫脱毛	废水中硫减少
			无石灰脱毛	废水中无石灰
脱灰	氨盐脱灰	废水或大气中的氨	无氨脱灰	废水或大气中无氨
脱脂	溶剂脱脂	大气中溶剂、废水中溶剂	乳液脱脂	废水及大气中无溶剂
鞣制	铬鞣	废水或固体废物、Cr^{3+}	提高铬的吸收	废水中的铬减少
			铬回收/循环	废水中的铬减少
			取代铬（部分或全部）	废水中铬减少或无铬
			白湿/干预鞣	固体废物减少或无铬
涂饰	溶剂基顶涂	易挥发有机物（VOCs）	水基或无溶剂顶涂	减少或没有 VOC

表 2-14-11　清洁生产与末端治理的比较

比较项目	清洁生产系统	末端治理（不含综合利用）
思考方法	污染物消除在生产过程中	污染物产生后再处理
产生时代	20 世纪 80 年代末期	20 世纪 70～80 年代
控制过程	生产全过程控制，产品生命周期全过程控制	污染物达标排放控制
控制效果	比较稳定	受产污量影响处理效果
产污量	明显减少	间接可推动减少
排污量	减少	减少
资源利用率	增加	无显著变化
资源耗用	减少	增加（治理污染消耗）
产品产量	增加	无显著变化
产品成本	降低	增加（治理污染费用）
经济效益	增加	减少（用于治理污染）
治理污染费用	减少	随排放标准严格，费用增加
污染转移	无	有可能
目标对象	全社会	企业及周围环境

制革清洁生产技术主要包括原料皮保藏清洁技术、脱毛浸灰清洁工艺、脱灰清洁工艺、鞣制清洁工艺、脱脂废水回收、植鞣清洁工艺等，现分别介绍如下。

1. 原料皮保藏清洁技术

传统的是采用（食）盐腌法保藏生皮，在原皮浸水和水洗过程中，盐进入废水中，影响废水的生物处理和利用，可采用的清洁工艺如下。

① 使用鲜皮投产　来自屠宰场的鲜皮在几小时内进行加工处理，如超过几小时，鲜皮就要采用冷藏保存，在低于 4℃的温度下原皮可保存 3 周。

② 使用防腐剂保藏　使用无毒或低毒的防腐剂替代盐，如氰硫基甲硫基苯并噻唑（TCMTB）、异噻唑生成物等。

③ 去除部分盐　在投产前采用手工或机械转鼓振动的方法，去除原皮上的未溶盐，可回收 30%的盐，减少食盐的污染。

2. 脱毛浸灰清洁工艺

目的：消除或减少硫、石灰和有机物的污染，并节约原材料。

（1）酶脱毛工艺

我国酶脱毛工艺比较成熟，20世纪70年代就广泛应用，特别是在南方，举例如下。

① 工艺　原料皮（猪皮）→机械去肉→脱脂→水洗→再脱脂→拔毛滚酶→臀部涂酶→机械理毛水洗→碱膨胀→常规。

② 脱毛用料

a. 滚酶：1398蛋白酶0.25%～0.35%，常温，无浴，转动60min，加木屑0.5%，转15min出鼓。

b. 涂酶：1398蛋白酶0.35%～0.55%，胰酶0～0.3%，铵盐0.5%，糖0.6%～1.0%，水适量，在臀部肉面刷涂。

猪皮毛对毛，肉面对肉面堆垛，在室温25℃条件下，堆置48h左右。

c. 碱膨胀：30%的NaOH 2.5%～7.0%，水300%。

此工艺彻底解决了硫化钠和石灰的污染，COD、SS可减少30%～50%。但由于酶脱毛工艺要求控制条件严格、管理精心、劳动强度增大，很多厂家不能长期坚持使用。

（2）使用替代材料

使用硫醇、硫酸二甲胺、二氧化氯等替代硫化钠，也同样能达到脱毛的目的。通过使用助剂（如酶制剂）减少硫化钠用量的少硫工艺在很多制革厂有应用，可减少30%硫化钠的用量。

（3）涂毛浸灰脱毛

工艺：浸水→去肉→称量→NaHS（60%）浸渍→水洗→护毛（次氯酸盐）→浸石灰脱毛→常规浸灰碱。

在浸灰碱之前，先把毛完整脱掉，可回收90%以上的毛。该工艺可使废水中COD减少15%～20%，总氮减少20%～30%。

（4）浸灰液直接循环

在脱毛浸灰工序过程中，把排放的浸灰废液收集起来，经简单处理、检测分析、调节后再回用于批皮的浸灰脱毛，如图2-14-4所示。

随着循环次数增加，废水中蛋白质会逐渐积累，但不会无限积累。由于废液回收率只有75%，补充25%水，当循环到一定次数（3次以上），循环液进入相对稳定状态，补充的物质也相对恒定，分析检测次数减少，图2-14-5是循环废液蛋白质含量变化实验曲线。

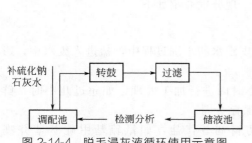

图2-14-4　脱毛浸灰液循环使用示意图

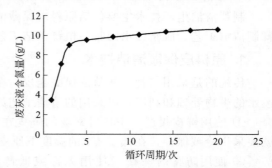

图2-14-5　脱毛循环废液中蛋白质含量变化曲线

当废液循环到一定程度时，体系处于不稳定状态，需要排放部分浸灰液以保持体系平衡。当生产间断时，应采用密闭储存，温度高时要考虑防腐。生产试验证明，用循环浸灰液和用新浸灰液处理过的皮无明显差别，皮革质量相同。通过采用浸灰液循环工艺可以节约硫化钠40%以上，石灰50%以上，水60%，减少废水中30%～40%的COD，35%的氮。

（5）含硫废水的处理

传统脱毛工艺采用灰碱法，使用 Na_2S 进行脱毛，废液含有大量的具有一定毒性的硫化物，如不进行处理，将影响综合废水的生化处理。在酸性条件下有 H_2S 释放，硫化物进入污泥中，影响污泥的利用，造成二次污染。因此通常将脱毛废水单独处理。

① 催化氧化法　目前普遍采用的方法是催化氧化法，其工艺流程见图2-14-6。

$$脱毛废液 \rightarrow 粗滤 \rightarrow 集液池 \rightarrow 反\ 应\ 池 \rightarrow 综合废水$$
$$空气\ \ MnSO_4$$

图 2-14-6　催化氧化法处理含硫废水工艺流程

空气中的氧和硫化物发生如下反应：

$$2S^{2-} + 2O_2 + H_2O \longrightarrow S_2O_3^{2-} + 2OH^-$$
$$2HS^- + 2O_2 \longrightarrow S_2O_3^{2-} + H_2O$$
$$S_2O_3^{2-} + 2O_2 + 2OH^- \longrightarrow 2SO_4^{2-} + H_2O$$

反应时间5～8h；需氧量（以 $1kgS^{2-}$ 计）1.5kg；$MnSO_4$ 用量（以 $1kgS^{2-}$ 计）40g；供氧采用鼓风曝气或射流曝气；硫化物去除率90%以上。

② 酸化法　向脱毛废液中加入适量的酸，废液中的 Na_2S 和酸反应生成 H_2S。收集 H_2S，经 NaOH 液吸收生成 Na_2S 回用。同时，废液中的蛋白质经酸化后分离、回收和利用，废水排入综合废水。

酸化法处理脱毛废液比较彻底，又可回收 Na_2S 和蛋白质，但对回收设备要求严格，投资较大，操作相对复杂。

3. 脱灰清洁工艺

脱灰清洁工艺的目的是削除氮的污染。传统工艺利用铵盐脱灰，产生氮的污染，占废水总氮40%。清洁工艺使用 CO_2 脱灰。把 CO_2 按一定流量用泵打入转鼓和石灰反应，生成碳酸氢钙，溶于水中，达到脱灰的目的。采用 CO_2 脱灰和常规传统工艺比较具有如下特点：

① 减少废液中90%的氮，50%的BOD；
② 易操作，只需调节阀门流量，易实现自动控制；
③ 脱灰皮清洁、粒面细致；
④ 成品革的理化指标无差别。

除了采用 CO_2 脱灰，也可以采用酸类物质，如硼酸、甲酸、醋酸、柠檬酸、乳酸等，同样可以达到脱灰的目的。但这些物质无缓冲作用，在加入转鼓时会引起局部酸肿、粒面粗糙等，影响皮革质量，因此需要严格的操作控制。

4. 鞣制清洁工艺

鞣制清洁工艺的目的是消除或减少废水的铬含量，减少废水中盐含量，节约化工材料。

（1）浸酸液循环使用

把浸酸和鞣制分开在不同溶液中进行，浸酸液可循环使用，NaCl用量可减少80%，酸用量可节约25%。操作流程：浸酸→排放废酸液→过滤→收集→测 pH 值、Cl^- 含量→调配→浸酸。

（2）无铬或少铬鞣法

使用铝、锆、钛、植物鞣剂，有机合成鞣剂进行鞣制，如植-铝结合鞣、锆-铝结合鞣、锆-铝-植结合鞣、钛-醛结合鞣等。

少铬鞣工艺，使用铬与其他无机鞣剂、有机鞣剂或拷胶配合经对裸皮进行鞣制，这样部分铬被替代，铬用量减少，如铬-锆-铝-多金属铬鞣、铬-稀土结合鞣法等。

虽然上述方法是可行的，但考虑成革质量、成本、操作、控制条件及通用性等因素，这些方法目前仍不能完全取代传统铬鞣工艺。

（3）高吸收铬鞣法

传统铬鞣工艺，铬的吸收利用率只有 $60\%\sim70\%$，其余流入废液中，不仅造成了铬原料浪费，而且还造成铬污染。

高铬吸收法是在鞣制时加入一种或多种能促进铬与胶原纤维结合的助剂，从而提高铬的吸收，降低废液中的铬。目前市场上有单独的铬鞣助剂，如铬能净 PCPA，这种助剂在制革厂应用，铬吸收率提高到 95% 以上，铬鞣剂用量减少，废液中铬含量降低到 $0.2g/L$ 以下。另一种是助剂和鞣剂结合在一起的蒙囿型高吸收铬鞣剂，如市场上的 KRC、KMRC、Bay-chrhromC 等都是这类，能将废液中铬含量降低到 $0.3g/L$ 以下。

（4）废铬液循环利用

常规铬鞣工艺废液排放量一般为皮重的 1.5 倍，废液中铬含量一般为 $2.5\sim6.0g/L$。使用较成熟和普遍的铬回收工艺是沉淀法，其工艺流程见图 2-14-7。

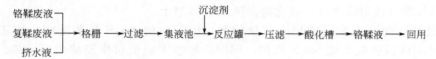

图 2-14-7 沉淀法回收铬工艺流程示意

废铬液加入 NaOH 后产生 $Cr(OH)_3$ 沉淀，沉淀物颗粒细小，沉降速度慢，10h 沉淀体积仅为 50%。用 MgO 做沉淀剂可将沉降时间缩短至 $3\sim4h$，沉淀物体积仅为 8%，可以不用压滤直接酸化回用，但 MgO 价格比较高。采用沉淀法回收铬，铬回收率为 99.9%，消除铬污染，节约鞣剂 30% 以上。

（5）废铬液直接循环使用

把鞣制废液回收、过滤，测其铬含量和体积，在反应调节罐中添加铬鞣剂和蒙囿剂，并调节 pH 值、溶液量和初鞣液相同，用于下批鞣制。根据制革工艺的不同也可以不用反应罐，直接在转鼓中进行，如图 2-14-8 所示。

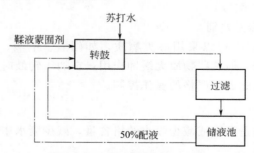

图 2-14-8 铬鞣液循环示意图

苏打用量和蒙囿剂用量要以添加的铬鞣剂为计算基础。

当鞣制在浸酸液中进行时，回收的废铬液首先要进行酸化、浸酸，实践证明酸渗透快，不受铬的影响。酸化时每次加入的酸量应和第一次循环加入的酸量相同。循环液中的氯化钠和反应生成的硫酸钠已能保证胶原不发生酸肿，因此，盐就不用补加了。实践证明，用循环废铬液鞣制的革和常规方法鞣制的革，其质量没有变差，反而有所提高。铬鞣液直接循环利用，不但没有铬废液排放，而且节约了化工原料，平均节约40％铬鞣剂，盐、碱、蒙囿剂、酸、水都有节约，具有一定的经济效益。

图 2-14-9 为铬鞣废液回收-处理-再利用循环方法的技术要点。

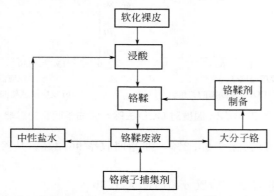

图 2-14-9　铬鞣废液的回收-处理-再利用的循环方法技术要点

5. 脱脂废水回收

（1）脱脂废水水质

猪、羊皮的油脂含量较高，在制革过程中常采用皂化、乳化进行脱脂，脱脂排放的废水量约为20L/张猪皮，脱脂废水水质见表 2-14-12。

表 2-14-12　猪皮脱脂废水水质

项目	pH 值	COD/(mg/L)	油脂/(mg/L)	色泽
浓度	12	28373	7800	乳黄色

（2）回收脂肪酸工艺

回收油脂一般采用酸化破乳法，其流程见图 2-14-10。

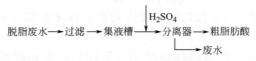

图 2-14-10　酸化破乳法回收油脂工艺流程

脱脂废水 COD 去除率和油脂回收率与 pH 值有很大关系，一般取 pH 值为 4，见图 2-14-11。温度对 COD 去除率和油脂回收率也有影响，见图 2-14-12。

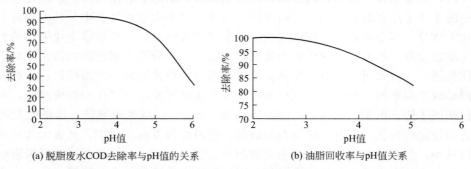

(a) 脱脂废水COD去除率与pH值的关系　　(b) 油脂回收率与pH值关系

图 2-14-11　脱脂废水 COD 去除率和油脂回收率与 pH 值的关系

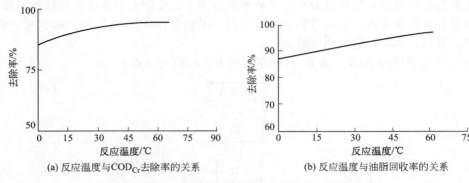

(a) 反应温度与COD$_{Cr}$去除率的关系　　(b) 反应温度与油脂回收率的关系

图 2-14-12　温度对 COD 去除率和油脂回收的影响

温度为 60℃时，COD 去除率 94.2%，油脂回收率 96.2%，从经济角度考虑，温度不宜取高。

分离方法采用间歇静置法，静置分离时间大于 3h。

分离方法采用连续气浮法，反应时间 30min 以上，分离时间 15min 以上。

（3）处理效果

处理效果见表 2-14-13。回收的粗泥含脂肪酸可用作饲料或精化后生产纯脂肪酸。经计算其经济效益完全能够抵消成本，甚至可获利。

表 2-14-13　常温下连续气浮法处理脱脂废水效果

项　　目	pH 值	COD/(mg/L)	TN/(mg/L)	油脂/(mg/L)
处理前	12	31522.8	822.5	4850
处理后	4	4926.7	677.4	666.7
处理效率		84.4%	17.6%	86.6%

6. 植鞣清洁工艺

生产底革和工业用革采用鼓内干鞣或循环池内鞣制。

① 干鞣　在转鼓内加入足够量的粉末浸膏拷胶，液沫系数为 0.2～0.3。鞣制结束时基本没有废液排放。

② 池内鞣制　拷胶鞣液在池内循环使用，不排放，皮在鞣制之前先采用聚磷酸盐在 30～35℃下处理。

7. 涂饰过程中的清洁工艺

涂饰过程也是至关重要的，通过涂饰可以增加成革的品种和使用价值，以提高利润。涂饰过程中的重要工序有磨革、扫灰、喷涂等。磨革会产生大量固体灰尘，其中含有大量的有毒复杂化学成分，其会在很大范围内飞扬，对空气造成污染。尽管诸多企业采用的大型磨革机安装了除尘设备，但有部分粉尘仍会被操作工吸入，部分飞入附近的生活区。对于该工序的清洁化处理，一方面可以安装大型带有除尘设备的磨革机，另一方面可以在生产有关品种时采用湿革或半湿革的湿磨操作。涂饰过程中主要包括挥发在空气中的有机溶剂，常用的有机溶剂如醋酸丁酯、丙酮、乙基乙二醇、异丙醇、N,N-二甲基甲酰胺、丙烯酸及丙烯酸酯类等，它们在涂饰过程中有利于涂饰剂的成膜，但最终挥发在空气中，造成大气污染。交联剂虽然用量小，但对环境及人体造成的危害较大，容易过敏，更甚者会引起呼吸道疾病。因此利用新的合成技术合成水基的涂饰材料，可以消除有机溶剂和游离甲醛，减少涂饰过程中的大气污染。

8. 其他可行的清洁生产方法

① 通过试验解决转鼓设备的利用问题，避免设备空转，以此达到设备的最大利用效率。此方案的实施可节水、节电、节蒸汽，具有可观的经济效益。

② 优化助剂的使用。用高质量、无毒无害或低毒低害的助剂替换毒性大、高污染的助剂。

③ 解决二层鞣制环节的铬粉用量。若二层鞣制环节铬粉用量过多，造成能源浪费，化料成本和污水处理成本增加，在实际操作中可将铬粉用量调整到一个最佳的范围内。

④ 无盐浸酸、高 pH 鞣制。在鞣制过程中，逐步采用无盐浸酸（即非膨胀酸浸酸）法和不浸酸铬鞣工艺。

⑤ 低铬高吸收、无铬鞣制。推广白湿皮工艺，采用无污染的化工材料预鞣、剖白湿皮；提倡低铬高吸收铬鞣和无铬鞣剂替代铬鞣，在复鞣过程中不用或少用含铬复鞣剂。

⑥ 高效加脂、减少排放。严格禁止使用在国际上禁用的含致癌芳香胺基团的染料，使用新型复鞣、加脂材料，提高皮革对加脂剂的吸收；慎用能促进三价铬氧化为六价铬的富含双键的加脂剂。

⑦ 环保涂饰、绿色产品。减少甲醛及其他有害挥发物质的使用。提倡使用新型水溶型或水乳型涂饰材料，逐步替代溶剂型涂饰材料。

⑧ 优化助剂、利于降解。用非卤化物表面活性剂代替卤化物表面活性剂，用易生物降解的助剂代替不易降解的助剂。

（二）污染防治措施

1. 集中制革、污染集中治理

严格防止已依法取缔的年产 3 万标张皮以下的制革企业恢复生产。现有年产 3 万～10 万标张皮的制革企业，应集中制革，污染集中治理。现有的已采取集中制革的企业，总规模不宜低于 10 万标张，建设统一的集中式能达标的污水处理设施。新（改、扩）建独立制革企业，年产量应在 10 万（含 10 万，以下同）标张皮以上。鼓励年产量在 10 万标张皮以上的制革企业集中制革，污染集中治理。制革企业比较集中的区域，需加强管理、统筹安排，必要时制定规划，并进行规划环评。

2. 废水治理

（1）废水分类处理

提倡制革废水分类处理，对各工序产生的含较高浓度有害成分的废水可先进行预处理。可进行预处理的废水包括含硫化物的废水、脱脂废水和含铬废水，其中含铬废水必须进行预处理。对含硫化物的脱毛废液可采取酸化法回收硫化氢或催化氧化法氧化硫化物。对脂肪含量较高的脱脂废水可采用酸化法回收废油脂或采用气浮法使油水分离去除脂肪。对鞣制车间含铬量高的废水，可采用合适的碱性材料和工艺使铬生成氢氧化铬沉淀，经压滤分离回收后按危险废物处理，避免铬进入综合废水处理后产生的污泥中。

（2）综合废水处理

含铬废水在进行综合废水处理之前必须先进行预处理除铬，产生的铬泥属危险废物，不得与其他废水处理污泥混合处理。对综合废水的处理，宜先调节 pH 值后，加絮凝剂沉降或气浮除去悬浮物和过滤性残渣，再经过耗氧、厌氧生化方法处理。

3. 制革固体废物处置和综合利用技术

制革工业是高投入、低产出的传统工业。在制革生产过程中，伴随着大量污水的，还有大量的废渣。其中皮革废渣占原料的 30%～40%。在传统的制革工业中，1t 盐湿皮仅能制造出约 200kg 的成品革，却要产生 600kg 以上的固体废物。这些固体废物包括原皮修边角料、片灰皮渣、削匀皮屑等不含铬胶原和蓝皮削匀、修边时所产生的含铬胶原蛋白的废弃物。我国每年产生 140 多万吨的皮革废渣，如果不能将这些废渣进行合理的处理，一方面将会严重地污染环境，另一方面也将会造成优良胶原蛋白质的极大浪费。

目前制革过程中产生的废毛主要用于制造非织造织物、鞋用毛毡、人造毛皮或用于加工成肥料、动物蛋白饲料、提取氨基酸、固体材料、化妆品、发泡剂、脱色剂、织物整理剂、人造蛋白纤维等。皮下肉膜主要用于提取皮胶和生产饲料。在制革准备阶段脱毛、灰皮剖层后，所得的小块裸皮和剖层皮可用于制革、提取皮胶、生产食用胶原、人造肠衣的透明皮板，而生皮边角料及皮渣则可用于生产明胶。铬革屑可用于生产表面活性剂，制作皮革化工材料，其中包括复鞣剂或填充剂、铬鞣剂、涂饰剂、加脂剂，也可用于制浆造纸、合成树脂和复合材料，制造宠物饲料，生产皮肥，作富铬酵母等。

采用保毛脱毛法，实现毛的回收利用。对没有回收价值的毛，可进一步水解提取其中的角蛋白，用于制作皮革化工材料、化妆品中的保湿成分、毛发营养剂或肥料。鞣制前的皮边角废料可用于制作明胶和其他产品，如水解后回收胶原蛋白制作化妆品和利用其分子链上的氨基和羧基合成表面活性剂等。兰湿皮边角料可用于制造再生革和脱铬后提取其中的蛋白质，以作为工业蛋白的原料；未脱铬的可制作皮革化学品回用于皮革工业；未利用的按危险废物处置。从鞣制过程产生含铬废水中回收的氢氧化铬渣（铬泥），可经适当调节后，制成铬鞣剂，回用于鞣制过程。若没有利用的须按危险废物处置。综合废水处理产生的含铬污泥，经鉴别为危险废物的需按危险废物处置，经鉴别为一般固体废物的按一般固体废物处置。

4. 恶臭防治

新（改、扩）建企业应远离居民区等，设置必要的防护距离；达不到防护距离要求的生产车间应封闭和通风，并对车间废气进行净化处理达标后排放。造成周围大气环境污染的现有制革企业，应予搬迁或采取上述治理措施。同时鼓励研究、开发新的技术。

四、处理技术及利用

制革工业经过多年来不断地整治提升，制革主鞣和复鞣工序产生的含铬废水经单独分流收集，通过加碱沉淀法可得到有效处理。其他生产废水以生化系统为核心，围绕不同的出水标准，可选择单独的好氧以及厌氧-好氧相结合的各类生物处理方法实现达标排放。

随着制革废水生化技术不断发展，氨氮不再是治理的难点，而敏感区域 COD 和总氮的高标准达标才是技术选择的重点。近年来，皮革行业经过不懈的探索，已经形成了一系列较为成熟的生化处理体系。主要的生物处理工艺有二级 A/O 工艺、水解酸化＋氧化沟工艺、厌氧＋A/O 工艺、水解酸化＋好氧生化＋SBR 工艺、多级生物强化的好氧生化工艺等。这些工艺在不同进水 COD、总氮和氨氮浓度下被不同排污单位灵活应用，均可以实现废水达标排放的目标。

制革综合废水包括制革厂区（区域）内排放的所有废水，但主要是制革生产排放的废水，其污染物含量高、成分复杂，水量、水质前已述及。

制革废水的处理主要为物化法和生化法。生化法有活性污泥法、生物膜法、氧化沟法、厌氧法等，无论哪种方法，其预处理和前处理都是必要的，这是由制革废水的特性所决定的。

1. 预处理

工艺：综合废水→格栅→初沉池→调节池。

（1）格栅

去除皮渣、毛及大颗粒物。一般设置粗细两道。当废水处理系统距离车间排放口较远时，宜分别在排放口和处理系统前各设一组。工艺参数为：粗格栅间距 16～25mm；过流速度 0.3～0.8m/s；细格栅间距 5～10mm；倾角 60°。细格栅可选用机械格栅。

（2）预沉淀池

去除泥、砂及易沉物，以防在后续处理单元发生沉淀积累。工艺条件：停留时间 20～60min；有效水深 1.0～2.0m；一般平流式流速 0.1～0.2m/s；池底坡度大于 0.05；排泥周期不大于 24h；排泥管直径不小于 200mm。

（3）调节池

调节制革废水水质、水量，保障废水处理系统稳定、连续运行。调节池通常兼有预曝气或沉淀的功能，称为调节曝气池或调节沉淀池。

① 调节曝气池　在调节池内鼓风、曝气，可以充分搅动混合废水，促进废水絮凝，补充废水溶解氧，防止厌氧产生臭气，氧化某些还原剂如 S^{2-} 等，具有预曝气作用，可以将部分具有絮凝作用、混凝作用的混凝污泥或生物污泥引入。

调节池容积应根据制革厂的生产情况实测排水量和排放时间推算确定。

二班生产：停留时间 8～10h，空气量 3～5m³/(m²·h)。

三班生产：停留时间 8～12h。

② 调节沉淀池　对废水水质、水量调节的同时沉淀絮凝物，一般为平流式，宜设两座并分别设置刮泥设备。工艺参数：a. 停留时间 12～16h；b. 底池坡度不小于 0.02；c. 水平流速 3.0mm/s；d. 排泥周期小于 24h；e. 有效水深 2.0～3.0m；f. 刮泥机速度 0.2～0.8m/min。

2. 化学法处理制革废水

化学法包括中和、混凝、沉淀和气浮法，适合中小制革厂。

（1）中和法

制革综合废水呈碱性，无论采取何种处理方法，一般都需采用中和的方法使废水达到后续处理所需的 pH 范围。中和法一般分为酸性废水与碱性废水互相中和法、药剂中和法、过滤中和法。其中以 HCl 和 NaOH 为中和剂的药剂中和法最为常用，因为其操作方便，高效且易控制。

（2）混凝法

向废水中投加混凝剂，使废水中不能自然沉降的胶体颗粒凝聚，通过沉降或浮上达到和水分离的目的。混凝经过快速混合和反应两个阶段。

① 快速混合　在短时间内使混凝剂与废水均匀混合。

a. 水泵混合。泵前加药。

b. 机械搅拌混合。周边速度为 1.5m/s 以上；停留时间＜1.0min。

c. 隔板式混合。流速＞1.5m/s；隔板间距为 0.6～1.0m；混合池级数为 3～4 级。

② 混凝反应　生长阶段，颗粒不断接触、碰撞、增长。

反应时间 15～30min；GT 值 10^4～10^5。反应设备一般采用隔板反应、机械搅拌反应或涡流反应，混凝剂一般使用聚铝或聚铁，加入量为 0.04%～0.1%。

（3）沉淀法

① 平流斜板（管）沉淀池　工艺参数：表面负荷 2～5m³/(m²·h)；斜板间距 80～100mm；斜板长 1.0m；斜板上部水深 0.8～1.0m；斜板倾角 60°；斜板下部缓冲层 0.8～1.0m。

② 辐流式沉淀池　一般水量较大时采用辐流式沉淀池，多用于二沉池。主要工艺参数：

表面负荷 $1.0\sim2.0\mathrm{m}^3/(\mathrm{m}^2\cdot\mathrm{h})$；停留时间 1.5h；一般采用机械刮泥。

（4）气浮法

混凝反应后，采用气浮法将凝聚颗粒浮上与水分离，一般采用回流加压气浮法。

主要工艺参数：a. 接触上升流速 $10\sim15\mathrm{mm/s}$；b. 接触时间 $1.5\sim3.5\mathrm{min}$；c. 气浮分离时间 $20\sim50\mathrm{min}$；d. 上升流速 $1.5\sim3.0\mathrm{mm/s}$；e. 有效水深 $2\sim2.5\mathrm{m}$；f. 溶气罐压力 $0.2\sim0.4\mathrm{MPa}$；g. 回流比 $20\%\sim50\%$；h. 上升流速 $1.5\sim3.0\mathrm{mm/s}$。

物化法处理制革废水，综合效率一般 COD 去除率为 $70\%\sim85\%$；BOD 去除率为 $50\%\sim80\%$；SS 去除率为 $85\%\sim95\%$；总 Cr 去除率 $>98\%$；S^{2-} 去除率 $>95\%$。物化法处理制革废水，水质难达到国家标准，因此需做进一步处理。

3. 生物法处理制革废水

制革废水主要污染成分为有机物，废水 BOD 与 COD 的比值在 $0.4\sim0.6$ 之间，具有较好的可生化性，适合生物处理。

（1）活性污泥法

活性污泥法处理制革废水是比较传统和成熟的方法，一般为推流式或完全混合式。其处理效率：COD 为 $70\%\sim80\%$，BOD 为 $85\%\sim96\%$。

主要工艺参数：a. 污泥负荷 $0.3\sim0.6\mathrm{kg\ BOD/(kg\ MLSS\cdot d)}$；b. 污泥浓度 $2.5\sim5.0\mathrm{g/L}$；c. 停留时间 $5.0\sim12.0\mathrm{h}$。

① 间歇式活性污泥法（SBR）　SBR 是活性污泥法的一种。废水在同一反应池内按时间顺序实现进水、曝气、沉淀、排水、闲置五个阶段。和传统活性污泥法相比，SBR 构筑物简单，不设二沉池，无污泥回流，操作灵活，曝气时间及曝气量可调，易管理，不易产生污泥膨胀；SBR 是完全混合式曝气，具有调节水质、水量的作用，因此可适当减少调节池的容积。SBR 工艺对中小型制革企业的废水处理十分适用，其最大的特点是灵活，可以间歇运行。近年来，SBR 法处理制革废水逐渐被应用和推广。

主要工艺参数：a. 容积负荷 $0.4\sim1.5\mathrm{kg\ BOD/(m^3\cdot d)}$，一般取较低值以便调节；b. 运行周期 $9\sim15\mathrm{h}$，可根据实际情况调节；c. 曝气时间 $5.0\sim12\mathrm{h}$。

② 生物膜法　生物膜法处理制革废水一般采用接触氧化法。这种方法负荷高，无污泥回流，产泥量比活性污泥少。氧化池内需安装填料，费用增加。

主要工艺参数：a. 容积负荷 $2\sim4\mathrm{kg\ BOD/(m^3\cdot d)}$；b. 停留时间 $4\sim10\mathrm{h}$；c. 填料高度 $2.0\sim3.0\mathrm{m}$，采用悬浮填料，不少于池容的 50%。

③ 氧化沟法　氧化沟与其他生物处理工艺相比所具有的优点是：a. 工艺流程简单，构筑物少，运行管理方便；b. 曝气设备和构造形式多样化、运行灵活；c. 处理效果稳定、出水水质好，并可以实现脱氮；d. 基建投资省、运行费用低；e. 能承受水量水质冲击负荷，对高浓度工业废水有很大的稀释能力。正是基于以上的这些特点，氧化沟生物处理工艺成为到目前为止国内制革废水处理中应用最为广泛的工艺。

主要工艺参数：a. 污泥负荷 $0.05\sim0.10\mathrm{kg\ BOD/(kg\ MLSS\cdot d)}$；b. 污泥浓度 $2.0\sim5.0\mathrm{g/L}$；c. 循环流速 $0.3\sim0.5\mathrm{m/s}$；d. 有效水深 $2.0\sim4.5\mathrm{m}$。

氧化沟工艺 COD 去除率可达到 85% 以上，硫化物的去除率达到 95% 以上。此外，它的另一特点是采用高效表面机械曝气机，可以在不中断运行的情况下，在平台上对设备直接进行维修，不需要像鼓风曝气那样曝气池排空才能维修。

好氧生物法处理制革废水效率为：COD 为 $70\%\sim90\%$；BOD 为 $85\%\sim96\%$。氧化沟的效率较高一点。

（2）厌氧法

2003 年中国农业部与荷兰应用科学研究院合作，尝试利用高效的厌氧反应器处理高浓度、富含毒性物质的制革废水，并在中国河南鞋城制革厂采用 UASB 与硫回收工艺建立了试验示范工程，初步结果表明，采用高效的厌氧处理技术可以有效地降低皮革废水中的 COD，可以实现部分废物的资源化利用并产生能源——沼气。但是，由于没有经过基础的、系统的研究，缺乏相关的理论依据和支持，面对成分复杂，污染负荷高、富含毒性物质的制革废水，启动过程出现了各种各样的问题，造成启动过程一次次的停滞，也留下了许多值得深入研究的课题。

厌氧水解酸化作为好氧生物处理的预处理，可缩短水力停留时间，提高处理效率。一般水力停留时间 4～8h。

上流式厌氧污泥床（UASB）处理制革废水，有机物经酸化，最终分解为甲烷和二氧化碳。停留时间 8～12h，有机物去除率 COD 为 60％左右，可将污泥引入一并处理，减少污泥量。

厌氧法处理制革废水，无动力消耗，可省去预处理沉淀池，产泥量少，但培菌时间长，受 S^{2-} 和 Cr^{3+} 含量的影响，同时也受温度影响。

表 2-14-14 为制革废水各种生物处理工艺之间的比较。

表 2-14-14　制革废水各种生物处理工艺的比较

序号	工　艺	特　　点	技　术　参　数
1	氧化沟	处理效果稳定，操作管理简单，运行成本较低，技术实用性强，运行负荷低，存在泡沫问题，适合大型制革厂	对有机物去除率 BOD 在 95％以上，COD 在 85％以上，硫化物去除率在 95％以上，SS 为 75％左右，石油类 99％以上。污泥负荷 0.05～0.10kg BOD/（kg MLSS·d），水力停留时间 24～28h，污泥龄 20～30d，水流速 0.3m/s
2	SBR	间歇运行，灵活，流程短，操作管理简便，适合中、小型制革厂	COD 与 SS 可去除 80％以上，S^{2-} 去除 96.7％以上，污泥负荷 0.1～0.15kg BOD/（kg MLSS·d），污泥浓度 3～4g/L，水深 4～6m
3	生物接触氧化法	具有较强的耐冲击负荷能力，空气用量少，体积负荷高，处理时间短，污泥生成量少，无污泥膨胀，易维护管理，如设计不当，容易产生堵塞，成本高，适合中、小型制革厂	COD、SS、Cr^{3+}、S^{2-} 去除率为 85％～99.8％以上，容积负荷 2～4kg BOD/（m³·d），曝气量 0.15～0.3m³ 空气/（min·m³ 池容）
4	射流曝气法	结构简单，氧的利用率高，污泥不易膨胀，适合中、小型制革厂	COD 去除率达 90％以上，曝气时间 2～4h，喷射流量 0.039m³/s
5	SBBR	去除效率高，出水水质好，污泥产量少，小试处理效率在 90％以上	水温 20℃；回流率为 100L/h；污泥产率为 0.03kg TSS/kg COD
6	双层生物滤池	是新开发的一种生物处理技术，它省去生物处理过程中必不可少的二次沉淀池，该法结构简单，高负荷运行	去除率 SS 95％，BOD 98％，COD 90％，Cr^{3+} 96％以上，硫化物 96％以上
7	流化床	容积负荷大，耐冲击但处理效率不高，能耗大，适合小型制革厂	COD 与 BOD 去除率达 80％以上，容积负荷 10kg TSS/kg COD
8	UASB	高负荷，但去除率低，且出水的硫化物浓度高	废水 COD、BOD、SS 去除率都在 80％以上，上升流速 0.6～1.2m/h

表 2-14-15 为国内部分制革废水处理成功的应用实例。

表 2-14-15　国内部分制革废水处理成功的应用实例

应用实例	处理工艺	技术参数
某皮革有限公司	气浮＋氧化沟	处理规模 2500t/d,串联气浮
某制革厂	混凝沉淀＋接触氧化	处理规模 480t/d,停留时间 7.5h,BOD 容积负荷 1kg/$(m^3 \cdot d)$,气水比 25∶1
某外资皮革企业	混凝沉淀＋接触氧化	处理规模 400t/d,同级接触氧化,总停留时间 8h,气水比 12∶1
某制革工业区	混凝沉淀＋接触氧化	处理规模 3500t/d,两段接触氧化,总停留时间 16.5h
某制革厂	混凝沉淀＋接触氧化＋综合过滤	处理规模 500t/d,混凝剂 PAC,碱沉淀剂 NaOH,接触时间 3h,容积负荷为 $0.21m^3/(m^3 \cdot h)$,化学纤维过滤
某制革工业区	混凝沉淀＋水解酸化＋CAST工艺	处理规模 6000t/d,混凝剂 $FeSO_4$,PAC,碱沉淀剂 NaOH,水解酸化 10h,CAST 工艺污泥负荷 0.1~0.15kg BOD/(kg MLSS · d),运行周期 6h,曝气 4h,HRT 28h
某制革服装公司	酸化吸收、碱沉淀、电化反应器预处理＋接触氧化＋接触过滤	处理规模 900t/d,碱沉淀剂 MgO,接触氧化 4h
某制革企业	气浮＋接触氧化＋SBR	处理规模 3010t/d,接触氧化 3.9h,SBR 停留时间 30.7h,SBR 容积负荷 1.647kg/$(m^3 \cdot d)$
某皮革公司	内电解＋斜管沉淀	处理规模 100~120t/d,内电解塔有效尺寸 1.2m×3.5m,内置铁、炭填料

第二节　合成革与人造革工业

一、概述

（一）废水污染现状

　　合成革是指以人工合成方式在以织布、不织布、二层皮革等材料的基布（也包括没有基布的）上形成聚氨酯、聚氯乙烯等树脂的膜层或类似结构,外观像天然皮革的一种材料。

　　世界上从 20 世纪 30—50 年代开始生产 PVC 人造革（聚氯乙烯-PVC,一般认为属于第一代人工皮革）,60 年代开始生产 PU 人造革（聚氨酯-PU,为第二代人工皮革）,70 年代开始生产超细纤维合成革（简称"超纤",为第三代人工皮革）。

　　我国从 20 世纪 50 年代末开始生产人造革,1983 年开始生产第二代合成革,1994 年开始生产第三代超细纤维合成革。近几年来,我国合成革工业迅猛发展,目前已经成为世界合成革生产大国、消费大国和进出口贸易大国。合成革工业正在进行世界性的调整,发达国家和地区的制造业向我国（大陆）转移。合成革工业的主要污染为废气污染,特征污染物为有机废气。不按照环境空气和水功能区划进行标准分级,废气和废水排放执行同一标准。

　　据了解,全球合成革的市场规模为 500 亿~700 亿美元,我国的合成革产量占到世界总产能的 70% 以上。中国现有合成革生产企业近 2000 家,基本上都是采用溶剂型树脂生产。溶剂型聚氨酯树脂中含有 70%~80% 的二甲基甲酰胺、甲苯等有毒有害的有机溶剂,在生产过程中需要用到大量水,容易造成地表水污染。为了减少污染,要对废水中的有机溶剂进行回收,又容易产生新的污染物。据估计,全国合成革行业每年排放的有机废气在 20 万吨以上，废水在 800 万吨以上，危险废固物 5 万吨以上。

目前，聚氨酯合成革由于其优良特性，不但在民用领域成了天然皮革的最佳替代产品，而且在尖端的国防军工、航空航天等高科技领域也得到应用。但由于我国目前的生产主要以溶剂型工艺为主，合成革行业的发展受到了制约。国际上现今已在减少溶剂型聚氨酯浆料的使用量，而水性聚氨酯浆料的使用量则在逐渐上升。采用溶剂型树脂生产合成革不仅带来环境污染，而且由于其部分有害物质残留在产品中，造成了合成革制品质量差，环保指标达不到国际高档合成革要求。因此，我国大部分的产品还属于中低档产品，严重影响了我国合成革制品进入国际市场。

（二）污染控制政策、标准

①《合成革工业污染物排放标准（征求意见稿）》编制说明；
②《合成革与人造革工业污染物排放标准》（GB 21902—2008）；
③《清洁生产审核指南合成革工业（征求意见稿）》编制说明；
④《清洁生产审核指南合成革工业（征求意见稿）》；
⑤《合成革行业清洁生产评价指标体系》；
⑥《制革工业污染防治可行技术指南（征求意见稿）》；
⑦《制革工业污染防治可行技术指南（征求意见稿）》编制说明。

二、生产工艺和废水来源

（一）废水来源及性质

合成革工业排放的污染物以有机气体污染物为主，根据工艺不同还有废水和固体废物。在此仅对合成革工业产生的废水性质进行列举。水污染物的产生与工艺有关，有些工艺并不产生废水。产生废水的工艺或流程（工序）见表 2-14-16。

表 2-14-16　废水的种类和来源

序号	工艺或流程	来源	主要污染指标
1	湿揉工艺（后处理）	湿揉、洗涤废水	化学需氧量、色度、有机溶剂、阴离子表面活性剂、悬浮物
2	湿法工艺	浸水槽、凝固槽、水洗槽等的工艺废水和清洗水	化学需氧量、二甲基甲酰胺、阴离子表面活性剂、悬浮物、氨氮
3	超纤:甲苯抽出工艺	水封水、甲苯回收水	甲苯、二甲基甲酰胺、化学需氧量
4	超纤:碱减量工艺	工艺废水和清洗水	二甲基甲酰胺、化学需氧量
5	废气净化治理	水洗涤式废气净化治理水	化学需氧量、有机溶剂、悬浮物
6	DMF 精馏	精馏塔的塔顶水、真空泵出水、DMF 回收废水储罐（池）的非定期排放、清洗水	二甲基甲酰胺、悬浮物、化学需氧量
7	冷却塔废水	冷却水的非定期排放	与所用水有关，一般为:二甲基甲酰胺、悬浮物、化学需氧量
8	清洗	地面冲洗水、容器洗涤水、设备洗涤水	化学需氧量、有机溶剂、悬浮物
9	锅炉废水	锅炉废气治理废水	化学需氧量、悬浮物
10	生活废水	员工生活废水	化学需氧量、悬浮物、氨氮

（二）主要生产工艺

合成革生产工艺（工序、流程）种类较多。根据要求，一种产品往往需要多种生产工艺进行组合生产。通常以一种材料为基材，在上面涂覆一层或多层合成树脂（包括各种添加剂）制成的一种外观似皮革的产品。所用的基材有各类织布、合成纤维无纺布、皮革等，也有无基材的产品。涂覆的合成树脂主要为聚氨酯（PU）、聚氯乙烯（PVC），据资料介绍还有聚酰胺（PA）和聚烯烃（如聚乙烯 PE、聚丙烯 PP）等。生产工艺根据污染产生情况，可分为干法、湿法、直接成型等工艺，以及后处理工艺和超纤生产的特殊工艺。

1. 干法生产工艺

干法生产工艺用于聚氨酯（PU）、聚氯乙烯（PVC）及聚烯烃（如聚乙烯 PE、聚丙烯 PP）等合成革的生产，包括直接涂覆法和间接涂覆法（离型纸法、钢带法等）。其主要工艺流程是将涂层物质涂覆（直接涂覆或间接涂覆再贴合）并烘干的过程，其中最常见的为离型纸法。

离型纸干法典型生产工艺流程见图 2-14-13。

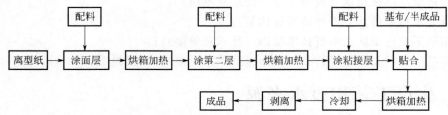

图 2-14-13　离型纸干法典型生产工艺流程

2. 湿法生产工艺

湿法生产工艺主要是聚氨酯（PU）合成革生产工艺，生产的结果一般还是半成品（称为"贝斯"），再经干法工艺或其他后处理后才成为成品。湿法工艺包括浸渍（含浸）、涂覆工艺或两种工艺组合。

一般湿法工艺流程见图 2-14-14。

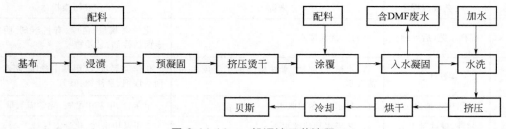

图 2-14-14　一般湿法工艺流程

3. 直接成型法

直接法指涂层剂在涂覆贴合以及固化中没有采用烘箱加热方式，直接固化成型。适用于聚氯乙烯（PVC）及聚烯烃等合成革的生产，如挤出热熔法、复合法等生产工艺。

4. 后处理工艺

后处理工艺是合成革发展的一个重要方向，后处理工艺种类繁多并不断地有所更新，大多采用同皮革后处理和纺织品有关加工处理相似的工艺。包括表面涂饰（包括喷涂）、印刷、压花、磨皮、干揉、湿揉、植绒等。

表面涂饰工艺流程见图 2-14-15。静电植绒工艺流程见图 2-14-16。

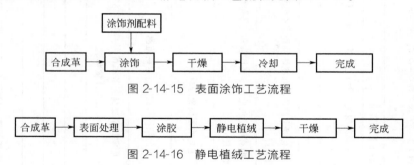

图 2-14-15　表面涂饰工艺流程

图 2-14-16　静电植绒工艺流程

5. 超细纤维合成革贝斯生产的特殊工艺

超纤贝斯生产一般包括超细纤维无纺布的生产、PU 湿法工艺、两种组分的分离。目前的两种组分材料的分离方法有甲苯抽出法和碱减量法两种。目前我国超纤合成革生产企业不多，大部分采用甲苯抽出法，其工艺流程见图 2-14-17。

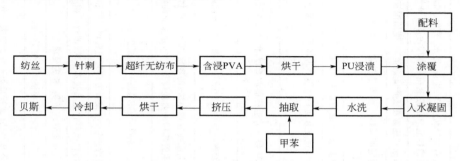

图 2-14-17　甲苯抽出法超细纤维合成革贝斯生产工艺流程

三、清洁生产与污染防治措施

合成革工业开展清洁生产主要从以下几个方面考虑机会和潜力：

① 原料控制方面，不用或少用有毒有害物质，鼓励采用水性原料或可回收的溶剂。

② 生产过程中，配料要求采用密闭管道和配料釜传送原辅料，或者更先进的工艺。生产过程要求采用更加先进的清洁生产、节能降耗技术和方法。二甲基甲酰胺回收要求采用高效率的工艺回收。在生产设备上设置必要的废气吸附回收装置等。

③ 提高二甲基甲酰胺回收率、水重复利用率、废次合成革回收率和离型纸回用次数。

④ 在生产过程中重点控制能耗，以减少废水产生量、COD 产生量、废水中二甲基甲酰胺产生量，提高对能源的利用率、固体废物的处理和处置。

⑤ 加强企业机构建设和全员培训，建立科学有效、具有激励作用的环境管理制度，明确生产过程环境管理的职责。

⑥ 及时收集有关清洁生产、节能降耗方面的法律法规，注重合成革产品生产过程的新技术、新工艺、新设备、新方法的研究和引进。

合成革工业生产过程清洁生产水平的三级技术指标：一级——国际清洁生产先进水平；二级——国内清洁生产先进水平；三级——国内清洁生产基本水平。

合成革行业清洁生产评价指标体系见表 2-14-17～表 2-14-21。

表2-14-17 清洁生产管理指标项目及权重

序号	一级指标	一级指标权重值	二级指标	分权重值	I级基准值	II级基准值	III级基准值
1	清洁生产管理指标	0.15	环境法律法规标准执行情况*	0.09	符合国家和地方有关环境法律、法规,废水、废气、噪声等污染物排放总量控制指标和排污许可证管理要求		到国家和地方污染物排放标准;污染物排放应达
2			产业政策执行情况	0.07	生产规模符合国家和地方相关产业政策,不使用国家和地方明令淘汰的落后工艺和装备		
3			固体废物处理处置	0.07	采用符合国家规定的废物处置方法处置废物;一般固体废物按照 GB 18597 相关规定执行		相关规定执行;危险废物按照 GB 18599 相关规定执行;危险废物按照 GB
4			清洁生产审核情况	0.07	按照国家和地方要求,开展清洁生产审核		
5			环境管理体系制度	0.07	按照 GB/T 24001 建立并运行环境管理体系,环境管理程序文件及作业文件齐备		拥有健全的环境管理体系和完备的管理文件
6			能源管理体系制度	0.07	按照 GB/T 23331 建立并运行能源管理,程序文件及作业文件齐备		拥有健全的能源管理体系和完备的管理文件
7			污染物处理设施运行管理	0.07	建有废水、废气处理设施运行中控系统,建立治污设施运行台账		建立治污设施运行台账
8			污染物排放监测	0.07	按照《污染源自动监控管理办法》的规定,安装污染物排放自动监控设备,并与环境保护主管部门的监控设备联网,并保证设备正常运行		对污染物排放实行定期监测
9			能源计量器具配备情况	0.07	能源计量器具配备率符合 GB 17167,GB/T 24789 三级计量要求		能源计量器具配备率符合 GB 17167,GB/T 24789 二级计量要求
10			环境管理制度和机构	0.07	具有完善的环境管理制度;设置专门环境管理机构和专职管理人员		
11			污染物排放口管理*	0.07	排污口符合《排污口规范化整治技术(试行)》相关要求		
12			危险化学品管理*	0.07	符合《危险化学品安全管理条例》相关要求		
13			环境应急	0.07	编制系统的环境应急预案,每年演练不少于一次		
14			环境信息公开	0.07	按照《环境信息公开办法(试行)》第十九条要求公开环境信息		按照《环境信息公开办法(试行)》第二十条要求公开环境信息

注: * 为限定性指标。

表2-14-18　干法及干法复合生产工艺评价指标项目、权重及基准值

序号	一级指标项	一级指标权重值	指标项		单位	分权重值	二级指标 I级基准值	II级基准值	III级基准值
1	生产工艺及装备指标	0.25	工艺类型		—	0.4	采用不含二甲基甲酰胺等有机溶剂的水性聚氨酯、无溶剂（零溶剂）聚氨酯及其他树脂制备合成革	采用不含二甲基甲酰胺的水性聚氨酯、无溶剂（零溶剂）聚氨酯或98%高固成分树脂的制造工艺	使用二甲基甲酰胺等有机溶剂等其他树脂的制造工艺
2			装备设备	配料装备	—	0.2	设置专用配料室（或配料区）配料，配料槽（罐）上方设置排抽风系统，废气经处理回收系统后排放		
3				生产线装备	—	0.4	烘箱、涂覆区域及之间的贴合的包覆型固型废气收集备全部配备装置	烘箱、涂覆区域及之间的贴合，传输区域全部废气收集处理型废气收集装置	烘箱、涂覆区域及之间的贴合，传输区域全部废气敞开
4	资源能源消耗指标	0.25	单位产品取水量*		$m^3/10^4\ m$	0.5	≤5	≤10	≤15
5			单位产品综合能耗*		$tce/10^4\ m$	0.5	≤1.5	≤1.8	≤2.5
6	污染物产生指标	0.2	单位产品废水产生量*		$m^3/10^4\ m$	0.3	≤4	≤8	≤12
7			单位产品化学需氧量产生量*		$kg/10^4\ m$	0.2	≤1.2	≤2.4	≤3.6
8			单位产品氨氮产生量*		$kg/10^4\ m$	0.2	≤0.06	≤0.12	≤0.18
9			单位产品挥发性有机物产生量*		$kg/10^4\ m$	0.3	≤400	≤450	≤500
10	资源综合利用指标	0.15	水重复利用率*		%	0.5	≥80	≥70	≥60
11			二甲基甲酰胺回收率*		%	0.5	≥98	≥95	≥90
12	清洁生产管理指标	0.15					参见表2-14-17		

注：* 为限定性指标。

表2-14-19 压延、流延、涂覆等复合工艺清洁生产评价指标项目、权重及基准值

序号	一级指标 指标项	一级指标权重值	二级指标 指标项	分权重值	单位	I级基准值	II级基准值	III级基准值
1	生产工艺及装备指标	0.25	工艺类型	0.4	—	以聚氯乙烯（PVC）并采用环保型增塑剂，环保稳定剂，水性黏胶剂为原料制备工艺，氯乙烯（VCM）残留低于 10^{-6} ；或采用聚氨酯、烯烃类、苯乙烯类等热塑弹性体的制备工艺	以聚氯乙烯原生料或再生料为原料，氯乙烯残留低于 5×10^{-6}	
2		0.2	配料设备	0.2	—	设置专用配料室（或配料区）配料，配料槽（罐）上方设置抽风系统，废气经废理回收系统处理后排放	涂覆、烘箱区域全部配备包围型废气收集处理装置，密炼、开炼及之间的贴合，传输区域敞开型废气收集处理装置	
3			生产线设备	0.4	—	密炼、开炼、涂覆、传输区域及之间的贴合全部配备包围型废气收集处理装置	涂覆、烘箱、涂覆、传输区域全部配备包围型废气收集处理装置，密炼、开炼及之间的贴合、传输区域敞开型废气收集处理装置	涂覆、烘箱区域全部配备包围型废气收集处理装置，密炼、开炼及之间的贴合、传输区域敞开型废气收集处理装置
4	资源能源消耗指标	0.25	单位产品取水量*	0.5	$m^3/10^4\ m$	≤5	≤8	≤10
5			单位产品综合能耗	0.5	$tce/10^4\ m$	≤1.2	≤1.5	≤1.8
6	污染物产生指标	0.2	单位产品废水产生量*	0.3	$m^3/10^4\ m$	≤4	≤6	≤8
7			单位产品化学需氧量产生量*	0.2	$kg/10^4\ m$	≤1.2	≤1.8	≤2.4
8			单位产品氨氮产生量*	0.2	$kg/10^4\ m$	≤0.06	≤0.09	≤0.12
9			单位产品挥发性有机物产生量*	0.3	$kg/10^4\ m$	≤400	≤450	≤500
10	资源综合利用指标	0.15	水重复利用率	1.0	%	≥80	≥70	≥60
11	清洁生产管理指标	0.15				参见表2-14-17		

注：* 为限定性指标。

表 2-14-20　湿法工艺清洁生产评价指标项目、权重及基准值

序号	一级指标 指标项	一级指标权重值	二级指标 指标项	单位	分权重值	I级基准值	II级基准值	III级基准值
1	生产工艺及装备指标	0.25	工艺类型	—	0.4	溶剂和稀释剂100%为水	溶剂和稀释剂100%为二甲基甲酰胺（二甲基甲酰胺）	溶剂和稀释剂100%为二甲基甲酰胺（二甲基甲酰胺）
2			配料设备（装备设备）	—	0.2	设置专用配料室（或配料区）配料、配料槽（罐）上方设置抽排风系统，废气经废气处理回收系统处理后排放；溶剂、稀释剂100%采用密封管道输送	设置专用配料室（或配料区）配料、配料槽（罐）上方设置抽排风系统，废气经废气处理回收系统处理后排放	设置专用配料室（或配料区）配料、配料槽（罐）上方设置抽排风系统，废气经废气处理回收系统处理后排放
3			生产线设备（装备设备）	—	0.4	预合浸槽、含浸槽、凝固槽、水洗槽、烘箱、涂覆区，预合浸后烘干区域全部配备包围型废气处理装置	预合浸槽、含浸槽、凝固槽、水洗槽、烘箱、涂覆区，浸合后烘干区域全部配备包围型废气收集处理装置	预合浸槽、含浸槽、凝固槽、水洗槽、烘箱、涂覆区，预合浸后烘干区域全部配备散开型废气收集处理装置
4	资源能源消耗指标	0.25	单位产品取水量*	$m^3/10^4\,m$	0.5	≤40	≤60	≤80
5			单位产品综合能耗*	$tce/10^4\,m$	0.5	≤6	≤8	≤10
6	污染物产生指标	0.2	单位产品废水产生量*	$m^3/10^4\,m$	0.4	≤35	≤50	≤60
7			单位产品化学需氧量产生量*	$kg/10^4\,m$	0.3	≤40	≤55	≤66
8			单位产品氨氮产生量*	$kg/10^4\,m$	0.3	≤1.0	≤1.5	≤1.8
9	资源综合利用指标	0.15	水重复利用率*	%	0.5	≥80	≥70	≥60
10			二甲基甲酰胺回收率*	%	0.5	≥98	≥95	≥90
11	清洁生产管理指标	0.15	参见表2-14-17					

注：*为限定性指标。

表2-14-21　超细纤维基材工艺清洁生产评价指标项目、权重及基准值

序号	一级指标项	一级指标权重值	二级指标项	单位	分权重	一级基准值	二级基准值	三级基准值
1	生产工艺及装备指标	0.25	工艺类型	—	0.4	采用甲苯抽出法工艺的企业，应采用减压蒸馏技术回收甲苯；采用碱减量法工艺的企业，应采用连续式碱量机，并配备自动补液装置，增压装置以及采力控制和调节装置、供水装置，供汽加热装置；废气经废气处理回收		
2	装备设备		配料设备	—	0.2	设置专用配料室（或配料区）配料、配料槽（罐）上方设置抽排风系统，废气收集处理后排放		
3			生产线设备	—	0.4	短纤维输送采用密闭气动输送设备，加工设备配备包围型废气收集处理装置；预含浸槽、含浸槽、凝固槽、水洗槽、烘箱、涂覆区、预含浸后烘干区域全部配备包围型废气收集处理装置；甲苯抽出工序全部密闭，并配备废气冷凝系统	预含浸槽、含浸槽、凝固槽、水洗槽、烘箱、涂覆区、预含浸后烘干区域全部配备包围型废气收集系统；甲苯抽出工序全部密闭，并配备废气冷凝系统	预含浸槽、含浸槽、凝固槽、水洗槽、烘箱、涂覆区、预含浸后烘干区域全部配备敞开型废气收集系统；甲苯抽出工序全部密闭，并配备废气冷凝
4	资源能源消耗指标	0.25	单位产品取水量* 甲苯抽出法	$m^3/10^4\,m$	0.5	≤60	≤80	≤100
5			碱减量法	$m^3/10^4\,m$	0.5	≤100	≤120	≤150
6			单位产品综合能耗	$tce/10^4\,m$	0.5	≤8	≤10	≤12
7	污染物产生指标	0.2	单位产品废水产生量* 甲苯抽出法	$m^3/10^4\,m$	0.3	≤40	≤60	≤80
8			碱减量法	$m^3/10^4\,m$		≤80	≤100	≤120
9			单位产品化学需氧量产生量* 甲苯抽出法	$kg/10^4\,m$		≤44	≤66	≤88
10			碱减量法	$kg/10^4\,m$	0.2	≤240	≤300	≤360
11			单位产品氨氮产生量* 甲苯抽出法	$kg/10^4\,m$		≤1.2	≤1.8	≤2.4
12			碱减量法	$kg/10^4\,m$	0.2	≤2.4	≤3.0	≤3.6
13			单位产品挥发性有机污染物（VOCs）产生量*	$kg/10^4\,m$	0.3	≤500	≤540	≤600
14	资源综合利用指标	0.15	水重复利用率	%	0.5	≥80	≥70	≥60
15			二甲基甲酰胺回收率*	%	0.5	≥98	≥95	≥90
16	清洁生产管理指标	0.15				参见表2-14-17		

注：* 为限定性指标。

四、处理技术及利用

国内外的合成革生产技术水平差别不大。中国是目前世界上最大的合成革生产国，生产的合成革产品有各种档次，但主要以中低档产品为主。其他国家如日本等国的产量虽然较小，但产品以高端产品为主。PVC 合成革、普通 PU 合成革的主要生产工艺基本上定型，但后处理方面有较多的更新和变化发展。国内许多企业的生产设备同国外的设备基本处于相当的水平，但同时还存在着许多工艺设备简陋、生产条件很差的企业。

合成革工业发展过程，从 PVC 合成革到普通 PU 合成革，目前最热门的是超纤。但目前 PVC 合成革、普通 PU 合成革均还有巨大的市场，占主导地位。超纤有良好的发展潜力，国内已投产或将要投产的已有十几家企业。超纤的技术还有很大的发展。

五、制革废水处理设计注意事项

① 制革废水处理设计要和制革生产工艺相结合，分流治理和综合处理相结合，把污染消灭在发生初期，以降低综合废水处理造价和运行成本。考虑排放废水的系统平衡，充分利用废水自身的特点，如酸碱平衡及自身絮凝等。

② 当制革采用表面活性剂脱脂时，预曝气和曝气池会有大量泡沫产生，应改变工艺或采取消泡措施。

③ 废水从车间排放口到处理系统，宜采用明沟，使水疏通。距离远时，中间应设沉井。

④ 制革废水处理系统应能灵活运行，以适应生产淡旺季的变化。必要时留有生产发展的余地。

第三节　工程实例

一、实例一

某皮革公司主要生产山羊蓝湿革、牛蓝湿革、山羊鞋面革等半成品和成品革制品。由于企业规模不断扩大，废水排放量大增，原有废水处理设施已经不能满足生产发展要求。因此，2009 年企业决定新建一套废水处理设施，废水工程设计处理能力为 $1000\text{m}^3/\text{d}$，废水经处理后，要求出水达到《污水综合排放标准》（GB 8978—1996）中的一级标准。

（1）处理工艺

废水水质和排放标准见表 2-14-22。

表 2-14-22　废水水质及排放标准

项目	COD/(mg/L)	BOD/(mg/L)	SS/(mg/L)	总 Cr/(mg/L)	S^{2-}/(mg/L)	pH 值
原水水质	3000~4000	1500~2000	2000~4000	60~100	50~100	8~10
排放标准	100	30	70	1.5	1.0	6~9

由于企业原有废水处理设施对铬鞣废水已经单独处理（见图 2-14-18），并对铬泥做到了回收利用，出水铬离子浓度在 2mg/L 左右，因此新建工程保留原含铬废水的单元，处理目标为含硫废水、脱铬废水以及其他车间废水。

废水处理工艺流程如图 2-14-19 所示。

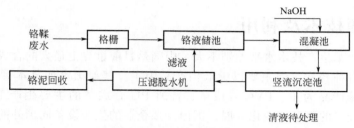

图 2-14-18 原铬鞣废水处理流程

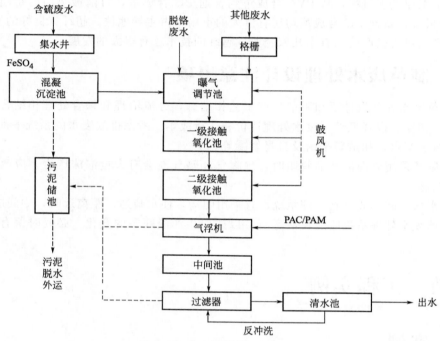

图 2-14-19 废水处理工艺流程

收集后的含硫废水经过投加 $FeSO_4$ 混凝，S^{2-} 与 Fe^{2+} 结合生成的 FeS 沉淀通过竖流式沉淀池固液分离，竖流沉淀池出水会同脱铬废水及其他废水进入曝气调节池，调节池水质调节均匀后，用污水泵提升至两级生物接触氧化池。生物接触氧化池内装半软性填料，采用旋混式曝气头曝气，生物接触氧化池出水通过加药混合器加入聚合氯化铝（PAC）和聚丙烯酰胺（PAM），充分反应后进入气浮机，在气浮机内大量絮体被气泡黏附带至水面后经刮渣机刮除。气浮机出水进入中间池，池内设增压泵，池水由泵打入最后一道处理设备——石英砂过滤器，气浮出水经过滤后出水流入清水池后排放。清水池内设潜水泵，适时对石英砂过滤器进行反冲，反冲洗水、气浮机泥渣、混凝沉淀池污泥排入污泥储池。

（2）主要处理单元设计与运行参数

① 曝气调节池 三股废水水质水量不断变化，通过设置调节池以达到均质、均量的目的，保证生化处理的稳定性。有效容积 $V=750m^3$；池体尺寸 $15m \times 10m \times 5m$；池体为钢筋混凝土结构，池内设潜污泵 80QW60-13-4（2 台，1 用 1 备）；调节池采用穿孔曝气管曝气[曝气量 $3 \sim 5m^3/(m^2 \cdot h)$]，可以减轻后续处理工段的负荷，并且防止悬浮物大量沉淀于池底，曝气调节池的水力停留时间（HRT）为 16h。

② 生物接触氧化 好氧处理采用生物接触氧化，生物接触氧化工艺具有生物量大、有

机负荷高、出水水质好、耐冲击负荷等优点。废水中 80% 的 BOD 都是在氧化池中去除的。生物接触氧化池内的生物固体浓度（5～10g/L）高于活性污泥法和生物滤池，具有较高的容积负荷；另外接触氧化工艺无污泥膨胀问题，运行管理较活性污泥法简单，对水量水质的波动有较强的适应能力。接触氧化池为整体推流式，两级串联，一级接触氧化池设计水力停留时间（HRT）13h，池体尺寸 12m×10m×5m，分 2 格，二级接触氧化池停留时间（HRT）6.5h，池体尺寸 12m×5m×5m。有效水深为 4.5m；半软性填料 542m^3，填料架底部位置距离池底 1m，距液面 0.5m；池体为钢筋混凝土结构；池底设旋混曝气装置 720 套，采用旋混式曝气头进行曝气，气水比 20:1，控制池内溶解氧为 2～4mg/L，曝气头间距 0.5m；罗茨风机 SLW150 型（3 台，2 用 1 备）$Q=15.95m^3/min$，功率 $N=22kW$。

主要机械设备见表 2-14-23。

表 2-14-23　主要机械设备

设备名称	规格型号	数量	功率/kW	备注
机械格栅	SZL 型	2 台	0.75	
潜污泵	80QW60-13-4	4 台	4	
罗茨风机	SLW150	3 套	22	两用一备
曝气头	XH230	720 个		
气浮机	THAF-50	1 台	4	附加药装置
加药装置	JY-Ⅱ	3 套	0.75	
电气控制	非标	1 套		
过滤器	非标	4 套		附潜污泵
潜污泵	50QW15-15-2.2	4 台	2.2	
反冲洗泵	80QW45-15-5.5	2 台	5.5	
污泥脱水机	WDY-Ⅱ-1500	1 台	1.1	附泥浆泵
泥浆泵	G60-1	2 台	5.5	

（3）出水指标分析

出水指标如表 2-14-24 所示。出水指标均达到国家《污水综合排放标准》（GB 8978—1996）中的一级排放标准。

表 2-14-24　出水检测结果　　　　单位：mg/L（pH 值除外）

日期	COD	BOD	SS	总 Cr	S^{2-}	pH 值
2009.5.24	91	24	42	1.1	0.7	7
2009.5.25	89	23	50	1.2	0.8	7
2009.5.26	90	23	45	1.2	0.7	7

（4）经济指标分析

设备总装机容量 121.7kW，实际运行功率 75.3kW，脱硫 $FeSO_4$ 的投加量 200mg/L，气浮机运行聚合氯化铝（PAC）投加量 150mg/L，聚丙烯酰胺（PAM）投加量 1mg/L，NaOH 投加量 50mg/L。电费及药剂均按当时市价计算，处理每吨废水的直接运行费用仅 1.41 元，低于行业平均水平。

二、实例二

1. 工程概况

皮革加工是以动物皮为原料，经化学处理和机械加工而完成的。在加工过程中，大量的蛋白、脂肪转移到废水中。该制革厂产生的废水主要来自牛皮的加工过程阶段。牛皮的加工过程包括泡皮、脱毛脱脂、浸灰、脱灰浸酸、鞣制、复鞣、整饰等工序,具体的生产加工流程见图 2-14-20。

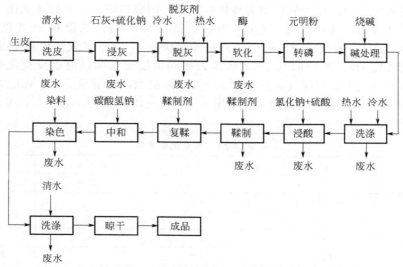

图 2-14-20 牛皮加工生产工序

根据牛皮生产工序、清洁生产内容及废水中污染物种类、特点,牛皮制革过程中产生的废水分为:浸灰废水、鞣制废水、脱灰废水及其他废水 4 类。浸灰废水、鞣制废水、脱灰废水分别进行预处理后,与泡皮水等其他废水在综合废水调节池内混合后进行综合处理。实测进水水量、水质如表 2-14-25 所示。

表 2-14-25 进水水量、水质

污水来源	平均水量 /(m³/d)	COD /(mg/L)	氨氮 /(mg/L)	总铬 /(mg/L)	硫化物 /(mg/L)	pH 值
浸灰废水	350	≤30000	≤200	—	≤50000	14
初鞣废水	120	≤3000	—	≤3000	—	4～5
复鞣废水	120	≤3500	—	≤100	—	5～6
脱灰废水	200	≤4000	≤3000	—	≤4000	8～9
综合废水	1600	≤5000	≤400	≤1.5	≤1000	8～9

2. 设计目标

根据工业园区管理委员会及当地环保局要求,废水经处理后,各项污染物浓度均应达到制革区污水处理厂进水标准,主要污染物指标如表 2-14-26 所示。

表 2-14-26 设计出水水质

项目	COD/(mg/L)	氨氮/(mg/L)	总铬/(mg/L)	硫化物/(mg/L)	pH 值
浓度	300	15	1.5	1.0	6～9

3. 工艺选择

根据废水中特征污染物的种类,对现有废水采取物化分流分质预治理技术,然后再进行生物法综合治理的方法。具体采用"物化分流分质＋生化处理"的方法,该方法的处理工艺流程如图 2-14-21 所示。

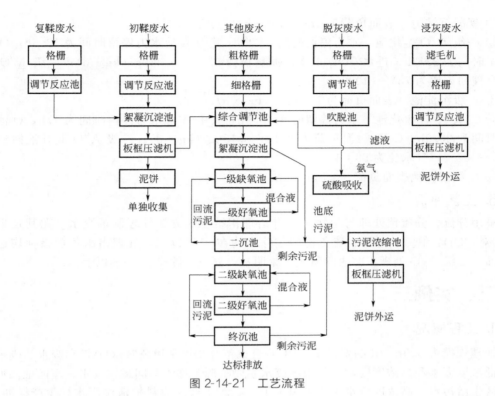

图 2-14-21 工艺流程

4. 工艺说明

（1）浸灰废水

主要构筑物设计参数：调节反应池有效容积 350m³，停留时间 24h。

（2）鞣制废水

鞣制废水包括初鞣废水和复鞣染色废水。主要构筑物设计参数：调节反应池有效容积 120m³，停留时间 24h；混凝沉淀池设 2 座，每座有效容积均为 60m³，停留时间 12h，两座交替运行。

（3）脱灰废水

主要构筑物设计参数：调节反应池有效容积 120m³，停留时间 24h，气水比为（600：1）~（700：1）。

（4）综合废水

综合废水中污染物主要通过生化处理系统去除，本工程采用二级 A/O 处理系统。第一级 A/O 处理系统的主要作用是去除 COD，其中，一级 A 的作用为提高废水的可生化性，溶解氧控制在 0.5mg/L 以下，一级 O 的作用为降解废水中有机污染物，溶解氧控制在 0.8~1.0mg/L。第二级 A/O 处理系统的主要作用是去除氨氮和总氮，其中，二级 A 的作用为反硝化，降解废水中的总氮，溶解氧控制在 0.3mg/L 以下；二级 O 的作用为降解水中的氨氮，溶解氧控制在 3.0~4.0mg/L。每一级 A/O 处理系统之后均采用竖流式沉淀池进行泥水分离，污泥分别回流至 A/O 系统，回流量为 75%~100%，保持每个处理单元的优势菌落。硝化细菌在弱碱性的环境中适合生存，因此，二级 O 池内 pH 值应保持在 7.5~8.5。

（5）主要构筑物设计参数

① 调节池 有效容积 1600m³，停留时间 24h。

② 絮凝沉淀池 表面负荷 $1.2m^3/(m^2 \cdot h)$。

③ 一级 A/O 生化池 水力停留时间 34.8h，其中 A 池水力停留时间为 12.5h，O 池水力停留时间为 22.3h；进水 COD 承受污泥负荷为 $0.25 \sim 0.35kg/(kg \cdot d)$；一级 A/O 生化池混合液回流比为 $75\% \sim 100\%$；气水比 50:1。

④ 一级沉淀池 表面负荷为 $1.25m^3/(m^2 \cdot h)$。

⑤ 二级 A/O 生化池 水力停留时间 43.9h，其中 A 池水力停留时间为 17h，O 池水力停留时间为 26.9h；COD 污泥负荷为 $0.10 \sim 0.15kg/(kg \cdot d)$；二级 A/O 混合液回流比为 $300\% \sim 400\%$；气水比为 53:1。

⑥ 二级沉淀池表面负荷 $0.8m^3/(m^2 \cdot h)$。

5. 工艺评析

采用分流、分质预处理与生物法综合治理相结合的方法处理制革废水（尤其是牛皮废水），对 COD、氨氮、总铬、硫化物的去除率均在 95% 以上，处理出水各项指标均达到排放标准。二级 A/O 处理工艺去除氨氮效果明显，氨氮去除率在 99% 以上。

三、实例三

1. 工程概况

处理规模为 $300m^3/d$ 的聚氨酯（PU）合成革高二甲基甲酰胺（DMF）废水。废水主要分为低浓度废水和高浓度废水。低浓度废水主要来源于揉纹车间揉纹废水、车间地面冲洗水及厂区生活污水。高浓度废水主要来源于干、湿法生产线原料桶清洗废水、生产线冲洗水、DMF 回收塔冷凝水（亦即塔顶水）、回收塔的定期冲洗水、湿法生产线的凝固槽冲洗水以及储罐冲洗水。

（1）塔顶废水

精馏塔出水中 DMF、二甲胺含量较高，水量为 $180 \sim 220m^3/d$，COD 约为 3500mg/L，TN 为 $300 \sim 500mg/L$。

（2）洗塔水

废水中有机污染物浓度很高，COD 为 $(1.50 \sim 5.50) \times 10^4 mg/L$，TN 为 $2000 \sim 7500mg/L$，为间歇式排放，每月排放 2 次，水量约为 $10m^3/$次。

（3）揉纹废水、洗桶水、地面清洗废水等

主要含有革基布毛屑和 DMF、丁酮、甲苯、聚氨酯、聚乙烯醇（PVA）、助剂等，经厂区管网收集后进入废水处理站，COD 约为 1500mg/L，废水量约为 $30m^3/d$，TN 约为 50mg/L。

（4）生活污水

水量约为 $30m^3/d$，COD 约为 300mg/L，TN 为 40mg/L。低浓度废水和高浓度废水混合后 pH 值为 $7 \sim 10$，COD 约为 3000mg/L，TN 约为 400mg/L，氨氮约为 100mg/L，BOD_5 约为 1200mg/L，色度为 128 倍。因此废水的典型特征是"双高"（高 COD、高有机氮），这也是合成革工业废水生物处理的难点。

2. 设计目标

采取化学预处理和生化处理的组合工艺来处理该废水，预处理后废水进到生化处理站，该工艺已经在 $300m^3/d$ 处理规模上应用，出水水质达到《污水综合排放标准》（GB 8978—1996）的一级标准。

3. 工艺选择

(1) 塔顶废水预处理

① 降温　高温废水（>35℃）影响生化处理效果，同时二甲胺又极易挥发；考虑到节省运行费用和管理的可操作性，决定采用板式热交换装置进行降温。

② 调整 pH 值　在考虑降低水温的同时还要考虑废水的高碱性，塔顶水先用硫酸降低 pH 值后，与其他废水混合后进入生化处理站。

(2) 生化处理

有机氮废水的生化处理工艺一般采用 A/O 系统，早期大都采用一级 A/O 系统，现已发展到多级 A/O 系统，如 O_1/A_2O_2、A_1O_1/A_2O_2。依靠一段 A/O 工艺实现废水处理达标排放有困难，采用两段 A/O 生化处理工艺处理 BOD/COD 值在 0.3 以上、COD>2000mg/L 的工业废水，能达到预想效果。

塔顶混合水进到调节池后，由于废水中含有高浓度的二甲胺和 DMF，该废水先自动控制其 pH 值后进入厌氧池，使所有的有机胺转化为无机氨，O_1 池快速吸附大部分有机物后，进入第二段 A_2/O_2 生化系统，进一步用硝化和反硝化细菌降解废水中的氨氮，再经深度混凝处理后，部分废水可再生回用，大部分达标排放。

废水处理工艺流程见图 2-14-22。

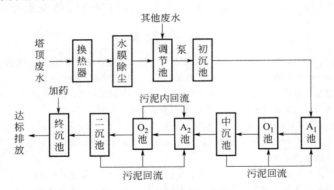

图 2-14-22　废水处理工艺流程

4. 工艺说明

(1) 废水调节池

调节厂区废水塔顶液和其他低浓度废水，HRT 为 12h，选用机械搅拌混合废水。

(2) 初沉池

竖流式沉淀池，1 座，去除部分悬浮物和有机污染物，降低生化负荷，表面水力负荷为 $1.0m^3/(m^2 \cdot h)$。

(3) 第一段 A_1/O_1 生化处理池

A_1 池采用生物膜法厌氧工艺，对预处理工艺未去除的难生化降解有机物继续降解，为好氧池降解有机物提供保证，挂组合填料，HRT 为 24h，容积负荷为 2.8kg COD/$(m^3 \cdot d)$，控制 DO<0.3mg/L，MLSS 为 3~5g/L。O_1 池好氧降解废水中有机物，后部设中沉池，采用污泥泵回流污泥，污泥回流比为 50%~100%。采用鼓风曝气，HRT 为 24h，容积负荷为 2.8kg COD/$(m^3 \cdot d)$，控制 DO 为 2~4mg/L，MLSS 为 3~5g/L；中沉池表面水力负荷为 $1.2m^3/(m^2 \cdot h)$，1 座。

（4）第二段 A_2/O_2 生化处理池

A_2 兼氧池为搅拌完全混合式，HRT 为 12h，O_2 好氧池为完全混合式，HRT 为 36h；容积负荷为 1.68kg COD/($m^3 \cdot d$)，硝化负荷 <0.06kg NH_4^+-N/(kg MLSS $\cdot$ d)，反硝化负荷 <0.05kg NO_x^--N/(kg MLSS $\cdot$ d)。A_2 池主要进行反硝化，采用水力搅拌机搅拌，控制 DO 值为 0.3~0.5mg/L，MLSS 为 3~5g/L。O_2 池为生物膜法好氧池，主要起硝化作用，控制 DO 为 3~5mg/L，MLSS 为 3~5g/L；为实现较好的脱氮效果，混合液回流比为 400%；O_2 池后设二沉池，采用污泥泵回流污泥。

（5）二沉池

主要进行泥水分离，表面水力负荷为 1.0m^3/($m^2 \cdot h$)，竖流式，1 座。设回流泵进行污泥回流，污泥回流比为 50%~100%。

（6）终沉池

加药去除悬浮物，表面水力负荷为 0.7m^3/($m^2 \cdot h$)，1 座。

5. 工艺评析

对于目前 300m^3/d 的实际处理规模，预处理和改良 $A_1/O_1/A_2/O_2$ 工艺对 COD 去除率 >96%，对 NH_4^+-N 去除率为 90%，对 TN 去除率 >82%，以上水质可以满足《污水综合排放标准》（GB 8978—1996）一级标准，适于高有机氮合成革废水处理。

参 考 文 献

[1] 《排污许可证申请与核发技术规范 制革及毛皮加工工业—制革工业（征求意见稿）》编制说明.
[2] 高忠柏，吴琪. 污染——中国制革业不得不面对的难题 [J]. 中国皮革，2007（15）：68-72.
[3] 中国皮革协会. 新排放标准出台倒逼皮革行业加速转型 [N]. 中国工业报，2014-01-15B04.
[4] 环保部发布《第一次全国污染源普查公报》[J]. 电力勘测设计，2010，01：31.
[5] 《制革工业污染防治可行技术指南（征求意见稿）》编制说明.
[6] 赵浩然. 皮革加工工艺污染物排放特征研究 [D]. 哈尔滨：黑龙江大学，2018.
[7] 制革、毛皮工业污染防治技术政策.
[8] 杨靖，杨劲峰，刘峻. 制革综合废水处理工程设计及运行 [J]. 中国给水排水，2016，32（20）：99-102.
[9] 胡康. 制革产业区铬鞣废水预处理工艺及铬资源化利用研究 [D]. 济南：齐鲁工业大学，2018.
[10] 孟亚男. 制革工业中含铬废水的处理技术研究现状 [J]. 山东化工，2018，47（09）：187-189.
[11] 李晓星，陈杰，贾继章. 制革污泥处理及资源化利用研究进展 [J]. 西部皮革，2015，37（18）：39-42.
[12] 关民普，鲁雪燕. 制革及毛皮加工项目污染治理措施建议 [J]. 资源节约与环保，2018（04）：100+111.
[13] 于勇，丁然，田秉晖，等. 生物处理组合工艺用于制革废水处理 [J]. 环境工程学报，2017，11（06）：3375-3380.
[14] 国家发展和改革委员会国家环境保护总局. 清洁生产审核办法.
[15] 关于进一步加强重点企业清洁生产审核工作的通知（环发 [2008] 60 号）.
[16] 国家环境保护总局. 企业清洁生产审计手册 [M]. 北京：中国环境科学出版社，1996.
[17] HJ 469—2009. 清洁生产审核指南 制订技术导则.
[18] HJ/T 425—2008. 清洁生产标准 制订技术导则.
[19] GB 21902—2008. 合成革与人造革工业污染物排放标准.
[20] GB/T 2589—2020. 综合能耗计算通则.
[21] 罗瑞林. 织物涂层技术 [M]. 北京：中国纺织出版社，2005.
[22] 孙曦，程小榕. PU 合成革干法生产线 DMF 废气回收技术 [J]. 中国环保产业，2004，（6）：1.
[23] 何永全. 合成皮革的加工制造 [J]. 非织造布，2002，10（4）：2.
[24] 李振新. 制革行业废水处理典型工艺技术分析 [A]. 科技部. 2014 年全国科技工作会议论文集 [C]. 科技部：《科技与企业》编辑部，2014：1.
[25] 唐行鹏，孟宪礼，侯成林，等. 某皮革厂皮革废水处理工程案例分析 [J]. 环境工程，2016，34（02）：63-68.
[26] 郑祥远，周碧冰. 二级 AO 工艺处理 PU 合成革高有机氮废水 [J]. 中国给水排水，2016，32（18）：73-76.

第十五章
畜禽养殖废水

第一节 概述

一、我国畜禽养殖业的特点与污染现状

1. 养殖量和产品量稳步发展（数据来自国家统计局年检 2020 年）

我国是畜禽养殖大国，到 2019 年为止，全国大牲畜年度存栏数为 9877.4 万头，与 2010 年相比，基本持平；猪年底头数为 31040.7 万头，较 2010 年下降 33.62%，

羊年底头数为 30072.1 万头，较 2010 年增长 4.67%；2019 年，全国肉类产量为 $7758.8×10^4t$，2010 年，奶类和禽蛋产量较 2006 年分别增长 17.2% 和 23.7%。表 2-15-1 和表 2-15-2 展示了近年来我国畜禽养殖量和产品量的情况。

表 2-15-1 牧畜养殖情况表

年份	2010	2011	2012	2013	2014	2015	2016	2017	2018	2019
大牲畜年底存栏头数/万头	11074.6	10580.0	10248.4	10008.6	9952.0	9929.8	9559.9	9763.6	9625.5	9877.4
其中：牛	9820.0	9384.0	9137.3	8985.8	9007.3	9055.8	8834.5	9038.7	8915.3	9138.3
马	529.9	515.4	465.2	431.7	415.8	397.5	351.2	343.6	347.3	367.1
驴	510.1	485.3	462.4	425.7	383.6	342.4	259.3	267.8	253.3	260.1
骡	191.5	171.1	159.0	138.0	117.4	104.1	84.5	81.1	75.8	71.4
骆驼	23.0	24.3	24.5	27.4	28.0	30.1	30.5	32.3	33.8	40.5
肉猪出栏头数/万头	67332.7	67030.0	70724.5	72768.0	74951.5	72415.6	70073.9	70202.1	69382.4	54419.2
猪年底头数/万头	46765.2	47074.8	48030.2	47893.1	47160.2	45802.9	44209.2	44158.9	42817.1	31040.7
羊年底只数/万只	28730.2	28664.1	28512.7	28935.2	30391.3	31174.3	29930.5	30231.7	29713.5	30072.1

表 2-15-2 畜禽产品产量情况

年份	2010	2011	2012	2013	2014	2015	2016	2017	2018	2019
肉类产量/10^4t	7993.6	8023.0	8471.1	8632.8	8817.9	8749.5	8628.3	8654.4	8624.6	7758.8
其中：猪牛羊肉	6173.5	6140.3	6462.8	6641.6	6864.2	6702.2	6502.6	6557.5	6522.9	5410.1
猪肉	5138.4	5131.6	5443.5	5618.6	5820.8	5645.4	5425.5	5451.8	5403.7	4255.3
牛肉	629.1	610.7	614.7	613.1	615.7	616.9	616.9	634.6	644.1	667.3
羊肉	406.0	398.0	404.5	409.9	427.6	439.9	460.3	471.1	475.1	487.5
奶类/10^4t	3211.3	3262.8	3306.7	3118.9	3276.5	3295.5	3173.9	3148.6	3176.8	3297.6
其中：牛奶	3038.9	3109.9	3174.9	3000.8	3159.9	3179.2	3064.0	3038.6	3074.6	3201.2
绵羊毛/t	385125	386487	393725	402081	407230	413134	411642	410523	356608	341120
山羊毛/t	36226	38070	40505	40215	38655	35487	35785	32863	26965	24875

年份	2010	2011	2012	2013	2014	2015	2016	2017	2018	2019
山羊绒/t	17848	17126	17211	17307	18465	18684	18844	17852	15438	14964
禽蛋/10^4t	2776.9	2830.4	2885.4	2905.5	2930.3	3046.1	3160.5	3096.3	3128.3	3309.0
蜂蜜/10^4t	38.2	41.2	43.8	43.7	46.3	47.3	55.5	54.3	44.7	44.4

2. 在国民经济中的地位不断增强

自改革开放以来，由于政策的调整，国家投入的增加，畜禽品种、防疫卫生，特别是动物营养与饲料科学技术的普及，我国畜禽养殖业得到了快速发展。至 2019 年底，全国畜牧业产值达 3.3 万亿元，占农林牧渔业产值的 26.7%；近几年来，虽然畜牧业产值占总产值和畜牧业产值占农业总产值比重有一定的下降，但畜牧业产值和人均畜牧业产值却持续增长，因此一定程度上显示出我国居民生活水平的提高；且畜牧业的快速发展能带动饲料工业、畜产品加工业、食品、制革、毛纺等产业的发展，据统计，目前与我国畜牧业生产密切相关的产业的产值超过了 8000 亿元，同时能增加农民的收入，增加劳动就业机会，目前从事畜牧业生产的劳动力已达 1 亿多人，农民人均收入来自畜牧业的部分占 40%，畜牧业已成为农民增加收入的重要来源和农村经济发展的重要支柱，对我国经济发展做出了重要贡献。

3. 规模化、产业化和区域化步伐加快

（1）畜禽饲养由分散向规模化经营发展，集约化程度不断提高

改革开放之初，我国畜禽养殖主要以集体和农户饲养为主，仅有少量的生产规模较大的大型国营农场。随着社会经济的快速发展，在环保方面对养殖废弃物处理不够规范的养殖场的施压以及国家政策对规模化养殖扶持和环保的规范下，2007 年后散养户快速退出，规模化养殖户和大型养殖企业快速发展，中国生猪规模化养殖比例明显提高，2015 年，我国生猪年出栏 500 头以上、肉牛年出栏 50 头以上、肉羊年出栏 100 只以上、肉鸡年出栏 10000 只以上、蛋鸡年存栏 2000 只以上的规模养殖比例分别为 44.0%、28.6%、34.3%、68.8%、73.3%，规模化养殖的优势逐渐明显。

（2）结构逐渐优化，优势区域集中

随着我国农业产业化的快速发展，促进区域内畜牧业的标准化生产和规模化经营，畜牧业生产逐渐向优势区域集中，生产区域性越来越明显，其中，生猪产业主要集中在长江流域、中原和东北地带，其生猪产量占全国总量的 66%；西南地区主要发展牛、羊畜牧业；家禽产业主要分布在山东、广东、江苏等地，其出栏量占全国的 50%；肉牛和肉羊产业带主要集中在中原、东北、西北、西南及内蒙古中东部，其中肉牛产量占到总量的 72%；禽蛋产业带主要分布在山东、河北、河南等中原省份；奶牛产业分布在东北、华北、京津沪、内蒙古、新疆等地带，其产量占总量的 62%。

4. 水污染严重

随着畜牧业的飞速发展，畜牧业已成为国民经济的支柱产业，但同时也引起了较为严重的环境问题，畜禽养殖污染物具有成分复杂、污染负荷大、分散排放、治理资金投入不足等特点。未经无害化处理的畜禽粪尿是畜禽养殖最大的污染源，大部分高浓度的畜禽养殖粪便随同污水未经处理即排入江河湖泊中，造成了广泛的面源污染，从而导致环境水体的不断恶化，湖泊水库的富营养现象非常普遍，人民群众的安全饮用水受到威胁。据《第二次全国污染源普查公告》，2017 年末，农业源 COD、氨氮、总氮和总磷的排放量分别为 1067.13 万吨、21.62 万吨、141.49 万吨和 21.20 万吨，分别占全国排放量的 49.8%、22.4%、

46.5%和67.2%。而在农业源中，畜禽养殖业的COD、氨氮、总氮和总磷的排放量分别为1000.53万吨、11.09万吨、59.63万吨和11.97万吨，分别占农业源排放量的93.8%、51.3%、42.1%和56.5%，因此畜禽养殖减排工作属于重中之重，且对其污染治理工作仍需努力狠抓。表2-15-3显示了2011年以来畜牧养殖污染排放情况。

表 2-15-3　畜牧养殖污染排放情况

项目	2011年	2012年	2013年	2014年	2015年
COD排放量/万吨	1130.46	1098.96	1071.75	1049.11	1015.53
占农业COD排放总量比例/%	95.31	95.25	95.20	95.17	95.04
氨氮排放量/万吨	65.20	63.13	60.41	58.01	55.22
占农业氨氮排放总量比例/%	78.88	78.30	77.52	76.79	76.05
总氮排放量/万吨	266.73	303.79	298.65	289.04	297.55
占农业总氮排放总量比例/%	62.79	64.67	64.49	63.37	64.50
总磷排放量/万吨	40.92	42.35	42.25	41.06	42.53
占农业总磷排放总量比例/%	75.56	77.18	77.71	76.85	77.79

二、畜禽养殖业的产业政策

2001年之前，国家还未颁布关于畜禽养殖业相关的政策法规及标准，2001年之后，原国家环境保护总局颁发了《畜禽养殖污染防治管理办法》，指出：畜禽养殖场应当保持环境整洁，采取清污分流和粪尿的干湿分离等措施，实现清洁养殖；同年颁布了《畜禽养殖业污染防治技术规范》（HJ/T 81—2001），规定养殖场的排水系统应实行雨水和污水收集输送系统分离，在场区内外设置污水收集输送系统，不得采取明沟布设。新、改、扩建的畜禽养殖场应采取干法清粪工艺，采取有效措施将粪及时、单独清出，不可与尿、污水混合排出；采用水冲粪、水泡粪湿法清粪工艺的养殖场，要逐步改为干法清粪工艺。畜禽养殖过程中产生的污水应坚持种养结合的原则，经无害化处理后尽量充分还田，实现污水资源化管理。污水的消毒处理提倡采用非氯化的消毒措施，要注意防止产生二次污染物。2002年颁布了《农业法》，从事畜禽规模养殖的单位和个人应对粪便、废水及废弃物进行无害化处理或者综合利用。2004年颁布了《固体废物污染环境防治法》，规定从事畜禽规模养殖应按照国家有关规定收集、贮存、利用或者处理养殖过程中产生的粪便，防止污染环境。2005年颁布了《畜牧法》，指出：畜禽养殖场、养殖小区应当保证畜禽粪便、废水及其他固体废弃物综合利用或者无害化处理设施的正常运转，保证污染物达标排放，防止污染环境。禁止在生活饮用水的水源保护区、风景名胜区，以及自然保护区的核心区和缓冲区，城镇居民区、文化教育科学研究区等人口集中区域，法律法规规定的其他禁养区域内建设畜禽养殖场、养殖小区。省级人民政府根据本行政区域畜牧业发展状况制定畜禽养殖场、养殖小区的规模标准和备案程序。2008年颁布《中华人民共和国水污染防治法》，国家支持畜禽养殖场、养殖小区建设畜禽粪便、废水的综合利用或者无害化处理设施。2009年颁布了《畜禽养殖业污染治理工程技术规范》（HJ 497—2009），指出集约化畜禽养殖场指存栏数为300头以上的养猪场、50头以上的奶牛场、100头以上的肉牛场、4000羽以上的养鸡场、2000羽以上养鸭和养鹅场。

《产业结构调整指导目录（2024年本）》对各行业制定了鼓励类、限制类和淘汰类目录，目录中指出：畜禽标准化规模养殖技术开发与应用，农作物、林木、草、畜禽和渔业种质资源保护与建设为鼓励类；限制天然草场超载放牧。

三、畜禽养殖业的污染防治政策及标准

1. 畜禽养殖业废水中污染物

畜禽养殖过程中产生的污水主要由畜禽尿液、部分粪便和养殖舍冲洗水构成，排放的污水量大、集中且废水中含有大量污染物，处理难度大。在养殖过程中主要产生如下污染物：

① 常规污染物 在畜禽养殖过程中产生的废水中含有大量的化学需氧量、氨氮、悬浮物等，且具有典型的"三高"特征，COD_{Cr} 高、氨氮高、SS 高。

② 重金属 畜禽养殖废水中重金属主要来源于畜禽粪便，畜禽粪便作为有机肥使用，其中的重金属进入土壤，通过淋失而污染地下水。

③ 残留病原体 畜禽养殖废水中含大量病原微生物、寄生虫卵，如大肠杆菌、沙门菌、金黄色葡萄球菌、传染性支气管炎病毒、蛔虫卵等。

2. 畜禽养殖业废水中污染物污染防治措施

(1) 我国防治措施

为防治畜禽养殖业的环境污染，保护生态环境，促进畜禽养殖污染防治技术进步，原国家环保部根据相关法律，制定了相应的技术政策：畜禽养殖污染防治应实行"源头削减、清洁生产、资源化综合利用，防止二次污染"的技术路线，发展清洁养殖，重视圈舍结构、粪污清理、饲料配比等环节的环境保护要求；注重在养殖过程中降低资源耗损和污染负荷，实现源头减排；提高末端治理效率，实现稳定达标排放和"近零排放"。总之，发展更为清洁的技术，最大限度地在养殖过程中减少污染的产生和排放。

(2) 发达国家防治措施

主要制定畜禽养殖业环境管理的技术规范，严格按照相应的技术规范要求进行管理。

① 美国采用立法来防止养殖业污染，明确规定超过一定规模的畜禽养殖场建场必须报批，获得环境许可，并严格执行国家环境政策法案，且除了立法管理外还注重农牧结合，化解养殖业污染。美国的大型农场都是农牧结合型的，从种植制度安排到生产、销售各个方面都十分重视种植业与养殖业的紧密联系，而且是养殖业规模决定着种植业结构的调整。

② 20 世纪 90 年代欧盟各成员国通过了新的环境法，规定了载畜量标准、畜禽粪便废水用于农田的限量标准和动物福利标准，鼓励进行粗放式畜牧养殖，限制养殖规模的扩大。根据农场的耕作面积安装粪便处理设备，通过减少载畜量、选择适当的作物品种、减少无机肥料的使用、合理施肥等良好的农业实践，减少对环境造成的负面影响。在 2003 年 6 月，欧盟发布了《集中式畜禽养殖最佳可行技术支持文件》，主张"良好的农业管理实践"，与此同时，欧盟的 BAT 技术中还对畜禽的饲养、畜舍的设置以及能源的消耗和使用给出了推荐的技术。

③ 日本制定了《废弃物处理与消除法》《防止水污染法》和《恶臭防止法》等 7 部法律，对畜禽污染管理作出了明确的规定。

(3) 相关标准及法规

①《畜禽养殖业污染物排放标准》（已有二次征求意见稿，代替 GB 18596—2001）；

②《畜禽养殖业污染防治技术规范》（HJ/T 81—2001）；

③《畜禽养殖业污染治理工程技术规范》（HJ 497—2009）；

④《规模猪场清洁生产技术规范》（GB/T 32149—2015）。

第二节 生产工艺和废水来源

畜禽养殖过程中产生的废水排放量较大，其水质还具有一定的特性，废水的排放需符合国家标准：《畜禽养殖业污染物排放标准》（已有二次征求意见稿，代替 GB 18596—2001）和《污水综合排放标准》（GB 8978—1996）。

一、生产工艺

1. 养猪生产工艺

与传统养猪工艺相比，现代规模化养猪生产工艺主要采用分段饲养和全进全出饲养工艺。以五段饲养工艺为例，其工艺流程为：空怀配种期→妊娠期→哺乳期→仔猪保育期→生长育肥期。流程如图 2-15-1 所示。

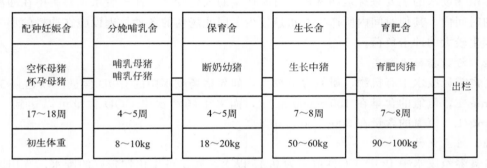

图 2-15-1 五段饲养工艺流程

2. 养牛生产工艺

（1）奶牛生产工艺流程（图 2-15-2）

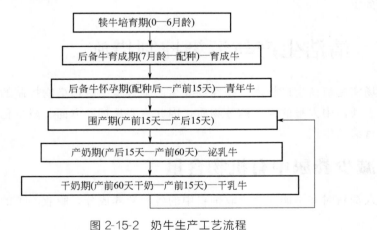

图 2-15-2 奶牛生产工艺流程

（2）肉牛生产工艺流程（图 2-15-3）

初生犊牛（2—6 月龄断奶）→幼牛→生长牛（架子牛）→育肥牛→上市

图 2-15-3 肉牛生产工艺流程

二、废水来源、水质

废水的主要来源有动物的尿液、部分粪便和冲洗栏舍产生的废水。养殖场产生的污水量及其水质因畜种、养殖场性质、饲养管理工艺、气候、季节等情况不同会有很大差别。如肉牛场污水量比奶牛场少；鸡场的污水量比猪场少；采用乳头式饮水器的鸡场比水槽自流饮水者污水量少；各种情况相同的养殖场，南方比北方污水量大；同一养殖场夏季比冬季污水量大等。冲洗方式与污水产量及污水性质有较大的关系，采用水冲或水泡粪工艺比干清粪工艺的污水量大，并且采用干清粪方式的养殖场污水通常会比水冲粪方式养殖场污水中的COD浓度低一个数量级，其他指标通常也会相差3～6倍，若能控制猪场冲洗用水量，则可大大减少猪场的污水产生量和排放量。

畜禽养殖废水总体具有以下特点：

（1）冲击负荷大

养殖场废水的主要来源是冲洗栏舍时所产生的大量废水，冲栏废水主要集中在冲洗栏舍很短的时间内，其他时间内所产生的水量较少，因此场内的各种处理设施在冲栏的那一段时间内产生较大的冲击负荷。

（2）污染指标浓度高

畜禽粪尿废水中有机物、氨氮含量较高，如养猪场废水中的COD含量可以达到5000～10000mg/L，氨氮的含量在100～600mg/L，而养牛场污水中COD含量可以达到6000～25000mg/L，氨氮的含量在300～1400mg/L。

（3）可生化性好

畜禽养殖废水中BOD/COD值多为0.45以上，属于可生化性较好的废水，选用废水治理手段时宜采用生物法处理。

（4）含有致病菌

未经妥善处理的养殖场废水病原细菌及寄生虫等，随着废水被大量排放至环境中会给人畜带来巨大危害。

第三节　清洁生产与污染控制措施

对养殖场实施清洁生产技术就是在饲养生产全过程中对污染物控制的技术，养殖场污染源主要来源于粪污中大量的氮、磷等物质，因此主要从饲养方面、减量化、综合治理和循环利用模式实行清洁生产。

一、减少粪尿中有机物含量

动物摄入饲料时并不能完全吸收饲料中的各种营养成分，吸收不了的将随粪便排出，因此需要：

① 在饲养过程中，根据动物的实际情况选用不同的饲喂原料，科学合理配制饲料；

② 在饲料中添加合成氨基酸、植酸酶、有机酸、乳酸菌等制剂，能增强营养物质的吸收，减少日粮养分浪费，最大限度地提高动物对营养的利用率，同时减少粪便中氮含量和恶臭物质，实现从源头上削减环境污染。

二、减少污水的排放量

1. 节约用水

实施污水减量化，首先要控制畜禽养殖的用水量，实行科学的配水管理措施，畜禽养殖业的节水技术主要分为节约饮水和节约冲洗水。节约饮水的方式主要由原来的在饮水槽中饮水改为在饮水龙头上饮水，这种方式既避免了水的浪费，也较为清洁，有助于防止疾病。节约冲洗水的方式主要根据不同季节冲洗圈舍的频率变化，通过安装水表和确定冲洗水指标来减少冲洗水量。一般维持畜禽正常生长需要的用水量见表2-15-4。

表 2-15-4　畜禽养殖业用水量范围

养殖种类	牛	羊	猪	蛋鸡	肉鸡	鸭
需水量/(L/d)	10~150	5~20	5~25	0.2~0.3	0.1~0.2	0.2~0.3

2. 采用科学的清粪方式

许多养殖场采用冲洗式清粪方式，使粪便直接进入水中，固液混合，难以分离。一个万头猪场年产粪尿约3万吨，如果采用水冲清粪，则年产污水近10万吨；若采用干清粪技术，先收集粪便，然后冲洗圈舍，收集尿污水，使干粪与污水分流，则排污量仅为水冲清粪的1/3~1/2，干清粪工艺是粪便一经产生便分流，干粪由机械或人工收集、清扫、集中、运走，尿及污水则从下水道流出，分别进行处理。这种工艺固态粪污含水量低，粪中营养成分损失小，肥料价值高，便于高温堆肥或其他方式的处理利用；产生的污水量少，且其中的污染物含量低，易于净化处理，是目前比较理想的清粪工艺。因此采用干清粪工艺，能最大限度地保存粪中的营养物质，减少污水中污染物的浓度。目前常规清粪工艺污水水质和水量情况如表2-15-5所示。

表 2-15-5　清粪工艺耗水及水质指标的比较

清粪工艺	水量		水质指标		
	平均每头/(L/d)	万头猪场/(m³/d)	BOD$_5$/(mg/L)	COD$_{Cr}$/(mg/L)	SS/(mg/L)
水冲粪	35~40	210~240	5000~6000	11000~13000	17000~20000
水泡粪	20~25	120~150	8000~10000	8000~24000	28000~35000
干清粪	10~15	60~90	200~800	800~1500	100~350

3. 雨污分流

采用雨污分流，修建双排水沟，一条作雨水沟，用于收集雨水；一条作污水沟，用于收集粪尿污水，只让污水进入处理设施，简化粪污处理工艺及设备，减少猪场终端排污量，降低后续处理成本。

三、综合治理和循环利用

虽从源头和工艺过程中能很大程度上削减污染物的产生，减轻后续处理压力，但仍需采用末端治理技术，实现废水最终达标排放，将污染物对环境的危害降至最低。综合利用的方法主要有：

① 还田利用　畜禽粪便经堆肥发酵后就地还田，作为肥料。

② 用作燃料　采用厌氧发酵技术将粪污中的有机物转化成 CO_2、CH_4 和 H_2O，经发酵

后的废水可派送至沼气池产生沼气，可用于冬季供暖和燃料等。沼液可直接肥田、养鱼等，进入"畜禽-沼-藻-料""畜禽-沼-藻-鱼"等生态循环模式。产生的沼渣可在自然条件下浓缩、干化后被周边农田和山地消纳，以此实现零排放。

第四节　废水处理技术和利用

畜禽养殖废水是比较难处理的有机废水，具有典型"三高"特征，COD 高、氨氮高、SS 高，单一地采用厌氧或好氧法各项指标并不一定能达到国家排放的标准，一般采用多种处理技术相结合的方式。目前我国畜禽养殖废水的治理主要有两种生物方法处理模式：一种是厌氧-自然处理模式，适用于中小型规模化养殖场；另一种是厌氧-好氧处理模式，适用于大中型畜禽养殖场或养殖区。

一、废水处理技术

1. 处理方法

（1）厌氧-自然处理法

厌氧处理技术，主要是以提高污泥浓度和改善废水与污泥混合效果为基础的一系列高负荷反应器的发展来处理废水。厌氧处理的特点是占地少、能量需求低，还可以产生沼气，处理过程并不需要氧，具有较高的有机物负荷潜力，能降解一些好氧微生物所不能降解的部分。目前国内养殖废水处理主要采用的是上流式厌氧污泥床（UASB）及升流式固体反应器（UCR）工艺。经厌氧处理后的污水，在有可供利用土地的条件下能够作为液态有机肥还田，但是往往排放量比较大，运输、施用都不太方便，一般情况下须经多级好氧处理后达标排放为宜。

自然处理法是利用天然水体、土壤和生物的物理、化学与生物的综合作用来净化污水，这类方法投资省、工艺简单、动力消耗少，但净化功能受自然条件的制约，主要有氧化塘、人工湿地等处理方法。采用厌氧-自然处理技术的工艺流程如图 2-15-4 所示。

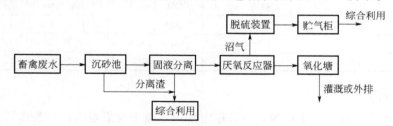

图 2-15-4　厌氧-自然处理技术工艺流程

（2）厌氧-好氧处理法

厌氧法如上文（1）所述。

好氧处理的基本原理是利用微生物在好氧条件下分解有机物，同时合成自身细胞（活性污泥），可生物降解的有机物最终可被完全氧化为简单的无机物。好氧处理法包括活性污泥、接触氧化和生物转盘等。而氧化沟、SBR 和 A/O 属于改进的活性污泥法。采用厌氧-好氧处理技术的工艺流程如图 2-15-5 所示。

2. 典型工艺举例

根据畜禽养殖废水的特点，现有处理工艺大多具有厌氧处理过程，经厌氧处理后，废水

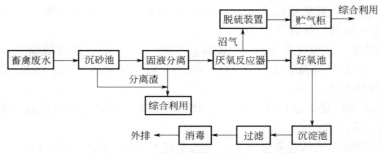

图 2-15-5 厌氧-好氧处理技术工艺流程

中有机物浓度大大降低，但仍不能达到《畜禽养殖业污染物排放标准》，因此一般在厌氧处理后再辅以好氧处理，以达到排放标准。以下介绍几种常见的处理工艺。

（1）UASB-接触氧化工艺

采用 UASB-接触氧化工艺处理养牛废水，废水流经 UASB（上流厌氧污泥床）反应器，去除绝大部分 COD、BOD、SS 和氨氮，厌氧出水进入好氧接触氧化池，废水在此通过好氧处理去除剩余 COD、BOD 和 SS，在接触氧化池后连接絮凝沉淀池，通过絮凝反应进一步去除有机物和悬浮物，最终在沉淀池中沉淀分离，消毒处理后达标排放。工艺流程见图 2-15-6 所示。

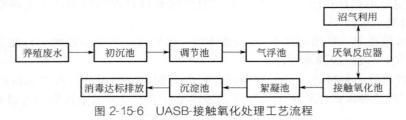

图 2-15-6 UASB-接触氧化处理工艺流程

处理效果：采用该工艺处理后，COD 去除率达 90%～92%，BOD 去除率达 90%～95%，SS 去除率达 93%～96%，NH_4^+-N 去除率达 90%～96%。

特点：废水有机物浓度较高，生化性较好，高浓度有机废水可不经稀释直接进入 UASB 反应器，耐冲击性强；另外，有机负荷高，可大大减少反应器容积，节约占地面积。

（2）二级厌氧-SBR 工艺

采用二级好氧-SBR 工艺处理猪场废水，工艺流程如图 2-15-7 所示。调节池和酸化池对废水进行水解和酸化，起到初步处理作用，而后经过一级厌氧池、二级厌氧池和 SBR 池进行 COD、BOD、NH_4^+-N 和 SS 的去除，经 SBR 池处理的废水经人工湿地进一步处理，使废水达标排放；其中一级厌氧池为 UASB（上流厌氧污泥床）反应器，二级厌氧池为 ABR（折板上流式厌氧污泥床）反应器，设计参数如下：

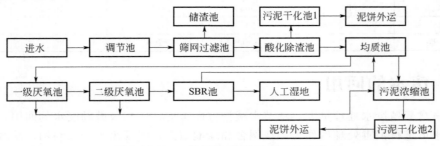

图 2-15-7 二级厌氧-SBR 处理工艺流程

① UASB 反应器　有机负荷为 $3\sim5$kg COD/$(m^3\cdot d)$，上升流速为 $0.1\sim0.9$m/h，污泥水解率为 $25\%\sim50\%$，处理效率为 $60\%\sim70\%$。

② ABR 反应器　容积负荷为 $0.5\sim1.5$kg COD/$(m^3\cdot d)$，处理效率为 $50\%\sim60\%$。

③ SBR 池　污泥负荷为 $0.15\sim0.40$kg COD/(kg MLVSS·d)，活性污泥浓度 $3000\sim4000$mg/L，处理效果 $80\%\sim90\%$。

特点：系统运行稳定，运行成本低；污泥产生量少，污泥处理费用低；处理效果好。

（3）两段 IC-SBR 工艺

采用两段 IC-SBR 工艺处理养殖废水，如图 2-15-8 所示。废水经格栅和初沉池的初步处理后进入氨氮吹脱/调节池中，向废水中投加一定的石灰，使 pH$\geqslant$10，废水中的氨氮就会以游离氨形态存在，通过吹脱而排放出来，从而达到脱氮的目的。经吹脱处理的废水进入两段 IC 反应器和 SBR 池进行 COD、BOD、SS 和氨氮的去除，出水达标排放。本工艺设计参数如下：

① IC 反应器　第一段 COD 容积负荷 $20\sim25$kg COD/$(m^3\cdot d)$，第二段 COD 容积负荷 $10\sim15$kg COD/$(m^3\cdot d)$。

② SBR 池　污泥负荷为 $0.20\sim0.40$kg BOD_5/(kg MLSS·d)，需氧量为 $20\sim40$kg/d。

工艺特点：

① 抗冲击负荷能力强　IC 反应器内污泥浓度高，微生物量大，且存在内循环，进水在第一段 IC 反应器内循环作用下，其冲击负荷对后续处理过程的影响已大大减小，所以系统的抗冲击负荷能力很强。

② 出水水质稳定　采用两段 IC 反应器串联分级处理，当第一段的运行效果下降时，可由第二段补偿第一段反应的水质冲击。

③ 处理效果好　每段的污泥负荷不同，段内分别设置内循环，所以每段微生物种类和数量也不同，因此各段微生物可生长在所需最佳条件下，对废水中污染物处理效率高。

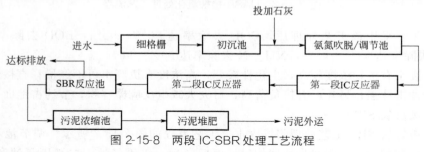

图 2-15-8　两段 IC-SBR 处理工艺流程

表 2-15-6 为两段 IC-SBR 工艺处理某猪场废水的效果。

表 2-15-6　处理效果

项目	COD/(mg/L)	BOD/(mg/L)	SS/(mg/L)	NH_4^+-N/(mg/L)	pH
进水	9500	3500	6500	1160	$7\sim8.5$
出水	190	93	77	34	$6\sim9$
排放标准	400	150	200	80	$6\sim9$

二、废水的回用

由于畜禽养殖废水处理量大，从节水减排方面考虑，应积极鼓励废水的回用，经处理后达标的废水可进行消毒处理后作为冲洗圈舍和绿地灌溉，实现废水循环利用，从经济角度节约成本。

第五节　工程实例

一、实例一

某养猪场年出栏生猪 50000 头，产生废水量为 500 m^3/d，废水中主要含有高浓度的 COD、NH_4^+-N、悬浮物、TP，还有粪大肠杆菌、猪粪等。废水水质设计见表 2-15-7。

表 2-15-7　废水水质设计

项目	COD/(mg/L)	BOD/(mg/L)	SS/(mg/L)	NH_4^+-N/(mg/L)	TN/(mg/L)	TP/(mg/L)
进水	≤10000	≤4000	≤2000	≤300	≤700	≤40
排放标准	150	40	150	40	70	5

废水经格栅、调节池和沉淀池的初步处理后去除废水中的大颗粒物质及纤维状污染物，然后进入中间池，中间水池储存初沉池上清液并提升至 UASB 反应器。UASB 反应器利用反应器内培养的厌氧菌种降解废水中的 COD、氨氮，转化有机氮为氨氮，提高废水的可生化性。UASB 反应器产生的沼气经水封罐、脱硫系统收集至沼气柜以备沼气发电。UASB 反应器出水自流进入吹脱调节池后，投加石灰调节废水的 pH 值至 10.5～12，并进行曝气吹脱降低废水中的氨氮，使废水中的磷和石灰形成羟基磷灰石沉淀物，利于在后续混凝沉沉池进行沉淀。随后出水流至混凝沉淀池用以沉淀废水中的厌氧菌种、石灰渣、羟基磷灰石沉淀物及其他悬浮物等杂物，同时污泥靠水自压排至污泥储池，上清液自流排至五段 Bardenpho 生化综合池中进行生化作用，去除 COD、BOD、氨氮、总氮和总磷。经生化处理的废水自流进入二沉池，二沉池对前段生化综合池内的泥水混合物进行泥水分离，一部分剩余污泥回流至生化综合池的首端厌氧池内，其余污泥排至污泥储池。二沉池出水自流进入接触消毒池进行消毒，最终达标排放。

工艺流程见图 2-15-9。

主要构筑物设计参数如下。

(1) 调节池

1 座，尺寸 $L \times B \times H = 10.06m \times 8.5m \times 3.3m$，有效水深 2.3m，有效容积 $168.5m^3$；停留时间 8h。

(2) 初沉池

1 座，尺寸 $L \times B \times H = 5m \times 5m \times 5.5m$，有效水深 5.3m，其中泥斗深度 1.8m，有效水层 3.5m；沉淀时间 2.92h。

(3) UASB 反应器

2 座，工艺尺寸 $\phi \times H = 7.4m \times 12m$，总水深 11m，总容积 $945.7m^3$；总停留时间 45.4h；COD 容积负荷 3.70kg/($m^3 \cdot d$)；上部上升流速 $v = 0.48m/h$，中下部上升流速 $v = 2.34m/h$。每座各配有内循环泵 1 台，型号 100WL80-7-3，规格为单台流量 $Q = 100m^3/h$，$H = 7m$，$N = 3kW$；每座反应器内配置三项分离器 1 套；出水系统 1 套；布水系统 1 套；排泥系统 1 套；挡渣板 1 套；水封罐 1 套；阻燃器 1 个。

(4) 曝气吹脱池

1 座，尺寸 $L \times B \times H = 8.5m \times 6m \times 5.5m$，有效水深 5.2m，有效容积 $265.2m^3$；停留

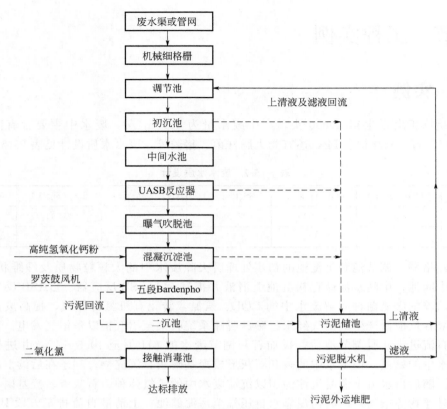

图 2-15-9 养猪废水处理工艺流程

时间 12.73h。配有 200m 曝气软管，型号 ϕ65mm，供气量 $Q=1.5\sim2.5\mathrm{m}^3/(\mathrm{h\cdot m})$；pH 监测系统 1 套。

（5）混凝沉淀池

1 座，尺寸 $L\times B\times H=6\mathrm{m}\times6\mathrm{m}\times5.5\mathrm{m}$，有效水深 5.1m，其中泥斗深度 2m，有效水层 3mm。

（6）五段 Bardenpho

包括厌氧池、缺氧 1 池、好氧 1 池、缺氧 2 池、好氧 2 池。生化综合池水温 15～35℃；污泥浓度 4000mg/L；污泥沉降比 30%～35%，硝化液回流比 384%，污泥回流比 100%；硝化负荷为 0.039kg NH$_4^+$-N/(kg MLSS·d)，反硝化负荷 0.066NO$_x$-N/(kg MLSS·d)；总池容 1590.25m³；总水力停留时间 76.33d。

① 厌氧池 1 座，尺寸 $L\times B\times H=5\mathrm{m}\times2.25\mathrm{m}\times5.5\mathrm{m}$，有效水深 5m，有效容积 56.25m³，停留时间 2.7h；

② 缺氧 1 池 2 座，尺寸均为 $L\times B\times H=8\mathrm{m}\times5\mathrm{m}\times5.5\mathrm{m}$，有效水深 $H=5\mathrm{m}$，有效容积 400m³，停留时间 19.2h；

③ 好氧 1 池 1 座，尺寸 $L\times B\times H=10\mathrm{m}\times4.5\mathrm{m}\times5.5\mathrm{m}$，分 4 格，有效水深 4.9m，有效容积 882m³，停留时间 HRT=36.75h；

④ 缺氧 2 池 1 座，尺寸 $L\times B\times H=10\mathrm{m}\times3.5\mathrm{m}\times5.5\mathrm{m}$，共 1 格，有效水深 4.8m，有效容积 168m³，停留时间 8.06h；

⑤ 好氧 2 池 1 座，尺寸 $L\times B\times H=5\mathrm{m}\times3.5\mathrm{m}\times5.5\mathrm{m}$，共 1 格，有效水深 4.8m，有

效容积 $84m^3$，停留时间 4.03h。

（7）二沉池

2 座，尺寸均为 $L×B×H=6m×6m×5.5m$，有效水深 4.7m，泥斗深度 2m，沉淀水层高度 2.7m，沉淀时间 4.58h；设计表面负荷 $0.59m^3/(m^2 \cdot h)$，沉淀池污泥浓度 8000mg/L，堰负荷 $0.6L/(m \cdot s)$，污泥回流比 80%。

（8）接触消毒池

1 座，工艺尺寸 $L×B×H=6m×1.2m×5.5m$，有效水深 4.5m，有效容积 $32.4m^3$；消毒时间 1.56h；投加二氧化氯剂量 $C=14.4mg/L$。

（9）污泥储池

1 座，工艺尺寸 $L×B×H=3.2m×3.2m×3.3m$，有效水深 3m，有效容积 $30.72m^3$，停留时间 12.9h；SS 污泥转化率 70%；COD 产生污泥量 0.5kg MLSS/(kg COD·d)，污泥内源呼吸衰减率 $0.04d^{-1}$，脱水后的泥饼含水率为 80%。

各单元处理效果见表 2-15-8。

表 2-15-8　各单元处理效果

指标		COD	BOD	NH_4^+-N	TN	SS	TP	pH 值
原水/(mg/L)		9900	4000	288.03	671.54	1875	37.2	6~8
细格栅＋调节池＋沉淀池	出水/(mg/L)	6590	3100	285.16	620.66	113	29	6~8
	去除率/%	33.4	22.5	1	7.6	94.0	21.8	
厌氧反应器	出水/(mg/L)	1530	720	604.21	610.35	110	21.4	6~8
	去除率/%	76.8	75.9	—	1.6	2.7	27.6	
曝气吹脱池＋混凝沉淀池	出水/(mg/L)	1210	598	305.48	318.87	52	5.5	8~9
	去除率/%	20.9	16.9	49.5	47.9	54.5	74.3	
五段 Bardenpho	出水/(mg/L)	95	17	23.23	46.06	50	1.8	7~8
	去除率/%	92.1	97.2	92.2	84.3	0	67.3	
接触消毒池	出水/(mg/L)	95	17	23.23	46.06	48	1.8	7~8
	去除率/%	0	0	0	0	4	0	
系统总去除率/%		99.0	99.6	93.9	91.1	97.4	95.2	

本场养殖废水处理工程总投资 760 万，总装机容量为 118.8kW，总运行费用为 2.70 元/m^3，其中电费为 1.47 元/m^3，药剂费用为 1.23 元/m^3。

二、实例二

某奶牛养殖场是一家现代化集约式养殖企业，约有成年奶牛 1000 头，主要生产鲜奶，污水主要有 3 个来源：a. 牛尿液，约为 $15m^3/d$；b. 场区生活污水，约为 $5m^3/d$；c. 车间冲洗废水为 $120~160m^3/d$。

此 3 种废水混合后的平均水量为 $150m^3/d$。废水水质及排放标准见表 2-15-9。

表 2-15-9　废水水质及排放标准

项目	pH	COD/(mg/L)	SS/(mg/L)	NH_4^+-N/(mg/L)
进水	6.5~8.5	3000~4000	1500~2000	30~50
排放标准	6~9	100	70	15

工艺流程如图 2-15-10 所示。废水经人工格栅和初沉池的初步处理，去除大部分浮渣、草料等悬浮物和固体颗粒物后溢流进入调节池，对水质及水量进行调节和预酸化。废水经过

调节池后由离心泵提升进入 UASB 反应器，反应器采用多点进水的布水方式，既能均匀布水又能在升流过程中对污泥进行水力搅拌。增强对 COD 的去除效果。废水经 UASB 处理后，从顶部出水堰溢流进入中沉池。中沉池可防止部分流失的厌氧污泥进入后续好氧处理部分。而后废水流入接触氧化池，维持接触氧化池内溶解氧（DO）质量浓度在 2～3mg/L，SV_{30min} 维持在 30% 左右，好氧出水进入二沉池进行充分的泥水分离，进一步降低废水中的悬浮固体浓度，污泥经污泥泵回流至接触氧化池进水处，剩余污泥泵入好氧污泥池储存。最终运至牛粪干化场与牛粪一起干化外运。经 UASB-接触氧化处理后的废水自流入氧化塘，进一步去除有机物，经氧化塘处理的废水进入加药反应池进行物化处理，以此对废水进行脱色，保证出水水质。

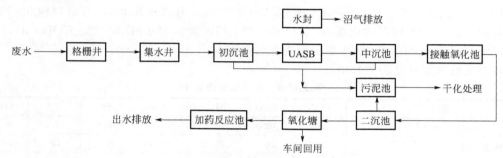

图 2-15-10　奶牛废水处理工艺流程

主要构筑物见表 2-15-10。

表 2-15-10　主要构筑物及设备参数

构筑物	主 要 参 数
格栅井	1 座，钢筋混凝土结构，内置格栅，75°角安装，栅距 100mm，栅宽 0.8m，采用人工清捞方式
集水井	1 座，钢筋混凝土结构，设计尺寸为 1.5m×2.0m×2.0m，配有集水井提升泵 1 台，流量 15m³/h，扬程 10m
初沉池	1 座，与调节池合建，设计尺寸 8m×2m×5m，总容积 80m³，钢筋混凝土结构，设计 4 个泥斗，采用静压力排泥
调节池	1 座，与初沉池合建，设计尺寸 8m×2.5m×5m，进水口设置滤网，防止初沉池浮渣进入。配备 2 台 UASB 提升泵，流量 15m³/h，扬程 15m
UASB 塔	1 座，钢筋混凝土结构，设计尺寸 8m×8m×10m，设计 COD 负荷为 3kg/(m³·d)。产生的沼气经集气罩和水封排入大气，处理后的水进入沉淀池
中沉池	1 座，钢筋混凝土结构，设计尺寸 8m×3m×7m
接触氧化池	1 座，钢筋混凝土结构，设计尺寸 10m×6m×5m，采用鼓风曝气，风机流量 5m³/min。内置硬性填料
二沉池	1 座，钢筋混凝土结构，设计尺寸 8m×2m×5m，设有 4 个泥斗，沉淀后的污泥可依靠静压力排至集泥井。集泥井备有 1 台污泥回流泵，流量 15m³/h，扬程 15m
氧化塘	1 座，设计尺寸 25m×15m×2m
加药池	1 座，配有 0.5m³ 溶药罐 2 个
活性炭罐	1 个，内装 1t 活性炭，配有提升泵 1 台，流量 10m³/h，扬程 10m

采用 UASB-接触氧化为主体的工艺处理某奶牛养殖场废水，当原水 COD 浓度为 3000～4000mg/L，NH_4^+-N 浓度为 30～50mg/L 时，该工艺对 COD 的去除率为 97%～98%，NH_4^+-N 去除率约为 80%，配以化学深度处理，出水达到《污水综合排放标准》（GB 8978—1996）中的一级排放标准。

三、实例三

本废水设计示例为一养猪场年产约 80000 头猪的养殖废水处理工程。该养殖场主要废水由猪场的粪便（以固体形式为主）和清洗养猪场形成的污水（包括残留猪粪尿液）2 个方面组成，废水污染物以 COD_{Cr}、BOD_5、SS、NH_4^+-N、TP 为主，废水处理工程设计规模 600m^3/d 左右。排水执行《污水综合排放标准》（GB 8978—1996）一级排放标准。废水水质设计见表 2-15-11。

表 2-15-11　废水水质设计

项目	COD/(mg/L)	BOD/(mg/L)	SS/(mg/L)	NH_4^+-N/(mg/L)	TP/(mg/L)	pH 值
水质	12000	7000	13000	150	30	5.5～8.5
排放标准	100	20	70	15	0.5	7～9

工艺流程如图 2-15-11 所示。污水通过污水管网经格栅后用泵提升至集水池，再自流进入水力筛网，经初沉池沉淀后的水自流进入调节池，再用污水泵送至酸化水解池提高生化性能，70% 的水量送入 UASB 反应器进行厌氧反应，经厌氧处理后的出水自流进入配水池，与水解酸化池未经厌氧反应的 30% 水量均匀混合后，出水自流进入 SBR 反应池进行生化反应，经 SBR 反应池的出水自流进入养殖塘。格栅机、筛网的污泥直接运至化肥厂。UASB 反应器、SBR 反应器、初沉池的污泥排至污泥浓缩池，通过浓缩处理后进入带式脱水机进行脱水，滤饼外运，滤液回流至集水池进入再处理流程。UASB 反应器产生的沼气通过沼气收集系统集中后送至锅炉房进行燃烧。

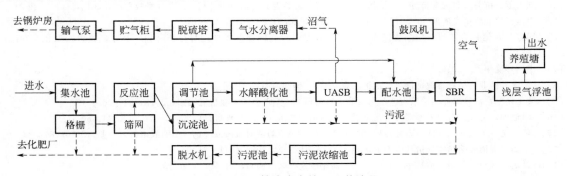

图 2-15-11　养猪废水处理工艺流程

主要构筑物见表 2-15-12。

表 2-15-12　主要构筑物及设备参数

构筑物	主 要 参 数
格栅渠	2 座（一用一备），栅条 9 根，栅槽比格栅宽 0.2～0.3m，栅槽实取宽度 $B=0.50$m
集水池	钢筋混凝土结构，HRT=20min，有效容积为 14.0m^3
混凝沉淀池	反应池有效容积为 8.3m^3。初沉池选用平流式沉淀池，HRT=8.0h，有效容积为 200m^3，规格 14.5m×4.0m×5.3m，钢筋混凝土结构，半地下式
调节池	HRT=8.0h，有效容积为 200m^3，规格 16m×4.0m×3.5m，钢筋混凝土结构，半地下式
UASB 反应器	2 座，钢筋混凝土结构，设计尺寸 25m×10m×5m，停留时间为 3d，沉淀区表面负荷 0.07m^3/(m^2·h)
配水池	HRT=4.0h，有效容积为 100m^3，钢筋混凝土结构，半地下式

续表

构筑物	主 要 参 数
SBR 反应器	2 座,设计温度 $t=20℃$,进水 BOD_5 质量浓度为 400mg/L,在低负荷运行时,每流入 1kg SS 约为 0.75kg 污泥量。采用鼓风曝气,风机流量 14.2m³/min
高效浅层气浮池	型号 CQF35,池径 $\phi3200$,主机总功率 1.85kW,尺寸 $\phi1.5mm×2.3mm$,搅拌功率 0.34kW

废水处理效果见表 2-15-13。

表 2-15-13　废水处理效果

项目	COD	BOD	SS	NH_4^+-N	TP	pH 值
进水	12000mg/L	7000mg/L	13000mg/L	150mg/L	30mg/L	5.5～8.5
出水	79mg/L	16mg/L	55mg/L	9.8mg/L	0.31mg/L	7～9
去除率	99%	99%	99%	93%	98.9%	

　　本养殖废水建设费用 189 万元,设备投资 298 万元,日常运转费用包括电费、药剂费、员工费用、折旧维修费用等合计 0.14 万元/d,沼气收益 792 元/d,污水日常运行费用 1.01 元/m³。

参 考 文 献

[1] 国家统计局年鉴. 2020.
[2] 程振煌,梁业森. 我国畜禽养殖业的特点存在问题及对策 [J]. 当代畜牧,2009,(01):1-4.
[3] 孙立新. 我国畜牧业的现状及改进策略 [J]. 畜牧兽医科技信息,2018,(1):51.
[4] 刘玉莹,范静. 我国畜禽养殖环境污染现状、成因分析及其防治对策 [J]. 黑龙江畜牧兽医,2018,(08):19-21.
[5] 中国畜牧业改革发展的 30 年 [J]. 中国禽业导刊,2009,26 (01):22-25.
[6] 周俊华,何仁春,曾圣宏. 我国畜禽养殖业现状、存在问题及发展趋势分析 [J]. 上海畜牧兽医通讯,2016,(06):48-50.
[7] 中国环境年鉴. 2016.
[8] 《畜禽养殖业污染物排放标准 (二次征求意见稿)》编制说明.
[9] 关士光. 畜禽养殖业的清洁生产与污染防治对策研究 [J]. 中国畜牧兽医文摘,2018,34 (06):19.
[10] 潘道国,毛红. 畜禽养殖业环境污染的现状与治理技术 [J]. 今日畜牧兽医,2022,38 (07):80-81.
[11] 郭小龙,王锐,王先伟. 畜禽养殖业的清洁生产与污染防治对策研究 [J]. 中国战略新兴产业,2020 (8):233.
[12] 李丽. 规模养猪场实施清洁生产的途径 [J]. 吉林农业,2012 (14):24.
[13] 林荫. 规模化养猪场清洁生产技术 [J]. 福建畜牧兽医,2009,31 (05):22-23.
[14] 李涛. 浅析畜禽养殖业废水现状及治理技术 [J]. 科技资讯,2013,(18):146,148.
[15] 李杰,冯万新,李建平,等. 规模化肉牛养殖场废水处理工艺研究 [J]. 北方环境,2012,27 (5):153-154.
[16] 项爱枝,付永胜. 高浓度养猪场废水处理工艺 [J]. 广东农业科学,2008,(01):77-79.
[17] 胡晓莲,王西峰,杨民. 改良式两段内循环厌氧反应器处理养猪废水 [J]. 中国给水排水,2010,26 (14):71-73+77.
[18] 段跟定,张胜利. UASB 曝气吹脱 混凝 五段 Bardenpho 组合工艺处理养猪废水工程案例 [J]. 给水排水,2018,54 (02):56-60.
[19] 赵玉祥. 奶牛养殖废水处理工程分析 [J]. 环境科技,2011,24 (01):29-31.
[20] 刘玉川. 畜禽养殖污水处理工程实例 [J]. 环境科技,2018,31 (05):49-52.

第十六章
垃圾渗滤液

第一节　概述

一、垃圾渗滤液的污染现状

我国的城市垃圾量每年都在快速增长，研究显示，到 2030 年垃圾的清运量将超过 3 亿吨，到 2050 年垃圾的清运量将达到 5 亿吨。根据《中国统计年鉴》，2000 年我国生活垃圾清运量为 1.18 亿吨，2008 年达到 1.54 亿吨，至 2017 年底，全国生活垃圾处理量达到 2.15 亿吨。2016 年我国城市生活垃圾无害化处理量为 62.14 万吨/日，无害化处理厂数 940 座，其中卫生填埋为 657 座，占 69.89%，焚烧为 249 座，占 26.49%，堆肥及其他处理厂为 34 座，占 3.62%。预计未来几年，卫生填埋占比仍然将在 50% 以上。

目前，垃圾的处理方法主要有焚烧、堆肥和填埋三种方法。焚烧可以快速地处理垃圾但会产生有毒有害气体，污染空气；堆肥可以获得一些资源，使得废物再利用，但垃圾中有重金属等有害成分时，不宜用堆肥的方法处理；填埋处理是比较简单、比较经济的方法，且具有投资少、技术成熟、处理量大等优点，但是填埋会产生垃圾渗滤液，危害比较大，处理不当对环境影响巨大。由于我国目前垃圾分类尚不完善，生活垃圾含水率一般都在 50% 以上，因此垃圾填埋场产生的渗滤液一般占垃圾填埋量的 35%~50%（重量比），部分地区受地域、降水等的影响，垃圾填埋场渗滤液的产量占垃圾填埋量甚至可达到 50% 以上。而我国垃圾焚烧厂产生的渗滤液则主要来自新鲜垃圾在垃圾储坑中发酵熟化时沥出的水分。据统计，1979 年城市生活垃圾清运量仅为 2500 万吨，而 2010 年城市生活垃圾清运量为 1.58 亿吨，比 1979 年增加了 5 倍。

目前，我国城市生活垃圾无害化处理处置仍以卫生填埋为主，焚烧处理技术应用发展较快，堆肥处理市场逐渐萎缩，因此垃圾渗滤液处理需求亦主要为垃圾填埋场和垃圾焚烧厂。填埋处理垃圾是目前世界各国普遍采用的方法。例如，美国填埋处理率占 75%，英国填埋处理率占 88%，我国则超过了 90%。

截至 2010 年底，全国生活垃圾无害化处理厂数达到 628 座，其中卫生填埋场为 498 座，占全国 79.3%，比 2005 年增加 147 座，无害化处理量 9598.3 万吨，占无害化处理总量 77.9%，比 2005 年增加 2741.2 万吨；堆肥厂为 11 座，占全国 1.8%，比 2005 年减少 35 座，无害化处理量 180.8 万吨，占无害化处理总量 1.5%，比 2005 年减少 164.6 万吨；焚烧厂为 104 座，占 16.6%，比 2005 年增加 37 座，无害化处理量 2316.7 万吨，占无害化处理总量 18.8%，比 2005 年增加 1525.7 万吨。

2010 年三种无害化处理方式与 2005 年对比情况见表 2-16-1。

表 2-16-1　2010 年与 2005 年垃圾处理处置情况

年份	垃圾清运量/万吨	无害化处理量/万吨	填埋处理量/万吨		堆肥处理量/万吨		焚烧占比/%	
2005 年	15576.8	8051.1	6857.1	85.2	345.4	4.3	791.0	9.8
2010 年	15733.7	11232.3	8898.6	79.2	178.8	1.6	2022.0	18.0

2011—2019 年，中国生活垃圾处理量呈现出增长态势，2019 年为 24013 万吨，比 2018 年增长 6.4%。2011—2019 年全国生活垃圾渗滤液产生量逐年增长，2019 年，我国生活垃圾渗滤液产生量达 8343.18 万吨，同比增长 4.63%。根据住建部的统计数据，2011—2020 年我国生活垃圾无害化处理能力逐年增长，2019 年我国生活垃圾无害化处理能力实现 86.99 万吨/日，其中垃圾填埋无害化处理能力 36.70 万吨/日，垃圾焚烧无害化处理能力 45.76 万吨/日，垃圾综合处理无害化处理能力 4.52 万吨/日。

二、垃圾渗滤液的产业政策

2016 年 3 月 17 日，《中华人民共和国国民经济和社会发展第十三个五年规划纲要》提到"加快城镇垃圾处理设施建设，完善收运系统，提高垃圾焚烧处理率，做好垃圾渗滤液处理处置；加快城镇污水处理设施和管网建设改造，推进污泥无害化处理和资源化利用，实现城镇生活污水、垃圾处理设施全覆盖和稳定达标运行，城市、县城污水集中处理率分别达到 95% 和 85%。"

2016 年 10 月 22 日，住建部、发改委、国土部、环保部发布了《关于进一步加强城市生活垃圾焚烧处理工作的意见》（建城［2016］227 号），文件中提到："优化配置焚烧、填埋、生物处理等不同种类处理工艺，整合渗滤液等污染物处理环节""加强对垃圾焚烧过程中烟气污染物、恶臭、飞灰、渗滤液的产生和排放情况监管，控制二次污染"。

2016 年 12 月 31 日，发改委、住建部印发的《"十三五"全国城镇生活垃圾无害化处理设施建设规划》对渗滤液处理设施提出了诸多要求，并提到："到 2020 年底，直辖市、计划单列市和省会城市（建成区）生活垃圾无害化处理率达到 100%；其他设市城市生活垃圾无害化处理率达到 95% 以上，县城（建成区）生活垃圾无害化处理率达到 80% 以上，建制镇生活垃圾无害化处理率达到 70% 以上，特殊困难地区可适当放宽到 2020 年底"，同时还提到了"零填埋"、"生活垃圾得到有效分类"和"建立较为完善的城镇生活垃圾处理监管体系"。

2017 年国家环保部发布了《关于生活垃圾焚烧厂安装污染物排放自动监控设备和联网有关事项的通知》（环办环监［2017］33 号），住建部发布了《住房城乡建设部办公厅关于开展生活垃圾焚烧处理设施集中整治工作的通知》（建办城［2017］34 号），都提出了对渗滤液处理设施的要求。

三、污染控制政策及标准

我国从 2008 年 7 月 1 日开始实行新修订的《生活垃圾填埋污染控制标准》，标准规定，现有和新建生活垃圾填埋场渗滤液需经过处理后达到标准规定的排放限值才能直接排放。《生活垃圾渗滤液碟管式反渗透处理设备》（CJ/T 279—2008）标准首次发布。其中，标准规定了生活垃圾渗滤液碟管式反渗透处理设备的产品分类与型号、要求、试验方法、检验规则、标志、包装、运输及贮存，适用于采用碟管式反渗透技术处理生活垃圾渗滤液的水处理设备。

中华人民共和国住房和城乡建设部批准《生活垃圾渗沥液处理技术规范》为行业标准，编号为 CJJ 150—2010，自 2011 年 1 月 1 日起施行，目前最新版本为 CJJ 150—2023。《生活垃圾渗沥液检测方法》（CJ/T 428—2013）规定了生活垃圾渗沥液的术语和定义、色度、总固体、总溶解性固体与总悬浮性固体、硫酸盐、氨氮、凯氏氮、总氮、氯化物、总磷、pH值、五日生化需氧量、化学需氧量、电导率、钾和钠、总汞、总砷、铅和镉、总铬、细菌总数、总大肠菌群、粪大肠菌群等21个项目的检测方法。

《生活垃圾渗沥液卷式反渗透设备》（CJ/T 485—2015）规定了生活垃圾渗沥液卷式反渗透设备的术语和定义、型号与标记、材料、使用条件、要求、试验方法、检验规则、标志、包装、运输和贮存。本标准适用于处理生活垃圾渗沥液的卷式反渗透设备。在2017年，《生活垃圾渗沥液膜生物反应处理系统技术规程》（CJJ/T 264—2017）正式发布。《生活垃圾渗沥液厌氧反应器》（CJ/T 517—2017）规定了生活垃圾渗沥液厌氧反应器的术语和定义、分类与型号、使用条件、要求、试验方法、检验规则、标志、包装、运输和贮存，其适用于处理 $400 m^3/d$（含）以下的生活垃圾渗沥液升流式厌氧污泥床反应器（UASB）和上流式厌氧污泥床过滤反应器（UBF）。

在《"十四五"城镇生活垃圾分类和处理设施发展规划》（以下简称《规划》）的指导下，将加强存量填埋场封场整治和渗滤液处理设施建设改造，完善相关标准规范体系，保障生活垃圾填埋场的无害化管理和环境安全。《规划》提出了加快推进生活垃圾分类和处理设施建设，提升全社会生活垃圾分类和处理水平的目标和任务，其中包括加强存量填埋场封场整治、填埋场渗滤液处理设施建设改造等工作，推动生活垃圾处理能力显著提升，处理结构明显优化，为推进行业高质量发展打下坚实基础。《规划》还指出了当前城镇生活垃圾分类和处理设施存在的突出问题，其中包括存量填埋设施环境风险隐患大、渗滤液处理不达标、防渗系统薄弱、日常作业不规范等环境隐患突出，对周边环境构成潜在威胁。生活垃圾分类和处理的管理体制机制还需进一步完善，其中包括标准规范体系不健全，垃圾分类、渗滤液达标纳管排放等方面标准还需进一步完善。国家生态环境部正在公开征求国家标准《生活垃圾填埋场污染控制标准（征求意见稿）》的意见，该标准也规定了生活垃圾填埋场的选址、设计、建设、运行、监测、封场及后期管理等方面的污染控制要求，其中包括渗滤液的收集、处理和排放等内容。

第二节　废水来源及水量水质

垃圾渗滤液，又称渗沥液、渗沥水、沥滤液或浸出液，是指垃圾在堆放和处置过程中，由于雨水的淋洗、冲刷，以及地表水和地下水的浸泡，通过萃取、水解和发酵而产生的二次污染物，主要来源于垃圾本身的内含水、垃圾生化反应产生的水和大气降水，包括垃圾填埋场渗滤液、垃圾焚烧厂渗滤液、垃圾综合处理场渗滤液和垃圾中转站渗滤液。如不妥善处理，会严重污染生态环境和危害人体健康。

一、水量

垃圾渗滤液主要来源于储运过程中渗入的雨水和地表水、垃圾发酵分解产生的水分和垃圾本身所含的水分，一般认为渗滤液产量是垃圾处理量的10%～20%。渗滤液的产生量随季节变化明显，在冬季一般为生活垃圾量的8%～10%；夏季一般为生活垃圾量的12%～15%，暴雨时高达生活垃圾量的20%～25%。

焚烧工艺的不同对渗滤液的产生量也存在一定的影响，使用循环流化床工艺的，垃圾经过预处理后就直接进入锅炉焚烧，无需对垃圾进行堆醇和储存，因此产生的垃圾渗滤液会相对较少。使用炉排炉工艺的，由于新鲜垃圾焚烧热值较低，需要对生活垃圾进行2～4d的堆酵后再进行焚烧处理。经研究发现，堆酵 48h 析出的垃圾渗滤液量为生活垃圾中堆酵可析出的渗滤液量的 99%。

1. 垃圾填埋场渗滤液水量

填埋场渗滤液的产生量应充分考虑当地降雨量、蒸发量、地面水损失、地下水渗入、垃圾的特性、雨污分流措施、表面覆土和渗沥液导排设施状况等因素综合确定。新建填埋场渗沥液在没有实测数据的情况下，可参照同地区同类型的垃圾填埋场实际产生量综合确定。生活垃圾填埋场渗沥液处理规模宜按垃圾填埋场平均日渗沥液产生量计算，并应与调节池容积计算相匹配。

垃圾填埋场渗滤液产生量宜按下式计算：

$$Q = \frac{I(C_1 A_1 + C_2 A_2 + C_3 A_3)}{1000}$$

式中，Q 为渗滤液产生量，m^3/d；I 为多年平均日降雨量，mm/d；A_1 为作业单元汇水面积，m^2；C_1 为作业单元渗出系数，宜取 $0.5 \sim 0.8$；A_2 为中间覆盖单元汇水面积，m^2；C_2 为中间覆盖单元渗出系数，宜取 $(0.4 \sim 0.6) C_1$；A_3 为终场覆盖单元汇水面积，m^2；C_3 为终场覆盖单元渗出系数，宜取 $0.1 \sim 0.2$。

2. 垃圾焚烧厂渗滤液水量

垃圾焚烧厂渗滤液的产生量应考虑集料坑中垃圾的停留时间、主要成分等因素。垃圾渗滤液的日产生量宜按垃圾量的 $10\% \sim 40\%$（重量比）计；降雨量较少地区垃圾渗滤液的日产生量宜按垃圾量的 $10\% \sim 15\%$（重量比）计。

垃圾焚烧发电厂设计规模应充分考虑当地的经济状况、环境气候、垃圾收运系统及生活习惯等因素。按以下公式计算渗滤液产生量：

$$Q = \frac{C}{1-b} \times b + q$$

式中，Q 为渗滤液产生量，m^3/d；C 为设计入炉垃圾量，t/d；b 为入厂垃圾渗滤液产生率，宜取 $10\% \sim 40\%$，其中气候湿热和夏季雨量大地区宜取高值，气候干燥和夏季少雨地区宜取低值；q 为卸料平台冲洗水、炉渣冷却水等水量，m^3/d。

其中卸料平台冲洗水量应根据垃圾转运车数量、平台面积和冲洗强度计算，炉渣冷却水水量按垃圾焚烧规模、出渣率和用水强度计算；入厂垃圾渗滤液产生率的选取还应考虑垃圾焚烧炉的形式及垃圾储存发酵时间。

垃圾堆肥厂、厌氧消化处理厂渗滤液的日产生量应考虑垃圾生物处理方式、垃圾成分等因素确定。干法厌氧消化处理厂渗滤液日产量宜按垃圾量的 $25\% \sim 50\%$（重量比）计；好氧堆肥处理厂渗滤液日产生量宜按垃圾量的 $0 \sim 25\%$（重量比）计。

垃圾中转站渗滤液的日产生量应考虑垃圾压缩装置的类型（水平或垂直）、压缩的程度、垃圾的主要成分、垃圾的密度等因素。渗滤液日产生量可按垃圾量的 $5\% \sim 10\%$（重量比）计；降雨量较少的地区垃圾渗滤液日产生量可按垃圾量的 $3\% \sim 8\%$（重量比）计。

垃圾焚烧厂、垃圾堆肥厂、垃圾厌氧消化处理厂、垃圾中转站渗滤液处理规模宜以日产量确定。

二、水质

填埋场渗滤液的设计水质应考虑垃圾填埋方法、垃圾成分、压实密度、填埋深度、填埋时间、填埋场区域的降水、防渗系统、渗滤液的收集系统等因素。垃圾焚烧厂、垃圾堆肥厂、垃圾厌氧消化处理厂、垃圾中转站等生活垃圾处理设施改建和扩建工程，渗滤液水质应根据实际监测数据确定；新建工程渗滤液水质可参考同地区、同类型的垃圾处理设施实际情况确定。垃圾渗滤液与一般的生活污水或工业废水有很大的不同，其主要表现为污染物成分复杂、有机物浓度高、水质水量波动大、氨氮浓度高、重金属离子及盐分浓度高等特点。表 2-16-2 展示了我国垃圾渗滤液的典型污染物组分。表 2-16-3 列出了渗滤液的部分水质特性随填埋年龄的变化情况。

表 2-16-2　我国垃圾渗滤液的典型污染物组分

项目	变化范围	项目	变化范围
颜色	黄-黑灰色	有机酸/(mg/L)	46～24600
嗅味	恶臭	氯化物/(mg/L)	189～3262
pH 值	3.7～8.5	Fe/(mg/L)	50～600
总残渣/(mg/L)	2356～35703	Cu/(mg/L)	0.1～1.43
总硬度/(mg/L)	3000～10000	Ca/(mg/L)	200～300
COD_{Cr}/(mg/L)	189～54412	Mg/(mg/L)	50～1500
BOD_5/(mg/L)	116～30000	Pb/(mg/L)	0.1～2.0
NH_4^+-N/(mg/L)	20～7400	Cr/(mg/L)	0.01～2.61
TP/(mg/L)	1～71.9	Hg/(mg/L)	0～0.032
ORP/mV	320～800	NO_2-N/(mg/L)	0.59～19.26
Cd/(mg/L)	0～0.13	SO_2^{2-}/(mg/L)	9～736
TOC/(mg/L)	1500～20000	Mn/(mg/L)	0.47～3.85
Na/(mg/L)	200～2000	K/(mg/L)	200～2000

表 2-16-3　渗滤液特性随填埋年龄的变化

填埋年龄	pH 值	COD/(mg/L)	COD/TOC 值	BOD_5/COD 值
<1 年	<6.5	>15000	<3.3	<0.5
1～5 年	6.5～7.5	3000～15000	2.0～3.3	0.1～0.5
>5 年	>7.5	<3000	<2.0	<0.1

一般情况下，渗滤液的 BOD_5/COD 值介于 0.4～0.6 之间，但随着填埋时间的增长，渗滤液中的有机物浓度降低，BOD_5/COD 值可能降至 0.2 甚至更低，这意味着垃圾渗滤液的可生化性会随填埋时间的延长而降低。即使在同一年内，天气或气候的变化也会造成渗滤液水质的大幅度波动。

根据生活垃圾填埋场的垃圾填埋年限及渗滤液的化学需氧量和氨氮浓度，生活垃圾填埋场渗滤液可分为初期渗滤液、中后期渗滤液和封场后渗滤液。

生活垃圾填埋场渗滤液水质的确定，宜以实测数据为基准，并考虑未来水质变化趋势。在无法取得实测数据时，宜参考表 2-16-4 及同类地区同类型填埋场实测数据合理选取。

表 2-16-4　国内生活垃圾填埋场（调节池）渗滤液典型水质

项目	初期渗滤液	中后期渗滤液	封场后渗滤液
五日生化需氧量/(mg/L)	4000～20000	2000～4000	300～2000
化学需氧量/(mg/L)	10000～30000	5000～10000	1000～5000
氨氮/(mg/L)	200～2000	500～3000	1000～3000
悬浮固体/(mg/L)	500～2000	200～1500	200～1000
pH 值	5～8	6～8	6～9

垃圾发电厂的渗滤液有机污染物浓度高，BOD_5/COD 较高，具有比较好的可生化性。应考虑垃圾发酵时间对渗滤液水质的影响。垃圾发电厂渗滤液水质的确定，宜以夏季丰水期的实际测定最大数据为准，在无法获得实际数据时，可参照表 2-16-5 及同类地区垃圾发电厂实测数据合理选取。

表 2-16-5　垃圾发电厂渗滤液典型水质　　单位：mg/L（pH 值除外）

项目	COD_{Cr}	BOD_5	NH_4^+-N	TP	TN	SS	pH 值
水质	30000~75000	15000~40000	1500~3500	70~100	1800~4000	500~2500	5~7

垃圾填埋场渗滤液量的多少主要与气候变化、大气降水、水文条件及季节交替的变化有关，而渗滤液的水质特征除与上述几个因素有关，还取决于垃圾填埋场的填埋方式（厌氧性填埋、半好氧性填埋、动态或静态好氧性填埋等），也取决于填埋场所处理的固体废弃物种类（建筑垃圾、生活垃圾、商业旅游垃圾、工业垃圾、海洋渔业垃圾等）及其相关比例，以及垃圾填埋场的服务年代、自然条件（地理位置、地质地貌、气候状况等）、垃圾压实状况和垃圾渗滤液收集、导排方式等多种因素。因而，垃圾填埋场渗滤液不仅是一种单纯的高浓度有机废水，而且其水质和水量的变化很大，水质成分也较为复杂。分析不同垃圾卫生填埋场地理位置、垃圾处理规模、垃圾填埋方式等因素，才能最终确定垃圾填埋场渗滤液的水质特性。

垃圾填埋场的垃圾渗滤液一般有以下几个特点。

1. 有机污染物种类繁多，水质复杂

渗滤液中含有大量的有机物，含量较多的有烃类及其衍生物、酸酯类、酮醛类、醇酚类和酰胺类等。广州市环境卫生研究所对广州市大田山填埋场渗滤液中有机物的分析研究表明，渗滤液中含有多种有机物，其中芳烃 29 种，烷烃、烯烃类 18 种，酯类 5 种，醇、酚类 6 种，酮、醛类 4 种，酰胺类 2 种，其他 5 种。这些有机物中，可致癌物质 1 种、辅致癌物质 5 种，被列入我国环境优先污染物"黑名单"的有机物 5 种以上。上述有机化合物仅占渗滤液中 COD 的 10% 左右。

2. 污染物浓度高、变化范围大

通常情况下，渗滤液中 COD_{Cr} 在 2000~62000mg/L 的范围内，BOD_5 为 60~10000mg/L，最高可分别达到 90000mg/L 和 45000mg/L。随着填埋场时间变化及微生物活动的增加，渗滤液中 COD_{Cr} 和 BOD_5 的浓度会发生变化。一般规律是垃圾填埋后的 0.5~2.5 年，渗滤液中 BOD_5 的浓度逐步达到高峰，此时 BOD_5 多以溶解性为主，BOD_5/COD_{Cr} 可达 0.5 以上。此后，BOD_5 的浓度开始下降，至 6~15 年填埋场完全稳定时为止，BOD_5 的浓度保持在某一值域范围内，波动很小。COD_{Cr} 的浓度变化情况同 BOD_5 相似，但随着时间的推移，COD_{Cr} 值降低较 BOD_5 缓慢。因此，BOD_5/COD_{Cr} 也随着降低，渗滤液可生化性逐渐变弱。

3. 重金属含量高

渗滤液中含有十多种重金属离子，主要包括 Fe、Zn、Cd、Cr、Hg、Mn、Pb、Ni 等。生活垃圾中的重金属含量与所在城市的工业化水平和工业废弃物的掺入比例紧密相关。单独填埋时，重金属含量较低，渗滤液中重金属浓度基本与市政污水中重金属的浓度相当；但与工业废物或污泥混埋时，重金属含量会较高。影响渗滤液中重金属含量的另一个因素是酸碱度。在微酸环境下，渗滤液中重金属溶出率偏高，一般为 0.5%~5.0%，在水溶液中或中性条件下溶出量较低且趋于稳定。

4. 氨氮含量高

NH_4^+-N 浓度高是填埋场渗滤液的重要水质特征之一，且随着填埋场年数的增加，最高可达 3000mg/L。渗滤液中的氮多以氨氮（NH_4^+-N）形式存在，约占总氮 70％～90％。当 NH_4^+-N（尤其是游离氨）浓度过高时，会影响生物活性，降低生物处理效果。

5. 营养比例不平衡

存在严重的 C/N 值过低及磷元素缺乏导致的微生物营养元素比例失调的特点，以致出水氨氮浓度远超设计出水浓度。渗滤液中 C/N 值过低，反应器内微生物生长缺乏充足的碳源，使得处理工艺中的反硝化脱氮阶段难以有效进行。磷元素的缺乏会抑制微生物的生长繁殖，从而使微生物不能充分发挥去除效果，最后导致出水氨氮浓度超标。在对垃圾渗滤液进行微生物处理的过程中，废水中营养元素的比例对微生物的生长繁殖有着重要影响，根据大量工程经验所确定，好氧微生物的最佳营养元素比例为 C∶N∶P＝100∶5∶1，但是，在垃圾渗滤液当中，P 元素的含量很低，以至 C/N＞300。营养比例的严重失调会对污水中的微生物产生较大负面影响，从而降低生物处理的效果。

6. 容易产生泡沫

对垃圾渗滤液进行降解的过程中，一般会产生大量泡沫，不利于生物处理系统的正常运行。

第三节 处理技术及工艺

一、处理技术

渗滤液处理技术一般可分为生物处理技术（厌氧、好氧等）、物化处理技术（絮凝、沉淀、氧化、吸附、吹脱、膜处理等）和土地处理技术（主要包括回灌、人工湿地），以下简要介绍几种常用技术。

（一）生物处理技术

生物处理技术包括厌氧生物处理技术和好氧生物处理技术。厌氧生物处理技术通常适用于填埋场年龄＞5 年或 BOD_5＞1000mg/L 的渗滤液，可采用上流式厌氧污泥床法（UASB）等成熟处理技术。厌氧处理设施应设置沼气回收或安全燃烧装置。好氧生物处理技术通常适用于填埋场年龄≤5 年、BOD_5/COD 值≥0.5 的中、低浓度渗滤液，可采用活性污泥法或生物膜法等处理技术。

1. 厌氧生物处理

厌氧生物处理应用已有近百年的历史。但直到近 20 年来，随着微生物学、生物化学等学科发展和工程实践的积累，不断开发出新的厌氧处理工艺，克服了传统工艺的水力停留时间长、有机负荷低等特点，才使其在理论和实践上有了很大进步，在处理高浓度（BOD_5≥2000mg/L）有机废水方面取得了良好效果。

厌氧生物处理有许多优点，最主要的是能耗少，操作简单，因此投资及运行费用低，而且由于产生的剩余污泥量少，所需的营养物质也少，如其 BOD_5∶P 只需为 4000∶1，虽然渗滤液中 P 的含量通常少于 1mg/L，但仍能满足微生物对 P 的要求。采用常规的厌氧消化

[35℃、负荷为 1kg COD/(m³·d)，停留时间 10d]，渗滤液中 COD 去除率可达 90%。

近年来开发的厌氧生物处理技术包括厌氧生物滤池、厌氧接触池、上流式厌氧污泥床反应器及分段厌氧消化等。

2. 好氧生物处理

好氧生物处理作为主要处理单元，其运行成本较低，并会使后续处理简化，运行经济。生物处理尤其适用于处理填埋场正从酸性阶段向产甲烷阶段过渡的渗滤液。渗滤液中可生物降解的成分在填埋场内部就已经完成了初步降解，包括部分 COD（填埋场在产甲烷阶段 50%～75%，酸性阶段 70%～90%）和含氮化合物。几乎所有的硝化反应与反硝化反应都可用来处理渗滤液。为确定合适的处理方式，有必要考虑占地和相应的深度处理措施。

好氧生物处理技术有传统活性污泥法、曝气稳定塘、生物膜法、SBR 和 MBR 等工艺。

（二）物化处理技术

物化法一般是作为生物处理的预处理工艺，以减轻生物处理的负荷；或作为水处理的后续保证工艺，以确保最后出水水质到达设计要求。物化法常见于渗滤液的预处理中，常与其他方法联合使用，很少单独使用。与生物法相比，物化法不受渗滤液水质水量的影响，系统运行比较可靠，出水水质比较稳定，尤其对 BOD_5/COD 值较小（0.07～0.20）的可生化性差的渗滤液具有较好的处理效果，但处理成本高，在投资费用和运行费用上分别比生物处理过程高出 5～10 倍和 3～10 倍，不适于大量渗滤液的处理。在实际应用中一般与其他方法结合起来，作为垃圾渗滤液的预处理或后续处理设施。

目前，渗滤液处理采用的物化法主要有化学氧化、混凝沉淀、膜处理、活性炭吸附、蒸发、吹脱等方法。

1. 化学氧化

在经过生物处理后，渗滤液仍然含有不可降解的 COD，其中一些还具有毒性（AOX）。强氧化剂能够去除或部分转换成可生物降解的化合物。重金属、盐并不受化学氧化作用的影响。氧化剂可选用臭氧和过氧化氢，因为它们氧化能力强、分解产物没有副作用。它们可以一起使用，也可以分开使用，或与 UV 结合使用。通过紫外线辐射提高臭氧（O_3）或过氧化氢（H_2O_2）的化学氧化作用主要是用来制备饮用水，但也大量地应用于渗滤液处理。通过这种方式，不仅能够轻易地把可生物降解的成分以及水中所含的有机污染物转换成二氧化碳和水，或转换成低分子中间体化合物（碳酸），使渗滤液更适合生物降解和沉淀，但这一过程成本较高。

2. 混凝沉淀

混凝沉淀是水处理的一个重要方法，主要用来去除水中小型的悬浮物和胶体。在垃圾渗滤液单独处理的技术与方法中，混凝沉淀法比较常见，它主要用于渗滤液中悬浮物、不溶性 COD、重金属的去除以及脱色，对氨氮也有一定的去除效果。

3. 膜处理

膜处理是在压力差作用下根据膜孔径的大小进行筛分的分离过程。在一定压力差作用下，当含有高分子溶质和低分子的混合溶液流过膜表面时，溶剂和小于膜孔的低分子溶质（如无机盐类）透过膜，作为透过液被收集起来，而大于膜孔的高分子溶质（如有机胶体等）则被截留，作为浓缩液被回收，从而达到溶液的净化、分离和浓缩的目的。近几年膜处理技术在国内垃圾渗滤液的处理方面发展较快，通常采用的膜技术包括微滤、超滤、纳滤和反渗透。

4. 活性炭吸附

活性炭吸附主要用来除臭、去色、除重金属以及难生物降解有机物，尤其对直径在 $10^{-8} \sim 10^{-5}$ cm 或分子量在 400 以下的低分子溶解性有机物的吸附性较好，但对极性较强的低分子化合物及腐殖酸类高分子有机物的吸附能力较差。

5. 蒸发

高效蒸发是渗滤液处理的一种新技术。蒸发一般是指在一定的温度和压力下，把溶液混合物中的相对易挥发性组分分离出去的过程。在对渗滤液运用蒸发进行处理时，对渗滤液在一定压力下加热到水能蒸发的温度，由于重金属、无机物以及渗滤液中的大部分有机物（特别是大分子有机物）的挥发性比水弱，会残存在浓缩液中，而挥发性有机酸、部分挥发性小分子烃、氨等污染物会进入蒸汽最后冷凝下来。蒸发过程中会有氨等挥发性气体排出，冷凝水中也含有较多的氨，均需经过处理达标后方可排放。

6. 吹脱

渗滤液之所以难处理，不仅因为它含有不可生化降解的高浓度有机物，同时还含有高浓度 NH_4^+-N，渗滤液中高浓度氨氮的去除已成为比较棘手的问题。目前，常用的脱氮方法有生物法、离子交换法、活性炭吸附以及吹脱法等。吹脱法用于吹脱水中溶解气体和某些挥发物质，常作为生化处理的前处理方法。即将气体（载气）通入水中，使之相互充分接触，将水中溶解性气体和挥发性溶质穿过气液界面，向气相转移，从而达到去除污染物的目的。常用载体为空气和水蒸气，前者称为吹脱，后者称为汽提。目前，氨吹脱的主要形式有曝气池、吹脱塔和精馏塔。国内使用较多的是前两种形式，曝气池吹脱法由于气液接触面积小，吹脱效率较低，不适用于高氨氮渗滤液处理，吹脱塔的效率虽然较高，但具有投资运行成本较高，脱氨尾气难以治理的缺点。采用汽提的方式虽然可以较好地解决氨氮去除问题，但由于需要提高渗滤液的水温，其处理成本仍然较高。

因此，新型高效的吹脱装置的开发和脱氨尾气的妥善处置成为今后研究的方向。设计单位、运营单位应审慎采用上述吹脱技术。

（三）土地处理技术

土地处理技术主要包括氧化塘和人工湿地。氧化塘来源于美国，是利用水塘天然自净能力处理生活污水的方法。20 世纪 90 年代，氧化塘技术引进至中国，处理效果有限，主要原因是我国生活污水浓度较高，而土地较少，很少能满足氧化塘需要的大面积、低负荷的要求。人工湿地也是近年来兴起的污水处理方式，水深比氧化塘要浅，处理负荷很低，仅仅起到辅助改善水质的作用。土地处理通常作为污水处理主工艺的补充工艺，不能直接处理渗滤液。

表 2-16-6 总结分析了垃圾渗滤液不同处理处置方式的优缺点。

表 2-16-6　垃圾渗滤液不同处理处置方式的优缺点

处理处置方式	优点	缺点
生物处理技术	对有机质去除率高、运营成本低、污泥沉降性好	运行管理难度大、对水质要求高
物化处理技术	受水质水量影响小	投资费用高
土地处理技术	投资少、运行费用低、管理方便	受季节变化影响大、存在重金属污染问题

目前通常采用"预处理＋生物处理＋深度处理""生物处理＋深度处理"或"预处理＋深度处理"组合工艺。

二、处理工艺

（一）选择原则

选择处理工艺之前，应了解填埋场的使用年限、填埋作业方式、当地经济条件等影响水质的因素。选择渗滤液处理工艺时，应以稳定连续达标排放为前提，综合考虑垃圾填埋场的填埋年限和渗滤液的水质、水量以及处理工艺的经济性、合理性、可操作性，经技术、经济比选后确定。调节池容积应与填埋工艺、停留时间、渗滤液产生量及配套污水处理设施规模等相匹配，并符合《生活垃圾填埋场渗滤液处理工程技术规范（试行）》（HJ 564—2010）的有关规定。调节池应有相应的防渗措施。调节池属于厂区恶臭污染源之一，应加盖密封，并采取臭气处理措施。

（二）工艺流程

1. 垃圾填埋场渗滤液处理工艺

生活垃圾填埋场渗滤液处理工艺可分为预处理、生物处理和深度处理三种。应根据渗滤液的进水水质、水量及排放要求综合选取适宜的工艺组合方式，推荐选用"预处理＋生物处理＋深度处理"组合工艺（工艺流程见图 2-16-1），也可采用如下工艺组合：a. 预处理＋深度处理；b. 生物处理＋深度处理。

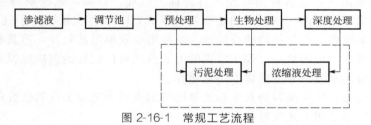

图 2-16-1　常规工艺流程

预处理工艺可采用生物法、物理法和化学法，目的主要是去除氨氮或无机杂质，或改善渗滤液的可生化性。

生物处理工艺可采用厌氧生物处理法和好氧生物处理法，处理对象主要是渗滤液中的有机污染物和氮、磷等。

深度处理工艺可采用纳滤、反渗透、吸附过滤等方法，处理对象主要是渗滤液中的悬浮物、溶解物和胶体等。深度处理宜以纳滤和反渗透为主，并根据处理要求合理选择。

当渗滤液处理工艺过程中产生污泥时，应对污泥进行适当处理。纳滤和反渗透产生的浓缩液应进行处理，可采用蒸发、焚烧等方法。

2. 垃圾发电厂渗滤液处理系统

垃圾发电厂渗滤液处理系统一般由预处理单元、生物处理单元、深度处理单元以及附属单元等组成。其中附属单元为配合渗滤液处理主体工艺设置，主要包括沼气处置单元、污泥处置单元、臭气处置单元及浓缩液处置单元等。

① 沼气处置单元　结合垃圾发电厂实际情况宜采取入炉辅助燃烧、发电或者沼气提纯等方式综合利用，并应设置应急燃烧装置。

② 污泥处置单元　脱水后污泥含水率不应高于 80%，脱水后污泥宜以密闭方式送入焚烧炉焚烧处理。为避免污泥输送过程中臭气外溢及节约人工和能耗，污泥输送宜采用管道输送。

③ 臭气处置单元 臭气宜经过收集后送至主厂房一次风入口或垃圾仓，最终入炉焚烧处理。或单独设计除臭系统。

④ 浓缩液处置单元 可通过低品质工业用水回用、入炉回喷、高级氧化、蒸发等方法进行处置。

（1）推荐处理模式 1

预处理＋调节池＋厌氧处理＋MBR 膜生化处理＋膜深度处理，见图 2-16-2。

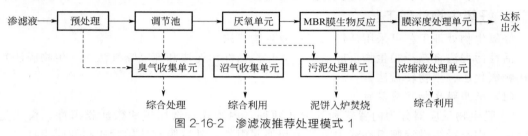

图 2-16-2 渗滤液推荐处理模式 1

（2）推荐处理模式 2

预处理＋调节＋厌氧＋深度处理，见图 2-16-3。

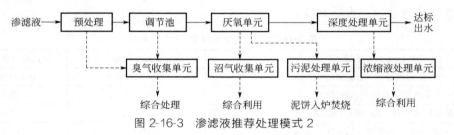

图 2-16-3 渗滤液推荐处理模式 2

各处理工艺中处理技术的选择应综合考虑垃圾发电厂日处理能力、渗滤液产生量、进水水质、排放标准、技术可靠性及经济合理性等因素后确定。

（三）工艺设计

1. 预处理工艺

预处理工艺设计主要包括过滤装置、沉淀装置、气浮、氨吹脱、芬顿等设施。调节池应靠近主厂房渗滤液储坑，调节池设计水力停留时间宜为 7～10d，采用分格设计，分格数不应少于 2 格，池内应设置搅拌和臭气收集装置。

选择水解酸化技术作为预处理工艺时，水力停留时间宜为 2.5～5.0h，pH 值宜为 6.5～7.5。采用混凝技术作为预处理工艺时，应根据渗滤液混凝沉淀的工艺情况、实验结果和药剂的质量等因素综合确定药剂的种类、投加量和投加方式。常用的药剂有硫酸铝、聚合氯化铝、硫酸亚铁、三氯化铁和聚丙烯酰胺（PAM）等。

2. 厌氧生物处理工艺

厌氧生物处理工艺可采用升流式污泥床厌氧反应器（UASB）及其变形、改良工艺、升流式厌氧生物滤池反应器（UBF）以及内循环厌氧反应器（IC）等，反应器数量应不少于 2 套。宜为中温厌氧消化，厌氧系统应考虑加温及保温措施，温度范围宜为 30～38℃；容积负荷、停留时间及污泥浓度应根据进水水质特点和工艺要求选择，容积负荷宜为 5～10kg COD/（m³·d）；厌氧反应装置应达到水密性与气密性要求，池体内壁及管路进行防腐处理，应设置防正负压过载保护装置；厌氧反应器布水应选用合理的布水方式，以保证渗滤液均匀布水，避免短流、沟流、结垢；沼气处置系统必须设置安全防护设施，并应考虑沼气处理或处置措施。如用于沼气发电、沼气提纯或引入焚烧炉助燃，沼气综合利用时应设置沼气应急处理装置；厌氧反应器及设置沼气储罐的防火和防护设计应符合 GB 50016 及 GB/T 51063 的相关规定。

采用升流式厌氧污泥床法时，常温范围宜为 20～30℃，中温范围宜为 35～38℃，容积负荷宜为 5～15kg COD/(m³ · d)，pH 值宜为 6.5～7.8，应设置生物气体利用或安全燃烧装置。

3. 好氧生物处理工艺

好氧生物处理工艺可采用活性污泥法或生物膜法。

活性污泥法宜选择膜生物反应器法、氧化沟活性污泥法和纯氧曝气法等。生物膜法宜选择接触氧化法、生物转盘法。

（1）采用膜生物反应器时

① 膜生物反应器分为内置式和外置式两种，内置式宜选用板式微滤膜组件、板式超滤膜组件、中空纤维微滤膜组件或中空纤维超滤膜组件，外置膜宜选用管式超滤膜组件；

② 温度宜为 20～35℃；

③ 进水化学需氧量宜为 1000～20000mg/L；

④ 设计运行参数见表 2-16-7。

表 2-16-7 膜生物反应器的工艺参数

项目	内置式膜生物反应器	外置式膜生物反应器
污泥浓度/(mg MLVSS/L)	8000～10000	10000～15000
五日生化需氧量污泥负荷/(kg BOD$_5$/kg MLVSS · d)	0.08～0.30	0.20～0.60
硝态氮污泥负荷/[kg NO$_3^-$-N/(kg MLVSS · d)]	0.05～0.25	0.05～0.30
剩余污泥产泥系数/(kg MLVSS/kg COD)	0.10～0.30	0.10～0.30

（2）采用氧化沟时

① 氧化沟进水化学需氧量宜为 2000～5000mg/L；

② 污泥负荷宜为 0.05～0.20kg BOD$_5$/kg MLSS；

③ 混合液污泥浓度宜为 3000～5500mg/L；

④ 污泥龄宜为 15～20d；

⑤ 氧化沟池深宜为 3.50～5.00m。

（3）采用纯氧曝气法时

① 氧气浓度不宜低于 90%；

② 溶解氧宜为 10～20mg/L；

③ 混合液污泥浓度宜为 10000～20000mg/L；

④ 进水化学需氧量宜为 1000～6000mg/L；

⑤ 水力停留时间宜为 12～24h。

（4）好氧生物处理工艺后接沉淀池时

① 沉淀时间宜为 1.50～2.50h；

② 表面水力负荷不宜大于 0.8m³/(m² · h)；

③ 出水堰最大负荷不宜大于 1.7L/(s · m)。

好氧生物处理工艺可采用序批式生物反应器（SBR）或缺氧/好氧（A/O）工艺与超滤系统组成 MBR 膜生物反应系统或改良工艺，如表 2-16-8 所示，工艺宜为两条线并行。其中超滤系统可选用浸没式和外置管式超滤膜。

表 2-16-8　MBR 膜生物反应系统或改良工艺参数

处理工艺		工艺参数
序批式生物反应器（SBR）+超滤膜工艺		1. 温度范围宜为 25～35℃ 2. 污泥浓度宜为 6～10g/L 3. 污泥负荷宜为 0.08～0.12kg COD/(kg MLVSS·d) 4. 超滤膜系统可采用浸没式或者外置式超滤膜，其中浸没式超滤膜通量宜选取 6～10L/(m²·h)，外置管式超滤膜的膜通量宜选取 60～70L/(m²·h)
A/O+超滤工艺	空气曝气	1. 温度范围宜为 25～35℃ 2. 污泥负荷宜为 0.08～0.12kg COD/(kg MLVSS·d) 3. 反硝化速率宜为 0.05～0.12kg NO₃-N/(kg MLSS·d) 4. 超滤膜系统可采用浸没式或者外置式超滤膜，其中浸没式超滤膜通量宜选取 6～12L/(m²·h)，外置管式超滤膜的膜通量宜选取 60～70L/(m²·h)
	纯氧曝气	1. 温度范围宜为 25～35℃ 2. 氧气浓度不宜低于 90%，溶解氧宜为 6～10mg/L 3. 容积负荷、停留时间及污泥浓度应根据进水水质特点和工艺要求选择 4. 超滤膜系统可采用浸没式或者外置式超滤膜，其中浸没式超滤膜通量宜选取 6～12L/(m²·h)，外置管式超滤膜的膜通量宜选取 60～70L/(m²·h)

4. 深度处理工艺

深度处理工艺一般为纳滤、反渗透和吸附过滤。其工艺参数见表 2-16-9。

表 2-16-9　垃圾渗滤液深度处理工艺参数

深度处理工艺	进水指标	工艺参数
纳滤	1. 悬浮物不宜大于 100mg/L 2. 进水电导率(20℃)不宜大于 40000μS/cm	1. 温度宜为 8～30℃ 2. pH 值宜为 5.0～7.0 3. 纳滤膜通量宜为 15～20L/(m²·h) 4. 水回收率不得低于 80%
反渗透	1. 悬浮物不宜大于 50mg/L 2. 进水电导率(20℃)不宜大于 25000μS/cm	1. 温度宜为 8～30℃ 2. pH 值宜为 5.0～7.0 3. 反渗透膜通量宜为 10～15L/(m²·h) 4. 水回收率不得低于 70%
吸附过滤	应根据前段处理出水水质、排放要求、吸附剂来源等多种因素综合选择吸附剂种类，宜优先选择活性炭作为吸附剂。当选用粒状活性炭吸附处理工艺时，宜进行静态选炭及炭柱动态试验，确定用炭量、接触时间、水力负荷与再生周期等	

应结合排放要求选择合适的工艺路线，深度处理一般采用 NF、NF+RO、化学软化+微滤+RO、DTRO 及 STRO 等工艺，如表 2-16-10 所示。

表 2-16-10　深度处理工艺具体工艺参数

处理工艺	工艺参数
卷式纳滤工艺参数	1. 温度宜为 10～30℃ 2. 进水 SDI 宜不大于 5 3. pH 值宜为 4.0～7.0 4. 膜通量不宜高于 14L/(m²·h) 5. 产水率不宜高于 85%

续表

处理工艺	工艺参数
卷式反渗透工艺参数	1. 温度宜为 10～30℃ 2. 进水 SDI 宜不大于 3 3. pH 值宜为 3.0～7.0 4. 进水电导率(20℃)不宜大于 40000μS/cm 5. 膜通量不宜高于 12L/(m^2·h) 6. 产水率不宜高于 80%
STRO 反渗透工艺参数	1. 温度宜为 25～35℃ 2. pH 值宜为 3.0～7.0 3. 进水电导率(20℃)宜为 10000～50000μS/cm 4. 膜通量不宜高于 15L/(m^2·h)
DTRO 反渗透工艺参数	1. 温度宜为 25～35℃ 2. pH 值宜为 4.0～7.0 3. 进水电导率(20℃)宜为 10000～50000μS/cm 4. 膜通量不宜高于 14L/(m^2·h)
化学软化	1. 温度宜为 10～40℃ 2. pH 值宜为 7.0～11.0 3. 进水碱度宜为 1500～2000mg/L(以 CaCO$_3$ 计) 4. 进水总硬度宜为 1000～1500mg/L(以 CaCO$_3$ 计) 5. 出水硬度不宜大于 50mg/L(以 CaCO$_3$ 计)
吸附过滤	应根据前段处理出水水质、排放要求、经济性及稳定性等多方面综合选择吸附剂种类,宜优先选用活性炭作为吸附剂

（四）典型工艺介绍

1. 流程一： MBR+纳滤或反渗透

① 工艺描述　MBR 主要由反硝化池、硝化池及膜分离池组成,内置 MBR 膜组件,宜采用板式、中空纤维式微滤,外置式 MBR 膜组件宜采用管式超滤。根据进水水质和排放要求选择纳滤或反渗透,也可选择两者串联。

② 工艺特点　纳滤或反渗透系统对进水水质要求不高,板式、中空纤维截留率低于超滤,但是其具有能耗低的优点,适用于内置式 MBR 系统;管式超滤膜具有孔径小、截留率高、清洗方便等优点,不足之处是能耗高。

③ 适用范围　本工艺适用于处理可生化性好的渗滤液,如填埋初期、中期渗滤液。出水可以达到《生活垃圾填埋场污染控制标准》(GB 16889—2008) 表 2 的要求。

2. 流程二： 厌氧生物处理+MBR+纳滤或反渗透

① 工艺描述　此流程较流程一增加了厌氧生物处理工艺段,渗滤液进入厌氧反应器,在酸化细菌的作用下,难溶或大分子有机物水解酸化,生成小分子物质,进而被产甲烷菌利用生成甲烷、二氧化碳等气体,从而去除有机污染物;厌氧出水进入后续的处理工段。厌氧生物反应器需根据进水水质进行选择,通常采用升流式厌氧反应器。根据进水水质和排放要求选择纳滤或反渗透,也可选择两者串联。

② 工艺特点　此工艺流程中含有厌氧生物处理工艺和 MBR 工艺,运行费用相对较低,对于处理可生化性好的高浓度渗滤液具有较大优势。

③ 适用范围　本工艺适合处理浓度较高、可生化性好、碳氮比高的渗滤液。出水可以达到《生活垃圾填埋场污染控制标准》(GB 16889—2008) 表 2 的要求。

3. 流程三：预处理＋两级碟管式反渗透（DTRO）

① 工艺描述　以碟管式膜片膜柱处理高浓度污水的膜处理技术，简称 DTRO。使用两级 DTRO 膜组件，第二级 DTRO 膜系统用于对第一级 DTRO 膜系统透过液的进一步处理，第二级膜柱浓缩液排向第一级系统的进水端，以提高系统的回收率，第一级膜柱浓缩液则排入浓缩液储罐。

② 工艺特点　两级 DTRO 工艺流程简洁紧凑，设备成套装置标准化，具有较高的去除率，且工艺稳定性强、维护简单、能耗低。由于影响膜系统截留率的因素较少，所以系统出水水质很稳定，不受可生化性、碳氮比等因素的影响。工艺中采用的 DT 膜组件采用标准化设计，组件易于拆卸维护，打开 DT 组件可以轻松检查维护任何一片过滤膜片及其他部件，维修简单，当零部件数量不够时，组件允许少装一些膜片及导流盘而不影响 DT 膜组件的使用。通常渗滤液在经过两级 DTRO 处理后可达到《生活垃圾填埋场污染控制标准》（GB 16889—2008）表 2 的排放限值要求。

③ 适用范围　本工艺适用于可生化性较差的封场后渗滤液，出水可以满足《生活垃圾填埋场污染控制标准》（GB 16889—2008）表 2 的排放限值要求。

第四节　污染防治措施及资源化利用

一、污染防治措施

1. 检测与控制

渗滤液处理厂（站）试运行期间应进行水质检测，检测的参数应至少包括：

① 各处理单元中 pH 值、温度、溶解氧（好氧工艺）；

② 各单元进、出水主要污染物（悬浮物、化学需氧量、五日生化需氧量、氨氮、总氮、总磷）的浓度；

③ 进、出水中总汞、总砷、总镉、总铅、总铬、六价铬等重金属的浓度和粪大肠菌群数；

④ 纳滤和反渗透工艺进水、产水、浓缩液的电导率或含盐量，以及浊度；

⑤ 纳滤和反渗透工艺各单元膜组件前后压力及压降。

渗滤液处理厂（站）应建立水质、水量监测制度，水量包括渗滤液产生量和处理量。水质监测指标至少包括各处理单元的进出水指标：色度、悬浮物、化学需氧量、五日生化需氧量、氨氮、总氮、总磷等主要污染物浓度以及进出水的总汞、总砷、总镉、总铅、总铬、六价铬等重金属浓度和粪大肠菌群数。

2. 渗滤液贮存

为了保证渗滤液处理站有稳定的进水水质和进水流量，填埋场应设立渗滤液调节池，来缓解渗滤液产生的水质和水量变化。调节池容积宜按容纳 3 个月的渗滤液产生量确定，即生物处理设施冬天停止运行时，其产生的渗滤液进入调节池，待温度高于 5℃ 时再次运行生物处理设施。

3. 处理与处置

（1）渗滤液处理

根据渗滤液具体水质选择不同的处理工艺流程，一般流程为"预处理—生物处理—深度处理和后处理"，如"吹脱—复合生物反应器—催化氧化—反渗透""UASB—MBR—NF"等；可生化性较差的中后期渗滤液也可直接用"预处理—深度处理和后处理"工艺流程，如"调节池—两级碟管式反渗透（DTRO）""水解酸化—两级碟管式反渗透（DTRO）"等；水质悬浮物较少或生化性较好的水质也可直接选用"生物处理—深度处理和后处理"的工艺流程，如"MBR—NF/RO"等。在降水量较少的地区，考虑自然条件（如气候、地形等）的基础上，可采用科学回灌处理。科学的渗滤液回灌措施可加速垃圾填埋场中总污染负荷的降解速率，加速垃圾填埋场稳定化进程，并可以通过蒸发和蒸腾作用达到渗滤液减量化的目的。

（2）浓缩液处置

浓缩液的处理应结合浓水产量、水质等特点，以及终端处置的要求进行工艺路线选择，可采用化学软化＋微滤＋RO、DTRO/STRO 及蒸发等工艺。浓缩液可根据环评批复要求回用到石灰制浆、飞灰固化或炉膛回喷等用水点。

（3）污泥处置

渗滤液处理中产生的污泥宜采用密闭性好的脱水设备，如离心脱水机、旋转挤压脱水机等。脱水后污泥含水率不应超过 80％，如脱水污泥进行入炉焚烧处理则可设计污泥缓存储罐，宜采用密闭的输送方式入炉焚烧。

4. 二次污染控制

相对城市污水处理厂，渗滤液处理产生的污泥量较小，在考虑经济效益和环境安全的前提下，渗滤液产生的污泥应与污水处理厂污泥协同处理。

为达到《生活垃圾填埋场污染控制标准》（GB 16889—2008），渗滤液通常在生物处理之后，须利用膜分离技术才能确保出水达到排放标准。而膜法处理要产生大量的浓缩液。浓缩液若外排或送入污水处理厂处理，渗滤液处置设施便失去意义，同时也增加了环境污染风险。因此，建议浓缩液采用蒸发浓缩、焚烧等处理技术。

① 泡沫 渗滤液处理好氧系统容易产生泡沫，宜采用化学药剂、物理喷淋或溢流导出等方式处理，化学药剂的选用应不抑制微生物的活性及对后续膜系统无影响的药剂。渗滤液处理工程曝气过程中产生的泡沫，宜采用喷淋水或消泡剂等方式抑制。

② 废液 对渗滤液处理过程中冲洗或清洗等产生的废液应集中收集并处理。

③ 臭气 渗滤液处理系统中的所有臭气源均应密闭收集，并采用负压方式输送至主厂房垃圾坑、一次风机入口或渗滤液处理站，单独设置臭气处理装置并达标排放。主要恶臭污染源（调节池、厌氧反应设施、曝气设施、污泥脱水设施等）宜采取密闭、局部隔离及负压抽吸等措施，经集中处理后排放，处理后气体的排放应执行 GB 14554 和 GB 16297。

④ 噪声 对渗滤液处理过程中产生噪声的工艺单元应采取有效的控制措施，厂界噪声应符合 GB 12348 中的相关要求，车间内噪声应符合 GBZ 1 的要求。

5. 研发新技术

（1）开发高效重金属去除技术

《生活垃圾填埋场污染控制标准》（GB 16889—2008）对重金属提出了去除要求，但目前针对垃圾渗滤液中重金属的成熟处理技术还十分缺乏，有待开发。

（2）开发高效低耗氨氮去除技术与装备

渗滤液中的氮多以氨氮形式存在，占总氮的 70％～90％。渗滤液中氨氮的含量一般在 1000～3000mg/L，随着填埋年数的增加而增加。高浓度氨氮可导致渗滤液碳氮磷营养比例失调，抑制生物降解作用，不利于生物处理。目前应用较多的主要有氨吹脱和生物脱氮技术。氨吹脱技术大多用空气为吹脱介质，使用吹脱设备吹脱的方式。但是具有效率低、消耗大量酸碱、尾气污染空气的缺点。新型高效吹脱装置的开发、脱氨尾气的妥善处理成为了今后研究的方向。

（3）开发经济安全的浓缩液处理技术

浓缩液是垃圾渗滤液在超滤/纳滤/反渗透工艺过程中产生的高浓度废水，现有技术水平主要将其回灌、蒸发浓缩或焚烧。回灌可以利用填埋场复杂的生物体系有效去除浓缩液中的有机物，但盐分和重金属的累积将会严重影响后续处理工艺去除效率，增加经济成本；而焚烧同样存在经济成本问题。蒸发浓缩可以大量减少浓缩液量，但其受地域和自然气候影响，同时，蒸发浓缩后的渗滤液仍需进一步处理。因此，迫切需要开发高效、低耗、实用的浓缩液处理处置技术与装备。

二、资源化利用

垃圾渗滤液中含有大量的氨氮和有机物质，为其资源化利用提供了可能性。垃圾渗滤液的资源化就是对渗滤液经过一定的处理或改性，充分利用垃圾渗滤液中的有机物质，将渗滤液变成沼气、肥料、腐殖酸等可再利用的资源，达到变废为宝的目的。

① 能源领域　垃圾渗滤液在能源领域的应用主要是利用其有机物含量高的特点，通过厌氧产甲烷菌的代谢活动，以垃圾渗滤液中高浓度的有机物为营养物质发酵产沼气，然后利用沼气作为燃料利用，实现环境与能源的双重效益。

② 农业领域　由于垃圾渗滤液氨氮含量高，可通过一定手段提取出渗滤液中的氨氮物质，并将其作为氮肥应用于农业领域，实现垃圾渗滤液的资源化。

③ 工业领域　垃圾渗滤液除了在能源和农业领域的应用外，还可以通过从垃圾渗滤液中提取有用物质，制备工业品，实现其在工业领域的应用。

第五节　工程实例

一、实例一

某生活垃圾填埋场渗滤液处理站需要对垃圾渗滤液进行处理。

1. 工程概况

处理规模为 400t/d，设计进水水质如表 2-16-11 所示。项目建设实施期约 1 年，渗滤液水质变化很大，老龄化趋势很明显，有机物浓度不断下降，氮浓度不断上升。

2. 设计目标

本项目出水执行更为严格的标准，要求 COD≤60mg/L，总氮≤20mg/L，氨氮≤8mg/L。在渗滤液老龄化、进水水质恶化和系统超污染物负荷总量的条件下，经过系统的优化调整和强化现场运营管理，确保系统的稳定运行。渗滤液进水水质及排放标准见表 2-16-11。

表 2-16-11　渗滤液进水水质及排放标准　单位：mg/L（pH 值除外）

污染物	pH 值	COD_{Cr}	BOD_5	NH_4^+-N	TN	SS	TP
进水水质	6～9	7500	3000	3300	3960	800	—
排放标准	6～9	60	20	8	20	30	1.5

3. 工艺选择

采用 MBR+DTRO 主工艺，工艺流程如图 2-16-4 所示。

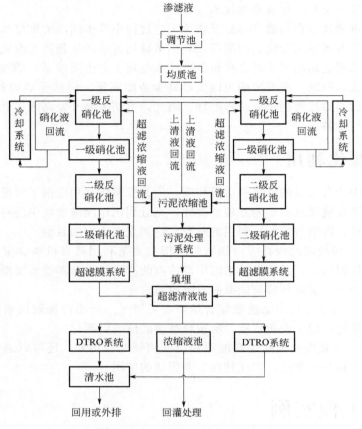

图 2-16-4 MBR+DTRO 工艺流程

4. 工艺说明

填埋场的渗滤液经收集管网收集后流入调节池，经调节池调节水质后，由提升泵提升至 MBR 系统的生化系统单元。MBR 生化系统单元由两级 A/O 组成，渗滤液依次流经一级反硝化池、一级硝化池、二级反硝化池、二级硝化池，通过内回流，投加碳源，在交替缺氧、好氧条件下，渗滤液中的有机物、氨氮、硝态氮得到降解去除，生化系统单元处理后的渗滤液通过 MBR 中的超滤系统分离后，清液进入膜分离系统深度处理，浓缩污泥回流至 MBR 的生化系统单元。

超滤透过液进入 DTRO 系统后，剩余有机污染物及盐类大部分被拦截于浓缩液中，透过的清液排入清水池。剩余污泥经离心脱水机脱水后，填埋处理。

本项目采用 MBR+DTRO 工艺处理填埋场渗滤液，可以稳定运行并确保出水达标排放。

二、实例二

某环保能源公司垃圾焚烧发电厂需对垃圾渗滤液进行处理。

1. 工程概况

设计处理规模为 $440m^3/d$，设计进水水质如表 2-16-12 所示。

表 2-16-12 垃圾焚烧发电厂渗滤液水质 单位：mg/L（pH 值除外）

项目	COD_{Cr}	BOD_5	NH_4^+-N	SS	pH 值
进水	2000～25000	500～18000	300～2500	200～2000	5～9

2. 设计目标

要求达标产水量不低于 $308m^3/d$，即深度处理系统的总回收率不低于 70%，出水水质执行《城市污水再生利用 工业用水水质》（GB/T 19923—2005）中表 1 敞开式循环冷却水水质标准，浓水采用回喷焚烧处理，不考虑浓水单独处理方案。表 2-16-13 为对应部分敞开式循环冷却水水质标准要求限值。

表 2-16-13 敞开式循环冷却水水质标准 单位：mg/L（pH 值除外）

项目	COD_{Cr}	BOD_5	NH_4^+-N	SS	pH 值
限值	60	10	10	—	6.5～9.0

3. 工艺选择

采用"机械过滤＋调节池＋混合反应沉淀池＋厌氧系统＋A/O 系统＋膜生物反应器（TMBR）＋纳滤系统（NF）＋反渗透系统（RO）"（工艺流程见图 2-16-5），以满足垃圾渗滤液水量变化大、较强的抗冲击负荷能力、高负荷处理能力、高氨氮处理能力、重金属离子和盐分含量高的问题。

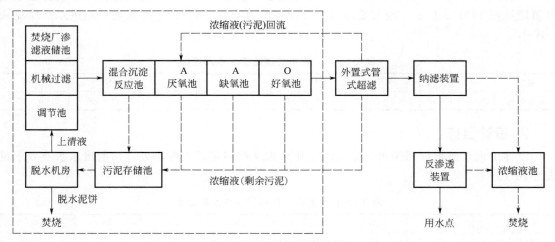

图 2-16-5 处理工艺流程

4. 工艺说明

选择采用外置式膜生化反应器。管式超滤膜进水泵将好氧池内渗滤液泵至管式超滤膜系统进行固液分离和浓缩，浓缩液回流到厌氧池，多余部分流至污泥储存池。采用反渗透膜能有效截留垃圾渗滤液中溶解态的有机和无机污染物、盐分，使出水满足要求。由于碟管式反渗透膜运行压力高达 70～120bar（1bar＝100kPa）、单支膜过滤面积较小，导致投资成本和运行能耗较高，占地面积较大，因此设计采用卷式反渗透膜作为纳滤膜的后处理，完全可以满足系统运行要求。

本项目渗滤液站通过三个月的调试以及一年的稳定运行，设计工艺各系统污染物去除率见表 2-16-14。

表 2-16-14　工艺各系统污染物去除率

项目		COD_{Cr}	BOD_5	NH_4^+-N	总氮	SS	pH 值
外置式膜生物反应器	进水	24000mg/L	12000mg/L	2500mg/L	2800mg/L	2000mg/L	5～9
	出水	800mg/L	20mg/L	10mg/L	30mg/L	10mg/L	6～9
	去除率	96.7%	99.8%	99.6%	98.9%	99.5%	—
纳滤	出水	40～80mg/L	5～10mg/L	8～10mg/L	15～25mg/L	<5mg/L	6～9
	去除率	≥90%	>50%	—	—	—	—
反渗透	出水	<10mg/L	<2mg/L	8～10mg/L	15～25mg/L	—	6.5～8.5
	去除率	≥80%	≥80%	—	—	—	—

垃圾渗滤液经处理后满足冷却循环水补充水水质要求，用于补充冷却循环水、绿化、渣池、配置石灰乳等途径，既解决了排水问题，又节约了水资源的消耗，同时削减了污染物的排放量。

三、实例三

对两种传统渗滤液处理工艺——"生物处理＋膜处理工艺"和"预处理＋二级 DTRO 工艺"，在实际应用中进行比较分析。

1. 工程概况

某县生活垃圾填埋场已运行 3 年，现有垃圾渗滤液采用简单回灌处置方式。目前生活垃圾填埋量在 140t/d 左右，废水处理站的设计规模为 46m³/d。设计废水处理站进水水质见表 2-16-15。

表 2-16-15　废水处理站进水水质情况　　　　　　　　　单位：mg/L

项目	COD_{Cr}	BOD_5	NH_4^+-N	TN	TP	SS	TDS
进水指标	5000～50000	2000～20000	500～1500	800～2000	5～15	500～800	2000～4000

2. 设计目标

设计出水水质根据回用水与排放的水质要求从严确定，本废水处理站的出水水质要求见表 2-16-16。

表 2-16-16　废水处理站回用水水质要求　　　　　　　　单位：mg/L

项目	COD_{Cr}	BOD_5	NH_4^+-N	TN	TP	SS	TDS
出水指标	60	15	10	40	3	30	1000

3. 工艺选择

本工程对比两种处理工艺处理本生活垃圾填埋场渗滤液。

（1）方案 1：生物处理＋膜处理工艺

包括预处理、生物处理及膜处理工段。预处理包括调节池、混凝沉淀设备，主要去除污水中的固形物及悬浮物，降低后续处理工段负荷；生物处理包括 UASB 反应器、A/O 池、MBR 池等，主要去除污水中的有机物及氨氮等污染物；膜处理为 RO 反渗透膜，主要分离污水中的盐分，达到回用水水质要求。污泥处理系统包括储泥池和污泥脱水间，储泥池接纳混凝沉淀设备及生化系统的排泥，经板框压滤机脱水后，泥饼运送至填埋区填埋。RO 系统产生的浓水暂存在浓缩液池，最终回灌垃圾堆体。具体的工艺流程见图 2-16-6。

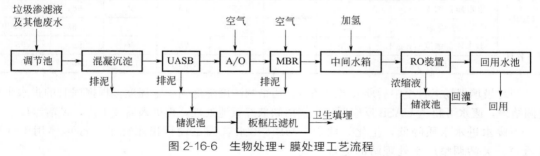

图 2-16-6　生物处理+膜处理工艺流程

（2）方案 2：预处理＋二级 DTRO 工艺

包括预处理及膜处理工段，具体流程见图 2-16-7。预处理包括调节池（原有）、混凝沉淀设备、砂滤器、芯滤器处理，主要去除污水中的固形物、悬浮物及细小污染物，降低膜污堵的可能性。膜处理包括一级 DTRO 和二级 DTRO 膜，经一级高压泵将废水送入一级反渗透装置，一级反渗透装置流出的透过液经二级高压泵送入二级反渗透装置，而一级反渗透装置流出的浓盐水自流至浓盐水储存池；第二级反渗透装置流出的浓缩液回流至砂滤器前重新处理。DTRO 系统产生的浓水暂存在浓缩液池，最终回灌垃圾堆体。

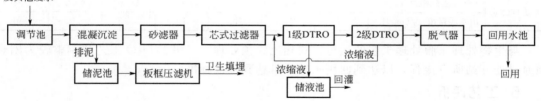

图 2-16-7　预处理+二级 DTRO 工艺流程

4. 工艺说明

方案 1 生物处理＋膜处理工艺中，各工段污染物去除率以及建构筑物设计见表 2-16-17。运用该工艺后，废水处理站在运行初期，渗滤液污染物浓度较高，必须通过处理站所有流程，即在经过厌氧段后进入缺氧好氧段降解污染物，先通过 MBR 进行固液分离，然后再通过 RO 进一步净化水质，达到回用水标准且达到排放标准。

表 2-16-17　方案 1 各单元污染物去除效果分析

处理单元及项目		COD$_{Cr}$	BOD$_5$	NH$_4^+$-N	TN	TP	SS	TDS
进水质量浓度/(mg/L)		50000	20000	1500	2000	15	800	4000
调节池	去除率/%	0	0	0	0	0	0	0
	出水质量浓度/(mg/L)	50000	20000	1500	2000	15	800	4000
混凝沉淀	去除率/%	0	0	30	30	10	40	0
	出水质量浓度/(mg/L)	50000	20000	1050	1400	13.5	480	4000
UASB	去除率/%	85	85	30	30	40	40	0
	出水质量浓度/(mg/L)	7500	3000	735	980	8.1	288	4000
A/O	出水质量浓度/(mg/L)	92	95	85	75	40	50	0
	去除率/%	600	150	110.25	245	4.86	144	4000

续表

处理单元及项目		COD$_{Cr}$	BOD$_5$	NH$_4^+$-N	TN	TP	SS	TDS
MBR	出水质量浓度/(mg/L)	95	95	75	75	50	98	0
	去除率/%	30.00	7.50	27.56	61.25	2.43	2.88	4000.00
RO 装置	出水质量浓度/(mg/L)	85	85	75	75	60	99	95
	去除率/%	4.50	1.13	6.89	15.31	0.97	0.00	200.00

　　当垃圾填埋场运行至中后期或者封场后，污染物浓度降低到一定程度，根据届时的进水水质监测结果，废水可超越 UASB 反应器，直接由缺氧好氧池处理，再进入后续工段，灵活运行。

　　当废水进水水质降低，生化处理段＋MBR 出水若满足设计出水标准，亦可停用 RO 反渗透膜，灵活调整废水处理站的运行方式。

　　方案 2 预处理＋二级 DTRO 工艺各工段污染物去除率见表 2-16-18。

表 2-16-18　方案 2 各单元污染物去除效果分析

处理单元及项目		COD$_{Cr}$	BOD$_5$	NH$_4^+$-N	TN	TP	SS	TDS
进水质量浓度/(mg/L)		50000	20000	1500	2000	15	800	4000
调节池	去除率/%	0	0	0	0	0	0	0
	出水质量浓度/(mg/L)	50000	20000	1500	2000	15	800	4000
混凝沉淀＋砂滤＋芯滤	去除率/%	10	10	0	0	0	100	0
	出水质量浓度/(mg/L)	45000	18000	1500	2000	15	4	4000
两级 DTRO	去除率/%	99.9	99.9	99.5	99.5	99.0	99.0	99.0
	出水质量浓度/(mg/L)	45	18	7.5	10	0.15	0.04	40

　　与生物处理＋膜处理工艺的运行方式相比，预处理＋二级 DTRO 工艺的调整较为困难，须通过处理站所有流程，以达到回用水标准且达到排放标准。

5. 工艺评析

　　两种方案在全国各地应用广泛，且在采用相同背景的膜组件条件下，工程投资相差不大，但对核心工艺做比较，方案 1 对大部分污染物进行了降解和去除，而方案 2 只是对大部分污染物进行了物理分离，并未实现根本上的减量化。方案 1 在膜前设置了生化段，比方案 2 的全部膜法处理较节能，且方案 2 使用较多的膜，污堵的可能性也比较高，需要频繁维护甚至更换。方案 1 采用的生物处理＋膜处理工艺，随着垃圾填埋场运营年限的增加，水质相对转好，某些工段可以不开，运行方式较为灵活；方案 2 主体工艺采用膜法，前处理为保证膜不受污染，必须随膜运行，灵活调整度不强。

　　在生活垃圾填埋场渗滤液处理工艺的选择上，既要注重采用较先进的技术和设备，又要注重处理工艺的可靠性和管理的方便性，同时结合实际情况，在满足出水水质和环保要求的同时，所采用工艺尽可能地考虑节省投资和运行费用。综上，此处生活垃圾填埋场渗滤液处理工程应优先选择生物处理＋膜处理工艺。

参 考 文 献

[1] 陆景波，王丹，邓俊平，等. 我国垃圾渗滤液处理现状及发展方向 [J]. 中国标准化，2018，(16)：235-236.

[2] 秦光武. 垃圾渗滤液简介及处理技术 [J]. 广东化工，2018，45 (17)：145，136.

[3] 孙文章. 垃圾渗滤液处理工艺现状与技术探讨 [J]. 环境与发展，2020，32 (07)：86-87.

[4] 袁维芳，王浩，汤克敏，等. 垃圾渗滤液处理技术及工程化发展方向 [J]. 环境保护科学，2020，46 (01)：76-83.

[5] 《生活垃圾填埋场渗滤液污染防治技术政策（征求意见稿）》编制说明.

[6] 樊彦玲，郑鹏辉，祝文. 垃圾渗滤液处理技术浅析 [J]. 资源节约与环保，2020，(06)：64.

[7] 城市生活垃圾处理及污染防治技术政策（建成［2000］120号）.

[8] CJ/T 3037—1995. 生活垃圾填埋场环境检测技术标准.

[9] GB 18485—2014. 生活垃圾焚烧污染控制标准.

[10] DL/T 2427—2021. 垃圾发电厂垃圾池技术规范.

[11] T/DGZL 002—2021. 城乡生活垃圾渗滤液环保处理技术规范.

[12] CJJ 150—2010. 生活垃圾渗沥液处理技术规范.

[13] DL/T 1939—2018. 垃圾发电厂渗沥液处理技术规范.

[14] T/LNSES 001—2020. 垃圾渗滤液浓缩液固化处置技术规范.

[15] T/APEP 1018—2021. 垃圾渗滤液污水处理规范.

[16] CJJ 86—2014. 生活垃圾堆肥处理厂运行维护技术规程.

[17] CJJ/T 172—2011. 生活垃圾堆肥厂评价标准.

[18] GB 7959—2012. 粪便无害化卫生要求.

[19] 《垃圾发电厂渗滤液处理技术规范（征求意见稿）》编制说明.

[20] 丁丽强. 垃圾渗滤液水质特性与处理技术分析［J］. 科学技术创新，2019，（35）：37-38.

[21] 吕景韩. 垃圾渗滤液水质特性及其处理技术探讨［J］. 节能，2019，38（08）：163-164.

[22] 陈静霞. 垃圾渗滤液处理技术研究进展探究［J］. 环境与发展，2020，32（08）：98＋100.

[23] 郭宗同. 膜分离技术在垃圾渗滤液处理中的应用［J］. 建材与装饰，2019，（06）：159-160.

[24] 康广凤，宁海丽，左华. MBR＋膜分离技术处理生活垃圾焚烧厂渗滤液工程研究［J］. 环境保护科学，2018，44（06）：90-95.

[25] 顾铮，袁洪涛，代少明. 生活垃圾焚烧发电厂渗滤液处理膜深度处理浓液技术［J］. 工程技术研究，2019，4（04）：104-105.

[26] 唐霖. 浅谈垃圾填埋场渗滤液处理技术进展［J］. 化学工程与装备，2018，（05）：310-312.

[27] 垃圾发电厂渗滤液处理技术规范（征求意见稿）.

[28] 傅福金，蔡明亮，刘明华. 垃圾渗滤液的处置及资源化利用现状［J］. 广州化学，2018，43（02）：80-84.

[29] 龚为进，刘玥，魏永华，等. 垃圾渗滤液资源化处理及超临界水气化产氢研究进展［J］. 环境污染与防治，2017，39（6）：692-695.

[30] 曾武，王书兰，张柳山，等. MBR＋DTRO工艺处理垃圾填埋场渗滤液的工程应用［J］. 绿色科技，2018（08）：114-115，120.

[31] 涂海桥. 垃圾焚烧厂垃圾渗滤液的深度处理［J］. 环境与发展，2018，30（07）：60-61.

[32] 周斐. 垃圾转运站渗滤液产生及处理技术探讨［J］. 净水技术，2018，37（S2）：91-93.

第十七章
循环冷却水

第一节　概述

　　早在 20 世纪 70 年代我国循环冷却水处理技术刚起步时，发达国家循环冷却水的浓缩倍数已提高到 3～5 倍，并开始研究开发循环冷却水零排污技术。目前，发达国家工业循环冷却水的浓缩倍数已普遍达到了 5 倍以上，个别系统甚至达到了 10 倍或者零排污。我国在"八五""九五"通过对工业节水技术的创新开发，使我国工业循环冷却水处理技术水平得到极大的提升，浓缩倍数普遍提高到了 3 倍左右。国家科技部"十五"期间又重点支持了"工业循环冷却水节水成套技术开发及应用示范"项目，使我国工业循环冷却水节水技术得到进一步发展，部分耗水企业的循环冷却水浓缩倍数提高到了 5 倍以上。

　　2012 年，《国务院关于实行最严格水资源管理制度的意见》（国发〔2012〕3 号）中提出了三条"红线管理"控制，即：加强水资源开发利用控制红线管理，严格实行用水总量控制；加强用水效率控制红线管理，全面推进节水型社会建设；加强水功能区限制纳污红线管理，严格控制入河湖排污总量。未来的企业在取水、用水、排水方面将受到三条红线的严格制约，特别是对工业循环冷却水的处理循环回用产生强烈的需求。

　　循环冷却水处理常用的标准规范有：

①《循环冷却水系统相关设计规范与分析测试方法》；

②《工业循环冷却水处理设计规范》（GB/T 50050—2017）；

③《循环冷却水用再生水水质标准》（HG/T 3923—2007）。

一、冷却水应用的范围及行业

　　工业生产中，冷却的方式有很多，有用空气来冷却的称为空冷，有用水来冷却的称为水冷。在大多数工业生产中是用水作为传热介质的。这是因为水的化学稳定性好，不易分解；热容量大，在常用温度范围内，不会产生明显的膨胀或压缩；沸点较高，在通常使用的条件下，在换热器中不致汽化；同时水的来源较广泛，流动性好，易于输送和分配，相对来说价格也较低。水作为冷却介质在生产设备的正常运行、产品的质量控制等方面发挥着十分重要的作用。如发电厂汽轮机，在发电过程中温度升高，为保证发电机的正常发电，就要用水来不断地冷却发电机；炼油厂为了使热的油品冷却到一定的温度，炼成各种油类产品，必须用低于 30℃ 的水通过冷却器，用水吸收油中的热量，把油的温度降下来。

　　冷却水的适用范围面广量大，在冶金工业中用大量的水来冷却高炉、平炉、转炉、电炉等各种加热炉的炉体；在炼油、化肥、化工等生产中用大量的水来冷却半成品和产品；在发电厂、热电站用大量的水来冷凝汽轮机回流水；在纺织厂、化纤厂则用大量水来冷却空调系统及冷冻系统。近年来，高层建筑越来越多，其空调系统也需用大量冷却水。这些工业和服务行业冷却水用量占工业用水总量的 70% 左右，其中又以石油、化工和钢铁工业为最高。

二、冷却水的循环利用

工业冷却水在各国工业用水总量中都占最大份额。在我国，冷却水量约占工业总用水量的 $50\%\sim80\%$。由于冷却水主要是温度升高，水质变化不大，若采取适当措施降温处理后回用，形成循环冷却回用系统，将是节约工业用水的重要途径。

要使工业冷却水形成正常的循环系统，需要采用两项关键的处理措施：一是使升温的冷却水降低到可回用的温度，以保持较好的冷却效果，此过程称为循环水的冷却；二是使循环水质保持稳定，防止换热设备与管路结垢和腐蚀。为防止循环冷却水回用系统中垢物沉积或设备腐蚀而对冷却水进行处理的过程称为循环冷却水处理。

第二节　循环冷却水的特性

一、循环冷却水的水源

地面水、地下水、海水等都可以作为冷却水水源。但作为循环冷却水，不同的工业，不同的生产设备、产品，不同的换热器等，其水质要求也有所不同，不论哪种水源，都应进行净化处理，以符合水质要求。现将有关水源的特点简述如下：

（1）地面水资源

地面水包括江、河、湖泊、水库等水。选择水源的原则是：水源水质良好，水量充沛，便于保护。地面水是循环冷却水的主要水源。地面水的特点是浊度较高，硬度较低，有机物和细菌含量高，水质和水温季节性变化大，易受人为污染。但地面水取用相对较方便，管理较集中，水量能满足冷却水量的需要。

（2）地下水水源

地下水埋藏于地下含水层中，由地面水经渗流补给，因在地层中缓慢地渗流，经过地层的自然过滤，水质透明无色，一般不需要处理，作为生活饮用水仅需要消毒；与地面水相比，生物或有机物含量很少，但在渗流过程中溶解了不同的矿物质，其溶解性固体物含量高于地面水；地下水不易直接受地面污染，卫生条件较好；地下水埋藏在含水层中，水温低，基本上不受气温的影响，常年水温变化不大，是冷却用水最为理想的水源，因为水温低，冷却效率高，用水量小。

（3）海水

海水是量最大的水资源。把海水作为冷却水在世界很多国家采用，如美国、英国、法国、日本等。我国沿海地区淡水资源紧缺，而冷却水用量又大，故不少地方也用海水冷却，如浙江秦山核电厂、上海石化的发电厂等。用海水冷却必须注意两点：一是直流式冷却，即热水直接排入海中，不存在循环使用；二是设备一定要严格地做好防腐处理。

二、循环冷却水的水质

1. 水质特点

敞开式循环冷却水相对使用最为广泛，其水质具有下列特点：

（1）循环冷却水的浓缩作用

循环冷却水在循环过程中因蒸发、风吹、渗漏及排污四种现象而损失部分水量，其中水量蒸发后其含盐量增加，发生了浓缩作用。水中碳酸钙等溶解盐类会在换热器及管道表面形成沉积物，称为结垢。结垢使传热效率下降，输水管过水断面减小，甚至堵塞管道出现事故。

（2）循环冷却水散除 CO_2 和复氧作用

冷却水从冷却塔上部喷洒，下部通入空气，实际上是一种曝气过程，既能散除水中的 CO_2 又能溶解部分氧气。结果是碱度升高，$CaCO_3$ 沉淀，溶解于水中的氧在与金属管道接触中发生电化学腐蚀。

（3）水质污染产生污垢、结垢

冷却水和空气充分接触，吸收了空气中的灰尘、泥砂、微生物等，使系统的污泥增加，在换热器和管道表面沉积形成污垢，不仅使传热效率下降，同时也促进了腐蚀。此外，冷却塔内的光照充足、温度适宜，充足的溶解氧和养料都有利于细菌和藻类的生长。

细菌和藻类的大量繁殖产生一些代谢产物，并形成具有蒙古性的污垢，往往又称为黏垢。在冷却水循环过程中，结垢、腐蚀、精垢和蒙古垢不是单独存在，它们之间是互相影响和转化的。腐蚀形成的腐蚀产物会引起污垢，而污垢会进一步促进腐蚀。

（4）水温变化

循环冷却水在换热设备中是升温过程，水中的 CO_2 逸出，碳酸盐溶解性变小，产生钙、镁离子析出结垢倾向。而在冷却构筑物中是降温过程，有可能产生腐蚀倾向。循环冷却水处理的任务是：防止或减轻系统中产生污垢或黏垢（简称阻垢），防止或减轻系统中腐蚀（称为缓蚀），抑制微生物的生长（称为微生物控制）。

2. 水质要求

为了保证工业生产稳定，能长周期运转，延长设备使用寿命，对冷却水的水质有相当高的要求。通常在选用水作为冷却介质时，需注意选用的水要能满足以下几点要求：

① 水温要尽可能低 在同样设备条件下，水温越低，用水量越少。

② 水的浑浊度要低 水中悬浮物带入冷却水系统，会因流速降低而沉积在换热设备和管道中影响热交换，严重时会使管道堵塞。

③ 水质不易结垢 冷却水在使用过程中，要求在换热设备的传热表面上不易结成水垢，以免影响换热效果。

④ 水质对金属设备不易产生腐蚀 冷却水在使用中，要求对金属设备最好不产生腐蚀，如果腐蚀不可避免，则要求腐蚀性越小越好，以免传热设备因腐蚀太快而迅速减少有效传热面积或过早作废。

⑤ 水质不易滋生菌藻微生物 冷却水在使用过程中，要求菌藻微生物在水中不易滋生繁殖，这样可避免或减少因菌藻繁殖而形成大量的黏泥污垢，过多的黏泥污垢会导致管道堵塞和腐蚀。

间冷开式系统循环冷却水水质指标应根据补充水水质及换热设备的结构形式、材质、工况条件、污垢热阻值、腐蚀速率、被换热介质性质并结合水处理药剂配方等因素综合确定，并宜符合表 2-17-1 的规定。

闭式系统循环冷却水水质指标应根据系统特性和用水设备的要求确定，并宜符合表 2-17-2 的规定。

直冷系统循环冷却水水质指标应根据工艺要求并结合补充水水质、工况条件及药剂处理配方等因素综合确定，并宜符合表 2-17-3 的规定。

部分工业企业的用水分配率见表 2-17-4。

表 2-17-1 间冷开式系统循环冷却水水质指标

项目	要求或使用条件	许用值
浊度/NTU	根据生产工艺要求确定	≤20
	换热设备为板式、翅片管式、螺旋板式	≤10
pH 值(25℃)	—	6.8～9.5
钙硬度＋全碱度(以 $CaCO_3$ 计)/(mg/L)	—	≤1000
	传热面水侧壁温>70℃	钙硬度<200
总 Fe/(mg/L)	—	≤2.0
Cu^{2+}/(mg/L)	—	≤0.1
Cl^-/(mg/L)	水走管程:碳钢、不锈钢换热设备	≤1000
	水走壳程:不锈钢换热设备 传热面水侧壁温小于或等于70℃ 冷却水出水温度小于45℃	≤700
$SO_4^{2-}＋Cl^-$/(mg/L)	—	≤2500
硅酸(以 SiO_2 计)/(mg/L)	—	≤175
$Mg^{2+}×SiO_2$(Mg^{2+} 以 $CaCO_3$ 计)	pH(25℃)≤8.5	≤50000
游离氨/(mg/L)	循环回水总管处	0.1～1.0
NH_4^+-N/(mg/L)	—	≤10
	铜合金设备	≤1.0
石油类/(mg/L)	非炼油企业	≤5.0
	炼油企业	≤10.0
COD/(mg/L)		≤150

表 2-17-2 闭式系统循环冷却水水质指标

适用对象	水质指标	
	项目	许用值
钢铁厂闭式系统[④]	总硬度(以 $CaCO_3$ 计)/(mg/L)	≤20.0
	总铁/(mg/L)	≤2.0
火力发电厂发电机 钢导线内冷水系统	电导率(25℃)/(μS/cm)	≤2.0[①]
	pH 值(25℃)	7.0～9.0
	含铜量/(μg/L)	≤20.0[②]
	溶解氧/(μg/L)	≤30.0[③]
其他各行业闭式系统	总铁/(mg/L)	≤2.0

① 火力发电厂双水内冷机组共用循环系统和转子独立冷却水系统的电导率不应大于 5.0μS/cm (25℃)。
② 双水内冷机组内冷却水含铜量不应大于 40.0μg/L。
③ 仅对 pH<8.0 时进行控制。
④ 钢铁厂闭式系统的补充水宜为软化水,其余两系统宜为除盐水。

表 2-17-3 直冷系统循环冷却水水质指标

项目	适 用 对 象	许用值
pH 值(25℃)	高炉煤气清洗水	6.5～8.5
	合成氨厂造气洗涤水	7.5～8.5
	炼钢真空处理、轧钢、轧钢层流水、轧钢除鳞给水及连铸二次冷却水	7.0～9.0
	转炉煤气清洗水	9.0～12.0

续表

项目	适用对象	许用值
悬浮物/(mg/L)	连铸二次冷却水及轧钢直接冷却水、挥发窑窑体表面清洗水	≤30
	炼钢真空处理冷却水	≤50
	高炉转炉煤气清洗水合成氨厂造气洗涤水	≤100
碳酸盐硬度(以CaCO₃计)/(mg/L)	转炉煤气清洗水	≤100
	合成氨厂造气洗涤水	≤200
	连铸二次冷却水	≤400
	炼钢真空处理、轧钢、轧钢层流水及轧钢除鳞给水	≤500
Cl⁻/(mg/L)	轧钢层流水	≤300
	轧钢、轧钢除鳞给水及连铸二次冷却水、挥发窑窑体表面清洗水	≤500
油类/(mg/L)	轧钢层流水	≤5
	轧钢、轧钢除鳞给水及连铸二次冷却水	≤10

表 2-17-4 部分工业企业的用水分配率　　单位：%

工业名称	冷却水	锅炉房	洗涤水	空调	工业用水	其他
石油	90.1	3.9	2.8	0.6		2.6
化工	87.3	1.5	5.9	3.2		2.1
冶金	85.4	0.4	9.8	1.7		2.7
机械	42.8	2.7	20.7	12.8		21.0
纺织	5.0	5.1	29.7	51.8		8.4
造纸	9.9	2.6	82.1	1.3		4.1
食品	48.0	4.4	30.4	5.7	6.0	5.5
电力	99.0	1.0				

第三节　循环冷却水处理

循环冷却系统虽然包括许多组成部分，但循环冷却水处理的目的主要是保护换热器免遭损害。为了达到循环冷却水所要求的水质指标，必须对腐蚀、沉积物和微生物三者的危害进行控制。由于腐蚀、沉积物和微生物三者相互影响，可采用综合处理方法。实际上，采用药剂处理时，某些药剂往往同时兼具缓蚀和阻垢的双重作用。

一、腐蚀控制

防止循环冷却水腐蚀的方法主要是投加某些药剂（缓蚀剂），使之在金属表面形成一层薄膜将金属表面覆盖起来，从而与腐蚀介质隔绝，达到缓蚀的目的。缓蚀剂所形成的膜有氧化物膜、沉淀物膜和吸附膜三种类型。在阳极形成保护膜的缓蚀剂称为阳极缓蚀剂；在阴极形成保护膜的称为阴极缓蚀剂。

1. 氧化膜型缓蚀剂

这类缓蚀剂直接或间接产生金属氧化物或氢氧化物，在金属表面形成保护膜，阻碍溶解氧扩散，使腐蚀反应速度降低。当保护膜达到一定厚度时，膜的增长自动停止，不再加厚。氧化膜型缓蚀剂的缓蚀效果良好，而且有过剩的缓蚀剂也不会产生结垢。但此类缓蚀剂均为重金属含氧酸盐，如铬酸盐等，排放到水体会污染环境，基本上禁止使用。

2. 离子沉淀膜型缓蚀剂

这类缓蚀剂与溶解于水中的离子生成难溶盐或络合物，在金属表面上析出沉淀，形成保护膜。所形成的膜多孔、较厚、松散，与基体金属的密合性较差。因此，防止氧扩散不完全。当药剂过量时，薄膜会不断增长，引起垢层加厚而影响传热。这种缓蚀剂有聚磷酸盐和碳酸盐。聚磷酸盐的缓蚀作用与它的整合作用有关。即聚磷酸盐和水中的 Ca^{2+}、Mg^{2+}、Zn^{2+} 等离子形成的络合盐在金属表面构成保护膜。

正磷酸盐是阳极缓蚀剂，它主要形成以 Fe_2O_3 和 $FePO_4$ 为主的保护膜，抑制阳极反应。聚磷酸盐能与水中的 Ca^{2+}、Mg^{2+} 形成聚磷酸钙、聚磷酸镁，在阴极表面形成沉淀型保护膜。因此，采用聚磷酸盐作为缓蚀剂时，水中应该有一定浓度的 Ca^{2+}、Mg^{2+}。聚磷酸盐的缺点是容易水解成正磷酸盐，降低它的缓蚀效果，而且磷还是微生物和藻类的营养成分，会促进微生物的繁殖。

锌盐是一种阴极型缓蚀剂，锌离子在阴极部位产生 $Zn(OH)_2$ 沉淀，起保护膜的作用。锌盐往往和其他缓蚀剂联合使用，有明显的增效作用。锌盐在水中的溶解度很低，容易沉淀。此外，锌盐对环境的污染也很严重，这就限制了锌盐的使用。

3. 金属离子沉淀膜型缓蚀剂

这种缓蚀剂是使金属活化溶解，并在金属离子浓度高的部位与缓蚀剂形成沉淀，产生致密的薄膜，缓蚀效果良好。保护膜形成后，即使在缓蚀剂过剩时，薄膜也停止增厚。这种缓蚀剂如巯基苯并噻唑（简称 MBT）是铜的很好的阳极缓蚀剂。剂量仅为 $1\sim2mg/L$。因为它在铜的表面进行整合反应，形成一层沉淀薄膜，抑制腐蚀。

4. 吸附膜型缓蚀剂

有机缓蚀剂的分子具有亲水性基和疏水性基。亲水基有效地吸附在清洁的金属表面上，而将疏水基团朝向水侧，阻碍水和溶解氧向金属扩散，抑制腐蚀。这类缓蚀剂主要有胶类化合物及其他表面活性剂类有机化合物。

此类缓蚀剂分析方法比较复杂，难以控制浓度；价格较贵，在大量用水的冷却系统中使用还有困难，但有发展前途。

二、结垢控制

结垢控制主要防止水中的微溶盐类 $CaCO_3$、$CaSO_4$、$Ca_3(PO_4)_2$ 和 $CaSiO_3$ 等从水中析出，黏附在设备或管壁上，形成水垢。

结垢控制的方法主要有两类：一类方法是控制循环水中结垢的可能性或趋势的热力学方法，如减少钙镁离子浓度、降低水的 pH 值和碱度；另一类方法是控制水垢生长速度和形成过程的化学动力学方法，如投加酸或化学药剂，改变水中盐类的晶体生长过程和生长形态，提高允许的极限碳酸盐硬度。

1. 热力学方法

（1）排污法——减少浓缩倍数

经常排放循环水系统中累积的污水量，减少循环水中的盐类等杂质浓度，控制浓缩倍数来防止结垢。对于新鲜补充水源充足的地区，控制排污量 $3\%\sim5\%$，有助于减少结垢。

（2）酸化——降低补充水的碳酸盐硬度

采用酸化法将碳酸盐硬度转化为溶解度较高的非碳酸盐硬度。化学反应如下：

$$Ca(HCO_3)_2 + H_2SO_4 \longrightarrow CaSO_4 + 2CO_2 \uparrow + 2H_2O$$

$$Mg(HCO_3)_2 + 2HCl \longrightarrow MgCl_2 + 2CO_2 \uparrow + 2H_2O$$

2. 化学动力学方法

投加阻垢剂来改变循环冷却水中的碳酸钙的晶体生长过程和形态,使其分散在水中不易成垢,使水中的碳酸钙等处于过饱和的亚稳状态,提高水的极限碳酸盐硬度。

阻垢剂具有静电排斥作用,使颗粒间相互排斥,呈分散状态悬浮在水中,增加了碳酸钙在水中的溶解作用,使硬垢变软、垢层松软。

常用的阻垢剂有:

① 聚磷酸盐 在循环冷却水中使用的是六偏磷酸钠和三聚磷酸钠,它们既有阻垢作用,又有缓蚀作用。

② 有机磷酸盐(磷酸盐) 磷酸盐和二磷酸盐能在水中离解出氢离子,成为带负电的阴离子。这些阴离子能与水中的多价金属离子形成稳定的络合物,从而提高了碳酸钙的析出饱和度。同时还会吸附在晶体表面,阻碍结晶体的生长,使之产生畸变,难以形成密实的垢层。

③ 聚羧酸类 聚丙烯酸和聚马来酸含羧酸官能团或羧酸衍生物的聚合物其官能团—COOH 在水中离解成—COO^-,成为 Ca^{2+}、Mg^{2+} 和 Fe^{3+} 很好的整合剂。聚羧酸的阻垢性能与其分子量、羧基的数目和间隔有关。如果分子量相同,碳链上的羧基数越多,阻垢效果越好。这类化合物不仅对碳酸钙水垢具有良好的阻垢作用,而且对泥土、粉尘、腐蚀产物等污物也起分散作用,使其不凝结,呈分散状态悬浮在水中,容易随水流排出。

三、微生物控制

微生物和藻类的生长会产生蒙古垢,结垢导致腐蚀和污垢。因此,如何控制微生物的滋长是很重要的。微生物控制的化学药剂,也称为杀生剂,可以分为氧化型、非氧化型和表面活性剂。

1. 氧化型杀生剂

目前循环冷却水中使用的氧化型杀生剂,主要有氯和次氯酸盐。氯具有杀生能力强、价格低廉、来源方便等优点。一般氯的浓度可控制在 $0.5 \sim 1.0 mg/L$,pH 为 5 左右。

二氧化氯的杀生能力较氯强,杀生作用较氯快,药剂持续时间长。二氧化氯的特点是适用的 pH 值范围广,它在 pH 为 $6 \sim 10$ 的范围内能有效杀灭绝大多数的微生物,并且它不会与冷却水中的氨或有机胶起反应。

臭氧杀生效果与冷却水的温度、pH 值、有机物含量等因素有关,其作为杀生剂不会在冷却水排放时污染环境或伤害水生生物。臭氧不仅能杀生,还有缓蚀阻垢效果。残余的臭氧浓度应保持在 $0.5 mg/L$。

2. 非氧化型杀生剂

硫酸铜常被用作杀生剂,仅投加 $1 \sim 2 mg/L$ 就可有效灭藻。但硫酸铜对水生生物的毒性较大,而且铜离子会析出,沉积在碳钢表面,形成腐蚀电极的阴极,引起腐蚀。

3. 表面活性剂杀生剂

最常用的两种表面活性剂杀生剂为洁尔灭(十二烷基二甲基苄基氯化铵)和新洁尔灭(十二烷基二甲基苄基溴化铵),具有杀生能力强、使用方便、毒性小和成本低等优点。使用浓度为 $50 \sim 100 mg/L$,适宜的 pH 值为 $7.0 \sim 9.0$。

四、循环冷却水旁滤处理

为降低循环冷却水中悬浮物含量，循环冷却水系统常设置旁滤设施。大、中型循环冷却系统采用无阀滤池、石英砂过滤器等进行旁滤处理。小型循环冷却水系统可采用滤芯过滤器处理。一般旁滤处理的水量占循环水量的 1%～5%。

第四节　补充再生水处理

工业冷却水循环利用是节约水资源、保护环境的举措。在系统运行过程中需要经常补充一部分损失的水量，通常取用地表水、地下水作为补充水源。为充分开发城市污水等潜在水资源，把城市污水处理厂排水再生处理作为循环冷却水的补充水，可除害兴利，取得多重效益。

地区不同，再生水水源不同。一般说来，工业废水处理厂、城市污水处理厂的排水，矿坑排水，间冷开式循环冷却水系统排水和污水等，经处理后达到循环冷却水水质，都可作为循环冷却水的补充水。

一、再生水水质

再生水直接作为间冷开式循环冷却水系统补充水时，水质指标可根据试验或类似地区类似工程的运行数据确定，或根据表 2-17-5 所规定的再生水水质指标确定。

表 2-17-5　再生水水质指标

序号	项目	水质控制指标	序号	项目	水质控制指标
1	pH 值(25℃)	7.0～8.5	9	钙硬度(以 $CaCO_3$ 计)/(mg/L)	≤250
2	悬浮物/(mg/L)	≤10	10	甲基橙碱度(以 $CaCO_3$ 计)/(mg/L)	≤200
3	浑浊度/NTU	≤5	11	NH_4^+-N/(mg/L)	≤5
4	BOD_5/(mg/L)	≤5	12	总磷(以 P 计)/(mg/L)	≤1
5	COD_{Cr}/(mg/L)	≤30	13	溶解性总固体/(mg/L)	≤1000
6	铁/(mg/L)	≤0.5	14	游离氯/(mg/L)	末端 0.1～0.2
7	锰/(mg/L)	≤0.2	15	石油类/(mg/L)	≤5
8	Cl^-/(mg/L)	≤250	16	细菌总数/(个/mL)	<1000

二、再生水处理

再生水水源不同，处理方法不完全相同。

当再生水水源中悬浮物含量较高时，应采用混凝、沉淀（澄清）、过滤工艺。经该工艺去除悬浮杂质后，再进行消毒，即可达到回用水水质要求。

当再生水水源是城市污水厂排出水，BOD、NH_4^+-N 较高时，可采用生物预处理或膜生物反应器（MBR）工艺处理。当再生水源水是工业污水厂排出水，且含有较多难以生物降解的有机物时，宜采用化学预氧化法处理。

超滤膜处理工艺可去除水中有机物，反渗透等可去除水中的离子、细菌和病毒，设备运行安全可靠。

目前，水处理工艺日趋成熟，经处理后的水质满足循环冷却水补充水水质要求。如果再生水水源能够保证，则采用再生水补充循环冷却水时不必再设其他水源。

采用再生水补充循环冷却水时，系统设计浓缩倍数不应低于 2.5。

为了确保饮用水的安全，再生水输配管网应设计成独立系统，并应设置水质、水量监测设施，严禁与生活用水管道连接。

第五节　工程实例

一、实例一

以热电厂为例，城市污水厂二级处理出水，经加石灰高效澄清池、变孔隙滤池深度处理，满足火电厂循环水的补充用水。

以城市污水处理厂二级处理出水作为火电厂循环冷却水补充水源，需要解决如下问题：

① 城市污水中含有一定的工业废水，有些城市的工业废水占污水总量的 65% 以上。工业废水的水质、水量变化幅度很大，而且成分复杂，严重影响城市污水处理厂的稳定运行。因此，城市污水处理厂出水水质变化幅度大。

② 需要去除城市污水中的硬度、碱度、硅酸盐等致垢物质。

③ 进一步去除促进细菌、微生物滋生、生长的物质，如 S^{2+}、磷酸盐、氨氮、有机物等，同时进行更加严格的杀菌。

④ 进一步去除污水中的悬浮物和胶体。

针对上述问题，电厂中水回用技术主要有单纯过滤、石灰澄清过滤、弱酸树脂软化法、膜分离技术（压力式膜分离法、膜生物反应器处理技术）等。

石灰澄清过滤技术是在城市污水二级处理出水中投加石灰乳、聚合硫酸铁、PAM 等混凝剂及助凝剂，利用澄清的悬浮泥渣与污水中的悬浮物、Ca^{2+}、Mg^{2+} 等相互接触，混凝沉淀产生 $CaCO_3$ 和 $Mg(OH)_2$ 沉淀，降低了中水的硬度和碱度，同时结合絮凝剂的投加，具有巨大表面积的新生态 $CaCO_3$ 和 $Mg(OH)_2$ 沉淀物，在沉淀过程中大量吸附原水中的悬浮物、胶体等。

主要化学反应式：

$$Ca(HCO_3)_2 + Ca(OH)_2 = 2CaCO_3\downarrow + 2H_2O$$
$$Mg(HCO_3)_2 + 2Ca(OH)_2 = 2CaCO_3\downarrow + Mg(OH)_2\downarrow + 2H_2O$$

该技术具有一次性投资低、运行操作简便等特点，可达到电厂中水回用的实际需要，是目前应用最广泛最经济的电厂中水回用处理技术。

二、实例二

1. 进、出水水质及水量

某电厂采用湿法冷却技术，冷却塔实际运行过程中，循环水的浓缩倍数为 2.7～3.0 倍，排水量为 $400m^3/d$，根据目前的环保政策，该部分水不允许直接外排，根据业主的要求，循环冷却水的回收率需要达到 90% 及以上，回用于电厂锅炉补水，剩余 10% 的含盐废水用于灰库降尘洒水，厂内循环冷却水可以实现"零排放"。循环冷却水处理站设计规模为 $400m^3/d$，处理能力按 $20m^3/h$ 考虑。设计进水水质如表 2-17-6 所示。出水优于电厂化学水处理补水，即优于电厂目前使用的清水水质，设计出水水质见表 2-17-7。

表 2-17-6　设计进水水质指标

项目	指标	项目	指标
NH_4^+/(mg/L)	0.2	NO_3^-/(mg/L)	12.8
K^+/(mg/L)	50	Cl^-/(mg/L)	1294
Na^+/(mg/L)	746.78	F^-/(mg/L)	0
Mg^{2+}/(mg/L)	0	SO_4^{2-}/(mg/L)	351
Ca^{2+}/(mg/L)	595	COD/(mg/L)	20
BOD/(mg/L)	5	总硬度(以碳酸钙计)/(mg/L)	595
浊度/(mg/L)	2	TDS/(mg/L)	2665

表 2-17-7　设计出水水质指标

项目	产水指标	项目	产水指标
pH 值	7.0～8.5	SiO_2/(mg/L)	≤5
COD/(mg/L)	≤10	电导率/(μS/cm)	≤200
NH_4^+-N/(mg/L)	≤5		

2. 工艺选择

（1）调节池

设调节池的目的：a. 匹配循环排水量与水处理站之间的水量平衡关系；b. 收集处理站废水。

（2）高密度沉淀池

高密度沉淀池结构紧凑，将混凝、絮凝、沉淀澄清、污泥浓缩集为一体，具有技术成熟、自动化程度高、处理效果好、运行稳定可靠、管理方便等优势，绝大多数水处理流程中都可以适用。

（3）多介质过滤器

可进一步去除水中悬浮物、胶体物质等，出水浊度一般可降低到 5NTU 以下。

（4）钠床离子交换

通过钠床离子交换，可使硬度的去除更为彻底，保证膜系统运行。

（5）超滤膜

超滤膜能够将溶液净化、分离或者浓缩，水中较小的胶体、悬浮物可以被截留。

工艺流程及物料平衡如图 2-17-1 所示。

3. 主要设计参数

（1）调节池

设调节池一座，尺寸 6m×6m×4m（H），配套：潜水搅拌器 1 台，$N=1.5$kW；$D=320$mm 潜水提升泵 2 台，$Q=25$m³/h，$H=12$m，$N=1.5$kW。

（2）处理车间

① 高密度沉淀池成套设备 1 套，混合时间 $T=30$s，絮凝时间 $T=15$min，处理能力 25m³/h，表面负荷小于 3.6m³/(m²·h)。

② 多介质过滤器 1 台，直径 $D=2.0$m。

③ 离子交换系统：强酸阳床离子交换系统，3 台，单套直径 $D=0.8$m。

④ 超滤系统：产水率为 95%，膜设计通量为 31.25L/(m²·h)。

⑤ 一级反渗透系统：设计回收率为 75%，设计膜通量为 16.82L/(m²·h)，一级两段形式，采用 2：1 布置。

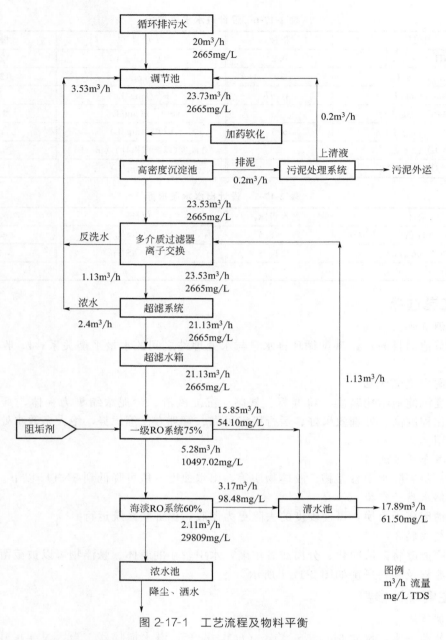

图 2-17-1 工艺流程及物料平衡

⑥ 二级海淡膜系统：设计回收率为 60%，设计膜通量为 6.73L/（m² • h），一级两段形式，2：1 布置。

⑦ 污泥系统：污泥浓缩罐 1 台，$D=2.0$m，污泥脱水采用板框压滤机，1 台，过滤面积 60m²。

4. 工艺评析

目前该项目出水指标稳定达到如下指标：pH＝5～6，电导率＝130～140μS/cm。

参 考 文 献

[1] GB/T 50050—2017. 工业循环冷却水处理设计规范.

［2］　HG/T 3923—2007. 循环冷却水用再生水水质标准.

［3］　罗继红，王崇. 循环冷却水处理技术发展历程与现状［J］. 绿色科技，2016，(08)：38-40，42.

［4］　吴小清. 循环冷却水处理技术进展［J］. 化工管理，2017，(13)：96-97.

［5］　张盼盼，蒋利辉，孙军萍，等. 工业循环冷却水用阻垢缓蚀剂的研究进展［J］. 化学研究，2018，29（06）：642-646.

［6］　梅朦，郑红艾，高阳，等. 循环冷却水含铁细菌对 20 碳钢管壁腐蚀行为的影响［J］. 材料保护，2017，50（01）：26-29＋44.

［7］　鲁丹宇. 工业循环冷却水节水技术研究［J］. 化工管理，2017，(09)：129.

［8］　周柏青，胡梦莎. 工业循环冷却水系统降耗减排综述［J］. 工业水处理，2017，37（03）：16-20.

［9］　王圣之. 工业循环冷却水处理技术优化探讨［J］. 化工管理，2018（15）：55.

［10］　李延频，袁寿其，陈德新. 工业循环冷却水余能利用及其关键技术［J］. 排灌机械工程学报，2015，33（08）：667-673.

［11］　彭力，许萍，张雅君，等. 工业循环冷却水系统中运行条件对污垢的影响［J］. 水处理技术，2016，42（04）：46-50.

［12］　陆展家. 工业循环冷却水系统中的沉积物及其处理方法［J］. 广东化工，2015，42（02）：65-67，55.

［13］　王占军，王建伟，董文静. 循环冷却水节水减排新技术与工艺［J］. 能源与节能，2015，(03)：81-83.

［14］　贺小刚，李军强. 工业循环冷却水系统节水技术［J］. 金属世界，2017，(04)：76-78.

［15］　刘奎，曹光达，王光宏，等. 循环冷却水系统水质情况分析及控制方法［J］. 化工管理，2016（27）：129-130，132.

［16］　张宝军，王国平，袁永军，等. 水处理工程技术［M］. 重庆：重庆大学出版社，2015.

［17］　余伟明，田剑临. 鹰山石化水处理配方研究与应用［J］. 工业水处理，2001，(5)：40-42.